W0262406

HANDBUCH DER BODENLEHRE

HERAUSGEGEBEN VON

DR. E. BLANCK

O. Ö. PROFESSOR UND DIREKTOR DES AGRIKULTURCHEMISCHEN UND BODENKUNDLICHEN INSTITUTS DER UNIVERSITÄT GÖTTINGEN

ZEHNTER BAND

MIT

GENERALREGISTER ZU BAND I–X

SPRINGER-VERLAG BERLIN HEIDELBERG GMBH

DIE TECHNISCHE AUSNUTZUNG DES BODENS SEINE BONITIERUNG UND KARTOGRAPHISCHE DARSTELLUNG

BEARBEITET VON

DR. F. GIESECKE - GÖTTINGEN · PROFESSOR DR. G. KEPPELER HANNOVER · PROFESSOR DR. G. NACHTIGALL - HAMBURG · PROFESSOR DR. H. NIKLAS - WEIHENSTEPHAN · PROFESSOR DR. H. PLISCHKE GÖTTINGEN · PROFESSOR DR. H. STREMME - DANZIG - LANGFUHR DR. B. TIEDEMANN - BERLIN · DR. E. WASMUND - KIEL

MIT 51 ABBILDUNGEN UND 4 TAFELN

MIT

GENERALREGISTER ZU BAND I–X

SPRINGER-VERLAG BERLIN HEIDELBERG GMBH

ISBN 978-3-662-01869-9 ISBN 978-3-662-02164-4 (eBook)
DOI 10.1007/978-3-662-02164-4

URSPRUNGLICH ERSCHIENEN BEI JULIUS SPRINGER IN BERLIN 1932
SOFTCOVER REPRINT OF THE HARDCOVER 1ST EDITION 1932

Vorwort.

Seit dem Erscheinen des ersten Bandes des Handbuches der Bodenlehre sind $3^1/_2$ Jahre verflossen, und es kann mit dem vorliegenden zehnten Bande das vollständige Handbuch nunmehr der Öffentlichkeit übergeben werden. In diesen $3^1/_2$ und mit den Vorarbeiten 4 Jahren zeitraubender und schwieriger gemeinsamer Arbeit mit einer großen Zahl von Fachgenossen und Wissenschaftlern benachbarter Wissensgebiete sowie dem Verlage Julius Springer ist es gelungen, das umfangreiche Werk zu Ende zu führen. Aber nur der, welcher selber in der Lage war, eine ähnliche Aufgabe zu lösen, wird die überwundenen Schwierigkeiten zu ermessen und zu beurteilen imstande sein. Daher richtet der Herausgeber an alle Leser und Benutzer des Handbuches die Bitte um verständnisvolles Entgegenkommen in der Beurteilung des Geleisteten.

Ein so umfangreiches Werk, wie das vorliegende, das mit 50 Mitarbeitern herausgegeben worden ist, kann nicht die Einheitlichkeit aufweisen, die es bieten würde, wenn es von einem Autor allein verfaßt worden wäre. Die hierdurch bedingten Mängel und Schattenseiten liegen daher auf der Hand und sind dem Herausgeber, wie solches besonders betont sein möge, wohl am besten bekannt. Andererseits ist es aber bei einer so ausgedehnten Behandlung des Stoffes schlechterdings unmöglich, daß ein einzelner Autor in der Lage ist, die in diesem Fall erforderlichen Spezialkenntnisse aufzubringen, um den Stoff im Rahmen eines Handbuches erschöpfend zur Wiedergabe zu bringen. Somit liegen naturgemäße Schwierigkeiten vor, die ohne weiteres nicht zu überbrücken sind und demzufolge mit in den Kauf genommen werden müssen. Die bisherige Kritik in der Besprechung der schon veröffentlichten Bände hat wiederholt und mit Recht auf ein solches Mißverhältnis hingewiesen, aber auch stets die vorliegenden Schwierigkeiten nicht verkannt, sondern sie gewürdigt und die dadurch wiederum andererseits bedingten Vorzüge des eingeschlagenen Verfahrens anerkannt.

Die Aufgabe eines Handbuches ist eine wesentlich andere wie die eines Lehrbuches, was niemals verkannt werden darf, denn während das Lehrbuch nur den Teil einer Wissenschaft zur Darstellung zu bringen hat, der als fest fundamentiertes Tatsachenmaterial zu gelten hat und somit das eigentliche Lehrgebäude darstellt, geht die Aufgabe des Handbuches viel weiter, indem dieses, wenn möglich, nicht nur das gesamte Tatsachenmaterial der Erkenntnisse einer Wissenschaft in der derzeitig abgeschlossenen Form und seiner historischen Entwicklung nach wiederzugeben gezwungen ist, sondern noch hierüber hinaus die Beziehungen und Verbindungen mit anderen Wissenschaften aufdecken und darstellen muß, um eben das möglichst allseitig abgeschlossene Bild von dem die betreffende Wissenschaft behandelnden Gegenstand zu entwerfen. Das ist aber gerade für den vorliegenden Fall der Erkenntnis vom Wesen des Bodens ein ganz besonders schwieriges Unterfangen, da das Objekt Boden nicht nur rein wissenschaftlicher Erkenntnis zugänglich ist, sondern auch besonders als wirtschaftliches und technisches Objekt weiteste Bedeutung genießt, so daß dementsprechend allen diesen weitgehenden Bedürfnissen gemeinsam Rechnung getragen werden muß. In der bisher erfolgten Kritik ist trotzdem dem Handbuch verschiedentlich der Vorwurf gemacht worden, daß es in seiner Darstellung des Bodens vielfach zu weit gehe und Dinge in den Kreis der Betrachtung ziehe, die im Grunde nichts mehr mit dem „eigentlichen Boden" zu tun hätten. Namentlich von landwirtschaftlicher Seite sind derartige Einwände öffentlich und auch in privaten Schreiben erhoben worden. Der Herausgeber darf wohl an dieser Stelle nochmals darauf hinweisen, daß derartige Einwände durchaus als unzulässig angesehen werden müssen, da der Boden nicht lediglich vom Gesichtspunkt seiner praktischen Bedeutung für die Landwirtschaft aufgefaßt werden darf, sondern als ein den Mineralen und Gesteinen entsprechendes und gleichberechtigtes Naturobjekt von allgemeinster Verbreitung an der Erdoberfläche und nur gerade deshalb einer allgemeinen wissenschaftlichen Betrachtung fähig ist. Denn ein Werk, das selbst, wenn es noch so umfangreich wäre, den Boden nur vom Gesichtspunkt der Landwirtschaft betrachten und darstellen würde, könnte niemals den Anspruch, ein Handbuch der Bodenlehre zu sein, machen, und es würde insbesondere der eigentliche Zweck des vorliegenden Werkes, die Bodenlehre als eine selbständige naturwissenschaftliche Disziplin darzustellen, damit als verfehlt zu betrachten sein. Aber wie gerade die Besprechungen des Handbuches seitens der Fachvertreter der reinen Naturwissenschaften dargetan haben, erblickt und erkennt man hierin die fortschrittliche Bedeutung des Werkes.

Besonders in dem vorliegenden zehnten Bande tritt nun die soeben hervorgehobene und zum Teil bemängelte, weitgehende Behandlung des Bodens am stärksten in Erscheinung. Nach obigem Hinweis bedarf dieser Umstand zwar keiner weiteren Rechtfertigung, nur insofern als der Boden gerade in wirtschaftlicher und technischer Hinsicht nicht so scharf wie sonst üblich umgrenzt erscheint, erweist es sich als selbstverständlich, daß hier nicht immer die strenge Grenze zwischen Boden, Gestein und Mineral hat aufrechterhalten werden können.

Nach Abschluß des Handbuches ist es dem Herausgeber ein besonderes Bedürfnis und eine angenehme Pflicht, allen denen aufrichtigst zu danken, die dem Werke zu seinem Gelingen ihre Mithilfe zur Verfügung gestellt haben. Hier seien nicht nur alle Autoren der einzelnen Kapitel des Handbuches genannt, sondern vor allen Dingen Herrn Dr. FERDINAND SPRINGER wärmster Dank zum Ausdruck gebracht, da es letzten Endes nur dem restlosen Einsatz seines Verlages zu verdanken ist, daß das Handbuch in der vorliegenden Form zur Wirklichkeit geworden ist. Desgleichen schuldet der Herausgeber seinen aufrichtigsten Dank den internen Mitarbeitern, Dr. F. GIESECKE, Dr. F. KLANDER, Fräulein Dr. E. v. OLDERSHAUSEN und Fräulein M. SCHÄFER für die viele anstrengende und zeitraubende Arbeit des unermüdlichen Korrekturlesens und der tätigen Mithilfe bei der Herstellung der Sach- und Autorenregister.

Möge damit das „Handbuch der Bodenlehre" die Wünsche des Herausgebers erfüllen, nicht nur ein umfassendes Werk der Gesamterkenntnisse von der Natur und der Beschaffenheit des Bodens zu sein, das für die Weiterentwicklung unserer Wissenschaft von Nutzen ist, sondern vor allen Dingen der Bodenlehre die Wege zu der ihr innerhalb der Naturwissenschaften zukommenden Stellung einer selbständigen wissenschaftlichen Disziplin gebahnt zu haben.

Göttingen im Mai 1932.

E. BLANCK.

Inhaltsverzeichnis.

Die Bonitierung der Ackererde auf naturwissenschaftlicher Grundlage.

Von Professor Dr. H. NIKLAS, Weihenstephan.

Die Bedeutung des Bodens in der Technik und im Wirtschaftsleben der Völker.

Die Bodenkartierung.

Von Professor Dr. H. STREMME, Danzig-Langfuhr.

(Mit 7 Karten auf 4 Tafeln.)

Die Bonitierung der Ackererde auf naturwissenschaftlicher Grundlage.

Von H. NIKLAS, Weihenstephan.

Noch in der ersten Hälfte des 19. Jahrhunderts wurde in den meisten deutschen Staaten zum Zwecke der Grundsteuererhebung mit der Bonitierung des Grund und Bodens begonnen. Diese Arbeiten haben sich im allgemeinen über Jahrzehnte erstreckt und bilden noch heute die Grundlage zur Besteuerung des landwirtschaftlichen Besitzes, obwohl sich inzwischen die hierfür maßgebenden Verhältnisse vielfach stark verändert haben. Daher ist nach einmütiger Auffassung eine Neubewertung des deutschen Grund und Bodens dringend notwendig geworden, und dieser Forderung wurde auch durch das sog. Reichsbewertungsgesetz vom 10. August 1925 Rechnung getragen. Verheißungsvolle Anfänge liegen bereits vor, um das landwirtschaftliche Vermögen auf Grund einer möglichst einwandfreien Neubewertung der einzelnen Grundstücke am sichersten, gleichmäßigsten und gerechtesten besteuern zu können. Überall tritt das Bestreben zutage, hierfür neue Wege zu zeigen, die zur Erreichung dieses hohen Zieles führen könnten.

Da die geschichtliche Betrachtungsweise am besten geeignet sein dürfte, durch die Kenntnis der Vergangenheit und deren Verbindung mit der Gegenwart, Schlüsse auf die zukünftige Gestaltung der Dinge zu ziehen, so wurde auch in vorliegender Arbeit dieser Weg beschritten. Gerade jetzt, wo alles davon abhängt, die Neubewertung des Grund und Bodens möglichst einwandfrei durchzuführen, dürfte es besonders geboten sein, die Entwicklung zu zeigen, welche die Bonitierung und Taxation der Ländereien von ihren ersten Anfängen im 18. Jahrhundert bis zum heutigen Tage gefunden hat. Aus dieser Erwägung heraus hat der Verfasser versucht, in historischer Reihenfolge die einzelnen Entwicklungsphasen der Bodenbonitierung zu schildern, und zu diesem Zwecke wurde die Einteilung in 4 aufeinanderfolgende Zeitabschnitte gewählt. Selbstverständlich erlaubte der der Arbeit vorgeschriebene Rahmen nur eine sehr gedrängte Schilderung, bei welcher das Bestreben maßgebend war, das Wesentliche unter Weglassung des weniger Wichtigen knapp aber doch zutreffend zu schildern. Am ehesten schien dieses Ziel dadurch erreichbar, daß versucht wurde, streng chronologisch das zu bringen, was die einzelnen Forscher im Lauf der Zeit taten, um die vielfachen Systeme der Bodenbonitierung zu begründen und auszugestalten. Auf diese Weise konnte auch im vorliegenden Falle zum Ausdruck gebracht werden, daß jeder Fortschritt nur allmählich und nicht immer auf geradlinigem Wege erreicht werden kann.

Daß die bekannteren Lehrbücher der Bodenkunde, wie z. B. die von E. RAMANN, E. A. MITSCHERLICH, H. STREMME und H. PUCHNER die Bodenbonitierung nicht eingehend behandeln können, dürfte insofern erklärlich sein, als diese ein angewandtes Gebiet ist und sich vielfach sehr der landwirtschaftlichen Betriebs- und Taxationslehre nähert. Aber auch diese beiden Wissenschaften bringen ausnahmslos, aus hier nicht näher zu erörternden Gründen, keine eingehendere und historische Schilderung der Bodenbonitierung. Diese ist eng mit mehreren naturwissenschaftlichen Disziplinen verknüpft und als ein Grenzgebiet derselben sowie der Taxationslehre zu betrachten. Außerdem sind gerade in den letzten Jahren eine Reihe von Arbeiten erschienen, welche auf dem Gebiete der Bodenbonitierung mehr oder weniger wegweisend sind, und die daher ebenfalls noch der Erörterung bedürfen. Das Hauptaugenmerk wurde im folgenden, soweit es der beschränkte Raum zuließ, der Schilderung der Bonitierung der Ackererde gewidmet, während die der Wiesen und Weiden nur mehr oder weniger gestreift wurde und die der forstlichen Böden ganz unterblieb.

Die Zeit vor den Veröffentlichungen von A. v. THAER bis 1810.

Schon vor den grundlegenden Arbeiten von A. v. THAER, des Begründers der Landwirtschaftswissenschaften, finden sich Autoren, welche sich das Studium der Bonitierung bzw. Taxation von Grundstücken zur Aufgabe gemacht haben. So sprach R. C. v. BENNIGSEN[1] bereits im Jahr 1771 aus, daß die Beschaffenheit des Bodens bzw. dessen Wert sich danach richte, welches Flächenmaß auf je einen Dresdener Scheffel Winterkornaussaat zu rechnen ist. Er äußerte sich zugleich auch über den Beruf der Taxatoren, die sich nicht bloß auf etwa vorgefundene alte Gutsanschläge zu stützen hätten, sondern diese sollten, nach seinen eigenen Worten, das Feld ansehen, es begehen, wohl durch einen Spaten etwas aufwerfen, um auch den unteren Grund kennen zu lernen. „Hört man aber zu ihrer Unterrichtung etwa Ortsansässige fragen, ob dieses Feld guter, mittlerer oder schlechter Art sei und was für Früchte darauf gehören, so muß man sie vom Feld jagen, denn dieses müssen sie selbst wissen. Ob aber unfruchtbare Flächen im Feld vorhanden sind, darnach müssen sie schlechterdings fragen, weil selbige nicht zu allen Jahreszeiten sichtbar sind. Ebenso müssen sie sich erkundigen, ob man dieses Feld zum jährlichen Nutzen, also nach Gartenrecht oder nach Feldarten bestelle, wie man es zu bearbeiten pflege, wie stark man dünge, ob man spät oder zeitig säe bzw. ernte und über verschiedene wirtschaftliche Momente. Vor Eintritt der Okularbesichtigung haben sich die Taxatoren zu einigen, ob sie nach dem Grund oder nach dem Nutzen derselben taxieren wollen, denn zuweilen wird beides erfordert.“ R. BENNIGSEN spricht sich dann sehr entschieden dahin aus, daß man beides tun müsse, und daß beide Schätzungsarten jederzeit miteinander konkurrieren können und erst zusammen das Fundament zur richtigen Taxation bilden.

Es ist erstaunlich, wie richtig von ihm noch vor THAERS Zeiten die Grundlagen der heute noch geltenden Bonitierung erkannt wurden, wenn auch die Kenntnis des Bodens zur damaligen Zeit selbstverständlich noch eine recht mangelhafte und fast rein empirische war.

Zu gleicher Zeit ließ sich C. H. v. SCHWEDER[2] (1775) dahin vernehmen, daß es verfehlt wäre, den Wert eines Gutes aus dem bei öffentlicher Feilbietung erzielten Preise abzuleiten. Es wäre aber auch nicht sicher, den Wert der Güter nach dem Anlageregister und Steueranschlägen anzunehmen, da statt der tatsächlichen Verhältnisse zumeist weniger angegeben werde. Auch die Kaufbriefe könnten keine sichere Grundlage hierfür bilden. Nach dem Pachtzinse sei auch kein richtiger Anschlag zu machen, denn jener richte sich nach den Zeiten, ob sie teuer oder wohlfeil wären, und die Pächter hätten oft keine Kenntnis von der Be-

[1] BENNIGSEN, R. v.: Ökonomisch, juristische Abhandlung vom Anschlag der Güter von Sachsen. Leipzig 1771.

[2] SCHWEDER, C. H. v.: Gründliche Nachricht von gerichtlicher und außergerichtlicher Anschlagung der Güter nach dem jährlichen Abnutz. Berlin 1775.

schaffenheit des Gutes oder wären froh, pachten zu können. Wir hören von SCHWEDER, daß es in Pommern seinerzeit sehr gebräuchlich war, die Güter stückweise zu taxieren, z. B. Gebäude, Scheunen, Ställe, Waldungen usw. und hierauf die erhaltenen Werte zu addieren, was indes 1775 nicht mehr in Gebrauch war. Dagegen wurden die Bauernhöfe nach ihm recht häufig nach dem Dienstgeld veranschlagt, welches ein Bauer geben kann. Die gebräuchlichste Art war die, nach dem Abnutz oder Ertrag zu veranschlagen. Alle Einkünfte und Nutzungen wurden dabei festgestellt, die Unkosten abgezogen und der Rest bei einem Zinsfuß von 5 oder 6% kapitalisiert. Bemerkenswert ist, daß damals schon, entgegen der späteren Roggenwertberechnung, die Veranschlagungen in Geldwert vorgenommen wurden, und daß man sich bereits bemühte, aus den Erträgen und den Unkosten den Reingewinn und daraus die Grundstückswerte als solche zu berechnen. Auch das, was dieser Autor über die seinerzeitige gerichtliche Veranschlagung nach dem jährlichen Abnutz, über die Tätigkeit der Richter, der Landmesser und der sonstigen bei solchen Schätzungen beteiligten Persönlichkeiten schreibt, ist nicht ohne Interesse.

K. C. FÄRBER[1] (1796) spricht sich ebenfalls schon über die Wertschätzung einzelner Güter mit Rücksicht auf die Beschaffenheit des Bodens und dessen Ertrag aus. Auch gibt er eine „Instruktion für die Wirtschafts- und Ackerverständigen-Achtsleute, welche die adeligen Güter klassifizieren und taxieren wollen". Er bemängelt insbesondere, daß auf die Beschaffenheit des Bodens dabei fast keine Rücksicht genommen wurde, während auch eine ins einzelne gehende Untersuchung der Eigenschaften eines Gutes notwendig wäre. „Man soll sich nicht durch die obere Ackerlage blenden und bestechen lassen, sondern die darunter stehenden Erdarten untersuchen, weil jene erst durch diese ihre Wertbestimmung erhalten kann. Hierzu ist ein Erdbohrer zu gebrauchen. Beim Heu müsse man auch dessen Qualität erforschen." FÄRBER teilt bereits die Äcker in 4 Klassen ein und spricht klar aus, daß die Wertbestimmung von diesen und den Wiesen sich nach deren möglichen Produktionsertrag zu richten habe, welcher von der individuellen Beschaffenheit abhänge. Es wurde also zu jener Zeit bereits nicht nur die Forderung erhoben, dem Boden wesentliche Beachtung zu schenken, sondern für Bonitierungszwecke auch schon die Bedeutung der Bodenerträge gewürdigt.

J. F. Meyer[2] (1805) stellt die Forderung auf, „daß bei der Bonitierung der in Frage kommende Boden vorerst in Klassen auseinander gesetzt und dann durch sachkundige Taxatoren der Wert der Klassen bestimmt werde". Nach ihm wäre eine chemische Untersuchung zwar am richtigsten und brauchbarsten, doch ist diese wegen ihrer Weitläufigkeit nicht anwendbar. Sodann bringt K. C. EIGENBRODT[3] (1807) in einer 25 Seiten starken Veröffentlichung nur eine Erwiderung auf eine anonym herausgegebene Schrift unter dem Titel: „Vermögenssteuer des Herzogtums Westfalen", in welcher behauptet wird, daß die zur Tilgung der Landesschulden bestimmte Vermögenssteuer den großen Gutsbesitzer verhältnismäßig hoch gegenüber dem Bauer traf. Weitere wesentliche Gesichtspunkte, welche über den Stand der Bodenbonitierung in jener Zeit Aufschluß erteilen könnten, sind in diesem Aufsatz nicht enthalten.

---

[1] FÄRBER, K. C.: Grundzüge der Wertschätzung der Landgüter in Mecklenburg. Schwerin 1796.

[2] MEYER, J. F.: Grundsatz und Anleitung zum Bonitieren, wie auch zu anderen bei der Gemeinheitsteilung und den Veranschlagungsgeschäften vorkommenden Arbeiten. Celle 1805.

[3] EIGENBRODT, K. C.: Bemerkungen über die Ermittlung des Reinertrages der Äcker für den Zweck der Steuerkataster. Dortmund 1807.

Es läßt sich jedenfalls ganz allgemein feststellen, daß man bereits vor THAER die Böden nach der Schwierigkeit der Bearbeitung einteilte in 1. schweren oder Tonboden, 2. mittelschweren oder Lehmboden, 3. leichten oder Sandboden. Nach den Früchten, welche dieselben tragen, wurden sie in Weizen-, Gersten-, Hafer- und Roggenboden eingeteilt.

Das älteste deutsche Bonitierungssystem hatte nach ROTHKEGEL[1] Mecklenburg seit 1755, welches sich außerordentlich lange gehalten hat. Dieses Klassifikationssystem baute sich im Gegensatz zu den später in Deutschland im Gebrauch befindlichen Schätzungsverfahren nicht auf den Erträgen, sondern auf den Scheffeln Saat auf[2].

Die Zeit von 1810—1850, umfassend die Arbeiten von A. v. THAER und die seiner Schüler.

Durch die auch auf dem Gebiete der Bonitierung und Taxation der Böden tiefschürfenden und umfassenden Arbeiten von A. v. THAER wurden wichtige und wertvolle Erkenntnisse gewonnen und die Bodenbonitierung in ein System und damit auch in neue Bahnen gelenkt. Die heute in manchen Dingen noch grundlegenden Arbeiten dieses bedeutenden Mannes wurden von seinen Schülern zunächst in enger Anlehnung an seine Lehre weitergefördert und bildeten den Ausgangspunkt zu einem Arbeits- und Forschungsgebiet, dessen Umfang sich heute kaum mehr noch übersehen läßt.

Auch THAER[3] unterscheidet bereits scharf zwischen Bonitierung und Taxation. Erstere geschieht nach gewissen Bodenmerkmalen, letztere durch Kalkulation. Man habe somit die Bodeneigenschaften mit der jeweiligen Ertragsfähigkeit in Beziehung und Einklang zu bringen, und daher wäre jede Bodenart physisch und ökonomisch zu charakterisieren. Im ersteren Falle sind die Mengenverhältnisse der Bestandteile des Bodens und des Untergrundes, seine Lage und seine Kultur maßgebend, worunter insbesondere die ihm zuteil gewordene Kultur und Bearbeitung zu verstehen sind, desgleichen Be- oder Entwässerung. Dagegen sind für die ökonomische Bearbeitung der Nutzungswert bzw. der Reinertrag bestimmend. Beide Klassifikationen sind streng zu unterscheiden und getrennt durchzuführen. Durch systematische Sammlung und Vergleichung der dabei gewonnenen Ergebnisse erhofft THAER die Möglichkeit, für jede Bodenart, deren Beschaffenheit bekannt ist, den Ertrag anzugeben.

Er unterscheidet bereits 20 Bodenvarietäten, aus deren Bezeichnung eine Mitberücksichtigung des Bodenwertes ersichtlich ist. In einer anderen Klassifikation gibt er 8 Klassen an, die wieder in kalkhaltige, kalklose, lehmige, tonige usw., in arme, vermögende und reiche Unterabteilungen eingeteilt sind. Obwohl er seine Klassifikation als eine chemische bezeichnet, gründet sie sich doch auf die mineralischen Bestandteile Sand, Ton, Kalk und den Humus, die das physikalische Verhalten des Ackerbodens namentlich bedingen. Was die Beurteilung der Bodenverhältnisse anlangt, so ist nach ihm die Bindigkeit, der Gehalt an Sand, die Tiefe der Ackerkrume, sowie die Farbe des Bodens wichtig. Auch gibt er schon einige Anleitungen zum Bestimmen der Böden nach äußeren Merkmalen. Als mittlere Mächtigkeit bzw. Tiefe, welche ein fehlerfreier Boden haben soll, nimmt

---

[1] ROTHKEGEL, W.: Handbuch der Schätzungslehre für Grundbesitzungen, S. 318. Berlin: Parey 1930.

[2] Vgl. hierzu BALCK: Dominiale Verhältnisse. Wismar u. Rostock 1864. — Ferner MIELCK: Die mecklenburgische Bonitierung nach Scheffel Saat. Rostock 1926.

[3] THAER, A. v.: Über die Wertschätzung des Bodens. Berlin 1811. — Versuch einer Ermittlung des Reinertrages der produktiven Grundstücke. Berlin 1813. — Ausmittlung des Reinertrages der produktiven Grundstücke usw. Hannover 1813.

THAER 6 Zoll an, und mit jedem Zoll nach der Tiefe zu vermehre sich der Wert des Bodens um 8%, und zwar bis zur Tiefe von 12 Zoll, dann nur noch um je 5%. Ist der Boden aber nicht 6 Zoll mächtig, so fällt sein Wert mit jeder weiteren Verminderung der Tiefe in dem gleichen Verhältnis (8%). Ferner weist THAER auf die Übereinstimmung im Wuchs der Pflanzen mit den Bodenverhältnissen hin und gibt mehrere Leitpflanzen für die wichtigsten Bodenarten an. Doch mahnt er bei derartigen Studien zur Vorsicht, da Täuschungen leicht möglich sind.

Bezüglich seiner Klassifikation nach Früchten (ökonomische) unterscheidet er: 1. Weizenboden, a) starken, b) gewöhnlichen Weizenboden; 2. Gerstenboden, a) starken, b) schwachen Gerstenboden; 3. Haferboden, a) starkes, b) mittleres, c) schwaches Haferland, wozu die zu leichten und die zu schweren Bodenarten gehören; 4. Roggenland, a) 3jähriges, b) 6jähriges und c) 9jähriges Roggenland. Er hat sodann die Güte der Bodenarten, soweit er sie beurteilen konnte, und deren Fruchtbarkeit zueinander in Beziehung gesetzt und z. B. den humosen Tonboden, den humosen strengen Boden sowie den reichen Mergelboden und den reichen Tonboden als starke Weizenböden bezeichnet, während Mergel-, Ton- und Lehmboden zu den Weizenböden und humoser Sandboden zum starken Gerstenboden gerechnet wurden. Sandiger Lehm und lehmiger Sand sind Haferböden, während die verschiedenen Sandböden dem Roggenboden zugeteilt wurden. Die Lehmböden entfallen auf die verschiedenen Gerstenböden. Die Ertragsfähigkeit von Böden mit verschiedenen Mengenverhältnissen ihrer Bestandteile kann u. a. gleich sein, da selbst eine Vertretbarkeit der einzelnen Bodenbestandteile möglich ist. Ein fehlerhaftes Mengenverhältnis könne ferner durch die Ortslage verbessert werden und umgekehrt. Ähnliche Einflüsse können vom Untergrund aus erfolgen. Unter Berücksichtigung all dieser Verhältnisse hat THAER nun eine sog. ökonomische Klassifikation des Bodens aufgestellt und diese in einer umfangreichen Tabelle niedergelegt.

In dieser tabellarischen Übersicht gibt er dann noch jeweils die Gehalte an Ton, Sand, Kalk und Humus an und ein zwischen 2—100 liegendes Wertverhältnis für die einzelnen Böden. So hat z. B. der humose Tonboden die Wertzahl 100, der Mergelboden die Wertzahl 75, der sandige Lehmboden 40 und der Sandboden die Zahl 10 bis herab zu 2. Also liegt schon von THAER der erste Versuch vor, einige die Fruchtbarkeit beeinflussende Momente in Zahlen auszudrücken. Man kann ruhig behaupten, daß seine ökonomische Klassifikation von allen Systemen, die praktisch verwendet wurden, das grundlegendste und einflußreichste geworden ist. Denn das, was den Landwirt am meisten interessiert, ist hier angeführt: Entsprechende Bodenbezeichnung, Art der Hauptgemengteile, Krumentiefe, Beschaffenheit des Untergrundes, Lage, Beackerung, die Hauptfrüchte nebst ihrem Ertrag sowie die relative Wertabstufung, und dabei hat man es nur mit 10 Klassen zu tun.

Berücksichtigt hat THAER auch den Umstand, daß innerhalb der Böden der gleichen Klasse aus verschiedenen Gründen doch noch größere Ertragsunterschiede auftreten können und auch tatsächlich nicht selten zu verzeichnen sind. Aus diesem Grunde hat er für die Festsetzung der Erträge innerhalb der einzelnen Klassen einen gewissen Spielraum gelassen. Er verzeichnete deshalb nicht nur die durchschnittlichen Erträge, sondern auch die Grenzen, innerhalb welcher die Reinerträge allenfalls nach oben oder unten sich bewegen können. Auch den Einfluß der Entfernung des Hofes vom Markt sowie der Grundstücke vom Hofe hat er dadurch zu berücksichtigen versucht, daß er prozentuale Zu- und Abschläge seinen Normalwerten anfügt.

Nach seinem System wurden durchgeführt: Die Geschäftsanweisung des Grundeigentums im Königreich Sachsen, die technischen Instruktionen für die Auseinandersetzungsangelegenheiten in den einzelnen Ländern und Provinzen.

Bei der Ausarbeitung seines Schätzungssystems für Weiden ist Thaer nach W. Rothkegel[1] bereits in der Weise vorgegangen, daß er zu bestimmen suchte, „wieviel Vieh gewisser Art auf der natürlichen Weide seine zureichende Nahrung findet, und wieviel dieses Vieh bei gewöhnlicher Behandlung eintrage". Er reduzierte den Weidebedarf der verschiedenen Vieharten auf „Kuhweide" und nahm an, daß, wo eine Kuh weidet, auch $^2/_3$ Pferde oder $^3/_4$ Zugochsen, $1^1/_2$ Füllen, 2 Färsen, 10 Schafe, 8 Schweine oder 24 Gänse weiden könnten. Er brachte alsdann diese „Kuhweide" mit seinen Ackerklassen in Verbindung und stellte fest, wieviel Morgen einer jeden Klasse zur Weide für eine Kuh notwendig wären. Thaer hat festgestellt, daß eine „Kuhweide" mit der Verhältniszahl 72 seines Ackerschätzungsrahmens anzunehmen sei, und danach berechnete er für sämtliche Ackerklassen das Wertverhältnis, das bei ihrer Benutzung als Weide anzunehmen ist. Für die Schätzung von Viehweiden war hiernach Voraussetzung, daß sie zunächst als Ackerland bonitiert wurden. Für die Schätzung der eigentlichen Fettweiden gab er keine Anhaltspunkte, auch für Wiesen hat er kein eigentliches Bonitierungssystem aufgestellt.

Thaer hat jedenfalls Außerordentliches in dieser Beziehung geleistet. Doch steht er, der Schöpfer der Humustheorie, zu stark unter dem Eindrucke der Bedeutung des Humus für den Boden. Auch sprach er diesem zu große Prozentsätze an Humus zu. Ferner kannte er die Kalkböden nicht aus eigener Erfahrung und hat sie daher auch nicht berücksichtigt. Dies ist auch bezüglich der Einwirkungen des Klimas auf den Boden der Fall, und die Erfolge der Pflanzenzüchtung konnte Thaer natürlich ebenfalls noch nicht mitverwerten. Der damaligen Zeit entsprechend hat er alles in Roggenwerten berechnet, worüber später noch zu sprechen sein wird. Selbstverständlich kann diese Art der Berechnung für die jetzigen Verhältnisse nicht mehr passen. Somit darf trotz all des Grundlegenden, was er geschaffen hat, sein ganzes System heute nicht mehr als einwandfrei und unmittelbar verwendbar bezeichnet werden. Auch ist es für ein ganzes Land wie Deutschland nicht anwendbar.

In vielfach recht enger Anlehnung an Thaer haben seine Schüler nach ihm dessen Bonitierungssysteme übernommen und sich ebenfalls mit der Ertragswerttaxe und ihrer Feststellung befaßt, bis es später, etwa um die Jahrhundertwende, von der Goltz möglich war, mittels eines wohldurchdachten Schätzungssystemes derselben die Bahn zu ebnen.

G. v. Flotow[2] (1820) ist der Auffassung, daß der Taxator auf Grund verschiedener Kennzeichen die Böden in die ihnen entsprechende Klasse einzuordnen habe. Als solche bezeichnet er die physische Beschaffenheit des Bodens, die Tiefe der Ackerkrume, den Untergrund, die Lage des Ackers und sein Verhalten bei der Bearbeitung. Die angebauten Früchte, die wildwachsenden Pflanzen sowie Düngung, Einsaat und Höhe der Ernten sind weitere Anhaltspunkte, und die von ihm aufgestellte ökonomische Klassifikation schließt sich bis auf wenige Abänderungen sehr eng an die von Thaer an.

Er berechnete den Rohertrag und zum Zwecke der Bestimmung des Reinertrages auch die Produktionskosten. Ähnlich wie bereits Thaer berücksichtigt

---

[1] Rothkegel, W.: Handbuch der Schätzungslehre für Grundbesitzungen, S. 257. Berlin: Parey 1930.

[2] Flotow, G. v.: Versuch einer Anleitung zur Fertigung der Ertragsanschläge über Landgüter. Leipzig 1820. — Das Verfahren bei der Fertigung der Ertragsanschläge über Landgüter. Leipzig 1822. — Wiesenklassifikation. Abdruck in „Klassifikationssystem für Ackerland und Wiesen". Plieningen 1828.

er ferner die Entfernung des Hofes vom Markte durch entsprechende Zu- und Abschläge, außerdem aber auch andere den Wert bestimmende Faktoren, wie z. B. die Besitzzersplitterung, die Geländegestaltung, das Klima usw. Unter Berücksichtigung desselben und der Höhenlage über dem Meeresspiegel teilt er die Böden Sachsens in 5 Stufen und schafft für dieses Land eine eigene Acker- und Wiesenklassifikation, welche ausschließlich für dasselbe gelten sollen. Nach diesen Grundlagen wurden später für die Grundsteuerbonitierung des Königreiches Sachsen die Wiesen bewertet, wie seine Wiesenklassifikation überhaupt als erste eingehendere dieser Art bezeichnet werden kann. Seine Feststellung, daß bei den Wiesen der Feuchtigkeitsgehalt wichtiger als die Bodenbeschaffenheit an sich sei, besitzt heute noch Geltung. Den Wert des Heues berechnet er in Scheffel Roggen, und zu diesem Zwecke unterscheidet er zwischen 4 verschiedenen Heuarten.

FLOTOW gibt in seiner letzten, 1822 erschienenen Veröffentlichung ein Beispiel für die Veranschlagung eines Kammergutes zwecks Verpachtung. Die Grundstücke werden von den Boniteuren beschrieben, der Befund gibt Aufschluß über die Zusammensetzung der Böden, deren Feuchtigkeitsverhältnisse, Bearbeitbarkeit, den Untergrund sowie die vorkommenden Unkräuter und die darauf angebauten Früchte. Auf Grund aller dieser Feststellungen wurde dann jedes Grundstück in eine entsprechende Bodenklasse eingeordnet.

M. SCHÖNLEUTNER[1] (1822) hat ein Bonitierungsverfahren nach der Kleefähigkeit aufgestellt, wobei er die Kleefähigkeit der Böden als Grundlage nimmt und 6 Klassen kleefähiger und 3 Klassen nicht kleefähiger Bodenarten beschreibt. Klasse I ist nach ihm ausgezeichneter Luzerneboden, der 4 Schnitte mit mindestens 90—120 dz Heu je Hektar gibt; Klasse II ist guter Luzerneboden, der in 3 Schnitten einen Ertrag gibt, der um 25—33 % geringer ist als I; Klasse III ist ein vorzüglicher Rotkleeboden, der in 2—3 Schnitten zusammen 60—75 dz Heu je Hektar bringt; Klasse IV ist ein guter Rotkleeboden der 45—60 dz Heu liefert; Klasse V ist ein guter Esparsetteboden, der in 2 Schnitten 37—52 dz Heu gibt und Klasse VI ist ein geringer Esparsetteboden mit nur einem Schnitt. Zu diesen kleefähigen Bodenarten, die von SCHÖNLEUTNER auch nach ihrer Beschaffenheit kurz gekennzeichnet werden, kommen folgende nicht kleefähige Bodenarten: Klasse I: Böden mit übermäßiger Feuchtigkeit (Sumpf, Moor, Torf), Klasse II: Böden mit zu geringem Zusammenhang (Moor und Torf in trockener Lage, Flugsand, grobkörniger Sand und Grand- und Kiesboden), Klasse III: Böden mit zu seichter Krume (Moor- und Sandboden ohne die Bedingungen zum Kleebau). Sein System ist ein Übergang von den ökonomischen zu den naturwissenschaftlichen. Als Tiefwurzler besagen die Kleegewächse auch manches über den Untergrund. Luzerne ist in dieser Hinsicht am anspruchvollsten, dann folgt Rotklee und schließlich Esparsette. Jedenfalls sind die verschiedenen Kleearten empfindlicher gegen die Standortsfaktoren als die Getreidearten, doch dürften 6 Klassen zu wenig sein, und die Kleefähigkeit allein kann unmöglich maßgebend für die Bonitierung werden. Schließlich spielen manche Umstände mit, welche ein Versagen der Leguminosen bedingen, ohne daß der Boden daran Schuld trägt, denn bei allen geringeren Bodenarten kann von Klee-

[1] SCHÖNLEUTNER, M.: Berichte über die Bewirtschaftung der königlich-bayerischen Staatsgüter Schleißheim, Fürstenried und Weihenstephan im Jahre 1819/20. München 1822. — Jb. Landw. Bayern 1823/24. — Entwurf einer Theorie des Ackerbaues IV. In M. SCHÖNLEUTNER u. L. ZIERL: Jb. kgl. bay. landw. Lehranst. zu Schleißheim 1, 174. München 1828. — Die landwirtschaftlichen Musterwirtschaften im Königreich Bayern und ihre Gegner. München 1830. — Nachrichten über die königliche landwirtschaftliche Schule in Weihenstephan. München 1810. — Theorie des Ackerbaues nach physikalischen, durch vieljährige Erfahrungen geprüften Grundsätzen. München 1828.

fähigkeit überhaupt nicht die Rede sein. Diese ist wohl ein günstiges Zeichen für den Boden, aber ihr Fehlen besagt nicht immer, daß derselbe daran schuld wäre. Die Ursache z. B., warum ein Boden eventuell keine Luzerne trägt, kann auch in der Fruchtfolge, der Witterung, der Kleefähigkeit oder Graswüchsigkeit liegen, so daß die Bodenbeschaffenheit allein nicht immer ausschlaggebend zu sein braucht. Auch hat SCHÖNLEUTNER eine Reihe von Kleearten gar nicht berücksichtigt und war somit sehr einseitig. Sein Verfahren hat sich nirgends praktische Geltung verschafft, kann aber als Ergänzung zu einem anderen wertvolle Grundlagen geben. Immerhin hat es dazu beigetragen, die alten Systeme mehr von Mängeln zu befreien und zu verbessern.

J. G. KOPPE[1] (1823) klassifiziert als erster ausgesprochen nach dem Reinertrag und gibt für jede seiner 10 Hauptklassen an, wie viele Scheffel Roggen sie bringen. Er rechnet ebenso wie THAER mit Roggenwerten und zieht dabei Aussaat und Bewirtschaftungskosten von den Roherträgen ab. Der Boden wird in jeder Klasse nach seinen Hauptbestandteilen gekennzeichnet, und er nimmt für Klasse 1—6 die verbesserte Dreifelderwirtschaft und für Klasse 7—10, welche die schlechtesten Klassen darstellen, die Koppelwirtschaft an. Dann berechnet er den Rohertrag der darauf gebauten Früchte und hieraus den Reinertrag pro Morgen in Roggenwerten. Er hat alsdann, ebenso wie THAER, den Reinertrag der besten Klasse gleich 100 gesetzt und die Reinerträge der übrigen Klassen hierzu in Beziehung gebracht, so daß sich hieraus Verhältniszahlen des Reinertrages ergeben.

Bei ihm gibt Klasse 1 einen Reinertrag von 5 Scheffel und Klasse 10 einen solchen von 0,36 Scheffel Roggenwert. Als Maß- und Werteinheit nimmt er $^1/_{24}$ Berliner Scheffel Roggen, nach welchem von ihm alles berechnet wird. Doch sind seine Roh- und Reinertragsberechnungen heute nicht mehr brauchbar, weil sich u. a. auch deren gegenseitiges Verhältnis seitdem stark verändert hat. Auch sonst ist gegen die Roggenwertberechnung vom heutigen Standpunkte aus gar mancherlei einzuwenden. Wenn damals der Tauschwert des Roggens beständiger als Geld war, so hat sich dieses seitdem sehr geändert und auch das Preisverhältnis der Getreidearten zueinander ist keinesfalls stabil. Inzwischen sind die schmackhafteren Erzeugnisse wie Milch, Butter und Fleisch gegenüber dem Getreide verhältnismäßig schnell an Wert gestiegen, und Geld ist jetzt der Maßstab für alles geworden. Kein Wunder daher, wenn die von ihm seinerzeit aufgestellten Klassen heute nicht mehr gelten können, und der Grund, daß dieses System damals keinen Eingang gefunden hat, liegt u. a. darin, daß der Reinertrag von anderen Faktoren als vom Boden in besonderem Maße abhängig ist. Auch wirtschaftliche Momente wurden dabei unklarerweise mit einbezogen. Nicht unerwähnt möge bleiben, daß KOPPE auch versucht hat, die Weiden zu klassifizieren, und zwar geschieht dies nach sog. „Kuhweiden", die die Fläche bezeichnen, welche eine Kuh von 250—300 kg Schlachtgewicht während des Sommers zu ernähren vermag. Dieses Durchschnittsgewicht ist natürlich für unsere jetzigen Verhältnisse viel zu gering, und das Nahrungsbedürfnis einer Kuh kann nicht ohne weiteres mit dem eines anderen Haustieres verglichen werden. Deshalb hat man später bei den Versuchen, auch die Weiden zu bonitieren und zu klassifizieren, andere Beurteilungsmomente herangezogen, wie zur gegebenen Zeit gezeigt werden soll.

J. F. SCHMALZ[2] (1824) hat ein Klassifikationssystem aufgestellt, das sich an das von THAER anschließt und insbesondere dadurch gekennzeichnet ist, daß

---

[1] KOPPE, J. G.: Unterricht in Ackerbau und Viehzucht. Berlin 1823.

[2] SCHMALZ, J. F.: Anleitung zum Bonitieren und Classifizieren des Bodens. Leipzig 1824. — Veranschlagung ländlicher Grundstücke. Königsberg 1829. — Versuche einer Anleitung zum Bonitieren und Klassifizieren des Bodens. Leipzig: Fleischer 1833.

es die Böden nach äußeren Merkmalen beurteilt und den Prozentgehalt der Hauptbodenbestandteile angibt. Letzteres erleichtert die Einreihung der Böden in die einzelnen Klassen sehr. Ferner enthalten seine Tabellen die auf den einzelnen Böden sicheren Früchte als deren Hauptfrüchte. Dieses erleichtert ebenfalls die Charakterisierung der Böden für den Landwirt, welcher durch die genaue Angabe äußerer Kennzeichen derselben, wie Aussehen im trocknen und feuchten Zustande und deren Verhalten zu Wasser wertvolle Angaben erhält. Allerdings fehlen in seiner Klassifikation ebenso wie bei THAER die Kalkböden, und dessen hohe Humussätze behält er ebenfalls bei. SCHMALZ hat bereits im Jahre 1833 festgestellt, wieviel Weidefläche unter den verschiedensten Verhältnissen auf je 1 Stück Großvieh entfällt. Nach ihm braucht ein solches auf den geringsten Weiden 24 mal so viel Fläche als auf den besten.

A. BLOCK[1] (1834) gibt den Durchschnittsrohertrag gleich THAER und KOPPE in Roggenwerten an, doch berechnet er die sämtlichen Wirtschaftsunkosten nicht besonders, sondern gibt sie in Prozenten des Rohertrages an. Beim Boden 1. Klasse, dem besten Boden, macht er einen Abzug von wenigstens 50%, und dieser Abzug steigt mit geringer Fruchtbarkeit prozentisch an. Um die dabei unvermeidlichen Fehler zu verbessern, nimmt er sehr viele Abstufungen, und zwar bis zu 82 vor. Das geht natürlich viel zu weit. Auch sonst ist eine derartige Verallgemeinerung, besonders unter den heutigen Verhältnissen, durchaus unangebracht. Für die Klassifizierung stellt BLOCK allerdings nur 10 Klassen auf, und zwar die höchste für den fruchtbarsten Boden mit 10 Scheffel Roggenwert jährlichen Durchschnitts-Bruttoertrages pro Morgen und die niedrigste, für Ackerbau noch rentable Klasse, mit einem Scheffel Roggenwert. Um eine genauere Unterscheidung zu erreichen, wird jede Klasse noch einmal mit dem entsprechenden Mittelroggenwert als Grenze geteilt. Die meisten Mißgriffe, welche bei der Schätzung der Ertragsfähigkeit des Ackers vorkommen, geschehen nach ihm wie folgt: 1. Die Ertragsberechnung nach der Samenvervielfältigung, 2. die nicht genügende Beachtung des Düngungszustandes der Böden, 3. einen unrichtigen Anbau und Wechsel der Früchte und 4. die geringe Berücksichtigung der dem Acker von Zeit zu Zeit zu gebenden Ruhe. Der Boniteur soll Vergleiche mit ähnlichen Böden der Gegend ziehen und deren Erträge kennen. Auch ist er der Meinung, daß die chemische Untersuchung dem nicht genügend sicheren Taxator einen Anhalt zur Schätzung geben kann. In seinem letzten, im Jahre 1855 erschienenen Werke gibt BLOCK Angaben über Preisbestimmung für Düngemittel, Hand- und Spannbreite, Dienstbarkeiten und Gerechtsamkeiten usw. Dagegen erfahren wir hierin nichts mehr über den Bodenwert. Die Weiden bonitiert er nach dem Wert des erzielbaren Heues, nicht nach der Nutzung durch Kühe. Dabei gibt er Schwankungen im Weideertrag von 1—20 dz pro Hektar an.

W. v. HONSTEDT[2] (1834) ist bezüglich der Bonitierung und Klassifikation des Bodens der Ansicht, daß für die Bestimmung der natürlichen Ertragsfähigkeit die Kenntnis der Hauptbestandteile der Böden und ihrer physischen Eigenschaften am bedeutungsvollsten ist. Dagegen habe sich die chemische Prüfung des Bodens nach den bisherigen Erfahrungen als unzulänglich erwiesen, während man durch einfache Augenscheinnahme eine weit richtigere Kenntnis der Böden

---

[1] BLOCK, A.: Grundsätze zur Abschätzung landwirtschaftlicher Gegenstände. Landwirtschaftliche Erfahrungen, Bd. 3. Breslau 1834. — Mitteilungen landwirtschaftlicher Erfahrungen, Ansichten und Grundsätze. Breslau 1839. — Beiträge zur Landgüterschätzungskunde. Breslau 1840. — Mitteilung landwirtschaftlicher Erfahrungen, Ansichten und Grundsätze im Gebiet der Veranschlagung und Rechnungsführung. Breslau 1855.

[2] HONSTEDT, W. v.: Anleitung zur Aufstellung und Beurteilung landwirtschaftlicher Schätzungen. Hannover 1834.

erlange. Bezüglich der Klassifikation und der Bezeichnung der Böden hält er sich an das System von THAER.

G. SPRENGEL[1] (1837) gibt in seiner Bodenkunde ein Klassifikationssystem an, welches 12 Klassen nach der mechanischen Zusammensetzung unterscheidet. Für die Bewertung des Bodens berücksichtigt er außer der mechanischen Beschaffenheit auch chemische Zusammensetzung, natürliche Flora, besonders Kali anzeigende Pflanzen, anbaufähige Kulturpflanzen neben Klima, Neigung usw. Auch auf die Berücksichtigung des Untergrundes bei der Bonitierung wies er hin.

L. ENGEL[2] (1838) kritisiert die bisherige preußische Bonitierungsart, das Ackerland in gewisse Klassen zu teilen und den Ertrag jeder Klasse nach einer von den Boniteuren zu bestimmenden Aussaatmenge in Körnerertrag anzugeben. Dies erscheint ihm zu weitläufig, obwohl beim Umtausch der Grundstücke keiner darunter leidet. Die in Mecklenburg ausgeführte Bonitierungsweise nach „Scheffel und Fuder" hält er für angemessener, da sie viel schneller und auf geradem Wege zum Ziele führt. Nach ihm verdienen die Schätzungsverfahren, welche den jährlichen Ertrag der Grundstücke in Geldeswert zum Ausdruck bringen, den Vorzug.

Freiherr v. MONTETON[3] (1838) spricht sich dahin aus, daß die nach den Hauptfrüchten gewählten Bodenklassen zu ihrer allgemeinen Charakterisierung dienen, dagegen keineswegs ein absolut kennzeichnendes Kriterium hierfür sind und daher nur sekundäre Bedeutung besitzen. Bei der Frage, welches Moment klassifiziert werden soll, der Wert oder die physische Beschaffenheit, entscheidet sich derselbe für ersteres, um eine Sprach- und Begriffsverwirrung zu vermeiden. Die an sich wünschenswerte Vervielfältigung der Klassen darf nur so weit betrieben werden, daß jede derselben noch immer deutlich unterscheidbare Merkmale aufweist. Er tritt schließlich dafür ein, daß die Klassifikation nach der Vorschrift der Kur- und Neumärkischen ritterschaftlichen General- und Spezialtax-Prinzipien zu geschehen habe.

SCHÜBLER[4] (1838) hat eine Klassifikation aufgestellt, die als eine mineralogische zu bezeichnen ist und eigentlich nur eine rein wissenschaftliche Aufstellung darstellt, ohne Rücksicht auf die landwirtschaftliche Nutzung des Bodens. Er untersuchte die wichtigsten Bodenarten nach ihren Mengenverhältnissen an Ton, Sand, Kalk und Humus und unterscheidet teilweise zwischen kalklosen und kalkhaltigen Böden, bei denen er wieder von armen, vermögenden und reichen Böden spricht. Beim Kalkboden macht er die Unterabteilungen tonig, lehmig, sandig und humos, und beim Humusboden unterscheidet er bereits zwischen mildem und saurem oder faserigem Humus. Näheres enthalten die von ihm hierüber aufgestellten Tabellen. SCHÜBLER hat sich zweifellos um die Bestimmung des physikalischen Verhaltens der Böden sehr bemüht, und seine Methode beruht auf einer naturwissenschaftlich einwandfreien Grundlage, aber die Ertragsfähigkeit seiner einzelnen Klassen, über die er sich nicht eingehend äußert, dürfte kaum ganz stimmen.

F. SENFT[5] (1847) stellte zwei Klassifikationssysteme auf. Das erste beurteilt die Böden nach ihren Hauptgemengteilen und der charakteristischen Flora (Un-

[1] SPRENGEL, G.: Die Bodenkunde oder die Lehre vom Boden. Leipzig: I. Müller 1837.

[2] ENGEL, L.: Anleitung zu Bonitierungen und Auseinandersetzungen von Stadt- und Bauernfeldern usw. Anklam 1838.

[3] MONTETON, Freiherr v.: Anleitung zu landwirtschaftlichen Veranschlagungen bei den Auseinandersetzungen im Ressort der königlich-preußischen Generalkommission mit besonderer Rücksicht auf die Kurmark Brandenburg. Berlin 1838.

[4] SCHÜBLER, G.: Über Grundsätze der Agrikulturchemie. 1838.

[5] SENFT, F.: Lehrbuch der Gebirgs- und Bodenkunde. Jena 1847. — Die Unkräuter als Bestimmungsmittel der Bodenarten. Georgika I. Bd. (Leipzig 1869).

kräuter), während das zweite eine Einteilung der Böden nach Lagerungsgebieten und Ursprungsgesteinen darstellt. Durch Erforschung der ein bestimmtes Nährstoffvorkommen anzeigenden Pflanzen sowie der für die einzelnen Bodenarten charakteristischen Flora hat er der Bodenbonitierung nach der botanischen Richtung hin wertvolle Dienste geleistet.

Die Zeit von 1850—1900.

H. W. PABST[1] (1853) hat die Böden nach den zu tragenden Hauptfrüchten in 16 Klassen eingeteilt und lediglich nach dem Rohertrag bonitiert. Er stuft seine Ertragsklassen nach den jeweiligen Durchschnittserträgen der wichtigsten Kulturpflanzen, mit Ausnahme der Zuckerrüben, je nach Bodenbeschaffenheit ab. Auf Weizen- und Gerstenböden entfallen z. B. je 3—4 Bodenklassen. Die Roherträge werden in Metzen pro österreichisches Joch bzw. in Scheffeln pro preußischen Morgen berechnet, und es ergeben dabei, wenigstens für die besseren Böden, Gerste und für die schlechteren Böden Roggen nicht ungünstige Maßstäbe. Doch gibt der Genannte selbst zu, daß durch die Lage der Böden, das Klima und die besonderen Kulturverhältnisse mitunter nicht unbedeutende Schwankungen in der Höhe der Erträge eintreten können, die daher nur Durchschnittserträge sind. Bedauerlicherweise ist seine Beschreibung der Beschaffenheit der Böden recht wenig befriedigend. Eine praktische Anwendung fand sein System, das zur Klassifizierung nicht gerade leicht ist, u. a. bei der Einschätzung der Grundstücke zur Festsetzung der Grundsteuer in Bayern. Zu seiner Zeit wurde sein Klassifikationssystem als das beste seiner Art bezeichnet, wenn es auch nicht ausreichte, der tatsächlichen Mannigfaltigkeit der Bodenverhältnisse Rechnung zu tragen. Durch die inzwischen eingetretene Steigerung der Intensität der Bodenbewirtschaftung und die Veränderung vieler einschlägiger Verhältnisse sind seine Bodenertragsziffern schon seit längerem nicht mehr zutreffend. An und für sich dürften sich die Böden nach seiner Methode schwer einschätzen lassen, da die Tabellen Lücken aufweisen, auch hat er weder den Untergrund, noch die klimatischen Verhältnisse berücksichtigt, welche zusammen für den Rohertrag doch oft von entscheidender Bedeutung sind. Sein Klassifikationssystem ist eine Verbindung von der naturwissenschaftlichen mit der ökonomischen Bonitierung, denn er bezeichnet die einzelnen Bodenklassen je nach der Getreideart. Es soll nicht unterlassen werden, darauf hinzuweisen, daß heute noch z. B. Kreditanstalten die Roherträge der Böden zur Grundlage für ihre Schätzungen gebrauchen. So nimmt z. B. die ostpreußische Landwirtschaft 8 und die westpreußische 4 Hauptklassen an. PAPST hat auch 9 Wiesenklassen nach den jeweiligen Verhältnissen, z. B. der Lage, der Zahl der Schnitte, den Erträgen usw. unterschieden, ohne dabei auf die Bodenverhältnisse Rücksicht zu nehmen. In die gleiche Klasse reiht er z. B. Höhen- und Niederungswiesen trotz der bestehenden Verschiedenheiten ein. Auch die Art der Wasserzuführung oder Entwässerung wird nicht beachtet. Dagegen ist nach ihm die Quantität und Qualität des erzeugten Futters ausschlaggebend. Den Reinertrag, welchen er hier zu berechnen versucht, ermittelt er derartig, daß er vom Wert des Weideheues in Gulden die Unkosten abzieht. Obwohl für Wiesen zweifellos viel leichter ein Klassifikationssystem aufzustellen ist als für Ackerland, ist seine Wiesenklassifikation doch sehr mangelhaft und für heutige Verhältnisse unbrauchbar.

C. TROMMER[2] (1853) unterscheidet scharf zwischen einer physikalischen und einer ökonomischen Klassifikation, wobei sich letztere auf die Ertragsfähigkeit

---

[1] PABST, H. W.: Die landwirtschaftliche Taxationslehre. Wien 1853.

[2] TROMMER, C.: Die Bonitierung des Bodens vermittels wildwachsender Pflanzen. Greifswald 1853.

der Böden, die erstere dagegen auf die Bodeneigenschaften aufbaut. Die physikalische Klassifikation beruhe auf einem wissenschaftlichen System, während die ökonomische für die Praxis die wertvollere ist. Er teilt den Tonboden in 7 Untergruppen, den Lehmboden in 8, den Sandboden in 4, den Kalkboden in 5, den Mergelboden in 9 und den Humusboden in 3. Als weitere Klasse fügt er diesen Hauptbodenarten den Gipsboden an. Wie THAER, CROME und SENFT mißt er den wildwachsenden Pflanzen für die Kenntnis des Bodencharakters große Bedeutung bei und stellt für jede Hauptbodenart eine typische Vegetation auf. In seinen Angaben über die Flora, welche für gewisse Böden charakteristisch sein soll, geht er noch weiter als SENFT[1], der sich in viel engeren Grenzen hält. So sind nach diesem beispielsweise dem Sandboden nur sehr wenige Pflanzen angepaßt. TROMMER unterscheidet zwischen bodensteten, bodenholden und bodenvagen Pflanzen. Die Flora der wichtigsten Bodenarten wird von ihm in ausführlicher Weise beschrieben. Wenn wir auch heute noch als Kennzeichen des Charakters eines Bodens die auf ihm wildwachsenden Pflanzen ins Auge fassen, wobei es sich mehr darum handelt, festzustellen, ob diese Pflanzen z. T. stärker verbreitet und gut ausgebildet sind, als daß sie nur in einzelnen Exemplaren vorkommen, so ist bei dieser Betrachtungsweise doch Vorsicht sehr am Platze, denn viele Pflanzen und Unkräuter werden durch den Samenwechsel verschleppt und gedeihen dann je nach der Nachlässigkeit des Landwirts mehr oder weniger üppig. Daher dürfen und können die Unkräuter nicht allein maßgebend für die Beurteilung eines Bodens sein, denn auch die Pflanzen reagieren nicht nur auf die physikalischen, sondern auch auf die chemischen Bodeneigenschaften, und diese können sich bis zu einem gewissen Grade dabei vertreten. Auch spielen selbstverständlich Klima, Ortslage und Untergrund dabei eine Rolle mit. Hierüber liegen bereits von HOFFMANN[2] aus dem Jahre 1865 einschlägige Arbeiten vor, die später durch weitere Forschungen bestätigt und erweitert wurden. Die Klassifikation von TROMMER, die außer den wildwachsenden Pflanzen insbesondere die chemischen Bodenbestandteile berücksichtigt, gibt keine Erträge für die einzelnen Böden an und kann daher nur als ein Klassifikationsversuch gewertet werden.

F. FALLOU[3] (1853), der Begründer der Bodenkunde, betont wie kurz vor ihm SENFT, die Bedeutung der Abstammung der Böden von den verschiedenen Gesteinen und ist wie dieser der Meinung, daß die Berücksichtigung der petrographischen und geologischen Verhältnisse der Böden genüge, um brauchbare Klassifikationssysteme zu begründen. So wichtig diese jedoch sind, um eine Reihe von Bodeneigenschaften besser beurteilen zu können und eine raschere Übersicht über die teilweise vorkommenden Bodenarten zu gewinnen, so ist doch eine einseitige Klassifikation auf rein geologischer Grundlage unmöglich. Wir wissen, daß ein oder dasselbe Gestein sehr verschiedene Verwitterungsprodukte bilden kann, je nach den Faktoren der Verwitterung, der Zeitdauer derselben sowie der Lage des Gesteins. FALLOU unterscheidet bei seiner mineralogischen bzw. geognostischen Klassifikation in allererster Linie zwischen Verwitterungs- und Schwemmlandsböden. Erstere umfassen die Bodenarten der Quarz-, der Ton-, der Glimmer-, Feldspat-, Kalk-, Augit- und Hornblendegesteine. Die angeschwemmten Böden dagegen umfassen die Kiesel-, Mergel-, Lehm- und Moor-

---

[1] SENFT: Gebirgs- und Bodenkunde. 1847.

[2] HOFFMANN, H.: Botanische Ztg. 1865; vgl. ebenfalls Landw. Versuchsstat. 13, 269 (1871).

[3] FALLOU, F.: Ackererden des Königreichs Sachsen geognostisch untersucht. Freiberg 1853. — Anfangsgründe der Bodenkunde. Dresden 1857. — Pedologie oder allgemeine und besondere Bodenkunde. Dresden 1862.

bodenarten. Jede weitere Gattung besitzt wieder eine Reihe von Arten. So z. B. die Gattung der Feldspatgesteine, die der Granit-, der Syenit-, der Porphyr-, der Trachyt-, der Phonolithböden. Innerhalb der Bodenarten unterscheidet er dann gegebenenfalls noch Varietäten.

H. GIRARD[1] (1868) lehnt sich stark an das Einteilungsprinzip von FALLOU an und teilt ebenfalls die Verwitterungsböden nach ihrem Muttergestein und die angeschwemmten Böden nach ihren Hauptbestandteilen ein. Der Unterschied zwischen Verwitterungs- und Schwemmlandsböden hat insofern vielleicht wirtschaftliche Bedeutung, als letztere durch ihren Feinerdegehalt im allgemeinen, doch nicht immer, wie die beiden Autoren meinen, fruchtbarer als erstere sind. Die geologische Herkunft der Böden vermag unter Umständen eine Reihe von Schlüssen auf wichtige Bodeneigenschaften zu ermöglichen, doch ist eine Beurteilung der Böden nur nach ihrer Entstehung einseitig und ungenügend. Schließlich sei hier kurz vermerkt, daß auch HAUSMANN und HUNDESHAGEN[2] nach geologischen Grundlagen klassifiziert haben, und daß auch A. MAYER[3] in seinem Lehrbuch der Agrikulturchemie die Gesichtspunkte erörtert, welche bei der Entwicklung eines geologischen Bonitierungssystems zu berücksichtigen wären. Immer spiele dabei die Einteilung der Böden nach Verwitterungs- und Schwemmlandböden eine Rolle. Recht bedenklich aber ist die Tatsache, daß man versucht, erstere nach ihrem Muttergestein, letztere dagegen nach ihren Hauptbestandteilen einzuteilen. Über die Forscher, welche in der Folge die geologischen Momente bei der Bonitierung in den Vordergrund rückten, soll jeweils zu gegebener Zeit näher berichtet werden.

L. v. OMPTEDA[4] (1858) beschäftigte sich insbesondere mit der Berechnung der Reinerträge zum Zwecke der Bonitierung. Nach seiner Meinung bilden die gebotenen Pachtpreise, welche als mittlerer Reinertrag zu betrachten sind, den zutreffendsten Maßstab. Auch der bei höchster hypothekarischer Sicherheit landesübliche Kapitalzinsfuß gibt nach OMPTEDA einen Anhaltspunkt, und zwar namentlich für die sog. Minimalgrenze. Es ist diesem Autor nur darum zu tun, den Anteil, den das Grundstück selbst, ohne die Faktoren Arbeit und Kapital am Reinertrag hat, zu ermitteln. Diese Theorien sind, wie später noch gezeigt werden wird, für die heutigen Verhältnisse der Bonitierung gegenstandslos.

A. MEITZEN[5] (1868) hat in einer umfangreichen und mit zahlreichen Karten ausgestatteten Arbeit eingehend die Arbeiten geschildert, welche für die Grundsteuererhebung im preußischen Staate die Grundlage gebildet haben. Von Interesse ist seine Auffassung, daß die Anweisung für die preußische Katastrierung die größtmögliche Sicherheit für eine richtige Schätzung dadurch gewährt hat, daß jedes rechnungsmäßige Mittelglied für die Reinertragsbestimmung beseitigt war. Es wurde der Reinertrag dabei unmittelbar nach dem Gesamteindruck festgestellt, den das Grundstück auf den ortskundigen landwirtschaftlichen Sachverständigen ausübt. Dieser Reinertrag wurde pro Morgen in Silbergroschen angegeben. Für die Taxation war dabei wichtig, daß das Grundstück nur innerhalb derjenigen Kulturart abgeschätzt wurde, in der es sich vorfindet, und daß für jede derselben nicht mehr als 8 Klassen aufgestellt wurden. Einige weitere Angaben

[1] GIRARD, H.: Grundlagen der Bodenkunde für Land- und Forstwirte. Halle 1868.

[2] Vgl. hierzu: Specimen de rei agrariae et salutariae fundamento geologico. Göttingen 1823; Übersetzung hiervon in Ann. Landw. Möglin 14, Stück 2. — Ferner Beiträge zur gesamten Forstwirtschaft, 1, H. 3. Tübingen 1825.

[3] MAYER, A.: Lehrbuch der Agrikulturchemie. II. Teil Bodenkunde, 5. Aufl., S. 55. Heidelberg 1901.

[4] OMPTEDA, L. v.: Die Theorie der Ertragsanschläge von Landgütern. Hannover 1858.

[5] MEITZEN, A.: Der Boden und die landwirtschaftlichen Verhältnisse des preußischen Staates. Berlin 1868.

über die Bonitierung des preußischen Staates werden später an anderer Stelle gebracht werden.

VON WALZ[1] (1867) unterscheidet bemerkenswerterweise bei seiner Klassifikation zwischen Wein-, Winter- und Sommergetreideklima und macht auch bei ungünstiger örtlicher Lage der Böden entsprechende Abzüge vom Ertrag. Von ihm werden die Sandböden in 3, die Lehmböden in 4, die Tonböden auch in 4, die Kalk-, Mergel- und Humusböden in je 3 Klassen eingeteilt. Er berücksichtigt auch die geologischen Verhältnisse bei der Bonitierung, und der geeignetste Weg zur Bestimmung des Wertes eines Grundstückes ist nach ihm die Ermittlung von dessen Brauchbarkeit oder Ertragsfähigkeit. Die von diesem Autor bei Beginn der Abschätzung ins Auge zu fassenden Punkte seien anbei kurz wiedergegeben: Er unterscheidet schon bei seiner Klassifikation zwischen den verschiedenen Klimakreisen und bespricht z. B. den schlechten Einfluß der nördlichen Lage auf den Ertrag, wobei er entsprechende Ertragsabzüge macht. In seiner besonders für Württemberg gedachten Klassifikation vereinigt er die Beschaffenheit und den Ertrag. Nach v. WALZ und DREISCH sind bei Beginn einer Abschätzung folgende Umstände wichtig: 1. Es ist die geographische Lage und Ortsbezeichnung festzustellen. 2. Ebenso die allgemeine Kennzeichnung der Witterungsverhältnisse durch Angabe der durchschnittlichen Jahreswärme und der Wärme der einzelnen Jahreszeiten, durch Feststellung der Häufigkeit von Früh- und Spätfrösten, des Beginns und der Dauer der Frühjahrsbestellung, der Heuernte, der Roggen- und Weizenernte, sowie des Beginns und des Endes der Herbstbestellung. Ferner sind die Verteilung und Höhe des Regenfalles, das Vorkommen von Hagelschäden, die herrschende Windrichtung, die Anzahl der Sonnen- und Regentage festzustellen. 3. Die Umgebung der Örtlichkeit, wie z. B. Nähe von Bergen, Flüssen und Teichen, offene und geschlossene Lage. 4. Bei größeren Einschätzungen sind gute geologische Karten sehr nötig, ebenso findet man in geologischen Werken die zur Kennzeichnung des Bodens notwendigen geologischen und geognostischen Grundbegriffe. 5. Es ist die Gleich- oder Ungleichartigkeit jedes Feldstücks zu untersuchen, Ungleichmäßigkeiten, wie Naßgallen, verschieden bindiger Boden, denn selbst kleinere derartige Stellen in besseren Böden erniedrigen deren Wert. Nur bei häufigem Vorkommen guten Bodens und nahe bevorstehender Verbesserung desselben kann ausnahmsweise besser eingeschätzt werden. 6. Der Boden ist außerdem noch nach äußeren Merkmalen, wie Farbe, Geruch, Körnigkeit, Gefühl, Feuchtigkeitszustand, Bruchfähigkeit und vor allem Bearbeitungsfähigkeit zu beschreiben. 7. Es ist schließlich auch zweckmäßig, Proben von Krume und Untergrund zu entnehmen. Die oberste Schicht ist ja stets humusreicher.

K. BIRNBAUM[2] (1870) wendet sich energisch gegen die Reinertragsbestimmung bei der Bodenbonitierung, da der Grund und Boden als Kapital geschätzt werden müsse. Der Reinertrag könne nicht zur Bestimmung des Verkaufs- oder Pachtwertes dienen und seine Ermittlung ist nur durch einwandfreie, langjährige Buchführung mit getrennten Konten möglich. Als Wert für den Grund und Boden soll nach BIRNBAUM der örtliche für einen Hektar gezahlte Preis gelten. Demgegenüber ist zu bemerken, daß der Boden kein Handels- und Verkehrsgegenstand, sondern nach ROTBERTUS[3] ein Rentenfond ist, welche Auffassung

---

[1] WALZ, G.: Landwirtschaftliche Betriebslehre. Stuttgart 1867. — Ackerklassifikation. Abdruck in Klassifikationssystem für Ackerland und Wiesen. Plieningen 1898.

[2] BIRNBAUM, L.: Über die Grundlagen der Bodentaxation und Bodenbesteuerung. Leipzig 1870. — Landwirtschaftliche Taxationslehre. Berlin 1877. — Taschenbuch zum Bonitieren. Leipziger Lehrmittelanstalt 1885.

[3] RODBERTUS-JAGETZOW: Zur Erklärung und Abhilfe der heutigen Kreditnot des Grundbesitzes. Jena 1869.

sich auch die moderne Agrargesetzgebung zu eigen gemacht hat, um die Überschuldung des Grund und Bodens zu beseitigen, denn der Wert eines Grundstückes liegt in seinen durchschnittlichen Erträgen, und diese hängen von den Standortsfaktoren und den klimatischen Verhältnissen ab. Nach BIRNBAUM kann man die Böden nur dadurch klassifizieren, daß man deren relativen Wert feststellt, und zwar wäre alsdann der beste Boden der Klasse 1 entsprechend, bei der derselbe in jeder seiner einzelnen Eigenschaften an der Spitze steht. Von ihm ausgehend lassen sich alsdann die anderen Böden je nach ihren mehr oder weniger günstigen Eigenschaften entsprechend einreihen. Für jedes der nachfolgenden 11 Beurteilungsmomente stellt BIRNBAUM je 10 Klassen auf, wobei die erste oder beste Klasse mit 10, die schlechteste mit 1 zu bezeichnen wäre. Beurteilungsmomente sind: a) Die Mächtigkeit der Krume und des Untergrundes, b) die Beschaffenheit des Untergrundes, c) der Zusammenhalt der Krume, d) die Bearbeitungsfähigkeit, e) die Absorption, f) die Feuchtigkeit und Wärme, g) die Mischung der Bodenbestandteile, h) der Nährstoffreichtum, i) der Kulturzustand, k) die Anbaubeschränkung (Hauptfrüchte), l) der Meliorationsaufwand. Demnach würden auf die beste Klasse 1 insgesamt $11 \times 10 = 110$ Punkte entfallen und auf die schlechteste, die Klasse 10, nur $11 \times 1 = 11$ Punkte. Zum besseren Verständnis folgen anbei die 10 Klassen für das 2. Beurteilungsmoment: Der Untergrund.

Klasse 1, reich an Nährstoffen und physikalisch verbessernd, 10 Punkte,
„ 2, dgl., aber in physikalischer Hinsicht indifferent, 9 Punkte,
„ 3, einseitig gemischt, aber physikalisch verbessernd, 8 Punkte,
„ 4, dgl., physikalisch indifferent, 7 Punkte,
„ 5, arm an Nährstoffen, physikalisch verbessernd, 6 Punkte,
„ 6, arm und physikalisch indifferent, 5 Punkte,
„ 7, an Nährstoffen reich, aber physikalisch verschlechternd, 4 Punkte,
„ 8, einseitig gemischt und physikalisch verschlechternd, 3 Punkte,
„ 9, arm und physikalisch verschlechternd, 2 Punkte,
„ 10, im Bestand und physikalisch schlecht, 1 Punkt.

BIRNBAUM gesteht zu, daß dieses System auch nicht vollkommen wäre, was aber von den anderen Klassifikationssystemen ebenfalls gelte. Er stellt sich damit in einen bewußten Gegensatz zur alten Schule von THAER, KOPPE, SCHMALZ, BLOCK, PABST, v. FLOTOW, SCHÖNLEUTNER usw., welche unter Berücksichtigung der Bodenverhältnisse nach der Ertragsfähigkeit bonitieren. Ferner vertritt er die Meinung, daß es besonders wichtig wäre, die richtigen Beurteilungsmomente aufzustellen und für jedes derselben die Abstufungen richtig zu treffen, wobei für die Zahl dieser Momente und die Art der jedem entsprechenden Abstufungen lokale Verhältnisse maßgebend sein können. Allerdings wäre nach seiner Meinung die Aufstellung der geeigneten Momente und die Charakterisierung ihrer Unterabteilungen zur Zeit noch nicht mit voller Sicherheit zu bewirken, doch wäre es wünschenswert, darüber Erfahrungen zu sammeln und diese praktisch zu erproben. Jedenfalls ist er der Auffassung, daß die Reinertrags- und Rohertragsberechnungen für die Taxation nicht anwendbar wären, weil der Rein- und Rohertrag nicht allein durch den Boden gewonnen wird, und der Boden, wie bereits erwähnt, nur als Kapital nach seinem Tauschwert geschätzt werden dürfe. Man könne bei der Taxation nur durch die Aufstellung von relativen Wertabstufungen zum Ziele kommen. Somit ist BIRNBAUM der erste, der eine rein synthetische Klassifikation mittels des Punktierverfahrens aufgestellt hat.

Von den Gegnern dieses Systems wurde vor allem geltend gemacht, daß es eine Willkür bedeute, das wechselvolle Spiel der Kräfte im Boden, die durch dessen Eigenschaften ausgelöst werden, sich gegenseitig beeinflussen bzw. aufheben oder ergänzen, durch ein starres Zahlensystem ausdrücken zu wollen. Auch wurden übereinstimmend je 10 Unterstufen für jedes einzelne Beurteilungsmoment als zu viel erachtet, und besonders wurde der Umstand geltend gemacht, daß die Beurteilungsmomente an sich nicht von gleichem Gewichte wären und daher auch nicht gleichviel Unterstufen bedingen könnten. Man dürfe Ertragsfaktoren mit allenfalls verschiedenartigem Einfluß auf die Ertragsfähigkeit nicht mit einer gleichen Zahl von Punkten in Ansatz bringen.

Demgegenüber verlangt BIRNBAUM zunächst, daß ein Bonitierungssystem so aufgebaut sein müsse, daß es für ganze Länder Anwendung finden könne. Die Rücksichtnahme auf einen gegebenen Normalboden hätte es ferner mit sich gebracht, daß alle bisherigen Klassifikationssysteme einen lokalen Charakter trügen, folglich nur dort anwendbar seien, wo sich ähnliche Verhältnisse fänden. In Deutschland ließen sich diese Schemata nicht einmal in solche für Flach- und Gebirgsland oder See- und Kontinentalklima einteilen, da sie alle einen spezifischen Landescharakter tragen und dies selbst dann, wenn, wie das bei manchen Kleinstaaten der Fall sei, in bezug auf Boden und Klima gegenüber den Nachbarländern keine wesentlichen Unterschiede vorhanden wären. Der Hauptfehler aller dieser Systeme liege darin, daß die als notwendig erachteten Klassen ganz genau in allen zur Beurteilung herangezogenen Merkmalen gekennzeichnet werden, so daß in den Fällen, wo ein Grundstück nicht in allen diesen mit einer der aufgestellten Klassen übereinstimme, die Einschätzung nur mit mehr oder minder großer Willkür durch Aufstellung von Zwischen- und Unterklassen möglich sei. Im besonderen macht BIRNBAUM dem sächsischen ökonomisch- und naturwissenschaftlichen System den Vorwurf, daß man doch nicht alle Mischungsverhältnisse der Hauptbodenbestandteile festlegen und kennzeichnen könne, und daß diese einzelnen Bestandteile selbst wieder sehr wechselnde Zusammensetzung besitzen. Wenn er schließlich die Forderung aufstellt, die Böden möchten nur in Skelett und Feinerde getrennt werden, weil dies leicht ausführbar und natürlich sei, so ist diese Forderung insofern unverständlich, als er andererseits für die Bonitierung weitgehende Bestimmungen der Bodenverhältnisse wünscht. SUDECK[1], der gegen obige Ausführungen Stellung nimmt, dürfte sich in Übereinstimmung mit anderen Autoren befinden, wenn er feststellt, daß dem Landwirt Ton, Sand usw. gut bekannte Begriffe wären, während dieser mit der mechanischen Bodenanalyse und der Kenntnis der Herkunft der Böden nichts anfangen könne. Auf andere Angriffe gegen das System von BIRNBAUM, das auch von DETMER[2] als zwar merkwürdig, aber auch beachtenswert bezeichnet wird, soll später unter Berücksichtigung dessen eingegangen werden, was BIRNBAUM selbst zu dessen Verteidigung anzuführen hat. In seinem „Taschenbuch zum Bonitieren" (1885) gibt dieser eine Gesamtübersicht über die Gesichtspunkte beim Bonitieren, und es verdient Erwähnung, daß er auch bereits für die Wiesenbonitur recht bemerkenswerte Vorschläge gemacht hat.

W. KNOP[3] (1871) hat als erster den Boden auf Grund seiner chemischen Eigenschaften bonitiert und seine Klassifikation kann daher als eine rein chemische bezeichnet werden, wenn er auch daneben empfohlen hat, durch Ausführung der mechanischen Analyse die physikalischen Eigenschaften mit zu berücksichtigen. Er bestimmt den Gehalt der Böden u. a. an organischen Be-

---

[1] SUDECK, G.: Beleuchtung der Abschätzungsverfahren und Vorschriften der deutschen Bodenkreditanstalten. Arb. Dtsch. Landw.-Ges. H. 47.

[2] DETMER, W.: Bemerkungen über Bodenklassifikation. Fühlings landw. Ztg. 1876, 577.

[3] KNOP, W.: Die Bonitierung der Ackererden. Leipzig 1871. — Neue Beiträge zur Frage der Bodenbonitierung. Biederm. Zbl. 1873, Seite 9.

standteilen und Wasser, den Glühverlust und Salzgehalt, sowie insbesondere die Menge der Silikatbasen neben der Kieselsäure. Auch unterscheidet er bereits zwischen Silikat-, Karbonat- und Sulfatböden und stellt fest, daß der Gehalt des Bodens an wirksamen basischen Verbindungen bzw. an Silikatbasen entscheidend für dessen Absorptionsfähigkeit gegenüber Pflanzennährstoffen wäre. KNOP will eine gewisse Gesetzmäßigkeit in den Beziehungen zwischen Absorptionsvermögen und Fruchtbarkeit des Bodens festgestellt haben und erblickt hierin ein Mittel zur Bonitierung der Ackererde. Insbesondere schreibt er dem Absorptionsvermögen der Böden für Ammoniak, Kali und Phosphorsäure größere Bedeutung zu. Wenn er sich auch gegen die Unterstellung verwahrt, daß die chemisch-physikalische Methode der Bodenprüfung, wie er sie vorschlägt, unmittelbar die Fruchtbarkeit der Ackererde feststellen wolle und könne, so steht er doch auf dem Standpunkte, daß die sich nach seinen Untersuchungen ergebende Einteilung der Böden eine natürliche und für alle Zeiten brauchbare wäre, weil die Ackerböden immer aus diesen Substanzen bestanden haben und bestehen werden, denn er beabsichtige ja nur, die Fruchtbarkeitsfaktoren zu ermitteln, um daraus ersehen zu können, ob der Boden einen niederen oder hohen, bzw. einen vorübergehenden oder dauernden Wert besitze. Auch könne man schon manches erreichen, wenn man die Angabe, ob leichter oder schwerer, bzw. Roggen- oder Weizenboden vorliege, dahin ergänze, daß man deren Mischungsverhältnisse feststelle. Da die Bestandteile der Feinerde nicht mehr mit dem freien Auge zu erkennen sind, so ist nach KNOP in Zukunft die chemische Analyse derselben nicht mehr zu entbehren. Bemerkenswert ist, daß trotz seiner etwas einseitigen Einstellung doch auch von ihm die geologischen Gesichtspunkte der betreffenden Bodenarten bzw. deren Fruchtbarkeitsanlage gewürdigt werden.

Alles in allem läßt sich sagen, daß die Methode umständlich und zeitraubend und daher nur für wissenschaftliche Zwecke am Platze ist. Auch kann, selbst nach dem heutigen Stande der Wissenschaft, die Absorption der Böden und deren Einfluß auf die Fruchtbarkeit nicht unmittelbar für die Bonitierung herangezogen werden. Im übrigen hat bereits nach einer Angabe von DETMER[1], J. v. LIEBIG den Gedanken ausgesprochen, daß vielleicht einmal die Absorptionsgröße der Böden zur Wertermittlung herangezogen werden könne und BIEDERMANN[2] hat denselben aufgegriffen.

P. WAGNER[3] (1871) stellt die Forderung auf, daß Bezeichnungen, wie Weizen-, Gersten-, Kleeböden, Ton-, Sand- und Humusböden mit ihren Nebenbezeichnungen, wie mergelig, sandig usw., wegfallen müssen, oder aber, daß man diese Begriffe genau kennzeichne. Auch tritt er dafür ein, daß man die naturwissenschaftliche Bodenuntersuchung bzw. die chemischen und physikalischen Feststellungen zur Beurteilung der Bodenbeschaffenheit zur Bonitierung heranziehen müsse, nachdem doch die Leistungsfähigkeit, d. h. der Wert eines Bodens durch dessen Beschaffenheit bedingt werde. Da man wisse, welche Bestandteile im Boden diesem gewisse Eigenschaften erteilen, so müssen erstere auch ihrem Mengenverhältnisse nach festgestellt werden. Bei der Bonitierung habe man sich vor allem darüber klar zu werden, welche Anforderung die Pflanze an den Boden stelle und wie man prüfen könne, ob und in wie weit der Boden dem genüge.

---

[1] DETMER, W.: Die naturwissenschaftlichen Grundlagen der landwirtschaftlichen Bodenkunde, S. 541. Leipzig u. Heidelberg 1876.

[2] BIEDERMANN, R.: Einige Beiträge zu der Frage der Bodenabsorption. Landw. Versuchsstat. XI. Bd., Seite 1 (1869).

[3] WAGNER, P.: Vortrag über die chemischen und physikalischen Grundlagen der Bodenbonitierung. J. Landw. 1871, 273.

H. WERNER[1] (1872) beschäftigte sich insbesondere und in eingehender Weise mit der Reinertragsschätzung zur Grundsteuerveranlagung und der Berechnung der wirtschaftlichen Erträge. Durch Gegenüberstellung dieser beiden gelingt es ihm, den Nachweis zu führen, daß die Resultate dieser Taxationsverfahren voneinander abweichen, und er vermag dieses zahlenmäßig zum Ausdruck zu bringen. Erwähnung verdient auch, daß er durch eine schematische Figur die wichtigsten vorhandenen Bodenarten und deren Mischungsverhältnisse in sehr übersichtlicher Weise darstellt. In der Mitte eines Quadrates steht Lehm, während die Ecken die Bezeichnung Sand bzw. Humus, Ton und Kalk tragen. Auf diese einfache Weise kann er alle Übergänge der Bodenarten zueinander gut zum Ausdruck bringen.

SPIESS[2] (1872) hat in einem Vortrag in der Generalversammlung des Landwirtschaftlichen Vereins in Oberfranken zunächst KNOPS Methoden der physikalischen und chemischen Bodenuntersuchung besprochen und anschließend daran die Verwertung der gewonnenen Resultate für die Bonitierung gezeigt. Dabei ging er auch auf die in Bayern seinerzeit durchgeführte Bonitierung ein. Er vertritt die Auffassung, daß die KNOPsche Methode auf einem gegenseitigen Abwägen aller der Eigenschaften beruhe, die zu Gunsten oder Ungunsten der Fruchtbarkeit der Ackererde sprechen. Da aber Böden von hoher Absorption nicht immer fruchtbar sind, so hat man auch noch andere Eigenschaften in Betracht zu ziehen. Als Beispiele führt er die Serpentinböden an, die zwar sehr hohe Absorption besitzen, aber wegen des großen Bittererdegehaltes unfruchtbar und schlechte Böden sind.

W. DETMER[3] (1876) ist der Meinung, daß es nicht zuverlässig wäre, die Höhe des Grundkapitals eines Gutes durch Nachweis des Pachtgeldes oder des Steuerkapitals zu ermitteln. Am besten führe die Feststellung des Reinertrages zum Ziele, wobei auf Grund eines Bodenklassifikationssystemes die Bodenarten in Gruppen gebracht werden und man für jede Gruppe dann den Normalertrag berechne. In seiner Kritik über eine Reihe der bisherigen Klassifikationsschemen hält er es entschieden für besser, nach den Erträgen der Hauptfrüchte zu bonitieren als nach der Saatvervielfältigung. Doch wäre auch dies nicht vollkommen, da ein bestimmter, schlecht klassifizierter Boden, mit einer anderen Kulturpflanze bebaut, überaus lohnende Erträge abwerfen könne und die Menge und Güte der Erträge überhaupt kein ganz richtiger Maßstab für die Bodenbeschaffenheit wären, da Bearbeitung und Düngung dabei mitspielen. Die Charakterisierung der Böden nach der natürlichen Flora ist für die Wertschätzung von recht untergeordneter Bedeutung und das gleiche gilt auch von der Beurteilung der Böden, wenn sie sich ausschließlich auf die geologischen Verhältnisse bezieht. Am meisten Anerkennung und Verbreitung haben noch die physikalischen Systeme gefunden, wenn man auch bei deren Aufstellung oft recht einseitig vorgegangen ist. Schließlich scheinen ihm die chemischen Verhältnisse in Anbetracht ihres Einflusses auf den Bodenwert bei der Bonitierung zu wenig berücksichtigt zu sein. Trotz aller seiner Bedenken gegen das System von BIRNBAUM scheint ihm dieses doch maßgebend werden zu können, besonders wenn es noch nach verschiedenen Richtungen hin, wie z. B. Berücksichtigung von Kulturzustand, Anbaubeschrän-

[1] WERNER, H.: Der landwirtschaftliche Ertragsanschlag, die Wirtschaftsorganisation und Wirtschaftsführung. Breslau 1872. — Abgekürztes Abschätzungsverfahren bei Bewertung von Landgütern. Mitt. dtsch. Landw.-Ges. 1899, Stück 7.

[2] SPIESS: Über Bonitierung der Ackererde nach naturwissenschaftlichen Grundsätzen. Ill. Landw. Ztg. 1872, Nr. 31 u. 32.

[3] DETMER, W.: Die naturwissenschaftlichen Grundlagen der landwirtschaftlichen Bodenkunde. Leipzig u. Heidelberg 1876. — Bemerkungen über Bodenklassifikation. Fühlings landw. Ztg. 1876, 720.

kung, Tiefe der Ackerkrume, Eigentümlichkeit des Untergrundes und Natur der Feinerde, ergänzt und verbessert wird. Auf die klimatischen Einflüsse sei ebenfalls großes Gewicht zu legen, und man hätte gewisse klimatische Regionen zu unterscheiden, deren einzelne Erträge zu ermitteln wären.

G. KRAFFT[1] (1877) steht auf dem Standpunkte, daß nur nach der Bodenbeschaffenheit aufgestellte Bonitierungssysteme ungenügend wären, weil die Ertragsfähigkeit auch vom Klima und von der Lage abhängig ist. Ökonomische und allgemeine Systeme werden aber durch eine zu große Zahl von Momenten unverläßlich, und wegen der Verschiedenartigkeit der Wirkung der einzelnen Faktoren verlieren sie um so mehr an allgemeiner Gültigkeit, je mehr sie derselben berücksichtigen. Auch er ist wie BIRNBAUM der Meinung, daß die Bestimmung des relativen Wertes der Böden durch ein Punktiersystem am zweckmäßigsten sei und bezeichnet dieses als eine synthetische Bonitierung. Doch bemängelt er am System von BIRNBAUM insbesondere die Tatsache, daß man Momente mit verschiedenem Einfluß auf die Ertragsfähigkeit mit gleichen Punkten bewerte. Daher schlägt er vor, jeweils nur für die gleichen klimatischen Verhältnisse eine Wertskala aufzustellen und dabei jede Eigenschaft durch eine Zahl auszudrücken. Die Summe dieser Zahlen, verglichen mit 100, gebe dann den Wert an, welcher den betreffenden Böden zukommt. Der Bodenwert 100 setzt sich aus folgenden Punkten zusammen: Bodenart = 25, Mächtigkeit = 10, Untergrund = 15, Humusgehalt = 5, Neigung = 5, Bearbeitungsfähigkeit = 10, Kultur- und Düngungszustand = 10, und zwar dies alles im bestmöglichsten Falle.

Hieraus ist ersichtlich, daß für die verschiedenen Beurteilungsmomente nicht gleiche, sondern verschieden hohe Wertzahlen angesetzt werden. Trotzdem dürfte das Zusammenwirken der wechselseitigen Einflüsse der verschiedenen Momente wissenschaftlich nicht einwandfrei zu bestimmen sein. Notwendig ist daher, sich dabei möglichst auf die Erfahrung zu stützen, und diese immer mitsprechen zu lassen. Jedenfalls ist die synthetische Methode des Punktierverfahrens die einzige, welche jeden Fruchtbarkeitsfaktor für sich prüft, und mit der Zahl der einzelnen zu beurteilenden Momente wächst die Zuverlässigkeit des Gesamtergebnisses. Es wird hier nur zahlenmäßig das gebracht, was auch sonst bei jeder naturwissenschaftlichen Bonitierung geschieht, nämlich daß man jedes einzelne Moment für sich berücksichtigt. Über- oder Unterschätzung einzelner Faktoren gleichen sich ja eventuell wieder aus. Da für das Endergebnis die Aufstellung von zu vielen Klassen nicht wünschenswert ist, so hat sich KRAFFT mit deren 8 begnügt. In diesem Zusammenhang dürfte interessieren, was BIRNBAUM in seiner landwirtschaftlichen Taxationslehre auf die Angriffe von KRAFFT erwidert. Dieser habe seine Vorschrift vollständig irrtümlich aufgefaßt, wenn er glaubt, es sollten alle Momente, weil für sie die gleichen Wertziffern von 1—10 gleichmäßig angewendet werden, auch als gleichmäßig zu betrachten seien. Die einzelnen zur Beurteilung der Brauchbarkeit dienenden Momente sind niemals gleichwertig zu nehmen, wohl aber können für jedes derselben Klassenabstufungen aufgestellt werden, und mehr zu tun ist nach seiner Meinung nicht möglich. Kein Grundstück könne anders taxiert werden, als daß man für jedes der Beurteilungsmomente die Klassifikation besonders vornimmt, und nur aus dem Durchschnitt vieler Bonitierungen gewinnt man einen möglichst zutreffenden Gesamtausdruck. Wichtig wäre eben, die Beurteilungsmomente richtig zu wählen und entsprechende Abstufungen dabei vorzunehmen.

---

[1] KRAFFT, G.: Ein neues Bodenbonitierungsverfahren. Fühlings landw. Ztg. 1877, 721. — Lehrbuch der Landwirtschaft, Bd. 4 Die Betriebslehre, 6. Aufl., S. 10. 1899.

M. FESCA[1] (1879) ist mit einer der Bahnbrecher für die agronomisch-geologische Kartierung und deren Nutzbarmachung für die Landwirtschaft. Er gibt auch manchen wertvollen Hinweis für die Verwertung der auf dieser Grundlage gewonnenen Kenntnisse für die Bonitierung, nachdem die Güte des Bodens insbesondere von dessen Zusammensetzung und Lagerung abhängt. Die geologisch-agronomischen Untersuchungsmethoden werden von ihm eingehend geschildert.

H. SETTEGAST[2] (1875) tritt für das THAER-System, welches durch FLOTOW und KOPPE bereichert und mit Abänderungen und Vervollständigungen für die Grundsteuerregelung im Königreich Sachsen dienstbar gemacht wurde, ein. Sein System ist ebenfalls ein naturwissenschaftliches und ökonomisches. Neben agronomischen und ökonomischen Angaben enthalten seine 10 Klassen insbesondere die Verhältniszahlen des Reinertrages, wie sie schon seinerzeit THAER und KOPPE angeführt haben. Aber in den Tabellen sind die errechneten Roherträge und Kosten nicht angegeben. Er verspricht sich viel von einer gegenseitigen Förderung von Landbau und Geognosie. So lange aber letztere noch nicht entsprechend ausgebaut ist, werden die darauf gesetzten Hoffnungen zurückzuschrauben sein und wird man sich auf die Beurteilung der Verhältnisse im Schwemmlandgebiet beschränken müssen. Von SCHNIDER[3] wird an seinen Tabellen insbesondere bemängelt, daß in dieser Übersicht die Alm- und Mooralmböden ganz fehlen.

F. HABERLANDT[4] (1877) stellt für die Bodenklassifikation folgende Gesichtspunkte auf: 1. mineralogisch-geognostische, 2. physikalisch-chemische, 3. botanische, 4. ökonomisch-pflanzenbauliche, 5. sonstige Gesichtspunkte, welche irgend einen Einfluß auf den Wert haben können. Aus seinen Ausführungen gehen weder neue Ansichten noch eine Kritik über die verschiedenen Klassifikationssysteme hervor. Für die Beurteilung der Böden stellt er die materielle Beschaffenheit ihrer Bestandteile und deren Feinheitsgrad obenan, da diese vorwiegend die physikalische Beschaffenheit bedingen. Bedeutungsvoll ist der Gehalt an Ton, Sand, Kalk, Humus und deren Mischungsverhältnis. Nach seiner Meinung könne die alte Klassifikation von THAER und SCHÜBLER beibehalten werden. Sehr eingehend kritisiert er die agronomische Bodenkartierung und macht Vorschläge zu ihrer Durchführung. Er äußert sich dann ferner noch über die graphische Darstellung der einzelnen Bodenarten, über die Charakterisierung von Krume und Untergrund.

C. LEISEWITZ[5] (1878) sucht in längeren Ausführungen zu begründen, daß die Bonitierung unbedingt auf den Ergebnissen naturwissenschaftlicher Disziplinen fußen müsse. Nach einer kurzen Besprechung der Bonitierungssysteme von FALLOU, TROMMER, KNOP, BLOCK und SCHÖNLEUTNER ist er davon überzeugt, daß diese Methoden nicht den an wirklich entsprechende Klassifikationssysteme zu stellenden Anforderungen zu genügen vermögen. Das BIRNBAUMsche System mag nach ihm ein richtiges Prinzip haben, das ihm, wenn auch in anderer Form, vielleicht eine Zukunft sichern soll, für die Gegenwart aber entbehre es noch der wichtigsten Voraussetzungen für seine Anwendbarkeit. Nach seiner Anschauung gibt es einen Weg, welcher zu einem Ziel bei der Behandlung

[1] FESCA, M.: Die agronomische Bodenuntersuchung und Kartierung. Berlin 1879. — Über Bodenuntersuchung für Bonitierungszwecke. Landwirt **1896**, 32.

[2] SETTEGAST, H.: Die Landwirtschaft und ihr Betrieb. Breslau 1875.

[3] Vgl. S. 50.

[4] HABERLANDT, F.: Über die agronomische Bodenkartierung. Fortschr. Agrikult.-Chem. **1877**, 20. — Der allgemeine landwirtschaftliche Pflanzenbau. Wien 1879.

[5] LEISEWITZ, C.: Die Aufgaben der landwirtschaftlichen Forschung behufs wissenschaftlicher Begründung der Bonitierung des Bodens. J. Landw. **1878**, 17.

der Fragen der Bonitierung und Taxation gelangen läßt; dieser Weg kann aber nur in einer Richtung liegen, die zu einer vollständigen und allseitigen Kenntnis der Boden- und Produktionsverhältnisse führt. Man brauche vor einer großzügigen Inangriffnahme einer solchen Aufgabe für ein ganzes Land nicht zurückzuschrecken, wenn man deren hohe praktische Bedeutung ins Auge fasse und bedenke, daß schon andere große Kulturaufgaben, die z. T. hierbei als Grundlage dienen könnten, begonnen wurden, wie z. B. die geognostische Durchforschung des Landes, die Landesvermessung und Grundsteuerveranlagung, das Generalstabswerk und eine Reihe von Sozialstatistiken. Der Staat und die landwirtschaftlichen Organisationen müßten die Bonitierung des Landes in die Hand nehmen und die einschlägigen wissenschaftlichen Institute und Lehranstalten, sowie die landwirtschaftlichen Vereine hätten dabei das Personal und die Untersuchungsstationen zu stellen. Als naturwissenschaftliche Grundlage für die Bonitierung stellt LEISEWITZ auf: Untersuchungen geologischer, topographischer und klimatologischer, agrikultur-geognostischer, physikalischer und chemischer Art. Wirtschaftliche Grundlagen wären dagegen die Feststellung der Bevölkerungs-, Erwerbs- und Konsumtionsverhältnisse, der Arbeits- und Kapitalskräfte, sowie der Verkehrs- und Absatzverhältnisse.

S. A. PFANNSTIEL[1] (1879) stellt ein Bonitierungssystem auf, das dem von BIRNBAUM recht ähnlich ist, erachtet dabei aber 5 Abstufungen für ausreichend. Die 10 Merkmale, auf welche der Boden zu prüfen wäre, sind folgende: Konstitution (Bodenmischung), Krumentiefe, Humusreichtum (Farbe in feuchtem Zustand), Menge der Steine, Tiefe des Untergrundes, Beschaffenheit des Untergrundes, Feuchtigkeitsgrad des Bodens, Lage des Ackers zum Horizont, Tragfähigkeit und charakteristische Unkräuter. Dabei werden je 5 Bodenqualitäten unterschieden. Zur Ermittlung der entsprechenden Bodenklasse wird die dem Boden zukommende Qualitätszahl (Punktzahl) durch die Zahl der Beurteilungsmomente dividiert. Der Quotient je nach seiner Annäherung zu 0,5 oder zur ganzen Zahl abgerundet, ergibt dann folgende Klassen: 1 = Klasse I, 1,5 = Klasse II, 2 = Klasse III, 2,5 = Klasse IV, 3 = Klasse V (Mittelklasse), 3,5 = Klasse VI, 4 = Klasse VII, 4,5 = Klasse VIII, 5 = Klasse IX. Diese Bonitierung mit nur 9 Klassen hat wohl manche Vorteile, aber KRAFFT macht ihr den Vorwurf, daß Momente, welche verschiedenen Einfluß auf die Ertragsfähigkeit ausüben, mit gleichen Wertziffern versehen werden und sucht daher, wie schon erwähnt, diesem Mißstande dadurch abzuhelfen, daß er die verschiedenen Einflüsse der einzelnen Momente auf die Fruchtbarkeit mit höheren oder niederen Verhältniszahlen bewertet. PFANNSTIEL teilt die verschiedenen Bonitierungssysteme wie folgt ein: 1. Landwirtschaftliche Systeme. Zu diesen gehören diejenigen von THAER, SCHMALZ, KOPPE, PABST und SCHÖNLEUTNER. 2. Naturwissenschaftliche Systeme. Zu diesen gehören das botanische von CROME und TROMMER, das mineralogische von THAER, SCHÜBLER und TROMMER, das geognostische von FALLOU und GIRARD und das chemische von KNOP. 3. Gemischte Systeme. Hierhin gehört die ökonomische Klassifikation von THAER. Außerdem reiht hier PFANNSTIEL die Geschäftsanweisung zur Abschätzung des Grundeigentums im Königreich Sachsen, die technische Instruktion für die Auseinandersetzungsangelegenheit im Frankfurter Regierungsbezirk, die technische Instruktion für den Regierungsbezirk der Generalkommission zu Breslau, sowie die technische Instruktion für die Provinz Sachsen ein. 4. Synthetische Systeme, zu welchen diejenigen von BIRNBAUM und KRAFFT zu rechnen sind.

[1] PFANNSTIEL, S. A.: Die Bonitierungsmethoden des Ackerlandes. Landw. Jb. 1879, 713.

C. A. TUXEN[1] (1880) hat die Methode KNOPS nachgeprüft und gefunden, daß die betreffenden chemischen Analysen mit dem Wert der Bodenarten genau übereinstimmen. Auch die Absorptionsfähigkeit für Ammoniak hat bei der Prüfung gute Werte ergeben, von den Fällen abgesehen, wo durch einen abnorm hohen Humusgehalt Beeinträchtigungen stattfanden. In solchen Fällen müßte daher die Absorptionsfähigkeit als Maßstab bei der Bodenbonitierung nach TUXEN ausscheiden. Er ist auch der Ansicht, daß die Theorie GRANDEAUS, nach welcher der Gehalt eines Bodens an Humus für dessen Fruchtbarkeit entscheidend wäre, im allgemeinen zutreffen könne, doch würden Tonböden dabei auszuscheiden sein, nachdem seine eigenen Versuche mit diesen die diesbezüglichen Ergebnisse zeitigten.

JORDAN und STEPPES[2] (1882) bringen in ihrem Werke nähere Angaben über die auf Grund des Gesetzes vom 21. Mai 1861 durchgeführte Bonitierung von Preußen, welche 24,8 Millionen Mark gekostet hat. Für jede der folgenden Kulturarten wurden höchstens 8 Klassen angenommen: Ackerland, Gärten, Wiesen, Weiden usw. Ein Landkreis bildete im allgemeinen die Grundlage, und die Reinerträge wurden für die verschiedenen Kulturarten und Klassen in Silbergroschen pro Morgen berechnet. Die verschiedenen Bodenarten wurden je nach ihrer Beschaffenheit bezüglich Krume und Untergrund den einzelnen Klassen zugeteilt. Die Normal- oder Mustergrundstücke waren charakteristisch für die einzelnen Bodentypen. Das Verfahren bei der Bodeneinschätzung wird schließlich von den Genannten im einzelnen geschildert.

R. HEINRICH[3] (1882) spricht sich dahin aus, daß der Wert eines Ackerbodens von der Menge verwertbarer Pflanzenmassen abhängig sei, die man auf ihm mit den geringsten Betriebskosten zu erzielen imstande ist. Er erklärt die zahlreichen Bonitierungssysteme, welche nur einzelne Faktoren berücksichtigen, für unbrauchbar, weil sie den Grundsatz unbeachtet lassen, daß die Faktoren der landwirtschaftlichen Pflanzenproduktion sämtlich gleichwertig sind. Bezüglich der Nährstoffe hat ja bereits LIEBIG dieses Gesetz aufgestellt, und das gleiche gilt auch von den übrigen Faktoren der Pflanzenproduktion, so daß der Wert eines Bodens durch den Faktor bedingt wird, der im geringsten Maße zur Wirkung kommt.

Nach V. DER GOLTZ[4] (1882) ist der Reinertrag insbesondere von den Boden- und Standortsverhältnissen überhaupt abhängig, und daher ist bei allen Taxationen von Grundstücken die Feststellung der Bodenbeschaffenheit unbedingt notwendig. Wenn auch alle entscheidenden Bodeneigenschaften für den Wert und die Ertragsfähigkeit des Bodens von Bedeutung seien, so lasse sich der Grad der Mitwirkung eines jeden Faktors trotzdem nicht in bestimmten Zahlen angeben. Auch er unterscheidet zwischen einer ökonomischen und einer naturwissenschaftlichen Klassifikation, wobei letztere aber von ganz anderen Grundsätzen ausgehe und ganz anderen Zwecken zu dienen habe als die ökonomische Bonitierung. Diese geht nur von der Ertragsfähigkeit aus, jene dagegen von den Bodeneigenschaften. Das naturwissenschaftliche Klassifikationssystem kann nach ihm in der gleichen Gestalt überall angewendet werden.

---

[1] TUXEN, C.: Die Methode KNOPS für die Bonitierung der Ackererde auf dänische Böden angewendet. Tidskr. Landökonomi 1880. — Die Theorie GRANDEAUS über die Fruchtbarkeit des Erdbodens, auf verschiedene Erdböden mit besonderer Rücksicht auf eine Beurteilung des Erdbodens angewandt. Landw. Versuchsstat. 27, 114 (1882).

[2] JORDAN, W. u. K. STEPPES: Das deutsche Vermessungswesen. Stuttgart 1882.

[3] HEINRICH, R.: Grundlagen zur Beurteilung der Ackerkrume in bezug auf die landwirtschaftliche Produktion. Wismar 1882.

[4] GOLTZ, TH. VON DER: Bonitierung und Klassifikation des Bodens. 1910. — Landwirtschaftliche Taxationslehre. Berlin 1892.

Für den Reinertrag eines Grundstückes ist zunächst der Rohertrag maßgebend, und daher besteht auch zwischen Reinertrag, Rohertrag und der Bodenbeschaffenheit ein inniger Zusammenhang. Bei der Bonitierung und Klassifikation des Ackerlandes müssen festgestellt werden: 1. Die Bodenbestandteile, 2. der Humusgehalt, 3. die Tiefe und Mächtigkeit der Ackerkrume, 4. die Untergrundbeschaffenheit, 5. die Lage des Bodens und 6. die klimatischen Verhältnisse. Hierin decken sich die Ansichten v. d. Goltz ganz mit dem, was vor und nach ihm hierüber gefordert wird. Es ist eben die Ertragsfähigkeit des Bodens das Produkt des Zusammenwirkens der mannigfaltigsten Faktoren. Er, der auf den Arbeiten von Thaer und seinen Schülern aufbauend, lange Zeit hindurch bestimmend war für die Gestaltung der Bodenbonitierung und Bodentaxation, ist vielleicht mit die Veranlassung gewesen, daß die Punktierverfahren von Birnbaum, Krafft und Pfannstiel bis in die neuere Zeit hinein nicht weiter beachtet und ausgearbeitet wurden. Wenn auch, wie später gezeigt werden soll, von Aereboe[1] die umfassenden Arbeiten von v. d. Goltz in manchen wesentlichen Punkten scharf angegriffen wurden, so ist der Einfluß, den letzterer auf die ganze Entwicklung der Bonitierungsfrage, und zwar wohl auch mit Recht, ausgeübt hat, auch heute noch unverkennbar, und es dürfte daher zweckmäßig sein, an dieser Stelle auf die von ihm aufgestellten Leitsätze kurz einzugehen.

Nach ihm ist ein Klassifikationssystem notwendig, welches die verschiedenen tatsächlich vorkommenden Bodenarten nach gewissen allgemeinen Gesichtspunkten in bestimmte Gruppen oder Klassen bringt. Dabei müssen die einzelnen Klassen genau gekennzeichnet sein, und es soll trotzdem möglich sein, jedes Grundstück in eine dieser Klassen einzuordnen. Die Zahl der Klassen darf andererseits nicht zu groß gewählt werden, um das System gut anwendbar und übersichtlich zu gestalten. Schließlich muß es einfach sein, so daß es leicht, rasch und mühelos durchgeführt werden kann. Nach ihm hat ferner eine Bodenklassifikation immer nur für einen engeren Bezirk Gültigkeit. Wollte man ein ganzes Land einheitlich klassifizieren, so müßte man entweder sehr viele Klassen aufstellen, wobei jede Übersicht fehlen würde, oder man würde bei weniger Klassen für viele vorhandene Grundstücke keine zutreffende Einreihung vornehmen können. Trotz aller Abhängigkeit des Reinertrages vom Rohertrag und dieser beiden von den Bodenverhältnissen sind Rohertrag und Reinertrag doch verschiedene Größen, die sich keineswegs decken müssen. Bei der Bonitierung von Grundstücken geht er nun folgendermaßen vor. Zunächst werden die Grundstücke festgestellt, welche wesentlich voneinander abweichende Bodeneigenschaften besitzen und dann wird deren Ertragsfähigkeit ermittelt. Man soll hierbei jedoch nicht mehr als 8—10 Bonitätsklassen aufstellen. War diese Aufstellung richtig, so dürfte es nicht schwer fallen, alle übrigen Grundstücke einzureihen. Hierauf erfolgt für jede Bonitätsklasse die Ermittlung des Rohertrages und hieraus auch des Reinertrages, welche entweder in bestimmten Mengen von Ernteerzeugnissen oder noch besser in einer festen Geldsumme ausgedrückt werden. Dabei sind aber nur jene Kulturgewächse zu berücksichtigen, welche hauptsächlich angebaut werden.

Auch das für Wiesen von ihm aufgestellte Klassifikationssystem soll hier ganz kurz erörtert werden. Danach wären hierbei festzustellen: 1. Bodenzusammensetzung, 2. örtliche Lage und nähere Bezeichnung der Wiese, 3. Feuchtigkeits- bzw. Bewässerungsverhältnisse, 4. Zahl der Schnitte und Rohertrag an Heu pro Hektar, 5. Beschaffenheit des Heues. Großer Wert ist insbesondere auf die örtliche Lage und den Einfluß des Klimas zu legen, weil hierdurch die Feuchtigkeits- und Temperaturverhältnisse bedingt werden, von denen der Er-

[1] Aereboe, F.: Die Beurteilung von Landgütern und Grundstücken. 2. Aufl. S. 260. Berlin: Paul Parey 1921.

trag der Wiese nach Menge und Güte hauptsächlich abhängt. Dagegen ist der Untergrund, abgesehen von der Höhe des Grundwasserstandes, weit weniger wichtig als es beim Ackerland der Fall ist, wo die Bodenbeschaffenheit mehr Bedeutung besitzt, denn für Wiesen kommen eine Reihe von Bodenarten überhaupt nicht in Betracht.

Bezüglich der Bonitierung und Klassifizierung der Weiden gelten im allgemeinen die gleichen Gesichtspunkte wie bei der der Wiesen. Nicht die jeweilige Benützung, sondern der Umstand ist maßgebend, ob sich die betreffende Fläche ihrer Beschaffenheit nach mehr zur Wiese oder mehr zur Weide eignet, denn für die Weiden spielen die Bodenverhältnisse bekanntlich eine größere Rolle als für die Wiesen. Auch sind die Weidepflanzen meistens Flachwurzler und daher insbesondere auf die oberste Bodenschicht angewiesen. Wichtig sind natürlich auch hier die Feuchtigkeitsverhältnisse des Bodens und der Luft, und letztere gerade deswegen, weil durch das kurze Abfressen der Weidepflanzen diese der Sonne und den Winden mehr preisgegeben sind. Der Rohertrag der Weiden wird ebenso wie bei den Wiesen am besten nach der Futtermenge abgeschätzt, welche von einem Hektar gewonnen wird. Da es dem Landwirt im allgemeinen bekannt ist, wieviel Futter ein Stück Vieh zu seiner ausreichenden Ernährung täglich bedarf, vermag dieser auch den Ertrag der Weideflächen abzuschätzen.

Schließlich dürfte von Interesse sein, was V. D. GOLTZ gegen die synthetischen Systeme von BIRNBAUM und KRAFFT einzuwenden hat. Er vertritt dabei die Auffassung, daß diese zwar gewisse Anhaltspunkte für die Beurteilung des Bodens im ganzen geben, daß es dagegen nicht durchführbar erscheint, die dabei gewonnenen Endzahlen als den Ausdruck für die Ertragsfähigkeit des Bodens im ganzen zu betrachten oder gar nach ihnen seinen Reinertrag bzw. Wert zu bemessen, denn die Eigenschaften eines Bodens haben an und für sich schon ungleiche Wirkung auf dessen Produktionsfähigkeit und ferner wirken sie je nach den sonst vorhandenen Einflüssen recht verschieden. So sind z. B. Ackerkrume und Ortslage oder Untergrund und Klima in ihrer Auswirkung auf den Bodenertrag zumeist sehr verschieden, und für einen Boden von guter Zusammensetzung hat eine tiefere Ackerkrume jedenfalls eine viel höhere Bedeutung als für einen Boden von schlechter Zusammensetzung. KRAFFT habe diesen Tatsachen dadurch zu entsprechen versucht, daß er für die einzelnen Beurteilungsmomente eine verschiedene Zahlenabstufung zugrunde legte, so daß z. B. die Bodenzusammensetzung für das Endergebnis viel stärker ins Gewicht fällt als die Bearbeitungsfähigkeit oder sonstige Momente. Jedoch ist nach VON DER GOLTZ das auf die einzelnen Beurteilungsmomente aufgestellte Wertverhältnis immer ein willkürliches, das vielfach die wirklichen Verhältnisse nicht kennzeichnen wird. Außerdem sind die beiden Systeme seiner Meinung nach sehr kompliziert, und es ist eine allgemein richtige und anwendbare Aufstellung der Beurteilungsmomente und deren Abstufung überhaupt nicht möglich. Somit bleibe nichts anderes übrig, als für jeden Fall ein besonderes, den vorhandenen Bodenverhältnissen angepaßtes Klassifikationssystem zugrunde zu legen. Nachdem bereits früher auf diese Dinge eingegangen wurde, dürfte es genügen, nur kurz darauf hinzuweisen, daß BIRNBAUM und KRAFFT ja nicht den absoluten Betrag des Bodenwertes oder auch den Reinertrag feststellen, sondern daß sie nur die Güte der einzelnen Bodenarten relativ bzw. verhältnismäßig zum Ausdruck bringen wollen. Aus einer solchen Wertstufe kann aber, wenn der Reinertrag in einem einzigen Fall ermittelt wurde, dieser für alle übrigen Grundstücke unschwer errechnet werden. Was nun die verschiedenen Einflüsse der einzelnen Beurteilungsmomente auf das Endergebnis anbetrifft, so kann hier die praktische Erfahrung ergänzend und berichtigend wirken und die Systeme mehr und mehr vervollkommnen. Nicht zutreffend ist es schließlich, wenn dieselben als kompliziert bezeichnet werden, denn ihre Durchführung dürfte leichter als die Ermittlung der Reinerträge möglich sein, die noch dazu wohl nur in Ausnahmefällen einwandfrei festgestellt werden können.

E. LEHNERT[1] (1885) hat sich die Anschauungen von VON DER GOLTZ zu eigen gemacht und meint, daß die ökonomische Bonitierung nur durch gründliche fachmännische Arbeit geleistet werden könne und müsse. Sie hat sich an die naturwissenschaftliche Klassifikation anzureihen und muß mit dieser in Beziehung gesetzt werden.

TH. WÖLFER[2] (1892) weist darauf hin, daß sich von alters her der Wert eines Grundstückes nur nach den Erträgen hat bestimmen lassen, und daß diese Wertbestimmungen bei der Veranlagung des Grundbesitzes zur Staatslast unterlegt wurden. Er stellt ferner fest, daß die bereits von THAER aufgestellten Bodentypen mit denen, welche bei der geologisch-agronomischen Kartierung unterschieden werden, in deren Kennzeichnung weitgehend übereinstimmen. So gibt THAER z. B. folgende Bodenbezeichnungen an: Ton, Lehm, sandiger Lehm, lehmiger Sand, schlechter Sand, Mergel-, Kalk- und Humusböden, und damit unterscheidet ganz übereinstimmend die geologisch-agronomische Kartierung folgende Typen: Ton bzw. toniger Lehm bzw. lehmiger Ton, Sand, Grand bzw. Stein-, Kalk-, Mergel- und Humusboden. Somit liegt in der THAERschen Klassifikation die Möglichkeit, die geologische Karte mit der Bodeneinschätzung zu verknüpfen. Hierfür gibt WÖLFER zahlreiche Beispiele bzw. bringt die Klassen mit den Bodenprofilen und deren Bezeichnung in unmittelbare Verbindung. Dabei zeigt sich deutlich die Abhängigkeit des agronomischen Wertes von der geognostischen bzw. petrographischen Beschaffenheit. Jedoch noch besser werde die Übereinstimmung aber werden, wenn weitere örtliche Untersuchungen der einzelnen Musterstücke abgeschlossen sind. An einer Bodenkarte zeigt WÖLFER deutlich den Zusammenhang und die Übereinstimmung zwischen der geologisch-agronomischen Kartierung und der landwirtschaftlichen Einschätzung. Sache der letzteren bleibe es im wesentlichen nur, die nach naturwissenschaftlichen (topographischen, klimatischen und geognostischen) Gesichtspunkten abgegrenzten Kultur- bzw. Produktionsbezirke mit ihren, auf agronomischen Grundsätzen beruhenden Unterabteilungen hinsichtlich ihrer merkantilen Bedeutung zu würdigen. Also liegt hier die Vereinigung der beiden großen Werke, der im Gang befindlichen geologischen Spezialkarte und der bei Gelegenheit der Grundsteuerregelung ausgeführten landwirtschaftlichen Bodeneinschätzungen vor.

G. THOMS[3] (1890) hat sich eingehend mit Bodenuntersuchungen beschäftigt. So führte er z. B. in der Mitte der achtziger Jahre von Böden der Gegend von Riga je 142 Analysen aus der Krume und dem Untergrund aus, welche zeigen, daß in Livland und im Dorpater Kreise die Bonität des Ackerlandes in unmittelbarem Zusammenhang mit dem Gehalt des Bodens an den wichtigsten Bodennährstoffen steht. Bester, mittlerer und schlechtester Boden zeigten hierin analoges Verhalten, was bei sonst gleicher Bodenzusammensetzung, gleichem Klima usw. ganz gut der Fall sein kann. THOMS leitet aus seinen Untersuchungen noch folgende Schlüsse ab: Der Phosphorsäuregehalt steht in ausgespro-

---

[1] LEHNERT, E.: Landwirtschaftliche Taxationslehre. Stuttgart 1885.

[2] WÖLFER, TH.: Die geologische Spezialkarte und die landwirtschaftliche Bodeneinschätzung in ihrer Bedeutung und Verwertung für Land- und Forstwirtschaft. Abh. Kgl. Preuß. Geol. Landesanst., N. F., H. 11.

[3] THOMS, G.: Ein Beitrag zur Bonitierung der Ackererden auf Grund mechanischer und chemischer Bodenanalysen. Riga 1890. — Zur Wertschätzung der Ackererden auf naturwissenschaftlicher und statistischer Grundlage. Riga 1893.

chener Beziehung zur Bodenqualität. Auch die Untergrundproben der besten Böden sind im Durchschnitt reicher an Phosphorsäure als diejenigen der Mittelböden. Desgleichen enthalten die besten Böden in der Krume auch am meisten Stickstoff, Kali, Kalk und ganz besonders Phosphorsäure, und sowohl hiervon als auch von der Krumentiefe hängt die Bodenqualität weitgehend ab. Dagegen weichen die Mittelzahlen für die physikalischen Eigenschaften bei den einzelnen Böden so wenig voneinander ab, daß sich daraus keine Beziehungen zu den Fruchtbarkeitsverhältnissen ableiten lassen. Als solche Eigenschaften führt er die Kondensationsfähigkeit für Wasserdampf, die Ammoniakabsorption, die Wasserkapazität und die sich aus der Mischung der Hauptbodenbestandteile ergebenden Verhältnisse an.

Im Jahre 1896 hat der Sonderausschuß der D. L. G. für die Wertermittlung des Grund und Bodens den Beschluß gefaßt, sämtliche Abschätzungsvorschriften von deutschen Bodenkreditbanken zusammenzustellen, sie zu prüfen sowie nach Möglichkeit zu verbessern. Da der Grundsteuerreinertrag für die Zwecke der Bodenbonitierung einen noch unsichereren Maßstab abgab als die landwirtschaftlichen Abschätzungen in der Mark Brandenburg, haben im Auftrag dieses Sonderausschusses ORTH im Kreise Niederbarnim, WÖLFER in den Kreisen Schroda, Gnesen und Witkow und WOHLTMANN im Landkreise Cöln Spezialuntersuchungen durchgeführt, um festzustellen, wie sich der Grundsteuerreinertrag zu den natürlichen Grundlagen der Bodenbewirtschaftung verhalte.

ORTH[1] hat in seinen Arbeiten stets betont, daß die geologische Bodenuntersuchung und Kartierung grundlegend für die Landwirtschaft wäre. Bei allen geognostischen Arbeiten müßten aber die agronomischen Gesichtspunkte gebührende Berücksichtigung erfahren, und diese seine Auffassung wird von vielen geteilt. Die Bodenuntersuchung hat sich nicht nur auf die Krume, sondern auf das ganze Bodenprofil zu erstrecken. Diesen Gesichtspunkt will er auch für die Bonitierung der Böden zur Geltung bringen, nachdem die vor 1870 gebräuchlichen Vorschriften beim Bonitieren, den Boden bis zu 2 Fuß Tiefe zu untersuchen, nicht ausreichen, da viele Pflanzen tiefer wurzeln. Veranlaßt durch seine geognostisch-agronomische Kartierung des Rittergutes Friedrichsfelde in der Nähe von Berlin, welche er infolge einer vom Zentralverein des Regierungsbezirkes Potsdam gestellten Preisaufgabe durchführte, hat er in der Folge des öfteren betont, welchen hohen Wert solche Untersuchungen als eine der Grundlagen für die Bonitierung der Kulturländer besitzen könnten. In der Folge haben in Norddeutschland GRUNER, WAHNSCHAFFE u. a. nach dieser Richtung hin gearbeitet und in Süddeutschland waren es insbesondere KOEHNE und NIKLAS, welche in diesem Sinne Grundlagen für die Bodenbonitierung zu schaffen bemüht waren.

K. BIELER[2] (1898) geht dagegen nur auf die THAERsche Klassifikation ein und legt dabei den Nachdruck auf die naturwissenschaftliche Klassifikation, die allein die Bodenqualität ermitteln könne, während die ökonomische mehr den unmittelbaren Bedürfnissen des landwirtschaftlichen Betriebes angepaßt sei. Bei letzterer können aber nur solche Erträge in Betracht kommen, die nach der bisherigen einmütigen Auffassung unter normalen Verhältnissen und Bedingungen

---

[1] ORTH, A.: Die geognostisch-agronomische Kartierung des Rittergutes Friedrichsfelde. Berlin 1875. — Die geognostische Durchforschung des schlesischen Schwemmlandes. Berlin. — Wandtafeln für Bodenkunde. Berlin: Paul Parey.

[2] BIELER, K.: Untersuchung von Ackererden zum Zweck der Beurteilung ihrer mechanischen und chemischen Beschaffenheit. Jber. Agr.-chem. Versuchsstat. Halle 1896. — Anleitung zum Bonitieren. MENTZEL, O. u. A. v. LENGERKES landw. Hilfs- u. Schreibkal. 1899.

erzielt wurden, ohne Rücksichtnahme auf davon abweichende Einflüsse durch persönliche Betriebsweise. BIELER geht in seinen Arbeiten insbesondere auf die standörtlichen Verhältnisse ein, welche für die Bonitierung von Bedeutung sind, wie Art und Beschaffenheit der Krume und des Untergrundes, Ortslage und Klima, und betont die Wichtigkeit einer richtigen Probenahme. Er wendet seine Aufmerksamkeit auch den Methoden der Bodenuntersuchung zu, die, wie z. B. die chemische Analyse, höchstens nur ausnahmsweise mit zur Bonitierung herangezogen werden. Auch Düngungsfragen bespricht er, doch ist sein Eingehen auf Sinn und Zweck der Bodenbonitierung nicht als tiefer schürfend zu bezeichnen.

W. DÜNKELBERG[1] (1898) ist für die Ermittlung des Reinertrages, weil sich nach diesem der Ertragswert und die Ertragsfähigkeit richtet. Die Feststellung der durchschnittlichen Roherträge hält er aber deswegen für entbehrlich, weil aus diesen die Reinerträge leicht berechnet werden können, wenn man dafür mittlere Prozentzahlen der Roherträge aufstellt. Neben der Bodenbeschaffenheit ist die Lage und das Klima ausschlaggebend. Geologische Karten sind nach ihm als Unterlagen ebenfalls sehr wertvoll. Beim Bonitieren bzw. schon beim Begehen sind die Farbe des Bodens, die Tiefe der Krume, das Profil sowie die natürliche Flora zu berücksichtigen und die Böden sind womöglich der Fingerprobe zu unterziehen. DÜNKELBERG ist der Ansicht, daß man brauchbare Klassifikationssysteme nur aufstellen könne, wenn man die Bodenarten mit den verschiedenartigsten Kulturpflanzen in Beziehung bringe, um neben ihrem agronomischen Verhalten auch ihre ökonomische Leistung zu charakterisieren. Die von THAER und seinen Schülern aufgestellten Systeme der Taxation sind bei dem fortschreitenden Landbau seiner Meinung nach zu eng begrenzt. Er befürwortet daher das Verfahren der preußischen Generalkommission, welche für kleine Taxbezirke eigene Systeme aufstellen läßt. Von Interesse ist allenfalls in seinem Werke noch das angeführte französische und preußische Kataster, die Grundsteuer des Königreichs Sachsen und das Kataster des Herzogtums Altenburg.

F. WOHLTMANN[2] (1896) kommt auf Grund seiner Untersuchungen zu dem Schluß, daß die chemische Bodenanalyse wertvolle Aufschlüsse geben kann, wenn es sich darum handelt, festzustellen, ob ein Acker reich, mittel oder arm an verschiedenen Nährstoffen ist, ob man auf ihm Raubbau treiben kann oder ob er gedüngt werden muß. Er hatte die Böden des Gebietes um Remagen im Rheinland, und zwar aus dem Alluvium der Ahr, einer eingehenden Untersuchung unterzogen. Dabei wurden die Böden jeder Bonitätsklasse, und zwar sowohl aus der Oberkrume als auch dem Untergrund, mit Salzsäure extrahiert, und es stuften sich die Mengen der gelösten Pflanzennährstoffe ziemlich eindeutig entsprechend den Bonitätsklassen ab. Die Durchschnittszahlen aus Ackerkrume und Untergrund sowie jeweils die ganze Summe der Nährstoffe ließen die engeren Beziehungen zwischen den Bonitätsklassen noch deutlicher hervortreten. WOHLTMANN meint, daß das natürliche Nährstoffkapital der Böden bei den früheren Klassifikationssystemen deswegen nicht berücksichtigt wurde, weil erst mit dem Fortschreiten der Wissenschaft einwandfreie chemische Analysen durchgeführt werden konnten. Immerhin tritt er nicht dafür ein, daß die chemischen Boden-

---

[1] DÜNKELBERG, F. W.: Die landwirtschaftliche Taxationslehre in ihrer betriebswirtschaftlichen Begründung und mit besonderer Rücksicht auf das Bonitieren der Ländereien. Braunschweig 1898.

[2] WOHLTMANN, F.: Die chemische Untersuchung des Bodens und ihre Bedeutung für die Bonitierung des Ackers. Schles. Landw. Ztg. „Der Landwirt" **1896**, 75. — Die Bedeutung der chemischen Bodenanalyse für die Bonitierung. Biederm. Zbl. **1897**. — Welche Bedeutung haben die Bodenuntersuchungen für die Ackerbonitierung. Illustr. Landw. Ztg. **1899**, Nr. 84/85. — Das Nährstoffkapital westdeutscher Böden mit besonderer Berücksichtigung ihrer geologischen Natur, ihrer Katasterbonität und ihres Düngungsbedürfnisses. Bonn 1901.

analysen bei den Bonitierungen stets herangezogen werden sollen, sondern nur dann, wenn Unsicherheiten vorliegen, da sie niemals ganz maßgebend werden können, denn es gibt noch wichtigere Faktoren als das Nährstoffkapital, wie z. B. die physikalischen, geologischen und klimatischen Verhältnisse der Böden.

A. NOWACKI[1] (1899) gibt für die wichtigsten Bodenarten die Prozentgehalte an ihren Hauptbestandteilen Sand, Ton usw. an, und zwar bemerkenswerterweise die Mindestgehalte derselben. Bei seiner Klassifikation unterscheidet er 7 Hauptgruppen von Böden und dabei teilt er jede Hauptgruppe noch in mehrere Klassen ein. Außerdem gibt er die am zweckmäßigsten anzubauenden Kulturpflanzen unter Berücksichtigung der wildwachsenden Flora an, so daß auch hier eine Verbindung naturwissenschaftlicher und ökonomischer Klassifikation zu erkennen ist.

I. HAZARD[2] (1900) ist ebenfalls einer der Vorkämpfer für die agronomische Kartierung auf geologischer Basis und erblickt hierin wertvolle Grundlagen zu einer allgemeinen Bonitierung der Böden. Auch die Bodenkarten werden von ihm bereits einer entsprechenden Würdigung unterzogen und er schildert mehrere Beispiele von bodenkundlichen Aufnahmen für land- und forstwirtschaftlich genutzte Flächen. Von ihm stammt auch eine Einteilung der Böden auf Grund ihres Muttergesteins, bei der der Einfluß von FALLOU auf seine Arbeitsweise deutlich zu erkennen ist. Er begnügt sich nicht mit der Beschreibung der Bonitierungsarbeiten auf dem Felde, sondern schildert auch die Arbeiten im Laboratorium und die dabei vorzunehmenden analytischen Untersuchungen. Aus der mechanischen Beschaffenheit der Böden sowie der Abhängigkeit des Pflanzenbestandes vom Boden und von dessen physikalischen Verhältnissen, insbesondere von dem Feuchtigkeitsgrad, zieht er seine Schlüsse auf die Güte der Böden. Für die Klassifikation des Bodens bieten ihm die beiden wichtigsten Faktoren Wasser und Wärme die zweckmäßigsten Unterscheidungsmerkmale. Da in Mitteleuropa die Wärmemenge für sämtliche einheimische Kulturgewächse nach HAZARD hinreichend ist, kommen nur die Feuchtigkeitsverhältnisse in Frage. Er ordnet daher die Böden je nach dem Wasseranspruch in die Gruppen Kartoffel-, Roggen-, Hafer-, Klee- und Weizenböden ein, die Waldböden in Kiefer-, Birken- und Fichtenböden.

SUDECK[3] (1900) hat sich im Auftrag des Sonderausschusses der D. L. G. für Wertermittlung des Grund und Bodens der umfassenden Aufgabe unterzogen, sämtliche Abschätzungsvorschriften von deutschen Bodenkreditbanken zusammenzustellen, sie zu prüfen und nach Möglichkeit zu verbessern. Dabei kam er zu dem Ergebnis, daß die ökonomischen Systeme, welche den Roh- und Reinertrag bestimmen, nicht mehr einwandfrei seien. Denn Roh- und Reinertrag stehen nicht in einem gleichbleibenden Verhältnis und daher könne man auch nicht die Klassen für den Roh- und Reinertrag vereinigen. Stufe man aber die Rohertragsklassen wieder nach den Reinerträgen ab, so würde das ganze System zu verwickelt. Da aber die Roherträge unschwer abgeschätzt werden können, so solle man dies auch tun, denn man besitze dann wenigstens immerhin eine gute Grundlage für die Beurteilung der Reinerträge und des Kapitalwertes. Doch soll man damit in allen Fällen eine Bodenbeschreibung verbinden. Das Reinertragsverfahren ist dort gut angebracht, wo z. B., wie in England, durch Schätzung in Bausch und Bogen die für eine be-

---

[1] NOWACKI, A.: Praktische Bodenkunde. Berlin 1899.

[2] HAZARD, I.: Die geologisch-agronomische Kartierung als Grundlage einer allgemeinen Bonitierung des Bodens. Landw. Jb. **29**, 805 (1900).

[3] SUDECK, G.: Beleuchtung der Abschätzungsverfahren- und Vorschriften der deutschen Bodenkreditanstalten. Arb. Dtsch. Landw.-Ges. **1900**, H. 47.

stimmte Flächeneinheit oder ein ganzes Gut zu zahlende Pachtsumme wertvolle Anhaltspunkte gibt. Allerdings hat man es dabei immer nur mit einem Anhalt zu tun, da alle einschlägigen Verhältnisse bei einer Bonitierung und Taxation niemals erfaßt werden können. SUDECK gesteht den naturwissenschaftlichen Systemen zu, daß sie zwar überall anwendbar wären, daß man jedoch aus ihnen nicht exakt auf die Ertragsfähigkeit schließen könne. Außer der Besprechung verschiedener Taxationssysteme schildert er auch die Vor- und Nachteile der Bonitierung im früheren Königreich Sachsen. Nach ihm ist überhaupt noch kein Bonitierungssystem vorhanden, welches allen Anforderungen entsprechen kann, und daher hält er es auch für begreiflich, daß alle Stellen, die sich bisher mit dem Einschätzen zu befassen gehabt haben, keine oder doch nur unzulängliche Vorschriften hätten hierfür erlassen können. Von ihm werden für die Ausführung der Bonitierung folgende Punkte als unbedingt notwendig erachtet: „1. Anwendbarkeit für möglichst große Bezirke und für den praktischen Landwirt, sowie Ausschaltung langer Vorbereitungen und Voruntersuchungen, 2. Ermittlung der Beschaffenheit des Bodens nach seinen Hauptbestandteilen, 3. Tiefe der Krume, 4. Beschaffenheit des Untergrundes und ob er durch- oder undurchlässig oder eisenhaltig ist, 5. Angabe der Hauptfrüchte, für welche der Boden besonders geeignet ist, 6. Feststellung des Rohertrages auf einen Hektar." SUDECK erweitert das von VON DER GOLTZ aufgestellte Bonitierungsschema zu einem solchen, das auch für große Bezirke anwendbar ist, in der Weise, daß er zwischen den Klassen Spielräume läßt. Auch führt er für diese ein oder zwei Typen von Böden ein und läßt die Möglichkeit offen, bei ihrer Einreihung etwas freier vorzugehen. So brauche ein Boden, der z. B. seiner Beschaffenheit nach in Klasse 5, seinen Erträgen nach aber in 6 einzuordnen wäre, nicht unrichtigerweise in eine der beiden Klassen eingestuft zu werden, und so nur könnte die Taxation entschieden gefördert werden. Ferner wären für Wiesen und Weiden eigene Systeme aufzustellen, da hier ganz andere Verhältnisse vorliegen als auf dem Acker. Wiesen und Weiden, die nur eine Nutzung haben, sind leichter und einfacher als Feldböden zu bonitieren.

TH. EICHHOLTZ[1] (1900) spricht sich dafür aus, daß für das Einschätzungsgeschäft geologisch-agronomische Untersuchungen weitgehend herangezogen werden müssen und daß die Festsetzung und Nachprüfung der Einschätzung durch den Staat, aber nicht durch die Kommunen und Private vorgenommen werden darf. Zum Beweis hierfür beruft er sich auf den Geschäftsbericht des kaiserlichen Aufsichtsamtes für private Versicherungen aus dem Jahre 1910, wonach bei Verkäufen 89% des Wertes privater Taxen, 111% solcher von öffentlichen Taxen, 109% der Bremer Katastertaxen und 59% der Hamburger Grundsteuertaxen erzielt wurden. Bei Zwangsversteigerungen betrugen die Meistgebote 66% des Wertes privater und 87% des Wertes öffentlicher Taxen. Er steht viel mehr auf dem Standpunkt von KRAFFT, die Wertzahlen für die einzelnen Beurteilungsmomente nach ihrer Bedeutung abzustufen, als auf dem von BIRNBAUM, dessen Klassifikationssystem er für ungeeignet und nicht richtig hält. EICHHOLTZ hat sich auch eingehender mit der Bonitierung der Weiden beschäftigt und deren Ertrags- und Wertanschlag geschildert. Neben der Berücksichtigung der Bodenverhältnisse habe die des Klimas sowie des Bestandes und der Unkrautflora zu erfolgen. Nach ihm ist die Einschätzung der Weiden deshalb eine recht schwierige, weil bei derselben besonders örtliche Gepflogenheiten und wirtschaftliche Verhältnisse

---

[1] EICHHOLTZ, TH.: Die Bodeneinschätzung unter besonderer Berücksichtigung der bei preußischen Generalkommissionen hierüber erlassenen Bestimmungen. Berlin 1900. — Bodeneinschätzung. Welche Einschätzungsart der Grundstücke ist die richtige und wissenschaftlich einwandfreie? Dtsch. landw. Presse **1913**, 73 u. 83.

schwer ins Gewicht fallen, denn die Weiden bilden oft den Übergang zwischen Wiesen und Ackerland. Bei der Einschätzung der Stoppelweide rechnet man nach ihm 10—15% des Ertrages, den das Grundstück als Dauerweide ergeben würde, während man bei der Brachweide 20—25% des Weideertrages anzunehmen habe. In seinem 1900 erschienenen Werke werden neben den standörtlichen und sonstigen für die Taxation in Betracht kommenden Verhältnissen insbesondere die gesetzlichen Bestimmungen über Einschätzungen, die geschäftlichen Vorgänge bei den Generalkommissionen sowie die durch die Einschätzung veranlaßten Arbeiten der Landmesser geschildert.

Die Zeit von 1901—1929.

A. JARILOW[1] (1904) hat sich mit der Methode von THOMS zur Bodeneinschätzung eingehend beschäftigt und kommt dabei zu dem Schluß, daß diese Methode keine wissenschaftliche und praktische Bedeutung habe.

W. SCHOTTLER[2] (1905) hat demgegenüber sich besonders mit der geologisch-agronomischen Kartierung befaßt, und er bringt in einer übersichtlichen Darstellung diese sowie die wichtigsten bodenkundlichen Untersuchungsmethoden und deren Bedeutung zur Beurteilung und Bewertung des Bodens. Er reiht sich damit in die Gruppe derjenigen Autoren ein, welche die Geologie als Grundlage der Bodenbonitierung zu sehen wünschen.

HÜSER[3] (1905) gibt in der 2. Auflage seines Werkes Beispiele für Reinertragsberechnungen von Grundstücken. Dabei stellt er 10 Ackerklassen mit Schwankungen der Hektarreinerträge von 65—180 M. auf, und es stehen diesen großen Schwankungen ebenso große bei der Weidenutzung zur Seite. Es sei hier bezüglich dessen auf bereits früher angeführte Angaben von KOPPE verwiesen.

DÜNKELBERG[4] gibt für die Ernährung der verschiedenen Weidetiere auf guten Elbmarschen eine Aufstellung der hierfür erforderlichen Flächen. Derartige Zahlen haben später, insbesondere durch FALKE[5] wertvolle Ergänzungen und Erweiterungen erfahren.

E. A. MITSCHERLICH[6] (1905) betont, daß bei der Feststellung des Bodenwertes alle die Eigenschaften der Böden unberücksichtigt bleiben müssen, die sich verändern können. Grundlegend für die Bonitierung ist die Feststellung der physikalischen Bodeneigenschaften und hierbei zuerst die Bestimmung der Hauptbestandteile, wie Sand, Ton, Kalk und Humus. Auch der Untergrund muß untersucht werden, was die Einordnung der Böden in die einzelnen Klassen erleichtert. Der Gehalt des Bodens an den einzelnen Bestandteilen und deren Mischungsverhältnis sind Merkmale, die dem Boden innerhalb weiter Grenzen unverändert bleiben. Eine Änderung dieser Verhältnisse ist nur durch einen erheblichen Arbeits- bzw. Kapitalaufwand erforderlich, welche dann aber auch dauernde Werte schaffen. Selbstverständlich ist die Bestimmung der Wasserverhältnisse des Bodens für die Bonitierung von größter Bedeutung. MITSCHERLICH

---

[1] JARILOW, A.: Die Methode des Prof. THOMS für die Bodeneinschätzung, ihre wissenschaftliche und praktische Bedeutung. La Pédologie **1904**, Nr. 1. — Wertschätzung des Ackerlandes. Ref. ebenda **1912**.

[2] SCHOTTLER, W.: Die Beurteilung der Ackererde auf geologisch-agronomischer Grundlage. Hess. Landw. Z. **1905**, Nr. 34.

[3] HÜSER, A.: Die Zusammenlegung der Grundstücke nach dem preußischen Verfahren. Berlin 1905.

[4] DÜNKELBERG, F. W: Die Grasweiden, ihre Ansaat, Pflege und Nutzung und ihre Beziehungen zur Hochzucht und Edelzucht. Berlin 1905.

[5] FALKE, F.: Die Dauerweiden. Hannover 1920.

[6] MITSCHERLICH, E. A.: Bodenkunde, S. 3. Berlin: Paul Parey 1905.

spricht sich aber dagegen aus, daß man Bodeneigenschaften, welche den Bodenwert nicht direkt bedingen, bei der Wertbestimmung berücksichtige. Hierzu gehört auch die Bearbeitbarkeit, und würde man diese als unmittelbar wertbestimmend bezeichnen wollen, so müßte man auch eine Reihe ökonomischer Verhältnisse, wie die Höhe der Marktpreise der Ernteprodukte, der Arbeitslöhne und Düngemittel mit heranziehen, was aber nicht zulässig sein dürfte. Denn es würden sonst durch solche veränderliche ökonomische Faktoren große Unsicherheiten bei der Feststellung des Bodenwertes bedingt werden, und man habe daher unter allen Umständen eine gleichmäßige Bodenklassifikation anzustreben, die für alle Bodenarten und für alle Gegenden zutreffend sei.

Nicht nur die Menge der Hauptbestandteile ist maßgebend, sondern auch deren Art und Charakter. Zu berücksichtigen sind bei der Bodenbonitierung der Boden, sein Untergrund und seine Wasserverhältnisse, sowie die Neigung der Erdoberfläche, die Himmelsrichtung des Gefälles und das Klima. Falls keine dauernde Nässe vorhanden ist, wird die Wasserkapazität des Bodens bestimmt, sowie die Hygroskopizität und das gleiche auch für den Untergrund festgestellt. Auch die Tiefe der Ackerkrume ist von Bedeutung. Bekanntlich hat MITSCHERLICH seinerzeit für die Bodenklassifikation der sog. Benetzungswärme, sowie der Hygroskopizität große Wichtigkeit beigemessen, doch ließen sich diese Forschungsergebnisse, worauf später noch eingegangen werden soll, in ihrem Umfang nicht aufrecht erhalten. Die mechanische Bodenanalyse gibt nach MITSCHERLICH keinen bestimmten Anhalt für die Fruchtbarkeit des Bodens. Er beanstandet auch, daß vielfach bei der Bonitierung primär von den Erträgen ausgegangen wird, was nicht zulässig sei, da, abgesehen von den insbesondere durch die Witterung hervorgerufenen Jahresschwankungen der Ertrag von der Individualität des Wirtschafters weitgehend abhängig ist. MITSCHERLICH kann in die Gruppe derjenigen Autoren eingereiht werden, welche, nicht zuletzt unter dem Einfluß seiner eigenen exakten Forschungen, die naturwissenschaftlichen Grundlagen für die Bewertung des Bodens erforscht und dann als grundlegend anerkannt sehen wollen.

P. MÖLLER[1] (1907) behandelt eingehend die in Mecklenburg bei der Bonitierung geübten Grundsätze und schreibt der strikten Beachtung derselben die guten Kreditverhältnisse dortselbst zu. In Gegensatz hierzu stellt er Preußen, wo selbst nach dem Gesetz von 1871 die Ergebnisse der Bonitierung deswegen so verschieden ausgefallen wären, weil es den Kommissionen unbenommen blieb, das Klassifikationssystem für die einzelnen Gebiete selbst aufzustellen und die Mustergrundstücke zu bestimmen. Der Erfolg der bereits im Jahre 1755 aufgestellten Bonitierungssysteme in Mecklenburg liege in der Beschränkung und in dem Verzicht auf eine naturwissenschaftliche Klassifikation, bei der die Beurteilungsmomente so mannigfaltig sind, daß sie eben kein zutreffendes Ergebnis liefern können. Doch gibt MÖLLER zu, daß durch die Veränderung der landwirtschaftlichen Verhältnisse, wie sie einerseits die fortschreitende Wissenschaft, andererseits rein wirtschaftliche Verhältnisse bedingt haben, eine Notwendigkeit zur Revision der Bonitierungsgrundsätze bestanden hätte. So habe sich die Pflanzenproduktion im letzten Jahrhundert vervierfacht und statt der Brache wäre vielfach der Hackfruchtbau eingeführt worden. Die Punktiersysteme von BIRNBAUM und KRAFFT sind nach diesem Autor trotz aller Genauigkeit unbrauchbar und die übrigen Bonitierungssysteme mit ihrer beliebigen Anzahl von Bodenklassen hätten höchstens lokale Bedeutung. Er ist wie BIRNBAUM

[1] MÖLLER, P.: Entwurf eines Abschätzungsverfahrens für Land- und Rentengüter. Leipzig 1907.

der Auffassung, daß jede Schätzung von Grundstücken nur eine relative sein könne, und daß man um so sicherer gehe, je höher die Zahl der Beurteilungsmomente und der Klassen wäre. BIRNBAUMS System sei dem in Mecklenburg angewandten sehr ähnlich, weil auch dort die relative Schätzung üblich wäre. MÖLLER verwirft die Bestimmung von Roh- und Reinertrag, da die wirtschaftlichen Kosten sehr unterschiedlich wären und darauf eine Reihe von Faktoren Einfluß hätten, wie z. B. die Höhe der Arbeitslöhne, die Entfernung der Grundstücke vom Wirtschaftshofe usw. Auf die Einzelheiten des mecklenburgischen Verfahrens, wie es von ihm geschildert wird, hier einzugehen, dürfte nicht angebracht sein.

Trotz obiger Ansichten tritt er ebenfalls für die Anwendung von geologisch-agronomischen Karten, soweit wie irgend möglich, für die Zwecke der Bodenschätzung ein. Desgleichen sollten klimatische Karten, wie die von WOHLTMANN, THIELE und HELLMANN benutzt werden. Schließlich spricht MÖLLER sich gegen die Verwendung der Verkaufswerte bzw. der Verkaufspreise aus, da z. B. Liebhabereien, Spekulationen usw. dieselben stark beeinflussen können. Dagegen wären die Pachtpreise eine sichere Grundlage, wie sie überwiegend aus wirtschaftlichen Erwägungen hervorgegangen sind. Diese bewegen sich auch nicht so sprunghaft wie die Kaufpreise, und man könne daher bei der Annahme von etwa 5—10jährigen Durchschnittspachtpreisen eine vielfach genügend sichere Grundlage für die Wertermittlung gewinnen. Recht bemerkenswert sind auch seine Angaben, daß man in Vorpommern schon seit langem den 50fachen, andererseits dagegen den 65—80fachen oder gar 100fachen Grundsteuerreinertrag als Kaufwert angenommen habe.

H. SCHMIDT[1] (1908) wählt für die Abschätzung als Grundlage insbesondere die naturwissenschaftlichen Momente, wie Beschaffenheit der Krume und des Untergrundes und deren Einfluß auf die Ertragsfähigkeit. Doch wären im Klassifikationssystem auch die Hauptfrüchte, die auf den betreffenden Böden gedeihen, sowie die Durchschnittserträge und der Grundsteuerreinertrag anzugeben; desgleichen Länge und Beschaffenheit der Zufahrtswege, Dränage, Kulturzustand, Unkrautflora sowie Verkaufswert. Für den Wert eines Grundstückes ist in erster Linie der überhaupt mögliche Ertrag, in zweiter Linie Angebot und Nachfrage bestimmend. Wenn man Ertrags- und Handelswert addiere und diese Summe durch 2 teile, so erhalte man nach SCHMIDT den wirtschaftlichen Wert.

O. BAUER[2] (1909) vergleicht den Arbeitsvorgang und das Arbeitsziel bei der Grundsteuerbonitierung mit denen bei der Flurbereinigung und kommt hierbei nach mancher Richtung hin zu recht bemerkenswerten Ergebnissen. In Bayern wurden für den Zweck der Grundsteuerbonitierung nur die Roherträge ermittelt, weil sich UTZSCHNEIDER, der Schöpfer dieses Verfahrens, durch die Schwierigkeiten, den Reinertrag zu berechnen, und durch die damit verbundenen Unsicherheiten hat abschrecken lassen. Dieser ging dabei von den Mustergrundstücken aus und hat danach die Bonitätsklassen der übrigen Grundstücke bestimmt. Die Abweichungen in den Ergebnissen der Bonitierung durch die Grundsteuerkommissionen und der Flurbereinigung sind dadurch erklärlich, daß die Taxatoren weitgehend auf die Angaben der Eigentümer angewiesen waren, und man

[1] SCHMIDT, H.: Anleitung zur Abschätzung von Landgütern und einzelner Grundstücke. Arb. Landwirtschaftskam. Prov. Sachsen. **1908**, H. 1.

[2] BAUER, O.: Bonitierungsversuch auf agronomisch-naturwissenschaftlicher Grundlage. Dissert., München 1909. — Über Flurbereinigung und ihre Hilfsmittel zur Bodenbewertung. Naturwiss. Z. Forst- u. Landw. **1910**. — Flurbereinigung und Bodenkarte. Z. Ver. höh. bayer. Vermessungsbeamten. Würzburg **1910**.

die Angleichung der Grundstücke an die Mustergrundstücke oft vornahm, ohne z. B. die Fruchtfolge und andere wichtige wirtschaftliche Gesichtspunkte, wie die Entfernung, usw. zu berücksichtigen. Auch sind die damals ermittelten Roherträge heute vielfach nicht mehr zutreffend. Ferner muß die Flurbereinigung, die man als eine landwirtschaftliche Bodenreform ansehen kann, vielmehr ins einzelne gehen als die Grundsteuerbonitierung, die zu Besteuerungszwecken dient. Bei ersterer werden Wertklassen ermittelt, wobei nicht der absolute Wert, sondern das gegenseitige Wertverhältnis maßgebend ist. Dagegen soll bei letzterer die Ertragsfähigkeit und nicht der Wert als solcher ermittelt werden, denn dieser beläuft sich nach dem Reinertrag, der nach Abzug der Wirtschaftskosten vom Rohertrag des Grundstückes gefunden wird. Für diese Wirtschaftskosten sind aber die wirtschaftlichen Verhältnisse sowie die Entfernung vom Wirtschaftshof grundlegend. Da die Betriebskosten sich besonders bei Besitz- und Betriebswechsel verändern, könne auch der Reinertrag nicht gleich bleiben. Auch Bauer ist auf Grund seiner langjährigen Erfahrung der Meinung, daß die natürlichen Standortsverhältnisse von grundlegender Bedeutung sowohl bei dem Verfahren der Grundsteuerbonitierung als auch bei dem der Flurbereinigung sind und daher ist die Ermittlung der Beschaffenheit der Grundstücke nach Bodengüte, Lage und Klima unbedingte Notwendigkeit.

In allen seinen Veröffentlichungen vertritt er die Ansicht, daß außer der Erfahrung der Schätzer auch die Ergebnisse wissenschaftlicher Untersuchungen möglichst mit herangezogen werden sollen. Er ist bestrebt, an der Hand rein praktischer Schätzungen des Bodenwertes die Verwendbarkeit wissenschaftlicher Hilfsmittel zur Ermittlung der wichtigsten Bodeneigenschaften zu untersuchen. In den Kreis seiner Arbeiten hat er u. a. einbezogen die mechanische Bodenanalyse, die Ermittlung physikalischer Eigenschaften, wie z. B. der Wasserkapazität und Bindigkeit des Bodens, ferner die Bestimmung des kohlensauren Kalkes in demselben sowie der Bodenmineralien und Bodengesteine. Die Ergebnisse aus einer Reihe von Untersuchungsgebieten gehen dahin, daß die Schätzungsklassen deutlich nach agronomischen Unterschieden abgestuft sind. Die ökonomischen Schätzungen entsprechen agronomischen Werten. Natürlich sind der Vergleichbarkeit bestimmte Grenzen gezogen. Denn trotz der Ermittlung der vorherrschenden Bodeneigenschaften beeinflussen sich diese gegenseitig, und es liegt bisher keine Möglichkeit vor, den Grad dieser gegenseitigen Einwirkung zahlenmäßig festzustellen. Auch können bei der naturwissenschaftlichen Bonitierung nicht wie bei der ökonomischen alle Faktoren auf eine Einheit zurückgeführt werden. O. Bauer kommt daher zu dem Ergebnis, daß die Beurteilung der Böden nach äußeren Merkmalen sowie die Angabe über Krumentiefe und Untergrundbeschaffenheit ausgezeichnete Ergebnisse liefern. Die wissenschaftliche Bestimmung der maßgebenden naturwissenschaftlichen Verhältnisse, welche die Erklärung für die Abweichungen in den Ertragshöhen geben können, ist unentbehrlich zur Vermeidung von Irrtümern und deren Berichtigung, zur Kritik der Einschätzung oder aber, um Bewertungen in den Fällen zu ergänzen, wo die Ertragsunterschiede nicht genügend genau ermittelt wurden. Das ganze Schätzungswesen, sowohl bei Grundsteuerbonitierung als auch bei dem Flurbereinigungsverfahren werde wesentlich zuverlässiger und sicherer, wenn wissenschaftliche Ermittlungen über das Verhalten des Bodens vorliegen, wobei sich letztere natürlich im Rahmen der praktischen Durchführbarkeit zu halten haben. Als wesentliches Hilfsmittel erscheint ihm schließlich eine Bodenkarte mit Erläuterungen, aus welcher alle maßgebenden Faktoren für die Ertragsfähigkeit des Bodens, soweit sie Standort und Klima betreffen, zu ersehen sind. Auf diese Frage geht Bauer ebenfalls bei seinen späteren Arbeiten näher ein.

W. ROTHKEGEL[1] (1910) hat bereits zu dieser Zeit darauf aufmerksam gemacht, daß sich die steuerliche Belastung offenkundig zuungunsten der besseren Bodenarten verschoben habe. Da bei den älteren Bonitierungsverfahren insbesondere die konstanten Faktoren für den Bodenwert, wie Bodenbeschaffenheit, Lage und Klima ermittelt bzw. berücksichtigt wurden, so könnten diese Ergebnisse bei einer neuen Veranlagung des Grund und Bodens übernommen werden. Dagegen hat sich infolge von Veränderungen in den wirtschaftlichen Verhältnissen, wie sie insbesondere durch die Verbesserung der Bodenkultur, des Verkehrs und des Absatzes hervorgerufen wurden, alles das umgewandelt, was in den Begriff der sog. veränderlichen Faktoren einbezogen werden muß. Dadurch wurden mehr oder weniger große Ertragsunterschiede bedingt, so daß eine Statistik der Kaufpreise zur Beurteilung dieser Verhältnisse eine sehr wertvolle Grundlage bilde. Durch Benutzung dieser Kaufpreissammlungen könne man für die Bonitätsklassen neue Verhältniszahlen bilden, welche, dem Verkehrswert entsprechend, eine gleichmäßige Verteilung der Grundsteuer gewährleisten.

H. GUMBERT[2] (1910) wendet nicht den naturwissenschaftlichen Momenten bei der Beurteilung des Wertes von Grundstücken seine Aufmerksamkeit zu, sondern rein wirtschaftlichen, er macht Ausführungen über Zwangsabtretung von Grundeigentum zu öffentlichen Zwecken nach dem Gesetz vom Jahre 1837 und bringt auch die Bekanntmachungen von 1909, die Anweisung für die amtliche Feststellung des Wertes von Grundstücken betreffend. In dieser wird die Ernennung und Beeidigung der Schätzer sowie das Schätzungsverfahren als solches behandelt. Für die Ermittlung des Verkaufswertes kommen in Frage: Die Lage und der Erwerbspreis des Grundstückes, etwaige Schätzungen aus den letzten Jahren, die Bonitätsklasse, die Grundsteuerverhältniszahl und der Ertrag, den das Grundstück bei ordnungsgemäßer Wirtschaft abwirft. Auch die Kaufpreise ähnlicher Grundstücke sowie die Miets- oder Pachtzinsen können objektive Vergleichsmöglichkeiten gewähren.

E. HEINE[3] (1911) legt insbesondere auf die Kenntnis der geologischen Verhältnisse für die Bodenbeurteilung großen Wert. Vor allem wären nach ihm außer den Bodeneigenschaften die Wasserführung und der Untergrund zu berücksichtigen. Er klassifiziert die charakteristischen Bodenarten von Norddeutschland nach ihrer Zusammensetzung und Lage und schildert u. a. auch die Methoden der geologisch-agronomischen Aufnahme der preußischen geologischen Landesanstalt.

R. FLOESS[4] (1912) sucht auf Grund mehrjähriger Topf- und Vegetationsversuche eine unmittelbare Beziehung zwischen der Hygroskopizität der Böden und deren Erträgen zu finden, so daß letztere eine Funktion der ersteren wären. Aus der von ihm festgestellten Übereinstimmung zwischen den gefundenen und den errechneten Erträgen glaubt er aussprechen zu dürfen, daß nach dem Gesetz

---

[1] ROTHKEGEL, W.: Die Kaufpreise für ländliche Besitzungen im Königreich Preußen von 1895—1906. Staats- u. sozialwiss. Forschgn. H. 148. Leipzig 1910. — Grundzüge für die Taxation von Grundstücken. Preuß. Verwaltungsbl. **1914**, H. 19. — Das Schätzungswesen. Kommentar zum Schätzungsgesetz vom 8. Juni 1918. Berlin 1922. — Die Veränderung des Wertes landwirtschaftlicher Betriebe. Ber. Landw. **2**, H. 1. — In welcher Weise können die Ergebnisse der alten Grundsteuereinschätzungen für die Zwecke der Veranlagung zur Reichsvermögenssteuer nutzbar gemacht werden? Ebenda **2**, H. 3.

[2] GUMBERT, H.: Das Grundstück. Handbuch für Grund- und Hausbesitzer und Hypothekengläubiger. München 1910.

[3] HEINE, E.: Die Bodenuntersuchung. Eine Anleitung zur Untersuchung, Beurteilung und Verbesserung der Böden mit besonderer Rücksicht auf die Bodenarten Norddeutschlands. Berlin 1911.

[4] FLOESS, R.: Die Hygroskopizitätsbestimmung, ein Maßstab zur Bonitierung des Ackerbodens. Dissert., Königsberg 1912.

des Minimums mit zunehmender Hygroskopizität auch eine Ertragssteigerung stattfinde. Da aber die Fruchtbarkeit des Bodens in keiner unmittelbaren Beziehung zur Hygroskopizität steht und nicht nur die mechanische Beschaffenheit des Bodens, sondern auch dessen Gehalt an aufnehmbaren Pflanzenährstoffen, von allem übrigen abgesehen, hierbei stark ins Gewicht fallen, so kann sich höchstens ganz allgemein und in weiten Grenzen die Steigerung der Erträge mit der zunehmenden Hygroskopizität in Verbindung bringen lassen.

O. Bauer und J. Weigert[1] (1912) haben in der Pfalz auf Böden, die miocänen Corbiculaschichten und teilweise dem Löß wie dem Diluvium angehören, versucht, die von der Flurbereinigung dortselbst aufgestellten Wertklassifikationen wissenschaftlich zu prüfen. Die Untersuchungsergebnisse ließen die Beziehungen von diesen, auf Grund praktischer Erfahrung aufgestellten Wertklassen zu den wissenschaftlich ermittelten Bodeneigenschaften deutlich erkennen. So entsprach den absteigenden Wertklassen ein Ansteigen der Stein- und Grobsandgehalte. Dagegen stiegen die Gehalte an Staubsanden und Feinsanden im Sinne der Wertklassen, während die Grobsande, Ton und Kalk sich reziprok verhielten, d. h. mit zunehmendem Kalk- und Tongehalt nahm der Bodenwert ab. O. Bauer und sein Mitarbeiter schließen aus den Untersuchungsergebnissen, daß unter den gegebenen klimatischen Verhältnissen die betreffenden Bodenbestandteile im Grade ihres Auftretens dem Boden jene physikalischen Eigenschaften verleihen, welche den Ertrag zu steigern geeignet sind.

Eine notwendige Ergänzung der wissenschaftlichen Untersuchungsmethoden ist die Beurteilung des Bodens nach seinen äußeren Merkmalen, was auch die Möglichkeit einer richtigen Benennung und Charakterisierung der Böden gewährleistet. Jedenfalls könne man durch eine entsprechende Bodenuntersuchung die rein empirische Bodenwertermittlung durch Schätzung nach dem Ertrag, der Beackerungsschwierigkeit und dem Düngebedürfnis ergänzen und berichtigen. Desgleichen wären Bodenkarten mit beschreibendem Anhang, aus welchem alle Faktoren, welche die Bodenbewirtschaftung beeinflussen, zu ersehen wären, sehr erwünscht, und nicht minder ist die Kenntnis der geologischen Beschaffenheit eines Gebietes für die Bodenbonitierung von Nutzen. Wenn aber geologische Karten auch als Hilfsmittel dienen können, so sind sie jedoch zur Ermittlung genauer Wertabstufungen nicht ausreichend.

F. Aereboe[2] (1912) hat sich mit allen Fragen, welche die Wertermittlung von Grund und Boden und von Landgütern betreffen, eingehend befaßt und ebenso wie Thaer und von der Goltz auf diesem Gebiete Grundlegendes geschaffen. Er hat aber nicht nur dem ökonomischen Schätzungsgeschäft seine Aufmerksamkeit zugewendet, sondern auch erkannt, daß die Bonitierung der naturwissenschaftlichen Grundlagen nicht entbehren könne, und daß es dabei notwendig sei, jeden einzelnen Faktor, der auf die Ertragsfähigkeit von Einfluß ist, für sich und in seiner wechselseitigen Beziehung zu den anderen Produktionsfaktoren zu studieren. Daher wendet er nicht nur dem Boden, sondern auch den klimatischen und Untergrundverhältnissen seine Aufmerksamkeit zu und sucht deren Einflüsse auf den Ertrag und den Wert des Bodens gesetzmäßig zu begründen. Nach seiner Auffassung hat die Klassifikation der Kulturböden ausschließlich nach den von der Natur gegebenen Verhältnissen zu erfolgen. Der

---

[1] Bauer, O. u. J. Weigert: Die Bodenverhältnisse der Flurbereinigungsgebiete von Obrigheim und Colgenheim. Ein Beitrag zur Kenntnis der Beziehungen zwischen wissenschaftlicher Bodenuntersuchung und praktischer Bodenbewertung. Landw. Jb. Bayern 1912, 545.

[2] Aereboe, F.: Die Taxation von Landgütern und Grundstücken. Berlin 1912. — Die Beurteilung von Landgütern und Grundstücken. Berlin 1924.

Einfluß der wirtschaftlichen Momente ist bei der Bodenklassifikation auszuschließen und diese sind bei der Taxation gesondert zu berücksichtigen. Es wäre ferner nicht zulässig, für größere Gebiete oder gar ganz allgemein ein Klassifikationssystem aufzustellen, während natürlich auch nicht für jedes einzelne Gut diesbezüglich ein eigenes Klassifikationssystem angewandt werden kann. Man hätte eigene Taxbezirke für ganz bestimmte kleinere Gebiete zu bilden, die für sich bonitiert werden können. Diese dürften im allgemeinen nicht größer als ungefähr eine preußische Provinz sein.

Ebensowenig wie die wirklichen Bodenpreise etwas Feststehendes sind, ist dies auch bezüglich der einzelnen Bodenarten der Fall und daher können auch keine einwandfreien Unterlagen für die Reinertragsberechnung gewonnen werden, weil sich die bestehenden Verhältnisse fortwährend verändern können und müssen. Die Unterschiede in den Bodeneigenschaften und den örtlichen Verhältnissen bedingen recht verschiedenartige Kulturmaßnahmen, und man kann sich gut vorstellen, daß z. B. mit jedem Fortschritt auf dem Gebiet der Bodenbearbeitung auch eine Wertverschiebung der einzelnen Bodenarten eintreten muß, genau so wie mit der Änderung der Verkehrstechnik und der Wirtschaftsverhältnisse sich die Preise für die Grundstücke ändern werden.

Während in den einzelnen Taxbezirken die klimatischen Verhältnisse im großen und ganzen die gleichen sein werden, trifft dies für größere Gebiete keinesfalls zu und doch ist gerade das Klima von ganz besonderem Einfluß auf die Bodenerträge und die Bodenpreise. Aus eigener Erfahrung vermag AEREBOE zu schildern, wie z. B. nach dem Süden hin die Wasserverhältnisse immer entschiedenere Bedeutung für den Landwirt gewinnen, während die Bodenzusammensetzung dort mehr und mehr zurücktritt und er führt hierfür Beispiele aus Ägypten, Zentralasien und den westlichen Staaten von U. S. A. an. Aber auch bei uns sind die klimatischen Verhältnisse bereits mehr oder weniger bedingend für die Kulturart und die Verteilung von Acker, Wiese und Wald. Weil nur die Ernteerfahrungen von langen Zeiträumen uns ein richtiges Bild von der Bedeutung des Klimas geben können, so muß bei der Bodenbonitierung die fehlende Kenntnis hierüber durch die Beachtung der erfahrungsmäßigen Ernteverhältnisse ersetzt werden, da sich hierin Abweichungen von dem allgemeinen Klimabild am deutlichsten auszudrücken pflegen. Desgleichen sind alle Eigentümlichkeiten des sog. Lokalklimas möglichst zu berücksichtigen, wie z. B. das Eintreten von Früh- und Spätfrösten, besonders Hagelgefahr usw. Diese Verhältnisse sind bei der Schätzung ganz besonders ins Auge zu fassen. Je einheitlicher und gleichmäßiger das Klima wird, um so mehr tritt die Bedeutung des Bodens selbst, seiner Zusammensetzung und seiner Eigenschaften zutage.

AEREBOE geht auch an der Bedeutung, welche die Wasser- und insbesondere die Grundwasserverhältnisse des Bodens spielen, keineswegs vorüber und schildert ausführlich deren Einfluß. Sind es ja doch vielfach letztere, welche darüber entscheiden, ob ein Grundstück als Wiese, Weide oder Ackerland zu nutzen ist. Der Pflanzenwuchs, die Bodenerträge und die Bodenkultur stehen nicht selten in engster Beziehung zu dem Wasserhaushalt des betreffenden Standortes und aus ersterem lassen sich daher mitunter Schlüsse auf jene ziehen. Daher ist Bodentaxation zum großen Teil Beurteilung der Wasserverhältnisse der Kulturböden und dies besonders in den vielen Fällen, wo, wie z. B. bei allen leichten Sandböden, die Bodenwerte mit den Wasserverhältnissen fallen und stehen. Auch die Möglichkeit der Be- oder Entwässerung sowie von Überschwemmungsgefahren darf nicht unberücksichtigt bleiben. Bei dränagebedürftigen Böden müssen natürlich die Vorflutverhältnisse und die Kosten der Durchführung der Dränage erwogen werden, während andererseits auf geringen Sandböden hoher Grundwasserstand sogar die Anlage von Wiesen ermöglicht und große Erträge von Ackerfrüchten in Aussicht zu stellen vermag. Die Bodeneigenschaften müssen in erster Linie aus der Bodenzusammensetzung selbst erkannt werden, welche insbesondere durch das Mischungsverhältnis der Hauptbodenbestandteile gegeben ist. Der Gehalt an Sand, Ton und Humus läßt sich unschwer abschätzen, während nach AEREBOE der Kalkgehalt und die Wasserverhältnisse durch die Feststellung der auf den Böden vorkommenden und mit Erfolg angebauten Pflanzen zu ermitteln sind. Auch die Bearbeitungsfähigkeit des Bodens muß berücksichtigt werden, wie es überhaupt nichts gibt, was nicht zur Charakteristik der einzelnen Bodentypen beitragen könne und bei der Schätzung nicht willkommen wäre. Umständliche und weitgehende Bodenuntersuchungen mögen wohl dazu dienen, allgemeine Kenntnisse über den Boden selbst zu erlangen, sind aber bei der Bodentaxierung selbst natürlich nicht anwendbar. Man kann sich nur auf Beurteilungsmomente stützen, die man bei Benutzung eines einmal aufgestellten Taxrahmens unschwer in der kurzen zur Verfügung stehenden Zeit ermitteln kann. Ein mineralogischer und geologischer Ballast hat für den Landwirt keine Bedeutung, denn diesen interessieren vor allem die chemischen, physikalischen und biologischen Bodeneigenschaften und desgleichen, wie sich der Standort bei der Bearbeitung und Düngung verhält. Die Pflanzen brauchen Wasser, Luft, Wärme und Nährstoffe, und letztere werden insbesondere durch den Ton und den Humus im Boden festgehalten. Niemals können Klassifikationssysteme aufgestellt werden, die alle vorkommenden Kulturböden einbeziehen wollen, und jeder einseitige Maßstab bei der Bodenbeurteilung ist zu verwerfen.

Mit Recht mißt AEREBOE der sog. Fingerprobe als Untersuchungsmittel bei der Bonitierung große Bedeutung bei, und nur auf Grund dieser ist bekanntlich eine möglichst zutreffende Benennung und Charakterisierung der Böden möglich. Auch das Studium der Pflanzen darf nicht vernachlässigt werden, und zwar sowohl das der wildwachsenden als das der Kulturpflanzen, weil dadurch wertvolle Schlüsse auf den Kalk- und Nährstoffgehalt des Bodens, seine Kultur- und Wasserverhältnisse gezogen werden können. Der Habitus der Pflanzen, ihr Wachstum und die Art ihrer Verbreitung sind von Bedeutung für die Bodenbeurteilung. Doch dürfen auch diese Hilfsmittel sowie Angaben über die Kulturpflanzen und deren Erträge nicht einseitig verwendet werden. Jedenfalls hat ein Landwirt volles Verständnis dafür, wenn ein Boden z. B. als Roggen-, Lupinen-, Weizenboden usw. bezeichnet wird und unter den heutigen Verhältnissen müssen neben den Leguminosen insbesondere auch die Hackfrüchte mit zur Beurteilung herangezogen werden, denn der Bodenwert hängt heute ganz besonders davon ab, ob und in wie weit der Boden für die Kultur der Hackfrüchte geeignet ist, wodurch der zulässige Intensitätsgrad entsprechende Feststellung erfährt. Daß der Wert der leichteren Böden gegenüber den früheren Ansichten eine günstige Verschiebung erfahren hat, hänge schließlich damit zusammen, daß sie leicht zu bearbeiten sind und durch die jetzigen Kulturmöglichkeiten unschwer mit Nährstoffen versorgt werden können. Die schweren Böden wurden von THAER und seinen Schülern zweifellos zu gut bonitiert und klassifiziert. Es sind jedenfalls die von THAER in die 3. Klasse eingereihten Böden günstiger als die der beiden ersten Klassen zu beurteilen. Am wertvollsten sind heutigentags die milden, tiefgründigen Lehmböden.

Bemerkenswert sind die Angaben, welche AEREBOE über seine Erfahrungen bei der praktischen Bonitierung macht, wie er dabei vorgeht, z. B. bei der Feststellung des Bodenprofils durch Aufgrabungen oder Bohrungen, der Ausführung der Fingerprobe usw. Nach ihm ist die beste Zeit zur Bonitierung das Frühjahr, während bei Wiesen am besten kurz vor der Heuernte zu taxieren ist. Er versteht unter Bodenbonitierung die Einreihung der einzelnen Bodenarten in Klassifikationssysteme, bei denen für jede einzelne, ermittelte Bodenart mittlere Bodenwerte von vornherein bekannt sind, Bodenwerte, die aus den Kaufpreisen abgeleitet worden sind. Diese geben die brauchbaren Grundlagen für die Wertzahlen der einzelnen Klassen. Zuerst muß man sich über die Eigenschaften aller für den betreffenden Bezirk vorkommenden Bodenarten ein klares Bild gemacht haben, bevor man mit der Klassifizierung selbst beginnen kann. Gegen das Verfahren der Ertragsberechnung bei der Bonitierung wendet sich AEREBOE sowohl vom wissenschaftlichen als auch vom praktischen Standpunkt. Er erkennt nur die Ermittlung der Grund- oder Kapitaltaxe bzw. die Berücksichtigung der erzielten Kaufpreise als berechtigt an. Das Verfahren der Auswertung von Kaufpreisen, wie dies die preußische Katasterverwaltung auf Grund einer umfangreichen Sammlung von Kaufpreisen für Landgüter seit den neunziger Jahren durchgeführt hat, wurde von AEREBOE weiter ausgebaut. Indessen besitzt man nicht in allen Landteilen Deutschlands genügend Kaufpreise von Landgütern, um daraus brauchbare Durchschnitte für die gewünschten Zwecke berechnen zu können. ROTHKEGEL[1] weist mit Recht darauf hin, daß in kleinbäuerlichen Gebieten, wie z. B. in Baden, Hessen usw., geschlossene Landgüter nur selten zum Verkauf gelangen. Die für Einzelparzellen bezahlten Preise sind indes für den Zweck einer Schätzung vollständig unbrauchbar. Somit fehlen in solchen Gebieten entsprechende Kaufpreise, welche für die Schätzungen benutzbar sind. Man kann annehmen, daß etwa in $^1/_4$—$^1/_5$ des deutschen Gebietes keine Unterlagen zur Ermittlung der Grund- und Kapitaltaxe vorhanden sind. Nicht unerwähnt sollen und dürfen die Ausführungen AEREBOES über die Klassifikation von Wiesen und Weiden und die dabei geltenden Grundsätze bleiben. Bei Wiesenländereien sind in erster Linie die Wasserverhältnisse und erst in zweiter die Bodeneigenschaften selbst maßgebend. Menge, Güte, Sicherheit und Zeit des Wasserab- und -zuflusses spielen für die Wiese eine hervorragende Rolle. Allerdings können sich die Wasserverhältnisse leichter als die Bodengemengteile ändern, und dadurch ist für die Wiesen ein Moment der Unsicherheit gegeben. Ihre Erträge dürften demnach um so gesicherter sein, je weniger sie von den Wasserverhältnissen allein abhängen, was zu beachten ist. Da die Bewässerung zumeist auch eine Düngung bedingt, so ist zwischen den reinen Wässerungswiesen und den Dungwiesen zu unterscheiden. Letztere erfordern viel höhere Wirtschaftskosten als erstere, was für den Reinertrag ebenfalls ins Gewicht fällt. Die Wiesen werden in 8 Klassen eingeteilt. Auch die Weiden teilt AEREBOE ein in Fett- und andere Weiden; bei ersteren könne man insbesondere nach den Pflanzen, bei letzteren dagegen müsse man mehr nach der Bodenbeschaffenheit bonitieren. Ebenso wie bei den Wiesen ist die Beurteilung des Pflanzenbestandes der Weiden von großer Wichtigkeit, doch sind diese ähnlich wie der Ackerboden in ihrer Beschaffenheit viel mehr vom Boden als von den Wasserverhältnissen abhängig. Besonders auf den Jungviehkoppeln in der Ebene, aber auch auf den Schafhutungen kann ähnlich wie bei dem Ackerland bonitiert und klassifiziert werden. Dagegen sind die Fettweiden der Marschen nach anderen Gesichtspunkten, und zwar insbesondere pflanzlichen zu bewerten, die vielfach wie andere Weideländereien höhere Erträge bringen als bei Ackernutzungen. Auffallend ist beim Weideland das gleichmäßige Fallen und Steigen der Roherträge mit den Reinerträgen infolge der Gleichmäßigkeit der Wirtschaftskosten. Maßgebend für die Bonitierung der Weiden sind die Pflanzen- bzw. Futtererträge für eine bestimmte Anzahl von Tieren bzw. der Zuwachs an Fleisch

[1] ROTHKEGEL, W.: Handbuch der Schätzungslehre für Grundbesitzungen, S. 158. Berlin: Parey 1930.

und Wolle. Man kann dabei ausgehen von der Anzahl der Weidetage, dem Gewichtszuwachs der Tiere oder den Milcherträgen, und die schon früher von SCHMALZ, PABST u. a. gemachten Angaben sind als Grundlagen immerhin noch einigermaßen brauchbar.

AEREBOE hat sich in mancher Hinsicht in Gegensatz zu den Lehren von VON DER GOLTZ gestellt, der bekanntlich u. a. die Ermittlung des Reinertrages stark befürwortete. Ersterer hat die Ertragswerttaxe stark verurteilt und wollte statt ihrer die Kapitalstaxe angewendet wissen. In vielem trifft seine Kritik zu, denn die Schätzung des Rohertrages ist nicht immer einfach und die Schätzung der Kosten für den Aufwand ist mit starken Fehlern behaftet, so daß die Berechnung des Reinertrages hieraus auch nicht befriedigend sein kann. Aber man kann doch nicht so weit gehen wie AEREBOE, der die Feststellung des Ertragswertes überhaupt verwerfen wollte. Immerhin kann er mit Recht als Begründer einer moderneren Taxationslehre bezeichnet werden, und die Wissenschaft wurde durch seine umfassenden Forschungen wesentlich bereichert.

F. WATERSTRADT[1] (1912) erkennt an, daß durch AEREBOE die Taxation auf eine vollständig neue Grundlage gestellt worden ist. Nach ihm stellten THAER, KOPPE, SETTEGAST u. a. die physikalischen Bedingungen für die Bodenbonitierung in den Vordergrund, während nach der Zeit LIEBIGS die chemischen zuerst Beachtung fanden. Dagegen messe MITSCHERLICH wieder letzteren nur geringe Bedeutung bei und empfehle dafür, wie dies von anderen schon früher geschehen ist, eine Art botanischer Bonitierung vermittels der wildwachsenden Pflanzen. WATERSTRADT spricht aus, daß gerade diese botanische Klassifikation nach der natürlichen Flora eine auffallende Vernachlässigung erfahren habe, doch ist er andererseits nicht davon überzeugt, daß die geologischen Verhältnisse bei der Taxation eine brauchbare Klassifikationsgrundlage abgeben könnten. Sein Urteil faßt er dahin zusammen, daß die von AEREBOE beschrittenen Wege tatsächlich brauchbar wären und daß durch diesen die Taxationslehre vorläufig zu einem gewissen Abschluß gebracht werde.

F. PILZ[2] (1913) beanstandet, daß dem subjektiven Urteil bei der Bodeneinschätzung zu viel Raum geschenkt wird und tritt daher für das Punktiersystem ein. Er ergeht sich in längeren Ausführungen über die Bedeutung der Bodenluft, des Bodenwassers, der organischen und anorganischen Bodenbestandteile, über die Ergebnisse chemischer und mechanischer Analysen, den Nährstoffentzug durch die Ernten, der bei der Düngung zu berücksichtigen wäre. Für das aufzustellende Punktiersystem wären folgende Faktoren maßgebend: 1. Klima, 2. Lage des Grundstückes (Markt- und Verkehrslage, Neigung, Nachbarschaft), 3. wildwachsende Flora, 4. Bodenbeschaffenheit nach äußerem Aussehen, 5. vom Landwirt zu liefernde Daten (Bearbeitung, Düngung, Fruchtfolge, Erträge), 6. die vom Analytiker erhaltenen Werte (Nährstoffgehalt, Schlämmanalyse, pflanzenschädliche Bodenbestandteile). Schließlich dürfte auch die bakteriologische Analyse eine Rolle mit spielen.

C. TANNER[3] (1915), ein Schüler von LAUR, stellt ebenfalls ein Punktiersystem nebst Tabellen zur Grundstückseinschätzung auf, das heute noch in der Schweiz als wertvoll anerkannt wird, wenn auch dort, wie später gezeigt werden soll, die Ermittlung des Ertragswertes nach einem von E. LAUR[4] ausgearbeiteten

[1] WATERSTRADT, F.: Die Wirtschaftslehre des Landbaus. Stuttgart 1912.

[2] PILZ, F.: Boden, Bodenuntersuchung und Bodenbewertung. Mh. Landw. Wien 1913, H. 10, 298—309.

[3] TANNER, C.: Agrar-ökonomische Untersuchungen zum schweizerischen Zivilrecht unter besonderer Berücksichtigung des Ertragswertes landwirtschaftlicher Gewerbe und Grundstücke. Bern 1915.

[4] Vgl. S. 53.

Verfahren größtenteils vorgenommen wird. Eine Einteilung der Wiesenböden der Schweiz in „Wiesentypen" haben bekanntlich STEBLER und SCHRÖTER bereits im Jahre 1892 versucht. TANNER gibt zu, daß THAERS Bonitierungsgrundsätze und Klassenbildung heute noch mit zum besten gehören, was auf diesem Gebiete geschaffen worden ist. Auch VON DER GOLTZ habe nicht nur untersucht, welche Anforderungen im einzelnen an jedes der verschiedenen Bonitierungssysteme zu stellen sind und wie und wann man sie anwenden könne, sondern habe auch die Domäne Waldau bei Königsberg in mustergültiger Weise nach den Ertragswerten taxiert. Aber trotzdem könne diese Taxation nicht angewendet werden, weil die dazu nötigen Voraussetzungen meistens fehlen dürften. TANNER bespricht in seinem Werke auch agrarpolitische und volkswirtschaftliche Grundlagen und die in der Schweiz geltenden Gesetze über Erbrecht und Gültrecht. Für sein Punktiersystem stellt er folgende Gesichtspunkte auf: Zuerst ist der Durchschnittswert des Hektarertrages zu ermitteln und diesem eine mittlere Hektarpunktzahl von 100 zu geben. Dann werden für jedes Grundstück je nach seiner Beschaffenheit Zuschläge für über dem Mittel stehende und Abschläge für darunterliegende Eigenschaften gemacht. Maßgebend ist immer das Durchschnittsgrundstück bzw. dessen Verhältnisse. Doch müssen die Feststellungen für jeden einzelnen Betrieb besonders gemacht werden, da Normalzahlen von allgemeiner Gültigkeit nicht aufgestellt werden können. Es ist ja jedes Grundstück ein Bestandteil des betreffenden Gutes und demnach ist auch der Einfluß verschiedener Verhältnisse desselben auf den Wert der Grundstücke verschieden. Zu- bzw. Abschläge werden bei folgenden Faktoren gemacht: Größe und Form, Neigung und Bearbeitungsmöglichkeiten, Lage zu den Wirtschaftsgebäuden und Wegverbindung, Kulturenverhältnis, Bodenart, Verbesserungsfähigkeit durch Bodenmeliorationen, Düngungs- und Bearbeitungszustand, Pflanzenkapital (Obstbäume, Weinstöcke, Wald, Ackerkulturen, Wiesennarbe, Streubestand) und schließlich juristische Rechte. Die Größe des Grundstückes in Hektar multipliziert mit der Anzahl der Punkte ergibt dann die sog. Hektarpunktzahlen.

TH. REMY[1] (1916) unterscheidet zwischen Bodeneinschätzung und Bodenbeurteilung, er versteht unter Bodeneinschätzung die Ermittlung des Geld- oder Verkehrswertes und unter Bodenbeurteilung die Bestimmung seiner Fruchtbarkeit und Bodenuntersuchung, welche in einer Feststellung der natürlichen Bodeneigenschaften besteht: Die Bodeneinschätzung kann nur auf wirtschaftlichen Grundlagen in Verbindung mit wissenschaftlichen Feststellungen beruhen, während die Bodenbeurteilung von der Ertragsfähigkeit oder Fruchtbarkeit eines Grundstückes ausgeht. Sie hat sich nicht nur auf die Kenntnis der Bodensubstanz, sondern auch auf die des Klimas und der Standortsverhältnisse aufzubauen, wobei aber diese Fruchtbarkeitsursachen nicht streng nach dem Gesetz des Minimums zusammenwirken, sondern sich bis zu einem gewissen Grade gegenseitig vertreten können. Dagegen ermittelt die Bodenuntersuchung die mechanischen, chemischen, petrographischen und bakteriologischen Bodenverhältnisse. Sie ist eine wertvolle Grundlage für die Bodeneinschätzung, darf aber nicht zu große Ansprüche an die Gründlichkeit stellen, weil sie sonst praktisch nicht mehr verwendbar ist, sie dann zu teuer und zu umständlich wird. Am maßgebendsten für die Fruchtbarkeit sind, ebenfalls nach REMY, die physikalischen Bodeneigenschaften, doch bekämpft er die Auffassung MITSCHERLICHS, der dem Nährstoffreichtum des Bodens zu wenig Bedeutung beimißt. Nach ersterem wird der Nährstoffvorrat des Bodens nur so

[1] REMY, TH.: Bodeneinschätzung und Bodenuntersuchung. Landw. Jb. **49**, 147 (1916).

allmählich abgebaut, daß er doch mehr oder weniger eine Dauereigenschaft sein dürfte. REMY würde es sehr begrüßen, wenn durch die Ermittlung einer einzigen, bestimmten Konstante die umständliche Feststellung der physikalischen Bodeneigenschaften unnötig würde. Doch könne das nicht durch die Bestimmung der Hygroskopizität geschehen, wenn auch eine Reihe von physikalischen Eigenschaften von dieser mehr oder weniger abhängen. Dies mag auch einen gewissen Einfluß auf den gesamten Wasser-, Luft- und Wärmehaushalt des Bodens ausüben und Hand in Hand mit dem Gehalt desselben an Kolloiden gehen, aber viele wichtige Bodeneigenschaften werden durch die Bestimmung der benetzungsfähigen Oberfläche nicht erfaßt. Näher auf diese Dinge hier im einzelnen einzugehen dürfte sich wohl erübrigen.

A. SCHNIDER[1] (1917) hat bereits früher eine Reihe von grundlegenden Verhältnissen für die Bonitierung, wie sie insbesondere durch die Klimaeinflüsse bedingt werden, in mehreren Arbeiten behandelt. Man lernt durch ihn Näheres über die seinerzeitige Grundsteuerveranlagung in Bayern und auch in Sachsen hinsichtlich ihrer historischen Entwicklung kennen. Eingehend erörtert er auch die Frage nach der Brauchbarkeit der Boden- und der geologischen Karten für die Taxation und betont dabei nicht mit Unrecht, daß man sich bei der Auswertung von geologischen Grundlagen vor einer Verallgemeinerung zu hüten habe. Der natürlichen Flora des Bodens schenkt er große Aufmerksamkeit und ist auf Grund eingehender Studien davon überzeugt, daß diese zur Bonitierung und Taxation mehr denn je mit herangezogen werden müsse. Ausführlich schildert er auch die Wertermittlung von Grundstücken und die zweckmäßige Bildung von Ertragsklassen bei der Steuerbonitur.

Aus seinen geschichtlichen Studien über die Bonitierung in verschiedenen Ländern erfährt man u. a., daß in Bayern seinerzeit insbesondere die Beschaffenheit der Ackerkrume und des Untergrundes sowie der Wasserverhältnisse zur Beurteilung herangezogen wurden, desgleichen die örtliche Lage und die Neigung gegen die Himmelsrichtung, sowie die nähere Umgebung der Grundstücke. Viel zu wenig Aufmerksamkeit wurde aber nach ihm dem örtlichen Klima geschenkt. In Sachsen habe man allerdings je nach Einwirkung des Klimas 21 Abstufungen vom mildesten bis zum rauhesten Klima aufgestellt und zudem für jede einzelne Ackerklasse je nach der Höhenlage des Grundstückes Abzüge vom Reinertrag vorgenommen. Außerdem wurden noch besondere Abzüge bei sehr windiger Lage, bei Gewitter- und Hagellage und bei Abdachung nach Norden gemacht, und wenn sich Wald oder Wasser in der Nähe befanden. Man hat aber nicht nur die Beschaffenheit der Böden, sondern auch deren Ertragsfähigkeit zu ermitteln versucht. Daraufhin hat man z. B. in Preußen 8, in Sachsen 12 Klassen nach den Reinerträgen aufgestellt, während man in Bayern die Roherträge zur Festsetzung von etwa 27 Klassen herangezogen hat. Wie man bei der Bezeichnung der Böden für die Zwecke der Taxation nicht nur der Bodenbeschaffenheit, sondern auch der jeweiligen Fruchtart Rechnung trug, so war auch für die Klasseneinteilung im all-

---

[1] SCHNIDER, A.: Der Einfluß der klimatischen Lage auf den Landwirtschaftsbetrieb in Deutschland. Landwirtschaftl. Hefte Berlin 1912. — Umschau vor Kauf und Pacht. Wochenbl. landw. Ver. Bayern 1910. — Über landwirtschaftliche Bodenkarten und die neueren Anforderungen an solche. Landw. Jb. Bayern 1911. — Zur Ausgestaltung der Beurteilung, Ertrags- und Wertabstufung von Viehweiden im Flachland und auf Alpen. Südd. Landw. Tierzucht 1917. — Zur Frage der bodenkundlichen Untersuchung und Kartierung der Grundstücke. Wochenbl. landw. Ver. Bayern 1921. — Beurteilungs- und Ertragsklassenbildung von Viehweiden. Ebenda 1921. — Die Bodenbonitierung und Klassenbildung für die bayerische Grundsteuer und deren geschichtliche Entwicklung. Forstwiss. Zbl. 1922. — Die Bonitur zum Steuerzwecke als Beispiel der Bodenbeurteilung für die Bodenbewirtschaftung und sonstige Zwecke. Landw. Jb. Bayern 1922.

gemeinen nicht nur erstere, sondern auch die Ertragsfähigkeit maßgebend und in Zweifelsfällen hat man von der Einreihung in sog. Zwischenklassen Gebrauch gemacht. Die Ertragsschätzung litt früher besonders darunter, daß sie vielfach nicht nach Geldwerten vorgenommen wurde. Weil ferner die Dreifelderwirtschaft dabei als Grundlage diente, so sind ihre Ergebnisse heutigentags vielfach nicht mehr zutreffend.

Sehr zweckmäßig ging man in Sachsen vor, wo man auf den Reinerträgen fußte und dabei die höheren Kosten, welche durch größere Entfernung der Grundstücke vom Wirtschaftszentrum bedingt wurden, berücksichtigte. Ferner wurden vom Mittelpunkt eines Ortes aus Kreislinien angenommen, nach welchen abgestuft wurde, und man hat mit zunehmender Entfernung von demselben größere Abzüge vom Ertrag vorgenommen. Desgleichen durften Kosten für Aufbewahrung und Verwaltung vom Ertrag abgezogen werden, während andererseits für besonders günstige Verkehrslagen ein Zuschlag zu dem berechneten Reinertrag gemacht wurde.

Der Abschätzung der Wiesen und Weiden hat SCHNIDER von jeher seine Aufmerksamkeit zugewendet und dabei die Gesichtspunkte erörtert, die zunächst für die Bonitierung der ersteren in Betracht kommen, wie z. B. die Beschaffenheit von Krume und Untergrund, die Lage der Wiesen, deren gesamte Wasserverhältnisse und deren Pflanzenbestand. Selbstverständlich sind Güte und Menge des Futters von Bedeutung, und die Feststellung der Futtergüteklasse darf nicht am geernteten Futter vorgenommen werden, sondern hat auf der Wiese selbst zu erfolgen. Der Pflanzenbestand einer Wiese ist zunächst fast stets von den Wasserverhältnissen und dann erst von dem Nährstoffgehalt und der Zusammensetzung des Bodens abhängig. Außerdem müsse ebenso wie bei den Äckern nur die wirkliche Fruchtbarkeitsanlage zur Grundlage genommen werden, nicht aber das, was durch Düngung und Pflege an den natürlichen Verhältnissen geändert worden ist. Bei der Abschätzung der Viehweiden für die Grundsteuerbonitierung kam die große Bedeutung, welche die Weiden besitzen, seinerzeit nicht zum Ausdruck. In Bayern hat man bekanntlich bei der Bonitur die Weiden allgemein als geringwertige Wiesen behandelt und in Sachsen galt als Weide nur solches Grasland, welches sich weder zur Acker- noch zur Wiesennutzung eignete. SCHNIDER hat schon damals beklagt, daß über die Leistungsfähigkeit von Weiden Zahlenangaben so gut wie ganz fehlen und hat durch eigene Arbeiten und die seiner Schüler diesen Mangel zu beheben versucht. Jedenfalls sind auch bei der Wertbeurteilung von Weiden Klima, Lage und Wasserverhältnisse sowie Pflanzenbestand von grundlegender Bedeutung.

H. NIKLAS[1] (1917) hat insbesondere bei der Erstattung der bodenkundlichen und landwirtschaftlichen Beiträge für die einzelnen Blätter der geologischen Spezialkarte Bayerns versucht, die Ergebnisse der geologischen Kartierung und der Bodenuntersuchung in Einklang mit den natürlichen und den Wirtschaftsverhältnissen zu bringen. Letztere wären durch Begehungen und Erhebungen möglichst im einzelnen festzustellen, und das reiche bei der geologischen Spezialkartierung anfallende Material dürfe nicht unausgenützt bleiben, wie eingehend zu begründen versucht wurde. Nachdem in einem Atlas über Bayerns Bodenbewirtschaftung auf 17 farbigen Karten zum Ausdruck gebracht werden konnte,

---

[1] NIKLAS, H.: Erläuterungen zur geologischen Karte Bayerns 1 : 25000 (Blatt Baierbrunn, Gauting, Ampfing, Mühldorf, Euerdorf, Hammelburg usw.). — Bayerns Bodenbewirtschaftung unter Berücksichtigung der geologischen und klimatischen Verhältnisse. München 1917. — Neue Grundlagen und Wege zur Erhöhung der Bodenproduktion Deutschlands. Internat. Mitt. Bodenkde. **1917**. — Untersuchungen über einige weitverbreitete Bodenarten Oberbayerns. Landw. Jb. Bayern. **1920**, 363. — Die Bedeutung der Geologie für die land- und forstwirtschaftliche Bodenkunde. Naturwiss. Z. Land- u. Forstw. **1920**, 22.

daß die Anbau- und Ernteverhältnisse vielfach eng mit den geologischen Verhältnissen zusammenhängen, wurde auch für jedes Kartengebiet im einzelnen zu zeigen versucht, in wie weit Bodennutzung, Bodenbearbeitung, Düngung usw. von den maßgebenden geologischen Faktoren beeinflußt werden. Auch die Bonitierung wurde nicht ganz außer acht gelassen und u. a. ergab seine Eintragung von etwa 25000 Katasterbonitäten in die Uraufnahmen der geologischen Landesuntersuchung einen interessanten Einblick, in wie fern diese bei der Grundsteuerveranlagung seinerzeit gewonnenen Bonitäten noch einen Zusammenhang mit den derzeitigen Verhältnissen ergeben. Dabei wurden nach Möglichkeit auch Ernteerträge und Geldwerte gesammelt, um das Urteil zu vertiefen. Deutlich zeigte sich, daß bei der damaligen Bonitierung die natürlichen Verhältnisse, wie sie durch die geologischen Verhältnisse bedingt werden, ganz in erster Linie, wenn auch nur empirisch berücksichtigt wurden, während die wirtschaftlichen Faktoren fast ganz außer acht blieben. Vom letzteren Umstand abgesehen, ergab sich in allen den Fällen, in welchen eine Verschiebung des Bodenwertes nicht in größerem Umfang stattgefunden hatte, eine nicht unbefriedigende Übereinstimmung zwischen den alten Grundsteuerbonitäten und den bei der geologischen Kartierung teils direkt, teils indirekt ermittelten Tatsachen. Immerhin muß betont werden, daß diese Grundsteuerbonitäten heutigentags als solche nicht mehr zu Recht bestehen und höchstens zum Vergleich herangezogen werden können, wie ja auch die geologischen Verhältnisse nur als Grundlage für eine allgemeine Orientierung bei der Taxation dienen können, ohne daß sie dazu berechtigen, aus sich heraus ein Klassifikationssystem aufzustellen. Sie geben Grundlagen zur Beurteilung der Beschaffenheit der Böden, deren Untergrundverhältnisse und ihrer Verbreitung, sind aber immer nur Mittel zum Zweck, die grundlegenden Bodenfragen bei der Bonitierung zu klären.

L. Wittmack[1] (1919) gibt, von ähnlichen Gesichtspunkten wie Schnider ausgehend, eine Zusammenstellung von Leitpflanzen der verschiedenen Bodentypen, des Kalk-, Mergel-, Lehm-, Ton- und Sandbodens und will damit einen Beitrag zur Frage der Bonitierung des Bodens nach der natürlichen Flora liefern. Er hat auch[2] für Norddeutschland 4 Haupttypen für natürliche Wiesen, welche nur süße Gräser tragen, vorgeschlagen. Aus einem im Jahre 1919 in Biedermanns Zentralblatt erschienenen Referat ergibt sich, daß sich M. Popp[3] eingehend mit der Bewertung und Bonitierung von Marschweiden in Oldenburg befaßt hat. Dabei wurden die Roherträge der Weiden durch die Feststellung der Gewichtszunahme der Weidetiere ermittelt. Die Leistung der Weidetiere, deren Milchleistung und Gewichtszunahme und die Arbeitsleistung bei Arbeitstieren geben nach ihm den besten Maßstab für den Wert der Weiden ab. Zuerst werden auf Grund dieser Ermittlungen die Roherträge festgelegt, während sich die Reinerträge aus diesen erst nach Abzug aller Ausgaben, wie z. B. der Unterhaltungskosten, der Arbeitslöhne und der Pachtpreise gewinnen lassen. Auch Popp hält sehr viel von einem guten Pflanzenbestande und seiner großen Bedeutung für die Bonitierung der Weiden.

J. Kiendl[4] (1921) hat sich mit Untersuchungen beschäftigt, in wie fern die Kenntnis der bodenkundlichen und geologischen Verhältnisse für die Zwecke

---

[1] Wittmack, L.: Die Bonitierung des Bodens nach den Unkrautpflanzen. Ill. Landw. Z. 1919.

[2] Wittmack, L.: Landw. Jb. **23**, 97 (1894).

[3] Popp, M.: Die Bewertung Oldenburger Marschweiden. Landw. Jb. **44**, 441 (1913).

[4] Kiendl, J.: Die Flurbereinigung und ihre Beziehungen zur Geologie und Bodenkunde mit agrar-geologischer Übersichtskarte der Flurbereinigung Eitensheim. — Die agrargeologische Übersichtskarte und ihre Bedeutung für die Land- und Volkswirtschaft. Landw. Jb. Bayern **1921**, 97.

der Flurbereinigung verwertbar ist. Er kommt zu der Auffassung, daß es zweckmäßig wäre, derartige Unterlagen weitgehend für die Bonitierung der Böden, insbesondere auch beim Flurbereinigungsverfahren, heranzuziehen. Auf der von ihm gezeichneten agrar-geologischen Übersichtskarte ist der Versuch gemacht, die natürlichen Produktionsverhältnisse, Klima, Boden, Untergrund und Lage und die daraus sich ergebenden landwirtschaftlichen Verhältnisse im Bilde festzuhalten. Am Rand der Karte finden sich Angaben über die klimatischen und agronomischen Verhältnisse, über Ernteergebnisse und Düngung. Unter anderem werden auch die zum Anbau geeignetsten Feldfrüchte dortselbst angeführt. Die Karte selbst hält gewissermaßen die Mitte zwischen einer rein geologischen Karte und einer Bodenkarte.

O. BAUER[1] (1922) ist der Meinung, daß zu einer für die Flurbereinigung verwendbaren Schätzung weder die agrar-geologische Übersichtskarte von KIENDL noch eine Bodenkarte allein niemals genügende Grundlage abgeben kann, wenn diese auch als wertvolle Hilfsmittel bezeichnet werden müssen. Er gibt aber für die Zwecke der Flurbereinigung der reinen Bodenkarte vor der agrar-geologischen den Vorzug. Erstere soll zweckmäßigerweise aus geologischen Karten hervorgehen, man soll aber dabei vermeiden, auf der Karte selbst geologische Verhältnisse und wissenschaftliche Bezeichnungen zum Ausdruck zu bringen, welche nicht allgemein verständlich sind. Der beste Maßstab dürfte der von 1:5000 sein, und die Höhenschichtlinien sollen möglichst weitgehend eingetragen werden. Angaben über Klima, agronomische Verhältnisse, Bodenbearbeitung, Düngung und Ernteergebnisse wären zweckmäßig neben dem Bodenprofil darzustellen.

Falls für die Bodenbonitierung Bodenkarten erstrebt werden, kämen eventuell in erster Linie solche in der Ausführung in Frage, wie sie bereits 1917 von H. NIKLAS in den „Internationalen Mitteilungen für Bodenkunde" vorgeschlagen wurden. Diese wurden nach dem Kriege von der geologischen Landesuntersuchung in Bayern nach besagten Vorschlägen durchgeführt und auch von den Schülern[2] des erstgenannten mit verwendet, um die Standorts- und landwirtschaftlichen Verhältnisse in verschiedenen Gebieten Bayerns in möglichst enge Verbindung zu bringen. Sehr bemerkenswerte Ausführungen über die Grundstückseinwertung im Flurbereinigungsverfahren macht HÖLLDOBLER[3]. Sein Aufsatz ist auch für die Bodenbonitierung bzw. Bodentaxation von besonderer Bedeutung, weil in ihm mehrere grundlegende Fragen besprochen und gewürdigt werden.

---

[1] BAUER, O. u. H. NIKLAS: Geologische und bodenkundliche Forschungen in ihrer Bedeutung für die Flurbereinigung. Landw. Jb. Bayern. **1922**, 185.

[2] SVOBODA, H. v.: Agronomisch-pedologische Aufnahme der Gemeinde Gleink bei Steyr, Oberösterreich. Dissert., München 1922. — HUBER, A.: Die Beziehungen der ackerbautechnischen und Standortsverhältnisse des Schloß- und Versuchsgutes Steinach. Dissert., München 1923. — ALTWECK, H.: Die Bedeutung der geologischen Spezialkartierung Sachsens für die praktische Landwirtschaft unter Berücksichtigung der Verhältnisse des Vogtlandes. Dissert., München 1923. — BELLI V. PINO, O.: Untersuchung der bodenkundlichen und geologischen Verhältnisse der Gemeinde Obermedlingen bei Gundelfingen im Kreise Schwaben und deren Auswertung zum Zwecke landwirtschaftlicher Produktionssteigerung. Dissert., München 1924. — POELT, H.: Beziehungen zwischen den geologisch-bodenkundlichen Verhältnissen und dem Anbau der wichtigsten landwirtschaftlichen Kulturpflanzen mit besonderer Berücksichtigung der Verhältnisse in Bayern. Dissert., München 1924. — STOCKER, K.: Die bodenkundlichen und landwirtschaftlichen Verhältnisse des Flurbereinigungsgebietes Unterelchingen. Ein Beitrag zur Verwendbarkeit von Bodenkarten. 1924. — KLEEKAMM, M.: Die geologisch-bodenkundlichen Verhältnisse aus der Umgebung von Regensburg mit besonderer Berücksichtigung der landwirtschaftlichen Kultur. Dissert., München 1925. — GROH, H.: Untersuchungen über die Zusammenhänge der Standorts- und klimatischen mit den Produktionsverhältnissen eines größeren Gutsbesitzes. Dissert., Weihenstephan. 1927.

[3] HÖLLDOBLER: Landw. Jb. Bayern **1922**.

HAXPOINTNER[1] (1922) hat sich zur Aufgabe gemacht, auf Anregung seines Lehrers A. SCHNIDER grundlegende Ermittlungen für die Bonitierung der Weiden anzustellen. Er stellte die auf Weiden im Flachland, im Vorgebirge und in den Alpen erzeugten Werte an Fleisch, Milch und Wolle zahlenmäßig zusammen, um die verschiedenen Weiden vergleichen und in entsprechende Ertragsklassen bringen zu können. Im einzelnen wurde festgestellt, wieviel Kilogramm Gewichtszuwachs für je 1 ha der verschiedenen Weiden während der ganzen Weidedauer erzeugt wurden. Er erhielt für die besten Weiden als geringsten Flächenbedarf für 1 Stück Großvieh etwa 0,17 ha, manchmal aber auch nur 0,08 ha. Weitere Untersuchungen hierüber dürften indessen noch manche Korrektur ergeben.

HAXPOINTNER benutzte dabei die von FALKE geschaffenen Größen „Weidetagseinheit und Weideleistung". Letztere wird erhalten, wenn man die Zahlen der Weidetagseinheiten mit der pro Hektar erzielten Zunahme an Doppelzentnern Lebendgewicht vermehrt. Weidetagseinheit ist diejenige Menge Futter, welche 100 kg Lebendgewicht in 24 Stunden auf einer Weide aufnehmen. Auf diese Weise war es HAXPOINTNER möglich, auf Veranlassung von A. SCHNIDER vorerst allgemein unterrichtende Untersuchungen über die Durchschnittserträge bayerischer Weiden und Alpen vorzunehmen. Auch in der Arbeit von E. GROLL[2] finden sich brauchbare Zahlen hierüber.

E. G. DOERELL[3] (1924) will die Bodenklassifikation ausschließlich auf die natürlichen Bodeneigenschaften gestützt wissen. Er empfiehlt dabei die biologischen und geologischen Verhältnisse ebenfalls möglichst mit zu berücksichtigen. Im einzelnen sollen bei Bodentaxationen neben den übrigen Bestimmungen eventuell noch folgende vorgenommen werden: 1. Feststellung der Azidität, 2. Bestimmung der Absorption, 3. Messung der in 24 Stunden von 1 kg Boden ausgeatmeten Kohlensäure, 4. Feststellung der Ursachen von Pflanzenkrankheiten durch biologische Faktoren, 5. Kalk- und Phosphatlöslichkeit mittels biologischer Methoden.

L. OFFENBERG[4] (1924), der sich schon früher mit der Abschätzung von Immobilien beschäftigte, läßt in seiner Bewertung ländlicher Grundstücke die naturwissenschaftlichen Klassifikationsmomente ganz vermissen. Für ihn sind maßgebend die aus den Käufen und Verkäufen erzielten Grundstückpreise, und erst in den Fällen, wo diese Werte unsicher erscheinen, schlägt er die Ermittlung des Ertragswertes vor. Er beschäftigt sich eingehend mit dem preußischen Schätzungsamtsgesetz vom Jahre 1918, bei dem auch der sog. gemeine Wert unter Berücksichtigung des Ertragswertes eines Grundstückes bei ordnungsgemäßer Bewirtschaftung neben bekannten Kaufpreisen maßgebend ist. Unter gemeinem Wert ist der Durchschnitts- oder Marktpreis zu verstehen, der im Bedarfsfalle durch Ertragswertschätzung ergänzt wird. OFFENBERG erblickt in dem wirtschaftlichen Wert, der bei Enteignungen und Auseinandersetzungen, z. T. auch bei Versicherung und Besteuerung maßgebend ist, einen für die Schätzung sehr wichtigen Faktor.

V. MOREAU[5] (1924) ist im Gegensatz zu OFFENBERG der Ansicht, daß bei Erbauseinandersetzungen nicht der Verkaufswert, sondern der durchschnittliche Ertragswert zugrunde gelegt werden müsse.

---

[1] HAXPOINTNER: Ertragsfähigkeit und Klasseneinteilung bayerischer Viehweiden im Flach-, Vorgebirgs- und Alpenland. Landw. Jb. Bayern **1922**.

[2] GROLL, E.: Die Hebung der Alpwirtschaft. 1917.

[3] DOERELL, E. G.: Die biologische Bodenforschung in ihrer Bedeutung und Verwertung für die Gütertaxation. Actes IV. Conf. Internat. Pedologie. Rom **1924**.

[4] OFFENBERG, L.: Die Abschätzung der Immobilien in Stadt und Land. Berlin 1908. — Die Bewertung landwirtschaftlicher Grundstücke. Berlin 1924.

[5] MOREAU, V.: Schutz der Landwirtschaft vor drohender Überschuldung. Wochenbl. Landw. Ver. Bayern **1924**.

I. KÖPPL[1] (1924) hat die bodenkundliche Aufnahme der Flur Lochhausen bei München in unmittelbare Beziehung zu der dortselbst von ihm vorgenommenen Acker- und Wiesenbonitur gebracht und ist dabei zu wertvollen und bemerkenswerten Ergebnissen gekommen. Seine gründlichen Studien haben mit die Unterlagen zu der 1925 erschienenen umfassenden Arbeit von A. SCHNIDER über Beschaffenheits-, Ertrags- und Wertbeurteilung landwirtschaftlicher Grundstücke geliefert und finden daher dortselbst wiederholte Erwähnung. Besonders lehrreich ist der Vergleich der von KÖPPL bearbeiteten Bodenkarte mit der für das gleiche Gebiet vorliegenden Bodenkarte. Auch das, was er über die Ergebnisse der alten Grundsteuerbonitur im Zusammenhang mit seinen eigenen Resultaten zu erörtern hat, verdient vermerkt zu werden.

W. ROTHKEGEL[2] hat neuerdings (1924) über die Veränderung des Wertes landwirtschaftlicher Betriebe längere Ausführungen gebracht, die er eingehend begründet. Danach dürfen die nach dem Kriege in Erscheinung getretenen Grundstückpreise nicht als Grundlage für die Beurteilung der jetzigen und der zukünftigen Preise dienen, weil die wirtschaftlichen Verhältnisse in dieser Zeit starken Schwankungen ausgesetzt waren. Dies trifft natürlich nicht für die Vorkriegspreise zu, wie sie in manchen Ländern, z. B. Preußen, gesammelt und statistisch verwertet wurden. Der starke Rückgang der Reinerträge nach dem Kriege hänge damit zusammen, daß die Kaufkraft der Agrarprodukte gegenüber den Industrieprodukten erheblich zurückgegangen ist und hohe Zinssätze und Steuerlasten von der Landwirtschaft getragen werden müssen. Damit hängt aber ferner ein starkes Fallen der Preise für Landgüter nach dem Kriege zusammen und allem Anschein nach ist mit einem weiteren Rückgang nach dieser Richtung hin zu rechnen. Dies trifft aber die einzelnen Gutsbestände nicht gleich, denn Gebäude und Inventar müssen je nach den Produktionskosten veranschlagt werden, während es beim Boden Produktionskosten als solche nicht gibt. Der Bodenpreis ergibt sich, wenn vom Gesamtgutswert die Gebäude und das Inventar in Abzug gebracht werden. Somit hat der Boden die ganze Last des Preisrückgangs zu tragen, wenn nicht zugleich die Produktionskosten und damit der Wert der Gebäude und des Inventars zurückgehen; doch sei dieses nicht zu erwarten. Es stehe fest, daß die Wertverminderung am stärksten bei den großen Besitzungen mit geringem Boden ist, und daß sie weniger ins Gewicht fällt bei den kleinen Betrieben und auf guten Böden. ROTHKEGEL gibt an, daß der derzeitige Wert eines 1000 ha großen Gutes etwa 65% des Vorkriegswertes beträgt, wenn es sich um leichtere Böden handelt, und etwa 84% bei den besten Böden ausmacht. Dagegen schwanke der Wert der unter 5 ha großen Kleinbetriebe je nach Bodenbeschaffenheit nur zwischen 82% und 90% des Vorkriegspreises. Hierzu kommt, daß der rasch zunehmende Volksreichtum vor dem Kriege dazu geführt hat, daß auf dem Landgütermarkt eine rege Nachfrage bestand, so daß die Preissteigerung bei den über 100 ha großen Gütern von 1896—1914 123% betragen hat. In Zukunft wird es nur sehr wenigen möglich sein, ein großes Gut käuflich zu erwerben und daher ist nach ROTHKEGEL anzunehmen, daß alle diejenigen Landesteile, Besitz-, Größen- und Bonitätsklassen den größten Rückschlag erleiden müssen, denen sich in den letzten Jahren vor dem Krieg das Kapital in erster Linie zugewendet hat. Ferner ist wahrscheinlich, daß die Güterpreise auf einen Stand herabsinken werden, der etwa dem um die Jahrhundertwende entsprechen dürfte.

---

[1] KÖPPL, I.: Bodenkundliche Aufnahme mit Wiesen- und Ackerbonitur der Flur von Lochhausen bei München unter Würdigung der alten Grundsteuerbonitur. Dissert., München 1924.

[2] ROTHKEGEL, W.: a. a. O., S. 33.

Bei seinen Untersuchungen darüber, inwiefern die Ergebnisse der alten Grundsteuereinschätzungen für die Zwecke der Veranlagung der Reichsvermögenssteuer nutzbar gemacht werden können, kommt er ebenfalls zu bemerkenswerten Ergebnissen. Da die Steuerschätzungen Massenschätzungen sind, so muß in verhältnismäßig kurzer Zeit ein großes Gebiet bearbeitet werden können und hierfür ist nach wie vor die Bodenbeschaffenheit in erster Linie maßgebend. Er untersucht nun die Frage, inwiefern die im 19. Jahrhundert in fast allen deutschen Bundesstaaten durchgeführten Bodenbonitierungen noch heute mit Erfolg herangezogen werden können. Seitdem wurden weder Kulturveränderungen noch Meliorationen und ebensowenig die Tarifsätze der Einschätzungen nachgeprüft, so daß die Grundsteuereinschätzungen mehr und mehr in ein Mißverhältnis zu den wirklichen wirtschaftlichen Verhältnissen geraten sind.

Eine Wiederholung aller bereits gemachten Einschätzungen ist finanziell nicht tragbar, was die preußische Staatsregierung zu dem Versuch veranlaßt hat, die alte Grundsteuerbonitierung zwar im wesentlichen beizubehalten, dagegen die in der Zwischenzeit eingetretenen Kulturveränderungen und Meliorationen zu berücksichtigen. Denn, falls seinerzeit die Verhältnisse richtig erfaßt wurden, welche unmittelbar für die Fruchtbarkeit und den Ertrag des Bodens maßgebend sind, so treffen diese ja auch heute noch zu. Es handelt sich nicht so sehr darum, die Böden neu in Klassen einzuordnen, als vielmehr, eine Berichtigung der Tarifsätze vorzunehmen. Nicht die Bodeneigenschaften als solche haben sich grundlegend verändert, sondern die wirtschaftlichen Verhältnisse, abgesehen von den Gebieten, wo Entwässerung oder Moorkultur stattgefunden haben. Nicht übersehen werden darf, daß gleichfalls unter dem Einfluß der wirtschaftlichen Verhältnisse eine Verschiebung in dem Wertverhältnis zwischen den einzelnen Bodenarten eingetreten ist. Auch die große Ausdehnung der Verkehrswege und die Entstehung bedeutender Verbrauchszentren haben weitere Verschiebungen bedingt. Da man aber die Veränderungen der Ertragsfähigkeit und des Wertes zahlenmäßig erfassen könne, so lassen sich die Tarifsätze unschwer richtig stellen.

Auch jetzt noch müssen die Schätzungskommissionen bei Betrachtung der alten Mustergrundstücke sich eine klare Vorstellung von den Eigenschaften der einzelnen Bodenklassen verschaffen, und es können dabei weitere Ergänzungen bezüglich der Charakteristik derselben vorgenommen werden. Aber es sollen nicht nur die Hauptbodenbestandteile berücksichtigt werden, sondern auch die auf den einzelnen Bodenarten hauptsächlich wachsenden Kulturpflanzen. In Übereinstimmung mit Aereboe schlägt Rothkegel vor, die Hackfrüchte unbedingt mit heranzuziehen, weil von der größeren oder geringeren Geeignetheit der Böden für diese heute die Ertragsfähigkeit ganz besonders abhängen dürfte. Ferner empfiehlt er, daß von Sachverständigen Stichproben zur Kontrolle vorzunehmen wären und daß versucht werden möge, in den verschiedenen Provinzen und Kreisen möglichst einheitlich vorzugehen. Rothkegel ist der Meinung, daß auch in den anderen Bundesstaaten von den seinerzeitigen Grundsteuerbonitäten ausgegangen werden kann, falls das Verhältnis der einzelnen Böden zueinander im allgemeinen richtig bestimmt wurde. Auch hier wären natürlich die Tarifsätze zu berichtigen und die Abstufungen in der Ertragsfähigkeit möglichst zum Ausdruck zu bringen. Unerheblich dagegen ist es, ob die Einschätzungen auf dem Rohertrag oder Reinertrag beruhen, wobei allerdings in den nicht preußischen Bundesstaaten die Arbeiten zur Umrechnung der Tarifsätze sich nicht so rasch und glatt vollziehen dürften, weil in diesen noch keinerlei Vorarbeiten geleistet worden sind.

FACKLER[1] (1924) bemerkt, daß die von den Finanzämtern vor kurzem vollzogene Veranlagung zur Vermögenssteuer in landwirtschaftlichen Kreisen viel Mißstimmung erregt habe. Man fand die Ertragswerte als zu hoch und beklagte, daß die Gemeinden zumeist in Gruppen eingeteilt wurden, zu welchen sie nach ihren Boden- und wirtschaftlichen Verhältnissen nicht gehören. Da vom Reichsfinanzministerium nur 6 Gruppen aufgestellt wurden, so wäre es nahezu unmöglich, besonders bei den wechselnden und verschiedenartigen Bodenverhältnissen Bayerns, die Gemeinden ordnungsgemäß einzureihen[2]. FACKLER schlägt daher für eine richtige Bonitierung die Verwendung eines von ihm aufgestellten Punktierverfahrens vor, wobei er zugibt, daß der Ertragswert von vielen Momenten abhänge, so daß es sehr schwer wäre, diese alle richtig zu bewerten und in das entsprechende Verhältnis zueinander zu bringen. Dagegen werden nach ihm die Wiesen besser nicht punktiert, sondern nach bestimmten Bestandesmerkmalen eingruppiert. Er teilt die Böden derart ein, daß der beste humose Lehmboden 30 Punkte, der sandige Lehm 20, der Sandboden 9 und der reine Kalkboden 5 Wertpunkte erhält. Für eine günstige Oberkrumentiefe sollen 5 und für eine sehr günstige 10 Punkte als Zuschlag erteilt werden. Für die Güte des Untergrundes in Beziehung zur Oberkrume wären für sehr gut 15, für gut 10, für mittel 6 und für schlecht 3 Zuschlagspunkte zu gewähren. Die Feuchtigkeitsverhältnisse erhalten je nachdem sie sehr gut, gut, zufriedenstellend, etwas naß oder trocken, ziemlich naß oder trocken sind je 10, 8, 6, 4 bzw. 2 Punkte als Zuschlag, während dauernde Nässe oder häufige Dürre keinen Punkt erhalten. Wenn der allgemeine Kultur- und Düngungs- bzw. Nährstoffzustand sehr gut, gut oder wenigstens mittel ist, so werden weitere 15, 10 bzw. 5 Punkte gegeben. Ebenes Gelände erhält ferner 10 Punkte, welliges 5 und hügeliges Gelände 0 Punkte. Die Lage im Wein- bzw. Weizen- oder Roggenklima wird mit je 10, 6 bzw. 4 Zuschlagspunkten bedacht, während das Gebirgsklima keinen Zuschlag erhält. Desgleichen erhält häufige Hagelgefahr 0 Punkte, mäßige 5 und geringe 10 Punkte. Die Entfernung von der nächsten Bahnstation oder Stadt unter 5 km wird mit 10 Punkten bewertet, während bei 5—10 km nur 5 und über 10 km 0 Punkte erteilt werden. Es ist demnach ersichtlich, daß insgesamt für die Bodenverhältnisse 90, für die klimatischen 20 und für die wirtschaftlichen Verhältnisse 10 Punkte erteilt werden können, was im höchsten Falle 120 Punkte ergibt. Demnach entfallen für Gruppe I 110—120 Punkte, für Gruppe II 101—110, für III 91—100, für IV 81—90, für V 71—80, für VI 61—70, für VII 51—60, für VIII 41—50, für IX 31—40, für X 21—30, für XI 11—20 und für Gruppe XII 5—10 Punkte. Diesen Gruppen entsprechen nach der Veranlagung durch die Finanzämter folgende Werte: 800—900 M., 700—800 M., 600—700 M., 500—600 M., 400 bis 500 M., 350—400 M., 300—350 M., 250—300 M., 200—250 M., 150—200 M., 100—150 M. und 50—100 M. Bei den Wiesen hat FACKLER je nach der Höhe der Erträge pro Tagewerksbewertung 12 Gruppen aufgestellt, die zwischen 800 bis 900 M. für Gruppe I und 50—100 M. für Gruppe XII liegen, wobei die von den Finanzämtern aufgestellten Durchschnittserträge zur Grundlage dienten.

Eine praktische Anwendung hat nach K. SCHATTENFROH[3] dieses Bonitierungssystem noch nicht gefunden, und dieser bemängelt auch, und wohl nicht mit

---

[1] FACKLER, E.: Bodenklassifikation zu Steuerzwecken. Wochenbl. Landw. Ver. Bayern 1924.

[2] Vgl. hierzu: Vermögenssteuer und landwirtschaftliche Wirtschaftsgebiete. Münchner Neueste Nachr. Nr. 181. — H. NIKLAS u. H. POELT: Die Einteilung Bayerns in Wirtschaftsgebiete auf Grund der geologisch-bodenkundlichen Verhältnisse. Z. bayr. Statist. Landesamtes 1924.

[3] Vgl. S. 56.

Unrecht, daß in diesem System die wirtschaftlichen Momente zu wenig berücksichtigt wurden, während die Bedeutung der Arrondierungsverhältnisse, der Entfernung der Grundstücke vom Wirtschaftshof und der Arbeiterverhältnisse ganz unberücksichtigt geblieben ist. Dagegen wurden nach Meinung von SCHATTENFROH die Tiefe der Krume und der Düngungszustand zu hoch bewertet. FACKLER bringt in seinem Aufsatz als Beispiel die Bonitierung des Ackerlandes in einer Gemeinde, wobei die Summe der Punkte 66 beträgt. Somit gehöre diese Gemeinde in Gruppe VI mit einer Tagewerksbewertung von 350—400 M. für das Ackerland. Schließlich zeigt er noch in diesem Beispiel, daß die Berechnung des durchschnittlichen Ertragswertes keinerlei Schwierigkeiten bietet.

Ein weiteres Punktierverfahren stammt von dem Direktor der Kreisbauernkammer in Unterfranken, H. WEISSLEIN [1], der im Januar 1925 von der bayerischen Landesbauernkammer den Auftrag erhielt, ein neues Bewertungssystem aufzustellen. Nach Fertigstellung desselben wurde von einer Unterkommission, die von der Steuerkommission der Landesbauernkammer eingesetzt war, darüber beraten. Danach sollte bei jeder Kreisbauernkammer ein Bewertungsausschuß aufgestellt werden, welcher das von H. WEISSLEIN vorgeschlagene Verfahren auf seine praktische Durchführbarkeit zu prüfen habe.

H. WEISSLEIN ist für das sog. natürliche Bewertungsverfahren, welches sich auf Bodengüte, Klima, Oberflächengestalt und die einschlägigen wirtschaftlichen Verhältnisse stützt, und ist der Meinung, daß ein einheitliches und zuverlässiges Verfahren in der Bewertung des landwirtschaftlichen Vermögens ein unabweisbares Bedürfnis sei. Er hält den gemeinen Wert für einen nicht brauchbaren Bewertungsmaßstab, da nur der bleibende Wert, das ist der nachhaltige Ertragswert, maßgebend ist. Dieser aber hängt vom Boden, dem Untergrund, dem Klima und der Oberflächengestaltung ab.

Die Böden teilt er ähnlich wie KRAFFT in 6 Gruppen ein und gibt der Ackerkrume sowie dem Untergrund jeweils eine ihm geeignet erscheinende Punktzahl. Der beste Boden bekam für seine Ackerkrume 24 Punkte, der beste Untergrund 12, die beste Bodenkultur ebenfalls 12 Punkte und gleiches gilt hinsichtlich des Gehaltes an Humus. Für die übrigen wertbestimmenden Faktoren, wie Klima (Kl.), Oberflächengestalt (O), Besitzverteilung (Bs.), Verkehrs- und Absatzverhältnisse (VA.), Arbeiterverhältnisse (Arb.) und Grundwasserstand (Gw.) wurden zur Bodengütezahl bei besonders günstigen Verhältnissen Zuschläge und bei besonders ungünstigen Abschläge gemacht, die Zehntel von der Bodengütezahl betragen.

Man kann somit ganz allgemein von günstigen, normalen und ungünstigen Verhältnissen sprechen. Demnach ist das Weinklima mit einer Wachstumszeit vom 1. März bis 15. November (260 Tage) günstig, das Weizenklima mit einer Wachstumszeit vom 25. März bis 31. Oktober (221 Tg.) normal und das Roggenklima mit einer Wachstumszeit vom 16. April bis 20. Oktober (188 Tg.) und häufiger Frostgefahr ungünstig.

Im Weinklima sind die Niederschläge günstig verteilt und Früh- und Spätfröste sowie Hagelschaden selten, die mittlere Jahrestemperatur beträgt 10° C, die mittlere Sommertemperatur etwa 19° C. Im Weizenklima müssen Niederschlags- und Wärmeverhältnisse ebenfalls noch normal sein, die mittlere Jahrestemperatur 3,7° C und die mittlere Sommertemperatur 14° C betragen.

Eine eingehendere Charakterisierung der entsprechenden Verhältnisse findet sich für dieses wie die übrigen Beurteilungsmomente in der Schrift von H. WEISS-

[1] WEISSLEIN, H.: Einheitliche Bewertung des landwirtschaftlichen Vermögens 1925. Kreisbauernkammer Unterfranken. Würzburg.

LEIN angegeben. So ist z. B. die Oberflächengestaltung bei 0—5° Neigung günstig, bei 5—15° normal bzw. entsprechend, falls Nord- und Westhänge nicht in größerer Ausdehnung vorkommen, während eine Neigung von über 15° als ungünstig zu bezeichnen ist. Die Besitzverteilung ist günstig, wenn der einzelne Betrieb so zusammengelegt ist, daß der Besitz auf nicht mehr als höchstens 5 Feldstücke zerstreut ist, sie ist entsprechend, wenn die Feldweganlage die freie Wirtschaft ermöglicht und die einzelnen Grundstücke im Durchschnitt nicht kleiner als $^1/_3$ ha sind. Dagegen ist sie ungünstig bei sehr starker Zerstückelung, so daß der Flächendurchschnitt kleiner als $^1/_3$ ha ist, und wenn Flurzwang besteht. Auch eine behinderte Zufahrt zu den einzelnen Grundstücken wäre hier einzubeziehen. Die Verkehrs- und Absatzverhältnisse sind bei unmittelbarer Nähe von größeren Verbrauchs- und Marktorten günstig (Entfernungsgrenze 5 km), entsprechend bis zu 10 km und ungünstig bei großer Entfernung und schlechten Wegen. Die Arbeitsverhältnisse sind in rein landwirtschaftlicher Gegend mit viel Kleinbesitz günstig, entsprechend, wenn Arbeitskräfte von auswärts beschäftigt werden müssen und ungünstig in der Nähe von größeren Industriestädten. Der Grundwasserstand ist ungünstig, wenn er das Wachstum der Kulturpflanzen und eine ordnungsgemäße Bewirtschaftung behindert. Für die günstigen Verhältnisse macht WEISSLEIN bei dem Klima $^1/_{10}$—$^2/_{10}$, bei den übrigen Bewertungsmomenten $^1/_{10}$ Zuschlag zur Bodengütezahl. Ungünstig wird mit $^1/_{10}$—$^2/_{10}$ Abschlägen von der Bodengütezahl und bei Grundwasserstand mit $^1/_{10}$—$^5/_{10}$ veranschlagt. Durch diese Zu- und Abschläge zur Bodengütezahl ergibt sich pro Flächeneinheit der Wirtschaftswert.

W. MARBACH[1] (1924) ist ohne Kenntnis des Bonitierungssystems von G. KRAFFT zu einer sehr ähnlichen Punktierung wie dieser gelangt. Ein fehlerfreier Boden erhält die Punktzahl 100, wozu bei günstiger Lage noch ein Zuschlag von 20 Punkten hinzukommt. Die bodenkundlichen Eigenschaften sind für ihn grundlegend. Im einzelnen werden gewisse Zu- oder Abschläge für besondere Momente, wie günstige Lage, Entfernung vom Wirtschaftshof, Geländeneigung, Lage zur Sonne usw. gemacht. AEBI[2] bemerkt mit Recht hierzu, daß im Kanton Schaffhausen bei Kenntnis der einschlägigen Verhältnisse ganz gute Ergebnisse erzielt werden konnten, doch werden sich für andere Gebiete die Verhältnisse vielfach anders gestalten. Immerhin gibt er zu, daß bei diesen, wie auch bei anderen Punktierverfahren doch stets mit einem gleichen Wertmaßstab gemessen werde. Natürlich sind bei diesen die einzelnen Momente oft recht willkürlich benotet und nicht immer entsprechend wissenschaftlich begründet worden.

A. SCHNIDER[3] (1925) hat sich in seinem 1925 erschienenen Werk eingehend mit der Beschaffenheits-, Ertrags- und Wertbeurteilung landwirtschaftlicher Grundstücke befaßt und schildert zunächst die Zwecke der Bodenbonitur bei eigener Bewirtschaftung, An- oder Verkauf von Grundstücken, deren Teilung, Belehnung, Enteignung und Pacht. Ganz besonders wird von ihm die Frage der Besteuerung von Grundstücken auf Grund vorausgehender Bonitierung gewürdigt. Als Grundlage für jede Bonitur und Taxation muß die Ermittlung der Beschaffenheit des Bodens dienen, und daher legt er auf die Feststellung aller jener

[1] MARBACH, W.: Bodenbeurteilung (Bonitierung), eine Anleitung zur praktischen Beurteilung von Grund und Boden anläßlich von Güterzusammenlegungen mit besonderer Berücksichtigung der Bohrstockmethode und des Punktverfahrens. Frauenfeld 1924.

[2] AEBI, E.: Die Ermittlung des Ertragswertes landwirtschaftlicher Gewerbe und Grundstücke und die praktische Durchführung der Ertragswertschätzung. Frauenfeld: Huber & Co. 1926.

[3] SCHNIDER, A.: Beschaffenheits-, Ertrags- und Wertbeurteilung (Bonitur) landwirtschaftlicher Grundstücke. Freising-München: Datterer 1925.

Gesichtspunkte, welche für den Standort, die Lage und das Klima in Betracht kommen, sehr großen Wert. Obgleich es nicht möglich ist, die Wirkung verschiedener Faktoren, wie Bodenzusammensetzung, Nährstoffgehalt, Klima, Wasser usw., auf den Bodenwert bzw. Bodenertrag in ein sicheres Zahlenverhältnis zu bringen, so ist es doch wichtig, alle Gesichtspunkte, welche von Einfluß auf den Bodenertrag sind, zu kennen und bei der Taxation zu beachten. Er trennt scharf das örtliche oder Bodenklima von dem durch die klimatischen Faktoren bedingten allgemeinen Klima. Wie er bereits in seiner früheren Arbeit (1912) den Einfluß der klimatischen Lage auf die landwirtschaftlichen Verhältnisse kritisch würdigte, so vertritt er auch jetzt noch mit Recht die Auffassung, daß das Klima nicht selten von höherem Einfluß auf den Ertrag der Böden als deren Zusammensetzung und Nährstoffmengen sein kann. Desgleichen üben die einzelnen Bodenarten je nach ihrer Zusammensetzung verschiedenen Einfluß auf das jeweilige Bodenklima aus, welches durch Bearbeitung und Entwässerung verbessert werden kann.

Nicht übersehen werden darf auch, daß die örtliche Lage und Oberflächengestaltung den Bodenwert und den Bodenertrag stark verändern können. Was die Bodenzusammensetzung anbelangt, so ist die physikalische Beschaffenheit des Bodens für die Fruchtbarkeit zumeist mehr entscheidend als die stoffliche (chemische). Durch die mechanische Zusammensetzung und die sog. Gründigkeit werden die Fruchtbarkeit, die Düngung sowie die Wasserverhältnisse des Bodens wesentlich bedingt, während die Beschaffenheit des Untergrundes auf den Wasser-, Luft- und Wärmehaushalt des Bodens und damit auf das örtliche Bodenklima nicht selten von wesentlichem Einfluß ist. Auch die Kohäsion, Adhäsion und Absorption sind zumeist Funktionen der mechanischen Bodenzusammensetzung und bedingen wichtige Bodeneigenschaften. Der Farbe des Bodens mißt SCHNIDER keine große Bedeutung bei, während der Gehalt an Kolloiden sowie die Reaktion ebenfalls wichtige Eigenschaften bedingen. Die Wasserverhältnisse sind vielfach entscheidend für die Gestaltung des Bodenklimas und für die Bearbeitbarkeit und Fruchtbarkeit der Böden. Festzustellen sind daher der Wasserhaushalt des Bodens, der Grundwasserstand sowie die Nähe von Wasserflächen, wobei natürlich die Jahreszeit, zu welcher diese Feststellungen gemacht werden, mit berücksichtigt werden muß. Da die stoffliche Beschaffenheit des Bodens veränderlich ist, so ist die Ermittlung der Fruchtbarkeitsanlage bzw. der natürlichen Ertragsfähigkeit von besonderer Wichtigkeit für die Bonitierung, während der sog. Kraftzustand des Bodens für die Beurteilung künftiger Fruchterträge und Düngungsmaßnahmen in Frage kommt.

Mit Recht verweist SCHNIDER darauf, daß man aus den angebauten Pflanzen allein nicht alle nötigen Schlüsse auf die Brauchbarkeit eines Bodens ziehen kann, weil hierbei doch auch wirtschaftliche Momente mitbeteiligt sind, wenn auch der Stand der Früchte willkommene Anhaltspunkte für die Feststellung des Bodenwertes und der Ertragsfähigkeit geben kann. Die Beurteilung nach der Kleefähigkeit kann die nach der Getreidefähigkeit mitunter ergänzen. Sehr eingehend befaßt sich dieser Autor auch mit der Frage der Beurteilung der Böden nach bodenständigen Gewächsen als Leitpflanzen. Weniger sind dabei das eventuell vereinzelte Vorkommen als vielmehr das massenhafte oder seltene Auftreten und der Grad ihrer Entwicklung entscheidend. Man kann zwischen bodensteten, bodenholden und bodenvagen Pflanzen, deren Auftreten zumeist von der Bodenbeschaffenheit abhängig ist, unterscheiden. Wenn man dabei Schlüsse auf die Bodenzusammensetzung (Sand-, Ton-, Kalk- oder Humusboden) ziehen will, so darf nicht der Einfluß des Untergrundes übersehen werden, der ebenfalls für das Vorkommen verschiedener Leitpflanzen, und zwar insbesondere der Tiefwurzler, verantwortlich zu machen ist. SCHNIDER gibt auf Grund eigener Studien eine ganze Reihe bodenständiger Gewächse als „Leitpflanzen" zur Beurteilung des Bodens an.

Nach seinen Erfahrungen ist im allgemeinen das Frühjahr die günstigste Zeit zur Durchführung der Bodenbonitierung, während auf dem Ackerland Ertragsschätzungen kurz vor der Ernte am zweckmäßigsten zu machen wären. Er empfiehlt für die Bonitierungsarbeiten die Benutzung aller nur irgendwie einschlägigen Grundlagen, das Studium von Klimakarten, Boden-, Bohr- und geologischen Karten, von Katasterplänen und von botanischen Anleitungen zur Bestimmung der Leitpflanzen, soweit derartige Unterlagen vorliegen. Auch ältere Bonitur- oder Klassenübersichten, Ertragsverzeichnisse sowie Vorrichtungen zu wissenschaftlichen Bodenuntersuchungen nebst Bohrstöcken wären möglichst heranzuziehen.

Stets muß bei jeder Bonitierung und Taxation die Beurteilung der Bodenbeschaffenheit vorangehen (Beschaffenheitsbonitur), denn von derselben hängen die Roherträge und bis zu einem gewissen Grad auch die Reinerträge und damit der Bodenwert ab. An die Beschaffenheitsbonitur schließt sich die Schätzung und Ermittlung der Grundstücksroherträge an (Rohertragsbonitur). Durch Abzug der ermittelten Erzeugungskosten vom Rohertrag erhält man den Reinertrag (Reinertragsbonitur). Schließlich wird durch Kapitalisieren des Reinertrages der Wert der Grundstücke (Wertbonitur) gewonnen. Für alle diese Bonitierungsarten werden zahlreiche Beispiele angeführt und die Bedenken geäußert, welche gegen die Wertanschläge nach Pacht-, Grundstücks-, Kaufpreisen sowie den Verkehrs- bzw. gemeinen Wert bestehen. Auch die zweckmäßigste Bildung von Wertklassen und die Aufstellung von Mustergrundstücken, sowie die Einreihung der Grundstücke unter Berücksichtigung der letzteren in die einzelnen Klassen werden eingehend geschildert.

Besondere Verdienste hat sich SCHNIDER um die Schaffung von z. T. noch immer fehlenden Grundlagen für die Wiesen- und insbesondere Weidenbonitur erworben. Auch er spricht sich dahin aus, daß die klimatischen und die Wasserverhältnisse für die Erträge der Wiesen vielfach wichtiger als die Bodenbeschaffenheit und die Düngung derselben sind. Die bis vor kurzem noch recht mangelhafte Ertragsschätzung von Viehweiden hat durch seine eigenen Arbeiten und die seiner Schüler eine wesentliche Verbesserung erfahren. Auch für Schafweiden hat er im allgemeinen die für ein Schaf bei mittlerer Weidedauer von 7 Monaten benötigte Weidefläche ermittelt. Ihrer Bedeutung halber seien hier kurz die Momente angeführt, welche für die Durchführung der Beschaffenheitsbonitur von Grundstücken nach SCHNIDER unbedingt beachtet werden müssen, da sie zugleich als Grundlage für die Bonitierung der Böden auf naturwissenschaftlicher Grundlage Geltung besitzen: 1. Feststellung der Ortslage, Bezeichnung und Größe. 2. Umschau nach vorhandenen Hilfsmitteln für die Bonitur dieses Grundstückes. 3. Allgemeine Unterrichtung über die Gesamtheit der Witterungserscheinungen in der betreffenden Gegend. 4. Unterrichtung über die nähere Umgebung des zu schätzenden Grundstückes und die Einflüsse auf das örtliche Klima. 5. Begehung und Überblick über die Grundstücke, ihre Bodenoberfläche, angebaute Pflanzenbestände, wildwachsende Leitpflanzen. 6. Beurteilung der Bodennutzungsfähigkeit. 7. Untersuchung und Beschreibung des Grundstückes bezüglich aller ertrags- und wertbestimmenden Gesichtspunkte der Bodenbeschaffenheit einschließlich der Wasserverhältnisse. 8. Gegebenenfalls Probeentnahme aus Ober- und Untergrund zu späteren Untersuchungen im Laboratorium. 9. Beurteilung des Düngungs- und Pflanzenbestandes, der Verbesserungsfähigkeit und der möglichen Verbesserungsmittel.

E. LAUR[1] (1926) äußert sehr bemerkenswerte Auffassungen über die verschiedenen Werttheorien und legt zugleich die theoretischen Grundlagen der Schätzungsmethode dar. Er erklärt u. a. verschiedene Begriffe, wie Anschaffungswert, Absatzwert, Produktionskostenwert, Veredelungswert, Gebrauchswert, Ertragswert, Existenzwert, usw. und spricht die Meinung aus, daß in der Wirtschaftswissenschaft des Landbaues die Aufstellung von Bewertungsmethoden einen weiten Raum einnehmen müsse. Auch LAUR erhält den Ertragswert eines Gutes oder des Bodens durch Kapitalisierung der auf ihm erzielten Rente. Von Interesse dürfte es sein, daß er unter Existenzwert die Geldsumme versteht, welche unter der Voraussetzung bezahlt werden darf, daß die Familie des Bewirtschafters eines Gutes gerade noch ihren Lebensunterhalt verdienen soll. Somit zeigt der Existenzwert dem Landwirte die Grenze an, welche er nicht überschreiten darf, falls nicht die Überzahlung zum sicheren Ruine führen soll.

Von großer Bedeutung ist das neue Verfahren von LAUR zur Bestimmung des Ertragswertes geworden. Dieses ist bereits seit 1914 beim Schätzungsamt des schweizerischen Bauernsekretariates in Verwendung. Es dient insbesondere dazu, den Reinertrag zu berechnen, ohne daß die mit vielen Schwierigkeiten verbundene Feststellung des Aufwandes durchgeführt werden muß. LAUR schätzt nur den Rohertrag und multipliziert denselben mit einer bestimmten Verhältniszahl, wobei sich dann der Ertragswert des betreffenden Grundstückes oder Gutes ohne weiteres ergibt. Diese Verhältniszahl bezeichnet er als Ertragswertfaktor, und das ganze Verfahren wird als „Rohertragsmethode" bezeichnet. Diese Ertragswertfaktoren können ohne weiteres aus den Rentabilitätserhebungen des schweizerischen Bauernsekretariates entnommen werden. Dieses reiht jeden Betrieb in eine bestimmte Gruppe mit einem ganz bestimmten Ertragsfaktor ein. Entscheidend sind dabei für die Eingliederung des betreffenden Besitztums lediglich seine natürlichen und wirtschaftlichen Verhältnisse. Es ist daher die Feststellung, zu welcher Betriebsgruppe der Rentabilitätserhebungen der betreffende Betrieb gehört, wichtig. Die Vergleichsperiode selbst geht bis zum Jahre 1904 zurück. Dieses von LAUR ausgearbeitete Verfahren soll sich nach den vorliegenden Mitteilungen in der Schweiz recht gut bewähren und für die Ertragswertschätzung maßgebend geworden sein. Leider verfügen wir in Deutschland nicht über solche ähnlichen Erhebungen wie in der Schweiz, so daß das von LAUR ausgearbeitete Verfahren für uns nicht in Frage kommen kann.

F. ZAUGG[2] (1926) stellt fest, daß 10000 von den 243710 landwirtschaftlichen Betrieben der Schweiz unter der Buchhaltungskontrolle des schweizerischen Bauernsekretariates stehen. Dabei werden die durch die Verarbeitung ermittelten Ergebnisse nach den Betriebsergebnissen, dem Bodennutzungssystem, der Produktionsrichtung, der Arrondierung und der Betriebsintensität gruppiert und liefern somit das geeignete Material für die Bewertung landwirtschaftlicher Betriebe und Grundstücke bei Kauf, Verkauf, Erbübernahme, Steuereinschätzungen usw.

E. AEBI[3] (1926) spricht sich scharf gegen die Zugrundelegung des gemeinen Wertes für Ertragsschätzungen aus, da dieser sich aus verschiedenen Wertarten

---

[1] LAUR, E.: Allgemeine Grundsätze der landwirtschaftlichen Wertslehre aus „Die Bewertung landwirtschaftlicher Liegenschaften", H. 4 der landw. Vorträge, herausg. vom Verb. der Lehrer an landwirtschaftl. Schulen i. d. Schweiz. Frauenfeld 1926.

[2] ZAUGG, F.: Die Rentabilitätserhebungen des Schweizer Bauernsekretariats als Grundlage für die Bewertung landwirtschaftlicher Kapitalsgruppen. Aus „Die Bewertung landwirtschaftlicher Liegenschaften" **1926**, H. 4.

[3] AEBI, E.: Die Ermittlung des Ertragswertes landwirtschaftlicher Gewerbe und Grundstücke und die praktische Durchführung der Ertragswertschätzung. Aus „Die Bewertung landwirtschaftlicher Liegenschaften" **1926**, H. 4.

zusammensetze. Die Feststellung des Ertragswertes habe aber die größte Bedeutung für die Landwirtschaft und die Grundlage desselben bilde der Reinertrag. Dieser wird, wie üblich, aus dem Rohertrag durch Abzug des Aufwandes erhalten und beträgt in der Schweiz im großen Durchschnitt 70—75 % des Verkehrswertes, schwankt aber zwischen 50 % bei Kleinbauerbetrieben und bis zu 120 % bei großbäuerlichen Wirtschaften. Der Ertragswert der Grundstücke eines landwirtschaftlichen Gewerbes bzw. Betriebes kann erhalten werden, indem vom geschätzten Ertragswert des gesamten Gewerbes der Wert der Gebäude in Abzug gebracht wird. Da aber die Schätzung des Aufwandes für ein einzelnes Grundstück mit sehr großen Schwierigkeiten verbunden ist und der Reinertrag der einzelnen Grundstücke auch nicht einwandfrei ermittelt werden kann, so leidet hierunter natürlich die Schätzung des Ertragswertes. Dieser ist verschieden je nach der örtlichen Lage, der Bodenbeschaffenheit, den Weg- und wirtschaftlichen Verhältnissen. In der Schweiz besagt das Zivilgesetz, daß, wenn der Ertragswert nicht genügend bekannt wäre, er $^3/_4$ des Verkehrswertes betrage. Das ist aber nur ganz allgemein richtig, denn nach den Erhebungen des Schweizer Bauernsekretariates ist das Verhältnis beider Werte von der Betriebsgröße abhängig. Heute hat sich das Verhältnis noch mehr zuungunsten des Ertragswertes verschoben. AEBI meint, daß der Ertragswert des einzelnen Grundstückes besser und sicherer durch das Punktierverfahren als durch die Reinertragsberechnung ermittelt wird. Dafür schlägt er vor, daß der durchschnittliche Hektarertragswert eines Betriebes ermittelt werde. Diesem Werte wird dann eine mittlere Hektarpunktzahl von 100 gegeben. Jedes einzelne Grundstück erhält dann entsprechend seinen Eigenschaften Zuschläge für über dem Mittel stehende oder Abschläge für unter dem Mittel befindliche Eigenschaften. Jeder Betrieb ist je nach seinen natürlichen und wirtschaftlichen Verhältnissen in den ganzen Rahmen einzugliedern, wobei die von LAUR ausgearbeiteten Grundlagen Anwendung finden müssen. Bei der Schätzung ganzer Gemeinden schlägt AEBI vor, den Gesamtrohertrag der Gemeinden zu ermitteln und diesen dann mit einem Ertragswertfaktor zu vermehren. Letzterer ergibt sich aus dem Mittel aller Faktoren, wie sie für jeden Betrieb bei der Einzelschätzung zur Anwendung kommen. Er hält eine allgemeine Aufklärung über die wirklichen Wertverhältnisse der Böden für dringend notwendig, besonders auch, um zu verhindern, daß durch bessere Preise für Agrarprodukte sofort wieder höhere Bodenpreise veranlaßt werden.

A. STEDEN[1] (1926) hat aus 232 Rechnungsabschlüssen mährischer Landgutbetriebe von 5—166 ha, welche von 1908—1911 in der Buchstelle der D. L. G. für Österreich gewonnen wurden, das Material für eine Reihe von Untersuchungen über Wert und Preis von Landgütern gesammelt. Für diese sind die Absatz-, Bevölkerungs-, Preis-, Arbeits- und Verkehrsverhältnisse mitbestimmend. Der Reinertrag und der Arbeitsaufwand sind von der Entfernung vom Markt und auch von der Verkehrslage des Landgutes mehr oder weniger abhängig und dies insbesondere, wenn man viel für den Markt arbeiten muß. Auch die Betriebsintensität sowie das Verhältnis der Kulturarten bedingen den Preis mit und desgleichen Angebot und Nachfrage. Nach kleineren Gütern ist die Nachfrage reger als nach größeren. Bekanntlich ist der Ertragswert eines Gutes der kapitalisierte Reinertrag, den dasselbe im Durchschnitt der Jahre abgeworfen hat, während der Ertragswert des Grund und Bodens dagegen durch die kapitalisierte Grundrente gegeben ist. Er zieht aus seinen Arbeiten folgende Schlußfolgerungen: Mit zunehmender Ungunst der natürlichen Produktionsbedingungen nimmt der Ver-

[1] STEDEN, A.: Untersuchungen über den Bodenwert. Fortschr. Landw. 1926, 233.

kehrswert des Bodens rascher ab als der Ertragswert (Arbeitseinfluß). Der Ertragswert reagiert empfindlicher auf die Änderungen der wirtschaftlichen Lage als der Verkehrswert. Der Reinertrag ist nicht allein von Einfluß auf den Wert des Bodens, sondern auch das Arbeitseinkommen wirkt sich hierbei aus. Die Änderung im Verkehrswert des Bodens bei verschiedenen Betriebsgrößen ist dem Einkommen analog. Durch die bei der Einschätzung des Bodenwertes mit eingeschlossenen Arbeitsaufwände ergeben sich häufig starke Spannungen zwischen Verkehrs- und Ertragswerten. Dabei geben aber die mittleren Verhältnisse den besten Ausgleich. Es müssen also die aus dem Güterverkehr sich ergebenden Kapitalwerte (Kaufwerte) zugleich mit Buchführungsergebnissen gesammelt und verglichen werden. In diesem Zusammenhang dürfte auch von Interesse sein, was OSTERMAYER[1] bei dem von ihm angestellten Vergleiche zwischen den berechneten Ertragswerten und den geschätzten Kapitalwerten einer größeren Anzahl von Landgütern gefunden hat. Er teilt auf Grund seiner Untersuchungen nicht den Standpunkt von AEREBOE, daß als direkter Maßstab für die Wertschätzung der Landgüter ausschließlich die Kaufpreise in Betracht kämen, sondern kommt vielmehr zu folgenden Ergebnissen: 1. Der Ertragswert deckt sich nicht mit dem Verkehrswert. 2. Je höher der Reinertrag, um so geringer ist die Differenz beider Werte. 3. Die Differenz zwischen Ertrags- und Verkehrswert ist auch um so geringer, je mehr das Arbeitseinkommen gegenüber dem Kapitaleinkommen zurücktritt. Bei kleinen Landgütern übt daher der Reinertrag nicht allein auf die Bildung des Bodenpreises einen Einfluß aus, und sie verlieren daher mehr den sog. Rentencharakter. Es kann sich alsdann der Ertragswert vom Verkehrswert ziemlich weit entfernen, da individuelle Einflüsse mehr oder weniger stark in die Waagschale fallen. Nach dem für die Bonitierung notwendigen Gesichtspunkt der Objektivität sollen aber nur die Ertragswerte von landwirtschaftlichen Unternehmungen mittlerer Organisationszweckmäßigkeit für die Bildung der Bodenpreise maßgebend sein.

A. PENCK[2] (1926) hält es für eine Aufgabe der Agrargeographie, die Bonitierung der gesamten Erdoberfläche in Angriff zu nehmen und durchzuführen. Er erblickt in der Summe der für die menschliche und tierische Ernährung verwendbaren vegetabilischen Substanzen, die ein Land zu erzeugen vermag, einen Maßstab für dessen Bonität. Für die Bonitierung der Erdoberfläche müßten in erster Linie die klimatischen Verhältnisse maßgebend sein.

A. PETERSEN[3] (1927) hat eine Taxation von Wiesenländereien auf Grund des Pflanzenbestandes vorgenommen und verwendet die vergesellschafteten charakteristischen Wiesenpflanzen als Leitpflanzen zur Aufstellung natürlicher Wiesenklassen. Im einzelnen unterscheidet er Wiesentypen der nassen, feuchten, frischen, trockenen und dürren Lage. Er hat für die Wiesenländereien auf Grund des Pflanzenbestandes ein bemerkenswertes Klassifikationssystem ausgearbeitet, dessen Abstufung je nach der Menge und Güte des für die einzelnen Typen zu erwartenden Heuertrages vorgenommen wird, da dieser für dieselben jeweils charakteristisch wäre. Die beste Klasse hat 100 dz gutes Heu, die schlechteste 10. Zwischen diesen Extremen liegen die 6 übrigen Klassen. AEREBOE erblickt in der Arbeit von PETERSEN einen erheblichen Fortschritt auf dem Gebiete der Taxation von Wiesenländereien und würde es begrüßen, wenn dieser seine Kenntnisse auf diesem Gebiete auch für die Frage der Bonitierung der Acker-

[1] OSTERMAYER, A.: Das Landgut als Einkommenquelle. Mitt. landw. Lehrkanzeln d. Hochschule für Bodenkultur. Wien **1916**, 269.

[2] PENCK, A.: Die Bonitierung der Erdoberfläche. Z. Pflanzenernährg. usw. A **7**, 54 (1926).

[3] PETERSEN, A.: Die Taxation von Wiesenländereien auf Grund des Pflanzenbestandes. Berlin 1927.

und Weideländereien nutzbar machen würde. Dagegen hat PETERSEN nach der Auffassung von W. ROTHKEGEL[1] einen Schätzungsrahmen für Wiesen nicht ausgearbeitet, so sehr auch dieser anerkennt, daß die Kenntnis der von PETERSEN aufgestellten Typen die Schätzung des Wertes von Wiesen erleichtere.

K. SCHATTENFROH[2] (1928) macht wie SCHNIDER und andere Autoren wertvolle Ausführungen über die geschichtliche Entwicklung der Grundsteuerbonitur in Bayern, die durch das Gesetz vom 15. August 1818 zustande gekommen ist. Früher hatte ein sog. Provisorium die Schätzungen nach dem Verkehrswerte vorgenommen, mit denen die Landwirte aber nicht zufrieden waren. Als Maßstab für die Grundsteuerbonitur diente die natürliche Fruchtbarkeitsanlage, die durch den geschätzten Rohertrag an Getreide festgestellt wurde. Dabei entsprach der Ertrag von $^1/_8$ Scheffel Korn der Klasse I und demnach von 1 Scheffel Korn (8 Gulden) Klasse VIII. Unter „Klassifizieren" verstand man die Festsetzung der Bonität auf dem Schätzungswege durch Vergleich mit den Mustergründen. SCHATTENFROH bringt nun eine Reihe von Gründen für die Tatsache, daß die seinerzeit ermittelten Bonitäten sich nicht mehr mit den heute bestehenden Verhältnissen decken, bemerkt aber hierzu, daß die damalige Grundsteuerbonitierung nur die Bodenverhältnisse erfassen und nur den natürlichen Produktionsbedingungen Rechnung tragen wollte. Dies ist an und für sich richtig, denn falls die vielfach so verschiedenen wirtschaftlichen Verhältnisse berücksichtigt worden wären, hätte man doch die jeweiligen besonderen Verhältnisse dabei unbeachtet lassen müssen. Er verweist hierzu auf die bereits besprochene Auffassung von ROTHKEGEL, daß sehr viele der alten Grundsteuereinschätzungen dann noch verwendbar seien, wenn es gelungen wäre, die Abstufung der guten zu den geringen Böden richtig zu erfassen. Dagegen wären die Tarifsätze der Bodenklassen zu berichtigen, während die eigentliche Bonitierung und die Einreihung der Grundstücke in die einzelnen Bodenklassen beibehalten werden könnten. Dabei dürfte man sich mit der Ermittlung des Rohertrages an und für sich begnügen.

SCHATTENFROH zeigt ferner, in wie fern die Entwicklung der Steuern während und nach dem Weltkriege und die mit einer richtigen Veranlagung des Grund und Bodens verbundenen großen Schwierigkeiten dazu geführt haben, daß am 10. August 1925 durch das Reichsbewertungsgesetz eine neue Bewertung von Grund und Boden in Deutschland vorgesehen wurde. Von Interesse ist, daß durch die Linksparteien des Reichstages, jedenfalls zur Vermeidung der Schwierigkeiten, welche einer Neubewertung entgegenstanden, beantragt wurde, den gemeinen Wert als maßgebend anzusehen. Dies hätte aber die Landwirtschaft schwer getroffen, da u. a. die Nachfrage nach kleineren Betrieben viel größer ist als die nach den größeren, und daher erstere verhältnismäßig höher im Preise stehen. Dagegen nähern sich bei großen Gütern der Ertrags- und der gemeine Wert, und so kam es, daß, von anderen Momenten abgesehen, an der Bestimmung des Ertragswertes im Interesse der Landwirtschaft festgehalten wurde, und zwar des Ertragswertes, den die Grundstücke bei ordnungsgemäßer und gemeinüblicher Bewirtschaftung gewähren. Die möglichst einheitliche Bewertung des gesamten Grund und Bodens für das ganze Reich sollte insbesondere für den Zweck einer gerechten Besteuerung vorgenommen werden. Um aber eine einwandfreie Neubewertung in Deutschland durchführen zu können, hat der deutsche Landwirtschaftsrat im Jahre 1925 durch AEREBOE, ROTHKEGEL, SAGAVE und FELBER

[1] ROTHKEGEL, W.: Handbuch der Schätzungslehre für Grundbesitzungen, S. 226. Berlin: Parey 1930.

[2] SCHATTENFROH, K.: Die Verwendbarkeit der alten bayerischen Grundsteuerbonitur für die Zwecke der heutigen und künftigen Ertragsbesteuerung und Versuche von Neubewertungen. Dissert., München 1928.

ein Gutachten erstattet, in dem betont wird, daß nur die katastermäßige Flächenbonitierung des ganzen Reiches eine objektive Bewertung der Grundstücke ermögliche. Es wird dabei gefordert, daß mit den Arbeiten hierfür möglichst bald begonnen werde und daß man versuchen solle, hierfür geeignete Persönlichkeiten zu gewinnen.

SCHATTENFROH ist der Meinung, daß das Reinertragsverfahren hierfür nicht in Anwendung kommen könne, weil die Geld- und Wirtschaftsverhältnisse sich seit dem Kriege andauernd verändert haben und weil langjährige doppelte Buchführungen, welche hierfür Grundlage sein müßten, nur ausnahmsweise zur Verfügung stehen. Er schlägt daher ebenfalls vor, durch ein modernes Punktierverfahren zu dem gesteckten Ziele zu gelangen, Ertrag und Wert in objektiver Weise zu erfassen. Es wäre nach ihm allen Faktoren, die für die Ertragsfähigkeit mit maßgebend sind, eine dementsprechende Punktzahl zu geben. Die Summe dieser Punktzahlen bilde dann einen zahlenmäßigen Ausdruck für die Reinertragsmöglichkeit, wenn alle Umstände, die einen Einfluß auf den Wert der Grundstücke haben, eine bestimmte Wertzahl erhalten. Die Reinerträge selbst könnten alsdann geschätzt oder buchmäßig bestimmt werden. Der Genannte glaubt zu seinen Vorschlägen u. a. auch dadurch berechtigt zu sein, daß der Bewertungsbeirat für die Bewertung der Vergleichsbetriebe diese ebenfalls mit Hilfe eines Punktierverfahrens durchführen will. Er hat an dem bereits früher geschilderten System von WEISSLEIN zur Aufstellung seines Punktierverfahrens folgende Veränderungen vorgenommen:

Die Bewertung der Tiefe der Krume soll fallen gelassen werden, da diese den Verhältnissen in Niederbayern mit überwiegendem Klein- und Mittelbesitz nicht entspreche. Die Böden wären nach den Ergebnissen der Untersuchung nach äußeren Merkmalen mittels der Fingerprobe in eine fortlaufende Zahlenreihe von 1—12 zu bringen, und außerdem habe man auch die eigentlich schweren Böden gegenüber den leichteren geringer zu bewerten. Der Gehalt an Humus soll nicht durch Punkte, sondern durch Prozentzahlen als Zu- oder Abschlag ausgedrückt werden. Saure Böden erhalten einen Abschlag, kalkhaltige dagegen einen Zuschlag, entsprechend den Ergebnissen der Bodenuntersuchung. Der Kiesgehalt der Böden wird nach Menge und Bodenart abgestuft. Bezüglich der klimatischen Verhältnisse schlägt SCHATTENFROH vor, daß ein Abschlag zu machen ist, wenn die Zahl der eis- und frostfreien Tage des betreffenden Gebietes kleiner als der Durchschnitt für das große Klimagebiet ist, und zwar um 14—21 Tage; im entgegengesetzten Falle hätte ein Zuschlag zu erfolgen. Er erhofft damit eine Erfassung der Frostlagen und der besonders geschützten Gegenden. Notwendig erscheint ihm ferner die Berücksichtigung der Verteilung der Niederschläge in der Hauptvegetationszeit Mai bis Juni sowie des Ortsklimas, was durch die von ihm gemachten Vorschläge mit erreicht werden soll. Was den Einfluß wirtschaftlicher Verhältnisse anbelangt, so dünkt ihm die Bewertung der Entfernung des einzuschätzenden Flurteiles von der Ortschaft wichtig und bei Einödlage die Entfernung desselben vom Hofe. Dabei wurde als „günstig" die unmittelbare Nähe, als „entsprechend" die Entfernung von $^1/_2$—1 km und als „ungünstig" eine weitere Entfernung als diese angesehen. Da SCHATTENFROH die umfangreiche bodenkundliche Untersuchung von 37 Gemeinden in Niederbayern im Auftrage der Kreisbauernkammer in Landshut nach seinen Vorschlägen durch das Agrikulturchemische Institut Weihenstephan der Technischen Hochschule München ausführen ließ, welches die Untersuchungsergebnisse zusammen mit ihm auch in mehreren großen Karten darstellte, so konnte er sich ein gutes Urteil über den Wert derartiger bodenkundlicher Beiarbeiten für die Bonitierung bilden, und daher betont er auch, daß Humusgehalt, Grundwasserstand, Reaktionszustand,

Kalk- und Geröllgehalt die Böden in ihrem Werte eventuell stark verändern können.

W. ROTHKEGEL und H. HERZOG[1] (1928) betonen, daß der Schwerpunkt der Schätzung in der Aufstellung des Schätzungsrahmens (Schätzungsmerkmale) liegen müsse. Der für das ganze Reich aufgestellte Schätzungsrahmen will eine Einteilung der landwirtschaftlichen Betriebe in Gruppen oder Klassen erreichen und unterscheidet dabei zwischen Besitz an Acker, Wiesen und Weiden. Innerhalb des Rahmens sollen die Reinerträge bzw. Werte je Hektar entweder in absoluten oder in Verhältniszahlen angegeben werden. Man müsse Normal- oder Idealtypen für die einzelnen Betriebsgruppen aufstellen, in welchen das Allgemeine erfaßt und das Besondere bzw. Individuelle ausgeschaltet wird. Die Autoren führen Gründe dafür an, warum die von THAER und seinen Schülern ausgearbeiteten Bonitierungssysteme und auch das von VON DER GOLTZ und seiner Schule aufgestellte Reinertragsverfahren nicht allgemeine Verbreitung habe finden können. Auch die Kaufpreisstatistiken könnten bestenfalls nur für kleinere Gebiete mit gleichen Ertragsbedingungen in Frage kommen und sind nur unter der Voraussetzung brauchbar, daß die seinerzeitigen Bodeneinschätzungen, auf denen sie aufgebaut wurden, heute noch brauchbar sind. Die Berechnung der wahrscheinlichen Fehler (Schwankungen) ergab eine Fehlergrenze von $\pm$ 13% bis $\pm$ 19%, so daß demnach die errechneten Durchschnittskaufwerte nicht genügend zuverlässig erscheinen, während die Kaufpreise der letzten 14 Jahre für statistische Zwecke überhaupt unbrauchbar sind.

Der durch den Schätzungsrahmen für das Ackerland einer jeden Gruppe berechnete Wert kann nur dann richtig sein, wenn auch die neben der Bodenbeschaffenheit noch übrigen mitwirkenden Faktoren berücksichtigt werden. Ändert sich das Verhältnis nur bei einem Faktor, so ändert sich auch der Reinertrag bzw. Wert.

Man hat nun als Musterbetrieb nicht einen solchen gewählt, bei dem alle Standorts- und klimatischen Faktoren am günstigsten waren, sondern man ging von mittleren Verhältnissen aus, und zwar wurde ein ganz bestimmter Betrieb in der Magdeburger Börde in der Gemeinde Eickendorf als Musterbetrieb aufgestellt. Der Schätzungsrahmen für das Ackerland gibt für jede Bodengattung das Wertverhältnis an, in dem der betreffende Boden zum besten Boden stehen würde, wenn in dem einschlägigen Betrieb dasselbe Klima, dasselbe Gelände, der gleiche Absatz und die innere Verkehrslage wie in dem Spitzenbetrieb Eickendorf vorhanden wären. Natürlich müssen die notwendigen Immobilien und Inventare in mittlerem Zustand vorhanden sein, und man könne dann die für die einzelnen Bodenarten eines Betriebes ermittelten Wertzahlen unter Berücksichtigung der Flächengrößen zur sog. Ackerzahl vereinigen. Je nach den Unterschieden in den natürlichen und wirtschaftlichen Ertragsbedingungen wären Zu- oder Abschläge zu erteilen, die auch den Einfluß dieser Unterschiede auf die Ertragsfähigkeit zu berücksichtigen hätten. Bei der Ackerendzahl sind somit sofort zu berücksichtigen Kulturzustand, Dränageverhältnisse und Bodenartverhältnisse.

Die Berücksichtigung des Klimas, der Wärme- und Niederschlagsverhältnisse ist von wesentlicher Bedeutung. Zu beachten ist dabei, ob diese Faktoren für den in Betracht kommenden Boden günstig oder ungünstig sind. Natürlich ist nicht nur die gesamte Niederschlagsmenge zu ermitteln, sondern auch ihre Verteilung auf die einzelnen Monate. Die Verfasser geben Beispiele aus 7 Gebieten Deutschlands mit verschiedenen klimatischen Verhältnissen und

[1] ROTHKEGEL, W. u. H. HERZOG: Das Verfahren der Reichsfinanzverwaltung bei der Bewertung landwirtschaftlicher Betriebe. Ber. Landw. **1928**, H. 10.

zwei bestimmten Bodenarten. Die Wertveränderung der Ackerendzahl geschieht je nach der Jahreswärme, den jährlichen Niederschlagsmengen, den Niederschlägen von April bis Juni sowie den eis- und frostfreien Tagen im Jahr. In einer anderen Tabelle wird gezeigt, wie sich verschiedenartig ein und dasselbe Klima auf 4 verschiedene Bodenarten auswirken kann.

Beim Schätzungsrahmen des Bewertungsbeirates für die Wiesen tritt die Bodenbeschaffenheit gegenüber den Wasserverhältnissen in den Hintergrund. Die Beurteilung der Wasserverhältnisse (Grundwasser, Wasserzufluß und Wasserabfluß) ist auf direktem Wege viel schwieriger als die Beurteilung der Bodenbeschaffenheit nach Hauptgemengteilen. Bei der Aufstellung des Schätzungsrahmens für Wiesen bilden die Menge und Beschaffenheit des erzielten Heues das Hauptmerkmal und es werden die einzelnen Klassen und Gruppen nach Erntemenge und Güte des Heues eingeteilt. Dabei sind Vor- und Nachweiden zu berücksichtigen. (Pabst veranschlagt den Mehrertrag mit 10—23% vom Heuertrag, Schnider mit 10—30% je nach Ein- oder Zweischürigkeit.) Das Klima braucht alsdann bei der Wieseneinschätzung im allgemeinen nicht mehr berücksichtigt zu werden, da es ja schon in der Menge und Güte des Heues zum Ausdruck kommt. Die Kosten für Dünge-, Pflege- und Erntearbeiten können sehr schwanken und deswegen sind diesbezüglich Zu- oder Abschläge zu machen, welche in der sog. Wiesenendzahl zum Ausdruck kommen.

Der Schätzungsrahmen des Bewertungsbeirates für das Weideland gilt nur für „absolute Weideflächen". Diese werden wie bei Wiesen nach dem Pflanzenbestand klassifiziert, wobei man nur eine andere Art der Feststellung der Erntemenge durch Angabe der durchschnittlichen Weidedauer in Tagen pro Jahr und des durchschnittlichen Besatzes vornimmt. Am besten geschieht dies durch Ermittlung der Anzahl der „100-dz-Tage", d. h. es wird eine Weidedauer von 100 Tagen zugrunde gelegt und dann berechnet, wieviel Doppelzentner zu ernähren sind. Für die Fettweiden wird auch der durchschnittliche Zuwachs des Viehes in Zentnern pro Hektar angegeben.

Die durch die einzelne Bewertung gewonnene Ackerendzahl, Wiesenendzahl bzw. Weidenendzahl werden unter Berücksichtigung der Flächenanteile einer jeden Kulturart zur „Bodenklimazahl" vereinigt. Hierbei sind die Beschaffenheit des Bodens, Klima und Geländegestaltung sowie diejenigen wirtschaftlichen Bedingungen berücksichtigt, welche, wie z. B. der Kulturzustand, den Wert der einzelnen Kulturart beeinflussen.

Es bleibt dann nur noch übrig, den Einfluß der übrigen wirtschaftlichen Bedingungen zu berücksichtigen, die den gesamten Betrieb betreffen, wie z. B. Gebäude- und Inventarbestand, innere und äußere Verkehrslage und Kulturartenverhältnisse.

Was die innere Verkehrslage anbetrifft, so sind Gemenglage, kleine Parzellen und Vermischung der Kulturarten für die Bewirtschaftung ungünstig. Als Beispiel möge dienen, daß beim Reichsspitzenbetrieb Eickendorf eine mittlere Entfernung von 500 m auf gewöhnlichen Landwegen und von 800—900 m auf Kunststraßen und eine günstige Parzellengröße vorliegen. Die festzusetzenden Abschläge betragen je nach Bodengüte 1—3% der Ackerendzahl pro 100 m Entfernung auf Landwegen. Für Wiesen sind etwa die Hälfte und für Weiden etwa $^1/_3$ dieser Sätze maßgebend. Weitere besondere Verhältnisse müßten Berücksichtigung finden. Die Entfernung vom Hofe wirkt sich hauptsächlich in der Vergrößerung der Unkosten, die Größe und Gestalt der Parzellen dagegen in der der Roherträge aus. Der Prozentsatz der Minderung des Reinertrages kann mittels Hilfszahlen, den sog. Rohertragskoeffizienten, bestimmt werden. Hier hat man öfters rein gefühlsmäßig vorzugehen. Was die äußere Verkehrslage anbetrifft, so kommt sie recht deutlich in den Preisen für die wichtigsten landwirtschaftlichen Produkte zum Ausdruck. Da die Bezugs-, Arbeiter- und Lohnverhältnisse nicht ohne weiteres dadurch erfaßbar sind, so hilft man sich durch die Annahme, daß die mit günstiger äußerer Verkehrslage besser werdenden Bezugsverhältnisse in ihrer Auswirkung auf den Reinertrag wieder durch die in der Regel schlechter werdenden Arbeiterverhältnisse aufgehoben werden und umgekehrt. Mit Hilfe der sog. Rohertragskoeffizienten kann man den Einfluß, den die Preisunterschiede auf die Höhe des Reinertrages ausüben, unschwer feststellen. So hängt z. B. die Höhe des Aufwandes neben der Entfernung vor allem von der Beschaffenheit der Wege und von der Art der angebauten Früchte ab, wofür in einem ganz bestimmten Falle für Entfernungen von über 1 km Chaussee pro 1 km Wegentfernung guter, ebener Chaussee eine Minderung von 1% des Reinertrages bedingt wurde. Dagegen wären bei nicht ausgebauten Landwegen diese Abschläge zu verdoppeln. Auch der Einfluß von naheliegenden Brennereien, Zuckerfabriken, Verladestationen usw. darf nicht unberücksichtigt bleiben.

Bei einer nicht in Abrede zu stellenden, immerhin noch vorhandenen Kompliziertheit der Bonitierung muß doch festgestellt werden, daß die Ab- und Zuschläge für besondere Verhältnisse bei diesem neuen und sehr aussichtsreichen Bewertungsverfahren exakt berechnet werden können. Für die Schätzleute sind wertvolle Anhaltspunkte gegeben, und unsichere und willkürliche Größenbestimmungen werden möglichst ferngehalten. Die Verhältniszahlen liegen tatsächlichen wirtschaftlichen Verhältnissen zugrunde, so daß nur bei eventuell fehlenden Angaben gefühlsmäßige Schätzung stattfindet. Wichtig erscheint auch, daß die klimatischen Beobachtungen und die Erhebungen über die Preise landwirtschaftlicher Erzeugnisse weiter ausgebaut werden.

Nicht unerwähnt sollen des weiteren die von dem landwirtschaftlichen Sachverständigen KRIEKEL des Landesfinanzamtes München aufgestellten Grundsätze für die einheitliche Bewertung des landwirtschaftlichen Vermögens bleiben, die allerdings vorerst noch nicht veröffentlicht sind. Der Urheber hat dabei, gestützt auf reiche praktische Erfahrung, ein synthetisches bzw. Punktierverfahren aufgestellt, das sich zur Aufgabe macht, eine brauchbare und soweit als möglich zutreffende Bewertung zu erhalten. Die sachliche und tatsächliche Ertragsmöglichkeit soll durch eine objektive Meßzahl ermittelt werden, die sowohl von dem Veranlagten als auch den Behörden leicht nachgeprüft werden kann und daher für Masseneinschätzungen brauchbar sein könnte. Das von ihm aufgestellte Additionsverfahren ist einfach und klar und sieht von der Erteilung von prozentualen Zu- und Abschlägen ab. Sein Punktierverfahren mit dem stark gegliederten Aufbau verlangt von dem Schätzer eine weitgehende Berücksichtigung der Standorts- und klimatischen Verhältnisse und zwingt diesen, auf alle Einzelheiten einzugehen. Der Vorzug dieses Verfahrens liegt in seiner Einfachheit und Klarheit und ferner auch darin, daß das Wertverhältnis der Gesamtheit der natürlichen zur Gesamtheit der wirtschaftlichen Einflüsse soviel als möglich zum Ausdruck kommt. Er gibt dieses Verhältnis mit 100:60 an.

Im einzelnen werden folgende Höchstpunktzahlen erteilt: Ackerkrume 70 Punkte, Untergrund 30, Klima 10 (dürfte vielleicht etwas zu niedrig gegriffen sein), Oberflächengestaltung 12, Besitzverteilung 10, Verkehrs-, Absatz- und Preisverhältnisse 20, Arbeiterverhältnis 8, somit als Summe 160 Punkte bei besten Boden-, Wirtschafts- und klimatischen Verhältnissen. Auf die eingehende Begründung KRIEKELS bezüglich der zugeteilten Punktzahlen hier einzugehen, dürfte sich erübrigen. Das gleiche dürfte bezüglich seiner Versuche, über die Aufstellung von Wertskalen für Wiesen- und Weidenböden im Rahmen des hier zu behandelnden Gegenstandes gelten.

Eine eingehende Kritik, welche sich auf eine nahezu 20jährige Tätigkeit auf dem Gebiete des gesamten Schätzungswesens stützen kann, erfahren die Punktierverfahren in dem 1930 erschienenen umfassenden Werk von W. ROTHKEGEL[1] über die Schätzungslehre für Grundbesitzungen.

Dieser gibt zwar zu, daß es schon möglich ist, für die Faktoren, welche z. B. den Wert und den Ertrag eines Bodens bestimmen, Punktzahlen als solche aufzustellen, daß aber damit noch keineswegs deren Wertverhältnis als solches, sowie das Gewicht des Einflusses dieser Faktoren auf die Ertragsfähigkeit gegeben sind. Es läßt sich auch nicht angeben, wie viele von den zur Verfügung stehenden Punkten für die Bodenbeurteilung allein in Anspruch genommen werden sollen. Jedenfalls könne man die Bedeutung der einzelnen Faktoren für den Wert und den Ertrag eines Grundstückes nicht in ein Zahlensystem einzwängen. Diese hängen vielfach entscheidend davon ab, ob die Einflüsse dieser Faktoren sich sehr günstig oder sehr ungünstig auswirken. So könne ein sehr feuchtes Klima für einen Sandboden eventuell sehr wertverbessernd sein, während dieses einen strengen Tonboden an die Grenze der Kulturfähigkeit herabdrücken kann. Besonders in sehr ausgedehnten Gebieten mit sehr verschiedenartigen Verhältnissen muß sich das Addieren von Wertpunkten verbieten, weil auf diesem Wege eine einwandfreie Schätzung des Wertes und der Ertragsfähigkeit von Grundstücken wohl kaum möglich sein dürfte. ROTHKEGEL zweifelt daran, daß es je gelingen wird, den Grad des Einflusses der vielerlei Faktoren, welche zu berücksichtigen sind, zahlenmäßig zu erfassen und gegeneinander durch Punktieren abzugrenzen. Das Zusammenwirken und das Spiel der Kräfte im Boden lassen sich aus der Gesamtwirkung heraus nicht im einzelnen erfassen. ROTHKEGEL erkennt an, daß das von WEISSLEIN ausgearbeitete und von SCHATTENFROH erweiterte und ergänzte Punktierverfahren sehr sorgfältig ausgearbeitet wurde, und daß in eingehender Weise versucht worden sei, die Wirkungen der einzelnen den Betrag bestimmenden Faktoren zu ermitteln, aber er hält seine grundsätzlichen Bedenken gegen die Punktiersysteme als solche doch ganz entschieden aufrecht. Er betont zugleich, daß LAUR, wie er aus Äußerungen von dessen Schüler TANNER entnehmen will, sein in der Schweiz übliches System nur für ganz enge, begrenzte Gebiete angewendet wissen will.

Das Schätzungsverfahren der Reichsfinanzverwaltung, und zwar des Bewertungsbeirats beim Reichsfinanzministerium, wurde bereits kurz behandelt[2]. Diesem Beirat wurde durch das Reichsbewertungsgesetz zur Aufgabe gemacht, einer gerechten Einschätzung des in der Land- und Forstwirtschaft investierten Vermögens im Einzelfalle den Weg zu bereiten. In Verfolgung dieser Aufgabe hat die landwirtschaftliche Abteilung dieses Bewertungsbeirates versucht, eine möglichst große Zahl charakteristischer landwirtschaftlicher Betriebe im ganzen Reich zu bewerten, d. h. miteinander zu vergleichen und entsprechend einzureihen, um so eine brauchbare Grundlage für die Einschätzung aller übrigen Betriebe zu gewinnen. Dieses Verfahren hat somit zweifellos eine gewisse Ähnlichkeit mit dem Prinzip der Aufstellung von Mustergrundstücken bei dem Flurbereinigungsverfahren[3].

---

[1] ROTHKEGEL, W.: Handbuch der Schätzungslehre für Grundbesitzungen, S. 314. Berlin: Parey 1930.

[2] ROTHKEGEL, W. u. H. HERZOG: Das Verfahren der Reichsfinanzverwaltung bei der Bewertung landwirtschaftlicher Betriebe. Ber. Landw. **1928**, H. 10 (vgl. auch S. 58).

[3] Das noch 1931 in Kraft getretene Reichsbewertungsgesetz läßt die Einheitswerte durch neugewählte Steuerausschüsse aufstellen. Dabei umfaßt der Einheitswert als Ertragswert grundsätzlich den ganzen landwirtschaftlichen Betrieb als solchen mit einem Durchschnittswert, und es sind für die Feststellung des Einheitswertes die sog. Vergleichsbetriebe mit gesetzlich verbindlicher Kraft maßgebend, die mit Hundertsätzen zum Spitzenbetrieb bewertet werden.

Der verantwortliche Leiter des obigen Beirates und Organisators aller einschlägigen Arbeiten, Ministerialrat ROTHKEGEL im Reichsfinanzministerium, weist in seinem 1930 erschienenen grundlegenden Werke eingehend auf die großen Schwierigkeiten hin, welche den Arbeiten des Bewertungsbeirates entgegenstehen. Sind ja doch Klima, Geländegestaltung und Bodenbeschaffenheit im Reichsgebiet sehr mannigfaltiger und häufig wechselnder Natur, ganz abgesehen davon, daß auch die betriebswirtschaftlichen Verhältnisse, wie z. B. Lage der Feldstücke, Absatz-, Verkehrs- und Arbeiterverhältnisse der Schätzungsarbeit nicht selten große Schwierigkeiten bereiten. Steuerschätzungen bezeichnet ROTHKEGEL mit Recht als Massenschätzungen, und zu diesen sind umfangreiche Vorarbeiten nötig, um die Schätzungshilfsmittel und die Schätzungsmerkmale auszuarbeiten für den Rahmen, in welchen alles zweckentsprechend eingefügt werden muß. Zwei Methoden, die schon früher erörterten Ermittlungen der Ertragstaxe und der Kapital- oder Grundtaxe, welche je nachdem mit Erfolg zur Schätzung dienen können, bezeichnet ROTHKEGEL als gleichwert und gleichberechtigt. Dabei ist es dann nicht nötig, für jeden einzelnen Betrieb eine Wertberechnung vorzunehmen, sondern nur für jede einzelne Gruppe oder Klasse von Betrieben, um den gewünschten Schätzungsrahmen zu gewinnen. Zur Wertberechnung dienen dann für diese Klassen die Veranschlagungen der Erträge oder Kaufpreisstatistiken bzw., wenn möglich, beide zusammen. Sehr gute Dienste leisten hierbei auch Betriebsstatistiken. Die einzelnen Betriebe müssen ferner noch weiter gruppiert werden, und zwar nach Bodenbeschaffenheit, Betriebsgröße, Verkehrslage, Betriebssystem und Wirtschaftsintensität. Notwendig ist auch die Einreihung der Betriebe in die einzelnen charakteristischen Wirtschaftsgebiete, welche durch Klima und Bodenverhältnisse sowie durch wirtschaftliche Faktoren bedingt werden. Je mehr untersuchte Wirtschaften in jede Gruppe eingereiht werden können, um so besser werden die Gesamtergebnisse sein. Auch sollen bei der Einreihung Normal- oder Idealtypen als Grundlage dienen. Für jeden dieser muß ein den natürlichen Verhältnissen angepaßter Wirtschaftsplan ausgearbeitet werden, und zwar mit allen nötigen Einzelheiten, wie z. B. Fruchtfolge-, Düngungsplan, Betriebsaufwand usw. ROTHKEGEL ist davon überzeugt, daß bei dem Vergleich verschiedener Wirtschaftsbetriebe bezüglich ihrer Ertragsfähigkeit und ihres Wertes der Landwirt sowohl als auch der erfahrene Schätzungsbeamte eine Sicherheit des Urteiles bekunden, welche verblüffen könnte, wenn sie nicht auch wieder mehr oder weniger selbstverständlich wäre. Dieser Umstand komme aber der Ausarbeitung von Schätzungsrahmen als Grundlage des ganzen Werkes sehr zugute[1].

Bemerkungen zur Bodenbonitierung in den deutschen Bundesstaaten. Die Bodenbonitierung zum Zwecke der Grundsteuererhebung wurde in den einzelnen Ländern begonnen: In Hessen im Jahre 1824, in Bayern 1828, in Sachsen 1843, in Sachsen-Altenburg 1855, in Oldenburg 1855, in Baden 1858, in Preußen 1861, in Anhalt 1868, in Württemberg 1873, in Bremen 1878. Trotz aller Verschiedenheiten der Vorschriften über die jeweilige Bonitierung im einzelnen, besteht doch nach ROTHKEGEL in folgenden Punkten eine Übereinstimmung:

1. Die Einschätzung ist in allen Staaten parzellenweise erfolgt.

2. Das gesamte Kulturland ist überall zu dem Zweck der Einschätzung zunächst in Kulturarten zerlegt worden; innerhalb der Kulturarten wurden alsdann Bonitätsklassen gebildet.

---

[1] Näheres hierüber wurde bereits auf S. 61ff. mitgeteilt.

3. Die Abstufung der Bonitätsklassen erfolgte nach der Ertragsfähigkeit des Bodens.

4. Die genaue Ermittlung der erzielbaren Ertragsfähigkeit geschah nur bei Mustergrundstücken. Die Einreihung der einzelnen Grundstücke in die Bonitätsklassen erfolgte auf Grund eingehender Bodenuntersuchungen durch Schätzungskommissionen im ständigen Hinblick auf die Mustergrundstücke.

Hier eine Beschreibung der in den einzelnen Ländern durchgeführten Bonitierung zu bringen ist unmöglich. Verschiedentlich ist auf charakteristische Einzelheiten im vorhergehenden verwiesen worden. Zahlreiche wertvolle Angaben über die Grundsteuerbonitur bringt A. SCHNIDER in seinem 1925 erschienenen Werke, auf welches bereits früher hingewiesen wurde. Außerdem gehen O. BAUER und K. SCHATTENFROH in ihren ebenfalls angeführten Arbeiten auf die Grundsteuerbonitur von Bayern, SUDECK und SCHNIDER[1] auf die von Sachsen, MEITZEN und JORDAN und STEPPES[2] auf die von Preußen ein, WALZ[3] schildert die einschlägigen Verhältnisse in Württemberg und MÖLLER[4] die von Mecklenburg.

Kurze Zusammenfassung.

Schon zu Ausgang des 18. Jahrhunderts finden sich Schriftsteller, welche die Bodenbonitierung teils vom praktischen, teils aber auch schon vom wissenschaftlichen Standpunkt aus zu beleuchten versuchten, und zwar kann man feststellen, daß schon damals beide Hauptrichtungen der Bonitierung, die naturwissenschaftliche und die ökonomische, in ihren Grundzügen erkannt wurden. Zumeist scheinen Kaufpreise, Pachtzinse und den Anlageregistern entnommene Angaben als Grundlage zu einer für die Besteuerung notwendigen Einschätzung gedient zu haben. Es verdient aber hervorgehoben zu werden, daß schon aus dieser Zeit eine Art von Reinertragsberechnung vorliegt, und daß auch bereits verschiedentlich Geldwerte als Berechnungsgrundlage dienten. Am häufigsten war wohl die Bonitierung nach der Beschaffenheit der Bodenfrüchte, und man pflegte danach gerne zu klassifizieren. Dagegen wurde auf die Bodenbeschaffenheit noch recht wenig Rücksicht genommen, da ja in dieser Zeit von einer Wissenschaft der Bodenkunde kaum noch die Rede sein konnte, und doch war schon im 18. Jahrhundert der Erdbohrer zur Untersuchung der Bodenarten nicht ganz unbekannt!

Als Begründer der Wissenschaft der Bodenbonitierung muß A. THAER gelten, der auch auf diesem Gebiete Vorbildliches leistete und dessen Lehren insbesondere bei der Grundsteuerbonitierung von Preußen und Sachsen weitgehende Anwendung fanden. Er hat zunächst eine scharfe Trennung zwischen der naturwissenschaftlichen und ökonomischen Bonitierung vorgenommen und sie dann zu einem kombinierten System zu vereinigen verstanden, das heute noch mehr oder weniger Geltung hat. Die Bedeutung der Boden-, Untergrund- und der sonstigen Standortsverhältnisse wurde von ihm voll erkannt und gewürdigt. So konnte er u. a. den Gehalt der Böden an ihren Hauptbestandteilen tabellarisch zum Ausdruck bringen und durch das von ihm aufgestellte, zwischen 2—100 liegende Wertverhältnis für die einzelnen Böden war er zugleich der Vorläufer für die erst viel später auftauchenden synthetischen bzw. Punktiersysteme, die sich bekanntlich mancherlei Anerkennung verschafft haben. Als unmöglich durchführbar mußte sich aber sein Plan erweisen, ein einheitliches Bonitierungssystem für ein ganzes Land wie Deutschland aufzustellen. Seine Schüler waren fast durchweg bemüht, das von ihm Geschaffene weiter auszubauen, wobei die einen mehr Wert auf die Feststellung der Bodenverhältnisse, die anderen dagegen auf deren Er-

[1] a. a. O. S. 28 u. 41. [2] a. a. O. S. 13 u. 22. [3] a. a. O. S. 14. [4] a. a. O. S. 31.

träge legten, obwohl im großen und ganzen beide Systeme, das naturwissenschaftliche und ökonomische, möglichst verbunden blieben.

Der um die Mitte des vorigen Jahrhunderts einsetzende Aufschwung der Naturwissenschaften bewirkte, daß das naturwissenschaftliche Bonitierungssystem begann, ganz bestimmte Richtungen einzuschlagen. Als Begründer des mineralogisch-geologischen Systems müssen FALLOU, GIRARD, FESCA und HAZARD gelten, deren Arbeiten lebhaften Widerhall fanden. Die Lehren LIEBIGS wirkten sich u. a. dahin aus, daß von KNOP, THOMS und anderen ein chemisches Bonitierungssystem begründet wurde, während CROME, TROMMER und SENFT bekanntlich den botanischen Weg einschlugen. THAER und seine Schüler haben dagegen dem Bodengefüge bzw. der mechanischen Bodenzusammensetzung nach Hauptbestandteilen die größte Bedeutung beigemessen.

Bei der ökonomischen Klassifizierung wurden teils die Roherträge, teils die Reinerträge zur Grundlage genommen, und schon ganz früh hat es hierbei BLOCK versucht, die bei der Reinertragsberechnung auftretenden Schwierigkeiten dadurch zu umgehen, daß er für die Wirtschaftsunkosten prozentuale Verhältniszahlen angab. Auf dem Gebiete der Reinertragsberechnung haben in der Folge SETTEGAST, VON DER GOLTZ, WATERSTRADT und SCHNIDER bedeutungsvolle Arbeit geleistet. Eine weitere Richtung ging bekanntlich von anderen Gesichtspunkten aus, wie z. B. der Berücksichtigung der Kaufpreise, der Pachtzinse und der sog. gemeinen Werte. Hier ist wohl zweifellos AEREBOE als die markanteste, wegweisende Persönlichkeit anzuführen. Allerdings haben der Krieg und die Nachkriegszeit sich dahin ausgewirkt, daß die für derartige Berechnungen notwendigen Unterlagen zur Zeit nicht mehr vorhanden und z. T. nicht mehr verwendbar sind. Auch hier soll nochmals kurz vermerkt werden, daß die von LAUR für die Schweiz ausgearbeitete, erfolgreiche Rohertragsmethode für Deutschland nicht in Frage kommen kann, weil man hier nicht über die Buchführungsergebnisse verfügt, welche vom schweizerischen Bauernsekretariat für dieses Land in zwanzigjähriger Arbeit gesammelt worden sind.

BIRNBAUM und KRAFFT verdankt man die wertvolle Vorarbeit zur Aufstellung der sog. synthetischen Punktiersysteme. Daß auf deren Arbeiten erst nach Jahrzehnten weiter aufgebaut wurde, ist wohl ganz besonders dem Umstande zuzuschreiben, daß einerseits die Bodenkunde noch eine recht junge Wissenschaft war und andererseits der Tatsache, daß diese Punktiersysteme sich gegenüber der Autorität von Männern wie VON DER GOLTZ, AEREBOE usw., die bekanntlich andere Wege gingen, nicht durchsetzen konnten. Zugegeben muß werden, daß bei den Punktierungsverfahren vielfach willkürlich vorgegangen wird. Auch wird es wohl kaum jemals gelingen, das verschiedene Gewicht der einzelnen den Ertrag bestimmenden Faktoren zahlenmäßig zu erfassen. Immerhin haben auch die Punktierungssysteme wertvolle neue Gesichtspunkte ergeben, welche entsprechende Beachtung verdienen. Allergrößte Beachtung aber verdient ganz gewiß das vom Bewertungsbeirat beim Reichsfinanzministerium durchgeführte Verfahren des Schaffens von Schätzungsrahmen für eine möglichst große Zahl von Landwirtschaftsbetrieben, welche über das ganze Gebiet des Reiches verteilt sind.

Die Bedeutung des Bodens in der Technik und im Wirtschaftsleben der Völker.

1. Die technisch-wirtschaftliche Ausnutzung des Bodens bei den Naturvölkern.

Von H. PLISCHKE, Göttingen.

Mit 21 Abbildungen.

Der Boden und die Naturvölker.

Als Schöpfer und Träger der Kultur hat der Mensch sich die Natur dienstbar gemacht. Dies geschah auf Grund von Erfahrungen, die er als Lebewesen in der Natur und im Kampf mit ihr sammeln konnte. Bei den Hochkulturen liegt eine jahrtausendalte und damit breite Erfahrungsbasis sowie eine scharfe Erfassung der Naturgesetze und eine dadurch gegebene komplizierte Dienstbarmachung der Natur, eine geradezu staunenswerte Naturbeherrschung vor. Die Anfänge und Grundlagen, auf denen die Naturbeherrschung der sog. Kulturvölker beruht, liegen für die Hochkulturen zwar in Zeiten, die seit vielen Jahrhunderten, ja seit Jahrtausenden der Vergangenheit angehören, und die dadurch der menschlichen Beobachtung entzogen werden. Sie sind aber doch aus Kulturformen erschließbar, die nicht diese aufsteigende naturbeherrschende Kulturentwicklung nahmen, sondern die auf Grund verschiedener Faktoren, die teils im Menschen, teils in den Umweltsverhältnissen, teils in historischen Umständen liegen, eine andere kulturgeschichtliche Entwicklung einschlugen, die nicht zu der hochstehenden Naturbeherrschung der Kulturvölker führte. Dies sind die Kulturen der Naturvölker, die zwar ebenfalls die Natur sich dienstbar zu machen verstanden haben, jedoch nicht in dem Umfang und in der Tiefe, wie sie bei den Hochkulturen vorliegt, die vielmehr über Anfänge der Ausnutzung der Natur nicht hinausgelangt sind[1]. Die Zustände bei den Naturvölkern liefern daher wertvolles Material zu Erkenntnissen über die Grundlagen der menschlichen Kultur, auf denen auch die Kulturformen der Hochkultur beruhen. Sie gewähren damit Einblicke in die grundlegenden Erfahrungen, die der Mensch im Leben und im Kampf mit der Natur sammelte. Zugleich geben sie auch Erkenntnisse darüber, wie der Mensch durch diese Beobachtungen die Natur für seine Zwecke unterwarf und sie sich dienstbar zu machen verstand.

So erdgebunden die Menschen und im besonderen die Naturvölker sind, ein Blick auf den Bereich der Primitiv- und Halbkulturen zeigt doch, daß von den Stoffen, die die Natur dem Menschen für seine Zwecke, namentlich für die Technik, bietet, Stock und Stein, Knochen und Muschel von größerer Bedeutung sind als der Boden. Dies liegt zweifellos in der großen technischen Verwendungsmöglichkeit, die jenen Materialien zukommt. Trotzdem hat der Mensch auf primitiven Kultur-

[1] PLISCHKE, H.: Von den Barbaren zu den Primitiven, S. 7ff., 113ff. Leipzig 1926.

stufen auch den Boden seinen Bedürfnissen unterworfen. Nach den Verschiedenheiten der Wirtschaftsweise unterscheidet die Völkerkunde folgende Kulturstufen oder Kulturformen: Sammler- und Jägertum, das ist eine Kulturform, bei der der Mensch rein aneignend der Natur das entnimmt, was sie bietet, ohne selbst in den Produktionsprozeß einzugreifen. Der Mann ist in erster Linie Jäger und Krieger, der mit Bogen und Pfeil oder Blasrohr oder Wurfkeule die fleischliche Nahrung besorgt und die Gemeinschaft schützt, die Frau ist Sammlerin, welche Früchte und Kleintiere sammelt oder mit einem Stock aus der Erde gräbt; sie ist auch Hüterin des Feuers und der Wohnstätte. Die Hirtennomaden stellen eine Kulturform dar, die auf der Herdenzucht von Großvieh beruht (Sibirien Renntier; Zentral- und Westasien Kamel, Pferd, Rinder, Ziegen, Schafe; Tibet Yak; Südwestasien Pferd, Kamel; Afrika Rinder, Esel, Ziegen, Schafe). Diese Wirtschaftsweise ist gebunden an Steppengebiete und beschränkt sich in der Verbreitung auf die Alte Welt. Die Zucht von Herden bedingt Nomadisieren in offenen Weidetriften und eine auf sich selbst gestellte Wirtschaftseinheit in Gestalt der patriarchalischen Großfamilie. Schutz und Zucht des Großviehes ist der Wirtschaftsbereich des Mannes. Anbaukulturen sind nach der Art des Pflanzenbaues in Stock-, Hack-, Garten und Pflugbau unterschieden. Mit letztem ist meist Großvieh- und Kleintierzucht, mit Stock-, Hack- und Gartenbau vorwiegend, aber nicht ausschließlich, Kleinviehhaltung verbunden. Der Stockbau, verbreitet in Ozeanien und Amerika, wird mit unten zugespitzten oder spatenartig erweiterten Stöcken betrieben, der Hackbau, beheimatet in Afrika, mit einer schmiedeeisernen Hacke. Grabstock und Hacke sind die Hauptgeräte. Zu ihnen gesellen sich oft kleinere Pflanzstöcke und hackenartige Instrumente. Die ersten dienen dem Zweck, Löcher für Samen oder Stecklinge in den bearbeiteten Boden zu stechen, letztere dem Lockern des Bodens und dem Entfernen des Unkrautes während der Wachstumszeit der Anbaupflanzen. So besitzen, um nur ein Beispiel zu geben, die Maori Neuseelands, deren Grabstöcke übrigens gern mit Trittstegen für den Fuß versehen werden, solche astgabelförmigen Geräte zum Behacken der Anbaufläche[1]. Beide Anbauformen liegen vorwiegend in Händen der Frau. Wächst sich der einfache Grabstock zur 3—4 m langen Brechstange aus, wie bei den Maori Neuseelands oder im Nordosten von Neuguinea, oder wird die Hacke, wie bei den Wakikuyu in Ostafrika, zu einem mächtigen Instrument, dann erscheinen beide als Arbeitsgeräte des Mannes, der die Anbaufläche vor der Bestellung umbricht oder behackt. Außerdem verrichtet der Mann in diesen primitiven Anbaukulturen die schwere Arbeit der Urbarmachung des Bodens. Der Gartenbau ist eine intensiv, zumeist als Stock- und Hackbau betriebene Anbauform, gekennzeichnet auch durch Anlage künstlicher Bewässerung, intensive Düngung und Bau von Terrassen. Verbreitet ist sie besonders in Ost- und Südasien und in den altamerikanischen Hochkulturen. Der Pflugbau war ursprünglich auf das Gebiet der Alten Welt beschränkt. Nicht überall aber wird das Großvieh zum Ziehen des Pfluges eingespannt. Nur selten sind diese Kulturformen unbeeinflußt und in dieser scharfen Ausprägung erhalten. Durch lokale Sonderentwicklungen und geschichtliche Beziehungen infolge von Wanderungen von Menschen und Kulturgütern entstand im Laufe jahrtausendalten Werdens das so verwickelte und ineinander verflochtene Kulturbild der Menschheit.

Der Boden wird nicht allein bei Kulturstufen, die einen den jeweiligen Bodenverhältnissen angepaßten Anbau von Pflanzen betreiben, ausgenutzt, sondern auch bei nicht so stark bodengebundenen Kulturformen, wie bei den Jägern und Sammlern oder den Hirtennomaden, wo verschiedene Arten des

[1] Best, E.: Maori Agriculture, S. 44a. Wellington 1925.

Bodens als Farb-, Nahrungs- und Genußmittel, gelegentlich auch als heilwirkende Mittel, ferner aber auch, jedoch in geringerem Ausmaß, in der Technik verwendet werden. Bei Kulturen, die infolge von Pflanzenbau seßhaft wurden, gelangte der Hausbau zu einer Entwicklung, die über leicht und schnell errichtbare Windschirme, eine Wohnung der Jäger und Sammler, und Zelte, eine Hausform von Jägern und Hirtennomaden, zu festeren Bauten führte, bei denen neben Holz und Stein auch Lehm und aus ihm gewonnene Baumittel bedeutungsvoll wurden. Seßhaftigkeit ließ aber auch die Töpferei zur Blüte kommen. Innerhalb der Menschheit sind daher gerade bei den stark bodengebundenen Anbaukulturen viele grundlegende Erfahrungen über die Ausnutzung des Bodens gesammelt worden.

Der Boden in der Schönheitspflege.

Naturvölker, insbesondere solche, deren Lebensräume in tropisch-feuchten Urwaldgebieten liegen, sind den Angriffen von allerlei Insekten besonders ausgesetzt, die z. T. auch in den behaarten Körperteilen ihre Nistplätze anzulegen pflegen. Zum Schutz gegen dieses Ungeziefer[1] überziehen zahlreiche Völker Afrikas den Körper, und zwar alle Teile desselben, mit Pasten, die aus Ton, pulveri-

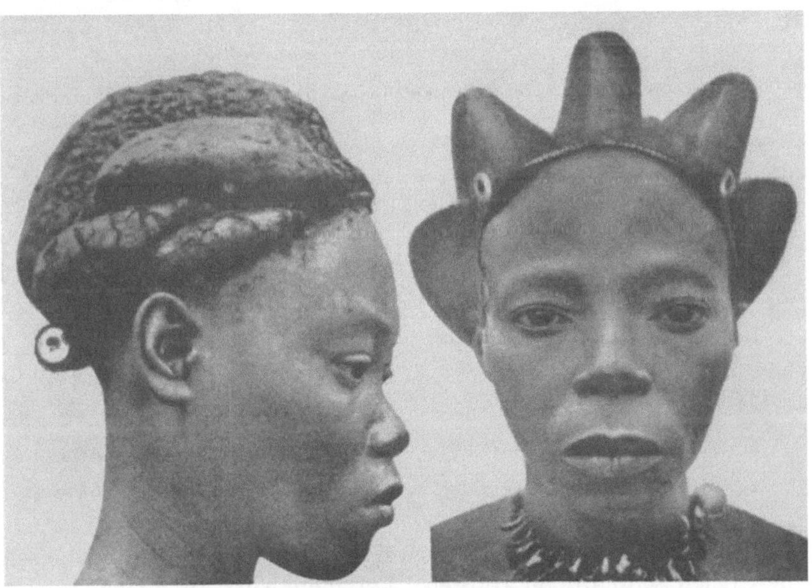

Abb. 1. Frauenhaartrachten aus Kamerun. (Aus Kolonie und Heimat.)

siertem Rotholz, Pflanzenasche und Kräuterpulvern bestehen und denen immer fettige Stoffe, zumeist Rizinusöl, zugesetzt werden. So schmieren sich die Hottentotten Südwestafrikas nicht nur zum Schmuck, sondern auch zum Schutz vor Insektenstichen den Körper mit einem Gemisch von Ocker und Butter ein. Die Bantustämme des südlichen Afrikas reiben sich eine Salbe aus Fett und Ocker oder roter und weißer Farbe auf die Haut[2]. Bei den Betschuanen glänzt diese

[1] Weule, K.: Die Chemie am eigenen Körper. In Karl Weule: Chemische Technologie der Naturvölker, S. 7ff. Stuttgart 1922.

[2] Passarge, S.: Südafrika, S. 231, Leipzig 1908, sagt unter Hinweis auf die Eingeborenen Südafrikas überhaupt: „Eine aus Fett und rotem Ocker bestehende Salbe, mit der man den ganzen Körper einreibt."

Paste metallisch. An verschiedenen Orten des oberen Nilgebietes und im Sudan sowie in Gebieten Kameruns (Abb. 1) schmiert man solche Pasten, denen Kuhdung und Kuhurin beigegeben sind, in die Haare, die dann in der Paste zu einer festen Haarpartie erstarren. Damit ist die Möglichkeit künstlich aufgebauter Haarfrisuren gegeben, wie sie namentlich im oberen Nilgebiet bei den sog. Niloten als Schmuck sehr beliebt sind[1]. Als eine Zierde besonderer Art werden große Haarfrisuren aus Erde auch in Neuguinea in der Gegend westlich von Berlinhafen empfunden[2] (Abb. 2). Durch all diese Pasten erreicht man, daß Insekten und deren Eier, die sich am Körper des Wirtes befinden, abgetötet werden, weil man auf diese Weise den unwillkommenen Lebewesen den

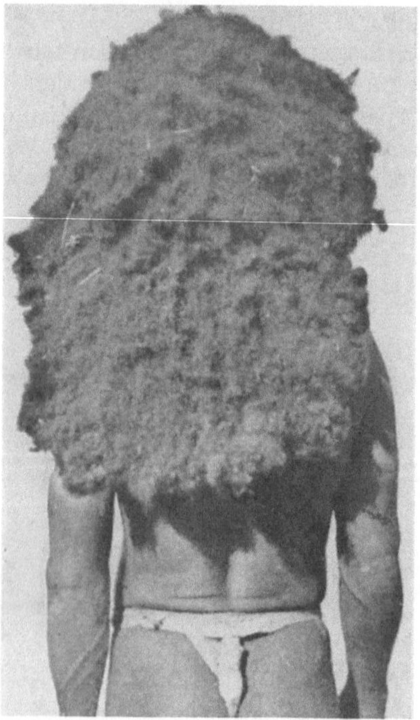

Abb. 2. Haartracht, Deutsch-Neuguinea, westlich von Berlinhafen. (Aufnahme NEUHAUSS.)

Sauerstoff entzieht und weil möglicherweise in der Paste vorhandene schädliche Stoffe die kleinen Schmarotzer abtöten. Vor allem wird durch einen solchen Überzug der Körper vor den Stichen von Insekten geschützt. Zugleich wird durch das Einschmieren dieser Erdpasten in die Haare eine Bleichwirkung auf diese erzielt. Völker am oberen Nil bleichen durch diese Behandlung ihre Haare. Dasselbe erreichen melanesische Stämme durch Einschmieren ihrer Haare mit gebranntem Korallenkalk. In beiden Gebieten gilt nämlich rötliche Haarfarbe für besonders schön.

Eine weit größere kosmetische Bedeutung kommt den verschiedenen Arten des Bodens in der Bemalung des Körpers mit Mustern zu, einem Schmuck, der

[1] SCHWEINFURTH, G.: Im Herzen von Afrika, 4. Aufl., S. 44. Leipzig 1922. — BERNATZIK, H. A.: Zwischen Weißem Nil und Belgisch-Kongo, S. 79 Abb. 114, Leipzig 1929, wo er berichtet, daß man zum Aufbau einer solchen Frisur bis zu drei Jahren gebrauche.

[2] NEUHAUSS, R.: Deutsch-Neuguinea 2, Tafel 316. Berlin 1911.

bei Naturvölkern eine sehr große und in der Tat auch inhaltsreiche Rolle spielt[1]. Schlamm- und Moorbäder, die zugleich abkühlend wirken und vor Insekten schützen, färben den Körper dunkel. Dies kann eine der ältesten Erfahrungen sein, die zur Körperbemalung führte. Natürliche, aus dem Boden gewonnene Farben sind Tone, die durch Eisenverbindungen gefärbt sind, wie Ocker, Bolus, Umbra; Erdfarben, die bei Naturvölkern ebenfalls weitgehend benutzt werden, sind Kreide und Gips. Zwischen Steinen zerstoßen und zerrieben, geben sie alle einen nur wenig festen Anstrich, den man durch Beimengen von Bindemitteln, wie Wasser, Fett, Tran und Leim haltbarer zu machen versteht. Es handelt sich hierbei um ein rein mechanisches Auftragen des Farbstoffes, und zwar mit Hilfe des Zeigefingers oder, wie bei den Malaien, den Tschoroti im Gran Chaco Südamerikas und bei den Buschongo im Kassaigebiet Afrikas, vermittels eines Haarpinsels[2]. In Mittelamerika und im nordwestlichen Südamerika benutzt man zum Auftragen der Muster der Körperbemalung tönerne Roll- und Flachstempel. Vom Bereich der neuweltlichen Hochkulturen strahlt diese Technik der Bemusterung bis in den Westen des tropischen Urwaldgebietes und bis zum Gran Chaco Südamerikas aus. In diesen Gebieten verwendet man z. T. auch Holzstempel.

Abb. 3. Körperbemalung eines Häuptlings der Creek-Indianer Nordamerika. (Aus Prinz Max von Wied-Neuwied: Reise in das innere Nordamerikas. Koblenz 1839—41.)

Beim nordamerikanischen Indianer entwickelte sich das Bemustern des Körpers mit Erdfarben zu besonderer und auch ausdrucksreicher Blüte[3] (Abb. 3). Auf eisenhaltige Erden gehen die bei Indianern Nordamerikas verwendeten Farben Braun, Rot, Grün, Blau, Gelb, Orange und Purpur zurück. Zwecks Erlangung solcher Farberden legten die Indianer sogar Gruben und Brüche an, und die Stämme, in deren Bereich solche Farberdengebiete lagen, trieben damit weithin einen einträglichen Tauschhandel. Weiß gewannen die Indianer durch Auswaschen und Schlämmen von Gips, Kaolin und auch von Kalk; Schwarz stellte

[1] Lippert, J.: Kulturgeschichte der Menschheit 1, 376 ff. Stuttgart 1886. — Schurtz, H.: Urgeschichte der Kultur, S. 380—411. Leipzig 1900. — Heilborn, A.: Allgemeine Völkerkunde 1, 96ff. Leipzig 1915. — Weule, K.: Chemische Technologie der Naturvölker, S. 28—35. Stuttgart 1922.

[2] Heilborn, A.: Allgemeine Völkerkunde 1, 97. Leipzig 1915.

[3] Hodge, F. W.: Handbook of american indians north of Mexico 1, 425—326. Washington 1907; 2, 151—152, 185—186. Washington 1910.

man aus Graphit, pulverisierter Kohle und Ruß, Grün sowie Blau aus Kupfererzen und Eisenphosphat her. Der Haltbarkeit halber rührte man diese verschiedenen Substanzen und Farbstoffe mit Fetten oder Leim an.

Gebiete, wo die Erdfarben gegenüber den pflanzlichen stark im Vordergrund stehen, sind Australien und z. T. auch Ozeanien[1]. Dies liegt zweifellos mit daran, daß Australien und weiten Bereichen der Südseekulturen die Töpferei und damit die Möglichkeit des Kochens fehlt, mit dessen Hilfe die meisten Pflanzenfarben gewonnen werden. Weiße Farbe gewinnt man im Stillen Ozean aus Korallen, die in Meilern verbrannt, also zu gebranntem Kalk verarbeitet werden, den man dann mit Wasser löscht. Rot, eine Farbe, die in Australien zur Körperbemalung benutzt wird, und Ockergelb stellt man aus eisenhaltigen Erden her, Mattblau und Grünlichblau aus Eisenphosphat, und auf den Admiralitätsinseln liefert Manganerde ein schönes tiefes Schwarz. Die gelben, roten, ockerartigen und sonstigen Farberden zerrieb man zu feinem Pulver. In Polynesien, wo man auch aus Pflanzensäften zahlreiche Farben zu verfertigen verstand, bediente man sich zum Zerreiben kleiner Handmühlen aus vulkanischem Gestein; sie bestanden aus einem flachen Mahlstein als Unterlage, auf der ein Reibstein in zumeist einer dem Stampfer ähnlichen Form gerieben wurde[2].

Abb. 4. Tänzer in Festbemalung vom Fly-River, Neuguinea. (Aus BUSCHAN: Sitten der Völker I.)

Die Körperbemalung der Naturvölker ist nicht allein Schmuck, sondern auch ein Ausdrucksmittel für Stimmungen, gesellschaftliche Stellung, Zugehörigkeit zu Geheimgesellschaften und zu Bünden sowie für persönliche Verdienste[3] (Abb. 4). Nach den Anlässen, bei denen man sich bemalt, richten sich Farben und Muster. Die Symbolik der Farben und Muster ist bei Völkern, oft auch bei Stämmen, verschie-

[1] WEULE, K.: Chemische Technologie der Naturvölker, S. 31ff. Stuttgart 1922.
[2] HAMBRUCH, P.: Ozeanische Rindenstoffe, S. 26. Oldenburg 1926.
[3] SCHURTZ, H.: Urgeschichte der Kultur, S. 382—383. Leipzig 1900.

den[1]. Solche Bemalung kann bei vielen Naturvölkern geradezu als Stammesabzeichen angesehen werden. Viele Stämme haben auch oft Farben, die sie bei der Körperbemalung bevorzugen. Die Krieger der Masai in Ostafrika streichen sich bei festlichen Gelegenheiten mit roter Farbe und solche, die einen Feind getötet haben, mit Streifen weißer und roter Erde an[2]. Besonders geschätzt ist die rote Bemalung. Sie trug, da sie vom Indianer Nordamerikas als Anstrich namentlich bei Kriegszügen angelegt wurde, den Bewohnern Nordamerikas die Gesamtbezeichnung „Rothaut" ein[3]. Aufmerksam sei in diesem Zusammenhang auf die Bemalung bei Pubertätsfesten (Abb. 6), Kriegszügen und bei Trauerfällen gemacht. Als Trauerfarben treten Weiß und Schwarz am häufigsten auf (Abb. 5). Bei Todesfällen in der Verwandtschaft färben sich Stämme Neupommerns schwarz; bei den Jaunde in Kamerun schmieren sich Frauen eines Toten mit weißer Farbe ein; und auch australische Witwen zeigen

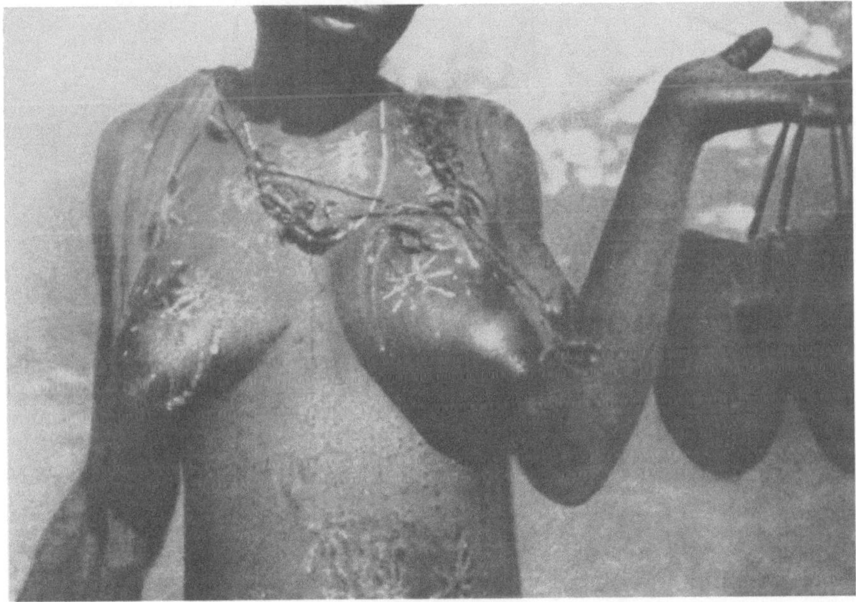

Abb. 5. Bemalung der Brüste als Zeichen der Trauer, Kitosh, Ostafrika. (Nach BRYK: Negereros. Berlin 1928.)

sich weiß bestrichen. Die Kriegsbemalung in besonderen Mustern und Figuren, die für die Indianer der nordamerikanischen Prärie kennzeichnend war, brachte Anerkennung für erfolgreiche Kriegstaten zum Ausdruck. Man erhielt das Recht,

[1] NEUHAUSS, R.: Unsere Kolonie Deutsch-Neu-Guinea, S. 68, Weimar 1914. sagt: „Zum Schmuck des Eingeborenen gehört angemessene Bemalung, die bei den verschiedenen Stämmen sehr verschieden ist und auch nach dem jeweiligen Zwecke wechselt. Größter Beliebtheit erfreut sich bei alt und jung leuchtendes Rot. Schwarzer Körperanstrich pflegt Ausdruck der Trauer zu sein. Eine Gruppe von Beschneidungskandidaten, die ich in Sissanu sah, waren von oben bis unten gelb bemalt. Für den Tanz und für Festlichkeiten kommt Bemalung des Gesichtes mit Kalk in Frage."

[2] MERKER, M.: Die Masai, S. 150. Berlin 1910.

[3] Dem deutschen Wort „Rothäute" entspricht das französische „peaux rouges", während das englische „red skins" weniger im Gebrauch ist. G. CATLIN (Die Indianer und die während eines achtjährigen Aufenthaltes unter den wildesten ihrer Stämme erlebten Abenteuer und Schicksale, deutsch von H. BERGHAUS, S. 306, Berlin-Friedenau 1924) hebt hervor, daß die Krieger sich „das Gesicht und den Körper so mit roter Farbe und zuweilen auch noch mit Kohlen und Fetten" bemalen, „daß sie oft von ihren besten Freunden nicht erkannt werden".

solche Abzeichen auf dem Körper zu tragen, in der großen und feierlichen Stammesberatung, bei der vor dem Stammesheiligtum jeder über seine Taten wahrheitsgetreu berichten mußte[1]. Oft suchte man auch mit Hilfe der Körperbemalung Furcht und Verwirrung, so auch den Eindruck eines Geisterheeres, zu erwecken. Berichtet doch z. B. TACITUS über den germanischen Stamm der Harier, daß sie sich bei nächtlichen Kriegszügen mit Farbe bestrichen, um beim Feind die Vorstellung des Auftauchens eines Geisterheeres lebendig werden zu lassen[2]. Durch die Bemalung des Körpers in bestimmter Farbe oder mit bestimmten Mustern wird bei Naturvölkern auch die Zugehörigkeit zu einer besonderen Berufskaste, einem Geheimbund oder einer Totemgruppe[3] zum Ausdruck gebracht. So trugen die Priester im alten Mexiko im Gesicht, aber auch am Körper, eine Bemalung in

Abb. 6. Bemalung von Knaben während der Aufnahmefeiern in den Geheimbund der Nkimba, unterer Kongo. (Aus: Costumes of the World II. London 1913.)

schwarzer Farbe. Die Bemalung mit Erdfarben ist also tief mit dem Gesellschaftsleben der Naturvölker verwachsen. Sie ist aber zugleich ein wichtiges Ausdrucksmittel; sie gibt Stimmungen, festliche Ereignisse mit den dazugehörigen Tänzen, Auftreten von Geheimbünden (Abb. 6), Kriegszüge, auf denen man sich befindet, und persönliche Auszeichnungen wieder. Darüber hinaus dient schließlich die Bemalung mit Erdfarben auch dem Schutz der Haut, und zwar nicht nur vor Stichen

[1] Für Kriegstaten, die durch Abzeichen in Gestalt von Körperbemalung oder Federschmuck im Haar ausgezeichnet wurden, hatte sich bei nordamerikanischen Indianerstämmen der Begriff coup eingebürgert, entlehnt von den französischen Kanadiern, wo coup dazu diente, „to designate the formal token or signal of victory in battle". Hodge, F. W.: Handbook of the american indians north of Mexiko, 1, 354. Washington 1907.

[2] TACITUS: Germania, c. 43. — PLISCHKE, H.: Die Sage vom wilden Heer im deutschen Volk, S. 21. Eilenburg 1914.

[3] Unter Totemismus versteht man die Vorstellungswelt über geheimnisvoll-magische Beziehungen, die zwischen einer Menschengruppe, gelegentlich auch einem einzelnen Individuum und einer Tier- oder Pflanzenart oder Steinen und Gestirnen bestehen und die in manchen Gebieten als Abstammungsglaube, in anderen als Schutzverhältnis erscheinen.

von Insekten, sondern auch vor klimatischen Einwirkungen. So schützen sich die Patagonier vor dem schneidenden Wind, der in den Pampas weht, durch einen Anstrich aus roten, schwarzen, blauen oder weißen Farberden, die, mit Mark angerührt, auch bei festlichen Gelegenheiten in Mustern, namentlich auf das Gesicht, aufgetragen werden[1].

Alle diese zur Körperbemalung benutzten Erdfarben werden auch zum Schmuck der Waffen und Werkzeuge, überhaupt der technisch-künstlerischen Erzeugnisse, verwendet, worauf noch auf S. 79 u. f. zurückzukommen sein wird.

Der Boden als Nahrungs-, Genuß- und Heilmittel[2].

Eine sporadisch, also nicht geschlossen über die ganze Erde verbreitete Sitte ist das Essen von Erde, bekannt unter dem Namen Geophagie. Diese merkwürdige Erscheinung hat, seitdem Alexander von Humboldt sie im Jahre 1807 für die Otomaken am Orinoko beschrieben hatte, wiederholt Aufmerksamkeit und wissenschaftliche Beachtung gefunden. Humboldt berichtete[3], daß die Otomaken von Uruano am Orinoko einen gelblichen Flußlehm genießen, nachdem sie ihn zuvor in schwachem Feuer geröstet haben. Von anderen Beobachtern liegen auch Angaben vor, daß man bei den Otomaken täglich etwa 125 g, ja sogar bis zu 625 g zu sich nehme[4].

Heusinger[5], der sich um die Mitte des 19. Jahrhunderts mit der Sitte der Geophagie eingehender befaßt hat, glaubte, das Erdeessen sei eine Krankheitserscheinung, und zwar ein Folgezustand der Malaria. Er kam zu dieser Überzeugung, da die Geophagie angeblich nur dort erscheine, wo die Malaria wüte. Diese Erklärung ist schon deshalb unrichtig, da die Sitte des Erdeessens auch in Gebieten zu Hause ist, wo niemals Malaria auftritt und aufgetreten ist. Ebensowenig ist eine Theorie haltbar, die Wilken[6] aufstellte; er faßte diese Erscheinung als Nachahmung der Lebensgewohnheiten der Tiere auf. Eingehendere Materialien, die der Völkerkunde zu verdanken sind, haben gezeigt, daß die Sitte der Geophagie sich überhaupt nicht auf eine einzige Ursache zurückführen läßt. Es gibt, wie eine kritische Sichtung der völkerkundlichen Befunde zeigt, eine Reihe von Anlässen, die zur Erscheinung des Erdeessens führen.

Sehr verbreitet ist das Essen von Erde aus Hunger, aus Mangel an Nahrungsmitteln zur Zeit einer Hungersnot oder Teuerung. Dieser Umstand liegt mit großer Wahrscheinlichkeit der Geophagie der Otomaken zugrunde. Die Otomaken lebten in erster Linie von der Beute ihrer Jagdzüge. An diesen waren sie

---

[1] Buschan, G.: Illustrierte Völkerkunde, 1, 312—313. Stuttgart 1922.

[2] Humboldt, A. von: Sur les peuples qui mangent de la terre. Ann. voyages 2, 248 bis 254 (1809). — Reise in die Äquinoktialgegenden des neuen Kontinents 4, 122ff. Stuttgart (o. J.). — Ansichten der Natur 1, 163—168. Stuttgart 1860. — Osiander, F. B.: Über das Erde-Essen der Menschen. Hannoversches Magazin **1808**, Nr. 26 u. 27. — Ehrenberg, G. Chr.: Mikrogeologie. Leipzig 1854. — Lasch, Richard: Über Geophagie. Mitt. Anthropolog. Ges. Wien **28**, N. F. 18, 214—222 (1898). — Weitere Beiträge zur Kenntnis der Geophagie. Ebenda **30**, N. F. 20, Sitzgsber., 181—183 (1900). — Gross: Geophagie. Med. Welt 1, Nr. 42 (1927). — Buschan, Georg: Vom Erde essen. Janus (Leyde) **34**, 337—350 (1930). — Wetzel, W.: Eßbare und therapeutische Erden. In: Steinbruch und Sandgrube **29**, 177—179 (1930). — Laufer, B.: Geophagy. In: Field Museum of Natural History. Publ. 280. Anthrop. series **18**, 90—198. Chicago 1930.

[3] Humboldt, A. v.: Reise in die Äquinoktialgegenden des neuen Kontinentes **4**, 122ff. Stuttgart (o. J.).

[4] Ehrenberg, G. Chr.: Mikrogeologie, S. 343ff. Leipzig 1854.

[5] Heusinger, C. F.: Die sogenannte Geophagie oder tropische (besser Malaria-) Chlorose. Kassel 1852.

[6] Wilken, G. A. u. C. M. Pleyte: Handleiding voor de vergelijkende volkenkunde van Nederlandsch-Indie, S. 21. Leiden 1893.

durch regelmäßig alljährlich auftretende Überschwemmungen, die ungefähr zwei Monate dauerten, behindert. Da sie während dieser Zeit unter Mangel an Fleischnahrung, wie überhaupt an Lebensmitteln litten, sättigten sie sich durch Genuß von gerösteten Lehmkugeln. Um Verstopfung, die als Folge des Verzehrens dieser Erde sich einzustellen pflegte, zu vermeiden, nahmen sie gleichzeitig Kaimanfett zu sich. BERNAL DIAZ DEL CASTILLO[1], ein Teilnehmer am Eroberungszuge von CORTEZ nach Mexiko, berichtet, daß bei Hungersnot von den Azteken ein Schlamm aus dem Boden des Sees von Tenochtitlan gegessen wurde, der wie Käse geschmeckt habe. Man habe ihn vor dem Genuß in der Sonne getrocknet und in Brotform gebracht. Unter athapaskischen Stämmen Kanadas war es in schlechten Jahren Brauch, einen fetten, nicht gerade unangenehm schmeckenden Lehm zu essen, der, von „milchiger Konsistenz", an den Flußufern des Mackenzie abgelagert war[2]. Kalifornische Indianer, so die Tatu[3], mischten rote Erde unter das Ahornmehl, aus dem sie Fladen buken, die dadurch einen süßlichen Geschmack erhielten und beim Backen besser aufgehen sollten. Sie wollten dadurch sicherlich auch das Mehl strecken. Auf Neuguinea und auf Neumecklenburg wurde weicher, brauner und roter Lehm bei schlechter Ernte von den Eingeborenen genossen, um den Magen zu füllen[4]. In China ist das Essen von Erde in Zeiten der Not seit altersher bekannt. Eine der ältesten Angaben stammt aus dem Jahr 744 nach Christi; man erwähnt die eßbaren Erden als Schi-mian, d. h. Steinbrot oder Mian-schi, d. h. Brot-Stein[5].

Aus demselben Anlaß hat die Erde als Nahrungsmittel auch in Notzeiten Europas eine Rolle gespielt[6]. Man nannte solche eßbaren Erden zumeist Bergmehl oder Steinbutter. So ist für das Jahr 1607 für Mitteldeutschland belegt, daß Hunderte von Fremden nach Klieken bei Dessau zu dem sog. Mehlberg strömten, um von dort das „Mehl" in Säcken abzutransportieren. Dieses Bergmehl ist bis zur ersten Hälfte des 18. Jahrhunderts als Nahrungsmittel abgebaut worden. 1719 und 1733 bezogen infolge der Kriegsnöte die Bewohner von Wittenberg dieses Bergmehl aus dem Anhaltischen[7]. Besonders häufig ist überdies für Mitteleuropa das Erdeessen für die Zeit des Dreißigjährigen Krieges belegt. Im Jahre 1832 wurde solches Bergmehl während einer Hungersnot in Schweden, mit etwas richtigem Mehl vermischt, zu Brot verbacken. Während der Hungersnot, die 1920/22 in Rußland wütete, wurde im Wolgagebiet als Streckmittel im Brot, möglicherweise auch als dessen Ersatz, ein wohl auf Ablagerungen der Wolga zurückgehender Ton, darunter auch solcher mit Eisengehalt, gegessen[8].

Verzehrt wird die Erde ferner aus Leckerei als Naschwerk. Die Erde als Genußmittel ist weithin sehr geschätzt. Besonders beliebt ist diese Delikatesse beim Neger Afrikas, namentlich in Westafrika und den benachbarten Gebieten des Sudan[9]. Man kennt dort, so bei den Bobos und Malinkes, gute und schlechte Erden, zwischen denen man sorgfältig wählt, und ißt die Erde roh oder geröstet, bedient sich ihrer aber auch als Würze. Im Lande der Bobos

---

[1] DIAZ DEL CASTILLO, BERNAL: Die Entdeckung und Eroberung von Mexiko. Mit einem Vorwort von CARL RITTER 1, 220. Gera 1847.

[2] FRANKLIN, J.: Second expedition to the shores of the Polar Sea, S. 19. London 1828.

[3] POWERS, ST.: Contributions to the north-american Ethnology 3, 140. Washington 1877.

[4] PFEIL, Graf: Studien und Beobachtungen in der Südsee, S. 46. Braunschweig 1899. — KRIEGER, M.: Neuguinea, S. 218. Berlin 1899.

[5] EHRENBERG, G. CHR.: Mikrogeologie, S. 144—145.

[6] BUSCHAN, G.: Janus (Leyde) **34**, 338ff. (1930).

[7] HUMBOLDT, A. v.: Ansichten der Natur 1, 168. — STROESSE: 9. Jber. herzogl. Friedrichs-Gymnasium zu Dessau **1891**.

[8] WETZEL, W.: Steinbruch und Sandgrube **29**, 178 (1930).

[9] BUSCHAN, G.: Janus (Leyde) **34**, 339—341 (1930).

sind bei der Ortschaft Diékuy Stollen in den Boden getrieben, in denen weicher Ton zwischen Sandablagerungen eingebettet ist. Dieser weiche Ton ist als Genußmittel weithin berühmt. Bis über 30 km wird er verhandelt, und zwar in Stücken, die etwa 15 cm lang, 10 cm breit und 4 cm dick sind. Vornehme Leute sollen täglich bis zu drei solcher Brötchen genießen. Bei einigen Stämmen, so den Bambaras und bei den Bobos zu Dedougou, dürfen nur Frauen, bei den Sara und Samandeni, das sind Unterstämme der Bobos, jedoch nur Männer solche Erde essen. Man glaubt überdies, der Genuß dieses Tones habe Einfluß auf die Fruchtbarkeit. In Kamerun setzt man gern Erde den Speisen als Gewürz zu; sie kommt dort, grau und fettähnlich, in Form gebrannter Scheiben oder in Gestalt feiner Körner auf den Markt.

In Peru und Bolivien nehmen die Indianer beim Kokakauen eßbare Erde in den Mund, die man Tonra nennt. Sie entspricht dem Kalk beim Betelkauen der Indonesier. In Arequipa (Peru) werden Brötchen feiner Erde zum Kauf angeboten. Diese Erde wird zusammen mit Kokablättern in Pillenform gekaut[1].

Erde als Leckerbissen gibt es auch in Neuguinea, wo flache Tonscheiben von FINSCH beschrieben werden; sie wurden von Männern an einem Tragband getragen und nach und nach verzehrt[2].

Die Tungusen und Kamtschadalen[3] schlämmen Ton fein durch und essen ihn, zuweilen mit tierischem Mark vermischt. Ebenso gilt bei den Aïno im nördlichen Jesso und auf den Kurilen ein grauer Ton, dem man Reiskörner und aromatische Blätter zusetzt, als Leckerbissen. In Persien[4] frönte man früher dem Erdeessen derart, daß ein Schah sich veranlaßt sah, diese Unsitte mit Strafen zu belegen. In Hinterindien, belegt für Laos[5], soll man mit großer Begierde Erde essen, und zwar einen Flußlehm, der in der Sonne getrocknet, dann wieder etwas angefeuchtet und mit Reisig bedeckt, verbrannt wird. Schließlich formt man ihn zu kleinen Plätzchen. Die Pawneeindianer[6] in der nordamerikanischen Prärie rösteten Kugeln gelben Tones und aßen diese als Leckerbissen zum Fisch. Hochgeschätzt war der Genuß von Erden auch bei den Apachen und Navajos in Neumexiko und Neuarizona, sowie bei kalifornischen Stämmen und bei denen Mittelamerikas.

Solche Fälle der Geophagie sind schließlich auch für Europa belegt. In Italien aß man früher in Treviso eine fette Diatomeenerde wegen ihres Wohlgeschmackes; dasselbe wird für die Steiermark berichtet[7]. Im 17. Jahrhundert genossen Damen des spanischen Adels eine in Ertemoz gewonnene Erde, und zwar mit solcher Leidenschaft, daß Staat und Kirche dagegen mit Strafen vorgehen mußten[8]. Vielleicht hat aber hier auch ein im Volk weitverbreiteter Glaube mitgewirkt, wonach der Genuß von Erde eine interessante Blässe des Gesichtes und eine schlanke Taille verleihe. Diesen Grund gibt übrigens im 18. Jahrhundert der französische Jesuitenpater DU HALDE für das bei chinesischen Frauen geschätzte Essen von Erde an[9]. Noch im 19. Jahrhundert strichen am Kyffhäuser

---

[1] EHRENBERG, G. CHR.: Mikrogeologie, S. 307—308.

[2] FINSCH, O.: Samoa-Fahrten, S. 295, 347. Leipzig 1888. — D'ALBERTIS, L. M.: New Guinea, 2. Aufl., S. 393. London 1881.

[3] STELLER, G. W.: Beschreibung von Kamtschatka, S. 73, 324. Frankfurt u. Leipzig 1774. — EHRENBERG, G. CHR.: a. a. O., S. 85—88.

[4] BRUGSCH, H.: Im Lande der Sonne. Wanderungen durch Persien, S. 228. Berlin 1886. — BUSCHAN, G.: Janus (Leyde) **34**, 341 (1930).

[5] BUSCHAN, G.: Ebenda, S. 341. Vgl. für die Shan-Staaten: SCHERMAN, L.: Im Stromgebiet des Irrawaddy, S. 55. München (1922).

[6] BUSCHAN, G.: Ebenda, S. 342.

[7] GROSS: Geophagie. Med. Welt **1**, Nr. 42 (1927).

[8] MOREL-FATIO, A.: Comer Barro, S. 41. Berlin 1912.

[9] HALDE, J. B. DU: Description géographique . . . de l'empire de la Chine. A la Haye 1736.

und in der Gegenwart im Lüneburgischen Arbeiter in Sandsteinbrüchen fetten Ton, „Steinbutter" genannt, als Leckerbissen auf das Brot[1]. Diese Steinbutter im Lüneburgischen hat einen „leicht öligen käsig-süßlichen Geschmack" und besteht aus fettreichem Infusorienton[2].

Oft entspringt das Verlangen, Erde zu essen, Gelüsten, die als Folgen der Schwangerschaft aufzutreten pflegen. Malaiische Frauen nehmen während der Schwangerschaft gern Erde zu sich[3]. Für europäische Frauen ist innerhalb derselben Zeit das Gelüste nach Kreide bekannt. Auf Java gibt es eine Art Handwerk, das die Herstellung von Ampo — so nennt man dort die eßbare Erde — zur Aufgabe hat[4]. Über diese, auch Raucherde und Tanah Ambo genannte, eßbare Erde liegt ein eingehender Bericht des deutschen Arztes Dr. O. Mohnicke aus dem Jahr 1844 vor: „Die beifolgende Erde befindet sich an mehreren Stellen des bis zu einer Höhe von 4000 Fuß aufsteigenden sehr höhlenreichen sekundären Kalkgebirges, welches in der Mitte von Java von N. nach S. und weiter unten nach SO. streichend, die Grenze zwischen dem Reiche Djocjokerto und der Provinz Baglew bildet. Dieser Gebirgsläufer hängt im Norden, recht eigentlich im Herzen der Insel, mit dem südlichsten der Gebirgszüge sekundärer Kalkformationen zusammen, welche die Insel in mehrfachen Zügen von Westen nach Osten durchstreichen, und die Basis der isolierten, bis zu einer Höhe von 11000 Fuß sich erhebenden Trachitvulkane miteinander verbinden. Am Fuße des erwähnten Bergzuges nun, ungefähr in einer Höhe von 400—600 Fuß über dem Niveau des Meeres, sowohl an der nach Djocjokerto als an der nach Baglew gelegenen Seite findet sich die genannte Erde an verschiedenen Stellen, von nicht sehr beträchtlicher Ausbreitung und in horizontaler Schichtung von sehr verschiedener Mächtigkeit dem sekundären Kalke aufgelagert, allein mit einer Schicht Humus bedeckt. Diese Erde, deren eine Fundgrube ich von Pourworedjo, dem Hauptplatz der Provinz Baglew, selbst besucht habe, ist in ihren Verhältnissen sehr fest, klebrig und knetbar. Unmittelbar nach dem Ausgraben wird die gewonnene Erde zwischen zwei kleinen Brettern zu dünnen Platten ausgedehnt, welche wiederum zwischen den Handflächen ineinandergerollt werden, bis sie die Form von Zimtrohr erreichen. Ein leichtes Rösten über Kohlenfeuer trocknet diese Röhrchen schnell aus und macht sie dem javanischen Gaumen mundrecht. Auf allen Bazars im ganzen Innern von Java sieht man Verkäufer dieser eßbaren Erde, welche nicht allein von schwangeren mit Pica behafteten Frauen, sondern von Personen jeden Alters und Geschlechts gern gegessen wird. Daß diesem Gebrauch eine medizinische Erfahrung oder ein Vorurteil dieser Art zugrunde läge, habe ich nicht erfahren können; mir scheint es, als ob das Ampo rein als Leckerei, javanisch Queque, genossen wird. In diesem Sinne waren auch Erklärungen, welche vornehme Javanesen mir über diesen Gebrauch gaben[5]." In Indonesien scheinen beim Erdeessen auch Vorstellungen lebendig zu sein, nach denen der Genuß bestimmter Erden dem Gesundheitszustand der Schwangeren und der Entwicklung des Kindes heilsam sei[6]. Fälle des Genusses von Erde durch

---

[1] Lasch, R.: Mitt. Anthropol. Ges. Wien **28**, N. F. **18**, 214 (1898).

[2] Erdeesser in Niedersachsen. Braunschweiger G.-N.-C.-Monatsschr. **1926**, 322/23.

[3] Maass, A.: Durch Central-Sumatra, S. 2, 282. Berlin 1912. — Bouchal, L.: Noch einige Belegstellen für die Geophagie in Indonesien und Melanesien. Mitt. Anthropol. Ges. Wien **30**, N. F. **20**, 180/81 (1900). — Buschan, G.: Janus (Leyde) **34**, 343 (1930).

[4] Ehrenberg, G. Chr.: Mikrogeologie, S. 178/79. Figürchen aus eßbarem Ton, Darstellungen einer Braut in sitzender Stellung, belegt für Java: Juynboll, H. H.: Java **1**, 178. Leiden 1914 (Katalog des Ethnographischen Reichsmuseums **9**).

[5] Zitiert bei G. Chr. Ehrenberg: Mikrogeologie, S. 178.

[6] Buschan, G.: Janus (Leyde) **34**, 343 (1930).

Schwangere sind auch für Indien und Persien[1], für die Andamanesen und in Afrika für Kamerun und für die Wakissu im Osten belegt[2]. Das Essen von Erde soll schließlich auch die Wehen befördern. Kaukasische Juden geben einer Gebärenden, wenn sich die Geburt verzögert, Erde vom Grabe eines Menschen, der innerhalb der letzten 40 Tage starb. Die Erde wird in Wasser getan, das man der Frau zum Trinken gibt[3]. In Guatemala genossen Frauen als ein die Wehen förderndes Mittel große Stücke Lehm oder Mörtel[4].

In Indonesien essen also Frauen im Zustand der Schwangerschaft aus Gesundheitsgründen Erde. Bei Krankheiten wird anderenorts geradezu der Genuß bestimmter Erden als Heilmittel verordnet. Ärzte der Antike, wie HIPPOKRATES, DIOSKURIDES, GALENUS gaben als Mittel gegen Frauenkrankheiten bestimmte Erden zu essen[5]. STRABO und PLINIUS rühmen Erde als Medikament gegen Darmleiden. In der Gegenwart wird weißer Ton, bonus alba, gegen Ruhr verordnet. Bei den Naturvölkern sind es in erster Linie Völker, die sich von Fischen nähren, so beispielsweise Küstenstämme Neuguineas, die als Stopfmittel Erdsorten zu sich nehmen[6]. In diesem Zusammenhang sei auch die „Erdsahne" der Tungusen in der Gegend von Ochotsk erwähnt[7]. Roh, aber auch über dem Feuer geröstet wird sie von Tungusen und Russen genossen, oft mit Renntiermilch vermischt. Sie stopft namentlich die durch Fischessen hervorgerufenen Durchfälle. In China müssen Opiumraucher, wohl um mit dem Genuß von Opium verbundene Darmkrankheiten zu heilen, Erde essen. Ja, in Abessinien soll eine bestimmte Erde gegen Syphilis und in Java gegen Beri-Beri helfen[8]. In Tibet fand A. TAFEL in der Nähe des Da-ho-ba-Flusses zwischen Kalkklippen eine Terra rossa, die als beste Arznei angepriesen wurde[9].

Schließlich entspringt die Geophagie noch dem Zauberglauben, der bei Naturvölkern das Denken und damit auch das Tun weit mehr und vor allem auch lebendiger beherrscht als bei Kulturvölkern. TSCHUDI, der das Essen einer weißen leichten Tonerde bei Indianern und Europäern im Hochland Boliviens weit verbreitet fand, berichtet von einer Frau in Bolivien, die täglich, und zwar seit Jahren, eine aus Ton hergestellte Monstranz oder Heiligenfigur aß[10]. Nach SAHAGUN nahmen die alten Mexikaner im Tempel zu Tezcatlipoca beim Gottesdienst ehrfurchts- und andachtsvoll ein Stück Erde zu sich[11]. Die Kampfersucher Malakkas dürfen bei ihren Fahrten in den Urwald nur Erde genießen. Andere Speise ist ihnen verboten[12]. Fellachinnen essen Nilschlamm, um dessen Fruchtbarkeit auf sich zu übertragen[13]. In Bethlehem verschlucken christliche und mohammedanische Weiber Staub, den sie von einem bestimmten Kalksteinfelsen abschaben, um große Milchabsonderung zu erhalten. Nach altem Glauben soll aus der Brust der Jungfrau Maria etwas Milch auf den Felsen getropft sein, als die heilige Familie sich dort verbergen mußte. Dadurch

---

[1] GROSS: Med. Welt 1, Nr. 42 (1927). Über Geophagie in Indien HOOPER, D. and MANN, H. H.: Earth-eating and the earth-eating habit in India. Memoirs of the Asiatic Soc. of Bengal 1, Nr. 12, 249/70.

[2] PLOSS, H.: Das Weib in der Natur- und Völkerkunde 2, 472. Leipzig 1899.

[3] HOVORKA, O. VON u. A. KRONFELD: Vergleichende Volksmedizin 2, 578—579. Stuttgart 1909.

[4] Ebenda. [5] BUSCHAN, G.: Janus (Leyde) 34, 344 (1930).

[6] MEIGEN, W.: „Eßbare Erde" von Deutsch-Neu-Guinea. Briefe Mschr. dtsch. geol. Ges. 1905, Nr. 12, 558.

[7] EHRENBERG, G. CHR.: a. a. O., S. 85—88.

[8] GROSS: Med. Welt 1, Nr. 42 (1927).

[9] TAFEL, A.: Meine Tibetreise. 2. Aufl. S. 199. Stuttgart 1923.

[10] TSCHUDI, J. VON: Reisen durch Südamerika 5, 222—223. Leipzig 1869.

[11] KINGSBORROUGH, Lord: Antiquities of Mexico, S. 198. London 1831—48.

[12] BUSCHAN, G.: Janus (Leyde) 34, 345 (1930). [13] Ebenda.

erhielt der Fels milchfördernde Kraft[1]. Auf Timor spielt das Essen von Erde bei der Eidesleistung, also bei einem durch Zauberglauben bedingten Gottesurteil, eine Rolle. Man muß bei Leistung eines Eides zuerst Reis ausstreuen und darauf unter Anrufung der Herrin der Erde etwas Erde essen[2].

Aus allen diesen Materialien ist ersichtlich, daß die Geophagie auf einer Reihe verschiedener Ursachen beruht. Hervorgehoben sei noch, daß das Erdeessen auch zu einer krankhaften Neigung auswachsen kann. In dieser pathologischen Form scheint sie bei den Kindern der Naturvölker häufig vorzukommen[3]. Ferner sei auf die bei den Negersklaven Westindiens, besonders auf Trinidad und in Surinam im 18. Jahrhundert beobachtete Krankheit verwiesen, die unter dem Namen „afrikanische Auszehrung" bekannt geworden ist[4]. Sie begann mit seelischer Niedergeschlagenheit und Heimweh und führte über geradezu unnatürliche Eßlust in Gestalt des Verschlingens von Holz, Kalk und Lehm sowie über Wassersucht und ähnliche Erscheinungen vorwiegend zum Tode.

Von Bedeutung ist die Beantwortung der Frage, ob der Mensch auf Grund von Erfahrungen, so denen, daß bestimmten Erden ein Nährwert oder eine Heilkraft zukomme, zum Erdeessen gelangt ist. Untersuchungen solcher Erden haben ergeben, daß es sich meist um Diatomeenerde (Kieselgur) oder um Tonerde handelt. Eine bei Rathenow genommene Probe solcher einst gegessenen Erde ergab bei der chemischen Analyse 60 % Kieselsäure, 17 % Tonerde und geringe Mengen von Eisen, Kalk und Magnesia[5]. Eine eßbare Tonerde aus Neuguinea von ockergelber Farbe bestand aus Laterit und Kaolin. Die genauere Untersuchung stellte das Vorhandensein von Kalk und Magnesia in geringen Mengen und von Kieselsäure und Eisenoxyd von je 35 % fest[6]. Das Ergebnis einer von LOWITZ untersuchten Probe der Erdsahne der Tungusen aus der Gegend von Ochotsk teilt EHRENBERG[7], der eine Reihe eßbarer Erden analysiert hat, mit. Sie enthielt 58 % Kieselerde, 25 % Tonerde, 7 % Kalk, 8 % verbrennliche Substanz und 2 % Wasser. Auf glühende Kohlen gestreut, gab sie einen brenzlichen Geruch, wobei weiße, sandartige Teile zu Boden fielen. In China genossene Erden kennzeichnete EHRENBERG als „gemischte oder reine tripelartige Süßwässer-Biolithe, d. h. solche Erd- oder Steinarten, deren Elemente aus Überresten des mikroskopischen Lebens vorherrschend bestehen"[8]. Die von ALEXANDER VON HUMBOLDT nach Paris gebrachte Probe der Poja der Otomaken erwies sich als ein Gemisch von Kiesel- und Tonerde sowie von etwa 3—4 % Kalk und mit einem geringen Zusatz von Eisenoxyd[9]. Die chemische Untersuchung einiger Erden hat auch einen verhältnismäßig großen Anteil von Salzen ergeben, so an solchen des Natriums, Kaliums, Kalziums, Eisens und zwar u. a. auch von Phosphaten. Gerade diese Stoffe können eine willkommene Ergänzung der Stoffzufuhr des Körpers bilden. In diesem Zusammenhang gewinnt das Erdeessen schwangerer Frauen und der Kinder die Möglichkeit einer gewissen Erfahrungsgrundlage. Eine auf Borneo von den Dajakstämmen am Kuteïflusse genossene Erde wird als eine Art Kohlen-

[1] GROSS: Med. Welt 1, Nr. 42 (1927).

[2] RIEDEL, J. G. F.: Die Landschaft Dawan oder West-Timor. Dtsch. Geogr. Bl. 10, 280.

[3] ZELIZKO, I. v.: Geophagie. Mitt. Anthrop. Ges. Wien. 30, N.F. 20, Sitzgsber. S. 205 (1900), gibt auf Grund der Beobachtungen des böhmischen Naturaliensammlers Vraz aus dem Jahr 1892 für das Orinokogebiet an, daß dort Kinder mit größter Leidenschaft Erde aßen. Um es zu verhindern, waren den Kindern Maulkörbe angelegt und die Hände gebunden. (?)

[4] FERMIN, PH.: Reise durch Surinam 1, 154. Potsdam 1852. — LEDRU, P. A.: Reise nach den Inseln Teneriffe, Trinidad, St. Thomas S. 153. Weimar 1812.

[5] DAHMS: Über Bergmehl und Diatomeen führende Schichten in Westpreußen. Naturwiss. Wschr. 12, 385 (1897).

[6] MEIGEN, W.: Briefe Mschr. dtsch. geol. Ges. 1905, Nr. 12, 560.

[7] EHRENBERG, G. CHR.: Mikrogeologie, S. 85—88.

[8] Ebenda, S. 144—145. [9] Ebenda, S. 343—345.

schiefer gekennzeichnet. Eine Probe, die man untersuchte — sie stammte aus der Gegend von Bandjermasin — enthielt 15 % Steinkohlenharz. Sonst bestand sie aus stark schwefelkieshaltigem Ton. Der Genuß dieser Erde soll gesundheitsschädlich gewirkt haben, was angesichts der Zusammensetzung wohl nicht verwunderlich ist[1]. Auf Grund dieser Unterlagen kann man wohl sagen, daß die meisten der gegessenen Erden einen eigentlichen Nährwert nicht besitzen. Daher wird wohl die Tatsache, daß der Magen durch die Erde in Anspruch genommen wird, als wichtig dafür anzusehen sein, daß man einige dieser Erden aß. Dazu kommt, daß einige in der Tat wohlschmeckend sind, weshalb man sie als Leckerei gern zu sich nimmt, daß andere wegen ihres Salzgehaltes, möglicherweise auch als Ersatz mangelnden Salzes oder als Folge geringen Mineralsalzgehaltes der Nahrung genossen werden und daß sie als sog. Bergmehl das Brotmehl zu strecken vermögen und es möglicherweise auch backfähiger machen. Ferner ist zu beachten, daß — worauf schon ALEXANDER VON HUMBOLDT hinwies — sich das Erdeessen gelegentlich zu einer Krankheit auswächst. Vor allem aber kann einem Teil dieser Erden ein heilsamer Einfluß bei Darmkatarrhen nicht abgesprochen werden. In neuester Zeit setzt in Europa eine Bewegung ein, die die Verwendung von „Heilerden" stärker propagiert. Die Bedeutung und Wirkung solcher therapeutischen Erden ist daraufhin neuerdings untersucht worden[2]. Dabei handelt es sich nicht nur um das Einnehmen heilkräftiger Erde, wodurch vielleicht auf Grund kolloidchemischer Vorgänge schädliche Stoffe aus Magen und Darm beseitigt werden, sondern auch um Packungen mit Lößerden, wie sie z. B. als Limanschlamm aus der Krim, als Fango von Bataglia aus Oberitalien, aber auch aus Lappland und Japan bekannt sind. Derartig angewandt, scheinen mit solchen Erden Heilerfolge erzielt zu werden.

Schließlich sei erwähnt, daß man die in Westafrika bekannte Wurmkrankheit auf die Geophagie, die gerade dort sehr in Blüte ist, hat zurückführen wollen, und zwar mit dem Hinweis darauf, daß solche Wurmkranke gern und viel Erde essen. Nach den Feststellungen von KÜLZ[3] kann das nicht stimmen. In Westafrika glüht man die Erde vor dem Genuß zumeist aus, wodurch Larven und Würmer zweifellos abgetötet werden. Wohl aber ist es möglich, daß man den Wurmkranken Erde als Heilmittel verordnet. Denn mit der Wurmkrankheit ist Erkrankung des Darms verbunden, die durch Verwendung von Erde bekämpft wird. Vielleicht wirkt diese Erde infolge eines Eisengehalts auch gegen die durch Wurmkrankheit hervorgerufene Blutarmut.

Der Boden in der Technik.

Angesichts der Tatsache, daß von den Bestandteilen, die die Erdoberfläche ausmachen, Lehm und Ton für eine technische Ausnutzung durch den Menschengeist gut geeignet sind und daß man schon in Frühzeiten der menschlichen Kultur die Beobachtung der Plastizität von Lehm und Ton und darüber hinaus die Erfahrung am Herdfeuer sammeln konnte, daß nasser Lehm oder Ton im Feuer hart brennen und daß mit nassem Lehm oder Ton verstrichene, gedichtete Geflechtgefäße hart brannten, liegt die Annahme nahe, daß die Ausnutzung von Lehm und Ton, darunter auch das Brennen beider, Allgemeingut der Menschheit sei. Dies ist aber, wie ein Blick auf den völkerkundlichen Befund zeigt, keineswegs der Fall. Der Australier kennt, abgesehen von der Gewinnung einiger Erdfarben,

[1] Z. Ethnol. 3, 273 (1871).

[2] WETZEL, W.: Steinbruch und Sandgrube 29, 177—170 (1930); dort auch weitere Literatur zu dieser Frage.

[3] KÜLZ, L. u. ZELLE: Bl. biol. Med. 1926, Nr. 7.

die Verarbeitung von Lehm und Ton nicht, trotzdem beide Stoffe dem australischen Eingeborenen in weiten Bereichen, namentlich im Osten, zur Verfügung

Abb. 7. Balkenkonstruktion im Innern einer Lehmburg, Gurunsi, Nordaschantis, Westafrika. (Aus L. FROBENIUS: Das unbekannte Afrika. München 1923.)

stehen. Sie tritt auch in Melanesien, Polynesien und Mikronesien stark zurück. Nur an einigen Stellen der melanesischen Inselwelt ist die technische Bearbeitung

Abb. 8. Lehmbauten der Musgu, Nordkamerun. (Aus BUSCHAN: Sitten der Völker III.)

von Lehm und Ton bedeutungsvoll für den Kulturbesitz geworden. Sie spielt aber in Afrika, abgesehen vom äquatorialen Urwaldgebiet, und bei den Indianern Amerikas eine Rolle. Bedeutungslos ist die Ausnutzung von Lehm und Ton durch die menschliche Technik in den arktischen Gebieten, so bei den Eskimos von der grönländischen Südostküste westwärts bis zur Beringsstraße, bis zu den auf asiatischem Boden am Kap Tschukotskoi sitzenden Eskimos und ebenso bei allen sibirischen Stämmen, in deren Lebensräumen die größte Zeit des Jahres der Boden gefroren oder mit Schnee und Eis bedeckt ist.

Lehm wird, vermischt mit Gras, zerschnittenem Stroh, Kuhdünger oder anderem Material, in Afrika zum Dichten geflochtener Wände und zum Aufbau der Wand überhaupt benutzt (Abb. 10 u. 11). Im westlichen Sudan werden z. B. ganze Häuser, versteift durch ein Gerüst aus Holz, mit Hilfe von Lehm aufgebaut (Abb. 7). Kennzeichnend für weite Teile des Sudans, und zwar von Osten bis zum Westen, und vom Sudan aus unter Vermeidung des äquatorialen Urwaldgebietes im Osten südwärts ist das zylindrische Kegeldachhaus[1]. Es besteht aus einer runden Wand aus Lehm oder aus lehmverstrichenem Flechtwerk und wird bedeckt mit einem kegelförmigen Stangengerüst, das, vollkommen fertig, auf die runde Lehmwand gestellt und dann mit Gras überdeckt wird. Um die den Einflüssen starker Regen ausgesetzte Lehmwand zu schützen, wird in niederschlagsreichen Gebieten, so z. B. im Süden des Schariflußbettes oder bei den Wangoni im südlichen Deutschostafrika, das Kegeldach fast bis zum Erdboden herabgezogen. In Nordtogo werden in der Landschaft Tamberma große Festungsbauten aus Lehm errichtet. Aus Lehm aufgebaute Zylinder werden zu einer dichten, geschlossenen Anlage aneinandergesetzt, wobei die Plattformen einzelner dieser großen, mehr als manneshohen Lehmzylinder mit einem aus Blättern aufgebauten Kegeldach überdeckt sind[2]. Kunstvolle Lehmbauten errichten auch die Musgu im nördlichen Kamerun (Abb. 8). Im Nigergebiet treten stattliche Lehmhäuser in Rechteckform und mit flachem Dach auf (Abb. 9). Die großen Handelsplätze dieses Gebietes — genannt sei nur Timbuktu — sind klassische

Abb. 9. Lehmbauten mit Flachdächern im Nigergebiet, Westafrika. (Aus L. FROBENIUS: Das unbekannte Afrika. München 1923.)

---

[1] SCHACHTZABEL, A.: Die Siedlungsverhältnisse der Bantuneger. Internat. Arch. Ethnographie, Suppl.-Bd. 20. Leiden 1912.

[2] FROBENIUS, LEO: Unter den unsträflichen Äthiopen, S. 297ff, 320. Berlin 1913.

Beispiele dieser Flachdachlehmbauten, die in ihrer Architektur unverkennbar an mittelmeerisch-orientalische Vorbilder erinnern[1].

Lehmhäuser gibt es auch in Anatolien sowie in Persien und in den zentralen und nordwestlichen Provinzen Indiens. Der Lehm spielt ferner im Hausbau der Indianer Mittelamerikas und des südlichen Nordamerika, namentlich bei den Puebloindianern[2], eine besondere Rolle. In diesen durch Trockenheit und Hitze ausgezeichneten Bereichen gelangte man sogar zur Erfindung luftgetrockneter Ziegel, während man bei Naturvölkern den Weg zu gebrannten Ziegeln, trotz des ihnen bekannten Brennverfahrens bei der Töpferei, nicht gefunden hat. Diese aus Luft getrockneten Ziegel sind im Anschluß an die spanische Bezeichnung unter dem Namen Adobes bekannt. Dieses Wort ist abzuleiten vom ägyptischen Tob, das auch im Arabischen belegt ist. Die alten Ägypter und die Völker Vorderasiens kannten nämlich ebenfalls die an der Luft getrockneten Lehmziegel. Als

Abb. 10. Rechteckhütten mit Lehmbewurf, Keaka-Land, Westkamerun. (Aus Weule: Leitfaden der Völkerkunde Leipzig 1912.)

Adobe wurde das Wort aus dem Arabischen in das Spanische übernommen und dann auf die an der Luft getrockneten Ziegel der Indianer übertragen[3].

Alle Lehmbauten bedürfen ständiger Reparatur, eine Arbeit, die bei den Naturvölkern vorwiegend in den Händen der Frau liegt. Sie überstreicht ab und zu den Boden des Hauses mit Lehm und auch die Wände innen und außen mit Lehm und an manchen Orten auch mit weißer Erdfarbe.

Solche Lehmbauten sind nicht nur abhängig von den Bodenverhältnissen, sondern auch von denen des Klimas. Man findet sie daher im afrikanischen Kontinent besonders im Sudan, in Asien im Südwesten, in der Neuen Welt in erster Linie in Mittelamerika und im Süden Nordamerikas. Abhängig ist schließlich dieser feste, aus Lehm errichtete Hausbau von der Wirtschaftsweise. Und zwar erfordert er Seßhaftigkeit, die mit dem Anbau von Pflanzen verbunden zu

[1] Frobenius, Leo: Und Afrika sprach, 3 Bde. Berlin 1912—1914. — Das unbekannte Afrika. München 1923.

[2] Eickhoff, H.: Die Kultur der Pueblos in Arizona und New Mexiko. Stuttgart 1908.

[3] Hodge, F. W.: Handbook of american indians north of Mexico 1, 14—15. Washington 1907.

sein pflegt. Um die Lehmwand oder den Lehmanstrich gebundener und widerstandsfähiger zu machen, vermischt man allenthalben, wo man Lehmhäuser baut, den Baustoff mit pflanzlichen Bestandteilen, wie zerschnittenem Gras oder Stroh. Dasselbe Ziel erreichen afrikanische Völker durch Beimengen von Kuhdünger.

Lehm und Ton spielen überdies in der Plastik einiger Negerstämme Afrikas eine Rolle. Die Betschuanen Südafrikas verstehen aus Lehm halbkugelige und auch urnenförmige Tonbehälter, die mehrere Meter hoch sind, aufzubauen. Sie bewahren darin den Ertrag ihres Hackbaues, Hirsekörner, auf und schützen ihn auf diese Weise vor Vernichtung durch Nässe und Ungeziefer[1]. Westafrikanische Fetische werden nicht allein aus Holz, sondern gelegentlich auch aus Lehm und Ton aufgebaut[2]. Vor allem pflegen die Kinder bei Naturvölkern mit aus nassem Lehm oder Ton geformten Menschen- und Tierfiguren zu spielen. Selbst hierbei zeigt sich der tiefgehende Einfluß der Wirtschaftsformen. So spielen die Kinder afrikanischer Viehzüchter gern mit aus Lehm modellierten Rinderfigürchen[3] (Abb. 12).

Abb. 11. Inneres eines Lehmhauses in Bida, Nupereich, Westafrika. (Aus L. FROBENIUS: Das unbekannte Afrika. München 1923.)

Die wichtigste Ausnutzung von Lehm und Ton liegt aber bei Naturvölkern in der Töpferei. So nahe auch die Erfindung liegen mag, nassen Lehm und Ton durch Brand zu härten, weil Zufälle am Herdfeuer oft auf diese Möglichkeit hingewiesen haben werden, so ist sie doch keineswegs universell gemacht worden. Dies ist um so merkwürdiger, als gerade Lehm und Ton an vielen Stellen der Erde anstehen. Die Töpferei[4] kommt in Afrika mit Ausnahme weniger Gebiete vom

[1] SCHULTZE, LEONHARD: Aus Namaland und Kalahari, Tafel 21. Jena 1907.

[2] LEVY-ERRELL, L.: Der Jewe-Geheimbund. Atlantis 1930, 310—312; dort auch gutes Bildmaterial.

[3] FRANCKE, ERICH: Die geistige Entwicklung der Negerkinder. Leipzig 1915. — SMITH u. DALE: The Ila-speaking peoples 2, 243. London 1920.

[4] Über die Verbreitung und die Techniken der Töpferei der Naturvölker gibt es für einige Gebiete zusammenfassende Untersuchungen: WISSLER, CLARK: The american indian,

Norden bis zum Süden vor, fehlt in Asien in erster Linie den arktischen Völkern, denen die Umweltsverhältnisse die Töpferei unmöglich machen, sowie einigen Inlandsstämmen Südostasiens und des Malaiischen Archipels. Im Stillen Ozean kommt sie sporadisch in Melanesien vor, so besonders an Stellen Neuguineas, auf Fidschi und in zwei Dörfern auf den Neuen Hebriden. In ganz Australien, Polynesien und Mikronesien ist jedoch die Töpferei vor Ankunft der Europäer unbekannt gewesen. In Amerika fehlt sie den Eskimos und den Indianern des kanadischen Nordens, wurde aber von den Huronen im Seengebiet geübt, sie blieb den Indianern in der Prärie unbekannt, erreichte jedoch bei den Pueblo-indianern eine hohe Blüte. Von da reicht die Verbreitung der Töpferei südwärts durch ganz Mittelamerika nach Südamerika, wo sie bei den Hochkulturen der Kordilleren eine Steigerung zu formen- und ausdrucksreicher Kunst erfuhr[1]. Von Peru, Ecuador, Bolivien und Columbien aus geht sie hinüber bis in den großen Bereich des brasilianischen Urwaldgebietes und des Gran Chaco.

Abb. 12. Kinder beim Spielen mit Rinderfigürchen aus Lehm, Baila, Nordrhodesien. (Aus SMITH und DALE: The Ila-speaking peoples II. London 1920.)

Notwendig ist der Hinweis, daß die Töpferei angesichts der Tatsache, daß geeigneter Lehm oder Ton nicht an jeder Stelle zu finden ist, sich gewöhnlich als Ortsgewerbe entwickelt hat, dessen Produkte weithin verhandelt werden, und daß bei Naturvölkern die Töpferei eine Arbeit ist, die vorwiegend von der Frau, nur selten vom Manne ausgeübt zu werden pflegt. Mit einem gewissen Recht hat man daraus geschlossen, daß die Frau die Grundlagen der Töpferei erfand[2], und zwar im Rahmen ihrer Tätigkeit als Hüterin des Feuers.

Von Bedeutung ist in diesem Zusammenhang die Technik des Töpferns der Naturvölker[3]. Zunächst werden Lehm oder Ton erweicht, geschlämmt und

2. Aufl., S. 66—75. New York 1922. — HOLMES, WILLIAM H.: Aboriginal pottery of the Eastern United States, Twentieth Annual report; Bureau of American Ethnology. Washington 1903. — HODGE, F. W.: Handbook of american indians north of Mexico **2**, 295—299. Washington 1910. — DANNENBERG, K.: Die Töpferei der Naturvölker Südamerikas. Arch. Anthrop., N. F. **20**, 157—184 (1926). — SCHURIG, MARGARETE: Die Südseetöpferei. Leipzig 1930.

[1] JOYCE, TH. A.: South American Archaeology. London 1912. — LEHMANN, W. u. H. DÖRING: Kunstgeschichte im alten Peru. Berlin 1924. — SCHMIDT, MAX: Kunst und Kultur von Peru. Berlin 1929.

[2] PLISCHKE, H.: Die Promiskuitätslehre als völkerkundliches Problem. Japan.-dtsche Z. Wiss. u. Techn. **2**, 463—476 (1925).

[3] Außer den schon genannten Zusammenfassungen über einzelne Erd- und Kulturgebiete die allgemeinen Ausführungen bei J. LIPPERT: Kulturgeschichte der Menschheit **1**, 329—338. Stuttgart 1886. — A. HEILBORN: Allgemeine Völkerkunde **2**, 45—51. Leipzig

durchgeknetet. Dann mischt man den Stoff mit Zuschlägen ähnlicher Art, je nachdem ob er zu mager oder zu fett ist, um ihm die zum Aufbau eines Gefäßes nötige Konsistenz zu geben. Um dem Ton einen festeren Zusammenhalt zu verleihen, fügt man oft Asche oder Sand hinzu. Die Herstellung eines Gefäßes kann bei Naturvölkern nach vier verschiedenen Methoden erfolgen, die wohl zugleich die für diesen Zweck vorhandenen Möglichkeiten erfassen: 1. Man stellt zunächst einen runden Tonfladen her, der als Boden des Gefäßes dient. Auf ihn baut man einzelne Tonlappen auf. Die Lücken zwischen den einzelnen Lappen werden durch Verstreichen gedichtet, das Gefäß selbst wird durch Drehen in der Hand in eine gleichmäßig runde Form gebracht. 2. Man treibt aus einem Ton- oder Lehmklumpen mit Hilfe beider Hände das Gefäß empor, und zwar indem man die beiden Daumen mitten in den Lehmkloß drückt und die anderen Finger gegen die Außenseite des Klumpens hält und diesen dreht (Abb. 13). Häufig werden auch an Stelle der Finger Holz- oder Kürbisschalenstückchen verwendet. Man erreicht auch das Formen des Topfes aus einem Tonklumpen mit Hilfe eines runden Steines und eines pritschenähnlichen Holzes. Nachdem mit Hilfe der Hände der Tonklumpen ausgehöhlt ist, wird durch Schlagen mit dem Holzschlägel auf die Außenseite des Tonklumpens die Topfwand hochgetrieben. Der Stein wird dabei mit der anderen Hand gegen die betreffende Stelle der Innenseite des Tonklumpens gehalten, die man von außen schlägt. Diese Treibtechnik wird besonders auf Neuguinea[1] geübt. 3. Man dreht den Ton zu Wülsten, die man in spiraliger Anordnung von der Mitte des

Abb. 13. Töpferei aus dem vollen Lehmkloß, Südostküste von Neuguinea. (Aus MALINOWSKI: Argonauts of the Western Pacific, London 1922.)

Abb. 14. Töpferei in Spiralwulsttechnik, Südostküste von Neuguinea. (Nach einer Aufnahme von F. HURLEY.)

1915. — K. WEULE: Chemische Technologie der Naturvölker, S. 72—73. Stuttgart 1922. — W. SCHMIDT u. W. KOPPERS: Gesellschaft und Wirtschaft der Völker, S. 654—57. Regensburg 1924.

[1] FINSCH, O.: Papua-Töpferei. Globus **84**, 329ff (1903). — BAESSLER, A.: Neue Südseebilder, S. 317. Berlin 1900. — NEUHAUSS, R.: Deutsch-Neu-Guinea **1**, 322—323. Berlin 1911.

Bodens aus zum Gefäß aufbaut (Abb. 14). Dieses so gewonnene Gefäß dreht man mit der einen Hand, während die andere einen Holzsplitter oder ein Stück einer Kürbisschale gegen die innere und dann gegen die äußere Wand drückt, die beide dadurch geglättet werden. Dasselbe erreicht man durch Streichen mit einem Holzschlägel (Abb. 15). 4. Man stellt dicke Ringe aus Lehm oder Ton her, die man der Größe nach übereinanderlagert. Nach oben zu verjüngen sich diese Ringe, bis dann der kleinste den Boden des Topfes abgibt. Dieses so aufgebaute Gefäß wird dann mit der einen Hand gedreht, während die andere Hand die Innen- und Außenwand glättet (Abb. 16).

Bei Naturvölkern werden die Gefäße im offenen Holzfeuer gebrannt. Eisenhaltige Tone erhalten in der Brennhitze eine rote Farbe, indem der Eisengehalt in Eisenoxyd übergeht. Nach dem Brand werden die Gefäße stellenweise mit Erdfarbe bemalt. Die Glasur, d. h. eine besondere Dichtung des Tongefäßes, ist eine Erfindung der Hochkultur. Nur auf den Fidschiinseln verstand man glasierte Tongefäße herzustellen, und zwar mit Hilfe von Pflanzenharzen. Eine besondere Kaste befaßte sich mit dieser Kunst. Jedoch handelt es sich nicht um eine richtige Glasur, sondern um ein Bestreichen des noch heißen Gefäßes mit dem Harz der Kaurifichte. Dieses Verfahren kannte man außer auf Fidschi auch auf Neukaledonien[1]. Sonst bleibt bei Naturvölkern das Dichten des Tongefäßes dem Gebrauch überlassen. Speisereste setzen sich in die feinen Poren und beseitigen auf diese Weise die Durchlässigkeit. Gelegentlich ist aber bei Naturvölkern sogar dieser Vorgang beobachtet worden und dann zu einem besonderen Dichtungsverfahren ausgestaltet. So gießt man in Laukanu auf Neuguinea in den vom Brennen noch rotglühenden Topf Wasser, dem ein wenig Sago beigegeben ist. Dieser dünne Sagokleister wird im Topf hin und her geschwenkt, so daß er das ganze Innere berührt und alle Poren verstopft[2]. Die Naturvölker stellen mit Hilfe des Brennens von Ton nicht nur Töpfe, sondern, worauf ausdrücklich hingewiesen sei, auch Tabakspfeifen, Spinnwirtel, Perlen, Gußformen, Stempel zur Bemusterung mit Erdfarben, Ohrpflöcke und andere Dinge mehr her.

Abb. 15. Glätten des Topfes mit Hilfe eines Holzschlägels, Louisiade-Archipel, Südostspitze von Neuguinea. (Aus MALINOWSKI: Argonauts of the Western Pacific. London 1922.)

Die Töpferscheibe fehlt den Naturvölkern. Sie besitzen nur Ansätze dazu. Denn zumeist dreht man den Topf beim Formen in der freien Hand, zuweilen aber setzt man ihn auf eine Tonscheibe oder Kürbisschale, die man dann dreht. Diese Methode befolgen z. B. die Wolof in Afrika, Indianerstämme Brasiliens und einzelne Stämme Melanesiens, während die Maja in Yucatan für diesen Zweck

[1] CUMMING, C. F. G.: Fijian pottery. Art yournal, S. 362ff. London 1881. — GLAUMONT, M.: De l'art du potier de terre chez les Néo-Calédoniens. L'Anthrop. 6, 40 (1895).

[2] NEUHAUSS, R.: Deutsch-Neu-Guinea 1, 322. Berlin 1911.

schon eine Platte benutzten. Die Töpferscheibe selbst ist erst seit der Mitte des vierten vorchristlichen Jahrtausends im Orient nachweisbar, und zwar am frühesten für Ägypten, seit dem dritten Jahrtausend für Troja, seit dem zweiten Jahrtausend für Griechenland und seit dem ersten Jahrtausend v. Chr. für Italien[1].

Die Erfindung der Töpferei, die wohl den Erfahrungen der Frau als Hüterin des Feuers zu verdanken ist, stellt eine Kulturerrungenschaft dar, die weitgehenden Einfluß auf das Leben des Menschen und seine kulturgeschichtliche Entwicklung hatte. Mit Hilfe des feuerfesten Tontopfes wurde das Kochen von Speisen erleichtert, deren Verdaulichkeit erhöht und obendrein eine größere Mannigfaltigkeit der Zubereitung der Kost ermöglicht. Die Feuer- oder Herdstelle gewann an Bedeutung, die um so größer wurde, als die Erfindung der Töpferei im engsten Zusammenhang mit dem Seßhaftwerden des Menschen steht, das durch Anbau von Pflanzen die Entwicklungsmöglichkeiten zu festem Hausbau, zu dörflicher Siedlung auf Grund größerer Bevölkerungsdichte und zu differenziertem Kulturbesitz in sich trug.

Abb. 16. Töpferei mit Hilfe von übereinandergelegten Lehmringen, Baila, Nordrhodesien. (Aus SMITH and DALE: The Ila-speaking peoples I. London 1920.)

Außer diesen Töpfereimethoden gibt es bei den Naturvölkern noch das Verfahren, geflochtene Gefäße zu dichten sowie Flaschenkürbisse oder Kokosnüsse durch einen Lehmüberzug feuerfest zu machen[2]. Man verwendet dazu Harz, oft aber auch, wie es KARL V. D. STEINEN für die Indianerstämme am Xingu Brasiliens belegte[3], nassen Lehm. Möglicherweise liegt in solchen mit nassem Lehm gedichteten Korbgeflechten, Kürbissen oder Kokosnüssen, die man über das Feuer zu stellen vermochte, eine Erfahrung, die zur Töpferei führte. Diese Theorie wurde bereits im 18. Jahrhundert von dem französischen Kulturhistoriker GOGUET aufgestellt[4]. Sie wird durch völkerkundliche Befunde gestützt. Ein Verfahren, das gerade hierfür lehrreich ist, schildert GLAUMONT für die nördlichen Teile der Insel Neukaledonien. Dort wird gut durchgekneteter, weicher Ton um eine Kokosnuß oder einen Kürbis gelegt. Man läßt dabei oben eine kleine Öffnung. Nach dem Trocknen wird das Ganze gebrannt, wobei das Modell vernichtet wird und ein Gefäß aus gebranntem Ton entsteht[5].

---

[1] SCHMIDT, W. u. W. KOPPERS: Gesellschaft und Wirtschaft der Völker, S. 654—657. Regensburg 1924.

[2] Über solche Ersatztöpfereien in Ozeanien vergleiche Material bei M. SCHURIG: Südseetöpferei, S. 97—100. Leipzig 1930.

[3] STEINEN, K. v. d.: Unter den Naturvölkern Zentral-Brasiliens. S. 208 (2. Aufl.). Berlin 1897.

[4] GOGUET, A. I.: De l'origine des lois, des arts et sciences et de leurs progrès chez les anciens peuples. Paris 1758.

[5] GLAUMONT, M.: De l'art du potier de terre chez les Néo-Calédoniens. L'Anthrop. 6, 42—44 (1895). — In diesem Zusammenhang sei auch auf ein noch einfacheres Verfahren verwiesen,

Die vom Menschen aus Knochen, Stein, Holz und pflanzlichen Stoffen hergestellten Waffen und Werkzeuge, überhaupt kulturelle Besitztümer werden mit Farben bemalt oder gemustert. Die Naturvölker besitzen Erd- und Pflanzenfarben. Farben pflanzlichen Ursprungs, wie etwa solche aus den Rinden gewisser Bäume oder dem Saft bestimmter Pflanzen oder Früchte, stehen nur in wenigen Gebieten, bei den Stämmen Sibiriens und den Bewohnern der polynesischen Inselwelt, im Vordergrund. Die Naturvölker sind sonst zumeist auf Erdfarben angewiesen, was schon die Unterbreitung der Materialien zur Körperbemalung zeigte. Hervorgehoben sei die rote Erdfarbe, womit Waffen und Geräte der Australier überzogen zu sein pflegen. Rote Erdfarbe spielt auch bei den Andamanesen eine große Rolle. Der Kulturbesitz des Melanesiers zeichnet sich durch Bemalung und Ornamente in weißer und roter Farbe aus. Dabei ist Rot eine Erdfarbe, Weiß ein Produkt aus verbrannten Korallenstücken. Besonders in die Augen fallend ist die weiße und die rote Erdfarbe in der Kunst Neu-Mecklenburgs[1]. Bei den Masai Ostafrikas gibt es Schilde aus Leder, die mit weißer, schwarzer und roter Erdfarbe bemalt sind. Die in diesen Farben ausgeführten Muster, Striche, Zacken, Kreisausschnitte und Bogen, lassen zugleich Zugehörigkeit zu bestimmter Altersklasse und einzelnen Heeresabteilungen, ferner aber Auszeichnung durch Tapferkeit, seltener Geschlechterzeichen erkennen[2]. Erzeugnisse der Töpferkunst werden besonders gern mit Graphit schwarz gefärbt. Die Töpferei im ostafrikanischen Zwischenseengebiet hat diese Graphitfärbung zu besonderer Entfaltung gebracht.

Ferner ist bei Naturvölkern das Verfahren weit verbreitet, Gegenstände, namentlich solche aus Holz, schwarz zu färben, indem man sie in moorartige Erde steckt oder versenkt. So berichtet RIBBE für Neu-Lauenburg von einer derartig erzeugten, silberschwarzen Farbe[3]. SCHWEINFURTH beobachtete bei den Bongo im oberen Nilgebiet, daß sie Faserstoffe durch Lagern im Humus von Sumpferde schwärzten[4]. Bei den Mangbettu im Uellegebiet sah er, wie man hölzernes Schnitzwerk, so besonders Schemel, in den schwarzen Humusboden der Bäche eingrub, wodurch nach einer längeren Zeit solcher Einbettung das hölzerne Schnitzwerk einen schönen satten schwarzen Farbton erhielt[5].

Erdfarben finden auch in der Kunst der Naturvölker Verwendung. Die berühmten Felszeichnungen der Buschmänner Südwestafrikas, die in bestaunenswerter Treue Bilder von Jagdtieren, aber auch szenische Darstellungen aus dem Leben dieses Jäger- und Sammlervolkes wiedergeben[6] (Abb. 17), sind ebenso wie die

---

das für Eskimogruppen Alaskas belegt ist. Man überzieht eine topfförmige Holzform mit Lehm, in den Tran und Schneehuhndaunen eingeknetet sind. Das so gewonnene Gefäß wird vor allem durch die Daunen zusammengehalten. Nachdem man Innen- und Außenseite mit Tran reichlich eingerieben hat, läßt man es über einem schwachen Feuer langsam trocknen. RASMUSSEN, KNUD: RASMUSSENS Thulefahrt. Zwei Jahre im Schlitten durch unerforschtes Eskimoland, S. 477—78. Frankfurt a. M. 1926.

[1] KRAEMER-BANNOW, E.: Bei kunstsinnigen Kannibalen der Südsee. Berlin 1916. — STEPHAN, E.: Südseekunst. Berlin 1907.

[2] MERKER, M.: Die Masai, S. 78ff. Berlin 1910.

[3] RIBBE, C.: Ein Sammelaufenthalt auf Neu-Lauenburg. Dresden 1910—12.

[4] SCHWEINFURTH, G.: Im Herzen von Afrika, 4. Aufl., S. 153. Leipzig 1922.

[5] Ebenda, S. 350.

[6] BLEEK, P. u. H. TONGUE: Bushman paintings. Oxford 1909. — MOSZEIK, O.: Die Malereien der Buschmänner in Südafrika. Berlin 1910. — FROBENIUS, LEO: Erythraea. Länder und Zeiten des heiligen Königsmordes. Berlin 1930. — OBERMAIER, H. u. H. KÜHN: Buschmannkunst. Felsmalereien aus Südwestafrika. Florenz 1930. — STOW, G. W. and D. F. BLEEK: Rock-paintings in South Africa. London 1930. — FROBENIUS, LEO: Madsimu Dsangara. Berlin 1932.

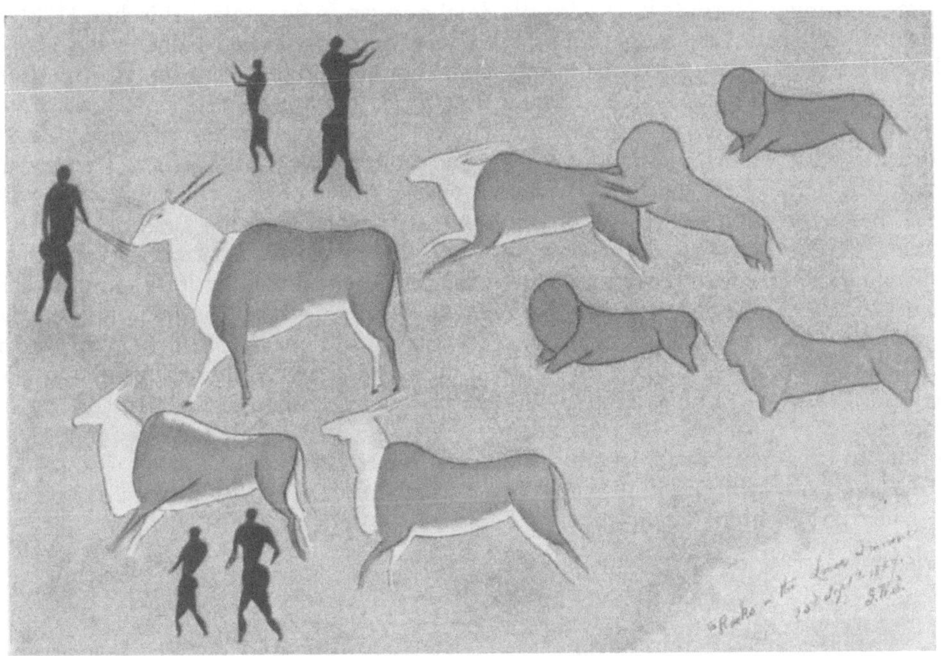

Abb. 17. Buschmannfelszeichnung, Südafrika. (Aus STOW: The native Races of South Africa. London 1905.

Abb. 18. Büffelhaut mit indianischen Malereien. (Aus SCHOOLCRAFT: Informations on the Indian Tribes V. Philadelphia 1868.)

Felszeichnungen Nordafrikas[1] oder die Zeichnungen in den paläolithischen Höhlen Europas in Erdfarben ausgeführt. Die Buschmannmalereien zeigen eine große Mannigfaltigkeit der Farbtöne. Man hat die verschiedenen Farben chemisch untersucht. Dabei ergab sich, daß alle Farben, ausgenommen Schwarz, als Erdfarben anzusprechen sind, gewonnen insbesondere aus Ocker, Hämatit, Zinkoxyd. Gerade die Heimatgebiete der Buschmänner sind an solchen Farberden sehr reich. Die Erden wurden zerrieben, und im allgemeinen rührte man sie mit tierischen oder pflanzlichen Fetten an. Beobachtungen über die Technik des Auftragens der Farben auf die Felswände liegen nicht vor. Die nordamerikanischen Prärieindianer[2] trugen diese mit Leim oder Fett angerührten Erdfarben auf weich gegerbte Häute, aus denen man Kleidungsstücke, Zeltdecken, Taschen und Schilde herstellte. Auf große Büffeldecken malte man in bunter Erdfarbe Bilder der wichtigsten Ereignisse einzelner Jahre und schuf damit Stammeschroniken, die die vom Standpunkt eines Indianers wichtigsten Ereignisse festhielten (Abb. 18). Man bezeichnete sie, da der Indianer nach Wintern zählte, als wintercount. Der berühmteste wintercount ist der des Yanktonai Dakota Lone-Dog (Einsamer Hund). Er umfaßt die Zeit vom Winter 1800/01 bis 1870/71 und ist spiralisch in Bildern von innen nach außen beschrieben.

Der Boden in der Wirtschaft der Naturvölker[3].

Stämme, die auf rein aneignender Wirtschaftstufe, also der des Jagens und Sammelns stehen, nutzen die Erden höchstens als Farbmittel und an manchen Orten auch als Nahrungs- und Genußmittel aus. Zu einem engeren Nutzverhältnis gelangen auch die Züchter von Herdentieren, die Hirtennomaden, nicht. Weit anders gestalten sich diese Beziehungen bei den Anbaukulturen, sei es in den Stockbaugebieten Ozeaniens und Amerikas, sei es in den Hackbaugebieten Afrikas oder im Bereich eines intensiv betriebenen Gartenbaus, wie er sich in Teilen Ost- und Südasiens entwickelt hat. In den tropisch-feuchten Urwaldgebieten, so im zentralen Afrika, im Amazonasbecken und auf der melanesischen Inselwelt, wird in dem nassen und schweren Boden dieser Gebiete der Anbau von stärkemehlhaltigen Knollenfrüchten betrieben. In den Parklandschaften und Savannen Afrikas mit ihren trockneren Bodenverhältnissen baut der Neger verschiedene Arten der Hirse an. Im Osten Nordamerikas mit seiner an europäische Verhältnisse erinnernden Umwelt vertraute in vorkolumbischer Zeit der Indianer dem mit einem unten zugespitzten Stock aufgebrochenen Boden Maiskörner an. Der in Ostasien, Südasien und im Malaiischen Archipel zur Blüte gelangte Gartenbau mit Anlage von Terrassen, die sich an Berglehnen in die Höhe ziehen, und mit künstlicher Bewässerung umfaßt den Anbau von allerlei Knollenfrüchten, Gurken, Kürbissen und Salaten, im besondern aber von Wasser- und Bergreis. Solche Terrassierung der Bergabhänge kannten auch die Inkaperuaner. Die Terrassen wurden dort durch Steinmauern gestützt. Zu ihnen führten überdeckte Wasserleitungen. Angebaut wurde von den Inkaperuanern Mais, Quinoa, Kartoffeln — Peru ist höchstwahrscheinlich deren Hei-

---

[1] Frobenius, Leo u. H. Obermaier: Hadschra Maktuba. München 1925.

[2] Mallery, G.: Pictographs of the north american indians. Fourth annual report of the bureau of ethnology, S. 1—256. Washington 1886. — Picture-writing of the american indians. Tenth annual report of the bureau of ethnology, S. 1—822. Washington 1893.

[3] Weule, K.: Die Chemie des primitiven Feldbaues. In: Chemische Technologie der Naturvölker, S. 42—57. Stuttgart 1922. — Schmidt, W. u. W. Koppers: Gesellschaft und Wirtschaft der Völker, S. 676—677. Regensburg 1924.

mat[1] – und eine Sauerkleeart mit Knollen, bekannt unter dem Namen Oka. Die alten Mexikaner besaßen ebenfalls eine intensiv betriebene Gartenkultur. Hingewiesen sei auf die Chinampas oder „schwimmenden Gärten", das sind feste Gemüsebeete, die durch schmale Wasserkanäle getrennt waren. Aber auch auf primitiver Kulturstufe sind die Anbaukulturen gelegentlich zur Anlage von Terrassen und künstlicher Bewässerung gelangt. So findet sich ein solcher intensiv betriebener Bodenbau auf künstlich errichteten Stufenflächen, die aus Kanälen bewässert werden, im Innern einiger Inseln der melanesischen Neuen Hebriden[2]. Die Kulturpflanzen, die man im Bereich der Naturvölker in den einzelnen Gebieten anbaut, sind als Erzeugnisse des Bodens und darüber hinaus der Umweltsverhältnisse vom Menschen übernommen und für seine Wirtschafts- und Ernährungszwecke dienstbar gemacht.

Abb. 19. Von Frauen gerodeter Wald, Nandi, Ostafrika. (Aus F. Bryk: Negereros. Berlin 1928.)

Gerade dadurch, daß diese Pflanzen Produkte des Bodens sind, in dem sie gedeihen, sammelt der Mensch schon frühzeitig Erfahrungen über die für die einzelnen Pflanzen und deren Wachstum erforderliche Art des Bodens. Taro, Yams, Bataten und andere Knollenfrüchte werden in feuchtem, tropischem Boden angebaut, Hirsearten in den trockneren Gebieten der afrikanischen Steppen und Parklandschaften. Die Kartoffel gedeiht auf den Hochebenen Perus. Sehr bedeutungsvoll ist in diesem Zusammenhang auch der Anbau bei den Arhuacos

---

[1] Safford, W. E.: The Potato of Romance and of Reality. Annual Report of the Board of Regents of the Smithsonian Institution for 1925, S. 509ff. Washington 1926 zeigt, daß die Kartoffel nicht, wie bisher oft angenommen wurde, durch den englischen Weltumsegler Francis Drake aus Nordamerika, sondern aus Südamerika nach Europa kam, zunächst nach Spanien und von da nach Italien. Schon 1588 sei sie in Wien bekannt geworden. 1663 habe man sie in Irland angebaut, und durch die Irländer sei sie, und zwar erst zu Beginn des 18. Jahrhunderts, nach dem Osten Nordamerikas gebracht worden.

[2] Speiser, F.: Ethnographische Materialien aus den Neuen Hebriden und den Banks-Inseln, S. 148. Berlin 1923.

östlich des Magdalenenstroms im Nordwesten Südamerikas. Sie legen im Tiefland Pflanzungen an, wo sie Bananen, Yucca und Yams anbauen. In den kühlen Höhen der Sierra de Santa Marta pflanzen sie Kartoffeln und in der Nähe der zwischen beiden Gebieten gelegenen Dörfer Reis, Bohnen, Tabak und Koka[1]. Zweifellos ist diese Verteilung der Anbauflächen auf verschiedene Höhenlagen nicht nur durch das Klima, sondern auch durch die verschiedenen Bodenverhältnisse bedingt. So liegt also schon auf den primitiven Anbaustufen, auf deren Grundlagen und Erfahrungen auch der europäisch-asiatische Pflugbau beruht, ein Beobachtungs- und Kenntnisschatz über die Bodenverhältnisse vor, der seinen, wenn auch unbewußten Niederschlag im Anbau verschiedener Pflanzenarten fand. Daß man dem Boden die durch das Wachstum der Pflanzen entzogenen Stoffe in

Abb. 20. Urwaldrodung bei Bukaua, Deutsch-Neuguinea. (Aufnahme NEUHAUSS.) (Aus NEUHAUSS: Deutsch-Neuguinea. Berlin 1911.)

Gestalt der Düngung wieder zuzuführen vermag, ist eine Erfahrung, die man ebenfalls auf den Stufen primitiver Anbauwirtschaft gesammelt hat. Dies sei ausdrücklich betont, da man häufig auf die Meinung stoßen kann, der Anbauwirtschaft der Naturvölker fehle die Düngung überhaupt. Man kann schon die Düngung mit Asche hierher rechnen, die für die Stock- und Hackbaugebiete der Erde als Ergebnis der Rodung durch Brand vorliegt (Abb. 19 u. 20). In den Gartenbaugebieten des östlichen, südlichen und auch indonesischen Asiens ist der große Wert der Düngung besonders erkannt. Ebenso aber auch bei den Völkern mittel- und südamerikanischer Hochkulturen, die schon in voreuropäischer Zeit ihre Anbauflächen durch Fäkalien ertragreicher machten[2]. In Peru nutzte man die mächtigen Guanolager der Küstengebiete aus und transportierte deren Erträgnisse weit in das Innere. Mit harten Strafen wurden die belegt, die die Nistplätze der Guano

[1] THURNWALD, R.: Repräsentative Lebensbilder von Naturvölkern, S. 109. Berlin 1931.

[2] STEFFEN, M.: Die Landwirtschaft bei den altamerikanischen Kulturvölkern. Leipzig 1883.

erzeugenden Seevögel zerstörten. Die an der Küste gelegenen Guanoinseln waren als Düngergebiete unter die einzelnen Provinzen Perus aufgeteilt. An der Küste des Sees von Tenochtitlan in Mexiko stand, in Kähnen aufgespeichert, Menschenkot als Dünger zum Verkauf[1]. Ferner aber grub man in Mexiko und Peru Pflanzen zum Düngen unter die Erde, kannte also bereits die Gründüngung. Die Indianer der Ostküste Nordamerikas, die Anbau von Mais betrieben, warfen als Düngemittel Fische und Muscheln auf ihre Felder[2]. Schließlich sei darauf hingewiesen, daß in Ostafrika, wo Hackbau mit Viehzucht vermischt ist, stellenweise der Kot der gezüchteten Tiere zum Düngen der Hirse- und Bananenfelder benutzt wird. So häuft man bei den Dschagga alle zwei Tage Rinderdünger um die Bananen auf. Bei vielen Stämmen Ostafrikas werden die Fäkalien der Haustiere gesammelt. Bei den Waheia am Westufer des Viktoriasees wird der Dünger dann alle 10 Tage in die Bananenpflanzung gebracht und schön verteilt. Bei den Stämmen am Südufer des Viktoriasees ist man sogar zur Stallfütterung geschritten, die eine restlose Erfassung und Ausnutzung der Fäkalien und obendrein des Mistes ermöglicht[3]. Bei den Wanjanwesi im Gebiet von Tabora werden die Wohnplätze des öfteren verlegt, und zwar deshalb, weil gerade das bisher bewohnte Land durch Abfälle und Viehdünger ein wertvolles Ackerstück geworden ist[4].

Alle Naturvölker haben schließlich auch die Notwendigkeit erkannt, nach einer Zeit des Bestellens einer Fläche diese brach liegen lassen zu müssen. Man gibt sie entweder ganz auf oder nimmt sie nach einigen Jahren wieder unter Bestellung. Ein Beispiel ausgesprochensten „Wanderackerbaues“ fand SCHERMAN in der Nähe der Hauptstadt des Shanstaates Hsipaw[5]. Im Interesse größeren Ernteertrags verschafft man sich eine neue Anbaufläche durch Rodung. Diese Erscheinung ist auch einer der Gründe für die oft beobachtete Tatsache, daß bei Naturvölkern die Siedlung verhältnismäßig weit von den Feldern entfernt liegt, oder daß die Dörfer verlegt werden, so bei den Kai im Innern der Finschhafen-Halbinsel auf Neuguinea schon nach etwa anderthalb bis zwei Jahren.

Erwähnenswert ist noch die für die Koralleninseln Mikronesiens und stellenweise auch für die polynesische Inselwelt belegte Erscheinung, künstlichen Humus in diesen, an Verwitterungsböden armen Bereichen zu erzeugen. Man gewinnt ihn dadurch, daß man pflanzliche Materialien in Gruben, die in den Korallenboden hineingearbeitet sind, verfaulen läßt. Aus diesen Fäulnisprodukten stellt man durch Vermischung mit gewachsenem Boden Anbauflächen für Knollenfrüchte her[6]. KRÄMER beschreibt für die Gilbertinseln 2 m tiefe Gruben, in denen sich Erdhügel von 2—3 Fuß Durchmesser befanden. Die Erde war durch runde, netzförmige Siebe gesiebt. In jedem dieser Hügel stand eine Taropflanze, die mit kleinen, gelben Blüten einer Malvenart gedüngt wurde[7]. Dies Verfahren ist auch auf den östlichen Randinseln Melanesiens, kleinen Korallen-

[1] DIAZ DEL CASTILLO, BERNAL: Denkwürdigkeiten über die Entdeckung und Eroberung von Neu-Spanien, deutsch von Ph. J. v. REHFUES, 2, 78, Bonn 1838, betont, daß dieser Kot auch zum Gerben von Leder benutzt wurde.

[2] HODGE, F. W.: Handbook of the american indians north of Mexico 1, 26. Washington 1907.

[3] SOMMERFELD: Verwendung von Düngemitteln durch ackerbautreibende Eingeborene in Deutsch-Ostafrika. Der Pflanzer 1912, 91 ff.

[4] BLOHM, W.: Die MYAMWEZI, S. 119. Hamburg 1931.

[5] SCHERMAN, L.: Im Stromgebiet des Irrawaddy, S. 124. München 1922. Vgl. für die Karen im Yunsalen-Distrikt (Birma) A. BASTIAN: Reisen in Birma in den Jahren 1861—1862, S. 411 ff. Leipzig 1866.

[6] Siehe z. B. A. KRÄMER: Hawaii, Ostmikronesien und Samoa, S. 263. Stuttgart 1906. — Die Samoa-Inseln 1, 96. Stuttgart 1903.

[7] Einige ältere Zeugnisse über dieses Verfahren bei THEODOR WAITZ: Anthropologie der Naturvölker 5, 2. Abt., 79. Leipzig 1870.

eilanden, bekannt. So schildert der wegen seiner völkerkundlichen Forschungen oft genannte Pflanzer R. PARKINSON für die östlich von den nördlichen Salomonen gelegenen Ongtong-Java-Inseln, die von einer vorwiegend polynesischen Bevölkerung besetzt sind, den Anbau von Taro mit Hilfe von selbst erzeugtem Humus folgendermaßen: „Sehr umständlich ist der Bau einer Taroart. Soll eine Pflanzstätte hergerichtet werden, so wird im Innern der Insel der Korallenboden aufgebrochen, in der Regel bis zu einer Tiefe von 4 m. Die Länge einer solchen Grube schwankt zwischen 20—30 m und 10—15 m Breite. Das ausgebrochene Material wird ringsum aufgeschüttet und der Boden dadurch um etwa 1 m erhöht. Auf dem Boden der Grube erzeugt man nun durch hineingeworfene Kokosblätter und andere vegetabilische Abfälle mit der Zeit eine Humusschicht, welche von Jahr zu Jahr durch neu hinzukommendes Material bereichert wird. Diese Humusschicht, mit Sand vermischt, bildet das Feld für die Taropflanze, welche nur faustgroße Knollen bildet[1]."

Abb. 21. Frau bei der Feldarbeit, Nandi, Ostafrika. (Aus F. BRYK: Negereros. Berlin 1928.)

Erkannt ist bei den Anbaukulturen der Naturvölker der Vorteil einer Lockerung des Bodens. Wenn man sich auch nicht bewußt ist, welche Vorgänge dies erforderlich machen, nämlich daß der Zutritt der Luft die in der Erde sich vollziehenden Fäulnisprozesse befördert, und daß so der dem Boden durch die Pflanze entzogene Stickstoff wieder eine Anreicherung erfährt, so hat man doch die Notwendigkeit einer ständigen Lockerung des Bodens durch Grabstock oder Hacke (Abb. 21), wobei man zugleich die Unkräuter entwurzelt, eingesehen. Auch lassen sich Zeugnisse dafür beibringen, daß auf primitiven Anbaustufen Erfahrungen über den Zusammenhang von Bodenart und Ernteertrag gemacht sind, daß man also zwischen gutem und schlechtem Boden zu unterscheiden gelernt hat. So lag, um ein Beispiel zu geben, bei den Maoris auf Neuseeland eine solche bodenkundliche Kenntnis vor, wo man auch verstand, schweren Boden durch Zusatz von Sand leichter zu machen[2], was man auch in Mikronesien bei dem künstlich erzeugten, schweren Humus tat[3].

---

[1] PARKINSON, R.: Zur Ethnographie der Ongtong-Java- und Tasman-Inseln. Internat. Arch. Ethnographie **10**, 111—112 (1897).

[2] WAITZ, Th.: Anthropologie der Naturvölker **6**, 61. Leipzig 1872.

[3] Siehe oben.

Allgemeine Schlußbetrachtung.

Die Naturvölker besitzen Kulturverhältnisse, die in ihren Grundlagen und Entwicklungskräften sowie in ihrem inneren Wesen und Zusammenhang klarer als die komplizierten der Hochkulturen erfaßbar sind. Mit Vorsicht vermag man daher aus den Zuständen bei Naturvölkern Schlüsse auf Grundlagen, Entwicklungskräfte und innere Kulturzusammenhänge zu ziehen, auf denen auch die Hochkulturen beruhen. Es ist nicht zu viel gesagt, wenn man behauptet, daß die hochentwickelte Farbindustrie der abendländisch-amerikanischen Weltwirtschaftskultur zurückreicht auf die einfachen Grunderfahrungen mit Farberden und deren Verarbeitung, wie sie bei den Naturvölkern feststellbar waren. Man darf auch darauf hinweisen, daß die technische Ausnutzung des Bodens bei den Naturvölkern — hervorgehoben sei die Töpferei oder der Lehmbau — Erkenntnisse vermittelt über die Urerfahrungen der Menschheit in der technischen Verwendung des Bodens und daß sich auf diese die verwickelten, technischen Verwendungsmöglichkeiten des Bodens in den Hochkulturen zurückführen lassen. Man muß schließlich auf die bei bestimmten Kulturen der Naturvölker bedeutsame Erscheinung des Pflanzenbaues und die mannigfaltigen Beobachtungen, auf denen dieser Anbau beruht, aufmerksam machen, um zu erkennen, daß darauf der hochentwickelte Ackerbau der Hochkulturen sich aufbaut.

Schließlich zeigt sich, daß der Mensch selbst auf primitiven Kulturstufen eine verhältnismäßig breite und vom Standpunkt einer Hochkultur bestaunenswerte Erfahrungs- und Beobachtungsgrundlage besitzt, die er im Leben mit der Natur für seine Zwecke auszunutzen versteht, ohne allerdings die innere Gesetzmäßigkeit der von ihm eingespannten Naturkräfte zu erkennen. Die Primitivität einer Kultur darf nicht mit einer auf Beobachtungslosigkeit beruhenden Kulturarmut gleich gesetzt werden.

Zugleich lassen sich aus diesen hier unterbreiteten Materialien und den daraus gewonnenen Ergebnissen Gesichtspunkte über die Bedeutung gewinnen, die für die Erforschung der menschlichen Kulturgeschichte der Wissenschaft der Völkerkunde zukommt, so daß völkerkundliche Erkenntnisse allgemeinwissenschaftliche Beachtung beanspruchen dürfen.

2. Die technische Nutzung der Moore[1].

Von G. Keppeler, Hannover.

Mit 7 Abbildungen.

Eignung der Moorarten für technische Verwertung.

Die technische Bedeutung der verschiedenen Arten von Humusböden ist sehr ungleich. Da ihr besonderer Charakter durch ihren Gehalt an Humus, also organischen verbrennlichen Stoffen, bedingt ist, stört meist der größere Gehalt an Unverbrennlichem, an den aschebildenden Mineralstoffen[2]. Die Gruppen

[1] Als allgemeine Literatur sei hier verwiesen auf: A. Hausding: Handbuch der Torfgewinnung und Torfverwertung, 5. Aufl. Berlin: P. Parey 1921. — P. Hoering: Moornutzung und Torfverwertung. Berlin: Julius Springer 1915. — H. Puchner: Der Torf. Stuttgart: F. Enke 1920. — J. Steinert: Torfveredlung. Halle: W. Knapp 1926. — H. von Feilitzen, E. Haglund u. A. Baumann: Om Bränntorv och Bränntorvberedning. Stockholm: C. E. Fritze 1907. — G. Stadnikoff, Neuere Torfchemie. Dresden und Leipzig: Th. Steinkopff 1930.

[2] So spielt in groben Zügen die früher Bd. 4, S. 128ff. dieses Handbuches gegebene Einteilung auch hier eine Rolle. Dort ist gezeigt, wie die Lebensbedingungen, unter denen

von nährstoffreichen, nährstoffarmen und nährstoffärmsten Torfarten können auch[1] nach den Standortsverhältnissen der aufbauenden Pflanzen als Torfe des Niederungsmoores, des Übergangsmoores und des Hochmoores bezeichnet werden, jedoch für die technische Verwertung genügt es meist, das Übergangsmoor zum Niederungsmoor zu schlagen und nur zwischen Hochmoor und Niedermoor zu unterscheiden.

Zwei Hauptgesichtspunkte beherrschen nun die technische Verwertung, nämlich die Abbauwürdigkeit und die Möglichkeit, nach dem Abbau kulturfähigen Boden zu gewinnen. Die Erfüllung dieser Forderung ist ebenfalls stark von den Lebensbedingungen, unter denen ein Moor aufwuchs, abhängig. Eine kurze Betrachtung zeigt, daß die von der Natur gegebenen Umstände die technische Verwertung des Niederungsmoores im allgemeinen als ungünstig erscheinen lassen.

Niederungsmoore sind im Grundwasserspiegel eines nährstoffreichen Wassers aufgewachsen. Anspruchsvolle Pflanzen, die einen starken Mineralbedarf besitzen und ein eiweißreiches Zellengebäude aufbauen, haben den Stoff zu ihrer Bildung geliefert. Vielfach ist aus den kalkreichen Gewässern im Moore selbst Kalk abgesetzt. Eine kalkbedürftige Fauna hat in diesen Gefilden gelebt und ihre Reste zurückgelassen. Auch ist bei Überschwemmungen Schlamm mit dem überflutenden Wasser eingeschlämmt. So kommt es, daß das Niederungsmoor hohen Gehalt an mineralischer Substanz besitzt, die bei der Verwendung als Brenntorf Asche bildet. Der mittlere Aschengehalt von Niederungsmoortorf ist durchschnittlich 10%. Nie sinkt er unter 4%, aber auch Fälle mit 20 und 25% kommen vor. Der hohe Eiweißgehalt der den Niederungsmooren angehörenden Pflanzen führt zu höherem Stickstoffgehalt, der an sich nicht störend ist, ja gegebenenfalls nutzbar gemacht werden könnte. Aber hoher Stickstoffgehalt ist im Moore regelmäßig verbunden mit hohem Schwefelgehalt, der für Verbrennungszwecke nicht erwünscht ist. So kennzeichnen schon diese Gesichtspunkte den Niederungsmoortorf als wenig geeignet für technische Nutzung.

Noch viel wichtiger ist aber folgender Umstand, denn wenn auch seit der Zeit, in der das Niederungsmoor aufgewachsen ist, eine erhebliche Verschiebung der Grundwasserverhältnisse stattgefunden haben kann und wohl auch meist stattgefunden hat, so liegen doch die meisten Niederungsmoore vielfach so sehr im Grundwasser und unter so wenig günstigen Vorflutverhältnissen, daß eine günstige Entwässerung dieser Moore unmöglich ist. Jeder Abbau führt infolgedessen zur Schaffung von öden Wasserflächen, die keinerlei Nutzung, nicht einmal die einer rationellen Fischwirtschaft, zulassen. Auf der anderen Seite ist durch vielfache und dauernd erneuerte Erfahrung bewiesen, daß gerade Niederungsmoorflächen für die Schaffung von Grünland überaus günstige Bedingungen bieten, die hohe Erträge an Futter oder Fleisch liefern. So sprechen eine Reihe von Gesichtspunkten gegen die technische Verwertung von Niederungsmooren. Sie sollten nicht der technischen Nutzung zugeführt werden. Sie sind für die Schaffung von Grünflächen durch ihre natürlichen Eigenschaften prädestiniert. Die technische Nutzung der Moore hat sich also im wesentlichen auf die Hochmoore zu beschränken.

Torfbildung und besondere Eigenschaften der Torfsubstanz. Obgleich schon ausführlich über den Torfbildungsvorgang berichtet worden ist[2], so erscheint es notwendig, Einzelheiten, die für die technische Nutzung der

---

die Moorschichten aufwachsen, die Eigenart dieser Schichten bedingen und für die Einzelbesprechung der Humusböden in dem Gehalt an mineralischen Pflanzennährstoffen eine geeignete Grundlage bieten.

[1] Vgl. dieses Handbuch 4, 139. [2] Vgl. dieses Handbuch 4, 124.

Moore von Wichtigkeit sind, noch besonders herauszuheben. Die Veränderungen, die der Vertorfungsvorgang herbeiführt, machen sich nämlich in der Struktur des entstehenden Torfes deutlich geltend. In dem Maße, wie die Vertorfung fortschreitet, wird, zum Teil schon für das bloße Auge, noch feiner aber im Mikroskop der allmähliche Abbau der Pflanzenstruktur erkennbar, und mit dem Abbau der Pflanzenstruktur geht ein immer stärkeres Hervortreten einer strukturlosen, im frischen, moorfeuchten Zustande schmierigen Masse einher, die man als Torfhumus bezeichnen kann. Es scheint auch, als ob der Abbau der Pflanzenstoffe nicht nur in einem Vergehen von Teilen der Pflanzensubstanz besteht, sondern daß dabei neue strukturlose Stoffe entstehen, die an der Humusbildung mit beteiligt sind[1]. Immer ist also der Torf ein Gemisch von strukturierten Resten der Moorpflanzen und einer strukturlosen Masse. Das Mengenverhältnis zwischen beiden bestimmt stark den Charakter eines Torfes. Je weiter der Vertorfungsvorgang fortgeschritten ist, um so weniger Pflanzenreste und um so mehr Torfhumus findet man.

Im Hochmoor, das für die technische Verwertung besonders interessiert, treten — von diesem Gesichtspunkt aus betrachtet — die wenig zersetzten Schichten des jüngeren Moostorfes stark vorherrschend hervor. Nimmt man den Pentosan- und Zellulosegehalt als Maßstab für den Zersetzungsgrad[2], so zeigt sich ein Abfall um etwa 20% an diesen Stoffen, während der ältere Moostorf unter dem Grenzhorizont wesentlich stärker zersetzt ist. Man erkennt, daß 60 bis 75% der Kohlehydrate zersetzt sind. Entsprechend steigt der Betrag an Stoffen, die nicht mit Säure hydrolysierbar sind.

Der Torfhumus ist ein „Kolloid". In ihm ist das Wasser in allerfeinster Verteilung, wie in einer gequollenen Gallerte, vorhanden. Beim Trocknen schwindet eine solche Substanz ungewöhnlich stark, oft so stark, daß sie beim Trocknen in scharfkantige Stückchen zerreißt. Der aus Torf auf chemischem Wege isolierte Humus zeigt die Erscheinung besonders stark. Sind aber fremde Bestandteile, wie z. B. Pflanzenreste, mit dem Torfhumus vermengt, so bildet er für diese fremden Bestandteile ein außerordentlich festes Bindemittel. Einmal getrocknet, quillt er als ein irreversibles Kolloid nicht erneut wieder auf. Dies ist für die Praxis von außerordentlicher Bedeutung, weil eine angetrocknete Torfsode sich mit einer nur schwer erneut quellenden Haut überzieht und so vom Regen nicht wieder durchgeweicht wird.

Vor allem aber stellt der strukturlose Humus mit seinem Binde- und Schrumpfungsvermögen gewissermaßen den Klebstoff dar, der beim Trocknen die strukturierten Teile verbindet. Wenn in einem Torf die strukturbesitzenden Pflanzenreste überwiegen, bleibt der Torf beim Trocknen locker. Die Pflanzenteile sperren sich gewissermaßen dem Bestreben, zu schrumpfen, entgegen. Ist aber die Zersetzung weit vorgeschritten und das strukturlose Material überwiegt, so kommt es zu stark schrumpfenden, im trockenen Zustande besonders festen Torfstücken (Torfsoden). Werden in einem Rohtorf die noch vorhandenen Pflanzenreste zerkleinert und innig mit dem strukturlosen Torfhumus gemischt, so wird dadurch die so erzeugte Torfsode stark schrumpfen und am Schluß sehr viel fester. Gerade von diesem Vorgang macht die Torftechnik vielfältigen Gebrauch.

Für das Entstehen des eigentlichen mit den geschilderten Eigenschaften begabten Torfhumus war wesentlich, daß während des Entstehens Luftsauerstoff fern blieb. Der Luftabschluß geschah durch die wasserhaltigen

[1] KEPPELER, G.: Mitt. Ver. Fördrg. Moorkultur 48, 134 (1930). Neuere noch nicht veröffentlichte Versuche des Verf. lassen dies zweifelhaft erscheinen.

[2] Vgl. dieses Handbuch 4, 126.

Schichten, die über dem älteren Torf liegen. Es ist bemerkenswert, daß auch in diesem Punkte ein Unterschied zwischen der Niedermoor- und der Hochmoorvertorfung besteht. Das Niedermoor liegt zu manchen Jahreszeiten an der Oberfläche trocken. Das Nährsubstrat, das die Niedermoorpflanze den zersetzenden Mikroorganismen liefert, und die Sauerstoffzufuhr begünstigen die Zersetzung, besonders die der oberirdischen Pflanzenteile. So kommt es, daß man im Niedermoor sehr selten die Reste der oberirdischen Pflanzenteile findet, sondern vorwiegend Wurzelhaare (Radizellentorf). Im Hochmoor dagegen bedeckt der lebende Schwamm von Sphagneen die ganzen vorher gewachsenen Generationen vollkommen. Er schnürt schon für ganz geringe Tiefe die Sauerstoffzufuhr ab. Der höhere Säuregehalt des Wassers hemmt die Entwicklung von Mikroorganismen. Dadurch werden alle eingeschlossenen Pflanzenteile sehr viel stärker als beim Niederungsmoor konserviert. Nur in ganz seltenen Fällen tritt bei der Hochmoorflora etwas Ähnliches wie die oben geschilderte Niedermoorvertorfung auf, wenn nämlich fast reine Bestände an Wollgras sich in vielen Generationen übereinander erhalten. Während üblicherweise das Wollgras in Gesellschaft mit Sphagnum wächst und dann geringe Wurzelentwicklung und starkes Hervortreten der Scheiden zeigt, fallen in den genannten Fällen die Halme bis tief in die Scheide der Verwesung anheim und die Wollgraswurzeln treten in solchen Torfarten stärker hervor. Für die niedersächsischen Hochmoore ist diese Erscheinung von Vertorfung sehr selten. Dagegen kommt in den Mooren Oberbayerns die geschilderte Bildung von Wollgrastorf vor. Treten diese Schichten umfangreicher auf, so bilden sie eine Erschwerung des maschinellen Torfabbaues. Die Wurzeln und Scheidereste sind dann in großen zusammenhängenden Schichten derart verwoben und verstrickt, daß sie eine überaus zähe schwerzerreißbare Masse bilden und die für die Beanspruchung im normalen Hochmoor gebauten Bagger zum Versagen bringen. In Rußland ist der geschilderte Wollgrastorf im Wechsel mit Kiefernholzlagen häufig.

Der geschilderte Unterschied von Niedermoor- und Hochmoorvertorfung, der eine Parallele zu der an anderer Stelle[1] behandelten Verschiedenheit von Torf und Moder darstellt, hat eine noch weitergehende technische Bedeutung. Es ist oben gezeigt worden, daß der Zusammenhalt einer Torfsode beim Trocknen auf dem Gehalt an gut bindendem Torfhumus und seiner gleichmäßigen Verteilung im Torf beruht. Das Austrocknen der Niederungsmoore, wie es immer wieder in Jahren niedrigen Wasserstandes eintritt, nimmt dem Torfhumus immer mehr die Bindekraft und gleichzeitig macht sich eine Einwirkung des Luftsauerstoffes geltend. An Stelle der eigentlichen „Vertorfung" tritt die „Vermoderung" in den Vordergrund. Sie liefert einen krümeligen, beim Trocknen in Pulver zerfallenden Humus, zum mindesten Torfarten, die geringe Bindefähigkeit besitzen. Infolgedessen besitzen Torfstücke, Torfsoden, die aus solchem Torf gewonnen sind, nach dem Trocknen geringen Zusammenhalt. Sie neigen beim Trocknen zum Springen und zum Zerfallen in Krümel. Auch aus diesem Grunde sind also Niederungsmoore wenig für die technische Verwertung geeignet.

Der traditionelle holländische Torfabbau, der der „Fehnkultur" dient, behandelt deshalb die drei dort anstehenden Hauptschichten verschieden: der jüngere Moostorf gibt, auf den freigelegten Untergrund gebracht, die Kulturschicht mit Sandbedeckung, der ältere Moostorf wird im Handstich gewonnen und der darunterliegende Seggenschilftorf (Radizellentorf) wird unter starkem Wasserzusatz als „Backtorf", wie weiter unten gezeigt wird, zu Brenntorf verarbeitet.

---

[1] Vgl. dieses Handbuch 4, 157.

Man kann aber auch in Fällen, wo der Niedermoortorf nicht zu mächtig und von größeren Schichten des älteren Moostorfes überlagert ist, bei der maschinellen Verarbeitung oder bei der bäuerlichen Backtorfgewinnung die Schichten innig mischen und so zu gut bindender Torfmasse kommen. Dies ist besonders auch für die sich ähnlich verhaltenden Übergangsmoorschichten, die Waldtorfarten, die dem Waldmoor verwandt sind, aber bezüglich des Heizwertes zu den besten Torfarten gehören, zweckmäßig.

Diese mehr allgemeinen Darlegungen zeigen, daß auch vom technischen Standpunkte aus die Torfarten gut unterscheidbare Eigenschaften zeigen. Es erscheint deshalb wichtig, die Torfarten im einzelnen in ihren technischen Eigenschaften näher kennenzulernen, um so mehr, als dadurch manche Kenntnis von allgemeiner bodenkundlicher Bedeutung vermittelt werden kann. Es wird darum, in Ergänzung der in früheren Ausführungen[1] dargelegten Kennzeichnung eine Schilderung der technisch wichtigen Eigenschaften der Torfarten[2] gegeben werden, wobei die zahlenmäßig belegten Eigenschaften sich im allgemeinen auf die Trockensubstanz beziehen. Der Wassergehalt ist derjenige der moorfeuchten Proben.

Niedermoortorfarten.

Mudden (Faulschlamm, Sapropelite). Technische Bedeutung besitzen die Mudden kaum. Am ehesten kommen für eine Verwendung Lebermudde und Kalkmudde in Frage. Die Lebermudde, die nach ihrer Konsistenz so genannt wird, oder Lebertorf ist eine bis zur Undurchsichtigkeit getrübte Gallerte, die sich mit dem Messer leberähnlich schneiden läßt und etwas elastisch, doch mehr träge als zitternd ist. Die Farbe ist im frisch gestochenen Zustande gelblich bis hellgrau, dunkelt aber an der Luft momentan nach, und zwar oft von Grau nach Braun (Oxydation). Beim Trocknen schrumpft die Lebermudde überaus stark zu einer blätterigen, harten hornartigen Masse ein. Bei mikroskopischer Beobachtung sind unter den figurierten Teilen vorwiegend Pollenkeime vom Blütenstaube der verschiedensten Pflanzen in wechselnder Menge zu erkennen. Nach WEBER[3] sind es, entgegengesetzt der Angabe von POTONIÉ[4], sehr selten Diatomeen und Fadenalgen. Der Aschengehalt ist durchschnittlich sehr hoch, meist zwischen 20 und 40% liegend; wesentlich ist der hohe Stickstoffgehalt, der sich mit seltenen Ausnahmen zwischen 2,5 und 3,5% der Trockensubstanz bewegt. Die Lebermudde des Ahlbecker Seegrundes bei Ludwigshof war Gegenstand umfangreicher Versuche zur Gewinnung von Ammoniak. Die Versuche sind damals mangels geeigneter Ofenkonstruktionen erfolglos verlaufen. Unter den heutigen Umständen, wo das synthetische Ammoniak zu den niedrigsten Preisen hergestellt wird, ist eine Stickstoffgewinnung aus Lebertorf auch bei technischem Gelingen unrentabel.

In der Kalkmudde ist der Kalk gegenüber der organischen Substanz oft so sehr angereichert, daß praktisch reines kohlensaures Kalzium vorliegt (Wiesenkalk, Seekreide). In diesem Falle tritt die Verwertung als Kalkmaterial in den Vordergrund, sei es in der Zementfabrikation, sei es als Mörtel- oder Düngekalk. Auf das Vorkommen von Vivianit und seine Anreicherung an einzelnen Stellen in Mooren kann nur hingewiesen werden. Bei reichlicherem Vorkommen wird er als Phosphorsäuredünger verwandt. Dagegen ist das sehr verbreitete Schwefel-

---

[1] Vgl. dieses Handbuch 4, 143—156.

[2] Vgl. auch G. KEPPELER: Torf. In ULLMANN: Enzyklop. techn. Chem. 1. Aufl. 11, 356ff.

[3] WEBER, C. A.: Vegetation und Entstehung des Hochmoores von Augstumal im Memeldelta, S. 198 u. 206. Berlin-Parey 1902.

[4] POTONIÉ, H.: Die rezenten Kaustobiolite und ihre Lagerstätten, I. Die Sapropelite, S. 34. Berlin 1908.

eisen ein direkt schädliches Begleitmaterial der Moore (Bildung freier Schwefelsäure, Pflanzenleben und unterirdische Bauten, Fundamente, Kanalisationen zerstörend).

Schilftorf (Arundetumtorf, Phragmitetumtorf, Phragmitestorf). Sofern der Schilftorf als Verlandungsbestand flachgründiger Gewässer nicht gerade im Entstehungszustande ist, stellt er meist die tiefste Lage der eigentlichen Torfbildung dar. In wenig vertorftem Zustande zeigt er dem bloßen Auge ein Gewirr von Radizellen, das die deutlich erkennbaren Rhizome von Arundo phragmites mit ihren überaus beständigen Knoten einschließt. Die Farbe dieser Pflanzenreste ist hellgelb und dunkelt an der Luft rasch und stark nach. Beim Trocknen wird der Schilftorf etwas krümelig und spaltet längs der Rhizome auf. Mit zunehmender Vertorfung verschwindet die makroskopisch erkennbare Struktur immer mehr und macht einem gleichmäßigen, erdeähnlichen Zustande Platz. Gleichzeitig wird die Farbe des Torfes dunkler bis schwarz. Unter dem Mikroskop treten als für den Schilftorf typische Bilder die flachwelligen Epidermiszellen und die glatten oder pustelbesetzten Radizellen von Arundo phragmites auf. Für sich ist der Schilftorf von geringer technischer Bedeutung. Infolge der Entstehungsbedingungen besitzt er hohen Aschengehalt, durch den stark verhindert wird, daß die hohe Verbrennungswärme der organischen Substanz zur Auswirkung kommt. Schilftorf besitzt hohen Stickstoffgehalt. Der Aschengehalt beträgt: 7—40 %, Schwefel 0,4—1,2 %, Stickstoff 1,5—3,3 %. Extrahierbare Stoffe werden durch Alkohol 4,5, durch Äther 1,5, durch Benzin 0,5 % gewonnen. Der Heizwert der aschefreien Trockensubstanz stellt sich auf 4730 bis 5750 WE, für Torf mit 25 % H_2O zu 2150 bis 3560 WE.

Seggentorf (Riedgrastorf, Caricetumtorf, Carextorf). Er ist je nach dem Grade der Vertorfung hellrotbraun bis dunkelbraun, ja schwarz. In weniger vertorftem Zustande stellt er ein lockeres und stark faseriges Gefüge dar, das vorwiegend dem Wurzelgeflecht entstammt und mit zunehmender Vertorfung gleichmäßiger, kompakter wird. Bei seinem Aufbau spielen die Hauptrolle die größeren und kleineren Arten der Carices (Magnocaricetum, Parvocaricetum) mit ihren überaus stark entwickelten unterirdischen Trieben, die zu einem dichten, tausendfältig verflochtenen Wirrwarr verwoben sind und die oberirdischen Teile an Masse weit übertreffen. Die mikroskopische Untersuchung zeigt Epidermiszellen der Carices, mehr aber ihre mit Pusteln besetzten Wurzelhärchen (Radizellen, daher auch Radizellentorf), daneben Mineraltrümmer, Samen, speziell von Bitterklee (Melyantes trifoliata), Pollen, Algen. Der Seggentorf ist eine typische Niedermoorbildung, der häufig ausgedehnte Flächen in großer Mächtigkeit bedeckt, er ist der Boden der Schwarzkultur. Wo die Wasserverhältnisse seine Gewinnung erlauben, ist er ein vorzüglicher Brenntorf, jedoch häufig recht aschenreich, er neigt beim Trocknen zum Zerbröckeln. Besonders hervorzuheben ist der hohe Stickstoffgehalt des Seggentorfes, jedoch ist die Gewinnung des Stickstoffs nicht rentabel, dagegen ist er im kultivierten Moor wertvoll.

Waldtorfe sind dunkelbraune bis schwarze Massen von geringem Zusammenhalt mit Holzeinschlüssen von wechselnder Menge, die beim Trocknen krümelig zerfallen. Die Holzarten sind meist leicht erkennbar, so beim Föhrenwaldtorf die Kiefer, beim Birkenwaldtorf die Birke, beim Übergangswaldtorf die beiden eben genannten Holzarten, beim Bruchwaldtorf die Erle. Wo die Kiefer vorliegt, ist das Holz besser erhalten (Harzgehalt). Das Birkenholz des Torfes schwindet beim Trocknen sehr stark. Es liegt dann frei in der viel zu weit gewordenen Hülle der weniger schwindenden Rinde. Auch bei der weitestgehenden Vertorfung, wobei das Holz vollkommen vergangen ist, bleibt die Birkenrinde erhalten. Die weißen Rindenstücke der Birke, die einen typischen Einschluß (im Volksmund „Austernschale" genannt) des reinen Birken- und des Übergangswaldtorfes darstellen, sind durch die darüberliegenden Torfmassen zu flach-elliptischem Querschnitt breitgequetscht. In allen Waldtorfen herrschen unter den Holzresten die Wurzelstöcke gegenüber den Stämmen, Ästen und Zweigen vor. Die mikroskopische Untersuchung zeigt homogen vertorfte Holz- und Gefäßzellen, Markstrahlen und Rinde, erfüllt mit Humuspartikelchen, häufig auch zahlreiche Pollen der aufbauenden Baumarten, die Pollen von Betula bzw. die fünfeckigen Pollen von Alnus. Daneben kommen die Reste der Begleitpflanzen (Sphagneen, Scheuchzerien, Hypnen, Carices, Phragmites) vor. Der technischen Verwertung der Waldtorfe steht häufig die Eigenschaft im Wege, beim Trocknen krümelig zu zerfallen, obschon es auch Waldtorfe von weitgehender Vertorfung mit hoher Bindefähigkeit gibt. Die Ursache für jenes Verhalten ist die Vermoderung. Eine Beseitigung dieses Nachteils durch Vermengung mit anderem z. B. Sphagnumtorf ist dadurch erschwert, daß die zahlreichen Holzeinschlüsse die Verarbeitung in den Torfmaschinen verhindern. Großindustrielle Verwertung kommt aus diesen Gründen für solche Waldtorfe wenig in Frage, sofern man nicht ein geeignetes Breitorfverfahren zur Verarbeitung und Mischung mit bindigerem Torf wählt („Spritztorf"). Dagegen ist der Waldtorf bei der bäuerlichen Bevölkerung, die den hohen Heizwert des Waldtorfes erfahrungsgemäß erkannt hat, als Hausbrand geschätzt. Als allgemein gültige Erscheinung möge noch erwähnt werden, daß die Waldtorfarten meist einen niedrigen Aschengehalt zeigen. Wo jedoch, wie beim Bruchwaldtorf der Niederungen, häufig Überschwemmungen vorkommen, steigt der Aschengehalt ziemlich stark an. Der Wassergehalt beträgt 80—88 %, die Asche 2,8 bis 10,5 %, der Schwefel 0,24—0,55 % und der Stickstoff 1,3—2,3 %. Extrahierbare Stoffe in Alkohol sind 7,1—24,6 %, in Äther 3,10—10,9 %, in Benzin 1,2—1,8 % vorhanden. Die Koksprobe gibt im Durchschnitt 36,5—37,7 %. Der Heizwert der aschenfreien Trockensubstanz beträgt 5400 bis 5900 WE, bezogen auf Torf mit 25 % Feuchtigkeit 3300 bis 4100 WE.

Hochmoortorfarten.

Älterer Moostorf (älterer Sphagnumtorf). Wenn er vorhanden ist, so tritt er meist im Liegenden des „Jüngeren Sphagnumtorfes" auf, während dieser für sich auftreten kann. Seine Farbe ist dunkel bis schwarzbraun. Obwohl er seine Entstehung den gleichen Pflanzen und ursprünglich denselben Bedingungen wie der jüngere Sphagnumtorf verdankt, ist er in der Struktur grundverschieden von ihm. Während dieser ein mehr oder weniger lockerer, schwammartiger Filz von Moosen ist, zeigt der ältere Sphagnumtorf eine nahezu vollkommene Vertorfung der Sphagneen. Er ist in eine homogene, speckige Humusmasse (Ulmin) umgewandelt, in der nur das Mikroskop mit einiger Schwierigkeit besonders an den besser erhaltenen Ästen und Stämmchen erkennen läßt, daß es die Sphagneen waren, die die Hauptmasse des Torfes lieferten. Die Reste der Begleitpflanzen, die weniger humifizierten Blattscheiden von Eriophorum vaginatum, die wie gebräunte, grobfaserige Hanf- oder Flachsbündel erscheinen, sowie die Reiser von Erica tetralix und Calluna vulgaris, von Andromeda usw. fallen in der stark geschwundenen Humusschicht mehr als im jüngeren Moostorf auf.

Der Wassergehalt beträgt in moorfeuchtem Zustande je nach dem Grade der Entwässerung des Moores 85—93 %, durchschnittlich 90 %, wobei zu berücksichtigen ist, daß der ältere Sphagnumtorf entsprechend seiner tieferen Lage häufig nicht so gut wie die jüngere Moorschicht entwässert ist. Die Asche ist infolge der mit Substanzverlust verbundenen Humifikation der organischen Bestandteile etwas höher als im jüngeren Sphagnumtorf, doch ebenfalls gering, nämlich 2—4%, Schwefel 0,2—0,3%, Stickstoff 0,9—1,8%. Extrahierbares in Alkohol ist zu 14,9%, in Äther 6,85%, in Petroleumbenzin 2,55% vorhanden.

Die Koksprobe gibt im Durchschnitt 36,4% aschen- und wasserfrei gedachten Reinkoks bezogen auf aschenfreie Torftrockensubstanz. Der Heizwert der aschenfreien Trockensubstanz stellt sich im Mittel zu 5500 WE pro Kilogramm. Wegen seiner vorzüglichen Brenneigenschaften ist er der eigentliche Brenntorf. Er besitzt einen niedrigen Entzündungspunkt, lange, reine Flamme und nach der Entgasung glimmt er ruhig und bildet eine gutartige Asche. Schlacke tritt nur bei zu hoher Rosttemperatur und bei Sandbeimengung auf. (Vorsicht beim Baggern.) Auch die Beimengung kalkhaltigen Niedermoores kann eine Neigung zum Verschlacken herbeiführen. Der grubenfeuchte Rohtorf schrumpft beim Trocknen sehr stark, und deshalb ist er viel schwerer als der jüngere (Heizwert pro Raummeter: 1—1,5 Millionen WE). Einmal getrocknet, nimmt er kein Wasser mehr auf, so daß er für Streu usw. nicht verwendbar ist. Je nach der Feuchtigkeit der Luft enthält er lufttrocken 15—30% Wasser. Im Freien gelagert, wie dies meist der Fall ist, enthält er 25% Wasser. Die Hygroskopizität im getrockneten Zustande über Schwefelsäure mit 15% H_2SO_4 bewegt sich um 27%.

Die oberste Schicht des älteren Sphagnumtorfes, der im Grenzhorizont liegende „Grenztorf", hat infolge der veränderten Bedingungen, unter denen er entstanden ist, etwas abweichende Eigenschaften. Diese sind aber nicht genügend erforscht, und der Grenztorf hat auch nicht genügend praktische Bedeutung, um auf ihn im einzelnen einzugehen. Er schließt sich im großen und ganzen dem älteren Sphagnumtorf an.

Jüngerer Moostorf (jüngerer Sphagnumtorf, Fuchstorf, Bleichmoostorf). Seine Farbe ist ganz hell- bis fuchsbraun, auch kommt er dunkler, rotbraun, vor und ist trocken heller als im nassen Zustande. Die Struktur zeigt deutlich, schon für das bloße Auge, den Aufbau aus Moosen der Sphagnumreihe. Das Mikroskop läßt den eigenartigen Bau der Blätter dieser Moosarten mit den wasserführenden (hyalinen) durch Spiralen versteiften und die Wasserzirkulation erleichternden Zellen erkennen, die die starke Wasserhaltung der genannten Moose und des Torfes erklären (vgl. Abb. 27 auf S. 116). Mit zunehmender Tiefe tritt eine sich steigernde Humifizierung auf, erkennbar an der dunkleren Farbe des Torfes und einer weniger guten Erhaltung des Zellenmaterials. Aber immer bleibt die Zellenstruktur beim jüngeren Sphagnumtorf vorherrschend. Eine häufig auftretende Beimengung sind die zähen, bastähnlichen Blattscheiden der Wollgrasschöpfe und die Holz- und Wurzelteile der Heide. Weniger häufig zeigen sich die Reste der übrigen das Hochmoor bewohnenden Pflanzen.

Der Wassergehalt im grubenfeuchten Zustande beträgt je nach der Entwässerung des Moores 88—95%, meist jedoch über 90%. Die Asche ist mit 1—3% gering, nur wo mineralische Substanz eingeweht oder eingeschwemmt ist, findet sich mehr davon. Der Gehalt an Schwefel beläuft sich auf 0,2—0,3%, an Stickstoff 0,5—1,2%, meist 0,8—1% der aschenfrei gedachten Trockensubstanz. Extrahierbare Substanzen mit Alkohol sind 5—7%, mit Äther 2—3%, mit Petrolbenzin etwa 1% vorhanden. Die Koksprobe gibt durchschnittlich 32,1% Reinkoks, berechnet auf die aschenfreie Trockensubstanz. Der Heizwert der aschenfreien Trockensubstanz stellt sich auf 4400—4500, manchmal bis auf 4900 WE. Die Brenneigenschaften sind sehr gut, denn es sind ein niedriger Entzündungspunkt, reine Flamme und gutartige Asche vorhanden. Nur bei merklichem Sandgehalt bildet sich eine zähe, schwer schmelzbare Asche.

Als Brennstoff kommt der jüngere Sphagnumtorf trotzdem nicht in Frage, da er zu leicht ist (Heizwert pro Raummeter 500000—600000 WE) und zu rasch abbrennt. Im Hannoverschen spielt er, mit etwas Petroleum übergossen, oder, wenn gut trocken, für sich die Rolle des Anheizmittels. Seine hauptsächliche, immer größeren Umfang annehmende Verwendung findet er als Rohmaterial in der Torfstreuindustrie für die Herstellung von Torfstreu, Torfmull, Torfmehl und ähnlichen Produkten. Hohe Aufnahmefähigkeit für Wasser (das 12—15fache des Eigengewichtes im lufttrockenen Zustande), hohe Adsorption für Gase und Dämpfe (Hygroskopizität über 15proz. Schwefelsäure 35%), ein gewisser Säuregehalt (Sphagnummoos reagiert schwach sauer, desgleichen entstehen bei der Humifizierung Humusstoffe saurer Natur, s. oben) und in Verbindung damit eine gewisse antiseptische Wirkung, bedeutendes Isolationsvermögen für Schall und Wärme usw. zeichnen ihn aus. Alle diese Eigenschaften machen den jüngeren Sphagnumtorf zu einem ganz augezeichneten Material für die genannten Zwecke.

Entwässerung der Moore.

Jeder Abbau der Moore setzt ihre Entwässerung voraus. Wie gezeigt worden ist, sind die Moore außerordentlich wasserhaltig[1]. Dieser Wassergehalt schwankt in ziemlich weiten Grenzen nach der Torfart und dem Zustande des Moores. In wie weit Schwankungen der klimatischen Verhältnisse den Wassergehalt eines gegebenen Moores verändern, ist schwer festzustellen, weil die heutigen Moore alle mehr oder weniger durch Kultureinflüsse verändert sind. Nur wenige Moore sind unberührt. Wege durch die Moore, Gräben, Entwässerungsnetze zum Zwecke der Kultivierung, unregelmäßiger Torfstich sowie großzügiger Abbau haben die meisten Moore verändert. Wenn auch dem Moore eine weitgehende wasserhaltende Kraft eigen ist, so machen sich doch die genannten Eingriffe, namentlich im Laufe längerer Zeit, geltend. Es ist denkbar, daß auch fernliegende Eingriffe, etwa ein Bahnbau, der den Untergrund abseits des Moores durchschneidet, in langer Zeit eine ganz allmähliche Abwanderung von Wasser auslöst. Leider fehlen über diese Einflüsse zuverlässige Angaben. Da sich im moorfeuchten Zustande das Volumen des außerordentlich wasserhaltigen Rohtorfes ziemlich genau mit dem Schwanken des Wassergehaltes ändert, so würden exakte Nivellements Aufschluß über solche Fragen geben. Bisher unveröffentlichte Aufnahmen der oldenburgischen Wasserbauverwaltung von einem Profil des Ems-Hunte-Kanals, die beim Kilometerstein 20,4 quer zum Kanal zu verschiedenen Zeiten aufgenommen wurden, zeigen im Laufe der Zeit ein starkes Absinken der Gesamtmooroberfläche, und zwar zunächst in den Jahren von 1846—1881. 1846 war die Mooroberfläche an der Stelle des Kanals noch 11 m über normal Null, 1881 nur noch 9,3 m. Bei diesem Absinken hat wohl der Kanal selbst nicht mitgewirkt. Nach dem Bau des Kanals ist aber die Oberfläche des Moores im allgemeinen um annähernd einen Meter in unmittelbarer Nähe des Kanals schon viel stärker abgesunken. Dies deutet also auf eine zunehmende Austrocknung des Moores hin.

Was die Wassergehalte der nicht in Bearbeitung befindlichen Moorschichten betrifft, so wurden darüber früher in sehr weiten Grenzen schwankende Zahlen gegeben. Es ist jedoch möglich, bei Bohrungen den Wassergehalt der Moorschichten in verschiedener Tiefe zu bestimmen. Dadurch erhält man einen besseren Einblick in diese Verhältnisse. Es seien zunächst die Wassergehalte für einige Profile genannt, wie sie sich in weniger entwässerten Teilen des „Toten Moores“ bei Neustadt a. Rbg.[2] finden, ferner entsprechende Zahlen für Teile dieses Moores, die den Entwässerungsgräben bzw. dem Torfabbau näherliegen.

---

[1] Vgl. dieses Handbuch 4, 128.

[2] BIRK, C.: Das Tote Moor am Steinhuder Meer. Arbeiten des Laboratoriums für technische Moorverwertung, Bd. 1. Braunschweig: Vieweg u. Sohn 1914.

Wassergehalt von Moorschichten im „Toten Moore".

Profil-linie	Bohr-loch	Teufe von bis m	Torfart	Wasser-gehalt moorfeucht	Asche in der Trocken-substanz
			1. Aus wenig entwässerten Teilen.		
A—B	II	0,00—3,35	Jüngerer Moostorf	94,81	3,03
		3,35—4,80	Älterer Moostorf	91,50	2,97
		4,80—6,85	Muddehaltiger Waldtorf	87,76	3,05
A—B	III	0,00—3,20	Jüngerer Moostorf	94,21	2,40
		3,20—4,60	Älterer Moostorf	91,84	2,05
		4,60—6,35	Waldmoder mit Holz	86,76	6,67
A—B	IV	0,60—2,85	Jüngerer Moostorf	93,90	1,31
		2,85—3,70	Älterer Moostorf	90,29	?
		3,70—4,60	Laubwaldmoder	69,91	61,16
C—D	I	0,00—2,70	Jüngerer Moostorf	90,66	1,57
		2,70—2,90	Älterer Moostorf	89,55	?
		2,90—3,00	Torfmudde	30,69	90,60
C—D	II	0,00—4,90	Jüngerer Moostorf	93,36	3,88
		4,90—5,70	Älterer Moostorf und Waldtorf	91,39	5,63
		5,70—6,10	Torfmudde und Brandlage	85,54	75,29
C—D	III	0,00—1,90	Jüngerer Moostorf	91,72	1,11
		1,90—2,30	Älterer Moostorf	86,74	4,02
		2,30—2,45	Torfmudde	66,38	79,37
			2. Aus stärker entwässerten Teilen.		
E—F	I	0,00—2,00	Jüngerer Moostorf	90,86	2,60
		2,00—3,15	Älterer Moostorf	88,04	1,59
		3,15—4,25	Übergangswaldtorf	88,94	1,80
		4,25—5,00	Föhrenwaldtorf	79,57	1,63
		5,00—5,65	Sandmudde	68,31	77,26
J—K	III	0,00—2,80	Jüngerer Moostorf	91,20	2,45
		2,80—3,40	Älterer Moostorf	91,10	3,04
		3,40—3,90	Torfmudde	84,42	25,36
J—K	IV	0,00—4,00	Jüngerer Moostorf	92,64	?
		4,00—5,05	Älterer Moostorf	92,39	4,99
		5,05—5,60	Torfmudde und Schilftorf	85,57	16,55
J—K	V	0,00—0,30	Jüngerer Moostorf, stark verwittert	87,30	8,21
		0,30—3,10	Jüngerer Moostorf	93,74	1,60
		3,10—3,30	Übergangs- oder Bruchwaldtorf	88,16	19,48
		3,30—3,40	Sandige Mudde und Waldmoder	75,18	87,84

Wassergehalte in verschiedenen Moorschichten.

Tiefe m	Torfart	Wasser-gehalt %	Tiefe m	Torfart	Wasser-gehalt %
	1. Warmbüchener Moor (Stelle 1):			2. Warmbüchener Moor (Stelle 2):	
1	Jüngerer Moostorf	94,62	1	Jüngerer Moostorf	95,62
2	Jüngerer Moostorf	94,34	2	Jüngerer Moostorf	95,58
3	Grenzhorizont	90,72	3	Jüngerer Moostorf	94,88
4	Älterer Moostorf	93,57	4	Älterer Moostorf	90,48
4,2	Sandmudde	86,50			
	3. Lichtes Moor:			4. Otternhagener Moor:	
	Jüngerer Moostorf	91,30		Jüngerer Moostorf	94,6
	Jüngerer Moostorf	91,34		Jüngerer Moostorf	91,7
	Jüngerer Moostorf	92,31		Älterer Moostorf	90,2
	Älterer Moostorf	86,11			

Analoge Zahlen sind aus den weiteren Angaben für andere Hochmoore Nordwestdeutschlands zu entnehmen. Fast alle diese Zahlen deuten darauf hin, daß in einem gegebenen Profil der jüngere Moostorf wasserreicher ist als der alte zersetzte Moostorf, was sich aus der starken Erhaltung der Moosstruktur und der größeren Anzahl der kapillaren Hohlräume im jüngeren Moostorf erklärt. Aber auch bei dem mehr oder weniger strukturlosen älteren Torf dürfte die Wasserhaltigkeit mit zunehmendem Alter abnehmen. In oberbayerischen Rohtorfproben aus dem kaum entwässerten Sanimoor am Starnberger See fand der Verfasser nur 89,4 und 90,5 % Wasser. Trotzdem entsprach der Zähigkeitsgrad etwa dem vom Oldenburger Hochmoortorf mit 92 % Wassergehalt. Besonders stark tritt der Wasserrückgang am Boden des Moores auf. Hier tritt mehr und mehr mineralische Substanz auf, vor allem Sand mit geringerer Wasserkapazität[1]. Es kommt hinzu, daß der mineralische Untergrund, wenn er auch im sog. Sohlband durch Humus gedichtet erscheint, eine wenn auch nur sehr geringe wasserabführende Wirkung hervorbringen kann. Man kann also sagen, daß im nicht oder wenig entwässerten Moore der jüngere Moostorf einen Wassergehalt von 95 und 96 % erreichen kann, während der ältere Moostorf höchstens 93—94 % besitzt. Diese hohen Wassergehalte sind für keinerlei Bearbeitung des Moores geeignet. Ein Urteil, wie stark die Entwässerung in den bearbeiteten Mooren ist, geht aus einer Reihe von Versuchen[2] hervor, die an den sog. „Pütten", also an den Arbeitsstellen von Torfstichen in der gerade abgegrabenen Schicht vorgenommen sind. Diese Proben umfassen den Durchschnitt der jeweils abgebauten Schicht. Diese Werte sind in nachstehender Tabelle zusammengestellt.

Wassergehalte des an Arbeitspütten anstehenden Torfes.

Jahr	Moor	Mittlerer Wassergehalt %	Ausbeute an Trockentorf mit 25 % Wasser je m^3 Rohtorf kg
1922	Himmelmoor bei Quickborn	88,95	147
1922	Himmelmoor an anderer Stelle	90,56	126
1922	Heiderfeld, Stelle 1	89,24	143
1922	Heiderfeld, Stelle 2	88,98	147
1922	Heiderfeld, Stelle 3	88,80	149
1922	Heiderfeld, Stelle 4	86,36	181
1922	Holmermoor bei Heiderfeld	87,20	170
1922	Kayhude	89,78	136
1922	Kuhlen bei Rickling	90,74	123
1923	Bremervörde	88,63	151
1923	Köhlener Moor bei Bremervörde	89,76	136
1922	Stinstedt bei Lehe	89,54	139
1922	Lange Moor bei Lehe	91,16	118
1922	Teufelsmoor, Stelle 1	90,17	130
1923	Teufelsmoor, Stelle 2	89,60	139
1922	Teufelsmoor, Stelle 3	89,20	144
1922	Teufelsmoor, Stelle 4	90,28	130
1922	Teufelsmoor, Stelle 5	89,99	133
1923	Günnemoor bei Bremen, Stelle 1	89,17	144
1923	Günnemoor bei Bremen, Stelle 2	92,05	106
1923	Günnemoor bei Bremen, Stelle 3	89,57	139
1923	Günnemoor bei Bremen, Stelle 4	89,85	135
1924	Gifhorn-Hannover, Stelle 1	89,40	141
1924	Gifhorn-Hannover, Stelle 2	88,73	150
1923	Schweger Moor bei Osnabrück, Stelle 1	89,23	144

[1] Vgl. Tabelle auf S. 104.

[2] KEPPELER, G.: Über den Wassergehalt der nordwestdeutschen Hochmoore. Jb. Moorkde 13, 3 (1924).

Fortsetzung der Tabelle von S. 105.

Jahr	Moor	Mittlerer Wassergehalt %	Ausbeute an Trockentorf mit 25% Wasser je m³ Rohtorf kg
1923	Schweger Moor bei Osnabrück, Stelle 2	88,15	158
1925	Vehnemoor bei Oldenburg, Stelle 1	90,24	130
1925	Vehnemoor bei Oldenburg, Stelle 2	90,28	130
1924	Edewecht bei Oldenburg	90,91	121
1924	Südmoslesfehn bei Oldenburg	89,94	134
1924	Fintlandsmoor bei Oldenburg, Stelle 1	87,28	170
1924	Fintlandsmoor bei Oldenburg, Stelle 2	90,50	127
1914	Elisabethfehn bei Oldenburg	91,88	108
1923	Klostermoor bei Papenburg	90,91	121
1924	Bourtanger Moor, Stelle 2	89,53	140
1923	Bourtanger Moor, Stelle 1	88,36	155
1923	Bourtanger Moor (holländische Seite)	89,13	145

Aus dieser geht hervor, daß der Wassergehalt abgebauten Moores niemals unter 86% Wasser fiel. Die häufigsten Wassergehalte des verarbeiteten Hochmoortorfes liegen zwischen 88,5 und 90,5% Wasser. Über zwei Drittel (68,5%) der untersuchten Betriebe zeigen im verarbeiteten Torf den genannten Wassergehalt. Einen geringeren Wassergehalt als 88,5% besitzen nur 13% der geprüften Anlagen. Häufiger ist das Überschreiten der Grenze von 90,5% Wasser, und zwar liegen annähernd $^1/_5$ (18,5%) über dieser Grenze. Der höchste Wassergehalt, der bei diesen Untersuchungen an einer im Abbau befindlichen Pütte gefunden wurde, war 92,05%. Diese Untersuchungen sind in den Jahren 1920 bis 1925 ausgeführt und manche der Anlagen sind im frisch angeschnittenen Moore eingerichtet. Deshalb ist anzunehmen, daß bei der Fortsetzung der Arbeit in den Mooren die höheren Wassergehalte allmählich verschwinden und sich mehr und mehr dem Betrage von 88—90% nähern.

Der Wassergehalt ist natürlich von Einfluß auf die Ausbeute an lufttrockenem Torf. Aus einem Kubikmeter Rohtorf erhält man bei 91% Wasser im Rohtorf 120 kg lufttrockenen Torf von 25% Feuchtigkeit. Ist das Moor auf 88% entwässert, so erhält man aus einem Kubikmeter 160 kg lufttrockenen Torf mit 25% Wasser. Da nun die Gewinnungskosten sich im wesentlichen auf die Raumeinheit des geförderten Rohtorfes beziehen, ist erkennbar, daß die stärkere Entwässerung mit ihrer größeren Ausbeute an Trockentorf den Gestehungspreis je Einheit Trockentorf günstig beeinflussen müßte. Jedoch ist zu beachten, daß mit der stärkeren Entwässerung der Zähigkeitsgrad wächst, und daß dadurch der Kraftbedarf und die Unbequemlichkeiten des Betriebes stark zunehmen. Es liegen jedoch über diese Beziehung keine Zahlen vor. Immerhin deutet die Tatsache, daß man noch vor 25 Jahren die Breitorfherstellung mit größerem Wasserzusatz und ihrer Verminderung der Zähigkeit des zu verarbeitenden Torfes bevorzugt hat, auf die allgemeine Richtigkeit der gemachten Angabe hin.

Um den für die Arbeit im Moore günstigen Wassergehalt zu erreichen, muß das Moor durch ein System von Haupt- und Nebengräben entwässert werden. Es ist natürlich notwendig, geeignete Vorflut zu haben, um für die in größerer Entfernung liegenden Wasserwege die Verbindung mit dem Moore herzustellen. Dabei ist besonders bemerkenswert, daß Querschnitt und Gefälle der Vorflut für Moorentwässerungen denselben Grundregeln unterliegen wie jede für Meliorationszwecke zu schaffende Vorflut, denn die Wassermenge, die aus dem angeschnittenen Moore, bezogen auf eine bestimmte Grundfläche, z. B. 1 ha, aussickert, ist verhältnismäßig klein zu den Mengen, die ein starker Landregen auf die gleiche Fläche fallen läßt. Auch in anderer Beziehung sind die Regeln des Meliorationswesens zu beachten. Da ja der Torfabbau der Gewinnung landwirtschaftlich verwendbaren Geländes immer dienen muß, wird man zweckmäßigerweise die Entwässerung des Moores so anlegen, daß sie nach dem Abbau weitgehend der Wasserhaltung des gewonnenen Kulturlandes dienen kann.

Das Moor selbst verlangt aber doch Besonderheiten im Vorgehen beim Ausbau der Entwässerung. Die unverletzte Oberfläche des Moores ist verhältnismäßig tragfähig. In den meisten Fällen ist das Moor stark mit Heide, Wollgras und Bindhalm bewachsen und deren stark verfilzte Wurzeln bilden eine zusammenhängende Decke, die auch auf ziemlich weichem Moore eine beachtliche Tragfähigkeit besitzt. Sobald aber das Moor angeschnitten ist, treten Wirkungen auf, die beim Ausbau des Entwässerungsnetzes und der für den Abbau geschaffenen Pütte zu beachten sind. Das angeschnittene Moor ist plastisch, ja bei hohem Wassergehalt zähflüssig und fließt bei starken Druckdifferenzen wie eine Flüssigkeit nach Orten geringeren Widerstandes. Die Folge davon ist, daß die Böschungen zu rasch ausgehobener Gräben zusammenfließen. Zweckmäßigerweise geht man nur 1 m tief, um eine entsprechende Verfestigung der Böschung zu erzielen. Auch empfiehlt es sich, die Böschungen möglichst flach zu wählen. Die aus der Tradition des Handstiches stammende senkrechte Püttenwand führt zu sehr unangenehmen Erscheinungen. Es ist oben angedeutet, daß nach Maßgabe des beim Trocknen eintretenden Wasserverlustes eine Schrumpfung des Moores eintritt. Aus einem Moor mit 95 % Wassergehalt fließen je Kubikmeter des anstehenden Moores beim Entwässern auf 92 % Wasser 375 Liter Wasser ab. Auf jeden Meter Höhe des Moores sackt dieses also um 37,5 cm zusammen. Ein 2 m mächtiges Moor sinkt um 75 cm. Die beigefügte Zahlentafel erläutert dies für andere Entwässerungsgrade. Es ist erkennbar, daß immer mit der Verringerung des Wassergehaltes, wie er beim Anschneiden des Moores auftritt, ein Absinken der Püttenwand stattfindet, und zwar um 15 bis fast 40 % der ursprünglichen Moormächtigkeit. Dieses Absacken ist aber nur in der Nähe der Püttenwand so stark und es nimmt in das Moor hinein rasch ab. Dabei krümmt sich die zusammenhängende

Wasserverlust und Absacken des Moores bei der Entwässerung

Beim Sinken des Wassergehaltes von %	auf %	Wasserverlust je m³ Rohtorf Liter	Absacken der Mooroberfläche je m Mächtigkeit cm
95	92	375	37,5
92	90,5	158	15,8
92	89,5	238	23,8
92	88,5	304	30,4

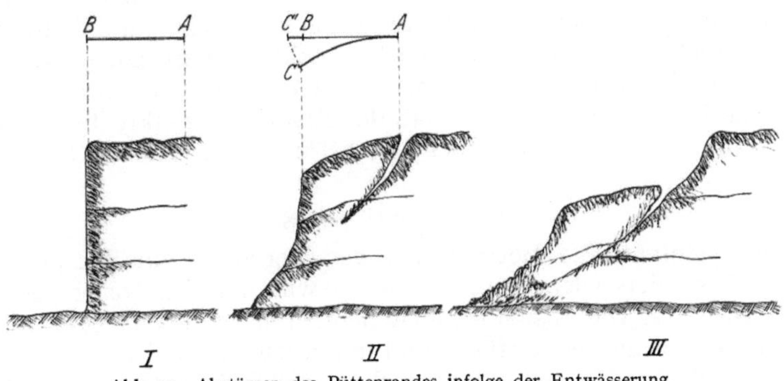

Abb. 22. Abstürzen des Püttenrandes infolge der Entwässerung.

Decke. Um aber die der Krümmung entsprechende Länge annehmen zu können, muß sich die Decke dehnen (vgl. Abb. 22). Es treten in ihr wachsende Zugspannungen auf, denen sie schließlich nicht mehr gewachsen ist. Die Decke zerreißt, und zwar erfahrungsgemäß in der Entfernung von 2—5 m von der ursprünglichen Püttenwand. Nun entsteht eine Scholle, die durch einen Spalt vom unberührten Moore getrennt ist. Sie liegt mit ihrem Gewicht auf dem speckigen, außerordentlich plastischen älteren Torf, der unter dieser Last zur Seite gedrückt wird. Der Spalt reißt weiter und die Scholle rutscht auf dem glatten beweglichen Specktorf ab (Abb. 22 u. 23). Das ist ein Betriebsunfall, wie er außerordentlich häufig bei senkrechten Pütten auftritt. Sein Eintreten wird noch gefördert, wenn am Püttenrande eine Maschine mit ihrem Gewichte und starker Bewegung läuft. Sehr häufig rutscht dann die Torfmaschine mit der großen Torfscholle ab und gibt zu langdauernder Betriebsunterbrechung Anlaß. Man kann der geschilderten Erscheinung entgegenarbeiten, wenn man, wie schon gesagt, die neue

Abb. 23. Abrutschen des Püttenrandes infolge Entwässerung.

Pütte langsam und in Absätzen in das Moor einschneidet, ferner aber auch seitlich zur Pütte ziemlich weit ins Moor hinein Entwässerungsgräben zieht, um die Schrumpfung des Moores auf eine größere Fläche zu verteilen und damit die Bogenspannung möglichst auszuschalten. Diese Wirkung wird noch dadurch unterstützt, daß das Moor in den Sommermonaten auch nach oben austrocknet. Ferner hat die Erfahrung bewiesen, daß der Ersatz der senkrechten Püttenwand durch eine schräge Böschung das Übel des Abstürzens besonders stark vermindert.

Torfgewinnung.

Für die systematische Betrachtung der Methoden zur Torfgewinnung ist die Tatsache besonders wichtig, ob bei der Gewinnung des Torfes das natürliche Gefüge des Torfes, so wie es sich im anstehenden Moor darbietet, erhalten bleibt, oder ob eine Zerstörung des Gefüges und innige Durcharbeitung stattfindet, wobei natürlich auch eine Mischung der verschiedensten Torfschichten erfolgen kann. Die erste Art wird immer so durchgeführt, daß mit Schneidewerkzeugen ein bestimmtes Stück vom Moore gelöst und weiterbefördert wird. Man nennt die auf diese Weise gewonnene Torfart Stichtorf. Die zweite Art, bei der eine starke

Durcharbeitung der Torfschichten erfolgt, die in den verschiedensten Ausführungsarten geschehen kann, wird am besten durch die Bezeichnung Knettorf zusammengefaßt. Stichtorf und Knettorf unterscheiden sich ganz wesentlich. Da jedes gestochene Stück Torf die Eigenschaften des kleinen Bereiches im Moore, aus dem das Stück gestochen ist, widerspiegelt, sind in einer größeren Masse von Stichtorf die Eigenschaften von Stück zu Stück verschieden. Im Gegensatz dazu wird durch die innige beim Knettorf übliche Durcharbeitung größerer Massen eine ziemlich weitgehende Gleichmäßigkeit hervorgebracht. Die Durcharbeitung hat auch weitergehende Folgen, insbesondere auf die Verdichtung, die weiter unten besprochen werden soll.

Im einzelnen ist dann weiter zu beachten, daß sowohl mit Rücksicht auf die Trocknung wie auf die spätere Verwendung der Torf in die bestimmte Form von backsteinähnlichen Stücken gebracht werden muß. Die Stücke heißen, insbesondere im niedersächsischen Gebiete, Soden, einerlei, ob die Sode unmittelbar aus dem angeschnittenen Moor ausgeschnitten ist, oder ob sie durch nachträgliche Formgebung zustande kommt. Die Torfgewinnung zerfällt also allgemein in vier Einzeloperationen: 1. Lostrennung vom Moor, 2. Hebung der abgetrennten Stücke, 3. Formgebung, 4. Wegführung zum Trockenfeld. Beim Stichtorf fallen Lostrennung und Formgebung zusammen. Hebung und Wegfuhr gestalten sich außerordentlich einfach. Bei der Herstellung des Knettorfes sind für alle Einzeloperationen maschinelle Einrichtungen vorhanden und sehr entwickelt.

Einteilung der Gewinnungsarten des Brenntorfs.

<table>
<tr><td colspan="6">Förderung im Zustande, in dem der Torf ansteht</td><td rowspan="3">Förderung in verflüssigter Form</td></tr>
<tr><td colspan="3">Ohne besondere Verarbeitung: Grobtorfarten</td><td colspan="3">Mit nachfolgender Verarbeitung der Rohmasse: Knettorfarten</td></tr>
<tr><td>In Sodenform</td><td colspan="2">In unbestimmter Form</td><td>Beförderung zum Trockenfeld in Sodenform. Zähe Masse, da kein oder geringer Wasserzusatz bei der Verarbeitung</td><td colspan="2">Beförderung zum Trockenfeld in ungeformtem Zustand. Weiche Masse, da Verarbeitung mit hohem Wassergehalt
Breitorfarten</td></tr>
<tr><td></td><td>Kleinstückig</td><td>Grobstückig</td><td></td><td>Sodenteilung in Modeln</td><td>Sodenteilung durch Schneiden auf dem Trockenfeld</td><td></td></tr>
<tr><td>Stichtorf</td><td>Krümeltorf</td><td>Brockentorf
Schollentorf</td><td>Maschinenformtorf
Strangtorf</td><td>Modeltorf</td><td>Backtorf</td><td>Spritztorf</td></tr>
</table>

Einen schematischen Überblick über die Torfgewinnungsmethoden gibt die obige Tabelle. Für die vorliegende Behandlung genügt die Besprechung folgender Verfahren.

Stichtorf. Die Werkzeuge zum Stechen des Torfes, die Art, sie zu hantieren, und die Formate der gestochenen Soden sind in den verschiedenen Moorgegenden sehr verschieden. Neben Einflüssen der Gewohnheit und Tradition spielt dabei die Rücksicht auf Moorart und Klima eine Hauptrolle. Je höher die Luftfeuchtigkeit, je größer die Regenhöhe an einem Orte und je kürzer die für die Feldtrocknung geeignete Jahreszeit ist, um so kleiner macht man die Sode und um so mehr wählt man ein Format, das im Verhältnis zur Masse große Oberfläche entwickelt. Speckiger, langsam trocknender Torf bedarf kleinere Soden als wenig zersetzter, noch viel Pflanzenfasern enthaltender Torf. Die Stichmethoden sind überall, wo alte Tradition herrscht, so entwickelt, daß unabhängig von der Gegend und

Stechart je Kopf und Stunde gleiche Leistung (ca 1 m³ Rohtorf in Soden auf das Trockenfeld ausgelegt) erzielt werden.

Im Niedermoor hat sich frühzeitig ein mechanisches Hilfsmittel zum Stechen eingebürgert, die BROSOWSKIsche Stechmaschine, die gestattet, mit einem Stich aus dem tief unter den Wasserspiegel reichenden Moore eine Torfsäule abzustechen und mit Hilfe eines Zahnstangengetriebes hoch zu ziehen. Während die Säule hochgeht, wird sie in Soden geteilt. Auf das Hochmoor läßt sich die Maschine nicht übertragen, weil ihr Stechfuß in den Wollgrasnestern zu großen Widerstand findet.

Das Stechen der Soden im unveränderten, das Gefüge des Moores noch durchaus zeigenden Zustand hat eine ganz besondere Bedeutung für die Gewinnung des Rohstoffes für die Torfstreu- und Torfmullherstellung. Mit der Zerstörung des ursprünglichen Gefüges würde der Torf seinen lockeren Aufbau verlieren, er würde stärker schrumpfen, dichter werden und damit gingen alle für die genannten Zwecke wertvollen Eigenschaften (Elastizität, Wassersaugfähigkeit, schlechte Wärmeleitung usw.) verloren. Die Torfstreuwerke haben deshalb einen großen Bedarf an Stechern und seit Jahren sind Bestrebungen im Gange, den Torfstich unter Schonung des Gefüges mit Maschinen zu betreiben. Als die erfolgreichste unter diesen Sodenstechmaschinen ist diejenige von DYCKERHOFF, STROBACH und ROST[1] zu betrachten. Eine längere Betriebsperiode im Poggenmoor bei Neustadt a. Rbg. bewies die Brauchbarkeit, vor allem die Eigenschaft, genau geschnittene Soden mit unbeeinträchtigter Struktur aufs Trockenfeld zu liefern.

Der Stichtorf ist immer, wie schon oben gesagt, von Sode zu Sode ungleich, vor allem aber locker, porös. Im trockenen Zustande nimmt er, dem Regen ausgesetzt, begierig Wasser auf. In sehr großen Mieten, in denen nur die äußersten Soden durchnässen, aber gleichzeitig die inneren schützen, kann man Stichtorf im Freien lagern.

Knettorfarten. Bei diesen Verfahren findet eine Trennung der oben aufgezählten Einzeloperationen der Torfgewinnung statt. Aber der wesentliche Vorgang aller hierher gehörenden Verfahren ist die innige Verarbeitung des Rohtorfes durch schlagende, schneidende und mischende Werkzeuge oder Maschinenteile. Es wird dabei eine Durchmischung der übereinander liegenden Schichten eines Torfanschnittes erreicht, so daß das Erzeugnis viel gleichmäßiger als der Stichtorf ist. Noch wichtiger aber ist, daß durch die Zerkleinerung der sich sperrend im Torf lagernden gröberen Pflanzenreste und die innige Durchmischung mit dem kolloiden Torfhumus im Erzeugnis stärkeres Schrumpfen beim Trocknen hervorgerufen wird, so daß das Erzeugnis sehr viel dichter als der Stichtorf wird. Die Schrumpfung, die ein Torf an sich besitzt, ist vom Zersetzungsgrad, also bei einem Profil ziemlich von der Tiefenlage abhängig (vgl. Abb. 24). Das scheinbare spezifische Gewicht von jüngerem Moostorf in trockenem Zustande ist ungefähr nur 0,3. Ein wenig zersetzter Torf besitzt 0,5 und 0,6 und gut zersetzter Torf 0,8 als scheinbares spezifisches Gewicht. Die am meisten zur Knettorferzeugung verwandten Maschinen ähneln den Fleischhackmaschinen und Ziegelpressen. Ihre Wirkung beruht darauf, daß eine oder zwei Förderschnecken die Torfmasse durch ein Mundstück drücken. Die Förderkraft der Schnecken ist größer als die Durchflußgeschwindigkeit durch das Mundstück. Infolgedessen findet im Innern der Maschine eine Stauung der Torfmasse und damit ein vielfaches Durcharbeiten statt. Eine Entwässerung oder eine unmittelbare Verdichtung tritt in diesen Maschinen nicht ein. Bei einer größeren Anzahl von derartigen Maschinen wurde

[1] KEPPELER, G.: Erfahrungen und Neuerungen auf dem Gebiete der Brenntorfgewinnung. Mitt. Ver. Fördrg. Moorkultur **39**, 156 (1921).

das Raumgewicht des in die Maschine hinein gegebenen Rohtorfes und des aus dem Mundstück kommenden Knettorfes untersucht[1]. Es zeigte sich dabei, daß in der Mehrzahl der Fälle durch das Einarbeiten von Luft eine kleine Verminderung des Raumgewichtes, also eine kleine Auflockerung des Gefüges eingetreten war. Ist eine Verdichtung vorhanden, so bewegt sie sich in Bruchteilen eines Prozentes und nur in drei Fällen, wo Niedermoortorf aus dem holländischen Grenzgebiete, der im Moore schon eine sperrige lockere Lagerung zeigt, verarbeitet wurde, war eine Verdichtung von 3—6% feststellbar. Daraus geht hervor, daß die beobachtete Verdichtungswirkung nicht in der Knetmaschine selbst hervorgebracht wird, sondern daß sie lediglich eine Folge des durch die Mischung erzeugten größeren Schrumpfungsvermögens ist. Aus diesem Grunde ist auch die Bezeichnung derartiger Maschinen als Torfpresse nicht zutreffend.

Die mit einer Maschine erzielbare Verdichtungswirkung hängt nicht nur von der Ausbildung der Zerkleinerungs- und Mischorgane in der Maschine ab, sondern

Abb. 24. Schrumpfung von verschieden stark zersetztem Torf.

1 ursprüngliche Größe im moorfeuchten Zustande. 2—5 Größe nach dem Trocknen. 2 Torf aus 1 m Tiefe, Zersetzungsgrad 32,4%. 3 Torf aus 2 m Tiefe, Zersetzungsgrad 38,6%. 4 Torf aus 3 m Tiefe, Zersetzungsgrad 62,2%. 5 Torf aus 4 m Tiefe, Zersetzungsgrad 72,2%.

auch von der Torfart selbst. Es besteht deshalb die Schwierigkeit, die Verdichtungswirkung verschiedener Maschinen zu vergleichen, da es nicht möglich ist, mit den Betriebsmaschinen die verschiedensten Torfarten zu verarbeiten. Zweckmäßigerweise bezieht man deshalb die Verdichtungswirkung einer Maschine auf eine kleinere Laboratoriumsmaschine, die man im Laboratorium mit Durchschnittsproben der verschiedensten Torfarten betreiben kann. Es ist hierfür zweckmäßig, eine kleine Haushalts-Fleischhackmaschine mit geändertem Mundstück zu benutzen. Treibt man nun durch eine solche Maschine einen gegebenen Torf mehrfach hindurch und nimmt nach jedesmaligem Durchgang eine Probe, von der nach dem Trocknen das scheinbare spezifische Gewicht bestimmt wird, so erhält man durch graphische Auswertung eine Kennlinie, die in Abhängigkeit von der Anzahl der Durchgänge die Verdichtungseignung eines Torfes bei maschineller Verarbeitung zeigt[2].

[1] KEPPELER, G.: Torftechnische Fragen. Mitt. Ver. Fördrg. Moorkultur 41, 82 (1923); 43, 147 (1925). — PETERS, W.: Untersuchung von Torfgewinnungsmaschinen auf norddeutschen Hochmooren, S. 59. Dissert., Hannover 1929.

[2] PETERS, W.: Untersuchung von Torfgewinnungsmaschinen auf norddeutschen Mooren, S. 57. Disert., Hannover 1929.

Sucht man nun auf dieser Kennlinie das Raumgewicht des mit der Feldmaschine aus dem gleichen Torf erhaltenen Erzeugnisses auf, so kann man feststellen, wie vielmaligem Durchgang in der Laboratoriumsmaschine die Arbeit der Maschine entspricht. In Abb. 25 sind für 3 Torfarten die Kennlinen für die Verdichtungseignung eingetragen. Sie zeigen, wie verschieden sich die Torfarten verhalten. Ferner sind durch dicke Striche in den Kurven die Raumgewichte der aus gleichem Torf mit Feldmaschinen erhaltenen Erzeugnisse eingetragen. Es ist erkennbar, daß die W-Maschine fast die doppelte Verdichtungswirkung wie die D-Maschine beim gleichen Torf hat. Die M-Maschine übt beim Torf, der schon ein spezifisches Gewicht von über 0,7 beim Stichtorf zeigt, keine größere Verdichtungswirkung aus, als sie die D-Maschine bei einem sehr leichten Torf zeigt.

Neben der geschilderten Art von Maschinen, die als Formtorfmaschine oder wegen der Form des endlosen Stranges, in dem das Erzeugnis aus der Maschine kommt, auch als Strangtorfmaschine bezeichnet wird, ist noch eine besondere Art der Verarbeitung zu nennen, bei der entweder außerordentlich wasserhaltiger Rohtorf oder Torf aus besser entwässertem Moore unter Zusatz von Wasser zu einem Brei verarbeitet wird (Breitorf). Torf dieser Art von Verarbeitung hat zu unmittelbarer Sodenformung keine ausreichende Zähigkeit. Man breitet die Masse in gewisser Schichthöhe auf dem Trockenfelde aus und teilt mit geeigneten Schneideinstrumenten (Radmesser) das Feld in Soden ein (Backtorf). Auch wird der Torfbrei in Holzrahmen mit einer der Sodengröße entsprechenden Fächereinteilung gefüllt und glatt gestrichen, so daß beim Wegheben der Formen die Soden einzeln für sich stehen (Modeltorf). Diese aus der bäuerlichen Erfahrung stammende Breitorferzeugung hat man in früheren Jahren vielfach versucht, ins große zu übersetzen. Sie ist aber neuerdings verdrängt worden. Sehr nahe steht ihr das in Rußland, wo andere Methoden mit größter Leistungsfähigkeit wegen der starken Holzeinschlüsse versagen, aufgekommene Spritztorfverfahren, wo ein scharfer Wasserstrahl die Moormasse abspritzt und zermalmt. Der so gewonnene Brei wird auf Trockenfelder gepumpt und ganz im Sinne der Breitorfverfahren in Sodenform gebracht und getrocknet.

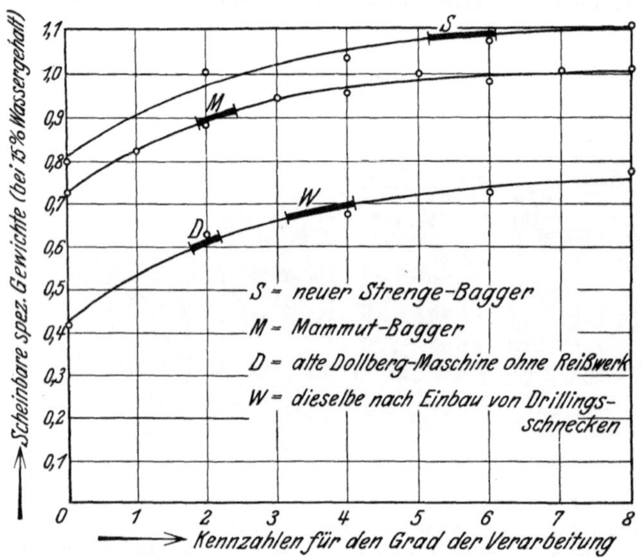

Abb. 25. Verdichtung von Torf durch Maschinenverarbeitung.

Mit dieser Schilderung der wesentlichen Torfverarbeitungsmethoden ist z. T. schon die Lösung der übrigen Teilaufgaben bei der Torfgewinnung behandelt. Der eigentliche Abbau, also die Lostrennung des Torfes vom Moor, kann mit der Hand geschehen. Der abgegrabene Torf muß dann durch Elevatoren (Zubringer) den Maschinen zugeführt werden. Der heutige Großbetrieb benutzt aber für den Abbau eigens dafür konstruierte Bagger, die gleichzeitig der Torfmaschine den abgeschnittenen Torf zuführen. Für die Verarbeitung und Formgebung ist die oben geschilderte Strangtorfmaschine, die mit einem selbsttätigen Sodenschneider versehen ist, vorherrschend. Für die Wegführung vom Trockenfeld dienten früher Etagenwagen, die eine Reihe von Brettern, auf denen die Soden lagen, aufnehmen konnten. Eine Vervollkommnung war der Seilbrettförderer, der eine den vorliegenden Verhältnissen angepaßte Konstruktion einer kleinen Seilbahn darstellt und die mit Soden belegten Bretter zum Trockenfeld führt sowie die leeren Bretter zurückbringt. Alle diese Methoden erfordern viel Handarbeit. Überlegen ist der 1908 aufgekommene und seitdem vervollkommnete automatische Sodenausleger, der die aus der Strangtorfmaschine kommenden Soden aufnimmt und reihenweise auf das Trockenfeld ablegt. Der heutige Großgewinnungsbetrieb beruht fast ausschließlich auf der Zusammenarbeit von Bagger, Strangmaschine, Sodenschneider und Sodenausleger. Dieses geschlossene Aggregat wandert an einer viele 100 m, ja kilometerlangen, geradlinigen Pütte entlang. Von ihrer Wand nimmt der Bagger den frischen Torf, wirft ihn unmittelbar in die daneben stehende Knetmaschine, die ihn sogleich auf das senkrecht zur Wanderungsrichtung stehende Auslegerband führt. So wird in einem 40—70 m breiten Streifen das Feld parallel zur Pütte fortlaufend mit frischen zur Gewinnung ausgelegten Soden belegt. Durch diese Zusammenarbeit ist die Torfgewinnung weitgehend mechanisiert worden, so daß einerseits die für eine gegebene Produktion notwendige Arbeiterzahl außerordentlich stark verkleinert, andererseits die Leistungsfähigkeit (5000—15000 t je Maschineneinheit und Saison) vergrößert und der Gestehungspreis trotz erheblich gestiegener Löhne, Steuern, Sozialabgaben und Materialkosten vermindert wurden.

Torftrocknung.

Feldtorftrocknung. Der hohe Wassergehalt, den die Torfsoden aus dem Moore mitbringen, wird durch die Trocknung an der Luft beseitigt. Die Soden werden zu diesem Zwecke auf dem Trockenfelde ausgebreitet. Die Verwendung von Gestellen, Trockenschuppen und ähnlichen Einrichtungen, wie sie der bäuerliche Torfbetrieb in rauheren Gegenden kennt, sind für die Gewinnung in größerem Maßstabe unwirtschaftlich. Der Hauptfaktor für die Trocknung ist die Trockenheit der Luft und die Stärke ihrer Bewegung. Jedoch sind sie nicht allein maßgebend. Der Trocknungsvorgang ist im wesentlichen noch abhängig von der Geschwindigkeit, mit der das Wasser aus dem Innern des Torfstücks an die Oberfläche wandert. Aber diese ist gerade beim kolloiden Torf mit der überaus dispersen Verteilung der Wasserwege sehr klein. Günstiges Verhältnis von Oberfläche zur Masse befördert deshalb die Trocknung[1]. Ebenso fördernd wirkt höhere Lufttemperatur, wenn sie das ganze Torfstück durchwärmt und so die Beweglichkeit des Wassers erhöht. Starke Sonnenstrahlung ist ungünstig. Sie trocknet außen rascher als von innen Wasser nachwandern kann. Das Äußere schrumpft deshalb stärker, wird vom Kern am Zusammenziehen aufgehalten und zerreißt infolgedessen. Beim Stichtorf, besonders beim jüngeren Moostorf, bilden die Pflanzenreste verhältnismäßig grobe Kanäle, zu denen in der kolloiden Masse sehr kurze Wege führen und die selbst das Wasser schneller an die Oberfläche bringen. Deshalb trocknet Stichtorf besser und rascher als Knettorf aller Art.

Die Trocknung wird durch althergebrachte Maßnahmen beschleunigt. Hat die Sode genügende Festigkeit (bei 65—70% Wasser), so wird sie gewendet, um die noch feuchter gebliebene untere Seite nach oben zu bringen. Später werden die Soden zunächst in kleine („ringeln"), dann in größere Haufen gesetzt („häufeln"), um sie noch mehr der Luftbewegung auszusetzen. Ist der Torf ausreichend trocken, so wird er entweder unmittelbar abgefahren oder auf dem Moor

[1] Vgl. S. 109.

in großen „Mieten“ aufgestapelt, die mit Gräben umzogen sein sollten, um die Durchnässung von unten zu verhindern.

Für den Verlauf und das Endergebnis der Trocknung sind die Hygroskopizitäten[1] des Torfes maßgebend. Für die verschiedenen Torfarten ist der Verlauf des Trocknungsvorganges, der am besten durch das Konzentrations-Dampfdruckdiagramm wiedergegeben wird, im Grundsätzlichen übereinstimmend. Ein solches Diagramm für 20° C ist in Abb. 26 nach Versuchen des Verfassers[2] wiedergegeben. Die Werte werden, ähnlich wie es VAN BEMMELEN[3], sowie ZSIGMONDY und BACHMANN[4] für andere Quellungskolloide, insbesondere Kieselsäure, ODÉN[5] für Humusarten getan haben, dadurch erhalten, daß man sich den Torf mit Schwefelsäure einer bestimmten Konzentration und damit eines bestimmten Dampfdruckes ins Gleichgewicht setzen läßt und dann aus der Gewichtsabnahme den Wassergehalt des Torfes bestimmt. Der moorfeuchte Rohtorf trocknet auf der Kurve $A K O$, d. h. bei einer geringen Senkung des Wasserdampfdruckes nimmt der Wassergehalt zunächst rasch ab. Unter 30% Wasser führen größere Änderungen der Wasserdampfkonzentration in der Luft zu wesentlich kleineren Abnahmen des Wassergehaltes. Je mehr man sich vollkommen trockener Luft nähert, um so mehr geht die Gleichgewichtsfeuchtigkeit im Torf zurück und kommt schließlich auf einen ganz geringen Betrag, der als chemisch gebunden angesehen werden muß. Es ist bemerkenswert, daß, wenn ein vollkommen trockener Torf wieder nach und nach durch Luft von steigender Wasserdampfkonzentration angefeuchtet wird, die Wasseraufnahme nicht auf der Kurve $O K A$ verläuft, sondern daß geringere Beträge von Wasser aufgenommen werden, als sie beim Trocknen im Torf bei den gleichen Wasserdampfkonzentrationen der Luft zurückbleiben. Die Anfeuchtung verläuft auf der Kurve $O\, b_1\, b\, B$. Durch das Trocknen hat also der Torf einen wesentlichen Teil seiner Dispersität und seiner Quellungsfähigkeit verloren. Während man von 85% ursprünglichen Wassergehaltes ausging, kann er nach der Trocknung in feuchter Luft maximal sich nur bis $22^1/_2$% wieder anfeuchten. Trocknet man diesen Torf wieder, so mündet die Dampfdrucklinie bei K in die ursprüngliche Trocknungskurve ein. In diesem Punkte verhält sich dann der Torf wieder wie der vom Ausgangszustande auf den gleichen Trockenheitsgrad gebrachte Torf.

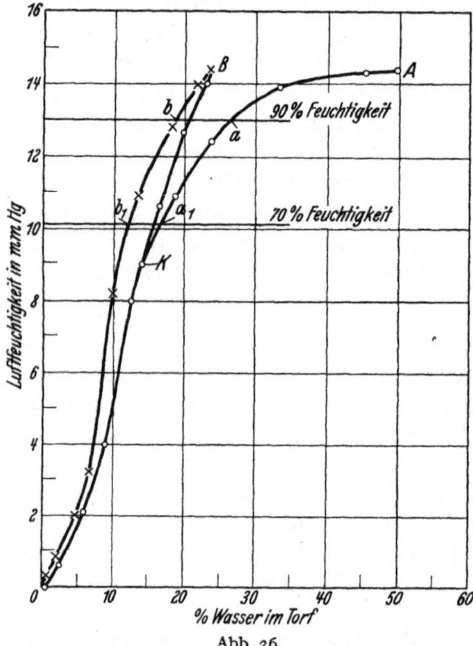

Abb. 26. Konzentrations-Dampfdruckdiagramm von Torf.

In das Kurvenbild sind noch für die Wasserdampftensionen, die einer Luft von 90% Feuchtigkeit und einer solchen von 70% Feuchtigkeit entsprechen,

[1] ODÉN, SV.: Die Huminsäuren. Kolloidchem. Beih. 11, 117 (1919).
[2] KEPPELER, G.: Torftechnische Fragen. Mitt. Ver. Fördrg. Moorkultur 47, 142 (1929).
[3] BEMMELEN, VAN: Die Adsorption, gesammelte Arbeiten hrsg. von WO. OSTWALD, S. 202. Dresden: Steinkopff 1910.
[4] ZSIGMONDY, R.: Phys. Ztschr. 14, 356. — ZSIGMONDY, R., W. BACHMANN u. E. F. STEVENSON: Über einen Apparat zur Bestimmung der Dampfspannungsisothermen des Gels der Kieselsäure. Z. anorg. Chem. 75, 189 (1912).
[5] ODÉN, SV.: Die Huminsäuren. Kolloidchem. Beih. 11, 117 (1919).

Linien eingetragen. Die Schnittpunkte dieser Geraden mit der Trocknungskurve und der Anfeuchtungskurve sind mit *a* und *b* bzw. a_1 und b_1 bezeichnet. Man erhält so den Wassergehalt, zu dem moorfeuchter Torf bei den genannten Luftfeuchtigkeiten bei Zimmertemperatur abtrocknet (*a* und a_1) und die Wassergehalte, zu denen vollkommen trockener Torf bei den genannten Feuchtigkeiten wieder anfeuchtet (*b* und b_1). Es ist nun bemerkenswert, daß Torfe von verschiedenem Zersetzungsgrad, mit und ohne Verarbeitung und Feldtrocknung untereinander sehr geringe Unterschiede zeigen. In folgender Tabelle sind für Torfproben verschiedenen Zersetzungsgrades, einerseits für Bohrproben, andererseits für Torfmullproben des Handels, die betreffenden Zahlen eingesetzt.

Wasseranziehung von trocknendem und wiederbenetztem Torf.
(Vgl. Abb. 26.)

Teufe	Zersetzungsgrad	Punkt *K*	90% Luftfeuchtigkeit		70 % Luftfeuchtigkeit	
			a	b	a_1	b_2
			Prozent Wasser			
	Vom Rohtorf ausgehend (Proben zu Abb. 24, S. 111, gehörig).					
1 m	32,4	15	27,5	19,0	16,5	12,0 %
2 m	38,6	18	26,0	21,5	18,0	16,0 %
3 m	62,0	18	27,5	22,0	19,0	15,5 %
4 m	72,2	16	28,0	21,0	17,0	13,0 %
	Lufttrockene Torfmullproben (vgl. auch Tabelle auf Seite 123).					
Nr. 12	51,2	—	24,0	22,0	18,5	15,5 %
Nr. 16	45,1	—	23,5	21,5	17,5	15,0 %
Nr. 17	27,9	—	24,0	22,5	17,5	15,5 %

Diese Zahlen[1] zeigen, daß bezüglich der Hygroskopizität und des allgemeinen Trocknungsverlaufes zwischen den einzelnen Torfproben ein sehr geringer Unterschied besteht. Die Unterschiede zeigen sich nur im zeitlichen Verlauf. Die Durchführung solcher Versuche ist aber immer außerordentlich zeitraubend. Es dauert im Anfang Wochen, bis der Torf sich auf einen bestimmten Gleichgewichts-Wassergehalt einstellt, im ganzen 3—4 Monate, bis die Aufnahme der Kurve vollendet ist. Auch hierin kommt zum Ausdruck, wie langsam die Wasserbewegung innerhalb des Torfes ist und wie langsam er sich zum Wassergehalte der Umgebung ins Gleichgewicht setzt. Dies Verhalten geht durchaus parallel mit dem Verhalten bei der Feldtrocknung, wie es oben geschildert ist.

In der Feldtrocknung werden die den Hygroskopizitäten entsprechenden Trockenheitsgrade (ca. 15 %) nur selten erreicht. Das Ergebnis der Feldtrocknung ist natürlich stark von den Witterungsverhältnissen abhängig. 18 % Endfeuchtigkeitsgehalt ist recht günstig, wird aber nur in trockenen Sommern erreicht. Als „gut feldtrocken“ wird man im Durchschnitt einen Torf mit 25 % Feuchtigkeit nennen. 30 % sollte die obere Grenze sein, wird aber in nassen Sommern auch nur schwer erreicht. Ebenso ist die Dauer der Trocknung stark vom Wetter abhängig. Unter günstigen Umständen ist die Trocknung in

[1] Über analoge Untersuchungen, die die Abhängigkeit der Wasserbindung von der Vorbehandlung (Gefrieren, Erhitzen) für isolierten reinen Torfhumus aufklären, siehe G. KEPPELER u. F. KRANZ: Über die Wasserbindung im Hochmoorhumus. Kolloid-Z. **36** (Ergänzungsbd. ZSIGMONDY-Festschr.) 318 (1925). — Über das angebliche Austrocknen in gesättigter Atmosphäre, das auf dem Aussickern des Kapillarwassers beruht, vgl. G. STADNIKOFF: Torfchemische Untersuchungen. Kolloidchem. Beih. **30**, 197 u. 297 (1930). — R. VON SCHRÖDER: Über Erstarrungs- und Quellungserscheinungen von Gelatine. Z. phys. Chem. **45**, 109 (1903). — L. K. WOLFF u. E. H. BÜCHNER: Über das SCHRÖDERsche Paradoxon. Ebenda **89**, 271 (1915).

3 Wochen durchgeführt, sie kann aber auch 6 Wochen in Anspruch nehmen und ist manchmal auch dann noch unvollkommen. Die Feldtrocknung schränkt die Torfgewinnung auf kurze Zeit des Jahres ein. Aber dies ist nicht so sehr wegen der Möglichkeit zu trocknen der Fall, denn diese besteht auch in den meisten Monaten, sondern wegen der Gefahr vor Spät- bzw. Frühfrösten. Gefriert eine frische oder wenig angetrocknete Sode, so verliert sie ihre Festigkeit und damit ihren Wert. Der Heizwert wird nicht beeinträchtigt, aber das Schrumpfungsvermögen. Sie trocknet zu dem Volumen, das sie beim Gefrieren hatte, bleibt locker und zerfällt bei der geringsten Beanspruchung. Diese Wertverminderung trifft aber nur auf den Brenntorf zu. Streutorf gewinnt an Porosität und Aufsaugvermögen. Deshalb betreibt die Torfstreuindustrie die Torfgewinnung in den Wintermonaten und benutzt die gute Jahreszeit zum Bergen und Verarbeiten. — Als Dauer der Brenntorfgewinnung kann man durchschnittlich für den Nordwesten Deutschlands 100 Tage, für den Osten und das Alpenvorland 80 Tage annehmen. Man beginnt lieber früher, als daß man bei zu langer Dauer den Rest der Erzeugung einem früh auftretenden Frost aussetzt.

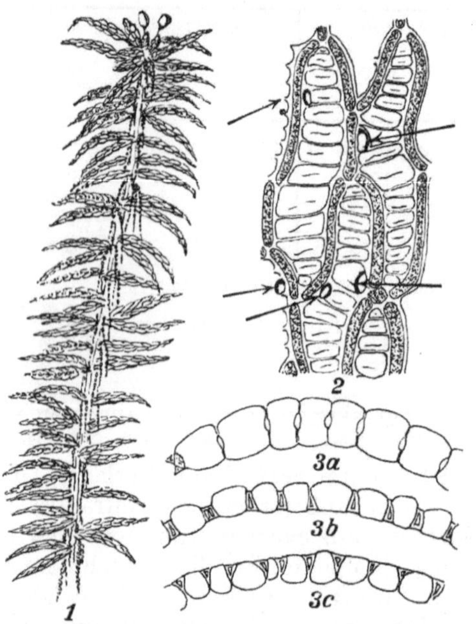

Abb. 27. Sphagnum. [Nach PAUL: Mitt. d. Bayr. Moorkulturanstalt, Heft 4. (1910).]

Trocknung mit künstlicher Wärme, die vielfach versucht wurde, um den Torfbetrieb von der Witterung unabhängig zu machen, ist unwirtschaftlich. Torftrockensubstanz hat einen Heizwert von etwa 5000 WE. Die in 1 kg Rohtorf befindliche Trockensubstanz (ca. 10%) gibt also 500 WE. Um die damit behafteten 900 g Wasser zu verdampfen, braucht man $900 \times 600 = 540$ WE. Die Trockensubstanz reicht also nicht einmal theoretisch aus, um das daneben befindliche Wasser zu verdampfen. Dabei ist nicht berücksichtigt, daß jede Feuerung erhebliche Verluste bringt. Gut durchgedachte Versuche, die in dem aus dem Torfwasser erzeugten Dampf steckende Wärme nutzbar zu machen, mußten wegen der schlechten Wärmeleitfähigkeit des Torfes und anderer technischer Schwierigkeiten erfolglos bleiben.

Entwässerung durch Druck. Für diese liegen theoretisch die Verhältnisse günstiger. Praktisch, oder treffender gesagt wirtschaftlich, bieten sich aber fast unüberwindliche Schwierigkeiten dar. Vielfach ist der Irrtum verbreitet, man müsse die Zellen im Torf sprengen oder öffnen, um den Wasserabfluß zu erleichtern. Das ist falsch. Sofern Pflanzenstruktur im Torf vorhanden ist, befördert sie den Wasserabfluß[1]. Die Struktur des im Hochmoor überwiegenden Sphagnums ist ja für die Wasserführung besonders eingerichtet. Abb. 27 zeigt unter 2 eine Gruppe zusammenhängender Zellen dieses Mooses. Die dunklen Stellen sind die lebenden, mit Protoplasma erfüllten Zellen. Zwischen sie eingelagert liegen sehr viel größere, durch Spiralen versteifte, leere bzw. wasserführende Zellen. Diese haben Löcher, um

[1] Vgl. die bei Feldtrocknung gemachten Bemerkungen S. 113.

die Pflanze mit dem nährstoffarmen Wasser durchfluten zu können. Diese Löcher sind in der Abbildung durch Pfeile hervorgehoben. Noch deutlicher tritt das Überwiegen dieser Wasserzellen in den Querschnitten von Sphagnumblättchen (3) hervor. Diese durchlöcherten Zellen können durch Zusammenpressen natürlich weitgehend entwässert werden, und wenn sie in einem Preßkuchen liegen, bilden sie in ähnlicher Weise Kanäle, die das Überschußwasser aus dem Innern herausführen.

Demgemäß ist auch jüngerer Moostorf sehr viel leichter durch Druck zu entwässern als der ältere, zu einer speckigen Masse zersetzte Sphagnumtorf, der den Durchtritt von Wasser wie eine mit plastischem Lehm gefüllte Spundwand sperrt. Hierin liegt die Schwierigkeit für das Abpressen des Wassers aus Torf

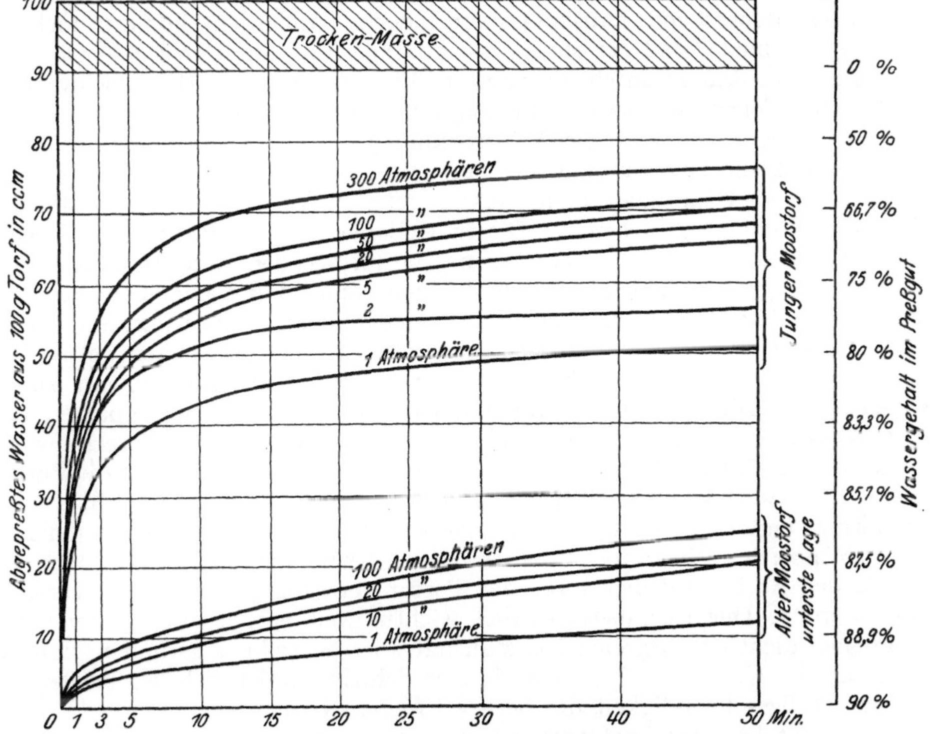

Abb. 28. Wasserabfluß aus Torf, der unter Druck steht.

Das Wasser ist in dem Torfkolloid so fest gebunden[1] und wandert auf den ungemein feinen Zwischenräumen so außerordentlich langsam, daß die Entwässerung auf diesem Wege praktisch nicht möglich ist. Versuche des Verfassers sind in ihren Ergebnissen in Abb. 28 dargestellt, sie erläutern das Gesagte deutlich. Es ist durch Kurven wiedergegeben, wie in Abhängigkeit von der Zeit (0—50 Min.) aus 100 g Torf mit 90% Wasser bei verschiedenem, aber in jedem Versuch konstant gehaltenem Druck abfließt. Es ist ganz auffallend, wie sehr viel rascher der Anstieg der Kurven der oberen Schar, also der Wasserabfluß für jüngeren Moostorf, ist, als der im unteren Felde sich darstellende Verlauf für den älteren Moostorf. Man sieht auch, daß die Druckhöhe gar nicht so sehr wesentlich ist. Die

[1] Ostwald, Wo.: Beiträge zur Dispersoidchemie des Torfes I. Kolloid-Z. **29**, 316 (1921). — Ostwald, Wo. u. P. Wolski: Beiträge zur Dispersoidchemie des Torfes II. Ebenda **30**, 119 u. 187 (1922). — Ostwald, Wo. u. A. Wolf: Beiträge zur Dispersoidchemie des Torfes III, IV u. V. Ebenda **31**, 197 (1922); **32**, 137 (1923); **43**, 336 (1927). — Stadnikoff, G.: Torfchemische Untersuchungen. Kolloidchem. Beih. **30**, 197 u. 297 (1930).

Steigerung von 20 Atm. auf 100 Atm. bringt keine auffallende Verbesserung. Alle Kurven lassen erkennen, daß sie, beim jüngeren Moostorf rasch, beim älteren sehr viel langsamer für jeden Druck asymptotisch einem Endwassergehalt zulaufen. Im Sinne der Kolloidkunde gesprochen, heißt das, daß diese Endwasserkonzentration einen Quellungsdruck ergibt, der mit dem von außen wirkenden im Gleichgewicht ist. Betrachtet man aber die in 50 Minuten Versuchsdauer mit dem kleinen Preßkuchen von ursprünglich 200 g erzielte Entwässerung (von 90% Wasser auf 89 bis höchstens 86% Wasser beim älteren Moortorf), so wird das Kernproblem der Druckentwässerung von Rohtorf klar. Es ist nicht die Druckhöhe, auch nicht die mechanische Arbeitsleistung, die die technische Durchführung hindert, sondern die außerordentlich lange Zeit, die in Fabrikanlagen jede zweckentsprechende Ausbeute verhindert. Außerdem kommt noch die Schwierigkeit hinzu, daß der stark wasserhaltige Torf unter Druck so plastisch, ja flüssig wird, daß er durch die engsten Öffnungen drängt. Dies erschwert die Preßkonstruktionen und zwingt zu langsamem Druckanstieg.

Die Darlegungen über die Feldtrocknung und Druckentwässerung lassen erkennen, daß die Überwindung der geringen Abflußgeschwindigkeit des Torfwassers gelingt, wenn man dem Wasser ganz kleine Wege zuweist, also mit minimalen Preßkuchen arbeitet. Diesen Gedanken haben BRUNE und HORST[1] geäußert und ins Praktische übertragen. Sie formen den Rohtorf zu Krümeln. Um diese in großer Zahl pressen zu können, ohne daß sie ineinanderfließen, werden sie mit Pulver aus trockenem Torf eingepudert. Eine Unsumme solcher mit Torfstaub eingehüllter Torfstückchen wird in den Preßkasten gefüllt und abgepreßt. Nun ist jedes Krümel ein kleiner Preßkuchen für sich mit kurzen Wasserwegen. Die trockene Umhüllung wirkt dazu wie ein Löschpapier, entzieht Wasser und damit die Plastizität. Die Gefahr der Durchbrechung der Preßkastenwände wird damit aufgehoben. Im weiteren Verlauf bilden die Pulverlagen ein Netzwerk von verhältnismäßig groben Kanälen, das den ganzen Kuchen durchdringt und das Wasser aus dem Innern abführt. Im Verhältnis zu der Zeit, die das Wasser braucht, um aus dem einzelnen Krümel herauszutreten, kann die Zeit für den Abfluß auf den durch das Torfpulver gebildeten Kanälen vernachlässigt werden. Dies ist außerordentlich wichtig, weil man dadurch in der Größe der Pressen nicht eng begrenzt ist. Man hat aber neuerdings gefunden, daß das Abpressen des Krümelhaufwerks in dünner Schicht hinsichtlich des Preßeffekts und der Preßgeschwindigkeit die besten Ergebnisse gibt.

Man geht bei dem Verfahren am besten von etwas vorentwässertem Torf von ca. 87,5% Wasser aus, damit die Torfkrümel ausreichende Konsistenz haben. Zur Umhüllung der Krümel werden etwa 20% gut getrockneten Torfstaubes mit 14% Wasser hinzugesetzt. Durch das Pressen dieses Mischgutes wird der Wassergehalt auf etwa 45% gebracht. Der im Preßkuchen enthaltene Rohtorf bekommt einen Wassergehalt von 50%. Damit kommt man zu einem Gute, das bezüglich des Wassergehaltes der Rohbraunkohle entspricht und nun ganz im Sinne der heutigen Braunkohlenbrikettierungstechnik zu Briketts gepreßt wird. Dieses Verfahren scheint unter den zur Zeit vorliegenden Vorschlägen das einzige zu sein, das Aussicht auf die wirtschaftliche Durchführung unter den jetzigen Verhältnissen besitzt. Die technische Ausführung ist in immer neuen Formen durchgebildet und verbessert[2] worden. Seit Jahren hat man nach diesem „Madruck" genannten

[1] HARTTUNG, M.: Das Madruckverfahren. München: Richard Pflaum 1921. — HORST, H.: Beitrag zur mechanischen Entwässerung des Torfes. Dissert., Hannover 1922.

[2] KEPPELER, G.: Berichte über die Entwicklung des Madruckverfahrens. Mitt. Ver. Fördrg. Moorkultur **42**, 238 (1924); **43**, 151 (1925); **45**, 220 (1927); **47**, 10 (1929); **48**, 81 (1930); **49**, 162 (1931).

Verfahren gearbeitet. Vorstadien haben sich nicht bewährt. Bei der letzten Anlage im Staatsmoor bei Oldenburg hat sich aber gezeigt, daß nach Beseitigung einiger Fehler der endgültige Erfolg erwartet werden darf. Man baut zur Zeit auf Grund dieser Erfahrungen und im noch vergrößerten Maßstabe bei Staltach am Starnberger See eine neue Anlage, die in kurzem dem Betriebe übergeben werden soll. Es ist zu hoffen, daß damit das von Generationen angestrebte Ziel der künstlichen Entwässerung des Rohtorfes gelöst ist.

Herabminderung der Wasserbindung im Torf[1]. Da erkannt worden ist, daß der langsame Wasserabfluß aus dem Torf auf seine Kolloidnatur zurückzuführen ist, hat man alle Mittel, die die Kolloidkunde für die Vergröberung der Struktur bietet, benutzt, um die Druckentwässerung von Torf zu beschleunigen.

Starke Elektrolyte, insbesondere Säuren und Salze, fällen kolloide Lösungen und entquellen Gallerten. Sie wirken auch beim Torf. Einige Erfinder haben dem Torf Salze zum Zwecke der Erleichterung des Abpressens zugesetzt. Diese Wirkung tritt tatsächlich ein, wie eigene Versuche und die von ODÉN[2] beweisen. Aber die Wirkung ist nicht ausreichend. Beim Spritztorfverfahren besteht die Schwierigkeit, den erhaltenen Torfschlamm rasch zu ausreichender Konsistenz zu bringen, ohne auf die saisonmäßige Verwendung von Trockenfeldern angewiesen zu sein. STADNIKOFF[3] hat gezeigt, daß kolloides Eisenoxyd in geringster Konzentration diese Wirkung herbeiführt. Er hat auch zur Herstellung der kolloiden Eisenoxydlösung ein besonderes Verfahren empfohlen. Auch für die raschere Entwässerung im Moor hat man die Infiltration von Salzen, zum Beispiel nach STADNIKOFF Gips, empfohlen.

Besser benetzende Flüssigkeiten (Öle, Kohlenwasserstoffe usw.) verdrängen das Wasser von der Oberfläche des Torfes und lassen es leichter abpressen. Moorfeuchter Torf nimmt so viel Öl auf, daß das trockene Produkt 50% Öl enthält, ohne daß der Trockentorf sich ölig anfühlt oder gar Öl ausschwitzt. Dies ist für die Herstellung von wenig Wasser aufnehmenden Torfprodukten von Bedeutung. Derartig behandelter Rohtorf läßt das Wasser auch leichter abpressen. Der Erfolg ist für technische Zwecke nicht ausreichend.

Ausfrieren verändert, wie schon angedeutet[4], den Torf ebenfalls. Beim Pressen läuft das Wasser leichter ab. Doch ist die Wirtschaftlichkeit zu bezweifeln. Vom kolloidkundlichen Standpunkt aus ist bemerkenswert, daß die Gefrierwirkung im Gegensatz zur Hitze- und zur Trockenwirkung im gewissen Grade reversibel scheint. Unmittelbar nach raschem Auftauen ist die Wasserbindung locker. Bleibt aufgetauter Torf naß liegen, so ist er fast so schwer wie ungefrorener abpreßbar[5]. Darin findet die Tatsache, daß durch Frieren des im Moore liegenden Torfes die Bindekraft nicht verändert wird, ihre Erklärung.

Hitzewirkung ist am stärksten. Der Torf wird so gewissermaßen künstlich gealtert. Der technische Effekt ist außerordentlich stark. Mit Leichtigkeit kann ein so behandelter Torf durch Abpressen auf 50% herabgebracht werden. Dem Vorgang liegen nicht nur kolloidchemische Veränderungen zugrunde, son-

---

[1] STADNIKOFF, G.: Neuere Torfchemie. Dresden u. Leipzig: Steinkopf 1931. — OSTWALD, Wo. u. ANNA STEINER: Beiträge zur Kolloidchemie von Humussäure und Torf. Kolloidchem. Beih. **21**, 98 (1925). — DOUMANSKI, A.: Sur les propriétés colloidales de la tourbe. Bull. Soc. Chim. France [4] **41**, 166 (1927). — KEPPELER, G.: Künstliche Entwässerung von Rohstoff. Technik in der Landwirtschaft, S. 183. 1921. — Brennstoffchemie **3**, 237, 249, 263 (1922).

[2] ODÉN, Sv.: Teknisk Tidskrift **1920**, H. 3 u. 4.

[3] STADNIKOFF, G.: Neuere Torfchemie. Dresden u. Leipzig: Steinkopf 1930; Kolloidchem. Beih. **30**, 297 (1930).

[4] Siehe Seite 116.

[5] Noch nicht veröffentlichte Versuche des Verfassers.

dern auch rein chemische, denn bei 150° findet Abspaltung von Wasser, Kohlensäure, etwas Methan, sowie Oxalsäure, Essigsäure usw. statt[1]. Das Verfahren wird in Gegenwart von Wasser in Druckkesseln durchgeführt. Deshalb wird es als „Druckverkohlung" oder „Naßverkohlung" bezeichnet. Am meisten ist EKENBERG[2] auf diesem Gebiete tätig gewesen. Die zur Durchführung des Verfahrens vorgeschlagenen Verbesserungsvorschläge haben keinen Erfolg gehabt.

Elektroendosmose zeigen alle feindispersen Systeme, die zwischen ein elektrisches Spannungsgefälle gebracht werden. Bei Torf wandert das Wasser an die negative Elektrode. Wird sie als Netz ausgebildet, so fließt das Wasser durch. An der positiven Elektrode scheidet sich wasserarmer Torf ab. Man kommt dabei auf etwa 75 % Wassergehalt. Dies ist für den wirtschaftlichen Erfolg nicht ausreichend.

Zusammenfassend ist über die Methoden zur künstlichen Entwässerung des Rohtorfes zu sagen, daß zur Zeit kein vollkommen erfolgreiches Verfahren besteht. Die praktisch nicht ausreichende Wirkung liegt aber nicht etwa in einem relativ hohen Energie- oder Leistungsaufwand. Jede Druckentwässerung zeigt, verglichen mit den Verdampfungswärmen, bei Trocknung mit künstlicher Wärme eine minimale Preßarbeit. Die Verdampfungswärme beträgt für die gleichen Mengen abgepreßten Wassers beim nicht vorbehandelten Torf das 630fache, beim Torf, der im Sinne der verschiedensten Verfahren[3] vorbehandelt ist, das 1500—3000fache der der aufgewandten Preßarbeit entsprechenden Wärmemenge[4]. Der Mißerfolg kommt dadurch zustande, daß im Verhältnis zu den aufgewandten Anlagekosten die Ausbeute an Masse in der Zeiteinheit zu gering ist. Im Verhältnis zur bewegten Masse (1 m³ Rohtorf) wird zu wenig Fertigprodukt (100 kg) erhalten, und dieses Fertigprodukt ist von zu geringem Werte, so daß es bis jetzt nie die Amortisation und Verzinsung der z. T. sehr komplizierten Anlagen aufbringen konnte. Vielleicht gelingt es aber durch Kombination mehrerer Verfahren und Summierung der einzelnen Wirkungen das Problem zu lösen.

Torfverwendung.

Von einschneidender Bedeutung für die Verwendungsarten des Torfes ist der Vertorfungsgrad. Der starke Gegensatz zwischen der Erhaltung der Struktur in den Lagen des „jüngeren Moostorfes" und denjenigen des stark zersetzten, kaum noch Pflanzenstruktur zeigenden älteren Moostorfes macht sich auch in der technischen Verwendung und Verarbeitung geltend. Sie müssen deshalb getrennt behandelt werden. Meist vollzieht sich auch der Abbau getrennt. Die Schichten des lockeren jüngeren Moostorfes werden für sich abgebaut, ehe zur Gewinnung des darunterliegenden Schwarztorfes geschritten wird.

Verwendung und Verarbeitung des jüngeren Moostorfes.

In vielen Fällen sind in den hauptsächlichen Schichten des jüngeren Moostorfes noch 50—70 % der die rezenten Pflanzen zusammensetzenden Stoffe, ferner die wesentlichen Teile der Struktur, und demzufolge auch viele Eigenschaften des Sphagnummooses, vor allem die große Wasseraufsaugefähigkeit erhalten. Sphagnummoos selbst reagiert etwas sauer. Auf dieser saueren Reaktion beruht vermutlich die desinfizierende Wirkung des Sphagnummooses, die durch

---

[1] BERGIUS, F.: Anwendung hoher Drucke bei chemischen Reaktionen und eine Nachbildung des Entstehungsprozesses von Steinkohle. Halle: W. Knapp 1913.

[2] EKENBERG: Engineering **1909**, 737. Übersetzung davon Dinglers Polytechn. Journ. **1910**, 151. — Ferner ROOS AF HJELMSÄTER: Teknisk Tidskrift **50**, 181 (1920).

[3] Vgl. S. 119 u. 120.

[4] Vgl. G. KEPPELER: Methoden zur künstlichen Entwässerung von Rohtorf. Brennstoffchemie **3**, 263 (1922). — Technik in der Landwirtschaft, S. 183. 1921.

starke Adsorption und Wasseraufsaugefähigkeit unterstützt wird. Davon wird praktisch Gebrauch gemacht bei der Herstellung von Verbandstoffen, Binden, d. h. kleinen Kissen aus Verbandmull, die mit trockenem Sphagnum gefüllt sind, sowie bei der Herstellung von Einlegesohlen, die sich durch starke Absorption auszeichnen. In Neustadt am Rübenberge bestand vor dem Kriege eine Fabrik, die als Besonderheit diese Verarbeitung von Sphagnummoos betrieb. Sphagnumarten (Sph. medium u. Sph. cymbifolium) spielen auch in der Orchideenzucht als Feuchtigkeitsträger für Knollen und Wurzeln eine erhebliche Rolle. Die wichtigste Eigenschaft des Torfmooses ist die eigenartige, mit vielen mikroskopisch kleinen Hohlräumen durchsetzte Struktur (vgl. Abb. 27, S. 116). Gerade diese Eigenschaft ist neben den erwähnten zum großen Teil im jüngeren Sphagnumtorf erhalten. Die meisten Anwendungen dieser Torfart beruhen hierauf.

a) Mechanische Verarbeitung[1]. Die durch „Stechen" gewonnenen, die natürliche Lagerung aufweisenden Torfsoden werden getrocknet, im Reißwolf zerrissen und nach verschiedener Korngröße durch Sieben sortiert. Die gröbsten Anteile (durchschnittlich 2 cm Durchmesser) werden als Torfstreu, das Feinere als Torfmull, das Feinste als Torfmehl bezeichnet. Eine genaue Festlegung der Größengrenzen der Stücke besteht nicht. Sie wechseln mit dem Verwendungszweck. Das zermahlene und gesiebte Gut wird in Ballen gepreßt, wobei 2,5 m^3 lose lockere Streu auf 1 m^3 zusammengedrückt werden. In Form solcher Ballen, die für die verschiedenen Größen (1, $^1/_2$, $^1/_3$ usw. cm^3) handelsüblich sind, wird das Produkt in den Handel gebracht.

Die Torfstreu ist ein hervorragendes Stallstreumittel, in vieler Beziehung dem Stroh überlegen. Infolge der hohen Wasseraufsaugefähigkeit ist Torfstreu viel ergiebiger. Gute Torfstreu sollte das 11fache des eigenen Gewichtes an Wasser aufnehmen. Dabei ist ein Wassergehalt von 30% vorausgesetzt. Gute trockene Ware aus wenig zersetztem Moostorf kann ein noch viel höheres Aufsaugvermögen zeigen, das 16- ja 18fache. Die Sorten des Handels geben aber selten so hohe Werte, weil es im laufenden Betriebe schwer ist, beim Trocknen unter 35% Wassergehalt herunter zu kommen.

Sehr wichtig für die Beurteilung der Torfstreu ist neben der Wasseraufsaugefähigkeit der Wassergehalt. Es bestanden lange Meinungsverschiedenheiten[2], welchen Prozentsatz Wasser man für Streu zulassen könne. Der Verfasser glaubt, daß besonders wesentlich die Wärmeleitfähigkeit der Torfstreu ist, die mit steigendem Wassergehalt anwächst und bei der Überschreitung eines gewissen Gehaltes die Streuunterlage für das Tier kalt empfinden läßt. Unmittelbare Leitfähigkeitsversuche[3] zeigen, daß das Wasser infolge der einseitigen Erwärmung in der Streuschicht wandert. Die Oberfläche wird trockener, tiefere Lagen nässer. Deshalb ist kein einheitlicher Wert zu finden. Aber Vergleiche über die Abkühlung[4] einer auf 37° geheizten Fläche, die auf die zu prüfende Unterlage von 17° C gesetzt wird, geben wertvolle Anhaltspunkte. Die nachstehende Tabelle zeigt das Ergebnis.

[1] Fleischer, M.: Die Torfstreu, ihre Herstellung und Verwendung. Bremen: M. Heinsius Nachf. 1890. — Zailer, V.: Torfstreu und Torfstreuwerke mit besonderer Berücksichtigung von Neuanlagen. Hannover: M. u. H. Schaper 1915. — Rahm, F.: Torfstreu und Torfmull. Berlin: P. Parey 1922.

[2] Tacke, B., H. Minssen u. H. Igel: Über die Bewertung der Torfstreu. Mitt. Ver. Fördrg. Moorkultur Dtsch. Reich **46**, 104 (1928). — Keppeler, G., G. Biester u. F. Goedecke: Versuche zur Frage der Bewertung von Torfstreu. Ebenda **46**, 128 u. 142 (1928).— Keppeler, G.: Nochmals zur Bewertung von Torfstreu. Ebenda **47**, 12 (1929). — Tacke, B. u. H. Minssen: Zur Bewertung der Torfstreu. Ebenda **47**, 80 (1929).

[3] Keppeler, G.: Torftechnische Fragen. Mitt. Ver. Fördrg. Moorkultur **48**, 118 (1930).

[4] Keppeler, G.: Über torftechnische Fragen. Mitt. Ver. Fördrg. Moorkultur **49**, 163 (1931).

Abkühlung einer 37° warmen Fläche durch Torfstreu verschiedenen Wassergehaltes und durch verschiedene Fußbodenarten.

Unterlage		Nach 3 Sekunden °C	Nach 5 Minuten °C
Torfstreu mit 13 % Wassergehalt	gut	0,12	nicht meßbar
Stroh, ganz trocken	gut	0,14	„ „
Torfstreu mit 33 % Wassergehalt	gut	0,31	1,33
Trockenes Fichtenholz	gut	0,33	1,80
Torfstreu mit 42 % Wassergehalt	gut	0,44	2,00
Torfstreu mit 53 % Wassergehalt	mangelhaft	0,82	2,80
Linoleum	mangelhaft	0,94	4,45 (!)
Torfstreu mit 60 % Wassergehalt	mangelhaft	1,06	3,87
Steinzeugfliesen	mangelhaft	1,40	7,07 (!)
Torfstreu mit 75 % Wassergehalt	mangelhaft	1,66	6,60
Zementboden	mangelhaft	1,71	7,07
Torfstreu mit 85 % Wassergehalt	mangelhaft	2,63	7,62

Der Vergleich mit Fußbodenarten, die erfahrungsgemäß als „kalt" bzw. als „warm" empfunden werden, führt dazu, daß eine Torfstreu mit 45 % Feuchtigkeit und weniger als durchaus unbedenklich angesprochen werden kann.

Neben der hohen Wasseraufsaugefähigkeit ist die Ammoniakbindung und die Konservierung der Stickstoffverbindungen der Jauche wichtig[1]. Infolgedessen ist der Torfstreudünger wirksamer als Strohdünger.

In gleicher Weise ist die Verwertung des Torfes für die Beseitigung und Nutzbarmachung des menschlichen Auswurfs von Bedeutung; jedoch wird hierfür das feiner zerkleinerte Material, der Torfmull, verwendet. Das Torfstuhlverfahren ist in vielen kleineren und mittleren Städten eingeführt und für deren gesundheitliche Zustände von großer Bedeutung. Beim heutigen Düngermangel darf auch die volkswirtschaftliche Bedeutung des Verfahrens nicht unterschätzt werden. Dagegen bietet die in gewissem Maße vorhandene Desinfektionswirkung keine volle Gewähr gegen Ansteckungsgefahr[2].

Neuere Untersuchungen von LIESKE[3] über die Wirkung von Braunkohlen als Düngemittel haben ergeben, daß vor allem die Huminsäuren und deren Verbindungen wirksam sind. Da der Torf einen beträchtlichen Anteil dieser Stoffe enthält, sind die Aussichten für eine Verwendung des Torfes als Düngemittel in der landwirtschaftlichen Praxis nicht ungünstig, falls durch größere Feldversuche Ertragssteigerungen nachgewiesen werden.

Die Einführung von Kraftwagen hat dem Torfstreuabsatz sehr viel Abbruch getan, um so mehr als gerade städtische Tierhalter (große Fuhrgeschäfte, Omnibusbetriebe[4], Brauereien, Feuerwehren usw.) die Verwendung von Torfstreu in ihren Betrieben bevorzugten. Nur schwer konnte ein Ersatz für diesen Ausfall gefunden werden. Zum Teil gelang dies durch stärkeren Absatz von Torfmull als Boden-

[1] MINSSEN, H.: Untersuchungen über das Bindungsvermögen der Torfstreu für Stickstoff in Form von Jauche bzw. Ammoniak. Mitt. Ver. Fördrg. Moorkultur 37, 63, 197, 217 (1919). — LEMMERMANN, O. u. H. WIESSMANN: Untersuchungen über die Konservierung der Jauche durch verschiedene Zusatzmittel. Landw. Jb. 52, 297 (1919). — Über die Wirkung einer humosen Braunkohle als Konservierungsmittel für Jauche. Mitt. dtsch. Landw.-Ges. 32, 741 (1917).

[2] STUTZER, A., GÄRTNER, C. FRÄNKEL u. LÖFFNER: Die keimtötende Wirkung des Torfmulls. Arb. dtsch. Landw.-Ges., H. 1 (1894). — FRÄNKEL, C., TH. PFEIFFER u. WITT: Mustergültige Einführung des Torfstuhlverfahrens in kleineren und mittleren Städten. Ebenda H. 74 (1902).

[3] LIESKE, R.: Neuere Untersuchungen über die Wirkung von Kohlen als Düngemittel. Ztschr. angw. Chem. 45, 121 (1932).

[4] Allein die Berliner Omnibus-Gesellschaft verbrauchte 10000 Ballen im Monat.

verbesserungsmittel[1]. Die starke Wasserhaltigkeit und die lockere Struktur spielen auch hierbei eine wesentliche Rolle. In trockenen Zeiten bilden die Torfteile ein Wasserreservoir. Die lockere Struktur erleichtert die Wurzelbildung. Die Adsorptionskraft sammelt die im Boden befindlichen Dungstoffe und überträgt sie an die Pflanze. Besonders bei der Schaffung von Rasen hat sich die Zumischung von Torfmull besonders bewährt. Allgemein wird Torfmull für die verschiedensten Zwecke der Gärtnerei verwendet, vor allem ist er ja auch ein wertvolles Hilfsmittel des Laubenkolonisten.

Für eine Anzahl von Torfmullproben des Handels sind einige ihrer Eigenschaften[2] in nachfolgender Tabelle zusammengestellt, die für die gärtnerische Verwendung des Torfmulls wie auch aus allgemeinen bodenkundlichen Gesichtspunkten von Interesse sind.

Verschiedene Eigenschaften vom Torfmull des Handels.

Probenummer	Asche im wasserfreien Mull %	Schüttgewicht 20 mal gestoßen kg/m³	Zersetzungsgrad	Säuregehalt nach TACKE in % CO_2 im wasserfreien Mull	Säuregrad p_H im Extrakt 1:100
1	1,80	65,9	51,2	2,26	4,98
2	1,76	80,3	50,4	2,30	4,95
3	1,92	107,4	50,1	2,42	5,00
4	2,51	95,4	49,9	2,42	4,95
5	1,84	80,3	45,2	2,83	4,64
6	1,08	77,0	45,1	2,77	4,70
7	1,98	106,0	44,8	3,01	4,60
8	1,94	—	42,1	2,83	4,64
9	0,85	73,9	40,3	3,05	4,64
10	2,70	—	39,7	2,47	4,75
11	1,02	80,1	39,0	3,17	4,58
12	2,07	—	38,7	3,07	4,63
13	1,16	—	37,7	2,67	4,70
14	1,88	107,6	36,9	3,08	4,64
15	1,16	83,9	34,6	2,51	4,70
16	1,27	102,7	34,3	2,78	3,90
17	1,35	63,9	87,9	3,08	4,64
Mittelwerte	1,66	86,5	—	2,75	4,68

Die Annahme, daß Wollgrasschöpfe saurer als der Moosanteil im Mull seien, trifft nicht zu. Der Verfasser fand den Säuregehalt von Wollgrasschöpfen aus Mull entsprechend 0,6% CO_2.

Die große Aufsaugefähigkeit des Torfmulls wird des weiteren bei der Herstellung von Torfmelassefutter (70—80% Melasse) ausgenutzt. Die Verwertung des Torfanteils durch den tierischen Organismus findet dabei nur in geringem Maße statt. Es ist aber ein Mittel, in Zeiten der Not die in der Melasse befindlichen Nährstoffe der Fleisch- und Milcherzeugung nutzbar zu machen[3].

Torfmull und Torfmehl werden auch in großem Maßstabe zur Verpackung und Frischhaltung von leicht verderbenden Gegenständen, vor allem

[1] Vgl. dieses Handbuch 9, 451.

[2] KEPPELER, G. u. H. HOFFMANN: Zur Kenntnis der Torfmullsorten des Handels. TACKES Jb. Moorkunde 14, 12—21 (1927).

[3] KELLNER, O.: Fütterungsversuche mit Melasse und Torfmehl. Landw. Versuchsstat. 55, 387 (1901). — PFEIFER, TH. u. A. EINECKE: Die Verdaulichkeit des Torfes als Melasseträger. Mitt. d. Landw. Institute Breslau II 4, 683 (1904). — Die Verdaulichkeit verschiedener Melasseträger mit besonderer Berücksichtigung des Mineralstoffumsatzes. Ebenda III 4, 547 (1905).

von Früchten, verwendet. Nicht ausgereifte Früchte reifen nach (Tomaten). Reife erhalten sich voller und gesunder. Die Wirkung beruht auf einer Abhaltung der Luftzirkulation, Beschränkung der Atmung und damit der Verdunstung von Wasser aus den Früchten. Schimmelpilze und Fäulniserreger kommen seltener auf. Überhaupt können Torfstreu und Torfmull in jeder Beziehung als Füllmittel dienen. Dabei leistet die ihnen eigene große Isolationsfähigkeit gegen Wärme, Kälte und Schall gute Dienste (Eiskeller, Brutkammern, Kühl- und Wärmeräume). Untenstehende Tabelle zeigt zahlenmäßig die geringe Wärmedurchlässigkeit von Torfmull im Vergleich mit anderen bekannten Wärmeisolierstoffen.

Wärmedurchlässigkeit von Torfmehl im Vergleich mit verschiedenen anderen Stoffen[1].

Stoffe	Raumgewicht kg/m³	Wärmedurchlässigkeitszahl $\lambda = \frac{k\,cal}{m \cdot st \cdot {}^\circ C}$	Feuchtigkeit
Torfmull	190	0,041	künstlich getrocknet
		0,060	normal feucht
Torfplatten	192	0,048	
	371	0,062	
Korkschrot, gewöhnlich .	85	0,038	
Hochofenschaumschlacke	360	0,095	
Rheinischer Bimskies . .	301	0,075	
Asbestplatte	540	0,130	

In entsprechende Stücke gestochen, getrocknet und eventuell durch Schneiden oder Sägen in die gewünschte Form gebracht, kann Moostorf, in ähnlicher Weise wie Korkplatten, als Isolationsbaustoff verwendet werden. Diese Art der Herstellung ist umständlich. Einzelne Fabriken haben deshalb besondere Verfahren ausgebildet, durch Pressen aus dem ungeformten nassen Moostorf Isolierplatten herzustellen, die sich in der Bautechnik sehr gut bewährt haben. Es ist auch gelungen, diese Platten wasserabweisend und unentflammbar herzustellen. Schließlich hat man auch Torfplatten aus trockenen Moostorfstückchen durch Binden mit Pech und ähnlichen Stoffen hergestellt. Die Verwendung dieser letzteren Art von Platten ist aber beschränkt, da ihnen meist der Geruch des Bindemittels anhaftet und beispielsweise in Kühlhallen, die damit isoliert sind, den Teergeruch auf Fleisch usw. übertragen.

Für die Anzucht von Sämlingen von Gemüse-, Nutz- und Schmuckpflanzen werden Töpfe, die aus jüngerem Moostorf geschnitten und gebohrt sind (Humollatöpfe) verwendet. Besonders bewährt haben sich die sog. „Pflanzenammen", die in verschiedenen Größen aus jungem Moostorf mit wertvollen Zusätzen gepreßt werden. Die hervorragende Wirkung der Pflanzenammen wird von allen Benutzern gerühmt.

Die lockere, durch Hohlräume und Löcher durchbrochene Struktur der Moospflanze macht sie ungeeignet zu der häufiger vorgeschlagenen Verwendung zur Papiergewinnung. Jedoch ist es wohl möglich, mit einem gewissen Zusatz von Hadern aus Moostorf Pappe herzustellen. Den Charakter einer eigentlichen Faser besitzt nur ein Nebenbestandteil des Moostorfes, nämlich das in ihm enthaltene Wollgras mit seinen teilweise verrotteten Scheiden. In der Tat sind auch sowohl für Papier- und Pappegewinnung, wie für Gewebe Wollgrasfasern verwendet worden. Einzelne Torfstreufabriken sondern die Wollgrasfaser aus, um sie ver-

[1] Nach O. KNOBLAUCH, E. RAISCH u. H. REIHER: Die Wärmeleitzahl von Bau- und Isolierstoffen. Ges. Ing. 43, 607 (1920).

schiedenen Verwendungsarten (Kissen für die Ölschmierung von Straßenbahn- und Eisenbahnwagen, Polsterzwecke und eventuell Textilzwecke) zuzuführen. Die Mengen Wollgras, die im Torfe enthalten sind, werden im allgemeinen überschätzt.

Chemische und biologische Verarbeitung. Der hohe Prozentsatz an Zellulose und Pentosanen, der im jüngeren Moostorf noch enthalten ist, hat die Anregung gegeben, ähnlich der Gewinnung von Sprit aus Holz, den Torf durch Säurewirkung zu verzuckern und den Zucker zu vergären[1]. Über Laboratoriumsversuche sind diese Bestrebungen nicht hinausgekommen. Ähnlich liegt es mit den Bestrebungen, den jüngeren Moostorf durch Säurewirkung geeigneter für Futterzwecke[2] zu machen. Vielfach ist auch versucht worden, durch chemische Veränderungen den Torf zur Hebung der Bodengare geeignet zu machen[3]. Man hat von Bakteriendünger und Bakterienfutter gesprochen. Erfolge sind aber auf diesem Gebiete nicht erzielt. Neuerdings gehen die Bestrebungen dahin, durch Vergärung bestimmter Anteile des Moostorfes eiweißreiche Mikroorganismen zu züchten und auf diese Weise zu einem billigen Kraftfutter zu kommen. Im Prinzip soll das Verfahren gelöst sein, jedoch ist die Überführung in die Praxis gehemmt durch die Schwierigkeiten, die großen Massen der unvergärbaren Teile nutzbar zu machen. Da diese im nassen Zustande anfallen, deckt sich dieses Teilproblem mit dem alten der künstlichen Entwässerung von Rohtorf[4].

Verwendung und Verarbeitung des älteren Moostorfes.

Torf als Brennstoff. Die Brennbarkeitseigenschaften des Torfes sind sehr gute, er ist leicht entflammbar, zeigt niedrigen Entzündungspunkt, er backt nicht und brennt mit langer Flamme. Der Hochmoortorf ist durch eine besonders reine, schwefelarme Flamme ausgezeichnet. Der Entgasungsrückstand behält die Form des ursprünglichen Stückes. Die Sodenform, die bei der Gewinnung und namentlich beim Trocknen von großem Vorteil ist, ist in der Feuerung nicht so günstig, weil zu große Hohlräume entstehen, wodurch leicht schädlicher Luftüberschuß entsteht. Es empfiehlt sich, Torf zu zerkleinern, bei größerem Bedarf maschinell in faustgroße Stücke zu brechen. Torf ist immer weniger dicht als Steinkohle und Braunkohlenbriketts. Das in einem gegebenen Stück vorhandene Gewicht brennbarer Substanz kommt also an seiner Oberfläche mit verhältnismäßig mehr Luft in Berührung als die genannten älteren Brennstoffe. Er bedarf also zu seiner Verbrennung geringerer Luftzufuhr und damit schwächeren Zuges.

Die Tabelle auf S. 126 gibt Auskunft über die praktisch wichtigen Eigenschaften von Brenntorf aus den nordwestdeutschen Gebieten.

Torf kann in den üblichen Feuerungen verbrannt werden, es empfiehlt sich nur, engere Roste und größere Schütthöhe zu verwenden. Die Schütthöhe muß um so höher sein, je grobstückiger der Torf ist. Da die Gasentwicklung recht erheblich ist, so darf nicht übersehen werden, entsprechende Oberluft zu geben. Treppenrost und Muldenrost bewähren sich für guten Brenntof nicht. Die Schrägrostvorfeuerung hat den Vorteil, auf einfache Weise mechanisch beschickt werden zu können und dauernd gleichmäßige Verbrennungsverhältnisse zu liefern. Voraussetzung ist aber Dauerbetrieb, da sonst infolge der Notwendigkeit, die

[1] Feilitzen, H. von: Über die Zusammensetzung und die Pentosane des Torfes. Dissert., Göttingen 1897. — Technische Vorschläge: DRP. 66158, 79932, 204058.

[2] Stutzer, A.: Versuche um die aus Sphagnumtorf bestehende Torfstreu als Futtermittel verwertbar zu machen. Landw. Versuchsstat. 87, 215 (1915).

[3] Vgl. z. B. E. W. Schmidt: Torf als Energiequelle für stickstoffassimilierende Bakterien. Zbl. Bakter. II 52, 281 (1920).

[4] Vgl. S. 116—120.

Vorfeuerungen anzuwärmen, Verluste entstehen. Für Dauerbetrieb ist die Schrägrostvorfeuerung die gegebene Torfspezialfeuerung.

Nordwestdeutscher Hochmoortorf. (Nach Untersuchungen G. KEPPELERS.)

Herkunft	Im Zustand der Lieferung			
	Wasser %	Asche %	Brennbare Substanz %	Heizwert (H_w) WE je kg
	Maschinentorf;			
Schwege bei Osnabrück	22	2,26	75,74	4145
Vehnemoor (Oldenburg)	26,5	1,07	72,43	3500
Fintlandsmoor (Oldenburg) . . .	20,25	1,98	77,77	3810
Köhlener Moor (Stade)	32,25	1,43	66,32	3510
	Stichtorf;			
Teufelsmoor (Stade)	23,60	1,02	75,38	3680

Die geringe Dichte des Torfes (das Schüttgewicht von 1 m³ ist für guten Maschinentorf nur 300—350 kg) erschwert den Transport über große Strecken. Infolgedessen ist die Verwendung des Torfes als Brennstoff von mehr oder weniger lokaler Bedeutung. Aber gerade in diesem Rahmen hat er sich Verwendungsgebiete erobert, auf denen er sich besonders geeignet gezeigt hat. Dahin gehört die Verwendung in der Oldenburger Klinkerindustrie, deren weithin bekanntes Produkt mit seiner prachtvollen Dichte und wechselvollen Färbung zum größten Teil auf der langen reinen Flamme und der Aschenarmut des Hochmoortorfes beruht, der zum Brennen dieser Klinker dient.

Als ein wirksames Mittel, die in der geringen Dichte des Torfes liegenden Schwierigkeiten zu überwinden, haben sich die elektrischen Überlandzentralen gezeigt. Epochemachend auf diesem Gebiet war die 1908 entstandene Überlandzentrale Wiesmoor. Ursprünglich zur Verwendung der beim Kanalbau gewonnenen Torfmengen gegründet, hat diese Überlandzentrale immer größere Bedeutung für die Torfverwendung gefunden. Der Elektrizitätsbedarf stieg bis 1926 so stark, daß die Torfgewinnung mit ihrer Produktion nicht folgen konnte. So kam es, daß bis in die letzten Jahre immer noch Kohle mit verbrannt werden mußte. Erst seit dem Jahre 1926, nachdem die Wiesmoorzentrale mit dem Kraftwerk Unterweser verbunden und dadurch entlastet wurde, reichte die in den Betrieben gewinnbare Torfmenge aus, um den Gesamtstrom zu decken. Die Anlage ist für die Entwicklung der Torftechnik von großer Bedeutung gewesen. Hier sind zum ersten Male Riesenproduktionen von Brenntorf erzielt worden. Während im Jahre 1911/1912 nur 18000 t Torf verbraucht werden konnten, stieg die Erzeugung in den Jahren 1924—1926 auf ca. 85000 t Trockentorf. — Seit Bestehen der Zentrale sind 500 ha abgetorft und für die landwirtschaftliche Kultur freigelegt. Neueren Datums ist die Überlandzentrale Rühle bei Meppen, die vom Bourtanger Moor die notwendigen Mengen Torf bekommt. Hier wird die Brenntorfgewinnung zur Abtorfung der Flächen benutzt, die schon vorher durch Torfstreugewinnung von den leichteren Schichten befreit sind.

Torfvergasung. Die Erfahrungen der Nachkriegszeit haben bewiesen, daß der Torf ein außerordentlich brauchbarer Brennstoff für die Erzeugung von Generatorgas ist. Dies wurde durch die vielfache Verwendung des Torfes in den Glashütten und Stahlwerken bestätigt. Im Durchschnitt einer größeren Anzahl von Analysen erweist sich die Zusammensetzung von Torfgeneratorgas zu 6,2% Kohlendioxyd, 0,2% Sauerstoff, 27,6% Kohlenmonoxyd, 13,2% Wasserstoff, 2,4% Methan. Sein Heizwert beläuft sich auf 1400 WE je Kubikmeter[1].

[1] Der Heizwert des Steinkohlen-Generatorgases ist im allgemeinen 1100—1200 WE. je Kubikmeter.

Der geringe Schwefelgehalt des Torfgases machte sich auch in der Güte des erzeugten Stahles geltend, während in dem mit Kohlengas erzeugten Stahl, 0,03—0,06% Schwefel gefunden wurden, enthält der mit Torfgas erzeugte Stahl 0,02—0,04%.

Große Hoffnungen wurden in früheren Jahren auf die Torfvergasung mit der Gewinnung von Nebenprodukten gesetzt. Dem Gedanken von FRANK und CARO folgend[1], wurde der Torf unter starkem Wasserdampfzusatz vergast (Mondgasverfahren) und das dabei erhaltene Ammoniak als Ammonsulfat gewonnen. Auch der Teer sollte verwendet werden. Das Gas wurde mit Hilfe von Großgasmotoren zur Erzeugung von elektrischem Strom verwendet. Dem Unternehmen war es jedoch versagt, die Anfangsschwierigkeiten zu überwinden, da die Torfgewinnungsmethoden noch nicht ausreichend genug entwickelt waren. Der Gestehungspreis des Torfes war zu hoch und vor allem reichte die Leistungsfähigkeit der vorhandenen Gewinnungsanlagen nicht aus, um die großen von einer Überlandzentrale beanspruchten Mengen in genügendem und gleichmäßigem Trockenheitsgrade zu liefern. Es war auch nicht genügend beachtet worden, daß dem geringen Stickstoffgehalt nur eine mäßige Ammoniakausbeute entsprechen konnte. Heute sind diese Bestrebungen infolge der Entwicklung der Verfahren zur Ammoniakgewinnung aus Luftstickstoff überholt.

Torfveredlung. Man hat frühzeitig versucht, die geringe Dichte und ungleichmäßige Form der Torfsoden durch Brikettierung zu beseitigen. Dabei wird der Torf zu Grieß zerkleinert. Dieses Torfklein wird mit Hilfe von künstlicher Wärme auf 12—15% Wassergehalt getrocknet. Das getrocknete Material wird in Pressen, wie sie allgemein in der Braunkohlenbrikettierung bekannt sind, zu den bekannten Briketts zusammengedrückt. Unter dem angewendeten Druck werden die Torfstückchen plastisch und verbinden sich ohne besonderes Bindemittel zu einem einheitlichen Körper. Es ist bemerkenswert, daß die Pressen, die heute in der Braunkohlenindustrie eine große Rolle spielen, ihrer grundsätzlichen Art nach bei den Bestrebungen, Torf zu veredeln, erfunden und erstmals angewandt wurden. In den bayerischen Mooren wurde schon im Jahre 1856[2] Torf brikettiert und kurz darauf wurde auch in Neustadt a. Rbg. eine Torfbrikettieranlage betrieben, während in der Braunkohlenindustrie die Presse erst ungefähr 25 Jahre später Eingang fand. Seitdem sind bis in die neueste Zeit hinein immer wieder Anlagen für Torfbrikettierung entstanden. Sie haben sich meist nur kurze Zeit gehalten, weil die durch das Verfahren bedingte Verteuerung des Brennstoffes der geringen Verbesserung der Eigenschaften der Torfsode nicht entspricht. Nur wo der zur Verarbeitung kommende Torf außerordentlich billig zur Verfügung steht, ist die Brikettierung rentabel. So kommt sie vor allem in Frage als Nebenbetrieb von Zentralen, wo billige Abwärme und in den Zeiten geringen Strombedarfes billiger Strom zur Verfügung steht. Wichtig wird die Brikettierung, wenn die künstliche Entwässerung von Rohtorf wirtschaftlich gelungen ist. Das Torfbrikett ist dem Braunkohlenbrikett ungefähr gleichwertig. Es ist mindestens ebenso sauber und was der Einheit brennbarer Substanz an Heizwert fehlt, wird durch den geringen Aschengehalt ausgeglichen.

Torfverkohlung. Die Verkohlung von Torf ist fast so alt, wie die Torfgewinnung selbst. Schon in dem 1663 erschienenen Buche des Pariser Arztes

---

[1] CARO, N.: Die Ammoniakgewinnung aus Torf. Chem. Ztg. 35, 505 (1911).

[2] Vgl. A. HAUSDING: Handbuch der Torfgewinnung und Torfverwertung, S. 94. Berlin: Parey 1919.

PATIN über den Torf[1] ist die Herstellung und Verwendung von Torfkohle in gewerblichen Betrieben in Holland beschrieben. Man hat auch immer Torf in Meilern, ganz ähnlich wie dies für die Holzverkohlung geschieht, verkohlt. Daneben gingen Bestrebungen, in geschlossenen Retorten, die von außen beheizt werden, die Herstellung von Torfkohle zu betreiben. Die Arbeiten ZIEGLERS[2] und diejenigen von HÖRING und WIELANDT[3] sind auf diesem Gebiete besonders hervorzuheben. Man erhält aus einer Tonne Torf etwa 300 kg Torfkohle. Dabei werden etwa 3 % Teer gewonnen. Bei der Verarbeitung des Teeres lassen sich aus 100 kg Teer 60 kg Gasöl, 20 kg Paraffin und 20 kg Pech gewinnen. Die abfallenden Mengen Teer sind aber zu klein, um sie an Ort und Stelle zu verarbeiten. Der Teer wird meist von Fabriken, die Braunkohlenteer aufarbeiten, mit verarbeitet. Neuerdings ist man dazu übergegangen, die Verkohlung des Torfes durch sog. Innenheizung zu vollziehen, d. h. dadurch, daß heiße unmittelbar durch Verbrennung erzeugte Gase durch die Schwelretorte getrieben werden. Die Torfkohle ist sehr rein. Sie besitzt nur $2^1/_2$—$3^1/_2$% Asche und nur 0,2—0,3 % Schwefel und Spuren von Phosphor. Sie steht in ihren Eigenschaften der Holzkohle nahe und wird im Grunde genommen für alle Zwecke, für die die Holzkohle Verwendung findet, mit Vorteil angewendet. Von den vielseitigen Verwendungsmöglichkeiten der Torfkohle seien u. a. Kupferschmiede, Edelstahlgewinnung, Entfärbung von Flüssigkeiten usw. genannt. Ihr Preis (ca. 80 RM. je Tonne) steht ihrer umfangreicheren Verwendung im Wege. Neuerdings wird auch die größte Menge von Entfärbungskohlen durch Verkohlung von jüngerem Moostorf erzeugt.

Humussäure aus Torf. Stark zersetzter Torf oder aus ihm mit alkalischen Lösungsmitteln extrahierte Humussäure kann für verschiedene Zwecke auf Grund der starken Absorptionskraft zur Reinigung der Diffusionswässer der Zuckerfabriken und von Abwässern Verwendung finden. Auch bei der Abwasserreinigung nach dem Kohlebreiverfahren hat Torf mit Vorteil Verwendung gefunden. Die in der Bodenkunde sehr bekannte Peptisierung von Tonen durch Humussäure wird für das Gießverfahren von Tonwaren verwendet[4]. Analog ist die Verwendung für die Emulgierung von Ölen usw., insbesondere von Desinfektionsmitteln für landwirtschaftliche Zwecke[5]. Da Humussäure den Gerbsäuren sehr nahe steht, ist Torf auch zum Gerben von Leder verwandt worden. Schließlich ist noch darauf hinzuweisen, daß BRAT[6] bei der Behandlung von mit Kalk versetztem Torf im Autoklaven ein eigenartiges Präparat erfunden hat, das aus einem Gemisch von organischen Säuren besteht. Ein Hauptteil, der als Humalsäure bezeichnet wurde, steht der Zuckersäure nahe und hat nach POPP eine Aldehydgruppe. Die Säure bildet ein leicht lösliches Kalziumsalz, das für die Zwecke der Kalktherapie vorgeschlagen wurde. Intravenöse Einspritzung des Salzes soll die Lecksucht der Wiederkäuer rasch heilen.

Vorstehender Überblick zeigt, daß seit vielen Jahrzehnten die verschiedensten Versuche zur Veredlung des Torfes gemacht sind, um auf diese Weise aus dem verhältnismäßig geringwertigen Produkt wertvollere zu gewinnen. Durchschlagende Erfolge sind auf diesen Wegen bis jetzt nur wenige erzielt. Die Ursache liegt weniger in den Veredlungsverfahren selbst, als darin, daß die Schwierigkeiten der Torfgewinnung selbst nicht genügend berücksichtigt wurden.

---

[1] PATIN, CHARLES: Traité des Tourbes. Paris 1663.

[2] HAUSDING, A.: Handbuch der Torfgewinnung und Torfverwertung, S. 400. Berlin: Parey 1919. — Vgl. auch Mitt. Ver. Fördrg. Moorkultur 22, 14 (1904).

[3] HÖRING, P.: Moornutzung und Torfverwertung, S. 537. Berlin: Julius Springer 1915.

[4] KEPPELER, G.: Untersuchungen über den grünen Zustand der Tone. Ber. dtsch. Keram. Ges. 3, H. 5 (1922).

[5] POPP, M.: Die Konstitution der Humussäure. Dtsch. Landw. Presse 47, 617 (1920).

[6] BRAT, P.: DRP. 349087.

Man hat meist Anlagen für die Verwertung gebaut, ohne den Torfgewinnungsbetrieb technisch und wirtschaftlich genügend durchzubilden. Es dürfte nur wenige Industrien geben, die so stark vom Preis des Rohstoffes abhängig sind wie gerade die Torfindustrie. Jede Veredlung ist prinzipiell nur dann möglich, wenn der als Grundlage dienende Torfgewinnungsbetrieb bei möglichst geringem Gestehungspreis zu höchster Leistungsfähigkeit entwickelt ist. Wird dieser Grundsatz mehr als bisher beachtet, so darf man der Torfveredlung eine weitere günstige Entwicklung prophezeien.

3. Die wirtschaftliche Bedeutung der Seeböden.

Von E. WASMUND, Kiel.

Die landwirtschaftliche Kultivierung trockengelegter Seebodenflächen ist schon in diesem Handbuche einer besonderen Behandlung[1] unterzogen worden und auch die teichwirtschaftliche Behandlung des Bodens hat ihren Platz gefunden[2], so daß die nachfolgenden Zeilen auf die Ausnutzung einzelner Seeteile unter und über Wasser, die ein Sonderprodukt liefern, auf die Verwertung bestimmter Sedimenttypen beschränkt werden können. Die Technik der Auswertung ist interessant genug, um erwähnt zu werden, auch zukünftige Möglichkeiten sollen kritisch beurteilt werden. Schließlich soll auch auf die allgemeine Bedeutung hingewiesen werden, welche die Seeböden direkt oder indirekt auf die Wirtschaft und den wirtschaftenden Menschen gewinnen können. Ganz so spärlich, wie man nach dem Mangel an einschlägiger Literatur[3] den Eindruck haben könnte, ist es mit den ökonomischen Beziehungen der Unterwasserböden nicht beschaffen, es soll also versucht werden, einen Überblick über ihre Bedeutung in Landwirtschaft und Forstwirtschaft, in Fischerei und Bergbau, in der Industrie, im Bauwesen und Siedlungswesen und schließlich in der Medizin und im Verkehr zu geben[4]. Die theoretischen Grundlagen für die hier behandelten Sedimente sind vom Verfasser dargestellt[5].

In der Landwirtschaft kann die Urbarmachung großer Ödländereien limnischen Ursprunges zur praktischen Frage werden, wenn natürliche Anzapfung oder die heutzutage häufige künstliche Absenkung breite Uferflächen freilegt, oder wenn sich ein Flußdelta immer weiter in den See über den Wasserspiegel vorschiebt. Je nachdem, ob ein Verlandungsufer oder eine Abrasionsterrasse vorliegt, können die Flächen hochproduktive litorale Grobdetritusböden oder sandige und steinig-sterile Gelände sein. Vom Standpunkt agrar-technologischer Bonitierung würden die koprogenen Böden, Mull an Land, Gyttja unter Wasser, als produktiv, die minerogenen Böden, Tone und Sande in beiden Medien als mittelwertig und die humosen Böden Torf und Rohhumus an Land, Dy und Dygyttja unter Wasser, als unproduktiv anzusehen sein. Es ist beachtenswert, daß diese von NAUMANN[6] angebahnte Beurteilung auch für die fischereibiologische bzw. teichwirtschaftliche Bonitierung gilt. Die Verlandung als Folge der Vertorfung der Uferpartien ist also an sich kein wirtschaftlich vorteilhafter Vorgang. Führt sie über Schwingrasen, Fennbildung zu Hochmooren, so ist höchstens noch eine Torfgewinnung möglich, die erst neuerdings zu industrieller Brennstoffgewinnung, so z. B. Brikettherstellung, zu Kraftwerken in russischen Moorgebieten, in großem Maßstab geführt hat. Die landwirtschaftliche Kultivierung der Moore mit den verschiedensten

[1] Vgl. 9, 83. 1931. [2] Vgl. 9, 299. 1931.

[3] Die nutzbaren Gesteine Deutschlands und ihre Lagerstätten, Bd. 1; bearb. von W. DIENEMANN (Kaolin, Ton, Sand, Kies, Wiesenkalk, Kieselgur).

[4] Vgl. E. WASMUND: Seeablagerungen als Rohstoffe, produktive, technische und medizinische Faktoren.

[5] Vgl. dieses Hdb. 5, 97. 1930.

[6] NAUMANN, E.: Grundzüge der Regionalen Limnologie. — Die Binnengewässer 11, Stuttgart 1932.

technischen Mitteln ist letzthin noch zu erwähnen, doch damit wird schon die Grenze der Darstellung der Unterwasserböden im eingangs definierten engeren Sinne überschritten.

Einzelne Typen der beschriebenen Sedimentgruppen finden lokale landwirtschaftliche, oft traditionell ererbte Verwendung. Der Ufersand wird zur Auflockerung auf schwere tonige Ackerböden gefahren, und zwar heutzutage oft nach vorheriger Verwendung in Scharräumen moderner Großgeflügelzüchtereien, wo er natürlich auch einen Düngerwert erhält. Umgekehrt werden Tone und Letten oder Seemergel zum Mergeln der Felder benutzt, und bei tiefstehendem Winterwasserstand am Ufer, wie z. B. am Bodensee, geholt, oder wie oftmals in Norddeutschland im Liegenden längst verlandeter Gewässer ausgegraben, wovon die in gewissen Gewässergebieten, wie z. B. Holstein und Mecklenburg, angehäuften gleich Narben über die Landschaft verstreuten, zahllosen Mergelgruben zeugen, wenn ein Teil derselben allerdings auch in glazigenen Geschiebemergeln auftritt. Der Schwemmtorf dient als humusreiche, hochwertige Erde und wird für Gartenbaubetriebe, z. B. an der Schussenmündung im Bodensee, allwinterlich abgebaut. Von vielen Stellen ist die Verwertung der mit Characeenkalkschlamm beladenen Armleuchteralgenwiesen bekannt geworden, am Bodensee besonders in der Konstanzer Gegend, und am thurgauischen Unterseeufer recht man die Characeen mit großen eisernen Rechen heraus und düngt damit die Felder. MIGULA[1] erwähnt solches auch von anderen deutschen Binnenseen. Diese Gewinnung, die auch von KIRCHNER und SCHRÖTER[2] ausführlich angegeben worden ist, wird schon in einer alten Reisebeschreibung des Jahres 1784 von Konstanz und Gottlieben angeführt. Es kamen hauptsächlich Bestände von Chara ceratophylla in Betracht. Die Charakalkhaufen werden mit dem Kahn geholt und liegen verwesend bis ins Frühjahr an Land, wo sie dann in Gärten und auf Äckern verteilt werden. BÄRTLING[3] erwähnt ebenfalls, daß in manchen Gegenden Norddeutschlands die untergetauchten Armleuchteralgen- und Laichkrautbestände ausgekrautet werden, um nach mehrmonatigem Durchfaulen ein gutes Kalk- und stickstoffhaltiges Düngemittel abzugeben. Das gleiche gilt auch für die ufernahen Seeböden, so im Lauenburgischen vor allem für Charakalkschlammbildungen, die nur mindestens 6 Monate gelagert werden, um den Atmosphärilien Gelegenheit zur Auswaschung der organischen Säuren zu geben. Wie am Bodensee, so werden auch in brandenburgischen Seen nach PASSARGE[4] Gemüse- und Getreidefelder mit herausgehackten kalkinkrustierten Pflanzen gedüngt. Im Hingesee in Dänemark wird nach WESENBERG-LUND[5] der Characeenkalk maschinell zu Düngezwecken aus dem See geholt. Seekreide und Wiesenmergel usw. werden an sehr vielen Stellen in ehemaligen und offenen Seen ausgebeutet. Das gilt noch mehr von der Zeit vor Einführung künstlicher Düngemittel. Die einseitige Benutzung der physiologisch-sauren Düngemittel, wie schwefelsaures Ammoniak und Kalisalze, hat schon zu beträchtlicher Versauerung mancher Böden geführt, so daß die Generationen hindurch vernachlässigte Kalkung wieder eingeführt werden muß. So wenig sich im allgemeinen See-

[1] MIGULA, L.: Die Characeen Deutschlands, Österreichs und der Schweiz. RABENHORSTS Kryptogamen-Flora, 2. Aufl. 1897.

[2] SCHRÖTER, C. u. O. KIRCHNER: Die Vegetation des Bodensees. Bodensee-Forschungen, 1. Abschn., 2. Teil. Ver. Gesch. Bodensees. Lindau i. B. 1902.

[3] BÄRTLING, R.: Die Seen des Kreises Herzogtum Lauenburg mit besonderer Berücksichtigung ihrer organogenen Schlammabsätze. Abh. preuß. Geolog. Landesanst. **1922**, N. F., H. 88.

[4] PASSARGE, S.: Die Kalkschlammablagerungen in den Seen von Lychen, Uckermark. Jb. preuß. Geolog. Landesanst. **22**, H. 1, für 1901 (1902).

[5] WESENBERG-LUND, G.: Studier over søkalk, bonne malm og søgytje i danske indsøer. Kopenhagen 1901.

kreiden wegen ihrer lockeren organogenen und kolloidalen Beschaffenheit zum Brennen eignen, so günstig wirken sie als Meliorationsmittel, als Pflanzennährstoff, zur Säureneutralisation bei der Zersetzung organischer Reste und für die Fernhaltung von Ortstein. Bei den modernen Verkehrsverhältnissen haben die mitteldeutschen und die wenigen norddeutschen Kalkbrüche die Seekreide vom Markt stark verdrängt, bei den lokal beschränkten Vorkommen sind maschinelle Hilfsmittel, vielleicht zu Unrecht, kaum angewandt worden. In Pommern[1] hat man in der Kriegs- und Nachkriegszeit die Seekreiden in den Binnenseen ausgebeutet, Ostpreußen[2] besaß vor dem Kriege im masurischen Seengebiet drei Düngekalkwerke, von denen eines durch die Russen zerstört und dann nicht wieder aufgebaut wurde. ANDREE hält besonders die Ausbeutung der in den masurischen Seeterrassen trockengelegten Seekreiden bei nicht zu hohem Gyttjagehalt als sehr rentabel und denkt andererseits daran, „die frische, noch in Bildung begriffene suppige Seekreide vom Boden der Seen hoch zu saugen". Wie die ganze baltische Seenplatte ist auch Mecklenburg reich an abbauwürdigen Seekreidelagern, worauf besonders GEINITZ[3], SOMMERMEIER[4], PASSARGE u. a. aufmerksam machen und sie auch z. T. beschreiben. In uckermärkischen Seen wird ebenfalls Seekalk abgebaut. Der Kalkgehalt der Seekreiden und Charakalke schwankt zwischen 50 und 95 % $CaCO_3$. Auf die Verwendung der kalkhaltigen Schalenlager wird später noch zurückzukommen sein.

Das Vorkommen von Schwefeleisen ist im Gegensatz zu dem des Brauneisensteins wirtschaftlich nur schädlich, denn bei der Trockenlegung von Seen, in denen Sapropel vorherrscht, oder welche durch Salzwasserquellen Gips und damit Sulfate dem Seeboden zuführen, wie z. B. oft in holländischen und friesischen Marschseen[5], entstehen Ausblühungen und, was noch schlimmer ist, bei Zutritt von Luft tritt Oxydation des Schwefeleisens und damit Schwefelsäure auf. Solange kohlensaurer Kalk vorhanden ist, werden die entstandenen Ferrosulfate umgesetzt, fehlt er oder ist er verbraucht, so entstehen basische Eisensulfate, die Schwefelsäure wieder abgeben und jedes organische Leben unmöglich und damit den Boden steril machen. Kalkung ist also auch hier dringend nötig. Im allgemeinen sind überhaupt künstlich trockengelegte Seeböden von geringem Nutzen, so daß der frühere Fischereiertrag höher als der nunmehr durch die landwirtschaftliche Produktion erzielte ist. Das ist darauf zurückzuführen, daß die Entwässerungsschwierigkeiten entweder zu groß sind, oder es entstehen umgekehrt Schäden in der Grundwasserlage und der Quellwasserführung der Umgegend[6]. Auch mit der Trockenlegung von litoralen See-Erzflächen in Schweden hat man recht schlechte Erfahrungen für den Abbau und die Bebauung gemacht.

Für die Forstwirtschaft gelten bei den zahllosen in Wäldern liegenden Binnengewässern die gleichen Gesichtspunkte, für sie kommt besonders die

---

[1] BÜLOW, K. v.: Die natürlichen Kalklager Pommerns. Unser Pommernland 10, H. 2 (1925).

[2] ANDRÉE, K.: Der geologische Aufbau Ostpreußens und seine Bedeutung für die Landwirtschaft der Provinz. Georgine, Land- u. forstwirtschaftl. Ztg. 1898.

[3] GEINITZ, F. E.: Kalk- und Mergellager in Mecklenburg. Landw. Ann. 8 (1893). — Die mecklenburgischen Kalklager. Ebenda 5/6 (1896).

[4] SOMMERMEIER, L.: Das Wiesenkalk- oder Seekreidelager des Turloffer Sees. Arch. Ver. Fr. Naturgesch. Mecklenburg 65 (1911). — PASSARGE, S.: siehe Anmerkung 4 auf S. 130.

[5] HISSINK, D. J.: Onderzoek van Grond- en Baggermonsters uit polders en plassen gelegen ten Oosten van de Utrechtsche Vecht. (Untersuchung von Boden- und Baggerproben aus Poldern und den Seen östlich der Utrechtsche Vecht.) Versl. Landbouwk. Onderz. Rijkslandbouwproefstations 24. s'Gravenhage 1920.

[6] Vgl. R. J. S. BROWN: Relation of Sea Water to Ground Water along Coasts. Amer. J. Sci. 4, 22 (1922).

Gewinnung von Wegebaumitteln, wie Sand und Steine, in Betracht. Es liegt ihr die Befestigung von Brandungsufern ob. Erlen, Eichen, Weiden werden zu künstlicher Strandkrone gepflanzt. Die Versumpfung von Baumbeständen durch randliche Aufhöhung der Litoralböden, Seichtwerden der Seeabflüsse oder durch Abdichten der Grundwasserströme durch wachsende Seeböden hat die schwedische Waldbauversuchsanstalt ausführlich behandelt[1].

Die Bedeutung der Seeböden für die Fischerei ist naturgemäß mannigfach, sowohl direkt als Faktor im Lebensraum der Fische und als Unterlage für Fischereigeräte, als auch wie sie indirekt als produktionsbiologischer Faktor (= Nährwert—Stoffwechsel) für die fischereiliche Bonitierung berücksichtigt oder behandelt werden. Als Laichunterlage für die grubenbauenden Grundlaicher (manche Salmoniden) ist nur fester minerogener Boden brauchbar, aber auch die meisten Krautlaicher (viele Weißfische und Raubfische) suchen sandigen oder steinigen Boden, der, wo er fehlt, in fischereilich gut bewirtschafteten Seen künstlich aufgeschüttet wird[2]. Schlamm im Sinne von Gyttja und Sapropel ist der Entwicklung des Fischlaichs nicht hold, wahrscheinlich sowohl wegen des Sauerstoffmangels als auch wegen der mangelnden Konsistenz; anders ist dies in den Alpenseen, wo die Winterlaicher, wie die Blaufelchen, über großen Tiefen laichen, der Laich aber auf festen Alphititmergel (Lette) ohne Verwesungsprozesse herabsinkt. Eine direkte Beeinflussung mancher Fischarten und Fischereizweige erfolgt von den Trübebahnen, welche die Zuflüsse im See, mit ihrem Suspensionsmaterial beladen, noch weit verfolgen; man hat diese Erfahrung erst seit den künstlichen Um- und Einleitungen von Fließgewässern in stehende Gewässer, wie z. B. des Rheins in den Bodensee oder der Kander in den Thunersee, gemacht. Den Vorgängen der Verlandung und Anlandung tritt der Fischwirt durch praktische Maßnahmen („Entlandung"), durch Beseitigen der Vegetation usw., soweit dieses möglich und nötig ist, entgegen.

Von Fischereigerätschaften kommen naturgemäß nur die den Grund berührenden in Betracht, also Grundschleppnetze, Stellnetze und Reusen. Man könnte allerdings die Behaftung der Zuggarne und Treibnetze im freien Wasser, besonders nach Hochwasser, mit noch schwebendem oder bei Sturm im Flachwasser aufgewühltem Sedimentations- und Driftmaterial auch hierher rechnen, wobei besonders auf die milchig-schleimigen Niederschläge aus physiologischem Fällungskalk hinzuweisen ist, die an warmen Sommertagen an den in der Sprungschicht treibenden Schwebnetzen der Alpenseen das Garn überziehen. Stellnetze am Ufer brauchen zum Einrammen der Pfähle festen Untergrund, Gyttja oder Geröll [illegible]nter einem Küstenversatzstrom ist ungeeignet. Schleppnetze, die besonders in [illegible] der Ostsee (Keitel, Zeese) und in manchen norddeutschen Binnenseen [illegible] können umgekehrt durch anstehenden Fels oder Findlings- [illegible] das ist ein Grund dafür, daß sie in den zirkumalpinen

[illegible] Seebodens natürlicher Gewässer liegt [illegible] zum Teil auch der Gashaushalt [illegible] hängt, der vom Wasser ausgelaugt [illegible] Stoffwechselabfälle von der Boden- [illegible] m Teil wieder in Fischnahrung um-

[illegible] inverkan på omgirande skogsmarker. Sv. [illegible] statens skogsförsöksanst. 6 (1909). — MAM- [illegible] s skogsförsöksanst. 20, Nr. 1 (1923). — RA-

[illegible] Flüssen, Seen und Strandgewässern Mittel- [illegible] teleuropas. Stuttgart 1925.

gesetzt werden. Je mehr organischer Detritus im Seeboden steckt, um so höheren Nährwert hat er, um so dichter ist die Besiedlung mit Fischnahrungsbodentieren. Geröll, sowie Sand sind also ungeeignet, gut zersetzte Gyttja dagegen von hohem Wert. LUNDBECK[1], der diese Fragen genau studiert hat, schreibt: „Die Stärke der Besiedlung ist geradezu proportional der Menge des feinen Detritus." Allochthone organogene Zufuhr (Laubblätter-Förna usw.) ist meist schon an Land aller Nährstoffe beraubt und ist niedrig zu bewerten, und alle humosen Sedimente, wie Dy und Torfschlamm, sind grundsätzlich für die tierische Ernährung ungeeignet.

In Teichwirtschaften[2] spielen die Eigenschaften des Bodens, nämlich dessen chemische Zusammensetzung, Durchlässigkeit, Adsorptionsfähigkeit für gelöste Stoffe, die wichtigste Rolle für die Beurteilung der natürlichen Bonität. Mängeln kann durch Teichdüngung in frisch bespannten ablaßbaren Teichen abgeholfen werden, der Erfolg wird letzten Endes am Abwuchs kontrolliert.

Ein Bergbau auf Unterwassersedimente ist bei uns zulande unbekannt und ist auch eine ungewohnte Vorstellung, jedoch war er es in früheren Jahrhunderten scheinbar nicht, worauf Namen wie Bergmehl = Diatomeengyttja oder Bergmilch-Seekalke hinweisen, und doch gilt er heute noch, und man braucht deswegen nicht an fossile Seeböden (wie gewisse Braunkohlenflöze) zu denken. Der Name Bergmehl stammt aus früheren Hungerzeiten, als man Kieselgur oder gemahlenen Schwerspat dem Mehl beimischte. Doch hatte er noch im letzten Jahrhundert in ganz Fennoskandia eine hohe Bedeutung, und noch heute geht in Schweden und Finnland der Bergbau auf eisenschüssiges oder manganhaltiges See-Erz um, wenn auch mancher bäuerliche Hüttenbetrieb verlassen und mancher kleiner Hochofen ausgeblasen wurde. Über die heutige praktische Bedeutung der in Süd- und Mittelschweden vorhandenen „Malmlager" unterrichtet die grundlegende Monographie von E. NAUMANN[3], der zu entnehmen ist, daß Ende letzten Jahrhunderts etwa 1000 t See-Erz im Jahr geschürft wurden. Seit 1910 ist die Jahresproduktion auf durchschnittlich 3000 t gestiegen und hat einmal sogar 6000 t erreicht. Heute ist von den zahlreichen einstigen See-Erzhütten Schwedens nur noch Åminne am Vidöstern in Betrieb, die Erzgewinnung geht dort maschinell mit großem Schwimmbagger vor sich, das Erz gelangt sofort am Ufer zur Verhüttung. Das dort produzierte Eisen wird für Gießereizwecke benutzt und hat sich dabei als ein Qualitätseisen vorzüglichster Beschaffenheit bewährt. NAUMANN ist der Meinung, daß die großen und brauchbaren Vorräte, die auf dem Boden fennoskandischer Seen ruhen, einst auch wieder in großem Maßstab Lagerstätten von bergwirtschaftlicher Bedeutung werden.

Der Durchschnitt der norwegischen See-Erze[4] wird auf ca. 50 kg/cm² berechnet, die erzbedeckten Areale betragen z. B. im Storsjöen 10—11 km². Für schwedische Seen hat die Prospektierung folgende Mengen ergeben:

See Bolmen	409321 t	gutes Eisenerz
See Bolmen	349323 t	sandiges Eisenerz
See Unnen	205962 t	gutes Erz
See Vidöstern . . .	383916 t	gutes Erz

---

[1] LUNDBECK, J.: Die Bodentierwelt norddeutscher Seen. Arch. Hydrobiol., Suppl.-Bd. 7 (1926).

[2] WUNDSCH, H.: Die Arbeitsmethoden der Fischereibiologie. Handbuch der biologischen Arbeitsmethoden E. ABDERHALDEN, Abt. 9 (1927). — FISCHER, H.: Teichwirtschaftliche Behandlung des Bodens. Handbuch der Bodenlehre 9. — CRONHEIM u. CZENSNY: Z. Fischerei 20, N. F. 4 (1919). — CZENSNY: Ebenda 22 (1919).

[3] NAUMANN, E.: Södra och mellersta Sveriges Sjö- och Myrmalmer, deras bildnings historia, utbredning och praktiska betydelse. Sver. Geol. Unders-Ser. C, 297. Stockholm 1922.

[4] VOGT, J. H. L.: Om manganrik Sjomalm i Storsjoen, Nordre Odalen. Norges Geol. Unders. Arb. 6 (1915).

In den finnischen Seen[1] wurden 1858—1908 2262500 t See-Erz gebaggert. Die Vorräte schätzt man dort auf ca. 6—10 Millionen Tonnen.

Weitere lakustrische Sedimente, wie Wiesenerz, Bergmehl (= Kieselgur), werden sämtlich im Tagebau abgebaut, doch spielen sich diese bergbaulichen Abbaumethoden als bruch- und grubenartige mehr im kleinen, sich der Steinbruchindustrie nähernd, ab.

Industrielle Verwendung findet die Kieselgur (Tripel) als Poliermittel, als Kieselgurfilter, als Isoliermittel, Zahnputzmittel, Lackpolitur, Asphaltbindemittel, Betongemisch, Kunststein, Papierbeimengung, Ziegel usw.; es werden fossile Lager, wie die interglazialen der Lüneburger Heide, in Dänemark[2] und besonders viele im Westen Nordamerikas, abgebaut. POTONIE[3] berichtet hierüber folgendermaßen: „Im Kieselgurbetrieb wird danach weiße, graue und grüne Kieselgur unterschieden. Die beiden letztgenannten Sorten müssen denn auch, um eine handelsfähige Ware zu liefern, vorher gebrannt werden, und es ist meist derartig reichliche organische Substanz darin, daß dieser Diatomeenpelit, nachdem er lufttrocken geworden ist, in Form von Meilern zusammengepackt, weißbrennt (‚kalziniert'). Der sich dabei entwickelnde brenzliche Geruch ist bei richtigem Wind kilometerweit zu verspüren, es ist unter diesen Umständen nicht wunderbar, wenn Diatomeensapropel (graue und grüne Kieselgur) als Isoliermasse, etwa für Dampf- und Warmwasserheizrohre benutzt, bevor sie ‚kalziniert' (gebrannt) wurde, gelegentlich Brände zu erzeugen imstande sind, wie das z. B. in Hamburg manchmal vorgekommen ist, es darf für solche Zwecke eben nur gebrannte Kieselgur benutzt werden." Besonders verbandsfeste Limnoquarzite finden als „Mühlsteinquarzit" Verwendung[4]. W. ARNDT[5] gibt an, daß die Kieselskelettteile, die von dem dem Baikalsee eigentümlichen Süßwasserschwamm Lubomirskaja baikalensis PALL. stammen, ebenfalls als Poliermittel für die Irkutsker Silberschmiede Verwendung fanden. Für Spongillennadeln als Beimengung der Diatomeenpolierschiefer oder als Spongientripel gilt dasselbe. Der wirtschaftliche Hauptwert der limnischen Diatomeenerde beruht auf ihren physikalischen Eigenschaften, dem porös-festen Gefüge, der hohen Leichtigkeit und der schlechten Wärme- und Schalleitung.

An Brennstoffgewinnung aus organogenen Seeböden hat man auch schon gedacht, und zwar in Parallele zu der Brikettfabrikation aus Torf, an die Destillation von Öl aus Sapropel und Gyttja. BÄRTLING[6] äußert sich darüber: „Eine Ausnutzung der Tiefenschlämme zur Gewinnung von Ölen durch Destillation in geeigneten Retortenöfen wäre recht gut denkbar, zumal da für die kalk- und phosphorreichen Destillationsrückstände gute Verwendungsmöglichkeiten vorhanden sind. Der Gehalt an organischer Substanz ist sehr hoch, er steigt z. B. im Goldensee bis zu 28,72%. Hiervon wird ein beträchtlicher Teil als Öle gewonnen werden können, während der Rest, aus nicht flüchtigem Kohlenstoff und nicht kondensierbaren Gasen bestehend, das Heizmaterial für die Retortenöfen liefern müßte. Ein wundervolles Nebenprodukt, für das reichlicher Absatz in unmittelbarer Nähe vorhanden ist, würde schwefelsaures Ammoniak sein, das aus dem bis zu 1,64% betragenden Stickstoffgehalt gewonnen würde. Einer derartigen Verwertung stehen aber die sehr großen technischen Schwierigkeiten

---

[1] AARNIO, B.: Über die See-Erze einiger Seen Finnlands. Geotekn. Medd. **20** (1918).

[2] OSTRUP, E.: Danske Diatoméjordaflejringer. Danm. Geol. Unders. II. R., **9** (1899).

[3] POTONIÉ, H.: Die rezenten Kaustobiolithe und ihre Lagerstätten. Bd. 1: Die Sapropelite, S. 204. Abh. kgl. preuß. Geol. Landesanst. **1908**, N. F., H. 55.

[4] WEINSCHENK, E.: Petrographisches Vademekum. Freiburg i. Br. 1913.

[5] ARNDT, W.: Schwämme. Rohstoffe des Tierreichs, 2. Lieferung. 1929.

[6] BÄRTLING, R.: siehe Anmerkung 3 auf S. 130.

der Gewinnung des Rohmaterials entgegen, da die Faulschlammassen meist nur in den tieferen Teilen der Seen rein genug sind. Hier steht aber der Gewinnung meist die zu große Wassertiefe entgegen. Möglich wäre die Gewinnung also nur in Seen mittlerer Größe." Eine Rentabilität solcher, doch große technische Anlagen erfordernder Betriebe scheint auch bei der relativ geringen Mächtigkeit und besonders bei der fehlenden Horizontbeständigkeit der Seeböden unwahrscheinlich, dazu treten noch der in Trockenanlagen zu entfernende hohe Wassergehalt und schließlich die dauernd wechselnde chemische Zusammensetzung störend hinzu. Eine lokale primitive Ausnutzung wie beim Torfstechen ist eben hier nicht möglich.

Für das Bauwesen kommen besonders minerogene Seeböden als Materiallieferanten in Betracht. Zahllose Kies- und Sandgruben bauen die limnoglazialen Sedimente der eiszeitlichen Stauseen, viele Ziegeleien deren Tone ab. Am Bodensee wird die rezente schwere zähe Lette vielfach zum Wegunterbau benutzt, die gesiebten Feinkiese und Ufersande holt man dann zur Wegauffüllung und benutzt den Sand besonders zur Anlage von Strandbädern. Zwischen Langenargen und Schwedi am württembergischen Bodensee liegen besonders große Sandvorräte im Delta der Schussen; der Strandsand ist von einer gewissen Wasserstandslinie ab Allmende, und der jährliche Abbau von Sand durch Dorfeinwohner für Bauzwecke hat etwa die Höhe von 400—500 m^3. Aber nicht nur mit Handbetrieb wird der Sand gefördert, sondern am Bodensee arbeitet ein Sandbagger an der Schussenmündung und ca. 8 Kiesbagger von württembergischen, badischen, schweizerischen und vorarlbergischen Firmen an den Mündungen des Rheins, der Bregenzer Aach und der Argen[1]. Die zu Bauzwecken (Eisenbeton), Straßenanlagen usw. verwendeten Kiesmassen versorgen das halbe Südbaden und Oberschwaben und gehen ins Allgäu und nach Vorarlberg hinein. Vom Umfang der technischen Ausbeutung bekommt man einen Begriff, wenn man erfährt, daß der Jahresumsatz der deutschen und österreichischen Betriebe im Durchschnitt der letzten Zeit 1—2 Millionen RM. beträgt, und daß die Baggerei neben den Baggern etwa 45 Motorkähne fahren läßt. Ähnliche, aber anscheinend weniger umfangreiche Baggerbetriebe sah Verfasser am Vierwaldstätter See und am Genfer See, wo die Kiesschiffe noch unter Segel fahren. Die am Ufer ausgewaschenen Gletschergeschiebe und Blöcke werden unmittelbar zu Ufervermauerungen und in Faschinen zu Befestigungen gegen den Küstenversatzstrom verwendet, während der Ufersand vielfach als Mörtelsand Verwendung findet. Wenn Norddeutschland dank der überwiegenden Eutrophie der Gewässer mehr mit Seekreiden und damit landwirtschaftlich bevorzugt ist, so stehen im oligotrophen süddeutschen Alpenrandgebiet mehr minerogene Baustoffe zur Verfügung. Es berichtet z. B. QUEDNAU[2] auch vom ostpreußischen Mauersee, daß dort am Ufer nach Mauergrand von gröberer Sandkörnung gesucht werde. Quellkalktuffe werden vielerorts bei fester Beschaffenheit zu schleiffähigem Baustein verwandt, besonders interglaziale und postglaziale Lager sind hier, auch wegen ihrer prähistorischen Bedeutung, bekannt, so u. a. die Travertine von Weimar-Ehringsdorf, von Cannstatt bei Stuttgart, von Tata in Ungarn, von Polling in Oberbayern. Neben diesen klastischen Sedimenten wird natürlich auch der lakustre Kalk vielfach zum Brennen verwendet, und mancher Kalkofen steht am Ufer eines unter Seekreidebildung verlandeten Sees. Es sei auf das oben über die Verwertung der Kalklager Gesagte verwiesen und weiter ergänzt, daß starke organische Bei-

[1] WASMUND, E.: Die Gewinnung von Kies und Sand im Bodensee. Geologie und Bauwesen 4. Wien 1931.

[2] QUEDNAU, A.: Das eiszeitliche und das heutige Mauerseebecken. Heimatforschung aus Ostpreußen, Mauerseegebiet 2. Langensalza 1927.

mengungen und Schwefelverbindungen natürlich die Seekalke zu Bauzwecken unbrauchbar machen. LUNDBECK[1] unterzieht die in holsteinschen Seen vorhandenen Vorräte an Molluskenkalk in der Schalenzone einer Diskussion und kommt zu dem Ergebnis, daß bei weiterer Anreicherung, und zwar besonders seitdem die gut erhaltungsfähige Dreissensia-Schale abgelagert wird, vielleicht in Zukunft an eine industrielle Ausbeutung zu denken sei, wie es an Meeresküsten früher und in jüngster Zeit wieder auflebend stark der Fall war[2]. Er gibt z. B. für den Großen Plöner See an Schalengewicht lebend 200000 kg, bereits abgelagert 12 Millionen Kilogramm an. Dabei sind die Lebensbedingungen für die Dreikantmuscheln hier nicht einmal besonders günstig, die Molluskenschalenproduktion beträgt hier etwa 80—90 kg/ha, in anderen Seen werden dagegen Werte von 700 bis 900 kg/ha erreicht, und es sind damit mächtige Schalenzonen vorhanden.

Die Rolle der Seeböden im Siedlungswesen läßt sich nur andeuten. Gyttja und Sapropel als Bauuntergrund hat sich öfter für ganze Siedlungsteile als trügerisch erwiesen. Die Häuser bekommen infolge von Bodenbewegungen der plastischen Masse Risse, Bahndämme versinken im scheinbar längst landfesten Boden. Ganze Stadtteile erfahren durch Überlastung oder Aufschüttung des wenig tragfähigen Seebodens verhängnisvolle Rutschungen. Vom Züricher See, Genfer See und Zuger See wurden solche schon erwähnt. Auch im Stadtzentrum Kiels kann an einem halb verlandeten, kleinen Binnengewässer, „Kleiner Kiel" genannt, wertvoller Baugrund nicht verwertet werden. Alt-Berlin steht zum großen Teil auf Pfahlrosten im Faulschlamm alter See-Erweiterungen der Spree. In Charlottenburg mußte 1924 ein auf einem 10 m mächtigen Sapropel stehendes Haus infolge einer Senkung und Rißbildung geräumt werden, erst säurewiderstandsfähige Betonpfeiler genügten zur Rettung des Hauses. In neuerer Zeit hat man allenthalben große Baulichkeiten im Altwasser- oder Ufergebiet von Flüssen unterfangen müssen oder hat die Pfahlroste durch Zementstützen ersetzt, es sei an Notre Dame an der Seine, den Tower an der Themse, das Straßburger Münster und den Mainzer Dom am Rhein erinnert. Am Bodensee gibt es ähnliche Erscheinungen in mineralischen Uferböden, die alphititischen Mergel der Rhein-See-Alluvien sind in jüngerem Zustand noch breiig und werden daher „Lauf-letten" oder „Milchletten" genannt, auch die Bregenzer Hafenanlagen stehen auf Pfählen, die Pegel senken sich am ganzen Ufer und Erdbeben lösen an ufernahen Gebäuden Risse aus. Seezeichen und Bojen am tektonisch bedingten Halderand verschwinden über Nacht. Aber auch anstehendes Gestein kann in tektonisch labilen Gebieten, wie den Überlinger See, in den See stürzen. So hat Meersburg am Bodensee am steilen Molassesandsteinufer vor dem Kriege (1906) auf diese Weise ein Haus über Nacht durch Absturz des Untergrundes in den See verloren. Durch die tiefen Wasserstandsabsenkungen in den als Stauwerk benutzten Seen fällt der Druck auf die Seeböden fort, und damit erhöht sich die Gefahr für Rutschungen ungemein, sie bleiben auch selten aus[3]. Besondere Rücksicht auf den Untergrund hat man beim Bau von Wehrschützen in zur Kraftgewinnung benützten Seen zu nehmen, auch die verschiedene Wasserdurchlässigkeit der Sedimenttypen ist für diesen Zweck zu berechnen. Die glaziale Wannenform vieler wassererfüllter oder leerer Seewannen ist ein günstigerer Stauraum als die V-Form der Erosionstäler. Die Fundamentsohle muß bei

[1] LUNDBECK, J.: Die „Schalenzone" der norddeutschen Seen. Jb. preuß. Geol. Landesanstalt 49 (1928).

[2] WASMUND, E.: Schalenfischerei an Meeresküsten. Mitt. dtsch. Seefischereiver. 45, H. 2 (1929).

[3] HEIM, ARN.: Über rezente und fossile subäquatische Rutschungen und deren lithologische Bedeutung. N. Jb. Min. 2 (1908). — HEIM, FR.: Die Absenkung des Walchensees und ihre Auswirkungen. — Mitt. D. Ö. Alpenver. 1925.

großen Sperrwerken bis auf den anstehenden Felsgrund niedergebracht werden, bei kleinen genügt eine Verlegung ins Diluvium oder Alluvium. Die Deltaverlandung hat manchem Gemeinwesen eine besondere siedlungsgeographische Note gegeben, es sei an Interlaken zwischen Thuner und Brienzer See erinnert. Andererseits kann die schnelle Deltaverlandung bei den heute modern gewordenen Flußverlegungen zur Speisung von Stauseen den Becken ein frühzeitiges Ende machen. Der Verschlickung oder Versandung von Binnenseehäfen durch die Küstenversetzungsströme sei hier ebenfalls gedacht. Die Gesichtspunkte der regionalen Hydrogeologie kommen zu ihrem Recht, wenn man die Abhängigkeit des modernen Badebetriebes vom Vorhandensein sandiger, nicht zu kiesiger und nicht zu detritusreicher Ufer sieht; dadurch sind viele norddeutsche Kleingewässer ohne Brandungsufer bei hoher Eutrophie und Detritusübersättigung benachteiligt, während die steinreichen Gestade vieler Alpenseen auch einer Entwicklung im großen an vielen Orten, wo auch Nachhilfe nicht viel hilft, im Wege stehen. Selbst der üble Geruch, den echte Sapropele, wie im Kleinen See hinter Lindau oder in der Lagune hinter Venedig, verbreiten, muß hier genannt werden.

Der Badebetrieb in balneologischer Form führt uns zur Medizin, wobei auf die Bedeutung der Schlamm- und Moorbäder im Binnenlande auf die altbekannten Heilstätten des „heilsamen Schlammes"[1] des Rigaschen Meerbusens in Strandseen und in den Limanen des Schwarzen Meeres hingewiesen sei. Es sind durchweg sapropelische Tongyttjabildungen mit hohem Schwefeleisengehalt. In Italien, wo der Seeschlamm „fango" heißt, verwendet man ihn vielfach zu Heilzwecken, und zwar besonders feinkörnige Typen wegen ihrer schlechten Wärmeleitung als Wärmkörper. Anderer im Handel befindlicher Fango — der Name ist auch in der deutschen Therapie gebräuchlich — ist der Nilschlamm oder er besteht aus vulkanischen Erden. Vom hygienischen Standpunkt der Abwässerbeseitigung der Städte ist deren Lage an Binnenseen von Bedeutung, die biologische Selbstreinigung des Gewässers kann die Düngestoffe ohne Schaden zur Aufnahme bringen, allerdings nur bis zu einem gewissen Größenverhältnis. Der Rotsee bei Luzern ist zu einem Sapropelgewässer geworden, der Züricher See ist durch die wachsende Uferbesiedlung vom oligotrophen Typus zum eutrophen auch in der Sedimentation umgeschlagen, und u. a. haben auch die oberitalienischen Seen einen „Stich" ins Eutrophe im Sediment erhalten, was bei der Besiedlung seit Römerzeiten kein Wunder ist. In der biologischen Selbstreinigung der Gewässer und der weitgehenden Aufnahmefähigkeit vieler Seeböden für zersetzliche Abfallstoffe liegt ein großer wirtschaftlicher Vorteil, denn welche riesigen Abwasserteichanlagen haben sich doch Großstädte ohne benachbarte Seen wie Straßburg und München mit kostspieligen Sedimentiermethoden, Absitzbecken und Rieselfeldern, geschaffen. Aus reinen oligotrophen Gewässern, die ohnehin tief sind, also kühle, organismenarme und sauerstoffreiche Tiefenschichten besitzen, können sogar größere Städte ihr Trinkwasser gefahrlos entnehmen, so beziehen Friedrichshafen und St. Gallen ihr Wasser aus dem Bodensee.

Mit einem nur angedeuteten Ausblick auf den Verkehr, den die Ausbeutung der wirtschaftlich nutzbaren lakustren Sedimentstoffe durch Benutzung von Seefahrzeugen und Güterbahnen, wie durch Aufschließung unbewohnter Seeufer durch Anlage von Wegenetzen nach sich zieht, sei dieser Überblick über die technische Verwertung der Seeböden geschlossen.

---

[1] Doss, B.: Über den Limanschlamm. Korr.-Bl. Naturf. Ver. Riga 73 (1900). — Nadson, G.: Die Mikroorganismen als geologische Faktoren. I. Über die Schwefelwasserstoffgärung im Weissowo-Salzsee und die Beteiligung der Mikroorganismen bei der Bildung des schwarzen Schlammes (Heilschlamm) (russ.). Arb. Kommiss. Erforschg. Mineralseen bei Karjansk. St. Petersburg 1903.

4. Die Bedeutung des Bodens im Bauwesen.

Von B. TIEDEMANN, Berlin.

Mit 23 Abbildungen.

Einleitung.

Die bautechnische Bodenkunde ist ein junges Sondergebiet der angewandten Bodenlehre und ist das Bindeglied zwischen Geologie und Erdbaumechanik. Für das gesamte Bauwesen ist der Boden als Baugrund wie auch als Baustoff von „fundamentaler“ Bedeutung. Der Begriff Boden in technischer Hinsicht ist die ganze Mächtigkeit der Erdkruste, die der praktischen Ausnutzung für bautechnische Aufgaben zugänglich ist. Zur Gewinnung von „Bodenschätzen“ geht es bergbaulich oder bohrtechnisch in die Tiefe, soweit die Wirtschaftlichkeit der Gewinnungsanlagen dies gestattet. Zur Anlage von Verkehrswegen (Eisenbahnen, Kanälen, Straßen) werden weitgehende Bodenumlagerungen vorgenommen (Einschnitte, Dämme), Gebirge im Tunnel durchstoßen. Steine, Kies, Sand, Ton usw. finden Verwendung als Baumaterial und verschiedenes andere. Entsprechend dem Umfang dieser Aufgaben wird sich die bautechnische Bodenkunde sowohl mit Eruptivgesteinen als auch mit Sedimentgesteinen, mit festem und lockerem Material, also mit Felsböden, Steinböden, Sandböden, Tonböden, Humusböden in ihrer Geeignetheit für bautechnische Zwecke zu beschäftigen haben. Eine strenge Trennung zwischen Gestein und Boden wird daher hier nicht immer möglich sein.

Während die modernen mikroskopischen Untersuchungsmethoden einen richtigen Einblick in das Wesen des festen Gesteinsmaterials und auch eine Erklärung seiner technisch wichtigen Eigenschaften gestatten, ist dies bei den unverfestigten, besonders bindigen Sedimenten weit weniger der Fall. So mannigfaltig diese unverfestigten Böden in ihrer Zusammensetzung sind, ebenso verschieden sind sie in ihren physikalischen Eigenschaften. In der systematischen Erfassung der technisch wichtigen Eigenschaften (Kohäsion und innere Reibung, elastisches Verhalten, Wasserdurchlässigkeit) dieser Böden liegt der Schwerpunkt der jungen bautechnischen Bodenforschung. Dieses Forschungsgebiet fällt fraglos dem Ingenieur zu. Ersprießliches wird er jedoch auf diesem Gebiete nur leisten können, wenn er sich die geologischen und mineralogisch-petrographischen Erkenntnisse, die Grundlagen der wissenschaftlichen Bodenkunde, so weit zu eigen macht, daß er imstande ist, die in tektonischer, stratigraphischer, petrographischer usw. Hinsicht festgestellten Verhältnisse in bautechnischem Sinne auszuwerten.

Streben nach bodenkundlicher Erkenntnis in bautechnischer Hinsicht herrschte schon zu den frühesten Zeiten. Der Boden als technischer Baustoff hat im Leben der Völker eine gleich wichtige Rolle gespielt wie der Boden in ackerbaulicher Beziehung; er hat stark gestaltend in das Leben der Menschen eingegriffen. Zunächst war es der Ton, der ob seiner Bildsamkeit, seiner leichten Bearbeitbarkeit zum Bau von Hütten usw. anregte, wo klimatische Verhältnisse dies gestatteten. Noch heute findet man bei den primitiven Völkern diese ursprünglichen „Bauwerke“[1]. Später ging man dazu über, Ziegel zu fertigen, die lufttrocken verarbeitet wurden, als Mörtel benutzte man heißes Erdharz (Asphalt). Schon 7000 v. Chr. nutzten die städtebauenden Sumerier die vorzüglichen Tonlager zwischen Euphrat und Tigris — diese Flüsse mündeten damals noch getrennt in den Persischen Golf — zur Ziegelfabrikation, zur Errichtung turmartiger

[1] Vgl. S. 81.

Tempel und zu Deichbauten bei Bewässerungsanlagen. Später ging man dazu über, die Ziegel zu brennen.

Entsprechend der Entwicklung menschlicher Tätigkeit wurden Ackergerät und Waffen zum Leben notwendiger. Man mußte sich neue Stoffe dienstbar machen und griff zu den Metallen. Zunächst waren es wohl ausgewitterte Lagerstättenplätze, die die Fundstätten für Erze darstellten, und durch Zufälligkeiten lernte man ihren Wert erkennen; dann mögen auch die eigentümlichen Bodenfärbungen am Ausgehenden von Erzlagerstätten die Aufmerksamkeit des Menschen auf sich gelenkt und ihn angeregt haben, in die Tiefe zu schürfen, und zwar zuerst in primitivster Weise mit Knochen und Geweih, mit Steinhammer und Keil. Es entwickelte sich der Bergbau. Schon etwa 4000 v. Chr. soll es Kupferbergwerke auf der Sinaiinsel gegeben haben, auch bei Indern und Chinesen soll Bergbau schon zu jenen Zeiten betrieben worden sein. Hatte man nun erst bessere Werkzeuge, so konnte man auch an die Bearbeitung und Verwendung festerer Baustoffe herangehen. Damit gelangt man zu den glänzenden bautechnischen Leistungen der Alten Welt, deren erhalten gebliebene bauliche Reste Zeugnis darüber ablegen, wie weit die heutigen bautechnischen Regeln in bezug auf Baustoffgewinnung, Gründung usw. schon damals Anwendung fanden. Es ist nicht beabsichtigt, hier weiter auf die Entwicklung des Bauwesens von bodenkundlichen Gesichtspunkten einzugehen, die gebrachten Beispiele mögen genügen. Es waren stets Erfahrungssätze, auf denen sich die Beurteilung des Bodens auf ihre Eignung als Baustoff oder als Baugrund stützte, und so ist es bis auf den heutigen Tag geblieben. Versucht man neuerdings mit großem Eifer die Bodenuntersuchungen auf exaktere Grundlagen zu stellen, so geschieht dies aus der Erkenntnis heraus, daß hier ein wichtiges Gebiet des Bauwesens gegenüber der Fortentwicklung der Bauwerke vernachlässigt worden ist. Was nutzte schließlich die gewandteste Berechnung des weitgespannten Brückenbogens, wenn das Erdreich im Widerlager nachgab; was nutzte die kräftige Ausbildung der Talsperrenmauer, wenn sie durch Grundbruch unterspült wurde; was half die gewissenhafteste Konstruktion bei Hochhaus, Silo und dergleichen, wenn der Pfahlrost sich zu stark setzte; es sei weiter an die Böschungsrutschungen bei Eisenbahn- und Kanalbauten erinnert, die viele Millionen Mark Kosten verursachten. Schließlich reifte die Erkenntnis, sich der Mechanik des Bodens zuwenden zu müssen. Es war dies das rückständigste Kapitel der technischen Wissenschaften.

Die Behandlung bodenkundlicher Fragen als wichtiges Sondergebiet des Bauwesens wurde zuerst in Amerika aufgenommen. Bei der neuzeitlichen Erschließung weiter Landstriche durch Eisenbahnen und Automobilstraßen waren und sind die verschiedensten erdbaulichen Probleme zu lösen. Fels, Kies, Sand, Ton, Moor wurden unter den abwechselungsvollsten Bedingungen angetroffen und waren in bezug auf die verschiedensten Bauvorhaben zu begutachten. Nach v. Terzaghi[1] ging die erste wirksame Anregung zur planmäßigen Erforschung der physikalischen Eigenschaften des Bodens zu erdbautechnischen Zwecken von der „American Society of Civil-Engeneers“ aus. Es wurde 1913 ein Ausschuß zur „Kodifizierung der üblichen zulässigen Beanspruchungen des Baugrundes und zum Studium der technisch wichtigen physikalischen Eigenschaften“ ernannt.

Des weiteren veranlaßten zahlreiche Rutschungen bei Eisenbahnen in den Eismeertongebieten Fennoskandiens die dortigen Staaten, sich der Erforschung der Ursachen von Rutschungen zuzuwenden. Geotechnische Kommissionen von

---

[1] Terzaghi, K. v.: Erdbaumechanik auf bodenphysikalischer Grundlage, S. 3. Leipzig u. Wien 1925.

Schweden[1] und Finnland und die norwegische geologische Reichsanstalt bemühen sich um die Lösung dieses Problems. In Belgien und Italien bestehen seit langem ingenieurgeologische Abteilungen, die sich mit technisch geologischen Vorarbeiten bei Tiefbauten und Wasserversorgung befassen. In Deutschland finden sich in den letzten Jahrzehnten verschiedene Anfänge, welche die für die Erdbaustatik wichtigsten Bodenwerte durch Versuche festlegen wollen; es sei an die Arbeiten von MÜLLER-BRESLAU[2], KREY[3] u. a. erinnert. Auf breiterer Grundlage werden diese Untersuchungen erst aufgenommen, seitdem durch K. v. TERZAGHIS „Erdbaumechanik auf bodenphysikalischer Grundlage"[4] auf die dringende Notwendigkeit der eingehenden Untersuchung der physikalischen Eigenschaften der Bodenarten hingewiesen wird und in der umfassendsten Weise die Fragen der Erdbaumechanik aufgerollt und behandelt werden. Es ist dies das grundlegende Werk für das Gebiet der erdbaumechanischen Forschung. 1917 waren v. TERZAGHI im amerikanischen Robert-College in Konstantinopel die Mittel zur Einrichtung eines tiefbau-technischen Laboratoriums zur Verfügung gestellt worden, er hat dort seine experimentellen Arbeiten und Studien durchgeführt und die Ergebnisse in seiner „Erdbaumechanik" zusammengefaßt.

Ferner sei auf die Arbeiten von V. POLLACK[5], I. STINY[6], W. KRANTZ[7], M. SINGER[8], I. WILSER[9] verwiesen. Auch die neuerschienene „Ingenieurgeologie" von K. A. REDLICH, K. v. TERZAGHI und R. KAMPE[10] bringt eine umfassende Zusammenstellung aller den Ingenieur auf geologischem, petrographischem und rein bodenkundlichem Gebiet interessierenden Fragen. Von Wichtigkeit sind weiterhin die Arbeiten von KÖGLER und SCHEIDIG[11] über die Druckverteilung im Baugrunde auf Grund umfangreicher Versuche im Institut für technische Mechanik der Bergakademie Freiberg i. Sa. Auch an anderen Orten wurden Versuchslaboratorien und Forschungsstellen geschaffen. Gehörte bereits zu den Aufgaben der Versuchsanstalt für Wasserbau und Schiffbau in Berlin die Behandlung der Fragen des Erddruckes und der Standsicherheit von Wänden und Böschungen, so ging KREY daran, eine besondere Erdbauabteilung auszubilden und der Versuchsanstalt anzugliedern, die imstande war, Behörden und Private in allen Fragen des Erdbaus zu beraten und die erforderlichen Bodenuntersuchungen durchzuführen[12]. In gleicher Weise nahm auch die Versuchsanstalt für Grundbau und Wasserbau an der technischen Hochschule Hannover die Behandlung bodenmechanischer Fragen in ihr Arbeitsgebiet auf und schuf beachtenswerte Versuchseinrichtungen zur Bestimmung der Festigkeitseigenschaften des Bodens[13].

[1] Statens Järnvägars-Geotechniska Kommission 1914/1922 Slutbetänkande. Stockholm 1922.

[2] MÜLLER-BRESLAU, H.: Erddruck auf Stützmauern. Stuttgart 1906.

[3] KREY, H.: Erddruck, Erdwiderstand, 3. Aufl. 1926.

[4] Leipzig-Wien: Deuticke 1925.

[5] POLLACK, V.: Beiträge zur Kenntnis der Bodenbewegungen. Jb. k. k. geol. Reichsanst. Wien 1881. — Die Beweglichkeit bindiger und nichtbindiger Materialien. Abh. prakt. Geol. u. Bergwirtschaftslehre, Halle 2.

[6] STINY, I.: Technische Gesteinskunde. Wien 1919. — Technische Geologie. Stuttgart 1922.

[7] KRANTZ, W.: Die Geologie im Ingenieurbaufach. 1927.

[8] SINGER, M.: Die Bodenuntersuchung für Bauzwecke. Leipzig 1911.

[9] WILSER, I.: Grundriß der angewandten Geologie. Berlin 1921.

[10] REDLICH, K. A., K. v. TERZAGHI u. R. KAMPE: Ingenieurgeologie. Berlin: Julius Springer 1929.

[11] KÖGLER, F. u. A. SCHEIDIG: Druckverteilung im Baugrunde. Bautechnik 1927, H. 29 u. 31; 1928, H. 15 u. 17; 1929, H. 18 u. 52. — KÖGLER, F.: Die Belastung des Baugrundes. Bauingenieur 1927, H. 44.

[12] KREY, H.: Rutschgefährliche und fließende Bodenarten. Bautechnik 1927, H. 35.

[13] FRANZIUS, O.: Neuere Einrichtungen für Versuche über Erddruck, Erdwiderstand, Bodenreibung, Fundamentreibung usw. Bauingenieur 1928, H. 7 u. 8. — STRECK, A.: Die

Vom Reichsverkehrsministerium — in Verbindung mit dem Pr. Kultusministerium und der Reichsbahngesellschaft — wurde die „Deutsche Forschungsgesellschaft für Bodenmechanik" (Degebo) ins Leben gerufen, deren Aufgabe es ist, die bislang vorliegenden Erfahrungen auf dem Gebiete des Erdbaus und der Bauwerksgründungen zu sammeln, die Eigenschaften aller Bodenarten als Baugrund und als Baustoff zu erforschen und die Ursachen und Wirkungen dieser Eigenschaften zu untersuchen. Schließlich hat die „Deutsche Gesellschaft für Bauingenieurwesen"[1] einen besonderen „Ausschuß für Baugrundforschung" gegründet, der sich als Hauptaufgabe gestellt hat, Kenntnisse und Erfahrungen auf dem Gebiete der Baugrundforschung, die teils beim Ausschuß selbst, teils an anderen Forschungsstellen gesammelt wurden, möglichst weitgehend zu verbreiten. Der Österreichische Ingenieur- und Architektenverein gründete einen besonderen Baugrundausschuß. In seinen „Vorschlägen für die Beurteilung von Flach- und Pfahlgründungen" werden Fragen bezüglich Bodeneinteilung und Bodenuntersuchungen behandelt[2]. In Wien selbst befinden sich die auf dem Gebiete der technischen Bodenforschung führenden Institute von K. v. Terzaghi und I. Stiny. Rußland, das auf dem Gebiete der pflanzenphysiologischen Bodenforschung einen guten Namen hat, berichtet neuerdings über Arbeiten des Instituts für Bauwesen, Moskau, USSR., auf dem Gebiete der Baugrundforschung[3]. Ebenso bringt Japan seine ersten Veröffentlichungen über technische Bodenforschung[4].

So hat sich vielerorts die Erkenntnis Bahn gebrochen, daß es erforderlich ist, zur planmäßigen Erforschung der physikalischen Eigenschaften des Bodens zu erdbautechnischen Zwecken zu schreiten. „Die zu leistende Arbeit ist außerordentlich umfangreich. Sie muß jedoch bewältigt werden, denn die Hilfswissenschaften des Erdbaues sind um ein volles Jahrhundert hinter den übrigen technischen Wissenschaften zurückgeblieben, und die hieraus erwachsende Verschwendung an Volksvermögen ist viel schwerwiegender als die Belastung der Staatshaushalte durch die Kosten einer wissenschaftlichen Organisation mäßigen Umfanges[5]."

Im nachstehenden soll nun ein kurzer Abriß über die Bedeutung des Bodens in verschiedenen Disziplinen der Bauwissenschaft, wie Erdbau, Grundbau, Bergbau und Tunnelbau sowie Baustoffkunde gegeben werden. Es soll hier nur zusammenfassend dargestellt werden, welche Gesichtspunkte für die Erforschung der Eigenschaften des Bodens in bautechnischer Hinsicht maßgebend sind. Die grundlegenden wissenschaftlichen Fragen sind ja im ersten Teil dieses Handbuches eingehend behandelt, andererseits gestattet es der Rahmen dieses Handbuches nicht, zu weit auf technisches Gebiet abzuschweifen.

Der Erdbau.

In den der wissenschaftlichen Bodenkunde gewidmeten Bänden dieses Handbuches sind die Kräfte behandelt worden, die die äußeren Teile der Lithosphäre und ihre Oberfläche umgestalten. Als wirkende Agentien kamen Eis, Wasser,

---

Festigkeitseigenschaften bindiger Böden. Dtsch. Tiefbauztg. **1928**, Nr. 33. — Beitrag zur Frage des passiven Erddrucks. Bauingenieur **1926**, H. 1. u. 2.

[1] Busch, R.: Die Baugrundforschung in Deutschland und in anderen Ländern. Jb. d. dtsch. Ges. f. Bauingenieurwesen 1930.

[2] Bierbaumer, A.: Vorschläge für die Beurteilung von Flach- und Pfahlgründungen. Z. österr. Ing. u. Arch.-Ver. **1929** (Sonderdruck).

[3] Vgl. Bauingenieur **1930**, H. 18, 323.

[4] Mitt. d. Geotechn. Komitees bei den japanischen Staatsbahnen. H. 1, Juni 1931 (japanisch).

[5] Terzaghi, K. v.: a. a. O., S. 6.

Luft und Organismen in Frage und als Vorgänge die Gesteinszerstörung, der Materialtransport und der Gesteinsaufbau. An dieser Stelle sollen die Bodenumlagerungen, die durch menschlichen Eingriff erfolgen, behandelt werden. Die Vorgänge sind den obigen vergleichbar, nur sind die Agentien diesmal der Mensch und seine technischen Hilfsmittel.

Die Anlage von Verkehrswegen, wie Eisenbahnen, Kanälen und Straßen bedingt die Ausgleichung der Unebenheiten des natürlichen Bodens, was je nach der Gestaltung der Bodenoberfläche mehr oder weniger bedeutende Erdarbeiten nötig macht (so haben z. B. die beim Bau des Nordostseekanals — Länge 99 km — geförderten Erdmassen etwa 76 Millionen Kubikmeter betragen).

Außer bei Verkehrsanlagen kommen Erd- und Felsarbeiten in Frage, bei Abraumbeseitigung über Erzlagerstätten, Kohlengruben, Steinbrüchen, bei Anlagen von Staudämmen, Flußregulierungen, für Landeskulturen usw. Hierbei sind zunächst die Bodenarten nach dem Grade der Schwierigkeit ihrer Gewinnung, d. h. Lösen und Laden, zu betrachten, sodann in ihrem Verhalten gegenüber den durch die Bauarbeiten herbeigeführten Änderungen in den statischen Verhältnissen durch Anlage von Einschnitten, Dammschüttungen usw. klarzulegen.

Klassifizierung der Böden nach dem Grade der Schwierigkeit ihrer Gewinnung. Für Aufstellung der Kostenvoranschläge, bei Vertragsabschlüssen mit Unternehmern usw. ist es von großer Wichtigkeit, die Festigkeitseigenschaften abzubauender Böden so genau wie möglich angeben zu können. Es müssen demnach schon während der Vorarbeit weitgehende Bodenuntersuchungen durch Anlage von Schürfschächten und Bohrungen stattfinden.

Man unterscheidet zwei große Gruppen von Bodenarten: Erdarten und Felsarten; jede dieser Gruppen teilt man in je drei Klassen und schaltet dazwischen eine Übergangsstufe:

Klasse 1: reiner, trockener Sand, Dammerde und ähnliche lockere Erdarten.

Klasse 2: leichtere Lehm- und Tonböden, die sich noch bequem mit dem Spaten stechen lassen, sodann durch Beimengungen gebundener Sand, feiner Kies und Torfmoor.

Klasse 3: schwere Ton- und Lehmböden, Mergel, Geschiebelehm und -mergel, grober Kies.

Während die Böden der Klasse 1 und 2 sich mit Schaufel und Spaten lösen lassen, ist bei Klasse 3 eine besondere Auflockerung erforderlich, sei es durch Pflügen, sei es durch Breithacke oder durch Keileintreiben bzw. durch Sprengungen.

Klasse 4: umfaßt die den Übergang zu festen Felsen bildenden Bodenarten, Trümmergesteine, dessen Klüfte häufig mit weichem Material, wie Lehm oder Ton, ausgefüllt sind, Gerölle, verwittertes Tagesgestein, weiche Sandsteine in dünnen Lagen, kleinbrüchiger Schiefer.

Klasse 5: Felsarten in Bänken von nicht zu großer Mächtigkeit und Festigkeit, so daß sie noch mit Spitzhacke und Brecheisen oder durch Unterkeilung der Lager gelöst werden können.

Klasse 6: Felsarten in geschlossenen Bänken, die mit Pulver oder Dynamit gesprengt werden müssen.

Klasse 7: die sehr festen, schwer „schießbaren" Massengesteine, wie Granit, Gneis, Quarzbänke, Syenit, Porphyr, in unverwittertem Zustand[1].

Diese Einteilung kann natürlich nur einen allgemeinen Anhalt geben. Die Bergfeuchtigkeit spielt oft eine große Rolle. So lassen sich Geschiebemergel bei

---

[1] Nach Handbuch der Ingenieur-Wissenschaften 1, 2. Abt. 1897, und M. FÖRSTER: Taschenbuch für Bauingenieure, 5. Aufl. 1928.

hinreichender Feuchtigkeit gut stechen; trocken sind sie steinhart und müssen mit der Kreuzhacke gelöst werden. Die Tone sind von verschiedenster Beschaffenheit, einige außerordentlich zäh, daher schwer zu spalten und zu sprengen, feuchter Ton wiederum klebt an der Schaufel und erschwert das Laden. In glazialen Ablagerungen wechseln die Böden in ihrer Zusammensetzung oft sehr rasch. Das auf Grund nur vereinzelter Schürf- oder Bohrlöcher entworfene Bodenprofil stellt sich oft während des Baues als weit ungünstiger heraus. Beim Lösen der Felsarten spielt das Schichtenfallen eine wesentliche Rolle.

v. RZIHA[1] schlug vor, die zur Loslösung der Massen tatsächlich aufgewendete mechanische Arbeit als Unterscheidungsmerkmal einzuführen, wonach sich die Gewinnungsfestigkeit der verschiedenen Bodenarten ergibt:

Gebirgsgattung	Bezeichnung des Gebirges	Verbrauchte Tagewerke für 1 m³ Gebirge, das Tagewerk (10 Stunden reine Arbeitszeit) = 130 000 mkg	Verbrauchtes Dynamit Nr. 1 für 1 m³ zu 75 000 mkg	Menschenarbeit für 1 m³ Gebirge mkg	Dynamitarbeit je 1 m³ Gebirge mkg	Gewinnungsfestigkeit für 1 m³ Gebirge mkg	Verhältnis der Gewinnungsfestigkeit
I a	Milder Stichboden	0,08	—	10 400	—	10 400	1,0
I b	Schwerer Stichboden . . .	0,12	—	15 600	—	15 600	1,5
II a	Milder Hackboden	0,16	—	20 800	—	20 800	2,0
II b	Schwerer Hackboden . . .	0,20	—	26 000	—	26 000	2,6
III a	Mildes brüchiges Gestein .	(0,20—0,40) 0,30	—	39 000	—	39 000	3,8
III b	Festes brüchiges Gestein .	(0,40—0,60) 0,50	0,10	65 000	7 500	72 500	7,1
IV a	Festes Sprenggestein . . .	(0,60—0,80) 0,70	0,20	91 000	15 000	106 000	10,2
IV b	Sehr festes Sprenggestein .	(0,80—1,20) 1,00	0,30	130 000	22 500	152 500	15,0
IV c	Höchst festes Sprenggestein	(1,20—2,00) 1,60	0,50	208 000	37 500	245 500	24,0

Nach den technischen Vorschriften für Bauleistungen von 1926 werden folgende Bodenarten unterschieden:

a) schlammiger Boden, Triebsand — nur mit Schöpfgefäßen zu beseitigen;

b) leichter Boden — mit Schaufel oder Spaten lösbar (loser Boden, Muttererde, Sand); Böschungswinkel etwa 45°;

c) mittlerer Boden — mit Spitzhacke, Breithacke oder Spaten lösbar — (festgelagerter Lehm, kiesiger Lehm, leichter Ton und Torf); Böschungswinkel etwa 60°;

d) fester Boden — durch Keile oder Sprengen lösbar — (schwerer Lehm mit Trümmern, fester Ton, grober Kies mit Ton, fester Mergel, lange lagernder Bauschutt oder Asche, schieferartiger Fels oder Steingeschiebe); Böschungswinkel etwa 80°;

e) Felsen — nur durch Sprengen mit Sprengstoff lösbar; mit Böschungswinkel bis zu 90°.

Diese Einteilungen können nur einen rohen Anhalt für die Gewinnungsschwierigkeiten der Böden geben. Grundwasserverhältnisse, quelliges Gelände, klimatische Verhältnisse usw. können oft sehr erschwerend wirken. Bei großen Massen wird im Baggerbetrieb gearbeitet, wobei die Gesichtspunkte für den Bodenabbau andere wie für Handschächte sind. Oft werden sich beim Bau ganz andere Verhältnisse herausstellen, wie sie auf Grund der Bohrarbeiten angenom-

---

[1] RZIHA, FR. v.: Die Gewinnungsfestigkeit der Erd- und Felsmassen in Einschnitten. Zbl. Bauverw. 1889, 176.

men und der Aufstellung der Verdingungsanschläge zugrunde gelegt wurden. Letztere dürfen daher nicht zu starr sein, weil sonst wirtschaftliche Schädigungen für den Bauherrn oder für den Unternehmer nicht ausbleiben können. Die Fragen der Bodengewinnung sind zu vielseitig, um sie in feste Schemata zwingen zu können.

Standfestigkeit der Böden in Einschnittsböschungen und bei Dammschüttungen. Im Erdbau werden teils durch Anlage von Einschnitten, teils durch das Anschütten von Dämmen Gleichgewichtsstörungen — Erdrutschungen — veranlaßt; sie sind vergleichbar den Erscheinungsformen, die als Folge der Verwitterungsvorgänge in der Talbildung in Gebirgsgegenden als Bergstürze usw. vorkommen[1]. Es ist in den meisten Fällen das Wasser, das teils mittelbar, teils unmittelbar die Veranlassung zu den Rutschungen gibt. Zirkulierendes, vadoses Wasser wäscht die löslichen Teile aus den von ihnen durchzogenen Schichten aus und lagert sie an anderen Stellen wieder ab, es durchweicht die Oberfläche undurchlässiger Massen und macht sie schlüpfrig, es wirkt auf den inneren Zusammenhang der Massen ein.

Anhaltende Regengüsse können das Gewicht feinkörniger Bodenarten erhöhen. In anderen Fällen wiederum kann durch Steigen des Grundwassers nach Regenperioden die Bodenmasse um die Größe des Auftriebes an Gewicht verlieren, die Bodenpressung läßt nach, der Boden nimmt Wasser auf, sein Schubwiderstand wird geringer[2]. Beim Absenken des Grundwasserspiegels fällt in dem abgesenkten Bereich der hydrostatische Auftrieb fort, der vorher auf die Bodenkörner wirkte, die Masse wird schwerer. Eine weitere Gewichtsvermehrung tritt durch das nach Absenkung des Wasserspiegels in den Hohlräumen des Bodens verbleibende Kapillarwasser ein[3]. Strömendes Wasser übt auf die durchströmten Bodenschichten einen in der Strömungsrichtung wirkenden Druck aus, dessen Größe durch das hydraulische Gefälle bestimmt ist[4] usw. Durch diese durch das Wasser bewirkten statischen Änderungen können in vielen Fällen Rutschungen auftreten.

Richtiges Erkennen von Wirkung und Bewegung des Wassers ist die erste Voraussetzung bei der Sicherung gegen Bodenbewegungen. Es seien zunächst kurz die Bodenarten besprochen, denen bezüglich der Rutsch- oder Fließgefahr besondere Beachtung geschenkt werden muß; es sind dies vornehmlich unverkittete Sedimentgesteine aus vorwiegend klastischen Bestandteilen, daneben Humusgesteine und Sapropelite.

Das physikalische Verhalten der Böden wird oft von ihrer Vorgeschichte abhängen. „Bodenarten, die äußerlich ähnlich aussehen, können sich z. B. unter Lasten ganz verschieden verhalten, wenn sie verschiedenen geologischen Ursprungs sind; sie werden sich aber in der Regel ähnlich verhalten, wenn sie gleiche geologische Herkunft haben." Über die Entstehung der Böden wird man sich bei bautechnischen Bodenuntersuchungen klar zu werden versuchen, da man hieraus oft schon Schlüsse über ihre Zusammensetzung und ihr Verhalten wird ziehen können. Die geologischen Karten sind hierfür dem Ingenieur ein wertvolles Hilfsmittel. Über die Gruppierung unverkitteter Sedimentgesteine nach ihrer Entstehung sei nachstehende Übersicht aufgeführt[5]:

---

[1] Vgl. die sogenannte trockene Abtragung (subaerische Massenbewegungen). Dieses Handbuch 1, 309ff.

[2] Vgl. dieses Handbuch 6, 87ff.

[3] KÖRNER, B.: Bodensetzungserscheinungen bei Grundwasserabsenkungen. Bautechnik 1927, H. 42.

[4] REDLICH, K. A., K. v. TERZAGHI u. R. KAMPE: Ingenieurgeologie, S. 416.

[5] ANDRÉE, K.: Geologie in Tabellen. Berlin 1922, aus Tab. 55.

Sedimentgesteine aus vorwiegend klastischen[1] Bestandteilen											
	die durch mechanische Zerstörungen bereitet und betroffen wurden								welche chemisch umgebildet wurden, und zwar unter		
und abgesehen vom Transport durch die Schwerkraft, nicht oder nur unbedeutend transportiert wurden	und einem Transport unterlagen, nämlich durch								toniger Verwitterung		Hydratverwitterung
	Eis: Glazialablagerung		Wasser: Aquatische Ablagerungen z. T.				Luft (Wind): Äolische Ablagerungen z. T.		und Abtransport, meist durch Wasser, erlitten		
			Gerölle[2]	(Grande u.) Sande z. T. mit Feldspat	(Grande u.) Sande z. T. ohne Feldspat	Pelite, z. T. Gesteinsmehle, Alphitite	Dünensande[2]	Löß[4] (Pelite z. T.)	Tone[4]		
Gehängeschutt und verwandte Bildungen (Feldspäte, häufig unverwittert)	Geschiebelehme[4] und -mergel[3] (Grundmoräne)	Blockpackungen, Grande, Sande z. T. — z. T. Spatsande (Wallmoränen)	fluvioglaziale und fluviatile	Spatsande z. T. kontinentaler Gewässer bei häufig nur schwachem Transport	Sande, meist mit vorwiegenden Quarzkörnern	Dahin ein Teil der fälschlich sogenannten „Tone“, vor allem die meisten fluviolimno- und maringlazialen „Bändertone“ und manche Mergel	a) der Wüsten und des Binnenlandes (wenn größere, bereits vorgebildete Sandmassen zur Verfügung stehen	in Steppen	fluvioglaziale Bändertone, z. T. fluviatile, limnische mit Pflanzenresten und Süßwassermollusken, Ostrakoden usw.	Glazialmarine (Bändertone z. T.) und marine Tone (und Mergel[3])	Verschwemmte (alluviale Laterite)
			limnische	(fluvioglaziale)	fluviatile		b) der Meeresküste	in erst jüngst vom Inlandeis verlassenen Gebieten		des Strandes, der Watten und Ästuarien	
			marinlitorale	(fluviatile)	limnische					des Schelfes	
				(limnische)	marinlitorale und dem Schelf entstammende					des Kontinentalabhanges	
										der Tiefsee (roter Tiefseeton)	

[1] Steine . . . . > 20 mm
Grobkies . . . . 20,0 — 5,0 mm
Feinkies . . . . 5,0 — 2,0 mm } Bodenskelett
Sand { sehr grob . . . . 2,0 — 1,0 mm
grob . . . . 1,0 — 0,5 mm
mittelkörnig . . . . 0,5 — 0,2 mm
fein . . . . 0,2 — 0,1 mm
sehr fein . . . . 0,1 — 0,05 mm }
Tonhaltige Teile { feinster Mineralstaub 0,05 — 0,01 mm
Ton . . . . < 0,01 mm } Feinboden
vgl. auch K. ANDRÉE: a. a. O., Tab. 49.

[2] Falls nutzbare Gemengteile (Gold, Platin, Edelsteine, Magneteisen, Zinnstein, Monazit oder andere Mineralien) beteiligt sind, spricht man von „Seifen“.

[3] Mergel sind Gemenge von Ton und kalkigen Komponenten.

[4] Löß und Geschiebemergel verlieren durch Auslaugung mit CO_2-haltigen Wässern mehr oder weniger ihren Gehalt an löslichen (vor allem Kalk-) Bestandteilen; sie „verlehmen“. (Wiederausscheidung des Kalkes in „Lößkindeln“ oder „Mergelpuppen“.) — Tone dagegen adsorbieren aus Lösungen Kali, Kalk, Natron, Magnesia und werden reicher an löslichen Bestandteilen. Hierdurch gleichen sich mit dem Altern die ursprünglichen Unterschiede jener Bildungen mehr oder weniger aus.

Eine Einteilung der Böden nach bautechnischer Wertschätzung kann zur Zeit noch nicht gegeben werden, wenn auch von einigen Forschern Vorschläge hierfür schon gemacht sind. Es erscheint zweckmäßig, auch in der bautechnischen Bodenkunde sich zunächst der erweiterten THAER-RAMANNschen Einteilung zu bedienen, da diese von den geologischen Landesanstalten bei den bodenkundlichen Kartierungen zugrunde gelegt wird, und die Verständigung zwischen Geologen und Ingenieur alsdann erleichtert wird.

Die Mineralböden werden mit Hilfe der mechanischen Bodenanalyse (Sieben, Schlämmen, Sedimentieren) in die auf vorstehender Tabelle unter Bemerkung 1 aufgezählten Fraktionen zerlegt und nach dem Gehalt an tonhaltigen Teilen (kleiner als 50 μ) zur Zeit wie folgt gegliedert[1]:

Sandboden	bis 5 %	tonhaltige Teile
Lehmiger oder toniger Sandboden	5— 20 %	,, ,,
Sandiger Lehmboden	20— 30 %	,, ,,
Milder Lehmboden	30— 40 %	,, ,,
Schwerer Lehmboden	40— 50 %	,, ,,
Tonboden	50— 75 %	,, ,,
Strenger Tonboden	75— 90 %	,, ,,
Reiner Tonboden	90—100 %	,, ,,

Des weiteren bezeichnet man Mineralböden, in denen Staubsand (0,02 bis 0,002 mm) vorherrscht, als Schluff- oder Staubböden. Es handelt sich hier um äolische Ablagerungen, wie Löß resp. Lößlehm und Absätze ausgeschlämmter Moränen, wie Flottlehme und Flottsande. Bei der Unterscheidung dieser Schluffböden von den Tonböden bedarf es dann noch der Feststellung der Fraktionen Schluff (0,02 bis 0,002) und Rohton (< als 0,002 mm). Mergel sind Böden mit einem Gehalt an kohlensaurem Kalk bis ca. 20 %. Darüber hinaus bezeichnet man sie als Kalkböden. Die Humusböden gliedern sich in reine Humusböden der verschiedenen Moore und in Moorerden: Der Humus ist hier mit Sand, Lehm oder Ton[2] durchsetzt. Eine andere Einteilung der Bodenarten läßt sich auf Grund der Körnung nach ATTERBERG[3] vornehmen:

Kies	20—2 mm	20—6 mm	grob
		6—2 mm	fein
Sand	2—0,2 mm	2—0,6 mm	grob
		0,6 —0,2 mm	fein
Mehlsand (schwedisch Mo)	0,2—0,02 mm	0,2 —0,06 mm	grob
		0,06 —0,02 mm	fein
Schluff (Grobton)	0,02—0,002 mm	0,02 —0,006 mm	grob
		0,006—0,002 mm	fein
Feinton oder Kolloidton		< 0,002 mm	

Nachstehend seien die Schlämmergebnisse einiger typischer Bodenarten wiedergegeben (vgl. Abb. 29).

Im Erdbau ist sandigen Lehmen, Schluff- oder Staubböden besondere Beachtung zu schenken, sie sind wasserbautechnisch die gefährlichsten Bodenarten. Manche zeigen eine so geringe Konsistenz, daß sie, der Einwirkung des Wassers ausgesetzt, in kurzer Zeit breiartig auseinanderfließen (Flottlehme und Flottsande).

Da die Natur die mannigfaltigsten Spielarten und Übergänge von Böden hervorzubringen vermag, fällt es anfangs schwer, den einen oder anderen Boden zu klassifizieren, sofern man aber erst selbst eine Reihe von Böden in ihrem

[1] Siehe F. SCHUCHT: Grundzüge der Bodenkunde, S. 291. 1930.
[2] Näheres hierüber in diesem Handbuch 4, 124, 200.
[3] Vgl. hierzu die Erklärungen von F. SCHUCHT: Grundzüge der Bodenkunde, S. 85. Berlin 1930, und dieses Handbuch 6, 18—20.

Aufbau und Verhalten geprüft und beobachtet hat, lernt man es bald, sie richtig anzusprechen und einzuordnen.

Die Schlämmanalyse allein gibt noch bei weitem keinen entscheidenden Anhalt für das Verhalten der Böden. Böden gleicher Körnung können ganz verschiedene physikalische Eigenschaften haben, jedoch wird man in vielen Fällen aus der Schlämmanalyse einige Schlüsse ziehen können; zudem ist sie für die Beschreibung der Böden unerläßlich. Für bindige Böden ist es erforderlich, die Zerlegung bis zu $2\,\mu$ herab zu betreiben, da sonst die wichtigen Schluff- und Tonfraktionen nicht erfaßt werden.

Kohärenz (Kohäsion) und innere Reibung der Böden bedingen ihre Eignung zu Schüttungen ebenso wie die zulässige Neigung der unbekleideten Böschungen.

Kohärenz ist das Haften der Bodenteilchen aneinander, ihre Flächenanziehung, sie nimmt zu mit der Feinheit des Korns und dem Gehalt an feinsten kolloiden Teilchen. Die innere Reibung nimmt mit zunehmender Feinheit des Korns ab. Der Wassergehalt ist hierbei von großer Bedeutung. So steigt in tonigen Böden die Kohärenz mit Abnahme des Wassergehalts. Feinkörnige Sande und Humus haben ihre höchste Kohärenz beim mittleren Feuchtigkeitsgehalt, bei höherem oder niedrigerem Wassergehalt nimmt sie ab[1]. Kalk, insbesondere Ätzkalk, verringert bei tonreichen Böden die Kohärenz, während Alkalikarbonat (und Alkalihydrat) dieselbe steigert, weil ersterer auf die Tonkolloide ausflockend, krümelnd wirkt, letzteres den Solzustand der Kolloide verstärkt und damit die Entstehung von Einzelteilchen herbeiführt.

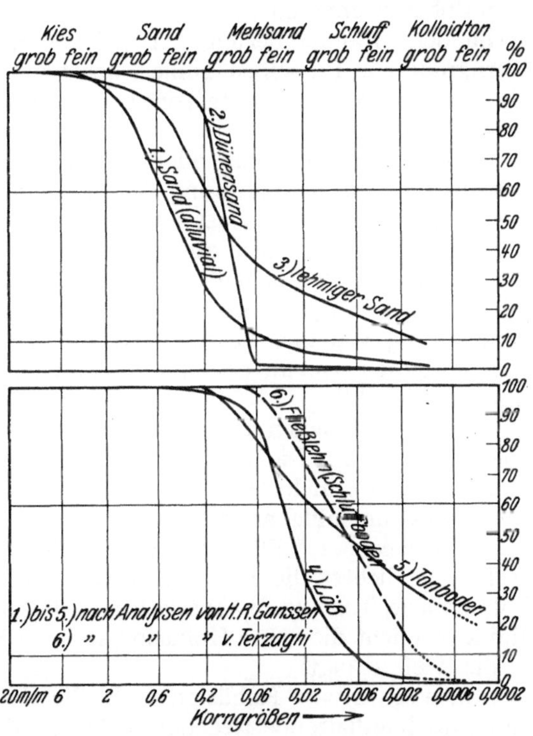

Abb. 29. Schlämmanalysen einiger Bodenarten.

Nach v. TERZAGHI ist bei lehmfreien, völlig trocknen oder völlig wassergesättigten Sanden und Schottern (Bodenarten mit makroskopischen Einzelkörnern) die Kohärenz = 0, und die Ziffer der inneren Reibung ist mindestens = 0,60—0,65. Für feinkörnige Bodenarten kann die Kohärenz Werte bis 100 kg/cm² annehmen und die Ziffer der inneren Reibung bis auf 0,20 heruntersinken. Beide Werte sind jedoch für ein und denselben Boden innerhalb weiter Grenzen veränderlich und können sich innerhalb der obersten Bodenschichten sogar von Tag zu Tag beträchtlich ändern. Infolgedessen haben Angaben über die Kohärenz und die innere Reibung bindiger Bodenarten nur dann einen Sinn, wenn eine erschöpfende Beschreibung der geologischen und physikalischen Umstände vorliegt, unter denen die Werte ermittelt werden[2].

v. TERZAGHI unterscheidet eine „scheinbare Kohäsion", die durch die Oberflächenspannung des Wassers bewirkt wird, von einer „echten Kohäsion", die

[1] Vgl. dieses Handbuch 6, 35.
[2] TERZAGHI, K. v.: Ingenieurgeologie, S. 318ff.

von einem Zusammenkleben der Bodenteilchen herrührt. Er führt hierzu aus: „Die Oberflächenspannung wirkt auf die Bodenprobe wie eine die Probe umgebende Gummihaut. Der von dieser auf die Probe ausgeübte Druck wird als Kapillardruck bezeichnet. Läßt man eine Tonprobe austrocknen, so nimmt die Oberflächenspannung zu, und der Ton erfährt eine Raumverminderung ebenso, wie wenn er eine Zusammendrückung durch äußeren (mechanischen) Druck erführe. Man sagt, der Ton ‚schrumpft'. Zugleich nimmt die scheinbare Kohäsion zu, denn diese scheinbare Kohäsion ist nichts anderes als die durch den Kapillardruck geweckte innere Reibung (scheinbare Kohäsion = Kapillardruck × Ziffer der inneren Reibung). Je kleiner die Poren, desto größer ist der obere Grenzwert des Kapillardruckes. Für fette Tone kann er sogar Werte von mehreren hundert Atmosphären annehmen. Infolgedessen nimmt auch die mit dem Austrocknen verbundene Raumänderung bei gleicher Kornbeschaffenheit mit abnehmender Korngröße zu. Im selben Sinne wächst die Druckfestigkeit des ausgetrockneten Materials und kann für fette Tone sogar den Wert der Druckfestigkeit eines Magerbetons erreichen."

„Setzt man den halb oder ganz ausgetrockneten Boden unter Wasser, so wird die Oberflächenspannung des Wassers und mit ihr der Kapillardruck = 0. Der Boden erfährt eine elastische Ausdehnung, wobei er Wasser ansaugt, ebenso wie ein unter Wasser sich ausdehnender Schwamm. Diese Erscheinung wird als ‚Schwellen' oder ‚Quellen' bezeichnet. Bei gleichem Maximalwert des Kapillardruckes hängt die mit dem Schrumpfen und Schwellen verbundene Raumveränderung von den Festigkeitseigenschaften des Materials ab, welche ihrerseits durch den Gehalt des Materials an schuppenförmigen Mineralbestandteilen bestimmt sind."

„Beim Aufquellen des Tones wird seine Kohäsion zwar kleiner, verschwindet aber nicht ganz. Die nach erfolgter Unterwassersetzung noch übrigbleibende Kohäsion rührt nicht von der Oberflächenspannung des Wassers, sondern von einem Zusammenkleben der Bodenteilchen her und wird daher als ‚echte Kohäsion' bezeichnet. Für ein und denselben Boden ist die echte Kohäsion um so größer, je dichter die Teilchen vor der Überflutung aneinandergepreßt wurden. Für manche Tone (z. B. Mississippi Gumbo oder die blauen glazialen Tone in Maine) erreicht die echte Kohäsion so hohe Werte, daß die Erosion nur langsam in die Tiefe dringt".

„Die scheinbare Kohäsion (z. B. die Kohäsion ausgetrockneter Erdschollen) kann durch anhaltende Regengüsse bis auf den Wert der echten Kohäsion herabgemindert werden, und die mit der Kohäsionsverminderung verbundene Raumzunahme führt zur Sprungbildung oder zum Zerbröckeln des Materials. Die echte Kohäsion wird hingegen durch Wasserzutritt in keiner Weise beeinflußt."

Sehr beachtlich sind auch die Ausführungen von ZUNKER[1] über den Einfluß des hygroskopischen Wassers auf die Kohäsion. Die Dicke der hygroskopischen Hülle wächst mit der relativen Feuchtigkeit der umgebenden Luft und ist unter Wasser am größten; sie wächst ferner mit der Größe der Bodenteilchen und dem Alkaligehalt, insbesondere dem Natriumgehalt. Der Abstand sich berührender Bodenteilchen voneinander ist durch die Dicke des zwischengelagerten hygroskopischen Wassers bestimmt. Je geringer dieser Abstand ist, desto kräftiger ist auch die molekulare Anziehung (Kohäsion), die die festen Oberflächen aufeinander ausüben. Eine Abnahme der hygroskopischen Schichtdicke zwischen den Berührungspunkten der Bodenteilchen hat ein Schwinden und stärkere Kohäsion, eine Zunahme hat ein Schwellen und eine Abnahme der Kohäsion zur Folge.

[1] Vgl. dieses Handbuch 6, 83. — F. ZUNKER: Über den Einfluß des Trocknens auf den kolloiden Zustand des Bodens usw. Kulturtechniker 1930, H. 2.

Die chemische Verwitterung im Boden[1] unter Ab- und Zufuhr von Stoffen wird oft die Kohärenz im Boden verändern. Es können durch diese Umsetzungen Volumenvergrößerungen oder Volumenverminderungen eintreten, wodurch Spannungen entstehen, die einen Zerfall der Gesteine herbeiführen und so Anlaß zu Böschungsrutschungen geben.

Erdrutschungen treten auf, wenn die angreifenden Kräfte und Lasten größer sind als der Schubwiderstand (Kohärenz + innere Reibung). Die die Bewegung erzeugende Kraft ist (abgesehen von Betriebslasten) die Schwerkraft, der der Schubwiderstand entgegensteht. Kohärenz ist die Flächenanziehung der Bodenteilchen untereinander, also die Kraft, die die Teilchen einer Bodenart ohne äußeren Druck zusammenhält, also gegen Trennung durch Zug und Abscherung wirkt; während die Reibung der in der Berührungsfläche der Bodenteilchen vorhandene Widerstand gegen eine Verschiebung ist, der abhängig ist von dem Druck auf diese Fläche und von ihrer Beschaffenheit (Reibungskoeffizient).

Bodenarten ohne Kohärenz, wie lehmfreie, völlig trockene oder völlig wassergesättigte Sande, böschen sich gleichmäßig entsprechend ihrem Reibungswinkel. Kohärente Böden dagegen können je nach dem Grade ihrer Kohärenz bis zu gewisser Höhe in steiler, ja selbst überhängender Wand stehen. Da aber der von der Kohärenz abhängige Teil des Schubwiderstandes nur mit der ersten Potenz der Höhe zunimmt, während alle anderen Massenkräfte (auch der Reibungswiderstand) mit der zweiten Potenz der Höhe wachsen, verschwindet bei zunehmender Höhe der Einfluß der Kohärenz auf die Böschungsneigung immer mehr, so daß von oben nach unten eine allmählich zunehmende Abflachung entsteht, so daß schließlich das Böschungsverhältnis von der Schwere und dem Reibungskoeffizienten allein abhängig bleibt. Die zulässige Neigung der Böschungen kohärenter Böden ist demnach mit von der Tiefe des Einschnitts abhängig. Bei gleichen kohärenten Bodenarten können flache Einschnitte mit steileren Böschungen hergestellt werden als tiefe. Viele Einschnittsrutschungen sind fraglos mit dadurch entstanden, daß man diesen Gesichtspunkten nicht Rechnung trug.

Man versucht heute die Standfestigkeit der Böschungen rechnerisch unter Annahme kreisförmiger Gleitflächen zu erfassen. Es sei hier auf die Arbeiten von K. E. PETTERSON[2], S. HULTIN[3], H. KREY[4], W. FELLENIUS[5] u. a. verwiesen. Man führt die Berechnung für verschiedene Gleitflächen durch und ermittelt jene, die für die Standfestigkeitsverhältnisse am ungünstigsten sind. Die für die Berechnung erforderlichen Bodenwerte (Schubwiderstand) bemüht man sich durch Laboratoriumsversuche zu bestimmen, wie dies weiter unten für das KREYsche Verfahren angegeben ist. Es kommt hierbei darauf an, Reibung und Haftfestigkeit des Bodens unter verschiedenem Druck und bei verschiedenem Wassergehalt festzustellen, bei deren Auswahl alle Verhältnisse (Druck- und Wassergehalt in verschiedenem Zusammenwirken), die in der Natur wahrscheinlich oder auch nur möglich sind, zu berücksichtigen sind. Außerdem ist der Wassergehalt der Sättigung bei verschiedenem Druck zu bestimmen. In den Fällen, in denen plastische Böden den dem Druck entsprechenden Sättigungsgrad in ihrer natürlichen Lagerung bei weitem nicht erreichen und daher in diesem Zustande einen hohen Schubwiderstand besitzen, wird oft die Entscheidung

---

[1] Siehe dieses Handbuch **2**, 191f.

[2] PETTERSON, K. E.: Kairutschung in Gotenburg am 5. März 1916. Tekn. Tidskr. Stockholm **1916**, H. 30/31.

[3] HULTIN, S.: Grusfyllningar för kaybigguader. Tekn. Tidskr. Stockholm **1916**, H. 31.

[4] KREY, H.: Erddruck, Erdwiderstand, 3. Aufl. 1926 (mit ausführlichem Nachweis der auf erdbaustatischem Gebiet erschienenen Literatur, 4. Aufl. Frühjahr 1932).

[5] FELLENIUS, W.: Erdstatische Berechnungen mit Reibung und Kohäsion usw. Berlin: W. Ernst u. Sohn 1927.

schwer sein, ob mit einer späteren größeren Durchfeuchtung und damit mit Herabsetzung des Schubwiderstandes gerechnet werden muß. Andererseits werden ihrer Belastung nach wassergesättigte plastische Böden, wenn sie durch Aufschütten eines hohen Dammes usw. unter erhöhte Auflast kommen, entsprechend geringeren Wassergehalt annehmen wollen, das überschüssige Wasser aus den sehr feinen Poren aber nur sehr langsam abgeben können. Je nach der Ausdehnung des Bauwerkes und der Mächtigkeit der Bodenschicht dauert es Monate und Jahre, bis der Wassergehalt plastischer Böden sich der höheren Belastung angepaßt hat. Das Porenwasser ist gespannt und der Schubwiderstand dadurch herabgesetzt.

In der nachstehenden Auftragung als Beispiel sind einmal die Schubwiderstandswerte τ angegeben, wie sie für den Versuchsboden im „gewachsenen Zustande" bei stets gleichem Wassergehalt von rd. 25 % (zur Totalsubstanz) für die Flächendrücke ν von 0,5; 1,0; 1,5; 2,0; 2,5 und 3,0 kg/cm² mit der Apparatur nach KREY (vgl. Beschreibung S. 162) ermittelt wurden. Gleicher Boden wurde dann in Versuchsrahmen mehrere Tage unter Wasser mit 0,12; 0,22; 0,5; 0,7; 1,0 usw. kg/cm² belastet. Hier hat der Boden nun Wasser aufgenommen, sofern sein Wassergehalt geringer war, als dem Flächendruck entsprach, und er hat Wasser abgegeben, soweit sein Wassergehalt größer war, als dem Flächendruck entsprach, d. h. er hat sich auf den bestimmten, dem Flächendruck entsprechenden Wassergehalt, d. h. auf den „natürlichen" Wassergehalt eingestellt. Für den „Zustand des natürlichen Wassergehaltes" wurde nun auch der Schubwiderstand für die oben angegebenen Flächendrücke ermittelt, es sind die in der Auftragung mit o bezeichneten Punkte. Aus den beiden Punktreihen ergeben sich die Schubwiderstandslinien (τ-Linien). Des weiteren sind auch die zugehörigen Kurven für den Wassergehalt eingezeichnet, wie er nach jedem Einzelversuch durch Trockenproben festgestellt wurde. Die τ-Linien sind um den Winkel φ_1 resp. φ_2 gegen die Horizontale geneigt und schneiden auf der Ordinatenachse den Wert ks_1 resp. ks_2 ab, der der vom Flächendruck ν unabhängige, sich lediglich von der Kohäsion abhängig zeigende Teil des Schubwiderstandes ist. φ ist der Winkel der inneren Reibung, $\operatorname{tg}\varphi = \mu$ ist die Ziffer der inneren Reibung (Reibungsbeiwert, Reibungskoeffizient). Damit wird die zur Herbeiführung der Gleitung erforderliche Schubkraft $\tau = \mu\nu + ks$. Diese Formel wurde zuerst von COULOMB aufgestellt.

Aus der Auftragung ist nun ersichtlich, wie der „gewachsene Boden" hier im Bereich links von A, infolge größerer Kohäsion (herrührend aus früherer Beanspruchung durch Gebirgsdruck oder Eislast u. a., aus Oberflächenspannung des Porenwassers usw.) größeren Schubwiderstand als im „Zustande natürlichen Wassergehaltes" aufweist, wie also durch Wassersättigung die Schubfestigkeit eines solchen Bodens bis auf $\tau_{nat.}$ heruntergehen kann. Sodann ist ersichtlich, wie hier bei ν von rd. 2,35 kg Wassergehalt und Schubwiderstand für beide Zustände gleich sind. Bei höherer Belastung will sich der „gewachsene Boden" auf „natürlichen Wassergehalt" einstellen. Dies kann bei plastischen Böden, wie oben bereits erwähnt, längere Zeit dauern. Während dieser Periode ist das Porenwasser gespannt, es nimmt an der Druckübertragung teil und verhindert ein dichteres Aneinanderlagern der Bodenteilchen. Der Schubwiderstand ist so lange geringer wie im „Zustande natürlichen Wassergehaltes".

Bei allen Standsicherheitsberechnungen wird es sorgfältigster Überlegung bedürfen, ob und in wie weit durch den im Boden wirksamen Unterdruck oder Überdruck des Wassers zeitlich sich das Verhältnis zu Schubwiderstand und Flächendruck ändern kann, wie dies KREY[1] eingehend darlegt. Man muß sich

[1] KREY, H.: Rutschgefährliche und fließende Bodenarten. Bautechnik 1927, H. 35.

klar darüber sein, daß die angegebene Methode zwar Anhaltspunkte für die Einschätzung wichtiger Bodenwerte gibt, daß man aber das Verhalten des Bodens bei seinen vielfachen Wandlungen nicht genau festlegen kann. Die zur Untersuchung verwendete Bodenprobe erleidet bei der Entnahme und Behandlung im Laboratorium recht erhebliche Gefügestörungen, was die Kohäsion des Materials wesentlich herabsetzen wird. Es ist bereits erwähnt worden, welchen Einflüssen der Boden ausgesetzt ist, und wie sich durch Umsetzungen im Boden seine Festigkeitseigenschaften zeitlich erheblich ändern können. Betrachtet man allein die wechselvolle Behandlung, die der Boden je nach Lage zu der Böschung durch Wasser, Wind usw. erleidet, so gilt folgendes: Auf der Böschung selbst wird fast alles Tageswasser abfließen, während dem Böschungsfuß starke Wassermengen zugeführt werden. In der Böschung überwiegt die Verdunstung, im Böschungsfuß die Versickerung. Die Massen in der Böschung, natürlich nur so weit als es sich um bindige Böden handelt,

Abb. 30. Mit Apparatur nach KREY ermittelte Schubwiderstandswerte eines Septarientons, von nebenstehender Kornzusammensetzung, im „gewachsenen Zustande" und im „Zustand natürlichen Wassergehalts".

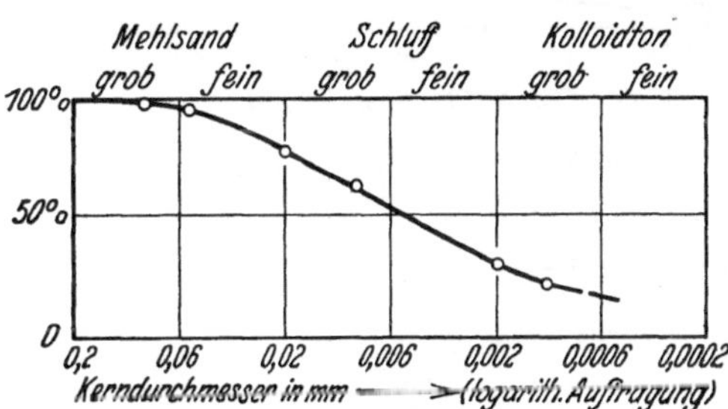

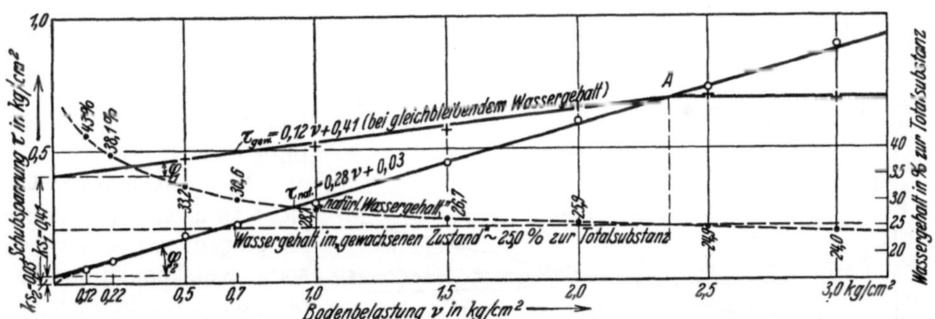

werden schrumpfen, es bilden sich Risse in der Geländeoberfläche; am Böschungsfuß wird der Boden durch die erhöhte Wasserzufuhr quellen. Dringt nach der ersten Bildung der Risse Tageswasser in diese ein, so erfolgt auch hier ein Quellen des Tons, die Risse schließen sich wieder, um bei nächster Trockenheit wieder aufzureißen. Das in den Spalten eingeschlossene Wasser wird durch das Schrumpfen und Quellen des Tons auf und niederbewegt und unter Druck gesetzt, wodurch sich die Risse erweitern; der Spaltenfrost tut ein übriges. So vollzieht sich eine allmähliche Zermürbung der Masse, die die Schubfestigkeit des Bodens stark herabsetzen kann. Auch in dem wassergetränkten Böschungsfuß werden durch den Frost noch weitere Auflockerungen und Wasserimbitionen stattfinden, so daß beim Auftauen die Bodenwerte erheblich gesunken sind. Durch Bekleidung der Böschungen mit einer Vegetationsdecke, gute Abführung des Wassers am Böschungsfuß usw. wird man versuchen, diesen Umständen entgegenzuarbeiten.

Nachstehend seien einige Darstellungen über für verschiedene Bodenarten durchgeführte Schubfestigkeitsermittlungen und einige Beispiele für Standfestigkeitsberechnungen von Böschungen angefügt, wie sie im Erdbaulaboratorium resp. Erdbaustatischen-Büro der Versuchsanstalt für Wasserbau und Schiffbau durchgeführt wurden (Abb. 31—33).

Eine weitere Art von Rutschungen tritt dadurch auf, daß tonige Partien festeren Massen eingelagert sind oder leicht bewegliche Wasserführer, etwa Feinsand, über sich haben. Fällt die wasserstauende Tonschicht noch zum Hang ein, so werden durch das Schlüpfrigwerden ihrer Oberfläche leicht die hangenden Massen in Bewegung geraten, wie man dies besonders gut unter anderem an der ostpreußischen Steilküste beobachten kann. Atmosphärische Niederschläge sind hierbei von besonderem Einfluß. Oft beobachtet man auch mehrere Stockwerke von wasserführenden Schichten über wasserstauenden Tonschichten. Hat man dann eine Rutschung verbaut, kann es sich ereignen, daß der Boden auf einer tieferliegenden Gleitschicht ins Rutschen gerät. Die bewegende Kraft ist hier die in der Richtung der Gleitfläche wirkende Komponente der Schwerkraft der auflagernden Massen; die Widerstandskräfte sind Kohäsion und Reibung, da die Gleitfläche sich in der Oberfläche des Tones ausbilden wird[1].

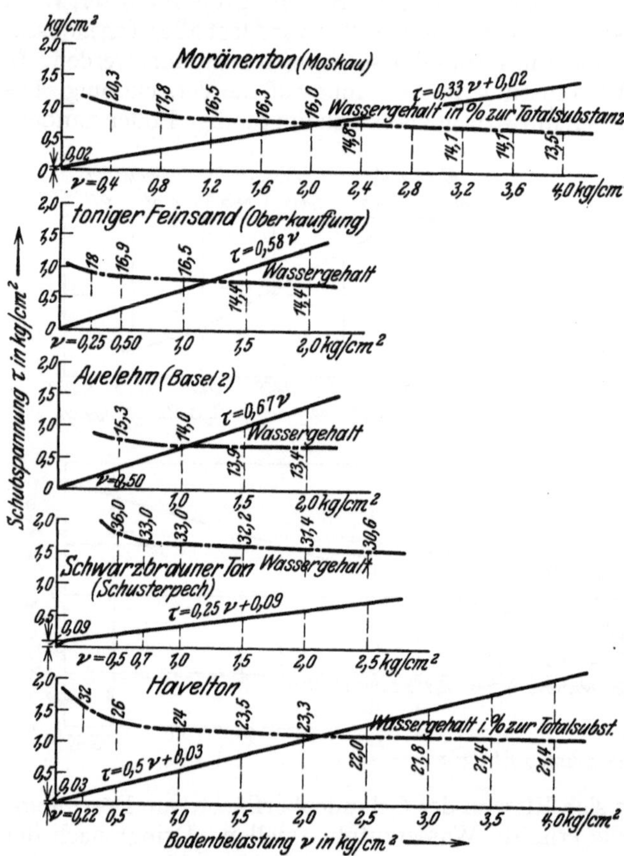

Abb. 31. Schubwiderstandswerte bei „natürlichem Wassergehalt" für verschiedene Bodenarten.

Mit besonderer Vorsicht sind Einschnitte dort anzulegen, wo es sich um sog. Rutschgelände handelt, das äußerlich dadurch kenntlich wird, daß die Bodendecke wellen- und wulstförmig zusammengeschoben erscheint und sich dann hangwärts eine steilere Abrißböschung zeigt[2].

Damit gelangt man zu den Rutschungserscheinungen in Dammschüttungen. Anlaß zu den Rutschungen können hier sein, einmal die mangelhafte Ausführung der Schüttung, dann die Beschaffenheit des Untergrundes in bezug auf Oberflächenform und Tragfähigkeit. Es ist klar, daß der Boden durch Lösen, Transport und Wiedereinbau wesentliche Texturänderungen erleidet und seine Festigkeitseigenschaften herabgesetzt werden. Sofern es sich um kohärente Massen

[1] POLLACK, V.: Über Bewegung des anstehenden Bodens bei Erd- und Felsarbeiten. Zbl. Bauverw. 1927.

[2] Vgl. auch ZELLER: Bahnbau im Rutschgebiet. Bautechnik 1924, H. 53, 599. — FR. KIRCHHOFF: Untersuchungen über die Ursachen von Böschungsrutschungen in Jura- und Kreidetonen bei Braunschweig. Diss., Min. Geol. Inst. Techn. Hochschule, Braunschweig 1930.

handelt, wird der Boden bei der Gewinnung durch Hacke, Schaufel, Spaten oder Baggereimer in ein Haufwerk größerer und kleinerer Stücke zerteilt; diese werden

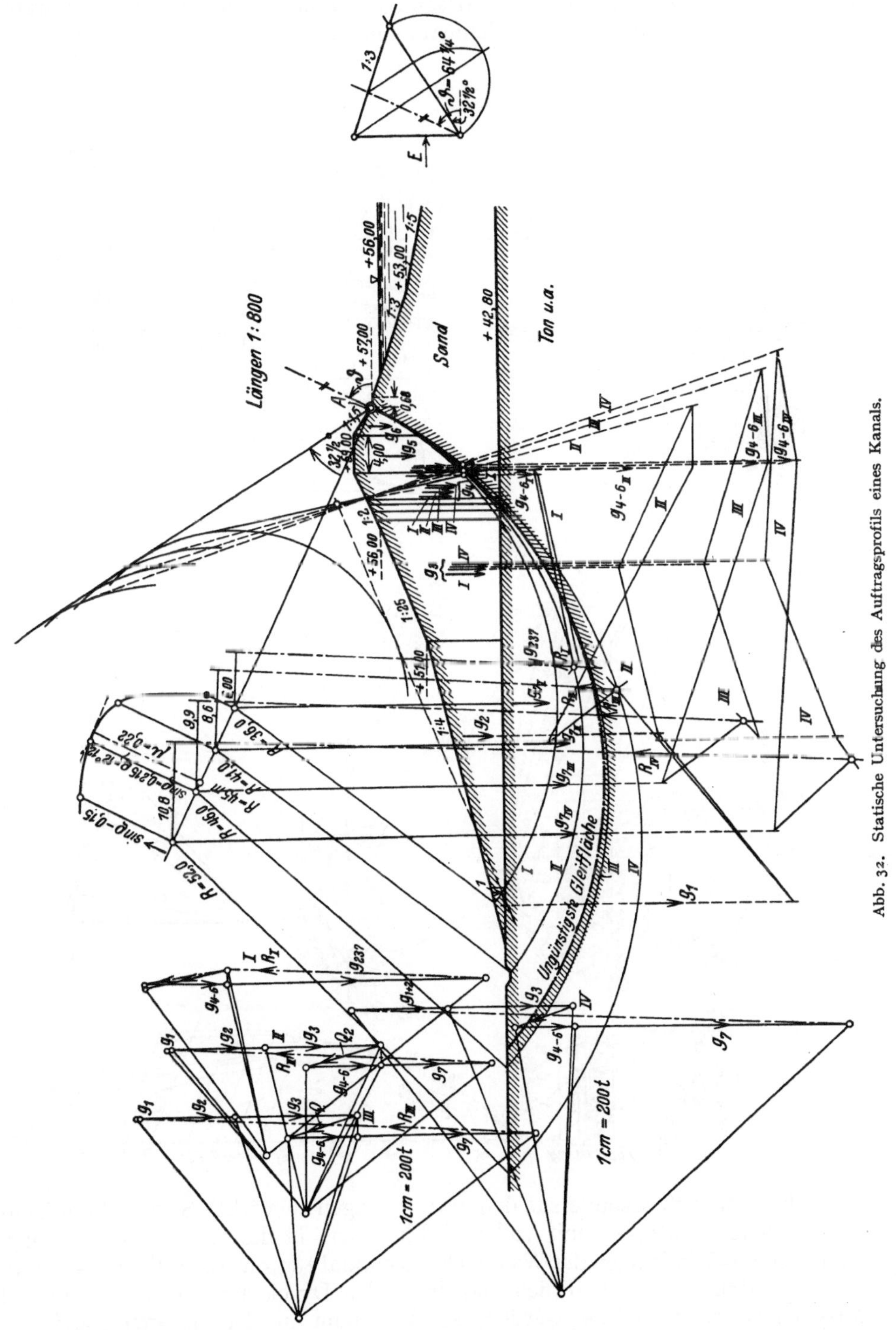

Abb. 32. Statische Untersuchung des Auftragsprofils eines Kanals.

mit Hilfe von Förderkarren auf die „Kippe“ befördert und dort in mehr oder weniger mächtigen Lagen eingebaut. Die größeren Stücke rollen dabei für gewöhnlich an den Böschungsfuß, die kleineren schichten sich darüber. Ein Zusammendrücken der Schüttmassen geschieht, sofern nicht bei Staudämmen, Deichen usw. die einzelnen Schüttlagen eingewalzt oder abgerammt werden, lediglich durch das Befahren der Schüttung mit Fördergerät und durch die Damm-

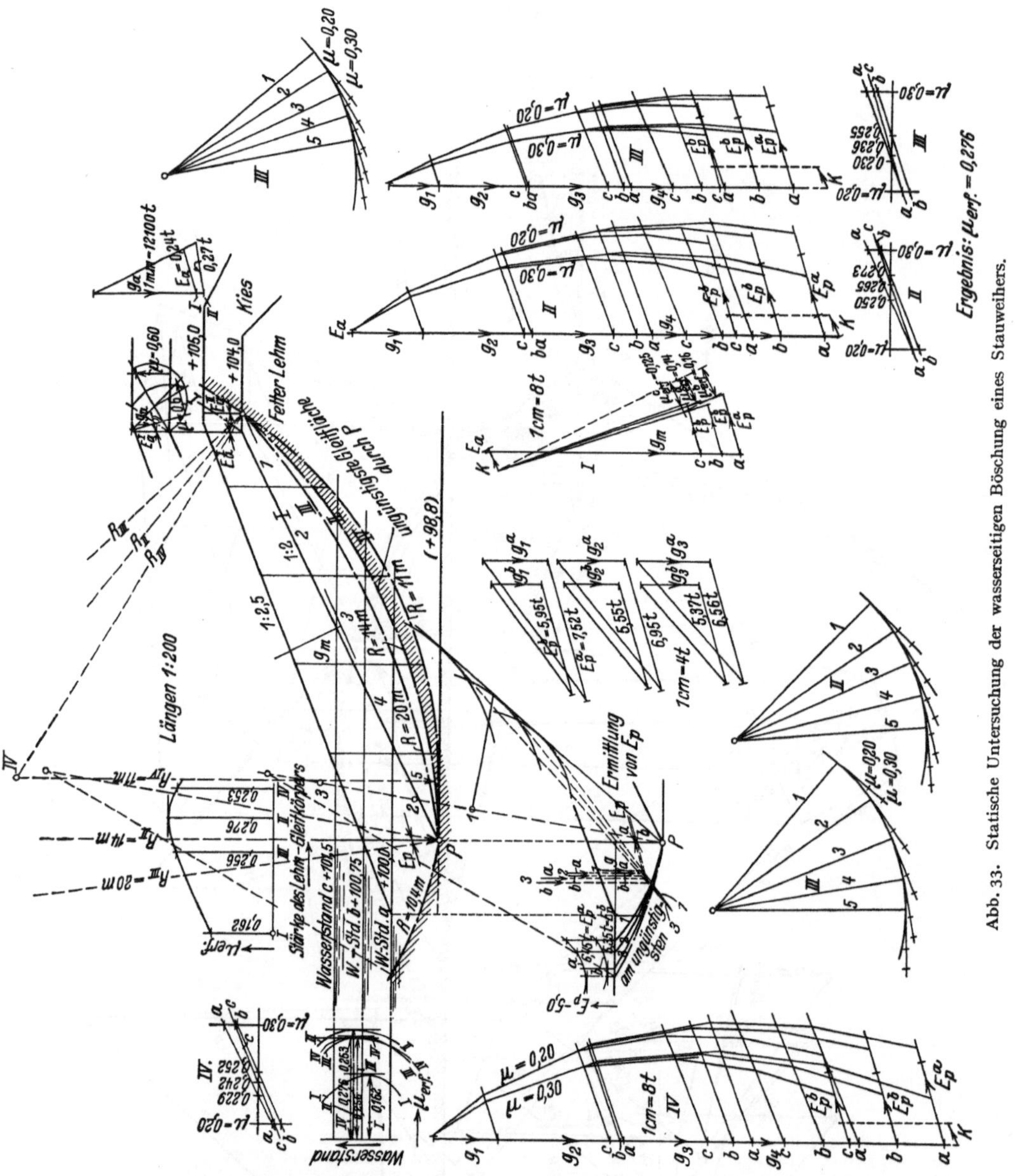

Abb. 33. Statische Untersuchung der wasserseitigen Böschung eines Stauweihers.

last selbst, was sich besonders in den unteren Lagen auswirkt. So erhält der Damm verschiedene Dichtigkeit mit vielen Hohlräumen, in die das Wasser eindringen kann. Dieses Eindringen des Wassers kann einmal zur günstigen Folge haben, daß die Massenteile erweicht werden und durch den Druck der oberen Schichten die Zwischenräume ausgefüllt werden, so daß dann in den unteren Partien des Dammes Verdichtung eintritt. Andererseits können aber auch durch das Eindringen des Wassers einzelne Schichten zu stark erweicht werden und durch die nachfolgenden Auflasten herausgedrückt werden. Besondere Sorgfalt ist der Anlage des Böschungsfußes zu widmen; hier häufen sich die beim Schütten herabgerollten größeren Stücke, die Auflast selbst ist geringer als im Damminnern, die Wasserzuführung groß. Durch Ausfrieren wird dieses Haufwerk dann zerkleinert, es sackt beim Auftauen zusammen, die Böschung verliert ihren Halt und rutscht ab.

Allgemein ist zu sagen, daß Kies- und Sandböden sich als Schüttmaterial gut eignen, da sie sich in der Regel dicht lagern und das Tageswasser gut ableiten. Bei Schüttungen auf Steinböden ist auf die Verwitterbarkeit des Materials zu achten; leicht verwitterbares Gestein kann langwierige Setzungen hervorrufen. Bei Verwendung bindigen Materials ist besondere Sorgfalt geboten. Sandige Tone und verschiedene Lehme lösen sich leicht breiartig im Wasser auf, für gute Abdeckung des Dammes und Oberflächen- und Dammfußentwässerung ist zu sorgen. Reine Tone sind der Auflösung durch Wasser weniger ausgesetzt, sie können aber wegen ihrer Zähigkeit nur in Stücken gewonnen werden; es gibt hierdurch im Damminnern viele Hohlräume, die Setzungen dauern sehr lange. Bei eindringendem Wasser werden die Oberflächen der einzelnen Stücke schlüpfrig, die Reibung wird herabgesetzt. Durch geeignete Maßnahmen beim Einbringen des Materials ist diesen Umständen Rechnung zu tragen.

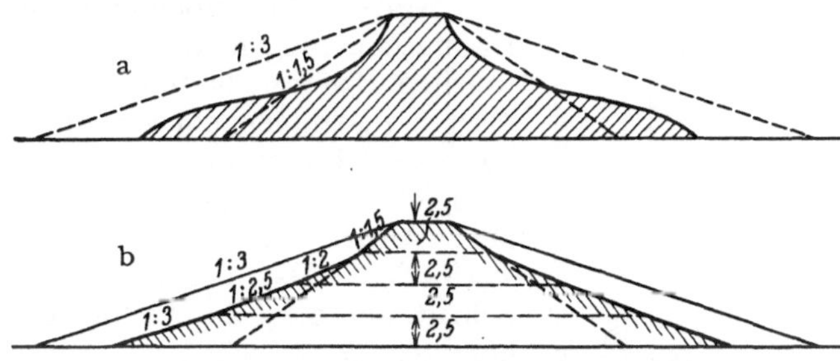

Abb. 34. Dammprofil der Unterwesterwaldbahn.

Ersparnisse, welche durch Ausführung hohler Böschungen erzielt werden.

Dammhöhe	Gegen 1,5fache Schüttung. Mehrbedarf	
	bei 3facher Böschung m³	bei hohler Böschung m³
2,5	9,4	—
5,0	37,5	3,1
7,5	84,4	15,6
10,0	150,0	43,8

Tonige Böden sind durchaus nicht immer schlechtes Dammaterial, sie müssen nur entsprechend ihrer Eigenart verbaut werden; so ist unter anderem auch bei Dammschüttungen mit bindigem Material zu beachten, daß der Einfluß der Kohärenz auf die Böschungsneigung mit zunehmender Dammhöhe abnimmt, wie dieses oben für die Einschnittsböschungen angegeben wurde. In diesem Zusammenhang sind Beobachtungen beim Bau der Unterwesterwaldbahn Engers-Limburg a. d. Lahn interessant, die die mächtigen Tonlager des „Kannenbäckerlandes" durchschneidet[1]. Während man sonst bei Eisenbahnbauten tonige Massen nicht gern zu Dammschüttungen verwendet und sie aussetzt oder nur für kleinere Dämme verwendet, war man hier in Ermangelung eines Besseren dazu gezwungen, den Boden zu verwenden, wie ihn die Einschnitte lieferten. Die Dämme bis zu 3 m Höhe standen mit $1^1/_2$facher Böschung. Bei größeren Dammhöhen bauchten die Böschungen aus und nahmen die in Abb. 34a gegebene Form an. Man flachte die Böschungen, um Rutschungen zu vermeiden 1 : 3 ab, wählte dann aber in Auswertung der Beobachtung, daß die Dämme bis 3 m Höhe in $1^1/_2$facher Böschung standen, für Dämme bis 10 m einen Querschnitt mit abgestuften Böschungsneigungen (vgl.

[1] Vgl. H. SIGLE: Schutzmittel gegen Rutschungen auf der Unter-Westerwaldbahn. Zbl. Bauverw. 1887, 106.

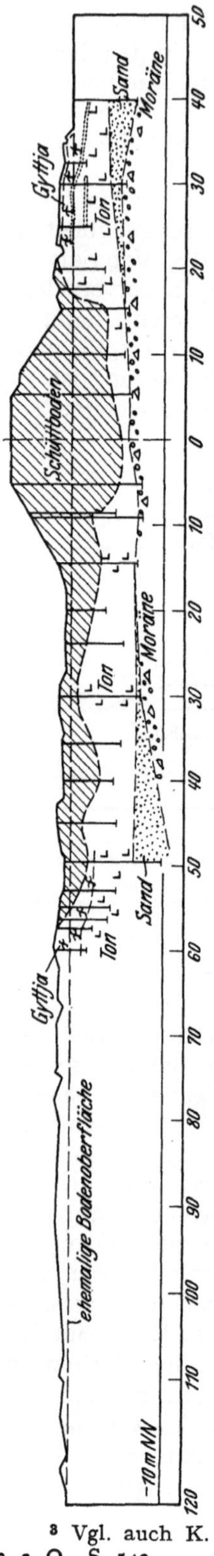

Abb. 35. Querprofil einer Dammschüttung auf weichen Gyttja- und Tonablagerungen bei Bahnhof, Wiborg.

Abb. 34b). Die mit hohler Böschung geschütteten Dämme sollen ebensogut gehalten haben wie die mit gleichmäßiger Neigung 1 : 3 geschütteten Böschungen.

Die Standfestigkeit von Dammschüttungen kann weiterhin durch die Beschaffenheit des Untergrundes gefährdet sein. Bei scharfer Querneigung des Geländes ist durch gute Abterrassierung der Oberfläche dafür zu sorgen, daß die Neigung des Dammes zu seitlicher Bewegung behoben wird. Wiederum ist dem Verhalten des Wassers erhöhte Aufmerksamkeit zu widmen. Für den Abfluß selbst geringer Wasserläufe ist zu sorgen. Werden Quellen durch die Dammlast verstopft, so wird der umgebende Boden erweicht, er wird schlüpfrig und gibt Veranlassung zu Rutschungen[1].

Weitere Bodenbewegungen können durch und in Dammschüttungen ausgelöst werden, wenn die liegenden weichen Bodenschichten durch das Gewicht der Auftragmassen zusammengedrückt und seitlich ausgepreßt werden. Brenner[2] bringt in einer kleinen Schrift eine Reihe von Beispielen über Massenverdrängungen im Untergrunde beim Aufschütten von Dämmen auf Ton-, Gyttja- und Torfböden. Das nebenstehende Profil entstammt dieser Schrift und zeigt das Erdprofil einer Schüttung am Bahnhofe der Stadt Wiborg. Nach Angaben von Brenner liegt das Gelände nur wenig über dem Meeresspiegel, und die hier vorkommenden Gyttja- und Tonablagerungen sind sehr weich. Die Geländeoberfläche ist bis 120 m von der Dammitte geborsten. Der Damm ist wiederholt gerutscht, wobei die Dammassen nach links auswichen und sich in mehreren Wellen bis 60 m hinausschoben.

Die Erscheinungen bei Dammschüttungen durch Moore sind ähnliche. Durch teilweises Auskoffern des Moorbodens, durch Anlage von Moorgräben, die mit Sand und Kies ausgefüllt werden, bei kleinen Dämmen durch Faschinenlagen oder Knüppelrost versucht man die Auftragslasten günstiger zu verteilen und die Bodenbewegungen einzudämmen[3].

Besonderer Erwähnung bedürfen noch die Anlagen von Staudämmen, Deichen usw., da hier das für die Schüttung zu verwendende Bodenmaterial besonders vorsichtig in bezug auf seine Geeignetheit angesprochen werden muß. Man unterscheidet zwischen Dämmen, die durchweg aus wenig undurchlässigem Material hergestellt werden, und solchen, die aus durchlässigem Material geschüttet und mit besonderer Dichtung versehen werden, die entweder in Form einer Decke an der wasserseitigen

[1] Backofen, K.: Drei Beispiele von Rutschungen an Eisenbahndämmen. Zbl. Bauverw. 1927.

[2] Brenner, Th.: Beispiele von Massenverdrängung durch Bodenbelastung. Fennia, Helsingfors 50, Nr. 19 (1928).

[3] Vgl. auch K. v. Terzaghi: Gründungsarbeiten auf Moorböden. Ingenieurgeologie, a. a. O., S. 543.

Böschung liegt oder senkrecht als Kern im Innern des Dammes steht. Bei Verwendung bindigen Materials sind fette Tone und fette Lehme durch Sandzusatz zu magern. Ein Überwiegen des Tongehaltes für den ganzen Dammkörper gilt als unzulässig. Der Untergrund ist auf genügende Dichtigkeit zu untersuchen, damit durch den Staudruck nicht ein Aufbruch der Sohle auf der der Luft zugeneigten Seite des Dammes erfolgt; absolute Dichtigkeit ist jedoch nicht erforderlich. Die Dammlast wird auf den Untergrund oft verdichtend wirken.

Zu den Vorarbeiten gehört eine genaue Aufstellung der für die Anlage in Frage kommenden Dammbaustoffe nach Bodenart, Mächtigkeit, physikalischen Eigenschaften, nach Entfernung und Höhenlage. Man bestimmt danach die Bodenarten, die geeignet sind:

a) als Baustoff für die Hauptmasse des Dammkörpers,

b) als Dichtungsmaterial,

c) für Stützkörper, Entwässerungsrigolen und als Schutzschichten.

Zu a können sowohl kohärente wie kohäsionslose Böden Verwendung finden, auszuschließen sind alle Humusböden und Faulschlammablagerungen, zu b Ton, Lehm, Mergel usw., zu c Sand, Kies, Schotter, Bruchsteine u. dgl.

Der Befund der Bodengewinnungsstätten wird die Ausführungsform der Anlage und die Wahl der Dammabmessungen richtunggebend beeinflussen. Die Herstellung des Dammes geschieht durch Schüttung oder durch Spülung.

Staudämme, die nicht sorgfältig abgedichtet werden, werden vom Wasser durchsickert. Durch dieses Sickerwasser kann eine Dammzerstörung eintreten, sofern es auf der Dammböschung als stärkere Quelle austritt und die Böschung abzuspülen in der Lage ist. Die Sickermenge ist von der Durchlässigkeit des Dammes abhängig. Der Sickerlinienverlauf gibt die Höhe an, von der ab die Böschung gesichert werden muß[1].

Bei Staudämmen oder Deichen, insbesondere mit Dichtungsdecken aus tonigem Material mit darüber befindlicher Schutzschicht aus Schotter, können beim schnelleren Entleeren des Stauraumes leicht Böschungsrutschungen einsetzen. Der Auftrieb des ausgetauchten Bodens nimmt rasch ab, während sein Eigengewicht wegen des langsamen Austretens des Wassers aus dem vollgesättigten Boden (besonders bei feinkörnigem Material) verhältnismäßig groß ist. Da der Boden seinen Wassergehalt der vermehrten Auflast nicht so schnell anpassen kann, wird das Porenwasser gespannt und damit der Schubwiderstand verringert. Für derartige Böschungsrutschungen bringt Resal[2] ein anschauliches Beispiel. Er beschreibt die Rutschungen am Damm des „Reservoir de Charmes" im Marnedepartement und kommt auf Grund seiner Standfestigkeitsuntersuchungen zu dem Schluß, daß plötzlicher Wasserstandswechsel auch hier die Veranlassung zu den Bodenbewegungen gewesen ist.

Die Höhe der aus plastischem Material herzustellenden Dämme oder von Dämmen mit plastischen Dichtungsdecken wird auf ca. 20 m beschränkt. Bei Ausführungen aus standfesterem Material mit Dichtungskern gelten Höhen bis zu 100 m noch als ausführbar. Bei den 1930 in Ausführung begriffenen Sorpe- und Sösetalsperren werden Staudämme von ca. 60 m Höhe angelegt[3].

Ein weiteres Teilgebiet der Bodenkunde im Erdbau ist die Untersuchung und Klassifizierung des Bodens in bezug auf seine Eignung als Unterlage für Kunst-

---

[1] Schocklitsch, A.: Der Wasserbau. Wien 1930.

[2] Résal, J.: Poussée des Terres, 2. Teil. Paris 1910. — Krey, H.: Rutschgefährliche und fließende Bodenarten, a. a. O., S. 487.

[3] Ziegler, P.: Über Zerstörung von Staudämmen. Z. Bauwesen 1923. — Wilser, J.: Geologische Voraussetzung für Wasserkraftanlagen. 1925. — Schaffernack, F.: Über die Standsicherheit durchlässiger geschütteter Dämme. Allg. Bauztg. 1917, H. 4.

straßen. Besonders in Amerika und Rußland hat man sich diesen Fragen zugewandt. Es sei hier auf die diesbezüglichen Ausführungen v. Terzaghis verwiesen.

Der Frostwirkung im Boden ist hierbei besondere Beachtung beizumessen, wodurch einmal Frostbeulen in der Straßendecke, danach beim Auftauen Erweichungen des Planums und Einbrüche entstehen können[1]. Dieselben Erscheinungen sind ja auch im Eisenbahnbetrieb gefürchtet, wo durch Auffrieren sich in der Gleislage Frosthügel und Schlagstellen bilden[2]. Es sind dies Erscheinungen, die in der Hauptsache dort beobachtet worden sind, wo die Straßendecke Böden auflagert, in denen ein kapillarer Wasseraufstieg bis zur Planumhöhe vom Grundwasser her erfolgt. P. Ehrenberg[3] gibt eine Darstellung über die Vorgänge beim Gefrieren des Tons. Er weist darauf hin, daß die bloße Raumausdehnung des Wassers beim Gefrieren zu gleichmäßiger Ausdehnung des Tones führen würde. Da aber das gefrierende Wasser sich besonders dort anlagert, wo zuerst Anfänge von Eiskristallen entstanden sind, so bilden sich an diesen Orten größere Eiskristalle, schieben die Tonteilchen zur Seite und schaffen sich so gewaltsam Raum. Diese Eiskristalle ziehen dann aus ihrer Umgebung weitere Wasserteilchen an sich und lagern sie als Eiskristalle an, wobei sie immer mehr heranwachsen. Es entsteht so nicht nur eine Volumenvermehrung und Auflockerung, sondern nach dem Verschwinden des Eises verbleibt ein Netz von feinen bis gröberen Kanälchen bis ins Innere des Tons. Dies muß bei langsamem Gefrieren und besonders bei häufigem Wechsel zwischen Frost und kurzem Tauwetter, wie es Frost mit Sonnenschein bei uns oft hervorrufen wird, um so mehr und fortschreitend der Fall sein, da Untersuchungsergebnisse gezeigt haben, daß die größeren Eiskristalle im Laufe der Zeit auf Kosten der kleineren wachsen. Durch diese Art von Sammelkristallisation entstehen Eislagen und Aufpressungen und beim Auftauen Wasseranreicherungen und dadurch Bodenerweichungen. v. Terzaghi[4] gibt an, daß in manchen Teilen der nördlichen Vereinigten Staaten sich die Straßendecke unter dem Einfluß des Frostes um Beträge bis zu 30 cm hebt.

Bodenuntersuchungen im Erdbau. Die Untersuchungen haben sich einmal auf die Bestimmung des Bodenmaterials nach Art und Schichtung unter Prüfung der Grundwasserverhältnisse zu erstrecken, sodann auf die Ermittlung der Festigkeitseigenschaften und des Verhaltens des Bodens zu Wasser und Luft.

Zunächst wird man sich dort, wo geologische Aufnahmen von dem in Frage stehenden Baugelände vorliegen, an Hand der geologischen Karten über den Aufbau des Gebietes weitgehendst unterrichten. Bei Eisenbahnbauten im Flachlande wird man z. B. schon in vielen Fällen an Hand dieser Karten die günstigsten Linienführungen in bezug auf bodenkundliche Verhältnisse generell festlegen können. Der Hauptlinienzug ist ja z. B. bei Eisenbahnen und Straßen größtenteils schon durch verkehrstechnische Gesichtspunkte gegeben, es wird sich also nur darum handeln, festzustellen, ob angetroffene Seen und Sümpfe, Torfmoore usw. besser zu umgehen als zu durchqueren sind, günstige Flußübergänge zu ermitteln und zwecks Gewinnung von Bettungsmaterial zur Trace günstig gelegene Kies-Sand-Gesteins-Vorkommen zu erkunden. Liegt geologisches Kartenmaterial nicht vor, so ist man gezwungen, durch genaues Studium der Aufschlüsse, wie Klippen, Felswände, steileingeschnittene Täler, Uferränder von Wasserläufen,

[1] Terzaghi, K. v.: Straßenbaugeologie. Ingenieurgeologie, a. a. O., S. 552.
[2] Backofen, K.: Frosthügel und Schlagstellen im Eisenbahnbau. Gleistechn. **1928**, 22.
[3] Ehrenberg, P.: Bodenkolloide, 3. Aufl., S. 157ff. 1922.
[4] Terzaghi, K. v.: Straßenbaugeologie in „Ingenieurgeologie“, a. a. O., S. 554. — Vgl. Iva B. Mullis: Illustrations of Frost and Ice Phenomena. Public Roads, **9**, Nr. 4 (1930); ref. Bauingenieur **1930**, H. 44.

Meeresküsten, dann weiterhin Kies- und Sandgruben, Tongruben, Wegeeinschnitte usw., eventuell durch Einsicht der Register früher ausgeführter Bohrungen, Bauakten, usw. sich ein ungefähres Bild von dem Aufbau des Geländes zu verschaffen. Bei den geologischen Landesanstalten wird man weitere Angaben erhalten können. Am schwierigsten sind natürlich die Vorerhebungen im Gebirgsland. Die Untersuchungen haben sich hier über die Gesteine in Aufschlüssen in petrographischer Beziehung und in Hinsicht auf Struktur- und Absonderungsverhältnisse zu erstrecken. Auf Schichtung, Streichen, Fallen, auf Verwitterungserscheinungen, Lagerungsstörungen, Faltung und Zerreißung, auf Quellen und Sturzbäche usw. ist zu achten.

Ist auf Grund dieser Vorerhebungen und von topographischen Geländeaufnahmen die Linienführung gegeben, das Vorprojekt aufgestellt, die Gradiente festgelegt, so beginnen eingehende Untersuchungen des Bodenmaterials der projektierten Einschnitte und Entnahmestellen usw. durch Schürflöcher und Bohrungen, oder durch Ausstanzen von Bodenkernen[1]. In allen wichtigeren Fällen ist die Anlage von Schürfgruben anzuraten, um die Bodenbeschaffenheit an Ort und Stelle in natürlichem Zustande besichtigen und untersuchen zu können, um dabei die Gewinnungsfestigkeit des Bodens festzulegen, die Wasserverhältnisse einwandfrei festzustellen, und Proben im gewachsenen Zustande zu entnehmen. Es ist durchaus nicht immer nötig, eine große Anzahl von Schürflöchern in regelmäßigen Abständen niederzubringen, sondern mit der nötigen Erfahrung und geognostischem Verständnis gilt es, diejenigen Geländestriche zu erkennen, von denen her bei der Bauausführung Gefahr droht, und die daher einer besonders sorgfältigen Untersuchung zu unterziehen sind. Zwischendurch genügen Bohrlöcher, aus denen man über die Regelmäßigkeit der vorliegenden Bildungen in bezug auf Mächtigkeit, Schichtenfallen usw. schließen kann. Es geht nicht an, hier dem Bohrmeister oder Schachtmeister alles weitere zu überlassen, sondern Schürfgruben und Bohrlöcher müssen in wichtigen Fällen im Beisein eines bodenkundlich genügend vorgebildeten und erfahrenen Ingenieurs heruntergebracht werden, der dabei sogleich alle Wahrnehmungen in bezug auf Wasserführung, Festigkeitseigenschaften, wenn möglich auf Formationszugehörigkeit, protokollarisch niederlegt, die Proben auswählt, die einer eingehenden Laboratoriumsuntersuchung bedürfen, bei diesen Proben gleich an Ort und Stelle den Wassergehalt feststellt und für ihre einwandfreie Verpackung und Beschriftung sorgt. Dieser Ingenieur wird dann angeben können, welche weiteren Schürflöcher notwendig sind, um ein vollständiges Bild von den vorliegenden Bodenverhältnissen zu erhalten. Nur wenn Bodenuntersuchungen mit der nötigen Sorgfalt und dem nötigen Verständnis durchgeführt werden, können sie die Kenntnisse von den Bodenverhältnissen vermitteln, die erforderlich sind, um Bauten zweckentsprechend projektieren und durchführen zu können und um damit wirtschaftliche Schädigung und Bauunfälle zu vermeiden.

Schürfgruben erhalten etwa $1^1/_2$—$2\,m^2$ Querschnitt, denn die Arbeiter müssen darin bequem arbeiten können. Je nach Tiefe und Standfestigkeit des Bodens erhalten sie Bölzung oder bergmännische Auszimmerung bei rechteckigem Querschnitt; ohne Auszimmerung macht man die Schächte rund, wie dies z. B. von Bodenuntersuchungen im tonigen Boden beim Bau der Unterwesterwaldbahn beschrieben wird[2].

Bei Entnahme von Proben bindigen Materials (und solches wird in der Hauptsache zur Untersuchung kommen) im Schürfschacht wird der Boden aus der

[1] Burkhardt, E.: Zur Aufschließung des Untergrundes. Bautechnik 1931, H. 17.

[2] Vgl. H. Sigle: Zbl. Bauverw. 1887, a. a. O., S. 103.

Schachtwand mit gut verzinkten Blechbüchsen ausgestochen, die zugleich als Versandbehälter dienen, und deren übergreifende Deckel durch Isolierband oder Leukoplaststreifen verklebt werden, um Wasserabgabe zu vermeiden. Besser noch ist es, Proben, die zum Transport kommen, in Form eines Bodenwürfels oder Zylinders aus der Wand herauszuarbeiten und diesen mit gut anliegendem Papier dicht einzuhüllen, und diesen Körper dann mit Paraffin in einen passenden Behälter einzugießen, um möglichst alle Auflockerungen und Texturveränderungen auf dem Transport zurückzuhalten. Der Wassergehalt des Bodens wird zweckmäßig an Ort und Stelle an unmittelbar entnommenen frischen Stücken festgestellt. Bei Bohrungen ist eine Verrohrung des Bodens auch im standfesten Boden zu fordern, da oft durch einen Nachfall die wahren Lagerungsverhältnisse verschleiert werden. Naßbohrungen sind möglichst zu vermeiden, da dadurch die Feststellung einiger Bodenwerte unmöglich gemacht wird. Der Boden ist unvermischt und in großen Stücken zu fördern, wenn irgend möglich, sind Bohrgeräte zu verwenden, die das Gefüge der Proben nicht zu sehr stören, wie z. B. die Schappe[1].

Zur Entnahme ungestörter Bodenproben aus Bohrlöchern benutzt man Bodenstanzen verschiedener Konstruktion. JOHN OLSSON[2] beschreibt den von ihm konstruierten Kolbenbohrer, der mit der Hand bedient wird und aus bindigen Böden Kerne von ungefähr 64 cm Länge bei rund 4 cm Durchmesser herausstanzt. Nach den beschriebenen Abmessungen des Gestänges wird man damit in günstigen Fällen vielleicht bis 10 m Tiefe arbeiten können. I. EHRENBERG hat eine Bodenstanze konstruiert, die im Verlauf von Bohrungen mit gewöhnlichem Gerät bei 137 mm Manteldurchmesser und gewöhnlichem Gestänge gegen Schappe usw. ausgewechselt werden kann und aus gewünschten Tiefen Proben in ungestörtem Zustande ausstanzt. Die Länge der so herausgeholten Proben beträgt bei 10 cm Durchmesser bis zu 60 cm. Die Probe sitzt in einer zweiteiligen Messinghülse, mit der das Stanzrohr ausgefüttert ist. Diese Messinghülse ist leicht herausnehmbar und dient zugleich als Transportbehälter beim Verschicken der Proben. Zur Untersuchung läßt sich die Probe leicht von ihrer Ummantelung durch Aufklappen der zweiteiligen Hülse befreien. Das Festhalten der Probe im Stanzrohr bei Abriß und Aufholen bewirkt ein sich selbsttätig arretierender Kolben[3].

Der Deutsche Ausschuß für Baugrundforschung hat es sich angelegen sein lassen, Vorschläge für die einheitliche Benennung der Bodenarten und für die Aufstellung der Schichtenverzeichnisse auszuarbeiten.

Es folgt nun die Untersuchung der Proben im Laboratorium. Um sich zunächst ein Bild von der Kornzusammensetzung der Probe machen zu können, aus der sich doch immerhin einige Schlüsse auf das physikalische Verhalten des Bodens werden ziehen lassen, wird der Boden durch Sieb- oder Schlämmanalysen in Fraktionen zerlegt, wie dies oben bei der THAERschen resp. ATTERBERGschen Einteilung angegeben wurde. Sande werden getrocknet und gesiebt. Die Siebung geschieht zweckmäßig mit Hilfe einer Siebmaschine, da hierdurch alle subjektiven Fehler, wie sie bei Handsiebung, zumal bei einer größeren Anzahl von Proben, zu

[1] Der Deutsche Ausschuß für Baugrundforschung bei der Deutschen Gesellschaft für Bauingenieurwesen, Berlin, und die Preuß. Versuchsanstalt für Wasserbau und Schiffbau, Berlin, haben Merkblätter für die Entnahme, Verpackung und den Versand von Bodenproben herausgegeben, die auf Wunsch an Interessenten abgegeben werden, und in denen noch weitere Angaben zu finden sind.

[2] OLSSON, J.: Kolvborr. Tekn. Tidskr. Februar 1925.

[3] Durch Versuchsanstalt für Wasserbau und Schiffbau, Berlin, für bindige Böden erprobt.

befürchten sind, ausgeschaltet werden. Bewährt hat sich die FÖRDERREUTHERsche Siebmaschine mit Normalsiebbüchsen aus gezogenem Messingrohr.

Auf die große Zahl von Schlämmethoden soll hier nicht weiter eingegangen werden[1]. Für Serienuntersuchungen — und um solche wird es sich bei Bodenuntersuchungen für Baustellen für gewöhnlich handeln — findet neuerdings für feines Material die Pipettiermethode nach KÖHN[2] immer mehr Anwendung, welche die Anteile der Teilchengrößen in kurzer Zeit zu bestimmen gestattet. Ihr kommt das Anwendungsgebiet für Formengrößen von 20 bis etwa 1 μ zu. Den schwierigsten Teil bildet auch hier die Vorbehandlung der Probe, die dazu dient, den Boden in seine Einzelteilchen zu zerlegen. Die großen Unterschiede, die die verschiedenen Untersuchungsmethoden bei Zerlegung ein und desselben Bodens ergaben, liegen meist nicht in der Unzulänglichkeit der Methoden selbst, sondern in der Verschiedenartigkeit der Vorbehandlung der Proben. Es sei hier auf die einschlägigen Arbeiten verwiesen[3]. Die Sieb- und Schlämmergebnisse werden zweckmäßig logarithmisch aufgetragen, wie dies oben für einige Bodentypen gezeigt ist, da dabei die feineren Fraktionen entsprechend ihrer Wichtigkeit mehr herausgehoben werden. Die Steilheit der Kurven gibt zugleich ein Bild von der Gleichförmigkeit des Materials. Bei den Schlämm- und Sedimentiermethoden ist jedoch zu berücksichtigen, daß sich die Fallgeschwindigkeit der Teilchen vom spezifischen Gewicht, von Gestalt und Schwerpunktlage als abhängig erweist, so daß durch die Schlämm- und Sedimentierverfahren die aus stofflich wie gestaltlich so verschiedenen Mineralfragmenten zusammengesetzten bindigen Böden nicht nach Korngrößen gesondert werden, sondern, wie RAMANN[4] sich ausdrückt, nach „Teilchen von gleichem hydraulischen Wert".

Mit Hilfe der Hygroskopizitätsbestimmung läßt sich, zumal bei Mineralböden, ein vergleichendes Maß für die Feinheit des Bodens erlangen[5].

Aus diesen Untersuchungen mit Schlämm- und Sedimentiermethoden usw. läßt sich über die Struktur und Textur bindigen Bodens noch kein Bild gewinnen, und doch wird man versuchen müssen, diesen Feinstaufbau des Materials zu erforschen, um die Ursachen für das verschiedene physikalische Verhalten der Böden kennen zu lernen. Die Versuchsanstalt für Wasserbau und Schiffbau hat Versuche anstellen lassen, Struktur und Textur von Tonen auf nephelometrischem und röntgenoptischem Wege zu ergründen. Diese Versuche sind noch nicht abgeschlossen.

Bei der Berechnung von Stützmauern und Brückenwiderlagern, bei Böschungsberechnungen usw. ist die Kenntnis der Festigkeitseigenschaften der in Frage stehenden Böden eine wichtige Vorbedingung. Neben Feststellung des Wassergehalts des Bodens im erdfeuchten Zustande und seines Raumgewichts, des spezifischen Gewichts seiner Trockensubstanz ist vor allem durch den Versuch die Schubfestigkeit des Bodens zu bestimmen, woraus sich dann der Reibungsbeiwert für die Lasteinheit und die Haftfestigkeit ks für die Flächeneinheit

[1] Vgl. dieses Handbuch **6**. S. 7 ff.

[2] KÖHN, M.: Beiträge zur Theorie und Praxis der mechanischen Bodenanalyse. Landw. Jb. **67**, 485—546 (1928).

[3] HAHN, V. v.: Dispersoidanalyse Dresden-Leipzig 1928. — ODÉN, SVEN: Über die Vorbehandlung der Bodenproben zur mechanischen Analyse. Bull. Geol. Inst. Upsala **16** (1919). — SCHUBERT, H.: Einfluß der Vorbehandlung der Böden auf die Ergebnisse der mechanischen Bodenanalyse. Kulturtechniker **1929**, H. 3. — ZUNKER, F.: Gebrauchsanweisung zur Bestimmung der spezifischen Oberfläche des Bodens. Ebenda **1926**. — Bericht über die zweite Tagung des Unterausschusses für kulturtechnische Bodenuntersuchungen. Ebenda **1925**. — GESSNER, H.: Die Schlämmanalyse. Leipzig 1931 (dort weitere eingehende Literaturangaben).

[4] RAMANN, E.: Bodenkunde, 3. Aufl., S. 285. Berlin 1911.

[5] Vgl. dieses Handbuch **6**, S. 50 u. 71 ff.

entnehmen lassen. Die grundlegenden Überlegungen für diese Versuche sind bereits oben angegeben. Die Versuchsdurchführung selbst ist bei Verwendung der KREYschen Apparatur folgende: der Boden wird in etwa 1,5 cm Stärke in 6—8 Formen eingebracht, diese bestehen aus der Grundplatte *b* mit wabenartigen Vertiefungen und einem Sandfilter, einem Rahmen *a* von 10 cm Seitenlänge, einem Siebdruckstück *c* mit Sandfilter und einem Schneidenstück *d*, wie diese in Abb. 36 dargestellt sind. In diesen Formen wird der Boden nun unter Wasser belastet. Je nach Verwendungsart des Bodens werden kleinere oder größere Drucke ausgewählt. Der Boden kann sich nun seiner Auflast entsprechend durch Wasserabgabe oder -aufnahme durch die angeordneten Sandfilter einstellen, bis er den „natürlichen" Wassergehalt erreicht hat. Durch Registrierung der Setzungen usw. läßt sich feststellen, wann dieser Zustand erreicht ist. Ist der Boden zur Ruhe gekommen, was je nach Feinheit in 1—3 Tagen vor sich geht, so kommt die Form in den KREYschen Schubfestigkeitsprüfapparat, wird dort unter denselben Druck gesetzt, und durch Verschieben der Platte *b* gegen den Rahmen *a*

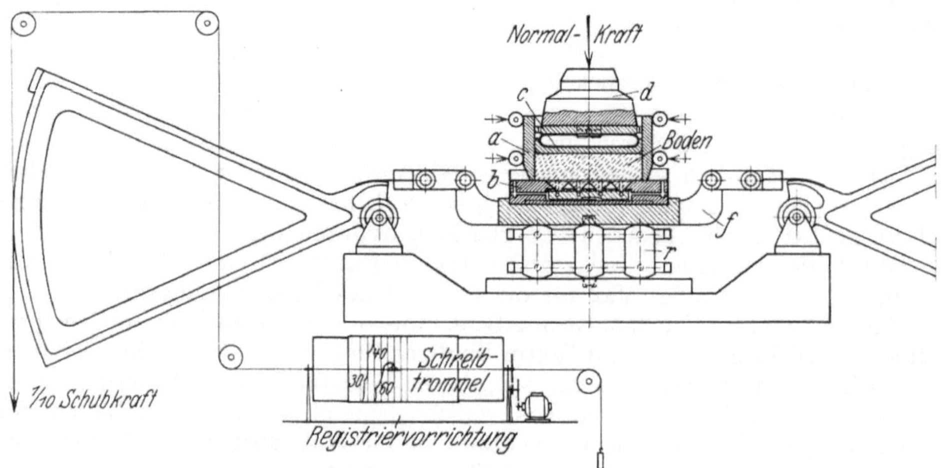

Abb. 36. Schubfestigkeitsprüfapparat System KREY. (Schnitt durch die Schervorrichtung.)

wird der Boden abgeschert. Das in die wabenförmigen Vertiefungen der Grundplatte *b* eingedrückte Bodenmaterial muß sich hierbei gegen das im Rahmen *a* festgehaltene Bodenmaterial verschieben. Der KREYsche Apparat selbst besteht aus einem Kipplager *r*, das mit Ansätzen in den aufliegenden Schlitten *f* greift. Auf dem Schlitten sitzt dann die Form mit dem Bodenmaterial. Der Schlitten ist durch Stahlbänder mit zwei Segmenthebeln verbunden, an denen wiederum an Stahlbändern Gewichtsschalen hängen. Beim Abschervorgang nimmt der Schlitten die Platte *b* mit, während der Rahmen *a* durch seitliche Anschläge an der Bewegung gehindert ist. Die zum Abscheren erforderliche Schubkraft wird durch stufenweises allmähliches Aufbringen von Gewichten auf eine der an den Segmenthebeln befindlichen Schalen bestimmt, bis deren Absinkung eintritt. Die Bewegungen werden automatisch auf einer Schreibtrommel registriert. Es würde zu weit führen, hier auf alle Einzelheiten einzugehen, die bei der Durchführung der Versuche zu beachten sind. Werden die Versuche für eine Probe unter verschiedenen Drucken durchgeführt, so erhält man daraus folgende Angaben: Die Schubwiderstandslinie, die Wassergehaltskurve und damit bei Kenntnis des spezifischen Gewichts, Raumgewichte und Porenvolumina, schließlich bei Registrierung der Setzungen beim Vordrücken der Proben nach Weg und Zeit außerdem Zeitsetzungsdiagramme, aus denen sich die Zusammendrückbarkeit des Bodens entnehmen und eventuell auch die Wasserdurchlässigkeit des Bodens errechnen läßt, wie dies v. TERZAGHI abgeleitet hat[1]. Durch diese Versuche werden also schon Daten festgelegt, nach denen sich immerhin eine brauchbare Beurteilung des Bodens ermöglichen läßt.

Auch von anderer Seite sind Apparaturen zur Feststellung des Schubwiderstandes konstruiert worden. Die ersten diesbezüglichen Versuchseinrichtungen

Abb. 37. Schubfestigkeitsprüfapparat System KREY (Ansicht).

stammen von MÜLLER-BRESLAU[2]. Später baute NILS WESTERBERG[3] einen Apparat Des weiteren beschreibt STRECK[4] eine andere Versuchseinrichtung zur Bestimmung des Gleitwiderstandes. Der Boden befindet sich hier in einem zylindrischen Gefäß und wird durch einen Kolben abgedeckt, der auf seiner Unterseite 10 mm

[1] REDLICH, K. A., K. v. TERZAGHI u. R. KAMPE: Ingenieurgeologie a. a. O., S. 330.

[2] MÜLLER-BRESLAU, H.: Erddruck auf Stützmauern. Stuttgart 1906.

[3] WESTERBERG, N.: Jordtryck i kohesionära jordarter. Forsök och elementär teorie av Kapten NILS WESTERBERG. Tekn. Tidskr. Stockholm **1921**, H. 3 bis 5.

[4] STRECK, A.: Die Festigkeitseigenschaften bindiger Böden. Dtsch. Tiefbauztg. **1928**, Nr. 33.

hohe radiale Rippen trägt. die in den Boden eingreifen. Die Abscherung erfolgt durch Drehung des Kolbens, wobei die Rippen eine ihrer Höhe entsprechende Bodenschicht mitnehmen. I. STINY[1] bringt die Abbildung eines zweischnittig arbeitenden Gerätes zur Untersuchung der Schubfestigkeit von Böden. BACKOFEN[2] erläutert eine Apparatur, mit der er Schubfestigkeitsversuche an Böschungsrutschungen durchgeführt hat. Hinsichtlich der Untersuchungen des Bodens auf sein Verhalten zu Wasser und Luft sei auf Band 6 dieses Handbuches verwiesen. Allgemein wäre noch hinzuzufügen, daß die hier aufgeführten Untersuchungsgänge immerhin recht zeitraubend sind. Zunächst gilt es aber, die physikalischen Eigenschaften der Böden weitgehend kennen zu lernen, um dann auf Grund der gewonnenen Erkenntnisse evtl. auf einfacherem Wege zur Beurteilung von Böden zu kommen. Es seien hier noch die Arbeiten ATTERBERGS[3] erwähnt, bindige Böden nach Fließgrenze und Ausrollgrenze zu klassifizieren. Des weiteren seien die Kegelfallversuche der Schweden[4] zur Bestimmung von Festigkeitseigenschaften der Böden genannt.

Der Grundbau.

Unter Grundbau versteht man jene Bauarbeiten, die einem Bauwerk eine möglichst feste, gegen Grundwasser und Witterungseinflüsse gesicherte Unterlage geben sollen. Die Wahl der Gründungsart wird ausschlaggebend beeinflußt durch die Beschaffenheit des angetroffenen Baugrundes.

Im Bauwesen war es bisher üblich, die „zulässige Beanspruchung" des Baugrundes durch senkrechte Lasten bei Flachgründungen durch Probebelastungen zu bestimmen. Die zulässige Beanspruchung ist hierbei die Last pro Flächeneinheit, bei der nur unwesentliche Setzungserscheinungen auftreten. Für verschiedene Bodenarten werden diese Zahlen baupolizeilich festgesetzt. Die Größe und Gestalt der belasteten Fläche und die Gründungstiefe wurden bei diesen Festsetzungen nicht berücksichtigt, obwohl die Tragfähigkeit hierdurch beeinflußt wird.

Zwei Größen sind es, die bei Bestimmung der Tragfähigkeit des Bodens zu berücksichtigen sind:

1. Die Widerstandsfähigkeit des Bodens gegen seitliches Aufpressen. Die widerstehenden Kräfte sind die mit der Normalspannung zunehmende Reibung in der Erde und die Kohärenz des Bodens, die schon weiter oben näher besprochen worden ist. Unter anderem haben SCHWEDLER[5], KURDJÜMOFF[6] und ENGESSER[7] unter der Annahme seitlichen Ausweichens des Bodens unter dem Bauwerk Formeln für die rechnerische Ermittlung dieser Widerstandsgrößen abgeleitet, die auch die Wirkung der Tiefenlage der Bauwerksohle erfassen. KREY[8] gibt einen Untersuchungsgang, den Widerstand des Baugrundes gegen senkrechte Kräfte unter Zugrundelegung gerader oder kreisförmiger Gleitflächen zu ermitteln. Für diese Untersuchungen ist die Kenntnis des Reibungsbeiwertes

[1] STINY, I.: Zur Schubfestigkeit der Böden. Geol. u. Bauwesen 1929, H. 1.

[2] BACKOFEN, K.: Eine geotechnische Studie. Zbl. Bauverw. 1930, H. 18.

[3] ATTERBERG, A.: Internat. Mitt. Bodenkde. 1911, 1912, 1913. — Vgl. auch V. POLLACK: Die Beweglichkeit bindiger und nichtbindiger Böden. Halle 1925.

[4] Bericht der geotechnischen Kommission der staatlichen Eisenbahnen Schwedens. Stockholm 1922.

[5] SCHWEDLER, I. W.: Abhandlung über eisernen Oberbau. Zbl. Bauverw. 1891, 90.

[6] KURDJÜMOFF, V. J.: Zur Frage des Widerstandes der Gründungen auf natürlichem Boden. Zivilingenieur 1892, 293.

[7] ENGESSER, FR.: Zur Theorie des Baugrundes. Zbl. Bauverw. 1893, 306.

[8] KREY, H.: Erddruck, Erdwiderstand, a. a. O. S. 159.

und der Kohäsion des Bodens wichtig. Wie diese Werte ermittelt werden, ist bereits gezeigt worden[1].

2. Die Zusammendrückbarkeit des Bodens z. T. in Abhängigkeit von seiner Wasserdurchlässigkeit. Durch Belastung tritt eine Verdichtung des Bodens ein. Wassergesättigte Böden versuchen sich auf den „natürlichen" Wassergehalt, der der neuen Auflast entspricht, einzustellen, werden also Wasser abgeben. Dies geschieht je nach der Durchlässigkeit des Bodens schneller oder langsamer. Bei mächtigen, dichten Bodenlagen können sich die Setzungserscheinungen entsprechend der ganz allmählichen Wasserabgabe über lange Zeiträume erstrecken.

Die Dichte der Lagerung bei gleicher Beschaffenheit des Sediments hängt von den geologischen Umständen ab, unter denen die Sedimentation erfolgte. v. TERZAGHI[2] erwähnt, daß Sande, die bei ablaufendem Hochwasser zum Absatz kamen, viel lockerer gelagert sind als solche, die langsam in einem Seebecken abgesetzt wurden, daß Tone aus Süßwasserbildungen meist dichter sind als marine Tone von ähnlicher Beschaffenheit, sofern sie seit ihrer Entstehung unter Wasser blieben. Die petrographische Identität der Bodenarten verbürgt daher keinesfalls technische Gleichwertigkeit. v. TERZAGHI hebt noch hervor, daß die Textur des Sandes „konservativ" ist, d. h. wenn ein Sand locker zur Ablagerung kam, so bleibt sein Gefüge auch dann noch locker, wenn er vorübergehend oder dauernd unter hohem statischen, durch das Gewicht der aufgelagerten Massen verursachten Druck gestanden hat. Auch für die Textur mikroskopischer oder submikroskopischer Sande (Fließerden) will der Genannte das gleiche gelten lassen. Je plastischer eine Bodenart war, desto weniger konservativ ist ihre Textur.

Auf die Untersuchungsmethoden, die zur Feststellung von Zusammendrückbarkeit und Wasserdurchlässigkeit eines Bodens dienen, wird später eingegangen werden[3].

Bei nachgiebigem, zusammenpreßbarem Boden schreitet man oft zu einer künstlichen Verdichtung des Baugrundes. Liegt die Fundamentsohle über dem Grundwasser, so wird man bei Bauten von geringerer Bedeutung in manchen Fällen schon durch Abrammen oder Abwalzen, durch Einstampfen von Steinen und Schotter eine genügende Verdichtung des Bodens erreichen können. Liegt der gute Baugrund in zwei bis drei Meter Tiefe unter Fundamentsohle, so hat man sich durch Anordnung von Pfeilerfundamenten, die bis zu jener Tiefe herabgeführt wurden, geholfen. An Stelle der Pfeilerfundamente behilft man sich in manchen Fällen auch mit Sandpfählen. Zu diesem Zweck wird ein Holzpfahl eingerammt, wieder herausgezogen und das Loch mit Sand (besser Beton) vollgestampft. In Niederungsgegenden mit tiefgreifendem Moorboden versucht man durch Anordnung von Sandpolstern eine günstigere Verteilung der Fundamentdrücke auf den Moorboden zu erreichen. Sofern es sich um locker gelagerten Sand oder Kies handelt, erhält man durch Einblasen von Zementpulver eine Verbesserung des Baugrundes, da sich der unter Wasser lagernde Kies oder Sand, dann in einen festen Steinkörper verwandelt. Erfahrungen mit einem neuen chemischen Verfestigungsverfahren beschreibt W. SICHARDT[4]; dort finden sich auch Literaturangaben über Bauten, bei denen das Verfestigungsverfahren bereits Anwendung gefunden hat. Die weitaus wichtigste Art künstlicher Fundierung ist die Pfahlrostgründung. Hierbei ist zu unterscheiden zwischen einem festen Rost, dessen Pfähle bis in den festen

[1] Vgl. S. 150.

[2] REDLICH, K. A., K. v. TERZAGHI u. R. KAMPE: Ingenieurgeologie, a. a. O. S. 323.

[3] Vgl. S. 182.

[4] SICHARDT, W.: Erfahrungen mit der chemischen Bodenverfestigung und Anwendungsmöglichkeiten des Verfahrens. Bautechnik 1930, H. 12.

Baugrund reichen, also die Last des Bauwerks direkt auf die festen Schichten übertragen, und einem schwebenden Rost, dessen Pfähle ganz in nachgiebigen Bodenschichten stecken, der feste Baugrund also nicht zu erreichen ist, und wobei sich der Boden unterhalb der Pfahlspitzen noch setzen kann, auch wenn die Pfähle selbst nicht weiter in den Boden eindringen. Bei größeren Bauten kommen weiterhin Brunnen- und Röhrengründungen in Frage, die die nachgiebigen Schichten durchfahren und bis auf tragfähigen Baugrund abgesenkt werden.

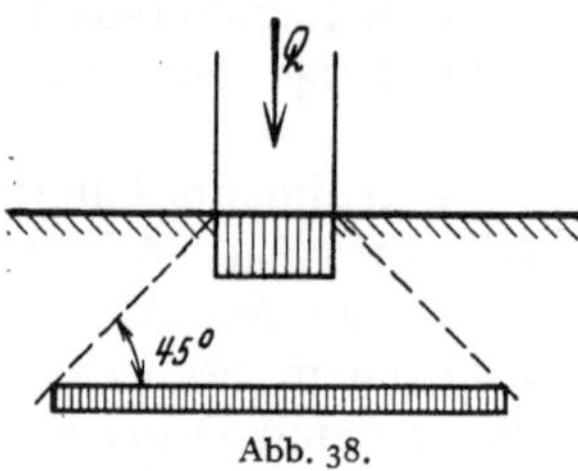

Abb. 38.

Die Bauwerkslast verteilt sich im Boden nach der Tiefe zu auf immer größere Flächen. Für praktische Rechnungen nahm man bisher an, daß die Grenzlinie der Druckverteilung unter 45° verläuft, und der Druck sich über die einzelnen waagerechten Flächen gleichmäßig verteilt (s. Abb. 38). Nun haben aber Versuche verschiedener Forscher erwiesen, daß die Druckverteilung im Baugrunde wesentlich anders verläuft. KÖGLER und SCHEIDIG[1] haben die bisher hierüber vorliegenden Versuchsergebnisse zusammengestellt und durch eigene neuere Versuche nachgeprüft und ergänzt. Diese Versuche sind aber durchweg nur mit Sandboden durchgeführt; ob die Druckverteilung in plastischen Böden ähnlichen Gesetzen gehorcht, muß zunächst dahingestellt bleiben. Die Versuche ergeben übereinstimmend, daß die Spannungen in der Mitte der Lastfläche wesentlich größer als in dem äußeren Bereiche sind. Durch Auftragen „Kurven gleichen lotrechten

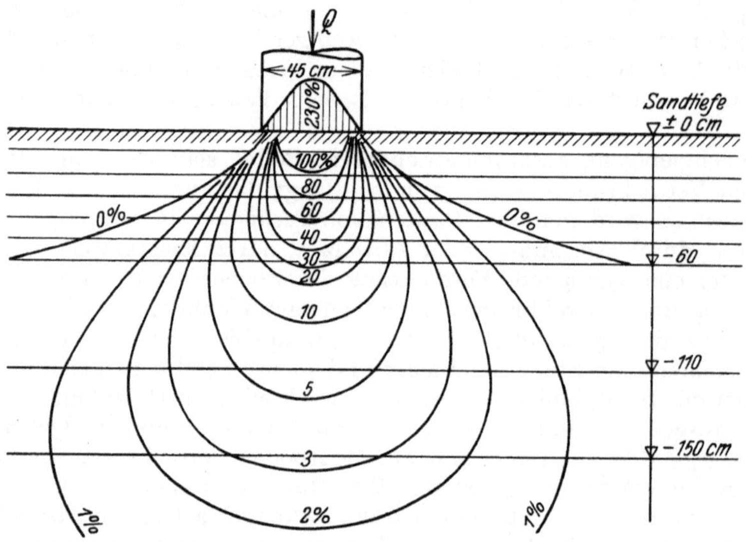

Abb. 39. Kurven gleichen lotrechten Druckes (Isobaren). (Nach KÖGLER und SCHEIDIG.)

Druckes" erhält man eine anschauliche Darstellung über die Druckverteilung im Baugrunde (die in den einzelnen Punkten der Schüttung gemessenen von der örtlichen Belastung herrührenden Drücke sind in Prozentzahlen von p_0 ausgedrückt, wobei p_0 der Quotient aus Gesamtlast und Lastfläche ist). Über

[1] KÖGLER, F. u. A. SCHEIDIG: Druckverteilung im Baugrunde. Bautechnik **1927**, H. 29 u. 31; **1928**, H. 15 u. 17; **1929**, H. 18 u. 52. — SCHEIDIG, A.: Die Berechnungsgrundlagen durchgehender Fundamente und die neuere Baugrundforschung. Bautechnik **1931**, H. 19 u. 20. — Vgl. u. a. auch E. GERBER: Untersuchungen über Druckverteilung im örtlich belasteten Sand. Promotionsarb., Zürich 1927. — H. HUGI: Untersuchungen über Druckverteilung im örtlich belasteten Sand. Promotionsarb., Zürich 1929. — F. SCHLEICHER: Zur Theorie des Baugrundes. Bauingenieur **1926**, H. 48.

den Geltungsbereich und über die weiteren Einzelheiten sei auf die herangezogene Literatur verwiesen.

Die Übertragung der Bauwerkslast durch Pfahlrost auf guten Baugrund führt zu Betrachtungen über das Verhalten des Bodens beim Einrammen der Pfähle. Tonböden setzen dem Einrammen der Pfähle großen Widerstand entgegen. v. TERZAGHI[1] hat dies damit erklärt, daß das Porenwasser infolge der Undurchlässigkeit des Materials nicht rasch genug entweichen kann. Die hierdurch entstehenden „hydrodynamischen Spannungen" (vgl. Spalte 10 nachstehender Tabelle) stellen sich dem Eindringen des Pfahles entgegen, während andererseits das langsam entweichende Wasser an der Mantelfläche des Pfahles schmierend wirkt und die Mantelreibung heruntersetzt. Beim Rammen zeigen sich somit großer Spitzenwiderstand und geringe Mantelreibung („dynamischer Eindringungswiderstand"). Nach dem Rammen gleichen sich die hydrodynamischen Spannungen aus, der Spitzenwiderstand wird gering, das Wasser in der Mantelfuge wird aufgesaugt, und die Mantelreibung nimmt zu („statischer Eindringungswiderstand"). Es ist beim Rammprozeß ein bekannter Vorgang, daß die Pfähle im Tonboden nach längerer Rammpause nicht mehr so gut ziehen wie vor der Pause. Da der statische Eindringungswiderstand in der Hauptsache von der Mantelreibung herrührt, ist er der Eindringungstiefe proportional. Bei durchlässigen (Sand-) Böden sind Unterschiede wie die obigen beim Eintreiben des Pfahles und nach der Rammpause nicht festzustellen. „Dynamischer und statischer Eindringungswiderstand" entsprechen hier einander.

In bezug auf die Bodenverhältnisse teilt v. TERZAGHI[2] die Pfahlgründungen in folgende Gruppen ein:

A. Schwebende Fundierungen auf tiefgründigen, weichen Schlamm- und Tonablagerungen.

B. Pfahlfundierungen auf tiefgründigen, locker gelagerten Sand- oder Schluffablagerungen.

C. Übertragung der Gebäudelast durch weichere Bodenschichten auf steifere.

D. Pfahlfundierungen auf durchlässigem Sediment, das in größerer Tiefe weiche, plastische Schlamm- oder Toneinlagerungen enthält.

An Hand von zahlreichen Beispielen aus der Praxis werden die charakteristischen Eigenschaften der Setzungsvorgänge bei den unter A bis D genannten Bodenverhältnissen erläutert.

BIERBAUMER hat auf Grund der Arbeiten v. TERZAGHIS und anderer Autoren zusammenfassend Vorschläge für die Beurteilung von Flach- und Pfahlgründungen aufgestellt und behandelt hierbei zwei Wege, nämlich einmal die Vorausberechnung des Belastungsgrenzwertes und des Setzungsbetrages aus den durch die Untersuchung von Bodenproben ermittelten physikalischen Konstanten und andererseits die Ermittlung dieser Größen aus den Ergebnissen von Probebelastungen. Auch das Studium von Baugeschichte und Verhalten von Bauwerken, die unter ähnlichen Verhältnissen zur Ausführung gelangten wie die zur Beurteilung stehenden, wird für wertvoll gehalten.

BIERBAUMER[3] hat eine von v. TERZAGHI gegebene Einteilung der Böden für Flach- und Pfahlgründungen durch Bemerkungen über Bettungsziffer, Belastungsgrenzwert und Vorkommen der Bodengattungen ergänzt. Zur Vervollständigung der vorstehenden Angaben möge sie hier eingefügt werden.

---

[1] TERZAGHI, K. v.: Erdbaumechanik, S. 290.

[2] TERZAGHI, K. v.: Die Tragfähigkeit von Pfahlgründungen. Bautechnik 1930, H. 31 u. 34.

[3] BIERBAUMER, A.: Vorschläge für die Beurteilung von Flach- und Pfahlgründungen. Z. österr. Ing.- u. Arch.-Ver. 1929, H. 19, 20, 27, 28, 29, 30.

Einteilung der Böden für Flach- und Pfahlgründungen mit ergänzenden

Gruppe (Spannungszustand des Porenwassers) 1	Durchlässigkeit und Feuchtigkeitsgrad G 2	Klasse Material und relative Dichte bzw. Konsistenzform 3	Größenordnung der Bettungsziffer 4	Zeitliche Zunahme der Setzungen 5	Belastungsgrenzwert 6	Eignung für Flachgründungen 7
A. Ungespannte Böden. Hydraulischer Überdruck im Porenwasser gleich oder nahezu gleich Null; das sind gekrümelte, rollige und flüssige Böden (Erde, Sand, Schotter, Schlamm mit nach der Tiefe zunehmender Konsistenz)	hochgradig oder minder durchlässig $G = 0—0{,}5$, das ist trocken bis sehr feucht	I. Dicht gelagerte künstliche erdige Anschüttung $D = 0{,}5—1{,}0$	1—12; unabhängig von Form und Größe der Fundamentfläche, aber abhängig von der Tiefe	unbedeutend	proportional dem Durchmesser bzw. der Breite der Lastfläche mit der Tiefe zunehmend.	minder gut
	hochgradig durchlässig $G = 0—1{,}0$; das ist trocken bis gesättigt	II. Dicht gelagerter Sand und Schotter $D = 0{,}5—1{,}0$	4—12			sehr gut bei einer Mächtigkeit von 3—4 m bzw. in heikleren Fällen von 5—6 m
		III. Locker gelagerte Sande und Schotter $D = 0{,}0—0{,}5$	1—4			minder gut
	minder durchlässig, $G = 1$; das ist gesättigt (luftfrei)	IV. Gesättigter Feinsand (Schwimm- oder Triebsand)	—			wenn am seitlichen Ausweichen verhindert, nicht schlecht
	wenig durchlässig; $G = 1$; das ist gesättigt (luftfrei)	V. Schlammablagerung mit Wasserbedeckung	kommt für Flachgründungen nicht in Betracht	—	—	ungeeignet

Bemerkungen über Bettungsziffer, Belastungsgrenzwerte, Vorkommen usw.

Kennzeichen 8	Bemerkungen über das Vorkommen der Böden 9	Erklärungen zu den bodenphysikalischen Bezeichnungen 10
Stich- bzw. leichter Hackboden von meist wechselnder Zusammensetzung; hält meist ohne Bölzung	I. In Wien und in anderen Städten, alte, mit Kehricht, Herdasche, Bauschutt und Abfällen aller Art verschüttete Festungsgräben und Gewinnungsstellen für Ziegellehm, Bausand u. dgl., selten so dicht, daß sie für Flachgründungen höherer Gebäude ohne weiteres geeignet wären. Fundierung solcher Gebäude mit Konusbetonpfählen oder durchgehenden Fundamentplatten	Zu Spalte 1. TERZAGHI nennt die Spannung des Porenwassers den hydrostatischen Unterdruck im Gegensatz zum hydrostatischen Überdruck, der im Porenwasser dann entsteht, wenn ein Tonwassergemenge durch äußere Kräfte gepreßt wird. Als hydrodynamische Spannungen werden die Spannungen bezeichnet, die im wasserdurchtränkten, luftfreien Boden durch die bei Druckänderungen auftretenden Porenwasserströmungen hervorgerufen werden.
Hackboden, bei Schotter schwer, kein Druck	II. In Wien, im Wiener Becken und im Alpenvorlande die mächtigen und sehr dichten Ablagerungen des Jungtertiärs (Melker, Pötzleinsdorfer und Grunder Sande, Arsenal- und Laaerbergschotter) sowie die diluvialen Ablagerungen als Löß, Geschiebelehm und Geschiebemergel, auch diluviale und alluviale Schotter in manchen Flußtälern. Zur Fundierung von 4—5 Stock hohen Gebäuden, deren Mauern nach den Bestimmungen der Bauordnungen dimensioniert sind, ohne weiteres geeignet	Zu Spalte 2. Feuchtigkeitsgrad $G=$ Quotient aus dem von Wasser erfüllten Teil der Hohlräume und dem Gesamtinhalt der Hohlräume. Ist $\gamma =$ das spez. Gew. der Bodenkörner $\omega =$ Wassergehalt in Gewichtsprozenten, $n =$ Porenvolumen, $\varepsilon = \frac{n}{1-n}$ die Porenziffer, dann ist $G = \frac{\omega \cdot \gamma (1-n)}{n} = \frac{\omega \cdot \gamma}{\varepsilon}$.
fließt. Bölzung unvermeidlich	III. Die lockeren Diluvialsande von Berlin, die auch in tieferen Lagen in Hamburg und an der friesischen Küste, aber in immer lockerer Lagerung auffindbar sind. Fundierung auf Grundplatten oder Pfählen. Boden von Venedig. Pfahlbauten	Es ist für: feuchten Sand . . $G = 0{,}0$ —$0{,}25$ sehr feuchten Sand $G = 0{,}25$—$0{,}50$ nassen Sand . . . $G = 0{,}50$—$0{,}75$ sehr nassen Sand . $G = 0{,}75$—$1{,}00$ gesättigten Sand . $G = 1{,}00$
großer Druck, Sand steigt in der Sohle auf	IV. An der friesischen Küste, an der Küste des Schwarzen Meeres (Odessa) usw. vielfach Anlaß zu Sandfällen bietend. Auch eingekapselt in den Ablagerungen des Tertiärs (Koržawka, Schlesien), des Diluviums und des Alluviums. Fundierung auf Pfählen zwischen Spundwänden oder durchgehenden Fundamentplatten	Zu Spalte 3. Relative Dichte der Sande und Schotter: Ist $n_0 =$ Porenvolumen des Sandes bei lockerster Lagerung (45—50 %),
man versinkt	V. An vielen Seeküsten und in Hafenstädten (Hamburg und friesische Küste) als Schlick, dem Klay bzw. feinerer und schärferer Sand folgt. Fundierung auf hohen Pfahlrosten. In den Lagunen von Tunis, in dem Delta des Nils, des Mississippi usw.	$n =$ Porenvolumen des Sandes auf der natürlichen Lagerstätte, $n_{min} =$ Volumen des Sandes im naß eingestampften Zustande (33 bis 38 %), dann ist $D = \frac{(n_0 - n)(1 - n_{min})}{(1-n)(n_0 - n_{min})} = \frac{\varepsilon_0 - \varepsilon}{\varepsilon_0 - \varepsilon_{min}}$.

Fortsetzung der Tabelle

Gruppe (Spannungszustand des Porenwassers)	Durchlässigkeit und Feuchtigkeitsgrad G	Klasse Material und relative Dichte bzw. Konsistenzform	Größenordnung der Bettungsziffer	Zeitliche Zunahme der Setzungen	Belastungsgrenzwert	Eignung für Flachgründungen
1	2	3	4	5	6	7
B. Gleichmäßig gespannter Boden. (Hydrodynamische Spannungen im Porenwasser ausgeglichen; hydrostatischer Unterdruck). Homogene Tonböden	wenig durchlässig, $G = 1$, das ist gesättigt (luftfrei)	VI. Sehr weiche oder weichplastische Lehme und Tone	hängt von der Form und Größe der Fundamentfläche, nicht aber von der Tiefe der Fundamentsohle ab	sehr bedeutend in Bodenklasse VI, VIIa, VIII	unabhängig von der Größe der Lastfläche und der Tiefe der Fundamentsohle	schlecht
		VII. Steifplastische oder halbfeste Lehme und Tone				a) steifplastisch = minder gut b) halbfest = sehr gut bei einer Mächtigkeit von 3—4 bzw. 5—6 m
C. Ungleichmäßig gespannter Boden (Hydrodynamische Spannungen im Ausgleich begriffen), das sind weiche Tonböden und Austrocknungskruste	wenig durchlässig, $G = 1$; das ist gesättigt (luftfrei)	VIII. Sehr weiche oder weichplastische Tone mit Austrocknungskruste			hängt von der Größe der Lastfläche und der Stärke der Austrocknungskruste ab	minder gut
D. Gemischte Böden	Schichten mit wechselnder Durchlässigkeit und wechselndem Sand- und Tongehalt $G = 0—1{,}0$	—	—	—	—	unter Wasser meist schlecht, im Trockenen meist minder gut

Aus vorstehenden Angaben erhellt, daß es mancher Feststellungen bedarf, um einen Baugrund auf seine Tragfähigkeit sicher ansprechen zu können. Je ungleichmäßiger der Untergrund in seiner Schichtenzusammensetzung ist, um so schwieriger wird es sein, die zu erwartende Zusammendrückung des Baugrundes und damit Setzung des Bauwerkes zahlenmäßig zu erfassen. Neben der Art der Schichtung werden Einfallen und Mächtigkeit der Schichten, Wassergehalt und Wasserdurchlässigkeit zu berücksichtigen sein. Auch Erschütterungen des Bodens durch Eisenbahn- und Straßenverkehr usw. sind in Rechnung zu ziehen. Die Größe der Senkungen ist für den Bestand eines Bauwerkes von geringerer Bedeutung als die Ungleichmäßigkeit der Setzungen im Bereich der Grundfläche. Welche Ausmaße derartige Senkungen annehmen können, ohne daß es zur Zerstörung der Bauwerke gekommen ist, möge an zwei berühmten Beispielen gezeigt werden; in beiden Fällen ist fraglos von Fehlgründungen zu sprechen.

Der Turm von Pisa (erbaut 1174) hat sich schon während der Ausführung bei einer Höhe von 44 m um 4,3 m aus der Achse geneigt. Über die Untergrundsverhältnisse hatte man sich wohl nicht genügend unterrichtet. Aus Lust am Seltsamen wurde das Bauwerk beibehalten und nach eingetretener Beruhigung der

von S. 168 u. 169.

Kennzeichen 8	Bemerkungen über das Vorkommen der Böden 9	Erklärungen zu den bodenphysikalischen Bezeichnungen 10
man hat das Gefühl, einzusinken. Festigkeit: 0,5—1,5 kg/cm²	VI. An den Ufern des Goldenen Hornes. Schanghai. Fundierung auf Fundamentplatten	Es ist $0 < D < {}^1/_3$ locker gelagerter Sand. Sand fließt, hält sich nicht ohne Bölzung. $^1/_3 < D < {}^2/_3$ mittelmäßig gelagerter Sand. $^2/_3 < D < 1$ dicht gelagerter Sand. Schotter in dieser Lagerung ist schwerer Hackboden und hält sich in vertikaler Böschung mehrere Meter.
a) Festigkeit 1,5—6 kg/cm² b) Festigkeit 6,0—25 kg/cm² und mehr. Schwerer Hackboden	VII. a) Steifplastisch. London Klay. Fundamentverbreiterung. b) Halbfeste Lehme und Tone. Der pontische Tegel in Wien, auf dem die Pfeiler der Donaubrücken fundiert sind. Fundierung wie unter II	Zu Spalte 4. Die Bettungsziffer: $c = \frac{\text{Druck je Flächeneinheit}}{\text{Setzung}}$ kg/cm³.
oben wie VIIa, unten immer weicher	VIII. Boden von Triest. Fundamentverbreiterung	Zu Spalte 6. Belastungsgrenzwert ist jene Belastung, bei der die Setzungen mit weiter zunehmender Belastung auffallend rasch anwachsen (Zusammenbruch des Gleichgewichtes und Entstehung eines neuen Gleichgewichtszustandes bei veränderter Kornlagerung) (Vgl. Abb. 49, S. 180.)
	IX. Fluviatile Alluvialböden (Pfahlgründungen)	

Bodensetzungen noch um ein weiteres Stockwerk von 10 m erhöht, das bis heute in vertikaler Richtung geblieben ist[1].

Der Königsberger Dom (Baubeginn wahrscheinlich 1333) steht auf einer aus Alluvionen gebildeten Insel des Pregelflusses. Die in der Abbildung eingetragenen Untergrundverhältnisse sind nach einer Bohrung auf dem Domplatz angegeben, die 1884 niedergebracht wurde und durch den Geologen JENTZSCH bearbeitet ist[2]. Bei den Instandsetzungsarbeiten des Doms durch DETHLEFSEN[3] im Jahre 1905 hat sich herausgestellt, daß das schwere Bauwerk ohne jeden Pfahlrost auf eine Torfschicht gesetzt worden ist. „Der Bau ist nie zur Ruhe gekommen auf seinen Fundamenten, und die nicht aufhörenden Klagen, die über Baumängel am Dom durch die Jahrhunderte gehen, haben hier ihren Hauptgrund.“ DETHLEFSEN

[1] Abbildung mit angenommenen Untergrundverhältnissen nach A. BIERBAUMER, a. a. O. (Sonderdruck), S. 8. — W. LÜBCKE: Die Geschichte der Architektur. Leipzig 1865.

[2] TIEDEMANN, B.: Der Baugrund des Königsberger Stadtgebiets in geologischer Erforschung. Dissert., Mitt. geol. paläon. Inst. Univ. Königsberg 1927.

[3] DETHLEFSEN, F.: Die Domkirche in Königsberg i. Pr. nach ihrer jüngsten Wiederherstellung. Berlin 1912.

gibt an, daß das Gebäude im Laufe der Jahre so viel abgesunken ist, daß man fünfmal einen neuen Fußboden über den alten legen mußte. An dem untersten von ihnen konnte die älteste Schwelle des Westportals festgestellt werden: 1,67 m unter der Höhenlage der heutigen Schwelle. Um soviel ist der Westbau seit seinem Bestehen abgesunken. Die Straßenaufhöhung spricht kaum mit. Die einst hohen, stolzen Vorräume der Kathedrale haben jetzt ein fast gedrücktes Verhältnis.

Ein Faktor spielt im Grundbau in bezug auf Bodenverhältnisse eine gleich große Rolle wie im Erdbau; es ist das Wasser. Das Verhalten des Bodens zum Wasser ist bereits eingehend dargelegt worden[1]; dort sind Erscheinungsformen und Fließgesetz des Grundwassers vollständig behandelt. Hier wäre lediglich noch die Wirkung des Grundwassers auf die Baugrube und auf den unter dem Grundwasserspiegel liegenden Teil eines Bauwerkes zu besprechen.

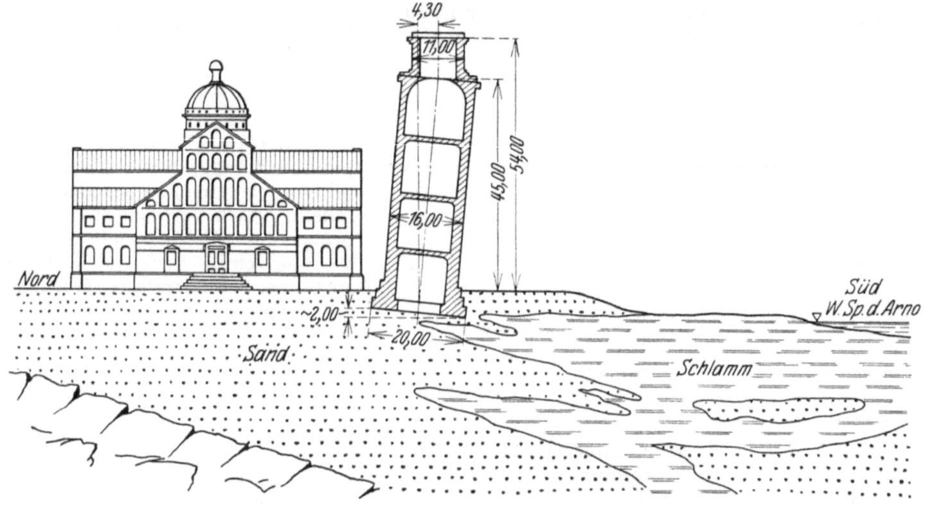

Abb. 40. Der schiefe Turm zu Pisa. (Nach BIERBAUMER, 1929.)

Müssen Baugruben unter den Grundwasserspiegel abgeteuft werden, so wird in den meisten Fällen das Wasser durch Auspumpen entfernt. Hat man es mit gleichmäßig durchlässigen Böden, wie grobem Sand, zu tun, so fließt das Wasser schnell aus, und je nach Zudrang des Wassers ist die Leistung der Pumpanlage zu bemessen. Weit schwieriger gestalten sich die Verhältnisse, wenn Feinsande angeschnitten werden, die bei ihrer geringen Durchlässigkeit bei Grundwasserüberdruck zu Schwimmsanden werden können. Es kommt hier oft zu großen technischen Schwierigkeiten. v. TERZAGHI[2] hat eine Reihe von „Schwimmsanden" in bezug auf Korngröße usw. analysiert. Es sind ziemlich gleichförmige Sande mit wirksamen Korndurchmessern von 0,1—0,6 mm. Das Schwimmendwerden der Sande ist stets an den Zustand vollkommener Sättigung gebunden und verschwindet beim Entzug des Wassers. „Schwimmsande" finden sich hauptsächlich in den diluvialen Moränenbildungen oder den alluvialen Auffüllungen der Urstromtäler eingelagert.

Wechseln sandigere Partien mit undurchlässigen Schichten, so können letztere zu Grundwasserstauern werden. Beim Niederbringen von Baugruben in

[1] Vgl. dieses Handbuch 6, 66 ff..

[2] TERZAGHI, K. v.: Ingenieurgeologie, a. a. O. S. 477.

solche Schichtenfolge kann es zu Quellaustritten über den undurchlässigen Schichten kommen. Wenn letztere stark zur Baugrube einfallen, können leicht Rutschungen ausgelöst werden. Befinden sich unter den undurchlässigen Schichten Grundwasserführer, in denen das Grundwasser artesisch gespannt ist,

Abb. 41. Königsberger Dom. Westseite.

so können beim Abteufen der Baugrube leicht Grundaufbrüche eintreten. Die einzelnen Fälle mögen durch die folgenden Abbildungen veranschaulicht werden.

Der Auftrieb wirkt der Bauwerkslast entgegen und ist abhängig von der Höhe des Grundwasserspiegels über der Bauwerkssohle und von der Dichte des Bodens, von der es abhängt, ob der hydrostatische Druck voll, teilweise oder gar nicht zur Wirkung auf das Bauwerk kommt. Auch ist zu berücksichtigen, ob es sich um ruhendes Grundwasser handelt, oder ob durch Abströmen des Wassers unter der Sohle eine Druckänderung eintritt. Bei Bauwerken mit stark einseitiger Belastung der Fundamentsohle können durch den Auftrieb die Kantenpressungen vermehrt werden. Ferner ist bei der Dimensionierung der Sohlen von Untergrundbahntunneln, Schleusen usw. der Auftrieb genau zu berücksichtigen[1].

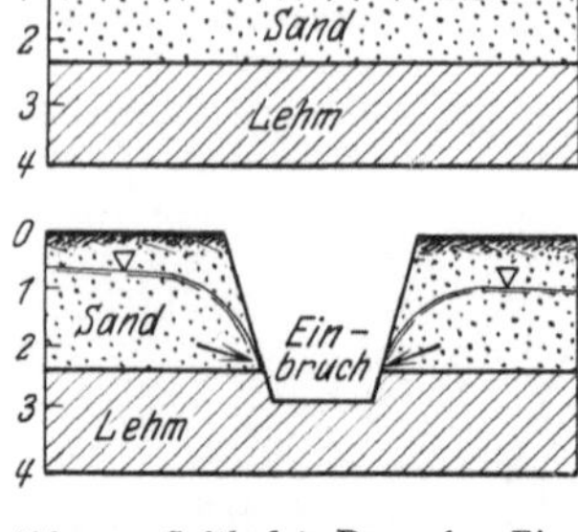

Abb. 42. Gefährdete Baugrube: Einbruch von der Seite her.
Oberes Bild: Ursprünglicher Zustand; feiner wassererfüllter Sand über Lehm.
Unteres Bild: Bei schnellem Ausschachten der Baugrube kommt der Sand ins Treiben infolge des übermäßigen Wasserdruckes. Gegenmaßnahmen: Langsames Einschneiden auf längerer Strecke, Einsetzen von Filterstoffen, z. B. Stroh in die Verschalung der Wände, bei dauernd zu erhaltenden Böschungen Dränung.
(Nach KOEHNE, W.: Grundwasserkunde 1928, S. 254 u. 256.)

Bei der Gründung von Stauwerken ist die richtige Erkenntnis der Beanspruchungen des Bodens, die durch das hinter dem Stauwerk aufzuspeichernde Wasser zu erwarten sind, von großer Wichtigkeit. Der endgültigen Wahl der Baustelle werden sorgfältige geologische Vorerhebungen vorausgehen, die sich über die Talstrecken ausdehnen, die aus wasserwirtschaftlichen Gründen für die Anlage des Bauwerkes in Frage kommen und Auskunft geben über Festigkeit und Lagerung der Schichten, über Verwerfungen, über Art des Gesteins, seine Klüftigkeit, seine Durchlässigkeit, seine Löslichkeit, über etwaige Quellaustritte wie über die Grundwasserverhältnisse überhaupt[2]. Bei Gründungen von Stauwerken auf Felsboden bietet die Ermittlung der „Schluckfähigkeit" von Verwerfungsspalten und Klüften und ihre gegebenenfalls nötige Abdichtung Schwierigkeiten. Besonders das Kalkgebirge ist wegen seiner Klüftigkeit und leichten Löslichkeit ein schwer zu beurteilender und schwer zu behandelnder Baugrund. Bei Gründung von Stauwerken in unverfestigten Talauffüllungen besteht dort, wo das Stauwerk nicht in genügend mächtige wasserundurchlässige Schichten eingebunden werden kann, die Gefahr der Unterspülung (Grundbruch) und erheblicher Wasserverluste durch Sickerung. Durch den Strömungsdruck des Sickerwassers kann ein Aufbrechen der Sohle am Unterstromfuß des Stauwerkes eintreten. Auf Grund der Theorie FORCHHEIMERS[3] über Grundwasserströmungen läßt sich die Sickerung unter einem Stauwehr usw. ermit-

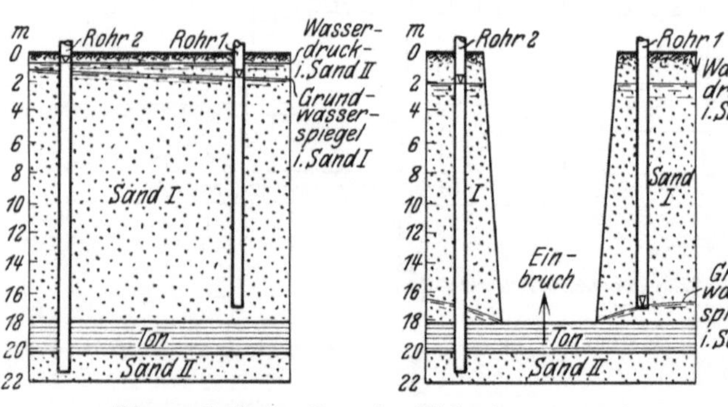

Abb. 43. Gefährdete Baugrube: Einbruch von unten her.
Links: Ursprünglicher Zustand; das Wasser, in Beobachtungsrohren, die bis in Sand II niedergebracht sind, steigt etwas über die Höhe des Grundwasserspiegels. Rechts: Der grobe Sand I ist beim Niederbringen der Baugrube ohne Schwierigkeiten entwässert worden. Plötzlich bricht infolge des gewaltigen Überdruckes in Sand II der Boden der Baugrube auf und Wasser und Sand dringen mit verheerender Gewalt empor. Gegenmaßnahmen: Niederbringen und Einsetzen von Filterbrunnen in Sand II, Auspumpen des Wassers daraus, bis der Wasserdruck im Rohr 2 genügend tief sinkt.
(Nach W. KOEHNE: Grundwasserkunde 1928, S. 254 u. 256.)

[1] Vgl. L. BRENNECKE-LOHMEYER: Der Grundbau. Berlin 1927. — O. FRANZIUS: Der Grundbau, Handbibliothek für Bauingenieure. Berlin 1927. — Vgl. auch W. KOEHNE: Grundwasserkunde. Stuttgart 1928.

[2] LEPPLA, A.: Geologische Vorbedingungen der Staubecken. Zbl. Wasserbau u. Wasserwirtsch. **1908**. — Die geologischen Voraussetzungen für die Errichtung von Talsperren in Deutschland usw. Dtsch. Wasserwirtsch. **1924**.

[3] FORCHHEIMER, PH.: Hydraulik **1923**. — SCHOCKLITSCH, A.: Der Wasserbau **1**. 1930.

teln, wie dies als Beispiel die nachstehende Abbildung zeigt (Abb. 45). Die Stromlinien geben die Bahnen an, die die Wasserteilchen eines Grundwasserstromes verfolgen; die Stromlinien verlaufen stets senkrecht zu den Linien gleichen hydrostatischen Druckes (Potentiallinien). Wählt man die Abstände der Stromlinien so, daß zwischen je zwei benachbarten Stromlinien die gleichen Wassermengen durchfließen, so steht die Strömungsgeschwindigkeit und damit auch der in der Fließrichtung auf den Sand wirkende Druck im umgekehrten Verhältnis zu dem Abstand der Stromlinien. Entsprechend dem Verlauf der Stromlinien hat also der Strömungsdruck das Bestreben, das Material des Untergrundes am Unterstromfuß des Stauwerkes hoch zu treiben. Es ist dies die gefährliche Stelle.

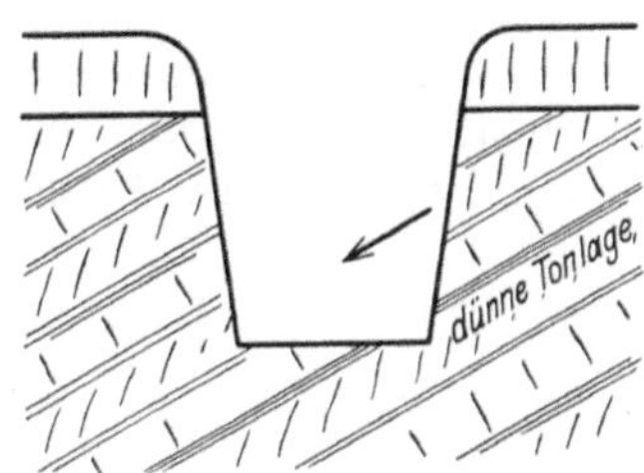

Abb. 44. Gefahr des Abrutschens der rechtsseitigen Wand auf einer dünnen Tonzwischenlage.

Die Mechanik des Grundbruches ist u. a. durch v. TERZAGHI ausführlich behandelt worden[1]. Seinen Arbeiten seien hier noch 3 Beispiele entnommen, die zeigen, wie weitgehend die Schichtung des Untergrundes die Größe der Grundbruchsgefahr beeinflussen kann (Abb. 46). Im Falle *a* ist der Untergrund vollkommen gleichmäßig, die Stelle der größten Durchbruchsgefahr liegt hart neben der Spundwand Unterstrom. Im Fall *b* ist im Untergrund eine waagerecht verlaufende Schicht gröberen Materials eingelagert, die Grundbruchgefahr erstreckt sich über eine breitere Zone; im Fall *c* enthält der Untergrund eine Einlagerung gröberen Materials, die talabwärts ansteigt, in diesem Fall liegt die Grundbruchsgefahr

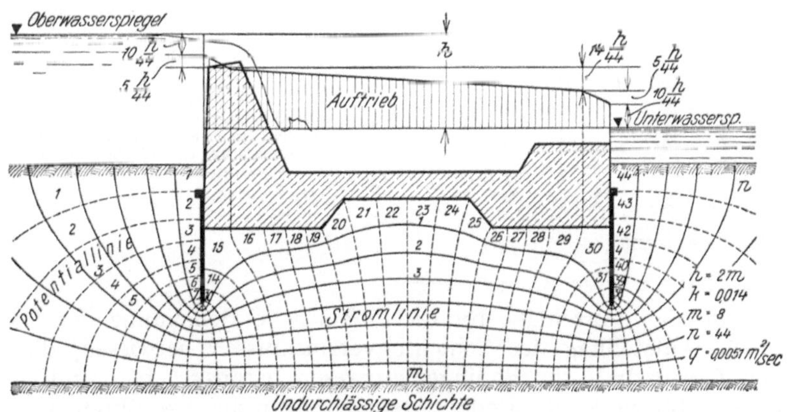

Abb. 45. Zeichnerische Ermittelung der Sickerung unter einem Stauwehr. (Aus SCHOCKLITSCH: Der Wasserbau I, S. 183.)

bei *A* in beträchtlicher Entfernung vom Stauwerk und bei weit geringerer Stauhöhe als in den beiden anderen Fällen.

Bezüglich der Standfestigkeit der Böschung bei Fundamentgruben sind die gleichen Erhebungen bezüglich des Schubwiderstandes der angetroffenen Böden anzustellen, wie dies im Abschnitt „Erdbau" erläutert worden ist. Die Gleitsicherheit des Gründungskörpers ist nachzuprüfen. Zur Erläuterung dienen die nachstehenden Abbildungen 47 und 48.

---

[1] TERZAGHI, K. v.: Erdbaumechanik a. a. O., S. 369; Ingenieurgeologie a. a. O., S. 531. — Grundbruch an Stauwerken und seine Verhütung. Wasserkraft, München **1922**, Dezember, S. 445. — Über den Einfluß untergeordneter geologischer Einzelheiten auf die Sicherheit von Dammbauten. Wasserwirtsch. **1930**, April, S. 318.

Bodenuntersuchungen im Grundbau. Hier gilt das gleiche, was bezüglich Vorerhebungen über den geologischen Aufbau des für das Bauvorhaben in Frage stehenden Geländes und bezüglich Entnahme und Verpackung von Bodenproben im Abschnitt „Erdbau" gesagt worden ist, insbesondere sei noch auf die Vorschriften des preußischen Ministeriums von 1920, die sich auf Erfahrungen, die die preußische Wasserbauverwaltung bei größeren Erd- und Gründungsarbeiten gesammelt hat, stützen, hingewiesen[1]. Außer für die Baustelle sind die Bodenproben auch wissenschaftlich von hohem Wert, so daß es sich empfiehlt, dieselben aufzuheben. Außer bei den Landesanstalten sind auch in verschiedenen Städten Bohrprobensammlungen und Bohrregister eingerichtet worden, die wertvolle Unterlagen bei der Aufstellung von Baugrundkarten gegeben haben[2]. Im Anschluß an die vorgenannten Vorschriften sei auch hier

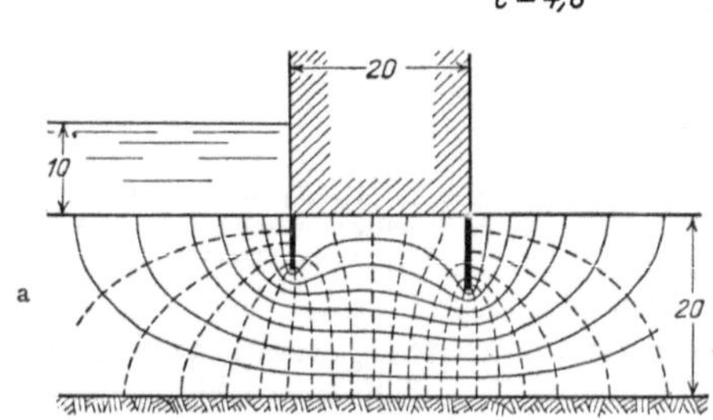

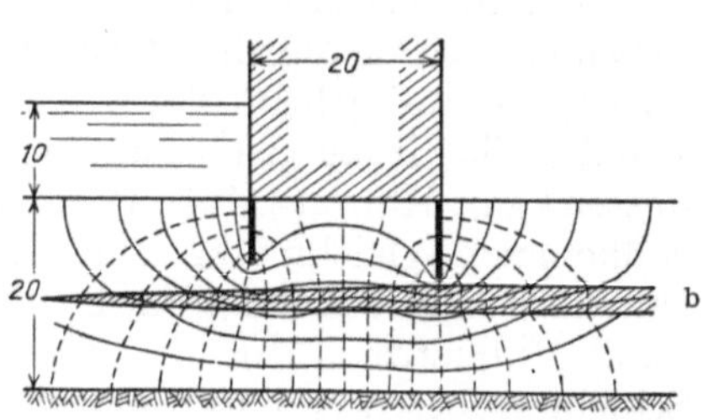

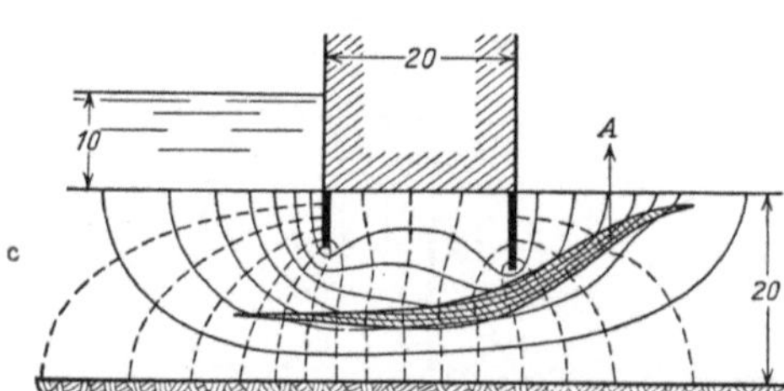

Abb. 46a—c. Verlauf der Stromlinien (voll ausgezogen) und der Linien gleichen hydrostatischen Druckes (punktierte Linien) im Untergrund von Stauwerken auf durchlässigen Boden. (Aus REDLICH-TERZAGHI-KAMPE: Ingenieurgeologie, 1929.)

nochmals auf die „Vorschläge für die einheitliche Benennung der Bodenarten und für die Aufstellung der Schichtenverzeichnisse" verwiesen, die von der Deutschen Gesellschaft für Bauingenieurwesen herausgegeben sind.

Die Tiefe, bis zu der die Bodenuntersuchungen durchzuführen sind, ist nach der bisherigen Kenntnis der Setzungsvorgänge bei gedrängten Lastflächen gleich der Breite der verbauten Fläche anzusetzen, bei langgestreckten Lastflächen auf das $1^1/_2$fache dieser Breite[3].

Auf Grund dieser Bodenuntersuchungen sind durch Auftragen von Längs- und Querprofilen die Untergrundverhältnisse mit Eintragung der eingemessenen Grundwasserstände usw. bildlich darzustellen. Diese Darstellung gibt die Unterlage für den generellen Gründungsentwurf, aus dem dann wieder zu entnehmen ist, welche Bodenproben zur eingehenden Untersuchung im Laboratorium zu

[1] Zbl. Bauverw. 1920, 113.
[2] KOCH, E.: Die prädiluviale Auflagerungsfläche unter Hamburg und Umgegend. Hamburg 1924. — MOLDENHAUER, E.: Die Baugrundkarte des Danziger Stadtgebietes. Schrift. naturf. Ges. Danzig 1926. — TIEDEMANN, B.: Der Baugrund des Königsberger Stadtgebietes in geologischer Erforschung. Dissert., Mitt. geol. paläont. Inst. Königsberg 1927.
[3] TERZAGHI, K. v.: Die Tragfähigkeit von Pfahlgründungen. Bautechnik 1930, H. 31, 475.

bringen sind bzw. in welchem Umfange Probebelastungen wünschenswert erscheinen.

Die zur Beurteilung der Tragfähigkeit eines homogenen Bodens erforder-

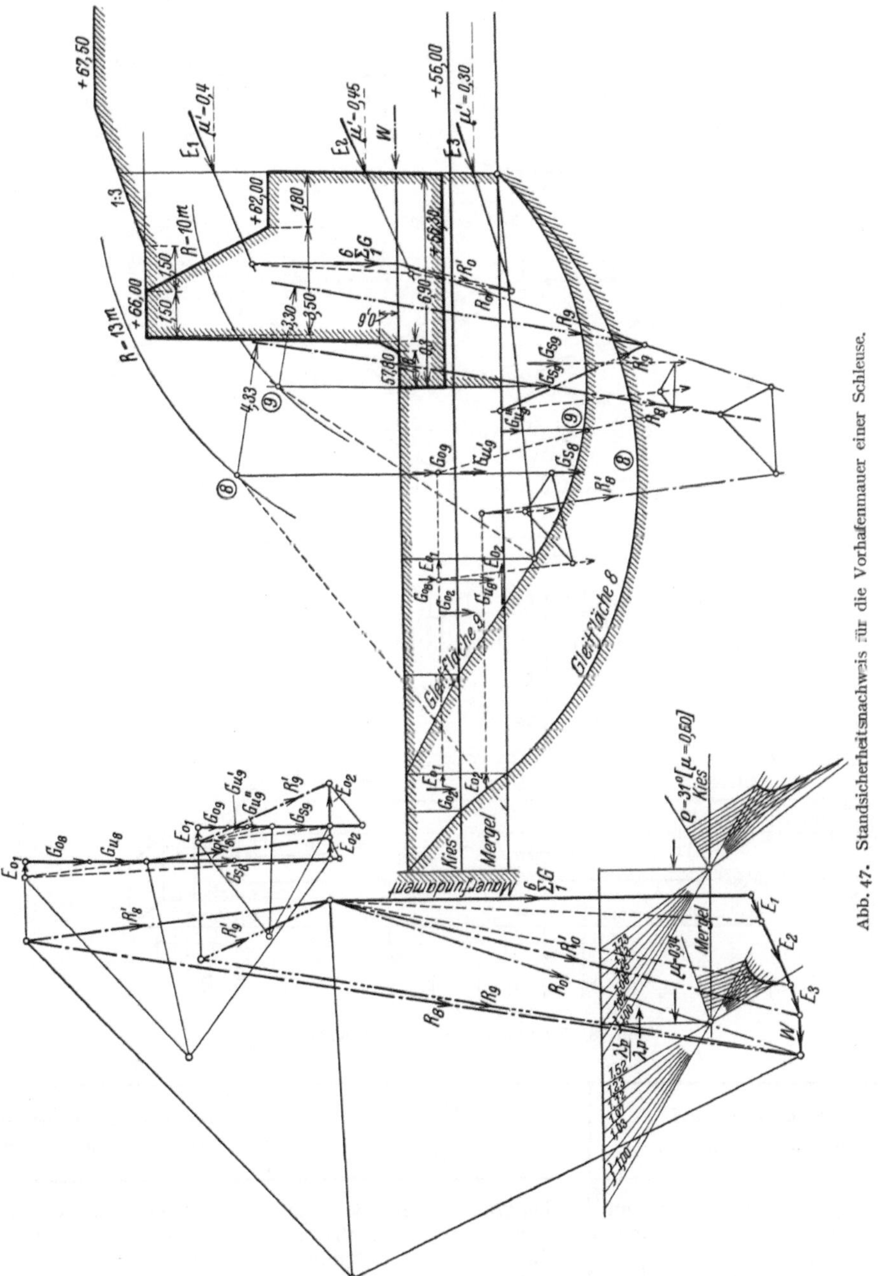

Abb. 47. Standsicherheitsnachweis für die Vorhafenmauer einer Schleuse.

lichen Daten sind in der nachstehenden tabellarischen Zusammenstellung aufgeführt[1].

[1] TERZAGHI, K. v.: Erdbaumechanik, S. 363. — BIERBAUMER, A.: Vorschläge für die Beurteilung von Flach- und Pfahlgründungen, a. a. O., S. 14.

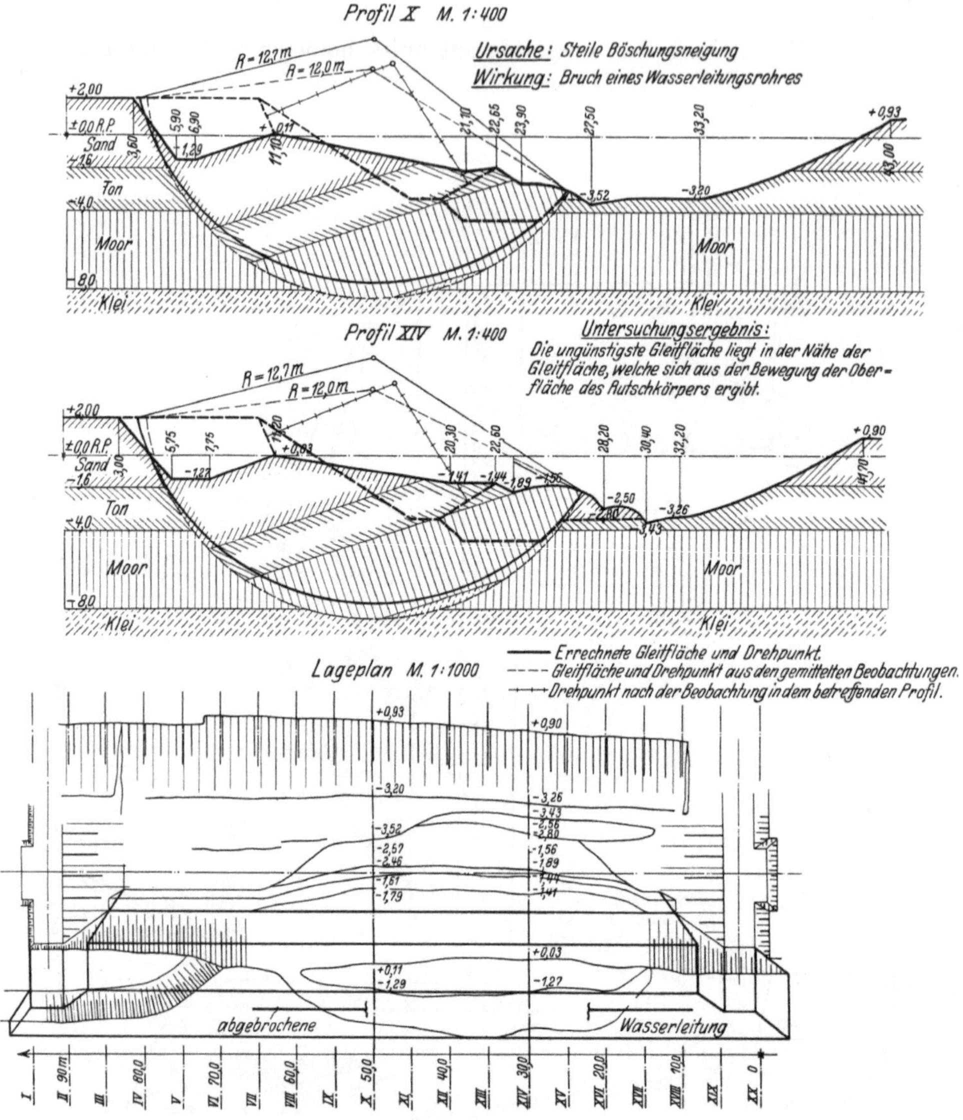

Abb. 48. Rutschung einer Baugrubenböschung.

Sand und Schotter (Bodenklasse II und III)	Wasserdurchtränkte Feinsande und Schluffe (Bodenklasse IV)	Homogener Lehm und Ton (Bodenklasse VI und VII)
1. Diagramm der Setzungen einer Lastfläche $F = 0{,}2\ m^2$. Der Belastungsvorgang ist mindestens durch einen Zyklus zu unterbrechen.	1. Diagramme der Setzungen einer Lastfläche von $0{,}2\ m^2$, mindestens ein vollständiger Zyklus. Beobachtung der Zunahme der Setzungen während 24- bis 48stündiger Belastungspausen.	
2. Zusatzbelastungsversuche mit kleineren Flächen	2. Zusatzbelastungsversuche mit kleineren Flächen.	

Fortsetzung der Tabelle von S. 178.

Sand und Schotter (Bodenklasse II und III)	Wasserdurchtränkte Feinsande und Schluffe (Bodenklasse IV)	Homogener Lehm und Ton (Bodenklasse VI und VII)
3. Porenvolumen, relative Dichte und spezifisches Gewicht der Körner.	3. Porenvolumen, relative Dichte und spezifisches Gewicht der Körner.	3. Wassergehalt, Konsistenzgrenzen und spezifisches Gewicht der Trockensubstanz.
4. Verteilungskurve (Siebanalyse).	4. Verteilungskurve (Siebanalyse, Schlämmanalyse).	4. Verteilungskurve (Schlämmanalyse).
5. Höhenlage des Grundwasserspiegels.	5. Höhenlage des Grundwasserspiegels.	5. Relative Höhenlage des zunächst befindlichen freien Wasserspiegels.
Außerdem ist erwünscht:		
6. Druckporenzifferdiagramm (vgl. Abb. 15 TERZAGHI, Erdbaumechanik).		6. Druckporenzifferdiagramm, Porenzifferdurchlässigkeitsdiagramm und Ergebnisse von Würfelversuchen (vgl. Abb. 14, Abb. 22 u. Abb. 11, TERZAGHI, Erdbaumechanik).

Setzt sich der Baugrund aus Schichten von verschiedener Beschaffenheit zusammen, dann sind im Schürfloch oder im Bohrloch durch Probebelastung die Tragfähigkeiten für die wichtigsten Schichten festzustellen oder durch Untersuchungen der Bohrproben im Laboratorium die elastischen Eigenschaften usw. des Bodens zu erforschen. Selbstverständlich erstrecken sich die Probebelastungen resp. Untersuchungen von Proben nur auf Böden, über deren Tragfähigkeit Zweifel bestehen; bei Fels, festgelagerten Sanden und Schottern, Löß, trockenen und dichten Geschiebelehmen erübrigen sie sich.

Über die zweckmäßigste Art der Ausführung von Probebelastungen sind heute die Ansichten noch sehr geteilt. Hauptsächlich bestehen bezüglich der Auswahl der zweckmäßigen und erforderlichen Größe der Probelastflächen noch Zweifel. Bei zu kleinen Lastflächen ist die Tiefenwirkung zu gering, der Druck verteilt sich zu sehr nach allen Seiten und bei zu hoher Pressung besteht die Gefahr einer Gefügestörung. Große Probelastflächen gestalten die Versuche zu teuer und zu umständlich. Der Deutsche Ausschuß für Baugrundforschung hat Vorschläge und Richtlinien für Probebelastungen aufgestellt. Er schlägt vor, in möglichst zahlreichen Fällen auf gutem und schlechtem Baugrunde Probebelastungen mit Flächen verschiedener Größe auszuführen, und zwar von 1000, 5000 und 10000 cm^2, sodann auch am Bauwerk selbst vom Beginn seiner Herstellung ab bis zur Fertigstellung die Einsenkungen sorgfältig zu messen und jeweils die Last festzustellen, um dann an Hand dieses Beobachtungsmaterials weitere Richtlinien für die zweckmäßigste Ausführung der Versuche zu finden. Über diese Beobachtungen hinaus wären durch Einbau von Grundpegeln, wie sie TERZAGHI[1] beschreibt, die Setzungen von Gebäuden, die auf tiefgründigem Pfahlrost usw. stehen, auch nach der Fertigstellung des Baues weiter zu verfolgen.

[1] TERZAGHI, K. v.: Die Tragfähigkeit von Pfahlgründungen. Bautechn. 1930, H. 31 u. 34.

In der Literatur finden sich zahlreiche Vorschläge für Belastungsvorrichtungen. Es seien erwähnt die Belastungsvorrichtung nach LEHMANN[1], die Fundamentprüfer nach RUD. MAYER[2], die Belastungsvorrichtungen von THIEME[3] und MAGENS[4], die der Bauunternehmung Buchheim & Heister in Frankfurt am Main patentierte „Baugrundprüfmaschine“, die mit Plattengrößen von 1500, 500 und 250 cm² arbeitet und Bodenpressungen von 3,3, 10 und 20 kg je Quadratzentimeter bei den verschiedenen Plattengrößen erzielt[5], sowie der Kegeldruck-Bodenprüfer Bauart STERN[6]. Der Bodenprüfer nach dem System Wolfsholz-Siemens-Bauunion[7] gestattet, den Baugrund im Bohrloch in beliebiger Tiefe auf seine Tragfähigkeit zu prüfen. Im Prinzip ist diese Arbeitsweise schon früher von BRENNECKE[8] vorgeschlagen worden. Bei all diesen Vorrichtungen ist die Prüfplatte reichlich klein; Versuche mit größerem Prüfgerät sind nebenher zu führen. Ihr Wert besteht darin, daß man leicht eine große Anzahl Versuche anstellen kann, also in der Lage ist, ein größeres Gelände abzutasten. Die Prüfplatte nach Wolfsholz hat einen Durchmesser von 29 cm (das sind 660 cm²), sie ist also auch verhältnismäßig klein; sodann ist es schwer, die Sohle im Bohrloch vor der Prüfung so abzugleichen oder vor Nachsturz zu schützen, daß die Prüfplatte satt aufliegt. Immerhin wird man bei sorgfältiger Arbeit Ungleichmäßigkeiten im Untergrunde feststellen und gute Vergleichswerte erhalten können[9]. In anderer Form stellt v. TERZAGHI die Lagerungsdichte des Bodens fest. Er hat hierzu eine Druckwassersonde konstruiert. Ein Gestänge aus schwersten 4-cm-Eisenrohren, das unten mit einem konischen Metallschuh von 7 cm Durchmesser versehen ist, bewegt sich im Mantelrohr von 7,5 cm Durchmesser und wird mittels einer Öldruckpresse in den Boden getrieben, während oberhalb des Schuhes durch austretendes Druckwasser ein spannungsloser Raum im Boden geschaffen wird. Aus der Auftragung der aufgewendeten Drucke zu den Eindringungstiefen ergibt sich ein Bild, wie sich der Verdrängungswiderstand im Boden mit der Tiefe ändert[10].

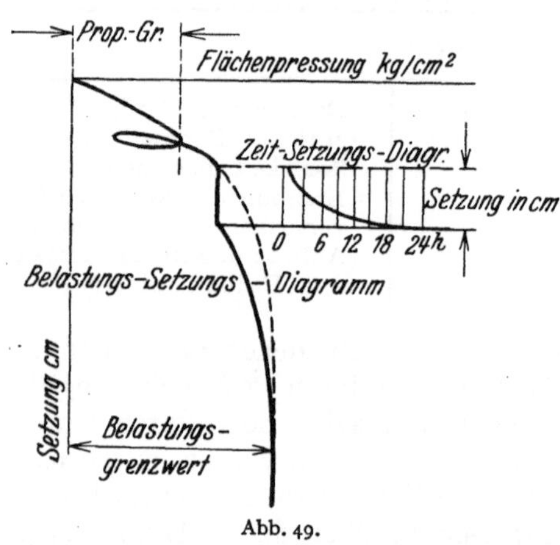

Abb. 49.

Durch die Probebelastungen erhält man das Lastsetzungsdiagramm mit Belastungsgrenzwert und Proportionalitätsgrenze und das Zeitsetzungsdiagramm unter konstanter Last. Hierbei ist so zu verfahren, daß die allmählich aufzubringende Last so lange zu steigern ist, bis die Setzungen offensichtlich rascher

[1] LEHMANN, O.: Untersuchung der Tragfähigkeit des Baugrundes für Hochbauten. Dtsch. Bauztg. 1881, 403.

[2] ROLOFF, P.: Vorrichtungen zur Untersuchung des Baugrundes. Zbl. Bauverw. 1897, 427.

[3] THIEME, J.: Probebelastungen auf aufgeschüttetem Sandboden. Dtsch. Bauztg. 1915: Mitt. über Zement usw. S. 107.

[4] S. Beschreibung: Zbl. Bauverw. 1904, 564.

[5] Vgl. L. BRENNECKE: Der Grundbau, 4. Aufl. von E. LOHMEYER 1927, I, 33.

[6] STERN, O.: Festigkeitsmechanische Prüfung des Baubodens. Schweizer Bauzeitung 1925, H. 16.

[7] Zbl. Bauverw. 1927; Dtsch. Bauztg. 1929.

[8] BRENNECKE, L.: Der Grundbau, 3. Aufl., S. 123, Anm. 1.

[9] Vgl. auch F. KÖGLER: Über Baugrund-Probebelastungen, alte Verfahren, neue Erkenntnisse. Bautechnik 1931, H. 24.

[10] TERZAGHI, K. v.: Die Tragfähigkeit von Pfahlgründungen, a. a. O., S. 517.

zunehmen als die Belastung, bis also die Proportionalitätsgrenze erreicht ist. Dann folgt eine Entlastung unter Feststellung des Rückganges der Setzung bei $^2/_3$ und $^1/_3$ der aufgebrachten Belastung. Hierauf erneute Belastung bis abermals die Zunahme der Setzung verstärkt einsetzt, worauf eine Pause von 24 Stunden mit stündlicher Ablesung der Setzung folgt. Bei wassergesättigten Ton- oder Schlammböden ist die Pause auf 4, besser 8 Tage auszudehnen, bis die Zunahme der Setzungen, praktisch genommen, aufhört. Die gewonnenen Werte sind durch Parallelversuch zu erhärten. Bei Pfahlgründungen ist durch Belastung von Probepfählen ähnlich vorzugehen; es sei diesbezüglich auf die vorerwähnten Arbeiten von v. TERZAGHI, BIERBAUMER und BRENNECKE-LOHMEYER verwiesen. Ein Verfahren zur Erforschung der Tragfähigkeit des Baugrundes auf dynamischem Wege entwickelt HERTWIG[1].

In Städten sind auf Grund der Erfahrungen zahlreicher Bauten in baupolizeilichen Vorschriften die zulässigen Beanspruchungen für die einzelnen Bodenarten zahlenmäßig festgelegt. Selbst bei ähnlicher Bodenbildung sind die Werte nicht unmittelbar auf andere übertragbar. Die Unsicherheit im richtigen Ansprechen der Bodenarten und über ihr Verhalten führt dazu, zulässige Beanspruchungen, wenn sie allgemein Gültigkeit haben sollen, niedrig festzusetzen. Ein Auszug aus dem Entwurf zum Normblatt Din E 1054 des Normenausschusses der deutschen Industrie (Baustoffe für Hochbauten, Beanspruchung, Baugrund) vom 1. Oktober 1922[2] möge hier einige Zahlenwerte bringen.

„1. Zulässige Beanspruchungen:

a) Auffüllungen, alte Schuttablagerungen u. dgl. . . . . 0,5 kg/cm²
b) Abgelagerte Sandschüttung . . . . 1,0 kg/cm²
c) Mäßig feuchter, fest eingebetteter Sand . . . . 1,5 kg/cm²
d) Fester, feinkörniger Sand, festgelagerter trockener Ton sowie Kies mit Schichten von geringem Sandgehalt . . . . 3,0 kg/cm²
e) Fest gelagerter, grober Sand, Kies, fester trockener Mergel . . . . 4,0 kg/cm²
f) Fels darf nach Beseitigung der Verwitterungsschicht mit $^2/_3$ der für das betreffende Gestein festgesetzten Druckspannung beansprucht werden (siehe Din E 1053 I, Abs. 4).

Bei nicht achsrechter Lastwirkung dürfen die Kantenpressungen $^3/_4$ der vorstehend angegebenen Spannung nicht überschreiten.

„2. Bei tiefliegender Gründungssohle (z. B. bei Pfeiler-, Brunnen- oder Kastengründungen darf die zulässige Beanspruchung um die Pressung erhöht werden, die durch die über der Bausohle lagernde Bodenmasse ausgeübt wurde.

„3. Eine höhere Beanspruchung als die unter 1a—e festgesetzte ist nur auf Grund von Belastungsversuchen oder ausnahmsweise unter besonderer Begründung zulässig.

„Anmerkung: Als zulässige Bodenpressung kann im allgemeinen etwa die Hälfte der Bodenbeanspruchung, die bei einer belasteten Bodenfläche von 900 cm² nach dem Eintreten des Ruhezustandes eine Einsenkung von rund 1 cm hervorruft, angesehen werden, wobei ein seitliches Hochquellen des Bodens nicht eintreten darf. Das gilt nur bei einigermaßen gleichmäßiger Belastung. Bei stärker ungleichmäßiger Belastung müssen Zuschläge gemacht werden[3]."

Ist es den Umständen nach nicht möglich, Probebelastungen an Ort und Stelle durchzuführen, so werden durch Laboratoriumsversuche an Bodenproben, die möglichst im ungestörten Zustande einzuliefern sind, die Eigenschaften des

[1] HERTWIG, A.: Die dynamische Bodenuntersuchung. Bauingenieur 1931, H. 25 u. 26. — Vgl. auch P. MÜLLER: Ein Schwingungserreger und -messer zur dynamischen Baugrundforschung. Seine Theorie und Anwendung. Bauingenieur 1931, H. 3 u. 5.

[2] Veröff. Bauingenieur 1922, H. 19, Beibl. Die Baunormung, S. 4.

[3] Hierzu vgl. die Ausführungen auf S. 166.

Baugrundes zu ermitteln versucht. Diese Untersuchungen erstrecken sich auf Feststellung des Schubwiderstandsbeiwertes des Bodens, um seinen Widerstand gegen seitliches Ausweichen kennen zu lernen, auf Zusammenpreßbarkeit, um auf die Setzungen schließen zu können und auf Wasserdurchlässigkeit, von der die Setzungen zeitlich abhängig sind. Über den Untersuchungsgang zur Feststellung des Schubwiderstandes des Bodens ist weiter oben eingehend berichtet.

Die Zusammenpreßbarkeit des Bodens wird im geschlossenen Gefäß, also bei verhinderter seitlicher Ausdehnung, vorgenommen. Man erhält auf diese Weise Vergleichswerte für die Zusammendrückbarkeit verschiedener Bodenarten. TERZAGHI[1] hat eine sehr handliche Apparatur für diese Versuche geschaffen. Das Versuchsergebnis ist einmal das Zusammensetzungsdiagramm, Druckporenzifferdiagramm, sodann läßt sich aus dem Verlauf der Verdichtungskurven (Beziehung zwischen Zeit und zugehöriger Zusammendrückung) die mittlere Durchlässigkeitsziffer ermitteln, die die Bodenprobe während des Verdichtungsversuches aufwies.

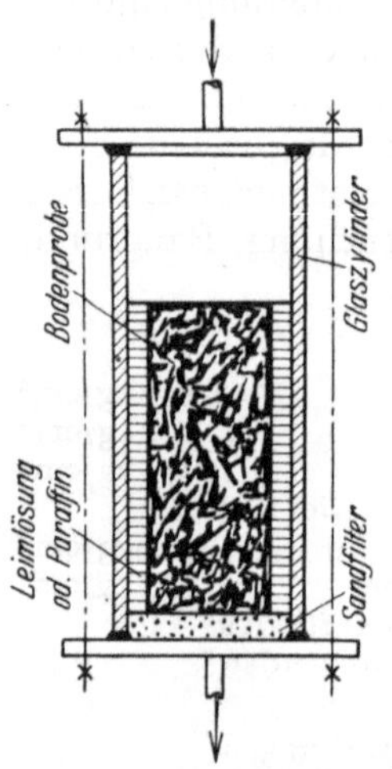

Abb. 50. Behälter zur Wasserdurchlässigkeitsbestimmung.

Eine andere Apparatur sei hier noch erwähnt, die I. EHRENBERG konstruiert hat. Diese Apparatur gestattet, die Zusammendrückbarkeit des Bodens und seine Wasserdurchlässigkeit zu messen und durch Zerdrücken der Probe auch den Schubwiderstand des Bodens zu ermitteln. Beschreibung und Versuchsergebnisse sollen demnächst veröffentlicht werden.

Die Bestimmung der Wasserdurchlässigkeit von Proben, die aus dem gewachsenen Boden mit aller Vorsicht ausgestochen sind, läßt sich durch Eingießen der Probe mit Paraffin oder gegerbter Leimlösung in einem Glaszylinder bewerkstelligen (vgl. Abb. 50). Die Probe wird unter bestimmten Wasserdruck gesetzt und der tägliche Durchgang gemessen.

Des weiteren ist auf die chemischen Einwirkungen des Bodens bei Betonbauten Bedacht zu nehmen. Es sind die in einigen besonders ungünstig zusammengesetzten Flachmooren, sowie in gewissen Mineralböden auftretenden Salze $CaSO_4$, $MgSO_4$, K_2SO_4, Na_2SO_4, $(NH_4)_2SO_4$, die durch das sog. Gipstreiben schädlich wirken. So bildet das Kalziumsulfat mit dem Kalziumaluminat des Zementes ein Sulfokalziumaluminat unter starker Volumenvermehrung ($3\,CaO \cdot Al_2O_3 \cdot 3\,CaSO_4 \cdot 32\,H_2O$). — $MgCO_3$ und $MgSO_4$ können das sog. Magnesiumtreiben hervorrufen (Zementbazillus). In Niederungsmooren, aber auch in anderen humosen Böden können die Austauschsäuren auf Zement einwirken. Des weiteren sind Kohlensäure und Humussäuren, wie sie in Hochmoorböden und bei saurem Grundwasser auftreten, betonfeindliche Stoffe[2].

Nach GESSNER[3] wirken Sulfate im Boden auf Zement schädlich, wenn im HCl-Aufschluß mehr als 0,2 g SO_3 in 100 g Boden enthalten sind, Magnesiumsalze dürfen nicht in größerer Menge als 2% MgO im lufttrockenen Boden vorhanden sein, und bei Austauschsäuren besteht die Gefahr, daß Zementzerstörungen auftreten, wenn auf 100 g lufttrockenen Boden und 200 cm³ Normalnatrium-

[1] TERZAGHI, K. v.: Ingenieurgeologie, S. 324ff.

[2] SCHUCHT, F.: Grundzüge der Bodenkunde, a. a. O., S. 154. — Vgl. insbesondere W. THÖRNER: Beitrag zur Aufklärung der Natur des für Pflanzenwuchs und Untergrundbauten schädlichen Schwefels der Moorböden. Z. angew. Chem. **29**, 233 (1916).

[3] GESSNER, H.: Die Ursachen der Betonzerstörungen in Mineralböden. Verh. 1. Internat. Kongr. Bodenkde. Washington **1927**, H. 4.

acetatlösung mehr als 20 cm³ $^1/_{10}$ Normalkalilauge zur Neutralisation verbraucht werden. In der Nähe von Kohlenlagerplätzen findet sich oft Schwefelsäure im Grundwasser, die aus der Zersetzung des Pyrits der Kohle herrührt. Nach KEILHACK[1] findet sich in der Nähe von Großstädten mit starker Industrie ein auffälliger Gehalt an Schwefelsäure im Grundwasser. Teils unmittelbar auf dem Fabrikgelände, teils auf dem Umwege über die Rieselfelder gelangen die Sulfate in den Boden und aus diesen in das Grundwasser hinein.

Die erste Voraussetzung zu schädlichen Wirkungen der im Boden enthaltenen betonfeindlichen Stoffe an Bauwerken ist Grundwasserzirkulation; so werden z. B. strenge Tone oft eine genügende Sicherheit gegen Angriffe bieten. Besonders gefährdet sind Bauwerke wie Ufermauern, Tunnel, Schleusen usw., die unter einseitigem Wasserdruck stehen, das Mauerwerk also leicht von dem betonfeindlichen Wasser durchsickert werden kann. GRÜN[2] gibt eine sehr übersichtliche Zusammenstellung über betonangreifende Stoffe und Lösungen, über Einwirkungsart und Abwehrmaßnahmen unter Hinweis auf die betreffende Literatur.

Die Untersuchung des Bau- und Grundwassers ist bei allen Betonbauten dringend anzuraten, wie dies auch amtlicherseits den Bauämtern zur Pflicht gemacht wird. Des weiteren sind verdächtige Böden, die mit Betonbauwerken in unmittelbare Berührung kommen oder in die Betonrohrleitungen verlegt werden, auf betonfeindliche Stoffe zu untersuchen, da bei Wasserzutritt Umsetzungen zu befürchten sind[3]. Für die Wasseruntersuchungen genügen Proben in zwei Einliterflaschen, die bis unter den gut schließenden Stopfen völlig gefüllt sein müssen, damit etwa enthaltene Kohlensäure nicht entweichen kann. Für Bodenuntersuchungen genügt eine Halbliterprobe, die erdfeucht im Einmacheglas, mit Gummistoff luftdicht abgebunden ist.

Spundwandeisen, die gegen schädliche Einwirkungen des Bodens geschützt werden müssen, werden aus Material gewalzt, dem Kupfer zugesetzt ist.

Bergbau und Tunnelbau.

Im Bergbau und Tunnelbau sind es die gleichen Eigenschaften der Böden, wie sie im vorstehenden bei Erdbau und Grundbau besprochen worden sind, die den Bauingenieur vornehmlich interessieren, also Gewinnungsfestigkeit und Standfestigkeit. Auch die Wasserführung des Bodens spielt eine gleich wichtige Rolle.

Die Einteilung der Böden in bezug auf ihre Gewinnungsfestigkeit ist dieselbe, wie sie oben für den Erdbau gegeben worden ist. Felsige Bodenarten werden im Bergbau als „Gestein“, weiche als „Gebirge“ bezeichnet, jedoch sind auch beide Bezeichnungen sowohl für festen Fels wie für weiche Böden gebräuchlich. Das Lösen wird als „Gewinnen“ oder „Abbauen“ bezeichnet; „Häuer“ führen diese Arbeiten aus; das Werkzeug ist das „Gezähe“. Die gelösten Gesteinsmassen sind die „Berge“ oder das „Haufwerk“.

Die Gewinnungsfestigkeit eines Gesteins fällt durchaus nicht mit seinem petrographischen Charakter zusammen. Petrographisch gleiche Steine können von ganz verschiedener Gewinnungsfestigkeit sein, wie z. B. Schiefer- und Mergelsteine; sodann sind Klüftigkeit, Lagerungsverhältnisse und Verwitterung von

[1] KEILHACK, K.: Lehrbuch der Grundwasser- und Quellenkunde. Berlin 1912, S. 372.

[2] GRÜN, R.: Chemische Widerstandsfähigkeit von Beton. Berlin 1928. — Lösungserscheinungen an Beton. Bauingenieur **1930**, H. 26.

[3] NEHRING, K.: Über Zerstörung von Zementdränröhren im Mineralboden. Z. angew. Chem. **39**, 883ff. — KAYSER: Beschädigungen von Fundamentplatten im Moorboden. Arm. Beton **1916**, 189. — KLEINLOGEL, A., O. GRAF u. F. HUNDESHAGEN: Einflüsse auf Beton. Berlin 1930. — GRAF, O.: Untersuchungen über den Schutz des Betons gegen angreifende Wässer. Zement **1930**, H. 41 u. 44. — GRAF, O. u. H. GOEBEL: Schutz der Bauwerke. Berlin 1930.

großem Einfluß; auch das Verhalten des Gesteins im Wasser und in der Luft spielt eine Rolle. Die Gewinnung des Tons kann durch das Kleben des Tons am Werkzeug erschwert werden, wie dies bereits schon erwähnt worden ist[1]. v. TERZAGHI[2] teilt mit, daß nach Versuchen der Versuchsanstalt Rothamsted die Adhäsion für die fetten dort untersuchten Tone zwei ausgesprochene Maxima aufwies (etwa bei 22% und 32% Wassergehalt), zwischen denen die Adhäsion beinahe bis auf die Hälfte herunterging, während man bei mageren Tonen nur ein Maximum bei etwa 18% vorfand.

Eine Einteilung des Gesteins auf Grund des zu seiner Gewinnung zu verwendenden „Gezähes" und von Sprengmitteln gibt HOFFMANN[3]:

1. Stichgebirge (Schaufel und Spaten);
2. Haugebirge (Breithaue);
3. Pickgebirge (Spitzhacke);
4. Brechgebirge (Brechwerkzeuge);
5. Brech- und Schußgebirge (Brechwerkzeuge und Sprengmittel);
6. Schußgebirge (Sprengmittel).

Nach einer älteren Einteilung von Bergrat WERNER wird

1. Stichgebirge als „rollig" bezeichnet;
2. Haugebirge } Hackgebirge als „mild";
3. Pickgebirge }
4. Brechgebirge als „gebräch";
5. Brech- und Schußgebirge als „fest";
6. Schußgebirge als „höchst fest".

Diese Bezeichnungen sind auch heute noch am gebräuchlichsten.

„Rollig" sind Böden wie Sand, Kies-, Gerölle, die in steilen Wänden nicht stehen, sondern abrollen. Aufgeweichte Bodenarten, wie aufgeweichter Lehm, Mergel usw., dazu wasserreicher, feinkörniger Sand (Triebsand, Schwimmsand) werden als „schwimmendes Gebirge" bezeichnet. „Mild" sind Lehm, Ton, Mergel, lehmiger Kies usw., soweit sie mit Breit- oder Spitzhaue gewonnen werden können. „Gebräch" sind alle dünngeschichteten Felsarten mit geringem Zusammenhange, besonders Schiefer, feste Steinkohle, weicher Sandstein, alle verwitterten Felsarten, wie verwitterter Granit, verwitterter Porphyr usw. „Fest" sind Gesteine, deren Gewinnung mit Gezähe schon zu schwierig wird, so daß die Anwendung von Sprengmitteln notwendig wird, die aber verhältnismäßig nur geringen Widerstand finden („leicht schießbare"). Hierher gehören die meisten Sandsteine, einige Kalkformationen, Dolomit usw. „Höchstfest" oder „schwer schießbar" sind u. a. Basalt, Gabbro, Quarzit, quarzreicher Granit, fester Porphyr, feste Grauwacke, Kieselschiefer[3].

Auch die oben unter Abschnitt „Erdbau" mitgeteilte Einteilung von v. RZIHA auf Grund der für Lösen eines Kubikzentimeters Gestein aufzuwendenden Arbeit sei hier noch erwähnt.

Diese Einteilungen dienen als Unterlagen für die Baukostenberechnungen und für Vertragsabschlüsse mit Unternehmern. Da es sich aber im Bergbau und Tunnelbau fast ausschließlich nur um Dinge und Verhältnisse handelt, welche nicht den eigentlichen Boden betreffen, sondern „das feste Gestein", so scheiden sie mehr oder weniger ganz für die in einem Handbuch der Bodenlehre zu erörternden Fragen aus.

---

[1] Vgl. S. 143.

[2] Nach W. B. HAINES: Studies in the physikal properties of soils. J. agricult. Sci. 15, 11 (1925); siehe Ingenieurgeologie, S. 366.

[3] Nach E. MACKENSEN: Tunnelbau. Handbuch der Ingenieur-Wissenschaften 1, 5. Abt. 1902.

Baustoffkunde.

Die Baustoffkunde behandelt die Entstehung bzw. Zusammensetzung der Baustoffe aus organischen und anorganischen Bestandteilen sowie ihre Gewinnung und prüft ihre Eigenschaften in bezug auf die Art ihrer Verwendung.

Die Baustoffe werden nach FÖRSTER[1] eingeteilt in:

I. Hauptbaustoffe, welche vorwiegend zu den tragenden Konstruktionen Verwendung finden. Hierher gehören: die natürlichen und künstlichen Steine, das Holz, die Metalle — namentlich das Eisen.

II. Verbindungsbaustoffe zur Vereinigung getrennter Materialien: Mörtel-, Asphalt- und Kittarten.

III. Hilfsbaustoffe, meist im innern Ausbau verwendet: im besonderen das Glas, die Anstrich-, Dichtungs- und Belagstoffe.

Schon aus dieser kurzen Zusammenstellung ist ohne weiteres ersichtlich, eine wie weitgehende Bedeutung Boden und Bodenerzeugnisse in der Baustoffkunde und damit im gesamten Bauwesen erlangen. Neben Verwendung des Bodens im „gewachsenen" Zustande als natürlicher Stein, liefert der Boden das Rohmaterial für die künstlichen Steine. Als Pflanzenstandort liefert er die Hölzer. Der Boden birgt die Erze, die der Erzeugung der Metalle dienen. Kalk-, Ton-, Kies-, Sandböden, Asphalt u. a. liefern die Ausgangsmaterialien für die Verbindungsbaustoffe und auch zur Herstellung der oben aufgeführten Hilfsbaustoffe kommen Boden und Bodenerzeugnisse in vieler Beziehung zur Verwendung. Auf die bodenkundlich wichtigsten Glieder obiger Baustoffreihen soll hier kurz eingegangen werden:

Die natürlichen Bausteine.

Im I. Band dieses Handbuches sind die gesteinsbildenden Mineralien und die Gesteine bzw. das Gesteinsmaterial eingehend behandelt. Es sollen daher an dieser Stelle nur einige technisch besonders wichtige Verhältnisse der Gesteine herangezogen und erörtert werden.

Die Aufschließung und Nutzbarmachung technisch wichtiger Gesteinsvorkommen ist oft in hohem Maße von der geologischen Lagerung und der geographischen Lage abhängig, da Gewinnungskosten und Transportkosten den Materialpreis bestimmen. Die Mächtigkeit der gewinnbaren Massen, ihr Ausstreichen zu Tage, die Stärke der Abraumschichten, Falten, Verwerfungen, Absonderungen usw. bedingen die Gewinnungsmethoden, wie andererseits die Lage der Vorkommen zu Eisenbahnen, Wasserstraßen usw. die Aufwendungen für Bau und Betrieb von Transportanlagen und die Frachtsätze bestimmen. Für die bautechnische Verwertbarkeit der Gesteine sind des weiteren von Wichtigkeit: Festigkeit, Wetterbeständigkeit, Feuerfestigkeit, Farbe, Politurfähigkeit, Porosität[2].

Die Prüfung der natürlichen Gesteine erstreckt sich — je nach Verwendungszweck — auf die Festigkeitseigenschaften und hier vornehmlich auf die Druckfestigkeit (nur bei Steinen für Hochbaukonstruktionen eventuell auch auf Zug-, Biegungs-, Knick- und Scherfestigkeit), sodann auf Wasseraufnahme, Porosität,

---

[1] FÖRSTER, M.: Lehrbuch der Baumaterialienkunde in 6 Heften. 1903/12. — Leitfaden der Baustoffkunde. 1922. — Baustoffe. Taschenbuch für Bauingenieure 1. 1928.

[2] GERHARDT, E.: Baustoffkunde. Leipzig 1912. — HIRSCHWALD, I.: Handbuch der bautechnischen Gesteinsprüfung. 1912. — Leitsätze für die praktische Beurteilung, zweckmäßige Auswahl und Bearbeitung natürlicher Bausteine. 1915. — KEILHACK, K.: Lehrbuch der praktischen Geologie. 1921. — PROBST, E.: Der Baustofführer. Leipzig 1931. — REDLICH, K. A., K. v. TERZAGHI u. R. KAMPE: Ingenieurgeologie. 1929. — RINNE, F.: Gesteinskunde, 8. u. 9. Aufl. 1921. — WILSER, J.: Grundriß der angewandten Geologie. 1921. — DIENEMANN, W. u. O. BURRE: Die nutzbaren Gesteine Deutschlands. Stuttgart 1928.

Frost- und Wetterbeständigkeit, Abnutzbarkeit, Härte und Zähigkeit. Des weiteren finden noch besondere Prüfungen statt auf Feuerbeständigkeit, von Schiefer auf Geeignetheit als Dachdeckungsmaterial, von Kies und Schotter als Bettungsmaterial für Eisenbahnen und Straßen, schließlich die Prüfung der als Rohmaterial zur Herstellung künstlicher Baustoffe in Frage kommenden Gesteine.

Für die Durchführung dieser Prüfungen sind besondere Richtlinien gegeben, die in der oben angegebenen Literatur eingehend behandelt sind.

So werden z. B. die Festigkeitsprüfungen an würfelförmigen bzw. prismatischen Probestücken vermittels Maschinen durchgeführt. Gewöhnlich benutzt man für Druckfestigkeitsversuche glatte Würfel von 7 cm Kantenlänge (7,07 cm Kantenlänge entsprechen 50 m^2 Druckfläche), die vorsichtig (auf Schneidegatter) zubereitet werden müssen, da grobe Hammerschläge die Druckfestigkeit schon herabsetzen können. Der Versuch wird bis zum Zusammenbruch des Gesteins durchgeführt. Die Zerstörung zeigt sich oft durch das Abspringen plattenförmiger Stücke von den vier freien Würfelseiten. Die Bruchspannung wird an 8—15 Probestücken bestimmt. Zur Bestimmung der Wasseraufnahmefähigkeit werden Gesteinswürfel bei 50° C getrocknet und dann in Wasser von $+15$ bis 20° C gelegt. Die Gewichtszunahme nach vollkommener Durchtränkung gibt ein Maß für die Wasseraufnahmefähigkeit, die zugleich auch ein Anhalt für die Porosität des Steines ist. Bei Prüfung auf Frostbeständigkeit werden Würfel in wassergesättigtem Zustande dem Frost ausgesetzt und danach die Druckfestigkeit und der Gewichtsverlust durch Abblätterung usw. bestimmt. Die Prüfung auf Dauerhaftigkeit erstreckt sich des weiteren auf die Feststellung des Vorhandenseins schädlicher Beimengungen, wie leicht löslicher Salze im Stein durch Auslaugen, sodann auf die Untersuchung auf kohlensauren Kalk, Schwefelkies und Marienglas im geschlossenen Dampftopf. Die Abnutzbarkeit der Gesteine wird mittels Abschleifmaschinen geprüft. Die Härte wird nach dem Ritzverfahren (MOHSsche Härteskala) bestimmt. Zur Prüfung auf Zähigkeit des Gesteins werden Drehtrommeln verwendet und verschiedenes andere. Für die Prüfung von natürlichen Gesteinen als Straßenbaustoff sind desgleichen Leitsätze aufgestellt worden.

Die genannten mehr oder weniger rohen mechanischen Prüfungsarten treten mehr und mehr gegenüber den ausgezeichneten optischen Untersuchungsmethoden der modernen Petrographie zurück. Es handelt sich hier um Betrachtung von Gesteinsproben (Dünnschliffen) im durchfallenden Licht. Man erhält weitgehend Aufschluß über Art, Verband und Erhaltungszustand der das Gestein zusammensetzenden Mineralien und kann daraus Schlüsse auf die technisch wichtigen Eigenschaften des Materials ziehen[1].

Die künstlichen Steine.

Bei den Kunststeinen werden zwei Hauptgruppen unterschieden:

a) die Ziegel- und Tonwaren, bei denen die Verfestigung der bindigen Grundmasse durch einen Brennprozeß erfolgt;

b) die Kunststeine, die zu ihrer Herstellung aus Lockermaterial eines besonderen Bindemittels — wie Zement, Kalk, Gips, Magnesia usw. — bedürfen[2].

Bilden bei der ersten Gruppe Ton und Lehm die Ausgangsgrundmasse, so sind bei den Kunststeinen der zweiten Gruppe fast immer Sand, Kies, Steinsplitt

[1] ROSENBUSCH, H. u. E. WÜLFING: Mikroskopische Physiographie der Mineralien und Gesteine. Stuttgart 1924. — RINNE, F.: Einführung in die kristallographische Formlehre und elementare Anleitung zu kristallographisch-optischen sowie röntgenographischen Untersuchungen, 4. u. 5. Aufl. 1922.

[2] Nach M. FÖRSTER: Baumaterialienkunde, a. a. O., S. 119.

usw. die Füllstoffe, die durch ein Bindemittel verfestigt werden. Bodenkundlich interessiert es uns am meisten, die Eigenschaften der Ton- usw. Böden zu kennen, die bei ihrer Bewertung als Rohmaterial zur Herstellung von Kunststeinen zu beachten sind. Daher seien zunächst die Tone besprochen. Über Art und Entstehung der Tonlager ist an anderer Stelle dieses Handbuchs berichtet[1]. Tone auf primärer Lagerstätte enthalten wenig Verunreinigungen, d. h. sie bestehen fast nur aus Kieselsäure und Tonerde, wie u. a. auch die Kaoline, die den wertvollen Rohstoff zur Herstellung des Porzellans geben. Weitaus die meisten Tonlager befinden sich aber auf sekundärer Lagerstätte, sie enthalten naturgemäß mehr Verunreinigungen (wie z. B. Quarzsand, Tier- und Pflanzenreste, Kalk, Schwefelkies, Eisenoxyd, Gips usw.). Entsprechend der Verschiedenheit der Muttergesteine, der Verschiedenheit der Verwitterungsprozesse, der Verschiedenheit der Umstände bei Umlagerung und Transport gibt es kaum Tonlager, die einander in ihrer Zusammensetzung absolut gleich sind.

Für die Zwecke des Bauwesens, für die Herstellung künstlicher Steine kommen hauptsächlich die Tonvorkommen in Frage, die sich auf sekundärer Lagerstätte finden. Man unterscheidet einmal feuerfeste und nicht feuerfeste Tone. Zu ersteren zählt man diejenigen Tone, deren Schmelzpunkte zwischen Segerkegeln 26—36 liegen, die letzteren haben ihren Schmelzpunkt unter Segerkegel 26 („Segerkegel sind abgestumpfte dreiseitige Pyramiden von 6 cm Höhe, die eine Reihe systematisch zusammengestellter an Schwerschmelzbarkeit zunehmender Silikate darstellen und zur Beobachtung des Fortschreitens der Hitze im Ofen dienen").

Die feuerfesten Tone sind ziemlich rein und kommen auch bezüglich der Menge an Tonsubstanz den Kaolinen ziemlich nahe, sind jedoch wesentlich plastischer als diese und erhärten beim Trocknen zu einer dichten, harten, spröden Masse. Ihre Farbe ist weiß, rötlich oder grau. Sie enthalten wenig Eisenoxyd. Ihre Brennfarbe ist weiß, grau oder gelblich. Je geringer der Alkaligehalt in den Tonen ist, um so größer ist ihre Feuerfestigkeit.

Die feuerfesten Tone dienen hauptsächlich zur Herstellung von Schamottsteinen, die zur Ausmauerung von Brennöfen, Hochöfen usw. Verwendung finden und hier je nach Besonderheit der Anlagen in verschiedenen Qualitäten verlangt werden. Die Feuerfestigkeit wird durch pyrometrische Messungen geprüft, daneben wird auch die Aufnahmefähigkeit des Tons an Magerungsmitteln (s. später) bestimmt, die die allzu große Schwindung des Materials verhindern sollen, ohne die Festigkeit des Steins allzusehr herabzusetzen.

Bei den nicht feuerfesten „Tonen" („Ton" hier Sammelbegriff für alle Gesteine, die der Erzeugung von Töpfer- und Ziegeleiwaren dienen) werden unterschieden:

α) der Töpferton, graublau bis grünlichgrau, reich an Eisenverbindungen, enthält auch oft geringe Mengen Kalk. Er ist hoch plastisch, wird beim Brennen rot oder gelb und dient zur Erzeugung des Töpfergeschirrs, von Ofenkacheln und Dachpfannen.

β) Tonmergel sind Tone mit mehr oder weniger Kalkgehalt. Man unterscheidet: Mergelton mit 5—10% Kalk, Tonmergel mit 10—25% Kalk und Kalkmergel mit 25—75% Kalk. Durch Umwandlung des Kalkkarbonates unter dem Einfluß von Magnesiumsalzen entstehen dolomitische Mergel. — Zur Herstellung von Ziegelsteinen eignen sich nur die Mergel bis etwa 20% Kalkgehalt.

γ) Letten, sind meist durch organische Beimengungen aschgrau bis schwärzlich gefärbte Tonarten älterer Formationen.

---

[1] Vgl. Bd. 2, S. 191 u. f.

δ) Lehm ist ein durch feinstes Brauneisenerz gelb oder bräunlich gefärbter Ton mit fast immer reichlichem Gehalt an Sand und Staub (Abarten: Geschiebelehm und Höhlenlehm). Bildsamkeit und Feuerfestigkeit sind gering.

ε) Löß ist äußerst feiner Quarzstaub, mit Kalkteilchen durchsetzt und mit geringem tonigem Bindemittel. Bei Entkalkung geht er in Lößlehm über.

ζ) Wiesentone = Ablagerung jüngster Süßwasserbecken. Sie sind mit reichem Kalkgehalt versehen.

η) Schlick = Flußabsätze, sie genießen bedeutende Verbreitung in den Überschwemmungsgebieten größerer Ströme und stellen kalkfreie Alluvialtone vor (in den Mündungsgebieten wieder mehr oder weniger kalkhaltig).

Über die hauptsächlichste Verbreitung der Tonlager in den verschiedenen Formationen wäre folgendes anzugeben[1]: Das für die Herstellung feuerfester Steine geeignete Material findet sich hauptsächlich in den Ablagerungen der Steinkohlen- und Braunkohlenformationen. Die wertvollen, in fester Form auftretenden Schiefertone der Steinkohlenformationen erlangen erst in fein zerriebenem Zustande ihre Formbarkeit. Für nicht feuerfestes Material haben Letten des Zechsteins, des Buntsandsteins, des Keupers vielerorts Veranlassung zur Anlage von Ziegeleien gegeben. Von Wichtigkeit sind weiter die Tonmassen im Lias, im Braunen Jura, in der Unteren Kreide. Außerordentlich groß ist der Tonreichtum der Tertiärformation. Im Diluvium sind es hauptsächlich Decktone und Beckentone, die zur Ausbeutung gelangen, daneben kommen auch die Lößlehme in Betracht. Im Alluvium sind es die Wiesentone und Schlicke, die vielerorts zu Ziegeleiprodukten verarbeitet werden.

In der keramischen Praxis wird nach einem Vorschlage von Seger[2] die Farbe, die die Tone nach dem Brennprozeß zeigen, als Einteilungsmerkmal benutzt. Hiernach werden unterschieden:

1. Tonerdereiche und eisenarme Tone, die weiß oder in sehr hellen Farben brennen.

2. Tonerdereiche und mäßig eisenhaltige Tone. Die Brennfärbung ist blaßgelb und lederbraun.

3. Tonerdearme, eisenreiche, rot brennende Ziegelerden.

4. Tonerdearme, eisen- und kalkreiche, gelb brennende Ziegelerden und Tonmergel.

Zu 1 gehören die Porzellanerden und manche der plastischen Tone. Auch ein geringer Eisengehalt gibt noch einen durchaus weißen Scherben.

Zu 2. Dieselben brennen bei geringer Hitze weiß, zuweilen nach rosa, bei hoher Temperatur gelblich und braun, bei sehr hoher grünlichgrau; ein Rotbrennen tritt nie auf. Gehalt an Tonsubstanz 20—30% und mehr nebst 1—5% Eisenoxyd (Eisenoxyd zu Tonerde wie 1:5 bis 1:13,2). Sie dienen zur Herstellung feuerfester Produkte, zu besseren Verblendern, Terrakotten usw.

Zu 3. Beim Brennen zeigen sie zunächst ein mattes, dann ein kräftiges Rot und werden bei weiterer Erhitzung violett und blauschwarz. Eisenoxyd zu Tonerde sind im Verhältnis von 1:1,9 bis 1:2,9 vorhanden; sie stellt die wichtigste Gruppe der Ziegelerden dar.

Die zwischen 2 und 3 stehenden Tone, deren Tonerdegehalt also zwischen dem dreifachen und fünffachen des Eisenoxyds schwankt, geben beim Brennen Mischfarben und eignen sich also nicht zu Verblendsteinen und Terrakotten.

Zu 4. Die Tonmergel erhalten bei geringer Temperatur eine rote Färbung infolge ihres Eisengehaltes; die bei höherer Temperatur sich bildenden Kalk-

[1] Vgl. u. a. K. Keilhack: Lehrbuch der praktischen Geologie. 1921.

[2] Vgl. M. Förster: Baumaterialienkunde, a. a. O. S. 257.

silikate bewirken jedoch eine Verfärbung in Hellrot, Weiß oder Gelblichweiß, bei der Sinterung wird die Färbung gelbgrün, bei der Schmelze grün und schwärzlich. LOESER[1] folgert aus einer Anzahl Analysen ein Mengenverhältnis von Eisenoxyd zu Tonerde = 1:1,6 bis 1:2,5 und von Eisenoxyd zu Kalk = 1:2,2 bis 1:3,5. Da der Eisengehalt dem der Gruppe 3 nahe steht, ist die zunächst bei Schwachbrand auftretende Rotfärbung erklärt. Zwischen Eisengehalt und Kalk genügt nach LOESER noch ein Verhältnis wie 1:1,5, um bei hoher und anhaltender Brennhitze eine Gelbfärbung der Steine zu erreichen, während bei geringerem Kblkgehalt und höherer Temperatur lediglich ein Matterwerden der Rotfärbung zu beobachten ist[2].

Fette Tone, die beim Trocknen und Brennen rissig werden und sich infolge ungleichmäßiger Feuchtigkeitsabgabe verziehen, erhalten einen Zusatz an Magerungsmittel (unplastische Stoffe), um ein gleichmäßigeres und schnelleres Trocknen zu ermöglichen. Als Zusatz dienen hier hauptsächlich Quarzsand. Zusatz von Schamotteton als Magerungsmittel dient zur Erhöhung des Widerstandes der Steine gegen Schmelzen. Sägespäne, Kohlenklein, Torf usw. werden zugesetzt, um leichte und poröse Steine zu erzielen. Insbesondere müssen mageren Tonen zur Fabrikation gewisser Waren oft Flußmittel zugesetzt werden, um ein dichteres Brennen, das ist eine bessere Sinterung des Tones bei verhältnismäßig geringer Temperatur zu erzielen. Als Flußmittel finden Feldspat, Kalk, Magnesia, Gips, Baryt u. a. Verwendung,

Der Rohton enthält oft schädliche Beimengungen, die teils ein Verfärben der gebrannten Steine an der Oberfläche, teils salzartige Auswitterungen, teils ein allmähliches Abblättern der Steine usw. zur Folge haben. Es wären hauptsächlich zu nennen: Schwefelsaure wasserlösliche Salze, Schwefelkies, kohlensaurer Kalk u. a. sowie Mineraltrümmer in gröberen Beimengungen und organische Stoffe. Durch besondere Zusätze bei der Aufbereitung des Tons oder besondere Vorkehrungen beim Brande, versucht man den schädigenden Einflüssen dieser Stoffe zu begegnen.

Die Untersuchung von Tonvorkommen auf ihre Geeignetheit für bestimmte Fabrikationszweige hat sich außer auf örtliche Aufnahmen hinsichtlich der Mächtigkeit des Lagers usw. auf folgende Ermittlungen bei jeder der angetroffenen Tonarten zu erstrecken:

a) Gehalt an körnigen festen Beimengungen.
b) Schädlichkeit derselben.
c) Gehalt an löslichen Salzen.
d) Gehalt an kohlensaurem Kalk.
e) Verhalten beim Schlämmen und Sumpfen.
f) Verhalten beim Aufbereiten und Formen.
g) Verhalten der Formlinge beim Trocknen und beim Brennen bei verschieden hohen Brenngraden.
h) Größe der Trocken- und Brennschwindung.
i) Beurteilung der Trockenformlinge und der gebrannten Ziegel, hinsichtlich Reinfarbigkeit, Veränderung der Gestalt, Auftreten von Rissen usw.
k) Festigkeit der Formlinge und Ziegel.
l) Wasseraufnahmefähigkeit.
m) Standhaftigkeit beim Brennen.
n) Schmelzpunkt und Feuerfestigkeit.

---

[1] LOESER, C.: Die Rohmaterialien der keramischen Industrie. Halle 1901.
[2] Nach M. FÖRSTER: Baumaterialienkunde. a. a. O., S. 257.

Hinsichtlich der Besonderheiten der einzelnen Untersuchungsgänge sei auf die oben herangezogene Literatur verwiesen[1]. Sie decken sich in manchem mit den Untersuchungen, die bei der Bodenanalyse zur Anwendung kommen.

Die zweite Hauptgruppe der Kunststeine, die zu ihrer Herstellung aus Lockermaterial eines besonderen Bindemittels bedürfen, läßt sich nach FÖRSTER[2] folgendermaßen einteilen:

1. Kunstsand- und Kunstkalkstein mit kalkigem oder siliziumhaltigem Bindemittel.
2. Kunststeine, aus Abfällen natürlicher Steine hergestellt, jedoch ohne Verwendung zementartiger Bindemittel.
3. Kalksandsteine, der ersten Gruppe nahestehend.
4. Zementkunststeine.
5. Gipskunststeine.
6. Schwemmsteine (rheinische und Kunsttuffsteine).
7. Schlackenziegel und Schlackensteine.
8. Magnesiazement-Kunststeine.
9. Korksteine.
10. Asphaltsteine.
11. Glassteine.
12. Asbeststeine.
13. Torfsteine.
14. Verschiedene besondere, den obigen Gruppen nicht beizuzählende Kunststeine.

Aus der Fülle dieser Fabrikate seien zu kurzer Besprechung die Kalksandsteine als die bautechnisch weitaus wichtigsten Kunststeine herausgegriffen, um dann auf die Verbindungsbaustoffe selbst einzugehen, die ja auch in der Kunststeinindustrie mit die wichtigste Rolle spielen. Bei einer Anzahl der vorstehend aufgeführten Kunststeinfabrikate sagt schon der Name, welche Bindemittel und Grundstoffe zur Anwendung kommen.

Der Kalksandstein: ein Gemisch von Kalkhydrat und Sand, erhärtet unter Dampfdruck zu einem außerordentlich harten Stein (es findet hierbei Aufschließung der Kieselsäure des Sandes und Bildung von kieselsaurem Kalk statt). Eine Mischung von 7—10% Kalkhydrat mit 93—90% Sand ist als die günstigste Mischung festgestellt worden. Der Dampfdruck beträgt in der Regel 6—9 Atm. (seltener Niederdruckverfahren bei 1 Atm.). Der hierzu benutzte Sand soll möglichst reiner Quarzsand sein. Als günstig für die Aufschließung von möglichst viel Kieselsäure wird ein Gemisch von etwa $^1/_3$ feinkörnigem mit $^2/_3$ grobkörnigem Sande ($<$ 1—2 mm) angegeben. Nach FÖRSTER ist ein Tongehalt oder Tonzusatz bis zu $2^1/_2$% in bezug auf die Festigkeitseigenschaften der Steine unschädlich, er wirkt insofern günstig auf die Fabrikation des Steines ein, als er das Formen dieser erleichtert und die Reibungswiderstände in den Preßformen verringert. Kalkhaltige Sande (abgesehen von geringen Beimengungen) sind nicht verwendbar. Der für Mischung und Pressung günstigste Wassergehalt des Sandes wird mit 8—11% angegeben. Je nach dem Fabrikationsverfahren mit Nieder- oder Hochdampfdruck wird Mager- oder Grobkalk (enthält größere Mengen von Ton oder Kieselsäure) oder Weiß- oder Fettkalk (enthält weniger als 10% Beimengungen) verwendet. Dolomitkalke löschen langsam ab und geben weniger feste Steine, die zudem auch wasseraufnahmefähiger sind.

---

[1] Vgl. auch M. STOERMER: Untersuchungsmethoden der in der Tonindustrie gebrauchten Materialien. Freiberg 1902.

[2] FÖRSTER, M.: Baumaterialienkunde. a. a. O., S. 119.

Die Verbindungsbaustoffe sind einmal die verschiedenen Mörtelarten, dann der Asphalt. Die Mörtel verbinden die einzelnen Bausteine untereinander zum einheitlichen Mauerwerk. Sie vermitteln ein sattes Aufliegen der nicht immer ebenen Steine und eine gleichmäßige Übertragung und Verteilung der auftretenden Druckkräfte. Neben diesem Mauermörtel kommt auch noch Putzmörtel zur Anwendung zum inneren oder äußeren Verputz der Mauern. Je nach diesen Verwendungszwecken ist die Zubereitung teilweise verschieden.

Zur Mörtelbereitung gehören die Bindemittel, die je nach Verwendungszweck auszuwählen sind, und die Zuschläge in Form von Kies, Sand, Wasser, die fast allen Mörteln gemeinsam sind. Es sind zu unterscheiden: Luftmörtel und Wassermörtel, je nachdem der Mörtel entsprechend der Art seines Bindemittels an der Luft erhärtet oder unter Wasser; für einzelne Zwecke werden auch gemischte Mörtel verwandt.

Von den Luftmörteln wäre in erster Linie der Luftkalkmörtel zu nennen, der ein Gemisch aus gebranntem und danach gelöschtem Kalk, Sand und Wasser ist. Die Kalksteine, wie sie in der Natur vorkommen, bestehen nicht aus reinem Kalziumkarbonat, sondern führen eine Reihe Beimengungen, wie u. a. Magnesiumkarbonat, Tonerde, Kieselerde, Eisenoxyd, Bitumen, Wasser usw. Bei Kalksteinen, die zur Herstellung von gebranntem Kalk Verwendung finden sollen, darf der Tongehalt 10% nicht überschreiten, da sie alsdann beim Brennen zusammensintern und sich nachher nicht mehr mit Wasser löschen lassen. Derartige Gesteine mit größerem Tongehalt werden als Mergel bezeichnet und geben den Übergang zu den hydraulischen Kalken oder Zementen (s. später). Man spricht von Kalkmergel oder Tonmergel, je nach Überwiegen des betreffenden Bestandteiles. Wichtig ist auch der Gehalt der Kalksteine an Magnesiumkarbonat. Sind es mehr als 10%, so wird der daraus gebrannte Kalk schon erheblich mager und läßt sich schließlich bei noch höherem Gehalt nach dem Brennen nicht mehr löschen (dolomitischer Kalkstein). Durch Brennen (1200—1300°) geht der in der Natur vorkommende Kalkstein ($CaCO_3$) unter Entwicklung von Kohlendioxyd (CO_2) in gebrannten Kalk, CaO, (Ätzkalk) über. Zur Mörtelherstellung wird der stückige Ätzkalk mit wenig Wasser gelöscht ($Ca(OH)_2$), dann durch weiteren Wasserzusatz zu einem steifen Brei angerührt und eine Zeitlang zur Vervollständigung des Löschens stehengelassen, sodann mit Sand vermengt. Von der Reinheit des Kalkes hängt es ab, wie viel Sand zuzusetzen ist. Bei „fettem", d. h. aus annähernd reinem Kalkstein gebranntem Kalk, mischt man 1 RT. Kalkteig (zu dessen Herstellung ungefähr 0,4 RT. Kalk erforderlich sind) mit 3 RT. Sand. Bei „magerem" aus ton- und kieselhaltigen Kalksteinen gebranntem Kalk ist nur ein geringer Sandzusatz gestattet. Nach Verarbeitung des fertigen Mörtels in bekannter Weise bei Aufführung des Mauerwerks, bindet er zunächst ab (d. h. er verfestigt sich durch Austrocknen und vielleicht auch durch teilweise Dehydratisierung), um dann durch Aufnahme von Kohlendioxyd aus der Luft allmählich zu erhärten. Der gelöschte Kalk geht wieder in kohlensauren Kalk über:

$$Ca(OH)_2 + CO_2 = CaCO_3 + H_2O\,.$$

An dieser Reaktion ist der Sand unbeteiligt. Er dient einmal als Streckungsmittel, sodann erleichtert er den Zutritt der Luft zum Kalk.

Ein weiteres für Luftmörtelbereitung in der Natur sich findendes Gestein ist der Gips ($CaSO_4 + 2H_2O$). Der Naturstein (Rohgips) wird durch Brennen entwässert. Je nach der zum Austreiben des Hydratwassers aufgewendeten Temperatur entstehen Produkte von ganz verschiedenen Eigenschaften, einmal der bei 120—130° C gebrannte „Stuckgips", er erhärtet mit Wasser angemacht in ungefähr einer halben Stunde zu einem mäßig harten, nicht wetterbeständigen, bläulichweißen Gipsstein, sodann der bis zu etwa 950° C nahe der Sintergrenze gebrannte, mit Wasser angemacht, langsam aber gut erhärtende, wetterfeste Estrichgips (rötlichweiß). Der Stuckgips findet wegen seiner ungenügenden Wetterfestigkeit nur im inneren Ausbau zur Herstellung von Stuckornamenten und Putz Verwendung. Zur Mörtelbereitung für tragendes Mauerwerk dient vornehmlich der Estrichgips.

Von mehr lokaler Bedeutung ist der Magnesiamörtel, eine Mischung von gebrannter Magnesia mit Chlormagnesium, die sich durch ihr gutes Bindevermögen und gute Härte auszeichnet. Man kann bis zu 20 Teilen Sand hinzusetzen, ohne die Härte wesentlich herabzusetzen. Der Lehmmörtel kommt nur für untergeordnete ländliche Bauten in Frage und auch hier nur für Wände, die gegen Regen geschützt sind, vornehmlich nur für Innenwände, des weiteren für Herstellung von Estrich. Geeignet sind nicht allzu magere Lehmsorten, denen gegen starke Rißbildung beim Trocknen Stroh, Heidekraut, Hede u. a. zugemengt wird.

Dann folgen die Wassermörtel. Bei den Wassermörteln oder „hydraulischen Mörteln" besteht das Bindemittel (der Zement) aus einem Gemisch von reaktionsfähigen Silikaten und Kalk. Der Kalk ist entweder an die Kieselsäure gebunden oder freier Ätzkalk. Die Erhärtung beruht auf einer unter Aufnahme von Wasser verlaufenden Reaktion zwischen der Kieselsäure und dem Kalk, ohne das Zutritt von Luft erforderlich wird. Die Silikate werden stets durch Brennen des Rohmaterials in den reaktionsfähigen Zustand übergeführt. Die Bindemittel, die bei der Bereitung von Wassermörtel Verwendung finden, pflegt man in drei Gruppen zu ordnen, und zwar in:

1. die hydraulischen Zuschläge (Puzzolanen): Verschiedene vulkanische Tuffe (einst lose Auswürfe der Vulkane, die durch Überlagerung, durch Gebirgsdruck oder durch Absätze aus wandernden wässerigen Lösungen verkittet sind) werden gemahlen und ergeben — mit fettem Kalk angemacht — hydraulischen Mörtel. Die Tuffe sind kalkarm, besitzen aber reichlich Kieselsäure in reaktionsfähiger Form, und zwar infolge der vulkanischen Entstehung der Tuffe; mit fettem Kalk in Wasser angemacht, erhärten sie unter Wasser durch Bildung von kieselsaurem und kohlensaurem Kalk (Vorkommen u. a.: Trachyttuffsteine — Traß — der Eifel. Puzzolanerde, erdiger Tuff am Südwestabhang des Apennin von Rom bis Neapel, hauptsächlich bei Puzzuoli. Die italienische Puzzolanerde besteht aus etwa 45% Kieselsäure, 15% Tonerde, 12% Eisenoxyd, 9% Kalk, 5% Magnesia. Santorinerde auf den griechischen Inseln Santorino, Theresia und Asprosini ist durch einen höheren Kieselsäuregehalt ausgezeichnet und eignet sich demzufolge besonders für Bauten im Meerwasser. Die Bimssteinsande des Neuwieder Beckens geben, mit Kalkbrei angerührt, das Material für die leichten, porösen, luftdurchlässigen, sehr geschätzten Schwemmsteine.)

2. Hydraulische Kalke und Romanzemente werden aus Mergelarten hergestellt. Die Zusammensetzung dieser Böden ist sehr verschieden, die hauptsächlichsten Bestandteile sind kohlensaurer Kalk, Tonerde, Kieselsäure, kohlensaure Magnesia, Eisenoxyd, Alkalien. Nach dem Tonerdegehalt des Mergels unterscheidet man: Mergelkalke (20% Ton), Kalkmergel (20 bis 25% Ton) und Tonmergel (25 bis 80% Ton). Dolomitmergel haben 25 bis 30% kohlensaure Magnesia. Bei reichlichem Sandgehalt und bei Bitumengehalt spricht man von Sandmergel und bituminösem Mergel. Je nach dieser verschiedenen Zusammensetzung der Mergel ist auch die Dauer und Höhe der Erhitzung beim Brennen verschieden. Tonarme Mergel verlangen längeren Brand mit geringerer Temperatur, während Mergel mit reichlichem Tongehalt kurze, scharfe Hitze benötigen. Das Material eines Kalksteinbruchs ist in sich in den einzelnen Horizonten ver-

schieden und bedarf es daher zur Erzielung eines gleichmäßigen Erzeugnisses ständiger Kontrolle durch die chemische Analyse. Die Mischungsverhältnisse sind je nach Güte des Materials und des Verwendungszwecks verschieden. Infolge ihrer Festigkeit und Wetterbeständigkeit finden die hydraulischen Mörtel im Hochbau besonders als Außenputz Verwendung. Als Mischungsverhältnis werden hier bei guten Sorten angegeben: 1 RT. Kalk mit 2 RT. Sand für Mauerwerk im nassen Boden; 1 T Kalk mit 7—9 T Sand für aufgehendes Mauerwerk; 1 T. Kalk mit 5—6 T. Sand für Außen- und Innenputz. Das eigentliche Anwendungsgebiet ist aber der Wasserbau (da die hydraulischen Mörtel unter Wasser ebenso schnell abbinden wie an der Luft), und zwar namentlich an Stellen, wo es in erster Linie auf ein Abdichten gegenüber dem Wasserdruck und weniger auf hohe Festigkeit ankommt. Soll der Mörtel wasserdicht sein, so verwendet man so viel Zement, wie das Porenvolumen des Sandes beträgt: 40—45 % Zement auf 55—60 % Sand.

Von den zahlreichen Sorten sind die bekanntesten:

„Romanzement" (wegen seiner Verwandtschaft mit dem Puzzolanzement, „römischer Zement" genannt) aus dem Septarienton an den Ufern der Themse bei London, er besitzt rotbraune Farbe.

Kufsteiner Romanzement aus den Brüchen von Kufstein-Reichenhall, Perlmoos, Staudach u. a. Die Farbe ist wie vorher.

Bielefelder Romanzement, aus Wiesenmergel gebrannt, in Westdeutschland viel gebraucht, seine Farbe ist hellbraun.

Portaer Romanzement aus der Mindener Gegend (Porta Westfalica) von hellgelber, sandsteinähnlicher Farbe, bindet sehr schnell (in 10—15 Minuten) ab; er wird zu wasserdichtem Putz und zur Herstellung von Zementgußwaren viel verwandt.

Rüdersdorfer hydraulischer Kalk aus den bei Berlin gelegenen gleichnamigen Kalkbergen. Er ist von hellgrauer Farbe.

Förderstedter hydraulischer Kalk aus dolomitischen Mergeln der Magdeburger Gegend hergestellt. Er ist gelblich gefärbt.

Steudnitzer hydraulischer Kalk, aus einem Muschelkalkstein bei Jena. Seine Farbe ist grau bis gelblich, u. a. m.

Bei den Romanzementen usw. unterscheidet man Raschbinder (Erhärtung beginnt schon nach wenigen Minuten). Halblangsambinder (über 15 Minuten) und Langsambinder (3—4 Stunden).

3. Portlandzement ist ein künstliches Gemisch von Ton und Kalk bestimmter Zusammensetzung. Er wird hergestellt, um sich unabhängig von den Zufälligkeiten in der Zusammensetzung der natürlichen Rohstoffe zu machen.

Die „Normen für einheitliche Lieferung und Prüfung von Portlandzement (Dezember 1909)" geben folgende Begriffserklärung: „Portlandzement ist ein hydraulisches Bindemittel mit nicht weniger als 1,7 Gewichtsteilen Kalk (CaO) auf 1 Gewichtsteil lösliche Kieselsäure (SiO_2) + Tonerde (Al_2O_3) + Eisenoxyd (Fe_2O_3), hergestellt durch feine Zerkleinerung und innige Mischung der Rohstoffe, Brennen bis mindestens zur Sinterung und Feinmahlen. Dem Portlandzement dürfen nicht mehr als 3 % Zusätze zu besonderen Zwecken zugegeben sein. Der Magnesiagehalt darf höchstens 5 %, der Gehalt an Schwefelsäure-Anhydrid nicht mehr als $2^1/_2$ % im geglühten Portlandzement betragen."

Bei Auswahl der Rohstoffe zur Herstellung des Portlandzements verdienen Kalksteine mit Tongehalt, also Kalkmergel, den Vorzug, da alsdann meist nur noch ein geringer Tonzusatz erforderlich wird. Unerwünscht ist ein starker Gehalt an SiO_2 und Magnesia. Der zu verwendende Ton muß die Kieselsäure möglichst in leicht aufschließbarem Zustande führen, also nicht in Form beigemengten

Sandes. Mäßiger Gehalt an Eisenoxyd und Alkalien ist insofern erwünscht, als er das Sintern des Zementklinkers erleichtert.

Eisenportlandzement und Hochofenzement sind Erzeugnisse der Eisenindustrie: Eisenportlandzement besteht aus 70% Portlandzement und 30% gekörnter Hochofenschlacke. Er zeigt besonders guten Widerstand dem Meerwasser und anderen angreifenden Wässern gegenüber. Hochofenzement besteht vorwiegend aus basischer Hochofenschlacke mit einem Mindestgehalt von 15% Gewichtsteilen Portlandzement. Er ist ebenfalls widerstandsfähig gegen angreifende Wässer usw. Erzzement ist eine besondere Art von Portlandzement, bei dem Tonerde durch Eisen- und Manganoxyd ersetzt ist. Er wird vielfach im Seebau und Bergbau verwendet und ist widerstandsfähig gegen Säuren und Laugen. Tonerdezement wird aus dem tonerdereichen Bauxit und Kalk, die bei sehr hoher Temperatur im elektrischen Ofen geschmolzen werden, gewonnen, die hierauf granuliert und fein gemahlen werden. Er besitzt einen wesentlich niedrigeren Kalkgehalt und reicheren Tongehalt wie die anderen Zemente und ist besonders widerstandsfähig gegen angreifende Wässer.

LUCAS[1] gibt Durchschnittsanalysen für die aufgeführten Zementsorten wie folgt an:

In %	SiO_2	Al_2O_3	Fe_2O_3	CaO	MgO
Portlandzement	23	7	3	64	2
Eisenportlandzement	25	9	2	57	2,5
Hochofenzement	29	11	2	53	2,5
Erzzement	23	2	8	62	2
Tonerdezement	10	40	10	40	—

Außer den genannten Sorten gibt es noch eine große Zahl Sonderzemente, die durch Zusätze bituminöser Stoffe wasserabweisend wirken und den Beton wasserundurchlässig machen sollen. Der Kraterzement, ein Naturerzeugnis aus den Eifelkratern, ist besonders feuerbeständig usw.

Portlandzemente usw. werden mit Sand zu Mörtel gemischt und dienen auch, ebenso wie andere Bindemittel, in Mischung mit Steinschlag, Kies und Sand als selbständiges Baumaterial: Beton. Die Betonbauweisen spielen heute im gesamten Bauwesen eine wichtige Rolle. Je nach Art des verwendeten Bindemittels unterscheidet man Zementbeton, Kalkbeton, Traßbeton, Gipsbeton, Asphaltbeton usw., nach Art des Schotters Kiesbeton, Schlackenbeton, Ziegelbeton usw. und nach Art der Verarbeitung Stampf-, Schütt- und Gußbeton.

Zuschläge für die Mörtel- und Betonbearbeitung. Der Sand, der zur Mörtelbereitung verwendet wird, soll grobkörnig und scharfkantig sein. Humose oder lehmige Beimengungen können die dichte Verbindung der Mineralkörner mit dem Bindemittel und damit die Erhärtung des Mörtels stören. Solch unreiner Sand kann durch Waschen verbessert werden, bei groben Beimengungen auch durch Sieben. Nach den „Bestimmungen für die Ausführung von Bauten aus Beton" ist zu verstehen:

unter Sand: Gruben-, Fluß, See-, Brech- oder Quetschsand, Schlackensand (gekörnte Hochofenschlacke geeigneter Zusammensetzung), Bimssand u. dgl. bis zu höchstens 5 mm Korngröße;

unter Kies: natürliche Kiesgruppen, Kiessteine, Kiesel, Bimskies[2] von 5 mm Korngröße aufwärts bis etwa 70 mm größte Abmessung;

unter Kiessand: das natürliche Gemenge von Sand und Kies;

[1] Vgl. O. GRAF u. H. GOEBEL: Schutz der Bauwerke. Berlin 1930.

[2] Bimssand und Bimskies eignen sich nur zur Herstellung leichter, poriger, gering beanspruchter Bauteile. Das gleiche gilt für Schlackensand, der schaumig ausgefallen ist.

unter Steingruß oder -splitt: zerkleinertes Gestein zwischen etwa 5 und etwa 25 mm Korngröße;

unter Steinschlag (Schotter): mit der Hand oder mit der Maschine zerkleinertes Gestein zwischen etwa 25 und etwa 70 mm größter Abmessung.

Sand, Kies, Steingruß oder -splitt, Steinschlag (Schotter) und zerkleinerte Hochofenschlacke sollen möglichst gemischtkörnig zusammengesetzt sein; sie dürfen keine schädlichen Beimengungen enthalten. In Zweifelsfällen ist der Einfluß von Beimengungen durch Versuche festzustellen. Zweckmäßig wird das Korn der Zuschläge so gehalten, daß die Hohlräume des Gemisches möglichst gering werden. Über die günstigste Kornzusammensetzung des Sandes (Kieses) zur Mörtel- und Betonbereitung sind eine große Reihe von Untersuchungen durchgeführt. Je geringer der Undichtigkeitsgrad des Sandes im Mörtel bzw. Beton ist, um so kleiner ist der Bindemittelverbrauch. Die nachstehenden Siebkurven zeigen die günstigste Kornzusammensetzung von Sand und Kies zur Mörtel- und Betonbereitung, wie sie nach eingehenden Untersuchungen von FULLER, GRAF und HERMANN aufgestellt wurden[1]. Die als Zuschlag verwendeten Baustoffe sollen in der Regel mindestens die gleiche Festigkeit wie der erhärtete Mörtel des Betons besitzen. Die Steine sollen wetterbeständig sein. Für Bauteile, die laut polizeilicher Vorschrift feuerbeständig sein müssen, dürfen nur solche Zuschlagstoffe verwendet werden, die im Beton dem Feuer widerstehen.

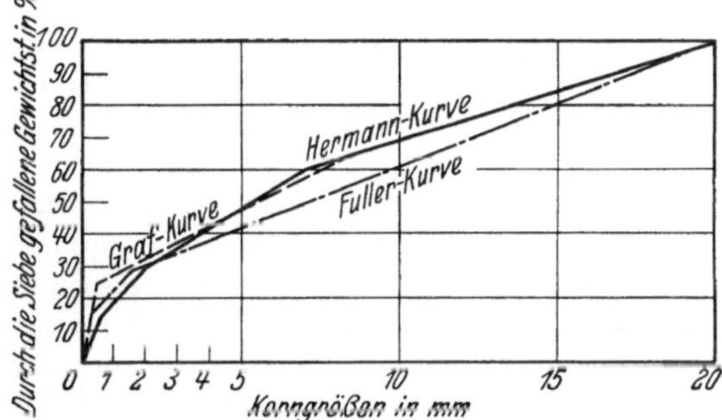

Abb. 51. Günstigste Kornzusammensetzung von Kies und Sand zur Mörtel- und Betonbereitung nach FULLER-GRAF-HERMANN.

Des weiteren wäre hier von Verbindungsbaustoffen noch der Asphalt zu erwähnen, der eine sehr vielseitige Verwendung in der Technik findet, jedoch als eine Substanz, die mit dem Boden nichts zu tun hat, hier nicht weiter in Frage kommt. Etwas anders liegt es dagegen mit dem Gußasphalt, insofern als bei seiner Zubereitung Sand Verwendung findet. Der Gußasphalt wird zur Fußwegbefestigung, zur Abdichtung von Bauteilen gegen Feuchtigkeit und Wasserandrang gebraucht. Die Asphaltmastix (eine Masse aus Asphaltsteinmehl, Bitumen- und Ölzusatz) wird mit 6% Goudron bei 160° geschmolzen, mit 40—50% trockenem Sand versetzt und auf die feste Unterlage aufgegossen. Weitere Verwendung findet er in Form von Asphaltbeton für Maschinenfundamente, sowie zur Herstellung von Kunststeinen usw. Im modernen Straßenbau findet Asphalt weitgehende Verwendung. Auch bei der Fabrikation von das Wasser abhaltenden Schutzplatten, wie Asphaltfilzplatten von Isolier- und Klebemassen, bei Dachschutzanstrichen usw. ist Asphalt ein wichtiger Grundstoff.

Von den Hilfsbaustoffen sei hier als wichtigstes das Glas angeführt, dessen grundlegende Bestandteile rund 70—75% Kieselsäure, 10—16% Kalk und 10—15% Kali oder Natron sind. Als Beimengungen kommen in Betracht 1—2% Tonerde, 0,1—1% Magnesia und 1—10% Bleioxyd. Kristallgläser und Gläser für optische Zwecke besitzen bei einem Kieselsäuregehalt von 35—50% einen Bleioxydgehalt von 35—50%. Die Kieselsäure wird für gewöhnlich in Form von Sand zugesetzt, jedoch kommen auch Feuerstein, Kieselgur, feingemahlener

[1] GRAF, O.: Der Aufbau des Mörtels und des Betons. Berlin 1930. — TRÜMPERER, E.: Sand und Kies. Berlin 1930.

Quarzfels zu Verwendung. Für geringwertige Gläser, z. B. dunkel gefärbte Flaschen, genügt jeder kieselsäurereiche Sand. Hochwertige weiße Gläser dagegen verlangen einen Sand, der weitgehend eisenfrei ist, da geringe Beimengungen eisenhaltiger Mineralien die Glasmasse färben. Solche reinen Quarzsande finden sich z. B. in Deutschland häufig in den Fluß- und Seeablagerungen der Braunkohlenformationen. Der Kalk dient dazu, die Masse härter und wetterbeständiger zu machen; er wird in Form von kohlensaurem Kalk — Kalkspat, Kreide, Marmor, Kalkstein — zugegeben. An Alkalien werden, um die Glasmasse leichtflüssiger zu machen, Pottasche, Soda, Glaubersalz oder Kochsalz verabfolgt. Bleioxyd wird in Form von Mennige zur Verbesserung der Durchsichtigkeit und Lichtbrechung beigegeben. Milchglas erhält man durch Zusatz von Zinnoxyd. Zur Färbung von Gläsern werden gewöhnlich Metalloxyde verwandt.

Die Verwendung des Glases zu Bauzwecken ist eine vielseitige. Als geblasenes Rohglas kommt es in verschiedenen Stärken als Fensterglas in den Handel. Gegossenes Glas gibt die Scheiben von größeren Ausmaßen und bedeutenderer Stärke. Zur Herstellung von bunten Fenstern usw. dienen ebenfalls gegossene Gläser, wie Antik-, Kathedral- und Opaleszenzglas, Drahtglas trägt eine Einlage von Drahtgewebe zur Erhöhung der Bruchfestigkeit; es wird vielfach für Oberlicht verwandt. Des weiteren wären die Glasbausteine zu erwähnen, die in Ziegelformat als Dachpfannen, als Fußboden- und Wandbekleidungsplatten in den Handel kommen. Prismensteine dienen zur Erhellung schlecht beleuchteter Räume mit Hilfe ihres Lichtbrechungsvermögens u. v. a.

Mit den vorstehenden Aufzählungen sind die bautechnischen Gebiete, bei denen der Boden als Baugrund oder als Baustoff eine wichtige Rolle spielt, keineswegs erschöpft; sie genügen aber, um zu zeigen, welche weitgreifende Bedeutung dem Boden im Bauwesen zufällt, und damit darzutun, daß die „Lehre vom Boden" ein wichtiges Wissensgebiet auch für den Ingenieur bedeutet, das bei den in Frage stehenden einzelnen Disziplinen der Ingenieurwissenschaften mehr als bisher in den Vordergrund gestellt werden sollte.

5. Die Bedeutung des Bodens für Technik und Gewerbe.

Von **F. GIESECKE**, Göttingen.

Im allgemeinen ist man geneigt, die Ausnutzung des Bodens nur vom Standpunkte des Land- oder Forstwirts zu betrachten, doch die Verwendung des Bodens ist bedeutend vielseitiger[1]. Als Baugrund und als Baustoff[2] sowie in der Technik, im Gewerbe und in der Hauswirtschaft werden Boden oder Bodenbestandteile direkt oder nach der Verarbeitung verwendet. Es würde im folgenden zu weit führen, im Rahmen dieses Handbuches die einzelnen Ausnutzungsmöglichkeiten eingehend zu besprechen. Es ist vielmehr beabsichtigt, durch diesen Beitrag die universelle Bedeutung des Bodens darzustellen bzw. eine Vervollständigung der bisher von anderer Seite gemachten Ausführungen in bezug auf die Verwertung des Bodens zu geben.

Bei dieser Darstellung wird es nicht immer möglich sein, die Bodenbildungen getrennt von Gestein und Mineral zu behandeln, wie auch Ausführungen über die Fabrikation einzelner Erzeugnisse im einzelnen hier nicht gegeben werden können.

Von den wichtigeren, für die Technik verwertbaren bodenbildenden Salzen seien die Nitrate erwähnt. Salpetersaure Salze spielen nicht nur für die Düngung eine

[1] Vgl. H. PUCHNER: Bodenkunde für Landwirte, 2. Aufl., S. 631. Stuttgart 1926.
[2] Vgl. diesen Band des Handbuches, S. 81 f., 138 f.

Rolle, sondern auch besonders für die Herstellung von Schießpulver und Sprengkörpern, wie überhaupt die Nitrate in der chemischen Industrie und in der Technik von großer Bedeutung sind. Die natürlichen Vorkommen — abgesehen vom Chilesalpeter — haben in der Neuzeit infolge der synthetischen Nitratstickstoffgewinnung wesentlich an Wert verloren. Wenngleich salpeterführende Bodenarten, flächenmäßig betrachtet, ziemlich verbreitet sind (Ostindien, Kleinasien, Ägypten usw.[1]), so finden sich doch aufbereitungswürdige Bodenarten nur selten. Die Gewinnung des Rohsalpeters aus dem Boden wird in den genannten Ländern meist durch primitive Auslaugung herbeigeführt, während die Herstellung des Reinsalpeters gewisse Schwierigkeiten, besonders in Hinblick auf die Verwendung zur Schwarzpulverherstellung, mit sich bringt[2]. In einigen Ländern werden aber auch heute noch die natürlich vorkommenden Bodennitrate, hauptsächlich Kaliumsalpeter, hierzu verwertet. Das Schwarzpulver wird sowohl als Treib- wie als Sprengmittel angewandt[3]. Neben Kalisalpeter, der meistens als Bodensalz oder Ausblühung vorkommt, wird auch Natriumnitrat in der Sprengstoffindustrie benutzt. Sprengsalpeter enthält z. B. in erster Linie Natronsalpeter[4]. Auch die Dynamitarten mit wirksamen Saugstoffen enthalten neben dem Nitroglyzerin salpetersaure Alkalisalze oder auch Ammoniumnitrat[5], während im NOBELschen[6] Dynamit (Gurdynamit) nur 75% Nitroglyzerin und 25% Kieselgur, aber keine salpetersauren Salze enthalten waren. Zur Herstellung von Feuerwerkskörpern bedient man sich sowohl der Nitrate als auch des Schwarzpulvers[7]. Auch die Zündmassen der Streichhölzer enthalten gewisse Stoffe des Bodens, und zwar kann einerseits Salpeter als Sauerstoff abgebende Substanz in ihnen enthalten sein, andererseits werden aber Ton, Kreide, Kalk, Eisenoxyd, Gips und ähnliches zur Erhöhung

[1] Vgl. O. THIELE: Salpeterwirtschaft und Salpeterpolitik. Z. Staatswiss. 1905, Erg.-Heft 15, 7—9. (Hier werden die Beobachtungen von LE GOUX DE FLAIX: Über Ostindien 2, 390 (1810) und von CRELL: Crells Ann. 1, [1793]: Über bedeutende Lager von salpeterhaltigen Erden in Ostindien bzw. Ungarn zitiert.) — F. MOIGNO: Über die Salpeterlager in Südamerika. Chem. News 20, 107 (1872). — SACC: Über ein Salpeterlager. C. r. 49, 84 (1884). — A. MÜNTZ u. V. MARCANO: Sur la formation des terres nitrées dans les régions tropicales. Ebenda 101, 65 (1885). — ZARACHRISTI: Berg- und Hüttenm. Ztg. 1896, 391. — H. THOMS: Ein chilesalpeterähnliches Produkt aus Südwestafrika. J. Landw. 45, 263 (1897). — W. JURISCH: Salpeter und sein Ersatz. Leipzig 1908 (mit zahlreichen Literaturangaben). — G. LÜTTGEN: Salpeter. Chem. Techn. Neuzeit 1, 311, 319, 321. Stuttgart 1910. — TH. GEUTHER: Alkali- und Erdalkalinitrate. Ebenda 2. Aufl., 3, 158f. (1927). — F. GIESECKE: Bodenkundliche Beobachtungen in Anatolien usw. Chem. Erde 4, 556 (1930). — Bezüglich des Chilesalpeters sei noch auf folgende Literatur verwiesen: L. DARAPSKY: Die Salpeterlager von Tarapacá. Chem. Ztg. 11, 752 (1887). — Das Departement Taltal (Chile). Berlin 1900. — C. OCHSENIUS: Einige Angaben über die Natronsalpeterlager landeinwärts von Taltal. Z. dtsch. geol. Ges. 1888, 153. — M. WEITZ: Vorkommen und Gewinnung des Chilesalpeters. Berlin-Charlottenburg 1900. — Der Chilesalpeter als Düngemittel. Berlin 1905. — R. PENROSE: Die Salpeterlager von Chile. J. Geol. 18, 1 (1910). — M. WEITZ: Vorkommen, Gewinnung und Verbrauch des Chilesalpeters. Ernährg. Pflanz. 6, 13 (1910). — E. J. HARDING: Entstehung des Chilesalpeters. Eng. Min. J. Press. 121, 885 (1926). — E. WILKE-DÖRFURT: Zur Entstehung des Chilesalpeters. Z. anorg. Chem. 168, 203 (1927). — TH. GEUTHER: a. a. O., S. 161f. — W. WETZEL: Die Salzbildungen der chilenischen Wüste. Chem. Erde 3, 375 (1928) (vgl. auf S. 435, 436 dieser Veröffentlichung die Literaturnachweise). — E. CUEVAS: La Industria Salitrera y el salitre como abono. Berlin 1930.

[2] Vgl. O. THIELE: a. a. O., S. 32.

[3] Vgl. z. B. R. ESCALES: Explosivstoffe. Chemische Technologie der Neuzeit 1, 553—555. 1910. — H. OST: Lehrbuch der Technologie, 10. Aufl., S. 213—216. Leipzig 1919. — H. KAST: Sprengstoffe. Chemische Technologie der Neuzeit, 2. Aufl., 1, 763f. 1925.

[4] Vgl. R. ESCALES: a. a. O., S. 554. — H. OST: a. a. O., S. 216. — H. KAST: a. a. O., S. 764.

[5] ESCALES, R.: a. a. O., S. 558, 559. — H. OST: a. a. O., S. 220.

[6] SCHÜCK, H. u. R. SOHLMANN: Nobel, S. 101. Leipzig 1928.

[7] Vgl. H. KAST: a. a. O., S. 800, 801.

der Reibung zu der Zündmasse hinzugegeben[1]. Der Vollständigkeit halber sei noch darauf verwiesen, daß das Kaliumnitrat bei der Glasfabrikation als Läuterungsmittel dient[2]. Auf andere mögliche Verwendungsarten der salpetersauren Salze, die in der Industrie und Technik ja, allgemein betrachtet, eine große Rolle spielen, kann an dieser Stelle nicht eingegangen werden.

Von anderen Salzen, die im Boden vorkommen und ebenfalls eine technische, industrielle, gewerbliche oder sonstige Bedeutung haben, seien Natriumchlorid, Natriumsulfat, Borax und Gips hier nur erwähnt. Lediglich auf die Ausbeutung natürlicher Sodavorkommen[3] muß hingewiesen werden, da es trotz der großen Mengen künstlicher Soda nicht an Versuchen fehlt, die natürlichen Vorkommen zur industriellen Nutzbarmachung heranzuziehen[4]. Neben vielen anderen technischen Verwendungsmöglichkeiten der Soda sei auf ihre Bedeutung bei der Glasfabrikation hingewiesen. Über das Glas in seiner Beziehung zum Boden und zu einzelnen Bodenbestandteilen ist in diesem Handbuche[5] schon kurz berichtet, so daß hier ein weiteres Eingehen nicht notwendig ist. Bezüglich der Rohstoffe sei nur gesagt, daß die zu verwendenden Sande möglichst eisenfrei sein sollen. L. SPRINGER[6] gibt folgende Daten hierüber an: „Für Kristall- und optisches Glas darf der Eisengehalt höchstens 0,02 % betragen, für Spiegelglas 0,2 %, für gewöhnliches Weißglas 0,5 %, für Fensterglas 1 %. Für grünes und braunes Glas ist zwecks Färbung ein höherer Eisengehalt erwünscht.“ Von den Glasfärbemitteln seien von den vielen im Gebrauch befindlichen neben dem Eisenoxyd und Eisenhydroxyd die seltenen Erden[7] genannt. Der erwähnte Salpeter wird in Form des Kaliumnitrats als Läuterungsmittel bei der Glasfabrikation verwandt, unter denen mechanisch oder chemisch wirksame Mittel zu verstehen sind, die „das Glas beim Schmelzen in eine klare, blasen- und steinfreie, homogene Masse“ überführen[8]. Im Zusammenhange mit dem Glas sei noch ein Hinweis auf natürliche glasartige Stoffe, die Tektite[9], gegeben, deren Entstehung nach der mehr oder weniger angegriffenen Erklärung[10] von EATON[11] auf die „Verwitterung

[1] ICHENHÄUSER, E.: Zündwaren. Chemische Technologie der Neuzeit 1, 434—437. 1910. — BUJARD, E.: Feuerzeuge und Zündwaren. Ebenda 2. Aufl., 1, 497. 1925.

[2] SPRINGER, L.: Glas. Chemische Technologie der Neuzeit, 2. Aufl., 3, 729. Stuttgart 1927.

[3] Vgl. z. B. D. PENNOCK: Z. angew. Chem. 1903, 592. — V. S. BRYANTS: Ebenda 1904, 213. — O. DAMMER, TH. GEUTHER u. O. KAUSCH: Natriumkarbonat. Chemische Technologie der Neuzeit, 2. Aufl., 3, 55. 1927. — Über Sodaböden vgl. dieses Handbuch 3, 314f. — K. K. GEDROIZ: Alkaliböden, ihre Entstehung, Beschaffenheit und Verbesserung. Nossovka 1927 (russ.).

[4] Vgl. TH. GEUTHER: Soda. Chemische Technologie der Neuzeit 1, 235, 236. 1910. — O. DAMMER, TH. GEUTHER u. O. KAUSCH: Ebenda 2. Aufl., 3, 75. 1927.

[5] Vgl. S. 195, 196; ferner H. OST: a. a. O., S. 268f. — R. DIETZ: Glas. Chemische Technologie der Neuzeit 1, 803—826. Stuttgart 1910. — H. BECKER: Kieselsäureglas, Quarzglas. Ebenda S. 827—833. — E. ZSCHIMMER: Glasindustrie. Jena 1912. — K. ENDELL: Kieselsäureglas. Chemische Technologie der Neuzeit, 2. Aufl., 3, 410f. Stuttgart 1927. — Künstliche Schmucksteine. Ebenda S. 571f. — L. SPRINGER: Glas. Ebenda S. 723. — R. DRALLE: Glasfabrikation. München 1931. — Über die einzelnen Theorien der Glasbildung berichtet in zusammenhängender Form R. E. LIESEGANG: Kolloidchemie des Glases. Kolloidchemische Technik, 2. Aufl., S. 702—744. Dresden u. Leipzig 1931 (mit zahlreichen Literaturangaben).

[6] SPRINGER, L.: a. a. O., S. 726.

[7] SPRINGER, L.: a. a. O., S. 728.

[8] SPRINGER, L.: a. a. O., S. 729.

[9] Vgl. J. KOENIGSBERGER: Die Gestalt der Erde und ihre physikalischen Eigenschaften. In W. SALOMON-CALVI: Grundzüge der Geologie 1, 7. Stuttgart 1924. — W. SALOMON: Ebenda, S. 49.

[10] LIESEGANG, R. E.: a. a. O., S. 702; zitiert in diesem Zusammenhange H. MICHEL: Fortschr. Min., Krist., Petrograph. 7, 314 (1922), J. N. W. EATON, F. E. SUESS u. HATSCHECK.

[11] EATON, J. N. W.: Verh. Kon. Akad. Wetsch. Amsterdam 1921, Teil 22, Nr. 2.

von granitischem oder ähnlichem magmatischem Gestein" und die dadurch gebildete Kieselsäuregallerte, „die außer dem Eisen, Kalk, Magnesium, Aluminium und Alkalien enthielt," zurückzuführen ist. „Diese haben beim Eintrocknen das Glas gebildet"[1]. Je nach Verwendungszweck sind sowohl die Rohstoffe als auch damit natürlich die Eigenschaften des Glases verschieden[2]. Die Verwendungsmöglichkeit der Gläser ist nicht nur sehr verschieden, sondern das Glas kann auch als Rohstoff für andere Produkte angesehen werden. So z. B. zur Herstellung der künstlichen Schmucksteine[3], zur Anfertigung der Schleifpapiere[4] u. a. m.

Ein ebenfalls in erster Linie aus Kieselsäure hergestelltes Produkt stellt das von seinem Entdecker E. G. ACHESON als Karborundum bezeichnete Siliziumkarbid dar, das aus etwa 3 Teilen Kieselsäure in Gestalt von Sand und Quarz mit 2 Teilen Kohle nach folgender Gleichung entsteht[5]:

$$SiO_2 + 3\,C = SiC + 2\,CO\,.$$

Karborundum hat eine große technische Bedeutung, denn es wird wegen seiner außerordentlichen Härte „zu Schleifsteinen und Schmirgelscheiben verwandt, indem man es mit Kaolin und Feldspat als Bindemittel mischt, unter hohem Druck in Formen preßt und in Porzellanöfen brennt"[6]. Weitere Verwendung findet das Produkt in der Marmorindustrie zum Schneiden, ferner zur Zerfaserung des Ganzzeugs in der Papierfabrikation und zur Herstellung von Vorschaltwiderständen in der Elektrotechnik sowie als feuerfestes Futter für gewisse Öfen[7]. Außerdem wird Karborund zur Siliziumdarstellung[8] durch Behandlung mit Quarzsand im Karborundumofen verwendet und als Ersatz für den Diamanten. In diesem Zusammenhange mit Karborund sei erwähnt, daß auch der Sand (möglichst rein) „wegen seiner Härte als Putz- und Schleifmittel" ausgenutzt wird[9].

Die Verwendung des Sandes ist überhaupt sehr vielseitig[10], so wird er in der Bautechnik[11], in der Keramik[12], als Glassand[13], als Formsand[14], für Sandstrahl-

---

1 Zitiert nach R. E. LIESEGANG: a. a. O., S. 702.

2 SPRINGER, L.: a. a. O., S. 731 (Tabelle über Zusammensetzung und Eigenschaften der Gläser nach R. WEBER).

3 Vgl. z. B. K. ENDELL: Künstliche Schmucksteine. Chemische Technologie der Neuzeit, 2. Aufl., 3, 571f. 1927. — L. SPRINGER: a. a. O., S. 777.

4 SEMBACH, E.: Die künstlichen Schleifmittel. Chemische Technologie der Neuzeit, 2. Aufl., 3, 634, 637. 1927.

5 ARNDT, K.: Karborundum. Chemische Technologie der Neuzeit 1, 396f. 1910.

6 ARNDT, K.: a. a. O., S. 399. — Ferner vgl. E. SEMBACH: a. a. O., S. 634, 636.

7 ARNDT, K.: a. a. O., S. 399.

8 ARNDT, K.: a. a. O., S. 400, 411.

9 PETERS, FR.: Siliziumverbindungen. Chemische Technologie der Neuzeit, 2. Aufl., 3, 409. (1927. — SEMBACH, E.: a. a. O., S. 632.

10 Vgl. O. DAMMER: Die nutzbaren Mineralien, 2. Aufl., 1, 153f. — W. DIENEMANN u. O. BURRE: Die nutzbaren Gesteine Deutschlands, S. 275—281. Stuttgart 1928. — H. PUCHNER: a. a. O., S. 632f. Vgl. diesen Band des Handbuches, S. 138f.

11 Vgl. diesen Band dieses Handbuches, S. 186f. — Ferner E. BERDEL, K. ENDELL, PH. EYER u. L. SPRINGER: Baustoffe und verwandte Erzeugnisse. Chemische Technologie der Neuzeit, 2. Aufl., 3, 582f. 1927. — O. DAMMER: Handbuch der chemischen Technologie 1. Stuttgart 1895.

12 Vgl. diesen Band dieses Handbuches, S. 200f. — W. DIENEMANN u. O. BURRE: a. a. O., S. 279, 280. — H. PUCHNER: a. a. O., S. 671f. — E. BERDEL: Tonwaren. Chemische Technologie der Neuzeit, 2. Aufl., 3, 638f.

13 Vgl. diesen Beitrag, S. 195, 198. — H. PUCHNER: a. a. O., S. 670. — W. DIENEMANN u. O. BURRE: a. a. O., S. 278, 279.

14 Vgl. W. DIENEMANN u. O. BURRE: a. a. O., S. 277, 278. — H. PUCHNER: a. a. O., S. 663—665.

gebläse[1], zur Herstellung von Ultramarin[2], als Zusatz zu Putz- und Scheuermitteln[3] und vielem anderen mehr benutzt.

Zu erwähnen ist auch noch die künstliche Herstellung der Permutite[4], die durch Schmelzen von Tonerdesilikaten, unter Umständen durch Zusatz von Alkalikarbonaten und Kieselsäure, unter Heranziehung der diesbezüglichen Bodenmaterialien hergestellt werden. Die Permutite spielen infolge des Austauschvermögens nicht nur in der reinen bodenkundlichen Forschung[5], sondern auch in der Technik eine bedeutsame Rolle, und zwar einmal in Hinsicht auf die Enthärtung des Wassers[6], zum anderen in der Zuckerindustrie zur Klärung der Säfte und zur Entziehung des Kaliums[7], sowie auch zur Enteisenung und zum Entmanganen des Wassers[8]. Ihre hauptsächlichste Verwendung finden die Tone in der Bautechnik und in der Keramik. Die Herstellung der Tonwaren, das ist die Töpferei oder Keramik, hat den Ton bzw. den Kaolin als Ausgangsprodukt, wobei jedoch betont sei, daß auch nichtplastische Rohstoffe, wie z. B. Sand, Kalk, Mergel u. ä. eine gewisse Bedeutung haben. Diese letzteren werden hierbei als „Magerungsmittel" zugesetzt, um der Schwindung und Versinterung entgegenzuwirken[9]. Gleich Glas handelt es sich bei den Tonwaren um geglühte „Silikate mit hohem Kieselsäuregehalte, sie unterscheiden sich aber vom Glase wesentlich dadurch, daß unter den Basen die Tonerde vorherrscht und Kalk und Alkalien zurücktreten; dadurch wird das völlige Schmelzen beim Brennen vermieden[10]."

Die Zusammensetzung der Rohstoffe der Keramik ist von außerordentlicher Wichtigkeit, besonders in Hinsicht auf färbende Bestandteile. Während der Kaolin von weißem Aussehen ist, besitzen die Tone färbende Stoffe, von denen in erster Linie das Eisen und in zurücktretendem Maße Mangan, Titan u. a. in Frage kommen. Infolge der Bedeutung der Färbung für die Güte der Fertigfabrikate hat es nicht an Untersuchungen gefehlt, den Gehalt der Rohstoffe an färbenden Agentien und seinen Einfluß auf die Färbung der Fertigprodukte festzustellen[11]. Diese Untersuchungen ließen erkennen, daß nicht allein die Zusammensetzung der Rohstoffe die Färbung bedingen, sondern daß auch noch andere Faktoren[12], wie Feuergase, Grad der Versinterung, Brenntemperatur u. a., eine Rolle für die Farbtönung der Endprodukte spielen. BERDEL[13] berichtet über den Zusammenhang zwischen Brennfarbe und Verwendungsmöglichkeit der Kaoline und Tone in der Keramik wie folgt: „Reinste weiße Brennfarben geben nur die besten Kaoline, sie dienen zur Porzellan- und Steingutfabrikation. Ziemlich weiß brennen die plastischen Tone. Sie werden für Steingut, auch für Stein-

[1] Vgl. W. DIENEMANN u. O. BURRE: a. a. O., S. 281.
[2] Vgl. diesen Beitrag, S. 205.
[3] Vgl. H. PUCHNER: a. a. O., S. 665—667.
[4] GANSSEN (GANS), R.: Jber. preuß. geol. Landesanst. **26**, 179 (1905); **27**, 63 (1906); Chem. Industr. **32**, 197 (1909). — GEUTHER, TH.: Chemische Technologie der Neuzeit **1**, 482, 483. 1910. — KOLB, A.: Permutite. Ebenda, 2. Aufl., **3**, 436f. 1927.
[5] Vgl. dieses Handbuch **7**, 58, 107.
[6] Vgl. H. OST: a. a. O., S. 48. — A. KOLB: a. a. O., S. 438f. — I. GINZBURG: Die Verwendung mit Permutit behandelter Wässer zum Genusse. Inaug.-Dissert., Königsberg 1913. — H. STOOF: Chemische Technologie der Neuzeit, 2. Aufl., **1**, 69 (Abb.). 1925.
[7] GEUTHER, TH.: a. a. O., S. 483.
[8] STOOF, H.: Wasser. a. a. O., S. 59, 60, 68. — KOLB, A.: a. a. O.: S. 439.
[9] BERDEL, E.: Tonwaren. a. a. O., S. 644, 645, 706.
[10] OST, H.: a. a. O., S. 299.
[11] Vgl. u. a. H. SEGER: Einige Untersuchungen über die Färbung von Ziegeln, a. a. O., S. 85. — Über den Einfluß der Feuergase auf die Tone und die damit verbundenen Färbungserscheinungen. Tonindustrie-Ztg. **1876**, S. 21.
[12] SEGER, H. A.: Über die Färbungen der Ziegel. Tonindustrie-Ztg. **1890**, 327; **1891**, 273.
[13] BERDEL, E.: a. a. O., S. 643.

zeug sowie für feuerfeste Ware benutzt. Farbig brennende Tone sind geeignet für Töpfergeschirr, Ziegel, Majolika." Bezüglich der Farbtönung, die die Tone beim Brennen annehmen, gibt SEGER[1] folgende Einteilung, wobei betont sei, daß aus der Farbe der ungebrannten Tone meist nicht auf die Brennfarbe derselben geschlossen werden kann[2].

1. Tonerdereiche und eisenarme Tone. Dieselben brennen sich weiß oder mit einer kaum merklichen Färbung.
2. Tonerdereiche und mäßig eisenhaltige Tone. Ihre Färbung geht durch Blaßgelb bis zu Lederbraun.
3. Tonerdearme und eisenreiche Tone: Die rot brennenden Ziegelerden.
4. Tonerdearme, eisen- und kalkreiche Tone: Die gelb brennenden Ziegelerden oder Tonmergel.

Die praktische Einteilung der keramischen Tone erfolgt nach BERDEL wie folgt[3]:

1. Kaolin.
2. Ton
   - Hochprozentige: feuerfeste Tone.
   - Reinfarbige: Steinguttone.
   - Dicht brennende: Steinzeugtone.
   - Eisenreiche, rot brennende, nicht feuerfeste: Ziegel- und Töpfertone.
3. Schiefertone und Tonschiefer: meist sehr rein und feuerfest.
4. Mergeltone und Mergel: Brennfarbe nie reinweiß, geringe Feuerfestigkeit.
5. Löß: in der Keramik nur für Ziegelsteine geeignet.
6. Lehm: nur für Ziegelsteinherstellung geeignet.

Entsprechend diesen Einteilungen ist auch die Verwendungsmöglichkeit der Rohstoffe neben einer allgemeinen Vielseitigkeit doch begrenzt. Um einen Überblick über die Möglichkeit der Verwertung zu geben, sei noch die von CRAMER und HECHT[4] aufgestellte und von BERDEL[5] zitierte Einteilung der Tonwaren wiedergegeben[6]:

I. Tongut. Scherben porös, nicht durchscheinend.
   A. Baustoffe.
      1. Naturfarbener Scherben: Ziegel, Dachziegel, Dränröhren, Bauterrakotten.
      2. Weißer bis heller Scherben: feuerfeste Steine und Werkstücke, Dinassteine.
   B. Geschirre.
      1. Naturfarbener Scherben:
         a) glasurfrei oder mit durchsichtiger Glasur: Töpferware (Irdenware), Blumentöpfe, Tonkacheln;
         b) mit weiß deckender Glasur: Majolika oder Fayence.
      2. Weißer bis heller Scherben: Steingut, Tonpfeifen, Sanitätsgeschirr.

II. Tonzeug. Scherben dicht.
   A. Baustoffe.
      1. Naturfarbener Scherben: Klinker, Fußbodenplatten, Klinkerterrakotten, Steinzeugröhren.
      2. Weißer bis heller Scherben: säurefeste Steine, Füllungen, Isolatoren, Porzellanfuttersteine.
   B. Geschirre.
      1. Naturfarbener Scherben: Steinzeug, Feuertonware.
      2. Weißer und transparenter Scherben: Porzellan.
      3. Porzellanähnlich: Magnesia- und Steatitware.

---

[1] SEGER, H. A.: Einige Untersuchungen über die Färbung von Ziegeln. Notizbl. dtsch. Ver. Fabrik. Ziegel usw. 1874, 238.

[2] BERDEL, E.: a. a. O., S. 641.

[3] BERDEL, E.: a. a. O., S. 639, 640. — Vgl. H. OST: a. a. O., S. 301.

[4] CRAMER, E. u. H. HECHT: Handbuch der gesamten Tonwarenindustrien von B. KERL, 3. Aufl., S. 498. Braunschweig 1907.

[5] BERDEL, E.: a. a. O., S. 664.

[6] Vgl. ferner bezüglich Einteilung der Tonwaren: PUKALL: Grundzüge der Keramik. Coburg 1922. — H. KOHL: a. a. O., S. 660, 674.

Die Baumaterialien sind in diesem Handbuche schon besprochen worden[1], so daß im folgenden lediglich auf die anderen Produkte der Tonwarenindustrie eingegangen wird, wobei betont sei, daß es sich nur um eine Einsicht in die Prinzipien[2] der Herstellung handeln kann, um die dem Rahmen dieses Handbuches entsprechende Vollständigkeit zu gewährleisten. Es wurde schon betont, daß die chemische Zusammensetzung[3], die Korngröße[4] und die Reinheit der Rohstoffe von Bedeutung für die keramischen Vorgänge sind. Ferner sind Bildsamkeit, Gießfähigkeit, Trockenschwindung und das Verhalten der Rohstoffe gegenüber dem Brennen für den Keramiker zu beachtende Momente, die hier nicht des näheren erörtert werden sollen[5]. Bezüglich der Untersuchungsmethoden zur Erkennung der besagten Eigenschaften muß auf die Fachliteratur verwiesen werden[6], jedoch sei auf eine der wichtigsten Bestimmungen, nämlich der der Temperatur, hingewiesen. Zum Brennen der Tonwaren darf weder ein bestimmtes Minimum der Temperatur unterschritten noch ein gewisses Maximum derselben überschritten werden[7]. Es können bei Nichtinnehaltung der Temperatur die verschiedensten Schädigungen auftreten, z. B. Farbänderungen, Veränderung der Dichtigkeit, Schmelz usw. Die heute in der Keramik gebräuchlichste Art der Temperaturmessung geschieht mit Hilfe von SEGER-Kegeln[8], die selbst ein Produkt der Tonwarenindustrie sind. SEGER[9] gibt die für die Herstellung der Kegel erforderlichen Maßnahmen an, wie er auch die Grundlagen der Mischungsverhältnisse — er benutzt Feldspat, Quarz, Kalziumkarbonat, Kaolin zur Herstellung der Kegel — eingehend erläutert. Wenngleich die Erweichungspunkte dieser SEGER-Kegel nicht ganz sicher feststehen, so leisten sie für vergleichende Messungen ausgezeichnete Dienste[10]. Es sind heute standardisierte SEGER-Kegel im Gebrauch, mit denen Temperaturgrade von 600—2000^0 gemessen werden können. Der Kegel 42 (2000^0) besteht aus reiner Tonerde, durch weiteren Zusatz von Kaolin fallen die Erweichungspunkte. Nr. 35 (1770^0) besteht aus reinem Kaolin. Durch Zusätze von Kieselsäure, Feldspat, Marmor, Magnesit und anderen wird der Erweichungspunkt weiterhin herabgesetzt[11]. Die SEGER-Kegel selbst sind

[1] Vgl. diesen Band dieses Handbuches, S. 185f. — Ferner siehe E. BERDEL, K. ENDELL, PH. EYER, G. HAEGERMANN, E. SEMBACH u. L. SPRINGER: Baustoffe und verwandte Erzeugnisse. Chemische Technologie der Neuzeit, 2. Aufl., **3**, 582—808. 1927.

[2] Allgemeine sowie spezielle Fragen über die Keramik sind neben den schon erwähnten Quellen zusammengestellt bei E. B. BAUER: Keramik. Technische Fortschrittsberichte **1**. Dresden 1923. — F. SINGER: Das Steinzeug. Braunschweig 1929. — A. J. VICKERS: Die Kolloidchemie als Hilfsmittel zur Erkenntnis der Tone. Trans. ceram. Soc. Engl. **2—3**, 91—100, 124—147 (1929). — H. KOHL: Kolloidchemie in der Keramik. In R. E. LIESEGANG: Kolloidchemische Technik, 2. Aufl., S. 636f. Dresden u. Leipzig 1931.

[3] Vgl. diesen Beitrag, S. 201.

[4] Vgl. diesen Band, S. 189. — Ferner folgende Literatur über die Teilchengröße der Tone: K. SPANGENBERG: Zur Erkenntnis des Tongießens. Inaug.-Dissert., Darmstadt 1916. — P. EHRENBERG: Bodenkolloide, S. 102. Dresden u. Leipzig 1918. — E. UNGERER: Ber. dtsch. Keram.-Ges. **3**, 43 (1922). — E. W. SCRIPTURE u. E. SCHRAMM: J. amer. Soc. **14**, 4, 175 (1926). — G. KEPPELER: Die Tone im Lichte der Kolloidchemie. Ber. dtsch. Keram.-Ges. **10**, 133.

[5] Vgl. E. CRAMER u. H. HECHT: Handbuch der gesamten Tonwarenindustrie von B. KERL, 3. Aufl. Braunschweig 1907. — H. KOHL: a. a. O., S. 346. — E. BERDEL: a. a. O., S. 638f.

[6] Neben den schon zitierten zusammenfassenden Werken von E. CRAMER u. H. HECHT sowie E. BERDEL sei noch verwiesen auf H. BOLLENBACH u. E. KIEFER: Laboratoriumsbuch für die Tonindustrie, 2. Aufl. Halle 1929.

[7] Vgl. H. A. SEGER: Pyrometer und Messung hoher Temperaturen. SEGER-Kegel. Tonindustrie-Ztg. **1885**, 121; **1886**, 135, 229.

[8] Vgl. H. HECHT u. E. CRAMER: a. a. O., S. 178f. — E. SEMBACH: a. a. O., S. 697.

[9] SEGER, H. A.: Tonindustrie-Ztg. **1885**, 121; **1886**, 135, 229.

[10] Vgl. H. OST: a. a. O., S. 305.

[11] Vgl. H. OST: a. a. O., S. 305.

also aus Silikatgemischen und Flußmitteln[1] bestehende dreiseitige Pyramiden.

Die eigentliche Herstellung der Tonwaren ist an folgende Maßnahmen gebunden[2]: a) Aufbereitung der keramischen Massen, b) Formgebung, c) Trocknen, d) Brennen. Hierzu kommen noch die Glasuren und das Färben. Bezüglich der technischen Durchführung dieser Maßnahmen muß wiederum auf die Fachliteratur verwiesen werden[3]. Um eine Vorstellung über die Zusammensetzung einiger keramischer Erzeugnisse zu geben, sei die folgende tabellarische Zusammenstellung der rationellen Zusammensetzung angeführt[4].

	Feldspat-	Kalkfeldspat-	Kalk-	Steinzeug	Weich-		Hart-
					Porzellan		
	Steingut			ca	allgemein	SEGER	
Tonsubstanz	52	52	52	35—65	25—40	25	40—60
Quarz	40	40	38	30—55	45—30	45	10—30
Feldspat	8	3	—	—	60—30	30	20—30
Kalkspat oder Kreide	—	5	10	—	—	—	—
Feldspat oder halbzersetztes Gestein	—	—	—	2—20	—	—	—

Im Zusammenhange hiermit seien die Steatiterzeugnisse[5] erwähnt, die als Isoliermittel große Bedeutung gewonnen haben, da sie neben der guten Isolierwirkung auch hohe Festigkeit aufweisen und dem Porzellan in dieser Beziehung vorgezogen werden. Sie haben besonders in der elektrotechnischen Industrie zur Herstellung einer großen Reihe von Gegenständen (Zündkerzen, Schaltergriffe, Stecker usw.) Eingang gefunden. Als Rohstoffe dienen die bei der Bearbeitung des natürlichen Specksteins erhaltenen Abfälle sowie hochplastischer Ton und Feldspat. Nach der nassen Aufbereitung mit nachfolgender Entwässerung durch Pressen werden die geformten Gegenstände gebrannt. Ehe auf andere Produkte der Tonindustrie eingegangen wird, sei noch der Unterschied zwischen Weichporzellan und Hartporzellan gekennzeichnet[6]. Wie schon aus der oben angeführten Tabelle hervorgeht, enthält das leicht schmelzbare Weichporzellan wenig Tonsubstanz, wohingegen das Hartporzellan einen bedeutenden Tongehalt aufweist. Nach BERDEL[6] charakterisiert sich der Unterschied nicht nur in der Brenntemperatur, sondern liegt „auch in der durch den Unterschied der Brenntemperatur bedingten Verschiedenheit der Struktur. Im Hartporzellan hat sich[7] ein neues Silikat gebildet, der Sillimanit ($Al(AlO)SiO_4$), der in Form verfilzter Kriställchen die aus Feldspat und gelöstem Quarz bestehende glasige Grundmasse durchsetzt. Unter der Brenntemperatur (SEGER-Kegel 11—12) entsteht er nicht“. Sillimaniterzeugnisse dienen neben anderen infolge ihrer Dichtig-

---

[1] SEMBACH, E.: Die feuerfesten Erzeugnisse. Chemische Technologie der Neuzeit, 2. Aufl., 3, 697.

[2] Vgl. u. a. H. KOHL: Kolloidchemie in der Keramik. In R. E. LIESEGANG: Kolloidchemische Technik, 2. Aufl., 660f. Dresden u. Leipzig 1931. — E. BERDEL: a. a. O., S. 646. — E. SEMBACH: a. a. O., S. 697.

[3] Außer den schon angegebenen Literaturquellen sei hingewiesen auf E. B. BAUER: Keramik. Dresden u. Leipzig 1923. — W. STEGER: Wärmewirtschaft in der keramischen Industrie. Dresden und Leipzig 1927. — G. JAKÓ: Keramische Materialienkunde. Dresden u. Leipzig 1928.

[4] Nach H. KOHL: a. a. O., S. 679, 681, 683. — E. BERDEL: a. a. O., S. 685.

[5] SEMBACH, E.: Erzeugnisse aus Speckstein und Steatit. a. a. O., S. 694—696.

[6] BERDEL, E.: a. a. O., S. 685.

[7] ZOELLNER: Zur Frage der chemischen und physikalischen Natur des Porzellans. Inaug.-Dissert., Berlin 1908.

keit auch zur Herstellung von Vegetationsgefäßen[1]. Bei den einfachen Steingutgefäßen ist infolge der Porosität die Gefahr des Auswitterns der Nährsalze[2] und somit ein Verlust an Nährstoffen[3] verbunden, womit gleichzeitig eine Ungenauigkeit der Versuchsergebnisse einhergeht[4].

Die Industrie zur Herstellung feuerfester Erzeugnisse[5] ist an das Vorhandensein feuerfester Tone gebunden. Man bezeichnet Stoffe, die bei etwa 1580° schmelzen, als feuerfest, diejenigen die erst bei ca. 1730° schmelzen als hochfeuerfest. Die gewöhnlichen Lehme oder Tone kommen für diese Zwecke nicht in Frage, da in ihnen die als Flußmittel wirkenden Verunreinigungen, wie z. B. Eisen- und Kalziumverbindungen, enthalten sind.

Zur Anfertigung der Glasuren der Produkte der Tonwarenindustrie dienen häufig, besonders bei der Herstellung der Töpferwaren, bodenbildende Komponenten, wie Eisenoxyd, Kalk, Sand, Magnesia u. a.[6]. BERDEL[7] gibt z. B. an, daß die Braunglasur des Bunzlauer Geschirrs nach PUKALL aus eisenhaltigem Lehm und Kalk hergestellt wird, während die Glasur des Porzellans meistens „aus einem Gemisch von Feldspat, Kalk, Quarz und Kaolin[8]" besteht.

Im Anschluß an die Glas- und Tonwarenfabrikation sei auf das Email verwiesen[9]. EYER[10] gibt folgende Definition des Emails: „Unter Email versteht man einen farblosen, getrübten oder gefärbten Glasfluß, der auf Metall oder einen sonstigen hitzebeständigen Stoff aufgeschmolzen ist, zur Ausschmückung, zur Verhinderung von Oxydationen oder zur Erzielung sonstiger Eigenschaften." Zur Herstellung bedient man sich der verschiedensten Substanzen, wie unter andern auch von Ton, Quarz, Feldspat, Salpeter. Diese Ausgangsstoffe werden eingestellt in Emailbildner, von denen Ton, Kieselsäure, Aluminiumoxyd, Kalziumoxyd, Magnesiumoxyd erwähnt seien, sowie in Flußmittel und Oxydationsmittel, zu denen z. B. Kalisalpeter gehört. Über die Technik des Emaillierens vergleiche die Ausführungen EYERS[11].

Die Verwendung der Silikate beschränkt sich aber nicht nur auf die bisher besprochenen Fabrikationszweige, sondern es werden zum Bleichen oder besser gesagt zum Entfärben der Fette und Öle häufig natürliche oder künstliche Silikate verwendet[12]. Diese „Bleicherden" sind Aluminiumsilikate mit 50—60% SiO_2. Für diesen Verwendungszweck geeignete Silikate kommen ziemlich verbreitet in der Natur vor. Nach F. PETERS[13] eignet sich ein in Amerika gewonnener und als Bentonit bezeichneter kolloidaler Ton ebenfalls zum Klären von Ölen und Fetten sowie zum Reinigen von Petroleumprodukten. In diesem Zusammenhange muß auf die Walkerde[14] verwiesen werden, die sich als ein Gemenge von Tonerdesilikaten mit Magnesiasilikaten (nebst Kalk- und Eisenoxyd) erweist[15]. Infolge

---

[1] UNGERER, E.: Brauchbare Vegetationsgefäße. Z. Pflanzenernährg. usw. A 3, 180 (1924).
[2] Vgl. TH. PFEIFFER u. E. BLANCK: Beitrag zur Frage über die Wirkung des Mangans usw. Landw. Versuchsstat. 83, 258 (1914).
[3] EHRENBERG, P., F. BAHR u. O. NOLTE: Versuche über die Wasserhaltung in Vegetationsgefäßen. J. Landw. 63, 204 (1915).
[4] Vgl. dieses Handbuch 8, 557. [5] SEMBACH, E.: a. a. O., S. 696—722.
[6] Vgl. H. KOHL: a. a. O., S. 671, 672. — E. BERDEL: a. a. O., S. 654, 655.
[7] BERDEL, E. a. a. O., S. 668. [8] BERDEL, E.: a. a. O., S. 686.
[9] Vgl. PH. EYER: Email und Emaillieren. Chemische Technologie der Neuzeit, 2. Aufl., 3, 800—808. 1927.
[10] Ebenda, S. 800. [11] Ebenda, S. 805, 806.
[12] Vgl. FR. PETERS: Wasserhaltige Kieselsäure. Chemische Technologie der Neuzeit, 2. Aufl., 3, 426. Stuttgart 1927.
[13] Ebenda, S. 426.
[14] Vgl. z. B. E. J. FISCHER: Chemische Technologie der Neuzeit 3, 33, 34. — W. DIENEMANN in W. DIENEMANN u. O. BURRE: Die nutzbaren Gesteine Deutschlands 1, 36, 37. Stuttgart 1928. — H. PUCHNER: a. a. O., S. 27, 667.
[15] Vgl. H. PUCHNER: a. a. O., S. 27.

ihrer kolloiden Natur besitzt sie große Absorptionsfähigkeit und wird deshalb zum Entfetten von Geweben und Fellen sowie zur Beseitigung von Fettflecken, zum Reinigen und Entfernen von Ölen und Fetten und auch zur Dartstellung für Tapetendruckfarben[1] genommen. Ganz abgesehen von der Herstellung von Tonerde und Tonerdeverbindungen aus Kaolin bzw. Ton, auf die hier nicht näher eingegangen werden soll, haben diese Verbindungen eine gewisse Bedeutung für die Erzeugung von Putz- und Poliermitteln[2], so diente z. B. während des Weltkrieges Ton als Ersatz für Seife[3]. Überhaupt werden gewisse Bodenbestandteile zu der Fabrikation der sog. Kunstkernseifen benutzt, das sind „glatte mehr oder weniger gefüllte Kaliseifen, in denen das Korn durch Kreide, gebrannten Kalk, Ton und andere Stoffe erzeugt[4] wird", wobei der Vollständigkeit halber auch noch auf die Kalkseifen (für Schmiermittel), Aluminiumseifen (zum Wasserdichtmachen von Zeug), Manganseifen (für Firnis und Sikkative) u. a. verwiesen sei[5]. Um 30—60% Seifenmaterial zu sparen, setzt R. GANSSEN[6] den Seifen basenaustauschende, wasserhaltige Silikate (Permutite) zu.

Tone dienen neben anderen chemischen Verbindungen auch zur Herstellung des Ultramarins[7]. Der Ton soll möglichst rein, am besten Kaolin sein, möglichst wenig Eisen enthalten und keine dichte Beschaffenheit haben[8]. Auch Quarz kann unter Umständen zu der künstlichen Darstellung des Ultramarins benötigt werden, im allgemeinen wird man sich nach R. HOFFMANN[9] heute der Infusorienerde bedienen. Auf die technische Durchführung der künstlichen Gewinnung sei hier nicht des näheren eingegangen[10], es sei nur darauf hingewiesen, daß die Fabrikation eine ganz empirische ist[11], die im Prinzip auf das Glühen von Ton mit Natriumsulfat und Holzkohle oder Pech hinausläuft. Die fabrikatorischen Verfahren und die Mischungsverhältnisse sind ganz verschieden[12], so daß es neben den dem natürlichen Lazurit gut entsprechenden schwefelhaltigen Tonerde-Natrium-Silikaten noch eine Reihe anderer gibt. Es gibt daher auch die verschiedenst gefärbten künstlichen Produkte, wie blaues, weißes, grünes, rotes und gelbes Ultramarin[13].

Die Verwendungsmöglichkeit der genannten Bodenbestandteile zur Herstellung dieser wichtigen Mineralfarben ist, wie schon hervorgehoben, von gewissen Bedingungen abhängig. Ultramarin wird in der Malerei, Graphik sowie zur Papierfärbung, als Waschblau u. a. m. benutzt[14]. Im Zusammenhang mit

---

[1] Zitiert nach E. J. FISCHER: a. a. O., S. 35.

[2] DIENEMANN, W.: a. a. O., S. 37. — PUCHNER, H.: a. a. O., S. 667.

[3] FRIEDRICH, H., O. DAMMER, FR. PETERS u. K. ARNDT: Aluminiumverbindungen. Chemische Technologie der Neuzeit, 2. Aufl., **3**, 539. Stuttgart 1927.

[4] DAVIDSOHN, J. u. W. SCHRAUTH: Die Seifen. In O. DAMMER: Chemische Technologie der Neuzeit, 2. Aufl., herausgeg. von FR. PETERS u. HERM. GROSSMANN **4**, 99. Stuttgart 1931. — BENZ, E.: Seifen. Ebenda, 1. Aufl., **3**, 543. 1911.

[5] BENZ, E.: Ebenda, S. 545.

[6] Zitiert nach A. KOLB: Permutite. a. a. O., S. 438.

[7] Vgl. REINH. HOFFMANN: Ultramarin. Braunschweig 1902. — G. ZERR u. R. RÜBENCAMP: Handbuch der Farbenfabrikation. Berlin 1910. — E. BÖRNSTEIN: Farbstoffe. Chemische Technologie der Neuzeit **2**, 1032f. Stuttgart 1911. — L. BOCK: Die Fabrikation der Ultramarinfarben. 1918.

[8] HOFFMANN, REINH.: a. a. O., S. 13, 14.

[9] Ebenda S. 14.

[10] Vgl. z. B. R. RÜBENCAMP: Körperfarben. Chemische Technologie der Neuzeit, 2. Aufl., **3**, 886, 889. Stuttgart 1927.

[11] OST, H.: Lehrbuch der chemischen Technologie, 10. Aufl., S. 204. Leipzig 1919.

[12] OST, H.: a. a. O., S. 204.

[13] HOFFMANN, REINH.: a. a. O., S. 71ff. — Vgl. hierzu auch L. BOCK: Konstitution des Ultramarins. Braunschweig 1924.

[14] Vgl. R. RÜBENCAMP: a. a. O., S. 889.

Ultramarin seien die natürlichen Erdfarben[1] besprochen, welche in der Technik zur Herstellung von Farbstoffen ausgenutzt werden. Unter den weißen[2] Erdfarben sind besonders die Kalziumverbindungen hervorzuheben, von denen Kalziumkarbonat und Gips in erster Linie zu nennen sind. Auch von den weiß gefärbten Silikaten werden eine Reihe in der Farbtechnik verwendet, so z. B. Magnesiumsilikate und Aluminiumsilikat, und zwar ersteres in der Form von Speckstein oder Talk (Steatit) und letzteres als Pfeifenton, Porzellanerde und Kaolin.

Als gelbe Erdfarben[3] haben Ocker, gelbe Erden, Terra di Siena Eingang in die Farbtechnik gefunden. Ocker tritt in Farbtönungen auf von Reingelb in Abstufungen bis zum Braunrot. Die Farbe stammt in erster Linie von Eisenhydroxyden. Ocker sind im wesentlichen als gefärbte Tone anzusehen, deren Farbtönung durch den Gehalt durch Kalk und Mangan beeinflußt wird. Die Ockerarten werden sehr häufig mit anderen Mineralfarben gemischt, um zu den verschiedensten Farbtönungen zu kommen. Die Ocker werden z. T. auch als gebrannter Ocker verwertet. Durch das Brennen oder Kalzinieren wird die Farbe durch Zerstörung der organischen Substanz und Entwässerung der Eisenhydroxyde zwar geändert, doch gelangt durch diese Maßnahme das erhaltene Produkt zu einer besseren Deckfähigkeit. Auch künstlich hergestellte Ocker sind bekannt. Terra di Siena oder auch italienische Erde, Sienaerde, Umbra oder Terra ombre genannt, ist ein ziemlich reines Ferrihydroxyd, das verhältnismäßig wenig Ton beigemischt enthält. Der Zusammensetzung nach gehört diese besonders im Harz und in Oberitalien gefundene Farberde zu den Ockern. Ihre Anwendungsmöglichkeit ist ziemlich groß, denn nicht nur in der Malerei, sondern auch in den graphischen Gewerben wird sie benutzt. Rote bis braune Farbtöne[4] geben eisenreiche Bodenarten, die als Umbra, Rötel oder roter Bolus in der Farbtechnik viel gebraucht werden, und zwar in erster Linie als Wasserfarbe und zur Herstellung von Rotstiften oder roter Schreibkreide. Ferner können als rote Farbstoffe die Glühprodukte von Raseneisenstein (Wiesenerz, Sumpferz, See-Erz) sowie Brauneisenstein u. a. als Wasser- und Ölfarbe benutzt werden. Ferner seien die roten Farberden der Fränkischen Alb[5] erwähnt, die sich wie folgt zusammensetzen: „11,80% Eisenoxyd, 24,09% Tonerde, 57,79% Kieselsäure, Spuren von Kalk und Magnesia, 0,79% Kali, 0,65% Natron, 4,88% Wasser und Organisches." Nach RÜBENCAMP[6] ist Umbra „gegenwärtig keine präzise oder zweifelsfreie Bezeichnung mehr. Ursprünglich verstand man darunter eine ockerartige Farberde, die eine aus verwitterten manganhaltigen Eisenerzen entstandene Mulme darstellte, in rohem und geschlämmten Zustande hellrötlich bis grünlichbraun, nach dem Brennen lebhaft rotbraun bis dunkelbraun erscheint und von ziemlich kräftiger Deckfähigkeit ist."

Unter den grünen Farberden, die z. B. als grüne Erde, böhmische oder Veronesererde und unter anderen Namen im Handel sind, versteht man solche, „die sich in mehr oder minder grünlichgrauen Nuancen als Ferrosilikate finden. Eine ausgesprochen rein grüne Färbung zeigen diese Erden selten[6]." Unter grünem Ocker ist ein Kunstprodukt zu verstehen, das durch Behandlung des oben erwähnten gelben Ockers mit Salzsäure und gelbem Blutlaugensalz entsteht. Von den anderen Farberden sei nur noch Vivianit[7], blaue Erde oder Blauerde (phos-

[1] Vgl. E. BÖRNSTEIN: a. a. O., 2, 1013, 1014. 1911. — R. RÜBENCAMP: a. a. O., S. 852 bis 858.

[2] RÜBENCAMP, R.: a. a. O., S. 853, 854. [3] Vgl. R. RÜBENCAMP: a. a. O., S. 855.

[4] Vgl. E. BÖRNSTEIN: a. a. O., S. 1014. — R. RÜBENCAMP: a. a. O., S. 855—857.

[5] GÜMBEL, W. v.: Geologie von Bayern 2, 869. Kassel 1894; zitiert von H. PUCHNER: a. a. O., S. 668.

[6] RÜBENCAMP, R.: a. a. O., S. 856.

[7] BÖRNSTEIN, E.: a. a. O., 2, 1014. 1911.

phorsaures Eisen) erwähnt, das aber als Färbmittel infolge der Herstellung besserer künstlicher Farben heute kaum noch Verwendung findet. Für die Aufbereitung der natürlichen Farben kommen in erster Linie Zerkleinerung, Sieben, Schlämmen und eventuell Erhitzen in Frage. Bei der letzten Aufbereitungsart werden aber Farbänderungen durch Verlust an organischer Substanz und Hydratwasser eintreten. Nicht nur als Anstrichfarbe, sondern als Färbmittel für die verschiedensten Produkte kommen die Erdfarben in Frage, so z. B. für die Erzeugnisse der Kautschukindustrie. Diese Industrie benutzt überhaupt eine Reihe von Bodenbestandteilen, so werden dem Rohkautschuk Ton, Aluminiumoxyd, Kreide, Gips, Silikate, Magnesia u. a. zur weiteren Verarbeitung zugesetzt[1]. Auch zur Hartgummifabrikation[2] werden Kaolin, Magnesia u. a. als Zusatzmittel in bedeutenden Mengen verbraucht. Ferner enthalten gewisse Kaseinpräparate, wie Galalith, Milchsteine u. ä. Kaolin, Kreide u. a. Produkte als Füllmittel[3].

Neben diesen genannten Verwendungsmöglichkeiten der Böden bzw. einzelner Bodenbestandteile, kommt der Boden als Lagerstätte hochwertiger Beimengungen[4] für die Technik und viele Gewerbe als eine Art Ausgangsprodukt in Frage. PUCHNER[5] weist in diesem Zusammenhange auf die Gewinnung von Gold[6], Platin[7] und Diamanten[8] hin. Der genannte Autor beschreibt auch kurz die Gewinnung dieser Edelmetalle, die in erster Linie auf mechanischen Vorgängen beruht. Außerdem weist PUCHNER[9] in bezug auf bodenkundliche Zusammenhänge auf die Ausbeutung der Monazitsande[10] auf Thorium[11] und Cer[12] und auf die Bedeutung dieser beiden Erdmetalle für die Gasglühlichtindustrie[13] hin.

6. Die Bedeutung des Bodens in der Hygiene.

Von G. NACHTIGALL, Hamburg.

Unmittelbare ursächliche Zusammenhänge zwischen Bodenbeschaffenheit und menschlichen Krankheiten[14].

Solange es menschliche Niederlassungen gibt, hat man wohl schon die ja auch naheliegende Anschauung vertreten, daß die Beschaffenheit des Bodens, auf dem die Menschen wohnen und arbeiten, für ihr körperliches Wohlbefinden

[1] DITTMAR, R.: Kautschuk. Chemische Technologie der Neuzeit 3, 657. 1910.
[2] DITTMAR, R.: a. a. O., S. 659.
[3] RUSCHE, FR.: Milch. Chemische Technologie der Neuzeit 3, 735. 1910.
[4] Vgl. H. PUCHNER: a. a. O., S. 678f.
[5] PUCHNER, H.: a. a. O., S. 678—682.
[6] Vgl. R. SCHÄFER: Gold. Chemische Technologie der Neuzeit, 2, 666f. 1911.
[7] Vgl. B. WÄSER u. R. KÜHNEL: Platin und Platinmetalle. Chemische Technologie der Neuzeit, 2, 731f. 1911.
[8] Vgl. H. PUCHNER: a. a. O., S. 679.
[9] PUCHNER, H.: Bodenkunde, a. a. O., S. 681.
[10] SPETER, M.: Thorium. In O. DAMMER: a. a. O., 1, 507. 1910; gibt zwei Analysen von Monazitsanden an.
[11] Vgl. M. SPETER: Thorium. In O. DAMMER: a. a. O., 1, 505f. 1910. — O. KAUSCH: Thoriumverbindungen. Chemische Technologie der Neuzeit, 2. Aufl., 3, 568. 1927.
[12] Bezüglich der Gewinnung des Cers vgl. M. SPETER: Die seltenen Erden. In O. DAMMER: a. a. O., 1, 498. 1910. — Ders., Die seltenen Erden. a. a. O., S. 487, gibt die schematische Übersicht über die Entdeckungsgeschichte der seltenen Erden von R. J. MEYER wieder.
[13] Vgl. M. SPETER: Gasglühlicht-Industrie, a. a. O., S. 523f. — Ferner H. OST: a. a. O., S. 343f. — E. BÖRNSTEIN: Beleuchtung und Lichtmessung. In O. DAMMER: a. a. O., 2, 245. 1911. — W. BERTELSMANN u. ERICH SCHMIDT: Flammenbeleuchtung und Lichtmessung. Chemische Technologie der Neuzeit, 2. Aufl., 1, 512, 533, 537. 1925.
[14] Bei der Bearbeitung dieses Abschnittes wurde Verfasser von Dr. W. GREIFF (Hyg.-bakter. Abt. d. Hygien. Staatsinst. Hamburg) unterstützt.

keineswegs gleichgültig ist. Man unterschied von alters her zwischen gesunden und ungesunden Gegenden und Bodenarten, und häufig wurden ganze Siedlungen verlassen, wenn diese zu ungesund, den Fiebern zu sehr ausgesetzt waren[1]. Man wußte nicht, ob die Erreger der Seuchen, die wie die Pest, die Cholera und der Typhus über die Städte herfielen und in kürzester Frist immer wieder einen großen Teil der Bevölkerung dahinrafften, aus dem Boden kämen, sich durch die Luft verbreiteten, den Nahrungsmitteln anhafteten oder von Tieren oder Menschen auf die Menschen übertragen würden. „Pestilentiae tres modi sunt aut ex terra, aut ex aqua, aut ex aëre" hieß es z. B. zu Beginn des Mittelalters[2], wo man mit dem Ausdruck Pest und Pestilenz noch alle möglichen Massenerkrankungen zu belegen pflegte.

Eine große Rolle spielte früher das sog. Miasma, „das der menschlichen Natur feindselig ist", „als etwas Putrides, Fauliges", das, in den Körper gelangt, dort wiederum Fäulnisvorgänge (nämlich Infektionskrankheiten) erzeuge[3]. Diese krankheitserregende Luftfäulnis sollte durch die verschiedensten Fäulnisprozesse an der Erdoberfläche und im Boden sowie durch Dünste aus dem Erdinnern verursacht werden. Man machte die Bodenbeschaffenheit auch für die Moral der Menschen verantwortlich: „An solchen Oertern" (Vesuv und Ätna), „wo die Luft viel Schwefel und heiße Ausdünstungen enthalte, sey das Volk allzeit sehr gottlos und lasterhaft[4]." An Stelle des ebenfalls als ungesund geltenden Grundwassers empfahlen die Ärzte den Genuß des (vielfach durch Unrat verunreinigten) Oberflächenwassers, weil dieses durch Berührung mit der Luft von den fauligen, giftigen Gasen befreit werde[5]. Mit dieser Theorie der nur aus toter Materie entstehenden Miasmen verband man aber auch schon im Altertum die Erkenntnis von der Kontagiosität mancher Krankheiten[6]. Das Kontagium vivum entwickelt sich vom kranken Menschen aus. Wo eine solche Infektion nicht nachweisbar war, blieb die Annahme der Verbreitung durch miasmatische Lüfte.

Pettenkofers lokalistische Bodenlehre.

Um die Mitte des vorigen Jahrhunderts fand diese Annahme eine recht wirkungsvolle Förderung durch den Begründer der neueren exakten Hygiene MAX VON PETTENKOFER (1818—1901), und zwar durch dessen sog. „lokalistische Bodenlehre", nach welcher in der Assanierung des Bodens der Hauptangriffspunkt für alle Seuchenverhütung (Cholera und Typhus) zu finden ist. Er stellte die Theorie der örtlich-zeitlichen Bedingtheit der Seuchenentstehung auf, die rund 200 Jahre vor ihm von THOMAS SYDENHAM[7] (1624—1689)

---

[1] Die geschichtliche Entwicklung der Anschauungen über die Zusammenhänge zwischen Bodenbeschaffenheit und Seuchenentstehung schildern u. a.: J. FODOR: Boden und Wasser und ihre Beziehungen zu den epidemischen Krankheiten, S. 1—16. Braunschweig 1882. — R. ABEL: Überblick über die geschichtliche Entwicklung der Lehre von der Infektion, Immunität und Prophylaxe. In W. KOLLE, R. KRAUS u. P. UHLENHUTH: Handbuch der pathogenen Mikroorganismen **1**, 1—31. 1929. — K. KISSKALT: Geschichte der epidemiologischen Forschungen. In E. FRIEDBERGER u. R. PFEIFFER: Lehrbuch der Mikrobiologie **1**, 1—13. 1919. — Siehe auch dieses Handbuch **1**, 67, 68.

[2] SEVILLA, ISIDOR VON, nach M. MÜLLER: Die Herkunft der Lehre Sydenhams von den tellurischen Ursachen der epidemischen Konstitution. Arch. Hyg. u. Bakter. **104**, 369 (1930).

[3] ABEL, R.: a. a. O., S. 2.

[4] FRANK, J. P.: System einer vollständigen medizinischen Polizey **3**, 777. Wien 1787.

[5] DUNBAR, W. P.: Zum gegenwärtigen Stande der Oberflächenwasserversorgung. Gesdh.ing. **35**, 185 (1912).

[6] ABEL, R.: a. a. O., S. 4 u. 5.

[7] Näheres über TH. SYDENHAMS Lehre von der epidemischen Konstitution, die in erster Linie durch eine aus dem Boden stammende Schädlichkeit bedingt werden sollte, bringt u. a. M. MÜLLER: a. a. O., S. 370f. — Vgl. auch W. HAMER: Epidémie ancienne et nouvelle. Paris 1931. Zbl. Hyg. **25**, 312 (1931).

inauguriert worden war. Nach PETTENKOFER können sich Epidemien, wie Typhus und Cholera, nur auf einem für Luft und Wasser leicht durchgängigen, unreinen Boden und bei einer bestimmten, verhältnismäßig geringen Bodenfeuchtigkeit entwickeln. Der verunreinigte Boden übt seinen krank machenden Einfluß durch gasförmige Emanationen aus, welche sich aus chemischen Prozessen in einem siechhaften Boden entwickeln, bei sinkendem Grundwasserstande aufzusteigen vermögen und in ihrer Einwirkung auf den menschlichen Organismus die eigentliche Krankheitsursache darstellen. Diese Lehre fand naturgemäß heftigen Widerspruch, nachdem es dem Altmeister der Bakteriologie ROBERT KOCH (1843—1910) hauptsächlich mit Hilfe seiner festen Bakteriennährböden gelungen war, als Erreger vieler ansteckender Krankheiten spezifische Mikroorganismen aufzufinden, deren Reinkulturen die betreffenden Krankheiten erzeugen können, ohne daß dabei eine Mitwirkung des Bodens erforderlich ist[1]. Hinzu kommt, daß die schulgemäß nach der KOCHschen Lehre der Bakterienbekämpfung angewandten Maßnahmen sich alsbald als außerordentlich segensreich erwiesen haben und heute noch erweisen. Die PETTENKOFERsche Lehre hat seitdem keine praktische Bedeutung mehr[2], sie wird von den heutigen Vertretern der hygienischen und epidemiologischen Wissenschaft abgelehnt, und zwar auch[3] in der späteren Modifikation PETTENKOFERS, mit welcher in erster Linie FR. WOLTER in seinen zahlreichen Veröffentlichungen[4] neben manchen beachtenswerten Gedanken versucht, die PETTENKOFERsche und die KOCHsche Auffassung zu einem einheitlichen Gebäude zu vereinigen. Nach WOLTER führt die dem Boden entsteigende gasförmige Typhusursache „primär auf dem Wege der Atmungsorgane zu einer Bodengasintoxikation des Blutes, darauf erfolgt sekundär die Entwicklung der pathogenen Typhusbazillen aus anderen Mikroorganismen (Bact. Coli) in unserem Organismus, sobald die Gewebe desselben, welche nach R. KOCH den eigentlichen Nährboden dieser obligaten (nicht saprophyten!) Organismen darstellen, unter dem Einfluß der primären Krankheitsursache krankhaft verändert

[1] Eine Gegenüberstellung der wichtigsten Lehrsätze KOCHS und PETTENKOFERS findet man u. a. in der Schrift von E. EMMERICH: MAX PETTENKOFERS Bodenlehre der Cholera asiatica. Einleitung S. XV. München 1910.

[2] Vgl. unter vielen anderen: A. GÄRTNER: Hygiene des Bodens. In TH. WEYLS Handbuch der Hygiene 1^{II}, S. 293 u. 370. Leipzig 1919.

[3] In den letzten Jahren z. B. von C. PRAUSNITZ: Die Grundlagen der epidemiologischen Forschung. Dtsch. med. Wschr. **51**, 1807 (1925). — H. STRAUB: Sind Typhusepidemien ein „elementares Naturereignis"? Ebenda **52**, 1887 (1926). — M. KNORR: Explosiv- und Tardivepidemien. Münch. med. Wschr. **74**, 1945 (1927). — Typhus und Trinkwasser. Eine epidemiologische Studie über die Pforzheimer Typhusepidemie 1919. Arch. Hyg. u. Bakter. **102**, 10 (1929). — F. NEUFELD: Fortschritte und Rückschritte der epidemiologischen Forschung. Dtsch. med. Wschr. **53**, 687 (1927). — E. GOTSCHLICH: Allgemeine Morphologie und Biologie der pathogenen Mikroorganismen. Handbuch der pathogenen Mikroorganismen **1**, 311—314 (1929). — Vgl. auch R. MOHRMANN: Die Hannoversche Typhusepidemie im Jahre 1926. Veröff. Med.verw. **24**, 393—444 (1927). — M. HAHN u. H. REICHENBACH: Die Typhusepidemie in Hannover 1926. Ebenda **27**, 363—529 (1928). — H. BRUNS: Typhusepidemien und Trinkwasserleitungen. Gas- u. Wasserfach **70**, 533 u. 1013 (1927). — Was berechtigt uns bei Ausbruch einer Typhusepidemie einen ursächlichen Zusammenhang zwischen Trinkwasser und Epidemie anzunehmen? Jb. Vom Wasser 3, 43f. (1929). — C. PRAUSNITZ: Bemerkungen zu der Arbeit von FR. WOLTER: „Die Entstehungsursache der Pforzheimer Typhusepidemie von 1919." Med. Welt **5**, 1692 (1931). — H. REDETZKY: Die verschiedenen Theorien über Entstehung, Verlauf und Erlöschen der Seuchen. WEICHHARDTS Erg. Hyg. **12**, 466—472 (1931).

[4] Hauptsächlich in den bei Lehmann in München erscheinenden Bänden der PETTENKOFER-Gedenkschrift (Bd. 1, 1906; Bd. 10 u. 11, 1930); weiter z. B. FR. WOLTER: Zur Frage der Trinkwasserepidemien. Arch. Hyg. u. Bakter. **101**, 5f. (1929). — Zur Frage der Trinkwasserepidemien in ihrer Bedeutung für die Hygiene unserer modernen Großstädte. Wasser u. Gas **21**, 293f. (1930); **21**, 641f. (1931).

sind[1]." Aber ein exakter Beweis für eine so weitgehende Umwandlung von Mikroorganismen ist noch niemals erbracht worden[2]. Da ohne die Mitwirkung der spezifischen Erreger Epidemien nicht entstehen, ist es nur folgerichtig, wenn man die Krankheitserreger überall da zu vernichten sucht, wo man ihrer habhaft werden kann, in erster Linie an dem sie ausscheidenden kranken (und was schwieriger ist, klinisch gesunden) Menschen, und wenn man sie von den Nahrungsmitteln, dem Wasser und dem Boden fernzuhalten sucht, da man die anderen zum größten Teil noch unbekannten Einflüsse nicht beherrscht, die außer den pathogenen Keimen bei dem Zustandekommen von Epidemien von Bedeutung sind[3]. Hinsichtlich dieser sonstigen Einflüsse[4] ist es vielleicht[5] nicht ausgeschlossen, daß neben den erprobten Lehren der mikrobiologischen Schule „manche der von PETTENKOFER und seinen Anhängern vertretenen Anschauungen, vielleicht in einer etwas gewandelten Form, noch einmal wieder mehr zur Geltung kommen werden[6]." „Denn die Gesetze der Epidemien, die Gründe für ihr Kommen und Gehen, ihr Anschwellen und Nachlassen, ihr schweres und leichteres Auftreten" sagt ABEL[7], „übersehen wir auch heute noch längst nicht klar." Auch KISSKALT ist der Meinung, „daß durch die Einführung der experimentellen Erforschung der Krankheitsfälle die frühere Methode des Vorgehens bei der Seuchenforschung in einem Grade zurückgedrängt wurde, der zweifellos zu weit ging[8]". Auf jeden Fall ist es ein bleibendes Verdienst PETTENKOFERS, daß er und die Anhänger seiner Bodentheorie immer wieder auf die Gefahren der Verseuchung und der mangelhaften Sanierung des Bodens hingewiesen und dadurch auch schon lange vor der bakteriologischen Ära viel zur Sanierung der Städte und zum Rückgang der Seuchen beigetragen haben[9], insofern als eine möglichst ausgiebige und wirksame Kanalisation mittelbar die Kontaktmöglichkeit und damit die Verbreitung epidemischer Erkrankungen einzuschränken vermag[10].

---

[1] WOLTER, FR.: a. a. O., S. 13. — Die Nebelkatastrophe im Maastal südlich von Lüttich. Klin. Wschr. **10**, 787 (1931).

[2] Der Bodengashypothese experimentell nähergetreten sind J. SCHUBERT: Experimentalversuche zur Epidemiologie. Münch. med. Wschr. **75**, 773 (1928). — W. WEICHHARDT: Über Reizwirkung von Kanalgasen und Bodenluft. Arch. Hyg. u. Bakter. **105**, 88 (1930).

[3] Vgl. u. a. K. v. VAGEDES: Zur Frage der Trinkwasserepidemien in ihrer Bedeutung für die Hygiene unserer modernen Großstädte. Wasser u. Gas **21**, 390 (1931). — FR. WOLTER: Zur Frage der Trinkwasserepidemien in ihrer Bedeutung für die Hygiene unserer modernen Großstädte. Ebenda **21**, 293 (1930); **21**, 641 (1931). — Das Auftreten einer gehäuften Erkrankung an Abdominaltyphus auf der Elbinsel Veddel usw. Münch. med. Wschr. **78**, 1332 (1931).

[4] Vgl. z. B. B. DE RUDDER: Wetter und Jahreszeit als Krankheitsfaktoren, S. 122. Berlin 1931. — Ferner E. MARTINI: Verbreitung von Krankheiten durch Insekten. Erg. Hyg. **7**, 463 (1925). — Über Provokationsepidemien. Cbl. Bakter. I, Orig. **110**, Beiheft, 245 (1929). — H. REDETZKY: a. a. O., S. 480f. — K. KISSKALT: Der erste Einbruch der Cholera in Deutschland vor 100 Jahren (1831). Münch. med. Wschr. **78**, 2015 (1931). — Vgl. auch die sich auf Fußnote [2] S. 224 beziehenden Ausführungen.

[5] Aber unter Ablehnung der eigentlichen lokalistischen Lehre, das sei ausdrücklich betont. — Vgl. auch E. SCHILCHER: Epidemien, Bodenbeschaffenheit und Klima. Münch. med. Wschr. **72**, 1888 (1925).

[6] SPITTA, O.: Grundriß der Hygiene, S. 470. Berlin 1920.

[7] ABEL, R.: a. a. O., S. 28. — Vgl. auch G. SALUS: Die Typhusepidemie in Prag und die sogenannte Krise in der Typhusepidemiologie. Med. Klin. **24**, 1158 (1928): „Gegenstand künftiger Forschung muß es sein, außer den Verbreitungswegen möglichst alle Ursachen der Massendisposition und die lokalen Quellen der Endemien zu erfassen."

[8] KISSKALT, K.: Allgemeine Epidemiologie. Handbuch der pathogenen Mikroorganismen **3**, 731. 1929. — Vgl. auch E. GOTSCHLICH: Epidemiologische Untersuchungen. Handbuch der hygienischen Untersuchungsmethoden **1**, 553f. 1926.

[9] HAHN, M.: Allgemeine Epidemiologie und Prophylaxe. In E. FRIEDBERGER und R. PFEIFFERS Lehrbuch der Mikrobiologie **1**, 235. 1919.

[10] REDETZKY, H.: a. a. O., S. 472.

Die spezifischen Krankheitserreger und ihre Beziehungen zum Boden.

Seitdem man die Erreger der früher als typische Bodenkrankheiten (Cholera, Typhus, Ruhr, Pest, Milzbrand, Malaria u. a.) geltenden Seuchen entdeckt und auf Grund des Studiums ihrer Arten und Varietäten, ihrer Lebensbedingungen[1] in und außerhalb des menschlichen Körpers, ihrer Empfindlichkeit gegenüber Desinfektionsmitteln usw., eine reale Grundlage für die Bekämpfung ansteckender Krankheiten geschaffen hat, ist der Boden seiner früheren mehr oder weniger mystischen Bedeutung entkleidet worden.

Die infektiösen Darmbakterien. Immerhin ist der Boden nach wie vor für eine Reihe von Krankheiten direkt oder indirekt von erheblicher Bedeutung. So ist auch für Cholera, Typhus und Ruhr (Bazillenruhr sowohl wie Amöbenruhr) die Möglichkeit einer Infektion unter Mitwirkung des Bodens nicht zu bestreiten. Mit ihr ist z. B. immer zu rechnen, wenn die Erreger mit den Entleerungen infizierter Menschen in den Boden und aus diesem durch ungenügend filtrierende Bodenschichten in das zu menschlichen Genuß- und Gebrauchszwecken dienende Quell- oder Brunnenwasser in noch vermehrungsfähigem Zustande gelangt sind. Für die Ruhr ist dieser Übertragungsweg allerdings seltener nachgewiesen. Eine direkte Übertragung der Bazillenruhr durch den Erdboden kommt nach LÜDKE[2] im Grunde nur bei Kindern vor, die auf dem mit Ruhrfäces infizierten Boden spielen. Es unterliegt aber keinem Zweifel, daß die starke Verbreitung der Ruhr während des Weltkrieges durch die ausgedehnte Verschmutzung des Bodens durch Ruhrdejekte in den heißen Monaten mit veranlaßt wurde[3]. Auf Sumatra ist es W. SCHÜFFNER und W. KUENEN durch systematische Sanierung ausgedehnter Plantagen, besonders durch strenge Durchführung der Teeverabreichung gelungen, die Todesfälle an Amöbenruhr von 22,5 je 1000 im Jahre 1903 auf 2,5 im Jahre 1905 und in den folgenden Jahren noch weiter zu senken[4]. Zu Erkrankungen unter Vermittlung des Bodens kann es auch durch verunreinigte Feld- und Gartenfrüchte[5], oder infolge Keimverschleppung durch Fliegen (besonders bei Ruhr), Ratten, Mäuse und andere Tiere kommen. Im übrigen gehen Choleravibrionen[6] und Dysenteriebakterien[7] im Boden sehr bald zugrunde, sie sind besonders gegen Austrocknung sehr empfindlich. Bei Versuchen von EMMERICH und GEMÜND[8] gingen Choleravibrionen bei natürlichen Versuchsbedingungen auf reinem Kiesboden binnen 7 Tagen, auf natürlich verunreinigtem Boden je nach der Bodenart nach 15—81 Tagen zugrunde. Die Lebensdauer im Boden hängt natürlich sehr von den äußeren Verhältnissen und von der inneren Lebenskraft der jeweils auf den Boden gebrachten Keime ab. Dasselbe gilt von den Typhusbakterien, die sich im allgemeinen länger als die

[1] Vgl. u. a. H. BRAUN: Allgemeines über den Verwendungsstoffwechsel krankheitserregender Bakterien. Z. angew. Chem. **44**, 293 (1931).

[2] LÜDKE, H.: Die Bazillenruhr, S. 223. Jena 1911.

[3] KOCH, J.: Zur Epidemiologie und Biologie der Ruhrerkrankungen im Felde. Dtsch. med. Wschr. **42**, 186 (1916). — BOEHNCKE, K.: Bazillenruhr. In O. v. SCHJERNINGS Handbuch der ärztlichen Erfahrungen im Weltkriege **7**, 362. Leipzig 1922.

[4] Nach J. SMIT: Die Trinkwasserversorgung Niederländisch-Indiens. Z. angew. Chem. **39**, 961 (1926).

[5] FISCHER, W.: Die Amöbenruhr. Handbuch der pathogenen Mikroorganismen **8**, 189 (1930).

[6] KOLLE, W. u. R. PRIGGE: Cholera asiatica. Handbuch der pathogenen Mikroorganismen **4**, 31 (1928). — Vgl. auch E. GILDEMEISTER u. K. BAERTHLEIN: Beiträge zur Cholerafrage. Münch. med. Wschr. **62**, 707 (1915).

[7] LENTZ, O. u. R. PRIGGE: Dysenterie. Handbuch der pathogenen Mikroorganismen **3**, 1510 (1931).

[8] EMMERICH, E. u. W. GEMÜND: Beiträge zur experimentellen Begründung der PETTENKOFERschen lokalistischen Cholera- und Typhuslehre. Münch. med. Wschr. **51**, 1090 (1904).

Choleravibrionen im Boden halten. Nach neueren Untersuchungen[1] bleiben sie in nicht sterilisiertem feuchten Boden im Mittel etwa 10 Tage lebensfähig, wobei hauptsächlich Temperatur[2], Feuchtigkeit und Wasserstoffionenkonzentration von Einfluß sind. So fand J. KLIGLER[3] bei $p_H = 6{,}6$ bis 7,4 in feuchtem Boden Typhusbakterien bis zu 70 Tagen am Leben, in dem gleichen trockenen Boden dagegen nur bis zu 2 Wochen. Bei einem p_H von 5,4—8,0 waren nach 10 Tagen 90% der Keime, der Rest innerhalb 30 Tagen zugrunde gegangen. Angaben über die Lebensfähigkeit von Typhusbakterien (11—16 Monate) und von Choleravibrionen (bis zu 174 Tagen) in sterilisierter feuchter Erde bringt GOTSCHLICH[4] unter Betonung der praktischen Bedeutung solcher Beobachtungen, denn Typhusbakterien können sehr wohl zufällig einmal in tiefere, bakterienärmere Bodenschichten gelangen und hier, geschützt gegen die Konkurrenz der Saprophyten, sich lange lebend erhalten. Aber normalerweise ist der Keimtransport in die Tiefe nur gering, und selbst wenn dort trotz der ungünstigen Temperatur-, Sauerstoff- und Nährstoffverhältnisse noch eine Vermehrung einmal eintreten würde, so wäre auch das hygienisch kaum von praktischer Bedeutung, weil die Keime keineswegs wieder an die Oberfläche gelangen könnten, abgesehen natürlich von künstlicher Bloßlegung oder Verschleppung durch Grundwasser bei ungenügend filtrierendem Untergrund. Im übrigen spielen auch die oberflächlichen Bodenschichten für die Entstehung und Verbreitung dieser drei Seuchen nur eine untergeordnete Rolle, indem die meisten Infektionen ohne die Mitwirkung des Bodens zustande kommen[5]. So hat man bei der systematischen Typhusbekämpfung im Südwesten des Deutschen Reiches seiner Zeit statistisch festgestellt, daß etwa 65% aller Infektionen durch Kontaktübertragung, dagegen nur etwa 10% durch verseuchtes Wasser zustande gekommen sind[6].

Typische „Bodenkrankheiten". Tetanus und die verschiedenen Gasödeme. Dagegen steht eine Reihe anderer Krankheiten mikroparasitären Ursprungs in so engen Beziehungen zum Boden, daß man sie auch heute noch als typische Bodenkrankheiten bezeichnen kann, insofern nämlich, als sich die Erreger in Dauerform im Boden befinden und gewöhnlich von diesem aus zu den Menschen gelangen. Bei ihnen findet die Verbreitung von Mensch zu Mensch nur ausnahmsweise statt, und nur selten kommt es zu (kleineren) Epidemien. Hierher gehören die Erreger von Wundinfektionen, nämlich des Wundstarrkrampfes und der verschiedenen Gasödeme.

---

[1] BAERTHLEIN, K.: Abdominaltyphus. Handbuch der pathogenen Mikroorganismen 3, 1261. 1929.

[2] Vgl. z. B. G. SCHAD: Über die Inkubationszeit beim Typhus. Münch. med. Wschr. 77, 1661 (1931).

[3] Zitiert nach K. BAERTHLEIN: a. a. O., S. 1261.

[4] GOTSCHLICH, E.: a. a. O., S. 315 u. 316.

[5] Noch mehr gilt das für andere infektiöse Darmbakterien. Vgl. z. B. P. UHLENHUTH u. E. HÜBENER: Infektiöse Darmbakterien der Paratyphus- und Gärtnergruppe. Handbuch der pathogenen Mikroorganismen 3, 1070 (1913). — G. ELKELES u. R. STANDFUSS: Die Paratyphosen. Ebenda 3, 1689, 1713 u. 1730. 1931. — H. LINDEN: Fortschritte auf dem Gebiete der Nahrungsmittelvergiftung. Dtsch. med. Wschr. 57, 543 (1931).

[6] BAERTHLEIN, K.: a. a. O., S. 1252. — Nach W. v. DRIGALSKI: Übertragungsweise der Typhusbazillen von Mensch zu Mensch. (Aus der Denkschrift über die seit dem Jahre 1903 unter Mitwirkung des Reiches erfolgte systematische Typhusbekämpfung im Südwesten Deutschlands.) Arb. kaiserl. Gesdh.amt 41, 273 (1912). Es hat sich dabei „ein Einfluß im Boden lebender Typhuskeime auf die Typhusübertragung nicht nachweisen lassen". — Vgl. auch H. BRUNS: Typhusepidemien und Trinkwasserleitungen. Gas- u. Wasserfach 70, 525 (1927). — H. KUNTZE: Der Einfluß der Wasser- und Milchepidemien auf die Sterblichkeit bei Unterleibstyphus 1919—1928, S. 29. Dissert., Bonn 1930; nach Zbl. Hyg. 25, 827 (1931). — H. SCHAECHE: Die verstärkte Typhusbekämpfung in Anhalt. Z. Med.beamte 44, 475 (1931).

Der Erreger des Wundstarrkrampfes (Tetanus)[1] ist ein Bazillus, der sehr dauerhafte Sporen bildet und ein starkes Toxin erzeugt. Er wächst streng anaerob und kommt in gedüngter Acker- und Gartenerde, auch im Straßenstaub häufig vor. Man vermutet[2], daß die Tetanusbazillen aus dem Darm der Pflanzenfresser, namentlich der Rinder und Pferde, in den Boden gelangen. Die Tiere bleiben gesund, solange der Darm unverletzt ist. Die Darmpassage soll zur Erhaltung und Vermehrung des Erregers notwendig sein. Vielleicht findet auch im Erdboden bei optimalen Temperatur- und Feuchtigkeitsverhältnissen noch Vermehrung und Sporenbildung statt, sobald und solange anaerobe Bedingungen vorliegen[3]. Im Weltkriege waren Tetanusinfektionen auf den gedüngten Feldern der Westfront häufiger als im Osten[4].

Dagegen nahmen andersartige Wundinfektionen, nämlich der Gasbrand, die Gasgangrän, die Gasphlegmone und das maligne Ödem, im letzten Kriege an gewissen Frontabschnitten bei Freund und Feind zeitweise einen sehr bedenklichen Umfang an[5]. Ihre Erreger, die „Gasödembazillen", gehören ebenfalls zur Klasse der anaeroben Sporenbildner. Auf Veranlassung des preussischen Kriegsministeriums wurden an allen Kampffronten der Heere der Mittelmächte Erdproben eingesammelt und von ZEISSLER und RASSFELD[6] qualitativ und quantitativ genauestens untersucht. Die Anaerobenflora dieser Bodenproben stimmte bis ins einzelne mit der von deutschen, englischen und französischen Bakteriologen festgestellten Anaerobenflora der Gasödeme des Krieges und Friedens überein. Damit war der regelmäßige Gehalt auch des jungfräulichen Bodens an Sporen der Gasödembazillen und die Tatsache einwandfrei erwiesen, daß die Gasödeme mit dem Boden in ursächlichem Zusammenhang stehen. Seit Beendigung des Krieges treten Wundinfektionen durch Gasödembazillen in einem gewissen Prozentsatz als Folge der Verwundungen auf, die sich bei den immer noch zunehmenden Verkehrsunfällen ereignen, worüber ZEISSLER und NELLER[7] berichten. Auch der spontane Rauschbrand der Jungrinder wird durch anaerobe Sporenbildner verbreitet und ist als Bodenkrankheit in der Regel an verschiedene Distrikte gebunden[8].

Milzbrand. Der Milzbrandbazillus (Bacillus anthracis) gelangt in vegetativer Form oder in der bekanntlich ganz außerordentlich widerstandsfähigen Dauerform — die jedoch nur bei Anwesenheit von Sauerstoff, also nicht im Tierkörper gebildet wird[9] — durch Vergraben von Kadavern milzbrandiger Tiere und mit dem Kot und Harn und den blutigen Ausscheidungen milzkranker Rinder, Schafe, Pferde, Schweine usw. in den Boden. Auch gesunde, namentlich aasfressende Tiere (Krähen, Geier, Adler, Füchse, Hunde usw.), die nach Verschlingen sporenhaltiger Kadaver zu Infektionsträgern werden, können Bodeninfektionen verursachen, indem sie die Sporen ungeschädigt mit dem Kot ausscheiden[10]. Eine große Gefahr, namentlich für das Weidevieh, bilden unter Um-

---

[1] EISLER, M.: Tetanus. Handbuch der pathogenen Mikroorganismen 4, 1028. 1928.
[2] Ebenda, S. 1055.
[3] GÄRTNER, A.: Leitfaden der Hygiene, S. 121. Berlin 1914.
[4] KISSKALT, K.: a. a. O., S. 738.
[5] ZEISSLER, J.: Die Gasödeminfektionen des Menschen. Handbuch der pathogenen Mikroorganismen 4, 1097. 1928. — KNORR, M.: Ergebnisse neuerer Arbeiten über krankheitserregende Anaerobien. Zbl. Hyg. 4, 98 (1923).
[6] ZEISSLER, J. u. L. RASSFELD: Die anaerobe Sporenflora der europäischen Kriegsschauplätze 1927. Veröff. Kriegs-u. Konstit.path. H. 20, S. 1—99. Jena 1928. — ZEISSLER, J.: a. a. O., S. 1151.
[7] ZEISSLER, J.: a. a. O., S. 1148, 1149 u. 1184.
[8] KNORR, M.: a. a. O., S. 167.
[9] SOBERNHEIM, G.: Milzbrand. Handbuch der pathogenen Mikroorganismen 3, 1057. 1929.
[10] SOBERNHEIM, G.: a. a. O., S. 1097.

ständen die Abwässer von Gerbereien und anderen Fabriken, wenn dort (in erster Linie ausländische und überseeische) milzbrandinfizierte Häute, Felle, Haare und Rohwolle (diese besonders in England)[1] verarbeitet werden[2]. Darauf wird später noch zurückzukommen sein. Die Milzbrandbazillen gehen im Boden in wenigen Wochen zugrunde[3], und zwar meistens ohne vorherige Sporenbildung[4] und, wie schon FRÄNKEL[5] im Jahre 1887 fand, sogar noch schneller als Typhusbakterien. Nur an der Erdoberfläche können sich bei hinreichend hoher Temperatur (Minimum 18°, Optimum 32—35°, nach SOBERNHEIM[6]) und bei Abwesenheit von (Sauerstoffmangel bewirkenden) Fäulnisbakterien in feuchtem und sonst geeignetem Boden Milzbrandsporen bilden, die sich „lange Zeit fest einnisten können"[7] und sich auch in tiefen, sowohl feuchten wie trockenen Bodenschichten lange Jahre hindurch virulent erhalten[8]. Wenn daher milzbrandige Kadaver durch Beerdigung beseitigt werden sollen, muß es in möglichst frischem Zustande, d. h. ehe es durch Liegenlassen an der Luft zur Sporenbildung an der Oberfläche der Kadaver kommt, und möglichst tief (2—3 m) unter Beigabe von Desinfektionsmitteln geschehen[9]. Wie LOESENER[10] festgestellt hat, wird unter diesen Bedingungen auch ein etwaiger Sporengehalt bei normalen Bodenverhältnissen nicht in das umgebende Erdreich und Grundwasser übergehen. Aber in dem durch Eintreiben von Vieh infiziertem Oberflächenwasser können sich, namentlich im Schlamm, die Milzbrandsporen jahrelang erhalten, wodurch häufiger als man annimmt, Massenerkrankungen des Viehes erzeugt werden[11].

Wurmkrankheiten. Die Ankylostomiasis ist als Wurmkrankheit der Bergleute, als Tunnelkrankheit, Hakenwurmkrankheit und unter vielen anderen Bezeichnungen über die ganze Erde außerordentlich verbreitet (Kardinalsympton: hochgradige Anämie). BRUNS schätzt die Zahl der Wurmkranken auf viele Millionen und die der an dieser Infektion alljährlich Sterbenden auf Hunderttausende[12].

---

[1] Vgl. u. a. R. HILGERMANN u. J. MARMANN: Untersuchungen über die durch Gerbereien verursachten Milzbrandgefahren und ihre Bekämpfung usw. Arch. Hyg. u. Bakter. **79**, 168—258 (1913). — BÜRGER, B. u. E. NEHRING: Die Abwasserbeseitigung der Stadt Neumünster in Holstein unter besonderer Berücksichtigung der dortigen Gerbereiabwässer usw. Veröff. Med.verw. **19**, 760 (1925) (mit Literatur).

[2] LAINES: Wollindustrie. Hyg. Trav. 45, 1—6 (1930); nach Ref. Zbl. Hyg. **23**, 862 (1931).

[3] Vgl. u. a. E. v. ESMARCH: Das Schicksal pathogener Mikroorganismen im toten Körper. Z. Hyg. **7**, 34 (1889). — S. KITASATO: Untersuchungen über die Sporenbildung der Milzbrandbazillen in verschiedenen Bodenschichten. Ebenda **8**, 198—200 (1890).

[4] KITASATO, S.: a. a. O., S. 198—200.

[5] FRÄNKEL, C.: Untersuchungen über das Vorkommen von Mikroorganismen in verschiedenen Bodenschichten. Z. Hyg. **2**, 580—582 (1887).

[6] SOBERNHEIM, G.: a. a. O., S. 1058. [7] Ebenda, S. 1096 u. 1097.

[8] Vgl. u. a. W. v. GONZENBACH: Über auffallend reichlichen Befund von Milzbrandsporen in der Erde eines Abdeckplatzes. Z. Hyg. **79**, 343 u. 394 (1915).

[9] Vgl. § 3 der Anlage C zu den Ausführungsvorschriften des Bundesrates vom 7. Dezember 1911 zum Reichs-Viehseuchengesetz vom 26. Juni 1909 (Reichsgesetzbl. **1912**, 133). — Reichsgesetz betreffend die Beseitigung von Tierkadavern vom 17. Juni 1911 (Reichsgesetzbl. **1911**, 248). — Siehe auch G. HÖNNICKE: Tierkörperverwertung. Gesdh.-ing. **44**, 324 (1921). — Wegen der unschädlichen Beseitigung von beanstandetem Fleisch durch Vergraben vgl. die Ausführungsbestimmungen zum Reichsgesetz betreffend die Schlachtvieh- und Fleischbeschau vom 3. Juni 1900, und zwar Ausführungsbestimmung A § 45 Abs. 2; Ausführungsbestimmung C Anhang zu 1 und Ausführungsbestimmung D § 28 Abs. 2, abgedruckt u. a. bei SCHROETER u. HELLICH: Das Fleischbeschaugesetz, S. 128, 203 u. 277. Berlin 1930.

[10] Zitiert nach G. SOBERNHEIM: a. a. O., S. 1115.

[11] SZASZ, A.: Über die durch das Trinkwasser erzeugten Milzbrandepidemien. Z. Inf.krkh. Haustiere **15**, 477 (1914).

[12] BRUNS, H.: Die Ankylostomiasis in der gemäßigten Zone. Handbuch der pathogenen Mikroorganismen **6**, 908, Anmerkg. 1929. — Vgl. auch W. ZINN: Ankylostomiasis. G. u. F. KLEMPERERS Neue Deutsche Klinik **1**, 465 (1928).

Der Wurm, Ankylostomum duodenale (in den Tropen daneben auch Necator americanus[1]) lebt im menschlichen Darm. Die mit dem Kot abgehenden Eier entwickeln sich auf feuchtwarmem Boden zu monatelang lebensfähigen, beweglichen, eingekapselten Larven, die schließlich zugrunde gehen, wenn es ihnen nicht gelingt, vom Mund her oder nach Abstreifung ihrer Hülle durch die unverletzte Haut wieder in den menschlichen Körper zu gelangen. Besonders günstig für die Entwicklung der Larven aus den Eiern ist beschatteter, feuchter, 25—35^0 warmer, sandiger poröser Boden, der Luftsauerstoffzufuhr ermöglicht, „während schwere kompakte Lehmböden oder andere harte kapillararme Bodensorten erheblich geringere Entwicklungschancen geben[2]." Diese Bedingungen sind in unserem Klima in der Regel nur bei unterirdischem Aufenthalt der Menschen gegeben, in Bergwerken, bei Eisenbahntunnelarbeiten und dergleichen. Im Ruhrkohlengebiet war die Ankylostomiasis bis etwa 1910 eine weit verbreitete Berufskrankheit der unter Tage arbeitenden Bergleute. Dann setzten dort energische und zielbewußt durchgeführte Maßnahmen ein zur Unterbrechung des circulus vitiosus: Infizierte Exkremente — Boden — Mensch. Man vernichtete einerseits systematisch durch ordnungsmäßige Beseitigung der Fäkalien die Larvenherde in den Bergwerken, untersuchte andererseits alle unterirdisch Beschäftigten und die für den Betrieb unter Tage neu Einzustellenden auf Wurmeiergehalt ihrer Exkremente und führte außerdem bei jedem positiven Fall Wurmabtreibungen (im ganzen etwa 50000 unter Kontrolle von mehr als 8 Millionen mikroskopischer Untersuchungen[3]) durch, mit dem Erfolg, daß die Ankylostomiasis jetzt dort bedeutungslos geworden ist. Nach diesem Vorbild hat man sie auch in den belgischen Kohlengruben bei Lüttich ausgerottet[4].

In den Tropen und Subtropen ist die Bekämpfung[5] schwieriger, weil es sich dort nicht um abgeschlossene Plätze (Bergwerke) handelt. Vielmehr ist dort die Larvenentwicklung mehr oder weniger überall auf der tropisch-feuchtwarmen Erdoberfläche möglich[6]. Hinzukommt, daß die Gleichgültigkeit der tropischen Bevölkerung die Durchführung der an sich einfachen hygienischen Maßnahmen erschwert. Diese bestehen auch hier neben Therapie in „Terrainprophylaxe"[7], die sich den örtlichen Verhältnissen anpassen muß und letzten Endes immer darauf beruht, Eiern und Larven die Lebensbedingungen zu nehmen, so z. B. durch Steinfußboden in Einzelwohnhäusern, Zementierung der Abortbehälter und von deren nächster Umgebung und dergleichen. Auf diese Weise hat man auch in den Tropen stellenweise, wie z. B. BAERMANN[8] an der Ostküste von Sumatra, schon große Erfolge erzielt. Nicht immer ist es übrigens der einheimische Teil der Bevölkerung, der der Ankylostomiasis zum Opfer fällt. So berichtet SCHAPIRO, daß von der Bevölkerung Panamas die Weißen und Mestizen weit mehr wurminfiziert seien,

---

[1] BAERMANN, G.: Die Ankylostomiasis der Tropen und Subtropen. Handbuch der pathogenen Mikroorganismen **6**, 951. 1929.

[2] BAERMANN, G.: a. a. O., S. 963. — Vgl. auch H. BRUNS: a. a. O., S. 935.

[3] BRUNS, H.: a. a. O., S. 941. [4] Ebenda, S. 945.

[5] Vgl. auch F. FÜLLEBORN: Über den heutigen Stand der Ankylostomiasisbekämpfung in den Tropen. Arch. Schiffs- u. Tropenhyg. **27**, 320 (1923).

[6] So berichtet z. B. Y. MINAMISAKI: A study of hookworm infestation in the field. J. publ. health. Ass. Japan. **5**, 1 (1929) nach Arch. Schiffs-u. Tropenhyg. **35**, 385 (1931): „wurde eine Hakenwurmeier enthaltende Kot-Urin-Mischung auf Erdboden gesprengt, so blieben die daraus entwickelten Larven in Saitama (Japan) 6 Monate lang am Leben." Verf. infizierte sich zweimal selbst, indem er mit bloßen Füßen über den mit Menschenkot gedüngten Boden ging. 58 Tage nach dem ersten Versuch traten Hakenwurmeier im Kot auf. — Nach G. v. BONIN: Zur Rassenbiologie Chinas. Klin. Wschr. **10**, 1871 (1931) sind an einzelnen Orten Südchinas, wo die Bauern tagelang in dem stagnierenden Wasser der Reisfelder umherwaten, Wurminfektionsquoten bis zu 95% zu beobachten.

[7] BAERMANN, G.: a. a. O., S. 969. [8] Ebenda, S. 973.

weil sie in kleinen Städten und Dörfern leben und den Boden mit ihren Darmentleerungen ganz allgemein verseuchen, während die Indianer getrennt voneinander in Familien leben, aus religiösen Gründen nur in fließendem Wasser defäkieren und sich nur durch Kontakt mit der nicht indianischen Bevölkerung infizieren[1].

In neuester Zeit wird von hygienischer Seite die durch den Wurm[2] Anguillula intestinalis (Strongyloides stercoralis) hervorgerufene Erkrankung (ebenfalls schwere Anämie und Darmblutungen) als bedrohliche Gefahr angesehen. Der Infektionsmodus bei der Anguillulosis scheint ein ähnlicher zu sein wie bei der Ankylostomiasis.

Bei anderen unter Umständen lebensgefährliche Erkrankungen verursachenden Eingeweidewürmern der Menschen spielt — neben sozialer Lage, Beruf und Sauberkeit der Familie, Spielgewohnheiten der Kinder, Klima — die Bodenverunreinigung eine Rolle[3]. So sind die Eier des Spulwurmes (Ascaris lumbricoides) gegen Austrocknung sehr widerstandsfähig und können andererseits auch in Jauche und feuchten Böden monatelang entwicklungsfähig bleiben; die Entwicklungsgeschwindigkeit hängt von der Temperatur des Brutmediums ab[4]. Ähnliches gilt von den Eiern des Peitschenwurmes (Trichocephalus trichiurus)[5]. Auch die Oxyuriasis des Menschen kann durch Wurmeier erfolgen, die in Jauche, Gartenboden und Gemüsefeld zur Entwicklung gekommen sind[6].

Sonstige im Boden vorkommende Krankheitserreger. Zu den überall in der Natur als Bodenanaerobier vorkommenden Mikroorganismen gehört auch der Bacillus botulinus (Clostridium botulinum und para-botulinum), der Erreger der Vergiftungen, die durch den Genuß verdorbener, meist konservierter Nahrungsmittel verschiedenster Herkunft infolge toxischer Gärungsprodukte zustande kommen. So wird aus Nordamerika von K. F. MEYER[7] be-

[1] SCHAPIRO, L.: Hookworm infestation in Indian (Guaimi) and non Indian population of Panama. Amer. J. trop. Med. **10**, 365—373 (1930); nach Zbl. Hyg. **23**, 875 (1931). Wegen der früher mit Hakenwurm in Beziehung gebrachten, auf verschmutztem, aufgeweichtem Boden entstehenden schweren Fußekzeme (Bodenkrätze) vgl. das kritische Sammelreferat von F. FÜLLEBORN: Was ist Ground-itch? Arch. Schiffs- u. Tropenhyg. **34**, 133 (1930). — G. STICKER, W. SCHÜFFNER u. N. H. SWELLENGREBEL: Wurmkrankheiten. C. MENSES Handbuch der Tropenkrankheiten **5**, 71 u. 373. (1929).

[2] NEUMANN, R. O. u. M. MAYER: Atlas und Lehrbuch wichtiger tierischer Parasiten und ihrer Überträger, mit besonderer Berücksichtigung der Tropenpathologie, S. 363. München 1914. — STICKER, G. u. Mitarbeiter: a. a. O., S. 31.

[3] BRAUN, M. u. O. SEIFERT: Die tierischen Parasiten des Menschen, S. 362, 396 u. 404. Leipzig 1905. — STICKER, G. u. Mitarbeiter: a. a. O., S. 24ff.

[4] STICKER, G. u. Mitarbeiter: a. a. O., S. 26. [5] Ebenda S. 29.

[6] Ebenda S. 29. — Vgl. auch R. RAHNER: Die Biologie der Oxyuren. Cbl. Bakter. I. Orig. **85**, 376 (1921). — L. WARNOWSKY: Über endemische Infektionen durch Trichocephalus dispar im Memelgebiet und Groß-Litauen. Münch. med. Wschr. **76**, 1171 (1929). — J. WILHELMI u. M. QUAST: Über die Verbreitung und den Nachweis der Oxyuriasis. Klin. Wschr. **4**, 964 (1925). — H. STRAUSS: Zur Frage der Oxyurenbekämpfung. Med. Welt **5**, 281 (1931). — L. A. SPINDLER: The relation of moisture to the distribution of humane trichuris and ascaris. Amer. J. Hyg. **10**, 476 (1929); nach Zbl. Hyg. **21**, 456 (1930). — W. JANKOSCHWILL u. N. KARIBOW: Die Rolle der roh genossenen Gemüse in der Verbreitung der Helminthiasis usw. Nachr. trop. Med. Tiflis **3**, 98 (1930) nach Arch. Schiffs- u. Tropenhyg. **35**, 389 (1931). — L. GROMAŠEWSKY u. J. ŠUCHAT: Der parasitologische Index als Maßstab des sanitären Zustandes. Vestn. Mikrobiol. **8**, 394 (russ.) u. dtsch. Zusammenfassung S. 479 (1929) nach Zbl. Hyg. **24**, 761 (1931). — W. W. CORT: Recent investigations on the epidemiologie on human ascariasis. J. of Parasitolog. **17**, 121 (1931) nach Zbl. Hyg. **25**, 555 (1931). — G. F. OTTO, W. W. CORT u. A. E. KELLER: Environmental studies of families in Tennessee infested with ascaris, trichuris and hookworm. Amer. J. Hyg. **14**, 156 (1931) nach Cbl. Bakter. I, Ref. **104**, 110 (1931).

[7] MEYER, K. F.: Botulismus. Handbuch der pathogenen Mikroorganismen **4**, 1276. 1928. — Newer knowledge on botulism. J. publ. health **21**, 762 (1931) nach Zbl. Hyg. **26**, 122 (1931). — KNORR, M.: Ergebnisbericht über Botulismus. Zbl. Hyg. **7**, 163, 164 (1924).

richtet, daß dort in den westlichen Staaten eine auffallende Häufung der Fälle von Botulismus einerseits und des Vorkommens von Botulismussporen im Boden und an den landwirtschaftlichen Erzeugnissen andererseits konstatiert worden sei, daß aber seit 1925 keine Erkrankungen mehr vorgekommen seien, vor allem infolge streng durchgeführter Sterilisierung in den Konservenfabriken.

Auch die eitererregenden (ubiquitären) Mikroorganismen, nämlich die Staphylokokken, Streptokokken und das Bacterium pyocyaneum, finden sich regelmäßig im Boden, desgleichen gelegentlich die verschiedensten Erreger, auch von Tierkrankheiten, wobei der Boden immer zunächst nur „Rezipient", manchmal aber auch zugleich „Konservator und indirekter Vermittler" ist[1]. Die Annahme, daß dem Boden (und dem Wasser) auch bei der Verbreitung des Karzinoms eine Rolle zukomme, hat einer ernsthaften Kritik nicht standhalten können[2].

Entferntere Zusammenhänge zwischen Bodenbeschaffenheit und menschlichen Krankheiten[3].

Um eine u. a. auch von pilzbefallenen Pflanzen oder pflanzlichen Teilen ausgehende Infektion der Menschen und Tiere handelt es sich bei der Aktinomykose (Strahlenpilzkrankheit). Wegen der weiten Verbreitung der Strahlenpilze u. a. auch im Erdboden vergleiche man die diesbezügliche Literatur[4]. Besonders befallen werden Pflanzen von versumpften Gebieten[5]. Zur Bekämpfung wird für solche Gegenden u. a. eine zweckdienliche Bodenmelioration (Entwässerung, Trockenlegung, Umpflügen) sowie Desinfektion mit Ätzkalkpulver empfohlen[6].

Die Rolle des Bodens bei der Übertragung von Krankheitserregern durch Tiere. Bei einer Reihe von Infektionserregern spielen Tiere als Überträger von Krankheitserregern, als deren Wirte oder Zwischenwirte, eine große Rolle. Z. B. gewisse Insekten übermitteln die Malaria, das Gelbfieber, die Schlafkrankheit, das afrikanische Rückfallfieber usw. Ratten beherbergen in ihren Körpern und in ihren Flöhen die Pesterreger und sind auch bei der Übertragung der WEILschen Krankheit neuerdings als wesentlich beteiligt erkannt worden.

Der Boden ist hier mittelbar insofern von erheblicher Bedeutung, als er die Lebensbedingungen für diese tierischen Überträger zu begünstigen, zu hemmen oder zu unterbinden vermag.

Insekten als Überträger von Fieberkrankheiten. Malaria. Die unter der Bezeichnung Malaria zusammengefaßten fieberhaften Erkrankungen (Tropica, Tertiana und Quartana) wurden von jeher zu den typischen „miasmatischen" Bodenkrankheiten gerechnet. Denn diese Wechselfieber treten mit Vorliebe in niedrig gelegenen sumpfigen Gebieten, in Flußniederungen und in Küstengegenden mit feuchtwarmem Klima auf[7], nicht aber dagegen ist solches auf porösem und abschüssigem Boden der Fall. Man nahm an, die Malaria

[1] GÄRTNER, A.: a. a. O., S. 377.

[2] SPITTA, O. u. K. REICHLE: Wasserversorgung. In M. RUBNERS Handbuch der Hygiene 2, II. 53. Leipzig 1924.

[3] Bei der Bearbeitung dieses Abschnittes wurde Verfasser von Dr. W. GREIFF (Hyg.-bakter. Abt. des Hygien. Staatsinstituts Hamburg) unterstützt.

[4] LIESKE, R.: Morphologie und Biologie der Strahlenpilze, S. 194 u. 239. Leipzig 1921. — Allgemeines über Actinomyceten. Handbuch der pathogenen Mikroorganismen 5, 22. 1928. — Vgl. auch W. BERNER: Die Bedeutung der Aktinomykose für die öffentliche Gesundheitspflege. Zbl. Hyg. 20, 131 (1929).

[5] SCHLEGEL, M.: Strahlenpilzkrankheit. Aktinomykose. Handbuch der pathogenen Mikroorganismen 5, 55. 1928.

[6] SCHLEGEL, M.: a. a. O., S. 101.

[7] ZIEMANN, H.: Malaria. Handbuch der Tropenkrankheiten 3, 15 u. 115. 1924.

entstehe durch fieberschwangere Ausdünstungen aus einem an organischen Abfallstoffen reichen Boden. Allerdings vermutete man auch schon im Altertum, daß „Malaria mit Mücken zusammenhänge"[1]. Nach Entdeckung der zu den Blutprotozoen gehörenden menschlichen Malariaparasiten[2] (Malariaplasmodien) war man zunächst der Meinung, daß diese in den obersten Bodenschichten, vielleicht auch im Wasser der Malariagegenden, sich aufhielten, und daß die Infektionen durch Aufnahme mit der Atemluft (Bodennebel), der Nahrung oder durch Trinkwasser zustande kämen[3]. Heute steht einwandfrei fest, daß bestimmte Stechmücken, nämlich die Anophelesarten, und nur diese, die Plasmodien mit dem Blute Malariakranker (sowie auch klinisch nicht Erkrankter) aufnehmen und beim Stechen andere, dafür empfängliche Menschen infizieren, und daß die Erfolge, die man durch Bodenmeliorationen[4] (Dränierung, Entwässerung durch tiefe, nicht stagnierende Gräben, Auffüllungen mit Erde, unter Umständen auch mit Wasser sowie Beseitigung und dauernde Fernhaltung der Wasservegetation) in Malariagegenden schon immer erzielt hat, hauptsächlich darauf beruhen, daß dadurch den Anopheleslarven, die leichter zu bekämpfen sind als die Mücke, die Lebensbedingungen genommen werden, und so eine Massenvermehrung der Mücken verhindert wird. In dieser Beziehung handelt es sich also tatsächlich um eine „örtliche und zeitliche Disposition" des Bodens, und die Bekämpfung der Anophelesbrutstätten ist auch heute noch ein wichtiges Teilgebiet der Anophelesbekämpfung. Großzügige Bodenassanierung, die Verwandlung ehemals sumpfiger Gebiete in wertvolle Wiesen und Felder, systematische Besiedlung und Landbebauung und die Hebung der örtlichen sozialen Lebensbedingungen als Folge solcher kulturellen Maßnahmen haben in Verbindung mit energischer Chininbehandlung im Auslande[5] gute Erfolge gehabt und in Deutschland (Nordseeküste, Westpreußen und Schlesien) neben anderen Ursachen mit dazu beigetragen, daß die Malaria bei uns, nach vorübergehender Zunahme während des Krieges[6] (Kriegsgefangene), selten geworden ist[7]. Auch in anderen Ländern, wo die Malariabekämpfung zur

---

[1] MARTINI, E.: Verbreitung von Krankheiten durch Insekten. Weichhardts Erg. Hyg. u. Bakter. **7**, 308 (1925). — MÜLLER, M.: Die Herkunft der Lehre SYDENHAMS usw. Arch. Hyg. u. Bakter. **104**, 375 (1930).

[2] RUGE, R.: Malaria. Die menschlichen Malariaparasiten und ihre Beziehungen zu Mensch und Mücke. Handbuch der pathogenen Mikroorganismen **7**, 877 u. 946ff. 1930. — ZIEMANN, H.: a. a. O., S. 16ff.

[3] KIRCHNER, M.: Grundriß der Militär-Gesundheitspflege, S. 403. Braunschweig 1896.

[4] Vgl. u. a. H. ZIEMANN: a. a. O., S. 431ff.

[5] Vgl. z. B. P. WIEDEL: Bericht über eine von der Hygieneorganisation des Völkerbundes vom 16. September bis 10. November 1928 veranstaltete Austauschreise von Medizinalbeamten zum Studium der Hygiene Italiens. Reichsgesundheitsbl. **5**, 187 (1930). — ANNA CELLI-FRÄNTZEL: ANGELO CELLI. Die Malaria in ihrer Bedeutung für die Geschichte Roms und der römischen Campagna, 118 S. Leipzig 1929; zitiert nach O. HECHT: Anz. Schädl.kde. **6**, 35 (1930). — Vgl. auch die Besprechung von H. BEGER: Kl. Mitt. Mitgl. Ver. Wasser-, Boden- u. Lufthyg. **6**, 285—288 (1930). — CL. SCHILLING: Neuere Gesichtspunkte für die Bekämpfung der Malaria, besonders in Italien. Med. Klin. **26**, 1697 (1930); Dtsch. med. Wschr. **56**, 1461 (1930). — M. BARBER: The history of malaria in the Unites States. Publ. Health Rep. **1929 II**, 2575—2587; nach Zbl. Hyg. **21**, 861 (1930).

[6] HAPKE, FR.: Die Malariabekämpfung in Emden usw. Veröff. Med.verw. **19**, 1f. (1924). — WASIELEWSKI, TH. v.: Malaria. In O. v. SCHJERNINGS Handbuch der ärztlichen Erfahrungen im Weltkriege **7**, 524. Leipzig 1922.

[7] TRAUTMANN, A.: Die Verbreitung der Malaria in Deutschland in Vergangenheit und Gegenwart. Arch. Hyg. **80**, 84f. (1913). — MARTINI, E.: Anopheles in Niedersachsen und die Malariagefahr. Hyg. Rdsch. **30**, 673 (1920). — Neuere zur Beurteilung der Malaria- und Anophelesverhältnisse in Deutschland wichtige Literatur. Ebenda **30**, 737 (1920). — Über den heutigen Stand epidemiologischer Malariafragen. Zbl. Hyg. **3**, 11 (1923). — HANSEN, P.: Die Malaria in Schleswig-Holstein. Klin. Wschr. **10**, 2151 (1931) (= jetzt dort unbekannt geworden).

Zeit noch viel Arbeit macht, hat man mit Entsumpfung im allgemeinen[1] gute Ergebnisse erzielt[2], in tropischen Gegenden mit erheblicher Regenhöhe dagegen nicht[3]. Bei der Erforschung russischer Torfsumpfgewässer wurde gefunden[4], daß eine saure Reaktion, ein hoher Gehalt an Eisen und organischen Stoffen der Entwicklung der Anopheleslarven schädlich ist, was insofern von einiger praktischer Bedeutung ist, als dadurch die Auswahl der zunächst zu bekämpfenden Brutstätten vielleicht erleichtert wird und eventuell durch Ansäuerung des Wassers die Entwicklung der Anophelesmücken in kleinen Tümpeln unmöglich zu machen ist[5], statt der sonst üblichen Erstickung bzw. Vergiftung durch regelmäßiges Übergießen mit Rohpetroleum, Saprol u. dgl.[6] oder der Bestäubung mit Schweinfurtergrün[7].

Das gelbe Fieber[8] ist an früher schwer verseuchten Orten Amerikas, wie am Panamakanal, in Havanna, in Rio de Janeiro, durch Bekämpfung der Larven der diese Krankheit von Mensch zu Mensch übertragenden Mücken (meist Aedes aegypti) so gut wie ausgerottet[9]. Andererseits ist z. B. Liberia infolge der Indolenz der Eingeborenenregierung zur Zeit noch einer der gefährlichsten Gelbfieber-

---

[1] Eine Ausrottung der Anophelinen in den assanierten Gebieten gelingt nur selten. RUGE, R.: a. a. O., S. 1025, sowie, dort zitiert, B. NOCHT: Über Erfahrungen bei Malariareisen in Europa. Arch. Schiffs- u. Tropenhyg. **30**, Beih. 1, 1 (1926). — Nach GRASSI (R. RUGE: Ebenda) ist in Fiumicino die Malaria nach Assanierung und Chininanwendung von 66 auf 2% zurückgegangen.

[2] Vgl. u. a. J. SCHNEIDER: Organisation und Erfolg der Malariabekämpfung in Palästina. Cbl. Bakter. I Orig. **111**, 99 (1929). — G. PELLER: Die Malaria und deren Bekämpfung in Palästina. Ebenda **116**, 132 (1930). — T. J. CASTILLON: La lutte antipaludique, dans les états sous mandat français: Alexandrette (1919—1929). Arch. Méd. mil. **94**, 541 (1931); nach Zbl. Hyg. **25**, 636 (1931).

[3] RUGE, R.: a. a. O., S. 1025.

[4] SMORODINZEW, I. A. u. Mitarbeiter: Die physikalisch-chemische Charakteristik der Torfsumpfgewässer in bezug auf Anophelesbrutstätten. Z. Desinf. **21**, 193 (1929). — Vgl. auch W. WARASI: Zur Biologie der Anopheleslarven in Verbindung mit den Wasserfaktoren des Anophelismus in Kolchis. Arch. Schiffs- u. Tropenhyg. **35**, 336 (1931). — Die norddeutschen Torfmoore bieten nach H. ZIEMANN (a. a. O., S. 438) keine günstige Entwicklung für die Anopheles.

[5] Bei früheren Untersuchungen fanden I. A. SMORODINZEW u. A. N. ADOWA: [Eine vergleichende Bestimmung der aktuellen Reaktion von Torfwässern. Arch. Hydrobiol. **19**, 323 (1928)] in den Gewässern der Sümpfe vom Sphagnumtyp ein p_H von 3,82 bis 5,60, in denen vom Seggetyp ein p_H von 7,40 bis 8,47 und Abwesenheit von Anopheleslarven bei p_H unter 5,0.

[6] Vgl. u. a. H. ZIEMANN: a. a. O., S. 422. — R. RUGE: a. a. O., S. 1024. — B. E. JACKSON u. Mitarbeiter: Improved practical and economical methods of mosquito control. Amer. J. publ. Health **1930**, 628; nach Cbl. Bakt. I Ref. **100**, 308 (1930).

[7] RUGE, R.: a. a. O., S. 1023. — Neuere Veröffentlichungen: H. SCHNEIDER: Arbeitsmethoden italienischer Malariastationen auf der Insel Sardinien. Arch. Schiffs- u. Tropenhyg. **35**, 36 (1931). — E. MARTINI: Die Bestäubungs-, insbesondere Schweinfurtergrün-Verfahren in der Malariabekämpfung. Z. Desinf. **23**, 151 (1931); mit Literaturnachweis. — Vgl. auch A. MISSIROLI: Versuchsstation für den Kampf gegen Malaria. Seuchenbekämpfg. **6**, 244 (1929). — La prevenzione della malaria nel campo pratico. Riv. Malariol. **6**, 501 (1927); **7**, 413 (1928); **9**, 667 (1930); nach Zbl. Hyg. **16**, 488 (1928); **19**, 200 (1929); **25**, 634 (1931). — S. S. COOK u. L. L. WILLIAMS jr.: Symposium on malaria. Air plains and Paris green in control of anopheles production. South. med. J. **21**, 754 (1928); nach Zbl. Hyg. **19**, 202 (1929).

[8] HOFMANN, W. H.: Das gelbe Fieber. Handbuch der pathogenen Mikroorganismen **8**, 496 (1930). — Fortschritte der Gelbfieberforschung. Zbl. Hyg. **23**, 641 u. 656 (1931).

[9] MARTINI, E.: Über Stechmücken. Arch. Schiffs- u. Tropenhyg. **24**, Beih. 1, 240 (1920). — COUTO, M. u. M. DA ROCHA-LIMA: Gelbfieber. Handbuch der Tropenkrankheiten **5**, 729. 1929. — RUGE, R.: a. a. O., S. 1025 (= Gelbfiebermücke als ausgesprochene Hausmücke leichter zu bekämpfen als Malariamücke). — DOHMANN, J. F.: Neuere Erfahrungen über die Epidemiologie und Bekämpfung des Gelbfiebers in Brasilien. Dtsch. med. Wschr. **57**, 859 (1931).

herde Afrikas[1]. Auch die Bekämpfung des Denguefiebers[2] hat sich vor allem mit der Vernichtung der das Virus übertragenden Mücken zu befassen, desgleichen auch die des Pappatacifiebers, das sich z. B. 1915 nach dem großen Erdbeben in Süditalien infolge der durch das Beben entstandenen vielen Brutplätze für die Eier und Larven der das Fieber verbreitenden Insekten enorm ausbreiten konnte (20—30 Millionen RM. wirtschaftlicher Schaden durch 50000 Fieberfälle[3]). Durch blutsaugende Insekten werden auch die in feuchtwarmen tropischen und subtropischen Niederungen verbreiteten Filarienkrankheiten übertragen[4]. Die afrikanische Schlafkrankheit und die Tsetsefliegenkrankheit der afrikanischen großen Säugetiere wird durch die zu den Stechfliegen gehörenden Glossinen übertragen, deren Gedeihen insofern von der Bodenbeschaffenheit abhängig ist, als sie in buschlosen Gebieten nicht vorkommen, daher durch Beseitigung des niederen Busches und periodische Bearbeitung des Bodens in der Umgebung der menschlichen Ansiedelungen zu bekämpfen sind[5], während die das mittelafrikanische Rückfallfieber vielfach verbreitenden Zecken nach KOCH „einen durchaus trockenen Boden" brauchen[6]. Hinsichtlich der Stechmückenbekämpfung sei noch auf BAYER[7] verwiesen.

Ratten und andere Tiere als Überträger von Krankheitserregern.

Die ursprünglichen Wirte der Pest sind die wilden Nagetiere Zentralasiens, von wo die europäischen Seuchenzüge früherer Jahrhunderte ihren Ausgang genommen haben[8]. An dem Zusammenhang zwischen dem epidemischen Auftreten der Pest unter den Menschen und der Rattenpest und somit auch an der mittelbaren Beteiligung des Bodens an der Pestausbreitung ist nicht zu zweifeln[9]. Als Überträger der Pestbakterien kommen hauptsächlich die Flöhe der Pestratten in Betracht, die von den toten Ratten auf andere Ratten und auch auf den Menschen übergehen und durch Stiche infizieren. Außerdem verstreuen die pestösen

[1] SMITH, H. F.: Résumé of report on sanitation and yellow fever control in Liberia. Publ. Health Rep. 1931 I, 1353; nach Zbl. Hyg. 25, 866 (1931).

[2] DOERR, R.: Pappatacifieber und Dengue. Handbuch der pathogenen Mikroorganismen 8, 524, 534 u. 538 (1930). — Vgl. auch J. D. DINGER u. E. P. SNIJDERS: Dengue und Gelbfieber. Arch. Schiffs- u. Tropenhyg. 35, 497 (1931); mit Literaturnachweis. — E. MANOUSSAKIS: Le mode des transmissions de la fièvre dengue. Rev. d'Hyg. 53, 18 (1931); nach Zbl. Hyg. 24, 750 (1931). — R. HAMLYN-HARRIS: The elimination of Aedes argenteus Poiret as a factor in dengue control in Queensland. Ann. trop. Med. 25, 21 (1931); nach Zbl. Hyg. 25, 375 (1931). — N. LORANDO u. N. CHANIOTIS: Sur la dernière epidémie de dengue en Grèce. Rev. Med. trop. 23, 23 (1931); nach Zbl. Hyg. 25, 376 (1931). — J. LEMOS MONTEIRO: Studien über das Gelbfieber. Mem. Inst. Butantan 5, 53 (1930); nach Zbl. Hyg. 25, 639 (1931). — J. SIMMONS u. Mitarbeiter: Études expérimentales sur la dengue. Philippine Journ. Sci. 44, 1 (1931) nach Off. internat. d'hyg. publ. 33, 2054 (1931).

[3] DOERR, R.: a. a. O., S. 522.

[4] FÜLLEBORN, F.: Filariosen des Menschen. Handbuch der pathogenen Mikroorganismen 6, 1152 (1929).

[5] MANTEUFFEL, P. u. M. TAUTE: Die Trypanosomen des Menschen. Handbuch der pathogenen Mikroorganismen 7, 1176 u. 1261. 1930. — ZWICK, W. u. P. KNUTH: Die Trypanosomen der Tiere. Ebenda, S. 1364. — MENSE, C.: Die afrikanische menschliche Trypanosomenkrankheit (Schlafkrankheit). Handbuch der Tropenkrankheiten 5, 1328. 1930. — Vgl. auch P. MANTEUFFEL: Probleme der afrikanischen Schlafkrankheit. Med. Welt 5, 364 (1931).

[6] Zitiert nach P. MÜHLENS: Rückfallfieber. Handbuch der pathogenen Mikroorganismen 7, 446. 1930. — Vgl. auch R. RUGE: Rückfallfieber. Handbuch der Tropenkrankheiten 5, 500. 1930.

[7] BAYER, M.: Grundzüge der Stechmücken- (Culiciden-) Bekämpfung. Kl. Mitt. Mitgl. Ver. Wasservers. usw. 1, 102f. (1924/25). — EYSSEL, A.: Die Stechmücken. Handbuch der Tropenkrankheiten 1, 231ff. 1924.

[8] DIEUDONNÉ, A. u. R. OTTO: Pest. Handbuch der pathogenen Mikroorganismen 4, 303 (1928). — FLU, P. C.: Die Pest. Handbuch der Tropenkrankheiten 2, 263. 1924.

[9] KOEHLER, G.: Die Ratte als Krankheitsüberträger. Zbl. Hyg. 10, 164f. (1925); mit Literatur. — FLU, P. C.: a. a. O., S. 279 u. 334.

Ratten mit Kot und Harn und aus ihren zerfallenden Kadavern ungeheure Mengen von Pestbakterien auf und in den Erdboden. Im Boden, in beerdigten Pestleichen und Pestkadavern bleiben sie zuweilen monatelang lebensfähig und virulent[1]. Von einem solchen Boden aus können die Erreger auf mannigfache Weise, am meisten wohl durch das in der orientalischen Heimat der Pest übliche Barfußlaufen, auf den Menschen übergehen. In Bombay (350000 Einwohner) hat man durch energische Rattenvertilgung (865000 Ratten im Jahre 1928) und durch Abbruch unhygienischer Wohnungen, die den Ratten Nistplätze bieten, die Pest von 1921 Fällen im Jahre 1916 allmählich und stetig auf 178 Fälle im Jahre 1928 heruntergebracht und hofft, sie dort und in Rangoon bald ausrotten zu können[2].

Auch in bezug auf die (durch die Spirochaeta icterohaemorrhagiae, syn. icterogenes erzeugte) WEILsche Krankheit „ist der Rattentheorie eine grundlegende epidemiologische Bedeutung zuzuerkennen"[3]. Nach den im Weltkrieg gemachten Feststellungen infiziert sich der Mensch direkt von der Ratte, außerdem, wie Badeepidemien erkennen lassen, auch durch Wasser, in welches die Spirochäten durch die Ausscheidungen der Ratten gelangen[4], und in welchem sie dann, namentlich im Bodenschlamm, sich halten und vermehren können, vielleicht aber auch primär vorkommen[5].

Als Überschwemmungs- oder Schlammfieber treten in manchen Gegenden, so in Schlesien[6], Bayern[7], auch in Rußland[8], Kanada[9] und Japan[10], hin und wieder

---

[1] DIEUDONNÉ, A. u. R. OTTO: a. a. O., S. 199.

[2] GRIESBACH, W.: Indische Krankenhäuser. Med. Welt 4, 1415 (1930).

[3] UHLENHUTH, P.: Zur Epidemiologie der WEILschen Krankheit, mit besonderer Berücksichtigung der Wasserinfektion. Münch. med. Wschr. 77, 2102 (1930). — KOEHLER, G.: a. a. O., S. 172. — UHLENHUTH, P. u. W. FROMME: WEILsche Krankheit. Handbuch der pathogenen Mikroorganismen 7, 547ff. (1930).

[4] UHLENHUTH, P.: a. a. O., S. 2047, 2098 u. bes. 2102 Ziff. 6a. — ZUELZER, M.: Über Tierhaltung von Mus decumans bei Infektionsversuchen mit Wasserspirochäten. Cbl. Bakter. I Ref. 100, 284 (1930). — SCHÜFFNER, W.: Über das Vorkommen der WEILschen Krankheit in Holland während der Jahre 1924—1929. Arch. Hyg. u. Bakter. 103, 249 (1930). — BYL, J. P. u. G. KORTHOFF: Über das Vorkommen der WEILschen Infektion in Holland während der Jahre 1924—1930. Ebenda 105, 29 (1930).

[5] So soll z. B. auf den Andamaneninseln (im Bengalischen Meerbusen), wo die WEILsche Krankheit seit langem endemisch ist, die Übertragung, ohne daß Ratten dabei eine integrierende Rolle spielen, dadurch zustande kommen, daß bei Arbeiten in nassen Reisfeldern und bei der Urbarmachung sumpfigen Geländes die in diesem überlebenden Spirochäten, ähnlich wie bei einer Ankylostomiasisinfektion, durch die Haut die Eingangspforte in den menschlichen Organismus finden. — TAYLOR, J. u. AMAR NATH GOYLE: Leptospirosis in the Andamans. Indian med. Mem. Nr. 20, H. 20, 1—190 (1931); nach Zbl. Hyg. 25, 377 (1931) und Cbl. Bakter. I Ref. 104, 280 (1931). — Vgl. auch M. ZUELZER: Beiträge zur WEIL-Frage. Arch. Hyg. u. Bakter. 103, 295 (1930). — P. UHLENHUTH: Über die Epidemiologie der WEILschen Krankheit mit besonderer Berücksichtigung der Infektionen durch Wasser. Zbl. Hyg. 23, 77 (1931).

[6] MÜLLER, FR.: Die Schlammfieber-Epidemie in Schlesien vom Jahre 1891. Münch. med. Wschr. 41, 773 u. 801 (1894). — KATHE, H.: Das sogenannte Schlammfieber in den Jahren 1926 und 1927. Cbl. Bakter. I Orig. 109, 284 (1928); 110, Beih. 54 (1929). — Überschwemmung und Seuchengefahr. Klin. Wschr. 8, 1134 (1929). — PRAUSNITZ, C. u. H. LUBINSKI: Untersuchungen über das Schlammfieber. Klin. Wschr. 5, 2052 (1926).

[7] RIMPAU, W.: Über das Vorkommen von Schlamm- (Ernte-) Fieber in Südbayern im Sommer 1926. Münch. med. Wschr. 74, 921 (1927). — GLASER, W.: Das Schlamm- oder Erntefieber (Sommergrippe) im Bezirksamt Erding im Jahre 1927. Münch. med. Wschr. 75, 1162 (1928).

[8] BASCHENIN, W. A.: Eine neue epidemische Krankheit: „Das Wasserfieber" im Gouvernement Moskau. Cbl. Bakter. I Orig. 113, 447 (1929). — EPSTEIN, H. u. S. TARASSOW: Zur Ätiologie des sogen. Schlamm- und Wasserfiebers. Arch. Schiffs- u. Tropenhyg. 33, 222 (1929).

[9] FULTON, J. S.: The incidence of swamp fever in Saskatchewan in relation to soil type. J. amer. vet. med. Assoc. 77, 157 (1930); nach Zbl. Hyg. 24, 368 (1931).

[10] THIERSCH, J.: ERWIN BAELZ. Ein ungedruckter Bericht aus dem Jahre 1878. Med. Welt 5, 1554 (1931). — BÄLZ, E. u. KAWAKAMI: Das japanische Fluß- und Überschwemmungs-

Epidemien bei Leuten auf, die zur Bergung der Ernte in überschwemmten Flußniederungen mit dem schlammigen Boden längere Zeit in Kontakt waren. Hier scheint, neben Ratten und den zu Tausenden ertrinkenden Feldmäusen[1] als Überträger von Spirochäten verschiedenster Art, auch die Möglichkeit zu bestehen, daß freilebende saprophytische Wasserspirochäten sich in dem an organischen Stoffen reichen Bodenschlamm ungeheuer vermehren und bei gelegentlicher Virulenzsteigerung die in dem Schlammwasser längere Zeit arbeitenden Menschen infizieren[2]. Viel für sich hat auch die Vermutung[3], daß das schlesische Schlammfieber durch eine der WEIL-Spirochäte nahestehende, aber vermutlich weniger virulente Leptospira hervorgerufen wird[4]. BAERMANN[5] ist der Meinung, daß diese kurzfristigen Spirochätenfieber durch die echte WEIL-Spirochäte verursacht werden, die in diesen Fällen eben nur leicht verlaufende Infektionen macht; sie seien auf Sumatras Ostküste sozusagen ubiquitär und könnten auch direkt aus dem Schlamm übertragen werden[6]. Bei der Düngung der japanischen nassen Reisfelder mit Kalziumcyanamid ($CaCN_2$) sei es nebenher gelungen, die Spirochäten im Boden abzutöten und so „eine ganz gewaltige Reduktion der Infektion zu erzielen“[7].

Von wildlebenden Nagetieren wird durch den Stich einer blutsaugenden Fliege oder Zecke oder auch direkt von Teilen der inneren Organe oder Körperflüssigkeiten infizierter Nagetiere oder Zecken, der Erreger (Bact. tularense) der (pestähnlichen) Tularämie auf den Menschen übertragen[8]. Über einen Fall von Tularämie durch Verunreinigung einer Fingerwunde mit infizierter Erde berichtet THJOTTA[9]. Die Ratte ist ferner ein häufiger und allgemein weit verbreiteter Zwischenträger oder Arterhalter der Trichinen[10]. „In Berlin sind von 100 Ratten 100 trichinig“[11]. Zwischen trichinösen Ratten und Schweinen

fieber. R. Virchows Arch. **78** (1879) nach A. EYSSEL: Die Milben. Handbuch der Tropenkrankheiten **1**, 411 u. 415. 1924. — In Japan soll der noch unbekannte Erreger durch infizierte Akamushi-Milben, die in der kritischen Zeit in den Flußtälern und auch in den Ohrmuscheln einer dort lebenden Feldmaus massenhaft vorkommen, auf den Menschen übertragen werden. Prophylaxe: Meidung der Niederungen in der kritischen Zeit, intensivere Kultivierung und Austrocknung durch Bepflanzung mit stark wasserbedürftigen Bäumen. Vgl. A. EYSSEL: a. a. O., S. 411.

[1] BRILL, FR.: Ätiologie des Schlammfiebers. Münch. med. Wschr. **74**, 1539 (1927).

[2] Vgl. P. UHLENHUTH u. W. FROMME: a. a. O., S. 587. — W. OHLMÜLLER u. O. SPITTA: Untersuchung und Beurteilung des Wassers und des Abwassers, S. 366. Berlin 1931.

[3] PRAUSNITZ, C.: Zur Frage der Ätiologie des Schlammfiebers. Cbl. Bakter. I Orig. **114**, 240 (1929).

[4] Vgl. auch L. KIRSCHNER: Umwandlungsversuche an Wasserspirochäten in Java. Z. Hyg. **113**, 48 (1931). — M. SARDJITO: Untersuchungen über das biologische Verhalten verschiedener Stämme der Spirochaeta icterogenes und der Spirochaeta pseudoicterogenes. Cbl. Bakter. I Orig. **122**, 497 (1931).

[5] BAERMANN, G.: Die kurzfristigen Spirochätenfieber. Handbuch der pathogenen Mikroorganismen **7**, 678. 1930.

[6] BAERMANN, G.: Über WEILsche Krankheit und kurzfristige Spirochätenfieber. Münch. med. Wschr. **78**, 1457 (1931). [7] BAERMANN, G.: a. a. O., S. 686.

[8] FRANCIS, E.: Tularämie. Handbuch der pathogenen Mikroorganismen **6**, 207, 209, 225 u. 239. 1928. — Neuere Arbeiten: H. HABS: Tierseuchen und menschliche Epidemien. Klin. Wschr. **10**, 555 (1931). — H. ZEISS: Die pestähnlichen Lymphdrüsenentzündungen in Rußland und ihre Beziehungen zur Tularämie usw. Arch. Hyg. u. Bakter. **105**, 210 (1931). — Vgl. auch H. S. CUMMING: La tularémie aux Etats Unis. Off. internat. Hyg. publ. **22**, 1904 (1930); nach Cbl. Bakter. I Ref. **103**, 21 (1931). — J. C. GEIGER: Tularemia in cattle and sheep. California Med. **34**, 154 (1931); nach Zbl. Hyg. **25**, 630 (1931). — FR. VOLKMAR: Tularämia bei Schafen und Wildhasen. Berl. tierärztl. Wschr. **1931 I**, 131; nach Zbl. Hyg. **25**, 629 (1931).

[9] THJOTTA, TH.: Fortgesetzte Beobachtungen über das Vorkommen der Tularämie in Norwegen. Norsk Mag. Laegevidensk. **92**, 39 (1931); nach Zbl. Hyg. **25**, 630 (1931).

[10] KOEHLER, G.: a. a. O., S. 173.

[11] STICKER, G. u. Mitarbeiter: Wurmkrankheiten. Handbuch der Tropenkrankheiten **5**, 20. 1929.

besteht ein enger Zusammenhang und somit auch zwischen Ratten und menschlicher Trichinosis[1]. Bei den nahen Beziehungen zwischen Ratten, Abfallgruben, Dungstätten usw. und Schlachtvieh können auch die Mikroorganismen der Paratyphusgruppe[2] von einer Tierart intravital oder postmortal auf die andere und auf den Menschen übergehen[3]. In vereinzelte Fällen sind Ratten auch als Überträger von Bandwürmern beobachtet worden[4]. Hinsichtlich der gesetzlichen Vorschriften zur Rattenvertilgung und der Rattenbekämpfungsmethoden sei auf die unten angegebene Literatur[5] verwiesen.

Die Bilharziosis, eine exotische Wurmkrankheit der Menschen und Haustiere mit Süßwassermollusken als Zwischenwirten[6], ist eine von jeher inÄgypten[7], China, Japan und anderen stärker bevölkerten Ländern[8] unter der einheimischen Bevölkerung herdweise vorkommende Infektionskrankheit, die durch blutsaugende Trematoden, deren Eier mit den Exkreten abgehen, verursacht wird. Sie ist u. a. auch durch Bodenassanierung zu bekämpfen, indem man den Schnecken die Lebensbedingungen entzieht[9]. Ähnliches gilt auch für die in allen Weltteilen vorkommende Leberegelseuche der Pflanzenfresser, die beim Rohgenuß von Brunnenkresse, Sauerampfer und anderen Kräutern auch auf den Menschen übergehen kann[10].

---

[1] KOEHLER, G.: a. a. O., S. 174.

[2] Vgl. u. a. G. ELKELES u. R. STANDFUSS: Die Paratyphosen. Handbuch der pathogenen Mikroorganismen 3, 1680 (1931). — G. ELKELES: Paratyphus, Fleischvergiftung und ihre Beziehungen zueinander. Erg. Hyg. 11, 68 (1930). — FR. KAUFFMANN: Der heutige Stand der Paratyphusforschung. Zbl. Hyg. 25, 273 (1931).

[3] KOEHLER, G.: a. a. O., S. 176. [4] KOEHLER, G.: a. a. O., S. 179.

[5] KOEHLER, G.: a. a. O., S. 185ff. — Reichsgesundheitsamt, Druckschr.: Die Rattenvertilgung, 32 S. Berlin 1930. — SCHANDER, R. u. G. GÖTZE: Über Ratten und Rattenbekämpfung usw. Cbl. Bakter. II 81, 260f., 335f., 481f.; 82, 111f. (mit Literaturnachweis). — KISTER, J. u. G. WEGNER: Die Rattenbekämpfung in Hamburg. Seuchenbekämpfg. 5, 35, 46, 129 u. 139 (1928). — TRON, G.: La dératisation de Milan. Rev. d'Hyg. 51, 745 (1929); nach Zbl. Hyg. 21, 608 (1929). — Vgl. auch TH. SALING: Die Rattenbekämpfung als internationale Aufgabe der Hygiene. Z. Desinf. 22, 399ff. (1930). — Ratin- und Mäusetyphuskulturen sollten wegen ihrer Pathogenität für Vieh und Mensch künftig zur Ratten- und Mäusebekämpfung nicht mehr angewandt werden, zumal sich große Epidemien unter den Ratten und Mäusen dadurch nicht erzielen lassen. — Vgl. die Literaturangaben bei FR. KAUFFMANN: a. a. O., S. 302. — Mindestens sollte nur den staatlich geprüften Desinfektoren die Auslegung derartiger Köder gestattet sein. — Vgl. die Ausführungen und Literaturangaben von G. WILLFÜHR, G. BECKERT u. H. BRUNS: Einige Erkrankungen durch Ratinbazillen. Veröff. Med.verw. 35, 44ff. (1931). — G. ELKELES u. R. STANDFUSS: a. a. O., S. 1688. — TIEDE: Über tödliche Infektionen durch „Ratin" bei Hase und Hamster in freier Wildbahn. Cbl. Bakter. I. Orig. 122, 541 (1931). — Ferner Runderlaß des preußischen Ministeriums für Volkswohlfahrt und Landwirtschaft vom 18. August 1931; abgedr. u. a. Z. Med.beamte 44, 144 (1931). — O. LENTZ: Über Lebensmittelvergiftungen. Med. Welt 5, 806 (1931).

[6] Vgl. u. a. G. STICKER u. Mitarbeiter: a. a. O., S. 38.

[7] Der fruchtbare Nilschlamm ist naturgemäß auch ein guter Nährboden für viele Krankheitserreger. — KALLENBACH: Ägyptischer Brief. Münch. med. Wschr. 77, 821 (1930) berichtet: „Das Trinkwasser, das dem Nil entnommen wird, muß zweifach filtriert werden. Das Volk sagt freilich, es schmecke nicht, es habe keine Speise. Deshalb sind die durch das Wasser übertragene Ankylostomiasis, die Amöbenruhr und Bilharzia auf fast $^1/_3$ der Bevölkerung verbreitet." (Schätzungsweise 5 Millionen von 16 Millionen Einwohnern). — Nach Engineering 128, 503 (1929), zitiert nach Wasser u. Abwasser 27, 2 (1930), besteht ein Zusammenhang zwischen Bodenbewässerung mit Nilwasser und dem Auftreten von Sumpffieber und BILLHARZscher Krankheit.

[8] STICKER, G. u. Mitarbeiter: a. a. O., S. 56 u. 173.

[9] LUTZ, AD. u. G. A. LUTZ: Bilharziasis oder Schistosomuminfektionen. Handbuch der pathogenen Mikroorganismen 6, 873ff. 1929. — STICKER, G. u. Mitarbeiter: a. a. O., S. 164.

[10] STICKER, G. u. Mitarbeiter: a. a. O., S. 125. — GMINDER, A.: Die Bekämpfung der Aufzuchtkrankheiten in Württemberg. Cbl. Bakter. I. Ref. 97, 50 (1930).

Für diese Krankheiten hat also die Auffindung von Tieren als Zwischenwirte und deren Abhängigkeit von bestimmten Witterungs- und Bodenverhältnissen eine überraschend einfache Erklärung für die zeitliche und örtliche Bedingtheit der Entstehung dieser Seuchen gebracht[1].

Jodmangel als Ursache des endemischen Kropfes.

Mit dem Boden in ursächlichem Zusammenhang stehen auch der endemische Kropf (Schilddrüsenanschwellung mit Geschwulstbildung) und seine Folgezustände (Kretinismus und Idiotie). Ein spezifischer Erreger hat sich nicht auffinden lassen[2]. Schon FRANK führte die Kröpfe u. a. auf das Brunnenwasser zurück[3]. Früher hat man besonders hartem Wasser (mit übermäßig hohem Kalkgehalt) kropfbildende Eigenschaften zugeschrieben, eine Anschauung, die jetzt als unzutreffend verlassen worden ist. Gutachtliche Äußerungen[4] des Reichsgesundheitsamtes, der Preußischen Landesanstalt für Wasser-, Boden- und Lufthygiene, der Hygienischen Institute in Jena (ABEL) und Erlangen (HEIM), von BLEYER (Weihenstephan) u. a. stimmen z. B. alle darin überein, daß die Wasserhärte und überhaupt die Wasserbeschaffenheit an sich allein mit der Kropfbildung nichts zu tun hat. Die zur Zeit am besten gestützte Erklärung, wenigstens für bestimmte Kropfendemiegegenden, ist der Mangel an kleinsten Jodmengen in der Umwelt. Diese Jodmangeltheorie wurde schon im Jahre 1850 von CHATIN[5] auf Grund umfangreicher experimenteller Arbeiten begründet. CHATIN konnte in nahezu allen Naturprodukten Spuren von Jod mengenmäßig nachweisen. In den Alpen und Pyrenäen fand er mit zunehmender Höhenlage in der Luft und den Wässern im allgemeinen stets weniger Jod. Mit dieser Jodabnahme ging eine Zunahme von Kropf und Kretinismus einher. Er kam zu der Überzeugung, daß neben allgemeinen Ursachen, wie unhygienische (feuchte, dunkle) Wohnungen, ungenügende Ernährung, erbliche Veranlagung, individuelle Disposition, die besondere Ursache der Kropfendemie, gewissermaßen das auslösende Moment, der Jodmangel in der Natur sei. Er unterschied 4 Zonen der Kropfhäufigkeit[6]:

1. Zone, normal (Paris): Kropf und Kretinismus unbekannt. Das von einem Menschen in 24 Stunden veratmete Luftquantum (nach DUMAS 7—8 m³) enthält mindestens 5 Gamma[7] Jod, 1 Liter Regenwasser 7 Gamma, 1 Liter Quellwasser oder Flußwasser 5 Gamma, 10 g Ackererde 5 Gamma Jod. 2. Zone (Soissons), Kropf selten, Kretinismus unbekannt. Unterscheidet sich von der 1. Zone nur durch hartes jodfreies Wasser. 3. Zone (Lyon und Turin): Kropf mehr oder weniger häufig, Kretinismus nahezu unbekannt. Die Jod-

---

[1] Vgl. M. HAHN: Allgemeine Epidemiologie und Prophylaxe. In E. FRIEDBERGER und R. PFEIFFERS Lehrbuch der Mikrobiologie 1, 252. 1919. — H. HABS: a. a. O., S. 556.

[2] Vgl. u. a. W. v. GONZENBACH: Beziehungen zwischen Trinkwasser und endemischem Kropf. Gas- u. Wasserfach 68, 670 (1925). — J. WAGNER-JAUREGG: Kropf und Trinkwasser. Ebenda 71, 821 (1928). — K. SCHARRER: Chemie und Biochemie des Jods, S. 152. Stuttgart 1928. — A. KOCHER: Kropf. G. u. F. KLEMPERERS Neue Deutsche Klinik 6, 2. Berlin 1930.

[3] FRANK, J. P.: System einer vollständigen medizinischen Polizey 3, 347. Wien 1787: „so hat man beobachtet, daß unerachtet in Kärnthen die Kröpfe sehr gemein sind, doch die Reichen, welche nahrhaftere Speisen und statt des dortigen Brunnenwassers geistige Getränke, als Wein oder Bier trinken, meistens davon frey bleiben".

[4] SPITZFADEN, G.: Zur Kropfbekämpfung. Gas- u. Wasserfach 68, 2—4 (1925).

[5] CHATIN, A.: C. r. 30, 1850ff.; zitiert nach TH. v. FELLENBERG: Untersuchungen über das Vorkommen von Jod in der Natur. I. Biochem. Z. 139, 371 (1923).

[6] Nach TH. v. FELLENBERG: a. a. O., S. 373, sowie ausführlicher bei demselben: Das Vorkommen, der Kreislauf und der Stoffwechsel des Jods. Erg. Physiol. 25, 184 (1926).

[7] 1 Gamma = $^1/_{1000}$ mg.

menge in 8 m³ Luft, in 1 Liter Regen- oder Trinkwasser und in 10 g Ackererde schwankt zwischen 1 und 2,5 Gamma. 4. Zone (Alpentäler) Kropf und Kretinismus endemisch. Die Jodmengen liegen unter 0,5 Gamma. CHATIN stellte ferner folgende Hauptsätze[1] auf: 1. Kropf und Kretinismus sind unbekannt in den Gegenden, die normal jodiert sind. 2. Diese Krankheiten treten auf, wenn das Mengenverhältnis des Jods abnimmt. 3. Das Jod ist ein Spezifikum gegen Kropf. Zur Bekämpfung und Verhütung des Kropfes empfahl CHATIN deshalb regelmäßige Zufuhr winziger Jodmengen mit der Nahrung, z. B. mit dem Speisesalz oder dem Wasser oder den Bezug von Nahrungsmitteln aus kropffreien Gebieten. Seine Angaben über die allgemeine Verbreitung des Jods in der Natur wurden von seinen Fachgenossen anerkannt[2], seine Theorie über den Zusammenhang zwischen Jodmangel und Kropf dagegen nicht. Diese fand erst Jahrzehnte später hauptsächlich dadurch wieder Beachtung, daß BAUMANN im Jahre 1895 den Gehalt und die physiologische Bedeutung des Jods in der Schilddrüse feststellte[3]. Im Jahre 1923 begann der schweizerische Forscher TH. V. FELLENBERG mit der Veröffentlichung seiner umfassenden und gründlichen Arbeiten[4], um dieselbe Zeit wandten sich auch andere in- und ausländische Gelehrte[5] diesem Problem zu. Man fand für kropffreie und kropfreiche Gegenden so auffallende Unterschiede im Jodgehalt der Umwelt, daß CHATINS Jodmangeltheorie als bestätigt angesehen wurde. Seitdem ist, dank den Fortschritten der Methodik der mikrochemischen Jodbestimmung durch FELLENBERG[6] und andere Chemiker[7], eine außerordentlich umfangreiche, in naturwissenschaftlichen, medizinischen und landwirtschaftlichen Zeitschriften weit zerstreute Literatur über das Jodvorkommen in der Natur und die Bedeutung des Jods für Mensch, Tier und Pflanze entstanden. SCHARRER[8] hat sie an Hand von mehr als 500, darunter vieler eigener Veröffentlichungen eingehend besprochen. Auch MEINCK hat im Hinblick auf die Zunahme[9] des endemischen Kropfes in preußischen Gebirgsgegenden nach dem Kriege die in der ihm zugänglichen Weltliteratur vorhandenen zahlenmäßigen Angaben über den Jodgehalt natürlicher Produkte neben eigenen Befunden in dankenswerter Weise zusammengestellt[10]. Den Zusammenhang zwischen Kropf und Jodgehalt der Um-

[1] Nach E. LIEK: Ist die Jodmangeltheorie des Kropfes richtig? Münch. med. Wschr. **74**, 1787 (1927).

[2] Wenigstens von denen, die seine exakten chemischen Bestimmungsmethoden kannten und benutzten. — Vgl. TH. V. FELLENBERG: Erg. Physiol. a. a. O., S. 185 u. 192.

[3] BAUMANN, E.: Über das normale Vorkommen von Jod im Tierkörper. I. Mitt. Z. physiol. Chem. **21**, 319 (1895); zitiert nach K. SCHARRER: Chemie und Biochemie des Jods, S. 64 u. 153. Stuttgart 1928.

[4] FELLENBERG, TH. V.: Untersuchungen über das Vorkommen von Jod in der Natur. I. Mitt. Biochem. Z. **139**, 371—451 (1923) mit vielen Fortsetzungen in den Bänden dieser Zeitschrift. — Einen zusammenfassenden Bericht über seine bis 1926 erschienenen Arbeiten hat FELLENBERG in einer Monographie gegeben: Das Vorkommen, der Kreislauf und der Stoffwechsel des Jods. München 1926; auch abgedruckt in: Erg. Physiol. **25**, 176—363 (1926).

[5] Vgl. z. B. MC CLENDON u. Mitarbeiter für USA. bei F. MEINCK: Das Vorkommen von Jod in der Natur. Veröff. Med.verw. **29**, 79 (1929). — Ferner CH. E. HERCUS u. Mitarbeiter: Endemic goitre in New-Zealand and its relation to the soil-iodine. J. of Hyg. **24**, 397 (1925); **26**, 49 (1927); **31**, 493 (1931).

[6] FELLENBERG, TH. V.: Monographie. a. a. O., S. 189f.

[7] Bei K. SCHARRER: Chemie und Biochemie des Jods, S. 18. Stuttgart 1928.

[8] SCHARRER, K.: Chemie und Biochemie des Jods, 192 S. Stuttgart 1928. — Vgl. auch H. CAUER: Über das Vorkommen von Jod in Gesteinen, Erden und Wässern und seine Beziehung zum Kropf. J. Landw. **77**, 251 (1929).

[9] MARMANN, J.: Die Ausbreitung des Kropfes unter den Schulkindern in Preußen. Veröff. Med.verw. **30**, H. 7 (1929).

[10] MEINCK, F.: Das Vorkommen von Jod in der Natur. Veröff. Med.verw. **29**, 1 bis 110 (1929).

welt zeigt eindeutig die nachstehende Zusammenstellung von Befunden FELLENBERGS[1].

Vergleich der Kropfhäufigkeit mit dem Jodgehalt der Gesteine, Erden, Wässer und der Luft schweizerischer Ortschaften.

Ortschaft	Einwohner mit Kropf %	Geolog. Unterlage	Jodgehalt in Gamma (1/1000 mg)				
			im kg Gestein	im kg Erde	im Liter Wasser	im m³ Luft	f. 24 h. Harn[2]
Effingen . . .	1,0	unterer weißer Jura	5400 bis 9300	11 900	2,0 bis 3,1	0,51	70
Hornussen . .	12,1	oberer brauner Jura	830	4940	—	—	—
Hunzenschwil .	56,2	untere Süß-wasser- und Meeresmolasse	320 bis 700 und 1600	620	0.04 bis 0,25	—	18
Kaisten	61,6	Muschelkalk und Dolomit	420 bis 430	820 bis 1970	0,54 bis 0,84	0,03	19

Die Tabelle zeigt ferner, daß die Jodausscheidung durch den Harn in der kropffreien Ortschaft Effingen bei höherem Jodgehalt der Umwelt größer ist als in den Kropfgebieten, wobei noch erwähnt sei, daß die Hauptmenge des Jods den Körper mit dem Harn verläßt[3].

Die Gültigkeit der Jodmangeltheorie wird aber auch vielfach bestritten. So hat LIEK[4] in der in bezug auf Jod hinreichend versorgten Danziger Gegend recht viele Kröpfe (allerdings keine Endemien und auch kaum Kretinismus) gefunden. Er weist auch auf ähnliche Befunde in anderen Gegenden hin. Auch HOLST[5] berichtet von kleinen Kropfendemien an der norwegischen Westküste, wo ebenfalls kein Jodmangel herrsche, dieser also nicht die Kropfursache sein könne, und wo Jod, wie auch in Danzig, kein Spezifikum gegen Kropf sei. Im Sinne von LIEK hat sich ferner DE HAAS auf Grund seiner Erfahrungen in Niederländisch-Indien gegen eine Verallgemeinerung der Jodmangeltheorie ausgesprochen[6]. Nach ARNDT ist der Kropf vielleicht überhaupt kaum als Krankheit, sondern als etwas ortsgebundenes Physiologisches anzusehen, das vor allem durch klimatische Verhältnisse bedingt wird[7]. Von HÖJER wird die Oberflächengestaltung des Landes, insbesondere die Nähe eines über dem Orte liegenden Abhanges von einer gewissen Art sowie die Nähe von Flüssen für Art und Häufigkeit der Kröpfe verantwortlich gemacht[8]. EBBEL[9] und

[1] Vom Verfasser zusammengestellt aus den Tabellen 47—50 der Monographie FELLENBERGS: a. a. O., S. 288—296.

[2] Mittlere Jodausscheidung je Kopf und Tag von 6 kropffreien und je 11 kropfbehafteten Einwohnern, mit Schwankungen von 40—108, 4—29 und 7—28 Gamma Jod.

[3] FELLENBERG, TH. v.: Versuche über den Jodstoffwechsel. I. Mitt. Biochem. Z. **142**, 261 (1923). — LUNDE, G.: Über die Geochemie und Biochemie des Jods, mit besonderer Berücksichtigung der norwegischen Kropfprophylaxe. Wien. klin. Wschr. **41**, 15 (1928).

[4] LIEK, E.: Ist die Jodmangeltheorie des Kropfes richtig? Münch. med. Wschr. **74**, 1786 (1927).

[5] HOLST, J.: Zur Jodmangeltheorie des Kropfes. Klin. Wschr. **10**, 118 (1931).

[6] HAAS, J. H. DE: On goitre and control of goitre in the tropics. Meded. Dienst Volksgezdh. Nederl.-Indië **19**, 191 (1930); nach Zbl. Hyg. **25**, 763 (1931).

[7] ARNDT, H.-J.: Über das Kropfproblem nach geographisch-pathologischen Untersuchungen. Sitzgsber. Ges. Naturw. Marburg **65**, H. 3. Berlin 1930; nach Zbl. Hyg. **25**, 762 (1931).

[8] HÖJER, J. A.: Kropfstudien. V. Die Verbreitung des endemischen Kropfes in Schweden. Sv. Läk.sällsk. Hdl. **57**, 1—104 (1931). — Das Verhältnis des endemischen Kropfes zur Topographie der Gegend. Schweiz. med. Wschr. **1931 I**, 265—267; zitiert nach Zbl. Hyg. **25**, 762 u. 763 (1931).

[9] EBBEL, B.: Die Ätiologie des endemischen Kretinismus und der Struma. Norsk Mag. Laegevidensk. **1925**, 145; nach Münch. med. Wschr. **72**, 1898 (1925).

WOLF[1] weisen auf Beziehungen zwischen Kropf und Radioaktivität der Wässer hin, während nach HESSE[2] in den sächsischen Kropfgegenden solche Beziehungen nicht bestehen. Zweifellos gibt es Gegenden, in denen dem Kropf andere Ursachen zugrunde liegen müssen, wofür u. a. auch die Tatsache spricht, daß die Jodprophylaxe durchaus nicht überall und nicht in allen Fällen von Erfolg ist.

Überhaupt ist eine einheitliche Ätiologie für alle verschiedenen Kropfformen in den verschiedenen Weltgegenden nicht anzunehmen[3]. Sehr wahrscheinlich sind auch „noch andere chemische Stoffe (anorganische oder organische), die wie das Jod in enger Beziehung zum Schilddrüsenstoffwechsel stehen, deren Bedeutung für den Haushalt des Organismus wir aber noch kaum oder gar nicht kennen, für die Kropfätiologie ebenso von Bedeutung. Wir nennen hier nur Phosphor und Kalzium[4]." Es steht jedenfalls fest, daß der (letzten Endes vom Boden ausgehende) Jodmangel zwar nicht als die alleinige, aber immer noch als eine Hauptursache der Entstehung von Kropferkrankungen zu gelten hat[5].

Die gesundheitliche Bedeutung der sonstigen anorganischen wasserlöslichen Bodenbestandteile.

Wie am Beispiel des Jods zu zeigen versucht wurde, kann ein größerer oder geringerer Gehalt eines Stoffes im Wasser unter Umständen auch als ein Anzeichen dafür dienen, ob dieser Stoff für das Gedeihen von Pflanze, Tier und Mensch in deren Umwelt in hinreichender Menge vorkommt. Nicht immer entspricht freilich der chemische Wasserbefund der geologischen Beschaffenheit der Umgebung. So berichtet BURTSCHER über ein praktisch kalkfreies Wasser einer dem Tiroler Kalkgebiet entspringenden Quelle, die vermutlich tertiären Molasseschichten entstammt, welche durch tektonische Störungen in die älteren Gesteine der Kalkalpen eingeschoben sind; neben der Quelle fließt ein Bach mit normal kalkhaltigem Wasser[6]. Im übrigen sind die anorganischen Bestandteile, welche von den zur Trinkwasserversorgung dienenden Wässern aus den verschiedenen geologischen Formationen normalerweise aufgenommen werden, für den Mineralstoffwechsel des menschlichen Körpers nur von untergeordneter Bedeutung. Was dem Wasser etwa an lebensnotwendigen Mineralstoffen qualitativ und quantitativ fehlt, wird dem Körper in der Regel[7]

---

[1] WOLF, K.: Radioaktivität und Kropf. Arch. Hyg. u. Bakter. **104**, 53 (1930).

[2] HESSE, E.: Die Beziehungen zwischen Kropfendemie und Radioaktivität. Dtsch. Arch. klin. Med. **110**, 338 (1913); Ref. Wasser u. Abwasser **8**, 203 (1914).

[3] KOCHER, A.: Kropf. G. u. F. KLEMPERERS Neue Dtsch. Klinik **6**, 1 (1930).

[4] Ebenda, S. 2.

[5] Siehe z. B. J. ABELIN: Erste internationale Kropfkonferenz in Bern. Med. Klin. **24**, 317 (1928). — Ferner A. KOCHER: a. a. O., S. 1. — C. v. NOORDEN: Über alte und neue Ernährungsfragen. Dtsch. med. Wschr. **57**, 3 (1931). — E. V. MC COLLUM u. N. SIMMONDS: Neue Ernährungslehre, S. 303. Berlin 1928.

[6] BURTSCHER, J.: Über ein Trinkwasser, bei welchem der chemische Befund und die geologische Beschaffenheit der Umgebung der Quelle nicht übereinstimmen. Arch. Hyg. u. Bakter. **104**, 197f. (1930).

[7] Nach Angabe von O. SPITTA u. K. REICHLE: Wasserversorgung. M. RUBNERS Handbuch der Hygiene **2** II, 44. 1924, halten einige Autoren (nämlich R. BERG: Biochem. Z. **27**, 204, [1910] und K. OPITZ: J. Gasbeleuchtg. u. Wasservers. **61**, 482 [1918]; Zahnärztl. Rdsch. **28**, 343 [1919]) einen höheren Salz- bzw. Kalkgehalt des Trinkwassers im Hinblick darauf für wichtig, daß bei dem vielfach üblichen Fortgießen des Gemüsekochwassers die tägliche Nahrung Gefahr laufe, an Mineralsalzen zu verarmen. Die Frage ist nur von nebensächlicher Bedeutung, zumal der Wert des Gemüsekochwassers überhaupt noch umstritten ist (vgl. u. a. W. OHLMÜLLER u. O. SPITTA: a. a. O., S. 463). — Vgl. auch R. BERG: Der Ein-

in ausreichenden Mengen mit der gewöhnlichen, durchschnittlichen Nahrung zugeführt[1].

Je nach der Eigenart des Untergrundes und nach den chemischen Wechselwirkungen, die zwischen den im Wasser und Boden vorhandenen Stoffen[2] vor sich gehen können, enthalten die unterirdischen Wässer naturgemäß recht verschiedene Mengen und Arten von Mineralstoffen[3]. Regelmäßige Bestandteile sind in erster Linie die Ionen von Kalzium, Magnesium und Natrium, sowie das Hydrokarbonat, Sulfat und Chlorid, neben geringen Mengen von Kalium, Ammonium, Eisen, Mangan, Aluminium und Nitrat, außerdem Kieselsäure, kleine Mengen von organischen (z. B. Humin-) Stoffen sowie Kohlendioxyd, Stickstoff und Sauerstoff. Dabei pflegt je nach der chemischen Beschaffenheit der einwirkenden Bodenschichten der eine oder andere Stoff mehr oder weniger oder gar nicht im Wasser vorhanden zu sein. Beträgt die Gesamtmenge der gelösten festen Stoffe in 1 kg Wasser mehr als 1 g, so kann das Wasser als Mineralwasser gelten, desgleichen wenn seine Temperatur 20° übersteigt, oder wenn der Gehalt an seltener vorkommenden physiologisch wirksamen Stoffen bestimmte Grenzen überschreitet[4].

Bedeutung der Härte. Kennzeichnend für die natürlichen Trinkwässer ist vor allem der Gehalt des Wassers an Kalzium- und Magnesiumionen, deren Gesamtmenge die sog. (Gesamt-) Härte des Wassers bedingt. Ein deutscher Härtegrad (D. H.) entspricht 10 mg/l CaO (= 7,14 mg Ca) oder 7,2 mg/l MgO (= 4,34 mg Mg). Ein Wasser mit 0—4° D.H. nennt man sehr weich, bei 4—8° weich, bei 8—12° mittelhart, bei 12—18° ziemlich hart, 18—30° hart und mit mehr als 30° sehr hart. In den meisten unterirdischen Wässern ist die Kalziumhärte bei weitem höher als die Magnesiumhärte. Bei Wässern aus dolomitischen Böden[5] oder aus solchen, die aus der Nähe von Kalisalzlagerstätten[6]

---

fluß der Trinkwassersalze auf die körperliche Entwicklung. Biochem. Z. **24**, 282 (1910); Chem. Ztg. **45**, 849 (1921). — W. ZIEGELMAYER: Der Einfluß des harten Wassers auf die Zelle im Kochvorgang. Z. Ernährg. 1, 25 (1931). — Z. v. SANDER: Veränderungen der Gemüsearten beim Kochen. Ebenda 1, 128 u. 134 (1931).

[1] Zweifellos z. B. in bezug auf Kalzium siehe M. RUBNER: Vjschr. gerichtl. Med. **60**, 23 (1920); **61**, 155 (1921); Arch. Hyg. **104**, 287 (1930) (= an K, Mg und P enthält die europäische Kost sogar mehr als notwendig).

[2] So weist K. ZÖRKENDÖRFER (Die Jodquellen am Nordabhang der Alpen. Dtsch. med. Wschr. **57**, 971 [1931]) auf eine geographisch gut gekennzeichnete Reihe von Quellwässern mit hohem Jodgehalt (3—43 mg/kg) hin, der auf die üppige Tangvegetation seichter, in der Tertiärzeit entstandener Meeresteile zurückzuführen ist und der im deutschen Sprachgebiet sonst nur sehr vereinzelt (Sachsen, Lothringen) vorkommt.

[3] Vgl. z. B. H. V. CHURCHILL: The occurrence of fluorides in some waters of the United States. J. Amer. Water Works Ass. **23**, 1399 (1931).

[4] Zum Beispiel für Li, J, $HAsO_2$, H_2S etwa je 1 mg/kg; für Fluor 2 mg/kg; für Ba, Br, HBO_2 je 5 mg/kg; für Strontium und Ferro-Ion je 10 mg/kg; für freie CO_2 250 mg/kg, und an Radiumemanation etwa 50 Mache-Einheiten = 181 Eman im Liter Wasser. — Vgl. L. GRÜNHUT: Trink- und Tafelwässer, S. 667. Leipzig 1920. — H. KLUT: Die Untersuchung des Wassers an Ort und Stelle, S. 175. Berlin 1931. — H. KIONKA: Untersuchung und Wertbestimmung von Mineralwässern und Mineralquellen. E. ABDERHALDENS Handbuch der biologischen Arbeitsmethoden, Abt. IV, Teil 8, S. 2042f. Berlin 1928. — Über Radiumheilwässer sind im Februar 1930 neue Richtlinien aufgestellt worden. — Vgl. E. DIETRICH: Die Heilschätze der deutschen Kurorte. Med. Welt **5**, 472 (1931).

[5] Vgl. z. B. die Analysenangaben bei H. BUNTE: In J. S. MUSPRATTS Chemie **11** (1917), über dolomitische Quellen des Frankenjuras (S. 131), über Dorpater Wässer (S. 143f.) und ein Quellwasser in Clifton bei New York (S. 165).

[6] Vgl. u. a. E. GROSS u. H. KLUT: Bericht über die Wasserversorgung von Göllingen und Oldisleben. Mitt. Preuß. Landesanst. Wasserhyg. **25**, 150 u. 177 (1919); s. auch dieses Handbuch 1, 108f.

stammen oder dem Zutritt von Kalifabrikabwässern[1] oder von Meerwasser[2, 3] oder von Harn und Jauche[4] zugänglich sind, findet man relativ höhere Magnesiumwerte. Da Magnesium ein weit weniger wichtiger Bestandteil unserer Nahrung ist als Kalzium[5], sind höhere Magnesiumhärten mindestens ein unnützer Ballast[6]. Eine direkte Gesundheitsschädlichkeit von Wässern mit hoher Kalzium- oder Magnesiumhärte ist bisher nicht erwiesen[7], wohl aber Hautreizungen beim Waschen sowie Magen- und Darmstörungen (namentlich durch bestimmte Magnesiumsalze) bei empfindlichen Personen, die an weiches Wasser gewöhnt sind[8]. Bei der Verwendung im Haushalt und zu gewerblichen Zwecken ist hartes Wasser minderwertig[9] und in hygienischer Hinsicht auch insofern unerwünscht, als wegen dieser allgemein bekannten Nachteile harter Wässer recht häufig weichere Wässer infektionsverdächtiger Herkunft nicht nur zum Waschen und Kochen, sondern auch zum Rohgenuß verwendet werden[10]. Weiter kommt es bei der

[1] Vgl. u. a. K. THUMM: Die Kaliwerke und ihre Abwässer. Vschr. gerichtl. Med. **62** 165f. (1921). — G. NACHTIGALL: Die deutsche Kaliindustrie, ihre Abwässer und deren Bedeutung für die Wasserversorgung der Städte. Techn. Gemeindebl. **27**, 139 (1924).

[2] Bei stärkerem Abpumpen des auf dem unterirdischen Meerwasser schwimmenden Süßwassers findet man an den Küsten und auf Inseln unter Umständen steigenden Salzgehalt und mehr Magnesium als Kalzium. So hatte das Borkumer Leitungswasser nach K. THUMM [Die chemische Wasserstatistik deutscher Städte. Gas- u. Wasserfach **72**, 343 (1929)] im Juli 1924 eine Kalziumhärte von 7,8° und eine Magnesiumhärte von 10,2° und zu anderen Zeiten nur 7,5° Gesamthärte, bei entsprechenden Schwankungen im übrigen Salzgehalte. — Vgl. auch A. HERZBERG: Die Wasserversorgung einiger Nordseebäder. J. Gasbeleuchtg. u. Wasservers. **44**, 818 (1901). — T. NOMITSU: Über die Scheidefläche von Binnenwasser und Seewasser an einer Sandküste. Gas- u. Wasserfach **71**, 124 (1928) (= Nachweis mit Silberchromat-Gelatineplatten).

[3] Über die Bedeutung von Störungen des Süßwasser-Meerwasser-Gleichgewichtes für die Aggressivität des Grundwassers sowie für die Tragfähigkeit des Bodens für größere Bauten berichtet M. KRUL: Geologisch en hydrologisch onderzoek bij waterbouwkundige werken. De Ingenieur **1931**, H. 34; zit. nach Gas- u. Wasserfach **74**, 1213 (1931).

[4] LÜNING, O. u. H. BEBENROTH: Das Verhältnis von Magnesium zu Kalzium in Harn und Jauche sowie in Abwässern und Grundwässern. Z. angew. Chem. **38**, 112 (1925). — Vgl. u. a. auch G. v. RIEGLER: Über den Einfluß der Verunreinigung, Temperatur und Durchlüftung des Bodens auf die Härte des durch denselben durchsickernden Wassers. Arch. Hyg. **30**, 69 (1898).

[5] Vgl. u. a. Gutachten des Reichsgesundheitsrates über den Einfluß der Ableitung von Abwässern aus Chlorkaliumfabriken auf die Schunter, Oker und Aller. Arb. ksl. Gesdh.amt **25**, 333 (1907). — R. EMMERICH u. O. LOEW: Über den Einfluß des Kalk-Magnesiumverhältnisses in der Nahrung usw. Z. Getreidewes. **5**, 115 (1913); nach Chem. Ztg. **38**, 189 (1914).

[6] RUBNER, M.: Die hygienische Beurteilung der anorganischen Bestandteile des Trink- und Nutzwassers. Vjschr. gerichtl. Med. **24**, Suppl.-H. 2, 44 (1902). — Vgl. auch H. H. MEYER u. J. SCHÜTZ: Pharmakologie der Mineralwässer. E. DIETRICH u. S. KAMINERS Handbuch der Balneologie **2**, 162. 1922.

[7] Vgl. u. a. A. GÄRTNER: Die Hygiene des Wassers, S. 77. Braunschweig 1915. — W. KRUSE: Die hygienische Untersuchung und Beurteilung des Trinkwassers. WEYLS Handbuch der Hygiene **1**[I], 167. 1919. — E. GROSS u. H. KLUT: a. a. O., S. 188 (1919). — O. SPITTA u. K. REICHLE: a. a. O., S. 43. — H. REICHENBACH: Hygienisches Taschenbuch, S. 128. Berlin 1930. — TRESH: Lancet **1913 II**, 1057; zitiert nach Kali **21**, 54 (1927). — J. T. MYERS: Relationship of hard water to health. J. inf. Dis. **36**, 566 (1925); zitiert nach Zbl. Hyg. **11**, 466 (1926).

[8] RUBNER, M.: Die hygienische Beurteilung usw. Vjschr. gerichtl. Med. **24**, Suppl.-H. 2, 44 u. 66 (1902).

[9] Es bedingt Nachteile bei der Zubereitung, Ausnutzung und Bekömmlichkeit mancher Nahrungsmittel, größeren Seifenverbrauch, unter Umständen infolge Ablagerung der unlöslichen Ca- und Mg-Seifen Sprödigkeit der Haut und Hartwerden, Vergilbung und ranzigen Geruch der Wäsche sowie Kesselsteinbildung. — Vgl. u. a. M. RUBNER: a. a. O., S. 62, 68 u. 94. — H. TJADEN: Die Kaliindustrie und ihre Abwässer, S. 182f. Berlin 1915. — W. P. DUNBAR: Die Abwässer der Kaliindustrie, S. 53f. München 1913. — H. REICHENBACH: a. a. O., S. 129. — Literatur besonders bei H. KLUT: a. a. O., S. 28 u. 110f.

[10] RUBNER, M.: a. a. O., S. 66.

Beurteilung der Wasserhärte neben der Höhe der Magnesium- und Kalziumhärte insbesondere noch darauf an, ob die Härtebildner aus Bikarbonaten (Karbonathärte) oder aus Sulfaten und Chloriden (Nichtkarbonathärte) bestehen. Die meisten unterirdischen Wässer enthalten die Härte vorwiegend als Karbonathärte (meist Kalziumbikarbonat). Diese wird in gesundheitlicher Beziehung günstiger beurteilt[1] als eine gleich hohe (durch Auskochen nicht entfernbare) Nichtkarbonathärte, die dem Wasser, namentlich wenn sie von Magnesiumchlorid herrührt, außerdem oft einen unangenehmen, bittersalzigen Geschmack verleiht[2].

Die Frage, ob die Verwendung weicher[3] Wässer wegen ihres geringen Kalkgehaltes in gesundheitlicher Beziehung namentlich in bezug auf Zahnbeschaffenheit und Knochenentwicklung nachteilig ist, wurde verschiedentlich bejaht[4], von GÄRTNER[5] entschieden verneint. Zur Zeit muß der behauptete Nachteil, ebenso wie die Schädlichkeit sehr weichen, salzarmen Wassers überhaupt, noch als unbewiesen gelten[6]. Jedenfalls spielt für die Versorgung des Körpers mit Kalksalzen „das Trinkwasser nur selten eine wesentliche Rolle"[7]. Beobachtungen mit positiven Befunden in bezug auf Zahnverderbnis in Gegenden mit sehr weichem Wasser (0—5,6° D.H.) liegen neuerdings von REICHENBACH[8] vor, der die Zahnfrage weiterer Prüfung empfiehlt. Über die Beziehung zwischen Zahnbeschaffenheit, Kalkzufuhr und kalzifierenden Vitaminen sei auf die unten angegebene Literatur[9] verwiesen.

Andere anorganische Bestandteile. Neben den Härtebildnern sind die übrigen normalen anorganischen Bestandteile unterirdischer Wässer von geringerer Bedeutung. Natriumchlorid z. B. tritt in Gegenden mit Salzvorkommen hin und wieder in größeren Mengen auf und macht sich dann besonders durch den Geschmack[10] unangenehm bemerkbar. Nach GÄRTNER „trocknen in salzigem Wasser gewaschene Kleider schwer, reizen die Haut, sind hygroskopisch und geben daher leicht zu Erkältungen Veranlassung[11]." In ariden Gegenden heißer Länder muß man häufig einen höheren Salzgehalt des Trinkwassers in Kauf nehmen. So wird in Südwestafrika Wasser mit 2 g/l Chlor noch getrunken[12].

---

[1] Vgl. u. a. O. SPITTA u. K. REICHLE: a. a. O., S. 43. — J. T. MYERS: Relationship of hard water to health II. J. inf. Dis. **37**, 13f. (1925); zitiert nach Zbl. Hyg. **11**, 796 (1926) und deutsche Übersetzung von L. W. HAASE: Kali **21**, 135 (1927).

[2] Vgl. die Literaturangaben bei H. KLUT: a. a. O., S. 28f.

[3] Harte Wässer schmecken im allgemeinen besser, weiche haben meist einen faden Geschmack. H. KLUT: a. a. O., S. 29.

[4] ROESE, C.: Erdsalzarmut und Entartung, S. 94f. Berlin 1908. Sonderdruck aus der Dtsch. Mschr. Zahnheilk. **1908**, H. 1—6. — OPITZ, K.: Trinkwasserhärte und Volksgesundheit. Z. Med.-beamte **30**, 469 (1917); Wasser u. Gas **8**, 160 (1918). — Statistische Beobachtungen zur Kalkfrage. Dtsch. med. Wschr. **46**, 1391 (1920). — Weitere Angaben bei H. KLUT: a. a. O., S. 109, sowie W. OHLMÜLLER u. O. SPITTA: a. a. O., S. 463.

[5] GÄRTNER, A.: a. a. O., S. 76.

[6] Vgl. W. OHLMÜLLER u. O. SPITTA: a. a. O., S. 464.

[7] Ebenda, S. 463.

[8] REICHENBACH, H.: Die Bedeutung der Härte des Trinkwassers für die Häufigkeit der Zahnkaries. Münch. med. Wschr. **70**, 1188 (1923).

[9] MCCOLLUM, E. V. u. N. SIMMONDS: Neue Ernährungslehre, S. 408f. Berlin 1928. — Vgl. auch O. WALKHOFF: Die Vitamine in ihrer Bedeutung für die Entwicklung usw. der Zähne gegen Erkrankungen, S. 96f. Berlin 1929.

[10] Vgl. die Angaben bei H. KLUT: a. a. O., S. 31 u. 103. — Und neuerdings O. LÜNING: Ein stark salzhaltiges Trinkwasser einer städtischen Wasserleitung. Z. Unters. Lebensmitt. **60**, 331 (1930): Gewöhnung, aber Bevorzugung anderen Wassers zum Kochen und seitens Fremder.

[11] GÄRTNER, A.: a. a. O., S. 87.

[12] KELLER, H.: Wassergewinnung in heißen Ländern, S. 33. Berlin 1929. — Vgl. auch G. W. CHLOPIN: Über die Normen zur gesundheitlichen Bewertung des Grundwassers in trockenen Steppen und Salzböden. Gigiena i epidemiologija **6**, 5 (russ.) mit dtsch. Zusammenfassung S. 14 (1927) nach Zbl. Hyg. **16**, 252 (1927).

Die in vielen Grundwässern, namentlich der norddeutschen Tiefebene, vorkommenden Eisen- und Manganverbindungen sind im allgemeinen gesundheitlich indifferent[1]. Bei empfindlichen Menschen kann jedoch der nüchterne Genuß stark eisenhaltigen Wassers zu Magen- und Darmstörungen führen[2]. Über Geruch und Geschmack und die sonstigen Nachteile eisen- und manganhaltiger Trinkwässer sowie über die Verfahren zur Eisen- und Manganentfernung sei auf die Ausführungen und Literaturnachweise von H. KLUT[3] verwiesen. Auch ein höherer Gehalt an Stickstoffverbindungen (Ammonium-, Nitrit- und Nitrat-Ion) ist an und für sich nicht gesundheitsschädlich[4] und auch keineswegs immer ein Anzeichen für eine Verunreinigung des Bodens durch menschliche oder tierische Abgänge. In flachliegenden wasserführenden Bodenschichten können sie unter Umständen etwas Derartiges kennzeichnen[5], namentlich wenn gleichzeitig höhere Befunde an Oxydierbarkeit, Chloriden, Sulfaten usw.[6] auftreten. Aber nur bei genauer Kenntnis der örtlichen Verhältnisse und nur in Verbindung mit bakteriologischen und biologisch-mikroskopischen Untersuchungen läßt sich entscheiden, was die chemischen Wasserbefunde in hygienischer Hinsicht im Einzelfalle zu bedeuten haben. Ammonium-, Nitrit- und Nitrat-Ion findet man häufig auch in Wässern aus notorisch einwandfreiem Untergrunde. Ammoniumion (ebenso Nitrit bis zu etwa 1 mg/l) kommt besonders aus moor-, eisen- oder manganhaltigen Bodenschichten in das Wasser; es ist dann harmlosen pflanzlichen Ursprungs oder durch Reduktion von Nitraten entstanden, die ihrerseits als Endprodukte der Oxydation aller stickstoffhaltigen organischen Stoffe im Boden eine unter Umständen örtlich und zeitlich so weit zurückliegende Verunreinigung anzeigen, daß diese völlig belanglos ist[7].

Die Selbstreinigungskraft des Bodens, ihre Ausnutzung und ihr Mißbrauch in hygienischer Hinsicht.

Die Vorgänge bei der Zersetzung organischer Substanzen im Boden[8].

Der Boden ist unter geeigneten Bedingungen imstande, große Mengen organischer Stoffe pflanzlicher, tierischer oder menschlicher Herkunft unter Mitwirkung organisierter Materie, je nach den vorliegenden Umständen, nach und nach in die mannigfaltigsten Verbindungen zu zerlegen und umzuwandeln und unter Umständen bis zur Mineralisation abzubauen. Durch vorübergehende oder dauernde Bindung der dabei auftretenden Stoffe kann der Fortgang der ja immer biologisch verlaufenden Zersetzungsvorgänge unter Umständen begünstigt oder aufrecht erhalten werden. So können z. B. alkalische Böden durch Pufferung regulatorisch wirken, indem sie die bei der biochemischen Zerlegung frei werdenden Säuren abfangen. Schwefelwasserstoff wird in der Regel als Sulfid festgelegt.

---

[1] Über die physiologisch-katalytische Bedeutung minimaler Manganmengen für den lebenden Organismus vergleiche G. BERTRAND: Über die physiologische Bedeutung des Mangans und anderer Elemente, die sich in den Organismen spurenweise vorfinden. Z. angew. Chem. **44**, 917 (1931).

[2] Nach E. NEHRING; vgl. H. KLUT: a. a. O., S. 64.

[3] KLUT, H.: a. a. O., S. 64f u. 99.

[4] Vgl. u. a. H. KLUT: a. a. O., S. 32, 37 u. 42. [5] Vgl. S. 234.

[6] Die Anwesenheit von Hydrophosphat-Ionen deutet in der Regel auf grobe Verunreinigungen. Vgl. W. OHLMÜLLER u. O. SPITTA, a. a. O., S. 456. — Ihre Menge nimmt nicht immer mit dem Verschmutzungsgrade des Wassers zu. — Vgl. E. REMY: Zur Bedeutung des Phosphorsäureions usw. Arch. Hyg. u. Bakter. **101**, 366 (1929).

[7] Vgl. u. a. A. GÄRTNER: a. a. O., S. 72—75. — H. KLUT: a. a. O., S. 32, 37 u. 42f. — E. GOTSCHLICH: Handbuch der hygienischen Untersuchungsmethoden **1**, 812f u. 907f. 1926.

[8] Die Vorgänge können hier nur kurz angedeutet werden; sie sind in diesem Handbuch **2**, 224f.; **6**, 298; **7**, 239 u. 381f.; **8**, 599f. ausführlich behandelt worden.

Andererseits kann bei eintretendem Sauerstoffmangel Kalziumsulfat z. B. eine Zeit lang als Sauerstoffquelle für den biologischen Abbau in Gipsböden dienen. Bei der kolloiden Beschaffenheit der meisten oberen Bodenschichten sind die rein chemischen Kräfte nicht scharf von den rein physikalisch wirkenden zu trennen. In allererster Linie sind es aber immer die physikalischen Eigenschaften, die es dem Boden ermöglichen, flüssige organische Abfallstoffe zurück zu halten und die Auswaschung an sich löslicher fester Stoffe organischer und anorganischer Natur zu verhindern.

Von wesentlicher Bedeutung sind dabei die mechanische Zusammensetzung[1] des Bodens, sein Adsorptionsvermögen[2], der Luftgehalt und die Durchlüftbarkeit[3], der Wassergehalt und das Wasserhaltungs-[4] und Wärmebindungsvermögen[5], und die Bodentemperatur[6]. Sie bestimmen Art, Umfang und Geschwindigkeit der Zersetzungsvorgänge in erster Linie. Das Bodenkorn an sich stellt dabei gewissermaßen nur das Traggerüst für die Reaktionsstoffe dar, die z. T. erst mit den Verunreinigungen in den Boden gelangen, von seinen physikalischen Kräften festgehalten und mit Hilfe der schon vorhandenen Fauna und Flora des Bodens sowie von den mit den Verunreinigungen etwa eingebrachten Bakterien, bakterienfressenden Protozoen usw. abgebaut werden. Auch Fermente, die aus tierischen und pflanzlichen Abfallstoffen stammen und z. T. auch von den Mikroorganismen neu gebildet werden, sind an der Umwandlung hochmolekularer ungelöster oder pseudogelöster Substanzen in gelöste wahrscheinlich beteiligt[7].

Zwei Arten des Abbaus sind dabei zu unterscheiden, nämlich Reduktions- und Oxydationsvorgänge. Reduktionsprozesse, an denen schwefelhaltige Verbindungen beteiligt sind, pflegt man als Fäulnis zu bezeichnen, die anderen als Gärung. Den unter Oxydation vor sich gehenden Abbau nennt man Verwesung. Fäulnis und Gärung treten bei Verminderung oder völligem Abschluß der Zufuhr von Luftsauerstoff ein, also in wenig durchlässigen Böden, wie schweren Lehm- oder nassen Moorböden, aber auch in sandigem Untergrund mit an sich optimalen Eigenschaften, wenn er verschmutzt ist, und der Sauerstoff in den obersten Schichten verbraucht wird. Unter Beteiligung von mehr oder weniger anaeroben Mikroorganismen kommt es, je nach deren Art, nach dem p_H-Wert usw. zur Abspaltung verschiedener gasförmiger Produkte, wie Schwefelwasserstoff, Ammoniak, Stickstoff, Wasserstoff, Methan usw. sowie von Kohlendioxyd, die teilweise vom Boden gebunden werden, z. T. in die Bodenluft übergehen, mit dieser entweichen oder mit dem Wasser fortgeführt werden. Dabei bleiben erhebliche Mengen von organischen Verbindungen des Kohlenstoffs, Stickstoffs, Schwefels usw., z. T. von hochmolekularer Struktur, als Endprodukte zurück Verwesung dagegen ist nur bei ungehinderter Sauerstoffzufuhr möglich[8]. Hierbei werden die organischen Substanzen durch Oxydation, ebenfalls unter Beteiligung von Mikroorganismen (Bakterien, Schimmelpilze, Algen usw.) allmählich mehr oder weniger vollständig zerlegt, mineralisiert, d. h. in anorganische Bausteine: freie und gebundene Kohlensäure, Nitrate, Sulfate, Phosphate und Wasser über-

---

[1] Vgl. dieses Handbuch **6**, 1f. [2] Vgl. Ebenda **1**, 189f.; **6**, 315f.
[3] Vgl. Ebenda **6**, 306f. [4] Vgl. Ebenda **6**, 126f. [5] Vgl. Ebenda **6**, 369f.
[6] Vgl. u. a. H. Gorka: Neue Experimentaluntersuchungen über die Frostwirkungen auf Erdböden. Kolloidchem. Beih. **25**, 127f. (1927).
[7] Zum Beispiel F. Guth u. J. Feigl: Über den Nachweis und die Wirkung von Fermenten im Abwasser. Gesdh.ing. **35**, 21 (1912).
[8] Nur in solchen Bodenschichten, die mit der Außenluft in Verbindung stehen, können aerobe Bakterien sich betätigen. Im Bodeninnern abgesperrte Luftmengen sind für die Selbstreinigung nicht verwertbar. Daher kommt dem Einfluß von Luftdruckschwankungen auf die Bodenluft große Bedeutung für die Bodenatmung zu. — Schmidt, W. u. P. Lehmann: Versuche zur Bodenatmung. Cbl. Bakter. II. **83**, 100 (1931).

geführt oder in frische lebende Substanz verwandelt. Bei Fernhaltung der Mikroorganismen oder des Luftsauerstoffes bleibt diese Reinigungswirkung des Bodens aus[1]. Die Reduktions- und Oxydationsvorgänge verlaufen unter natürlichen Verhältnissen im Boden nicht scharf getrennt von einander, sondern in Übergangsstufen, bei denen zeitweise und stellenweise die Oxydation oder die Reduktion überwiegt. Man findet daher die Endprodukte der Oxydation ebensowohl wie der Reduktion häufig nebeneinander (z. B. Sulfate und Nitrate neben Sulfiden, Nitriten und Ammoniak).

Vom hygienischen Standpunkt aus kann man die Gesamtheit dieser Vorgänge als Selbstreinigung des Bodens bezeichnen. Man hat diese Eigenschaft des Bodens naturgemäß von jeher ausgenutzt, um feste und flüssige Abfallstoffe jeder Art zu beseitigen und hygienisch unschädlich zu machen. Auch die Erdbestattung der Leichen wäre ohne diese reinigende Kraft des Bodens auf die Dauer unmöglich. Überanstrengung des Selbstreinigungsvermögens kann zu hygienisch bedenklichen Zuständen, zur Verseuchung des Bodens und des aus diesem stammenden Wassers führen, zumal nicht immer mit Sicherheit damit zu rechnen ist, daß die mit den Verunreinigungen etwa in den Boden gelangenden Krankheitserreger in kurzer Zeit zugrunde gehen oder vom Boden restlos festgehalten werden[2].

Verunreinigung des Bodens und des Wassers in ihm.

Bodenverseuchung. Wie sehr nach dem Verfall der großartigen Städtereinigungsanlagen der Völker des klassischen Altertums der Untergrund der europäischen Städte bis zur Mitte des 19. Jahrhunderts verunreinigt war, ist besonders eingehend von WEYL[3] geschildert worden. Aber auch noch später, bis zur Einführung der Kanalisation, herrschten besonders in den Städten in bezug auf Bodenverunreinigung schlimme Zustände, schlimm auch insofern, als es in vielen dieser Städte noch keine[4] zentrale Wasserversorgung gab und die Ein-

[1] Vgl. z. B. F. FALK u. R. OTTO: Zur Kenntnis entgiftender Vorgänge im Erdboden. Vjschr. gerichtl. Med., 3. F. **2**, 181 (1891). — W. P. DUNBAR: Leitfaden für die Abwasserreinigungsfrage, S. 347, 348 u. 391f. München u. Berlin 1912. — O. SPITTA: Untersuchungen über die Verunreinigung und Selbstreinigung der Flüsse. Arch. Hyg. **38**, 259 (1900). — Ferner E. BREDTSCHNEIDER: Die Zersetzung der toten organischen Masse. Gesdh.ing. **47**, 233f. (1924). — F. GUTH u. J. FEIGL: Beiträge zur Kenntnis der Wirkungsweise biologischer Körper. Ebenda **34**, 941f. (1911). — A. BURSWELL: The chemistry of water and sewage treatment, S. 213f. New York 1928. — F. GIESECKE: Dieses Handbuch **6**, 314. — Die Einwirkung periodischer Überschwemmungen auf den mikrobiellen Zustand des Bodens. Pflanzenbau **8**, 84 (1931).

[2] Vgl. z. B. A. GÄRTNER (Handbuch der Hygiene, S. 222f. Braunschweig 1915) über das Vordringen von Bakterien mit den Pflanzenwurzeln und den von diesen und von Tieren gebildeten Gängen im Boden. — Ferner M. EUGLING: Über die Biologie des Wiener Hochquellenwassers. GRASSBERGERS Abhandlungen aus dem Gesamtgebiete der Hygiene, H. 7, S. 57. Wien 1931: In dem sonst vorzüglichen Wiener Leitungswasser fand EUGLING nach schweren Wetterkatastrophen — außer einer den Keimanstiegen genau parallel gehenden Anzahl von Fichtenpollenkörnern — auch Ameisenkot; er bemerkt dazu, daß nach R. FRANCÉ (Das Leben im Ackerboden, Stuttgart 1922) die Ameisen im Hochgebirge die Funktion der Regenwürmer übernehmen, die den ganzen Tag Erde fressen und wieder von sich geben und dadurch außerordentlich viel zur Lockerung des Bodens und zur Steigerung seiner Adsorptionskraft für Bakterien beitragen. Dieses Adsorptionsvermögen muß naturgemäß sinken, wenn durch starke Regengüsse die feinsten Bodenteile ausgewaschen werden.

[3] WEYL, TH.: Überblick über die historische Entwicklung der Städtereinigung usw. Handbuch der Hygiene **2** I, 18—22. 1912. — Vgl. auch R. BRESCH: Geschichte der Wasserversorgung der Stadt Straßburg, S. 116. Stadtverwaltung Straßburg i. E. 1931.

[4] Oder nur eine solche aus unzureichend oder gar nicht gereinigtem Oberflächenwasser, das durch Hineinschütten menschlicher Abgänge usw. seitens der Einwohner ebenfalls bedenklich verunreinigt wurde. — Vgl. u. a. W. P. DUNBAR: Zum derzeitigen Stande der Wasserversorgungsverhältnisse usw. Dtsch. Vjschr. öff. Gesdh.pfl. **37**, 545 (1905).

wohner mit ihrem Trinkwasser vielfach auf Brunnen angewiesen waren, deren bauliche Beschaffenheit in hygienischer Beziehung ebenso mangelhaft war[1] wie diejenige ihrer den Untergrund verseuchenden Abortgruben. Nach WEYL[2] waren in Paris im Jahre 1898 noch 56000 Fäkalgruben, 13000 Eimerklosetts sowie 28000 „tinettes filtrantes" (Abort mit Zurückhaltung der festen Stoffe und Ableitung der flüssigen in die Kanalisation) vorhanden, gegen nur 14000 Wasserklosetts. Auch im Jahre 1926 gab es in Paris noch etwa 20000 Grundstücke mit Fäkalgruben[3]. Auf einige weitere Beispiele für mangelhafte Abort- und Trinkwasserverhältnisse um die Jahrhundertwende sei verwiesen[4].

Besonders umfangreiche Untersuchungsbefunde über die Verunreinigung des städtischen Bodens liegen aus Budapest von FODOR vor. Auch dort waren die Hauptquelle der Bodenverunreinigungen die häuslichen Abtrittsgruben, mit zunehmender Entfernung von diesen nahm die Verunreinigung ab, andererseits war sie um so stärker, je größer die Bewohnerzahl der Häuser war. Als Mittel von 229 Proben aus 1—4 m Tiefe des Untergrundes in den inneren Budapester Stadtteilen fand er je 1 kg Trockenerde 4130 mg organisch gebundenen Kohlenstoff, 311 mg organisch gebundenen Stickstoff, 10,2 mg Ammoniak, 1,1 mg Nitrit und 157 mg Nitrat[5]. Er berechnet aus diesen Werten, daß der Budapester Boden so viel stickstoffhaltige organische Abfallstoffe enthalte, wie die gesamte damalige Einwohnerschaft im Laufe von 37 Jahren an Kot und Harn produziere[6], wobei die vor und nach der Versickerung eintretenden Stickstoffverluste nicht berücksichtigt sind. Auf Grund von sehr vielen zahlenmäßigen Unterlagen, von denen noch die folgenden[7] als besonders instruktiv wiedergegeben seien, zieht FODOR die nachstehend kurz zusammengefaßten Schlußfolgerungen, die auch heute noch zutreffend sind.

	Milligramm in 1 kg Trockenerde					
	Organischer Stickstoff (N)		Ammoniak (NH_3)		Nitrat (N_2O_5)	
	Entnahmetiefe					
	1 m	2 m	1 m	2 m	1 m	2 m
Unter einem alten Hause .	2437	1098	426	205	0	0
Aus unbebautem Boden .	17	33	2	2	32	48

1. Der Boden hält die organischen Substanzen (C und N) am kräftigsten an seiner Oberfläche fest und läßt sie nur sehr schwer in die tiefen Schichten absinken. 2. Eine hochgradige Verunreinigung erkennt man an der erheblichen Ammoniakproduktion und an dem Verschwinden des Nitrates. 3. Ein reiner Boden dagegen oxydiert, enthält daher den Stickstoff weniger in Form von Ammoniak, sondern mehr als Nitrat. 4. Der beste Indikator für eine übermäßige Verunreinigung des Bodens mit fäulnisfähigen menschlichen und tierischen Aus-

[1] DUNBAR, W. P.: Dtsch. Vjschr. öff. Gesdh.pfl. 37, 561 (1905). — Zum gegenwärtigen Stande der Oberflächenwasserversorgung. Gesdh.ing. 35, 18 (1912).

[2] WEYL, TH.: Die Assanierung von Paris, S. 3. Leipzig 1900.

[3] WOLTER, FR.: Die Frage der Trinkwasserepidemien usw. Wasser u. Gas 21, 297 (1930).

[4] SCHLECHT, JOS.: Die gesundheitlichen Verhältnisse im Regierungsbezirk Trier. Arb. ksl. Gesdh.amt 41, 352 u. 358 (1912). — DEMUTH, JOH.: Die gesundheitlichen Verhältnisse in der Pfalz. Ebenda, S. 381. — SCHMIDT, V.: Die gesundheitlichen Verhältnisse im Fürstentum Birkenfeld. Ebenda, S. 404 u. 405. — PAWOLLEK, K.: Die gesundheitlichen Verhältnisse in Elsaß-Lothringen. Ebenda, S. 412 u. 416. — Vgl. auch K. IMHOFF: Fortschritte der Abwasserreinigung, S. 111. Berlin 1926.

[5] FODOR, J.: Hygienische Untersuchungen über Luft, Boden und Wasser 2, 208. Braunschweig 1882.

[6] FODOR, J.: a. a. O., S. 209. [7] FODOR, J.: a. a. O., S. 212 u. 213.

scheidungen ist daher der Gehalt an organisch gebundenem Stickstoff und an Ammoniak.

Die hygienische Bedeutung des Bodens für Hausbau und Wohnung. Für die Bebauung ist ein verunreinigter Boden grundsätzlich erst nach Assanierung freizugeben. Die in ihm vorhandenen organischen Stoffe zerfallen im Laufe der Zeit. Nach Möglichkeit soll der zu bebauende Untergrund trocken und porös, und der höchste Grundwasserstand mindestens $^1/_2$ m, besser 1 m unter dem Hausfundament bleiben[1].

Verseuchung unterirdischer Wässer. Daß nach den heutigen Anschauungen eine Verseuchung der tieferen Bodenschichten an sich keinen Einfluß auf die Entstehung und Verbreitung von Epidemien hat, sondern nur bei Verschleppung der Keime, etwa durch Wasser, ist bereits dargelegt worden. Der praktisch geschulte Hygieniker wird Bodenuntersuchungen[2] nur in Ausnahmefällen vornehmen, in erster Linie wird er durch örtliche Besichtigungen denjenigen Gefahrenquellen nachspüren und sie nach Möglichkeit abzustellen suchen, die dem Boden insbesondere im Einzugsgebiet von Quell-, Grund- und Talsperren-Wasserversorgungsanlagen drohen. Wegen der praktischen Bedeutungslosigkeit von Bodenverunreinigungen infolge einer etwaigen Durchlässigkeit von sorgfältig verlegten Kanalisationsrohren vergleiche MEZGER[3]. Befinden sich die Kanalisationsrohre jedoch in einem schlechten baulichen Zustande[4], so können leicht größere Undichtigkeiten auftreten, wodurch der Untergrund dauernd mit Fäkalien stark verunreinigt wird. Wenn sich dann Wasserfassungsanlagen in unzulässiger Nähe befinden, dann darf man sich nicht wundern, wenn über kurz oder lang eine Trinkwasserepidemie entsteht. Derartige grobe Wasserverseuchungen sind in den letzten Jahren aus Rostow am Don und aus Lyon bekannt geworden. Sie haben in beiden Fällen größere Typhus- und Paratyphusepidemien zur Folge gehabt. In Rostow[5] waren die Kanalisationsrohre durch ein Erdbeben erschüttert und schadhaft geworden. Infolge von Verstopfung platzte ein solches Abwasserrohr in 50 m Entfernung von einer zur Wasserversorgung der Stadt dienenden Quelle. Die Jauche drang durch den Boden in eine ausgetrocknete Wasserader der Quelle und durch diese in die Wassersammelgalerie. Die Folge war eine Verseuchung der ganzen Wasserleitung. Außerdem waren auch die Wasserleitungsrohre in dem auch sonst, durch Abortversickerungsgruben, verunreinigten Untergrund undicht geworden, was vielleicht zur Verunreinigung des Leitungswassers mit beigetragen hat[6]. In Lyon[7] führte ein Abwasserkanal

[1] Vgl. u. a. F. HUEPPE: Wohnung und Gesundheit; Biologie der Wohnung. TH. WEYLS Handbuch der Hygiene 4^{I}, 25 u. 35. 1912. — A. GÄRTNER: Hygiene des Bodens. Ebenda 1 II, 378 u. 382. 1919. — Ferner dieses Handbuch 10, 164f.

[2] Die Methoden zur Bodenuntersuchung sind in diesem Handbuch 1 u. 5—8 (im einzelnen vgl. das Sachverzeichnis) ausführlich beschrieben.

[3] MEZGER, H.: Ortsentwässerung. TH. WEYLS Handbuch der Hygiene 2, 844. 1919.

[4] Im Sinne der lokalistischen Lehre schrieb hierüber FR. WOLTER: Zur Frage der hygienischen Bedeutung der Hausentwässerungsleitungen. Techn. Gemeindebl. 34, 100 (1931). — Vgl. auch P. MAY: Die Einordnung und der Einbau von Kanälen, Gas-, Wasser-, Kabel- und sonstigen Leitungen in den Straßenkörper. Ebenda, S. 85 u. 97. — E. WAHL: Rohrbeschädigungen bei Wasserversorgungsanlagen durch Frost, Bergschäden und andere Einflüsse. Gas- u. Wasserfach 74, 289 u. 311 (1931). — B. SZELINSKI: Verkehrserschütterungen und Rohrbrüche. Chem. Ztg. 55, 441 (1931).

[5] DUBROWINSKI, S. B.: Über die Typhus- und Paratyphusepidemie in Rostow am Don 1926. Cbl. Bakter. I. Orig. 113, 225f. (1929).

[6] Denn obgleich das Wasser in städtischen Leitungsrohren unter zum Teil sehr hohem Druck steht, kann es unter Umständen sehr wohl ansaugend wirken (nach Art der Wasserstrahlpumpen).

[7] BRUNS, H.: Über die Typhusepidemie in Lyon im November—Dezember 1928. Gas- u. Wasserfach 74, 334 (1931).

zwischen 2 Filterbrunnen der Wasserfassungsanlage hindurch, was an und für sich grundsätzlich bedenklich ist[1]. Es konnte eine Bruchstelle dieses Kanals zwischen den beiden Brunnen aufgefunden und die Verbindung dieser Stelle mit den Brunnen durch einen Färbeversuch mit Fluorescein einwandfrei nachgewiesen[2] werden. Infolge dieser Feststellung wurde eine zweite an sich durchaus glaubhafte Verunreinigungsmöglichkeit nicht weiter in Betracht gezogen. Die Brunnen lagen nämlich nur 15 m vom Ufer der Rhone, und der Untergrund besteht aus sehr durchlässigen groben Kiesschichten. Daher konnten die Typhuskeime auch von dem mit Abwässern stark verseuchten Fluß aus in die Brunnen gelangt sein, nachdem ein Hochwasser die das Flußbett dichtende Schlammschicht fortgespült hatte. Ein anderes typisches Beispiel einer Trinkwasserinfektion durch Bodenverseuchung, und zwar für die Entstehung einer Choleraepidemie stammt von ZAESKE[3]: In der Stadt Barth bei Stralsund waren an einer schadhaften Rohrstelle des Quellwasserleitungsnetzes die Abwässer einer nahegelegenen Nachtherberge eingedrungen, in welcher kurz vorher ein Cholerafall vorgekommen war. In den unter dem Einfluß des infizierten Wasserleitungsnetzes stehenden Stadtteilen (und nur in diesen) trat prompt in fast jedem Hause Cholera auf. Im übrigen sind die bekannten Trinkwasser-Choleraepidemien von infiziertem, ungenügend oder gar nicht gereinigtem Oberflächenwässern ausgegangen, die ja allen Verunreinigungen leichter zugänglich sind als unterirdische Wässer.

Wegen weiterer Beispiele über das Eindringen von Krankheitserregern in die zur Wasserversorgung bestimmten unterirdischen Wässer und die dadurch hervorgerufenen Einzel- und Masseninfektionen (meist Typhus[4]) sowie wegen der Vorschriften[5] über Schutz und Überwachung der Wasserversorgungsanlagen muß auf die wasserhygienische Literatur[6] verwiesen werden.

Verschlechterung der hygienisch-chemischen Beschaffenheit des Wassers im Boden. Diese kann zunächst geologisch bedingt sein. Die hygienische Bedeutung der Aufnahme übermäßig großer oder zu geringer Mengen von nor-

---

[1] Vgl. z. B. L. GRÜNHUT: Trink- und Tafelwasser, S. 561. Leipzig 1920. — O. SPITTA u. K. REICHLE: a. a. O., S. 123.

[2] Siehe auch den Abschnitt: Wasserreinigung mit Hilfe des Bodens, S. 244.

[3] Zitiert nach F. LOEFFLER: Das Wasser und die Mikroorganismen. TH. WEYLS Handbuch der Hygiene 1, 622. (1896).

[4] Wobei erwähnt sei, daß der Harn von allen menschlichen Ausscheidungen die gefährlichste Typhusinfektionsquelle für Wasserversorgungsanlagen ist.

[5] In erster Linie die Anleitung des Bundesrates vom 16. Juni 1906 „für die Einrichtung, den Betrieb und die Überwachung öffentlicher Wasserversorgungsanlagen, die nicht ausschließlich technischen Zwecken dienen". Veröff. ksl. Gesdh.amt **30**, 777—791 (1906). — Ferner R. ABEL: Die Vorschriften zur Sicherung gesundheitsgemäßer Trink- und Nutzwasserversorgung. Berlin 1911. — BENINDE, M.: Die wichtigsten Gesetze und Verordnungen auf dem Gebiete der Wasserversorgung und Abwasserbeseitigung. Kl. Mitt. Mitgl. Ver. Wasserversorg. u. Abwasserbes. **1**, 19—27 (1925). — MEYEREN, G. v.: Überblick über die im Deutschen Reiche geltenden Vorschriften für den Bau und Betrieb von Wasserversorgungsanlagen. Gas- u. Wasserfach **73**, 842ff. (1931).

[6] Zum Beispiel A. GÄRTNER: Die Quellen in ihren Beziehungen zum Grundwasser und zum Typhus, S. 1—162. Jena 1902. — Die Hygiene des Wassers, S. 2ff. u. 476ff. Braunschweig 1915. — W. KRUSE: Die hygienische Untersuchung und Beurteilung des Trinkwassers. TH. WEYLS Handbuch der Hygiene 1[1], 166f. 1919. — O. SPITTA u. K. REICHLE: M. RUBNERS Handbuch der Hygiene II **2**, 52f. 1924. — Preuß. Landesanstalt für Wasserhygiene: Grundzüge der Trinkwasserhygiene. Berlin 1926. — B. BÜRGER: Vorschläge betreffend den Ausbau der hygienischen Fürsorge für die zentralen Wasserwerke, zumal im Hinblick auf die Verhütung von Seuchen. Gas- u. Wasserfach **72**, Sonderh. vom 9. April 1929, 21f. (1929). — Die Aufgaben der Wasserhygiene und die praktische Durchführung der gesundheitlichen Überwachung von Wasserversorgungsanlagen. Veröff. Med.verw. **30**, 436f. (1930). — W. OHLMÜLLER u. O. SPITTA: Untersuchung und Beurteilung des Wassers und Abwassers. S. 448ff. Berlin 1931. — Weitere Literatur bei H. KLUT: Untersuchung des Wassers an Ort und Stelle, S. 2—4. Berlin 1931.

malen Wasserbestandteilen ist bereits erwähnt. Als Beispiele für das Vorkommen von fremdartigen mehr oder weniger giftig wirkenden Mineralstoffen in unterirdischen Wässern seien folgende angeführt. GÄRTNER berichtet, daß in Derbyshire im Wasser eines beinahe 600 m tiefen artesischen Brunnens bis zu 400 mg/l und aus 26 m Tiefe 30 mg/l Bariumchlorid aus dem dortigen Rotsandstein gefunden seien, und daß Zink als natürlicher Bestandteil des Untergrundes (aus Galmeischichten, Dolomiten, Tonen und Augitgesteinen) bei Upsala und in Tullendorf in Mengen bis zu 20 mg/l Zn als Sulfat oder Hydrokarbonat in Brunnenwässern ohne Schädigung dauernd genossen werden, während zinksulfathaltige Quellwässer in Missouri bei dem (nicht mehr unschädlichen) Gehalt von 120 bzw. 132 mg/l Zn des herben Geschmackes wegen ungenießbar seien[1]. Blei soll aus bleihaltigem Gestein im Harz und Sauerland in minimalen Mengen in das Wasser übergehen. Arsen kommt, abgesehen von einigen Mineralquellen, in denen es sich in größeren Mengen findet (Dürkheim 14,3 mg/kg, Roncegno 40 mg/kg As, ferner in Levico u. a.[2]), sonst nur in harmlosen Spuren meist mit Eisen zusammen, insbesondere[3] in Wässern aus Steinkohlenformationen und Bohnerzen, vor[4].

Erheblich größer sind die Beeinträchtigungen, die das unterirdische Wasser durch den Betrieb von Bergwerken und chemischen Fabriken häufig erleidet. Von den Hüttenbetrieben in Reichenstein (Schlesien) sind seit Jahrhunderten viele Millionen Kubikmeter arsenhaltiger Schlacke im sog. Schlackentale angehäuft, durch deren Auslaugungen der an sich schon arsenhaltige Untergrund[5] so vergiftet worden ist, daß der Arsengehalt (bis zu 1,6 mg/l As) der dortigen Brunnenwässer trotz Zuschüttung des vorbeiführenden stark arsenhaltigen (24 mg/l As) Mühlgrabens wohl noch für lange Zeit unvermindert bestehen bleiben wird[6]. Da die Stadt jetzt eine gute zentrale Wasserversorgung hat, ist die in der hygienischen Literatur vielfach erwähnte auf chronischer Trinkwasser-Arsenvergiftung beruhende sog. Reichensteiner Krankheit nur noch von historischer Bedeutung[7]. Hinsichtlich der Verwendung arsen-[8],

---

[1] GÄRTNER, A.: a. a. O., S. 32.

[2] GOLDMANN, F.: Die Zusammensetzung arsenhaltiger Mineralwässer. Dtsch. med. Wschr. **41**, 79 (1915). — KLUT, H.: a. a. O., S. 118.

[3] WEYRAUCH, R.: Die Wasserversorgung der Städte **1**, 92. Leipzig 1914. — Vgl. auch B. v. BÜLOW u. K. OTTO: Der Arsengehalt von Wasser, Grund und Umgebung des „Roten Sees" sowie der Werra und einiger Zuflüsse nahe Witzenhausen. Arch. Hydrobiol. **22**, 129f. (1930); zitiert nach Wasser u. Abwasser **28**, 158 (1931).

[4] Nach R. LILLIG: (Die Bedeutung des Vorkommens von Arsen im Erdboden, im pflanzlichen, tierischen und menschlichen Organismus für den forensischen Chemiker. Pharmaz. Ztg. **65**, 500 [1920]) fand P. W. HEADDEN (Proc. Colorado sci. Soc. **1910**, 345) im jungfräulichen Boden 2,5—5 mg/kg As, in dem darunterliegenden Mergel 14—15 mg/kg; G. POPP (Z. Unters. Nahrgsmitt. usw. **14**, 38 [1907]) stellte in dem feinen gelben Lehm der Frankfurter Friedhofserde 125 mg/kg, vermutlich als Ferriarseniat vorhanden, fest. — Vgl. auch E. TRUNINGER: Arsen als natürliches Bodengift in einem schweizerischen Kulturboden. Landw. Jb. Schweiz **36**, 1015 (1922) nach F. GIESECKE: Dieses Handbuch **8**, 464.

[5] GRUNER, H.: Die arsenhaltigen Böden von Reichenstein. Schles. Landw. Jb. **40**, 517 (1911); zitiert nach B. BÖHM: Gewerbliche Abwässer, S. 127. Berlin 1928.

[6] BÖHM, B.: a. a. O., S. 127 u. 128.

[7] KATHE, J.: Über Vergiftungen durch Trinkwasser. Zbl. Hyg. **20**, 260 (1929). — Vgl. auch A. HEFFTER: Diskussionsbemerkungen. Z. angew. Chem. **29** III, 131 (1916).

[8] Vgl. u. a. FR. LEIBBRANDT: Über die Ursache der Pflanzenschäden durch Arsenmittel. Anz. Schädlingskde. **6**, 142f. (1930). (= Aus Schweinfurtergrün wurde das Arsen unter der Einwirkung der Luftkohlensäure wasserlöslich, besonders bei Kalkzusatz.) — W. B. ALBERT u. W. R. PADEN: Calcium arsenate and unproductiveness in certain soils. Sciene **73**, 622 (New York 1931); Ref. Anz. Schädlingskde **7**, 93 (1931). (= Ätzkalk, Mergel und gewisse Eisensalze wirkten durch Arsenbindung bodenverbessernd für Baumwolle, Hafer und Kichererbsen.) — P. MANTHEY: Über die Gefahren der Anwendung arsenhaltiger Mittel gegen Schädlinge (Sammelreferat). Z. Desinf. **23**, 245 (1931). — Ferner dieses Handbuch **8**, 463.

blei-[1], quecksilber-[2] und thalliumhaltiger[3] Schädlingsbekämpfungsmittel sind in bodenhygienischer Beziehung Nachteile im allgemeinen wohl nicht zu befürchten. Aber im tributären Gebiete von Trinkwasserversorgungsanlagen ist die Verstäubung[4] arsenhaltiger Mittel von Flugzeugen aus grundsätzlich unzulässig[5]. Beispiele für weitere Verunreinigung von Brunnen- und Quellwässern durch chemische Gifte sind gleichfalls bekannt[6]. Über Umsetzungen von Magnesiumchlorid (aus Kalifabrikabwässern) mit den Austauschzeolithen des Bodens haben u. a. Zink und Hollandt berichtet[7]. Eine jahrelange Brunnenversalzung kam durch Eindringen von Kochsalzsole in den Untergrund zustande, die sich mit dem Bodenmaterial (Ca-Silikate, $MgCO_3$) zu Kalzium- und Magnesiumchlorid umsetzte[8]. Eine Reduktion von Phosphorsäure zu Phosphorwasserstoff im Boden durch organische Stoffe (absickernder Saft aus Gruben mit Zuckerrübenpreßschnitzeln) beobachteten Lüning und Brohm[9].

Wasserreinigung mit Hilfe des Bodens.

Die hygienische Bewertung der verschiedenen Trinkwasserbezugsquellen hängt in erster Linie von der Wasserbeschaffenheit ab. Eine grundsätzliche Unterscheidung nach der Herkunft ist im allgemeinen nicht gerechtfertigt[10]. Die Frage, ob oberirdische Wässer (aus Flüssen und anderen Wasserläufen, Seen und Talsperren) oder unterirdische Wässer (unterirdische Wasserläufe, Quellen und die verschiedenen Grundwasserarten) den Vorzug verdienen, hängt von den örtlichen und wirtschaftlichen Verhältnissen des Einzelfalles ab. Von Ausnahmen abgesehen, ist es heutzutage dank der hochentwickelten Technik und den Fortschritten der Wasserchemie[11] wohl möglich, auch aus einem mehr oder weniger verunreinigten Flußwasser durch Ablagerung, chemische Zusätze und künstliche Filterung ein Trinkwasser zu gewinnen, das mindestens in bakteriologischer Beziehung gutem Grundwasser gleichwertig

---

[1] Vgl. dieses Handbuch **8**, 463.

[2] Bei Versuchen von A. Niethammer (Versuche zur Deutung der stimulierenden Wirkung von Uspulum-Universal beim Auflaufen des Saatgutes. Z. Pflanzenkrkh. **39**, 389 [1929]), gelangten mit jedem gebeizten Saatkorn 0,8 mg Quecksilber in die wachsende Pflanze bzw. in den Erdboden, was der Verfasser wohl mit Recht für unbedenklich hält. — Vgl. auch A. Klages: Über die Bekämpfung von Getreidekrankheiten durch chemische Mittel. Z. angew. Chem. **39**, 9 (1926).

[3] Buchmann, W.: Die Gefahren der Thalliumpräparate. Z. Desinf. **23**, 329 (1931).

[4] Baader, E. W.: Arsenvergiftungen bei der Schädlingsbekämpfung mit Flugzeugen. Med. Welt **3**, 1285 (1929).

[5] Naturgemäß auch die sonstige Anwendung giftiger Chemikalien und von Bakterienpräparaten zur Ratten- und Mäusebekämpfung.

[6] Grünhut, L.: a. a. O., S. 382f. — Gärtner, A.: a. a. O., S. 31. — Klut, H.: a. a. O., S. 3 u. 4 (mit Literaturnachweis).

[7] Zink, J. u. Fr. Hollandt: Weiterer Beitrag zur Flußwasserkontrolle. Z. angew. Chem. **40**, 1062 (1927). — Vgl. auch O. Emmerling: Beitrag zur Frage der Selbstentsalzung der mit Kaliabwässern belasteten Flußläufe. Chem. Ztg. **52**, 398 (1928).

[8] Reichle, C. u. H. Klut: Ein interessanter Fall von Salzumsetzungen im Boden. Wasser u. Gas **13**, 845 (1923).

[9] Lüning, O. u. K. Brohm: Über das Vorkommen von Phosphorwasserstoff in Brunnenwässern. Z. Unters. Lebensmitt. **61**, 443 (1931). — O. Lüning: Verunreinigung von Grundwasser durch Sprengstoff. Ebenda **60**, 331 (1930).

[10] Vgl. z. B. M. Beninde: Die voraussichtliche Entwicklung der Wasserversorgung in Deutschland in den nächsten Jahren und die hygienische Einstellung hierzu. Mitt. Landesanst. Wasserhyg. **29**, 1 (1925). — H. Bruns: Grundwasser oder Oberflächenwasser? Hygienische Gesichtspunkte zu der Frage. Jb. Vom Wasser **4**, 82 (1930). — H. Haupt: Ebenda, S. 64. — G. Thieme: Ebenda, S. 52. — K. Kühne: Fragen der Wasserbeschaffung, Wasserreinigung und Wassernutzung. Veröff. Med.verw. **30**, 410 (1930).

[11] Vgl. H. Bach: Die Trink- und Brauchwasserversorgung 1924—1929. Fortschritte, Erfahrungen und Schrifttum. Chem. Ztg. **55**, Fortschr.ber., H. 1, 1—29 (1931).

ist. Auch Geruch, Geschmack und Färbung lassen sich weitgehend verbessern, manchmal allerdings nur unter Aufwendung recht erheblicher Kosten. Immer aber hat das so gereinigte Oberflächenwasser den mit wirtschaftlich tragbaren Kosten selten zu beseitigenden Nachteil, im Sommer zu warm und im Winter zu kalt zu sein. Hinzu kommen ästhetische Gründe. Ein „frisch aus der Erde“ kommendes Wasser wird einem von Haus aus weniger appetitlichen, wenn auch garantiert keimfrei gemachten und von allen störenden Stoffen befreiten Oberflächenwasser immer vorgezogen werden. Die technisch wohl durchführbare Aufarbeitung und Wiederverwendung[1] städtischen Abwassers zu Trinkwasser (im Kreislauf) muß als eine mindestens unästhetische Überspannung technischer Möglichkeiten bezeichnet werden, auch wenn das Wasser schließlich noch der Bodenfilterung unterworfen wird[2]. Freilich braucht, wie bereits dargelegt, das unterirdische Wasser keineswegs immer hygienisch einwandfrei zu sein. So kann z. B. das aus zerklüftetem Untergrund stammende Wasser durch starke Regenfälle, Schneeschmelze und dergleichen bakteriologisch, physikalisch und auch chemisch so verschlechtert werden, daß es kaum noch als unterirdisches Wasser gelten kann. Im allgemeinen aber ist das Wasser im Boden naturgemäß vor Verunreinigungen mehr geschützt als oberirdische Wässer. Jedenfalls gilt die Versorgung mit Grundwasser zur Zeit als die erstrebenswerteste Art der Wasserversorgung[3]. So wird Hamburg wegen der Verunreinigung des Elbwassers durch organische und anorganische Abfallstoffe seit 1905 zu etwa 25% und seit 1928 mit soviel Grundwasser versorgt, daß nur noch ein geringer Restbetrag aus der Elbe gedeckt zu werden braucht[4]. Altona[5] und Magdeburg[6] sind bestrebt, dem Beispiele Hamburgs zu folgen. Nach KÜHNE[7] stehen für die Versorgung von Groß-Berlin vorläufig noch ausreichende Grundwassermengen zur Verfügung, aber bei weiterer Steigerung der Grundwasserentnahme wird die Wasserführung von Spree und Havel so weit abgesenkt werden, daß eine Überleitung von Oderwasser in Betracht gezogen wird. Wegen der derzeitigen Wasserversorgungsverhältnisse anderer Welt- und Großstädte sei auf die Literaturangaben bei BACH verwiesen[8]. Wo die natürlichen Wasservorräte des Unter-

---

[1] GOUDEY, R. F.: Pläne für die Wiederverwendung von Abwasser in Los Angeles. Eng. News Rec. v. 12. März 1931, S. 443—446; zitiert nach Gesdh.ing. **54**, 754 (1931). — IMHOFF, K.: Possibilities and Limits of the Water-Sewage-Water-Cycle. Eng. News Rec. v. 28. Mai 1931, S. 883; zitiert nach Gas- u. Wasserfach **74**, 773 (1931). — Die Wiederverwendung von städtischem Abwasser. Gesdh.ing. **54**, 699 (1931). — SIERP, FR.: Die Anwendung der aktiven Kohle in der Trinkwasserversorgung und Abwasserbeseitigung. Gas- u. Wasserfach **74**, 773 (1931).

[2] Vgl. die Diskussionsbemerkungen von W. HOLTHUSEN: Gas- u. Wasserfach **74**, 900 u. 901 (1931) sowie von R. ABEL: Gesdh.ing. **54**, 701 (1931). — Ferner R. ABEL: Neuzeitliche Wasserversorgung und Hygiene. Gas- und Wasserfach **74**, 849 (1931).

[3] SPITTA, O. u. K. REICHLE: a. a. O., S. 49. — Vgl. auch R. ABEL: a. a. O. Gas- u. Wasserfach **74**, 849 (1931).

[4] NACHTIGALL, G.: Hamburgs Wasserversorgung einst und jetzt. Techn. Gemeindebl. **29**, 18 u. 39 (1926). — HOLTHUSEN, W. u. R. SCHRÖDER: Hamburger Wasserwerke G.m.b.H., S. 50. Berlin: Max Schröder 1928. — HOLTHUSEN, H.: Das Grundwasserwerk Curslack, ein weiterer Schritt zur Loslösung der Hamburger Wasserversorgung von der Elbe. Gas- u. Wasserfach **71**, 913 (1928). — NACHTIGALL, G.: Die derzeitige Beschaffenheit des Hamburger Leitungswassers. Techn. Gemeindebl. **32**, 104 (1929). — Salzgehalt und Härte des Hamburger Leitungswassers. Jb. „Vom Wasser“ **5**, 18 (1931).

[5] LICHTHEIM, G.: Betriebserfahrungen im Elbwasserwerk und Vorarbeiten zur Grundwasserversorgung der Stadt Altona. Gas- u. Wasserfach **74**, 237, 1931.

[6] KOENIG, O.: Die technische Umgestaltung des alten Magdeburger Wasserwerkes an der Elbe. Gas- u. Wasserfach **73**, 933 (1930). — Die hydrologischen Vorarbeiten für die Grundwasserentnahme aus der Letzlinger Heide. Ebenda, S. 1105.

[7] KÜHNE, K.: Die Zukunft der Wasserversorgung von Berlin. Gas- u. Wasserfach **69**, 581 u. 607 (1926); Z. angew. Chem. **39**, 515 (1926).

[8] BACH, H.: a. a. O., S. 5 u. 6.

grundes die benötigten Wassermengen nicht enthalten, oder wo durch zu tiefe Absenkung des Grundwasserstandes die Belange der Landeskultur geschädigt[1] werden würden, hat man sich in vielen Fällen durch Anlage von Brunnen in der Nähe von Wasserläufen (natürliche Uferfiltration) geholfen sowie durch Versickerung von Oberflächenwasser (künstliche Grundwassererzeugung).

Natürliche Uferfiltration. Normalerweise pflegt der Grundwasserspiegel höher zu liegen als der Wasserstand des in das Gelände eingeschnittenen Flußbettes. Bei durchlässigem Untergrund fließt dann ein dem hydraulischen Verhältnis entsprechender Teil des Grundwassers dem Flusse zu. Wenn der Flußwasserstand eine bestimmte Höhe übersteigt, wird innerhalb einer gewissen Uferstrecke Flußwasser in den Untergrund treten und das Grundwasser zurückstauen[2], und zwar um so mehr, je wasserdurchlässiger das Flußbett durch die bei Hochwasser eintretende Fortführung des Bodenschlammes wird. Werden diese natürlichen Wechselbeziehungen zwischen oberirdischem und unterirdischem Wasser durch Grundwasserentnahme in der Nähe des Wasserlaufes künstlich geändert, so wird je nach der Beanspruchung auch bei niedrigem Stand des Flußwassers dieses rückläufig in den Untergrund treten. Eine solche seitliche Beeinflussung der Wassergewinnungsanlage durch benachbarte Oberflächenwässer hängt in ihrer Größenordnung von der Verschlickung des Flußbettes, der Durchlässigkeit der Fluß und Brunnen trennenden Bodenschichten, des Abstandes der Fassung vom Fluß und den Unterschieden zwischen Fluß- und Grundwasserstand ab. Ein klassisches Beispiel für das Eindringen von (salzhaltigem) Flußwasser in das Grundwasser bildet die auf drei Seiten von der Saale und Elster eingeschlossene Wasserfassungsanlage der Stadt Halle[3]. Dort stammten infolge des großen Unterschiedes zwischen Fassungs- und Oberflächenwasserspiegel rechnerisch rund 21000 m^3 bei einer täglichen Förderung von 25000 m^3 aus dem Oberflächenwasser. Im Vergleich zu „echtem" Grundwasser ohne jede Flußwasserbeimischung sind für ein auf dem Wege der Uferfiltration entstandenes Grundwasser folgende Merkmale[4] besonders kennzeichnend (die Merkmale für „echtes" Grundwasser, ohne Beimischung von Oberflächenwasser, sind in Klammern gesetzt).

„Kennzeichen von ‚uferfiltriertem' (und ‚echtem') Grundwasser:
1. Der Grundwasserspiegel fällt vom Fluß weg ständig nach dem Brunnen ab (der Grundwasserspiegel fällt zum Fluß hin).

---

[1] SPITTA, O. u. K. REICHLE (a. a. O., S. 89 u. 133 Ziff. 9) geben zu dieser Frage folgende Literaturstellen an: A. CIFKA: Über die fortschreitende Austrocknung der Ackerkrume als Folgeerscheinung der Grundwasserentnahme zur Wasserversorgung holländischer Städte. Gesdh.ing. **27**, 269 (1904). — G. RICHERT: Die fortschreitende Senkung des Grundwasserspiegels. Ebenda **27**, 577 (1904). — (Umfragenergebnis): Kulturschäden durch Grundwasserentziehung. J. Gasbeleuchtg. u. Wasservers. **46**, 316 (1903). — K. KEILHACK: Grundwasserstudien. Z. prakt. Geol. **1910**, 125. — Vgl. auch K. KEILHACK: Lehrbuch der Grundwasser- und Quellenkunde, S. 207f. Berlin 1912. — R. WEYRAUCH: Die Wasserversorgung der Städte 1, 112. Leipzig 1914.

[2] Vgl. E. PRINZ: Handbuch der Hydrologie, S. 356. Berlin 1923. — W. P. DUNBAR: Die Abwässer der Kaliindustrie, S. 20f. München 1913 (mit der Literatur zur Frage des Eindringens von Flußwasser in den Boden). — Ferner O. SPITTA u. K. REICHLE: a. a. O., S. 133 Ziff. 12. — OTTO MAYER: Die Karbonatzahl im Rahmen der Wasseranalyse. Z. Unters. Lebensmitt. **62**, 289 (1931). (= Unter dem ersten Einfluß der Hebung des Donauwasserspiegels an der neu erbauten Kachletstufe [bis zu 8 m] wurde das durch undichte Abort- und Jauchegruben verunreinigte Grundwasser in bisher einwandfreie Brunnen zurückgestaut.)

[3] DUNBAR, W. P.: a. a. O., S. 27. — REICHLE, C. u. H. KLUT: Untersuchungen der Landesanstalt für Wasserhygiene über das Beesener Wasserwerk der Stadt Halle. Mitt. Landesanst. Wasserhyg. **27**, 230 (1921).

[4] REICHLE, C. u. H. KLUT: a. a. O., S. 230 u. 231.

„2. Er steigt und fällt mit dem Flußwasserspiegel mehrmals jährlich (schwankt wenig und zeigt während eines Jahres nur einen höchsten und tiefsten Stand mit allmählichem Übergang).

„3. Trotz gleichbleibender Entnahme wechselt die Absenkung in den Brunnen; sie ist am größten, wenn die Flußsohle nach langem Niederwasser am stärksten verschlammt ist, am kleinsten nach Hochwasser, durch welches die Verschlammung fortgespült wird (das Maß der Absenkung ist praktisch gleichbleibend).

„4. Die höchste und niederste Temperatur des Flußgrundwassers im Jahre liegen je nach dem Aufenthalt des Wassers im Boden um mehr oder weniger, jedenfalls eine Reihe von Graden auseinander (die Temperatur schwankt nicht oder nur sehr wenig [1—2° C]).

„5. Je nach der Entfernung der Brunnen vom Fluß ist zur selben Zeit die Temperatur in dem Wasser der Brunnen verschieden (die Temperatur ist in allen Brunnen dieselbe).

„6. Die Beschaffenheit des Wassers wechselt mit derjenigen des Flußwassers, allerdings in einem der Aufenthaltsdauer und Vermischung des Wassers im Boden entsprechenden, gemilderten Grade (die Zusammensetzung wechselt nicht oder sehr wenig bei allmählichem Übergang)."

In bakteriologischer Hinsicht hängt die Leistungsfähigkeit der natürlichen Uferfiltration ab von dem Verschmutzungsgrad des Flußwassers, von der Filterwirkung des Flußbettes und der Bodenschichten, dem Abstande zwischen Fluß- und Wasserfassungsanlage sowie von der Filtergeschwindigkeit (und Aufenthaltsdauer) des Wassers im Boden. Abwässer aller Art[1] sollten nach Möglichkeit nur unterhalb der Wassergewinnungsstelle in den Fluß geleitet werden. Je geringer der Keimgehalt des Flußwassers ist, desto eher ist naturgemäß ein keimfreies Bodenfiltrat zu erwarten. Weiter beeinträchtigen aber auch organische Schmutzstoffe an sich unter Umständen rein mechanisch die entkeimende Wirkung des Bodenfilters durch die bei ihrer Zersetzung je nach der Wasser- und Bodentemperatur frei oder wieder absorbiert werdenden Kohlensäurebläschen[2].

Der Grundgedanke, die Wasserergiebigkeit des Bodens durch seitliche Anreicherung von einem Oberflächenwasser aus zu steigern, stammt von THIEM, der die ersten praktischen Versuche 1893 in Essen an der Ruhr angestellt hat[3]. Heute ist die Uferfiltration eine sehr verbreitete Art der Wassergewinnung[4]. Bei sachgemäßer Anlage und Überwachung arbeitet sie auch in bakteriologischer Hinsicht in der Regel zuverlässig[5]. Die Nachteile der Grundwasserverschlechterung durch Hochwasserwellen bei sonst guter Entkeimung und der Wasser-

---

[1] Anorganische Abfallstoffe wie $MgCl_2$, $MgSO_4$, $CaCl_2$, NaCl usw. werden bei der Bodenfiltration nicht zurückgehalten, ein Austausch von Mg- und Na-Ionen gegen Ca-Ionen findet nur bis zum Gleichgewichtszustande statt. Vgl. S. 238, Anm. 7, 8. Auch phenolhaltige Abwässer sind in dieser Beziehung bedenklich. — Vgl. H. BACH u. E. NOLTE: Aussprache über Grundwasser und Oberflächenwasser. Jb. Vom Wasser **4**, 97 (1930).

[2] ZUNKER, F.: Die Bedeutung der Absorptionsgesetze für das Reinigungsvermögen der Sandfilter. J. Gasbeleuchtg. u. Wasservers. **63**, 404 (1920). — Vgl. auch dieses Handbuch **6**, 145.

[3] THIEM, A.: Die künstliche Erzeugung von Grundwasser. J. Gasbeleuchtg. u. Wasserversorgung **41**, 189 u. 207 (1898).

[4] In Deutschland besonders im Ruhrgebiet, aber auch am Rhein und Main, an der Elbe in Aussig und Dresden, in Breslau usw.

[5] Vgl. u. a. A. SPRINGFELD: Die Keimdichte der Förderungsanlagen zentraler Wasseranlagen im Regierungsbezirk Arnsberg. Dtsch. Vjschr. öff. Gesdh.pfl. **35**, 568 (1903). — W. KRUSE: Beiträge zur Hygiene des Wassers. Z. Hyg. **59**, 23 u. 32 (1908). — W. PRAUSNITZ: Über „natürliche Filtration" des Bodens. Ebenda, S. 161 f.

knappheit infolge Verschlammung des Flußbettes können durch Talsperren[1] (gleichmäßigerer Abfluß[2]), durch Einbau von Staustufen in den Fluß sowie durch künstliche Versickerungsbecken (Anreicherungsgräben, auch Sickerbrunnen) vermindert oder behoben werden, indem dadurch größere Schwankungen des Grundwasserspiegels vermieden werden und eine gleichmäßigere Beanspruchung der filtrierenden Bodenschichten erreicht wird. Solche Versickerungsgräben sind ebenfalls wohl zuerst an der Ruhr angelegt worden. Sie sind dort in der Regel etwa 250—350 m lang, 20 m breit, reichen bis in die natürlichen Kiesschichten des Untergrundes und werden in etwa 100 m Abstand längs des Flusses (zwecks Reinigung doppelt) angelegt, mit je einer Grundwasser-Entnahmefassung in 50 m Abstand von den beiden Längsseiten der Gräben[3]. Mit Rücksicht auf die grobe Beschaffenheit der natürlichen Schotterschicht wird im Ruhrgebiet die Sohle dieser „Filterbecken" mit einer $^1/_2$ m hohen Filterschicht von feinem Rheinsand (bis zu 2 mm Korngröße) bekleidet. Die Anlage von Filterbecken empfiehlt sich auch bei feinkörnigem Bodenmaterial, um dessen Verschlammung zu vermeiden, was noch wirksamer dadurch erreicht wird, daß den Filterbecken Absitzbehälter oder Schnellfilter[4] vorgeschaltet werden. Eine derartige Anlage ist u. a. auch zur Wasserversorgung Wiesbadens in Schierstein am Rhein durch Umbau der früheren Uferfiltrationsanlagen geschaffen worden, die wegen der starken rechtsseitigen Verschmutzung des Rheinwassers aufgegeben werden mußten. Jetzt wird dort aus dem Wasser des Rheins ein künstliches Grundwasser erzeugt, das die oben genannten Eigenschaften echten Grundwassers aufweist (Absitzbecken, Versickerungsbecken, unterirdischer Weg von etwa 250 m bis zu den Brunnen)[5].

Künstliche Grundwassererzeugung. In Verfolgung des erwähnten Thiemschen Grundgedankens hat der schwedische Hydrologe Richert unter Verzicht auf Uferfiltration erstmalig eine „Grundwasserfabrik"[6] geschaffen, deren Betrieb auf einer künstlichen Vermehrung der Niederschläge durch Zuleitung von Oberflächenwasser auf und in die natürlichen Versickerungsflächen beruht. Auch Scheelhaase hat im Frankfurter Stadtwald gute Ergebnisse bei Versuchen mit Mainwasser erzielt, das, nach Vorreinigung in künstlichen Sandfiltern, durch Sickerrohre in den Boden gebracht, nach Zurücklegung eines unterirdischen Weges von 20 m in 45 Tagen praktisch keimfrei, nach 75 m in 140 Tagen die

[1] Wegen der hygienischen Anforderungen hinsichtlich der Trinkwassergewinnung aus Talsperren vgl. A. Gärtner: Die Hygiene des Wassers, S. 386 u. 405. Braunschweig 1915. — L. Grünhut (mit Literaturnachweis): Trink- und Tafelwasser, S. 474—479. Leipzig 1920.

[2] Die Bedeutung von Hochwasserwellen für die Auffüllung und Erhaltung des Grundwasservorrates im Bodetalgebiet unterhalb der im Ostharze geplanten Talsperren betont — Russwurm: Einfluß von Hochwasser auf den Grundwasserstand. Gas- u. Wasserfach **70**, 333 (1927).

[3] Vgl. u. a. E. Link: Die Wasserversorgung des Rheinisch-Westfälischen Industriegebietes. Gesdh.ing. **45**, 351 (1922). — A. Koenig u. H. Bruns: Künstliche Grundwasseranreicherung unter Berücksichtigung der Verhältnisse des Ruhrkohlengebiets. Ebenda **53**, 662 u. 740 (1930). — Im übrigen sind die Abstände der Fassung von den Flüssen recht verschieden; vgl. die Tabelle bei E. Prinz: a. a. O., S. 396.

[4] Kring, H.: Wasserwerk Ackerfähre an der Ruhr usw. Gas- u. Wasserfach **74**, 193 (1931).

[5] Bücher, Chr.: Die Wiesbadener Wassergewinnungsanlagen in Schierstein am Rhein usw. Gas- u. Wasserfach **71**, 577, 608 u. 631 (1928).

[6] Richert, G.: Die Grundwasser, mit besonderer Berücksichtigung der Grundwasser Schwedens, S. 53f. München 1911. — Vgl. auch C. Reichle: Über künstliches Grundwasser. a. a. O. **53**, 699 (1910). — G. Thieme: Die hydraulischen Wechselbeziehungen von Fluß- und Grundwasser bei Änderung ihrer Spiegellagen. Internat. Z. Wasserversorg. **4**, 128 (1927). — E. Gross: Die Gewinnung von Grundwasser und seine künstliche Erzeugung. Gas- u. Wasserfach **72**, 901 (1929). — Ch. Mezger: Über die künstliche Beeinflussung der Grundwasserbildung im Flachlande. Ebenda, S. 948.

Temperatur des Grundwassers angenommen und nach 100 m in 190 Tagen auch seinen ursprünglich schlechten Geruch und Geschmack vollkommen verloren hatte[1]. Auf Grund dieser Versuche hat SCHEELHAASE ein Verfahren ausgearbeitet, bei dem nur so viel vorgeklärtes Mainwasser aus abwechselnd betriebenen Versickerungssträngen versickert wird, daß die Bodenporen z. T. noch mit Bodenluft gefüllt bleiben, wodurch die selbstreinigende Kraft des Bodens in biologischer und chemischer Beziehung besser ausgenutzt wird. Nach einer etwa 10—13 m langen Wegstrecke bis zum Grundwasserspiegel, die in etwa 14 Tagen zurückgelegt wird, läßt sich demUntergrund in entsprechender Entfernung von den Versickerungsstellen nach den oben angegebenen Zeiten ein dem echten Grundwasser hygienisch ebenbürtiges Trinkwasser entnehmen[2]. Auch Hamburg[3], Hannover[4], Breslau[5], Dresden[6] und andere Städte arbeiten z. T. mit künstlicher Grundwassererzeugung, die, geeignete Bodenverhältnisse vorausgesetzt, überhaupt noch eine große Zukunft hat. Je nach den örtlichen Verhältnissen wird das vorgereinigte Oberflächenwasser[7] dem Untergrunde durch einfache Berieselung, Versickerungsbecken oder -gräben, Sickerrohre oder durch senkrechte Rohr- oder Kesselbrunnen zugeführt. Zur Wasserfassung sind an Stelle der in der Regel üblichen senkrechten Brunnen mit durchlässigen Seitenwänden unter Umständen[8] waagerechte Filtergalerien oder Kesselbrunnen mit Wassereintritt von unten vorzuziehen.

In Breslau war 1906 eine eigenartige chemische Veränderung des Grundwassers aufgetreten. Der wasserführende Untergrund des Grundwasser-Fassungsgeländes in der Niederung der Ohle und Oder besteht aus alluvialen Schichten und stark mangan- und eisenhaltigen Schlickablagerungen, die durch die ständige Wasserentnahme trocken gelegt wurden. Unter dem Einfluß des eindringenden Luftsauerstoffs wurde aus dem Schwefeleisen des Schlicks (neben Ferrisulfat) Ferrosulfat und freie Schwefelsäure gebildet, die das im Boden vorhandene unlösliche Mangansuperoxyd in wasserlösliches Mangansulfat verwandelten. Bei einer Überflutung des Brunnengeländes wurden die Eisen- und Manganverbindungen plötzlich ausgelaugt und in die Brunnenanlage eingeschwemmt, die daraufhin teilweise aufgegeben werden mußte[9]. Jetzt werden

[1] SCHEELHAASE, F.: Beitrag zur Frage der Erzeugung künstlichen Grundwassers aus Flußwasser. J. Gasbeleuchtg. u. Wasservers. **54**, 674 (1911).

[2] SCHEELHAASE, F.: Wasserversorgung mit Flußwasser oder mit künstlich erzeugtem Grundwasser. Gesdh.ing. **46**, 461 (1923). — SCHEELHAASE, F. u. G. M. FAIR: Producing artificial ground water at Frankfurt, Germany. Engin. News-Rec. **93**, 174 (1924).

[3] HOLTHUSEN, W.: a. a. O., S. 913.

[4] DAHLHAUS, K.: Die Möglichkeit einer Erweiterung der Wasserversorgung der Stadt Hannover. Wasser u. Gas **17**, 82 (1926). — Vgl. auch F. BEYSCHLAG: Die Möglichkeit einer Erweiterung der Wasserversorgung der Stadt Hannover. Ebenda, **16**, 1060 (1926).

[5] KIRCHNER, E.: Die Entwicklung der Wasserwerke der Stadt Breslau. Gas- u. Wasserfach **74**, 522 (1931). — WAGENKNECHT, W.: Bakteriologie und Chemie im Wasseraufbereitungsbetriebe der Breslauer Werke. Ebenda, S. 673.

[6] VOLLMAR, O.: Bericht über Erfahrungen mit künstlicher Grundwassererzeugung. Gas- u. Wasserfach **74**, 805 (1931).

[7] Versalzenes Flußwasser ist für die künstliche Grundwassergewinnung nicht zu verwenden, da z. B. Chlorionen vom Boden nicht zurückgehalten werden. — Vgl. u. a. A. BOCK: Die neue Grundwasserwerks-Erweiterung der Stadt Hannover. J. Gasbeleuchtg. u. Wasservers. **55**, 577 (1912).

[8] Auf diese Weise werden die filtrierenden Bodenschichten z. B. besser ausgenutzt, wenn ihre Mächtigkeit nur gering ist, oder wenn der Abstand zwischen Oberflächenwasser und Fassung nicht weit bemessen werden kann. — Vgl. u. a. E. PRINZ: a. a. O., S. 395.

[9] Vgl. u. a. C. LUEDECKE: Das Wasser des Odertales und die Wasserkalamität der Stadt Breslau. Z. Gesundheit **32**, 372, 545 (1907). — H. LÜHRIG: Über die Ursachen der Grundwasserverschlechterung in Breslau. Z. Unters. Nahrungsmitt. usw. **13**, 441; **14**, 40 (1907). — Gedanken über die Sanierung der Breslauer Grundwassergewinnungsanlagen. Gesdh.ing. **31**,

die eisen- und manganhaltigen Schichten der Ohleniederung durch Auffüllung des Grundwasserträgers künstlich unter Wasser gehalten, wodurch die Mangangefahr endgültig beseitigt ist[1]. Auf einem anderen schlesischen Wasserwerk hat man die Gefahr der geschilderten Umsetzungsvorgänge in dem schwefelkieshaltigen Moorboden dadurch beseitigt, daß das Wassergewinnungsgelände durch Eindeichung vor Überschwemmungen und durch dachförmige Überdeckung mit einer dicken Lehmschicht vor Luftzutritt geschützt worden ist[2]. In dem strengen Winter 1928/29 wurde die künstliche Grundwassererzeugung in Breslau vorübergehend durch starken Bodenfrost unmöglich gemacht[3].

Wegen der Maßnahmen zum Nachweise eines Zusammenhangs zwischen oberirdischem und unterirdischem Wasservorkommen bzw. des unterirdischen Wasserverlaufes mit Hilfe von Salzen und Farbstoffen sowie zur Prüfung der Filtrationskraft des Bodens mit Hilfe von (farbstoffbildenden) Bakterien sei auf die wasserhygienische Literatur verwiesen[4].

Beseitigung menschlicher und tierischer Ausscheidungen, Reinigung und Beseitigung häuslicher und gewerblicher Abwässer mit Hilfe des Bodens.

Schon die Naturvölker sind teils instinktiv, teils in Befolgung religiöser Vorschriften (Verbindung von Heilkunde und Priestertum) auf Unschädlichmachung ihrer Fäkalien bedacht. Viele Negervölker pflegen ihre Exkremente außerhalb des Dorfes abzusetzen und manche Indianer vergraben sie sogar auf das sorgfältigste[5]. Der große Gesetzgeber MOSES befahl u. a., daß bei Feldzügen jeder Israelit sein eigenes Schäuflein mit sich führen und mit diesem seinen Abgang jedesmal sorgfältig mit Erde bedecken sollte[6]. Von den Tibetanern hat

---

629 u. 645 (1908). — Ferner A. GÄRTNER: Die Hygiene des Wassers, S. 171f. Braunschweig 1915. (= Vgl. auch S. 179—181: stark Aluminium haltiges Wasser aus Pyrit und Schiefer.) — Vgl. auch M. WEIBULL: Ein manganhaltiges Wasser und eine Bildung von Braunstein in Björnstorp in Schweden. Z. Unters. Nahrungsmitt. **14**, 403 (1907).

[1] DEBUSMANN, H.: Die Entwicklung der Breslauer Wasserwerke. Gas- u. Wasserfach **70**, 8 (1927). — SPITTA, O. u. K. REICHLE: a. a. O., S. 98.

[2] LÜHRIG, H.: Wiederbrauchbarmachung einer chemisch verunreinigten Grundwasserversorgung. Wasser u. Gas **11**, 849 (1921); zitiert nach Wasser u. Abwasser **16**, 286 (1921).

[3] PFEIFFER, R.: Die Breslauer Grundwasserversorgung unter dem Einfluß des Winters 1928/29. Zbl. Hyg. **20**, 259 (1929). — Vgl. auch W. KRÜSMANN u. H. BRUNS: Hygienische Erfahrungen der Wassergewinnung während der Frostperiode des Winters 1928/29. Gas- u. Wasserfach **72**, 1047 (1929). — E. PRINZ: Hydrologische Erscheinungen im „ewig gefrorenen Boden" Sibiriens. Ebenda, S. 766. — M. J. TSCHERNYSCHEFF: Wasserleitungen in Gegenden mit ewig gefrorenem Boden. Bauingenieur **1930**, 96—99; zitiert nach Wasser u. Abwasser **27**, 101 (1930).

[4] GÄRTNER, A.: a. a. O., S. 300—310. — KRUSE, W.: Die hygienische Untersuchung und Beurteilung des Trinkwassers. TH. WEYLS Handbuch der Hygiene **1**[I], 221. Leipzig 1919. — GRÜNHUT, L.: Trink- und Tafelwasser, S. 562. Leipzig 1920. — OHLMÜLLER, W. u. O. SPITTA: Untersuchung und Beurteilung des Wassers und des Abwassers, S. 342—347. Berlin (1931). — GOTSCHLICH, E.: Handbuch der hygienischen Untersuchungsmethoden **1**, 944. 1926. — Aus neuerer Zeit: A. CROUCH: The use of uranine dye in tracing underground waters. J. amer. Water Works Ass. **19**, 725 (1928). — F. EGGER: Arbeitserfahrungen beim Nachweis des Zusammenhanges von Wasservorkommen durch Fluoreszenzfärbung. Jb. Vom Wasser **3**, 22 (1929). — K. KISSKALT u. M. KNORR: Die Gefährdung von Diluvialquellen und ihre Untersuchung mit Uranin und Kochsalz. Arch. Hyg. u. Bakter. **103**, 349 (1930). — G. SCHAD: Die Agglutination als ein Hilfsmittel zur Identifizierung farblos gewordener Prodigiosuskeime. Ebenda **104**, 99 (1930).

[5] WEYL, TH.: Überblick über die historische Entwicklung der Städtereinigung usw. Handbuch der Hygiene **2**[I], 9 (1912). — Vgl. auch L. SCHAPIRO: S. 216.

[6] 5. Buch Moses, Kap. 23, Vers 12 u. 13. — Vgl. auch J. P. FRANK: a. a. O., Vorbericht zu Bd. 3, S. XII. — K. THUMM: Zur Geschichte der Wasser-, Boden- und Lufthygiene nach Bibel und Talmud. Kleine Mitt. Ver. Wasser-, Boden- u. Lufthyg. **5**, 209 (1929). — Vgl. Kriegs-Sanitäts-Ordnung: Ziff. 507, S. 135. München 1914: „Außerhalb des Abortes abgesetzter Kot ist mindestens mit Erde zu bedecken." — Vgl. hierzu C. PRAUSNITZ: Mili-

FILCHNER kürzlich berichtet, daß die Insassen der Steinsiedelungen, „ihre Notdurft, die große und die kleine, auf der Straße vor ihren Häusern verrichten", und daß die in der Ernährung knapp gehaltenen Hunde dort unsere Städtereinigung ersetzen. Aus seiner Schilderung geht aber auch hervor, daß die Tibetaner jede Berührung und Verwertung ihrer Exkremente ängstlich vermeiden, während sie den Kot ihres Nutzviehs zu Heizzwecken gerne verwenden[1].

Auch unsere hygienischen und ästhetischen Anschauungen fordern grundsätzlich, daß die menschlichen Exkremente wie alle Abfallstoffe möglichst rasch aus dem Bereich der Siedlungen entfernt und möglichst endgültig unschädlich gemacht werden[2]. Das kann unter einfachen Verhältnissen durch Abfuhr oder eigene landwirtschaftliche Verwertung[3] geschehen, unter Beachtung der hygienischen Vorschriften[4], insbesondere in bezug auf etwaige Brunnenverseuchungen, was besonders wichtig[5] ist, da sich z. B. Typhusbakterien im Inhalt der Abortgruben[6] 2—3 Monate, bei besonders niedrigen Temperaturen bis zu 6 Monaten lebensfähig halten können. Paratyphusbakterien hat man, wie erwähnt sei, in Edinburgh unter 57 Sielwasserproben 7 mal und in Köln in 6 von 20 Abwasserproben nachweisen können[7].

Menschliche Fäkalien soll man Tierdunghaufen nicht beimischen[8], weil die etwa in ihnen vorhandenen Infektionserreger von dort leichter zum Menschen zurückkehren können, und weil die bei der gewöhnlichen Mistbereitung auftretende Wärme unter Umständen zu einer Keimvermehrung oder physiologischen Kräftigung[9] der überlebenden Krankheitskeime beitragen kann. Tierischer Dung kann unter Umständen die Erreger von Milzbrand, Rotz, Tetanus und anderen Krankheiten enthalten[10]. Er ist wie alle Abfallstoffe vor Fliegen und anderem Ungeziefer geschützt in wasserdichten Gruben fern von Brunnen- und anderen Wasserversorgungsanlagen aufzubewahren und darf auch nicht in deren Nähe in den Boden gebracht werden.

---

tärische Unterkünfte einschließlich Beseitigung der Abfallstoffe. In O. v. SCHJERNINGS Handbuch der ärztlichen Erfahrungen im Weltkriege 7, 60f. Leipzig 1922.

[1] FILCHNER, W.: Über die menschlichen Abgänge in Tibet und ihr Schicksal. Kleine Mitt. Ver. Wasser-, Boden- u. Lufthyg. 7, 86 (1931).

[2] Was in tropischen Ländern auch zur Verhütung von Vergiftungen durch Schlangen wichtig ist, weil von den Hausabfällen Ratten, Mäuse und anderes Ungeziefer angelockt und diese Tiere von den Schlangen gejagt werden. E. ST. FAUST: Die tropischen Intoxikationskrankheiten. C. MENSES Handbuch der Tropenkrankheiten 2, 905 (1924).

[3] HOFFMANN, M.: Abfuhrsysteme und Verwertung der Latrine in nicht kanalisierten Städten. TH. WEYLS Handbuch der Hygiene 2^{IV}, 717. 1918.

[4] Vgl. u. a. B. BÜRGER: a. a. O., S. 174—182.

[5] Als ein Beispiel unter vielen sei hier angeführt, daß die große Typhusepidemie in Pforzheim 1919 auf argloses Ausgießen typhösen Abortgrubeninhaltes auf eine Wiese oberhalb eines oberflächlichen Zuflüssen zugänglichen Wasserwerksbrunnens zurückgeführt wird. — Vgl. M. KNORR: Typhus und Trinkwasser. Eine epidemiologische Studie über die Pforzheimer Typhusepidemie 1919. Arch. Hyg. u. Bakter. 102, 10 (1929).

[6] Vgl. E. LEVY u. W. GAEHTGENS: Eigenschaften der Typhusbazillen. Arb. ksl. Gesdh.-amt 41, 211 (1912). — Ferner O. SPITTA u. K. REICHLE: Die Wasserversorgung. M. RUBNERS Handbuch der Hygiene 2^{II}, 1. Hälfte, 58. 1924. — G. BUONOMINI: Osservazioni sulla resistenza del B. tifico in vari materiali luridi. Atti Accad. Fisiocritici Siena X. s. 5, 268 (1931); zitiert nach Zbl. Hyg. 25, 608 (1931).

[7] BEGBIE, R. S. u. H. J. GIBSON: Occurrence of typhoid-paratyphoid bacilli in sewage. Brit. med. J. vom 12. Juni 1930, 59; zitiert nach Z. Med.beamte 43, 695 (1930). — GRAY, J. D. ALLAN: The isolation of bacillus paratyphosus from sewage. Brit. med. J. Nr. 3551, S. 142 (1929); zitiert nach Zbl. Hyg. 20, 27 (1929). — PESCH, K. L. u. E. SAUERBORN: Chemische und bakteriologische Abwasseruntersuchungen. Gesdh.ing. 52, 858 (1929).

[8] GÄRTNER, A.: Leitfaden der Hygiene, S. 342. Berlin 1914.

[9] RUSCHMANN, G.: Vergleichende biologische und chemische Untersuchungen an Stalldüngersorten. Cbl. Bakter. II 75, 407 (1928).

[10] GÄRTNER, A.: a. a. O., S. 342.

In städtischen Siedlungen erfolgt die Beseitigung aller abschwemmbaren Abgänge am besten und sichersten durch Schwemmkanalisation und Verrieselung des mehr oder weniger weitgehend vorgereinigten, eventuell auch noch nachzubehandelnden Abwassers auf Landflächen. Eine restlose landwirtschaftliche Verwertung der großstädtischen Abgänge, wie sie nach dem Beispiele der Kleinstädte ländlichen Charakters u. a. MIGGE[1] fordert, ist mit wirtschaftlichen Mitteln unmöglich durchführbar und besitzt außerdem hygienische Nachteile[2]. Wegen Unterbringung des Abwasserklärschlammes vergleiche S. 254.

Die Reinigung und Beseitigung städtischer Abwässer mit Hilfe des natürlich gewachsenen Bodens ist auch in hygienischer Hinsicht immer noch das beste Verfahren[3]. Nur das durch Belüftung mit „aktiviertem Flockenschlamm"[4] behandelte Abwasser kann die durch Bodenbehandlung gereinigten Abläufe unter Umständen an Reinheit übertreffen. Die Abwasserreinigung mit Hilfe des Bodens geschieht in der Regel und seit langem auf den sog. Rieselfeldern (Bodenfilterung mit landwirtschaftlicher Nutzung) und (oder auch vielfach gleichzeitig) als intermittierende Bodenfilterung (Staufilter ohne landwirtschaftliche Nutzung), ferner als unterirdische Bodenfilterung (Untergrundberieselung), als wilde Berieselung (Beseitigung vorwiegend durch Verdunstung auf großen Flächen) sowie als Spritzverfahren und neuerdings durch Beregnung.

Rieselfelder sind planierte und durch flache Dämme getrennte Felder, denen das Abwasser von der Seite her zum Anbau von Kulturpflanzen zugeführt wird[5]. Vorbedingung ist, daß entsprechend große Landflächen mit genügend durchlässigem Boden und genügend tiefem Grundwasser verfügbar sind. Am geeignetsten ist schwach humoser Sandboden oder ein feiner lehmiger Boden mit Kiesunterlage. Lehmböden verstopfen sich leicht. Tonige oder torfige Böden sind wenig oder gar nicht geeignet. Abgesehen von ganz besonders günstigen Verhältnissen ist Dränierung stets erforderlich, um den Abfluß des in den Boden gebrachten Abwassers zu beherrschen und Versumpfungen und Nachteile für die städtische Bebauung in der Umgebung zu vermeiden. Das Abwasser gibt bei der Verrieselung seine suspendierten Stoffe, den größten Teil der Bakterien sowie erhebliche Mengen der Kolloide und der gelösten organischen (z. T. auch anorganischen) Stoffe ab, die von den angebauten Pflanzen nur unvollkommen ausgenutzt werden. Insbesondere geht der die anderen Pflanzennährstoffe an Menge überwiegende Stickstoff z. T. als Nitrat mit den Abflüssen verloren. Nach KÖHLER sind die Berliner städtischen Abwässer verhältnismäßig jodreich. Der

---

[1] MIGGE, L.: Bodenproduktive abfallwirtschaftliche Stadtsiedlung. Z. Komm.wirtsch. 12, 274f. (1922).

[2] HEYD, H.: Die Entwässerungsfrage bei Kleinhaussiedlungen. Techn. Gemeindebl. 25, 141f. (1923. — HEILMANN, A.: Abfallstoff — Abwasser, Beseitigung und Verwertung. Gesdh.ing. 52, 517f. (1929).

[3] Vgl. u. a. H. BACH u. F. FRIES: Das Abwasserbeseitigungswesen nach dem Weltkriege. Zbl. Hyg. 5, 67 (1924).

[4] Eine Beschreibung dieses von der Bodenfiltration unabhängigen, zu deren Entlastung verwendbaren biologischen Reinigungsverfahrens gibt u. a. R. WELDERT: Kleine Mitt. Ver. Wasservers. u. Abwasserbes. 2, 9 u. 99 (1926). — Vgl. auch K. IMHOFF: Übersicht über neuere Fortschritte in der Abwasserreinigung, besonders mit belebtem Schlamm. Zbl. Hyg. 10, 401 (1925). — O. KAMMANN: Über Abwasserreinigung mit aktiviertem Schlamm. Techn. Gemeindebl. 27, 13f. (1924).

[5] Über Einzelheiten des Betriebs vgl. u. a. J. KÖNIG u. H. LACOUR: Die Reinigung städtischer Abwässer in Deutschland nach dem natürlichen biologischen Verfahren, S. 18f. Berlin 1915; mit umfassender Statistik deutscher Rieselfelder. — W. P. DUNBAR: a. a. O., S. 46f. — C. ZAHN: Die Reinigung städtischer Abwässer. TH. WEYLS Handbuch der Hygiene 2^{III}, 359f. 1914. — H. METZGER: Die Bromberger Rieselfelder und ihre Vorgeschichte. Techn. Gemeindebl. 23, 109, 118, 128, 137, 143, 151, 161 (1921).

Jodgehalt ist höher als in normalen Wässern, er sinkt im Laufe der Bodenfilterung mit der Abnahme der organischen Stoffe bis auf einige Gamma je Liter im gerieselten Wasser. Düngung mit Abwasserschlamm und vermutlich auch der Rieselfeldbetrieb führen zur Jodanreicherung der Kulturpflanzen[1]. Zur Versorgung der Kulturpflanzen mit der nötigen Feuchtigkeit und mit Dungstoffen genügt im allgemeinen die tägliche Zufuhr von 3—4 m^3 Abwasser je Hektar. Bei stärkerer Zufuhr werden die landwirtschaftlichen Erzeugnisse wasserhaltiger und weniger haltbar, während die Rieselabflüsse auch noch bei 30 m^3 und mehr je Hektar hygienisch einwandfrei bleiben können. Mit einer zuverlässigen Vernichtung pathogener Keime ist freilich nicht zu rechnen, wie aus dem recht häufigen Vorkommen von Kolibakterien in den Abflüssen zu folgern ist[2]. Immerhin wird durch sorgfältig betriebene Berieselung die Fäulnisfähigkeit beseitigt und der Gesamtkeimgehalt auf $^1/_{100}$—$^1/_{1000}$ und damit auch die Infektionsgefahr so weit vermindert, daß das gereinigte Abwasser in der Regel ohne hygienische Bedenken selbst kleinen Vorflutern oder dem Untergrund überantwortet werden kann[3]. Die biologische Reinigung verläuft hauptsächlich in den Bodenschichten bis zu etwa 10 cm Tiefe. Da die Dränwässer namentlich im Winter[4] bei ruhender Vegetation noch besonders viele pflanzliche Nährstoffe und auch ziemliche Mengen Luftsauerstoff enthalten, geben sie mitunter zu Pilzwucherungen von Sphaerotilus natans, Mucor und Leptomitus lacteus Veranlassung[5]. Die dadurch entstehenden Nachteile lassen sich u. a. durch nochmalige Rieselung auf Wiesen oder durch Einleitung in Fischteiche vermeiden, in denen gleichzeitig die Mineralisation der Nährstoffe und die Vernichtung etwaiger Krankheitskeime sich fortsetzt[6]. Mechanische Vorklärung der Rieselfeldzuflüsse, insbesondere die Beseitigung fettartiger Stoffe, dient zur Entlastung des Rieselbetriebs[7]. Bei verschlicktem Rieselgelände soll auch die Ratten- und Mäuseplage besonders stark auftreten[8]. Ein Nachteil des Rieselfeldverfahrens namentlich für Großstädte sind die großen dazu erforderlichen Landflächen. In Berlin z. B. beabsichtigt man aus solchen wirtschaftlichen und technischen Gründen die Rieselfelder (zur Zeit etwa 10000 ha mit einer mittleren täglichen Belastung, die von rund 40 m^3 im Jahre 1923 auf 60 m^3/ha in 1929 gestiegen ist) nicht weiter zu vergrößern, sondern durch allmähliche Einführung der biologischen Reinigung mit aktiviertem Schlamm (zunächst in Stahnsdorf) zu entlasten unter landwirtschaftlicher Ausnutzung

---

[1] Köhler, R.: Untersuchungen über die Verteilung des Jods im Abwasser und die Anwendung des Abwasserschlammes als Joddünger. Mitt. Lab. Preuß. Geol. Landesanst. 1930, H. 11, 1—14; zitiert nach Wasser u. Abwasser **27**, 305 (1930).

[2] Vgl. z. B. W. P. Dunbar: a. a. O., S 288.

[3] Kutscher, K. H.: Die von städtischen Abwässern zu besorgenden Infektionsgefahren und die Maßregeln zu ihrer Bekämpfung. Vjschr. gerichtl. Med. **39**, 418 (1910).

[4] Auf den Odessaer Rieselfeldern war die Anzahl und Umsetzungsenergie der Bodenbakterien in 8 cm Tiefe im Sommer erheblich höher als im Winter, einige biochemische Prozesse gingen selbst bei 0° bis —3° noch wochenlang vor sich. Rubentschik, L.: Über die Lebenstätigkeit der Bakterien der Rieselfelder bei niedrigen Temperaturen. Cbl. Bakter. II **72**, 101f. (1927). — Zur Mikrobiologie der Rieselfelder. Z. Hyg. **106**, 265 (1926). — Vgl. auch E. Demoussy: Die Widerstandsfähigkeit der Mikroorganismen des Bodens gegen die niedrigen Temperaturen des Winters 1928/29. Ann. Sci. agronom. **46**, 395 (1929); zitiert nach Chem. Zbl. **101 I**, 1632 (1930).

[5] Kolkwitz, R. u. C. Zahn: Untersuchungen über Bekämpfung der Abwasserpilze auf Rieselfeldern. Mitt. Landesanst. Wasserhyg. Berlin-Dahlem **25**, 78 (1919).

[6] Kolkwitz, R.: Biologie des Trinkwassers, Abwassers und der Vorfluter. M. Rubners Handbuch der Hygiene **2**^{II}, 348. 1911.

[7] Schreiber, K.: Über den Fettreichtum der Abwässer und das Verhalten des Fettes im Boden der Rieselfelder Berlins. Arch. Hyg. u. Bakter. **45**, 295f., insbesondere 316 u. 343 (1902).

[8] Dunbar, W. P.: a. a. O., S. 283.

des hierbei anfallenden Schlammes[1]. Andererseits ist z. B. für die ostpreußischen Städte dem Rieselfeldverfahren größere Verbreitung zu wünschen, da es dort an geeignetem billigen Gelände nicht fehlt und den Abwässern nur in den seltensten Fällen pflanzenschädliche Stoffe aus gewerblichen Betrieben beigemischt sind[2].

Von den gewerblichen Abwässern ist in bezug auf ihre zweckmäßig in Mischung[3] mit häuslichen Abwässern vorzunehmende Reinigung mit Hilfe des Bodens zunächst zu verlangen, daß sie zur Vermeidung von Störungen der biologischen Reinigungsvorgänge weder ätzalkalisch noch sauer reagieren (vorher neutralisieren), daß sie keine größeren Mengen von Arsenverbindungen[4] (Ausfällung mit Ferrosulfat oder Ferrichlorid und Kalk), keine anderen giftig wirkenden Metalle[5], (Kalkfällung) Sulfide oder sonst schädlichen Stoffe (wie z. B. konz. Lohbrühen) enthalten[6]. Im übrigen sind in bezug auf Landbehandlung von seuchenhygienischer Bedeutung in erster Linie solche gewerbliche Abwässer, die von der Verarbeitung tierischer Stoffe herrühren. So sind die Abwässer von Wildhautgerbereien in ihrer Gesamtheit immer als milzbrandverdächtig anzusehen und bei der Bodenfiltration besonders sorgfältig zu behandeln[7]. Vorher gründlich entschlammtes Gerbereiabwasser läßt bei geeignetem Untergrund die Milzbrandsporen im Boden zurück, wenn man auf Dränierung verzichtet oder die intermittierend zu betreibenden Filterbeete wenigstens mit einem hinreichend (etwa 30 m) breiten, nicht zu berieselnden Schutzstreifen umgibt, an dessen äußerem Rande das gereinigte Abwasser in einen Umfassungsgraben austritt, der bis in das Grundwasser reicht[8]. Wenn der bei der Verarbeitung von Gerbereiabwässern anfallende infektionsverdächtige Abwasserschlamm als Dünger verwendet werden soll, so ist eine vorherige Kompostierung mit Zusatz von etwa 10% Ätzkalk für etwa 8 Wochen oder von 5% Ätzkalk für eine Lagerung von 5—6 Monaten erforderlich, um etwa vorhandene Milzbrandsporen sicher zu vernichten[9]. Immerhin sind derartige Bodenfilter wegen der erforder-

---

[1] HAHN, H. u. FR. LANGBEIN: Fünfzig Jahre Berliner Stadtentwässerung, S. 289. Berlin 1928. — KROLL, FR.: Neues über die Zusammensetzung und Reinigung der Berliner Abwässer. Jb. Vom Wasser **2**, 179f. (1928). — LANGBEIN, FR.: Die Abwasserbeseitigung usw. Gesdh.ing. **52**, 281 (1929). — HAHN, H.: Die Erhöhung der Leistungsfähigkeit der Berliner Rieselfelder usw. Techn. Gemeindebl. **32**, 1, 17 u. 49 (1929). — LANGBEIN, FR.: Die Verwertung städtischer Abwässer zum Zwecke der Landeskultur. Gesdh.ing. **53**, 321f. (1930). — Praktische Entwässerungs- und Abwasserreinigungsfragen der Gemeinden. Veröff. Med.-verw. **30**, 503 (1930).

[2] BÜRGERS, J. u. FR. SCHMIDT: Die zentrale Abwasserbeseitigung Ostpreußens. Gesdh.ing. **53**, 489 (1930).

[3] Vgl. z. B. R. WELDERT, R. KOLKWITZ u. Mitarbeiter: Versuche zur Verrieselung von Gaswasser in Mischung mit städtischem Abwasser. Gas- u. Wasserfach **74**, 1005 u. 1030 (1931).

[4] Über Viehsterben, Vergiftung von Grünfutter (bis zu 0,27 g/kg As_2O_3) und schwere Wachstumsschädigungen auf Gemüse- und Zuckerrübenfeldern infolge Berieselung mit arsenhaltigen gewerblichen Abwässern berichtete neuerdings L. SCHMITT: Beiträge zur Frage der Giftwirkung von Arsenverbindungen auf den Boden und das Wachstum der Pflanze. Fortschr. Landw. **5**, 633 (1930).

[5] Vgl. z. B. O. EMMERLING u. R. KOLKWITZ: Chemische und biologische Untersuchungen über die Innerste. Mitt. Landesanstalt Wasserhyg. **19**, 167 (1914). (= Schädigungen der Landwirtschaft durch zink-, blei- und kupferhaltige Abflüsse aus den Pochwerken des Harzes.)

[6] KÖNIG, J.: Die Untersuchung landwirtschaftlich wichtiger Stoffe, S. 817. Berlin 1923. — SCHULZE-FORSTER, A.: Die Abwässer der Gerbereien usw. Mitt. Ver. Wasservers. u. Abwasserbes. **2**, 27 (1926).

[7] BÜRGER, B. u. E. NEHRING: Die Abwasserbeseitigung der Stadt Neumünster in Holstein unter besonderer Berücksichtigung der dortigen Gerbereiabwässer usw. Veröff. Med.verw. **19**, 7f. (1925).

[8] BÜRGER, B. u. E. NEHRING: a. a. O., S. 564, 577 u. 602.

[9] BÜRGER, B. u. E. NEHRING: a. a. O., S. 603. — Vgl. auch R. HILGERMANN u. J. MARMANN: Untersuchungen über die durch Gerbereien verursachten Milzbrandgefahren usw. Arch. Hyg. **79**, 232 (1913).

lichen großen Flächen und des Versagens bei längeren Frostperioden (ausreichende Speicherbehälter) recht kostspielig. In Elmshorn hat man die dort in großen Mengen anfallenden Lederfabrikabwässer ohne Landbehandlung in einer Versuchsanlage dadurch unschädlich gemacht, daß sie nach einem von KAMMANN ausgearbeiteten Verfahren zunächst vorgeklärt, dann nach einer Abart des bereits erwähnten Flockenschlammverfahrens und anschließend durch (1 m hohe) Feinsandfilter entkeimt werden, wobei sich die Keime mit den etwa noch vorhandenen Milzbrandsporen auf der Filterhaut festsetzen, mit dieser von Zeit zu Zeit abgehoben und in irgendeiner Heizung verbrannt werden können[1].

Bei der intermittierenden Bodenfilterung (Staufilter[2]) ist der Flächenbedarf etwa 10fach kleiner als bei Rieselfeldern (vergleiche die Tabelle S. 250). Nach DUNBAR[3] kann man einen Boden im allgemeinen als für die Bodenfilterung geeignet ansehen, wenn er 1. eine Luftkapazität von 20—25% des gesamten Filtervolumens, 2. eine Wasserkapazität von 15—20% (16—18%[4]) und 3. eine wirksame Korngröße[5] von 0,24—0,46 mm aufweist, wenn er 4. gleichzeitig einen Gleichförmigkeitsgrad[6] von 2—5 besitzt (oder statt 4.: wenn seine gröberen Bestandteile in Höhe von etwa 60% eine Korngröße von 2—3 mm nicht wesentlich überschreiten[7]). Die Reinigungswirkung kann bei sehr gutem sandigen Boden ebenso gut sein wie bei Rieselfeldern, wie u. a. Erfahrungen in Heide in Holstein[8] und in Niendorf bei Hamburg[9] ergeben haben. In Niendorf bei Hamburg wird sogar ein durch gewerbliche Abwässer hochkonzentriertes Schmutzwasser so einwandfrei im Boden verarbeitet, daß der als Vorfluter dienende Bach nach der Aufnahme der gereinigten Abwässer in besserer Beschaffenheit abfließt, als der Bachoberlauf aufweist[10]. Geeignet ist vor allem durchlässiger reiner Sand- und Kiesboden von größerer Mächtigkeit ohne Mutterboden, in natürlicher Lagerung oder in künstlicher Aufschichtung, mit einer der jeweiligen Bodenbeschaffenheit angepaßten Dränierung, die auch die Luftzuführung begünstigt. Die Anlagen werden abwechselnd vom Abwasser überstaut und stehen dann wieder zum Lüften leer. Sie müssen sich erst einarbeiten. Allmählich eintretende Verschlik-

---

[1] KAMMANN, O.: Hygiene und Technik der Abwasserbeseitigung mit besonderer Berücksichtigung gewerblicher Abwässer. Techn. Gemeindebl. **32**, 46 (1929). — Vgl. auch A. SNOEK: Reinigung der Abwässer der Stadt Elmshorn, unter besonderer Berücksichtigung der Lederfabrikabwässer. Collegium **1928**, 612—621; zitiert nach Chem. Zbl. **100 I**, 781 (1929).

[2] SCHMIDTMANN, A., K. THUMM u. C. REICHLE: Beseitigung der Abwässer und ihres Schlammes. M. RUBNERS Handbuch der Hygiene **2 II**, 283. 1911.

[3] DUNBAR, W. P.: a. a. O., S. 334.

[4] ZAHN, C.: Die Reinigung städtischer Abwässer. TH. WEYLS Handbuch der Hygiene 2^{III}, 356. (1914).

[5] Die wirksame Korngröße entspricht derjenigen Siebweite in Millimeter, welche 10% des Bodens hindurchläßt und 90% zurückhält. Da diese feineren Teile den Raum zwischen den gröberen Teilen ausfüllen, hängt von ihnen die Filterwirkung ab, sie besitzen eine ebenso große Durchlässigkeit wie das nicht abgesiebte Material von ungleicher Korngröße, wenn diese Ungleichheit nicht allzu groß ist. Diese Ungleichheit wird rechnerisch als Gleichförmigkeitsgrad (s. Fußnote 6) ermittelt.

[6] Der Gleichförmigkeitsgrad ergibt sich durch Division der mittleren Korngröße (= diejenige Siebweite in Millimeter, welche 60% des Bodenmaterials durchläßt) durch die wirksame Korngröße. — Vgl. auch E. GROSS: Handbuch der Wasserversorgung, S. 278. München 1930.

[7] ZAHN, C.: a. a. O., S. 356.

[8] GUTH, F.: Abwasserreinigung durch intermittierende Bodenfiltration in Heide i. Holst. Gesdh.ing. **40**, 501 (1917).

[9] GUTH, F.: Kanalisation und Abwasserreinigungsanlagen des Entwässerungsverbandes der Landgemeinden Stellingen-Langenfelde, Lokstedt, Eidelstedt und Niendorf. Gesdh.ing. **35**, 264f. (1912).

[10] KAMMANN, O.: Hygiene und Technik der Abwasserbeseitigung mit besonderer Berücksichtigung gewerblicher Abwässer. Techn. Gemeindebl. **32**, 38 (1929).

kung der Oberfläche wird durch Abhebung der trockenen Schlammdecke oder Umharken beseitigt[1].

In Spandau (Wansdorf, 76 ha Staufilter, 10 ha Fischteiche[2]) leitet man die Staufilterabflüsse, die naturgemäß noch mehr Dungstoffe enthalten als die Rieselabflüsse, zur weiteren Reinigung und Ausnutzung in Fischteiche. Nur selten kann man die nach beiden Verfahren gerieselten Abwässer einfach vom Grundwasserstrom aufnehmen lassen. Ein erheblicher Teil verdunstet zwar, besonders im Sommer direkt und durch Transpiration der Pflanzen, andererseits erfährt das Rieselwasser aber auch eine Verdünnung durch Regen- und Grundwasser, was bei Beurteilung des wirklichen Reinigungsgrades zu berücksichtigen ist[3]. Ein unliebsam hoher Eisengehalt der Abflüsse ist bisweilen ein Anzeichen für unzureichende Durchlüftung und Ansammlung von freier Kohlensäure, die von Abbauvorgängen herrührt, nicht entweichen kann und das zu Ferroverbindungen reduzierte Eisen im Boden zu Ferrobikarbonat löst[4].

Die Oberflächenberieselung (ohne besondere Abwasser-Verteilungsmaßnahmen, „wilde Berieselung" genannt) pflegt als Notbehelf angewendet zu werden, bei ungenügend durchlässigem Boden oder wenn die Kosten der Aptierung und Dränierung gespart werden sollen, oder wenn diese wegen zu hohen Grundwasserstandes nicht möglich ist. Erforderlich sind dazu große und billige Geländeflächen auf längeren, schwach geneigten Hängen, über deren Oberfläche hinweg das Abwasser in dünner Schicht abfließt, ohne viel zu versickern. Die Reinigung erfolgt dadurch, daß die Schmutzstoffe an der verhältnismäßig großen Bodenoberfläche zurückgehalten werden und sich zersetzen. Bei kleinen Städten kann das Verfahren einen wirtschaftlichen Wert haben[5]. Fäulnisfreie Abflüsse lassen sich dabei in der Regel nur durch wiederholte Aufbringung erzielen[6]. Bei den sog. Spritzverfahren wird das Abwasser aus festverlegten Leitungen mit

Ungefähre Größenverhältnisse[7] der natürlichen biologischen Abwasserreinigungsverfahren.

Art des Reinigungsverfahrens	Auf 1 ha		Für die Abwässer von 10 Einwohnern erforderliche Bodenfläche in m²	Vergleichswerte, wenn Rieselverfahren als Einheit gesetzt wird
	zulässige tägliche Abwassermenge in m³	die tägliche Abwassermenge von Einwohnern		
Spritzverfahren	1,5	15	6000	0,05
Beregnung	3	30	3000	0,1
Wilde Berieselung	6	60	1500	0,2
Rieselverfahren und Untergrundberieselung	30	300	300	1
Staufilter	300	3000	(30)	10

[1] HENNEKING, C.: Die Abwasserbeseitigung mittels intermittierender Bodenfiltration in Nordamerika usw. Mitt. kgl. Prüfungsanst. Abwasserbes. u. Wasservers. Berlin **12**, 1f. (1909). — DUNBAR, W. P.: a. a. O., S. 53f. — KOSSOWICZ, A.: Einführung in die Mykologie der Gebrauchs- und Abwässer, S. 112f. Berlin 1913. — ZAHN, C.: Die Reinigung städtischer Abwässer. TH. WEYLS Handbuch der Hygiene **2**^{III}, 355f. 1914. — KÖNIG, J. u. H. LACOUR: Die Reinigung städtischer Abwässer in Deutschland nach dem natürlichen biologischen Verfahren, S. 91. Berlin 1915. — BÜRGER, B.: a. a. O., S. 217.

[2] FISCHER,: Die Kanalisations- und Abwasserreinigungsanlagen der Stadt Spandau. Gesdh.ing. **44**, 117 (1921).

[3] Vgl. z. B. J. KÖNIG. u. H LACOUR: a. a. O., S. 26f.

[4] SCHMIDTMANN, A., K. THUMM u. C. REICHLE: a. a. O., S. 281.

[5] PRÜSS, M.: Deutscher Bautag 1930. Gesdh.ing. **53**, 633 (1930). — CARL, A.: Wege und Ziele der landwirtschaftlichen Abwasserverwertung in Mitteldeutschland. Gesdh.ing. **54**, 767 (1931).

[6] Vgl. u. a. SCHMIDTMANN, A., K. THUMM u. C. REICHLE: a. a. O., S. 280.

[7] Nach K. THUMM: Abwasserreinigung und -beseitigung. Mitt. Ver. Wasservers. u. Abwasserbes. **1**, 10 (1924).

Schläuchen zur Ausnutzung der Dungstoffe auf die Felder verspritzt, und zwar gewissermaßen als Kopfdüngung. Dieses zuerst in Posen-Eduardsfelde[1] angewandte Verfahren ist in den letzten Jahren zu Beregnungsanlagen[2] ausgebaut worden. Roh zu genießende Feldfrüchte soll man nicht oder wenigstens einige Zeit vor der Ernte nicht mit Abwasser beregnen, dieses auch nicht in der Nähe von Wohnstätten versprühen. Für kleinere Verhältnisse eignet sich bei durchlässigem tonfreiem Sandboden und geeigneten Untergrundsverhältnissen die Untergrundberieselung[3]. Bei einer regelrechten Anlage findet eine Verjauchung des Bodens nicht statt. Das zuvor in Faulgruben entschlammte Abwasser wird, unter Fernhaltung der Regenwässer, den unterirdisch verlegten Versickerungssträngen möglichst stoßweiße zugeführt. Das Verfahren hat den ästhetischen Vorteil unsichtbarer Beseitigung. Das versickernde Wasser gelangt in das Grundwasser, daher dürfen Brunnenanlagen nicht in der Nähe sein[4].

Beseitigung der festen Abfallstoffe mit Hilfe des Bodens.

Die in den menschlichen Siedelungen anfallenden festen Abfallstoffe setzen sich zusammen aus Straßenkehricht und Abfällen[5] aus Haus und Hof (mitunter auch Garten) und gewerblichen Betrieben. Die gewerblichen Abfallstoffe sind je nach den örtlichen Verhältnissen sehr verschieden. In den Hafenstädten z. B. ergibt der Schiffsverkehr recht bedeutende Mengen Abfallstoffe, wie verdorbene Früchte, Stroh und ähnliches Material, das täglich abgeholt und verbrannt werden muß. (Ungezieferplage, Gefahr der Verbreitung von Krankheitserregern: Pest usw.) Von Industrie-, Bergbau- und Hüttenbetrieben werden häufig große Abfallmengen auf „Halden gestürzt", wobei infolge Selbstoxydation unter Umständen Brände („Schwelen") entstehen und durch Auslaugungen Boden und Wasser verunreinigt werden können[6]. Wegen der Beseitigung von Schlachthofabfällen und Tierkadavern durch Unterbringung in den Boden vergleiche die oben gemachten Ausführungen (Milzbrand) sowie[7]. Straßenkehricht entsteht durch Abnutzung der Straßendecke und der Bereifung der Verkehrsfahr-

---

[1] Wulsch, A.: Landwirtschaftliche Verwertung der städtischen Kanalwässer nach dem Eduardsfelder Düngungsverfahren usw. Gesdh.ing. **31**, 549 (1908).

[2] Kisker, H.: Die Geräte für die künstliche Beregnung. Mitt. Ver. Wasser- usw. Hyg. **4**, 30f. (1928). — Die künstliche Feldberegnung und ihre Verwendung zur Beseitigung und Verwertung von städtischem Abwasser. Wasser u. Gas **15**, 525f. (1925). — Kohlschütter, H.: Abwasserverwertung durch Verregnung. Wasser u. Gas **20**, 839f. (1930). — Fischer, G.: Fortschritte in der Feldberegnung. Mitt. Dtsch. Landw.-Ges. **45**, 350f. (1930); zitiert nach Wasser u. Abwasser **28**, 59 (1930). — Schröder, O.: Verregnung von Abwässern. Techn. Gemeindebl. **33**, 295f. (1930). — Angerer, H.: Neues erfolgreiches Verfahren der wirtschaftlichen Abwasserbeseitigung und -verwertung durch Abwasserverregnung. Gesdh.ing. **54**, 20f. (1931). — Schröder, O.: Sollen Abwässer verregnet werden? Wasser u. Gas **21**, 693f. (1931). — Die Abwasserbeseitigung durch Verregnung. Gesdh.ing. **54**, 652 (1931). — Carl, A.: a. a. O., S. 768.

[3] Thumm, K.: Abwasserbeseitigung bei Einzel- und Gruppensiedlungen. Dtsch. Vjschr. öff. Gesdh.pfl. **46**, 63f. (1914). — Kammann, O.: Hygiene und Technik der Abwasserbeseitigung usw. Techn. Gemeindebl. **32**, 38 (1929).

[4] Beninde, M.: Zusammenhänge zwischen Wasserversorgung und Abwasserbeseitigung. Gas- u. Wasserfach **67**, 500 (1924). — Vgl. auch die von der Preußischen Landesanstalt für Wasser-, Boden- und Lufthygiene aufgestellten „Richtlinien für die Beurteilung und Zulassung von Hauskläranlagen und Grundstückskläranlagen." Sonderdruck a. d. Ztschr. „Volkswohlfahrt" **1930**, H. 1. Berlin: Carl Heymanns Verlag 1930. — Ferner P. Heins: Die Abwasserbeseitigung in kleinen Gemeinden. Z. Med.beamte **44**, 495 (1931).

[5] Vgl. u. a. H. Erhard: Die Müllbeseitigung. Ein geschichtlicher Rückblick. Z. Desinf. **23**, 165 (1931).

[6] Vgl. S. 237.

[7] Thiesing, H.: Beseitigung der festen Abfallstoffe. M. Rubners Handbuch der Hygiene **2**^I^, 798f. 1927.

zeuge, durch Ausscheidungen der Zugtiere, Baumlaub, Obstschalen, fortgeworfenes Papier usw. Er fällt in erheblich geringeren Mengen als Hausmüll an und wird meist ohne besondere Schwierigkeiten zur landwirtschaftlichen Verwertung abgesetzt. Er enthält im allgemeinen keine gesundheitsschädlichen, wohl aber fäulnisfähige Bestandteile und sollte daher innerhalb oder in nächster Nähe enggebauter Stadtteile nicht kompostiert oder gelagert werden[1]. Hausmüll, kurz Müll[2] genannt, besteht in der Regel aus (meist infektionsverdächtigem[3]) Stubenkehricht, aus Asche, Schlacke, fäulnisfähigen Küchenabfällen (die unter Umständen noch als Tierfutter weiter verwertbar sind), und sog. Grobstoffen, wie Konservenbüchsen, Glas, Knochen, sowie verbrennbarem Verpackungsmaterial und Zeug- und Papierabfällen. Die Aussonderung von mehr oder weniger noch verwertbaren Stoffen aus dem gesammelten Müll mit der Hand ist zwar recht unhygienisch, sie hat aber nachweislich noch nie zu Gesundheitsschädigungen geführt[4], wie überhaupt die vom Müll drohende Ansteckungsgefahr erfahrungsgemäß gering ist[5]. Die einfachste und älteste Verwertung des Mülls ist die Unterbringung in den Boden für Düngezwecke, die für Einzelsiedelungen, eventuell nach vorheriger Kompostierung mit Dung, und für kleinere Gemeinwesen einfach und ohne hygienische Nachteile zu bewerkstelligen ist[6]. Für die großen Städte ist die Müllbeseitigung mit den Jahren zu einem schwierigen Problem geworden. Die Zunahme der Verwendung von Sammelheizungen und Gasherden hat die Möglichkeit verringert, die mit steigendem Kulturbedürfnis immer größer werdenden Müllmengen durch Verbrennung im Haushalt zu vermindern[7]. Andererseits geschieht diese Müllverbrennung im kleinen in zunehmendem Maße in Hotels, großen Siedlungen, Warenhäusern und Krankenanstalten[8]. Das hygienische Ideal[9] ist wohl die zentrale Müllverbrennung, die auf dem Kontinent zuerst in Hamburg[10] nach der Choleraepidemie eingeführt wurde, die 1892 die Landbevölkerung veranlaßte, gegen die weitere Unterbringung von Müll auf das Land zu protestieren. Seitdem ist dieses Verfahren weiter ausgebaut

---

[1] SZALLA, J.: Straßenhygiene ausschließlich Beseitigung des Hausmülls. TH. WEYLS Handbuch der Hygiene 2^{IV}, 565. 1918.

[2] Literaturbesprechung bei H. THIESING: Aus der Literatur der Müllbeseitigung in und nach dem Kriege. Zbl. Hyg. **2**, 118f. (1922). — O. ACKLIN: Die Beseitigung und Verwertung der Abfallstoffe. Zbl. Hyg. **23**, 199f. (1930).

[3] HILGERMANN, R.: Lebensfähigkeit pathogener Keime in Kehricht und Müll. Arch. Hyg. **65**, 221f. (1908). — KISTER, J.: Verbreitung von Typhus durch Abfallstoffe. Ebenda **100**, 1f. (1928).

[4] SIEVEKING, H.: Die Abfallbeseitigung als hygienische Aufgabe. Z. Desinf. **22**, 340 (1930).

[5] Vgl. u. a. H. THIESING: Beseitigung der festen Abfallstoffe. M. RUBNERS Handbuch der Hygiene **2**^{I}, 778. 1927.

[6] SILBERSCHMIDT, W.: Müll (mit Hauskehricht). TH. WEYLS Handbuch der Hygiene **2**^{IV}, 709. 1918.

[7] Vgl. u. a. STELZ: Die Müllbeseitigung in Stadt- und Landgemeinden. Techn. Gemeindebl. **33**, 236 (1930).

[8] HAHN, M.: Die Großstadthygiene. Med. Klinik **27**, 45 (1931).

[9] Vgl. u. a. EHEMANN, J. J.: Müllbeseitigung und öffentliche Hygiene. Gesdh.ing. **52**, 875 (1929).

[10] Vgl. F. ANDR. MEYER: Die städtische Verbrennungsanstalt für Abfallstoffe am Bullerdeich in Hamburg. Dtsch. Vjschr. öff. Gesdh.pfl. **29**, 353 (1897). — F. SPERBER: Meine Erfahrungen auf dem Gebiete der Müllverbrennung. Ebenda **46**, 45f. (1914). — O. UHDE: Die häuslichen Abfallstoffe, ein minderwertiges Brennmaterial und die Methode ihrer Beseitigung und Verwertung durch Verbrennung. Z. angew. Chem. **27**, 351 (1914). — BEST: Die Entwicklung der Müllverbrennung und Müllverwertung in Deutschland. Gesdh.ing. **50**, 825f. (1927). — H. NEUY: Straßenreinigung und Müllbeseitigung. In: Hygiene und soziale Hygiene in Hamburg, S. 601. Hamburg 1928. — O. UHDE: Müllbeseitigung. F. ULLMANNS Enzyklopädie d. techn. Chemie **7**, 730. 1931.

worden und hat sich auch an anderen Orten[1] bewährt. In manchen Großstädten, wie Berlin, enthält das Müll infolge der überwiegenden Brikettasche[2] nur wenig Brennbares und erfordert vorherige Absiebung dieser Asche oder hohe Brennstoffzusätze. Hier kann eine richtig betriebene Müllabfuhr und -stapelung unter Umständen wirtschaftlicher und auch hygienisch durchaus einwandfrei sein[3]. Das Müll wird z. T. sehr weit vor die Tore der Stadt auf das Land gefahren und zum Aufhöhen von sumpfigem Gelände, zum Ausfüllen von Bodenvertiefungen, zur Aufbesserung von Ödländereien und sonstigen schlechten Böden benutzt. Zur Unterbringung von Müll eignen sich besonders solche Bodenarten, die dadurch bindiger und wärmer werden können, so z. B. saure sumpfige und torfige Wiesen, Sand- und Moorböden[4], die jedoch keiner Hochwassergefahr ausgesetzt sein dürfen. Auch die Zuschüttung von Teichen fördert die Zersetzung des Mülls unter Wasser unter Umständen so stark, daß unerträgliche Ausdünstungen von Schwefelwasserstoff die Umgegend verpesten[5], oder daß eine lästige Fliegenplage[6] auftritt. Die zur Müllbeseitigung benutzten Ländereien dürfen ferner keine Wasserversorgungsanlagen bedrohen[7]. Aus wirtschaftlichen Gründen müssen sie günstig für die Müllabfuhr liegen und auch in genügend großen, billig zu erwerbenden Flächen zur Verfügung stehen, die auf etwa 20—25 Jahre ausreichen sollen[8]. München hat mit seinem Müll (190000 t jährlich) bis 1928 etwa 122 ha Moorboden, mit 16 km Eisenbahnanfuhr, urbar gemacht[9]. Während man sich in Zürich und Amsterdam gegen eine derartige Müllverwertung ausgesprochen hat, wird zur Zeit im Haag ein von der Regierung unterstützter Versuch unternommen, das Müll (600000 t jährlich) in 200 km Entfernung zur Urbarmachung von Heide und Moorland mit modernen Hilfsmitteln zu verwerten, ein kostspieliger und lehrreicher Versuch, dessen volkswirtschaftlicher Erfolg abzuwarten bleibt[10]. In Berlin macht die Unterbringung des Mülls auf Schuttplätzen in 30—50 km Entfernung von Berlin einstweilen noch keine Schwierigkeiten[11]. Hochaufstapelung hat gegenüber der Ausbreitung und Unterbringung auf Ödland neben der aber wohl vermeidbaren Geruchs- und Staubbelästigung vor allem den Nachteil der Bildung von Ungezieferherden. Außer Ratten, Mäusen, Fliegen und Mücken können dabei auch Heimchen[12] zu einer großen Plage werden. Zu fordern ist die regelmäßige, möglichst tägliche Bedeckung des frisch zugeführten Mülls mit Erde zur Vermeidung der Geruchs- und Staubbelästigung und zur Be-

---

[1] Vgl. H. Thiesing: a. a. O., S. 118f. — Ferner u. a. Mehrtens: Die Müllverbrennungsanstalt der Stadt Köln. Zbl. Bauvers. **49**, 709f. (1929). — J. J. Ehemann: Städtischer Reinigungsdienst in Holland. Techn. Gemeindebl. **32**, 293f. (1929).

[2] Best: a. a. O., S. 826. — Böss, G.: Berlin von heute, S. 73. Berlin 1929.

[3] Thiesing, H.: a. a. O., S. 792.

[4] Ehemann, J. J.: Über die Verwendung von Müll zur Urbarmachung von Ödland. Techn. Gemeindebl. **33**, 168 (1930).

[5] Sieveking, H.: Beseitigung des Hausmülls usw. Handbuch für Staatsmedizin **9**, Ortshygiene, S. 196. Berlin 1928.

[6] Wilhelmi, J.: Müllbeseitigung und Fliegenplage. Veröff. Med.verw. **17**, 207f. (1923).

[7] Über eine einwandfrei festgestellte derartige Beeinflussung von Brunnenwasser durch einen 400 m oberhalb gelegenen Müllstapel berichtet H. Thiesing: M. Rubners Handbuch der Hygiene **2**, 785. 1927.

[8] Ehemann, J. J.: a. a. O., S. 169.

[9] Ehemann, J. J.: a. a. O., S. 179. — Vgl. auch H. Bach: Die Beseitigung des Klärschlammes vom chemischen Standpunkte gesehen. Kl. Mitt. Landesanst. Wasser- usw. Hyg. Berlin-Dahlem **1927**, Beih. 5, 106.

[10] Ehemann, J. J.: a. a. O., S. 181.

[11] Erdmann, G.: Gegenwartsfragen bei der Straßenreinigung und Müllbeseitigung. Veröff. Med.verw. **30**, 550 (1930). — Bürger, B.: a. a. O., S. 234.

[12] Galli-Valerio, B.: Beschädigungen von Wohnungen durch Heimchen (Gryllus domesticus L.). Anz. Schädlingskde. **6**, 69 (1930). — Kemper, H.: Über Massenvorkommen von Heimchen auf Müllabladeplätzen. Z. Desinf. **23**, 13 (1931).

kämpfung der Ungezieferplage[1]. Bei rationeller Anlage und Pflege lassen sich aus Müll und Bauschutt auch hygienisch und ästhetisch einwandfreie Kehrichthügel schaffen. (Scherbelberg und Hügel des Schlachtendenkmals bei Leipzig, ähnlich in Breslau, Mannheim und anderen Städten[2]). Eine lockere und nicht zu hohe (bis zu 5 m) Aufschichtung in trockenem Boden erleichtert und beschleunigt im übrigen die Mineralisierung des Mülls erheblich, während bei unzweckmäßiger Aufschichtung die Errichtung von Häusern auf diesen Plätzen auch nach Jahrzehnten hygienisch bedenklich sein kann[3].

Von dem Unrat, der durch Schwemmkanalisation aus dem Wohnbereich entfernt wird, fällt ein großer Teil bei den verschiedenen Abwasserreinigungsverfahren als Klärschlamm in frischem oder künstlich ausgefaultem Zustande an[4]. Für ihn gibt es nur eine wirtschaftlich tragbare Beseitigungsart, nämlich die Unterbringung auf das Land. Für den frischen Schlamm wird sie durch zwei lästige Eigenschaften[5] erschwert, nämlich durch den hohen Gehalt an Wasser, das zum großen Teil mit starker Energie festgehalten wird, und durch die starke Fäulnisfähigkeit (schwefelhaltige Eiweißabbaustoffe). Am besten ist es, ihn durch anaerobe Zersetzung unter Wasser mit nachfolgender Entwässerung auf porösem Boden in stichfesten Faulschlamm zu verwandeln[6]. Dieser ist ein wertvolleres Düngemittel[7] als der frische Schlamm und läßt sich leicht und ohne Geruchsbelästigung und Fliegenplage auf Schlammtrockenplätzen an der Luft trocknen. Er enthält auch kaum noch pathogene Keime[8] und kann für sich allein oder im Gemisch mit abgesiebtem Müll[9] mit Nutzen landwirtschaftlich verwertet werden, wenn er keine größeren Mengen schädlicher und industrieller Abfallstoffe enthält, und wenn geeignete größere Landflächen zu seiner Unterbringung in der Nähe sind. Pflanzenschädliche Sulfide lassen sich durch kurze Lüftung zu Sulfaten oxydieren[10], wobei allerdings biologische Vorgänge die Hauptrolle spielen[11]. Das aus Schwefeleisen entstehende Eisensulfat kann durch Kalkzusatz unschädlich gemacht werden. Im Ruhrgebiet wird der Faulschlamm in stichfestem Zustande zur Aufhöhung von Geländemulden be-

---

[1] Vgl. u. a. J. WILHELMI: Müllbeseitigung und Fliegenplage. Veröff. Med.verw. **17**, 232f. (1923). — Grundfragen zur Fliegenplage und ihrer Bekämpfung. Arch. Hyg. **97**, 82f. (1926). — Die kommunal-hygienischen Aufgaben auf dem Gebiete der Schädlingsbekämpfung. Mitt. Ver. Wasser- usw. Hyg. **1927**, Beih. 5, 389f. . — Wegen Rattenbekämpfung vgl. S. 223, Anm. 7.

[2] DUNBAR, W. P.: Beseitigung der Abfallstoffe. H. SELTERS Grundriß der Hygiene **2**, 126. 1920. — SILBERSCHMIDT, W.: a. a. O., S. 625. — THIESING, H.: a. a. O., S. 786.

[3] SILBERSCHMIDT, W.: a. a. O., S. 625.

[4] Vgl. u. a. A. SCHMIDTMANN, K. THUMM u. C. REICHLE: Beseitigung der Abwässer und ihres Schlammes. M. RUBNERS Handbuch der Hygiene **2**^{II}, 304f. 1911. — M. BÜRGER: Die Abfallstoffe und ihre Beseitigung. H. REICHENBACHS Hygienisches Taschenbnch, S. 207f. Berlin 1930.

[5] Vgl. u. a. H. BACH: Die Beseitigung des Klärschlammes usw., a. a. O., S. 95 u. 99. — Die Abwasserreinigung, S. 64f. München 1927.

[6] BACH, H : a. a. O., S. 101 u. The cardinal points in the art of sludge digestion. Sewage Works Journ. **3**, 561 (1931).

[7] SIERP, FR.: Über den Dungwert von Faulschlamm und Frischschlamm. Techn. Gemeindebl. **27**, 35 (1924). — BACH, H.: a. a. O., S. 109.

[8] SIERP, FR.: a. a. O., S. 20. — WOLMANN, A.: Hygienic aspects of use of sewage sludge as fertilizer. Engin, News Rec. **92**, 198 (1924); zitiert nach Wasser u. Abwasser **20**, 88 (1925). (= Nach 10tägiger Faulung keine hygienischen Bedenken.)

[9] BACH, H.: a. a. O., S. 106.

[10] SIERP, FR.: a. a. O., S. 33.

[11] Vgl. u. a. E. BLANCK, W. GEILMANN u. F. ALTEN: Über die Wirkung des aus Sulfitablauge und Kalk erhaltenen Neutralisationsschlammes auf die Pflanzenproduktion. Z. Pflanzenern., Düng. u. Bodenk. B **2**, 433 (1923).

nutzt, wobei die schädlichen industriellen Beimengungen allmählich im Boden vergehen, so daß dieser nach einiger Zeit auch dort zum Anbau von Nutzpflanzen geeignet wird[1].

Leichenbeerdigung.

Da mit dem Tode die Sauerstoffversorgung des Körpers aufhört, tritt die Leichenzersetzung[2] zunächst als Fäulnis auf. Sie wird, vom Innern der Leiche ausgehend, von mehr oder weniger anaeroben Bakterien eingeleitet und unterhalten, die vom Darm aus den Körper überschwemmen und allmählich von Fäulnisbakterien verschiedenster Art abgelöst werden. Etwa vorhandene pathogene Keime wirken ebenfalls fäulnisfördernd. Nach Beendigung der Gewebe und Haut sprengenden Gasentwicklung (Wasserstoff, Schwefelwasserstoff, Ammoniak usw.) ist das inzwischen ausgeblutete erweichte Gewebe dem Luftsauerstoff zugänglich. Schimmelpilze siedeln sich auf der Haut an, diese zerstörend, und so beginnt der ebenfalls biochemische Prozeß der Verwesung, der mit völliger Vermoderung (Mineralisierung) endet. Bei beerdigten Leichen erfordert der Ablauf dieser Vorgänge etwa die achtfache Zeit als an der Luft. Die Ausfaulungsdauer wird u. a. auch von der Temperatur wesentlich beeinflußt, mit welcher die Leiche der Erde überantwortet wurde. So fand RAESTRUP eine im Winter in kalten Räumen aufbewahrte und im gefrorenen Zustande bestattete Leiche bei der Exhumierung nach 3 Monaten noch fast ganz frisch erhalten[3]. Feuchter Boden verlängert das Stadium der verflüssigenden Fäulnis[4]. Die Dauer der Verwesung hängt in erster Linie von der Möglichkeit des Luftzutrittes ab. Sie wird daher verzögert durch enganliegende Kleidung, von noch größerem Einfluß ist die Beschaffenheit des Sargmaterials und vor allem die Bodenbeschaffenheit des Bestattungsgeländes. Je nach der Durchlässigkeit für Luft und Wasser, nach der Feuchtigkeit und dem Wärmebindungsvermögen fördert oder hemmt der Boden die Zersetzung des Sargmaterials und seines Inhaltes, oft wirkt er sogar konservierend. In leicht durchlässigem, mittelfeuchten Sand- und Kiesböden ist in unserem Klima[5] nach einem 3—4 Monate dauerndem Stadium stinkender Fäulnis von Leichen Erwachsener nach etwa 7 Jahren, von Kindern nach etwa 4—5 Jahren nur noch das Knochengerüst übrig; bei höheren Bodentemperaturen verkürzt sich diese Zeit. In größerer Tiefe, in humusreichen Schichten, in undurchlässigen Lehm- und Tonböden, sowie bei Särgen, die im Grundwasser stehen, dauert der Zersetzungsprozeß manchmal Jahrzehnte, oft tritt er, wie bei Moorleichen und in gefrorenem Boden überhaupt nicht ein. In feuchtem, dichtem Boden bildet sich das sog. Leichenwachs. Zur Mumifizierung kommt es bei Aufbewahrung in sehr trockenen Sandböden, heißem Wüstensand, in nicht feucht werdenden, luftigen Gewölben (Bleikeller im Bremer Dom), also durch Austrocknung und Fernhaltung von Feuchtigkeit oder auch bei sehr niedrigen Temperaturen. Unter Umständen läßt sich die Bodenbeschaffenheit dadurch verbessern, daß das Friedhofsgelände durch Aufschüttung von Kies, grobem Sand oder kalkhaltigem Material über die benachbarte Bodenfläche erhöht wird[6].

[1] BACH, H.: a. a. O., S. 106.

[2] Der Verfasser folgt hier hauptsächlich den Ausführungen von J. KRATTER: Über Erdbestattung und Leichenzersetzung. In TH. WEYLS Handbuch der Hygiene 2^{II}, 147—187. 1912, und von R. ABEL: Leichenwesen. In M. RUBNERS Handbuch der Hygiene 4^{I}, 180—188. 1912.

[3] RAESTRUP, G.: Über Exhumierungen. Dtsch. Z. gerichtl. Med. **6**, 36 u. 37 (1926).

[4] KLEMP, F.: Enterdigung und Sektionserfolg. Dtsch. Z. gerichtl. Med. **16**, 190 (1931).

[5] Vgl. auch W. MATTHES: Zur Frage der Erdbestattung vom Standpunkt der öffentlichen Gesundheitspflege. Z. Hyg. **44**, 445 (1903).

[6] Die wissenschaftlichen Grundlagen für Bestimmungen über Anlage und Benutzung von Begräbnisplätzen sind ausführlich dargelegt in dem Bericht über Verhandlungen der Preußischen Wissenschaftlichen Deputation für das Medizinalwesen vom 1. November 1890:

Die gesetzlich vorgeschriebene Grabtiefe beträgt in den verschiedenen Staaten 1,5—2 m (für Kinderleichen 1 m) unter Erdoberfläche[1]. Der höchste Grundwasserstand soll in gut filtrierendem Boden 2—2,5 m, sonst noch tiefer unter dem Gelände bleiben[2]. Infektionsleichen tiefer als andere zu beerdigen, ist überflüssig und wegen der größeren Nähe des Grundwassers und der langsameren Zersetzung in der feuchteren, weniger luftigen Bodentiefe sogar unzweckmäßig[3].

In bezug auf die Frage etwaiger von Friedhöfen ausgehenden hygienischen Gefahren ist vor allem zu bemerken, daß die meisten pathogenen Mikroorganismen schon während der Leichenfäulnis zugrunde gehen[4]. Bei den ordnungsgemäß begrabenen Leichen trifft solches auf alle Fälle zu, ebenso wie die Fäulniserreger vor dem Zerfall des Sarges zugrunde gehen. Über die Dauer der Lebensfähigkeit der Erreger von Typhus, Cholera, Ruhr, Milzbrand und Pest im Boden ist bereits berichtet worden[5].

Experimentelle Untersuchungen an Gräbern hat in dieser Hinsicht u. a.[6] LÖSENER[7] angestellt. Er hat in Fortsetzung der Versuche von PETRI[8] Kadaver von Schweinen und Rindern mit Reinkulturen der Erreger von Cholera, Typhus, Tuberkulose, Wundinfektionskrankheiten, Milzbrand und Schweinerotlauf künstlich infiziert, sie nebenher auch mit typhösen und tuberkulösen menschlichen und tierischen Organen gefüllt und in Gräbern von verschiedenster Bodenbeschaffenheit und Feuchtigkeit untergebracht. Die Untersuchung der von Zeit zu Zeit aus der unmittelbaren Umgebung dieser Kadaver entnommenen Bodenproben ergab bis auf 2 Fälle völlige Abwesenheit der spezifischen Erreger. Aber auch in diesen beiden Fällen ließen sie sich schon einige Zentimeter unterhalb der Gräbersohle niemals mehr nachweisen, weder im Boden noch im Grundwasser. Hier genügte also schon eine sehr dünne Bodenschicht von normaler Filtrationsfähigkeit, um eine Verschleppung der Krankheitskeime selbst dann zu verhüten, wenn, was aus den bereits angeführten Gründen vermieden werden muß, die Gräber zeitweise oder ständig mit Grundwasser durchtränkt werden. Hiermit im Einklang stehen auch Befunde von DUNBAR, der an den Massengräbern der Hamburger Choleraepidemie von 1892 in den Erd- und Dränwasserproben aus der Nähe der Choleraleichen einige Monate nach der Bestattung in keinem einzigen Falle ein positives Ergebnis erhielt. Auch in den Leichen selbst waren keine Choleravibrionen mehr zu finden. Dagegen enthielt die kurz nach dem Tode von einer dieser Leichen entnommene und im Institut bei Zimmertemperatur aufbewahrte Darmschlinge zur Zeit der Ausgrabung und auch später

Vjschr. gerichtl. Med., III. F. 1, Suppl. S. 29—76 (1891). — Die dem Bericht beigegebenen Beschlüsse (S. 72—76) sind auch abgedruckt in Veröff. ksl. Gesdh.amt **15**, 270 (1891) u. Z. Med.beamte **4**, 236—239 (1891).

[1] KRATTER, J.: a. a. O., S. 169.

[2] ABEL, R.: a. a. O., S. 199.

[3] Ebenda.

[4] ESMARCH, E. v.: Das Schicksal der pathogenen Mikroorganismen im toten Körper. Z. Hyg. **7**, 1 (1889). — Vgl. auch P. TH. MÜLLER: Vorlesungen über Allgemeine Epidemiologie. Tabelle auf S. 123. Jena 1914.

[5] Siehe S. 211, 214 u. 221.

[6] YOKOTE, Z.: Über die Lebensdauer der Pestbazillen in der beerdigten Tierleiche. Cbl. Bakter I. **23**, 1030 (1898) (höchstens 1 Monat). — KLEIN, E.: Zur Kenntnis des Schicksals pathogener Bakterien in der beerdigten Leiche. Ebenda **25**, 737 (1899). — ZLATOGOROFF, S. J.: Über die bakteriologische Diagnose der Pest in Kadavern. Ebenda **36**, 559 (1909).

[7] LÖSENER, W.: Über das Verhalten von pathogenen Bakterien in beerdigten Kadavern und über die dem Erdreich und Grundwasser von solchen Gräbern angeblich drohenden Gefahren. Arb. ksl. Gesdh.amt **12**, 448 (1896).

[8] PETRI, J.: Versuche über das Verhalten der Bakterien des Milzbrandes, der Cholera, des Typhus und der Tuberkulose in beerdigten Tierleichen. Arb. ksl. Gesdh.amt **7**, 1 (1891).

noch entwicklungsfähige Choleravibrionen[1]. REIMERS[2] fand in Jena, daß die Leichenbestattung keinen wesentlichen Einfluß auf die Menge der Mikroorganismen im Boden ausübt oder höchstens in dem Sinne, daß die Zone, in welcher die mit zunehmender Bodentiefe abnehmende Keimzahl den bekannten Sprung[3] nach unten macht, nur infolge der bei der Grabaushebung und -zuschüttung stattfindenden Umwühlung des Bodens etwas tiefer lag als bei dem gleichen Boden, der noch nicht zur Bestattung benutzt worden war[4]. „Weder neben noch unter dem Sarge war die Bakterienmenge größer als an den entsprechenden Stellen der auf gleichem Terrain angelegten Kontrollgruben. Ohne Einfluß war es ferner, ob die Proben aus einem Grabe stammten, in welchem vor 35 Jahren, oder aus einem solchen, in dem erst vor $1^1/_2$ Jahren die Beerdigung stattgefunden hatte[5]." Ähnliche Befunde sind später von anderen Forschern vielfach gemacht worden. Immerhin sind dies meist Einzelbefunde, ohne periodische Wiederholung. In Hamburg hat man auf dem (größten deutschen) Ohlsdorfer Friedhofsgelände seit 1883 jahrzehntelang alljährlich systematische bakteriologische und chemische Untersuchungen durchgeführt, um den Einfluß des Leichenabbaues auf die unterirdischen Gewässer zu ermitteln und die Gefahr einer etwaigen Verunreinigung der Brunnen und der Wasserläufe ermessen zu können, die den Abflüssen der 0,5 m unter den Gräbern liegenden Entwässerungsrohre als Vorfluter dienen. Hierüber haben seinerzeit MATTHES[6] und LORENTZ[7] berichtet. Trotz dichtester Aneinanderlagerung der Leichen, die bei etwa 12000 Beerdigungen im Jahre zu einer beträchtlichen Anhäufung von Fäulnismaterial auf engbegrenztem Raum führen muß, ist eine Verunreinigung des Wassers der Dräns und der für diese Untersuchungen rings um das Friedhofsgelände angelegten Kesselbrunnen nicht eingetreten. Das von 136 ha allmählich auf 370 ha vergrößerte Gelände ist in rund 50 Jahren mit weit mehr als einer halben Million Leichen in regelmäßigem Turnus belegt worden. Die günstige Bodenbeschaffenheit (Sand in wechselnder Mischung mit Ton) hat in Verbindung mit Dränierung und den großzügig geschaffenen Parkanlagen[8], deren Vegetation[9] ebenfalls zur Reinhaltung des Bodens beiträgt, immer ausgereicht, eine einwandfreie Verwesung zu erzielen, und die Verbreitung von Stoffen sicher auszuschließen, die durch ihre chemischen oder biologischen Eigenschaften Bedenken erregen könnten[10]. Auch die an vielen anderen Orten sorgfältig angestellten Untersuchungen haben immer ergeben, daß auf gut angelegten Friedhöfen — d. h. mit durchlässigen Sanden und Kiesschichten, die bis unter Grabestiefe dauernd grundwasserfrei sind — der Einfluß der Leichen, der mit ihnen etwa begrabenen Infektionsstoffe sowie der Verwesungsstoffe nicht bis zum Grundwasser hinabgeht[11].

[1] DUNBAR, W. P.: Bericht über die Arbeiten des im Herbst 1892 anläßlich der Choleraepidemie in Hamburg errichteten provisorischen hygienischen Instituts. Arb. ksl. Gesdh.amt **10**, Anlage IX, 156 (1896).

[2] REIMERS, J.: Über den Gehalt des Bodens an Bakterien. Z. Hyg. **7**, 327 (1889).

[3] FRÄNKEL, C.: Untersuchungen über das Vorkommen von Mikroorganismen in verschiedenen Bodenschichten. Z. Hyg. **2**, 521 (1887).

[4] REIMERS, J.: a. a. O., S. 342. [5] Ebenda, S. 346. [6] MATTHES, W.: a. a. O., S. 468.

[7] LORENTZ, FR. H.: Die Grundwasserverhältnisse des Ohlsdorfer Friedhofsgeländes in Hamburg. Techn. Gemeindebl. **26**, 83 (1923).

[8] Vgl. u. a. E. GIENAPP: Der moderne landschaftliche Zentralfriedhof in den Groß- und Industriestädten. Techn. Gemeindebl. **10**, 157 (1907).

[9] Vgl. aber auch J. KRATTER: a. a. O., S. 177 = zuviel (schattender) Baumwuchs erhöht die Feuchtigkeit und verhindert Luftwechsel (weiterer Nachteil unter Umständen Verstopfung der Dränrohre durch eindringende Baumwurzeln).

[10] Vgl. auch O. LINNE: Der Ohlsdorfer Friedhof. In Hygiene und Soziale Hygiene in Hamburg, S. 655f. Hamburg 1928.

[11] Vgl. z. B. H. FLECK: Untersuchung der Kirchhofbrunnenwässer in Dresden. 2. Jber. Chem. Zentralstelle öff. Gesdh.pfl., S. 49. Dresden 1873; zitiert nach W. MATTHES: a. a. O.,

Wird jedoch ein Friedhofsgelände, namentlich wenn sein Untergrund von geringerem Selbstreinigungsvermögen ist, ständig in sehr starkem Maße für die Leichenzersetzung in Anspruch genommen, so wird es allmählich mit fäulnisfähigen organischen Massen überladen und „verwesungsmüde"[1]. Von einem so übersättigten Boden können natürlich Gefahren drohen[2]. Ästhetisch unangenehm macht sich manchmal der sog. Kirchhofsgeruch bemerkbar. Er entsteht, wenn bei mehrfacher Benutzung der Gräber die unteren Erdschichten nach oben kommen und dann noch Reste fäulnisfähiger Stoffe und vor allem Fäulnisgase absorbiert enthalten, die nun allmählich an die Luft abgegeben werden. Hierüber hat FLECK[3] in Dresden Untersuchungen angestellt, er fand, daß der Kirchhofsgeruch bei Lehm- und Sandböden intensiver ist als bei leicht durchlässigen Kiesböden. Gegen Arsenbefunde in exhumierten Leichen wird nicht selten der Einwand erhoben, das Arsen stamme aus dem Erdreich. Das Eindringen von etwa vorhandenem Bodenarsen[4] in beerdigte Leichen ist bei fortgeschrittener Zersetzung, nach Zerstörung der Haut wohl möglich[5]. Normalerweise wird das Arsen freilich vom Boden festgehalten. Unter dem Einfluß der bei der Leichenfäulnis entstehenden Ammoniumverbindungen kann es jedoch wasserlöslich werden[6]. Nach LÜHRIG soll das Arsen aus seiner Bindung an Eisen im Boden auch dadurch gelöst werden können, daß unter der Einwirkung des aus der Leiche entweichenden Schwefelwasserstoffs zunächst Schwefeleisen entsteht. Aus diesem werden namentlich bei wechselndem Grundwasserstande durch Oxydation Sulfate und freie Schwefelsäure gebildet, wodurch die Arsensäure frei und wasserlöslich wird, solange der Untergrund sauer bleibt[7]. Daher müssen außer der Leiche stets auch Erdproben aus dem Grabe, vor allem von der über dem Sarge liegenden Bodenschicht auf Arsen untersucht werden. Bei positivem Ausfall muß weiter die Möglichkeit geprüft werden, ob Arsen aus der Friedhofserde hätte in die Leiche gelangen können. Sicheren Aufschluß darüber gibt ein Beerdigungsversuch mit einem arsenfreien Tierkadaver, unter Anpassung an die natürlichen und meteorologischen Verhältnisse[8].

S. 441. — v. ROSZAHEGYI: Untersuchung der Friedhofswässer auf dem Kerepescher Kirchhofe in Budapest. Vjschr. öff. Gesdh.pfl. **14**, 31 (1882). — K. SCHUHMACHER: Untersuchung des Wassers der Rostocker Friedhofsbrunnen. Ebenda **23**, 457 (1891). — B. PROSKAUER: Über die hygienische und bautechnische Untersuchung des Bodens auf dem Grundstück der Charité und des sog. alten Charité-Kirchhofes. Z. Hyg. **11**, 98 u. 99 (1892). — Weitere Literaturangaben bei R. ABEL: a. a. O., S. 195 u. 206.

[1] KRATER, J.: a. a. O., S. 162. — Vgl. auch J. PETRI: Gutachten, betreffend den Jungfernkirchhof zu Havelberg. Arb. ksl. Gesdh.amt **9**, 76 (1894).

[2] Vgl. z. B. die Schilderung der unhygienischen Zustände auf den Londoner Friedhöfen um das Jahr 1850 bei TH. WEYL: Überblick über die historische Entwicklung der Städtereinigung usw. TH. WEYLS Handbuch der Hygiene **2**^{I}, 21 (1912); sowie in Paris und Neapel bei R. ABEL: a. a. O., S. 189.

[3] Vgl. J. KRATTER: a. a. O., S. 163.

[4] Vgl. Anm. 4, S. 237.

[5] ABEL, R.: Diskussionsbemerkungen zu G. POPP: Arsengehalt der Frankfurter Friedhofserde. Z. Unters. Nahrungsmitt. usw. **14**, 40 (1907).

[6] POPP, G.: Ebenda, S. 38.

[7] LÜHRIG, H.: a. a. O., S. 39.

[8] GADAMER, J.: Lehrbuch der chemischen Toxikologie, S. 138. Göttingen 1909. — Vgl. auch R. LILLIG: Die Bedeutung des Vorkommens von Arsen im Erdboden usw. Pharmaz. Ztg. **65**, 502 (1920).

Die Bodenkartierung.

Von H. STREMME, Danzig-Langfuhr.

Mit 7 Karten auf 4 Tafeln.

Allgemeines über Bodenkartierung.

Bodenkarten sind die planimetrische Darstellung des Bodens[1]. In ihnen ist die Darstellung der Fläche oder des Geländes — deren Herstellung in der Regel Aufgabe des Landmessers ist — von der kartographischen Eintragung des Bodens zu trennen. Um mit M. ECKERT[2] zu sprechen, herrscht bei der Aufnahme der Flächenkarte zunächst die „dingliche Erfüllung der Erdoberfläche" vor, von da ab tritt die bodenkundliche Idee in den Kreis der Bodenkarte, die sich an die Definition des Begriffs „Boden" knüpft. Es gibt etwa 30 Bestimmungen desselben, darunter solche, für die der Boden nur etwas Physikalisches und Chemisches, ohne Erkenntnis des natürlichen Vorkommens und seiner flächenhaften Verbreitung ist, bis zu solchen, bei denen unter Außerachtlassung des Physikalischen und Chemischen das Vorkommen und die Verbreitung die Hauptrolle spielen. Es ist daher kein Wunder, daß in der Bodenkartierung eine große, fast chaotisch anmutende Vielheit herrscht.

Hierin besteht ein Unterschied gegenüber der geologischen Karte, die in den weitaus meisten Fällen auf der ganzen Erde die historisch-geologische Zugehörigkeit der Schichtgesteine zu dem allgemein anerkannten (wenn auch naturgemäß in steter Weiterentwicklung begriffenen) Schema der Formationsgliederung und die petrographische Einteilung der Eruptivgesteine und der kristallinen Schiefer zur Grundlage hat. Bei den Bodenkarten gibt es eine überwältigende Fülle ganz verschiedener Typen, von denen manche kaum miteinander in Beziehung zu bringen sind. Dennoch heben sich 2 Arten der Bodenkarten aus der Zahl der übrigen durch ihre weite Verbreitung heraus, und zwar hauptsächlich in der älteren Zeit, als man auf die Genese der Bodengesteinsarten aus den geologischen Schichten und Gesteinen den Hauptwert legte, es ist dies die Bodenkarte auf geologischer Grundlage, wogegen andererseits in der neueren Zeit mehr die Karte der Bodenentstehungstypen im Sinne der russischen Schule hervortritt. Aber daneben gibt es Bodenkarten auf wirtschaftlich-statistischer, auf historischer, auf pflanzengeographischer, auf pflanzenbaulicher, auf petrographischer, auf physikalischer, auf meteorologischer, chemischer und hydrologischer Grundlage oder Anlehnung, auch Übergänge aus den einzelnen Systemen sind zahlreich vorhanden.

Nicht die wissenschaftlichen Erfordernisse der Bodenlehre allein haben die große Zahl der Bodenkarten geschaffen, sondern mehr noch die praktischen der Land-, der Forstwirtschaft, kolonisatorischer und Siedlungsbestrebungen, bis-

[1] BLANCK, E.: Über die Bedeutung der Bodenkarte für Bodenkunde und Landwirtschaft. Fühlings Landw. Z. **60**, 121—145 (1911).

[2] ECKERT, M.: Die Kartenwissenschaft **2**, 223. Berlin und Leipzig 1925.

weilen auch Wünsche aus geographischen und geologischen Nachbarwissenschaften. Von der Praxis aus ist immer wieder die Kritik an den bestehenden Darstellungsweisen und der Wunsch nach Besserem laut geworden. Wiederholt sind durch die Entwicklung der Landwirtschaftslehre und Änderungen in der Auffassung des Wertes landwirtschaftlich-praktischer Methoden Kartierungsarbeiten, darunter solche von großem Ausmaße mit Hunderten von Aufnahmen, zum Erliegen gekommen.

In einigen Ländern, wie den Vereinigten Staaten von Amerika, Rußland (mehrere Anstalten), Finnland, Österreich (2 Stellen), Tschechoslowakei (mehrere Stellen), Polen (mehrere Stellen), Japan sind besondere staatliche Landesanstalten für die Bodenkartierung oder wenigstens staatliche bodenkundliche Institute vorhanden, die sich neben der Lehrtätigkeit hauptsächlich mit der von öffentlichen Körperschaften ermöglichten Bodenkartierung befassen. In anderen, wie den Bundesstaaten des Deutschen Reiches, in Ungarn, Rumänien, Schweden, z. T. Dänemark, Irland, wird sie von den geologischen Landesanstalten mit betrieben. In den meisten übrigen, wie auch in den vorgenannten Ländern befassen sich einzelne wissenschaftliche Institute, geologische, bodenkundliche, kulturtechnische, agrikulturchemische, landwirtschaftliche, forstliche Versuchsstationen, z. T. infolge staatlichen Auftrags, zumeist jedoch auf die Initiative ihres Leiters hin mit derselben. Auch hierin steht die geologische Kartierung einheitlicher da. Sie wird von den zahlreichen geologischen Landesanstalten oder Kommissionen betrieben, von denen sich viele, wie die von Österreich, Frankreich, Belgien, Großbritannien, Norwegen, der Niederlande, Schweiz, von Italien, Polen, Kanada, den Vereinigten Staaten, den südamerikanischen Staaten, Südafrika und Japan mit der Bodenkartierung nicht (oder nicht mehr) beschäftigen. Daneben sind fast nur noch Geologen der wissenschaftlichen Lehrinstitute und privater praktischer Anstalten mit geologischen Kartierungen beschäftigt, so daß sie also in fachlicher Beziehung viel einheitlicher dasteht. Während es wohl kein geologisches Lehrinstitut gibt, das nicht die geologische Kartierung in irgendeiner Weise betreibt, sind dagegen zahlreiche bodenkundliche Institute vorhanden, die der Kartierung fern stehen. In ihnen überwiegt die physikalische und chemische Richtung der bodenkundlichen Forschung.

Dementsprechend gibt es auch Lehrbücher der Bodenkunde, die die Bodenkartierung nicht oder kaum erwähnen. In den umfassenderen nimmt sie einen mehr oder weniger breiten Raum ein. Auch manche geologischen und geographischen Lehrbücher beschäftigen sich mit ihr. Einige neuere Werke haben sie zum Hauptgegenstand[1]. Ganz besonders wertvoll ist als Einblick in die Bodenkartierung fast aller Länder ein Werk[2] G. MURGOCIS.

Die Methoden der Kartenaufnahmen.

Entsprechend dem überaus weitgespannten Rahmen der Bodenkartierung ist die Zahl der Methoden zur Kartengewinnung nicht gering. Es werden Bodenkarten hergestellt auf Grund wirtschaftlich statistischer, historischer, pflanzengeographischer, pflanzenbaulicher, physikalischer, chemischer, dynamisch-geogra-

---

[1] TILL, A.: Die Bodenkartierung und ihre Grundlagen. Wien 1923. — STREMME, H.: Grundzüge der praktischen Bodenkunde. Berlin 1926. — KRISCHE, P.: Bodenkarten und andere kartographische Darstellungen der Faktoren der landwirtschaftlichen Produktion verschiedener Länder. Berlin 1928.

[2] MURGOCI, G.: État de l'étude et de la cartographie des sols dans divers pays de l'Europe, Amérique du Nord, Afrique et Asie. Com. intern. de pédologie. Ve Comm.: Cartographie des sols. Bukarest 1924.

phischer, meteorologischer, hydrologischer, geologischer, petrographischer, bodenmorphologischer Aufnahmen[1].

Die wirtschaftlich-statistischen Karten werden durch Befragen der Landwirte oder der Forstleute gewonnen und geben die Roherträge in den verschiedenen Frucht- (bzw. Baum-) Arten, die zu den bekannten Ertragsstatistiken führen, wieder. Meist werden die Angaben kartenmäßig nach politischen Einheiten (Regierungsbezirken, Kreisen, Gemeinden usw.) oder mit Hilfe eines Punktsystems verwertet. Auf Grund solcher Angaben sind Bodenkarten gezeichnet worden, auf denen zwischen ertragreichen, ertragarmen, guten, geringen, günstigen, ungünstigen Böden, guten, geringen Nährflächen usw. unterschieden wird. Diese Richtung faßt den Boden nicht als ein Objekt naturwissenschaftlicher, sondern wirtschaftlicher Betrachtung auf. Die in der Natur oder im Laboratorium festzustellenden Eigenschaften sind ihr gleichgültig. Oft findet man die wirtschaftliche Betrachtungsweise auch im Zusammenhang mit der naturwissenschaftlichen. Teils wird auf Grund der naturwissenschaftlichen Methode und allgemeiner wirtschaftstheoretischer Betrachtungen ohne Heranziehung der Ertragsstatistiken von guten, geringen usw. Böden gesprochen, teils benutzt man die Ertragsstatistiken als weitere wichtige Kennzeichen von voraufgehend auf naturwissenschaftlichem Wege untersuchten Böden. Dazu ist es notwendig, die nach politischen Einheiten aufgestellten Statistiken durch eingehenderes Befragen der Landwirte und möglichst auch eigenes Beobachten des Saatenstandes, der Erträge usw. auf die Böden zu übertragen. Höchstens zum Vergleich mit Übersichts- oder Generalbodenkarten in kleinen Maßstäben kann man die Kreis- oder Gemeindestatistiken ungeteilt verwerten. Aber auch dort helfen sie nur in den extremeren Fällen.

Vorhistorische und historische Siedlungsforschungen können ebenfalls zu Bodenkarten führen. So sind die Siedlungskarten von O. SCHLÜTER geeignet, ursprünglich und von Natur waldarme Gebiete von waldreichen, später gerodeten unterscheiden zu lassen. Die von Natur waldarmen Gebiete sind auf ebenem Gelände in der Hauptsache oder wenigstens z. T. mit Steppenböden bedeckt. Wichtig sind auch historische Studien über Zeit und Art der Waldbedekkung für die Auffassung der Bodenflächen. So ist im Danziger Weichseldelta der natürliche Pflanzenbestand des Jahres 1300 n. Chr. auf Grund historischer und sprachlicher Feststellungen kartenmäßig dargestellt und daraus für die Bodenkarte gewisse Benennungen der Böden entnommen worden: z. B. braune Waldböden, z. T. steppenartig verändert, Bruchwaldböden usw., obwohl gegenwärtig auf beiden Bodentypen kein Wald mehr steht.

Eine allgemeine Bodenkarte mit dynamisch-geographischer Grundlage ist C. ROHRBACHS Grund- und Bodenkarte der Erde in H. BERGHAUS' physikalischem Atlas, mit welcher versucht wurde, F. v. RICHTHOFENS Ideen über die Bodenbildung und -verbreitung kartographisch auszuführen. Die fünf Hauptgruppen der Karte sind die Eluvialregionen, die Gebiete mit überwiegender Denudation, die Gebiete mit überwiegender Aufschüttung, die Gebiete mit Ebenmaß von Zerstörung und Fortschaffung und die Gebiete mit erodierter äolischer Aufschüttung. An sich sind hier gewisse bodenbildende Hauptfaktoren wie die Wirkung des Reliefs und des Klimas berührt worden, aber die Darstellung geht von dynamisch-geographischen Vorstellungen aus, der Boden selbst kommt erst in zweiter Linie in Betracht, es sind auch keine bodenkundlichen Einteilungsprinzipien verwendet worden.

---

[1] In der nachfolgenden Übersicht werden, auch wenn Verfassernamen genannt sind, keine Literaturzitate angegeben; diese folgen bei der Übersicht über die Länder.

Die pflanzengeographischen Feststellungen sind insbesondere mit den bodengenetischen auf das innigste verknüpft. Dies kommt schon in Bezeichnungen wie Steppenböden, Waldböden, Heideböden, Wiesenböden, Moorböden usw. zum Ausdruck. Ihre Eigenart hängt geradezu von den Besonderheiten der auf ihnen wachsenden Pflanzen ab, die sie gebildet oder umgebildet haben. Manche bodengenetische Karten, wie die von P. TREITZ, stellen pflanzengeographische Oberbezeichnungen der eigentlichen bodenkundlichen Einteilung voran. In ebenem Gelände ist es bis zu einem gewissen Grade möglich, aus pflanzengeographischen Karten bodengenetische, allerdings ohne Angabe der Bodengesteinsarten herzustellen, obwohl dabei erhebliche Fehler mit unterlaufen zu pflegen. In manchen Ländern ist man geneigt, die Laubwaldböden für weniger podsoliert, ausgelaugt und durchgeschwemmt zu halten als die Nadelwaldböden; daraus auf derartige Unterschiede generell zu schließen, wäre falsch. Es spricht dabei die Beschaffenheit der Unterflora, wie sie in CAJANDERS Waldtypenforschung zur Geltung kommt, stark mit. Vergraste Wälder pflegen — gleichgültig, ob aus Laub- oder Nadelholz — weit weniger oder gar nicht podsoliert und ausgelaugt zu sein als solche mit Heide- und Beersträuchern. In den Steppen ist wieder die Solodierung, d. i. eine der Podsolierung sehr ähnliche Ausbleichung, mit ihrer völligen Bodenveränderung eigentlich nicht auf Pflanzenwirkung, sondern auf die der zeitweiligen Wasseransammlung in flachen Hohlformen zurückzuführen. Der Prozentsatz an solodierten Stellen ist in Flächen mit Steppenböden für deren Eigenart und auch Nutzungswert kennzeichnend.

Während die pflanzengeographischen Vorarbeiten sich mit dem natürlichen Pflanzenbestand beschäftigen, haben die pflanzenbaulichen die Nutzpflanzen zum Gegenstande. Seit alters her werden die Böden nach den Pflanzen, deren Anbau sie zulassen, als Weizen-, Gersten-, Hafer-, Roggen-, Rüben-, Kartoffel-, kleefähige Böden und im Waldbau als Tannen-, Fichten-, Kiefern, Birken-, Erlen-, Weidenböden usw. bezeichnet. J. HAZARD hat diese pflanzenbauliche Bezeichnungsweise sogar zur Grundlage seiner Bodeneinteilung gemacht, auf die er seine bedeutsame praktische Bodenkartierung aufbaut. Das von ihm in die Kartierung hineingebrachte neue Moment ist die systematische Nutzung der Böden nach ihrer pflanzenbaulichen Eignung, und zwar bei den Ackerböden sogar auf Grund von kartenmäßig festgelegten Fruchtfolgen. Das methodisch Wichtige ist der kartenmäßige Ausdruck seiner praktischen Vorschläge. Ein anderes bei der Land- und Wirtschaftsschätzung seit jeher viel benutztes Moment ist das Verhältnis von Ackerland zu Grünland, das E. OSTENDORFF im Danziger Weichseldelta kartenmäßig festgelegt und mit den Böden verglichen hat. Es ergab sich eine sehr weitgehende Übereinstimmung zwischen diesem Verhältnis und der Verteilung der Bodenentstehungstypen, während die Bodengesteinsarten dort von geringerer Bedeutung sind.

Die Einteilung der Bodenarten nach der Korngröße pflegt man nach A. THAERS Vorgang die physikalische zu nennen. Die Bezeichnungen Kies-, Sand-, Feinsand-, Schluff-, Staub-, Tonböden und ihre Mischungen liegen vielen Bodenkarten zugrunde. J. KOPECKY nennt sogar seine darauf gerichtete Kartierungsweise eine agrophysikalische. Bei dieser und ähnlichen werden auch andere physikalische Untersuchungsmethoden wie die der Wasserkapazität, Luftkapazität, des spezifischen und des Volumgewichtes, der Hygroskopizität, der Benetzungswärme, der ATTERBERGschen Konsistenzfeststellungen u. a. zur Charakteristik der Böden mit herangezogen. Angaben, wie die Bindigkeit und die Durchlüftung der Böden, die auf vielen Karten auftreten und sie manchmal beherrschen, sind ebenfalls physikalischer Natur, selbst wenn sie nicht mit Instrumenten festgestellt, sondern nur geschätzt werden. Auch die Kartierung nach Böden, welche mit Farbnamen benannt sind, muß im Grunde als physikalisch angesehen werden.

In ähnlicher Weise dienen der Kartenherstellung chemische Analysen. Eine der älteren Bodenkarten, die der Umgebung von Paris, von DELESSE im Jahre 1862 veröffentlicht, hat als Obereinteilung den Kalkgehalt der Böden, der auch auf vielen anderen Karten eine Rolle spielt. Oft ist sogar der prozentische Anteil zahlenmäßig in die Karten eingetragen. R. HEINRICH hat auf seinen mecklenburgischen Karten den analytisch festgestellten Gehalt der Böden an den löslichen Pflanzennährstoffen K, P, N angegeben, und auch auf anderen früheren und späteren Karten ist ähnliches geschehen. Die gegenwärtig sehr verbreiteten Reaktionskarten mit genauen Angaben der p_H-Werte oder auch mit den allgemeineren Bezeichnungen sauer, neutral, alkalisch und ihren Abstufungen sind ebenfalls chemische Bodenkarten. Bei der russischen Bodenkartierung werden seit A. J. NABOKICHS Vorgang zahlreiche chemische Einzelheiten in besonderen Kartogrammen dargestellt, die somit Teilbodenkarten sind.

Meteorologisch-klimatologische Begriffe sind einerseits von E. W. HILGARD, andererseits durch V. DOKUTSCHAJEW in die Bodenkartierung eingeführt worden. E. RAMANN hat seiner Bodenskizze Europas die HILGARDsche Obereinteilung humid und arid gegeben, die auch in die Skizze selbst eingetragen ist. Auf manchen, namentlich russischen Bodenkarten werden die Linien gleicher Jahresniederschläge und Jahresmitteltemperaturen angegeben. Karten, wie die des NS.-Quotienten von A. MEYER und des Regenfaktors nach R. LANG, haben nur Sinn im Zusammenhang mit den bodenkundlichen Verhältnissen, für deren Benutzung sie gedacht sind.

Hydrologische Grundlagen haben Bodenkarten, bei welchen Naßböden von Trockenböden unterschieden werden. Diese Hauptunterscheidung kann noch dadurch vertieft werden, daß die Naßböden nach dem Vorkommen des Wassers in den verschiedenen Horizonten eingeteilt werden, bei welchen die Böden, in denen das Wasser über den *A*-Horizonten steht, die Moorböden sind. Für die besondere Art der Zersetzung und für die Unterscheidung der Moorböden sind von O. TAMM und C. MALMSTRÖM Karten angefertigt worden, auf welchen die Bewegung des Wassers in Moorböden und auch das Vorkommen stehenden Wassers angegeben sind. Bei der Danziger geologisch-bodenkundlichen Landesaufnahme werden neben vielen anderen auch hydrologische Karten ausgeführt, die in enger Beziehung zur Bodenkarte stehen.

Groß ist die Zahl der Bodenkarten, die eine geologische Grundlage besitzt. Das bedeutsame Kartenwerk der geologisch-agronomischen Kartierung, wie es A. ORTH erdacht hat und die deutschen und viele anderen geologischen Landesanstalten durchführen, beruht hierauf. Auch Übersichtskarten bedienen sich oft der geologischen Grundlagen, nicht nur in der älteren Zeit, sondern auch noch kürzlich hat G. DE ANGELIS D'OSSAT eine solche von Italien entworfen, wobei er ausdrücklich hervorhebt, daß er eine Bodenkarte ohne diese Grundlage ablehne. Ganz allgemein wird man bei bodenkundlichen Aufnahmen eine vorhandene geologische Karte mit Nutzen heranziehen können, wenn man die Bodenarten und gewisse sich als durchschlagend erweisende petrographische Eigenschaften darstellen muß. Z. B. hat P. F. VON HUENE bei der Bodenkartierung der deutschen Mittelgebirge die Bodengrenzen bisweilen von den geologischen Karten übernommen, namentlich dann, wenn Gesteine mit Eigenschaften, welche sich bei der Bodenbildung als durchschlagend erweisen, wie Kalkstein, Dolomit, Gips, vorhanden sind.

Die petrographischen Eigenschaften sind zwar an sich z. T. mit den geologischen unlösbar verbunden, so daß das für diese Gesagte auch z. T. für jene gilt. Aber wie schon erwähnt, werden die Eruptivgesteine und kristallinen Schiefer auch auf der geologischen Karte rein petrographisch behandelt. Karten, wie die Generalbodenkarte Österreichs von J. R. LORENZ sind an sich petrographisch gedacht. Es wird das Muttergestein der Böden angegeben. Allerdings kommen auch einige geologische Bezeichnungen, wie Leithakalk, Jungtertiär, Diluvium, Alluvium und eine bodenmorphologische wie Schwarzerde (falls man sie nicht der Farbbezeichnung wegen als physikalische ansehen will) vor. Ganz allgemein sind auf Bodenkarten petrographische Einteilungsprinzipien häufig, weil namentlich früher die Vorstellung der Entstehung der Bodenarten aus den Muttergesteinen als die gesetzmäßige Grundlage der Bodenverbreitung galt. Ebenso wie oben die Einteilung der Böden in Kies-, Sand-, Tonböden nach A. THAER als physikalisch bezeichnet wurde, kann man sie auch als petrographisch ansehen, denn abgesehen von den Korngrößenunterschieden bestehen hier auch petrographische. Sand pflegt zum großen Teil oder sogar überwiegend aus Quarz, Ton aus den Tonmineralien zu bestehen. Die Eigenheiten dieser Mineralien und nicht nur die der Korngröße, bedingen die Unterschiede der aus ihnen entstandenen Böden.

Bodenmorphologische Aufnahmen pflegen manche Kreise der Bodenforscher als die eigentlich bodenkundlichen anzusehen. Sie bedienen sich in der Tat einer der Bodenforschung eigenen Methode, indem sie Bodeneinschnitte bis zum Muttergestein ausführen und das Bodenprofil einer genauen Beschreibung unterziehen. Dabei ist auf petrographische, geologische, hydrologische, meteorologische, chemische, physikalische, pflanzenbauliche, pflanzengeographische, orographische und tierkundliche Verhältnisse zu achten, denn alle diese dienen mit zur Bildung des Bodens, und ihre Wirkung drückt sich im Boden selbst und in der Ausbildung des Bodenprofils auf das genaueste aus. Das Ergebnis der bodenmorphologischen Aufnahmen ist die Feststellung des Bodenentstehungstypus.

Diese Art der Bodenaufnahme soll als die eigentlich bodenkundliche und universellste einer näheren Beschreibung unterzogen werden, alle übrigen sind mehr oder weniger stark durch die genannten Nachbarwissenschaften und ihre Methoden mit bestimmt.

Ganz gleichgültig, ob man eine Übersichtskarte oder eine Detailkarte ausführt, stets ist es notwendig, sich zunächst über ein größeres Gebiet zu unterrichten. Ohne das findet man nur schwer den richtigen Zusammenhang und bleibt in Einzelheiten stecken. Nach einer topographischen Karte in Übersichtsmaßstäben wird dabei ein Gebiet durchstreift, in welchem man sich mit dem Spaten je nach den Änderungen des Reliefs, des Pflanzenwuchses, der Bodenart (eventuell des Gesteins) und der Feuchtigkeit vergewissert, wie das Profil darauf reagiert. Dies gilt in gleicher Weise für kultiviertes und für unbebautes Gelände. Durch die Feststellung der Profiländerungen je nach den genannten Hauptfaktoren erhält man eine Übersicht über den Generalcharakter der Bodengebiete, der eventuell auch vom Klima oder der Dauer der Bodenbildungsvorgänge bedingt sein kann. Diese beiden unsichtbaren und nur mittelbar wirkenden Faktoren in den Kreis der Betrachtung zu ziehen, ist zwar leicht, aber eine Beweisführung zu ihren Gunsten überaus schwierig. Zuverlässig läßt es sich in der Regel nur nach sehr umfangreichen und oft unsicheren Vergleichen durchführen. Nach einer solchen ersten Übersichtsgewinnung ist es notwendig, im Rahmen des der Kartierung zugrunde gelegten Maßstabes die Bodenaufgrabungen zu häufen. Je größer der Maßstab und die Kartengenauigkeit sein soll, desto größer wird ihre

Zahl sein müssen. Ja, bei Detailkartierungen von etwa 1 : 25000 an, bei denen 1 mm des Kartenblattes 25 m in der Natur entspricht, kommt man mit Aufgrabungen allein nicht mehr aus, sondern man muß zur Feststellung der Grenzen zwischen den Böden die Sondiernadel zu Hilfe nehmen, da die Aufgrabungen zu zahlreich und dadurch die Arbeiten in der Regel zu langwierig sein müßten. Im Zusammenhange mit den Aufgrabungen ist die Verwendung des Handbohrers bei der Bodenkartierung gut zu heißen und zu empfehlen, nicht dagegen als hauptsächliche oder alleinige Aufschlußmethode, wie sie z. B. bei der geologisch-agronomischen Kartierung verwendet wird, denn dabei geht zuviel von den wichtigsten morphologischen Eigenschaften des Bodens verloren. Mit Hilfe der Aufgrabungen, von kleinen Handbohrungen, der Beobachtung oberflächiger Bodenverschiedenheiten, des Pflanzenwuchses, des Auftretens von Feuchtigkeit, des Reliefs, eventuell auch der Art und Weise, wie sich der Boden beackern läßt, ist das Kartenblatt im Rahmen des zugrunde liegenden Maßstabes zu füllen, so daß praktisch jeder Teil der dargestellten Fläche untersucht sein muß. Um Zahlen für die Dauer der Kartierung und die Leistung des Kartierenden zu nennen, sei darauf hingewiesen, daß die genaue Spezialkartierung von Feldversuchen im Maßstabe 1 : 100 naturgemäß besonders lange dauert. Auf die Versuchsfläche von 1000 qm wird bei zwei bis drei Aufgrabungen und bei reichlicher Verwendung des Bohrers 1—2 Tage zu rechnen sein. Die Gutskartierung im Maßstabe 1 : 2500 bis 1 : 3000 erfordert für 250 ha eine Zeit von wenigen Tagen bis zu etwa 3—4 Monaten, wobei 1—2 Arbeiter zur Verfügung stehen müssen. Bei der geologischen und bodenkundlichen Landesaufnahme der Freien Stadt Danzig leistet ein Kartierender, dem ein Arbeiter zum Graben und Bohren zur Seite steht, monatlich etwa 750 ha im Maßstabe 1 : 10000. Diese Zahl gibt den Durchschnitt für die Aufnahmezeit von April bis Oktober an, im Hochsommer ist sie größer, vorher und nachher kleiner. Die bodenkundliche Aufnahme der 1900 qkm der Freien Stadt Danzig im Maßstabe 1 : 100000 hat etwa 4 Monate unter Benutzung eines Fahrrades erfordert. Je nach der Kompliziertheit der Bodenbildungen kann man in diesem Maßstab während einer Arbeitszeit von einem Monat 200 bis 500 qkm kartieren. Bei der bodenkundlichen Übersichtskartierung des Deutschen Reiches wird zur Beförderung ein Automobil benutzt, das monatlich etwa 4000 km zu fahren hat. Der Aufnehmende, der allein ist und zugleich das Automobil bedient, bringt monatlich etwa 20000 qkm für den Maßstab 1 : 500000 zustande, mit dem Fahrrad dauert es viermal so lange. Diese Feldaufnahmen liefern noch nicht die fertigen Karten, sondern diese müssen in oft monatelanger weiterer Arbeit aus den Feldergebnissen zusammengestellt werden.

Eine Erleichterung bei der Aufnahme, besonders bei der Spezialkartierung, gewährt unter Umständen ein Notizbuch mit vorgedruckten Spalten, in die nach vorgedruckter Reihenfolge die einzelnen Bodeneigenschaften einzuschreiben sind. G. Murgocis „Etat de l'étude et de la cartographie des sols" enthält zwei solcher Vordrucke für die Bodenuntersuchung im Tschernosem- und im Waldsteppengebiet. Ersterer rührt von A. Nabokich her und ist von N. Florov und G. Murgoci, letzterer von N. Florov bearbeitet.

Die Methoden der Kartendarstellung.

Während das geschlossene System der geologischen Kartierung die Darstellung in der Weise erleichert, daß im allgemeinen Farben für die Wiedergabe der einzelnen geologischen Formationen gewählt worden sind und bei der internationalen geologischen Karte von Europa auch die einzelnen Formationen ganz bestimmte Farben zugeteilt erhalten haben, die in vielen Ländern auch eingehalten werden, und innerhalb welcher Farben dann Schraffuren die Untergliederung durchzuführen erlauben, herrscht in der bodenkundlichen Kartendarstellung auch in dieser Beziehung wieder ein Chaos. Man verwendet je nach dem System der Aufnahmen ganz verschiedene Darstellungsmethoden. Die geologisch-agronomische Aufnahme hat die Formationen zur geologischen Grundlage, die agronomischen Verhältnisse kommen dadurch zur Wiedergabe, daß für jede geologische Zeichenerklärung (Farbe, Schraffur, Buchstabe) eine besondere Übertragung erfolgt. Außerdem wird mit besonderen Buchstaben das Bodenprofil, und zwar der petrographische oder physikalische Zustand desselben, bis zu 2 m Tiefe mit Angabe der Mächtigkeit der Schichten in Dezimetern eingetragen. Eine profilmäßige Darstellung einzelner Schraffuren findet sich am Rande der Karte. Hier entwickelt sich also das Bodenprofil auf der geologischen Grundlage von unten nach oben.

Trotz ziemlich weitgehender Ähnlichkeit der Aufnahme — früher Bodenartenprofil auf geologischer Grundlage, jetzt allerdings auch Bodentypen- bzw. Horizontfeststellung — ist doch die Darstellungsweise der Karten des U. S. Soil Survey völlig von der der geologisch-agronomischen verschieden. Es werden nur „Bodeneinheiten" wiedergegeben, die aus dem Kennwort für die „Bodenserie" — in der Regel der Name des Ortes, an dem die Serie zuerst festgestellt wurde und an dem sie besonders verbreitet ist — und der Bodenart (texture im amerikanischen Sinne, Korngröße) bestehen. Die Karten sind infolgedessen überaus einfach gehalten, wenn auch die Zahl der Bodeneinheiten recht bedeutend ist. Für den Außenstehenden ist die Karte schwer zu gebrauchen, eine wissenschaftliche Bedeutung hat sie an sich nur in Verbindung mit der Erläuterung, deren Angaben man auf die Karte übertragen muß, wenn man sie mit anderen vergleichen will. Es ist eine praktische Karte, die dem Bestreben der Landwirte, die charakteristischen Eigenschaften von Böden und Bodengebieten durch die Orte ihres Vorkommens zu bezeichnen, gut entgegen kommt. Durch diese Art der Namengebung wird nicht nur der Boden, sondern zugleich seine Anbaumöglichkeiten und die auf ihm betriebene Wirtschaftsart bezeichnet.

Wieder völlig anders ist seit langer Zeit die Mehrzahl der russischen Karten eingestellt. Sie geben in ziemlich einheitlicher Weise den hauptsächlichen Bodenentstehungstypus des dargestellten Gebietes wieder, wobei oft die Bodenarten oder eventuell auch geologische Bezeichnungen die Untereinteilung abgeben. Bei den Spezialkarten in großen Maßstäben ringt man um die möglichst treffende Darstellung der Bodenkomplexe. Eine besonders fortgeschrittene Methode gibt nicht mehr Bodentypen an, sondern Bodengebiete, in welchen die verschiedenen Bodenbildungsfaktoren die einzelnen Typen in gesetzmäßiger Weise hervorrufen und beeinflussen. Trotz äußerlicher Ähnlichkeit sind 2 Arten der Bodendarstellung in der Tschechoslowakei zu unterscheiden; die eine gibt mit der Farbe die geologisch-petrographischen Feststellungen und darin mit Schraffen und Nummern das Bodenartenprofil an, das, an Nummern kenntlich, am Rande dargestellt wird. Die andere benutzt die Farben für die Bodenentstehungstypen und die Schraffuren und Nummern in der gleichen Weise wie vorstehend beschrieben für das Bodenartenprofil. Bei jener ist das Bodenprofil auf der geologischen Grundlage von unten nach oben, bei dieser innerhalb des Bodentyps entwickelt. Die ungarische Übersichtskartierung bedient sich der Farben für die pflanzengeographisch-bodenmorphologischen Regionen, der Schraffuren für die physikalisch-petrographische Unterteilung. In Finnland war zunächst die Darstellung der Spezialkarten mit Farben und Schraffen versehen, jene für die Bodenarten, diese für die Bodenentstehungstypen. Heute sind auf den Übersichtskarten die Farben für die Bodenarten bestehen geblieben, wo hinein z. T. die p_H-Zahlen der Bodenreaktion, auch in Profildarstellung, eingetragen, die Entstehungstypen aber fortgelassen sind.

Über die Entwicklung der Danziger Spezialkartierung kann das Folgende gesagt werden: Anfänglich schien es bei der Gutskartierung in großen Maßstäben, als wenn mit einer flächenmäßigen Darstellung der Bodenarten auszukommen sein würde, in die hinein das sehr eingehende Profil der natürlichen Horizonte mit Buchstaben und Bewertungspunkten unter Verwendung zahlreicher verschiedener Beobachtungsreihen gebracht wurde. Das Profil wurde also von der Krume aus nach unten entwickelt. Die Grenzen wurden nach den Profilunterschieden festgelegt. Aber bei der Durcharbeitung der in dieser Weise dargestellten Feldversuche ergab sich, daß die flächenmäßige Bezeichnung der Bodenentstehungstypen für die Erklärung der Ertrags- und der Düngewirkungsverschiedenheiten notwendig sei. Dasselbe ergaben Vergleiche der Böden mit den landwirtschaftlichen Roherträgen bei Guts- und Übersichtskarten. Infolgedessen wird jetzt mit den Flächenfarben der Bodentypus, untergeteilt durch Typenvariationen, angegeben. Da hinein wird mit Schraffen das Bodenartenprofil und mit Buchstaben und Punkten das Profil der natürlichen Horizonte nach sehr eingehender Beobachtung (Lage, Humus, Feuchtigkeit, Durchlüftung, Kulturzustand, Bodenarten, Körnigkeit, Struktur, Eisenrostabsatz u. a.) geschrieben. Das Profil ist also innerhalb des Bodentyps entwickelt. Für die Landesaufnahme wird der Maßstab 1:10000 benutzt. Mit Farben werden dabei die Bodentypen in freierer Unterteilung, mit Schraffuren und Mächtigkeitszahlen das Profil nach Horizonten und Bodenarten angegeben. Besondere Profildarstellung am Rande wird vermieden, dagegen wird in der Zeichenerklärung sowohl die geologische Zugehörigkeit der Böden als auch eine Namengebung nach Landschaften (Oberwerder-, Niederungs-, Oberhöhen- Niederhöhen-, Prausterfeldböden) verwendet, welch letztere sich durch markante Unterschiede der Bodentypen, Erträge, Wirtschaftsweise, Landbaumöglichkeiten von einander trennen lassen. Dies wird durch eine kurze wirtschaftliche Bewertung (für Acker gut, für Grünland mäßig geeignet usw.) verdeutlicht. Sowohl die Gutskarten als auch die der Landesaufnahme werden mit einer Reihe von Meliorationskarten im gleichen Maßstabe versehen, auf denen kartenmäßig die zur Verbesserung notwendige Humus-, Kalk-, Kunstdüngerzufuhr, Entwässerung und Bodenbearbeitung, ferner die beste Nutzungsmöglichkeit vorgeschlagen werden. Auf Beigabe einer Erläuterung wird verzichtet. Es wird alles kartenmäßig ausgedrückt. Auf Übersichtskarten in 1:100000, 1:500000, 1:1000000 usw. werden die Bodentypen mit Farben, die Bodenarten mit Signaturen dargestellt. Eine besondere Unterscheidung des Profils findet nicht statt, es ist im Bodentypus ausgedrückt.

Sehr verschieden ist auf den sonstigen Bodenkarten die Darstellung der physikalischen, chemischen u. a. Feststellungen, so z. B. die chemischen teils mit Zahlen und Grenzlinien, teils mit kleinen bunten Strichen, teils mit Isolinien (z. B. Isohumosen u. a.). Alle vom Verfasser eingesehenen Karten sind auch nach ihrer Darstellungsweise in der Übersicht über die Kartierung der einzelnen Länder beschrieben.

Von besonderem Wert scheinen dem Verfasser solche Darstellungsweisen zu sein, welche einen Vergleich der Zahlen landwirtschaftlicher Erträge oder forstlicher Bewertungsmethoden mit den Böden ermöglichen, weil hieraus ein exakter Übergang von wissenschaftlichen Zustandskarten zu praktischen Vorschlägen gewonnen wird.

Theoretische und praktische Karten.

Wenn auch für einen Teil der Karten rein wissenschaftlich-theoretische Forschungen die Haupttriebfeder der Aufnahme und Darstellung gewesen sein mögen, so ist doch für einen weitaus größeren Teil das praktisch-wirtschaftliche Erfordernis maßgebend gewesen. Trotzdem sind die meisten Karten in Aufnahme und Darstellung rein theoretisch. Sie geben streng wissenschaftlich den gefundenen Zustand wieder, ohne irgendwelche praktische Einstellung auf der Karte zu bekunden. Dies gilt von der geologisch-agronomischen Spezialkartierung ebenso wie von der tschechischen und finnischen morphologisch-physikalisch-petrographischen, sowie von der niederösterreichischen teils morphologisch-physikalischen, teils physikalisch-petrographischen Kartierung, wie auch von fast allen übrigen Arten derselben. Schon in alter Zeit waren daneben auch praktische Bodenkarten vorhanden. Eine solche ist die dänische nach Tonnen Bodenmaß rechnende Bonitierungskarte, ferner die preußische Katasterkarte, auf welcher die Äcker, Wiesen, Holzungen, Gärten nach 8 Reinertragsklassen gegliedert sind. Wenn auch die Erträge in Silbergroschen ausgedrückt werden, so sind doch zu der Kartenaufnahme in der Hauptsache gründliche Bodenuntersuchungen im Felde verwendet worden. Ähnliches gilt von den zahlreichen anderen Katasterkarten. Eine durchaus praktische Darstellung ist die nordamerikanische, die außer in den Vereinigten Staaten auch in Kanada, Kuba, Philippinen, China, Niederländisch-Indien und Großbritannien angewendet wird. Durch die Benutzung der Ortsnamen für charakteristische Bodenserien ist ein rein landwirtschaftlich-praktisches Element unmittelbar auf die Karte gebracht worden unter Ausschaltung wissenschaftlicher Bezeichnungsweisen. Allerdings ist hierin zugleich ein Mangel zu erkennen. Die Karten sind für wissenschaftliche Vergleiche erst zu benutzen, nachdem man aus den Erläuterungen die Einzelangaben herausgeholt hat. Doch fällt auch dann bei den allermeisten die wissenschaftliche Brauchbarkeit etwas dürftig aus. Bei der Danziger Landesaufnahme hat sich der Verfasser der wertvollen praktischen Bezeichnungsweise in Verbindung mit einer genauen wissenschaftlichen Charakterisierung bedient. Die amerikanische Bezeichnung ist zugleich auch eine Bonitierung, aber nicht nur der Roh- oder Reinerträge, sondern der ganzen Wirtschaftsweise und der Produktionsmöglichkeiten. Darauf ist auch die Erläuterung eingestellt.

Eine neue Art der Bonitierungskarte wird gegenwärtig in Rußland aus dem Vergleich der Bodentypenkarten mit einer pflanzengeographisch-pflanzenbaulichen entwickelt. Es werden dabei die für den Ackerbau in den verschiedenen Stufen geeigneten von den bedingt geeigneten oder ungeeigneten geschieden. Auf manchen niederösterreichischen Karten A. Tills sind Profile mit den auf ihnen gedeihenden Nutzpflanzen angegeben. Auch dies ist eine Art einfacher Bonitierung.

Wie man Übersichtskarten in Bonitierungskarten umwandeln kann, zeigt das Beispiel der Karte der Landbaumöglichkeiten Afrikas in der Darstellung von H. L. Shantz und C. F. Marbut. Auf ihr ist flächenmäßig ein Klassenbuchstabe von 𝔄 bis 𝔚 angegeben, bei welchem in der Erläuterung die Eignung zu tropischem oder subtropischem bzw. gemäßigtem Ackerbau mit allen Nutzpflanzenarten, zu Weideland und zur Forstkultur mit den vorkommenden und anzubauenden Holzarten angegeben ist. Als Bonitierungskarten sind auch solche anzusprechen, die aus Ertragsstatistiken ausgearbeitet sind, wobei allerdings nicht versucht werden sollte, eine rein wissenschaftliche Einteilung an Stelle der praktischen Bewertung zu geben. Ohne die Grundlage der Ertragsstatistik sollte andererseits auch keine Bewertung der Böden nach den allgemeinen Eigenschaften gut, gering, günstig, ungünstig usw. erfolgen.

Weitergehende praktische Karten oder besser Kartenwerke sind dann die nach den Methoden von J. HAZARD und H. STREMME gewonnenen Kartendarstellungen. Das, was bei anderen Systemen Bodenkarte heißt und eine petrographisch-physikalisch-geologische Abart darstellt, bezeichnet HAZARD als Gesteinskarte. Er überträgt sie in seine Bodenkarten mit Hilfe eines auf der Beobachtung der Vorgänge im Bodenrelief beruhenden Schlüssels, welcher einerseits zu einer landwirtschaftlichen mit Weizen-, Gersten-, Hafer-, Roggen-, Kartoffelböden, andererseits zu einer forstlichen Darstellung mit Rotbuchen-, Tannen-, Fichten-, Kiefern-, Birken-, Weidenböden führt. Hiermit sind Bonitierung und Anbaumöglichkeit ausgedrückt. Die forstlichen Kartenwerke sind mit solchen Bodenkarten, aus welchen hervorgeht, welche Holzarten auf den verschiedenen Böden am besten gedeihen und angepflanzt werden sollten, abgeschlossen. In den landwirtschaftlichen folgen nun zunächst die Schlägekarten, auf welchen die zusammengehörigen Böden zu Schlägen vereinigt werden und angegeben ist, durch welche einfachen ackerbaulichen Maßnahmen der Zustand auf gefährdeten Stellen erhalten oder verbessert werden kann. Der letzte Schritt ist die kartenmäßige Festlegung von Fruchtfolgen für die verschiedenen Böden, die unter Beachtung der betriebsmäßigen Besonderheiten des Gutes vor sich geht.

Die Karten STREMMEs und seiner Mitarbeiter gehen von Zustandskarten aus, auf welchen die Bodentypen, die Bodenarten- und die Profilhorizonte in sehr eingehender Gliederung dargestellt werden. Das Meliorationsziel der Gutskartierung „Herstellen des für die meisten Nutzpflanzen besten Bodenzustandes der Steppenschwarzerde" ergibt die daraus zu entnehmenden ackerbaulichen Maßnahmen. Bei der Landesaufnahme wird das Ziel etwas anders gefaßt. Es lautet hier: Herstellung des für den Bodentyp günstigsten und ertragsreichsten Bodenzustandes. Unter anderem wird bei sehr armen Böden in hängiger, dem Abschwemmen unterworfener Lage das Aufforsten angeraten, also nicht das Herstellen der Steppenschwarzerde erstrebt. Die Praxis hat allmählich eine Reihe von kartenmäßigen Festlegungen und Vorschlägen ergeben, so bei Gutskarten eine Bonitierungs- oder eine Nutzungskarte nach einem der Zahl der Typen angepaßten Schema, ferner Vorschläge von Humus-, Kalk-, Kunstdüngerzufuhr, Ackerarbeiten, Entwässerung, eventuell auch von Fruchtfolgen, Schlägeeinteilung usw.

Die Bodenkarten der Erde, der Kontinente und der einzelnen Länder.

Bodenkarten der Erde.

Eine als Bodenkarte bezeichnete Karte der Erde ist diejenige von C. ROHRBACH[1] in H. BERGHAUS' Physikalischem Atlas. Sie ist nach C. ROHRBACHs eigener Erläuterung der Versuch einer kartographischen Darstellung der Bodentypen von F. VON RICHTHOFEN[2]. Die Meeresböden sind nach Karten von MURRAY und RENARD angegeben. Ohne diese werden 14 Bodentypen unterschieden, die zu 5 Hauptgruppen zusammengefaßt sind. Die erste Gruppe bilden die Eluvialregionen (vorwiegend Lehm, Gebirgsschutt, Laterit); zweitens sind die Gebiete hervorgehoben, in denen ein Ebenmaß der Zerstörung und Fortschaffung stattfindet; drittens die Gebiete mit überwiegender Denudation (äolische, glaziale Denudation); viertens die Gebiete mit überwiegender Aufschüttung (Gletscherschutt, marine Aufschüttung, Alluvionen der Ströme und Seen, beweglicher Sand, feinerdige äolische Aufschüttungssteppenböden, vulkanische Aufschüttung); fünftens die

---

[1] ROHRBACH, C.: Grund- und Bodenkarten. In H. BERGHAUS' Physikalischem Atlas 1, 4. 1892. — Vgl. auch M. ECKERT: Die Kartenwissenschaft 2. Berlin u. Leipzig 1925.

[2] RICHTHOFEN, F. v.: Führer für Forschungsreisende, S. 45. Berlin 1886.

erodierte äolische Aufschüttung, der Löß. Außerdem ist mit Schraffur das Vorkommen von Salzböden angegeben, während die übrigen Typen mit Farben dargestellt werden. K. GLINKA[1] kann den größten Teil der oberflächigen Bildungen dieser Karte nicht als Böden ansehen. Es seien teils mechanische Ablagerungen, teils Muttergestein, teils nur Produkte geologisch-dynamischer Vorgänge. Als Steppenböden würden mit derselben Farbe bezeichnet Rußlands Tschernoseme, Halbwüstenböden von Zentralasien und ein Teil der Sahara sein. ROHRBACHS Karte sei infolgedessen keine Bodenkarte.

Eine solche Karte der Erde in russischer Einteilung hat K. GLINKA[2] selbst 1908 veröffentlicht. Er nennt sie schematische Bodenkarte, um damit anzudeuten, daß sie nicht überall auf Beobachtungen beruhe, sondern nach solchen und nach Klima-, Vegetations- und anderen Karten ergänzt sei. Er unterscheidet 18 Bodentypen, nämlich: Podsol- (auch Rasen-) Böden, Waldböden und entarteter Tschernosem, Tschernosem (und Regur), kastanienfarbige Böden, schicht- und säulenartige Böden der gemäßigten Halbwüsten, öde Krusten der gemäßigten Wüsten, Roterde (und Terra rossa), Laterit, Gelberde (Gehängelehm nach VON RICHTHOFEN), Böden der trockenen Tundren, Wiesen- (und wiesensteppenartige) Böden, Roterde der subtropischen und tropischen Halbwüsten, öde Krusten der subtropischen und tropischen Wüsten, senkrechte Zonen (und endodynamomorphe Böden) der Gebirgsgegenden, Sumpf- und Moorböden, Wüstensand, Salzböden, dunkelfarbige Böden der subtropischen Savannen.

Nach H. STREMME[3] hat die Podsolzone mit den bei abnehmender Temperatur zahlreicher werdenden Sumpf- und Moorgebieten den bei weitem größten Anteil an der Kartenfläche. Sie durchzieht als geschlossene Zone die große eurasische Landmasse vom Atlantischen Ozean (Großbritannien und Skandinavien) bis zum Stillen Ozean (nördliche Hälfte Kamschatkas und anschließende sibirische Küste). In ähnlicher Weise wird von ihr ein breiter geschlossener Streifen Nordamerika durchzogen. Hier wie dort reicht die Podsolzone am Atlantischen Ozean weiter nach Süden als am Stillen Ozean. Nördlich schließt sich die Tundra, südlich in Eurasien und z.T. auch in Nordamerika die Tschernosemzone, mit dem Übergang der degradierten Tschernoseme, an. Sie ist weniger ausgedehnt als die Podsolzone, untermischt mit Salzböden an Stelle der Moorböden und geht nach Süden und gegen den Stillen Ozean zu in das ausgedehntere Gebiet der Halbwüstenböden über, welche die inselartigen öden Krusten der gemäßigten Wüste einschließen und von Salzböden und den Gebirgszonen umzogen werden. In Asien folgen weiter nach Süden die Roterden und der Laterit, und auch bis nach Mittelamerika erstrecken sich solche hinein. In Europa schließt sich die Terra rossa z. T. unmittelbar an die Podsolzone an. Ein Teil Spaniens, der nordafrikanische Saum des Mittelmeeres und Mesopotamien leiten mit ihrer Zone der „Roterde der subtropischen Halbwüsten" zu den öden Krusten der großen arabisch-nordafrikanischen Wüstenzone über. An diese schließt sich nach Süden in der umgekehrten Reihenfolge der Übergangsböden (Roterde der Halbwüstenböden, Terra rossa) das große afrikanische Lateritgebiet an, auf welches nach Süden zu wieder der Wechsel zur südwestafrikanischen Wüste und von da an zur Roterde in Südafrika und bis zum Laterit in Südostafrika folgt. Den gleichen Übergang haben Madagaskar (bis zur Roterde der Halbwüste), Australien (bis zur öden Kruste der Wüste), Südamerika (Wüste im mittleren Ostbrasilien und auf der Westseite der Anden). In den Steppen am Silberstrom erkennt man Tschernosem, welcher nach Süden in die gemäßigten Halb-

[1] GLINKA, K.: Die Typen der Bodenbildung, S. 26. Berlin 1914.

[2] GLINKA, K.: Schematische Bodenkarte der Erde. Ann. géol. et min. Russie 10, 69—75. Nowo Alexandria 1908.

[3] STREMME, H.: Grundzüge der praktischen Bodenkunde, S. 281. Berlin 1926.

wüstenböden übergeht, und schließlich auf Feuerland Podsol. Der Maßstab der Karte in MERKATORS Projektion ist nicht angegeben, er mag etwa 1:50000000 sein. — Die Karte ist häufig nachgedruckt worden.

Modernisiert wurde sie auf Veranlassung des Verfassers von W. HOLLSTEIN[1]. Europa wurde nach der ersten allgemeinen Bodenkarte von 1927, Afrika und Nordamerika nach denjenigen von C. F. MARBUT, Asien nach den neueren russischen Bodenkarten umgearbeitet, Südamerika auf Grund eingehenden Studiums der geographischen und der landwirtschaftlichen Literatur. Von Australien gab W. GEISLER[2] eine neue Skizze auf Grund seiner mehrjährigen Durchquerung des Kontinentes. So sind nur verhältnismäßig wenige Teile der Karte GLINKAS unverändert geblieben, so u. a. Madagaskar. Auch die Einteilung hat sich wesentlich geändert. Dabei sind 4 Bezeichnungen fortgefallen, so daß die Karte nur 14 Bodentypen hat. Die Einteilung lautet: Graue und braune Böden der Trockengebiete, z. T. Wüstensand und Skelettboden, kastanienfarbiger Steppenboden und hellkastanienfarbiger Trockenwaldboden, schwarzer Steppenboden, Böden der gemäßigten und subtropischen Zone mit mäßigem Illuvialhorizont, podsolierte Waldböden der subtropischen Zone, podsolierte Waldböden der gemäßigten und subarktischen Zone, Waldböden mit Abschwächung der Podsolierung, Böden der Tundren, Roterde der Halbwüsten z. T. Wüstensand und Skelettboden, tropische Roterde, Laterit, Böden der Gebirgszonen teilweise unter Eis, Schwemmlandböden, Salzböden. Die Karte zeigt, wie schnell sich seit 1908 die Kenntnis der Bodenentstehungstypen auf der Erde erweitert hat. Gegenwärtig sind in allen Erdteilen Ausschüsse der Internationalen Bodenkundlichen Gesellschaft gebildet, welche die Kartierung zum Ziele haben. Es wird hier sehr schnell systematisch vorwärts gearbeitet, so daß in wenigen Jahren eine Karte der Erde vorliegen dürfte, die, weniger schematisch als die bisherigen, auf wirklicher Kartierung beruht.

Europa als Kontinent.

Außer auf den Erdkarten ist Europa wiederholt in Sonderdarstellungen behandelt worden. E. RAMANN[3] hat in seinem Lehrbuche der Bodenkunde eine schematische Karte der Verbreitung der Bodenzonen in Europa in sehr kleinem Maßstabe, etwa 1 : 40000000 gegeben. Sie hat die Einteilung: A. Humides, B. Arides Gebiet. Das humide Gebiet ist in I. Physikalische Verwitterung, II. Humussäureverwitterung, III. Kohlensäureverwitterung zergliedert; das aride Gebiet in I. mit kaltem Winter, II. mit warmem Winter geteilt. Die weitere Einteilung der physikalischen Verwitterung ist: Hochgebirge, Tundren; Gebiet der Humussäureverwitterung, atlantisches Gebiet, nordisch-germanisch-skandinavisches Gebiet, Heiden, nordrussisches Gebiet. Die Kohlensäureverwitterung hat keine weitere Unterteilung erfahren. Im ariden Gebiet mit kaltem Winter werden Schwarzerde und Salzboden, in dem mit warmem Winter spanische Steppen und Roterde unterschieden. Die Karte zeigt mit Schraffuren die letzten Einteilungsstufen, ferner sind die Worte Humides Gebiet (reichend von Frankreich bis Nordrußland) und Arides Gebiet (vom Mittelmeer über Italien und die Balkanhalbinsel hinweg zum Schwarzen Meer und nördlich des Kaukasus weiter zum Kaspischen Meer) eingedruckt. Die Obereinteilung ist die von

---

[1] HOLLSTEIN, W.: Bodenkarte der Erde. — Tafel III zu H. STREMME: Die Bleicherdewaldböden oder podsolige Böden. Dieses Handbuch 3, 119—160. 1930. Die Originalkarte hat in flächengetreuer Darstellung den Mittelpunktsmaßstab 1 : 65000000. Sie ist bei der Wiedergabe auf 1 : 125000000 verkleinert. — Auch AGAFONOFF und AFANASSIEFF haben GLINKAS Erdkarte verbessert.

[2] Nach privater Mitteilung an den Verfasser.

[3] RAMANN, E.: Bodenkunde, 2. Aufl., S. 394. Berlin 1905.

E. W. HILGARD übernommene klimatische, die Unterteilung im humiden Gebiet stammt aus E. RAMANNS Verwitterungslehre, ihre weitere Unterteilung ist teils allgemein-, teils regionalgeographischer Natur, die Unterteilung im ariden Gebiet ist wieder klimatisch, ihre weitere Unterteilung bringt 3 Bodentypen (Schwarzerde, Salzboden, Roterde) und einen regional pflanzengeographischen Begriff (spanische Steppen).

In der dritten Auflage[1] ist zwar die Karte die gleiche geblieben, aber die Erläuterung der Schraffuren ist anders geworden. Sie lautet: humides und arides Gebiet. Im humiden Gebiet werden unterschieden Hochgebirge, Tundren, atlantisches Gebiet, nordisch-germanisch-skandinavisches Gebiet, Heiden, nordrussisches Gebiet, Braunerden und veränderte Schwarzerde (an Stelle der Kohlensäureverwitterung), Roterden (aus dem ariden Gebiet mit warmem Winter hineingenommen). Im ariden Gebiet ist die Einteilung geblieben, nur aus dem mit warmem Winter sind die Roterden herausgenommen und in das humide Gebiet gebracht. Es sind das Verschiebungen in der Erkenntnis, wie sie durch den weiteren Fortschritt der Bodenkunde bedingt gewesen sind. In Deutschland war E. RAMANNS Kärtchen ein vielbeachteter und oft nachgedruckter Anfang der Beschäftigung mit den natürlichen Bodenbildungsvorgängen seitens der speziellen Bodenforscher.

Einen größeren Teil Europas hat P. TREITZ[2] in recht ins Einzelne gehender Weise kartenmäßig dargestellt. P. TREITZ hat in der genannten Arbeit folgende Karten mit einander vereinigt: K. GLINKAS Bodenkarte der Erde mit einer anderen Zusammenfassung der verschiedenen Bodentypen (kalte, gemäßigte, subtropische, tropische Zonen, Böden der Hochgebirge); eine Bodenkarte des Südostens Europas; eine Karte der jährlichen Niederschläge im Osten Europas und E. DRUDES Vegetationskarte Europas. Die Arbeit gibt auf nur 44 Seiten eine bemerkenswerte Übersicht über die bodenbildenden Kräfte und ihre Ergebnisse. Die Karte des Südostens von Europa hat den Maßstab 1:10000000. Sie unterscheidet 17 verschiedene Böden, die zur Zone der Wälder, Zone der Steppen und zu den Typen der azonalen Böden zusammengefaßt werden. In der Zone der Wälder mit gebleichten Böden werden unterschieden: 1. bleicher sandiger Boden auf quartären Sanden und Kiesen. Koniferen- und Birkenwälder. 2. grauer toniger Boden auf quartärem Ton. Koniferen- und Mischwälder; 3. grauer toniger Boden auf tertiärem Ton. Laubwälder verschiedener Arten; 4. graue Böden auf älteren Unterlagen. Koniferen- oder Mischwälder; 5. weniger ausgelaugter Boden auf Löß. Mischwälder, im Osten Buchenwälder; 6. seltene Wälder mit grauem Boden, von Gras bedeckt, toniger Unterboden. Eichenwälder; 7. gelbe Böden auf quartären Sanden; 8. Roterde (Nyirok), Unterboden grauer Ton oder Löß (gelber Mergel). Eichen- und Buchenwälder mit behaarten Blättern; 9. Terra rossa, Unterboden kalkige oder kristalline Gesteine. Buchen- oder Tannenwälder; 14. Seen und Sümpfe in der Waldzone. Die Steppenzone wird näher bezeichnet als Gruppe der schwarzen und braunen Steppenböden; tonige oder mergelige Unterlage; Stiparasen. Unterschieden werden: 10. schwarzer Steppenboden (Tschernosjom): Rußland, Rumänien, Ungarn (Transsylvanien und Tiefebene); 11. brauner Steppenboden; 12. brauner Boden, sandig auf Flugsanden. Graswälder; 13. hellbrauner Steppenboden mit alkalischen (Szik) und salzigen Erden im Untergrund. Die gleichen Böden auf Flugsanden tragen die gleiche Signatur schwach gepunktet; 16. Wiesenton auf Seeablagerungen. Flora der Flachmoore mit Carex. 17. Flugsande an den Meeresküsten. Als Typen der azonalen Böden

---

[1] RAMANN, E.: Bodenkunde, 3. Aufl., S. 561. Berlin 1911.

[2] TREITZ, P.: La géographie des sols. Bull. Soc. Hongr. Géogr. Budapest 12, 1—44 (1914).

werden unter 15. die Böden der Hochgebirge genannt. Die Karte ist zusammengestellt nach den Arbeiten von P. TREITZ, A. R. FERMIN (Karte der russischen Böden), G. MURGOCI (Bodenkarte Rumäniens), E. LOZINSKI (Bodenkarte Galiziens). Sie zeichnet sich durch die Zusammenfassung von Bodentypen, Bodenarten und pflanzengeographischen Kennzeichen aus und ist in ihrer Art weit fortgeschritten, ja selbst über die 13 Jahre später erschienene Bodenkarte Europas hinaus.

Die Allgemeine Bodenkarte Europas[1] vom Jahre 1927 im Maßstabe 1:10000000 war durch einen Beschluß der vereinigten Ausschüsse für Nomenklatur und Klassifikation und für Kartierung der Böden auf der 4. internationalen Bodenkonferenz 1924 in Rom veranlaßt worden, ihre Arbeiten auf eine solche gemeinsame Kartierung zu vereinigen, und zwar sollte dem ersten internationalen Bodenkongreß in Washington 1927 eine solche Karte vorgelegt werden.

Die Leitung dieses Unternehmens wurde zunächst G. MURGOCI und nach dessen Tode H. STREMME übertragen. Die 1927 vorgelegte Karte wurde unter Leitung von H. STREMME zusammengestellt. Sie hat die Einteilung: grauer und brauner Wüstensteppenboden; kastanienfarbiger Steppenboden; Tschernosem (schwarzer Steppenboden); Tschernosem und degradierter Tschernosem der Vorsteppe; degradierter Tschernosem und grauer („brauner") Waldboden der Waldsteppe; „Brauner" Waldboden schwach podsoliert; podsolige Waldböden: mäßig podsoliert; stark podsoliert; stark zersetzt, Bleicherdehorizonte selten; Rohhumus im Gebiete der Waldböden; Moore über 40% der Fläche im Gebiete der Waldböden; hellkastanienfarbiger Trockenwaldboden; Roterde; Rendzina (Humuskarbonatboden); Rendzina, degradierte Rendzina und podsolige Waldböden; Moorboden und Sümpfe, Sumpftschernosem; Aueboden und Boden der Flußmarschen, Boden der Seemarschen; Salzboden; Frostboden der Tundra; Skelettböden und skelettreiche Böden: mit podsoligen Böden (im Hochgebirge einschließlich Eis) und Humusböden, mit Rendzina, degradierter Rendzina und podsoligen Böden, mit Roterde, mit Roterde und hellkastanienfarbigem Boden, mit braunem Waldboden und Roterde; brauner Waldboden, hellkastanienfarbiger Trockenwaldboden, skelettreich (Calveroboden). Die Karte ist im Schwarzdruck mit 27 Signaturen ausgeführt. Die Einteilung steht im ganzen auf dem Standpunkt russischer Anschauung, doch sind auch manche auf den russischen Karten nicht vorhandenen Vorstellungen, wie Trockenwaldboden und Calveroboden in Spanien, vertreten. Die Gebirgsböden (Skelett- und skelettreiche Böden) sind recht eingehend gegliedert. Allerdings fehlen die Bodenarten in der Weise, wie P. TREITZ sie auf seiner oben erwähnten Karte Südosteuropas bereits angegeben hat.

Auf dem 1. internationalen Bodenkongreß in Washington 1927 wurde eine gemeinsame Bodenkarte Europas im Maßstabe 1:2500000 herzustellen beschlossen, welche wesentlich mehr ins Einzelne gehen und auch die Bodenarten berücksichtigen soll. Zum 2. Internationalen Bodenkongreß in Rußland 1930 waren bereits zwei Drittel der neuen Karte fertiggestellt. Sie wird die Bodenentstehungstypen mit Farben, die Bodenarten mit Schraffuren wiedergeben.

---

[1] Allgemeine Bodenkarte Europas. Im Auftrage der V. Kommission der Internationalen Bodenkundlichen Gesellschaft nach den Karten von V. AGAFONOFF, J. VAN BAREN, K. BJÖRLYKKE, G. BONTSCHEFF, N. COMBER, P. ENCULESCU, G. FRASER, B. FROSTERUS, G. GEORGALAS, K. GLINKA, J. HALLISSY, J. HENDRICK, K. HEYKES, V. HOHENSTEIN, W. HOLLSTEIN, H. JENNY, G. KRAUSS, T. MIECZYNSKI, S. MICLASZEWSKI, F. MÜNICHSDORFER, G. MURGOCI, G. NEWLANDS, V. NOVAK, W. OGG, A. OPPERMANN, E. PROTOPOPESCU-PAKE, G. RORINSON, B. RAMSAUER, A. STEBUTT, H. STREMME, O. TAMM, A. TILL, P. TREITZ, E. DEL VILLAR, G. WIEGNER, J. WITYN, W. WOLFF bearbeitet von H. STREMME. 1:10000000. Danzig 1927. Erläuterung von H. STREMME. Mit französischer und polnischer Übersetzung von S. MIKLASZEWSKI, erschienen Warschau 1928; mit englischer von W. OGG, erschienen Edinburgh 1929 (1930).

Belgien.

Der Anfang der agronomischen Kartierung Belgiens ist nach F. HALET[1] eng verknüpft mit der geologischen Kartierung. Diese wurde als Grundlage jener angesehen. Die erste geologische Karte des belgischen Bodens von A. DUMONT im Jahre 1853[2] im Maßstabe 1:160000 sollte auch den Zwecken der Landwirte dienen. 1855 ließ der gleiche Autor eine geologische Karte des Untergrundes im gleichen Maßstabe erscheinen, auf welcher die lehmigen und sandigen Oberflächenbildungen abgedeckt waren. Er teilte Belgien in 7 geologisch-landwirtschaftliche Zonen oder landwirtschaftliche Regionen ein, die auf die lithologische Zusammensetzung des Bodens gegründet waren. Er hatte beobachtet, daß Natur, Textur, Zusammenhang, Kapillarität und Lage des Bodens einen bedeutenden Einfluß auf die Vegetation ausübten, und daß man, um mit Unterschied die landwirtschaftlichen Meliorationen ausführen zu können, die geologische Natur des Bodens und der darunter liegenden Gesteine kennen müsse.

Im Jahre 1867 stellte C. MALAISE[3] eine geologisch-agronomische Karte im Maßstabe 1:200000 auf der Weltausstellung in Paris aus, die sich einerseits der Karte A. DUMONTS von 1853, andererseits der offiziellen landwirtschaftlichen Statistik als Grundlage bediente. Er teilte ebenfalls Belgien in Regionen ein, die sich durch ihren Boden und ihren Ackerbau unterschieden, und die sich nach minder wichtigen Eigenschaften noch weiter in Zonen zergliedern ließen. 1871 führte C. MALAISE[4] eine neue landwirtschaftliche Karte aus, die eine Verkleinerung derjenigen von 1867 auf den Maßstab 1:800000 darstellte.

Von 1878 ab wurde die geologische Spezialkarte Belgiens im Maßstabe 1:20000 aufgenommen, die zwar ihre besondere Aufmerksamkeit dem Untergrunde zuwandte, ohne jedoch nicht ganz die Verschiedenheiten des landwirtschaftlichen Charakters der Erden zu vernachlässigen, zu welchem Zwecke viele Handbohrungen ausgeführt werden mußten. Man legte auch großen Wert auf die Feststellung der Regenalluvionen. Diese vom naturwissenschaftlichen Museum veranstaltete Kartierung wurde, nachdem 13 Karten erschienen waren, 1885 eingestellt. Im Jahre 1889 wurde die Geologische Kommission von Belgien eingesetzt, die eine Spezialkartierung im Maßstabe 1:40000 ausführte, welche 1914 fertig geworden ist. Mit Ausnahme der Küstenniederung und der Talböden ist die Karte abgedeckt, so daß sie ohne bodenkundliche Bedeutung ist. 1890 und 1901—1904 wurden verschiedene Versuche unternommen, eine agronomische Karte herzustellen, die jedoch zu keinem Ergebnis führten. Zu diesem Mißerfolge trugen die seit 1890 in Aufnahme gekommenen chemischen und pflanzenphysiologischen Arbeiten erheblich bei.

Im Jahre 1905 haben DE BROUWER und F. HALET eine unveröffentlichte Karte der belgischen Böden im Maßstabe 1:160000 ausgeführt. Sie umgrenzt die verschiedenen Böden nach ihrer Gesteinszusammensetzung und geologischen Natur und ist nach den geologischen Karten im Maßstabe 1:40000 ausgeführt.

Seit 1905 haben A. GRÉGOIRE und F. HALET[5] die Methode J. HAZARDS übernommen, die um 1900 in Leipzig entstanden war, jedoch nach HAZARDS Tode in

[1] HALET, F.: Belgique. L'Etat actuel des Etudes sur le terrain et de la cartographie agrogéologique. Etat de l'Etude et de la cartographie des Sols, S. 15—20. Bukarest 1924.

[2] DUMONT, A.: Sa vie et ses travaux. Paris et Liège 1864.

[3] MALAISE, C.: Carte agricole de la Belgique. Brüssel 1869.

[4] MALAISE, C.: La Belgique agricole dans ses rapports avec la Belgique minérale. Brüssel 1871.

[5] GRÉGOIRE, A.: Le service agrologique de la station agricole de Möchern. Bull. agricult. Brüssel **1904**. — GRÉGOIRE, A. u. F. HALET: Etude agrologique d'un domaine d'après la méthode synthétique de J. HAZARD. Brüssel 1906. — GRÉGOIRE, A.: Les cartes agrono-

Deutschland keine direkte Fortsetzung erfuhr. Sie nahmen das Gut Raideux (Comblent au Pont) nach dessen Vorbilde auf. Aber 1908 wurde die Weiterentwicklung dieser Kartierung durch eine Erörterung von E. LEPLA[1] vor der wissenschaftlichen Gesellschaft in Brüssel gehemmt. E. LEPLA erklärte nämlich, daß die Aufnahme einer agronomischen Kartierung von der Vervollkommnung der Bodenanalyse und von der Erfindung einer Methode abhängig zu machen sei, welche die Aufnehmbarkeit der Bodenbestandteile durch die Pflanzen bestimmen ließe. Erst 1923 hat A. GRÉGOIRE[2] erneut auf die Notwendigkeit einer agronomischen Kartierung nach dem System von J. HAZARD hingewiesen. A. GRÉGOIRE ist der Ansicht, daß eine elementare agronomische Karte nach dem preußischen oder französischen Muster der Landwirtschaft keine Hilfe gewähre, wohl dagegen eine synthetische, sehr ins Einzelne gehende Karte nach Art der HAZARDschen oder der in den Vereinigten Staaten gebräuchlichen, welche von besonders ausgebildeten Kräften aufzunehmen seien.

Eine dem Verfasser 1931 durch A. GRÉGOIRE übersandte Carte administrative des régions de la Belgique (ohne Verfasser und Jahreszahl) im Maßstabe 1:500000 unterscheidet 9 Regionen und die kiesigen Ablagerungen (Quarz, Feuerstein). Die Regionen sind die der Polder, der Sande (mit den drei Zonen der Dünen, von Flandern und des Kempenlandes), der sandigen Lehme, der Lehme, die condrusische Region, die der Ardennen, die luxemburgische oder jurassische (mit der kalkigen, tonigen oder mergeligen und sandigen Zone), die alluviale und die kretazische. Diese Zonen und Regionen sind z. T., der orographischen Gestaltung des Landes entsprechend, in Streifen, die von West nach Ost verlaufen, in der Richtung Nordwest—Südost angeordnet. Sie beginnen an der Küste mit der Zone des Dünensandes. Dahinter breitet sich die Polderregion aus. An diese schließt sich im Westen eine schmale Lehmzone, nach Osten folgend der flandrische Sand und der des Kempenlandes an. Weiter nach Süden folgt ein breiter Lehmgürtel, der durch einen Streifen mit sandigem Lehm in zwei Teile zerrissen ist. Der südliche Teil des Lehmgürtels ist z. T. von Streifen der Kreideregion und der Ardennengesteine durchbrochen, welche aus quarzitischen und schieferigen Bildungen mit geringmächtigen Böden bestehen. Der Hauptteil der Ardennengesteine kommt erst weiter im Süden und Südosten vor, während im Maastal und südlich davon die Kalke und quarzitisch-schieferigen Gebilde des Kondroz anstehen. Den Südzipfel des Landes nimmt die luxemburgische oder jurassische Region mit ihren kalkigen, knorpeligtonigen und sonstigen Zonen ein. Die Alluvialbildungen verteilen sich in den Flußtälern über das ganze Land. Die Kiese finden sich auf den Sanden des Kempenlandes. Die Karte hat somit eine geologisch-petrographisch-orographische Grundlage.

Bulgarien.

G. BONTSCHEFF[3] hat über die Bodenkartierung in Bulgarien für G. MURGOCIS Sammelband „Etat de l'étude et de la cartographie des sols" einen kurzen Bericht geliefert. Nach diesem gibt es dort keine agrogeologische Anstalt, weder ein staatliches noch privates Institut noch eine Gesellschaft. Es besteht jedoch

---

miques et les analyses des terres. Bull. Soc. Chim. Belgique 1907, 21. — GRÉGOIRE, A. u. F. HALET: Les cartes agronomiques. Ann. Gembloux 1908. — GRÉGOIRE, A.: Les cartes agronomiques. Congr. d'Agricult. Gand 1912.

[1] LEPLA, E.: Une carte agronomique de la Belgique est elle actuellement réalisable? Communication faite à la Soc. scient. de Bruxelles. Louvain 1908.

[2] GRÉGOIRE, A.: La carte agronomique comme base indispensable pour l'utilisation des résultats des recherches agronomique. 1923.

[3] BONTSCHEFF, G.: Bulgaria. Etat de l'étude et de la cartogr. des sols, S. 276. Bukarest 1924.

eine pedologische Abteilung bei der Zentrale der landwirtschaftlichen Versuchsstationen in Sofia. Ihr Leiter, H. PUSCHKAROFF[1], hat mehrere agrogeologische Karten ausgeführt, von denen eine des Beckens von Sofia im Maßstabe 1:126000 veröffentlicht ist. Auf ihr sind Tschernosem, Rasenboden, Roterde, Halbsumpfboden, Kalkhumatboden, Ablagerungsboden (zweierlei) und Alluvium dargestellt. Pedologische Studien wurden auch in den Becken von Pirdop und Orhanie ausgeführt, ihre Karten sind aber noch nicht veröffentlicht worden.

G. BONTSCHEFF[2] selbst hat eine kleine Übersichtskarte der Bodentypen des ganzen Landes veröffentlicht, die für die erste Bodenkarte Europas in 1 : 10000000 verwendet wurde. Sie enthält kastanienfarbige Böden, Tschernosem, braunen Waldboden, Halbwüsten, Salzboden, Kalkboden und Boden der Hochgebirge.

Eine Übersichtskarte von Bulgarien im Maßstab 1:2050000 ist einem zusammenfassenden Werk über die bulgarische Landwirtschaft beigegeben worden[3]. Sie stammt von W. HOLLSTEIN und ist das Ergebnis einer Bereisung des ganzen Landes und von Auskünften an Instituten und Versuchsstationen. Sie sollte die Unterlagen für die Darstellung Bulgariens auf der Bodenkarte von Europa 1:2500000 liefern. Sie enthält mit schwarzen Zeichen die Bodenarten (Letten- und Tonboden, Lehmboden, Staubboden, Sand- und Kiesboden, steinige Böden, steinige Böden auf Kalkstein, Steinböden auf Kalkstein), mit Farben die Bodentypen (Tschernosem, degradierter Tschernosem, brauner Waldboden, podsolierter Waldboden, Rendzina, Moorboden und verschiedene Böden ohne entwickeltes Bodenprofil). Besonderer Wert ist darauf gelegt, die Orographie des Landes hervortreten zu lassen.

Eine Bodenkarte größeren Maßstabes ist neuerdings von N. PUSCHKAROFF herausgegeben worden[4]. Sie ist in der Auffassung der vorbeschriebenen Karte ähnlich. Die Bodenarten sind mit roten Zeichen, die Bodentypen mit Farben angegeben. An Bodenarten sind auf ihr staubiger Lehmboden, Tonboden, Lehmboden und sandig-lehmiger Tonboden, sandiger Tonboden mit Skelett, sandiger Tonboden mit Skelett auf Kalkstein und toniger Sandboden enthalten. An Bodentypen bringt sie kastanienfarbigen Steppenboden, dunkelkastanienfarbigen Steppenboden, schokoladenfarbigen Tschernosem, tschernosemartigen Tonboden, braunen Waldboden schwach podsoliert, podsoligen Waldboden mäßig podsoliert, podsoligen Gebirgsboden mit Skelett, Skelettboden mit Rendzina, podsoligen Bergwiesenboden, Aueboden, Moorboden und Salzboden.

Dänemark.

In dem landwirtschaftlich hochkultivierten Dänemark wird die Bodenkunde schon seit langer Zeit betrieben. Eines der bedeutendsten bahnbrechenden Werke sind P. E. MÜLLERS[5] Studien über die natürlichen Humusformen, in welchem

---

[1] PUSCHKAROFF, N.: Agrogeologische Untersuchungen im Becken von Sofia. Veröff. Landw. Versuchsstat. Sofia **1913**. — Der Boden im Regierungsbezirk Pirdop. Rev. Inst. rech. agricult. Bulgarie Sofia **1**, 1921. — Der Boden des administrativen Kreises Orhanie und Umgebung. Ebenda **2**.

[2] BONTSCHEFF, G.: Verteilung der Bodentypen Bulgariens und der europäischen Türkei. In P. KRISCHE: Bodenkarten, S. 77—79. Berlin 1928.

[3] BOTTLEFF, S. u. J. G. KOVATSCHEFF: Die Landwirtschaft in Bulgarien. Hrsg. vom Ministerium für Landwirtschaft und Staatsdomänen. Bulgarisch mit kurzer deutscher Inhaltsangabe. Sofia 1930.

[4] PUSCHKAROFF, N.: Bodentypenkarte von Bulgarien 1 : 500000. Sofia 1930.

[5] MÜLLER, P. E.: Studier over Skovjord som Bidrag til Skovdyrkningens Teori. I. Om Bögemuld og Bögemor paa Sand og Leer. Tijdskrift for Skovbrug Kopenhagen **1879**, 3. — II. Om Muld og Mor i Egeskove og paa Heder. Ebenda **1884**, 7. — Studien über die natürlichen Humusformen. Berlin 1887.

bereits seit 1879 die verschiedenen Wald-, Heide- und Moorböden gekennzeichnet wurden.

Die dänische geologische Landesanstalt beschäftigt sich nach J. ANDERSEN[1] nicht direkt mit der Bodenkartierung, sondern erforscht den Untergrund Dänemarks. Trotzdem sind ihre Ergebnisse von großem Werte für das Studium der oberflächigen Bodenbildungen, die ja in der Regel aus dem Untergrunde hervorgegangen sind. Ihre Karten werden im Maßstabe 1:100000 veröffentlicht. Die Aufnahmearbeiten werden mit dem Handbohrer nach A. ORTHs Methode ausgeführt. Die genommenen Proben werden an Ort und Stelle bestimmt und das Ergebnis entweder gleich auf die Karte oder in das Tagebuch eingetragen. Größere Proben werden in das Laboratorium gesandt und dort chemisch und physikalisch untersucht. Das Hauptaugenmerk wird aber stets auf die Untersuchung der historisch-geologischen Erscheinungen gerichtet. Dazu kommen systematische Arbeiten über das Grundwasser, die einen bedeutenden Umfang angenommen haben. Die hauptsächliche agronomische Arbeit der Landesanstalt richtet sich auf das systematische Aufsuchen von Kalk- und Mergellagern, und zwar im Zusammenhange mit den Anforderungen durch den dänischen Heidekulturverein (Det danske Hedeselskab) und andere landwirtschaftliche Gesellschaften.

Gegen Ende des Weltkrieges wurde ein offizieller Dienst für die Bodenverbesserung eingerichtet, der untersuchen sollte, in welchem Grade der dänische Boden eine gründliche Verbesserung nötig habe, und einen Plan zu diesem Zwecke auszuarbeiten hatte. Dieser offizielle Dienst arbeitete mit der geologischen Landesanstalt und den landwirtschaftlichen Gesellschaften zusammen. Die Feststellungen wurden in Form von Pflanzenkulturkarten mit Erläuterungen veröffentlicht. Die Funktionen dieses Dienstes sind später auf den Heidekulturverein, einer privaten, vom Staate unterstützten Gesellschaft, übergegangen, die sich schon mit ähnlichen Arbeiten beschäftigt hatte. Sie stellt in der in Untersuchung befindlichen Gegend fest: die Lage, die Bodennutzung, die Natur des Bodens, den Kalkbedarf, die Vorkommen von Kalk- und Mergellagern, die hygrometrischen Beziehungen, das Ausgesetztsein gegen die Winde, den Zustand der Pflanzenkultur, die Höhenlage und die Bedingungen zur Ableitung des Wassers. Die Karten werden im Maßstabe 1:10000 oder 1:20000 ausgeführt. Sie enthalten mit punktierten Linien umgrenzt die landwirtschaftlichen Besitzungen. Beigefügt ist der Arbeit ANDERSENS eine Karte der Verteilung des Bodenmaßes in Dänemark. Dänemark hat eine alte Bodenwertschätzung, die aus dem Jahre 1688 stammt. Für jedes Grundeigentum wurde eine Landeinteilung mit abnehmender Staffel nach der Güte aufgestellt, gekennzeichnet durch Ziffern von 24 und darunter. 1 t Bodenmaß wurde zu $5^1/_7$ t Land der Klasse 24 bestimmt. Danach gibt die Karte die Zahl der Tonnen Bodenmaß auf die Quadratmeile an. Die Einteilung auf der Karte hat 6 Stufen der Bodenmaßtonnen je Quadratmeile. Die höchste Stufe hat mehr als 1 Million Tonnen, die niedrigste zwischen 0 und 200000 Tonnen. Jene ist auf den dänischen Inseln zwischen Nord- und Ostsee, am meisten auf Möen, Falster und Laaland, diese in den jütländischen Heiden verbreitet. Bornholm hat überwiegend zwischen 400 und 600000 t.

Eine Bodenkarte Dänemarks hat C. F. A. TUXEN[2] 1923 veröffentlicht. Sie unterscheidet Lehmboden, Sandboden, Heideboden, Moorboden, Marschboden, Meeresgrundboden (z. T. lehmig, z. T. sandig, z. T. moorig) und Dünen. Im Vergleich zu der Bodenmaßkarte zeigen die am höchsten bewerteten Inseln

---

[1] ANDERSEN, I.: Etat des études sur le terrain et de la cartographie agrogéologique. Etat de l'étude et de la cartographie des sols, S. 37—48. Bukarest 1924.

[2] TUXEN, C. F. A.: Bodenkarte von Dänemark: Ernährung der Pflanze. 1931.

Möen, Falster, Laaland fast nur Lehmboden, die niedrigst bewerteten jütländischen Heiden den Heideboden. Bornholm hat an den Rändern überwiegend Lehmboden, im Inneren dagegen Sandboden.

Kleine Karten der Waldtypen und im Vergleich dazu solche der Bodenreaktion hat C. H. BORNEBUSCH[1] ausgeführt.

Zur Bodenkarte Europas in 1:10000000 (1927) hat A. OPPERMANN die Bodentypenkarte Dänemarks beigesteuert, zur neuen Karte 1:2500000 V. MADSEN die Karte der Bodenarten, C. H. BORNEBUSCH die Karte der Bodentypen. Grundlegende neuere Untersuchungen über die dänischen Heideböden mit einer Fülle von analytischen Tabellen, neuen Angaben über den Gehalt der Heideböden an anorganischen Kolloiden und an Stickstoff sowie in Verbindung mit Bauschanalysen und Hervorhebung der großenBedeutung der Ortsteinschicht, ihres großen wasserhaltenden und Absorptionsvermögens hat F. WEIS[2] veröffentlicht und daraus neue Gesichtspunkte über die Möglichkeit des Anbaus dieser Böden gefolgert. Es sind dieses Arbeiten, die sich würdig den eingangs genannten von P. E. MÜLLER anreihen und die unmittelbare Fortsetzung derselben darstellen.

Deutsches Reich.

Früheste Karten bis 1870. Nach E. BLANCK[3] wäre die älteste „Bodenkarte" in Deutschland die älteste geologische G. FÜCHSELS von Thüringen 1773. Allerdings führt sie keine eigentlichen Bodenkennzeichen, sondern nur geologische. Zu den ältesten Vorschlägen, eine spezielle Bodenkarte herzustellen, gehört ein solcher von I. G. KRÜNITZ im Jahre 1793[4]. Er wünscht die Bodenarten auf einer Landkarte mit Farben dargestellt zu sehen und dabei eine eingehende Abstufung jeder einzelnen Farbe für die verschiedenen Unterarten der Bodenarten zu benutzen, so z. B. Sand durch Gelb, Flugsand durch das höchste Gelb, der gemeine, heidetragende und zum Ackerbau nicht ganz untüchtige Sand durch die Mittelfarbe des Gelb, der lehmige oder mit Ton und Humus vermischte Sand durch Braungelb darzustellen und dementsprechend die Tonböden durch Braun, die Marschböden durch Violett wiederzugeben.

Als um die Mitte des 19. Jahrhunderts überall in Deutschland geognostische Karten entstanden, begann man auch der Bodenkartierung Aufmerksamkeit zu schenken. Doch waren die Karten der Gebirgsländer in der Hauptsache „abgedeckt". Sie gaben die Schichten unter dem Boden an und vernachlässigten zumeist auch etwaige Deckschichten. Dagegen waren die geognostischen Karten des „Schwemmlandes" zugleich bis zu einem gewissen Grade schon Bodenkarten, da sie die Bodenarten darstellten und bisweilen die Bodenbildung auf dem Gestein erkennen ließen. So hat die anscheinend älteste dieser Schwemmlandskarten, die der Umgegend von Berlin von R. VON BENNIGSEN-FÖRDER[5], bereits die Bedeckung des Geschiebemergels mit Geschiebelehm durch Farben angegeben und

---

[1] BORNEBUSCH, C. H.: Skovbundstudier 4—9. Det forstlige Forsögsvaesen i Danmark 8, 181—287 (1925).

[2] WEIS, F.: Fysiske och Kemiske Undersøgelser over danske hedejorder. Det Kgl. Danske Videnskabernes Selskab. Biol. Meddel. Kopenhagen 7, 9 (1929). — Über den Wert des Heidebodens zur Urbarmachung. Meddel. Dansk Skovfor. Gödningfors. Kopenhagen 8 (1929).

[3] BLANCK, E.: Über die Bedeutung der Bodenkarte für Bodenkunde und Landwirtschaft. Fühlings Landw. Ztg. 1921, S. 123. GRUNER, H.: Landwirtschaft und Geologie, eine Untersuchung der Frage: Welche Bedeutung hat die geologische Untersuchung und Kartierung des Schwemmlandes Preußens für die Agrikultur. Berlin 1879.

[4] KRÜNITZ, I. G.: Ökonomisch-technische Encyklopädie, 60. Teil, S. 228, 229. Berlin 1793; zitiert nach M. ECKERT: Die Kartenwissenschaft 2, 283. Berlin und Leipzig 1925.

[5] BENNIGSEN-FÖRDER, R. v.: Geognostische Karte der Umgegend von Berlin, mit Erläuterungen. Berlin 1843. 2. Aufl. Berlin 1845/50. 1 : 50000.

ist damit sogar eher als die späteren geologisch-agronomischen als Bodenkarte zu betrachten, welch' letztere nur an den mit Buchstaben eingeschriebenen roten Bodenprofilen die Verlehmung (oder Versandung) des Geschiebemergels erkennen lassen. In den Erläuterungen weist von Bennigsen-Förder ausdrücklich darauf hin, daß infolge der Verteilung von ungünstigem Sand sowie wegen der Reichlichkeit und Zuverlässigkeit des Ertrages der so schätzbaren Lehm- (und Mergel-) Formation, eine geognostische Karte zugleich eine Bodenfruchtbarkeitskarte sei. Ein Anhang zu den Erläuterungen ist „Zur Kenntnis einer unerschöpflichen Quelle des Wohlstandes in unserm Vaterlande, der großen Mergelablagerung in den flachen Provinzen des preußischen Staates", überschrieben. Hierin wird die große Bedeutung des Mergels für die Bodenmelioration auseinandergesetzt und auch an praktischen Beispielen, wie sie vorzunehmen sei, erläutert.

In ähnlicher Weise sind auch die Karten der Lausitz von E. F. Glocker[1] und die der Diluvialablagerungen der Mark Brandenburg in der Umgegend von Potsdam von G. Berendt[2] bereits als geognostisch-bodenkundliche anzusehen.

Eine besondere Bodenkartierung wurde dann in Preußen durch das Gesetz zur anderweitigen Regelung der Grund- und Gebäudesteuer vom 21. Mai 1861 veranlaßt[3]. Sie führte einerseits in den Katasterplänen zur Sondervermessung jedes Ackers und der übrigen land- und der forstwirtschaftlichen Einheiten und ihrer Bezeichnung nach den jeweiligen 8 Ertragsklassen, andererseits zu der Bodenübersichtskarte Meitzens im Atlas zu dem genannten Bande seines Werkes. Die Aufnahme geschah in den einzelnen Kreisen selbständig durch besondere Kommissionen, die zunächst Musterstücke der einzelnen Acker-, Wiesen-, Garten-, Forstklassen auswählten und damit alle übrigen Parzellen verglichen. Die Bodenuntersuchung war sehr eingehend, aber ohne Laboratoriumsuntersuchungen. Sie umfaßte die Mächtigkeit und Beschaffenheit der Krume und des Untergrundes, die Wasserverhältnisse, die örtliche Lage, kurz alles was man örtlich beobachten konnte, und zwar keineswegs etwa nur die Bodenarten. Die Zugehörigkeit zu geologischen Formationen wird im Gebirgsland angegeben, fehlt dagegen im Flachlande. Die Einteilung in die Klassen geschieht nach dem in Silbergroschen ausgedrückten Reinertrage, zu dessen Ermittlung außer dem Boden noch das Klima, die Verkehrslage, die Bevölkerung, Preis der Produkte und des Geldes u. a. gehören. Die bodenkundlichen Feststellungen, die bei der Bonitierung getroffen wurden, stellte man zu Kreiskarten zusammen, die nicht veröffentlicht worden sind. A. Meitzen benutzte sie zur Übersichtskarte des preußischen Staates 1:3000000, welche folgendes Einteilungsprinzip besaß: Günstige Lehm- und Tonböden, besonders Höhenlage des Flachlandes; Lehm- und Tonböden der Flußniederungen; ungünstige Lehm- und Tonböden, besonders Gebirgsböden; lehmiger Sand- und sandiger Lehmboden; Sandboden; Moorboden. Ferner sind die Kalk- und Mergellager im Boden angegeben. In der Hauptsache sind also die Bodenarten in starker Zusammenfassung mit einer gewissen Gliederung und Bewertung der wertvollsten Lehm- und Tonböden nach praktischen Vorstellungen dargestellt. Die Gliederung der Kreiskarten im Maßstabe 1:250000 war etwas eingehender.

Der durch diese große Arbeit veranlaßte Aufschwung der praktischen Bodenkunde und Bodenkartierung gab Anregung zu weiteren Arbeiten. A. Meitzen[4] berichtet darüber: Es sind „unmittelbar auf das geognostische Verhalten der

---

[1] Glocker, E. F.: 2 Karten zur Beschreibung der preußischen Oberlausitz, mit Text. 1857.

[2] Berendt, G.: Die Diluvialablagerungen der Mark Brandenburg in der Umgegend von Potsdam. Berlin 1863.

[3] Meitzen, A.: Der Boden und die landwirtschaftlichen Verhältnisse des preußischen Staates 1, 17—60. Berlin 1868.

[4] Meitzen, A.: a. a. O., S. 187.

Bodenlagen unter landwirtschaftlichen Gesichtspunkten gerichtete Untersuchungen im Gange. Die erste Anregung dazu hat R. VON BENNIGSEN-FÖRDER durch die erwähnte, 1843 bearbeitete geognostische Karte der Umgegend von Berlin mit ihren Erläuterungen gegeben. In ähnlicher und ausführlicherer Weise ist von ihm eine Karte der Umgegend von Halle auf Veranlassung des Ministeriums für die landwirtschaftlichen Angelegenheiten aufgestellt worden. Auch die landwirtschaftlichen Zentralvereine zu Münster und zu Königsberg haben, ersterer durch VON BENNIGSEN-FÖRDER, letzterer durch G. BERENDT[1], derartige Untersuchungen und Kartierungen bewirken lassen. Endlich aber hat das Königl. Landesökonomiekollegium unter dem 28. Januar 1865 höheren Ortes in Antrag gebracht, seitens des Staates für die praktische Landwirtschaft brauchbare Bodenkarten in sämtlichen Teilen des preußischen Gebietes und zunächst denjenigen, welche dem Schwemmland angehören, herstellen zu lassen."

Die 4 Halleschen Karten VON BENNIGSEN-FÖRDER[2] haben den Maßstab 1:25000 und gute Meßtischblätter als topographische Grundlage. Sie sind in Farben gehalten und scheinen ein klares, einfaches Bild zu geben. Aber bei näherer Betrachtung entdeckt man eine Fülle von ein- und mehrfarbigen Signaturen, die erkennen lassen, daß hier eine sehr genaue Kartierung vorliegt. Die Haupteinteilung bedient sich geologischer Merkmale, nämlich Bodengebilde der Alluvial- oder Humusperiode; quartärer, tertiärer und sekundärer Bodengebilde. Gemeint ist die Bodenbildung auf Gesteinen dieser Formationen. Im „Alluvium" geht durch älteres und jüngeres Alluvium hindurch die Entstehung der verschiedenen Alluvialgebilde: Durch ältere Anschwemmung verdeckte oder durch Fortwaschung bloßgelegte und an früheren Ufern vermengte Schichten und Gebilde, oft auf älteren Erosionsgebieten; durch hydrochemische und organische Einwirkung entstanden in geeigneten Örtlichkeiten mächtig und verbreitet; durch mechanische Einwirkung von größeren Flüssen auf ihrem Talboden als gesonderte Bodensysteme auf verschiedenen Formationen und in verschiedenen Erosionsgebieten verbreitet; durch Menschenhand entstanden. Diese zuletzt genannten werden als Verstürzungen, Abraummassen, „Meliorationsmergel als Abraum" unterschieden. Unter den Flußanschwemmungen gibt es Flußlehm (flach- und tiefgründig), Flußsand, Flußgerölle, Schotter, jetzige Flußstrandgerölle, Talschutt. Aus hydrochemischer und organischer Einwirkung sind Vennboden-Sickerton, Wiesenkalk, Wiesenmergel, saurer Humus, wilder Urbodenhumus entstanden. Die verdeckten oder bloßgelegten Schichten und Gebilde sind Lehm auf Sand (uneigentlich lehmiger Sand), Mergel auf Sand (uneigentlich mergeliger Sand), Steine oder Kies auf Sand (nicht immer steiniger Sand), Sand auf Lehm und Lößmergel (uneigentlich sandiger Mergel), Strandgerölle früherer Seebecken, Steinsohle. Stets ist die Mächtigkeit (Gründigkeit) durch verschiedene Zeichen unterschieden. In der gleichen Weise sind die älteren Gebilde behandelt. Dazu findet sich bei jeder Zeichenerklärung eine ausführliche Mitteilung der Eigenschaften. Bis zu 6 Profilen trägt der untere Kartenrand. Teils sind es größere, geologische Profile, teils Wände von Gruben, Steinbrüchen, Felsen usw. — Die Aufnahmen sind so genau, daß es möglich scheint, Meliorationskarten danach zu zeichnen.

Die geologisch-agronomische Kartierung. Eine von A. MEITZEN nicht erwähnte Preisstiftung bei dem landwirtschaftlichen Zentralverein für den Regie-

[1] BERENDT, G. u. F. JENTZSCH: Geologische Karte der Provinz Preußen. 1 : 100000. Berlin 1867—1888.

[2] BENNIGSEN-FÖRDER, R. v.: Bodenkarte des Erd- oder Schwemmlandes und des Felslandes der Umgegend von Halle. Berlin 1876. Die Aufnahme ist 1864 bis 1867 erfolgt. Die Karten sind ohne Erläuterung erst nach dem Tode des Autors unter Oberaufsicht von Prof. Dr. A. ORTH, Berlin, gedruckt worden.

rungsbezirk Potsdam gab Veranlassung zu einer Kartierung, welche bedeutende Folgen hatte, worüber A. ORTH[1] etwa folgendermaßen berichtet: Der landwirtschaftliche Zentralverein setzte am 1. März 1861 einen Preis von 500 Talern Gold für das beste Werk einer Agrikulturgeognosie aus. Nächst der Agrikulturchemie und Physik habe die Geognosie für den Landbau die höchste Bedeutung, denn durch sie lerne man den Boden und seine Eigenschaften kennen, das eigentliche Fundament des Landbaues. Die Preisschrift solle eine landwirtschaftliche Bodenkunde, und zwar vorzugsweise eine Bodenkunde des norddeutschen Flachlandes sein, die sich auf wissenschaftlichem, besonders geologischem Fundament stütze. Sie solle ein Lehrbuch für den Landwirt sein. „In gemeinverständlicher Sprache wird sie die Entwicklungsgeschichte des Landbaues und seiner verschiedenen Formen, Viehzucht, Ackerbau, Waldbau, Gartenbau, unter dem Einflusse der geognostischen Verhältnisse, ebenso den Einfluß des Bodens auf die Bewohnbarkeit und Bevölkerung zu berücksichtigen haben. Die Schrift wird ferner eine mit den üblichen Bezeichnungen möglichst zu verbindende, allgemein gültige, für praktische Zwecke brauchbare Klassifikation des Bodens aufstellen, dessen ökonomischen Wert in Beziehung auf physikalische und geographische Lage und Klima, das Verhalten der Pflanzen zum Boden und überhaupt den Boden in allen seinen Beziehungen zur landwirtschaftlichen Kultur erörtern.“ Dies war aber ein hohes Ziel, das damals nicht zu erreichen war. Im Frühjahr 1867 wurde unter dem Einfluß der oben erwähnten Anregung des Landesökonomiekollegiums der Preis zum dritten Male ausgeschrieben, und zwar diesmal zur Herstellung einer geognostisch-agronomischen Karte. Den Preis hierfür erhielt die von A. ORTH ausgeführte geognostisch-agronomische Kartierung des Rittergutes Friedrichsfelde bei Berlin mit dem Vorwerk Karlshorst, die am 1. Dezember 1868 eingereicht wurde, aber erst im Jahre 1875 im Druck erschien. Eine grundsätzliche Erörterung dieser Arbeit hat A. ORTH[2] im Jahre 1869 als Habilitationsschrift in Halle benutzt. A. ORTH war nicht Geologe, sondern Landwirt, allerdings verraten seine damaligen Arbeiten ein erstaunliches Eindringen in die Geologie.

Von den 5 Karten, für welche A. ORTH den Preis erhielt, waren vier im Maßstabe 1:3000, eine im Maßstab 1:3170 gehalten. Veröffentlicht sind sie im Maßstabe 1:5000, 1:10000 und 1:25000. Die Kartendarstellung ist außerordentlich sorgfältig. Mit den Hauptfarben ist die „geologische Grundlage“ angegeben, und zwar Diluvialsand, oberer Diluvialmergel, Sand des Plateaus und der Abhänge, Flugsand (Dünen), Spreetalsand, Wiesenmoor. Darauf sind mit Rastern die petrographischen Daten der Bodenprofile aufgetragen, z. B. lehmiger Sand über Lehm und Mergel, schwach humoser Sand über Sand, über Lehm und Mergel. Die Bodenprofile sind also flächenhaft angegeben. Außerdem aber ist mit Hilfe eines Viereckschemas an einzelnen Stellen eingetragen, was im einzelnen, besonders mit Hilfe der Analyse, über die Profile ausgesagt werden kann. Es bedeutet eine Zahl rechts außen vom Viereck die Mächtigkeit der Bodenartenschicht in Metern, eine Zahl links außen die Prozente an abschwemmbaren Teilen, eine Zahl in der Mitte den Glühverlust (Humus) in Prozenten, ein dicker waagerechter Strich die Grenze mit der geologischen Grundlage. Dann ist innerhalb des Vierecks mit feinen Punkten, feinen oder größeren Kreisen die Menge an Sand von 0,05—0,25 mm Korngröße bzw. von 0,25—0,5 bzw. über

[1] ORTH, ALBERT: Die geognostisch-agronomische Kartierung mit besonderer Berücksichtigung der geologischen Verhältnisse Norddeutschlands und der Mark Brandenburg, erläutert an der Aufnahme von Rittergut Friedrichsfelde. Vorbericht, S. V—XII. Berlin 1875.

[2] ORTH, ALBERT: Die geologischen Verhältnisse des norddeutschen Schwemmlandes mit besonderer Berücksichtigung der Mark Brandenburg und die Anfertigung geognostisch-agronomischer Karten. Halle 1870.

0,5 mm in Prozenten angegeben. Jeder Punkt bedeutet 10%. Ferner wird mit *g*, *m*, *s* die gute, mittlere oder schlechte Mengung der Bodenbestandteile, mit Fe Eisenschuß und durch Eintragung von Zeichen die Eigenschaften „kalkhaltig, konchylienführend, in die Tiefe fortsetzend" angegeben. Trotz der großen Zahl der Zeichen und Buchstaben sind die Profile ziemlich leicht zu lesen. Die Laboratoriumsanalysen sind im ganzen so einfach, daß man sie auch draußen ausführen könnte, wenn sie dabei auch weniger genau ausfallen würden. Außer den Rastern und den Vierecken sind an vielen Stellen die Profile oder wenigstens die Mächtigkeit der Oberkrume noch mit Buchstaben und Zahlen eingetragen. Es wird also der größte Wert auf die genaue Darstellung der Bodenprofile, allerdings in der Hauptsache nur in physikalischer und petrographischer Hinsicht, gelegt. Zur Charakteristik des Bodens ist am Rande angeführt, daß ein Boden mit 0—5% abschwemmbaren Teilen ein ungebundener Sandboden, ein solcher mit 5—10% ein schwach lehmiger Sandboden usw. sei, eine Oberkrume von 5—10 cm Mächtigkeit sei sehr flach usw., eine Neigung von 1—2,5° flach abfallend, eine solche von 2,5—5° abhängig usw. Mit blauen Buchstaben und Zahlen ist auf der Karte die Feuchtigkeit des Bodens eingetragen, W_0 bedeutet sehr trocken, W_1 trocken usw. Die Topographie berücksichtigt landwirtschaftlich Wichtiges in besonderem Maße: außer Wegen, Bahnen, Wasserläufen, Gräben, Bäumen, Gebäuden, Acker, Wiese, Weide, Wald, roten Höhenlinien in 1,6 m (5 Fuß) Abstand, z. T. mit Zwischenkurven, Grenzen verschiedener Kulturarten, Grenzen annähernd gleicher Kulturbezirke (die mit Buchstaben bezeichnet sind), die Stellen, an denen Flugsand den Boden beeinflußt und verschlechtert. An Maßstäben sind vorhanden, solche für Meter, Ruten, Schritt, die Böschung für die Niveaulinien bei 5 Fuß Abstand, ferner die Fläche eines Hektars und eines Morgens. Es ist erstaunlich, daß bei so viel Eintragungen die Karte des Rittergutes Friedrichsfelde nicht etwa überladen wirkt, sondern recht klar und einfach aussieht. Allerdings verlangt sie bei ihrer Benutzung ein sorgsames Studium, denn mit „einem Blick" ist nichts erreicht und kann auch bei der nun einmal vorhandenen außerordentlichen Kompliziertheit des Bodens als eines naturwissenschaftlichen Gebildes und bei seinem überall stark auftretenden, beständigen Wechsel nichts erreicht werden. Eine dritte Tafel zeigt geologische, hydrologische, bodenkundliche Schnitte durch das Gelände in 1:10000 Längenmaßstab und wechselnden Höhenmaßstäben. Man sieht z. B. gut gemengten lehmigen Sandboden über schlecht gemengtem Diluviallehm über Diluvialmergel liegen. Eine dritte Karte im Maßstab 1:10000 enthält die Ergebnisse der Reinertragsschätzung zur Grundsteuerveranlagung, nämlich die Parzellenflächen der verschiedenen Kulturarten mit ihrer Klassenbezeichnung und in einer Tabelle ihren Reinertrag für den Morgen in Silbergroschen. Die vierte Karte im Maßstabe 1:25000 sieht von dem Eintragen der Profile auf die Flächentafel ab, sie gibt nur die wichtigsten Durchschnittsprofile am Rande an. Durch Nummern ist ihre Lage im Gelände bezeichnet.

Die Erläuterung umfaßt außer dem Vorbericht von 23 Seiten und einem Inhaltsverzeichnis von 10 Seiten 176 Seiten Text. Der erste, allgemeinere Teil, betitelt „Die geologischen Verhältnisse des norddeutschen Schwemmlandes und die Anfertigung geognostisch-agronomischer Karten mit besonderer Berücksichtigung der Mark Brandenburg und des Rittergutes Friedrichsfelde bei Berlin", umfaßt 47 Seiten, die analytischen Belege und Folgerungen etwa 73 Seiten, die geognostisch-agronomische Kartierung im besondern 13 Seiten und der vierte Teil „Die Beziehungen zum Wirtschaftsbetriebe" den Rest. Bemerkenswert ist die Feststellung, daß die Petrographie der Maßstab für die agronomische Beurteilung sei. Bereits früher hatten FALLOU, GIRARD, LORENZ u. a. diesen Satz vertreten, und er ist bis heute noch in Deutschland sowohl bei der geologisch-agronomischen Kartierung als auch bei der Laboratoriumsuntersuchung der Böden überwiegend in Geltung geblieben, obwohl die Entwicklung der Bodenkunde in Rußland und während der letzten Jahre auch in Deutschland, wie überhaupt ganz allgemein, gezeigt hat, daß er nicht zutrifft. Der lange Weg der ORTHschen Kartierungsweise hat dies klar erwiesen.

Die Arbeit über Friedrichsfelde fiel in die Zeit hinein, in welcher infolge der oben erwähnten Anregung des Landesökonomiekollegiums die Kartierung des Flachlandes für landwirtschaftliche Zwecke viel erörtert wurde. Auch A. ORTH[1] beteiligte sich an dieser Erörterung. Er verwies dabei auf die Karten der Preußischen Geologischen Landesanstalt in der Provinz Sachsen und Thüringen und auf G. BERENDTs geologische Aufnahme der Provinz Preußen, aus denen bereits viel Nützliches für Bonitierungszwecke zu entnehmen sei, obgleich sie hierzu nicht genügen könnten. Der Boniteur habe vieles ins Auge zu fassen, was auf der geologischen Karte in der notwendigen Klarheit nicht zum Ausdruck zu bringen sei, wie z. B. die Zusammensetzung, Lagerung, Mächtigkeit und Lage des Bodens. Es sei dies die Aufgabe der eigentlichen Bodenkarten, die am besten von besonderen pedologischen Anstalten des Staates auszuführen seien.

Bereits im Jahre 1873 trat auf Veranlassng des preußischen Ministeriums für Handel, Gewerbe und öffentliche Arbeiten ein Ausschuß zusammen, welcher A. ORTH die Ausarbeitung einer geologisch-agronomischen Musteraufnahme im Maßstab 1:25000 übertrug. Gewählt wurde die Gegend von Rüdersdorf bei Berlin, welche bereits vorher von H. ECK geologisch kartiert war[2]. Diese Karten wurden maßgebend für die spätere geologisch-agronomische Kartierung der Preußischen Geologischen Landesanstalt, der sich nach und nach die übrigen geologischen Landesanstalten der deutschen Bundesstaaten anschlossen. Von der geologischen unterscheidet sich seitdem die geologisch-agronomische Karte durch die Eintragung der Bodenprofile mit roten Buchstaben auf die Fläche der geologischen Schichten. Das Profil wurde entweder in natürlichen Aufschlüssen oder mit dem Bohrer bis 2 m Tiefe ermittelt. Die Auftragung gilt bei ORTH entweder für eine Fläche z. B. auf Geschiebemergel $\frac{LS\,5-18}{L}$ (die Zahl für dm) oder für den örtlichen Aufschluß, z. B. $\frac{S\,13}{M}$ oder $\frac{\frac{gS\,6}{LSK\,3}}{SK\,7}$ (gS = gemengter Sand, K = Kies). Typische Bodenprofile wurden am Rande durch eine Zeichnung wiedergegeben. In der Anordnung der Erklärung und Durcharbeitung der Bezeichnungen für geologische oder agronomische Zwecke und der Buchstabenwahl für die Bodenprofile hat allmählich die Praxis einige geringfügige Änderungen gebracht. In der Hauptsache sind die geologisch-agronomischen Karten bis zur Gegenwart dem Typus der ORTHschen Karten unverändert gefolgt. In den Erläuterungen geht ORTH sehr ausführlich auf die praktische Verwendbarkeit der Karte ein. Es werden Folgerungen gezogen für die Ansiedlungen, das Verhältnis von Wald, Feld und Wiese, für Bodenwert und Bodenkultur [a) Wert und Kultur der Wiesen, b) Wert und Kultur des Ackerlandes, c) Wert und Kultur des Waldbodens], Materialien für Industrie und Technik. Ähnliche Beiträge sind auch später bei geologisch-agronomischen Spezialkarten von Landwirten gelegentlich gegeben worden, so z. B. zu G. KLEMMS geologisch-agronomischer Untersuchung des Gutes Weilerhof bei Darmstadt eine

---

[1] ORTH, A.: Der Untergrund und die Bodenrente mit Bezug auf einige neuere geologische Kartenarbeiten. Vgl. Neue Jb. Min. **1873**, 972 u. 973.

[2] ORTH, A.: Rüdersdorf und Umgegend. Auf geognostischer Grundlage agronomisch bearbeitet. Abh. geol. Landesanst. v. Preußen **2**, 2. 114 S. 1 Karte. Berlin 1877.

ausführliche Auswertung[1] vom Besitzer des Gutes G. DEHRINGER. Im allgemeinen ist aber die landwirtschaftliche Erläuterung nur kurz. Erst in neuerer Zeit sind wieder von Diplomlandwirten ausführlichere Erörterungen, auch zu einzelnen Gebirgskartenblättern, gegeben worden, und zwar zumeist durch Mitteilung von Erträgen, wenn auch nicht der kartierten Böden selbst, so doch derjenigen des ganzen Blattes, der Gemeinden, der Gegend usw. Recht eingehend hat A. ORTH auch den analytischen Teil in seiner Erläuterung gestaltet. Außer chemischen Analysen der Triasgesteine werden Voll- und Teilanalysen der Diluvialgesteine und der daraus entstandenen Böden, auch viele Körnungsanalysen, Bestimmungen der Gesteins- und Mineralgemengteile wiedergegeben. Ganz allgemein sind diese hohe Wertschätzung und Verwendung der Laboratoriumsarbeit in den Erläuterungen und zumeist auch die von ORTH angegebenen Analysenmethoden geblieben; gelegentlich tauchen neue auf und andere verschwinden. Aber im Prinzip hat sich kaum etwas geändert, denn es handelt sich stets um die petrographische Untersuchung der Böden und ihrer Muttergesteine.

Die neue Kartierung wurde nach ihrem Erscheinen zunächst in der Landwirtschaft recht freudig begrüßt. So bespricht H. HELLRIEGEL[2] in einer Arbeit unter dem Titel „Ein wichtiges Geschenk des preußischen Handelsministeriums für die Landwirtschaft" die Rüdersdorfer Karte für sich und auch im Vergleich mit der von Friedrichsfelde recht zustimmend. Von rein methodischem Standpunkt fragt H. HELLRIEGEL, ob die für Rüdersdorf gewählte mehr punktmäßige Darstellung des Bodenprofils oder die für die Karte 1:25000 von Friedrichsfelde im Anschluß an die von 1:5000 gewählte flächenmäßige die richtigere sei. Er verkennt zwar nicht den Wert der punktmäßigen, tritt aber doch auch für die flächenmäßige ein. Es ist das eine wichtige Kernfrage der Kartendarstellung, denn dadurch, daß die Flächendarstellung den geologischen Eigenschaften zuerkannt wird und somit sich das aufgelockerte, mehr lokale, nicht flächenmäßig dargestellte Bodenprofil auf dem Untergrunde erhebt, kommt ohne Zweifel die Agronomie zu kurz. Sowohl die Halleschen Karten von v. BENNIGSEN wie ORTHs Friedrichsfelder sind darin besser. Für den Fall, daß bei der punktmäßigen Darstellung geblieben würde, wünscht H. HELLRIEGEL wenigstens die Bevorzugung typischer, weiter verbreiteter von den lokalen durch andere Farben oder größeren Druck. Dem Wunsche ist später dadurch Rechnung getragen worden, daß nur noch typische Profile auf die Karte gebracht wurden.

Auch R. BRAUNGART[3] begrüßte diese Kartierungsweise „als einen der bedeutsamsten Erfolge des heutigen Standpunktes der landwirtschaftlichen Naturforschung, der modernen Landbauwissenschaft, als einen Erfolg, ebenbürtig den höchsten Leistungen der älteren Schwestern". Er wünscht aber eine Wiedergabe und Aufnahme der spontanen Flora in die Profildarstellung, um das Profil ins Leben zu übersetzen. Die Wurzeltiefe der Gewächse erscheint ihm als wichtiger Gegenstand. (Bei einigen seiner Karten hat 1927/28 A. TILL, Wien, diesen Wunsch aus seiner eigenen Anschauung heraus befriedigt, vgl. Österreich.)

Wenn demgegenüber anderslautende Ansichten von Hauptvertretern der heutigen Landwirtschaft geäußert worden sind, so ergibt sich daraus, daß die Kartierung nicht das gehalten hat, was sich A. ORTH von ihr versprach. F. AERE-

---

[1] KLEMM, G.: Geologisch-agronomische Untersuchung des Gutes Weilerhof (Wolfskehlen bei Darmstadt). Nebst Anhang über die Bewirtschaftung der verschiedenen Bodenarten von G. DEHRINGER. Abh. Großh.-Hess. Geolog. Landesanst. Darmstadt 3, 1 (1897).

[2] HELLRIEGEL, H.: Ein wichtiges Geschenk des preußischen Handelsministeriums für die Landwirtschaft, 7 S. Bernburg 1877.

[3] BRAUNGART, R.: Die geognostisch-agronomische Kartenaufnahme im preußischen Staate. Z. landw. Ver. in Bayern 1878. Sonderabdruck, 12 S.

BOE[1] lehnt nämlich den mineralogisch-geologischen Ballast der Bodenkunde, der für die Landwirtschaft keinerlei Bedeutung habe, ab und erwähnt auch nicht die Benutzung der geologisch-agronomischen Karten bei der Taxation der Landgüter, auf welche von A. ORTH und den übrigen landwirtschaftlichen Verfechtern der Karten ein so großer Wert gelegt wurde.

Im Anschluß an eine Polemik zwischen seinem Schüler SCHWARZ[2] und W. WOLFF[3] als Vertreter der Preußischen Geologischen Landesanstalt spricht sich E. A. MITSCHERLICH[4] über die Bedeutung geologisch-agronomischer Karten für den Landwirt recht abfällig aus, denn er sagt: Es komme für die Pflanzen, die heute auf dem Boden wachsen, gar nicht darauf an, wie der Boden vor Jahrtausenden einst entstanden sei. Die Pflanzenerträge richten sich vielmehr danach, wie der Boden heute ist. Was fehle, sei die Wiedergabe der Beziehungen zwischen Boden, Wachstum der Pflanze und Pflanzenertrag. Diese Beziehung könne hergestellt werden durch die Kartierung von Feldversuchen, von welchen unzählige nicht ausgewertet werden könnten, weil sie infolge starken Wechsels der Bodeneigenschaften zu ungleichmäßig ausgefallen seien. Auch das Studium des Einflusses des Untergrundwasserstandes auf die Kulturpflanzen wäre ein gemeinschaftliches Arbeitsgebiet. ,,Die geologisch-agronomischen Karten dürften für den Landwirt nur mehr einen allgemein bildenden als einen wirtschaftlichen Wert besitzen.'' — Es wird bei solchen absprechenden Urteilen zumeist übersehen, daß die geologisch-agronomischen Karten nicht von Geologen, sondern von dem Landwirt A. ORTH erdacht worden sind, der seinerseits wohl in der Lage zu sein glaubte, den Zusammenhang zwischen den Pflanzen und dem auf der geologisch-agronomischen Karte dargestellten Boden zu finden. Nachdem die Kartierung von den geologischen Landesanstalten aufgenommen worden war, sind dann allerdings viele Geologen berufsmäßig für den praktischen Wert der Karten eingetreten. Auf die zahlreichen Arbeiten hier einzugehen, ist aus Raummangel unmöglich. Sie wiederholen immer wieder das, was schon A. ORTH in seinen grundlegenden Kartenerläuterungen darüber gesagt hat, und was auch K. KEILHACK[5] in der offiziellen Einführung in das Verständnis der geologisch-agronomischen Karten darüber äußert: Dem Landwirt gewähren sie einen Einblick in die Zusammensetzung seines Bodens bis auf mindestens 2 m Tiefe und eröffnen ihm dadurch die Möglichkeit, die in seinem Gebiete vorhandenen Bodenschätze zu übersehen und zweckmäßig zu verwerten. Hierbei handelt es sich in erster Linie um das Vorkommen von solchen Bildungen, die als natürliche Meliorationsmittel, als Mergel, Verwendung finden können. Weiter bietet die Karte dem Landwirt Gelegenheit, die Zweckmäßigkeit seiner Schlag-

---

[1] AEREBOE, F.: Die Taxation von Landgütern und Grundstücken, S. 370—387. Berlin 1912.

[2] SCHWARZ, B.: Untersuchungen über den Wert der geologisch-agronomischen Karten für die praktische Landwirtschaft. (Unter Berücksichtigung der Verhältnisse auf dem Blatt Bartenstein.) Geol. Arch. Königsberg i. Pr. 1, 35—52, 57—64 (1923).

[3] WOLFF, W.: Die Bedeutung der geologisch-agronomischen Karten für den Landwirt. Geol. Arch. 2, 213—218 (1928).

[4] MITSCHERLICH, E. A.: Die Bedeutung geologisch-agronomischer Karten für den Landwirt. Geol. Arch. 3, 110—113 (1924). Vgl. demgegenüber E. BLANCK: Bd. 1 dieses Handb. S. 12.

[5] KEILHACK, K.: Einführung in das Verständnis der geologisch-agronomischen Karten des norddeutschen Flachlandes. Eine Erläuterung ihrer Grundlagen und ihres Inhaltes, 3. Aufl. Berlin 1902. Sehr bemerkenswert ist in der ,,Einführung'' eine Entkalkungskarte. — Eine gründliche Erörterung der Bedeutung der geologisch-agronomischen Karte für den Landwirt und einen Vergleich mit landwirtschaftlichen Erträgen, Maßnahmen und der Bonitierung von 1861 gibt TH. WÖLFER: Die geologische Spezialkarte und die landwirtschaftliche Bodeneinschätzung. Abh. Preuß. Geol. Landesanst., N. F. 11. Berlin 1892.

einteilung zu prüfen und eventuell zu verbessern. Auch die Fruchtfolge dürfte oft einer Revision unterworfen werden können. Die Ergebnisse der chemischen Untersuchung, welche in den Erläuterungen niedergelegt sind, lassen auch das Fehlen oder Vorhandensein wichtiger Pflanzennährstoffe erkennen. Besonders groß ist der Wert der Karten für solche Landwirte, welche sich in einer ihnen unbekannten Gegend ankaufen wollen. Auch für Meliorationsarbeiten, Berieselungsanlagen, Entwässerungsarbeiten, Verkoppelungen vermag die Karte Nutzen zu stiften. Für den Forstwirt liegt die Bedeutung der Karte darin, daß sie den Untergrund bis 2 m Tiefe zur Darstellung bringt, welche das Fehlen oder Vorhandensein eines wasserhaltenden, nährstoffreichen Untergrundes zeigt.

Von Geologen, die mit guten Gründen die Trennung der geologisch-agronomischen Karten in eine geologische und eine agronomische gefordert haben, sei auf O. M. REIS[1] verwiesen. Nach eingehender Besprechung der beiden Arbeitsgebiete stellt er fest, daß die Aufgabe des Agronomen anfängt, wo die des Geologen endet.

Den im ganzen heute noch zutreffenden Stand der geologisch-agronomischen Kartierung in Preußen, Hessen und Bayern geben die Arbeiten wieder, welche W. WOLFF[2], W. SCHOTTLER[3], F. MÜNICHSDORFER[4] in MURGOCIS Werk über den Zustand des Studiums und der Kartierung der Böden in verschiedenen Ländern beschreiben. W. WOLFF berichtet: Die Aufnahmen werden von Geologen ausgeführt, die den Boden bis 2 m Tiefe abbohren lassen. Die Bohrungen dienen teils zur Feststellung der oberirdischen und Untergrundgrenzen der verschiedenen geologischen Formationen, teils zur genauen Ermittlung der agronomischen Beschaffenheit einer und derselben Bildung. Die Zahl der Bohrungen schwankt je nach den örtlichen Verhältnissen zwischen 1000 und 6000 auf einem Kartenblatt von etwa 100 km². Bei Moor- und Kalklagern werden die Bohrungen bis zum Liegenden ausgedehnt. Außerdem zieht der aufnehmende Geologe möglichst genaue Erkundigungen über die wirtschaftlichen Eigenschaften jeder Bodenart ein. Für die Untersuchung der Böden im Laboratorium werden Proben von 1 kg nach sorgfältiger Auswahl genommen. Es müssen besonders typische Böden, wenn möglich im Urzustande, sein. Seit 1923 sind auch Versuche unternommen, die Bodenreaktion gleich bei der Aufnahme zu ermitteln. Doch haben sie zu keinem dauernd erfolgreichen Ergebnis geführt. Die weitere Arbeit erfolgt in der Geologischen Landesanstalt. Hier werden die Ton-, Lehm-, Sand-, Kies-, Kalkböden, Moorerden, zusammengeschwemmte Bildungen mit Schraffuren auf die Farben der geologischen Formationen eingetragen. Außerdem werden eventuell Ortstein und Raseneisenstein eingetragen, bei den Sandböden die Körnung durch engere und weitere Stellung der Punkte, der Kiesgehalt durch Kreise, Geschiebe durch Kreuzchen angedeutet. 7 Kombinationen von Sand, Kies und Geröll werden angewandt, deren Ermittlung der traditionellen Schulung der Geologen überlassen bleibt. Bis 1901 wurden besondere Bohrkarten veröffentlicht und dazu die Profile in besonderen Listen beigegeben, in welchen die unterschiedenen Bodenschichten durch Symbole, ihre Mächtigkeit durch Dezimeterziffern bezeichnet wurden. Aus sämtlichen Profilen einer einheitlichen Bodenfläche, z. B. einer Lehm- oder Sandfläche, werden außerdem Durchschnittsangaben berechnet und

[1] REIS, O.: Geologisch-agronomische oder geologische und agronomische Aufnahmen? Vjschr. Bayer. Landw.rats **1907**, Erg. zu H. 1, 22.

[2] WOLFF, W.: Die Agrogeologie im Rahmen der geologischen Arbeiten der Preußischen Geologischen Landesanstalt. Etat de l'étude et de la cartographie des sols. Bukarest **1924**, 57—64.

[3] SCHOTTLER, W.: Die bodenkundlichen Arbeiten in Hessen-Darmstadt. Ebenda, S. 53—56.

[4] MÜNICHSDORFER, F.: Die agrogeologischen Karten Bayerns 1 : 25000. Ebenda, S. 10.

mit roten Buchstaben und Ziffern auf die Karte eingetragen. Die Zahl dieser Angaben schwankt im allgemeinen zwischen 50 und 200 auf einer Karte. Am Rande werden dann weiter die wichtigsten Bodenprofile mit ihren geologischen und ihren agronomischen Symbolen angegeben. In der Legende werden nicht nur Alter und geologischer Charakter jeder Schicht, sondern auch der agronomische Charakter derselben vermerkt. Der Schwerpunkt der agronomischen Darstellung eines Kartengebietes liegt in dem bodenkundlichen Teil der zugehörigen Erläuterung. Hier sind die Ergebnisse der Bodenuntersuchungen im Laboratorium zusammengestellt und diese zusammen mit den Felderfahrungen ausgewertet. Außer den normalen Kartierungen 1:25000 werden auf Antrag auch Spezialaufnahmen von Gütern im Maßstabe 1:10000, 1:5000 nach den gleichen Grundsätzen ausgeführt, doch sind alle Feststellungen detaillierter, die Zahl der Bohrungen größer. Hierbei werden auch von besonderen Fachleuten Säurekarten aufgenommen (s. weiter unten). Eine weitere Arbeit ist die Spezialaufnahme der Moore und Ödländereien nach einem in Bremen ausgearbeiteten Kataster, der als Unterlage der großen amtlichen Kultivierungspläne der Ödländereien dienen soll.

W. SCHOTTLER schildert die ähnlichen Untersuchungen der Hessischen Geologischen Landesanstalt. Als besondere Arbeiten erwähnt er die bodenkundliche Feststellung der Ursachen der Gelbsucht bei den Weinstöcken, ferner die Sammlung von Bodenproben der hessischen Böden.

Die Bodenaufnahme und Kartendarstellung in Bayern ist etwas andere Wege gegangen. F. MÜNICHSDORFER beschreibt sie folgendermaßen: Erst 1910 wurde die Bodenkartierung in Bayern aufgenommen. Sie geschieht im Maßstabe 1:5000, die Kartenblätter wurden, auf 1:25000 verkleinert, veröffentlicht. Für Interessenten werden Kopien der Karten im Maßstabe 1:5000 angefertigt. Die Handbohrungen werden bis $1^1/_2$ m Tiefe ausgeführt. Ihre Zahl beträgt 2500—3000. Zur Prüfung der Gesteine und Böden im Freien wird auch die Bestimmung der Wasserkapazität nach KOPECKY, des Porenvolumens und der Luftkapazität herangezogen. Bei der Kartendarstellung liegt eine eigene Art, den Untergrund darzustellen, vor, sie besteht darin, daß in der durch Farbe oder Signatur dargestellten Oberschicht Aussparungen gemacht werden in Form von parallelen Streifen von links oben nach rechts unten. Diese Untergrundstreifen kennzeichnen durch Farbe und Signatur das Alter und die Beschaffenheit der Untergrundschichten. Die Laboratoriumsuntersuchung benutzt mehr physikalische Verfahren als die der anderen Landesanstalten. In ihren Erläuterungen ist der bodenkundlich-praktische Teil weit ausgedehnter, die landwirtschaftliche Beurteilung wird durch Landwirte, die forstwirtschaftliche durch Forstleute ausgeführt. Auch ein wetterkundlicher Teil wird beigefügt.

Die Württembergische Geologische Landesanstalt[1] hat das Gebirgsland ebenfalls agronomisch aufgenommen, nicht nur das Flachland, wie Preußen. A. SAUER[2] hat auch, wie schon früher H. THÜRACH[3] in Baden, eine Übersichtskarte der Bodenarten Württembergs herausgegeben, deren Haupteinteilung den Kalk- und den Kaligehalt der Böden benutzt. Auf H. THÜRACHs badischer Karte lautet die Einteilung: I. Kalkreiche Böden: Kalksteinböden, Molasseböden, Löß- und Lößlehmböden, Moränenböden, Böden der Rheinebene. II. Kalk- und meist kalireiche Böden: Basalt- und Phonolithböden, Mergelböden des Keupers und

[1] SAUER, A.: Über die Darstellung der Bodenverhältnisse auf den geologischen Spezialkarten des Königreichs Württemberg nach neuen Grundsätzen. Ber. Hauptvers. dtsch. Forstver. Ulm **1910**, 160—169.

[2] SAUER, A.: Die Hauptbodenarten Württembergs. Ernährg. Pflanze, Berlin, **6**, Nr. 24 (1911).

[3] THÜRACH, H.: Übersichtskarte der Bodenarten des Großherzogtums Baden nach ihrem charakteristischen Nährstoffgehalt. 1 : 400000. Nach 1894. Neu hrsg. v. d. Bad. Geol. Landesanst. Heidelberg 1926. Maßstab 1 : 200000.

Lias. III. Kalireiche und kalkarme Böden: Gebirgsböden, Arkose- und Schiefertonböden, Porphyrböden. IV. Kalkfreie und kaliarme Böden: Buntsandstein.

Die Sächsische Geologische Landesanstalt[1] hat neuerdings eine Übersichtskarte der Hauptbodenarten des Freistaates Sachsen im Maßstabe 1:400000 herausgegeben, nachdem bereits vorher F. HÄRTEL[2] eine schematische Übersichtsskizze der Hauptbodenarten des Freistaates im Maßstabe 1:500000 veröffentlicht hatte. Diese letztere enthält 17 Hauptarten, und zwar eine sorgsame Unterscheidung der verschiedenen Sand-, Lehm-, Tonböden mit geologischen Gesteinsbezeichnungen, ferner anmoorige und Moorböden. Die Erläuterungen zur Übersichtskarte bringen auch eine vereinfachte Übersichtskarte der Hauptbodenarten Sachsens im Maßstab 1:1,5 Millionen mit 6 Hauptbodenarten ohne geologische Bezeichnungen, ferner eine schematische Übersichtsskizze der Verbreitung der natürlichen Bodentypen Sachsens von G. KRAUSS und F. HÄRTEL und drei meteorologische Karten.

Die Kartierung J. HAZARDS. Aus der geologisch-agronomischen Kartierung hat sich, wenn auch in einem gewissen Gegensatze zu der üblichen, die Bodenkartierung J. HAZARDS[3] entwickelt. J. HAZARD führte sorgfältige Beobachtungen des Gedeihens der land- und forstwirtschaftlichen Kulturpflanzen auf den verschiedenen Böden aus. Unter vorsichtiger Ausscheidung aller Fehlerquellen fand er für die Dresdener Gegend, daß, vom Tonboden ausgehend, bei einer allmählichen Zunahme des Sandes und der Korngröße des letzteren, und zwar so weit, bis zuletzt daraus ein reiner Sandboden resultiert, folgende Kulturpflanzen zu gedeihen vermögen: Wiesengräser, Weizen, Kraut, Gerste (Klee, Zuckerrübe), Hafer, Roggen, Kartoffeln (Buchweizen), Lupine, Kiefer. (Eine Reihenfolge, die auch sonst häufig gilt, allgemein ist sie allerdings nicht.) Die Entstehung dieser Böden aus den verschiedenen Gesteinen beruht auf mancherlei Gesetzmäßigkeiten, von welchen J. HAZARD klar den Wert der Oberflächengestaltung erkannte. „Jede Schwankung in der Gestaltung der Oberfläche bedingt neben der lokal zur Geltung kommenden ungleichen Verteilung des Meteorwassers eine abweichende Zusammensetzung des Bodens und somit einen andern Kulturwert desselben. So vermögen beispielsweise lokal innerhalb des aus Grauwacken entstandenen Bodens sämtliche landwirtschaftlichen Gewächse mit alleiniger Ausnahme des Weizens gleich gut zu gedeihen. Diese Erscheinung bekundet sich jedoch nur auf dem Boden kleiner Depressionen der Oberfläche. Innerhalb einer ganz ebenen Bodenfläche hingegen gedeihen nur Hafer und die noch geringere Ansprüche an den Boden stellenden Roggen, Kartoffeln und Lupinen sicher, während Kraut, Gerste und Klee ausgeschlossen sind. Innerhalb einer Abdachung ist lokal nur noch der Anbau der Kartoffeln und anderwärts sogar nur die Lupine zulässig; es liegt somit hier ein Unterschied des Bodenwertes vor, wie er beispielsweise zwischen einem Lehmboden einerseits und dem ärmsten Sandboden andererseits bei ebener Lage nicht größer sein kann. Die Ursache dieser oft schon auf kurze Distanz sich bekundenden abweichenden Zusammensetzung des Ackerbodens beruht auf der Abschwemmung der feineren, namentlich der tonigen Teile von den Anhöhen und ihrem Wiederabsatz in den Vertiefungen der Oberfläche." An anderer Stelle heißt es über

---

[1] HÄRTEL, F.: Erläuterungen zur Übersichtskarte der Hauptbodenarten des Freistaates Sachsen im Maßstab 1 : 400000. Leipzig 1930.

[2] In H. VATER u. G. KRAUSS: Vorschläge zu einer orographischen Abgrenzung der natürlichen Wuchsgebiete Sachsens. Tharandter forstl. Jb. **1928**, 322, 323.

[3] HAZARD, J.: Die Geologie in ihren Beziehungen zur Gegenwart. Ztschr. dtsch. geol. Ges. **43**, 811—818 (1891). — Die geologisch-agronomische Kartierung als Grundlage einer allgemeinen Bonitierung des Bodens. Landw. Jb. **29**, 805—911 (1900).

den verwitternden Keupermergel: Dieser produziert „bei verschieden starker, aber gleich gerichteter Neigung der Oberfläche hier nur Roggen, dort zugleich Hafer, anderwärts außerdem Klee und stellenweise vorzüglichen Weizen. Die Untersuchung der verschiedenen, an den Flanken sämtlicher Hügel mit Beständigkeit wiederkehrenden, von jenem Mergel produzierten Bodengattungen lehrt sehr mannigfaltige Gebilde kennen, die in ihrer Zusammensetzung von groben Mergelbrocken bis zu plastischem Tone alle Zwischenstufen durchlaufen. Die Verwitterung des Keupermergels ist nämlich durch Auslaugung des kohlensauren Kalks überall auf die Bildung von Ton gerichtet; letzterer wird aber von den höheren Partien einer Berglehne durch das Meteorwasser beständig weggeschwemmt und am Fuße derselben wieder abgesetzt.“ Solche durch lange Jahre hindurch währenden Beobachtungen stellte J. HAZARD zu Tabellen[1] zusammen, welche als Bestimmungsschlüssel für Böden auf entsprechenden Gesteinen, in einem entsprechenden „Klima“ (dieses als Sammelbezeichnung für gewisse natürliche Pflanzenvereine gedacht) bei entsprechender natürlicher Wasserführung und entsprechender menschlicher Arbeit gelten können.

Auf dieser bodenkundlich-pflanzenphysiologischen Beobachtung hat J. HAZARD seine neue Kartierung aufgebaut, mit welcher er dem Praktiker unmittelbar ein Rezept in die Hand geben wollte, nach dem er bei dem Anbau des Bodens zu verfahren habe. Der wesentliche Unterschied zwischen der offiziellen geologisch-agronomischen Kartierung und der von HAZARD erdachten liegt darin, daß jene sich mit der rein wissenschaftlichen Statistik der Bodeneigenschaften auf der Karte begnügt — die praktischen Vorschläge in den Erläuterungen sind selbst bei A. ORTH zu allgemein —, während HAZARD auch seine praktischen Vorschläge kartenmäßig durchführt. Das ist einer der fundamentalsten Fortschritte auf dem Gebiete der Bodenkartierung, der sie praktisch wertvoll gemacht hat. Für Land und Forstwirtschaft hat HAZARD diese Methode durchgearbeitet.

Die landwirtschaftliche Aufnahme wird an der des Rittergutes Dittersbach in der Lausitz erläutert. Die erste Karte enthält die Aufnahme der frühreifen Gewächse im Erntebestande der Jahre 1897 und 1899. Der Maßstab ist wie der der Gesteins-, Boden- und Schlägekarte 1:10000. Man sieht große Stellen des Erntebestandes, welche in trockenen Sommern frühreif waren und damit auf schnelles Austrocknen und schlechtes Wasserhaltungsvermögen des Bodens hindeuten.

Die zweite Karte ist eine Gesteinskarte, auf welcher die verschiedenen Gesteine mit ihren bei den einzelnen meist verschiedenen Bodenarten geologisch-agronomisch kartiert sind. Die topographische Grundlage zeigt diesmal Isohypsen mit Abständen von 5 bzw. 10 m. Nur im schwach lehmigen Sand des Quadersandsteins und in diluvialen Lehmen mit drei verschiedenen Ausbildungen sind Bohrungen auf der Karte angegeben, deren Zahl über einem Striche die Mächtigkeit der oberflächlichen Gesteinsschicht feststellt, während unter dem Striche Buchstaben das Untergrundgestein bedeuten.

Die dritte Karte ist die Bodenkarte, welche nun schon das Ergebnis aus der in Art der Bestimmungstabelle ausgeführten Beurteilung ist. Sie enthält die landwirtschaftlichen Bodenarten (Kartoffelboden, Roggenboden usw.), bei deren Farbenerklärung angegeben ist, für welche Früchte die Böden hauptsächlich geeignet sind, z. B. der Kartoffelboden für Kartoffeln, Lupine, Wintergerste und mittelmäßigen Roggen, der Roggenboden für Kartoffeln, Wintergerste, Roggen, der Haferboden für die vorigen und Hafer, der Kleeboden für die vorigen,

[1] Ausführlich auch abgedruckt in H. STREMME: Grundzüge der praktischen Bodenkunde, Tafel 1. Berlin 1926.

ferner für Rotklee und Sommergerste, die drei verschiedenen Weizenböden für die vorigen, ferner für Zuckerrüben und Weizen und in tiefen bzw. nassen Lagen für Wiesen. Auf dieser Grundlage ist dann die neue Schlägeeinteilung entstanden, welche die zueinander gehörigen Böden nach Möglichkeit so zusammenfaßt, daß der landwirtschaftliche Betrieb nicht durch Bodenverschiedenheit gestört wird und regelrecht vonstatten gehen kann. Die Stellen der frühreifen Gewâchse sind soweit als möglich zu besonderen Schlägen gemacht, wobei auf die Ursache der frühen Reife, soweit sie vom Boden abhängt, Bezug genommen ist. Es ist vielfach die Gehängeneigung, welche den Regen- und Schneewässern gestattet, die Krume zu enttonen und sie selbst auch fortzuführen. Diesem Abschlämmen wird durch die Anlage von Schutzvorrichtungen entgegen gewirkt, deren Lage, Linienführung, Breite auf dieser Karte z. T. schon angegeben sind.

Die vierte Karte ist die Schlägekarte, auf welcher die auf der Bodenkarte bereits skizzierte Neueinteilung der Schläge vollständig durchgeführt wird. Die neuen Schläge sind mit Nummern und Größenangaben in Hektar durch Zahlen angegeben. Mit Farben sind die Böden nach ihrem Nutzwerte als Kartoffel- und Roggenboden, Haferboden, Kleeboden, Weizenboden und ,,Wiesen sowie beraste Vorränder und Böschungen“ bezeichnet. Strichelung gibt die Richtung der Beete und Zeilen an, Einzelstriche mit Pfeil ,,Streifen, welche mittels Wendepfluges zu bearbeiten sind“. Die Richtung des Pfeils bedeutet, wohin der Boden zu wenden ist, d. h. der Gehängeneigung entgegen. Die Schutzvorrichtungen gegen die Abschwemmung des Bodens sind jetzt genau eingezeichnet; es sind Mulden, einfache und mit Kirschbäumen bepflanzte Böschungen.

Die fünfte Karte von Dittersbach endlich enthält einen sechsjährigen Anbauplan in kleinerem Maßstabe. Auf sechs Einzelkärtchen ist für jedes der 6 Jahre HAZARDS Vorschlag der Fruchtfolge mitgeteilt. J. HAZARD empfiehlt Roggen (z. T. mit Zottelwicken), Weizen, Gerste, Hafer (z. T. in Gerstenboden), Rotklee, Klee mit Gras, Kartoffeln (z. T. in Zuckerrübenboden), ferner als Herbstgründüngungspflanzen Serradella, Lupine, Erbsen und Senf anzubauen. Verfolgt man die Vorschläge im einzelnen, so sieht man z. T. eine etwas verschiedene Behandlung der einzelnen Schläge auf gleichen Böden, so sollen zum Beispiel die beiden Schläge mit Kartoffelboden Nr. 1 und 2 bewirtschaftet werden: im 1. Jahrgang beide mit Kartoffeln, im 2. mit Winterroggen und Zottelwicken zu Grünfutter, dann Serradella bzw. Kartoffeln, im 3. mit Lupine bzw. Roggen mit Zottelwicken zu Grünfutter, dann Serradella, im 4. mit Roggen und Zottelwicken bzw. Lupine, im 5. mit Lupine bzw. Roggen mit Zottelwicken, im 6. mit Kartoffeln bzw. Lupine. Die ebenfalls nebeneinander liegenden Schläge mit Kleeboden Nr. 5 und 15: im 1. Jahrgang Kartoffeln bzw. Senf, im 2. Jahrgang wird 5 geteilt und mit Hafer im Gerstenboden und mit Gerste bestellt, 15 mit Kartoffeln, im 3. Jahrgang 5 wieder insgesamt bewirtschaftet, und zwar mit Roggen, 15 mit Hafer im Gerstenboden, im 4. Jahrgang mit Rotklee bzw. Roggen, im 5. mit Erbsen bzw. Rotklee, im 6. mit Senf bzw. Erbsen. Für die zwei Weizenschläge Nr. 20 und 27 wird vorgeschlagen zu geben: im 1. Jahrgang Rotklee bzw. Roggen, im 2. Jahrgang Weizen und Erbsen bzw. Rotklee, im 3. Jahrgang Gerste und Senf bzw. Weizen und Erbsen, im 4. Jahrgang Kartoffeln im Zuckerrübenboden bzw. Gerste und Senf, im 5. Jahrgang Hafer im Gersteboden bzw. Kartoffeln im Zuckerrübenboden, im 6. Jahrgang Roggen bzw. auf dem geteilten Nr. 27 Gerste bzw. Hafer im Gersteboden. Diese 6 Beispiele aus der Bewirtschaftung der 29 Schläge mögen genügen. Im allgemeinen lautet nach dem Text der Turnus I Winterroggen, II Klee, III Winterung, IV Sommerung, V Hackfrüchte, VI Sommerung. Bei der Aufstellung dieses Turnus war das vorzugsweise auf Milchproduktion gerichtete Bewirtschaftungssystem maßgebend, daher wurde 1. dem Anbau der Futtergewächse mit etwa $^1/_2$ der gesamten Fläche Rechnung getragen, 2. den Hackfrüchten mit Rücksicht auf den Brennereibetrieb ein wesentlicher Platz eingeräumt, 3. der Gerste, welche in ähnlichen Böden der Gegend eine geschätzte Braugerste gibt, dem Hafer gegenüber möglichst der Vorzug gegeben und dabei von der Kleeeinsaat in den Gerstenacker Abstand genommen, 4. die Einschaltung von Gründüngungspflanzen in die Fruchtfolge tunlichst berücksichtigt.

Der Text, ein Abdruck des an den Besitzer erstatteten Gutachtens, hat die folgende Ordnung: A. Oberflächengestaltung und klimatische Verhältnisse (über diese nur einige allgemeine Bemerkungen hinsichtlich der Winde und Milde). B. Allgemein geologische Zusammensetzung. C. Spezielle Beschreibung der Gesteinsarten, aus welchen der Kulturboden des Rittergutes Dittersbach hervorgegangen ist. D. Einfluß der Schwemmkraft des Meteorwassers auf die Zusammensetzung des Bodens. E. Die physikalischen Eigenschaften des Bodens 1. das Verhalten des Bodens zum Wasser. (Praktische Ergebnisse: Um den Wasservorrat möglichst zu vergrößern und zu erhalten, sollten die Lehme und sandigen Lehme, die Klee- und Weizenböden so tief wie möglich im Herbst gepflügt werden. Von Zeit zu Zeit, wenigstens einmal im Laufe des Fruchtfolgeturnus, sollte auch der Untergrund so tief wie möglich mit dem Untergrundpfluge aufgelockert werden. Bei den sandigen Böden, dem Kartoffel-, Roggen- und Haferboden, sollte die Pflugtiefe nicht größer sein, als zum Reinhalten des Ackers unbedingt nötig ist. Tieferes Arbeiten zerstreut die spärlichen tonigen Teile der Krume so sehr, daß das an sich geringe kapillare Hebungsvermögen des Bodens gänzlich aufgehoben wird. Im Frühjahr und zu Anfang des Sommers ist es notwendig, mit der Bodenfeuchtigkeit ganz besonders haushälterisch umzugehen. Nach oberflächlicher Lockerung des Bodens für die Frühjahrsbestellung durch den Grubber sollte vor oder kurz nach dem Drillen die Kapillarität durch Anwendung der schweren Walze wiederhergestellt, zugleich aber mittels leichter Egge die Ausdunstung der Oberfläche niedergehalten werden. Schrindstellen sollten nach der Bestellung mit dünn gestreutem, frischem Stallmist überdeckt werden, um die Feuchtigkeit im Boden zurückzuhalten.) 2. Die Bodenwärme (zu deren Verbesserung die Dränage der schweren Böden besprochen wird. Bei den leichten Böden, welche infolge ihres Hanges nach S und SW sich zeitig erwärmen, wird die zeitige Bestellung im Frühjahr empfohlen, damit bei einsetzender Sommerdürre der Bestand bereits voll entwickelt ist.) 3. Das Aufspeicherungsvermögen des Bodens für Pflanzennährstoffe. F. Beziehungen des Kulturbodens zu den wesentlichsten land- und forstwirtschaftlichen Gewächsen. G. Bodenzustand und Nutzungswert. (Die Besitzung hat bei 92 ha Gesamtanbaufläche $^1/_3$ Sandboden. Diese erhebliche Menge nicht kleefähigen Bodens wird durch das günstige Wiesenverhältnis nur z. T. ausgeglichen. In trockenen Sommern treten 8—10 ha Schrindstellen auf. Die Verteilung ist zudem ungleichmäßig und die 19 Schläge sind uneinheitlich. Infolgedessen wird Verkleinerung und Vermehrung der Schläge vorgeschlagen und auf der Schlägekarte durchgeführt. Etwa 20 ha des geringen Bodens ließen sich zwar aufforsten, aber dadurch würde das die Verzinsung der Gebäude und Einrichtungen aufbringende Acker- und Wiesenland zu klein.) H. Boden- und Meliorationsmittel. (Hier ist eine Tabelle angegeben, die über die Wirkung der Raine hinsichtlich ihres Einflusses auf das Abschwemmen der Krume unterrichtet. Im Anschluß daran werden die auf der Boden- und Schlägekarte angegebenen Schutzvorrichtungen begründet. Die Herstellung der flachen „Mulden" geschieht mit Hilfe des Pflügens.) Die Verbesserung des Sandbodens mit Lehm ist nur an einigen kleinen Stellen möglich. Die Böden sind allgemein humusarm, infolgedessen wird in weitgehendem Maße, besonders auf den Sandböden, die Meliorierung mit Gründüngungspflanzen empfohlen. I. Fruchtfolge. J. Düngung. (Nach dem Ergebnis von Analysen wird auf Kalkarmut und starkes Kalkbedürfnis geschlossen.)

Nach J. HAZARDS Angaben ist das Gut melioriert und neu eingeteilt worden, die von ihm vorgeschlagene Fruchtfolge wurde eingeführt. Das Ergebnis war im ersten Jahre befriedigend, im zweiten gut.

Ebenso gründlich und restlos ist die Durcharbeitung der Forstkarten, von welchen J. HAZARD zwei Aufnahmen mitteilt. Es sind die des Wermsdorfer Waldes (Sektion Dahlen der geologischen Spezialkarte Sachsens) und die der Westhälfte der Dresdener Heide (Sektion Dresden und Moritzburg), von welchen beiden 2 bzw. 3 Karten veröffentlicht wurden. Die zwei Karten des Wermsdorfer Waldes sind eine Gesteins- und eine Bodenkarte, die drei der Dresdener Heide eine Gesteins-, eine Boden- und eine Bestandeskarte.

Die Gesteinskarte des Wermsdorfer Waldes im Maßstabe 1:30000 unterscheidet mehrere Porphyrarten und Porphyrtuff, eine quarzitische Grauwacke, drei Lehme, nämlich Geschiebelehm, Wiesenlehm, sandigen Lehm, einen Sand und zwei steinige Sande, nämlich einen scharfsandig-steinigen Grus in abschüssiger Lage, lehmigen Grus und Sand. Die sandigen Lehme sind durch Schraffur in drei Gruppen nach ihrer Mächtigkeit und nach den Unterlagerungen von durchlässigen Gebilden eingeteilt, und zwar die Geschiebelehme entsprechend in zwei. Von diesen und dem Sande sind tiefe, zeitweilig recht nasse Lagen besonders bezeichnet. Vom Wiesenlehm wird die Mächtigkeit und der hohe Grundwasserstand angegeben. Die Bohrstellen sind markiert und mit danebenstehenden Zahlen die Mächtigkeit der oberflächlichen Schicht über dem anders gearteten, durch die Signatur bezeichneten Untergrund ausgedrückt. Die Höhenschichtlinien haben einen Abstand von 2,5; 5 oder 10 m.

Das Gebiet fällt in den Bereich des nördlichen Randes des nordsächsischen Hügellandes, welcher den Übergang zu diesem und dem norddeutschen Flachlande vermittelt. Der Wald liegt auf einer Hochfläche der Wasserscheide zwischen Elbe und Mulde und wird von drei Bächen entwässert. Im Osten wird der Collenberg mit 280 m Meereshöhe berührt. Nach Westen und Nordwesten senkt sich das Gelände auf 150 m Meereshöhe, wobei im ganzen die höheren Erhebungen mit 170—190 m im Süden und im Mittelteil stehen bleiben. Die Niederschläge betrugen nach den Angaben zweier etwas südlich gelegenen Stationen im Mittel des Jahrzehnts 1886—1895 588—593 mm, die Mitteltemperatur 8,1 bzw. 7,8°. Ursprünglich mit schlecht bewirtschaftetem Mittelwald bestanden, wurde das Gebiet vor 1820 rationell bewirtschaftet, und zwar zunächst mit Kiefern, welche den Boden bald verbesserten, so daß man noch vor Ablauf des angesetzten Umwandlungszeitraumes zum Anbau von Fichten, der Hauptholzart um 1900, überging und bereits um 1850 in den besten Lagen Eichen anpflanzte.

Von den Porphyrarten liefert der Pyroxenquarzporphyr bei ebener hoher Lage und bis zu einer Abdachung von 1:7,5 einen leichten Fichtenboden, welcher sich zum Anbau der Fichte in geschlossenen Beständen eignet. An steileren Hängen mit scharfsandig-steinigem Grus gedeiht die Fichte nur noch als Unterholz in Kiefernbeständen, es ist Birkenboden. Mehrfach macht sich an den exponierten Partien der Porphyrdecke zugleich der Einfluß der Abdachungsrichtung geltend, indem die Fichte an Nordhängen noch bei größerer Neigung, als allgemein üblich, normal zu gedeihen vermag, während sie an Südhängen bereits bei einer Neigung von etwa 1:9 von der Kiefer gänzlich unterdrückt wird. In tieferen Lagen liefert der Pyroxenquarzporphyr wegen des dort höheren Tongehaltes seines Gruses einen Boden, in welchem außer den genannten Holzarten auch Rotbuchen und Weißtannen gut gedeihen (Rotbuchenboden). Die sauren Quarzporphyre weichen etwas von dem Pyroxenquarzporphyr ab. Ihre zu klein- bis mittelkörnigem Gruse zerfallenden Varietäten sind bei ebener hoher Lage und bis zu einer Neigung von 1:10 zum Anbau von Fichte und Lärche sowie der mit einem geringeren Boden vorlieb nehmenden Birke und Kiefer geeignet (leichter Fichtenboden). Bei steileren Böschungen gedeiht zwar die Birke noch normal, die Fichte aber nur noch als kümmerliches Unterholz in Kiefernbeständen (Birkenboden). Die Porphyrtuffe liefern wegen ihres verhältnismäßig raschen Zerfalles unter der Einwirkung der Atmosphärilien einen zum Anbau der Fichte in geschlossenen Beständen geeigneten leichten Fichtenboden, welcher sich nur an einem Steilhange zu Birkenboden verschlechtert.

Der sandige und der lehmige Grauwackenboden liefern auf einer Platte und ihrer nördlichen Abdachung Fichtenboden, an steileren Lehnen nur noch Birkenboden und an dem ganz steilen Fuße des Berges Kiefernboden.

Die Kiese und Sande sind auf diesem Rücken Birkenboden, bei stärkerer Oberflächenneigung und zugleich südlicher Abdachung selbst für Unterholzschichten zu trocken und nur für den Anbau der Kiefer tauglich, dagegen in einem Talausstrich infolge zeitweilig hohen Grundwasserstandes für normale Fichten geeignet.

Der tiefgründige Geschiebelehm ist bei ebener hoher oder bei geneigter Oberfläche schwerer Fichtenboden, für Rotbuche und Weißtanne ist er zu naßkalt, für Rotbuche und Eiche im Sommer zu trocken. Nach dem Anbau überholt die Kiefer anfangs die Fichte, später dreht sich das Verhältnis, besonders in feuchten Einsenkungen, um. In solchen gedeihen außer der Birke auch noch die Eiche und Erle (Eichen- und Erlenboden). Der flachgründige Geschiebemergel über schwer durchlässigem Ton ist für die Fichte geeignet, für Weißtanne und Rotbuche zu naßkalt und für die Laubhölzer mit Ausnahme der Birke im Sommer zu trocken. Flache Einsenkungen mit zeitweilig hohem Grundwasserstande weisen wieder Eichen- und Erlenboden auf.

Die sandigen Lehme von 3—5 dm Mächtigkeit vermögen nur Kiefern, Birken und kümmerliche Fichten in Kiefernbeständen zu tragen (Birkenboden). Bei einer Mächtigkeit von 5—10 dm gedeihen schon normal ausgebildete Fichten (leichter Fichtenboden). Die größere Mächtigkeit von 10—15 dm findet sich hauptsächlich in tieferen Lagen und am Fuße flacher Böschungen und vermag auch Rotbuche und Weißtanne zu produzieren. Die feinsandigen Wiesenlehme der Taleinschnitte besitzen in hohem Grade die Eigenschaft, das in ihrem aus Kies, Sand und Geröllschutt bestehenden Untergrund zirkulierende Wasser zu heben und der Pflanze zugänglich zu machen. In den oberen wannenartigen Talenden hält dieser Lehm das aus der Nachbarschaft zufließende Meteorwasser besonders hartnäckig zurück und begünstigt, wie auch in den anderen Vorkommen, das Gedeihen der Fichte und sämtlicher Laubhölzer mit Ausnahme der Rotbuche. Die Kiefern zeigen massigen Wuchs, aber häufig krumme Stämme und ein meist nur zu Brennmaterial taugliches Holz (Eichen- und Weidenboden).

Auf Grund dieser eingehenden Beobachtungen ist die Bodenkarte des Wermsdorfer Waldes gezeichnet, welche folgende Bodengattungen enthält: Kiefernboden, Birkenboden (Kiefer, Birke sowie mittelmäßige Fichten), leichten Fichtenboden (Kiefer, Birke, Fichte, Lärche), schweren Fichtenboden (Kiefer, Birke, Fichte, Lärche), Rotbuchenboden (die vorigen, ferner die Rotbuche und die Weißtanne), Eichen- und Erlenboden (Kiefer, Fichte, Birke, Eiche, Erle), Eichen- und Weidenboden (Kiefer, Fichte und sämtliche Laubhölzer mit Ausnahme der Rotbuche). Am stärksten verbreitet ist der leichte, dann der schwere Fichtenboden, dann folgen in weitem Abstande Rotbuchen- und Eichen- und Weidenboden. Birkenboden und Eichen- und Erlenboden sind nur noch spärlich und Kiefernboden nur an zwei kleinen Stellen vertreten.

Ein anderes Bild gewähren die Karten der Dresdener Heide im Maßstabe 1:25000. Das Gebiet gehört zu der Elbtalwanne nördlich von Dresden und zu der angrenzenden Hochfläche, welche von der Elbe, der Prießnitz und der Röder entwässert werden. An Gesteinen sind Granite, Quarzbiotitfels, Biotitgneis, Geschiebe- und Wiesenlehme, von Sanden Höhen-, Fluß-, Wiesensand und flachgründiger steiniger Grus, ferner lehmiger Grus und Sand vorhanden. Die Untergrund- und Grundwasserverhältnisse sind in ähnlicher Weise angegeben wie auf der Wermsdorfer Karte. Das stärker zerschnittene Gelände dacht sich von Ost nach West und Südwest aus 250—210 m Meereshöhe ab, dann kommt ein Steilrand, an welchem es bis etwa 150 m abfällt. Der tiefeingeschnittene Flußlauf der Prießnitz, verläßt das Gelände bei 120 m. Der überwiegende trockene und tiefe Sand tritt auf der Bodenkarte als Kiefernboden in die Erscheinung, doch ist auf den Granitplatten und an ihren flacheren Hängen auch ziemlich viel leichter Fichtenboden, auf der Sohle des Prießnitztales überwiegend Tannenboden (Kiefer, Birke Fichte, Lärche und Weißtanne) vorhanden. Außer den übrigen Bodengattungen des Wermsdorfer Waldes wird noch Kiefern- und Fichtenboden angegeben, welcher für Kiefer, Birke und Fichte geeignet ist. Er ist ein vorzüglicher Standort für Kiefern und für die Produktion mittelmäßiger, brauchbarer Durchforstungshölzer, wie Fichten, und zwar sind es in der Hauptsache die Sandböden mit ziemlich tiefem Grundwasserstande, während sie bei ziemlich hohem Grundwasserstande Tannen- und bei hohem Grundwasserstande nassen Fichtenboden liefern.

Die Bodenkarte in der Art des Vorschlages von HAZARD zeigt im Einzelnen erhebliche Unterschiede gegenüber der Bestandeskarte. Auf dieser werden angegeben: Kiefernbestände; Kiefernbestände mit Fichtenunterholz; überständige Kiefernbestände, in besseren Bodenarten mit eingesprengten Birken und Fichten bzw. Weißtannen und Rotbuchen; Fichtenbestände sowie durch Läuterung in reine Fichtenbestände verwandelbare Mischbestände von Kiefern und Fichten; jugendlicher Lärchenbestand; Eichenbestände; Kulturen sowie unbewaldete Flächen. Die überständigen Kiefernbestände sind Überreste der älteren, welche durch Selbstbesamung regeneriert sind. In ihnen finden sich häufig solche Holzarten eingesprengt, welche für die Beurteilung des Anpassungsvermögens der einzelnen Baumsorten an ihre Unterlage besonders wertvoll sind. Über die Auswahl der angebauten Holzarten teilt J. HAZARD die folgenden ausschlaggebenden wirtschaftlichen Gesichtspunkte der Forstverwaltung mit. Zu Anfang des 19. Jahrhunderts diente das Holz wesentlich nur zur Feuerung; infolgedessen bildete die Kiefer neben hier und da vorzugsweise gedeihenden Bauhölzern, die bei weitem vorherrschende Holzart. Als später die Aussaat künstlich vorgenommen wurde, verdrängte die Kiefer die Laubhölzer völlig. Häufig wurden auch Fichten ausgesät und auf den besten Bodengattungen für sich angebaut. Die übrigen Fichtenbestände stammen erst aus dem Anfang der achtziger Jahre des 19. Jahrhunderts. Neben der großen Nachfrage nach Fichtennutzholz hat sich dann die Notwendigkeit ergeben, den Anbau der Kiefer wegen der sie vorzugsweise befallenden Schädlinge tunlichst einzuschränken. Nicht selten wird auch die Dresdener Heide von Waldbränden heimgesucht. Um solche elementaren Ereignisse möglichst zu lokalisieren, wird der Prießnitzgrund größtenteils mit Eichen sowie zahlreiche netzförmige schmale Streifen mit Birken angepflanzt. Die in jener Zeit bedeutend gestiegenen Löhne für Läuterungsarbeiten vermag der Holzertrag nicht mehr zu decken. Der Forstmann sieht sich infolgedessen gezwungen, überall dort, wo er den Boden für geeignet erachtet, direkt mit der Anlage reiner Fichtenbestände statt der alten Mischungen vorzugehen, ein Umstand, der besonders dazu dienen sollte, jede auf wissenschaftlicher Grundlage ruhende Erfahrung zu berücksichtigen, um vor Zeit und Geld kostendem Experimentieren geschützt zu sein. Zur Beseitigung aller dieser Schwierigkeiten soll HAZARDS Bodenkarte dienen, welche, ohne zu experimentieren, dem Forstmann die richtigen Holzarten für die dazu geeigneten Böden auswählen hilft, zumal sie ihm überall auf Grund der wirtschaftlichen Gesichtspunkte die notwendige Auswahl zwischen den verschiedenen Holzarten gestattet.

Wie in diesen Kartenarbeiten, so ist auch in den analytischen Untersuchungen J. HAZARD eigene Wege gegangen, deren Ergebnisse für die Bonitierung der Böden erfolgreich herangezogen wurden.

Die weitere Entwicklung der Bodenkartierung. Außer den bisher besprochenen Karten sind in Deutschland eine große Anzahl herausgegeben worden, die mehr oder weniger von jenen abweichen oder ganz eigene Wege einschlagen.

M. FESCA[1] hat kurz nach der Veröffentlichung der ersten geologisch-agronomischen Karten 2 Gutskarten ausgearbeitet, in welchen sich nur geringfügige Abweichungen von dieser feststellen lassen. So gibt er der geologischen Formation die Farbe und den daraus entstandenen Böden Signaturen in der gleichen Farbe. Es sind Gebirgsblätter mit älteren Formationen. Ferner sind die am Rande stehenden Profile mit römischen Ziffern in die Karte eingetragen. Der Maßstab der Veröffentlichung ist 1:5000 und 1:10000. Der analytische Teil der Erläuterungen ist besonders ausgedehnt. Auf Kurventafeln sind die Schwankungen des Grundwasserstandes mitgeteilt.

A. BAUMANN[2] hat mehrere forstliche Bodenkarten ausgeführt, die zwar auch die rein gesteinskundliche Auffassung der Böden tragen, aber von der geologisch-agronomischen in einem noch zu erörternden wesentlichen Punkte abweichen. Die Einteilung umfaßt in der Bodenkarte Behringersdorf zunächst nur die Bodenarten Sand, Lehm und sandigen Lehm, Ton und Humus. Die Unterteilung richtet sich nach dem Profil. Zum Beispiel sind die Sandböden eingeteilt in a) feinkörniger Sand (Alluvialsand) mit rotem tonigem Lehm (Keuperletten) im Untergrund; b) Sand mit Sandstein im Untergrund (teils oberer, teils mittlerer Keuper); c) Sand (im Alluvialgebiet des Langwassergrabens) feinkörnig, z. T. humushaltig und schwach lehmig, übergehend in grobkörnigen Sand mit Grundwasser in einer Tiefe von 150—200 cm. Der Sandboden a ist nach der Mächtigkeit der Sandbedeckung über den Keuperletten untergeteilt in 10—100 cm, 100—200 cm, über 200 cm mächtig. So ergeben sich im ganzen 5 Profile der Sandböden, die am Rande abgebildet sind. Ähnlich ist es mit den auf der Karte verbreiteten Lehm- und Tonböden und den Humusböden. Sumpfige oder regelmäßig feuchte Stellen sind besonders markiert. Alle Bohrungen sind in die Karte eingetragen und die Profilzeichen bei jedem Bohrpunkt angegeben. Die Topographie ist einfach, der Maßstab 1:20000. Die anscheinend später gedruckte Bodenkarte vom Hauptmoorwald bei Bamberg ist in der Zeichnung gröber, in der Farbengebung weniger fein als die des Nürnberger Reichswaldes. Bei den Bodenarten fehlt die zusammenfassende Oberteilung. Der feinkörnige Alluvialsand über Keuperletten wird noch näher als Flugsand mit sehr geringem Tongehalte und arm an Nährstoffen ge-

[1] FESCA, M.: Die agronomische Bodenuntersuchung und Kartierung auf naturwissenschaftlicher Grundlage. Mit 1 agronomischen Karte des Rittergutes Crimderode. Berlin 1879. — Beiträge zur agronomischen Bodenuntersuchung und Kartierung. Mit 1 Kurventafel und 1 agronomischen Karte des Rittergutes Linden bei Wolffenbüttel. Berlin 1882. Vgl. auch E. BLANCK: Über die Bedeutung der Bodenkarte für die Bodenkunde und Landwirtschaft. Fühlings Landw. Ztg. 60, 129, 132—133 (1911).

[2] BAUMANN, A.: Bodenkarte vom Nürnberger Reichswald I. Kgl. Forstamt Behringersdorf. Chem. bodenkundl. Labor. Kgl. Forstl. Versuchsanst. München. (Ohne Jahreszahl.) — Bodenkarte vom Hauptmoorwald. Kgl. Forstamt Bamberg Ost. Ebenda.

kennzeichnet. Sonst sind noch einige andere Formationsbezeichnungen vorhanden. Im ganzen ist aber kein prinzipieller Unterschied von der Karte des Nürnberger Reichswaldes. Die Hauptabweichung von den geologisch-agronomischen Karten liegt darin, daß hier der Boden von oben nach unten gesehen ist, d. h. vom Boden nach der etwas nebensächlicher behandelten geologischen Formation hin, während die geologisch-agronomischen Karten ihn von unten nach oben auf Grund der geologischen Formation aufbauend darstellen. Diese grundsätzlich andere Einstellung ist bodenkundlich die richtigere, denn bei der geologisch-agronomischen Karte ist die geologische Formation mehr in den Vordergrund gestellt, als es sich bodenkundlich rechtfertigen läßt. Gewiß ist unter Umständen die geologische Dauer der Bodenbildung, die man allerdings von der geologisch-agronomischen Karte nicht direkt entnehmen kann, ein wichtiges Moment für die Erklärung mancher Bodeneigenschaften, sicherlich erleichtert die Kenntnis der Zugehörigkeit des bodenbildenden Gesteins zu den Formationen die Vorstellung der ursprünglichen Gesteinseigenschaften. Zum Beispiel haben die Sandsteine der verschiedenen Formationen verschiedene Körnigkeit und verschiedenes Bindemittel. Die Zusammensetzung der Kalksteine, der Tone usw. ist ebenfalls so verschieden, daß auch verschiedene Böden daraus entstehen müssen. Aber im einzelnen ist diese Tatsache keineswegs so weit geklärt, daß man darauf mit Sicherheit aufbauen könnte, sondern es ist die allgemeine Tatsache als solche nur bekannt. Für die bodenkundliche Kartierung genügt an sich durchaus die Feststellung der geologischen Formation, wie sie A. Baumann vorgenommen hat.

Wesentlich andere Grundsätze als die bisher besprochenen hat R. Heinrich[1] bei seinen Kartenaufnahmen in Mecklenburg befolgt. R. Heinrich lehnt die historisch-geologische Grundlage bei der praktischen Bodenkartierung ab. Er äußert sich dazu: „Daß die Bodenkartierungen für die landwirtschaftlichen Zwecke in den letzten Jahrzehnten nicht weitergekommen sind, hat wohl darin seinen Grund, daß die Lehre ‚Bodenkunde ist Geologie' viel zu schroff in den Vordergrund gestellt wurde. Der Landwirt bedarf seiner Bodenkarten zur Beurteilung der Kultur der Pflanze und die letzteren machen Ansprüche an physikalische und chemische Beschaffenheiten des Bodens, die auf Karten, welche einer geologischen Darstellung dienen sollen, nicht dargestellt werden können. Die geologisch-agronomischen Bodenkarten bieten eine Vielheit von Bodenschichten, deren Kenntnis zwar für die geologische Wissenschaft von höchster Bedeutung, für die Landwirtschaft aber unwesentlich ist." R. Heinrichs Gutskarten haben größere Maßstäbe als die Meßtischblätter, z. B. Blatt Melkof 1:7818,8. Dargestellt sind die Bodenarten mit Farben und darauf mit Signaturen einerseits die Wasser- und Durchlüftungsverhältnisse, andererseits der Gehalt an Kali, Kalk, Phosphorsäure und Stickstoff. Ein genaues Nivellement ist durch Höhenlinien mit 1 m oder sogar 0,2 m Abstand eingetragen. Ferner stehen am Rande der Karten, z. T. auch im Text, Bodenprofile, welche („da, wo es galt, die unteren Bodenschichten kennen zu lernen") mit Hilfe von Bohrungen bis 2 m tief festgestellt wurden. Bemerkenswert ist hierbei die Aufnahme der Wasser- und Durchlüftungsverhältnisse und der Nährstoffe K, P, N in die Karten und ihre Darstellung. Diese sind mit bunten Strichelchen von links oben nach rechts unten eingetragen, und zwar bedeutet ein jeder Strich von jedem der Nährstoffe 0,01—0,05 Gewichtsprozente, zwei dünne Striche 0,06—0,10%, drei dünne Striche 0,11—0,20%, ein dicker Strich 0,21—0,30%, zwei dicke Striche 0,30—0,50%, drei dicke

[1] Heinrich, R.: Landwirtschaftliche Bodenkarten. Rostock 1910. 3 H. m. 5 Karten. — Vgl. auch H. Stremme: Die Bodenkarten der landwirtschaftlichen Versuchsstation zu Rostock. Geol. Rdsch. 4, 389—393 (1913). — Grundzüge der praktischen Bodenkunde, S. 239—247. Berlin 1926. — Ferner E. Blanck: a. a. O., S. 140—143.

Striche mehr als 0,50%. Bei den etwa 20 Jahre vor der Herausgabe liegenden Vorarbeiten war zunächst der absolute Gehalt der Böden an diesen Nährstoffen analytisch im Laboratorium ermittelt und auf die Karten eingetragen worden. Aber der Veröffentlichung sind die Salzsäureextrakte nach der Vorschrift der landwirtschaftlichen Versuchsstationen zugrunde gelegt, weil die Erfahrung gezeigt hatte, daß die absoluten Zahlen in keinen klaren Zusammenhang mit dem Nährstoffbedürfnis der Pflanzen auf den betreffenden Böden zu bringen sind. In den Erläuterungen wird zu den Zahlen der Karte ein Schema mitgeteilt, welches die Übertragung der Zahlen in das landwirtschaftlich-praktische ermöglicht. Auf Grund vieler hundert Gefäß- und Felddüngungsversuche entspräche für das norddeutsche Schwemmland:

	Der Gehalt in fruchtbaren Böden: (Düngung nicht oder schwach wirksam) %	Große Armut in den Böden: (Düngung stark wirksam) %
Stickstoff	0,12—0,2 und mehr	0,1 und weniger
Kali	0,1 —0,2 ,, ,,	0,08—0,05 ,, ,,
Kalk	0,2 —0,3 ,, ,,	0,1 ,, ,,
Phosphorsäure	0,1 —0,2	0,05 ,, ,,
Schwefelsäure	nachweisbare Spuren genügen	

Es wäre richtig gewesen, wenn R. HEINRICH statt der Zahlendarstellung diejenige ihres landwirtschaftlichen Wertes in die Karte eingetragen hätte, wie er selbst in einer Anmerkung für zukünftige Fälle vorschlägt. Man würde zu diesem Zweck mit drei Zeichen für Mangel, mittleren Gehalt und reichen Gehalt auskommen.

Nicht aber sind die Wasser- und Durchlüftungsverhältnisse im Laboratorium bestimmt. R. HEINRICH lehnt alle Laboratoriumsbestimmungen dieser Art ab und bedient sich der Schätzung, welche noch immer einen besseren Anhalt für die tatsächlichen Wasserverhältnisse ergäbe, als wenn man ihre einzelnen Faktoren, wie rasche oder langsame Durchlässigkeit, Wasserkapazität, Kapillarität, Schichtenmächtigkeit, Lage des Bodens zur Umgebung zur Darstellung brächte. Die Schätzung ist nach den folgenden 10 Klassen vorgenommen:

1. Sehr trocken. Brandstellen, Flugsand. Bei günstigem feuchtem Wetter Kartoffeln und Lupinen tragend.
2. Noch trocken. Kartoffel- und mäßiger Roggenboden, Weizen kann nicht gebaut werden, weil nicht feucht genug.
3. Günstige Feuchtigkeitsverhältnisse für die Pflanzenkultur, Hafer- und Gerstenboden.
4. Weizenboden.
5. Tiefgründiger Weizenboden, Rübenboden bester Qualität.
6. Von hier ab ist der Boden mehr feucht; er trägt noch gut Weizen, ist aber infolge seiner größeren Feuchtigkeit schon zu graswüchsig, besitzt deshalb auch meistens etwas humosere Ackerkrume. Weideland.
7. Gewöhnliches Getreide kann nicht mehr angebaut werden, weil zu graswüchsig. Es treten die bekannten Unkräuter für feuchte und nasse Böden (Mentha, Valeriana u. a.) mit ihrem charakteristischen Geruche auf. Wiesenland.
8. Der Boden ist so feucht, daß man eben noch darauf fahren kann. Hier und da zeigen sich Phragmites und ähnliche feuchten Boden liebende Pflanzen.
9. Naß. Man kann auf dem Boden eben noch gehen, aber nicht fahren. Es finden sich vereinzelte Sumpfpflanzen.
10. Sumpf. Stehendes Wasser. Selbst bei trockenem Wetter ist die betreffende Fläche nicht mehr zu begehen, sie trägt nur Sumpfpflanzen.

Die Klassen 1—5 entsprechen dem Trockenlande (Getreide-Hackkultur), Klassen 6—10 dem Naßlande (graswüchsig), daher Wiesen und Weiden bis zum Sumpf. Dargestellt sind diese Wasserverhältnisse durch von rechts oben nach links unten laufende blaue Linien, die im rechten Winkel zu den Nährstoffstricheln stehen. Es werden 1—5 Linien verwendet, es sind also immer zwei der Klassen zusammengezogen, nur auf der zuletzt aufgenommenen Karte ist die 3. von der 4. und die 5. von der 6. besonders unterschieden worden. Die Zusammenfassung der Klassen auf den Karten lautet: trocken (Gersten- bis mäßiger Weizenboden Klassen 3 und 4), normal, tiefgründig (Weizenboden Klasse 5 und 6), feucht (Grasland, Klasse 7 und 8), sehr feucht (Klasse 9), naß (mit Flächendarstellungen für Sumpf, stehendes Wasser, fließendes Wasser). — Auch bei dieser Angabe könnte man glauben, daß an Stelle der Wasserlinien besser die flächenartige Darstellung der Bodeneignung gewesen wäre, wie sie J. HAZARD vorgenommen hat.

Einen speziellen Berührungspunkt mit der Kartierung des Agrikulturchemikers R. HEINRICH in Mecklenburg hat die der Landwirte H. KNAUER und J. WEIGERT[1] in Unterfranken (Bayern). Die Farben sind allerdings teils historisch-geologischen Bezeichnungen, wie Alluvium und Lettenkohle, teils Bodenarten, wie Lehm und Lößlehm, reserviert. In diese ist mit bläulichen Strichen von rechts oben nach links unten die Bindigkeit eingetragen. Fünf Striche bedeuten schwerste Lehmböden, vier lettigen und schweren Lehm, drei mittlere Lehmböden und bindige lößartige Lehme, zwei milde lößartige Lehme, senkrechte Striche schwersten Letten bis reinen Ton. Diese Bindigkeitsfeststellungen erinnern an R. HEINRICHs Wasser- und Durchlüftungsschätzungen. Signaturen stellen dar: Wiese, nasse Wiese, Wald; humushaltig, humos; Torf; Kalksand, kalksandreich und Steine (Kalksteine). Am Rande der Karte stehen zahlreiche Profile, deren Lage mit unterstrichenen Nummern im Gelände angegeben sind. Nicht unterstrichene Zahlen sind die der Bohrlöcher, deren Verzeichnis im Text aufgeführt ist. Die Arbeit hat ein Vorwort des Professors für Landwirtschaft C. KRAUS, in welchem allgemein zur Frage der landwirtschaftlichen Bodenkarte Stellung genommen und deren Notwendigkeit vom Standpunkte des Landwirtes aus begründet wird.

In einer Reihe von Arbeiten von 1917—1920 hat H. NIKLAS[2] vorgeschlagen, die Ergebnisse der Agrarstatistik[3] für die Bodenkartierung nutzbar zu machen. Die Arbeiten gipfeln in einer Karte (ohne Maßstabangabe), welche die Verbreitung der schweren und leichten Böden in Bayern darstellt. Benutzt wurde dazu die Statistik aus den 434 landwirtschaftlichen Erhebungsbezirken, welche zu 7 Gruppen zusammengestellt werden konnten: 1. Erhebungsbezirke mit überwiegend schweren Böden (teils Weizen-, teils Wiesenböden, keine Gerstenböden). 2. Erhebungsbezirke mit überwiegend schweren Böden, die indes auch für Gerste größtenteils noch geeignet sind (Weizenböden, fast Gerstenböden). 3. Erhebungsbezirke mit überwiegend mittleren Böden (ausgesprochene Gerstenböden). 4. Erhebungsbezirke, bei denen weder die schweren noch die leichten Böden über-

---

[1] KNAUER, H. u. J. WEIGERT: Landwirtschaftliche Bodenkarte des Gutes Gelchsheim in Unterfranken. Geognost. Jh. München **1914**, 215—248, 1 Karte.

[2] NIKLAS, H.: Neue Grundlagen und Wege zur Erhöhung der Bodenproduktion Deutschlands. Internat. Mitt. Bodenkde Berlin **1917**, 1—38. — Anbau und Ernte Bayerns und deren Beziehungen zu den geologischen und klimatischen Verhältnissen. Mit 17 Farbentafeln. Hrsg. v. Kgl.-Bayr. Statistischen Landesamt. München 1917. — Die Verbreitung der leichten und schweren Böden in Bayern. Mit 1 Karte. Ztschr. Bayer. Statist. Landesamt **1920**, H. 1, 1—4. — Übersicht über Bayerns Bodenverhältnisse. Forstwiss. Zbl. **1920**, 123—135.

[3] Siehe hierüber auch die grundsätzliche Untersuchung von F. WALTER: Karte und Statistik mit besonderer Berücksichtigung der Landwirtschaftsstatistik. Mitt. Reichsamts f. Landesaufnahme 5 (1929/30).

wiegen (alle Kulturarten sind ziemlich gleichmäßig anbaubar). 5. Erhebungsbezirke, bei denen weder die leichten noch die mittleren erheblich überwiegen (Hafer- und Roggenböden mit mittlerem Gerstenbau). 6. Erhebungsbezirke mit überwiegend leichten Böden (Roggen- und Haferböden). 7. Erhebungsbezirke, bei denen alle Bodenarten unter dem Einfluß von klimatischen Verhältnissen, insbesondere der Niederschläge, zu Wiesenböden werden (ausgesprochene Wiesenböden). — Die Statistiken sind nach Erhebungsbezirken, also nach politischen Einheiten, verwendet worden. Infolgedessen können auch die aus den Statistiken konstruierten Böden nur nach solchen dargestellt werden. Es ist dies einer der Hauptgründe, weshalb man bisher so selten nach einem Zusammenhang zwischen den Böden und den auf ihnen entstandenen Roherträgen geforscht hat.

In der durch die Benutzung der politischen Einheiten als Grundlage für die Bodendarstellung hervorgerufenen Unsicherheit der Übersicht entspricht diese Bodenkarte Bayerns der aus der Grundsteuerbonitierung Preußens entwickelten Bodenübersichtskarte Preußens von A. MEITZEN. Seit 1906 hat P. KRISCHE[1] diese in einzelnen Teilen neu herausgegeben und sie durch ähnliche Karten der 1866 neu zu Preußen gekommenen Provinzen und der übrigen Bundesstaaten des Deutschen Reiches ergänzt. Alle Teilkarten des Deutschen Reiches wurden 1921 zu einer Gesamtkarte vereinigt, welche die erste Bodenübersichtskarte Deutschlands ist. Ihre Einteilung lautet: Leichter Boden (Sandboden), mittlerer Boden (lehmiger Sand, sandiger Lehm), günstiger schwerer Boden (Marschboden), günstiger schwerer Boden (Lehm- und Tonboden), schwerer Boden (Kalkboden), ungünstiger schwerer Boden (Gebirgsboden), Moorboden.

J. KIENDL[2] hat zusammen mit H. NIKLAS[3] eine Flurbereinigungskarte geschaffen, die sich zwar an die geologisch-agronomische anlehnt, aber doch wegen einiger Besonderheiten genannt zu werden verdient. Diese Karte, im Maßstab 1:10000, zeigt die für die Flurbereinigungszwecke notwendige genaue topographische Darstellung der Feldflur mit ihrer Ackereinteilung. Die Farben sind den geologischen Formationen vorbehalten, und zwar Jura (oberster Malm), Tertiär (tertiäre Süßwasserkalke mit Löß), Quartär (Alluvium), geologisch unbestimmt (sandige und lehmige Albüberdeckung). Mit Buchstaben werden besondere Gesteins- und Formationserscheinungen und Bodenprofile, diese z. T. auch mit Worten, wie Lößlehm über Dolomit, angegeben, desgl. mit Ziffern in weißen Kreisen die Stellen der am Rande stehenden Profile. Wegen der genauen Flureinteilung sind nur wenige Signaturen in die Farben eingezeichnet, die z. B. die Überlagerung der tertiären Kalksteine durch Löß feststellen. Die zahlreichen Profile am Rande sind mit Worten genau erläutert worden, z. B. Profil 13: 40—60 cm humusbrauner, humoser, etwas steiniger (2%), schwach grobsandiger, bindiger Lehmboden mit geringem Kalkgehalt (ca. 1,2%), darunter anstehender Dolomitfels; Profil 21: von 0—45 cm brauner, schwach humoser Lößlehmboden ohne wahrnehmbaren Kalkgehalt, von 45—90 cm Lößlehm, gelbbraun, kalkfrei, von 90 bis 135 cm gelbbrauner kalkarmer Lößlehmboden. Diese genaue Beschreibung gestattet sogar die Bodenentstehungstypen zu vermuten, was übrigens auch bisweilen bei den mit roten Buchstaben auf die Karte gebrachten Bodenprofilen der geologisch-agronomischen Karten möglich ist. Die Profile hat KIENDL jedesmal durch

[1] KRISCHE, P.: Die Verteilung der landwirtschaftlichen Hauptbodenarten im Deutschen Reiche. Mit 19 Karten. Berlin 1921.

[2] KIENDL, J.: Die Flurbereinigung und ihre Beziehungen zur Geologie und Bodenkunde mit agrargeologischer Übersichtskarte der Flurbereinigung Eitensheim. Dissert. München 1921.

[3] KIENDL, J. u. H. NIKLAS: Angewandte Bodenkunde und Flurbereinigung. Wochenbl. landw. Ver. Bayern **1920**, Nr. 2.

Bohrungen festgestellt. Außerdem sind noch 5 größere Querprofile vorhanden. Die klimatischen Verhältnisse, die agronomischen Verhältnisse, nämlich die Böden und ihre Düngung, das Ackerbausystem, Bodenbearbeitung, Düngung, Erntezeit, die Durchschnittsernten auf den (geologisch orientierten) Bodenarten sind ebenfalls kurz auf dem Kartenrande dargestellt. Die Erläuterung zur Karte gibt historische und grundsätzliche Erörterungen über die Flurbereinigung und ihren Zusammenhang mit Bodenkunde und Geologie, ferner die Bedeutung der agrargeologischen Übersichtskarte für die Land- und Volkswirtschaft.

Einige neuere forstliche Arbeiten[1] haben Karten der Bodenarten z. T. solcher forstlicher Art gebracht, welche vereinfachte geologisch-agronomische Karten, aber nicht eigene Aufnahmen, sondern von diesen unmittelbar übernommen, darstellen.

W. WAGNER[2] hat eine Übersichtskarte der hessischen Weinbaugebiete im Maßstabe 1:100000 ausgeführt, in welcher die Weinbaugebiete mit verschiedenen Farben wiedergegeben sind. Die Farben stellen die Böden dar, die in der Farbenerklärung nach den Stichworten als kalkhaltige und kalkfreie Böden zusammengefaßt werden. Unter den kalkhaltigen Böden sind Löß, Flugsand, Rheinschlick mit einer Farbe bezeichnet und mit den Kiessanden gemeinsam zum Diluvium zusammengefaßt. Tertiärböden werden mit verschiedenen Farben unterschieden, so Kalke, untergeordnet auftretender wasserdurchlässiger Mergel, wenig oder völlig für Wasser undurchlässiger Mergel; Sande und Konglomerate. Damit sind die geologischen Formationen die Hauptgrundlage der Darstellung, trotzdem sie nur in Klammern zu den Gesteinsbezeichnungen hinzugesetzt werden.

Von einigen geologischen Landesanstalten werden heute auch Karten von der Verteilung der Bodensäure aufgenommen, von denen man sich praktischen Erfolg verspricht. So hat die Preußische Geologische Landesanstalt eine Karte von M. TRÉNEL[3] gedruckt, welche die Bodensäurekarte einer Gutsfläche im Maßstabe 1:12500 darstellt. Mit Farben ist der Reaktionsgrad der Krume (Azidität) angegeben und zwar in der Art, daß über p_H 7 schwach alkalisch; p_H 6—7 neutral; p_H 5—6 schwach sauer; unter p_H 5 sauer bedeutet. Ferner ist mit Schraffuren ausgedrückt: kalkhaltiger Untergrund; zu hohes Grundwasser für Acker in weniger als 2 m Tiefe, für Wiese in weniger als 0,7 m Tiefe; kalkhaltiger Untergrund und stehende Nässe. In die Karte sind die nach Art der bei der Preußischen Geologischen Landesanstalt üblichen Bohrprofile eingetragen. Darüber steht die p_H-Zahl der Oberkrume. Eine wertvolle Eintragung ist die Beobachtung des Standes der Feldfrüchte zur Zeit der Bodenaufnahme, z. B. in Gestalt von: sehr guter Winterroggen, sehr guter Klee, schlechter Klee, guter Hafer, sehr schlechtes Gras, sehr guter Weizen, sehr hohes Gras, gute Luzerne.

Eine Zusammenfassung eines sehr zahlreichen Kartenmaterials, worunter sich auch Übersichtskarten von Deutschland befinden, gibt P. KRISCHE[4] in einem großen Werk über Bodenkarten, das als ein Beitrag zur neuzeitlichen Wirtschaftsgeographie bezeichnet wird. Es lassen sich von den Karten des Deutschen Reiches nachstehende miteinander vergleichen: P. KRISCHES Übersichtskarte der Hauptbodenarten in der Wiedergabe von A. MEITZEN, H. STREMMES Verbreitung der Bodentypen, E. SCHEUS Karte der Nährflächen, E. WERTHS Karten der

[1] KRUTZSCH, Forstmeister: Bärenthoren 1924. Neudamm 1926. Anlage 4. — HAUSENDORFF, E.: Deutsche Waldwirtschaft. Berlin 1927.

[2] WAGNER, W.: Die Bodenarten der hessischen Weinbaugebiete. Mit Bodenkarte. Darmstadt, ohne Jahreszahl, wahrscheinlich 1928.

[3] TRÉNEL, M.: Untersuchung auf Kalkgehalt und Kalkbedarf des Rittergutes Nemitz. Mitt. bodenkdl. Labor. preuß.-geol. Landesanst., H. 6.

[4] KRISCHE, P.: Bodenkarten und andere kartographische Darstellungen der Faktoren der landwirtschaftlichen Produktion verschiedener Länder. Berlin 1928.

Klimabezirke Deutschlands und der Waldwirtschaft, sowie der floristischen Grundlagen einer Klimagliederung, P. KRISCHES verschiedene landwirtschaftliche Wirtschaftszonen 1926, E. WERTHS Klimabezirke, H. HELLMANNS mittlere Jahresniederschläge, E. WERTHS Temperaturverteilung und Klimagliederung, A. WEGENERS Klimaprovinzen, W. SCHMIDTS vorherrschende Winde, schließlich die kleinen Kärtchen verschiedener Ernten der Jahre 1924 und 1926 und der Kaliverbrauch der deutschen Landwirtschaft.

Kartierung der Bodenbildungstypen. Seit 1922 sind sowohl Spezial- wie Übersichtskarten in ziemlich großer Zahl veröffentlicht worden, welche sich der russischen Aufnahmemethode des Bodenprofils in einer Aufgrabung unter Berücksichtigung der natürlichen Bodenhorizonte bedienen. Die ersten Veröffentlichungen waren Spezialaufnahmen gewidmet[1], und zwar Guts- und Feldversuchskartierungen. In ihnen wurde die Farbe bzw. bei Schwarzdrucken die Schraffur den Bodenarten eingeräumt und in die Farben, flächenartig begrenzt, das Profil mit Buchstaben und statt der Zahlen mit Bewertungspunkten eingetragen. Das Profil wurde nach den natürlichen Bodenhorizonten aufgenommen. Es enthält Angaben über die Krume, den Rohboden, den Untergrund, über Grundwasserabsätze, Kalkgehalt, Wassergehalt, Humusgehalt, Gefüge, Körnigkeit, Durchlüftung, Kulturzustand, Tongehalt, Sandgehalt, Gehalt an Eisenrost, örtliche Lage bzw. Oberflächengestaltung. Mit 1—5 Punkten werden alle diese Eigenschaften bewertet, und zwar bedeutet in der Regel ein Punkt wenig oder das Minimum, fünf Punkte sehr viel oder das Maximum der Eigenschaften, die übrigen Punkte geben Zwischenstufen an. Die Profilaufnahme ist also sehr eingehend. Die Angaben auf den auf die Karte eingetragenen Bodenprofilen sind sehr zahlreich, noch wesentlich zahlreicher und auch anders als die in A. ORTHS Aufnahme von Friedrichsfelde. Es ist für den Fernerstehenden nicht möglich, sie schnell mit einem Blick zu erfassen, was aber auch nicht beabsichtigt ist, denn die für den Pflanzenwuchs wesentlichen Bodeneigenschaften sind so zahlreich, daß man mit den wenigen Angaben der Profile z. B. der geologischen Landesanstalten für die ernsthafte Beurteilung eines Feldversuches oder einer Gutsfläche nicht

[1] STREMME, H. u. K. v. SEE: Über eine landwirtschaftliche Bodenkarte nebst Bemerkungen über die geologisch-agronomische Flachlandaufnahme des Gebietes der Freien Stadt Danzig. Z. dtsch. geol. Ges. **74**, M. 1, 48—57 (1922). — KUHSE, F.: Bodenkarten. Ostdeutscher Naturwart, S. 108—115. Breslau 1924. — STREMME, H.: Die bodenkundliche Kartierung in Deutschland. Etat de l'étude et de la cartographie des sols, S. 51—53. Bukarest 1924. — Verbreitung der Bodentypen in Deutschland. Mémoires sur la nomenclature et la classification des sols, S. 1. Helsingfors 1924. — Pflanzenbau und Bodenverhältnisse (ohne Karte). Danziger Landbund 5, 224—225 (1925). — STORP, R.: Einfluß des Faktors Boden auf Sortenanbau- und Düngungsversuche. Dissert., Danzig 1926. — WOLTERSDORF, J.: Bodenaufnahme des Rittergutes Senslau auf der Danziger Höhe. Dissert., Danzig 1926. — STREMME, H.: Grundzüge der praktischen Bodenkunde, S. 266—279. Berlin 1926. — MEDING, E. v.: Die Bodenaufnahme des Niederungsgutes F. Riemann, Wossitz, und der Versuchsfelder des Versuchsringes der Danziger Niederung. Dissert., Danzig 1927/28. — KONOLD, O.: Der Pflanzenbestand einer Dauerweide und seine Beziehungen zum Boden. Dissert., Danzig 1927. — STREMME, H.: Ausstellung von Bodenkarten des Mineralog.-Geologischen Instituts in Washington. 1. Internat. Bodenkongr. **1927**. — Die moderne Bodenaufnahme im Dienste der Landwirtschaft. In: 25 Jahre Techn. Hochsch. Danzig **1929**, 129—133. — TASCHENMACHER, W.: Der Faktor Bodentypus und seine Bedeutung für die landwirtschaftliche Praxis. Landw. Jb. **1928**. — Die bodenkundliche Kartierung von landwirtschaftlichen Betrieben nach der Methode H. STREMME, ein neues Hilfsmittel für die Anlage von Feldversuchen und die Übertragung ihrer Ergebnisse auf größere Flächen. Z. Pflanzenernährg. usw. B **1928**, H. 7. — Entwicklung der Bodenkartierung landwirtschaftlicher Betriebe und die Möglichkeiten ihrer praktischen Leistung. Mit dem Beispiel des Rittergutes Krzyzanki. Dissert., Danzig 1930. — OSTENDORFF, E.: Die Grundwasserböden des Weichseldeltas. Dissert., Danzig 1930. — HOLLSTEIN, W.: Bodentypus und Waldtypus auf Dünensand. Danzig 1930.

auskommt. Das haben u. a. die Karten von etwa 50 größeren oder kleineren Versuchsfeldern erwiesen, welche F. KUHSE 1925, R. STORP 1925 und E. VON MEDING 1927 aufgenommen haben. Mit Ausnahme eines großen Lupinenversuches, den F. KUHSE kartierte, und bei welchem er während der ganzen Vegetationszeit das Pflanzenwachstum beobachtete und registrierte, ist bei allen übrigen durch die Feststellung der Pflanzenerträge quantitativ erwiesen worden, welche Eigenschaften der Böden sich in den Roherträgen widerspiegeln. Es waren der Gesamthabitus des Bodentyps, die Bodenart, der Humusgehalt und die Mächtigkeit der Krume, sowie örtliche Lage, Wassergehalt bzw. Trockenheit der Krume, des Rohbodens und des Untergrundes, ferner die Bodenarten des Rohbodens und des Untergrundes, Kalkgehalt der Horizonte, Gefüge, Körnigkeit der Bodenarten, Verdichtungen im Rohboden, Kulturzustand, welche sämtlich bei Abweichungen der Erträge eine mehr oder weniger große Rolle spielen, ja, vielleicht reichten nicht einmal bei einigen Abweichungen auch diese Bodeneigenschaften zur völligen Aufklärung aus.

Bei den Gutskartierungen ist stets in grundsätzlich ähnlicher Weise wie bei J. HAZARD an die rein wissenschaftliche Aufnahme der Bodeneigenschaften eine praktische Auswertung angeschlossen worden, sei es, indem an den Rand der Gutskarte unmittelbar die Meliorationsvorschläge eingetragen wurden (E. VON MEDING) oder durch besondere Meliorationskarten (K. VON SEE, F. KUHSE, J. WOLTERSDORFF, W. TASCHENMACHER), die in der Regel Bodenbearbeitungs- und Düngemaßnahmen, bisweilen auch Fruchtfolgevorschläge und Schlägeveränderungen zum Gegenstand haben. Besonders eingehend ist die Durcharbeitung sowohl der Karte wie der Meliorationsvorschläge in dem Beispiel des Gutes Krzyzanki von W. TASCHENMACHER geschehen. Die Karte gibt 13 Böden mit Schraffuren wieder, davon 7 Lehmböden, 2 Lehmböden mit Sanddecke, 7 Sandböden. Die Unterteilung der Bodenarten erfolgt nach Bodentypen, z. B. podsoliger und gleipodsoliger Boden, Grundwasserboden, etwas anmooriger podsoliger und gleipodsoliger Boden, brauner Waldboden, verschieden stark ausgelaugte podsolige Böden. Über die Schraffuren ist eine Farbe mit verschiedenen Nuancen gedeckt, welche die Unterabteilungen in Gestalt von kaum lehmigem Sand, schwach lehmigem Sand, lehmigem Sand, stark sandigem Lehm, schwach sandigem Lehm bezeichnen, und zwar aufsteigend von Hell nach Dunkel. Ohne Farbe sind Brenner gelassen. Da hinein ist in der erwähnten Weise das Bodenprofil gezeichnet, wobei, wie stets bei dieser Profildarstellung, nicht an allen Stellen das ganze große Profil steht, sondern auf der Fläche des Bodentyps ist unter Umständen nur einmal das große Profil angegeben, dafür dann an allen Stellen, an denen Abweichungen vorhanden sind, diese nur mit den abweichenden Eigenschaften bezeichnet werden. Die Aufnahme erfolgte in der Weise, daß zunächst die Flächenkartierung die Bodenarten und die örtliche Lage betraf, und daß gleichzeitig Aufgrabungen zur Feststellung der Bodenhorizonte und ihrer einzelnen Eigenschaften schlagweise erfolgten. Die in den Gruben aufgenommenen Bodenprofile wurden dann durch Handbohrungen über die Fläche verfolgt und ihre Grenzen gegeneinander festgelegt. Das Kartenbild erweist sich auf der großen Karte im Maßstab 1:2500 des 250 ha großen Gutes keineswegs verwirrend, sondern ist ziemlich klar und leicht zu übersehen. Zur weiteren Kennzeichnung der 13 verschiedenen Typen dienen noch 3 Tabellen im Text und als Tafeln, welche die Kulturfähigkeit der Böden und die Ergebnisse etwaiger Neubaueranalysen (Feststellen des Düngebedürfnisses für Kali und Phosphorsäure mit Hilfe der Roggenkeimlingsmethode) und Feldversuche bzw. die wahrscheinliche Veränderung der Bodenreaktion und Begünstigung des Verkrustens durch Kunstdünger bzw. ein zu erwartendes Ausgewaschenwerden der Kunstdünger und die

Möglichkeit ihres Festlegens enthalten. Die Tabellen sind zugleich auch Arbeitsblätter, in welche die späteren Erfahrungen eingetragen werden sollen. Auf Grund dieser sehr gründlichen Bodenkartierung, welche in zwei Vegetationsperioden unter fortwährender Beobachtung des Pflanzenwachstums durchgeführt wurde, sind 3 Meliorationskarten und eine neue Schlageinteilung ausgearbeitet worden. Die Meliorationskarten stellen einen Stallmistverteilungsplan, einen Kalkungs- und einen Bodenbearbeitungsplan dar, wobei als Meliorationsziel „die Annäherung der Bodeneigenschaften an die günstigen des Tschernosemtyps durch Zuführung positiv strukturbildender Materialien (Humus, Kalk) verbunden mit geeigneter Bodenbearbeitung" festgelegt wurde. Auf allen drei Karten konnte entsprechend der Genauigkeit der Aufnahmen auch eine große Genauigkeit der Vorschläge erzielt werden, die dem Landwirt gestattet, über die Reihenfolge, die Kosten und den Erfolg seiner Meliorationsmaßnahmen rechnerische Aufstellung zu machen. Die neue Schlageinteilung ist sehr vorsichtig gehalten. Sie begnügt sich mit der Verbesserung größerer Fehler der alten Schlageinteilung, die darin bestanden, daß z. B. auf einem Schlage drei in größeren Flächen auftretende, z. T. grundverschiedene Typen zusammengefaßt waren. Aus 15 Schlägen von durchschnittlich 65—70 Morgen Fläche wurden 14 von durchschnittlich 55 Morgen für die Rübenrotation und 4 von durchschnittlich 50 Morgen für die Kartoffelrotation zusammengefaßt. Für diese Neueinteilung war auch maßgebend, daß auf Grund derselben die grundsätzliche Abgrenzung einer Rübenrotation erfolgen konnte, welche sich nach der Natur der Böden als notwendig erwiesen hatte. Im Text, der auf 76 Seiten die allgemeinen Grundlagen der Kartierung und die besonderen Notwendigkeiten der Meliorationspläne sehr sorgfältig behandelt, ist auch die alte Bonitierung nach dem Gesetz von 1861 mit einer auf Grund der Bodenaufnahme neu durchgeführten verglichen. Die alte machte nur 3 Unterschiede, die neue allein 7 für die Lehmböden, d. i. also eine wesentlich größere, praktisch ins Gewicht fallende Gliederung. Nach dieser Aufnahme und den Meliorationsplänen wird jetzt seit 3 Jahren praktisch gearbeitet[1].

Bei der Einrichtung der geologischen Landesaufnahme 1930 in Danzig wurden die vorstehenden Erfahrungen mit den Spezialkarten der Guts- und Feldversuchsaufnahmen für die Landesaufnahme benutzt. Außer geologischen und bodenkundlichen Karten im Maßstabe 1:100000 werden durch E. Ostendorff Kartenwerke von Gemeinden im Maßstabe 1:10000 hergestellt, bei welchen die Bodenprofile durch Aufgraben und Studium der Gruben aufgenommen und ihre Grenzen gegeneinander durch Bohrungen verfolgt werden und bei welchen auf alles Laboratoriumsbeiwerk verzichtet wird. Dieser Maßstab ist die untere Grenze bis zu welcher eine rein flächenmäßige, aber für Meliorationsvorschläge noch geeignete Flächendarstellung ohne Eintragung von Einzelprofilen stattfinden kann. Schon bei diesem Maßstabe mußten z. B. für die Kartierung der Gemeinde Strippau, Kreis Danziger Höhe, 36 verschiedene Kombinationen von Farben und Signaturen gewählt werden, um die notwendigerweise darzustellenden Unterschiede der Böden nach Typen und Arten zu erfassen. Dazu kommen noch 4 Signaturen für besondere Erscheinungen. Die 36 Kombinationen verteilen sich auf 7 braune Waldböden, 14 rostfarbige Waldböden, 4 Böden auf Abschlämmassen und 11 Naßböden. Die Unterschiede sind durch Verschiedenheiten des Typus, des Muttergesteins und der Bodenart bedingt. Hierzu werden 5 Beiblätter hergestellt, und zwar eine Humuskarte (Bedürftigkeit und Verteilung von Stallmist und Grün-

[1] Außer den oben angegebenen Gutskarten sind noch 4 weitere, nicht veröffentlichte aufgenommen, darunter die des 600 Hektar großen Versuchsgutes Bornim bei Potsdam durch W. Taschenmacher 1928/29.

düngung), eine Kalkungskarte, eine Kunstdüngerkarte, eine Entwässerungskarte und eine Nutzungskarte, die auf ähnlichen Grundsätzen beruhen wie die Meliorationskarten im Kartenwerk Krzyzankis. Auf solche Weise kann auch die Landesaufnahme unmittelbar praktisch nutzbar gemacht werden.

In Preußen und in Thüringen sind Spezialkarten mit ähnlichen Grundlagen ausgeführt worden. W. WOLFF[1] hat in Ostholstein die Landstelle Brookhorn kartiert. Die Karte ist in Farben bzw. in einem Durchlichtungsdruck, der zu Propagandazwecken vertrieben wird, ausgeführt, sie gibt allerdings in Schraffuren nur die Bodenarten Lehmböden, Sandböden, Tonböden, gemischte Böden, Moorböden an, jedoch sind die einzelnen Bodenarten ziemlich ausführlich erklärt, z. B. Lehmboden in ebener Lage mit genügend lockerer Krume und gut feuchtem Lehmuntergrund, worin vereinzelt sandige Einlagerungen auftreten. Im Text sind dann die Typen als solche bezeichnet. Mit Ziffern zu Doppel- oder einfachen Kreisen sind Aufgrabungen in die Karte eingetragen, deren Ergebnis im Text mitgeteilt wird. Ein kartographischer Verbesserungsvorschlag wird nicht versucht.

Neuerdings ist seitens der Preußischen Geologischen Landesanstalt auf Antrag der Landwirtschaftskammer für die Provinz Pommern eine bodenkundliche Karte des Versuchsgutes Heinrichshof[2] der Landwirtschaftskammer aufgenommen worden. Die Farben geben Bodentyp und Bodenart an. Dazu ist als praktische Auswertung die Beurteilung des Bodens als Standort angegeben, wie z. B. „normaler" brauner Waldboden, Lehm, charakteristischer Standort für Gerste, Klee; „schwach entarteter" brauner Waldboden, Sand über Lehm, charakteristischer Standort für Roggen. Mit Ziffern und kleinen Rechtecken sind die Einschläge bezeichnet, deren Untersuchung in der Erläuterung mitgeteilt wird.

E. BRÜCKNER und W. HOPPE[3] haben ein thüringisches Forstgebiet nach Bodenarten, Bodentypen und „Bodenformen" auf zwei Karten aufgenommen. An Bodenarten sind auf W. HOPPES wissenschaftlichen Karten mit Farben fein- und kleinkörniger Sand, mittel- und grobkörniger Sand, Lehm und Ton eingetragen, mit Schraffuren sind die Untergruppen, tonig, schwach tonig, einzelne Letteneinschaltung, sandig, schwach sandig, lehmig, schwach lehmig unterschieden und ferner mit schmalen schrägen Streifen im Untergrund Ton (Letten) einzelne dünne Letteneinschaltungen, Sand und Sandstein wiedergegeben. An Bodentypen sind mit Signaturen dargestellt vorhanden: günstiger Mineralbodenzustand, „Vergrauung" der obersten Mineralbodenschichten, Bleicherde und Orterde oder Ortstein über unverändertem Sand- und Sandsteinuntergrund (darin 4 Stufen), Misse- oder misseähnliche Bildungen. An „sonstigen Bezeichnungen" werden mit Schraffen u. a. angegeben: Boden leicht durchlässig, rasch und tief austrockend; Neigung zur Verwässerung; Boden im tieferen Teil des Wurzelraumes weitgehend verdichtet; Boden flachgründig, Felsen nicht tiefer als 30 cm; ferner Steinbeimengungen im Wurzelraum, Bohrpunkt, Bodeneinschlag, Quellen. Die Karte ist unvollständig und nur um die Aufnahmestellen herum ausgeführt. Infolgedessen wird sie als Gerüst zu einer Bodenkarte bezeichnet. E. BRÜCKNERS forstliche Bodenkarte gibt als „ausgeschiedene Bodenformen" an: Vorwiegend durchlässige Sandböden in trockenen Lagen mit meist stärkerer Bleichschicht; vorwiegend feinkörnigere Sandböden, meist dicht gelagert, weniger durchlässig

[1] WOLFF, W.: Bodenkarten für Landgüter. Jb. preuß. geol. Landesanst. Berlin 1928, 1047—1079. 5 Tafeln, Maßstab der Karte 100 m = 3 cm.

[2] GÖRZ, G. u. M. GOLLING: Bodenkarte der Nordhälfte des Versuchsgutes Heinrichshof bei Stettin. Erläuterung von G. GÖRZ. Maßstab 1 : 2500. Berlin 1930.

[3] BRÜCKNER, E. u. W. HOPPE: Beitrag zur Kenntnis der Standortsverhältnisse des thüringischen Forstamtsbezirks Paulinzella. Mit 2 Texttabellen und 2 Karten. Beiträge zur Geologie von Thüringen 2, 237—283, Maßstab 500 m = 3,75 cm. Jena 1930.

und trocken mit schwächerer Ausbleichung der Oberschicht; Sandböden mit Lettenbeimengungen im unteren Wurzelraum, daher weniger stark austrocknend, mit schwach ausgebleichter oder nur vergrauter Oberschicht; frische Sandböden, nicht verdichtet, meist ohne deutliche Ausbleichung der Oberschicht; schwach lehmige Sandböden; tonige Sandböden; tonige Böden des Röt; Stellen mit Neigung zu stehender, wenn auch nur vorübergehender Vernässung; feuchte Partien mit Neigung zu starker Sphagnumbildung; Steine im Wurzelraum; höherer Gehalt an adsorptiv gebundenem Kalk im Untergrund. Mit Ausnahme der beiden letzteren Angaben beziehen sich fast alle übrigen nur auf die Oberschicht.

Aus der gleichen Versuchsstelle für forstliche Bodenkunde an der Universität Jena rühren zwei kleine Karten her, welche R. JAHN[1] veröffentlicht hat. Sie zeigen mit Schraffuren 8 Bodenformen, nämlich I durchlässiger, trockener, meist mittelkörniger Sand mit Ortsteinprofil; steinig. II meist kleinkörniger Sand mit Orterdeprofil, im allgemeinen günstiger durchfeuchtet. III im oberen Teil des Profils kleinkörniger Sand mit Orterdeprofil; im unteren Teil des Profils wasserstauende Letten. IV fein- bis kleinkörniger trockener Sand mit deutlicher Ausbleichungs-, aber ohne sichtbare Anreicherungszone. V fein- bis kleinkörniger, anlehmiger, günstig durchfeuchteter Sand, nur gering oberflächlich vergraut. VI Brauner sandiger Lehm, günstig durchfeuchtet, mit geringer oberflächlicher Vergrauungszone. VII grauer, sandig-toniger Schwemmboden der Tal- und Muldenlagen, meist mit lettigen Einschaltungen. Nach Kahlschlag vernässend. VIII grauer toniger Sand mit Letteneinschaltungen auf flachen Bergrücken oder Hangplateaus. Jede Bodenform ist weiter durch ein Schaubild der Kornverteilung im Bodenprofil gekennzeichnet.

Die vorgenannten Spezialkartierungen mit Einschluß der Bodentypen zeichnen sich dadurch aus, daß sie sämtlich von der Oberfläche des Bodens ausgehen und entweder nur durch die Bodentypenbezeichnung oder durch besondere Profildarstellung von da aus in die tieferen Teile des Bodens, z. T. bis in den Untergrund, vorgehen. Die historisch-geologischen Feststellungen treten stark zurück. Jedenfalls fehlt ganz die Einstellung der geologisch-agronomischen Karte, die den Boden von unten her auf der geologischen Schicht in der Annahme aufbaut, daß die Genese des Bodens infolge der Herkunft der Bodenart aus dem Gestein mit der Genese des Gesteins zusammenhinge. Das ist ein Irrtum, der, wie Auslassungen von landwirtschaftlicher Seite gezeigt haben, den Widerstand der praktischen Landwirtschaft gegen die geologisch-agronomische Kartierung hervorgerufen hat. Im Bodentypus wird jetzt die Bodengenese angegeben, die zugleich auf das engste mit dem Pflanzenertrag und dem Pflanzengedeihen verknüpft ist. In vielen Fällen hängt auch die Bodenart passiv mit der Bodengenese zusammen[2]. Die „Vergrauung" oder Podsolierung der Waldböden ist zugleich auch eine Versandung der Oberkrume, eine Verlehmung des Rohbodens. Im Tschernosem oder der Steppenschwarzerde wird bisweilen selbst ein grober Sand durch den Humusgehalt bindig. Die nassen Böden zeigen häufig Tonablagerungen (Glei). Hierbei ist das ursprüngliche Gestein nur wenig oder gar nicht, in anderen Fällen aber zweifellos an der Genese der Bodenart beteiligt. In solchen wird man immer eine kurze geologische Bezeichnung mit Erfolg anwenden können und braucht sie nicht völlig zu vermeiden, denn sie besagt doch etwas für die Bodenkunde.

---

[1] JAHN. R.: Eine forstliche Bodenkartierung auf Buntsandstein, Forstl. Wochenschrift Silva **19**, 209—213 (1931).

[2] STREMME, H.: Die moderne Bodenaufnahme im Dienste der Landwirtschaft. In: 25 Jahre Technische Hochschule, S. 134. Danzig 1929.

Die Übersichtskarten der Bodentypen Deutschlands haben, wenn von Erd- und europäischen Karten abgesehen wird, von einer Serie kleiner Skizzen des Verfassers[1] ihren Ausgang genommen. Sie stellten zunächst nur die Bodentypen dar und sind allmählich mit dem Fortschreiten der Erkenntnisse vom Vorkommen und der Ausbildung der Bodentypen immer vollständiger geworden. In ein neues Stadium traten die Arbeiten zur Herstellung einer Bodenkarte Deutschlands durch die Bildung einer Arbeitsgemeinschaft, welche 1926 unter der wissenschaftlichen Leitung des Verfassers und der geschäftlichen von W. WOLFF zusammentrat. Es liegen an Teilarbeiten dieser Gemeinschaft bisher vor: die Karte Bayerns von F. MÜNICHSDORFER und K. SCHLACHT[2], die Karte Hessens von W. SCHOTTLER[3] mit Beiträgen von W. WAGNER und O. DIEHL, eine Bodentypen- und eine Bodenartenkarte Sachsens von G. KRAUSS und F. HÄRTEL[4], je eine Karte von Nordwestdeutschland, dem östlichen Mitteldeutschland und dem Mittelgebirge von der Saale bis zum Rhein von P. F. Freiherr VON HOYNINGEN-HUENE[5], eine Karte Schleswig-Holsteins von W. WOLFF[6]. Die Aufnahmen zur ersten zusammenfassenden Karte, welche sowohl die Bodentypen als auch die Bodenarten enthält, dürften im Jahre 1931 abgeschlossen werden. Über die bisher erschienenen Einzelkarten ist bereits im Abschnitte über die Böden Deutschlands[7] ausführlich gesprochen worden, so daß sich eine Wiederholung erübrigt. Die Karten enthalten bis auf die sächsischen, die sie trennt, Bodentypen und Bodenarten kombiniert. In einer Bodenkarte Deutschlands hat bereits P. KRISCHE[8] die Ergebnisse der bisherigen Veröffentlichungen, indem er seine Karte der Hauptbodenarten Deutschlands benutzte, aufgetragen, so daß bereits jetzt eine Übersichtskarte im Maßstabe 1:1800000 vorliegt.

Estland.

Als früherer Teil des russischen Kaiserreiches ist Estland von den russischen Bodenforschern auf ihren Karten mit angegeben worden. So handelt es sich nach K. GLINKAS[9] schematischer Bodenkarte Rußlands (1:20000000) in Estland um podsolige, auf weichen Muttergesteinen auflagernde Böden. Später hat A. NÖMMIK[10] eine Anzahl bodenkundlicher Arbeiten ausgeführt und eine Karte gezeichnet. Sie benutzt den Maßstab 1:800000. P. KRISCHE[11] hat sie mit deutschen Bezeichnungen in seinem Werke über Bodenkarten wiedergegeben. Es kommen auf dem Festlande und den Inseln Ösel, Mohn, Dagö und Worms die folgenden Böden vor: flachgründiger Kalk- und Kalkgeröllboden, mitteltiefer Kalk- und Kalkgeröllboden, tiefgründiger Kalk- und Kalkgeröllboden, lettig-toniger Fein-

---

[1] STREMME, H.: Die Verbreitung der Bodentypen in Deutschland. Mém. sur la nomenclature et la classification des sols, S. 1—8. Helsingfors 1924. — Grundzüge der praktischen Bodenkunde, Tafel 10, S. 294—299. Berlin 1926. — Die Böden Deutschlands. Dieses Handbuch 5, 427. Berlin 1930.

[2] MÜNICHSDORFER, F.: Bodenkarte Bayerns, 1 : 400000. München 1930.

[3] SCHOTTLER, W.: Bodenkarte von Hessen, 1 : 600000. Darmstadt 1929.

[4] KRAUSS, G. u. F. HÄRTEL: Bodenarten und Bodentypen in Sachsen. Forstl. Jb. 81, H. 3, 131—147 (1930). 1 : 500000. — HÄRTEL, F.: Erläuterungen zur Übersichtskarte der Hauptbodenarten des Freistaates Sachsen. Leipzig 1930.

[5] HOYNINGEN-HUENE, Frhr. P. F. v.: Die Bodentypen Nord- und Mitteldeutschlands. Jb. preuß. geol. Landesanst. 51, S, 524—564 (1930).

[6] WOLFF, W.: Bodenkarte Schleswig-Holsteins. Jb. preuß. geol. Landesanst. **1930**.

[7] Dieses Handbuch 5, 271—429 (1930).

[8] KRISCHE, P.: Bodenkarte des Deutschen Reiches. In: Ernährg. Pflanzen **26**, H. 19. (Berlin 1930).

[9] GLINKA, K. D.: Die Typen der Bodenbildung, S. 245, 246, 255. Berlin 1914.

[10] NÖMMIK, A.: Kodumaa Mullastikust (Über den Boden Eestis). Veröff. Kab. Bodenkde. u. Agrikulturchem. Univ. Dorpat **1925**, Nr. 2, Karte S. 55.

[11] KRISCHE, P.: Bodenkarten, S. 98. Berlin 1928.

sandboden, südestnische schwere podsolige Böden, südestnische leichte podsolige Böden, südestnische sandige und lehmige Bodenkomplexe, Sandboden, Moor, anmooriger Boden, Felstrümmerboden. Die größte Ausdehnung haben die Kalk- und Kalkgeröllböden, die etwa die Hälfte des Festlandes, z. T. bedeckt mit Moor und anmoorigen Böden, sodann fast die ganzen Inseln Mohn und Worms und die Ränder der Inseln Ösel und Dagö einnehmen. Das südliche Estland wird in der Hauptsache von den podsoligen Typen und zwar mehr von den schweren als von den leichten eingenommen.

Finnland.

Finnland besitzt gegenwärtig eine eigene bodenkundliche Landesanstalt, die früher ein Teil der geologischen war, aber jetzt ganz von ihr getrennt ist. Die von ihr betriebene Bodenkartierung hat nach B. Aarnio[1] die physikalischen Bodenarten zur Grundlage genommen, weil diese für die landwirtschaftlichen Zwecke und für die Bodenbonitierung am meisten geeignet seien. Dieser Umstand stehe mit dem geologischen Bau des Grundgebirges und mit den genetischen Verhältnissen der Bodenarten im Zusammenhang. Die Bodenarten werden auf den Karten mit Farben, die klimatischen Bodentypen mit Schraffuren bezeichnet. Im Schema für die Bodenarten werden die Korngrößen nach Atterberg und ihre physikalischen Eigenschaften herangezogen. Es werden an Mineralbodenarten unterschieden: Grusböden (Asgrus, Moränengrus), Sandböden (Grobsand, gewöhnlicher Sand, Feinsand), Lehmböden (Mo, gewöhnlicher Lehm, Feinlehm), Tonböden (Leichtton, gewöhnlicher Ton, schwerer Ton), an organogenen Bodenarten Torfböden (Niederungsmoor, Hochmoor, Mudde, Gyttja). An Bodentypen werden angegeben: Podsolböden (Eisenpodsol, Humuspodsol), Grundwasserböden (Eisenglei, Salzglei), Salzböden und anmoorige Böden. Bei den Untersuchungen im Felde werden in Betracht gezogen: der allgemeine Charakter des Bodens (seine am meisten hervortretenden Eigenschaften), die Topographie (flach, hügelig, bergig usw.), die Bodenbeschaffenheit (Grus-, Sand-, Tonböden usw.), die Vegetation (Gras-, Heide-, Waldboden), der Kulturtyp (Acker, Wiese, Weide), die Feuchtigkeit (trocken, feucht, naß), die Bodenreaktion (im Felde mit Indikatoren nach Wherry bestimmt). Von der Vegetation werden die verschiedenen Schichten, Baumschicht, Gebüschschicht, Feldschicht, Bodenschicht und deren Frequenzgrad bestimmt. Auch ihre Beziehungen zu einigen wichtigen physikalischen, chemischen und mikrobiologischen Bodenfaktoren werden studiert und die Möglichkeit in Erwägung gezogen, sie als Indikator für die Bodengüte zu benutzen. Die sämtlichen Beobachtungen und auch diejenigen landwirtschaftlicher Art werden in Tagebücher (mit Namen des Beobachters, Nummer des Kartenblattes und Jahreszahl) eingetragen. Die Kartierer sind mit Spaten, Handbohrer, Indikatoren, Farbenskala, für Spezialuntersuchungen auch mit Kopeckys Feldlaboratorium und mit Tiefbohrer ausgerüstet. Die Bodenproben werden in Säckchen gesammelt und in Pappkästen aufbewahrt. Umfangreiche Laboratoriumsuntersuchungen chemischer und physikalischer Art schließen sich an.

Als Unterlagen werden bei der Kartierung für Spezialuntersuchungen Katasterkarten in den Maßstäben 1:4000 und 1:8000, für Übersichtskartierungen topographische und Kirchspielkarten (1:20000) und „ökonomische" Karten (1:100000) benutzt. Jeder Karte wird eine ausführliche Erläuterung beigegeben, welche bestrebt ist, das Ergebnis der Aufnahme nach allen Richtungen festzuhalten. Bei der praktischen Kartierung von Gütern wird als Ergebnis der Durch-

[1] Aarnio, B.: Finnland. Etat de l'étude et de la cartographie des sols, S 74—83. Bukarest 1924.

arbeitung in der Erläuterung eine Reihe von praktischen Maßnahmen der Bodenverbesserung, Bodenbearbeitung und Fruchtfolge vorgeschlagen.

Das Personal der bodenkundlichen Landesanstalt bestand ursprünglich 1924, als sie noch die agrogeologische Abteilung der Geologischen Kommission war, aus dem Leiter, einem älteren und einem jüngeren Assistenten. Nunmehr werden für die Feldarbeiten Studierende der Helsingforser Universität mit agronomischer und geologischer Vorbildung als wissenschaftliche Gehilfen herangezogen, die unter der Leitung der Beamten arbeiten. In der Regel werden sie nach ihrer Ausbildung zunächst in der Übersichts-, später in der Spezialkartierung beschäftigt.

Die erste aus dieser Arbeit entstandene moderne Übersichtskarte Finnlands war die von B. FROSTERUS[1] herausgegebene schematische Übersichtskarte der Hauptbodentypen Finnlands im Maßstabe 1:7000000. Sie gibt die nachfolgenden Bodentypen wieder: Eisenpodsol, Humuspodsol, Humus- und Eisenpodsol in gleicher Menge, Grundwasserpodsol, Sulfatböden, Tundra. Eisen- und Humuspodsol erscheinen in Zonen von West nach Ost in nördlicher Richtung angeordnet. Im Süden folgt zunächst ein Gebiet mit der Mischung beider, dann eine Zone von Eisenpodsol. Weiter nach Norden ist der größte Teil des Landes durch Humuspodsol gekennzeichnet. Es folgt wieder eine Zone der Mischung, an die sich endlich die Tundra anschließt. In einem Streifen an den Küsten des Finnischen und Bottnischen Busens liegen die Sulfatböden, am Bottnischen umgeben von einem Streifen Grundwasserpodsol.

Aufgenommen und veröffentlicht sind bisher 6 Karten[2], die ersten von diesen sind Spezialkarten, die späteren Übersichtskarten, und zwar: Nr. 1. Die Karte der Bodenarten und Bodentypen des Kirchspiels Karislojo, sie gibt mit Farben die Bodenarten, mit Schraffuren die Bodentypen, wie oben beschrieben, an. Die Bodentypen werden als auf Grus, Sand, Schluff und Lehm, Schluffton und Ton vorhanden angegeben, nicht aber auf den Torfarten und solchen Stellen der Böden, auf denen „berg", Fels, aus dem Grus herausragt. Mit Zahlen in Dezimetern ist die Mächtigkeit der Torfschicht über Ton an einzelnen Stellen deutlich gemacht. Größere Zahlen bezeichnen Beobachtungspunkte. Die Karte, die nur mit sehr einfacher Topographie ohne Höhenangaben oder Isohypsen ausgestattet ist, hat den Maßstab 1:25000. Zwei kleine Karten in Schwarzdruck des Landgutes Immola im Karislojo-Kirchspiel haben den Maßstab: 1:12000. Von ihnen weist die Karte der eingehend gegliederten Bodenarten Isohypsen auf, dagegen nicht diejenige der Bodentypen, deren Einteilung die gleiche wie auf der Kirchspielkarte geblieben ist. Auf beiden Karten ist das Unland ausgeschieden. Nr. 2. Die Karte der Militärstelle Gumnäs-Odnäs und des Eigentums Kyrkbacka hat den Maßstab 1:5000 und entspricht im ganzen der Kirchspielkarte von Karislojo. Auf einer kleinen Sonderkarte von Gumnäs-Odnäs sind die Bodentypen noch einmal in Schwarzdruck besonders hervorgehoben. Nr. 3. Mustiala, sie zeigt Bodenarten und Bodentypen getrennt von einander in Schwarzdruck und hat den Maßstab 1:16000. Auf der Bodenartenkarte finden sich zahlreiche Profile. Nr. 4—6 sind Übersichtskarten im Maßstabe 1:50000, die nur die Bodenarten, z. T. auch mit ihren Übereinanderlagerungen (1 m Sand über Ton, < 1 m Torf über Sand, über Ton usw.) enthalten. Auf 5. sind auch Laub- und Kiefernwald sowie kultiviertes Land, ferner mit roten Buch-

[1] FROSTERUS, B.: Zur Frage nach der Einteilung der Böden in Nordwesteuropas Moränengebieten. Geol. Kom. i. Finnland, Geotek. Meddel. **14**, 118. Helsingfors 1914.

[2] Geol. Komm. i. Finnland. Agrogeol. Kartor 1. AARNIO, B.: Trakten söder om Karislojo Kyrkoby och Immola Egendom. Helsingfors 1917. — 2. FROSTERUS, B.: Trakten kring pojo vikens norra del och Gumnäs Odnäs Militieboställe 1916. — 3. AARNIO, B.: Mustiala. 1920. — 4. Paimion Pitäjä. 1924. — 5. Syd-Österbotten. 1928. — 6. Turku. 1930.

staben Salzböden und mit p_H und nachfolgendem Ziffernprofil die Wasserstoffionenexponenten der Krume und des Unterbodens angegeben. Gleiche Angaben enthält auch 6, auf der das kultivierte Land in Acker und Wiese zerlegt ist. Die Erläuterung zu 6 weist noch eine kleine Spezialkarte in 1:4000 mit Höhenschichtlinien und einer ins Einzelne gehenden Darstellung der Bodenarten auf. Die Hefte 5 und 6 enthalten zahlreiche Landschaftsbilder, 5 auch Profile der Bodenarten, die z. T. zu einer großen Tafel zusammengestellt sind. 5 und 6 sind die ersten Karten des „Statens Markforskningsinstitut".

Interessante Sonderkarten enthält B. Aarnios[1] Arbeit über die See-Erze, auf denen das Vorkommen der See-Erze in finnländischen Seen mit den Bodenarten und dem Humuspodsol an den Ufern und ihrer Umgebung in Beziehung gesetzt ist. Es ergibt sich hieraus eine ziemlich gute Ableitung der See-Erze von dem Humuspodsol.

A. Salminin[2] hat in eine kleine Skizze der Bodenarten Finnlands die landwirtschaftlichen Distrikte eingetragen und dazu im Text Tabellen der Durchschnittsreaktion in p_H-Werten angegeben.

Frankreich.

Frankreich hat gegenwärtig keine offizielle Landesaufnahme, welche sich mit der Bodenkartierung beschäftigt. Um die Mitte des vorigen Jahrhunderts setzte eine lebhafte Bewegung zugunsten einer solchen ein, jedoch ist man in Frankreich in anderer Weise wie in Deutschland zu einer allgemeinen Kartierung gelangt.

M. L. Cayeux[3] bezeichnet de Caumont als denjenigen, der sich zuerst mit dem Plane der Herstellung einer agronomischen Karte trug und der seit 1841 unablässig die wissenschaftlichen Versammlungen und die öffentlichen Behörden für seine Idee zu gewinnen versuchte. Bald danach erschienen Karten von Calvados, die durch de Caumont aufgenommen wurden, und des Bezirkes Avallon, aufgenommen von Belgrand, und von Châtillon an der Seine, aufgenommen durch Baudoin.

Die Karte von Avallon erschien 1851[4]. Ihr Verfasser, M. Belgrand, war Brücken- und Straßeningenieur von Avallon. Die Karte im Maßstabe 1:80000 hat eine einfache Topographie ohne Höhenschichtlinien, aus denen hervorgeht, daß es sich um stark kupierte Gelände handelt. Mit Farben sind die Ackerböden, Weinberge, natürliche Wiesen, Wälder unterschieden und es sind mit schwarzen oder farbigen Schraffuren darauf eingetragen: Alluvionen; tonig-sandiges Gebiet unbekannten Ursprungsgesteins, wahrscheinlich tertiär; von der Juraformation aus dem mittleren Oolith der Coralrag und die Oxfordtone, die oberliasischen Mergel, der Lias bis zum Gryphaenkalk und der Liassandstein; Granit. In der Zeichenerklärung ist zu allen diesen Formationen eine ausführliche Erläuterung des landwirtschaftlichen Wertes der Formationen oder Gesteine gesetzt. So heißt es bei den Alluvionen: fast immer ausgezeichnete Böden; im Lias sind sie bedeckt mit einer dicken Lage von toniger Erde, die von den benachbarten Bergen heruntergeschwemmt ist und die die guten Eigenschaften der guten Liasböden in

[1] Aarnio, B.: Om Sjömalmerna. Geol. Komm. i. Finnland Geotkn. Medd. 20. Helsingfors 1918.

[2] Salminen, A.: Peltomaitemme reaktiosta. Maatalonstiefteallinen Aikakanskirja, S. 40—48. 1929.

[3] Cayeux, M. L.: Etat actuel de la question des cartes agronomiques en France. Etat de l'étude et de la cartographie des sols, S. 87—92. Bukarest 1924.

[4] Belgrand, M.: Carte agronomique et géologique de l'arrondissement d'Avallon. 1 : 80000. Mit: Notice sur la carte usw. Ancerre 1851.

sich vereinigt; im Oolith sind sie leicht, durchlässig, frisch infolge der durchfließenden Wasserläufe und für alle Kulturen geeignet; entwaldete Flächen. Die Böden des Ooliths werden bezeichnet als leicht, trocken, leicht bearbeitbar, ziemlich fruchtbar bei einiger Tiefe, besonders für den Anbau künstlicher Wiesen geeignet; die Getreidearten geben selbst in den besten Lagen, verglichen mit denen des Lias, nur mittlere Ernte; zur Kalkverwendung wenig nützlich, wenn nicht unbrauchbar; sehr bewaldete Flächen; von allen Schafrassen bevorzugt, besonders den Merinos, die darauf fast ohne Wartung gedeihen; mit durchlässigem Untergrund; natürliche Wiesen nur am Rande der Wasserläufe. In ähnlicher Weise sind auch die übrigen Formationen erklärt. Es zeigt sich bei diesen ältesten französischen Karten in ihrer Darstellungsweise von vornherein die Anknüpfung der Böden an die geologischen Schichten, die nicht nur die Verteilung der Böden an der Erdoberfläche bewirkt haben sollen, sondern auch deren Fruchtbarkeit mit ihren Gesteins- und Verwitterungseigenschaften beeinflussen. Wo die Höhenzahlen ziemlich dicht stehen, läßt sich erkennen, daß auf 1—2 km Entfernung Unterschiede von 7—70 m vorkommen. Der Süden wird von einer Granitmasse eingenommen, deren höchste Erhebung mit 609 m Meereshöhe angegeben ist, während in einer Entfernung von 35 km die niedrigste Meereshöhe auf unterem Oolith 220 m beträgt. Bei solchen Höhenunterschieden sind die Gesteine ohne Zweifel von bedeutendem Einfluß auf die stark unter Abspülung leidende Bodenbildung. Die Erläuterungen zur Karte enthalten auf 95 Seiten die ausführliche Beschreibung der verschiedenen Böden und ihrer landwirtschaftlichen Nutzung und Bedeutung. So ist z. B. das 3. Kapitel Théorie agronomique de l'arrondissement d'Avallon überschrieben und beginnt mit einer détermination du système agricole le plus convenable dans chaque formation. Dazu kommen 44 Seiten Anmerkungen, Tabellen und Beispiele aus der Praxis.

Auf Grund dieser ersten Karten erschien im Jahre 1852 eine Verfügung des Ministers der öffentlichen Arbeiten an die Präfekten, die bis dahin herausgegebenen zahlreichen geologischen Departmentskarten zu agronomischen Karten für die Zwecke der Landwirtschaft auszunutzen. Die Autoren der geologischen Karte Frankreichs, DUFRÉNOY und ELIE DE BEAUMONT, wurden beauftragt, ein Programm aufzustellen. Dadurch war die Anregung zu zahlreichen Arbeiten gegeben, von welchen L. CAYEUX die folgenden nennt: geologische und agronomische Karte der Isère von S. GRAS, der Bezirke Vouziers, Mézières, Rocroi, Sedan, Rethel von MEUGY allein oder zusammen herausgegeben mit NIVOIT 1873—1885 und der Meurthe et Moselle von A. BRACONNIER 1878. Die Maßstäbe waren meist ziemlich klein, z. B. 1 : 40000, 1 : 80000, 1 : 150000, 1 : 160000. Die Karten waren teils überwiegend geologisch wie die der Ardennen von MEUGY und NIVOIT, teils rein agronomisch, wie die des Bezirkes Toul von JACQUOT. Sie unterscheiden kieselige, kalkige, tonige, mergelige Böden usw., sodann durchlässige Böden usw.

Die Karten von MEUGY und NIVOIT[1] sind der oben beschriebenen Belgiens in mancher Hinsicht ähnlich. Der Maßstab ist wesentlich größer, nämlich 1 : 40000. Die Topographie zeigt Schummerung und Höhenzahlen, aus denen Unterschiede von 100 bis zu mehreren hundert Metern von der Höhe der Bergrücken bis zur Talsohle zu entnehmen sind. Die mit Zahlen versehenen Farben sind für die geologischen Formationen gewählt. Von solchen sind auf den Karten von Vouziers 13, von Mézières 16, von Rocroi 21, von Sedan 18 angegeben. Da hinein ist mit Buch-

---

[1] MEUGY u. NIVOIT: Carte géologique agronomique de Vouziers (Ardennes). 1 : 40000. Paris 1873. — MEUGY: Carte géologique de l'arrondissement de Mézières (Ardennes). 1 : 40000. Paris 1883. — Carte géol. agron. de l'arrondissement Rocroi (Ardennes). 1 : 40000. Paris 1883. — MEUGY u. NIVOIT: Carte géol. agron. de l'arrondissement de Sedan (Ardennes). 1 : 40000. (Desgleichen von Rethel.) Paris 1885.

staben z. B. A = argilleux tonig oder auch argillo-sableux tonig-sandig, T = tourbeux ou marécageux torfig oder sumpfig, Sa = sableux sandig oder auch sablo-argilleux sandig-tonig, M = marneux mergelig, Gr = gravelleux kiesig, die durch Verwitterung entstandene Bodenart eingetragen. Die Bezeichnungen tragen Zusätze wie mehr oder weniger humides bei argilleux ou argillo-sableux und bei marneux, secs ou d'humidité moyenne bei sableux ou sablo-argilleux usw., so daß auch der Feuchtigkeitsgrad der Böden aus der Zeichenerklärung gleich abzulesen ist. Auch die Verteilung von Acker, Wiese, Weide, Wald auf den verschiedenen Formationen ist angegeben.

Über Karten aus diesem ersten Abschnitt in der Geschichte der agronomischen Kartierung Frankreichs hat J. R. LORENZ[1] auf Grund des Materials, das auf der Pariser Weltausstellung von 1867 ausgestellt war, mehrere Berichte erstattet. Aus Frankreich waren dort 4 Karten zu finden. Die eine bildet einen Teil des Atlas physique et statistique du Département de l'Aveyron von A. BOSSE. Nachdem der Geodäsie, Orographie und Hydrographie, Meteorologie, Geologie, Elevation, Population des Departements je ein Blatt gewidmet ist, folgt ein mit dem Titel Agronomie, das aber keine Karte, sondern eine Tabelle darstellt mit den Feststellungen der natürlichen Gebiete (z. B. granitisches Plateau, Tal im Tertiär), ihres Anteils an den Gesteinen (z. B. 6 Teile Gneis, 7 Teile Granit, 3 Teile Hornblendefels), der tellurischen Zusammensetzung des Bodens (in Hektar mit Streifen von Kiesel, Kalk, Ton, Humus angegeben), des kulturfähigen Bodens in Hektar, der Ausdehnung der Kultur- und Fruchtarten nach Kantonen. Es wird auf diese Weise tabellarisch das geographisch-geologische, bodenkundliche und landwirtschaftliche Bild jedes Kantons gegeben. Die zweite Karte hatte den Titel „Carte agronomique du département du Jura d'après la nature chimique des sols". Ihr Verfasser war OGÉRIEN. Ihre Farbenerklärung unterscheidet tonige, kieselige, eisenkieselige, eisentonige, kalkige, kieseligalkaline und humose Erden. In zwei Tabellen sind am Rande die chemische Zusammensetzung jeder der Erden mit der Analysenzahl und den Bestandteilen Ton, Kiesel, Kalk, Humus, Magnesium, Eisen, Wasser, die physikalischen Kennzeichen (spezifisches Gewicht, Absorption, Plastizität) wiedergegeben. Eine dritte Karte hatte den Titel „Carte forestière de la France (relation entre la distribution des forêts et la nature géologique du sol)". Sie zeigte im Maßstabe 1:320000 mit verschiedenen hellen Farben die Hauptformationen Frankreichs, während die Forste mit Dunkelgrün hervorgehoben sind. Sie ist eine Kopie der geologischen Karte unter Heranziehung der Kulturverhältnisse. Sie läßt keinen irgendwie markanten Zusammenhang zwischen Boden und Forst erkennen. Auf allen Formationen stehen große und kleine Forste. „Da überdies keine Terrainzeichnung damit verbunden ist, läßt sich sehr wenig dabei denken." Die vierte Karte ist von DELESSE unter dem Titel „Carte frumentaire" ausgestellt. Sie ist insofern mit den Bodenkarten verwandt, als sie die Güte des Bodens, freilich zugleich auch den Einfluß der Lage usw., durch Angabe des Samenquantums bezeichnet, welches man in den verschiedenen Gegenden Frankreichs braucht, um eine gewöhnliche Ernte zu erzielen. Die Angaben erfolgen in vier Stufen von 1—4 hl.

An einer anderen Stelle seiner Schrift bespricht J. R. LORENZ die Carte agronomique des environs de Paris von DELESSE[2], die ihm am meisten dem Begriffe einer agronomischen Bodenkarte zu entsprechen scheint. Sie gibt die Zusammensetzung der Kulturschicht nach ihren Bestandteilen und deren Ver-

---

[1] LORENZ, J. R.: Grundsätze für die Aufnahme und Darstellung von landwirtschaftlichen Bodenkarten, S. 17—20. Wien 1868. — Auch in: Peterm. Mitt. **1867**.

[2] DELESSE, M.: Carte agronomique des environs de Paris. Bull. Soc. géol. de France, II. s., t. **20** (1862—63).

hältnis zu einander wieder. Die Haupteinteilung ist die in Böden mit Kalk und solche ohne Kalk. Delesse wollte nachweisen, daß die Ackerkrume auf den Kalkhöhen um Paris weniger Kalk enthält als die Erde auf dem kalkfreien Untergrunde des am Fuße dieser Hügel liegenden Beckenbodens. Dazu wurde das ganze Gebiet in Vierecke von je 300 m Seitenlänge eingeteilt. Innerhalb jedes der entsprechenden Quadrate auf der Karte ersieht man aus verschiedenfarbigen senkrechten, waagerechten, schiefen Strichen von verschiedener Länge den Anteil, welchen Humus, Kalk, Ton, Sand, Grus und Trümmer an der Zusammensetzung des dortigen Bodens nehmen.

Dieser erste Abschnitt der agronomischen Kartenentwicklung Frankreichs ist nach Cayeux durch die große Anteilnahme, die der Geologie und den Geologen bei ihrem Entwurf und ihrer Ausführung zufiel, gekennzeichnet. Bis zur Wende des 19. zum 20. Jahrhunderts blieb diese Stellung der Geologie gewahrt. Nichtsdestoweniger war ein einheitlicher Typus der Karten nicht vorhanden, sondern es gab, je nach der Einstellung ihrer Verfertiger, viele verschiedene Typen. 1892 hat dann A. Carnot der damaligen Nationalen Gesellschaft für Ackerbau, der jetzigen Akademie der Landwirtschaft, die ersten Versuche der Darstellung agronomischer Gemeindekarten vorgelegt. Es wurde ein Ausschuß eingesetzt, der die Vorschläge des Berichterstatters, A. Carnot, und die Regeln, nach welchen agronomische Karten in großem Umfange aufgenommen werden sollten, annahm. 1896 wurde das Programm veröffentlicht.

Es sah zunächst vor: 1. Die Herstellung einer geologischen Karte im Maßstabe von möglichst 1:10000 und Entnahme von Proben für die Analysen. Auf die Katasterkarten der Gemeinden werden die Umrisse der geologischen Karte des Maßstabes 1:80000 aufgetragen und, wenn notwendig, ergänzt. Die Oberflächenbildungen, die bei den geologischen Karten in kleinen Maßstäben abgedeckt sind, müssen eingetragen werden. Das geschieht gleichzeitig mit der Probenentnahme, deren Stellen durch Zeichen und Ordnungsnummern angegeben werden. Die Proben werden entweder nur vom Vegetationsboden oder auch von diesem und dem ursprünglichen Boden genommen. 2. Von diesen Proben werden physikalische und chemische Analysen ausgeführt. Es werden der relative Gehalt an Sand, Ton, Kalk, Humus, ferner an Stickstoff, Phosphorsäure, Kali und kohlensaurem Kalk bestimmt. Die Ergebnisse der Analysen werden auf dem Rande der Karten graphisch dargestellt. Von jeder Karte waren 2 Stück herzustellen, von welchen das eine dem Gemeindevorstand, das andere einem Erklärer der Karten bei den Landwirten zu geben sei. Nach diesen Vorschlägen wurde zunächst die Karte der Gemeinde Haspres (Dept. Nord) von Ladrière im Maßstabe 1:10000 aufgenommen. Sie war keine einfache Vergrößerung der geologischen Karte 1:80000, sondern das Ergebnis einer sehr genauen Arbeit. Man findet in ihr zum erstenmal eine Unterscheidung der verschiedenen Lehmbildungen. Dargestellt sind 10 verschiedene Böden, 16 Unterböden und 24 Überlagerungen von Böden und Unterböden. Die Böden haben auf der Karte verschiedene Farben und römische Ziffern erhalten. Die Beobachtungsstellen der Unterböden sind darauf mit farbigen und durch arabische Ziffern nummerierten Kreisen eingetragen, so daß sich aus dieser Kombination unmittelbar die Übereinanderlagerung der Böden und Unterböden ergibt. Am Rande der Karte befindet sich eine Tabelle mit Analysen von 20 Bodenproben aus solchen markierten Punkten, und zwar sind die Analysen von Oberkrume und Unterboden ausgeführt. Ebenso findet man am Rande die Verteilung der Hauptwasserflächen, das Profil einiger Brunnen und einen geologischen Querschnitt durch das Gemeindegebiet.

Die Karte der Gemeinde Nozay (Loire-Inférieure) von Andouard ebenfalls im Maßstabe 1:10000 unterscheidet sich von der vorigen dadurch, daß die Farben nicht für die Böden, sondern für geologische Einheiten genommen wurden. 172 physikalische und chemische Analysen sind zu einer besonderen Erläuterung vereinigt, in der der Autor auch eingehend die Geologie und die agronomischen Kennzeichen der Böden behandelt. Tafeln auf dem Kartenrande geben das Mittel der Analysen für jeden Teil.

Einen aus beiden gemischten Typ hat GAROZA für l'Eure et Loir angewandt. Bei ihm besteht der Grund aus Farben für die geologischen Formationen, darauf sind mit schwarzen Zeichen die Bodenoberflächen eingetragen.

Nach einer Feststellung von FROMAGEOT hat sich die Kartierung auf insgesamt 63 Departments ausgedehnt. Die Zahl der ausgeführten Karten war in den einzelnen Departments verschieden. An der Spitze stand l'Eure et Loir mit 293 von insgesamt 426 Gemeinden. In Le Gard waren etwa die Hälfte, nämlich 150, in den anderen Departments zumeist bedeutend weniger aufgenommen. Das Department L'Aisne war vollständig kartiert, allerdings nicht in Gemeindekarten, sondern im Maßstabe 1:40000. Dieses Kartenwerk in 17 Blättern ist von CAILLOT ausgeführt und von A. DEMOLON nachgesehen worden. Es nähert sich in der Darstellung der Gemeindekarte von Haspres. Die Farben stellen verschiedene Bodeneinheiten wie sandige, tonige, kalkige Böden usw. dar. Besondere Zeichen lassen die Lagerung erkennen. Auf dem Rande sind geologische und agrogeologische Feststellungen angebracht. Ausnahmsweise sind auch Bezirke und Kreise als Grundlage gewählt, wie z. B. C. FOUGUET: Carte agronomique de l'arrondissement de Bernay, HOMMEY, C. CANEL und G. LANGLAIS: Carte agronomique du canton des Sées (Orne). Bisweilen hat man auch nicht administrative Einheiten, sondern einzelne Besitzungen kartiert, z. B. domaine de Voucluse im Maßstab 1:2000. In 9 analysierten Proben des Bodens und Unterbodens hat man den Stickstoff, die Schwefelsäure, den Kalk, das Eisenoxyd, den Humus, Wasser, Kies, Sand, Kieselsäure, Ton und Kalkstein angegeben. Zur Ergänzung wurden die verschiedenen Wässer des Gutes, Abwässer, Irrigations- und Dränagewässer untersucht.

Die graphischen Darstellungen der Analysen werden in verschiedener Weise auf die Karten aufgetragen. Entweder wird unter der Nummer der Entnahmestellen der Gehalt an den hauptsächlichen Nährstoffen bisweilen zu Tabellen gruppiert, oder er wird auf die Karte selbst gebracht, und zwar mit horizontalen Strichen von verschiedener Farbe. Oder es wird der Gehalt des Bodens an den Hauptpflanzennährstoffen durch Kreise mit verschiedenen Abschnitten in verschiedenen Farben dargestellt. Auch werden kleine Fahnen mit der Stange auf den Entnahmepunkt angebracht; schwarze Striche auf beiden Seiten der Stange geben die Zusammensetzung an physikalischen Elementen (links) und an chemischen (rechts) an, so daß der Vergleich von Fahnen mit verschiedenen Erden einen schnellen Überblick über deren Wert gestattet.

Nachdem die Kartierung eine Zeit starker Tätigkeit erlebt hatte, ist sie aus verschiedenen Gründen fast ganz eingestellt worden. Insbesondere waren es Mangel an Mitteln, sodann ungenügende Bearbeiter und, was besonders schwer wiegt, die Überzeugung gewisser agrogeologischer Kreise, daß die Karten keineswegs notwendig oder sogar unnütz seien. Gewiß ist diese Ansicht nicht allgemein verbreitet, aber sie besteht doch und es scheint notwendig, mit ihr mehr und mehr zu rechnen. L. CAYEUX selbst meint, daß die Kartierung wohl in einem Lande mit jungfräulichen Böden wie in Osteuropa angebracht sei, weniger aber in einem Lande mit altem Ackerbau und stark parzellierter Feldflur wie Frankreich, dessen Boden durch die lange Bewirtschaftung tiefgehend verändert worden ist. Hier wechselt der Boden von einem Fleck zum anderen und von einer Zeit zur anderen, während — wie L. CAYEUX irrtümlich glaubt — der jungfräuliche Boden gleichmäßig und beständig sei. Auch wäre die Gemeindekartierung in Gebieten wie etwa der armorikanischen Halbinsel nicht angebracht, weil man allein nach der bekannten Beschaffenheit der armorikanischen Gesteine sagen könne, daß weder Kalk noch Phosphorsäure vorhanden wären. Soweit die Ausführungen von L. CAYEUX, der selbst ein Gegner der Bodenkartierung für Gemeindezwecke ist.

Eine Übersichtskarte der Hauptbodenarten Frankreichs hat P. LARUE zusammengestellt, die von P. KRISCHE[1] in seinem Werk über Bodenkarten wiedergegeben ist. Die Einteilung auf der Karte ist folgende. In Schwarzweißzeichnungen werden angegeben: leichte Böden (meist Sandböden oder weniger fruchtbares lehmiges Alluvium, Fruchtbarkeit unter mittel), mittlere Böden (tonig-sandig, kalkig-sandig oder Mischböden auf Granit oder Gneis, Fruchtbarkeit mittel), schwere Böden (tonig, tonig-kiesig, tonig-kalkig-mergelig, Fruchtbarkeit unter mittel). (Alle Böden unfruchtbar, wenn über 600 m Meereshöhe oder zu naß, aber dann oft Forstböden.) Ferner werden durch Buchstaben Ca = Kalkstein, Gr = Granit, Gneis, Diorit, B = jungvulkanisches Gestein usw. bezeichnet. Der Maßstab ist 1:2250000.

Neuerdings hat V. AGAFONOFF[2] kleine Skizzen der Bodentypen Frankreichs im Maßstabe von etwa 1:10000000 nach russischem Muster veröffentlicht, die für die allgemeine Bodenkarte Europas der Internationalen Bodenkundlichen Gesellschaft im gleichen Maßstabe verwendet wurden. Auf ihr sind atlantische Zone, schwach podsoliert, Zone der Braunerden (bisweilen schwach podsoliert), mittelländische Zone (rote, gelbrote, gelbe, graue Böden) dargestellt.

Griechenland.

In Griechenland hat die geologische Landesanstalt die Herstellung agrogeologischer Karten übernommen[3]. Den griechischen Anteil an der 1. allgemeinen Bodenkarte Europas im Maßstab 1:10000000 haben G. GEORGALAS und N. LIATSIKAS bearbeitet. Weitere Karten scheinen noch nicht ausgeführt worden zu sein.

Großbritannien.

Nach G. W. ROBINSON[4] ist das Studium der Böden in Großbritannien eng mit der Landwirtschaftswissenschaft verknüpft. Die Problemstellung ist eine praktische, das Hauptziel ist die Feststellung der Bodenfruchtbarkeit. Dabei wird der Boden nicht schlechthin als solcher betrachtet, sondern nur als Faktor zur Hervorbringung von Ernten, so daß alle Bodeneigenschaften, die nicht unmittelbar damit verknüpft sind, im allgemeinen nicht berührt werden. Man wünscht die wesentlichen Haupteigenschaften des Bodens kennen zu lernen, weniger interessieren die physikalischen und chemischen einerseits, die agrogeologischen andererseits. Die bodenkundliche Landesaufnahme ist nicht an ein einzelnes Institut angegliedert worden, sondern wurde beliebigen Forschern an Provinzialinstituten ganz unabhängig voneinander überlassen und in vielen Fällen vom Ministerium für Ackerbau unterstützt. Trotzdem blieb eine allgemeine Einheitlichkeit in den Methoden des Sammelns und Analysierens gewahrt.

---

[1] KRISCHE, P.: Bodenkarten, S. 33—38. Berlin 1928.

[2] AGAFONOFF, V.: Les types des sols de France. Ann. Sci. agron. Nancy **1928**, 97—120. — Les sols-types du globe terrestre et leur répartition en zones. Bull. soc. d'encour pour l'ind. nat. **1928**, 585—602.

[3] GEORGALAS, G.: L'organisation des études pédologiques et la cartographie des sols. Etat de l'étude et de la cartographie des sols, S. 280. Bukarest 1924.

[4] ROBINSON, G. W.: Memoir on Soil Surveys in Great Britain. Etat de l'étude et de la cartographie des sols, S. 93—100. Bukarest 1924.

Die erste systematische Bodenaufnahme war die der Böden von Dorset durch A. GILCHRIST und C. M. LUXMORE[1]. Hier wie in dem größeren Werk von A. D. HALL und E. J. RUSSELL[2] über Böden und Landwirtschaft von Kent, Surrey und Sussex wurde eine geologische Einteilung der Böden vorgenommen. Der Bodencharakter wird in den genannten Süd- und Ostteilen Englands durch den Gesteinscharakter beherrscht. Daher ist es möglich, bei der Bodenkartierung der geologischen Karte zu folgen. HALL und RUSSELL stellten fest, daß jede Formation einen besonderen Bodentyp habe, der durch seine mechanische Analyse und durch besondere landbauliche Verhältnisse gekennzeichnet sei. Sie schließen daraus, daß der Landwirt, der sich über die Zusammensetzung seiner Böden, über geeignete Dünger, Saatmischungen usw. unterrichten wolle, gut täte, sich für diesen Zweck der geologischen Spezialkarte zu bedienen.

Diese Einstellung hat den meisten späteren Bodenaufnahmen ihre Richtung gegeben. So wurde die Untersuchung der Böden und der Landwirtschaft in Shropshire durch G. W. ROBINSON[3] nach den gleichen Richtlinien vorgenommen, doch ergab sich in diesem mit Glazialablagerungen ausgestatteten Gebiete infolge des Fehlens zufriedenstellender Karten des Glazials die Notwendigkeit einer eigenen geologischen Durcharbeitung seitens des genannten Autors.

Im östlichen England ist ein beträchtlicher Teil der Aufnahmearbeit von der Landwirtschaftsschule in Cambridge ausgeführt worden. 1908 veröffentlichte F. W. FOREMAN[4] eine Arbeit über gewisse Böden von Cambridgeshire, in welcher 23 sorgfältig ausgewählte Böden die hauptsächlichen geologischen Formationen des Gebietes wiedergeben. Seitdem ist die Sammlung und Untersuchung der Böden unter der Leitung von L. J. NEWMAN[5], der einen kurzen Bericht über die Böden von Norfolk schrieb, weitergeführt worden. Viele hundert Böden sind von der Cambridge Schule gesammelt worden, ohne daß allerdings eine vollständige Übersicht derselben veröffentlicht worden wäre. Im Zusammenhang mit diesen Arbeiten berichtete T. RIGG[6] über den Marktgartendistrikt von Bedfordshire.

In mehreren Abhandlungen hat G. W. ROBINSON[7] die Böden von Nordwales beschrieben. Nordwales ist sehr verschieden von England. Geologisch wird es fast ganz von paläozoischen Schichten, Präcambrium, Cambrium, Unter- und Obersilur gebildet. Es ist gebirgig und reicht bis über 1100 m über NN. Der Gebirgscharakter ist besonders infolge des Einflusses der See ausgesprochen. Das Klima ist sehr feucht. Die Winter sind mild, die Sommer kühl. Die Bodentypen zeigen keinen sehr engen Zusammenhang mit der Geologie des Landes, zumal die Oberfläche mit Gletscherablagerungen bedeckt ist. Aber auch bei den Böden auf alten Sedimenten hat sich herausgestellt, daß der gleiche Typ auf mehreren Formationen vorkommt. So haben die Sedimentärschichten des Cambriums, Unter- und Obersilurs den gleichen Bodentyp. Daher richtet sich hier die Bodenklassi-

[1] GILCHRIST, D. A. u. C. M. LUXMORE: The Soils of Dorset. Reading Coll. and Dorset County Council Publ. **1907**.

[2] HALL, A. D. u. E. J. RUSSELL: Agriculture and Soils of Kent, Surrey, and Sussex. Board of Agricult. and Fisheries Publ. **1911**.

[3] ROBINSON, G. W.: A Survey of the Soil and Agriculture of Shropshire. Shropshire County Council. Shrewsbury 1912.

[4] FOREMAN, F. W.: Soils of Cambridgeshire. J. agricult. Sci. **2**, 161 (1908).

[5] NEWMAN, L. F.: Soils and Agriculture of Norfolk. Trans. Norfolk and Norwich nat. Soc. **9**, 349 (1912).

[6] RIGG, T.: Soils and Crops of the Market Garden District of Biggleswade. J. agric. Sci. **7**, 385 (1916).

[7] ROBINSON, G. W.: Soils of North Wales. J. Board Agricult. **1915**, June. — Studies on the Paleozoic of North Wales. J. agricult. Sci. **8**, 338 (1917). — ROBINSON, G. W. u. C. HILL: Studies on the Soil of North Wales. Ebenda **9**, 259 (1919).

fikation nur nach den Bodeneigenschaften, wobei das größte Gewicht auf die mechanische Analyse gelegt wird.

Auch sonst läßt sich sagen, daß die Abhängigkeit der Böden von der geologischen Formation in Südengland nur dort zutrifft, wo die Gletscherablagerungen des Eiszeitalters fehlen. Wo diese vorhanden sind, wird die Bodenbildung infolge ihrer großen Veränderlichkeit sehr mannigfaltig, und die Beziehungen zur besagten geologischen Formation sind uneinheitlich.

In den Arbeiten von HALL und RUSSELL, sowie in solchen gleicher Richtung ist versucht worden, die Eigenschaften des Bodens mit der Verteilung bestimmter Erträge in Zusammenhang zu bringen. Eine große Anzahl Karten ist dementsprechend nach den Ertragsstatistiken des Ackerbauministeriums gezeichnet und danach Weizenböden, Bohnenböden usw. unterschieden worden. Aber die gedachte Beziehung zwischen Boden und Erträgen kann nur dort in Frage kommen, wo das Klima und andere Faktoren gleichmäßig sind. In Wales, wo das Klima sehr verschieden und die physikalischen Bedingungen sehr ausgesprochen sind, hängen die Erträge weitgehend von diesen Faktoren ab, und die wirklichen Bodeneigenschaften spielen nur eine sekundäre Rolle.

Im Zusammenhange mit den Bodenstudien sind auch ökologische Untersuchungen angestellt worden. So haben W. G. SMITH und C. B. CRAMPTON[1] 1914 eine Studie über das britische Grasland durchgeführt, in welcher sie die Beziehungen der verschiedenen Graslandtypen zu den Bodenbildungen erörtern.

Die schottischen Böden sind von J. HENDRICK gemeinsam mit W. G. OGG[2] und G. NEWLANDS[3] studiert worden, besonders die chemischen und mineralogischen Eigenschaften von Böden auf dem Glazial. Dabei ergab sich, daß die schottischen von den englischen Böden abweichen und sich den walisischen nähern.

Zahlreiche Bodenuntersuchungen sind sodann noch von den landwirtschaftlichen Einrichtungen der Provinzen vorgenommen worden. Doch wurden diese für die Arbeit einer Landesaufnahme bisher noch nicht herangezogen.

HALL und RUSSELL[4] haben über die Stellung der britischen Böden zu der allgemeinen klimatischen Einteilung diskutiert, sind aber bei ihrer engen Verknüpfung der Böden mit den geologischen Formationen geblieben. Dabei ist festzustellen, daß die Untersuchung der Böden hauptsächlich im Laboratorium geschieht, und daß es in England keine allgemein angenommenen Kennzeichen für die Ermittlung der Bodentypen im Felde gibt. Im Vergleich zu GLINKAS Systematik hat G. W. ROBINSON[5] die meisten britischen Böden für endodynamomorph erklärt, bei denen die Eigenschaften des Muttergesteins den Hauptfaktor der Bodenbildung darstellen. Die Böden erweisen sich im allgemeinen als jung, da die Vergletscherung während des Eiszeitalters noch nicht lange zurückliegt. Infolge der hügeligen Beschaffenheit und der dadurch bedingten schnellen Oberflächenerosion sind die Profile schlecht entwickelt und unreif. Ferner sind die meisten Böden künstlich verändert, da sie seit vielen hundert Jahren beackert werden und infolgedessen das natürliche Profil verloren oder verändert haben.

---

[1] SMITH, W. G. u. C. B. CRAMPTON: Grassland in Britain. J. agric. Sci. 6, 1 (1914).

[2] HENDRICK, J. u. W. G. OGG: Studies of a Scottish Drift Soil I. The Composition of the Soil and the Forticles which compose it. J. agricult. Sci. 2, 333 (1910).

[3] HENDRICK, J. u. G. NEWLANDS: The Value of Mineralogical Examination in Determining Soil Types and a Comparison of certain English and Scottch Soils. J. agricult. Sci. 13, 1 (1923).

[4] HALL, A. D. u. E. J. RUSSELL: Soil Surveys and Soil Analyses. J. agricult. Sci. 4, 181 (1911).

[5] ROBINSON, G. W.: The Physical Properties of the Soil in Relation to Survey Work Trans. faraday Soc. 17, 224 (1922). — Ferner: Memoir on Soil Surveys usw., a. a. O., S. 97.

Den großbritannischen Anteil an der 1. allgemeinen Bodenkarte Europas haben für England und Wales N. M. COMBER und G. W. ROBINSON, für Schottland J. HENDRIK, G. FRASER, G. NEWLANDS und W. G. OGG ausgeführt. In demselben sind brauner Waldboden schwach podsoliert, podsolige Waldböden mäßig podsoliert, Rohhumus im Gebiete der Waldböden, skelettreiche Böden mit podsoligen und Humusböden unterschieden. Eine Erläuterung zu dem schottischen Anteil der Karte hat W. G. OGG[1] verfaßt.

Über die Bodenaufnahmen in Wales während der Zeit von 1925—1929 hat W. G. ROBINSON[2] zwei Fortschrittsberichte veröffentlicht, die eine bemerkenswerte Entwicklung und eine Änderung in der Bodenbezeichnung und Bodenklassifikation erkennen lassen. Während die früheren Aufnahmearbeiten sich auf das systematische Sammeln und Analysieren der Bodenproben beschränkten, wird jetzt kartiert und die Feststellung der Bodeneigenschaften im Felde vorgenommen. Auf einer Konferenz der britischen Bodenkartierer in Leeds 1926 wurde beschlossen, die folgenden Feststellungen vorzunehmen: 1. Oberfläche, und zwar, ob flach, wellig, hängig, unregelmäßig usw. ausgebildet; mit Pfeilen wird die Richtung des Abhanges festgestellt. 2. Steinigkeit. Es werden verschiedene Grade von steinfreien Böden bis zu solchen, in denen das Gestein an der Oberfläche vorherrscht, unterschieden. 3. Textur. (Hauptklassen von Kies bis Ton) 4. Farbe. 5. Wasserverhältnisse, und zwar trocken, genügend, feucht und weitere Unterscheidung der Feuchtigkeit, ob sie zeitweilig ist, von Quellen herrührt, sich bewegt, oder ob ein Wasserspiegel in der Nähe der Oberfläche liegt. 6. Profil. Unterscheidung der Böden von den unterliegenden Schichten, geringmächtiger Boden auf Gestein, Boden, der durch einen Unterboden in das Gestein übergeht, Boden auf Glazial, alluviale Böden usw. 7. Vegetation und Ernteerträge. — Als Grundlage der Kartierung dient die 6-Zollkarte (6 Zoll = 1 engl. Meile). In ein Feldtaschenbuch wird alles eingetragen, was über das Bodenprofil und über sonstwie Wissenswertes zu ermitteln ist.

Anfangs war gedacht, die Kartierung Feld für Feld auszuführen, da aber dadurch die Aufnahme sehr verzögert wird, so wurden später Gruppen von Feldern mit ähnlichen Bodenbedingungen zusammengenommen. In bestimmten Fällen sind manche Flächen sehr genau kartiert worden, so daß vielleicht 2—3 Tage Arbeit auf ein Feld entfielen. Diese genaue Arbeit wurde aber nur dann ausgeführt, wenn Ergebnisse von wissenschaftlichem Wert zu erwarten waren oder sehr intensive Wirtschaftsweise geplant wurde. Für die Klassifikation der Böden wurden die folgenden Gesichtspunkte gewonnen: 1. Der Boden einer Örtlichkeit soll so klassifiziert werden, daß die für das Pflanzenwachstum wichtigsten Eigenschaften hervortreten. 2. Es soll ein Kompromiß zwischen ausgesprochener Kompliziertheit und ausgesprochener Vereinfachung in der Weise erstrebt werden, daß die Böden auf einer Karte im Maßstab 1 Zoll = 1 Meile dargestellt werden können. 3. Jedes Gebiet soll für sich behandelt werden, aber immer derartig, daß die Böden in ein Klassifikationsschema fallen, welches die allgemeine Bodenkarte Europas enthält.

Die Arbeit von 1928 enthält drei kleine Karten, zwei im Maßstabe 4 cm = 5 Meilen, eine mit 6 cm = 5 Meilen und mit sehr vereinfachter Topographie. Die Einteilung auf der Karte von Glenmorgan lautet: unterer Lias, karbonischer Kalkstein, Triaskalkstein Breccie *A*, desgleichen Breccie *B*, Triasmergel, Rhät-

---

[1] OGG, W. G.: Scottish Soils in Relation to Climate and Vegetation. Proc. and Paper I. Intern. Congr. Soil Sci. Washington **2** (1927).

[2] ROBINSON, G. W., J. O. JONES u. D. O. HUGHES: Soil Survey of Wales. Progress Report **192/527**; Welsh J. agricult. **4** (1928). — ROBINSON, G. W., D. O. HUGHES u. B. JONES: (ebenso für 1927/29.) Ebenda **6** (1930).

schiefer, Rhätsandstein, Flugsand, Flußalluvium, Sumpfalluvium, Sand und Kies. Die Karte von Ost-Anglesey hat die Einteilung: Flußalluvium, Meeresalluvium, Flugsand, gemischtes Glazial, Beimischung von nordischem Glazial, Mona-Komplex, ordovizischer Schiefer, Karbonkalkstein, karbonische rote Ablagerungen. In beiden Fällen ist also die geologische Einteilung, wie sie für die ersten britischen Bodenaufnahmen maßgebend war, beibehalten worden. Die dritte Karte des Wrexham-Distrikts hat die Einteilung: Bergboden auf Millstone Grit; leicht lehmig hauptsächlich aus Millstone Grit entstanden; kiesig, schwach lehmig; schwerer Ton; Alluvium. Hier ist also die geologische Einteilung auf den karbonischen Millstone Grit und das Alluvium beschränkt, alles andere sind Bodenarten.

Der Bericht über die Arbeiten von 1927—1929 zeigt die Umstellung der bisherigen Aufnahmeart auf die amerikanische des U. S. Soil Survey. Ausgehend von der Betrachtung, daß der Bodencharakter sowohl durch die Natur des Muttergesteins als auch durch die Faktoren der Bodenbildung bedingt sei, werden die Böden in Serien zusammengefaßt, welche das gleiche oder ähnliche Muttergestein, die gleichen Bildungsfaktoren, allgemeine Ähnlichkeit im Bodenprofil, d. h. in der vertikalen Aufeinanderfolge der Horizonte und keine größeren Unterschiede in der Textur haben. Jede Serie wird wie in Amerika nach der Örtlichkeit benannt, wo sie zuerst studiert wurde, und wo sie am meisten verbreitet ist. Die Serien werden wieder nach dem gleichen oder ähnlichen geologischen Material zu Suiten zusammengefaßt und nach der Verschiedenheit in der Art des Auftretens und der Bildung der zugehörigen Böden unterschieden. Jede Serie wird nach der Textur in Bodenindividuen eingeteilt.

Es werden 5 Suiten unterschieden: die Bangor, die Powys, die Monmouth, die Gower und die Neath Suite. Die Bangor Suite hat als Muttergestein: Eruptivgesteine und deren Tuffe, harte Grauwacken von kambrischem oder ordovizischem Alter, die den Eruptivgesteinen ähneln, ferner die Glazialmoränen aus diesen Gesteinen. Unterschieden werden in der Bangor Suite 3 Serien: die Bangor-Serie (*B*). Sie umfaßt Verwitterungsböden, die unter den Bedingungen freier Dränage entstanden sind. Das Ursprungsgestein ist recht widerstandsfähig gegen die Verwitterung, infolgedessen ist das Profil oft wenig tief. Die Profile zeigen einen warm braunen bis rötlichbraunen, schwach steinigen Lehm von verschiedener Mächtigkeit, der allmählich in einen schweren und festeren steinigen Unterboden übergeht. Die Natur des Ursprungsgesteins veranlaßt einiges Schwanken in der Textur (Korngröße). Die Ebenezer-Serie (B_1) umfaßt Böden auf Glazial, die mit denen der Bangor-Serie (*B*) korrespondieren. Verschiedene Typen können nach der Natur des Glazials unterschieden werden, je nachdem ob Geschiebeton, Sande und Kiese oder Abschlämmassen in Frage kommen. Der allgemeinste Typ ist ein dunkelbrauner leichter Lehm über einem schweren gelblich- bis rötlichbraunen Unterboden. Die Sion-Serie (B_2) ist aus dem Bangor-Glazial unter behinderter Dränage entstanden. Zwei Grade der Feuchtigkeit können unterschieden werden, die Sion-*A*-Serie, welche saisonmäßig durchfeuchtet ist, in der Regel an Abhängen liegt und zu einiger Ausdehnung gelangt, und die Sion-*B*-Serie, die beständig feucht ist, auf Talböden unter einer armen Pflanzendecke liegt und oft von lokalen Torfbildungen durchzogen wird. Beide Teilserien haben grauliche oder bräunliche Böden über schweren, grau gefleckten Unterböden.

Das Ursprungsgestein der Powys Suite besteht aus kalkfreien Sedimenten und ihrem Glazial, das der Monmouth Suite aus den Sandsteinen der Old-Red-Formation und dem abgeleiteten Glazial, das der Gower Suite aus Karbonkalk und dessen Lokalmoräne, die Neath-Suite aus den kalkfreien Karbongesteinen und ihren Lokalmoränen.

Danach ist die neue Einteilung im Grunde nichts anderes als die alte nach geologischen Formationen. Es werden in jeder Suite Bodenserien zusammengefaßt, die in bezug auf ihren Pflanzenwuchs und ihre landwirtschaftlichen Möglichkeiten und Erträge weit voneinander abweichen, gerade so, wie oben in der Bangor-Serie die Böden mit unbehinderter Dränage und mit zeitweiser oder dauernder Feuchtigkeit. Auch die Böden der Bangor Suite und der Ebenezer-Serie dürften recht verschieden sein, so die der Bangor-Serie mehr braune Waldböden, die der Ebenezer mehr rostfarbige Waldböden.

Der Arbeit sind 4 kleine Kartenskizzen in den Maßstäben 5 cm = 4 Meilen, 6,2 cm = 4 Meilen, 8 cm = 4 Meilen beigegeben. Mit Buchstaben oder Schraffuren sind die Suiten und Serien eingetragen. Eine Karte besteht nur aus den Zeichen für die Powys Suite mit 3 Serien, auf einer zweiten überwiegt in der Mitte die Bangor Suite, eine dritte ist recht unregelmäßig aus 3 oder 4 Suiten und ihren Serien gemischt, die vierte besteht hauptsächlich aus der Monmouth Suite und einer in der Zusammenstellung nicht erwähnten Wentloog-Serie. Bisweilen kann man also gewissermaßen Bodengebiete mit den einzelnen Suiten unterscheiden, bisweilen aber ist ein vollständiges Durcheinander nach dem Vorkommen der geologischen Formationen festzustellen. Wo die Lokalmoräne aus den Gesteinen mehrerer Formationen besteht, werden Mischungen der Böden verschiedener Suiten angegeben z. B. $M_1 G_1 N_1$ (also je eine Bodenserie der Monmouth, Gower und Neath Suite zu einer Bodeneinheit verschmolzen).

G. W. Robinson bemerkt, daß diese neue Klassifikation nur provisorisch sei, weil die Hoffnung bestehe, ein allgemein zusagendes System für ganz Großbritannien aufzustellen.

Eine Übersicht über die Verteilung der landwirtschaftlichen Hauptbodenarten Großbritanniens hat G. A. Cowie[1] für P. Krisches Sammlung von Bodenkarten hergestellt. Die Einteilung ist die gleiche wie die der Karte Krisches von Deutschland, d. h. leichter Boden (Sandboden), mittlerer Boden (sandiger Lehm und lehmiger Sand), günstiger schwerer Boden (Lehm- und Tonböden), schwerer Boden (Marschböden), schwerer Boden (Kalkböden), ungünstiger schwerer Boden (Gebirge), Hochmoore, Niederungsmoore. Dazu heißt es: Die ausgesprochen leichten oder Sandböden sind in Großbritannien und Irland außerordentlich wenig vertreten. Es gibt nur einige Gegenden mit vorwiegendem Sandboden sowie ein Gebiet mit Flugsand über Kreide, ein kleines Gebiet mit Muschelsand und Kies über Kalkablagerungen, die sog. Bagshotlager. Ferner sind sandige Distrikte, die sich vom Buntsandstein herleiten, reine Sandböden in einigen Küstengebieten und kleinere Gebiete mit Flugsand vorhanden. Die mittleren Böden sind ausgedehnter, sie leiten sich hauptsächlich von Grünsand und Oolith, ferner von den alten und jüngeren Rotsandformationen ab. Die günstigen schweren Lehm- und Tonböden sind als nährstoffreiche Böden besonders für Ackerland und Grasland günstig, z. T. stammen sie aus Gesteinen der Liasformation (besonders gute Weideböden), z. T. haben sie sich auf dem alttertiären Londonton (mehr Ackerbau besonders für Weizen und Futterrüben), z. T. auf Weald und Gault (mehr Grünland als Ackerbau) gebildet. Auch die Grundlage dieser Karte ist also hauptsächlich die geologische. Ihr Maßstab ist etwa 1:4000000. Ergänzt wird die Karte durch den entsprechenden Ausschnitt der Bodenkarte Europas 1:10000000 und eine noch kleinere Karte der jährlichen Regenmengen in Großbritannien.

---

[1] Cowie, G. A.: Übersicht über die Verteilung der Hauptbodenarten in Großbritannien und Irland. In P. Krische: Bodenkarten, S. 87—89. 1928.

Irland.

Die Kartierung der irländischen oberflächigen Ablagerungen, wie Torf, Schwemmland verschiedener Art und Glazialmoräne, ist nach G. A. J. Cole[1] durch die geologische Landesanstalt in Dublin vorgenommen worden. Die erste Aufgabe dieser Anstalt war nach ihrer Begründung im Jahre 1875 die Herstellung von Karten, welche die geologischen Züge des Landes und dessen Minerallagerstätten darstellen sollten. Die Kartengrundlage war die 6-Zollkarte (6 Zoll = 1 Meile, 1:10560). Nach diesen Blättern ist die geologische Standardkarte Irlands im Maßstabe 1 Zoll = 1 Meile (1:63360) hergestellt worden. Die meisten Spezialkarten sind Manuskripte geblieben. Auf der Übersichtskarte werden die Alluvialflächen durch besondere Farben wiedergegeben. Torf ist nur in den Flachlandgebieten angegeben, die Gebirgsmoore sind in der Regel fortgelassen. Im größten Teil der Karte sind die Flächen der Glazialmoräne mit kleinen schwarzen Punkten bezeichnet, doch ihre Natur, ob Geschiebelehm oder Kies, ist nicht unterschieden. 1900 war eine besondere „Drift"- (Glazial-) Karte Irlands nach der entsprechenden englischen Aufnahme geplant. Es wurden auch fünf besondere Karten und Beschreibungen der Gebiete Dublin, Belfast, Cork in Aussicht genommen, und nach der 1905 erfolgten Unterstellung der geologischen Landesaufnahme unter die Abteilung für die landwirtschaftlichen und technischen Angelegenheiten Irlands die Gebiete von Limerick und Londonderry aufzunehmen beschlossen. In allen 5 Abhandlungen[2] wurden auch die Böden beschrieben, und auf die Karten mit Hilfe von Zeichen Bodenmerkmale eingetragen. Die Kleinheit der Anstalt und die dringende Notwendigkeit zu einer Revision der Minerallager und gewisser Kohlenfelder verhinderten dann aber für längere Zeit die Herstellung der Oberflächenkarten. Erst 1923 wurde sie wieder aufgenommen und die Glazialablagerungen von Blessington mit dem Liffey-Tal in der Grafschaft Wicklow kartiert.

Die Kartierung der Oberflächenablagerungen müsse der der Böden vorangehen, die letztere könne in besonderen Fällen, wenn erforderlich, ausgeführt werden, und zwar unter landwirtschaftlicher Mitarbeit. Die landwirtschaftliche Versuchsstation von Ballyhaise in der Grafschaft Cavan verfügt über eine gute Reihe von Bodentypen, die auf Alluvialgesteinen, Torf und Drumlins liegen. Um zu zeigen, wie weit eine Bodenkarte sich von der gewöhnlichen Oberflächenkarte unterscheidet, wurde eine Bodenkarte der Ballyhaise-Station im Maßstabe 1:17920 ausgeführt, auf welcher die Bodentypen durch mehrere Farben und Schraffursysteme eingetragen wurden. Die Karte wurde 1910 als Abhandlung der Landesaufnahme[3] veröffentlicht. Seitdem hat die Landesaufnahme die Bodenuntersuchung betrieben, so u. a. die der schweren Tone von Wexford, sobald sie durch die Abteilung für landwirtschaftliche und technische Angelegenheiten dazu aufgefordert wurde. Die Abteilung veröffentlichte 1907 ein Buch von J. R. Kilroe[4]

---

[1] Cole, G. A. J.: The Cartography of Soils and surficial Deposits in Ireland. Etat de l'étude et de la cartographie des sols, S. 109—112. Bukarest 1924.

[2] Lamplugh, G. W., J. R. Kilroe, A. McHenry, H. J. Seymour u. W. B. Wright: Geology of the Country around Dublin. 1903. Map of the Dublin District 1902. — Lamplugh, G. W., J. R. Kilroe, A. McHenry, H. J. Seymour, W. B. Wright u. H. B. Maufe: Geology of the country around Belfast, mit Karte. 1904. — Geology of the country around Cork, mit Karte. 1905. — Lamplugh, G. W., J. R. Kilroe, A. McHenry, H. J. Seymour, W. B. Wright, H. B. Maufe u. S. B. Wilkinson: Geology of the country around Limerick, mit Karte. 1907. — Wilkinson, S. B., J. R. Kilroe, A. McHenry u. H. J. Seymour: Geology around Londonderry, mit Karte. 1908.

[3] Kilroe, J. R., H. J. Seymour u. J. Hallissy: The Geological Features and Soils of the Agricultural Station at Ballyhaise, Co. Cavan. 1910.

[4] Kilroe, J. R.: The Soil Geology of Ireland. 1907.

über die Bodengeologie Irlands, in welchem die geologische Struktur, das Klima und die Böden des Landes besprochen wurden. KILROE ist immer dafür eingetreten, daß die agrogeologischen Beobachtungen ein Teil der Funktion einer öffentlichen Landesaufnahme sein sollten. KILROES Arbeit umschließt eine Karte von Irland im Maßstabe 1:633600, auf der die Flächen, bedeckt mit Torf, Alluvium und Glazialmoräne und ihre geologische Struktur eingetragen sind. Eine Moorkarte desselben kleinen Maßstabes wurde 1921 von der Landesaufnahme veröffentlicht. Neuerdings hat J. HALLISSY, der bereits die mechanischen Analysen für Ballyhaise ausgeführt hatte, die Untersuchung der Böden in den von der Landesanstalt aufgenommenen Gebieten durchgeführt.

Die ausgedehnten Torflager Irlands hatten frühzeitig zu einer Kartierung Veranlassung gegeben. Eine Reihe von Karten im Maßstabe $1^1/_2$ Zoll = 1 Meile findet sich in den 3 Bänden der Reports of the Commissioners appointed to enquire into the nature and extent of bogs in Ireland, welche bereits 1810 bis 1814[1] erschienen sind. In den Bänden des Statistical Survey findet sich bereits 1802 eine kleine Karte des Gebietes von Londonderry, auf welcher die oberflächigen Ablagerungen mit Farben angegeben sind. Ihr Verfasser ist G. SAMPSON. Es dürfte eine der ersten Bodenkarten sein. 1837 erschien ein Band über die Gemeinde Tempelmore in der Grafschaft Londonderry, welcher der erste in der Reihe der Bände werden sollte, die vom Ordnance Survey herausgegeben werden sollten. Diese Anstalt nahm 1832 die Herstellung topographischer Karten nach den Grundlinien von LOUGH FOYLE auf und veröffentlichte in schneller Folge Karten im Maßstabe 1:10560. Sie plante Werke über die Geologie, Naturgeschichte, Vorgeschichte und Besitzergreifung jeder Gemeinde des Landes. Darin sollte auch die Bodenbeschreibung ihren Platz finden. J. E. PORTLOCK[2], der Chef der geologischen Abteilung, führte eine Reihe agrogeologischer Beobachtungen, einschließlich chemischer Bodenanalysen aus, die in seinem Bericht über die Geologie von Londonderry veröffentlicht sind. In der Vorrede zu diesem Bericht teilt der Genannte mit, daß er in Verbindung mit dem Ordnance Survey in Belfast ein Büro für die Bodenuntersuchung organisiert habe, doch hätten die Behörden in Großbritannien dessen Tätigkeit für unpassend erklärt. Infolgedessen wurde dasselbe wieder geschlossen. Es dürfte eine der ersten Einrichtungen für die agrogeologischen Untersuchungen gewesen sein.

Die Aussichten der Bodenkartographie in Irland beurteilt G. COLE folgendermaßen: Eine der ersten Sorgen der Geologischen Landesanstalt des Freistaates (wie auch der entsprechenden von Nordirland) wird voraussichtlich die Fortsetzung der Oberflächenkarten, zunächst für die Gebiete um größere Städte im 1-Zoll-Maßstabe sein. Dies sind zwar keine richtigen Bodenkarten, aber auch die Karten der bodenkundlichen Landesaufnahme der Vereinigten Staaten scheinen G. COLE nicht anders zu sein. Auf den Karten der Oberflächenbildungen sollen Bodeneintragungen nach Art derer der Preußischen Geologischen Landesanstalt mit Vertikalschnitten am Rande vorgenommen werden. Beides war schon auf der Karte der Versuchsstation Ballyhaise der Fall. Diese Karte im Maßstabe 8 Zoll = 1 Meile genügt von allen Veröffentlichungen der Geologischen Landesanstalt am meisten den Anforderungen einer agrogeologischen Aufnahme. Die Bodenarten sind auf dieser mit Farben angegeben, ihre Variationen mit Signaturen. Das Grundgestein, wie Torf, Alluvium, Geschiebeton und untersilurischer Sandstein, ist durch schwarze Zeichen dargestellt. Es ergibt sich somit das Boden-

[1] Reports of the Commissioners appointed to inquire into the Nature and Extent of Bogs in Ireland. 1810—1814.

[2] PORTLOCK, J. E.: Report on the Geology of the County of Londonderry and of Fermanagh and Tyrone. 1843.

profil, z. B. Lehm bis toniger Lehm bzw. Ton bzw. Ton bis strenger Ton über Alluvium. Dadurch unterscheidet sich die Bodenkarte von der Karte der Oberflächenbildungen, auf der nur Alluvium erscheinen würde.

G. A. COWIE[1] hat auf der Übersichtskarte der Hauptbodenarten Großbritanniens auch Irland mit behandelt. Es kommen hier vor: sehr wenig Sand an den Rändern der Ostküste, mittlere Böden (lehmiger Sand und sandiger Lehm) in größerem Umfange, auch günstige schwere Lehme und Tonböden, ferner Hochmoore und am verbreitesten der ungünstige schwere Boden der Gebirge. Der Maßstab der Karte ist etwa 1:4000000. Den irischen Anteil an der ersten allgemeinen Bodenkarte Europas in 1:10000000 hat J. HALLISSY ausgeführt.

Italien.

Bereits in der zweiten Hälfte des 18. Jahrhunderts und in der ersten des 19. sind nach M. GORTANI[2] zahlreiche Arbeiten über die landwirtschaftliche Geologie sowohl zusammenfassend wie in Einzeluntersuchungen ausgeführt worden. Die erste Karte mit geologisch-landwirtschaftlicher Tendenz wurde 1871—72 von T. TARAMELLI und G. RICCA-ROSELLINI von Istrien und den Inseln des Quarnerogolfes im Maßstab 1:144000 ausgeführt. Sie war in der Hauptsache eine Gesteinskarte. 1880 schlugen A. STOPPANI und T. TARAMELLI der Kommission für die geologische Karte Italiens die Herstellung einer geognostisch-landwirtschaftlichen Karte des Königreichs allerdings ohne Erfolg vor. 1891 und 1895 haben G. TRABUCCO und M. BARETTI gesteinsagrogeologische Karten der Provinzen Piacenza (im Maßstabe 1:250000) und Turin (im Maßstabe 1:500000) mit Berücksichtigung der annäherungsweisen chemischen Zusammensetzung der autochthonen und umgelagerten Erden veröffentlicht.

Später wurde die Zahl der agrogeologischen Karten größer. Es sind zwei Gruppen zu unterscheiden, die eine für Katasterzwecke und zu Statistiken, die andere für spezielle landwirtschaftliche Zwecke. In den Jahren 1911—1915 wurden Karten in kleinen Maßstäben der Lombardei, Veneziens, der Marken, Umbriens und Laziens mit Einteilung des Geländes in Kulturzonen auf topographisch-orographischer Grundlage und einer Unterteilung nach geographischen und geologischen Kennzeichen veröffentlicht. Ein gutes Beispiel angewandter Geologie bei Katasterschätzungen gab 1907 NICOLAS von der veronesischen Ebene mit einer Karte im Maßstab 1:250000, unterschieden von der geologischen durch die Kennzeichen der Herkunft und Zusammensetzung der Alluvionen. Hauptsächlich lithologisch ist die zur zweiten Gruppe gehörige Karte des Monferrato (Alessandria) im Maßstab 1:75000 von TRABUCCO im Jahre 1899. Vorwiegend lithologisch mit besonderer Berücksichtigung des Kalkgehaltes ist die Karte der Provinz Brescia von CACCIAMALI (1908—1910), die Übersichtskarte in 1:100000, Teilkarten in 1:25000. Infolge der Initiative der Ackerbauschule von Bergamo wurde 1898 nach „belgischem System" eine Karte des Grundbesitzes von Grumello del Monte im Maßstabe 1:10000 aufgenommen, doch war sie zu kompliziert und daher wenig brauchbar. Bessere Ergebnisse brachten die Aufnahmen nach preußischem Muster, das CAPOBIANCO 1906 im Chianatal (Atlas von 18 Karten in 1:100000) und CANAVARI 1913 im Tibertal (Karte von Gasalina in 1:25000) anwandten. Auch die alluvialen Gebiete des Potales wurden danach kartiert. Voran gingen Versuche der landwirtschaftlichen Körperschaften von Pavia (1898; 1:100000), von Cuneo (1903;

---

[1] COWIE, G. A.: Übersicht über die Verteilung der Hauptbodenarten in Großbritannien und Irland. In P. KRISCHE: Bodenkarten, S. 87—89. 1928.

[2] GORTANI, M.: La Cartografia agrogeologica in Italia. Etat de l'étude et de la cartographie des sols, S. 113—118. Bukarest 1924.

1:25000 und 1:10000) und von Friaul (1899—1908; 1:50000 und 1:8000). Seit 1909 hat die Station für Agrikulturchemie in Udine das ebene und hügelige Gebiet von Friaul im Maßstabe 1:50000 auf geologischer Grundlage zu kartieren begonnen, wobei der Natur des Muttergesteins und der Mächtigkeit des Bodens bei den autochthonen Erden besondere Aufmerksamkeit gewidmet wurde. 1901/02 hat A. STELLA eine agrogeologische Studie über Montello mit Karte in 1:25000 veröffentlicht, worin er ausführt: Die Organisation der Aufnahme und Publikation einer detaillierten agronomischen Karte würde ein schwerer Fehler sein, wenn es nicht vorher gelänge, eine systematische und einheitliche Kartierung zu finden, welche sowohl für die Ebenen wie für das Bergland brauchbar wäre.

In den Jahren 1906—1920 wurde noch eine weitere Anzahl agronomischer Karten für besondere Zwecke ausgeführt. Hervorzuheben wäre besonders ein Kartenwerk von R. UGOLINI, das er im Maßstabe 1:25000 von der Umgebung von Castiglioncello an der toskanischen Küste 1910 hergestellt hat. Es enthält eine geologische, eine gesteinskundlich-hydrologische und eine agrogeologische Karte. Der ausführliche Text enthält eine Übersicht über die klimatischen Elemente, die Pflanzendecke, die Kulturarten und eine graphische Darstellung der Konzentration der im Boden zirkulierenden Lösungen. 1910 hatte das Landwirtschaftsministerium eine Kommission zur Herstellung einer agrogeologischen Karte des Königreichs ernannt. Ihr Programm wurde von C. ULPIANI aufgestellt, ihr Vorsitzender war T. TARAMELLI. Aber es war nicht möglich, eine Kartierung des gesamten Bodens Italiens zu erreichen, es konnte nur empfohlen werden, die italienischen Ebenen in Einzelarbeiten zu behandeln.

1928 hat G. DE ANGELIS d'OSSAT[1] die erste allgemeine Übersichtskarte der Böden Italiens veröffentlicht. Sie hat den Maßstab 1:1000000 und ist mit Farben, Schraffuren und vielen Buchstaben versehen. Einen Schwarzdruck der Karte hat P. KRISCHE[2] in seinem Werk über Bodenkarten, zugleich mit einer ausführlichen Übersetzung der Arbeit G. DE ANGELIS D'OSSATS[3] veröffentlicht. DE ANGELIS hat stets die Ansicht vertreten, daß die Grundlage der Bodenkarte eine geologische sowohl für die autochthonen wie für die Alluvialböden sein müsse, ohne daß dabei jedoch die Beziehungen zwischen Grundgestein, Verwitterung, Wassereinfluß und Klima übersehen werden dürften. Infolgedessen hat DE ANGELIS die geologische Karte als Grundlage verwandt und in diese die landwirtschaftlichen Böden eingezeichnet. Dabei konnten die besonderen charakteristischen Eigenschaften der Hauptböden besonders hervorgehoben und die geologischen Formationen, welche die Natur der Böden direkt beeinflussen, vernachlässigt werden. Die Haupteinteilung war zunächst die in typisch autochthone und in typisch alluviale Böden. „Diese natürliche, notwendige und auch ökonomische Einteilung hat eine geologische Grundlage, weil sie die Dejektions- von den Erosionsflächen trennt." Auf den alluvialen Böden der Dejektionsflächen, gleichgültig, ob diluvialen oder alluvialen Alters, erzielt die Landwirtschaft hohe Erträge, während sich auf den autochthonen Böden der Erosionsflächen nur ausnahmsweise gute Erträge erreichen lassen. „Die zweite Einteilung beruht auf dem Milieu, das die Vegetation beeinflußt." Es wurde die Linie von 500 m über NN. als Grenzlinie für die günstige tiefere und die ungünstige höhere Zone

[1] ANGELIS D'OSSAT, G. DE: La Carta dei terreni agrari italiani 1 : 1000000. Nuova agricult. Rom 7, 9 (1928). — La cartografia del suolo. Ann. Tecn. agricult. 5 Jg. 1 u. 2, Rom 1929.

[2] KRISCHE, P.: Bodenkarten, S. 79—83. Berlin 1928.

[3] ANGELIS D'OSSAT, G. DE: Vegetazione e Terre Agrario. Red. R. Acc. Lincei Rom 1913. — Rapporti fra le formazioni geologiche e la composizione del terreno agrario. Bull. Soc. Geol. Ital. Rom 1918.

gewählt. Nur in Ausnahmefällen ist über 500 m hochgelegenes Gebiet landwirtschaftlich wertvoll. Zwei grundsätzlich verschiedene Böden, bei denen das gesteinskundliche mit dem landwirtschaftlichen Moment übereinstimmt, sind einerseits diejenigen auf Serpentin- und Amphibolitgestein, die fast unfruchtbar sind, und andererseits diejenigen auf vulkanischem Gestein, die meistens sehr fruchtbar sind, was 5 Zonen des Ackerbaues ergibt:

1. Alluviale Böden. 2. Autochthone Böden unter 500 m NN. 3. Autochthone Böden über 500 m NN. 4. Vulkanische Böden. 5. Serpentinische Böden. „Der scheinbare Mangel an Einheitlichkeit in der Einteilung verschwindet durch die weiteren Untergruppen, so daß man zu einer allgemeinen Klassifikation mit wirklicher geopedologischer Grundlage kommt, welche andererseits mit der landwirtschaftlichen Tätigkeit bis zur höchst nutzbaren Grenze in bezug auf die Fruchtbarkeit des Bodens übereinstimmt[1]." Die weitere Unterteilung sieht 8 Stufen vor. Unter den alluvialen Böden werden die mit fluviatilem und marinem Ursprung von denen mit glazialem getrennt. Die autochthonen Böden werden je nach den Gesteinen, auf denen sie entstanden sind, in pliozäne Böden (Lehm, Mergel, Sand, Kies und Tuff), in solche auf eo- bis miozänem Gestein (Flysch, Schlier, verschiedene Sandgesteine, Kalk, Mergel, Geröll), in Böden auf Kalkformationen, in Böden auf kristallinischen Schichten eingeteilt. Dazu kommen die ebenfalls zu den autochthonen Böden zu rechnenden vulkanischen, die in solche auf Lava und solche auf Tuffen, jedesmal entweder sauer oder basisch, einzuteilen sind, und schließlich noch die serpentinisch-amphibolitischen Böden. Im Einzelnen werden die Böden dieser Gruppen und Untergruppen nach ihren lithologischen Eigenschaften weiter gegliedert, so z. B. die des Quartärs in steinige, kiesige, sandige, lehmigsandige, lehmige und Mergelböden. „Im allgemeinen erscheinen sie grau, gelblichgrau gefärbt; durch die Beimengung von vulkanischen Mineralien jedoch werden sie dunkler und röten sich durch die Oxydation von Eisen. Im ersteren Falle wird die Fruchtbarkeit erhöht und im zweiten vermindert[2]." Bei den Böden der Kalkformationen wird darauf hingewiesen, daß diese auch die Böden auf den alpinen kristallinen Schiefern von dolomitischen, mergeligen und sandigen Gesteinen einschließen. Auf dem Kalkgestein bildet sich Roterde, auf den anderen ein grauer bis dunkler Boden. Unterhalb von 600 m eignen sie sich mehr für Baum- als für Graskultur, die stets unter der mittleren Produktion bleibt. Über 500 m gedeiht der Wald, und zwar je nach der Mächtigkeit der Bodenschicht und ihrer Fähigkeit, die Feuchtigkeit festzuhalten, verschieden. Von 1200—1500 m ermöglicht der Boden je nach Lage und Erodierbarkeit die Weidekultur, noch höher tritt keine Vegetation mehr auf.

Jugoslawien.

Von den Teilen des jugoslawischen Staates, die früher zu Österreich-Ungarn gehörten, sind Kroatien durch A. SANDOR und die Voivodina durch P. TREITZ bodenkundlich bearbeitet worden. In Serbien hatte E. TIMKO[3] eine Teilübersicht ausgeführt. Im übrigen war nach D. B. TODOROVICS[4] im ehemaligen Königreich Serbien außer wenigen chemischen und mechanischen Bodenanalysen nichts Bodenkundliches vorhanden. 1921 wurden die bodenkundlichen Institute in Bel-

---

[1] Bodenkarten, S. 80.

[2] Ebenda, S. 82.

[3] TIMKO, E.: Die agrogeologischen Verhältnisse des westlichen Serbiens mit besonderer Berücksichtigung der Bodenentwicklung der Mačva und der Posavina. Jber. k. ung. geol. Reichsanst. **1916**.

[4] TODOROVICS, D. B.: Les recherches pédologiques dans la Serbie. Etat de l'étude et de la cartographie des sols, S. 295—300. Bukarest 1924.

grad und in Agram (Zagreb) errichtet. Das Institut in Belgrad wurde A. STEBUTT unterstellt, der eine Anzahl Monographien serbischer Böden, allerdings ohne Karten, und später einen sehr bemerkenswerten Atlas der landwirtschaftlichen Hauptgebiete Jugoslawiens[1] verfaßt hat. Über die Untersuchung des Bodenprofils im Freien, wie sie bei diesen Arbeiten ausgeführt wurde, und über die dabei in Jugoslawien aufgefundenen und serbisch neu benannten Bodentypen hat auch D. B. TODOROVICS in der obengenannten Übersicht ausführlich berichtet.

A. STEBUTTS Atlas Jugoslawiens besteht aus 13 Karten im Maßstabe 1:3500000, die teils farbig, teils im Schwarzdruck ausgeführt sind. Sie umfassen 1. die Klimagebiete, 2. die Verteilung der jährlichen Niederschlagsmengen, 3. die Verteilung der Wälder nach Baumart, 4. die Waldfläche in Prozent der Landfläche mit Angabe der beständigen, der unbeständigen Wälder, der Macchien und des Steppengebietes, 5. die Bodenkarte, 6. die bearbeitbare Bodenfläche, Weiden und Wiesen, 7. Getreideanbau in Prozenten der produktiven Fläche, 8. die Gebiete der stenotopen und eurytopen Getreidearten, 9. Maisanbau in Prozenten der produktiven Fläche, 10. Anbau von Rotklee, Kartoffeln, Lein, Luzerne in Prozenten der produktiven Fläche, 11. Verteilung der Weingärten in Prozenten der produktiven Fläche, 12. die Gebiete der Äpfel, Birnen, Nußbäume und Pflaumen, 13. Kultur der Ölbäume und Feigen, des Reises und der Baumwolle. Die Mehrzahl der Karten sind kartographische Übertragungen der land- und forstwirtschaftlichen Statistik Serbiens. Die farbige Bodenkarte zeichnet sich in ihrer Art durch Grundsätze aus, die z. T. auf vielen Übersichtskarten, wenn auch versteckt, angewandt, aber so klar und systematisch sonst nicht durchgeführt worden sind. U. a. heißt es auf der Karte: Die Grundfarbe der Fläche entspricht dem regionalen bodenbildenden Prozesse, die Streifen den verschiedenen sekundären Bodenarten. Dargestellt sind: I. unentwickelte Böden, a) Felsen, Schotter, Sand (agenetische Böden), b) Alluvium, Deluvium, Skelettböden (genetisch junge Böden), II. Entwickelte Böden: 1. Dealkalisation, a) salzhaltige Halbwüstenböden (Dealkalisation mit Versalzung der Oberfläche), b) Tschernosiom, Rendzina (Dealkalisation mit Entlaugung), 2. Destruktion, a) Podsolböden (saure Podsolierung), b) Mineralmoore (saure Podsolierung mit Anschlämmung), c) Solonetz (Sodapodsolierung), d) Solontschak (Sodapodsolierung mit Anschlämmung, e) Braunerden (Verbraunung, Rubifaktion), f) Terra rossa (Laterisation), g) Torfmoore, Alpenwiesen (Vertorfung). Die Karte zeigt 3 Streifen, die ungefähr von Nordwest nach Südost verlaufen, doch biegt der östliche mehr in die Nordsüdrichtung um. Der westliche Streifen an der Adria ist das Gebiet der Roterde der mittlere das der Podsolböden; in den östlichen Teilen sind 2 Gebiete, Tschernosem und Rendzina (teils im Norden, teils im Süden), getrennt durch ein Gebiet der Braunerden, vorhanden, ganz im Südosten tritt ein kleines Gebiet der salzhaltigen Halbwüstenböden auf. Alle übrigen genannten Typen werden nur mit farbigen Schraffuren in den Gebieten der Roterde, des Podsolbodens, der Tschernoseme, Braunerden und Halbwüstenböden angegeben. Es sind in dieser Übersichtskarte also nicht die im Felde kartierten Böden in ihrer Mannigfaltigkeit nebeneinander dargestellt, sondern die hauptsächlichen bodenbildenden Faktoren. Der eigentliche Nachdruck liegt auf den oben in Klammern hinter den Typennamen genannten Vorgängen, die von A. STEBUTT[2] an anderer Stelle näher erläutert werden. Im Text zu dem Atlas nennt A. STEBUTT Jugoslawien geradezu ein Bodenmuseum Europas. Bodenzonen wie in Rußland könne man in Serbien

---

[1] STEBUTT, A.: Landwirtschaftliche Hauptbodengebiete des Königreichs S. H. S. Belgrad 1926. — Vgl. auch H. STREMME: Neue Bodenkarten. Ernährg. Pflanze **1927**, Nr 11.

[2] STEBUTT, A.: a. a. O., S. 26.

nicht finden. Die Zonalität würde durch den mächtigen Einfluß des Reliefs, der Oberflächenneigung, gestört. Die schwierigen Bodenverhältnisse im einzelnen nach Bodentypen und Bodenarten darzustellen, hat STEBUTT nicht versucht, sondern er hat vielmehr eine vorläufige Bestimmung der typischen bodenbildenden Vorgänge des Gebietes gegeben. Vergleicht man die Bodenkarte mit der Klima- und der Waldkarte, so ist das Gebiet der Roterde zugleich das des mediterranen Klimas und der Macchien. Mit Streifen ist das Vorkommen agenetischer Böden angegeben. Das Gebiet der Podsolböden hat atlantisches Gebirgsklima und ist zugleich das Gebiet der beständigen Wälder, es ist sogar zumeist bis über 45 % der Totalfläche von Wald bedeckt. Mit Streifen sind im Nordwesten, Westen und Südwesten des Podsolgebietes die genetisch jungen Böden und die Mineralmoore, im Nordosten die agenetischen Böden angegeben. Die dritte Zone hat Steppen- und Kontinentalklima, der nördliche Teil des Tschernosems ist das Steppengebiet, die übrigen sind die Gebiete der unbeständigen Wälder und haben zumeist nur 0—25 % Waldbedeckung auf der Gesamtfläche. Das nördliche Tschernosem- und Rendzinagebiet zeigt in Streifen agenetische Böden, Mineralmoore und Braunerden, das südliche Gebiet sowie die westlich und östlich angrenzenden Teile der Podsolzone bzw. der Halbwüste haben nur die agenetischen Böden, das Braunerdegebiet hat Podsol- und Mineralmoorstreifen. Die Karte ist in ihrer Art eine der eigenartigsten und anregendsten. Die hier grundsätzlich nach den bodenbildenden Faktoren Klima, Relief, Vegetation durchgeführte Darstellung der Bodengebiete dient, wie schon erwähnt, auch anderen Bodenübersichtskarten als Grundlage, ohne dann allerdings so klar und offen hervorzutreten.

Der jugoslawische Anteil an der Bodenkarte Europas im Maßstab 1:10000000 rührt ebenfalls von A. STEBUTT her.

In P. KRISCHES Werk über die Bodenkarten hat KOCH[1], Zagreb, eine Bodenübersichtskarte Jugoslawiens gebracht, deren Einteilung wie folgt lautet: leichter Sandboden, mittlerer armer Boden (Karstlehm, Terra rossa, lehmiger Sand), mittlerer besserer Boden (Schwemmlanddolinen, feiner lehmiger Sand, überwiegend kalkarm; Heideboden) günstiger schwerer Boden (Ton- und Lehmboden, humusreicher Waldboden), mittlerer Boden (sandiger Lehm und lehmiger Sand) und Moore.

Lettland.

Wie in Estland und in Litauen (außer dem Memelland) ist auch in Lettland die russische Bodenkartierung betrieben worden, und zwar die geologische hauptsächlich von Deutschbalten (GREWINGK, FR. SCHMIDT, DOSS). Mehr auf eine Bodenbonitierung hat G. THOMS[2] Wert gelegt. Eine Karte der Bodenarten hat H. HAUSEN[3] veröffentlicht und J. WITYN später nachgedruckt. Eine Reihe wertvoller neuerer Arbeiten mit Karten und z. T. farbigen Bodenprofilen hat J. WITYN[4] ausgeführt. Auf seiner Bodenkarte Lettlands hat J. WITYN die russischen Bezeichnungen gewählt. Besonders bemerkenswert ist die Feststellung solcher Gebiete, in denen podsolige Böden infolge des Ackerbaus verbessert worden sind.

---

[1] KOCH, A: Die Bodenübersichtskarte Jugoslawiens. In P. KRISCHE: Bodenkarten, S. 54. 1928.

[2] THOMS, G.: Wertschätzung der Ackererde auf naturwissenschaftlich-statistischer Grundlage. Mitt. Riga 1—3 (1888—1900).

[3] HAUSEN, H.: Materialien zur Kenntnis der pleistocänen Bildungen in den russischen Ostseeländern. Fennia 34. Helsingfors 1913—1914.

[4] WITYN, J.: Die Sande und sandigen Böden von Lettland. Riga 1924. — A brief Survey of Soil Investigations of Latvia. Riga 1927.

Litauen.

Der ehemals zum russischen Kaiserreich gehörige Anteil Litauens ist von den russischen Pedologen[1] nach Bodenentstehungstypen, das ehemals preußische Memelland z. T. von der Preußischen Geologischen Landesanstalt[2] auf geologisch-agronomische Weise kartiert worden. Eine besondere Karte hat S. MIKLASZEWSKI[3] herausgegeben. Der Maßstab ist 1:1500000. Unterschieden sind mit Farben: Sande (leichte und starke humose Sande, Dünensande, bewegliche Sande, Sande mit hydrostatischem Wasser auf Diluvium), echte Podsole auf Diluvium, schwarze Erde der Sümpfe auf Diluvium, bisweilen auf Alluvium, tonige Podsole auf Diluvium, tonige und sandige Alluvionen; mit Schraffuren: devonischer Gips im Untergrunde (bildet keine Gipsrendzina), Kreidekalke und -mergel im Untergrunde (bildet keine Rendzina), tertiäre Sande und Tone im Untergrunde (nicht bodenbildend). Die echten Podsole überwiegen bei weitem. Die schwarzen Sumpferden sind im Südwesten des Landes verbreitet. Die Erläuterung zur Karte enthält eine große Zahl von Korngrößen- und Kalkkarbonatbestimmungen.

Niederlande.

Die älteste Bodenkarte eines Teiles der Niederlande ist nach J. VAN BAREN[4] diejenige der Provinz Groningen von G. A. STRATHING 1839, welche 13 Unterscheidungen aufweist.

Die ersten, sehr ausgedehnten und gründlichen Untersuchungen über die geologischen Bildungen des Gesamtbodens der Niederlande hat nach J. VAN BAREN[5] W. C. STARING ausgeführt. Schon 1844 hatte er in holländischer Sprache eine Abhandlung über die Geologie und die Landwirtschaft der niederländischen Sandböden veröffentlicht. Er schrieb 1860 ein zweibändiges Werk über den Boden der Niederlande und gab 1869 auf Staatskosten einen geologischen Atlas mit 27 Karten heraus. Darin unterschied er den Boden nach folgenden Gesichtspunkten: mariner Lehm, fluviatiler Lehm, Meeresdünen, Hochmoortorf, Flachmoortorf, Löß, Verwitterungslehm, Kiesböden, Sandböden. Im gleichen Jahre erschien seine agronomische Karte der Ackerbausysteme in den Niederlanden, die auf der Grundlage der Bodeneignung ruht.

Gleichzeitig mit den Arbeiten STARINGS wurden auch von anderen Seiten Untersuchungen über den niederländischen Boden veröffentlicht, so 1852 von S. J. VAN ROYEN eine Abhandlung über die Bodenarten der Provinz Drente, worin der Autor die chemische und mineralogische Zusammensetzung, die physikalischen Eigenschaften und die landwirtschaftliche Bedeutung der Bodenarten der Provinz bespricht. In der Provinz Groningen wurde 1854 eine Kommission für die statistische Beschreibung dieser Provinz eingesetzt, welche viele Abhandlungen ihrer Mitglieder veröffentlichte, darunter 1861 den „Versuch einer statistischen Beschreibung der Landwirtschaft in der Gemeinde Winschoten" von A. COHEN mit einer ausführlichen Bodenkarte. Sie gab Ver-

---

[1] K. D. GLINKA (Die Typen der Bodenbildung, S. 256. Berlin 1914) nennt als Autoren in der polnisch-litauischen Region AMALITZKI, GEDROIZ, KRISCHTAFOWITSCH, MIKLASZEWSKI, NIKITIN, SIEMIRADZKI und DUNIKOWSKI, SIBIRCEW.

[2] Lieferung 207 die Blätter Nidden, Perwelk, Schwarzort, Schmelz, Memel und Nimmersatt umfassend. Berlin 1916.

[3] MIKLASZEWSKI, S.: Mapa Gleb Litwy. La carte des sols de la Lithuaine. Warszawa 1927.

[4] BAREN, J. VAN: Die Hauptbodenarten der Niederlande. Ernährg. Pflanze Berlin 1915. — Wieder abgedruckt in P. KRISCHE: Bodenkarten usw., S. 89—97. Berlin 1928.

[5] BAREN, J. VAN: La cartographie agrogéologique aux Pays-Bas. Etat de l'étude et de la cartographie des sols, S. 143—145. Bukarest 1924.

anlassung zu J. M. VAN BEMMELENS[1] Untersuchungen über die chemische Zusammensetzung der alluvialen Bodenarten der Provinz Groningen im Jahre 1865. Nach STARINGS Tode 1877 schwand das Interesse für das geologische und das agrogeologische Studium, bis es J. LORIE wieder aufnahm. Seit 1877 veröffentlichte er eine Reihe von Abhandlungen über die Geologie der Niederlande und der angrenzenden Länder. 1906 gab J. VAN BAREN anläßlich des hundertsten Geburtstages W. C. STARINGS die erste Lieferung einer modernen Arbeit über die Geologie der Niederlande mit Karten, Tafeln, Abbildungen und dergleichen heraus.

In chemischer Hinsicht hat J. M. VAN BEMMELEN in zahlreichen Abhandlungen seit 1863 den niederländischen Boden beschrieben. Nach seinem Tode (1911) wurden sie besonders von seinem Schüler D. J. HISSINK weiter fortgesetzt, der sich neuerdings in seinen Arbeiten über den Landgewinn im Haarlemer Meer auch der kartographischen Methode bedient.

Im Verfolg seiner Arbeiten über die Geologie der Niederlande veröffentlichte J. VAN BAREN 1913 eine Abhandlung über die Hochmoore der Niederlande (in „Ernährung der Pflanze") und 1915 die oben erwähnte über die Verteilung der Hauptbodenarten in den Niederlanden. Sie enthält 2 Karten, erstens eine auf Grund der geologischen Karte von STARING und eigener Aufnahmen 1914 entworfene Bodenkarte und zweitens eine Agrikulturkarte der Niederlande. Die Maßstäbe dürften etwa 1:1,5 bzw. 1:2,25 Millionen sein. Die Bodenkarte teilt die Böden in leichte, mittlere, schwere Bodenarten und Moorböden ein. Als leichte Bodenarten sind fluviatile und glaziale Sand- und Grandböden, Flugsandbildungen, marine Sandböden (Dünen- und Geestböden), als mittlere Flußtonböden, Lößböden und als schwere Seekleiböden (Marschböden) genannt. Die Moorböden werden in Hochmoor- und Niederungsmoorböden eingeteilt. Die Agrikulturkarte hat die Einteilung: hauptsächlich Seekleiböden mit gemischtem landwirtschaftlichen Betrieb; meistens Ackerbau, hauptsächlich Flußtonböden und Lößböden mit gemischtem landwirtschaftlichen Betrieb; meistens Weidewirtschaft, hauptsächlich Moorböden; meistens Weidewirtschaft, Sandböden mit Landwirtschaft, Ackerbau und Weidebetrieb haben gleichen Anteil; hauptsächlich Moorkolonien, Gartenbaugebiete. Diese liegen auf Grund des Vergleiches mit der Bodenkarte teils auf Flugsandböden, teils auf Seekleiböden.

Im Jahre 1920 ist eine staatliche Geologische Landesanstalt mit dem Sitz in Haarlem gegründet worden, deren Ziele jedoch geologische, nicht bodenkundliche sind.

Den niederländischen Anteil an der ersten allgemeinen Bodenkarte Europas hat 1927 J. VAN BAREN geliefert, desgleichen den entsprechenden an der in Arbeit befindlichen vergrößerten Karte.

Eine umfassende neue Zusammenstellung über den Boden der Niederlande hat ebenfalls J. VAN BAREN[2] veröffentlicht.

Norwegen.

Die Bodenkartierung Norwegens datiert seit der Errichtung der Geologischen Landesanstalt unter TH. KJERULF im Jahre 1858. Über ihre Tätigkeit in bodenkundlicher Hinsicht berichtete K. O. BJÖRLYKKE[3]. Während der Jahre 1858—1863 gab TH. KJERULF Karten mit Beschreibung der Böden von Romerike, Aken, Hadeland, Ringerike und Hedemark heraus. Unter seinem Nachfolger H. REUSCH

[1] BEMMELEN, J. M. VAN: Bodenuntersuchungen in den Niederlanden. Landw. Versuchsstat. **8**, 255 (1866).

[2] BAREN, J. VAN: De bodem van Nederland. Amsterdam 1927.

[3] BJÖRLYKKE, K. O.: On Soil Survey, Investigation and Mapping in Norway. Etat de l'étude et de la cartographie des sols, S. 146—156. Bukarest 1924.

erschien eine Bodenkarte von Jaeren, aufgenommen durch A. GRIMNES 1910, ferner eine agrogeologische Kartenskizze der Umgebung von Trondhjem, aufgenommen von BLAKSTAD und H. REUSCH 1901 und schließlich Torfuntersuchungen mit Karten von G. E. STANGELAND. 1908 bildete die Landesanstalt zusammen mit der Kgl. Gesellschaft für die Wohlfahrt von Norwegen ein aus 3 Mitgliedern und einem zeitweiligen Mitarbeiterstabe bestehendes Kommittee, welches von 1909—1921 18 Bodenbeschreibungen mit Kartenskizzen herausgab. 1921 wurde seine Tätigkeit vom Staate übernommen und mit der Landwirtschaftlichen Hochschule in Aas unter der Bezeichnung Statens Jordundersägelse (bodenkundliche Landesaufnahme) vereinigt. Sie ist jetzt als dauernde Einrichtung dem Geologischen Institut der Landwirtschaftlichen Hochschule angegliedert und dessen jeweiligem Leiter unterstellt. Diese Landesaufnahme betreibt zur Zeit systematisch das Studium des Bodenprofils mit Boden und Untergrund, woraus sich für den gedachten Zweck die Bedeutung der klimatischen Faktoren, der Topographie und des Grundwassers ergeben hat.

Der norwegische Boden ist vergleichsweise zu den Böden anderer Länder jung, erst vor 10—20000 Jahren sind die Gesteine eisfrei geworden und ist das Land aufgestiegen. Infolgedessen ist die Verwitterung nicht so weit vorgeschritten wie in vielen anderen Ländern, doch ist sie gut bemerkbar und makroskopisch an der Färbung der Bodenhorizonte zu erkennen. Unter den wissenschaftlichen Ergebnissen der Landesaufnahme mögen hervorgehoben werden die Feststellungen der Verschiedenheit der Böden an Abhängen einerseits, auf flachem Lande andererseits, desgleichen unter dem Einfluß verschiedener Temperaturen und Niederschläge sowie nach der Natur des Humus.

An Veröffentlichungen sind bis 1924 20 Bodenbeschreibungen und 12 Flugschriften erschienen. Die erste Übersichtskarte der Böden ist von K. O. BJÖRLYKKE im Maßstabe 1:10000000 ausgeführt und für die Bodenkarte Europas im gleichen Maßstabe verwendet worden.

Im Maßstabe von etwa 1:6 Millionen hat K. O. BJÖRLYKKE[1] neuerdings eine weitere Übersichtskarte veröffentlicht, welche die Einteilung in Hochgebirgsregionen, Region mit geringem Niederschlag (< 500 mm) und angereichertem Boden, Region mit mittlerem Niederschlag (5 zu 600 bis 1000 mm) und schwach ausgelaugtem Boden, Region mit hohem Niederschlag (> 1000 mm) und stark ausgelaugtem Boden hat. Die letztgenannte Region zieht sich fast an der ganzen Küste entlang. Die Region mit schwach ausgelaugtem Boden ist in zwei weit auseinanderliegende Teile zerlegt. Der südliche umgibt den Christiania-Fjord, der nördliche zieht sich von Narwik am nördlichsten Teil der Küste vorbei bis zum Varanger Fjord. Zur Region mit angereichertem Boden gehört Zentralnorwegen (Dovre und Skjåk). Hier begegnet man oft Profilen mit gekrümeltem, tiefem A-Horizont und fehlendem oder schwach ausgebildetem B-Horizont. Die Reaktion ist bisweilen alkalisch. Das Ostland um den Christiania-Fjord herum hat anscheinend kaum oder schwach gebleichte Böden mit schwachen Rostbildungen im B-Horizont und geringer Versauerung, das stärker ausgelaugte Westland mehr podsoligen Charakter, während in Finnmarken ausgesprochene Podsolprofile auftreten.

Österreich.

Ein früher Vorschlag zur Beschaffung einer Bodenkarte im alten Österreich rührt von J. C. SCHMIDT[2] her. Er beantragte 1861 im Werner-Verein in Mähren,

[1] BJÖRLYKKE, K. O.: Om Norges Jordsmonn. Norsk geologisk tidsskrift B XII, 1931. S. 89—116. 4 Taf. 1 Karte.

[2] SCHMIDT, J. C.: Antrag auf Beschaffung einer Bodenkarte von Mähren und Schlesien. Jber. Werner-Verein 11, 29—35 (1861).

eine Karte des „Urbodens" für Mähren und Schlesien herzustellen, unter welchem er die Erdarten verstand, welche aus den Gesteinsmassen infolge der Zersetzungen und Umbildungen unter dem Einfluß von Wasser und Atmosphärilien entstehen. Die Herstellung einer solchen Karte war seiner Auffassung nach Sache des Geologen, „während eigentliche agronomische Karten, auf welchen die Fruchtbarkeitsdetails bis ins kleinste berücksichtigt und ersichtlich gemacht werden können, dem forst- und landwirtschaftlichen Fachmanne zur Aufgabe anheimfallen, welcher die Fruchtbarkeits- und Erträgnisverhältnisse darzustellen allein in der Lage ist".

Einen der ersten Versuche einer Bodenkarte hat H. WOLF 1866 ausgeführt[1]. Es wurden die Gemeinden Atzgersdorf und Erlaa bei Wien im Maßstabe 1:2880 kartiert, und zwar wurde „der Ackerkrume, welcher bei Darstellung rein geologischer Karten gar keine Berücksichtigung zuteil wird, der Vorrang gegeben". Die Ackerkrume — welche in der land- und fortswirtschaftlichen Ausstellung im Wiener Prater 1866 durch 63 Erd- und Gesteinsproben vor Augen geführt wurde — war dem äußeren Ansehen nach in den beiden Gemeinden wesentlich gleichartig, „jedoch durch die Beschaffenheit und Zusammensetzung des Untergrundes sowie durch ihre eigene Mächtigkeit, mit welcher sie diesen deckt, verschiedenen physikalischen Einflüssen unterworfen, die für die Ertragsfähigkeit des Bodens maßgebend sind". Dargestellt waren auf der Karte 3 Bodenkategorien mit Bezugnahme auf ihren Untergrund, dessen Höhenlage und Neigungsverhältnisse. Die 1. Kategorie bezeichnet die Ackererden mit Sand- und Tonunterlagen auf Cerithienschichten als mittelfeuchte warme Böden. Die 2. Kategorie benennt die Ackererden mit mächtigen groben Schotterunterlagen (Lokalschotter) als trocken warme Böden. Die 3. Kategorie bezeichnet die Ackererden mit reinen Tonunterlagen auf Congerienschichten als nasse, kalte, schwere Böden. Von diesen Bodenkategorien hat H. FICHTNER die wasserdunstaufnehmende (durch Trocknen bei 100°) und die wasserhaltende Kraft (durch Benetzen der getrockneten Probe) bestimmt, die in der Erläuterung mitgeteilt werden. Ferner gibt die Erläuterung auch in tabellarischer Übersicht die Durchschnittserträge der einzelnen Bodenkategorien und deren Gesamtverbreitung in Zahlen an. An Weizen, Roggen, Gerste, Hafer, Kartoffeln, Rüben und Klee gibt die 1. Kategorie mehr als die 2. und diese mehr als die 3., doch steht durchschnittlich die 2. der 3. näher als der 1. Nur im Heuertrag gibt die 3. mehr als die beiden anderen, die sich ziemlich gleich darin verhalten. H. WOLF war Geologe der k. k. Geologischen Reichsanstalt.

Kurz danach erschien nach Graf LEININGEN[2] eine im Programm des Salzburger Gymnasiums 1867 wiedergegebene landwirtschaftliche Bodenkarte des Herzogtums Salzburg von I. WOLDRICH mit einer Darstellung der petrographischen Verhältnisse, wobei Torf, Sand, Schotter usw. besonders ausgeschieden wurden. Nach B. RAMSAUER ist sie durch die nachstehend erwähnte Arbeit von I. R. LORENZ beeinflußt. Ähnlich war auch die von H. WOLF entworfene Bodenübersichtskarte Vorarlbergs 1867 durchgeführt.

In besonderer Weise wurde die Bodenkartierung Österreichs 1867/68 durch I. R. LORENZ (VON LIBURNAU)[3] gefördert. In seinem Werke über die Kultur-

[1] FICHTNER, JOHANNES u. HEINRICH WOLF: Erläuterungen zur geologischen Bodenkarte. Ausgestellt in der Allgemeinen Land- und Forstwirtschaftlichen Ausstellung im k. k. Prater. Wien 1866. (Die Karte selbst liegt hier nicht vor, da sie anscheinend nicht gedruckt wurde.)

[2] LEININGEN, W. Graf ZU: Die Bodenkartographie in Österreich. Etat de l'étude et de la cartographie des sols, S. 159—163. Bukarest 1924.

[3] LORENZ, I. R.: Die Bodenkulturverhältnisse des österreichischen Staates. Wien 1867. — Die kartographischen Darstellungen auf der Pariser Ausstellung 1867. Peterm. Mitt. 1867, 367.

verhältnisse des österreichischen Staates führte er die Unterscheidung der einzelnen Bodenarten derart durch, daß er alle jene geologischen Ablagerungen und Gesteinsarten zu einer Gruppe zusammenfaßte, welche ohne Rücksicht auf Alter und Entstehung gleiche oder wesentlich verwandte Bodenarten darstellen oder bei der Verwitterung liefern. Damit war die Loslösung von der Geologie, und bis zu einem gewissen Grade auch von der Petrographie, erfolgt. Ein Jahr später veröffentlichte I. R. LORENZ[1] seine grundlegende Arbeit: „Grundsätze für die Aufnahme und Darstellung der landwirtschaftlichen Bodenkarten." Durch sie fand die Systematik der Bodenkartierung ihre erste grundlegende Fassung überhaupt, die sowohl in der Darstellung wie in den zugehörigen Erläuterungen im wesentlichen noch heute nicht überholt ist[2]. LORENZ unterschied: 1. Generalkarten in einem Maßstabe von mindestens 1:360000 mit der oben wiedergegebenen Bodeneinteilung. 2. Übersichtskarten, welche im Maßstabe von 1:85400 die Bodenkrume selbst, wenigstens in den Hauptgruppen oder Kategorien ihrer Verwendbarkeit samt ihren Beziehungen zum Untergrunde darzustellen hätten. 3. Detailbodenkarten im Maßstabe 1:2880—7200, die eine ganz ins Einzelne gehende Darstellung aller Unterklassen der Böden zu bringen hätten und außerdem durch einen Bericht über die chemischen und physikalischen Eigenschaften zu ergänzen wären. Auf dem beigefügten Beispiel einer Detailbodenkarte waren auch einzelne Profile angebracht.

Im einzelnen ist zu den 3 Karten noch das Folgende zu sagen: Die „Generalbodenkarte Österreichs, dargestellt in Gruppen von landwirtschaftlich gleichwertigen Gesteinen und Ablagerungen" gibt mit Farben und farbigen Signaturen 8 Gruppen wieder: 1. Kalksteine (Kalksteine im eigentlichen Sinne, Kalksandstein, Dolomit); 2. eruptive Tonerdesilikate (Basalt, Trachyt, Porphyr usw.); 3. ältere Silikatschiefer (Glimmer-, Urton-, Grauwackenschiefer usw.); 4. granitisch gemengte Feldspatgesteine (Granit, Gneis usw.); 5. tonige und kieselige Sandsteine (weichere tonig-mergelige, härtere, vorwiegend kieselige Sandsteine); 6. jungtertiäre Ablagerungen (sandige Letten, lettige Sande, Tegel, Mergel, Schotter, Sande); 7. diluviale und alluviale Sande und Schotter (Sand, Schotter); 8. diluviale und alluviale Lehm- und Lößablagerungen (Lehm und Löß, Schwarzerde = Tschernosem). Die Einteilung beruht auf einer Vermischung von petrographischen und historisch-geologischen Prinzipien, zum Schluß tritt auch etwas rein Bodenkundliches in Gestalt des Tschernosems auf. Dieser wird als in südlichen, östlichen und nordöstlichen Teilen der ungarischen Tiefebene und in Galizien östlich Tarnopol vorhanden angegeben.

Die Übersichtsbodenkarte der Umgebung von St. Florian in Oberösterreich bringt Farben und farbige Zeichen für Bodenarten mit und ohne nachschaffenden Untergrund und schwarze Umgrenzungslinien für ausgedehntere lokale Abarten des Bodens. Als Bodenarten mit nachschaffendem Untergrund werden angegeben: fetter, ziemlich strenger Lehm, schwach kalkhaltig (gut kleefähiger Weizenboden), angemagerter Lehm, schwach kalkhaltig (gut kleefähiger Gerstenboden, stellenweise Haferboden), Löß, mehlig, sehr kalkreich (schwach kleefähiger Roggenboden). Als Bodenarten ohne nachschaffenden Untergrund werden benannt: abgeschwemmter Lehm (meist etwas milderer, gut kleefähiger Weizenboden), angemoorter Lehm, lokal Pechboden (warmer, sehr gut kleefähiger Weizen- und Rapsboden), quarzsandiger lockerer Lehm, humusreich (ungleich gemengter, noch gut kleefähiger Weizenboden in Gersten- und Roggenboden übergehend), kalk-

[1] LORENZ, I. R.: Grundsätze für Aufnahme und Darstellung von landwirtschaftlichen Bodenkarten, 20 S. Text, 3 Karten. Wien 1868.

[2] RAMSAUER, B.: Die Bodenuntersuchung und -kartierung im Lande Salzburg. Etat de l'étude et de la cartographie des sols. S. 293. Bukarest 1924.

sandig-toniger Schlickboden (noch kleefähiger, schwächerer Weizenboden), Heideboden, stark kalkhaltig (ziemlich hitziger, nicht mehr kleefähiger Roggenboden), kalkreicher Flugsand (nur Gras- und Auenboden). Mit den schwarzen Umgrenzungslinien wird auf den Flächen der vorbezeichneten Bodenarten absoluter Waldboden und absoluter Wiesenboden ausgeschieden, und zwar werden auch die hierfür in Frage kommenden Ursachen angegeben und zwar: Waldboden wegen seichtliegenden Schotters oder Sandes unter Lehm, wegen übermäßig strengen groben Lehmes, wegen seichtliegenden Schieferuntergrundes, wegen zu mageren Lehmgrundes, wegen durchfeuchteten Sand- und Schotterbodens (Auenbodens); Wiesenboden wegen Durchfeuchtung mit Seihwasser oder Stauwasser längs der Bäche. Mit Zahlen ist die Mächtigkeit der Erdarten auf fremdem Untergrunde in den Tälern bezeichnet. 5 Profile am Rande der Karte geben als die 3 Haupttypen die Bodenlagerung im Hügellande, die Bodenlagerung längs der Donau und die Bodenlagerung längs der Traun wieder. Die Profile sind teils geologisch, teils aber auch bodenkundlich. So wurden besondere Buchstaben für die Bodenkrume verwendet und in der Erklärung zum Ausdruck gebracht, aus welchem Gestein sie entstand, und ferner die Abschlämmassen als aus der Bodenkrume hervorgegangen bezeichnet.

Die Detailbodenkarte ist ein kleiner Ausschnitt aus der Übersichtsbodenkarte. Die beiden Hauptgruppen mit und ohne nachschaffenden Untergrund kommen mit 2 bzw. 3 Bodenarten vor und sind diesmal sehr eingehend erläutert. Jede der Bodenarten ist in 8 senkrechten Reihen nach allen Richtungen durchgeprüft: summarische Bezeichnung der Bodenarten, Zusammensetzung (Körnung, hygroskopische Feuchtigkeit, Löslichkeit in Königswasser, qualitative Zusammensetzung des Salzsäureauszuges), Bezeichnung nach dem Verhalten zur Vegetation überhaupt, Bezeichnung nach der Tragbarkeit, lokale Abänderungen, Verhältnisse der Mächtigkeit (mit Ziffern) und des Untergrundes, Angabe der Bodenklasse des Katasters, der normalen Bodenart und die der lokalen Abänderungen. Eine Reihe von besonderen Zeichen geben die Bodenlage an: Umgrenzung der Hochebenen, Umgrenzung der Tiefebenen längs der Wasserläufe, waagerechte Lage der Parzellen, Exposition der geneigten Parzellen (schwach, stark, sehr stark geneigt), Quellen und quellsumpfige Orte, Zahlen für die Mächtigkeit der nicht nachschaffenden Bodenarten. Die Böden sind im Einzelnen so genau beschrieben und gekennzeichnet und die für die Bodennutzung wichtigen Faktoren so klar erkannt, daß eine moderne Aufnahme dieser fast 70 Jahre zurückliegenden Kartierung nur wenig hinzuzufügen hätte.

1884 wurde von F. TOULA[1] eine neue Bodenübersichtskarte Österreichs veröffentlicht, sie ist eine Übertragung der geologischen Karte ins Petrographische. Die Einteilung war 1. Silikatgesteine, 2. Karbonatgesteine, 3. jüngere Sedimentbildungen: a) fette und magere Tone (Tegel), sandige Tone und tertiäre tonige Sande, b) Löß, c) Flugsand, d) gefestigter Sand, e) grober Sand und Kies, f) Moorböden, g) Teilanschwemmungen.

Die Geologische Reichsanstalt (jetzt Bundesanstalt) in Wien hat sich nach Graf LEININGEN[2] 1910 gutachtlich zu der Frage der Bodenkartierung geäußert. A. TILL[3] bemerkt, daß ihr Direktor E. TIETZE sich grundsätzlich für die Trennung der Bodenaufnahme von der geologischen ausgesprochen habe. Die

---

[1] TOULA, F.: Bodenkarte von Österreich-Ungarn nebst Bosnien-Herzegowina. 1:250000. Phys. stat. Atl. Österr.-Ung. Nr. 11. Wien 1884. Zitiert bei Graf W. ZU LEININGEN: Die Bodenkartographie in Österreich, a. a. O., S. 159.

[2] LEININGEN, Graf W. ZU: Die Bodenkartographie in Österreich, a. a. O., S. 159.

[3] TILL, A.: Die Bodenkartierung, S. 73.

gleiche Ansicht wurde auch von W. VON LEININGEN vertreten[1]. Er verkennt nicht den Wert der geologischen Feststellungen für die Bodenkunde, wünscht aber mindestens eine Trennung in geologische Karte und in Bodenkarte, wie sie die Ungarische Geologische Reichsanstalt durchgeführt habe. Noch besser sei eine besondere bodenkundliche Kartierung, die in Österreich zunächst an mehreren Stellen erprobt werden möchte, ehe man sie allgemein einführe.

Gegenwärtig werden einerseits in Niederösterreich und dem Burgenlande seit 1921 von A. TILL, andererseits in Salzburg seit 1922 von B. RAMSAUER Bodenkarten verschiedener Systeme ausgeführt.

A. TILL[2] hat eine ganze Reihe von Bodenkarten veröffentlicht, welche der landwirtschaftlichen Praxis dienen. Die einschlägigen Vorstudien sind in dem kleinen Werk „Die Bodenkartierung und ihre Grundlage" niedergelegt. Eine Übersicht enthält A. TILLS[3] Arbeit in dem von G. MURGOCI herausgegebenen Bande über den Zustand des Studiums und der Kartierung der Böden in vielen Ländern. Danach unterscheidet A. TILL Karten mit dem genetischen Bodentypus und solche mit der physiographischen Bodenart. Die Bodentypenkarten werden in Übersichtskarten und Spezialkarten getrennt.

Wichtig erscheint ihm in beiden Fällen, daß man sich nicht von „praktischen" Gesichtspunkten und auch nicht von bestimmten Theorien leiten lasse, sondern in allen Fällen die Differentialdiagnose auf Grund der beobachteten Merkmale anwende. „Die eminent praktische Bedeutung solcher rein wissenschaftlicher Bodenkarten wird sich gewiß später von selbst ergeben." Um die Bodentypen richtig zu verstehen, erscheint es ihm vorteilhaft, Hilfskarten, und zwar eine morphologische, eine petrographische, eine klimatologische und eine geobotanische beizugeben.

„Die Bodenartenspezialkarte soll unmittelbar praktischen Zwecken dienen. Ihr Maßstab kann selbst bei einfachsten Verhältnissen nicht unter 1:25000 gewählt werden." Als Hilfskarten werden den Bodenartenkarten eine Karte der hydrographischen Verhältnisse (Wasserführung) und eine Karte, die in fortlaufender Nummerierung die Stellen der Probeentnahmen und Bohrungen verzeichnet, beigegeben. Auch die wichtigsten Fundpunkte nutzbarer Bodenmineralien wie Schotter, Bausand, Mergel, Kalk usw. sind eingezeichnet.

Unterstützt wird das Verständnis und die praktische Auswertbarkeit der Karten durch eine Tabelle der Profile aller Probestellen und durch einen ausführlichen erläuternden Text, der grundsätzlich folgende Teile enthält: 1. An-

---

[1] LEININGEN, Graf W. ZU: Bodenkartierung und bodenkundlicher Unterricht. Zbl. Forstwesen **1914**, H. 3/4. — Zur Frage der Bodenkartierung. Naturwiss. Z. Forst- u. Landw. **1914**, 114—122. — Die Bedeutung der Bodenkarte für Land- und Forstwirtschaft. Österr. Vjschr. Forstwesen **1915**, H. 3 u. 4.

[2] TILL, A.: Bodenartenkarte der Umgebung von Kirchschlag, N.-Ö., mit Erläuterungen. (Aufgenommen 1922, veröffentlicht 1927.) 1 : 25000. — Bodenübersichtskarte des Bauernkammerbezirks Zistersdorf nach den Feldaufnahmen von K. BITTNER. 1 : 75000, mit Erläuterung. 1927. — Bodenkartierung, 3. H.: Bodenkarte des Bauernkammerbezirks Ravelsbach. 1 : 25000, mit Erläuterung. 1927. — Ebenda, H. 4: Die Bodenverhältnisse des Bauernkammerbezirks Laa an der Thaya. Bodenkarte 1 : 75000. 1927. — Bodenkarte des Bauernkammerbezirk Schwechat. 1 : 75000. 2 H. Erläuterungen. A. Allgemeiner Teil. B. Besonderer Teil. Februar 1928. — Bodenkarte des Bauernkammerbezirks Haag an der Westbahn. Mit 1 Tafel Profile. 1 : 25000. März 1928. — Bodenkartierung. 7. H.: Bodenkarte des Bauernkammerbezirks Korneuburg. 1 : 50000. Mit 2 H. Erläuterungen, 1 Tafel Profile. Juni 1928. — Erläuterungen zu den Gemeindebodenkarten des Burgenlandes. Allg. Teil. Beilage: Düngungstabellen. **1930**. — Bodenkarte der Gemeinde Rust. 1 : 10000. Aufg. von L. POZDENA. 1930. — Bodenkarte des Bezirks Mattersburg 1 : 50000. 1931.

[3] TILL, A.: Die Bodenkartierung in Österreich. Etat de l'étude et de la cartographie des sols, S. 163—166. Bukarest 1924.

leitung zum Kartenlesen (Maßstab, Höhenlinien usw.). 2. Lokalgeographie (Lage, Oberflächengestalt, Geologie und Petrographie, Klima, Pflanzenwelt, Wirtschaftliches). 3. Erläuterung der Bodentypenkarte. 4. Erläuterung der Bodenartenkarte mit den genauen Analysenergebnissen. 5. Nutzanwendung hinsichtlich Bodenkultur. Eine beigelegte Karte wird in kurzer Übersicht folgendermaßen erläutert: Für die Gliederung der Bodentypen kommen in Betracht 1. die ortsständige Verwitterung (der allgemein herrschende zonale Verwitterungstypus ist die Braunerde, die dem Muttergestein entsprechend mehrere Modifikationen aufweist; doch ist ihr Profil durch Umlagerungsvorgänge und die Bodenkultur mehr oder minder gestört. Ortstypen bilden: Podsol unter Fichtenwald, Bergwiesenböden und Gleiböden (dazu kommt fossile Roterde). 2. Die Muttergesteine (den größten Einfluß auf die Bodenbildung üben einerseits die festen kristallinen Gesteine des Grundgebirges, darin mit Besonderheiten die kalkigen Gesteine, andererseits die tertiären Blocklehme mit sandigem oder Kalkgeröll führenden Abarten aus). 3. Die Umlagerung (Abtragung bedingt durch Flächenspülung = Denudation) und die Erosion in den Tälern. Stoffzufuhr zeigen die pluviatilen Kolluvien, die fluviatilen Ablagerungen in breiteren Tälern und die Schotterkegel der früheren Wildbäche. Außerdem sind die in langsamen Abwärtsbewegungen befindlichen Senkböden angegeben.

Durch das verschiedenartige Zusammenwirken der gesamten Bodenbildungsfaktoren sind folgende Typen gebildet: I. Ohne Profil. 1. Denudationsskelettböden des Kristallins. Flachgründige, schuttige, überaus arme Ackerböden auf den schmalen Bergrücken. Untertypus auf Kalkphyllit. 2. Erosionsböden des Kristallins. Waldbedeckter humoser Schutt, stellenweise kahler Fels der engen Schluchten. Untertypus auf Marmor oder Kalkphyllit. 3. Fluviatiler Schwemmboden. Sandig-tonig geschichteter humoser Wiesenboden. Untertypus im Gebiet des Blocklehms, schwerer geröllreicher Weideboden. 4. Wildbachablagerungen, z. T. mit Wald bestandene, z. T. noch vegetationslose Sand-, Schutt- und Geröllablagerungen mit wenig Feinerde. II. Braunerdeprofile, gestört. 1. Böden mit steter Denudation, Ausschwemmung der Feinerde, gelegentlich Abtrag größerer Teile des Verwitterungsbodens, auf Kristallin. Sandiglehmige, ziemlich flachgründige und flachkrumige Ackerböden. Untertypus auf Kalkphyllit. 2. Wie 1 auf tertiärem Blocklehm. Lehmige, tiefgründige, aber nicht flachkrumige Ackerböden mit Untertypen auf Sand oder auf kalkführendem Blocklehm. 3. Mischböden auf Kristallin. Der ortständige Boden erhält fortgesetzt Stoffzufuhr von den höheren Geländelagen, daher Verwitterungsboden + Kolluvium. Lehmige bis tonig-schuttige, humose braune Waldböden, seltener Ackerböden, der tieferen Lagen und Talmulden. 4. Wie 3. des Blocklehmgebietes. Schwere Tonböden, z. T. vegetationslos, z. T. Weideland, seltener Ackerböden. Anmoorige Senkböden mit deutlichem Rasenwerfen. III. Ortstypen. 1. Podsol auf Kristallin. Rohhumus-, Bleichsand-, Orterde unter Fichtenwald. 2. Bergwiesenböden auf Kristallin. 3. Gleiböden auf Blocklehm. Tonige sumpfige Wiesenböden.

Die oben aufgeführten einzelnen Bodenkarten sind voneinander nicht unerheblich verschieden. Gemeinsam ist allen trotz zahlreicher Angaben eine klare, leichte Lesbarkeit.

Die Bodenartenkarte der Umgebung von Kirchschlag beschränkt sich in der Hauptsache auf die Bodenarten, die, dargestellt mit Farben, Kies, Grus, Sand, leichten sandigen Lehm, mittelschweren und tonigen Lehm, lehmigen und mittleren Ton, kalkigen Sand-Lehm und Tonmergel umfassen. Mit Buchstaben, Zahlen und Zeichen sind kiesig, grusig, lehmig, tonig, schwach humos, humos, eisenschüssig angegeben; die Bodenreaktion ist mit p_H-Zahlen für Wald-, Wiesen- und Ackerböden getrennt eingetragen, und zwar in Hinsicht auf sehr flachgründig (unter 2 dm), sehr tiefgründig (über 2 m), hochstehendes Grundwasser (dränagebedürftig) und Senkböden (Rutschgebiet). Die Buchstabengröße variiert je nach der Angabe analysierter Probestellen oder geschätzter Bodenflächen. In 15 Profilen, deren Lage auf der Karte eingezeichnet ist, wird die Aufeinanderfolge der Bodenarten mit ihrer Mächtigkeit dargestellt, daneben jedesmal eine allgemeine Kennzeichnung der Lage, besonderer Bodeneigenschaften und der Eignung beigegeben, so zum Beispiel Profil 1: Ausflachendes Ostgehänge 450 m; steinarm, tiefgründig. Gerstenboden. Profil 2: Ziemlich steiler Westhang 470 m, flachgründig und flachkrumig. Haferboden. Profil 4: Bachalluvium, 430 m, frisch. Weizen-, Rübenboden, kleefähig usw. Die Topographie der Karte gibt Höhenschichtlinien mit einzelnen Höhenpunkten, Gehöfte, Berg- und Flurnamen sowie Wasserläufe wieder. Die Erläuterung umfaßt 7 Seiten.

Die Bodenübersichtskarte Zistersdorf unterscheidet sich von derjenigen Kirchschlags dadurch, daß die Böden mit Namen versehen und zugleich ihr Bodenartenprofil (die Bodenschichtung) bei der Erklärung der Farben mit angegeben ist, wie zum Beispiel Steinberg-Tonboden: entkalkt, aber auf Kalksteinuntergrund, schwer. Marchauboden: zumeist entkalkter, mittelschwerer Boden auf Sandgrund. Die Buchstaben und Zeichen fehlen, die Zahlen geben die Nummern der Probestellen an. Die 16 Profile zeigen den Wert als Standort auch figürlich (z. B. beim Rübenboden sind in die Krume Rüben eingezeichnet). Die Erläuterung umfaßt 14 Seiten, davon 6 Seiten Tabellen der Proben mit den Analysenergebnissen, ihrer Kulturfähigkeit und Bonität. Die Topographie enthält einzelne Höhenlinien und Höhenpunkte, Ortschaften, Hauptwege, Wasserläufe.

Die Bodenkarte des Bezirks Ravelsbach bringt mit Farben die Bodentypen zur Darstellung, so z. B. Schwarzerde, verschiedene Braunerden, Rohböden ohne Profil und Wiesentone. Dazu treten mit Buchstaben die Bodenarten in Profilen, mit Zahlen die Profilnummern. Die Topographie beschränkt sich auf Höhenpunkte, Ortschaften, Hauptwege, Eisenbahnen, Wasserläufe, Berg- und Flurnamen. Die Erläuterung von 27 Seiten geht auf Bodentypen, Grundgesteine, landwirtschaftlich wichtige Merkmale und landwirtschaftliche Bodenklassen ein. Profile und einzelne analytische Bestimmungen sind damit verwoben.

Die Bodenkarte des Bezirks Laa hat als Obereinteilung der Böden in farbiger Darstellung den allgemeinen Kalkgehalt (kalkreich, kalkfrei), den Humuszustand (humusarm, humos, humusreich) und die Reaktion (neutral, sauer). Die Unterteilung erfolgt nach den Bodenarten. Mit Zeichen werden Seichtgründigkeit, Kies und Schotter, hochstehendes Grundwasser und Salzböden angegeben. Die 12 Profile am Rande gleichen denen der Zistersdorfer, die Topographie der Ravelsbacher Karte. Die Erläuterung von 32 Seiten gibt ein Regenkärtchen und eine photographische Profilaufnahme wieder. Die Bodeneinteilung der Karte wird in einer Übersicht der landwirtschaftlichen Bodenklassen wiederholt, und dazu der Bodentypus gekennzeichnet.

Blatt Schwechat hat wieder als Obereinteilung die Bodentypen, als Untereinteilung die Bodenarten mit Bodenschichtung. Mit Buchstaben sind Kalkschicht, Quarzschotter, Grundwasser, blaue Gifterde und Austauschsäure, mit Zeichen tiefkrumig, seichtkrumig, Quarz- oder Kalksand eingetragen. 18 Profile sind am Rand ohne Figuren vorhanden, die Topographie ist die gleiche der Karte Zistersdorf. Der allgemeine Teil der Erläuterung (15 Seiten) umfaßt die allgemeine Kennzeichnung der Bodenarten und der Bodentypen oder Bodenklassen. An einer Photographie ist die Profilaufnahme erklärt. Der besondere Teil, 24 Seiten, äußert sich über die landwirtschaftlichen Verhältnisse von Schwechat, über das Klima und die Pflanzenwelt, über das Muttergestein, die

Geländeausformung, die Bodentypen (Bodenklassen), Bodenprofile und Bodenanalysen.

Ähnlich ist die Einteilung auf Blatt Haag. Die Bodentypen sind hier: podsolige Braunerden, Braunerden, Schlier-Skelettboden, Schwemmböden der Flüsse, Moorboden. Die Unterteilung der beiden Braunerdegruppen wird nach den Gesteinen vorgenommen, auf denen sie entstanden sind. Mit Buchstabenprofilen sind Bodenart und Gründigkeit, mit *Rh* Rohhumus, mit 5 Austauschsäure, mit Schraffen der Senkboden und mit Zahlen und Kreisen die erläuterten Profile angegeben. Die Topographie ist wie auf Zistersdorf. Eine große Profiltafel gibt 42 Profildarstellungen wieder, die sich durch die besonders sorgfältige Benennung auszeichnen, wie z. B. Waldgrauerde (Podsol) ohne Rohhumus mit verdichtetem Unterboden auf Lößlehm; stark vernäßter Schwemmboden mit rostiger Gleischicht mit Gifterde, Grundwasser in 3—5 dm.

Blatt Korneuburg hat neben der Bodenkarte ebenfalls eine Tafel mit 30 Profilen, die diesmal zur Erleichterung des Aufsuchens die Nummern in buntfarbigen Kreisen zeigen. Die Zeichenerklärung gibt 6 Gruppen an: entkalkt austauschsauer, entkalkt schwach sauer, entkalkt alkalisch, kalkhaltig humos alkalisch, kalkhaltig seichtkrumig humusarm alkalisch, Schwemmböden kalkig alkalisch. Die Unterteilung wird bei allen durch die Bodenart gegeben. Mit Buchstaben werden Stellen gekennzeichnet, die humusreich sind oder hochstehendes Grundwasser oder Gifterde haben. Die Topographie umfaßt Straßen, Wege, Bahnen, Stationen, Brücken, Kreuzungen, Kirchen, Ziegelöfen, Höhenlinien, Höhenpunkte, Gräben, Bäche. Die Profile sind wieder sehr sorgfältig dargestellt, ihre Benennung wie auf Blatt Haag, z. B. sehr tiefgründiger und tiefkrumiger humusreicher Lehmboden, Oberkrume kalkiger und etwas humusärmer als die entkalkte Unterkrume, Schwarzerde mit Überlagerung von Gehängelehm; humoser kalkiger Lehmboden auf Kalkmergel (Kalkhumusboden, humose Rendzina). Der besondere Teil der Erläuterung umfaßt 38 Seiten und enthält Besprechungen des Klimas, der Landschaft und des geologischen Aufbaus, der klimatischen Hauptbodentypen und ein Kapitel über den Einfluß von Grundgestein und Oberflächenform auf die Bodenbeschaffenheit mit 3 Analysen-Tabellen; sodann die wirtschaftlichen Bodenklassen, die landwirtschaftlichen Verhältnisse und die der landwirtschaftlichen Auswertung der Bodenkarte. In einem Anhang wird die Unzulänglichkeit der Schlämmanalyse erörtert. Die analytischen Tabellen bringen Untersuchungen der Konsistenzeigenschaften nach ATTERBERG, Schlämmanalysen getrennt nach Boden und Feinboden, Gehalt an $CaCO_3$, p_H-Zahl, Charakteristik des Humus nach der Farbe des lufttrockenen Bodens in 3 Graden geschätzt (1—2%, 2—4%, über 4%), das Symbol für die Bodenart und die Einreihung in die landwirtschaftlichen Bodenklassen. Im Kapitel über die landwirtschaftlichen Verhältnisse sind auch Erträge an Nutzpflanzen, allerdings nicht auf die Böden bezogen, mitgeteilt. Bei der landwirtschaftlichen Auswertung kommt es zunächst zu der Einteilung in die Bodenklassen I—VI, die mit den Gruppen der Karte übereinstimmen. Die Unterteilung der Klassen entspricht der der Gruppen, ist also innerhalb dieser nach den Bodenarten vorgenommen. Bei jeder Klasse und Unterklasse ist die Art der Bodenverbesserung und Bearbeitung, sowie auch die Eignung für die verschiedenen Pflanzen, eingehend erläutert. Die besten Böden sind die der Klasse IV, die Ziffern stellen also nicht, wie es sonst meist üblich ist, zugleich eine Bewertung in auf- oder absteigender Reihenfolge dar.

Der allgemeine Teil der Erläuterungen der Bodenkarten des Burgenlandes beginnt (28 Seiten) mit einer genauen Erörterung der neuen Bodenkarten (seit 1929), die jetzt aus der Hauptkarte und einer Oleate bestehen. Die Gemeindekarten haben den Maßstab 1:10000. Die Topographie enthält Höhenlinien in 10 m Abstand,

Höhenpunkte, Wege, Straßen, Eisenbahnlinien, Wassergräben, Bäche, Gehöfte, Waldungen, Riednamen. Es folgt eine Erörterung der Bedeutung von Bodenprofil und Untergrund mit besonderen Abschnitten über die Krumentiefe und den Untergrund. Die Bodenarten sind nach Schwere und Humusgehalt eingeteilt und werden durch die Flächenfarben hervorgehoben. Auf der Oleate, dem Deckblatt, werden Kalkreaktionszustand und Feuchtigkeitsverhältnisse angegeben. Besonders wird dann noch der Ernährungszustand und die Bodenbearbeitung behandelt. Den Schluß bildet eine kurze Anleitung zum Gebrauch der Bodenkarte. Nach dieser wird die Bodenart der Krume durch die Flächenfarbe der Hauptkarte, der Bau des Bodens, insbesondere Gründigkeit, Krumentiefe, Art des Unterbodens und des Grundgesteins durch die am Kartenrand gezeichneten Bodenprofile, der Kalk- und Reaktionszustand der Krume auf dem Deckblatt gefunden. Beigegebene Düngungstabellen enthalten in Zahlen die Doppelzentner, welche an Stallmist, Stickstoff, Phosphor, Kali den einzelnen Böden zukommen. Hierbei sind die Ackerböden nach dem Reaktionszustand gruppiert und nach der Bodenart abgestuft.

Die Karte der Gemeinde Rust hat die Farben mit eingeschriebenen Ziffern für die Bodenarten, Lehm, toniger Lehm, lehmiger Ton, mittelschwerer Ton und nach ihrem Humusgehalt, zur Darstellung der drei Gruppen humusarm, humos, humusreich gewählt. In diese sind mit blauen Schraffen feuchte oder vernäßte Stellen und mit schwarzen Schraffen Untergrundsignaturen eingezeichnet, so daß das Profil die Krume über Untergrund darstellt. Teils ist keine, teils eine, teils sind zwei Untergrundschichten ermittelt. 31, z. T. mit Mächtigkeitsmaßstäben in Dezimetern versehene Profile erläutern am Rande die Überlagerung. Eine durchsichtige Ölpapieroblate, welche über die Karte gedeckt ist, gibt mit Signaturen die Reaktion der Krume in 9 Abstufungen an.

Die Bodenkarte des Bezirkes Mattersburg im Burgenlande hat den Maßstab 1 : 50000. Dargestellt sind mit Farben die genetischen Bodentypen: Kalkhumusboden, Schwarzerde, desgl. schwach ausgelaugt, desgl. stark ausgelaugt, Braunerde, desgl. stark ausgelaugt und versauert, Bleierde, Rostschwarzerde und kalkiger Rohboden, saurer Kalkboden, junger kalkhaltiger Schwemmboden (z. T. vernäßt, z. T. anmoorig), junger saurer Schwemmboden (desgl.). Mit Signaturen sind die Grundgesteine eingetragen: Gneis und silikatisches Urgestein, Kalkstein usw. Am Rande stehen einzelne bezifferte Profile mit der Horizontfolge, den Bodenarten und dem Volumenanteil an fester, flüssiger und luftförmiger Masse. Auf einer Kare sind die Bodenarten Sand, Lehm, Ton der Oberkrume angegeben.

Alles in allem liegen hier beachtenswerte Versuche vor, die Bodenkartierung in der Landwirtschaft heimisch zu machen. Die Mittel für die Kartierung sind von der Landwirtschaft selbst, nämlich von den Bauern- und Landwirtschaftskammern, aufgebracht worden.

Im Lande Salzburg ist die Bodenkartierung andere Wege gegangen, worüber B. Ramsauer mehrfach berichtet hat[1]. Seit dem Jahre 1922 besitzt das Land Salzburg ein „Pedologisches Laboratorium des Landesmeliorationsamtes", welches der Leitung von B. Ramsauer untersteht. Seine Aufgaben sind folgende: 1. Die kulturtechnische Bodenuntersuchung; 2. die Bodenuntersuchung für land- und

[1] Ramsauer, B.: Bodenuntersuchung und Bodenkarte des Schulgutes Oberalm, 64 S., mit Bodenschema, Bodenkarte, Profiltafel, Kulturenkarte (diese in Dreifarbendruck), 4 Tabellen von Analysen, 9 Abbildungen und 1 Skizze im Text. Salzburg 1924. — Die Bodenuntersuchung und -kartierung im Lande Salzburg. Etat de l'étude et de la cartographie des sols, S. 293 u. 294. Bukarest 1924. — Bodenkartierung im Lande Salzburg. Fortschr. Landw. 4, 423—434 (1929).

forstwirtschaftliche Zwecke; 3. die Mitwirkung bei Bonitierung und Taxationen; 4. die Ausarbeitung von Gutsbodenkarten im Maßstabe der Katasterblätter 1:2880 oder 1:2000 mit Erläuterungen, an welchen land- und forstwirtschaftliche Fachleute mitarbeiten; 5. die Verwertung der gesammelten Untersuchungsresultate nebst gesonderten Aufnahmen zur Anfertigung einer Bodenkarte des Landes Salzburg im Maßstabe 1:22000.

Als geologische Grundlagen der Feldaufnahmen dienen die Aufnahmen der Geologischen Bundesanstalt in Wien. Dazu werden von den ausführenden Pedologen die Bodenproben entnommen und untersucht. Den Ausgang der Arbeiten bilden Projekte der Entwässerung von Talgründen, deren Untersuchungen auch auf die benachbarten trockenen Freilandgebiete und Wälder ausgedehnt werden. Die Arbeit wurde derartig organisiert, daß für alle Meliorationsprojekte Bodenuntersuchungen durchgeführt bzw. dem Laboratorium Bodensorten zugestellt werden müssen. Bei den kleineren und kleinen Projekten müssen die Wiesenbaumeister Profilproben an das Laboratorium einsenden, während die größeren Aufnahmen von den Pedologen vorgenommen werden. Für die Waldgebiete unterstützen die Förster die Maßnahmen und in den Hochgebirgsteilen helfen interessierte Bergsteiger mit. Eine Karte der Moore des Landes Salzburg hat Schreiber ausgeführt. Die Kartierung der Mineralböden gliedert sich in die der Bodentypen und die der Bodenarten. An Typen kommen im Lande Salzburg vor: im Kalkgebiet Skelettböden und profillose Böden, Humuskarbonatböden (Rendzina), Braunerde, podsolige Typen, Podsol, Wiesenpodsole (Gleiböden), Alpenhumus; im Silikatgebiet Skelettböden und profillose Böden, Braunerden, podsolige Typen, Podsol, alpine Humusböden. An Bodenarten sind schwere Ton- und lehmige Tonböden vielfach mit kalkhaltigem Untergrund im Flachgau verbreitet, während die mittleren Böden im übrigen Teil vorherrschen, letztere können im Kalkgebirge auch in schwere Böden übergehen. Die Talsohle der Gebirgsgegenden und auch das Alluvialgebiet der Salzach im Vorlande weisen Sand- und Schotter- bzw. leichte Böden auf.

Zur Darstellung der Typen werden Farben, zur Darstellung der Bodenarten Schraffuren verwendet. Von diesen werden nur die Gruppen schwere, mittlere, leichte und Skelettböden benutzt. Buchstaben oder Beschreibungen auf der Karte werden als störend abgelehnt, dagegen Profildarstellungen in der Legende angegeben. Für Übersichtskarten kommen kombinierte Typenartenkarten in Frage, für den Landwirt gilt allein die Detailkarte oder der Bodenplan im Maßstab 1:2880 oder kleiner. An weiteren Arbeiten sind für die Kennzeichnung der Typen erforderlich: die Klarlegung 1. des Wasser- und Lufthaushaltes und der physikalischen Verwitterung, 2. des Chemismus bzw. der chemischen Verwitterung; ferner das Festhalten des Farbenbildes. Für die Herstellung der Artenkarte genügt die durch Konsistenzbestimmungen, Kalk- und Humusermittlung ergänzte mechanische Bodenanalyse.

Von den Salzburger Spezialarbeiten ist bis jetzt die Bodenkarte des Schulgutes Oberalm im Jahre 1924 veröffentlicht, Maßstab 1:2880, die allerdings den vorstehend erwähnten Grundsätzen aus dem Jahre 1929 noch nicht entspricht. Die Farben sind für die Bodenarten genommen, deren Unterteilung, z. B. sandiger, staubsandiger, steinigsandiger, toniger Lehm, durch Signaturen angegeben wird. Durch schmale schräge Streifen von anderen Farben oder Signaturen wird der Schichtwechsel innerhalb von 1 m Tiefe angegeben, mit Buchstaben die Profile, mit roten Zahlen die Mächtigkeit der Oberschicht. Die Topographie ist der Genauigkeit des Maßstabes angepaßt. Außer einem geologischen Querprofil sind 8 Bodenquer- und 2 Längsprofile auf dem Kartenrand angebracht. Zur Ergänzung dient eine gleich große Karte der Verteilung der Kulturgattungen. Darin sind in roten

Zahlen die Bonität, ferner mit schwarzer Schrift die Eignung zu Roggen-, Kartoffel-, Weizen-, Buchen-, Fichtenboden eingetragen. Rot eingekreist ist ein entwässerungsbedürftiges Stück. Die ausführlichen Erläuterungen behandeln das Geologische, Geographische, Hydrologische, das Klima, die Bodenuntersuchung und ihre Ergebnisse und Praktisches. Die Analysen sind zahlreich, die Korngrößenbestimmungen werden zu einer Dreiecksprojektion benutzt.

Auf der allgemeinen Bodenkarte Europas[1] ist Österreich z. T. von A. TILL, z. T. von B. RAMSAUER dargestellt worden.

Eine Karte der Verteilung der Hauptbodenarten in Deutsch-Österreich hat R. MAYER[2] für P. KRISCHES Werk über die Bodenkartierung entworfen. Es sind hier folgende Böden zusammengefaßt worden: leichter Boden (Sand- und Schuttboden, auch Auboden an den Flüssen, in den Alpen auch die Gletscher), Heide- und grober Schotterboden, mittlerer Boden (sandiger Lehm, lehmiger Sand), Lehm, Lößboden und Tonboden, günstiger Gebirgsboden (nördl. der Donau auch stark grusiger Lehmboden), ungünstiger Gebirgsboden (ganz unproduktiv), ungünstiger Gebirgsboden (Kalkboden), Moorboden.

Polen.

Die Bodenkartierung entwickelte sich in Polen ungleichmäßig[3]. Der früher preußische Teil (jetzt Großpolen) besaß die geologisch-agronomische Kartierung der Preußischen Geologischen Landesanstalt im Maßstabe 1:25000, der früher österreichische (jetzt Kleinpolen) außer der gesamtösterreichischen Generalkarte von J. R. LORENZ aus dem Jahre 1868 im Maßstabe 1:3800000 noch eine in den neunziger Jahren des vorigen Jahrhunderts nach A. ORTHS Vorbild durchgeführte Bodenkartierung, der früher russische Teil (Kongreßpolen) besaß außer Karten der Bodenarten für Güter die Kartierung der Bodenentstehungstypen nach russischer Art mit einem etwas stärkeren geologischen und petrographischen Einschlag in einer Übersichtskarte mit dem Maßstab 1:1500000[4]. Die preußische Aufnahme wird in der gleichen Weise nicht mehr fortgesetzt, dagegen die russische von Warschau, Pulawy, Lemberg aus betrieben, und eine andere Art ist in Posen eingeführt, die nur die Bodenarten darstellt.

Nach einer Mitteilung von W. LOZINSKI ging die Kartierung in Kleinpolen (Galizien) 1890 von CZARNOMSKI aus. Die Polnische Akademie der Wissenschaften in Krakau förderte seine Arbeiten und veröffentlichte sie in dem Organ ihrer physiographischen Kommission. Auf diese Weise wurden das innerkarpathische Becken von Neu-Sandec durch K. MICZYNSKI, die Gegend von Cieszanow im Tieflande durch K. MICZYNSKI und K. MOSZICKI, das Rendzinagebiet um Zloczow durch H. JASINSKI bodenkundlich kartiert. Außerdem erschien eine Reihe von Gutskartierungen als Doktordissertationen. Das System der Aufnahme und Kartendarstellung war dasjenige A. ORTHS und der Preußischen Geologischen Landesanstalt. Diese Arbeiten der CZARNOMSKIschen Schule werden als die ersten wissenschaftlichen Anfänge der Bodenkartierung in Polen angesehen.

---

[1] Allgemeine Bodenkarte Europas. Danzig-Berlin 1927.

[2] MAYER, ROB.: Die Verteilung der Bodenarten in Deutsch-Österreich. Abb. 48 in P. KRISCHE: Bodenkarten usw., S. 60 u. 61.

[3] MIECZYNSKI, T.: Polska. Hauptsächliche pedologische Karten und Bücher. Etat de l'étude et de la cartographie des sols, S. 167. Bukarest 1924.

[4] MIKLASZEWSKI, S.: Carte pédologique du royaume de Pologne (en 20 couleurs) avec une carte des précipitations atmosphérique (sur papier transparent). Warschau 1907; auch umgearbeitet in: Ernährg. Pflanze Berlin 1916.

Eine geschichtliche Übersicht über die Bodenkartierung in Kongreßpolen hat S. MIKLASZEWSKI[1] gegeben. Im Jahre 1900 wurde die pedologische Abteilung der landwirtschaftlichen Kommission der Gesellschaft für Industrie und Handel, die eine Zweigabteilung der Petersburger Gesellschaft ist, in Warschau gegründet. Sie wandelte sich 1906 in eine landwirtschaftliche Zentralgesellschaft um und schuf das Pedologische Laboratorium zum Studium der Böden Polens. Dasselbe wird von S. MIKLASZEWSKI geleitet, der 1913 das Büro des Bodenatlasses begründete und 1914 mit 20 Mitarbeitern die Bodenaufnahme Polens im Maßstabe 1:200000 begann, wie es auf der ersten und der zweiten internationalen agrogeologischen Konferenz beschlossen war. Durch den Krieg wurde die Arbeit aber unterbrochen und 1919 die pedologische Sektion unter der Leitung von P. MIECZYNSKI in Pulawy (früher Nowo Alexandria) am dortigen Institut der ländlichen Ökonomie neu geschaffen. Anfänglich hat S. MIKLASZEWSKI pedologische Detailkarten privater Landgüter im Maßstabe 1:5000 aufgenommen (etwa 50), die auf den Maßstab 1:25000 reduziert wurden. Auf den Karten wurden die Bodenarten dargestellt. Außerdem wurden Übersichtskarten in Maßstäben von 1:26000, 1:50000, 1:126000, 1:200000 ausgeführt. Aber bei ihrer Aufnahme ergab sich, daß sie weder einen wissenschaftlich bodenkundlichen noch einen landwirtschaftlichen Zweck hatten und auch keinen baldigen Erfolg zeitigten. Mit großer Schnelligkeit häuften sich nur die Einzelerkenntnisse über die Böden, und zwar besonders in dem Gebiet der alten Gesteine, wo ein starker Bodenwechsel vorhanden ist. Infolgedessen wurde der Wunsch nach einer Übersichtskartierung der gesamten polnischen Böden laut, und zwar einer Übersicht in kleinem Maßstabe zur allgemeinen Orientierung, mit deren Hilfe in großen Zügen die Bodenbildungsbedingungen und ihre besonderen Formen im ganzen Lande festzustellen seien. Doch war deren Voraussetzung die tatsächliche Aufnahme im Freien. Im Jahre 1906 und nochmals 1916 wurde der Plan, nach welchem die Böden in Polen zu studieren seien, entworfen. Die beiden wichtigsten der 16 Punkte dieses Planes waren: 1. Untersuchung und Aufstellung der Bodentypen und ihre Vereinigung zu einer provisorischen Klassifikation. 2. Herstellung einer Bodenkarte in kleinem Maßstabe. Bereits 1907 waren beide Punkte erfüllt. Die erste Übersichtskarte im Maßstabe 1:1500000 wurde mehrfach veröffentlicht, z. T. in Farben, z. T. schwarz, ferner gibt MIKLASZEWSKI 3 Karten von Gesamtpolen aus den Jahren 1921, 1922, 1924 an, welche damals noch nicht veröffentlicht waren, sondern erst 1927 in Gestalt der großen Übersichtskarte Polens im Maßstabe 1:1500000 herauskamen.

Der Schwarzdruck der Karte von 1907 in der Zeitschrift „Die Ernährung der Pflanze", der auch in P. KRISCHEs Werk über die Bodenkarten aufgenommen worden ist, hat die Einteilung: leichter Sandboden, Bleisandboden, mittlerer Boden günstiger humusreicher Lehmboden (Schwarzerde), günstiger Lehm- und Tonboden, ungünstiger Gebirgsboden, Moorboden, Borowina (Tonboden auf Kalkunterlage). Es liegt hier eine Vermischung der Bodenentstehungstypen mit der Bezeichnungsweise, wie sie von A. MEITZEN für die Bodenkarten nach der preußischen Katasteraufnahme des Jahres 1861 geprägt und von P. KRISCHE für seine Bodenkarten Deutschlands übernommen wurde, vor. Die große Bodenkarte Gesamtpolens von 1927 hat die gleiche Einteilung der Veröffentlichung von 1907, nämlich: I. Podsol, II. podsolig, aber endodynamomorph (Rendzina), III. gemischte Typen a) ehemals Steppe, b) ehemals Sumpf, jetzt podsolig. Die drei Gruppen sind in der Zeichenerklärung angegeben. Unter ihrem Obertitel sind die Farben verteilt, bei dem

[1] MIKLASZEWSKI, S.: Etat actuel de la cartographie des sols. Etat de l'étude et de la cartographie des sols, S. 313—323. Bukarest 1924.

Podsol auf 1. diluviale Sande, 2. kambrische quarzitische Sande, 3. typische Podsole an Abhängen und mit Glei auf rotem, magerem, sandigem Ton, auch Podsole der Flußplateaus (Diluvial), 4. diluvialer Löß, schwach und stark podsoliert, 5. alluviale, sandige, magere und fette tonige Alluvionen, alluviale Sande, Sümpfe, 6. tertiärer Flysch der Karpathen, sehr oder wenig podsoliert, 7. diluviale Tone von Ciechanow, sehr stark, 8. podsolige diluviale Sandmergel von Dzisna, 9. triasischer Ton des Buntsandsteines, 10. diluvial-triasisch: wenig mächtige Diluvialsande auf Buntsandstein mit stellenweisem Zutagetreten des letzteren, 11. Skelettböden ohne Profil, entwickelt auf primären Muttergesteinen, auf denen die Böden fehlen, dabei hervorgehoben: Karbon. Bei den Rendzinen finden sich 12. kalkige Böden der kretazischen Kalkmergel, schwarz, weiß, gelb. Darin besonders kretazische Sandmergel der Karpathen. 13. Lateritrendzina oder Podsolrendzina auf jurassischem Kalk, 14. Rendzina auf devonischem Marmor, 15. Rendzina auf Triasdolomit, 16. körnige Rendzina auf Tertiär, 17. Gipsrendzina auf Tertiär, 18—21. Sande, Löß, Podsol auf den verschiedenen Rendzinen oder Kalken, Mergel mit Ausbissen von diesen. Bei den Böden gemischter Entstehung sind angegeben: 22. wahre, degradierte Tschernoseme, Podsoltschernoseme auf Diluvium, 23. Schwarzerden ehemaliger Sümpfe, auch Sumpftschernoseme gegenannt, auf Diluvium, 24. Sumpfschwarzerden, Torfe, Sümpfe. Auf dem Rande der großen Karte sind zwei kleine Karten im Maßstabe 1 : 10000000 wiedergegeben, die eine mit Isohyeten und Isothermen nach Angaben des polnischen Wetterdienstes versehen, die andere ist eine schematische Karte der Bodenbildungsregionen. Diese enthält in farbiger Darstellung mit römischen Ziffern: I. schwache Podsolierung, selbst teilweise Degradation der letzteren, II. höhere Stufe der Podsolierung als I, III. höhere Stufe der Podsolierung als II, IV wie III, aber mit Gleihorizont, Alluvionen, Torfe, Sümpfe (Pripjet), V. stärkere Podsolierung als III und IV, VI. starke klimatische Podsolierung, aber bisweilen ohne Wirkung auf wiederstandsfähigen Muttergesteinen, VII. in der Regel starke Podsolierung, stärker als V, die jedoch ebenfalls schwach erscheint, VIII. Gebiete der Tschernoseme, mittlerer, sehr variabler Podsolierung, Degradation der Tschernoseme, Podsolierung des Löß, ehemalige Steppen, IX. Rendzina. Ein Vergleich dieser Karte mit den beiden anderen zeigt, daß es sich hier mehr um eine Zusammenfassung des Beobachteten als um eine Anpassung an das Klimakärtchen handelt.

Es war die Absicht MIKLASZEWSKIS[1], sich sowohl von der deutschen wie von der russischen Kartierungsweise zu entfernen, denn jene wäre nur auf das Lokale, diese nur auf das Zonale eingestellt. Aber auch die frühere polnische Kartierung mit ihrer alleinigen Unterscheidung der Bodenarten, die keinen genetischen Wert hätten, wäre abzulehnen. Es wäre danach zu trachten, „Bodenindividuen" darzustellen[2], die sowohl für die Bodenkunde als Wissenschaft als auch für die praktische Landwirtschaft von Wert seien, und zwar für die praktische Landwirtschaft insofern, als es möglich sein müßte, die Ergebnisse von Versuchen auf solchen „Bodenindividuen" für alle Gebiete mit den gleichen dieser Art nutzbar zu machen. Trotz dieser Einstellung sei die leitende Idee der polnischen Untersuchungen in der Hauptsache die der russischen naturwissenschaftlichen Schule geworden, aber ein wenig modifiziert und angepaßt an die natürlichen Bedingungen Polens. Es sei das Profil bei der Aufgrabung genau untersucht und danach der genetische Typus festgestellt worden. Allerdings müßte man wissen, daß das Profil sich ändere. Während und nach dem Kriege seien manche Ackerböden in Polen 7 Jahre lang nicht be-

[1] MIKLASZEWSKI, S.: Etat actuel usw., a. a. O., S. 316 u. 317.

[2] MIKLASZEWSKI, S.: Les sols comme individues. Mémoires sur la nomenclature et la classification des sols, S. 235—244. Helsingfors 1924.

ackert worden. Ihr durch die Kultur verändertes Profil habe sich allmählich wieder in das ursprüngliche zurückgewandelt. Durch den Ackerbau sei der natürliche Zyklus, d. h. eine lange Vegetationsperiode unterbrochen durch einen langen Winter, abgelöst worden, der in Polen durchweg der des gemäßigten Waldes sei. Der Ackerbau führe den Zyklus der Steppe ein, d. h. die Vegetationsperiode im Frühling oder Frühsommer mit Unterbrechung im Spätsommer, neue Vegetationsperiode im Herbst und abermalige Unterbrechung im Winter. Solches schaffe auch künstliche Steppenböden, die sich jedoch nach dem Aufhören des menschlichen Eingriffes schnell wieder in die ursprüngliche Form zurückverwandeln. Eine kleine Übersichtsskizze Polens mit 8 ausgeschiedenen Typen vervollständigt den Inhalt dieser Arbeit in G. MURGOCIS Sammelwerk.

Wie oben erwähnt, wird auch seitens der bodenkundlichen Abteilung des landwirtschaftlichen Institutes in Pulawy unter Leitung von T. MIECZYNSKI[1] eine Kartierung ausgeführt. Darüber berichtet dieser folgendes: In Pulawy werden systematische Untersuchungen auf dem Gebiete der Methodik der Bodenerforschung im Freien ausgeführt. Zunächst werden 1. Vor- oder Marschrutenuntersuchungen allgemeinen Charakters ausgeübt, denen sich 2. detaillierte Untersuchungen anschließen. Zu 1. gehören: a) das Erkennen der Entstehung des Geländes, d. h. die Feststellung der Vorgänge, die ihm die jetzige Form und den jetzigen Charakter verliehen haben; b) das Unterscheiden der auftretenden Muttergesteine und das Festlegen ihrer Grenzen in den Marschrutenlinien; c) das Bestimmen der morphologischen Grundformen der Böden, die sich auf den vorkommenden Muttergesteinen der Hochflächen entwickeln; d) das Bezeichnen des Grundwasserspiegels in den Marschrutenlinien; e) das Eintragen der Grenzen verschiedener Pflanzenarten; f) das Gruppieren der auftretenden Formen der Makroreliefs nach Kategorien; g) das Einteilen des Geländes auf Grund der vorstehenden Punkte in Bodenlandschaften. Die Marschrutenuntersuchungen werden von je einer Marschruteneinheit mittels eines Wagens ausgeführt, zu welcher ein Pedologe, ein Assistent (je nach dem Gelände Geologe oder Botaniker) und zwei Arbeiter gehören. An Geräten werden Spaten, Bohrer, ein Präzisionsaneroid, ein Taschennivellierapparat, ein Schrittzähler, ein photographischer Apparat, ein Binokular, 20—30 Monolithkästen u. a. m. mitgenommen. Die Karte des zu untersuchenden Geländes wird in 2 Stücken mitgeführt. Der Pedologe und sein Assistent führen unabhängig voneinander Tagebücher, die jeden Abend verglichen und vervollständigt werden. Außerdem wird ein Profilbuch angelegt, das Auskunft über Art, absolute Meereshöhe, Lage im Relief, Tiefe des Aufbrausens mit HCl, angenäherte mechanische Zusammensetzung, Tiefe des Grundwasserspiegels, pflanzlichen Charakter, Merkmale der Tiertätigkeit, Kulturzustand, ausführliche Profilbeschreibung, Ortsnamen und wissenschaftliche Benennung des Bodentyps gibt. Jeder Bodenlandschaftsteil wird auf Grund der Beantwortung folgender Fragen definiert: 1. Welche Muttergesteine walten in ihm vor? 2. Welchen allgemeinen Regeln ist ihr Auftreten unterzogen? 3. Welche morphologische Grundform des Bodens entspricht dem gegebenen Muttergestein? 4. Welchen Einfluß haben die Hauptelemente des Reliefs auf die Ausbildung der festgestellten Bodenformen? 5. Welche Formen und welche Entstehung hat das Relief? 6. Welche Rolle spielt das Grundwasser? 7. Welche Rolle spielen die Pflanzen und welcher Art sind sie? Die Laboratoriumsuntersuchungen sollen das Zahlenmaterial für die Kennzeichnung der Bodenbildungsvorgänge liefern (Bauschanalyse, Auszug mit 10proz. Salzsäure, Wasser-

[1] MIECZYNSKI, T.: Zur Methodik der Bodenuntersuchungen im Freien. Etat de l'étude usw., S. 168—173.

auszug, mechanische Analyse für jeden Horizont). Von den wichtigsten morphologischen Typen werden Monolithe genommen.

Die Klassifikation der Böden wird nach 3 Gesichtspunkten vorgenommen, die den morphologischen Bau zur Grundlage haben.

I. Morphologische Typen. a) Akkumulationstypus, z. B. Schwarzerden; b) Fluvialtypus, z. B. podsolartige Böden; c) Gleitypus, z. B. Böden mit hochstehendem Grundwasserspiegel; d) Typus der wenig differenzierten Böden, z. B. Flugsandböden, Mehrzahl der alluvialen Böden.

II. Morphologische Untertypen nach Bau und Eigenschaften des dominierenden Horizontes, z. B. bei dem Akkumulationstypus: Tschernosemböden, Rendzinaböden, Torfböden.

III. Morphologische Klassen nach Art der Ausbildung der anderen Horizonte außer dem dominierenden, wie z. B. degradierter Tschernosiom, humoser Podsol. Die morphologischen Klassen bilden in Verbindung mit den definierten Muttergesteinen Bodenserien.

Die Muttergesteine werden nach der Art ihrer Entstehung als residual, deluvial, illuvial, alluvial, äolisch unterschieden, ferner nach ihrer mechanischen Zusammensetzung, z. B. als degradierter Tschernosem auf deluvialem Schluffton gekennzeichnet.

Die detaillierten Bodenuntersuchungen, die noch in weiterer Ausbildung begriffen sind, haben das Ziel, einen engeren Zusammenhang zwischen den Landschaftselementen und den auftretenden Bodenformen aufzusuchen, sie sollen außerdem die Feststellung der Grenzen der Veränderung jeder definierten Bodenform ermöglichen. Die Bodenformen treten nicht kontinuierlich, sondern stets komplexartig auf. Die Bodenkomplexe passen sich den minimalen Veränderungen der Bodenfaktoren an (Mikrorelief, Höhe des Grundwassers, lokale Veränderungen der Muttergesteine usw.). Das Relief bedingt das Auftreten verschiedener Bodenkomplexe, die jedoch in kausalem Zusammenhange miteinander stehen. „Solche kausal verbundenen Bodenkomplexe bezeichnen wir als Bodenpartien[1].“ Jeder Landschaftspartie entspricht nicht ein gegebener Boden oder Bodenkomplex, sondern eine oder mehrere Bodenpartien. Es sind folgende Punkte zu beachten: A. 1. Untersuchungen über den Einfluß des Mikroreliefs auf die Veränderung der Bodenformen; 2. Untersuchungen über die Bewegung der Grundwässer und ihren Einfluß auf die Entwicklung der Bodenkomplexe; 3. Untersuchungen über den Einfluß der verschiedenen Eigenschaften und der verschiedenen Genesis der Muttergesteine; 4. Untersuchungen über den Einfluß der menschlichen Arbeit auf den Boden. B. 1. Das Relief reguliert die Bodendränage und bedingt die Verteilung der Feuchtigkeit im Boden; 2. das Relief hat großen Einfluß auf die Ausbildung des Bodenklimas; 3. das Relief bedingt die Transportprozesse des Bodenmaterials. C. Während bei den Marschrutenuntersuchungen das Makrorelief betrachtet wird, wird bei den detaillierten Bodenuntersuchungen das Hauptaugenmerk auf das Mikrorelief gerichtet. Mit dem Taschennivellierapparat werden die Kleinformen festgestellt, und bei den Bodenprofilen im Zusammenhange damit die Bodenhorizonte genau gemessen und ihre mechanische Zusammensetzung festgestellt. Auch die Exposition ist zu beachten. Bei Nordexposition können sich auf Lößhängen podsolige Böden, bei Südexposition Braunerden entwickeln. D. Bei Depressionen sind zu beachten: 1. Die absolute und relative Höhe; 2. die Steilheit der Abhänge und ihr allgemeiner Charakter; 3. der geologische Bau der Wölbungen und der Charakter ihres Deckmaterials; 4. die Art der Übergänge der Abhänge in das Talland; 5. ihre

---

[1] Mieczynski, T.: a. a. O. S. 171.

Entstehung. E. Bei den Feuchtigkeitsverhältnissen hat man es in Felduntersuchungen nur mit dem Grundwasser zu tun; andere Arten der Bodenfeuchtigkeit müssen speziellen und periodischen Untersuchungen überlassen bleiben. 1. Grundwasser in toten; 2. in lebenden Tälern; 3. Grundwasser in diluvialen Plateaus, auch Lößhügeln, Dünenwällen. Die Untersuchungen sollen Antwort auf die folgenden Fragen geben: Ist das Grundwasser bewegt oder unbewegt? Schwankt der Grundwasserspiegel? Welcher Charakter kommt den wasserführenden und den undurchlässigen Schichten zu? Wie ist die chemische Zusammensetzung des Wassers? Auch das zeitliche Auftreten des Grundwassers im Muttergestein muß festgestellt werden, nämlich ob es bei Beginn der Bodenbildung vorhanden war oder erst später eintrat oder nach einiger Zeit verschwand.

Auf Grund aller dieser sehr mannigfaltigen und durchdachten Vorstellungen soll die Bodenkarte nicht nur Auskunft darüber geben, was für ein Boden an einem bestimmten Ort zu finden ist, sondern auch warum er dort ist. Dazu darf man sich nicht nur der klimatischen Daten bedienen, sondern eine gute Bodenkarte muß auch über den geologischen Bau des Geländes, seine Plastik, Tiefe und den Verlauf der Grundwässer, sowie über Auftreten und Entstehung der Muttergesteine unterrichten. Da es unmöglich sein würde, alle diese Daten auf einer Karte zur Darstellung zu bringen, so müssen mehrere ausgeführt werden. Die erste derselben stellt dann eine Muttergesteins- und Reliefkarte dar. Die zweite gibt eine Übersicht über die Bodenformen und den Verlauf der Grundwässer, die dritte über Vegetation und Klima usw. Auskunft. Die Karten müßten in mit Zahlen und Buchstaben versehene Quadranten eingeteilt werden, so daß man sich leicht auf ihnen orientieren und Vergleiche anstellen kann.

An Karten des Instituts von Pulawy ist bisher eine Übersichtskarte der wolhynischen und südpolnischen Böden (südliche Hälfte) erschienen[1]. Sie hat den Maßstab 1:800000 und die folgende Einteilung: nördliche Tschernoseme auf Löß, degradierte Tschernoseme auf Löß, graue waldige Böden auf Löß, podsolige feinsandige Lehme, podsolige grobsandige Lehme, Podsolböden auf Geschiebelehmen und Verwitterungstonen, sandige und sandig-lehmige Rendzinaböden, Sande (in der Pripetniederung), Sümpfe und Moore (desgleichen), Komplex von degradierten Tschernosemböden und grauen waldigen Böden, Komplex von grauen waldigen Lehmen, angeschwemmten und feinsandigen Lehmen, Komplex von sandigen Lehmen und Sanden. In der Pripetniederung überwiegen die Sande (ohne Bodenbildung), die Sümpfe und Moore, neben welchen noch die podsoligen grobsandigen Lehme hervortreten. Sehr spärlich sind dagegen podsolige, feinsandige Lehme vertreten. In dem sich südlich anschließenden, trockneren Gebiet des Raumes von Luck, Dubno und Rowno überwiegen die Komplexe der degradierten Tschernoseme und grauen waldigen Lehme mit dazwischen liegenden Inseln von nördlichem Tschernosem, die umrandet von degradierten Tschernosemen an Ausdehnung im Süden gewinnen. Zwischen diesen Komplexen und der Pripetniederung sind kleine Streifen der anderen Komplexe eingeschoben, die z. T. auch am Rande einer größeren Rendzinainsel zwischen den Komplexen der degradierten Tschernoseme und der grauen waldigen Böden auftreten.

Wie schon oben erwähnt wurde, wird auch in Lemberg (Dublany) die Bodenkartierung in Anlehnung an die russische Methode betrieben. Sie steht hier unter Leitung von J. ZOLCINSKI. Eine aus dieser Schule stammende Arbeit ist die von J. W. PLONSKI über den Einfluß des Mikroreliefs und verschiedener Boden-

[1] MIECZYNSKI, T.: Wartośz uzytkowa gleb i gruntów na Wolyniu i na poudniowem Polesiu. Pulawy 1928.

typen auf die Bildung der mittleren Bestandeshöhe[1]. Die Bodenkarte eines Teiles des Forstreviers Marjowka gibt im Maßstabe 1:4000 auf einer topographischen Grundlage mit Höhenschichtlinien von 5 zu 5 m (ansteigend von 0—73,5 m) an Bodentypen graue Waldböden, Skelettböden und humose Karbonatböden und an Untertypen Übergangsböden und Schluchtböden wieder. Die Übergangsböden liegen an Hängen dicht unterhalb der Plateaus, die Schluchtböden auf dem Boden einiger tiefer Risse. Darüber ist mit durchsichtigem Papier eine Karte der Bestandsaufnahme gelegt, und zwar sind Linien gleicher Bestandesmittelhöhen ausgeschieden. Es handelt sich um einen reinen gleichalterigen Buchenbestand auf einer Fläche von 43 ha. Die Mittelhöhen schwanken zwischen 17 und 32 m. Die hohen Zahlen finden sich zumeist in den Schluchten und Tälern, wo die Wasserführung gut ist. Die niedrigen Zahlen befinden sich auf den Plateaus und ihren oberen Hängen, wobei die niedrigsten Zahlen auf einem Hang mit ausgedehntem Auftreten von Skelettböden und dem sich daran anschließenden Plateau mit humosen Karbonatböden liegen. Im Text sind die Ergebnisse dieser wertvollen Kartierung graphisch dargestellt. Danach ist der Verlauf der absoluten Bestandeshöhenzunahme dem des Terrains entgegensetzt, dagegen stimmt die Linie des wirklichen Kronendaches mit der des Terrains überein. Die durchschnittliche Bestandesmittelhöhe ist in der deluvialen Schlucht 30,50 m, in der eluvialen Schlucht 28,26 m, auf dem Rücken 21,75 m, auf den grauen Waldböden 21,69 m, den Skelettböden 20,70 m, auf den Übergangsgebieten 20,33 m und auf den humosen Karbonatböden 20,31 m. In einer Tabelle ist der Einfluß der Neigung auf die Bestandeshöhe bei den verschiedenen Bodentypen zahlenmäßig fest gestellt. Dabei nimmt die mittlere Bestandeshöhe mit zunehmender Neigung bei allen Bodentypen stark ab, z. B. bei den grauen Waldböden bei einer Neigung von 10% gegenüber dem flachen Gelände um 0,51 m, bei 20% um 1,69 m, bei 30% um 2,90 m, bei 40% um 3,90 m, bei 50% um 7,30 m, bei 60% um 11,80 m. Diese Zahlen sind auch graphisch dargestellt.

Die unter Leitung von F. Terlikowski stehende Posener Kartierung[2] hat andere Wege eingeschlagen als die bisher erwähnten. Dargestellt sind auf den Karten nur Bodenarten teils mit, teils ohne Bodenartenprofil; z. B. Sandböden, lehmige Böden, humose Böden mit hohem Grundwasserstand, sandig-lehmige Böden auf Lehmuntergrund (Tiefe bis 50 cm), sandig-lehmige Böden auf tiefem Lehmuntergrund (100—150 cm), sandig-lehmige Böden, Sandböden auf Lehmuntergrund (Tiefe bis 50, von 50—100, von 100—150 cm), gemischte Böden, wenig produktive Sandböden, Dünen (Bodentyp Neutomischl), humose, lehmige Böden (Typ Zbongschin = Kopowitza). Auf den Karten von T. Wloczewski ist die Einteilung etwas eingehender. Es sind Bodenkarten von Forstrevieren. Die Böden sind hier in Beziehung zu den Bonitäten in Schwappachscher Einteilung gebracht. Allerdings sind die Beziehungen nur textlich, nicht kartenmäßig durchgeführt. Zum Beispiel heißt es in Heft 3: frische Böden auf sandigem Lehm

---

[1] Plonski, J. W.: Über den Einfluß des Mikroreliefs und verschiedener Bodentypen auf die Bildung der mittleren Bestandeshöhe. Sylvana **47**, 2 (Lwowa (Lemberg) 1929). (Polnisch mit deutscher Zusammenfassung.)

[2] Terlikowski, F. u. B. Kurylowicz: Materjaly do mapy gleboznawozorolniczej Polski. Roczniki Nank Rolniczych i Lesnych **17**, 2. Posen 1927. — Terlikowski, F., B. Kurylowicz u. L. Krolikowski: Ebenda **18**, 5. Posen 1927. Terlikowski, F.; u. L. Krolikowski: Ebenda **20**, 6. Posen 1928. — Terlikowski, F., M. Kwinichidze u. L. Krolikowski: Ebenda **20**, 7. Posen 1928; **21**, 8. Posen 1929. — Die bisher genannten Arbeiten haben Karten im Maßstabe 1 : 100000, die folgenden im Maßstabe 1 : 25000. — Wloczewski, T.: Warneki nèdliskove nadlesnictwa Zielonki 1. Ricznik Nank Rolniczych i Lesnych **18**. Posen 1927. — Wloczewski, T.: Ebenda **19**, 2. Posen 1928; **20**, 3. Posen 1928. (Sämtlich polnisch mit deutscher Zusammenfassung.)

(Bonität II), frische, feinkörnige, geschichtete Sandböden (Bonität I/II und III), frische, feinkörnige, geschichtete Sandböden (Bonität II/III), trockene, verschiedenkörnige Sandböden (Bonität III/IV), geschichtete Tonböden mit kohlensaurem Kalk (Bonität I), frische Sandböden auf Tonuntergrund (Bonität III). Hin und wieder werden Moränenlehm und Geschiebelehm sowie auch anmoorige Böden auf Sandglei und dergleichen erwähnt. Im ganzen ist die Kartierung infolge ihrer Beschränkung auf die Bodenarten als primitiv zu bezeichnen.

In einer Arbeit „Beziehungen zwischen ältester Besiedlung, Pflanzenverbreitung und Böden in Ostdeutschland und Polen" hat W. Maas[1] die Schwarzerdeflächen in Kujawien und Westpolen mit neolithischen und bronzezeitlichen Funden kartenmäßig verglichen. Die Schwarzerdegebiete waren zumeist bereits in der jüngeren Steinzeit dicht besiedelt, außerhalb von ihnen sind verhältnismäßig wenige Funde gemacht worden. Auch in der späteren Vorzeit bleibt die dichte Besiedlung, wenn auch die Funde wesentlich darüber hinausgehen.

Gegenwärtig ist eine Bodenkartierung der Wojewodschaft Tarnopol in Arbeit, die von den landwirtschaftlichen Referenten eines jeden Bezirksausschusses unter der Leitung von V. Lozinski ausgeführt wird. Die Kartierung im Felde geschieht auf Karten im Maßstabe 1:100000. Eine nachherige Veröffentlichung in Form von mindestens einer Übersichtskarte ist vorgesehen.

Rumänien.

Die Bodenkartierung in Rumänien datiert seit der Begründung der Geologischen Landesanstalt im Jahre 1906. An dieser wurde eine agrogeologische Abteilung errichtet, deren Leiter bis zu seinem Tode G. Murgoci[2] war, nachdem bereits in den sechziger und siebziger Jahren des vorigen Jahrhunderts Jon Jonescu, in den achtziger M. Draghiceanu die Herstellung bodenkundlicher Karten Rumäniens angeregt und zu diesem Zwecke viel Material gesammelt und veröffentlicht hatten. Die erste Karte, die tatsächlich herauskam, war eine Isohumosenkarte des Baragan, der Schwarzerdesteppe der östlichen Walachai. Sie wurde nach Analysen von G. Murgoci und P. Enculescu durch den Sammler der Proben, Rusescu, der nationalen Ausstellung von 1906 übergeben. Von Anfang an legt die agrogeologische Abteilung ihren Arbeiten als Leitgedanken die Ergebnisse der russischen naturwissenschaftlichen Schule Dokutschajeffs zugrunde. In ihrem Sinne wurden Instruktionen abgefaßt, Vorlesungen und Spezialkurse abgehalten, gemeinsame Exkursionen und dergleichen veranstaltet. Die Aufnahmen im Felde gehen unter der Entnahme von Bodenmonolithen nach russischem Muster vor sich. Ausgerüstet sind die Agrogeologen mit Bohrern, Spaten, Messer, Lupe, Meßband mit Gewicht (um die Brunnen auszuloten), Nivellierinstrument, Buntstiften, Kasten mit Reagentien (besonders einer Salzsäureflasche nach Treitz) usw.

Das erste Ziel war die Herstellung einer Übersichtskarte Rumäniens im Maßstabe 1:500000, welche in 3—4 Jahren fertig sein sollte. Zunächst mußten aus Mangel an Mitteln die Aufnahmearbeiten zu Fuß durchgeführt werden und erst später konnten Pferd und Wagen zur Verfügung gestellt werden. Die Erfahrung hat dabei gezeigt, daß man, um den Typus der Böden eines einigermaßen ausgedehnten Gebietes feststellen zu können, zuerst seine Beziehungen zu den Böden der Nachbarschaft studieren muß. Nur nachdem man einen ziemlich großen Teil eines Gebietes gesehen hat, kann man zutreffend die hauptsächlichen Typen

---

[1] Maas, W.: Beziehungen zwischen ältester Besiedlung, Pflanzenverbreitung und Böden in Ostdeutschland und Polen. Dtsch. wiss. Z. Polen, Posen, **1928**, H. 13.

[2] Murgoci, G.: La cartographie des sols en Roumanie. Etat de l'étude et de la cartographie des sols, S. 181—193. Bukarest 1924.

und ihre Variationen, die Besonderheiten ihrer Verteilung, ihre Beziehungen zur Vegetation, zum Muttergestein, zu den geologischen Formationen und zum Grundwasser herausfinden. Viele Analysen mechanischer und chemischer Art sollten zunächst die Bodenbestimmung im Felde unterstützen, jedoch als wichtiger erwies sich das Studium des Bodenprofils, welches in besonderer Weise durch NABOKICHS[1] Bodenbeobachtungsbuch, das in genauen Vordrucken alle feststellbaren Eigenschaften enthält, gefördert und erleichtert wird.

Die erste Bodenkarte Rumäniens wurde 1909 von G. MURGOCI[2] der 1. internationalen agrogeologischen Konferenz in Budapest vorgelegt. Die Kartierung ist von G. MURGOCI, E. PROTOPOPESCU-PAKE und P. ENCULESCU ausgeführt worden und gibt bereits eine recht ins Einzelne gehende Übersicht über die Böden. Die Einteilung benutzt die folgenden Bodentypen: 1. brauner sandigtoniger Boden der trockenen Steppe; 2. kastanienfarbiger tonig-sandiger Boden der trockenen Steppe; 3. schokoladenfarbener Tschernosem der Kraut- und Buschsteppe; 4. gewöhnlicher Tschernosem mit ca. 8% Humus; 5. degradierter Tschernosem; 6. kastanienfarbiger sandiger Boden ehemaliger Dünen; 7. braunroter Eichenwaldboden; 8. Podsol im Buchen- und Eichenwald; 9. Region mit Wald- und Skelettböden; 10. Terra rossa als Unterboden eines ehemaligen Podsols auf Kalkstein; 11. Torf und Moorböden; 12. Alkali-, Salzböden, Salzseen; 13. gegenwärtige Flußalluvionen; 14. Sande, Meeres- und Festlandsdünen; 15. Sümpfe; 16. Grenze des Eindringens des Eichenwaldes in die Steppe; 17. südöstliche Buchengrenze; 18. Moräste im unteren Donautal und -delta; 19. Tabakkultur; 20. gute Weingegenden; 21. westliche Grenze des guten Getreidebodens. Die Darstellung dieser Bodentypen und Grenzen ist mit Farben und farbigen Signaturen erfolgt. Die Karte hat den Maßstab 1 : 2500000. In einer Ecke der Karte ist eine kleinere klimatologische Skizze Rumäniens angebracht, auf der die jährlichen Durchschnittsniederschläge mit Farbennuancen in Blau angegeben sind, desgleichen sind die Jahresisothermen in Rot, Minima der relativen Feuchtigkeit im Mai bis April bzw. im Juli-August bzw. 2 Minima, das Zusammentreffen des Feuchtigkeitsminimums mit dem Niederschlagsminimum und die Richtung der vorherrschenden Winde wiedergegeben. Die Karte ist durch die eingetragenen Beziehungen zu den Pflanzenvereinen und Nutzpflanzen und durch die Klimaskizze sehr lebendig gestaltet, was durch die gute Farbenwahl unterstützt wird. Die Tabakgebiete finden sich fast sämtlich auf braunroten Eichenwaldböden, dagegen sind die guten Weingegenden auch über podsolige und Steppenböden verteilt. Die Grenze des guten Getreidebodens überschneidet mehrfach die Grenzen zwischen den Steppen und den Waldböden und verläuft z. T. im Podsolgebiet. Eine zweite Auflage der Karte ist der oben erwähnten Arbeit MURGOCIS über die Bodenkartographie 1924 beigegeben worden. Zum Vergleich mit der Bodentypen- und der Klimakarte ist noch eine Skizze der Vegetationsformen nach P. ENCULESCU hinzugefügt, die Klimakarte ist durch 4 Skizzen ergänzt (vorherrschende Windrichtung und ihr Einfluß auf die Verteilung der Feuchtigkeit, Jahresisothermen, Januar-, Juliisothermen). Die Bodentypen werden durch 5 Abbildungen von Kastenprofilen der Haupttypen erläutert. Die Vegetationskarte zeigt die alpine Zone, die des Koniferenwaldes, des Eichenwaldes, die randlichen Übergangsteile der Steppe, die Trockensteppe, die Grenze der Buche, die Flußauen, die Seemarschen und die Kastanienwälder.

---

[1] NABOKICH, A. J.: I. Cartography of Soils in three phases. II. Pedologische Arbeit im Felde. (Aus dem Russischen übersetzt von A. TILL.) Veröffentlicht von der 5. internationalen bodenkundlichen Kommission. Mem. Inst. Geol. al. Românici 2 (1924).

[2] MURGOCI, G.: Die Bodenzonen Rumäniens. C. r. I. Conférence intern. d'agrogéol. Budapest 1909.

G. MURGOCI kündigte in seiner Arbeit über die Bodenzonen Rumäniens eine neue größere Übersichtskarte Großrumäniens im Maßstab 1 : 1500000 an, deren Erscheinen er nicht mehr erlebt hat. Sie ist 1927 veröffentlicht[1] worden und besitzt eine ähnliche Einteilung wie die kleinere Karte von 1909, denn es werden unterschieden: hellbrauner sandig-lehmiger Boden, kastanienfarbiger Boden aus der Reihe der Schwarzerden, schokoladenfarbene Schwarzerde, eigentliche Schwarzerde reich an Humus, degradierte Schwarzerde, rötlichbrauner Waldboden mit Flecken von Podsol in Depressionen, Podsol, Podsol und Skelettböden, Skelett- und Torfböden der Hochgebirge, Torfböden und Wiesentorf, Sümpfe, Rendzina auf Kalkstein, Gips oder Mergel, Sanddünen bewegt oder festgelegt, Salzboden und Salzseen, marine Salzablagerungen, Überschwemmungsgebiet der Donau (Plaur), junge Alluvionen nicht überschwemmt. Die Farbenwahl erweist sich sehr zurückhaltend, sie ist nicht mehr so lebhaft wie die der ersten Karte.

Zu einer Spezialkartierung neben der Übersichtskartierung ist die agrogeologische Abteilung nicht übergegangen. Es schien G. MURGOCI die Zeit dazu noch nicht gekommen, denn seiner Ansicht nach mußten erst bedeutendere Erfahrungen gesammelt werden. Er erstrebte daher zunächst die Vergrößerung der Übersichtskarte auf den Maßstab 1 : 500000.

Die heutige rumänische Provinz Bessarabien hat während ihrer hundertjährigen Zugehörigkeit zu Rußland ihre eigne bodenkundliche Entwicklung genommen, worüber N. FLOROV[2] berichtet hat. Die russischen Forscher GROSSOUL-TOLSTOI, DOKUTSCHAJEFF, NABOKICH, PANKOW, KATSCHEWSKI und FLOROV haben dortselbst gearbeitet, aber die bedeutendsten Studien hat NABOKICH ausgeführt, der ihnen durch die Begründung eines pedologischen Museums in Kischinew einen Mittelpunkt gab.

Die erste Skizze der bessarabischen Böden rührt von GROSSOUL-TOLSTOI[3] her. Er unterschied die Zone des Tschernosems, die Zone des tonig-sandigen Tschernosems, die Zone der tonigen Böden mit etwas Kalk und die Zone der tonig-kalkigen Böden. Auch brachte er bereits ihre Verteilung mit dem Klima in Beziehung.

A. J. NABOKICH[4] hat dann ebenfalls eine Skizze der bessarabischen Böden gebracht. Er unterscheidet: podsolige Böden, sandig oder Sand, mit 0,3—2% Humus; podsolige tonig-sandige Böden, 2—3% Humus; dunkelgraue tonig-sandige Böden, 3—5% Humus; Kutchugour 0—1% Humus; degradierter Tschernosem, 5—10% Humus; podsolige sandige Böden mit Karbonaten; kastanienfarbiger Tschernosem, 3—5% Humus; Tschernosem, 5—7% Humus; dunkelbraune tonig-sandige Böden, 2—3% Humus; fetter Tschernosem, 7—10% Humus.

Neuerdings hat N. FLOROV[5] eine Humus- und Bodenkarte der südlichen Hälfte Bessarabiens veröffentlicht. Die Karte im Maßstab 1 : 3000000 zeigt Böden mit

[1] Harta solurilor României. Intocmita de Sect. agrogeol. Inst. Geol. pe baza ridie. fac. de P. ENCULESCU, EM. PROTOPOPESCU-PAKE, TH. SAIDEL vech reg. sub conduc. lui G. MURGOCI (†). Editia 1927.

[2] FLOROV, N.: Sur les recherches et le musée pédologique de Bessarabie. Etat de l'étude et de la cartographie des sols, S. 194—199. Bukarest 1924.

[3] GROSSOUL-TOLSTOI: Description générale des sols de la Bessarabie. 1858.

[4] NABOKICH, A. J.: Cartography of soils in three phases. Etat de l'étude usw. S. 208.

[5] FLOROV, N.: Einige Bemerkungen im Zusammenhang mit den Bodenuntersuchungen in Bessarabien. Bull. Muz. Nation. de ist. nat. din Chisinau **2**, 3, 149. Kischinew 1929. — Vgl. auch N. FLOROV: Humus- und Bodenkarte der südlichen Hälfte Bessarabiens. Proc. and Papers of the I. Intern. Congr. of Soil Science **4** (1927). Hierin ist die Bodenkarte im Maßstab 1 : 1000000 aufgeführt. Außerdem enthält die Arbeit eine Bodenkarte des Kodri-Gebietes Bessarabiens im gleichen Maßstabe mit der Einteilung: degradierter Tschernosem; dunkelgrauer, wenig podsolierter Lehm; dunkelgrauer podsolierter Lehm der Waldsteppe;

1—2% Humusgehalt; Böden mit 2—3% Humus, Tschernosem stark erodierter Bezirke, abgeschwemmte tschernosemartige Böden der Abhänge, Serosem; Tschernosem und Serosem mit 3—4% Humus; Tschernosem mit 4—5% Humus; Tschernosem mit 5—6% Humus; Tschernosem mit 6—7% Humus; halbsumpfige und ein wenig salzige Böden litoraler Bezirke, Flußterrassen und der Überschwemmung ausgesetzter Sand. Dieser Übersichtskarte sind noch 4 Kärtchen im Maßstab 1 : 20000 von der Farm Kostinjeni angefügt, welche den Humusgehalt im oberen Horizont des Bodens, die Tiefe der Linie, bis zu der das Aufbrausen mit Salzsäure stattfindet, die hypsometrische Karte und die Bodenkarte darstellen. Diese hat 9 verschiedene Typen, nämlich: Tschernosem mit 4,5—4% Humus, mit 4—3,5% Humus, mit einem Gehalt unter 3,5% Humus, degradierter Tschernosem, dunkelgrauer Podsol-Tschernosem, grauer Tschernosem-Podsol, grauer erodierter Tschernosem-Podsol, die unter dem Einfluß der Grundwässer an Karbonaten angereicherten Böden, Alluvialböden und Tschernosem der Schlucht. Die Kärtchen sollten zu einer vereinigt werden, aber sie mußten in Schwarzdruck und Schraffuren ausgeführt und infolgedessen geteilt wiedergegeben werden. Eine Reihe von Profilen, sowohl Photographien wie Zeichnungen als auch graphische Darstellungen von Analysen ergänzen die Übersichts- und Spezialkarte.

Schweden.

Von den schwedischen Böden hat H. HESSELMAN[1] eine Übersichtsdarstellung verfaßt, in welcher er die bodenbildenden Faktoren, welche die schwedischen Bodentypen gebildet haben, schildert. Das Klima ist ein ausgesprochenes Waldklima. Da die Bodenbildung in erster Linie von der Vegetation abhängt, so sind die Waldböden die hauptsächlich vorkommenden Böden Schwedens. An Waldarten sind auf HESSELMANs Waldkarte im Maßstab 1 : 10000000 Hochgebirgsregion und alpiner Birkenwald, nördliches Nadelwaldgebiet, südliches Nadelwaldgebiet und Buchenwaldgebiet angegeben. Die beiden Nadelwaldgebiete sind durch die Nordgrenze der Eiche von einander getrennt. Innerhalb der Buchenwaldregion herrscht die Braunerde, innerhalb der Nadelwaldregion der Podsol vor. Dazu kommen die Torfböden, die im südlichen und mittleren Schweden etwa 10% der gesamten Oberfläche, im nördlichen dagegen 30% einnehmen. Im Gegensatz zu Nordwestdeutschland und Jütland ist die Podsolierung in Schweden auf den Sanden schwächer als auf den weniger durchlässigen Böden. Sie ist hier von der Rohhumusdecke, die auf den leicht durchlässigen Sanden mit Kiefernheiden nur unbedeutend ist, abhängig. Größer ist sie auf den feuchteren Moränenböden, auf denen die Fichte einen besser passenden Standort hat und die Zwergsträucher üppiger gedeihen. Selten erreicht die Bleicherde mehr als 10—15 cm Mächtigkeit, die Orterde ist gewöhnlich locker; Ortstein kommt nur ausnahmsweise und lokal, dagegen im hohen Norden häufiger vor. Die Podsolierung ist auch in hohem Grade von der chemischen Beschaffenheit des Untergrundes, vor allem von seinem Kalkgehalt abhängig. Auf kalkhaltigen Böden, besonders an Abhängen, entstehen Mull- und Braunerde, während auf den Plateaus der Kalk-

grauer podsolierter Lehm der Waldsteppe; Komplex der grauen und hellgrauen podsolierten Böden auf Sand und Sandlöß; Komplex des grauen und hellgrauen podsolierten Lehms auf Löß und Tertiärlehm; halbsumpfige und ein wenig salzige Böden litoraler Bezirke, Flußterrassen und der Überschwemmung ausgesetzter Sand; Tschernosem mit 3—4% Humusgehalt (Tschernosem stark erodierter Bezirke, abgeschwemmte tschernosemartige Böden der Abhänge). Von den Karten der Farm Kostinjeni sind drei im Maßstabe 1 : 17000 mit eingeschriebenen Höhenlinien wiedergegeben.

[1] HESSELMAN, H.: Kartographie der schwedischen Böden. Etat de l'étude et de la cartographie des sols, S. 233—239. Bukarest 1924.

gehalt ausgewaschen wird und der Podsoltypus infolgedessen allein herrscht. Auf kalkhaltigem Untergrund trifft man bis in den Norden nach Lappland hin an den Abhängen nur Braunerdeprofile an, während sonst das Podsolprofil vorherrscht. Auch die Laubbäume neigen zur Mullbildung, wodurch die Auswaschung des Bodens herabgesetzt wird. Die Lehmböden bilden in großer Ausdehnung das Ackerland, dieses ist daher mit Böden von „ariderem" Gepräge, als dem Klima entspricht, ausgestattet, auch sind die Böden zumeist sehr jung. Bei der Kartierung der klimatischen Bodentypen muß man alle diese Momente, wie Vegetation, Gestein, Topographie, menschliche Arbeit und Alter berücksichtigen, so daß die Kartierung auf große Schwierigkeiten stößt und bis 1924 auch kein Versuch zu ihrer Durchführung unternommen worden war.

Erst O. TAMM[1] hat 1927 eine Skizze im Maßstabe 1: 10000000 veröffentlicht, welche die vorstehend erörterten Feststellungen HESSELMANS entsprechend der Kleinheit des Maßstabes schematisiert hat. Die Karte ist für die Allgemeine Bodenkarte Europas in 1: 10000000 (Danzig und Berlin 1927) verwendet worden.

Die Kartierung der Bodenarten ist seit 1858 von der schwedischen Geologischen Landesanstalt (Sveriges Geologiska Undersökning[2]) erfolgt. Es wird zu diesem Zwecke von ihr der Gehalt der Bodenarten an Lehm, an Humus, die Mächtigkeit der humosen Schicht und die Korngröße der Sandteile bestimmt. Nach diesen Analysen werden die Bodenarten klassifiziert. Bei der Kartierung, die in großen Maßstäben erfolgt, verschafft sich der Quartärgeologe, dem die Arbeiten übertragen werden, durch Bohrungen eingehende Kenntnis von Lagerungsverhältnissen und Bildungsweise der Bodenarten. Die Proben werden im Laboratorium untersucht und danach ihre Bezeichnung festgestellt. Nach diesen einleitenden Feststellungen wird mit dem 1-m-Bohrer unter Eintragung und Numerierung der Bohrpunkte das Gelände systematisch abgebohrt. Die dadurch gewonnenen Profile der Bodenarten, ihre Lagerung, die Mächtigkeit des Humushorizontes, etwaige Besonderheiten, wie speziell dichte oder besonders lockere Lagerung, Höhe des Grundwasserspiegels, werden ins Tagebuch eingetragen, aus welchen Daten je eine besondere Karte der Kulturschicht und des Unterbodens hergestellt wird. Die Bodenarten werden durch Farben, der Humusgehalt durch Schraffur und Strichelung, ihre Bildungsweise durch Buchstaben gekennzeichnet. Es gibt kombinierte Berg- und Bodenkarten in den Maßstäben 1 : 50000 (bis 1924 waren 153 veröffentlicht), 1 : 100000 (davon sind 8 herausgegeben) und 1 : 200000 (15). Auf diesen Karten sind die Mineralböden eingeteilt in Moränenböden, fluvioglaziale Kies- und Sandbildungen, Schotter, Strandkies, Sand und Lehme in ehemaligen Meeren oder größeren Binnenseen abgelagert, Alluvialsand und Alluviallehme der jetzigen Flüsse, Verwitterungsböden, Kalktuff, Limonit usw. Vielfach erfolgt auch eine weitere Unterteilung, wie z. B. die der Moränenbildungen in blockreiche, sandige, lehmige, sowie auch in Endmoränen und Drumlins. Die organogenen Bodenarten werden in Torfbildungen (mit Hoch- und Niederungsmoortorf), Gyttja, Kalkgyttja, Muschelkies eingeteilt. Ferner ist eine Anzahl Sonderkarten im Maßstabe 1 : 100000 von einzelnen Bezirken mit Rücksicht auf die Bodenbehandlung ausgeführt worden. Daran schließen sich Übersichtskarten in kleineren Maßstäben wie die der Ausbreitung des glazialen Lehms im süd-

---

[1] TAMM, O.: Die klimatischen Bodenregionen in Schweden. Proc. and Papers of the I. Intern. Congr. of Soil Science. Washington **1928**. — Auch teilweise veröffentlicht in O. TAMM: Om Brunjorden i Sverige. Svenska Skogsvårdsföreningens Tijdskr. 1, 8 (1930).

[2] Sveriges Geologiska Untersökning. Etat de l'étude usw., S. 241—242. — GAVELIN, A.: Die Karten der S. G. U. Ebenda, S. 243 u. 244. — POST, L. VON: Torfuntersuchungen der S. G. U. Ebenda, S. 245 u. 246.

lichen Schweden (1 : 1000000), der quartären Meeresablagerungen und des Vorkommens von Kalk und Mergel (1 : 2000000), von Schwedens Ackerareal (1 : 1000000) mit Angabe der Verteilung des bebauten Bodens in den verschiedenen Landesteilen, der Meeresablagerungen und der Kalkgebirgsarten, die für den Ackerbau wichtigeren Bodenbezirke im südlichen und mittleren Schweden (1 : 500000), der Bodenarten des südlichen und mittleren Schwedens (1 : 300000). In den achtziger und neunziger Jahren des vorigen Jahrhunderts und später wurden auch agrogeologische Spezialkarten einzelner Güter in größeren Maßstäben, wie 1 : 4000, 1 : 6000, 1 : 10000, 1 : 15000, 1 : 20000, aufgenommen. Dazu wurden die Profile der Bodenschichten in kleineren Zwischenräumen, ihr Kalkgehalt, die Tiefe der Krume, der Grundwasserstand, die Vegetationsverhältnisse festgestellt. Beispiele[1] dafür sind die Krumen- und Untergrundkarte des Gutes Skattory im Maßstab 1 : 4000 u. a.

Seit 1917 ist eine systematische Untersuchung über die Größe und Beschaffenheit der Torfvorräte in Schweden ausgeführt worden, die sich der Kartierung im Maßstabe 1 : 100000 bedient. Eine Übersichtskarte der Torfböden im mittleren und südlichen Schweden hat den Maßstab 1 : 500000. Die Einzelkarten bringen Angaben über Lage, Areal, Oberflächengestaltung, Neigungsverhältnisse, Bau, gegenwärtige Anwendung, mögliche Ausbeutung. Auch wird zwischen Brenntorfmooren, Torfstreumooren, Kulturböden usw. unterschieden.

Eine Anzahl bemerkenswerter Karten im Zusammenhange mit Wasserströmungen und im Vergleiche mit Vegetationstypen hat O. Tamm[2] veröffentlicht. In einer Arbeit über Grundwasserbewegungen und Versumpfungsprozesse, die durch Sauerstoffanalysen des Grundwassers nordschwedischer Moränen erläutert werden, sind zwei Karten im Maßstabe 1 : 20000 von C. Malmström abgedruckt, welche beide als Grundlage eine Bodenkarte mit der Einteilung nach Felsenboden, trockenem Moränenboden, Sumpfboden, Gyttja, Wasser haben. Die eine hat ein Isohypsennetz von 1 m Abstand und außerdem feine Linien für Vegetationsgrenzen, die andere zeigt die Wasserbahnen in den Sumpfböden mit Grundwasserseen (Wasserlinsen), stärkeren Oberflächen- und Grundwasserströmen mit ihrer Stromrichtung, ferner Quellen und Abflußgräben. Dazu hat C. Malmström[3] eine Reihe sehr bemerkenswerter Profile wiedergegeben.

O. Tamm[4] hat 1926 je eine geologische Karte der Bodenarten der Versuchsforste von Svartberget und von Kulbäcksliden im Maßstabe 1:20000 veröffentlicht, welche auf einer feinen topographischen Grundlage mit Isohypsen nachstehende Bildungen ausgeschieden zeigen: mächtigen Torf, dünnen Torf auf Sand oder Kies bzw. auf Moräne, Schluff (Silt), dünnen Glazialton mit Geschieben, Glazialton, Sand oder Kies, Grundmoräne an der früheren Meeresgrenze oft fortgewaschen, archäischen Fels (Gneis), felsigen Untergrund. Durch Buchstaben werden außerdem kleine Vorkommen von Ton und Schluff und die Endmoräne angegeben. C. Malmström und K. Lundblad haben außerdem Waldtypenkarten

---

[1] Holmström, L. u. A. Lindström: Krumen- und Untergrundkarte mit Niveaukurven der Äcker und Wiesen des Gutes Skattory. Stockholm 1881. — Johannsen, S.: Agrogeologische Karte des Gutes Ultuna, 1 : 4000. — Johannsen, S. u. G. Ekström: Agrogeologische Karte des Gutes Valinge. 1 : 4000. — Ekström, G.: Agrogeologische Karte des Versuchsfeldes der Centralanstalt för jordbruksversök. 1 : 2000.

[2] Tamm, O.: Grundvattenrörelsor och försumpningsprocesser belysta genom bestämmigar av grundbattnets syrehalt i nordsvenska moräner. Meddel. fr. Statens Skogsförsöksanst. Stockholm 1, 22 (1925).

[3] Malmström, C.: Några riktlinjer för torrläggning av norrländska torvmarker. Meddel. fr. Statens Skogsförsöksanst. Stockholm **1925**, Skogliga rön Nr. 4.

[4] Tamm, O. u. C. Malmström: The experimental forests of Kulbäcksliden and Svartberget in North Sweden. Skogsförsöksanst. Exkursionsledare 11.

aufgenommen, welche den Vergleich zwischen den Bodenarten und den darauf wachsenden Vegetationen ermöglichen.

Eine spätere Arbeit O. TAMMS[1] enthält eine Reihe Karten von Kulbäcksliden und von Rokliden in den Maßstäben 1:3333 bzw. 2000, und zwar sind nebeneinandergestellt die geologische, die Boden- und die Vegetationskarte. Es handelt sich um Gebiete mit Moränen, Sanden und Torf bzw. Eisen- und Humuspodsol mit oder ohne Ortstein und Torfdecke bzw. sphagnumfreie Wälder des Vaccinium- und Dryopteristyps auf Eisenpodsol, sphagnumreiche Moore, Sumpfwälder, Fichtenwälder mit Vaccinium und Dryopteris auf Humuspodsol und Torf. Auch zwischen der geologischen und der Bodenkarte gibt es mancherlei Übereinstimmung.

Eine der ersten Bodenreaktionskarten hat O. ARRHENIUS[2] veröffentlicht, auf welcher im Maßstabe 1:10000 die Wasserstoffionenexponenten von 5,4—7,9 in Abständen von je 2 zu 2 Zehnteln mit bunten Schraffuren eingetragen sind.

Schweiz.

J. FRÜH[3] hat sich 1911 ausführlich über die geologische Landesaufnahme der Schweiz vom Standpunkte der Agrogeologie geäußert. Die Veranlassung gaben dazu die kartographischen Erörterungen auf der 2. Internationalen Agrogeologenkonferenz in Stockholm 1910[4] und eine Anregung von WALDVOGL[5] auf der 10. Schweizerischen Landwirtschaftslehrerkonferenz, Bodenkarten nach einheitlichen Grundsätzen herzustellen. J. FRÜH gibt eine Übersicht über die der Geologie verwandten Methoden der Agrogeologie, die in der Feststellung des Bodenprofils einerseits, in der Kartierung andererseits bestehen. Er unterscheidet Bonitätskarten, speziell landwirtschaftliche Bonitätskarten für rein wirtschaftliche Zwecke in großen und kleineren Maßstäben, geologisch-agronomische Karten, darunter allgemeine Bodenkarten wie die russische von W. DOKUTSCHAJEFF, N. SIBIRTZEFF, G. TANFILJEFF und A. FERCHMIN[6] im Maßstabe 1:2500000 und die geologisch-agronomischen Karten, die sich zu einer Bonitätskarte wie eine geologische Karte zu einer solchen der nutzbaren Mineralien, Gesteine und Erze verhalten. Hier werden außer den finnischen Plänen und J. KOPECKYS Karte von Welwarn die der preußischen und der württembergischen Geologischen Landesanstalten hervorgehoben, ferner die Karte 1:75000 des Ecsedi Lap von W. GÜLL, A. LIFFA und E. TIMKO[7] und die von der Kgl. Selskap for Norges Vels jordbuntsutvalg in Angriff genommenen Bodenkarten Norwegens.

Die schweizerische geologische Landesaufnahme kennzeichnet sich im wesentlichen durch die Herausgabe von Karten und deren Erläuterungen. Die Karten

---

[1] TAMM, O.: Studier över jordmånstyper och der as förhållande till markens hydrologi i Nordsvenskas skogstorränger. Medd. fr. statens skogsförsöksanstalt 26. 2. Stockholm 1931.

[2] ARRHENIUS, O.: Försök till bekämpande av betrotbrand. Meddel. Nr. 240 fr. Centralanst. för försöksväsendet på jordbruksområdet. avdeln. för landbruksbot Nr. 26. Stockholm 1923.

[3] FRÜH, J.: Unsere geologische Landesaufnahme vom Standpunkte der Agrogeologie. Eclogae geologicae Helvetiae 11, Nr. 6, 713—725 (1912).

[4] Vertr. II intern. Agrogeolog. Konf. Stockholm 1910. Hrsg. von Org. Kommittee durch G. ANDERSON und H. HESSELMAN. Stockholm 1911.

[5] WALDVOGL: Protollkolauszug der X. Landwirtschaftslehrerkonferenz Luzern, 2. Oktober 1909, S. 7.

[6] Carte du sol de la Russie d'Europe dressée sur l'initiative et d'après le plan de W. DOKUTSCHAJEFF par N. SIBIRTZEFF, G. TANFILJEFF et A. FERKHMIN. 1 : 2500000. Ministère de l'Agriculture. St. Petersburg 1900.

[7] GÜLL, W., A. LIFFA u. E. TIMKO: Bodenkarte von Ecsedi Lap. Mitt. kgl. ung. geol. Anst. Budapest 14, 5 (1906).

haben eine exakte topographische Grundlage, dazu Einträge für Wald, Moor oder Sumpf. Sowohl die ganze Dufourkarte 1:100000 ist geologisch koloriert wie auch zahlreiche Spezialkarten in den Maßstäben 1:25000 und 1:50000 auf der Siegfriedkarte. Auf diesen Aufnahmen ist mit der Zeit die Schutt- oder Bodendecke immer eingehender gegliedert worden. Praktisch ist es ebenfalls von Bedeutung, daß an Stelle der rein stratigraphischen Bezeichnung und der Farben mehr die Fazies zur Geltung kamen. Agrogeologisch ist die historisch-geologische Seite der geologischen Karten viel weniger wichtig als die petrographische, weil Natur und Stellung des Gesteins bei der Bodenbildung und dem Wasserhaushalt in erster Linie maßgebend seien. „Es bedeutet für weitere Bezirke wenig bis gar nichts, wenn Pflanzengeographen, Geographen, Forst- und Landwirte, Kulturtechniker in ihren Darstellungen von ‚Tertiärland', ‚auf Buntsandstein', ‚innerhalb der Kreide' usw. sich ausdrücken, um einen Zusammenhang zwischen Boden, Pflanzendecke und Wasserökonomie einerseits und der geologischen Unterlage andererseits hervorzuheben [1]." Das Gestein sei für den Praktiker das eigentlich Wichtige. Die Gliederung des Schuttes und die petrographischen Faziesunterschiede sind in besonders weitgehender Weise von M. LUGEON[2], ARN. HEIM und J. OBERHOLZER[3], P. ARBENZ[4] u. a. durchgeführt worden. Schon in älteren Zeiten[5] wurde oft auf die Zusammenhänge zwischen Gestein, Pflanzenwuchs und Land- und Forstwirtschaft hingewiesen. J. FRÜH vermißt allerdings chemische Gesteins- und noch weit mehr Bodenuntersuchungen in den Kartenerläuterungen. Auch gehe im allgemeinen die petrographische Beschreibung nicht weit genug. Die Dekalzifikation sei nirgendwo so eingehend beschrieben wie von M. E. FOURNIER[6] im französischen Jura. Mehr sei auf Mischböden, Schuttmassen, Gehängeschutt, Solifluktion geachtet worden. Bildungen, wie Ortstein und Roterde, wurden auch nur selten erwähnt. Den Anfang mit einer agrogeologischen Spezialaufnahme hat W. BANDI[7] bei der Domäne Rüti gemacht.

HANS BURGER[8] hat diese Überlegungen von J. FRÜH im Jahre 1924 weiter zu ergänzen versucht. Eine einheitliche Organisation zur Untersuchung und Kartierung der Böden der Schweiz bestand zwar 1924, jedoch gegenwärtig nicht mehr. Veranlaßt durch C. GIRSBERGER und DISERENS wurde eine Kommission zum Zwecke der Gründung einer Spezialabteilung für Bodenuntersuchung und Bodenkartierung eingesetzt, ohne daß aber die Bodenkartierung stärker gefördert werden konnte. Wohl sind für kleinere Gebiete und zu besonderen Zwecken Bodenkarten, so z. B. anläßlich von Güterregulierungen und zu Steuerzwecken ausgearbeitet worden, aber veröffentlicht ist von diesen bisher nichts. Einer allgemeineren und systematischen Bodenkartierung stellen sich in der

---

[1] FRÜH, J.: vgl. Anmerkung 3 auf S. 352.

[2] LUGEON, M.: Carte géol. des hautes Alpes calcaires entre la Lizerne et la Kander. 15 Schuttarten, 8 petrographische Faziesbezeichnungen. 1 : 50000. Aufgenommen 1898 bis 1909.

[3] HEIM, ARN. u. J. OBERHOLZER: Geologische Karte der Gebirge am Walensee. Beitr. zur geol. Spezialkarte der Schweiz, N. F. **44**. (13 Schuttarten, 30—40 petrographische Faziesbezeichnungen.) 1 : 50000. Aufgenommen 1903—1906.

[4] ARBENZ, P.: Das Gebirge zwischen Engelberg und Meiringen. Beitr. z. geol. Karte Schweiz, N. F., Lief. **26**, Nr. 55 (1911). 1 : 50000.

[5] JACCARD, A.: Jura vaudoise. 1869. Darin: Les Terrains sous le rapport agricole. — GILLIÉRON, V.: Monsalvans 1873 (darin Agriculture), Lief. **18** (1885) (géologie appliquée).

[6] FOURNIER, M. E.: L'interprétation des cartes géologiques au point de vue de l'agriculture. Bull. Services de la carte géol. France, **15**, Nr. 9 (Paris 1904).

[7] BANDI, W.: Der Kulturboden der Domäne Rüti. Jber. landw. Schule Rüti, 16 S, mit Profilen und Analysen, **1909** u. **1910**.

[8] BURGER, H.: Pedologische Studien in der Schweiz. Etat de l'étude et de la cartographie des sols, S. 101—108.

Schweiz sehr große Schwierigkeiten entgegen, die H. Burger drastisch beschreibt. Mehr oder weniger gute Grundlagen dafür würden die topographischen Karten, die Katasterpläne 1:500—1:5000, Gemeindübersichtspläne 1:5000—1:10000, die geologischen Karten und Reliefs, die geobotanische Landesaufnahme, Waldkarten, Holzartenkarten, Forsteinrichtungswerke, Anbaukarten landwirtschaftlicher Gewächse, hydrologische Untersuchungen, Klimakarten, Lawinenkarten ergeben, die eine Fülle kartographischen Materials darstellen und für eine Bodenkartierung vortreffliche Vergleichsmöglichkeiten bieten.

Die erste Bodenübersichtskarte der Schweiz ist 1925 von H. Jenny[1] ausgeführt und mit Unterstützung von G. Wiegner der ersten allgemeinen Bodenkarte Europas 1927 zur Verfügung gestellt worden. Sie unterscheidet 3 Gebiete, in denen Böden mit geringer Umlagerung der Karbonate und Sesquioxyde, solche mit starker Umlagerung der Karbonate (Rendzina) und solche mit starker Umlagerung der Sesquioxyde (Podsol) angegeben sind. Die Einteilung bevorzugt eine auf chemischer Grundlage ruhende Klassifikation, ist aber auf klimatischer und nicht auf geologischer Basis entstanden. H. Jenny findet, daß die klimatischen Gesichtspunkte interessantere Beziehungen als die geologischen zwischen den Böden erkennen lassen. Zum Vergleich ist die Übersichtskarte der Böden des Kantons Aargau von A. Amsler[2] herangezogen worden. Diese geologische Bodenkarte gibt über die Textur der Böden Auskunft, sie zeigt Kies-, Sand-, Tonboden und liefert Aufschluß über Wasserdurchlässigkeit, sie unterrichtet also in erster Linie über die physikalische und mechanische Beschaffenheit der Böden. „Sie ist eine statische Bodenkarte, beschreibt das Beständige, wenig Veränderliche, ist sozusagen das Knochengerüst.“ Anders erweist sich die Klimabodenkarte, der man zunächst nicht ansieht, ob die Böden schwer oder leicht, tiefgründig oder flachgründig sind. Dafür gestattet sie aber einen Einblick in die Verwitterungsvorgänge; sie zeigt, welche chemischen und biologischen Änderungen stattgefunden haben und berührt damit das Problem der Bodenfruchtbarkeit. Amslers Karte hat im Jura die Kalkböden ausgeschieden, welche aus den kalkreichen Schichten des oberen weißen Juras aus dem Rogenstein und dem Muschelkalk hervorgegangen sind. Viele dieser Böden haben aber gar keinen Kalk mehr, er ist teilweise oder vollständig ausgewaschen worden, und es haben sich eigenartige, selbständige Bodentypen entwickelt.

Der Ausdruck Kalkböden erweckt beim Landwirt eine unrichtige Vorstellung, weil dieser damit einen hohen Kalkgehalt verbindet. Jedoch müssen die Böden vielfach selbst gekalkt werden, weil sie bereits stark sauer sind. Die klimatische Bodentypenkarte berücksichtigt dagegen die Entwicklungstendenz der Böden und interessiert sich für das Schicksal der Pflanzennährstoffe. Sie ist gewissermaßen als eine Stoffwechsel- oder dynamische Karte zu bezeichnen und nur die Vereinigung beider Gesichtspunkte würde eine ideale Bodenkarte ergeben.

Mehrere Arbeiten, die zwar nur Übersichtsskizzen von Pflanzengesellschaften neben Bodenprofilen enthalten, sich aber dennoch zu kleinen modernen Bodenkarten entwickeln könnten, sind von H. Gessner und R. Siegrist[3] veröffentlicht worden.

---

[1] Jenny, H.: Bemerkungen zur Bodentypenkarte der Schweiz. Landw. Jb. Schweiz **1928**, 379—384.

[2] Amsler, A.: Übersichtskarte der Böden des Kantons Aargau. Aarg. landw. Winterschule. Brugg 1925.

[3] Gessner, H. u. R. Siegrist: Bodenbildung, Besiedlung und Sukzession der Pflanzengesellschaften auf den Aareterrassen. Mitt. Aargauische naturf. Ges. **17**, 87—141 (1925). — Siegrist, R. u. H. Gessner: Über die Auen des Tessinflusses, eine Studie über die Zusammenhänge der Bodenbildung und der Sukzession der Pflanzengesellschaften. Festschr. C. Schröter. Veröff. Geobotan. Inst. Rübel in Zürich **1925**.

Spanien.

M. FAURA I SANS[1] berichtet in G. MURGOCIS Etat de l'étude et de la cartographie des sols über die Bodenkartierung in Katalonien. Schon 1869 hatte die Deputation von Barcelona die Herstellung einer geologischen Karte, welche die Zusammensetzung der Böden erkennen lassen sollte, an den französischen Geologen J. MOULIN in Auftrag gegeben. Aber der vorzeitige Tod MOULINS verhinderte ihre Fertigstellung[2]. Im Museum des geologischen Dienstes von Katalonien bewahrt man noch eine Skizze dieses Anfanges der Kartierung im Maßstabe von 1:100000 und viele wertvolle Feststellungen geologischer und agronomischer Art auf. Später wurde der Geologe JAUME ALMERA von der gleichen Provinzdeputation beauftragt, MOULINS Karte fortzusetzen. 1887 wurde ihr erstes Blatt, Barcelona und Umgebung, im Maßstabe 1:100000 veröffentlicht, das später auf 1:40000 vergrößert wurde. Es folgten dann noch 6 weitere Blätter. Der Tod ALMERAS und die Umorganisation der Behörden änderten die Richtung dieses Werkes. Zunächst wurde nunmehr eine topographische Karte Kataloniens in Angriff genommen, und erst 1922 kam man auf die agronomische Kartierung zurück, mit deren Herstellung die höhere Ackerbauschule von Barcelona betraut wurde. Hier war R. CAPDEVILA der aufnehmende Agronom. Die neue Karte, die auf die topographischen Karten im Maßstabe 1:100000 eingetragen worden ist, wurde auf der Grundlage der gleichzeitig unter Leitung von FAURA I SANS in Arbeit befindlichen geologischen ausgeführt. Sie enthält selbst keine geologischen Feststellungen, sondern man gewinnt solche erst durch Vergleich mit der geologischen Karte. Mit verschiedenen Farben sind auf ihr die hauptsächlichen Kulturarten dargestellt. Einheitliche und auf kleinem Raume schnell wechselnde Kulturen sind ebenso wie die bewässerten Gebiete und die Stellen der Probeentnahmen zu finden. Jedes Kartenblatt enthält eine Erläuterung, in der neben den agronomischen Beschreibungen der Gegend die Analysen der Bodenproben, ihres Untergrundes und des Wassers, sowie die Bohrverzeichnisse, agronomische Längs- und Querprofile und landwirtschaftliche Statistiken mitgeteilt werden. Zur Zeit des Berichtes von M. FAURA I SANS waren 4 Blätter fertiggestellt.

Für die 1. Allgemeine Bodenkarte Europas im Maßstab 1:10000000 wurde der Anteil der Iberischen Halbinsel von P. TREITZ und E. DEL VILLAR[3] hergestellt. E. DEL VILLAR[4] hat hierbei mehrere neue Bodentypen aufgestellt, über die er im Zusammenhange mit der Karte auch später eingehend berichtet hat. Es sind die Trockenwald- und die Calveroböden, die außer auf der Iberischen Halbinsel in Europa noch nicht festgestellt worden sind.

Eine Übersicht über die Verteilung der landwirtschaftlichen Hauptbodenarten in Spanien nach der Art der von P. KRISCHE auch in Deutschland und anderen Ländern angegebenen Einteilung hat A. DE ILERA[5] hergestellt. Es sind leichte, mehr sandige Böden, Mittelböden sandig-lehmiger und lehmig-sandiger Natur und mehr lehmige und tonige Böden, Gebirgsgegenden, Moor- und Torfböden unterschieden.

Tschechoslowakei.

Den Anfang zu einer selbständigen Bodenkartierung in der Tschechoslowakei bildet die Karte des Bezirkes Welwarn, von welcher bereits 1908 ein Teil mit

[1] FAURA I SANS, M.: Carte agronomique de la Catalogne. Etat de l'étude usw., S. 277, 278.

[2] Eine neue geologische Kartierung spanischer Gebiete wird z. Z. von H. STILLE und R. BRINKMANN-Göttingen durchgeführt.

[3] Proc. and Papers of the I. Int. Congr. of Soil Science Washington 1927.

[4] VILLAR, E. DEL: Espana en el mapa international de suelos. Bul. agric. techn. econom. 1927. — Auch abgedruckt in P. KRISCHE: Bodenkarten, S. 84—88. 1928.

[5] ILERA, A. DE: Die Verteilung der landwirtschaftlichen Hauptbodenarten in Spanien. In P. KRISCHE, Bodenkarten.

erläuterndem Text, der ganze Bezirk dagegen 1915 erschienen[1] ist. Die Karten waren für kulturtechnische Zwecke von J. Kopecky und R. Janota ausgeführt worden. Sie geben mit Farben die geologischen Formationen in Übersichtsnamen, z. B. Alluvium, Diluvium, Kreideformation, Rotliegendes, Karbon, Urgebirge, wieder. Darauf erhebt sich mit Schraffuren in denselben Farben das petrographische Bodenprofil, und zwar ist mit senkrechten Schraffuren der Untergrund, mit schrägen die Ackerkrume dargestellt. Eine große Zahl von farbigen Profilen — 115 sind es bei der vollständigen Karte — ist auf dem Rand der Karte angebracht. Ihre Nummern finden sich auf dieser selbst wieder und zeigen ihre Lage im Gelände. Die Profile geben mit Ziffern die Mächtigkeit der Ackerkrume und des Untergrundes bis 1,5 m Tiefe, außerdem die Bodenfarben und die petrographischen Beziehungen (Sand, Lehm usw.) an.

Über die allgemeinen Grundlagen ihrer Kartierung haben sich J. Kopecky[2] und R. Janota[3] auf der bodenkundlichen Konferenz in Prag im Jahre 1922 geäußert. Der agronomische Zweck, dem Landwirt in Form von bodenkundlichen Karten ein genaues Bild seines Bodens zu geben, habe die Form der Kartierung in Böhmen, die von der in anderen Ländern abweiche, veranlaßt. Der Landwirt soll im Bereich seines Bodenbesitzes über Ackerkrume und Untergrund unterrichtet werden, ferner über den Gehalt an wichtigen Nährstoffen, die wasserhaltende Kraft, die Luftkapazität, die Porosität und über die Abstammung der Böden. Auf die Karte wird von diesen Feststellungen nur das Profil und die Abstammung des Bodens gebracht. Bei der Untersuchung des Geländes wird in der Richtung gegen seine Neigung vorgegangen. Man ist dabei bestrebt, mit Hilfe des Handbohrers Gebiete von gleicher Bodenbeschaffenheit und gleicher Lagerung festzustellen und abzugrenzen. Diese Gebiete nennt J. Kopecky Bodentypen. Nach Abgrenzung des Bodentypus wird in der Mitte des Gebietes eine Probegrube stufenweise ausgehoben, um die Bodenlagerung, die Beschaffenheit der einzelnen Bodenschichten festzustellen und Material für die Bodenanalysen zu entnehmen. Die physikalischen und chemischen Untersuchungen werden teils im Felde, und zwar vielfach noch am gleichen Tage, teils später im Laboratorium ausgeführt. Für die späteren Karten hat man sich entschlossen, die Profile nicht ebenfalls bunt, sondern im Schwarzdruck auf die Karte zu bringen, und zwar die Bodenarten in 7 Gruppen: Ton- oder Lettenböden (die schwersten Bodenarten); tonig-lehmige oder sandig-tonige Böden, schwere tonige Lehme (mildere Stufen von schweren, bündigen Böden); sandige tonig-lehmige Böden, tonige Sandböden (verhältnismäßig bündige, sandige Böden); gewöhnliche Lehmböden, tonig-lehmige Sandböden (mittelschwere, etwas krümlige Bodenarten); sandige Lehme, stark lehmige Sande (leicht krümlige lehmige Sandböden); reine Sande oder mit schwachen Beimengungen von Tonteilchen, Lehm oder Humus (lose Sande). Für diese 7 Gruppen sind Liniensysteme eingeführt, deren schräge Stellung immer die Ackerkrume, deren senkrechte den Untergrund, und zwar eventuell in mehreren Schichten angibt. Dazu werden mit Zusätzen an den Linien noch das Vorhandensein von Humus, Kalk und Eisenrost gekennzeichnet.

R. Janota bezeichnet die Grundlage der Kartierung als eine agrophysikalische, da es ihr hauptsächlich auf die Ermittlung der physikalischen Eigenschaften an-

[1] Kopecky, J. u. R. Janota: Bodenkarte des Bezirkes Welwarn 1 : 25000. Prag 1908. — Bodenkarte des Bezirkes Welwarn 1 : 2000. Arch. naturwiss. Landesdurchf. v. Böhmen **16**, Nr. 1 (Prag 1915).

[2] Kopecky, J.: Über den Vorgang bei den bodenkundlichen Kartierungsarbeiten in Böhmen. C. r. conf. extraord. (III. intern.) agropédologique à Prague 1922, Prag **1924**, 318—324.

[3] Janota, R.: Einige Erfahrungen auf dem Gebiete der Bodenkartierung. Ebenda, S. 325—335.

komme. Für das Kartieren größerer Bezirke von etwa 200—300 km^2 eignet sich am besten die Karte von 1:25000, während bei kleineren zum Katastermaßstab von 1:2880 gegriffen wurde. Möglichst sei die Topographie mit Höhenschichtlinien zu verwenden, und der Maßstab der Karte bedinge die Dichte der Bohrlöcher. Als Grundlage der Arbeiten ist eine ausführliche und genaue geologische Karte erforderlich, da sonst die Feststellung der geologischen Zugehörigkeit zu lange aufhalte. Der draußen Arbeitende nimmt die grobe Bodeneinteilung vor, wählt die Bodenproben aus und grenzt im Felde die einzelnen Typen ab. Im Laboratorium wird dann die Einteilung der Bodenarten nach der mechanischen Analyse verbessert. Erst dann wird an das endgültige Abgrenzen der Typen auf der Karte und an deren Herstellung herangetreten. Die Bohrungen sollen senkrecht auf das Geländegefälle angelegt und im Einzelnen so angestellt werden, daß sie die Mächtigkeit aller Lagen zum Ausdruck bringen. Im ebenen Gelände ist die Arbeit leichter, die Bohrungen werden weiter auseinanderliegen, wohingegen das kupierte Gelände eine größere Dichte verlangt. Um sich aber nicht in Einzelheiten zu verlieren, soll der Aufnehmende im kupierten Gelände besser ein verallgemeinerndes Verfahren anwenden, bei dem eine kleinere Zahl der Bohrungen ausreicht und ähnliche Bodenarten zu größeren Typen verbunden werden. Im Bezirk Welwarn wurden auf 27 km^2 4600 Bohrungen, d. h. eine je 5 ha, im kupierten Gelände sogar eine je 4 ha ausgeführt. Bei einer dichten Stellung der Bohrungen werden weniger Proben als bei einer weiteren entnommen. Je mehr Proben genommen werden, um so langwieriger fällt die Laboratoriumsarbeit aus, und je mehr Ergebnisse vorhanden sind, desto mehr wird der Vergleich erschwert. „Je eingehender die Untersuchung, um so erschwerter die Arbeit im Felde wie im Laboratorium und beim Zusammenstellen der Karte; das Erscheinen der Karte wird hinausgeschoben und dem Gesamtzwecke wird durch solche Einzelheiten nicht sonderlich gedient. Denn je weniger Ergebnisse, je weniger besondere Typen, um so übersichtlicher und zugänglicher ist die Bodenkarte, um so leichter ist auch der Überblick über die Analysenresultate[1]". Außer der Kartendarstellung nach der Art der Welwarner schlägt R. JANOTA noch eine andere vor, bei welcher der Hauptwert (ausgedrückt durch die Farben) auf die Ackerkrume gelegt wird. Die Bodenschichtung und die geologische Bezeichnung des Ursprungsgesteins werden in die Profile verlegt. Eine derartige Karte würde das für den Landwirt Wichtigste, d. h. die Ackerkrume in ihrer verschiedenen Ausbildung , wiedergeben und das genauere Studium der Einzelheiten auf die Profile beschränken lassen, wodurch die Karte leichter lesbar und leichter verwendbar würde. „Dadurch nähern wir uns schon merklich der Physiognomie des Feldes und emanzipieren uns von der geologischen Karte, die durch verschiedene Farben die Zugehörigkeit der einzelnen Erd- zu den Bergarten des Untergrundes darstellt, uns sie also in abgedecktem Zustande zeigt, von der uns wichtigsten oberen krümligen Schichte entblößt. Demgegenüber drückt die pedologische Karte gerade die Erdoberfläche, die Grundlage und den Träger der Kulturpflanzen, aus[2]".

J. KOPECKY und J. SPIRHANZL[3] haben 1924 über den Fortschritt der Kartierungsarbeiten in der Tschechoslowakei, und zwar besonders in Böhmen berichtet. Gleiches hat V. NOVÁK für Mähren[4] getan. Bei Errichtung des tschechoslowakischen Staates wurde der Entschluß gefaßt, die Bodenkartierung in der Art, wie sie KOPECKY durch die Aufnahme von Welwarn begonnen hatte, allgemein durch-

[1] JANOTA, R.: a. a. O., S. 328. [2] JANOTA, R.: a. a. O., S. 335.

[3] KOPECKY, J. u. J. SPIRHANZL: Pedologische Kartierung in der tschechoslowakischen Republik. Etat de l'étude et de la cartographie des sols, S. 25—32. Bukarest 1924.

[4] NOVÁK, V.: Bodenuntersuchung im Terrain und Kartographie in Mähren. Ebenda, S. 33—36.

zuführen. Zu dem Zwecke wurden in den Landeszentren Prag, Brünn, Preßburg, Kaschau agropedologische Institute gegründet. Diese gehen einheitlich und planmäßig vor. Die Arbeitsmethoden werden von der „Agropedologischen Kommission beim Verbande der landwirtschaftlichen Versuchsstationen in Prag" dirigiert, in welcher die verschiedenen Anstalten ihre Vertreter haben. Die Bodenuntersuchung wird in agrophysikalischem Sinne von der Überzeugung ausgehend durchgeführt, daß die Bodenproduktivität in erster Linie eine Funktion des physikalischen Zustandes sei. Die Untersuchungen werden hauptsächlich von Ingenieur-Agronomen mit landwirtschaftlicher Hochschulbildung oder von Absolventen des kulturtechnischen Ingenieurfaches und eventuell solchen des forstwissenschaftlichen Faches ausgeführt. Von diesen wird allseitige Kenntnis der landwirtschaftlichen Wissenschaften und Erfordernisse, ferner der Hydrologie, Geologie, Physik und Chemie verlangt. In jeder Kartierungssektion sind gewöhnlich zwei Fachbeamte, die die Geländeuntersuchung vornehmen, beschäftigt. Dabei geht der Aufnehmende folgendermaßen vor. Er macht sich zunächst mit Hilfe topographischer (1:25000), geologischer und anderer Karten gründlich mit dem Gelände vertraut, bevor er es nach allen Richtungen kreuz und quer durchstreift, wobei er vorhandene Aufschlüsse zur vorläufigen Erkenntnis der Bodenprofile ausnutzt. Nachdem er auf diese Weise die nötige Übersicht gewonnen hat, geht er zur eigentlichen Untersuchung im Felde über. Dazu werden Bohrungen mit Tellerbohrer und Sondiernadel und freigelegte Gruben benutzt, in welchen die Schichtenlagerung des Profils festgestellt wird. Die Stellen für derartige Aufschlußarbeiten werden entweder mit Rücksicht auf den Arbeitszweck oder nach den Terrainverhältnissen gewählt, so daß sie ein gewisses Netz bilden. Bei größeren Flächen werden die Karten von 1:25000, bei kleineren die Karten von 1:2880 der Aufnahme zugrunde gelegt, wonach sich dann auch die Dichte der Bohrungen richtet. Bei 1:25000 ist ihr Abstand in der Regel 200—300 m. Gruben werden in Dimensionen von 150×50 cm und bis 150 cm Tiefe geöffnet. Die Seitenwände und eine Stirnwand sind vertikal, die andere Wand wird stufenartig angeschnitten, um den Zutritt und die Probeentnahme zu erleichtern. Über jede Hauptsonde (Grabung), Nebensonde (Bohrung mit Tellerbohrer) und Hilfssonde (Bohrung mit Sondiernadel) wird ein Protokoll geführt. Hierzu tritt die Beschreibung der festgestellten Verhältnisse und Erscheinungen im Erdprofil, die, wenn nötig, auch mit Skizzen versehen sind. Es werden festgestellt: der geologische Charakter des Bodens, die Schichtenfolge des Profils und ihre Mächtigkeit, die mechanische Zusammensetzung einzelner Horizonte und deren physikalischer Zustand, der Farbenton bei natürlicher Feuchtigkeit, der Gehalt an Humus, Eisenverbindungen und Kalziumkarbonat. Sodann werden ermittelt: Steinskelette, besondere Erscheinungen, wie Gänge von Tieren, Wurzelröhren, Grundwasserstand unter der Erdoberfläche, Pflanzendecke, allgemeine Bemerkungen über Terrainlage, Exposition, Wasserverhältnisse usw. Die Ausrüstung des Bodenkundlers besteht zu dem Zwecke aus Schaufel, Hacke, einer Garnitur von Bodenbohrern und Sondierstöcken, Apparatur für die Untersuchung mit Salzsäure, Leinwandsäckchen oder Papierdüten für die Erdproben. Zur Vornahme der Handarbeiten sind jeder Sektion 2—3 Tagelöhner zugeteilt. Die an Ort und Stelle mit gleicher Bodenbeschaffenheit und gleicher Lagerung ermittelten Gebiete werden umgrenzt und in die Karte eingetragen. — Die Analysen werden anscheinend nicht mehr mit KOPECKYS Feldlaboratorium, sondern in geschlossenen Anstalten durchgeführt.

Nach der Untersuchung an Ort und Stelle und nach der Vornahme der zahlreichen Analysen im Laboratorium wird die Bodenkarte verfaßt. Mit den Farben wird die geologische Abstammung der Ackerkrume dargestellt. Für Ackerkrume und Untergrund wird das oben genannte Liniensystem verwendet, durch welches 7 verschiedene Bodenarten unterschieden werden. Ferner werden Humus, Kalkkarbonat, Eisenrost, Schotter, Felsengrund besonders bezeichnet. Die Mächtigkeit der Schichten ist aus den 1,5-m-Profilen ersichtlich, die auf dem Rande der Karte angebracht werden, und deren Lage im Gelände durch Ziffern bezeichnet ist. Die Schraffuren sind nicht mehr wie auf Blatt Welwarn farbig, sondern schwarz.

Der Begleitbericht enthält im allgemeinen folgende Abschnitte: Allgemeine Information über das untersuchte Gebiet im geographischen Sinne, seine Ausdehnung, Geländebeschaffenheit usw.; Beschreibung der geologischen Verhältnisse; Beschreibung der klimatischen und Wasserverhältnisse; Bodenverhältnisse auf Grund der ausgeführten Untersuchungen; Beschreibung der einzelnen Bodentypen nach mechanischer Zusammensetzung, nach physikalischen und chemischen Eigenschaften, nach landwirtschaftlicher Bedeutung und eventueller Andeutung etwaiger Bodenverbesserungen. Bis zum November 1923 waren auf diese Weise einschließlich der beiden Welwarner 34 Karten aufgenommen. In der Slowakei waren vorher einige Blätter von der ungarischen geologischen Anstalt im Maßstabe 1 : 75000 kartiert.

Mähren ist in der Kartierung seine eigenen Wege gegangen. V. NOVÁK[1] äußert sich dahin, daß die Übersicht über das ganze Land mit Hilfe der vorstehend beschriebenen Detailkartierung erst in ein bis zwei Generationen zu gewinnen sein dürfte. Für wissenschaftliche und praktische Vergleichszwecke bringt sie zur Zeit noch zu wenig. Daher wird für Mähren und Schlesien eine Übersichtskartierung neben der Sonderkartierung geplant. Für deren Feldarbeiten werden die Karten 1 : 75000 benutzt und für die Darstellung der Ergebnisse diejenigen von 1 : 200000 verwandt. Darauf werden die Hauptbodentypen nach klimazonalen Grundsätzen dargestellt. Eine erste Skizze dieser Art von Böhmen hatte V. NOVÁK[2] bereits der Prager Konferenz von 1922 vorgelegt. Auf dieser sind dargestellt: Die jüngsten Böden der Alluvionen (Originalwiesen); Braunerden (nach RAMANN) bzw. braune Waldböden, mäßig gebleicht; Braunerden in den Regionen der degradierten Schwarzerde; Braunerden deutlicher gebleicht, graue Waldböden, evtl. typische Podsole; Ascheböden südlicher Gebiete; Gebirgswaldböden mit Rohhumus und Torf. Später hat V. NOVÁK[3] die Übersicht auf das ganze Gebiet der Tschechoslowakei ausgedehnt. Auf der „Schematischen Karte der klimazonalen Bodentypen in der Tschechoslowakei" im Maßstabe 1 : 2000000 sind 6 Typen dargestellt, nämlich die Böden der jüngsten Abschwemmungen (Wiesen- und Aueböden), mitteleuropäische Braunerden, stark ausgeprägte Podsolböden bzw. echte Podsole, Steppenschwarzerden (meist degradiert), Rendzinaböden (humuskalkhaltige Böden) und Skelettböden. Die Wiedergabe der Typen ist mit Schraffuren erfolgt. Skelettböden sind in den Randgebirgen Böhmens, den Sudeten und den Karpathen, vorhanden, sie sind rings umgeben von ausgeprägten Podsolen. Steppenschwarzerden treten im Böhmischen Becken bei Prag, der Hanna bei Brünn und in den ehemals ungarischen Teilen des Alfölds, der großen ungarischen Ebene, auf. Um sie herum sind die mitteleuropäischen Braunerden ausgebreitet, deren Einteilung auf der oben erwähnten ersten Skizze Böhmens recht zweckmäßig ist. Rendzinaböden finden sich auf

---

[1] NOVÁK, V.: a. a. O., S. 34.

[2] NOVÁK, V.: La cohérence entre le climat et le sol en gard aux types des sols de Bohême. C. r. conf. extr. agropéd. à Prague 1922, Prag **1924**, 346—349. Maßstab der Skizze nicht angegeben.

[3] NOVÁK, V.: Schematische Skizze der klimazonalen Bodentypen der tschechoslowakischen Republik. Ann. Tschechoslov. Akad. Landwirtsch. I. A. Prag **1926**, 67—76.

den Kalkgebirgen von Böhmen und Mähren, die Böden der jüngsten Anschwemmungen in den Flußtälern der Elbe und des Alfölds.

Von veröffentlichten Spezialkartierungen liegen hier die folgenden vor:

1. Spirhanzl, J.: Bodenkarte der landwirtschaftlichen Versuchsstationen in Libějovic. Zbornik vyzkumnych ustavu zemedelskych. Svazek 6 (tschechisch mit deutsch). Maßstab 1 : 6000. Prag 1925.

2. Spirhanzl, J.: Bodenkarte des Katastralgebietes der Gemeinde Štěkně bei Strakonitz in Böhmen. Ebenda 11 (tschechisch mit französisch). Maßstab 1 : 8571. Prag 1925.

3. Spirhanzl, J.: Bodenkarte des Katastralgebietes der Gemeinde Waltersdorf bei Gabel in Böhmen. Ebenda 13 (tschechisch mit deutsch). Ohne Maßstab. Prag 1925.

4. Novák, V., J. Hrdina u. L. Smolik: Die Durchforschung der Böden des Grundstückes der landwirtschaftlichen Schule in Zdar in Mähren samt nächster Umgebung. Ebenda 14 (tschechisch mit deutsch). Maßstab 1 : 5000. Prag 1925.

5. Novák, V. u. J. Hrdina: Die Durchforschung der Grundstücke der landwirtschaftlichen Schule in Kravare (Hlucin). Ebenda 24 (tschechisch mit deutsch). Maßstab 1 : 5000. Prag 1926.

6. Novák, V. u. J. Zvorykin: Untersuchung der Böden von Adamov, dem Forstgut der forstlichen Hochschule in Brünn. Bull. de l'école sup. d'agron. (tschechisch mit englisch). Maßstab 1 : 25000. Brünn 1927.

7. Die Bodenuntersuchung der Grundstücke der Wiesenbauschule in Roznov. — Hrdina, A. J. u. L. Smolik: Die Bodenuntersuchung im allgemeinen. — Novák, B. V. u. B. Malak: Die Durchforschung der Bodenreaktion. Zbornik vyzkumnych ustavu zemedelskych. Svazek 34 (tschechisch mit deutsch). Maßstab 1 : 2857. Prag 1928.

8. Novák, V.: Die bodenkundliche Durchforschung des Bezirkes Karolinental in Böhmen. Ebenda 42 (tschechisch mit deutsch). Maßstab 1 : 37500. Prag 1928.

9. Spirhanzl, J.: Die Bodenkarte des Bezirkes Brandeis a. d. Elbe. Ebenda 39 (tschechisch mit deutsch). Maßstab 1 : 37500. Prag 1929.

Mit Ausnahme der Karten 4, 5, 6, 7 und 8 sind die übrigen nach dem Typus der Karte des Bezirkes Welwarn ausgeführt, jedoch sind die Striche für die Profile nicht farbig, sondern schwarz, wodurch die Karten an Übersichtlichkeit gewonnen haben. Die Profile sind in geringerer Anzahl als bei Welwarn aufgetragen. Ihr Fundpunkt auf der Karte ist deutlich und leicht zu finden.

Die Karten von V. Novák und seinen Mitarbeitern (4, 5, 6, 7, 8) sind nach anderen Gesichtspunkten durchgeführt. Nr. 4 zeigt eine Bodeneinteilung nach den folgenden Gruppen: Die jüngsten Wiesenböden auf Alluvialanschwemmungen; schwächer ausgelaugte (podsolierte) Böden auf sekundären Diluvialanschwemmungen; schwächer ausgelaugte (podsolierte) Böden auf primären Gneisverwitterungen; stärker ausgelaugte Böden (Podsolböden) auf sekundären Diluvialanschwemmungen; stärker ausgelaugte Böden (Podsolböden) auf primären Gneisverwitterungen. Die Farben sind so verteilt, daß die Stärke der Podsolierung durch je eine Farbe in zwei Nuancen für die Diluvialablagerungen und die Gneisverwitterung dargestellt wird. Die Bodenprofile sind nur bis 120 cm Tiefe aufgenommen, sonst aber in der gleichen Weise wie auf den anderen Karten dargestellt worden. Die Geologie ist auf die Unterteilung beschränkt. Die Karten haben infolgedessen ganz anderen Charakter. Das mit Schraffuren eingezeichnete Profil erhebt sich hier nicht auf der Grundlage der geologischen Zuteilung des Gesteins, sondern stellt jetzt die Gliederung der Bodenarten im Boden selbst dar.

Auf Karte 5 sind die Farben für die Wirtschaftsweise der Böden (Acker, Wiese, Park) benutzt. Es sind allerjüngste Alluvialanschwemmungen, die sich an den höher gelegenen Stellen von lehmiger, in den Vertiefungen von tonig-lehmiger Zusammensetzung erweisen, aufruhend auf Schotter, der hier und da bis zur Oberfläche durchstößt oder andererseits wieder unter 2,5 m sinkt. Die Bodenbildung hat dreierlei Charakter. Stellenweise handelt es sich um eine einfache geologische Schichtung, welche jedoch im westlichen Teil unter dem Einfluß des von oben her durchsickernden Wassers größtenteils in einen podsoligen Bodentypus verändert wurde. Im östlichen Teil treten unter dem Einflusse aufsteigenden Grundwassers Böden mit Gleihorizontbildung von grünlicher Farbe und unregelmäßiger Eisenfleckenbildung auf. Zu erkennen sind diese drei Typen auf der Karte nicht. Ein besonderes Blatt gibt ein Profil der Bodenschichtung mit eingezeichnetem Grundwasserstande wieder.

Auf Nr. 6 ist die Kartendarstellung wieder ganz anders. Das Forstrevier von Adamov zeigt in geologischer Hinsicht hauptsächlich die Brünner Eruptivmasse, Devon mit Kalkstein, Tonschiefer und Sandstein, jurassische Rudistenschichten und Quartär (Diluvium und Alluvium). Darauf hat sich eine mannigfaltige Bodenbildung entwickelt, die durch das stark kupierte Gelände mit Höhenunterschieden von mehreren hundert Metern noch weiter kompliziert wird. Die Karte unterscheidet 11 Farben und Farbennuancen, die die folgenden 11 Hauptgruppen der Bodeneinteilung bedeuten: Felsen und Trümmer, steinige Böden mit undeutlichem Eluvialprofil; Humuskarbonatböden (Rendzina) auf Eluvium; rotbraune Böden (ausgewaschene Rendzina) auf Abschwemmungen; leicht podsolierte Böden auf Eluvium; mäßig podsolierte, steinige Böden auf den Abhängen mit unvollständig entwickeltem Podsolprofil (auf groben Abschwemmungen); mäßig podsolierte Böden, leicht kiesig, mit vollständig entwickeltem Profil (teils auf Abschwemmungen, teils auf Eluvium); mäßig podsolierte Böden auf diluvialem Lehm; stark podsolierte Böden (typische Podsole) auf der Abschwemmung; sumpfige Podsole mit Gleihorizont; Wiesenböden und Alluvium. Hier ist also wie auf Karte 4 die Haupteinteilung die bodengenetische, aber sie ist entsprechend dem anders gearteten Gebiete wesentlich reichhaltiger als dort. Die geologischen Angaben gehen nicht über einfache Andeutungen hinaus. Die Unterteilung in den 21 Profilen, die nach den 11 Typen gruppiert sind, richtet sich stärker danach. Die Profile gehen nur bis 1 m. Sie tragen diesmal auch mit Buchstaben *A*, *B*, *C*, *G* die Horizontbezeichnung. Eine kleine besondere Karte im Maßstabe von etwa 1 : 75000 bringt in Schwarzzeichnung die Verteilung von Felsen und Schutt, Eluvium, Deluvium und Alluvium. Dazu ergänzend ist an anderen Stellen ein Querschnitt durch die ganze Karte gegeben, wodurch sie wohl die erste moderne Bodentypenkarte großen Maßstabes in einem Gebirgslande geworden ist und als solche ganz besonders auf die Gebirgsbodenbildung eingestellt ist.

Wieder einen anderen Charakter hat Nr. 8. Hier ist mit 4 Nuancen einer Farbe die Tiefe des Schotterhorizontes in einem Flußalluvium wiedergegeben, und zwar sind für den Schotter die Tiefenstufen bis 30 cm, von 30—80 cm, von 80—120 cm und unter 120 cm gewählt. Darauf sind 18 bis 120 cm tiefe Profile eingetragen, und zwar 1 für die erste, 3 für die zweite, 5 für die dritte, 9 für die vierte Gruppe. Eine zweite Karte im Maßstabe 1 : 3000 gibt in Schwarzzeichnung Werte von 4,5—8 p_H in 7 Gruppen.

Die Kartierungsweise von V. Novák und seinen Mitarbeitern ist anpassungsreich und zeigt die Beherrschung der Darstellungsmöglichkeiten. Die Kartenzeichnung ist sorgfältig und gut.

Neuerdings hat J. SPIRHANZL[1] auf den offiziellen böhmischen Karten eine Darstellung der genetischen Bodentypen neben der der Bodenarten und Bodenartenprofile ausgeführt. DieBodenkarte 1 : 18000 des Katastralgebietes Dolni Ujezd gibt mit 3 Farben Kreideformation, Pleistozän, Holozän an, ferner mit Ziffern die Profile, welche am Rande der Karte dargestellt sind. Daneben gibt ein besonderes Kärtchen im Maßstabe 1 : 45000 die klimatischen Bodentypen mäßig, mittelstark, stark podsoliert (ausgelaugt) und die aklimatischen Typen Skelettboden, Alluvionen wieder.

Eine Übersichtskarte der Bodenarten der Tschechoslowakei nach Art der deutschen von P. KRISCHE hat R. MAYER[2] entworfen.

Dem Atlas der tschechoslowakischen Republik ist als Blatt 26[3] eine Bodenkarte beigegeben, die aus 3 Teilen von verschiedener Größe besteht. Der größte Teil im Maßstabe 1 : 1250000 ist eine von JOS. KOPECKY und JAR. SPIRHANZL 1927 ausgeführte pedologische Karte. Der mittlere Teil ist eine Bodentypenkarte von V. NOVÁK aus dem Jahre 1929 im Maßstabe 1 : 2500000. Der dritte Teil stellt eine Karte der Bodenverbesserungen nach dem Stande des Jahres 1928 von J. HORAK im Maßstabe 1 : 5000000 dar. Die pedologische Karte hat die Einteilung: 1. schwerste Böden (Kreideböden, besonders Mergel; schwere känozoische Tone); 2. schwere Böden (tonige und tonig-lehmige Böden auf algonkischen und silurischen Schichten, rote Böden des Perms, schwere Böden des Kulms in Nordmähren, sandig-tonige känozoische Böden, toniglehmige Böden auf Basalt usw.); 3. mäßig schwere Böden (tonig-glimmerig-lehmige und sandig-lehmige Böden auf Gneis, Glimmerschiefer und Phylliten; Böden auf Trachyt und Andesit; gewöhnliche Lehme); 4. leichte Böden (krümlige sandige Lehme; lehmige und humose Sande; reine und kiesige Sande; steinige, wenig tiefe Böden). Die Obereinteilung ist agrophysikalisch, die Unterteilung petrographisch-geologisch. V. NOVÁKS Karte der Bodentypen bringt Schwarzerden, braune Waldböden, podsolige Böden und Podsole, Humuskarbonatböden, nicht entwickelte Böden auf Alluvionen, Bergböden und Skelettböden, Torfe und Salzböden. Die Karte der Bodenverbesserungen gibt das Ausmaß der Meliorationen in Prozenten des Ackerbodens an. Dasselbe schwankt zwischen 0, 0—1, 1—4, 4—12, 12—20, 20—30 und 30—34,14%. Die drei Karten sind farbig und mit rötlichen Grenzlinien versehen. Die Vergleichsmöglichkeit ist dadurch etwas erschwert, daß die einzelnen Farben naturgemäß auf jeder Karte, obgleich sie dort stets etwas anderes bedeuten, wieder auftreten.

Weitere Übersichtskarten der Tschechoslowakei haben J. SPIRHANZL[4] und J. KOPECKY und J. SPIRHANZL[5] veröffentlicht. Auf der böhmischen Bodentypenkarte J. SPIRHANZLS sind unterschieden: 1. anmoorige Böden und Moore, 2. junge Alluvionen mit unentwickeltem Profil, 3. Humuskarbonatböden, 4. Schwarzerden und degradierte Schwarzerden, 5. mitteleuropäische Braunerden nach RAMANN, 6. mittelstark podsolierte Böden, 7. stark podsolierte Böden und Bleicherden, 8. Böden der Gebirgslagen.

---

[1] SPIRHANZL, J.: Bodenkundliche Durchforschung des Katastralgebietes Dolni Ujezd bei Leitomischl in Böhmen. Sbornik Vyzk. Ust. Zemed. RČS. 62. Prag 1930.

[2] In P. KRISCHE: Bodenkarten usw., S. 52 u. 53. Berlin 1928.

[3] Atlas der tschechoslowakischen Republik. Blatt 26. Boden (tschechisch und französisch).

[4] SPIRHANZL, J.: Schematische Karte der Bodentypen in Böhmen. In P. N. SAVITZKIJ, Otscherki potschwennoi geografii Tschechoslowakij. Arb. russ. Nationaluniv. Prag 1930.

[5] KOPECKY, J. und J. SPIRHANZL: Übersichtskarte der Bodenarten in der Tschechoslowakischen Republik. Zpravy ryzk. ust. zemed. RČS. 46. Prag 1931.

Die neue Bodenartenkarte in Schwarzdruck von J. KOPECKY und J. SPIRHANZL benutzt die geologische Karte von J. WOLDŘICH[1] und Moorkarten von H. SCHREIBER, J. DITTRICH und F. SITENSKY. Die Einteilung ist ähnlich wie die genannte im Atlas der ČSR.: schwache, schwere, mittelschwere Bodenarten, gewöhnliche Lehme und Lößlehme, leichtere mürbe sandiglehmige Böden, lehmige Sande und bündige humusreiche Sandböden, leichteste Sande (Flugsand, Geröll), steinreiche seichte Wald- und Gebirgsböden, Moor- und anmoorige Böden, Salzböden, die schwersten Böden sind am dunkelsten dargestellt; je leichter sie werden, desto hellere Schraffen haben sie erhalten. Ferner ist mit Buchstaben das führende Muttergestein angegeben. Der Maßstab ist 1:150000.

Ungarn.

In Ungarn ist die große Ebene mit ihren Schwarzerden, Sodaböden und Salpeterausblühungen für bodenkundliche Studien geeigneter als für historisch-geologische. Infolgedessen sind die geologischen Karten des Alföldes frühzeitig mit bodenkundlichen Bemerkungen versehen. So hat bereits 1822 F. S. BEUDANT[2] bei dem absoluten Mangel an Aufschlüssen im Alföld die Sodaseen, die Salpeterausblühungen bei Debreczen und die Flugsande bei Ketzkemét kartiert, mit denen sich später die Agrogeologen befaßten. Nach H. WOLF[3] hat ein k. k. Waldbereiter in Berzowa an der Marosch in seiner Eigenschaft als Forst- und Waldtaxator des provisorischen Grundsteuerkatasters während der Jahre 1850—1858 eine Karte für das Statthaltereigebiet von Großwardein entworfen, in welcher er die Schichten des aufgeschwemmten Bodens der Ebene in a) schwarzen Alluvialboden, b) Natron ausscheidenden Boden, c) Flugsand, d) gelben Lehm mit Kalkkonkretionen einteilte. H. WOLF hat von diesen Bildungen den Flugsand und den schweren, schwarzen Alluvialboden mit den Natronausblühungen in seine Übersichtskarte der östlichen Teile Ungarns aufgenommen. Die erste eigentliche Bodenkarte wurde aber erst 1861 von J. SZABÓ[4] entworfen. B. v. INKEY[5] berichtet darüber: Diese Bodenkarte der Komitate Békés und Csanad, die im Herzen der großen Tiefebene liegen, hat den Maßstab 1:576000, sie ist demnach zu klein, um mehr als eine allgemeine Übersicht zu geben. Es sind sechs Bodenarten unterschieden worden, deren ausführliche Kennzeichnung auch hinsichtlich ihres Verhaltens zur Bodenproduktion in der beigegebenen Abhandlung enthalten ist. Darin sind ihre chemischen und mechanischen Eigenschaften, die Bestimmung des spezifischen und Volumgewichts, der Bindigkeit, des Verhaltens zur Feuchtigkeit, der Farbe, der Schrumpfung, der Kali- und Phosphorsäureabsorption, des Glühverlustes mitgeteilt. Ferner werden Laboratoriumsergebnisse mit Rücksicht auf die Fruchtbarkeit der Böden und die möglichen Meliorationen diskutiert. Die Analysen wurden von J. MOLNÁR ausgeführt. Ob bei der Arbeit von J. SZABÓ und J. MOLNÁR über die Böden des Weinbaugebietes von Tokaj[6] eine Karte beigegeben ist, teilt B. v. INKEY nicht mit. Es werden Lößböden, Nyirok (Roterde), Bimssteintuff, ferner Traßboden, ge-

[1] WOLDŘICH, J.: Geologiska mapa ČSR. 1:750000. Prag 1927.

[2] BEUDANT, F. S.: Voyage minéralogique et géologique en Hongrie pendant l'année 1818. 3 Bände mit Atlas. Paris 1822.

[3] WOLF, H.: Übersicht der geologischen Verhältnisse des Gebietes im östlichen Teile Ungarns. Jb. k. k. geol. Reichsanst. Wien 11, 6, 147 (1860).

[4] SZABÓ, J.: Békés és Csanadmegye. (Geol. viszonyok és talajnemek ismertetése. I füz.) Pest 1861.

[5] INKEY, BELA V.: Geschichte der Bodenkunde in Ungarn, S. 10—11. Budapest 1914.

[6] SZABÓ, J. u. J. MOLNÁR: Die Bodenarten der Tokaj-Hegyalja. Pest 1867.

brannte Erde und Obsidianboden geschildert. Dagegen liegt der Arbeit[1] „Geologische Beschreibung der Komitate Heves und Szolnok" eine kolorierte geologische Karte im Maßstabe 1 Zoll = 4000 Klafter bei. Auf ihr unterscheidet J. Szabó im Diluvium 3 und im Alluvium 5 Bodenarten. Nach diesen Anfängen, die in die gleiche Zeit fallen, in der in Österreich, Preußen, Frankreich ähnliche Bestrebungen vorhanden waren, ist Jahrzehnte hindurch von einer Bodenkartierung in Ungarn nicht mehr die Rede.

Erst 1886 wurde einerseits von dem Direktor der Kgl.-ung. geologischen Anstalt, J. Böckh, und andererseits von J. Szabó auf die Notwendigkeit einer pedologischen Landesaufnahme im Rahmen der geologischen hingewiesen, und diese wurde 1891 zu einer Tatsache. B. v. Inkey erhielt den Auftrag, die geologisch-agronomischen Aufnahmen in Deutschland zu studieren, und nach seiner Rückkehr kartierte er die Umgebung von Puszta-Szt. Lörinc[2]. B. v. Inkey und P. Treitz haben in der Folgezeit eine größere Anzahl von Aufnahmen ausgeführt, die im Literaturverzeichnis zu B. v. Inkeys Geschichte der Bodenkunde in Ungarn genannt werden. Sie schlossen sich im allgemeinen der in Preußen üblichen Kartierungsmethode an, d. h. es wurde der Boden unter Berücksichtigung der geologischen Bildung des Untergrundes nach seiner physikalischen Zusammensetzung und seiner Bindigkeit in Arten gesondert dargestellt, wozu dann Bohrprofile bis zu 2 m Tiefe die vertikale Gliederung erläuterten. Dazu traten die gleichen Laboratoriumsarbeiten wie in Preußen, d. h. die Bestimmung der Korngrößen, des Kalkgehaltes, des Stickstoffes, der Phosphorsäure und einiger physikalischer Eigenschaften.

In der Folgezeit sind dann mehrere agrogeologische Karten im Maßstabe 1 : 75000 erschienen; von diesen sei die Karte der Umgebung von Szeged und Kistelek von P. Treitz[3] des Näheren beschrieben. Die Flächenfarben sind für einzelne Schichten der geologischen Formationen gewählt, und zwar im Diluvium für Löß, im Alluvium für Sand, im Neualluvium für Schlicksand, Überschwemmungsgebiete der Binnenwässer und Wasser. Auf die Farben sind schwarze oder farbige Schraffuren eingetragen, welche in der Hauptsache die Bodenarten Sand, toniger Sand, sandiger Ton, Schlick, Schlicksand, Mergel, Ton, Humus, kalkhaltiger Lehm, sandiger kalkhaltiger Lehm, sandiger Mergel, mergeliger Sand, Wiesenkalk, dann aber auch kulturfähiger Sodaboden, unfruchtbarer Sodaboden und Auswitterung von Sodasalz bedeuten. Profile sind auf die mit Farben und Schraffuren sehr bedeckte Karte nicht eingetragen, sie finden sich am Rande derselben, und zwar ist das Profil genau wie bei den Karten der Preußischen Geologischen Landesanstalt unter einer Farben- und Schraffurprobe entwickelt, wobei auch Buchstaben reichlich verwendet sind. Außer den Bodenprofilen ist am unteren Rande in der Gesamtlänge der Karte ein geologischer Schnitt mit besonderer Farbengebung aufgedruckt. In den Erläuterungen heißt es, daß auf dem kartierten Gebiet (von über 1000 km²) ca. 1500 Bohrungen bis 2 m Tiefe ausgeführt seien, von denen 28 am Kartenrande dargestellt worden sind. Chemische Analysen enthält die Erläuterung nicht.

Nach B. v. Inkey[4] wurde P. Treitz[5] um 1900 mit den russischen und rumänischen Bodenforschern bekannt und stellte daraufhin bereits 1901 die klimatischen Bodenzonen Ungarns auf einer Karte dar.

---

[1] Szabó, J.: Hevesmegye földtani, leirása. (Heves és Kielsö-Szolnok törv. egy. varm. leirása.) Eger 1868.

[2] Inkey, Bela v.: Geologisch-agronomische Kartierung von Puszta-Szt. Lörinc. Mitt. Jb. kgl. ung. geol. Anst. Budapest **10** (1892).

[3] Treitz, P.: Umgebung von Szeged und Kistelek. Mit Erläuterungen. Budapest 1905.

[4] Inkey, B. v.: Geschichte der Bodenkunde in Ungarn, S. 15.

[5] Treitz, P.: Die klimatischen Bodenzonen Ungarns. Földt. Közl. Budapest **31** (1900).

Reisen durch Rumänien und Rußland und die von P. TREITZ angeregte 1. internationale Konferenz für Bodenkunde, welche 1909 in Budapest stattfand, brachten diese neue Richtung in Ungarn mehr zur Geltung. G. LASZLÓ und P. TREITZ[1] berichteten 1924, daß infolge der Konferenz und ihres Beschlusses, in allen Ländern Europas bodenkundliche Übersichtskarten unter Berücksichtigung der zonalen Bodentypen anzuregen, die Übersichtsaufnahmen des ganzen Landes in Angriff genommen wurden. Diese konnten 1916 fertiggestellt und die erste Übersichtskarte im Maßstabe 1 : 3000000 1919 gedruckt werden[2]. Auf ihr sind mit Farben 5 Regionen dargestellt, und zwar 2 Regionen des Hoch- und Mittelgebirges (I Region des Nadelwaldes, II Region des Laubwaldes) und 3 Regionen des Hügellandes und der Tiefebene (III Region des gemischten Laubwaldes, IV der künstlichen Steppen, V Region der natürlichen Steppen). Die Region der künstlichen Steppen umfaßt das große und das kleine Alföld, die der natürlichen Steppe (Mezöseg) liegt in Siebenbürgen in der Mitte zwischen den Gebirgen, östlich und südöstlich von Klausenburg. Sie ist ein Hügelland und wird von der Maros durchflossen. Im Text zu der Karte heißt es: Die agronomisch-geologischen Karten haben die Hauptaufgabe, das geologische Bild des kartierten Gebietes wiederzugeben und den petrographischen Charakter der oberen 2 m mächtigen Deckschicht zu veranschaulichen. Die klimazonalen Bodenkarten hingegen haben den einzigen Zweck, das allgemeine Verhältnis, welches zwischen dem Pflanzenwachstum und dem Boden des Standortes herrscht, zum Ausdruck zu bringen. Sie sind nach P. TREITZ reine Bodenkarten. Im ganzen könnten aus einer klimazonalen Bodenkarte folgende Daten entnommen werden: 1. der petrographische Charakter des Muttergesteins, 2. die mechanische Zusammensetzung der pflanzenernährenden Horizonte, 3. die Art der Pflanzenformation, 4. die wichtigsten pflanzenphysiologischen Charaktere des herrschenden Klimas. Gedacht ist solches wohl mehr von einer „klimazonalen" Spezialkarte, da die Übersichtskarte nur wenig von diesen Daten aufweist. Eindringlich wirkt allerdings bei ihr das Hervorheben der engen Beziehungen zwischen Pflanzenwuchs und Boden, denn es heißt im Text wörtlich: „Den umbildenden Einfluß der Pflanzendecke auf den Boden können wir in dem Satz ausdrücken: Das Klima bedingt die Pflanzendecke, und die Pflanzendecke wandelt ihren Standort, den Boden, um." Dem Klima schreibt P. TREITZ also nur eine mittelbare Wirkung zu. Die Einteilung der Böden der verschiedenen Regionen wird sodann ausführlich erörtert. Die Pflanzenformationen sind nur das allgemein beherrschende Prinzip, außerdem gibt es in jeder Region Inudations-, Tal-, Niederungsböden, ferner durch die zersetzende Wirkung von Gasen, die aus dem Erdinnern strömen, entstandene Böden und Ruinenböden (darunter Terra rossa, Laterit). Die Böden, deren Entstehung und Besonderheit P. TREITZ den Gasexhalationen zuschreibt, sind die Salz-, Soda- und Szikböden (von siccus = trocken). Ihr Vorkommen im Alföld hat P. TREITZ[3] auf einer besonderen Karte dargestellt. Im Alföld selbst sind hauptsächlich Sand, Flugsand, älterer und jüngerer Löß und in der Nähe der Flüsse Wiesenton als Gesteins- und Bodenart angegeben, Szikböden sind auf Löß und auf Wiesenton vorhanden. Unter den Szikböden gibt es schwarze, graue, weiße, sowie ausblühende und pockennarbige. Die schwarzen haben unter der

---

[1] LAZLÓ, G. u. P. TREITZ: Stand der Agrogeologie und Pedologie in Ungarn. Etat de l'étude et de la cartographie de sols, S. 121—126. Bukarest 1924.

[2] TREITZ, P.: Die Bodenregionen im geschichtlichen Ungarn und die Stellung der Hauptbodenarten zu der allgemeinen Bodenklassifikation. Mémoires sur la nomenclature et la classification des sols, S. 185—205. Helsingfors 1924.

[3] TREITZ, P.: Verbreitung der Alkaliböden im großen ungarischen Tiefland. Etat de l'étude et de la cartographie des sols, S. 129—136. Bukarest 1924.

Ackerkrume einen schwarzen, kolloidreichen, im ausgetrockneten Zustande steinharten Horizont, unter dem ein weiterer mit Salzen erfüllter liegt. Die Salze bestehen vorwiegend aus Sulfaten, aus wenig Chloriden und Kalziumkarbonat, neben etwas Soda. Der graue Szik ist ein harter Tonboden, von welchem die Oberkrume abgeschwemmt worden ist. Er steht im Frühjahr unter Wasserbedeckung, die eisenhaltigen Verbindungen erfahren eine Desoxydation, und der Boden bleicht infolgedessen im ganzen Profil aus. Der weiße Szik besteht aus glänzend weißem Quarzsand, der Senken und Wasseradern bedeckt. Er wird vielfach mit Salzeffloreszenzen verwechselt, enthält aber das Salz nur in Spuren. Oft blühen aus den schwarzen und grauen Szikböden Soda oder Salpeter aus. Früher hat man die Ausblühungen gewonnen und das Ausblühen vielfach künstlich verstärkt.

Wieweit diese Erkenntnisse in Spezialkarten verwertet sind, ist aus der Literatur nicht ersichtlich. Gelegentlich einer Tagung der Internationalen Bodenkundlichen Gesellschaft in Budapest im Juli-August 1926 erhielten die Teilnehmer einen mit mehreren Bodenkarten ausgestatteten Führer[1]. Die eine Karte im Maßstabe etwa 1:160000 trennt entlang der Bahnlinie Budapest—Ujszasz das Gebiet der braunen Waldböden von dem der Steppe. In beiden Gebieten werden Löß und Sand unterschieden, in dem Gebiet der braunen Waldböden außerdem noch humoser Boden (wohl in Senken) und in dem der Steppe die Szikböden und Alkaliböden (anscheinend auch in Senken). Eine zweite Karte im Maßstabe von etwa 1:1000000, die von Ödenburg im Westen bis Nagykanizsa im Süden und Budapest im Osten reicht, zeigt außer Löß, Sand, Schotter, Torf noch tertiäre Mergel, Dolomit und Kalk, Basalt, Granit, Gneis. In diese sind mit römischen Ziffern die oben genannten Regionen des Nadelwaldes, Buchenwaldes, der gemischten Laubwälder und der künstlichen Steppe eingetragen.

Eine Bodenkarte der zur Stadt Debrecen gehörigen Hortobágy-Puszta im Maßstabe 1:75000 hat den Zusatz „gegründet auf den Salzgehalt des Bodens", ohne daß dies aus der Erklärung ersichtlich wäre. Auf einer Bodenkarte der Domäne der kgl. ungar. Landwirtschaftlichen Akademie Debrecen sind schwarzer toniger Sand, brauner bindiger Sand, gelber Flugsand unterschieden. Aus zahlreichen am Kartenrande dargestellten Profilen geht hervor, daß das eigentliche Muttergestein der Bodenbildung allgemein der gelbe Flugsand ist.

Eine kleine Karte der Verteilung der Salze auf dem Alkaliland von Békéscsaba stammt von A. A. J. DE 'SIGMOND[2]. Mit 3 Farben wird der Salzgehalt von 0—0,10 %, von 0,10—0,25 % und von 0,25—0,50 % unterschieden, wobei die Bodentiefe bis 120 cm in Betracht gezogen wird.

Ihre Krönung haben die Kartierungsarbeiten durch eine Generalkarte der Bodenregionen Ungarns von P. TREITZ[3] im Jahre 1927 erhalten. Auf ihr sind die Bodenregionen mit Farben unterschieden worden, und zwar die Regionen der bleichen Wäldböden, der braunen Waldböden, der schwarzen Waldböden und der dunkelbraunen Steppenböden. In die Farben sind mit Schraffuren die Ursprungsgesteine eingeschrieben: Sand, Löß, eisenhaltiger Schotter, Mergel, Kalkstein, Dolomit, Sandstein, Basalt, Trachyt, vulkanischer Tuff, alte Eruptivgesteine, Granit, kristalline Schiefer, und zwar gleichmäßig in den drei erstgenannten Regionen. In der Region der Steppenböden gibt es Sand, Flugsand, Löß, Kalkschotter-Mergel. Ferner werden Böden unterschieden, die in allen vier Regionen vor-

[1] TREITZ, P.: Führer zur Informationsreise. Publ. klg. ung. Geol. Anst. Budapest 1926.

[2] 'SIGMOND, A. A. J. DE: Contribution to the theory of the origin of alkali soils. Soil Sci. 21, Nr. 6, 455—475 (1926).

[3] TREITZ, P.: General map of the Soil-Regions of Hungaria. Publ. R. H. geol. survey Budapest 1927.

kommen, nämlich alluviale Böden, Torfböden, Wiesenton, Alkaliböden, periodische Alkaliseen. Die Karte hat den Maßstab 1:1000000. Sie gibt mit einfachen Mitteln eine wirkungsvolle und recht ins Einzelne gehende Übersicht.

USSR. Rußland.

Über die Kartographie der Böden in Rußland hat sich zusammenfassend L. J. PRASSOLOW[1] geäußert.

Der Anfang der Bodenkartierung in Rußland fällt mit dem Katasterwerk der vierziger Jahre des vorigen Jahrhunderts zusammen. Die erste Bodenkarte des früheren europäischen Rußlands, basiert auf verschiedenen Umfragen und sonstigen Materialien und ist 1851 von K. S. WESELOWSKI[2], dem damaligen beständigen Sekretar der Akademie der Wissenschaften, herausgegeben worden. Die Bedeutung dieses ersten Versuches einer Bodenkartierung mag klar aus der Tatsache ersehen werden, daß die Karte bis zum Beginn der Arbeit W. DOKUTSCHAJEFFS in den siebziger Jahren des 19. Jahrhunderts viermal neu gedruckt worden ist. DOKUTSCHAJEFF selbst nahm an den Vorbereitungen zur letzten Ausgabe 1879 teil.

Die dann einsetzende neue Zeit der Bodenkartierung war mit praktischen, öffentlichen Problemen verbunden, so z. B. der Landbewertung, mit welcher die Semstwos durch den Staat beauftragt wurden. Im Gouvernement Nischni-Nowgorod wurde eine solche Arbeit von 1882—1886 durch W. DOKUTSCHAJEFF ausgeführt. Er stellte sie auf die naturwissenschaftliche Grundlage der örtlichen und experimentellen Bodenuntersuchung. Zur Herstellung einer Bonitätskala brachte dann N. M. SIBIRTZEFF die naturwissenschaftliche Bodenklassifikation mit dem Pflanzenertrag in Beziehung. Die dazu nötige bodenkundliche Kartierung bediente sich des Maßstabes 1 Zoll = 10 Werst. Das Gesamtwerk hat einen Umfang von 14 Bänden. Es diente vielen ähnlichen Untersuchungen als Vorbild. Ihre Bodenkarten erhielten die Maßstäbe von 1:84000 bis 1:420000. Ihr Werk umfaßt insgesamt eine Fläche von 1 Million Quadratkilometern. Weitere Bodenuntersuchungen wurden gleichzeitig in den humiden und ariden Gebieten zum Zwecke der Bodenverbesserung (Expeditionen der Generäle ZHILINSKI, TILLO und anderer) und auch in Beziehung zur Forstarbeit unternommen. Während der ersten zehn Jahre des zwanzigsten Jahrhunderts zog das Gebiet des asiatischen Rußlands die meiste Aufmerksamkeit auf sich. Hier war die Bodenkartierung an die praktischen Zwecke der Landuntersuchung und Kolonisation geknüpft. In der Zeit von 1908 bis 1914 wurden etwa 100 bodenkundliche und botanische Expeditionen allein nach Sibirien und Turkestan vom Kolonisationsbüro ausgesandt. K. D. GLINKA führte ihre Bodenuntersuchungen. Infolge der weiten Ausdehnung des Gebietes und der Dringlichkeit des Werkes wurde sie hauptsächlich auf eine Übersichtsaufnahme beschränkt, so daß eine Übersichtskarte im Maßstabe 1:1500000 entstand. Doch wurden auch einige genauere Untersuchungen ausgeführt.

Bodenkundliche Aufnahmen wurden im europäischen Rußland auch im Zusammenhange mit anderen landwirtschaftlichen Zwecken unternommen, und zwar mit dem landwirtschaftlichen Versuchswesen nnd mit der Landbesiedlung. Einige dieser Aufnahmen wurden im Maßstabe 1:42000 oder in noch größeren Maßstäben ausgeführt. Der Weltkrieg und die sich anschließenden Ereignisse haben die weitere Entwicklung etwas gehemmt. Aber etwa seit 1922 wurde die Arbeit von

---

[1] PRASSOLOV, L. J.: Cartography of Soils. Acad. of Sciences of the USSR. Russ. Pedol. Investigations **6**. Leningrad 1927.

[2] WESELOWSKI, K. S.: Bodenkarte des russischen Reiches, 1. Aufl. 1851; 5. Aufl. 1879.

neuem, und zwar mit Nachdruck, begonnen. Bundesorganisation, Neuverteilung von Land, neue Kolonisation, neue wirtschaftliche Unternehmungen, wie die Entwicklung elektrohydraulischer Werke, haben neue Anregungen zur Fortentwicklung der Bodenkartierung gegeben. Es sind frühere Aufnahmen nachgeprüft und neue örtliche bodenkundliche Einrichtungen, welche mit großer Tatkraft die Bodenkartierung auf die umgebenden Gebiete ausgedehnt haben, geschaffen worden. Zentrale Einrichtungen wie DOKUTSCHAJEFFS Bodenkundliches Institut der Akademie der Wissenschaften arbeiten in der gleichen Richtung. In der letzten Zeit wurden Bodenkarten für Weißrußland von AFANASIEFF[1], für die Ukraine von MACHOW[2], für Gebiete längs der Wolga von SCHEGLOV, BUSCHINSKI, BESSONOW und anderen Forschern und für den nördlichen Kaukasus von SACHAROW[3], PANKOW[4] u. a. geschaffen. Entfernte Gebiete, wie z. B. die Tundra von Archangelsk und Petschora, der Halbinsel Kola, der Insel Nowaja Semlja im Norden, die Wüstensteppen am Kaspischen Meer im Süden, die Wüsten Ust Urt (Forschungsreise von NEUSTRUJEFF[5] 1926) und Karakum (Forschungsreise von FERSMAN und DIMO) in Asien wurden ebenfalls mit Bodenkarten bedacht. Forschungsreisen der Akademie der Wissenschaften haben Bodenkartierungen der sibirischen Tundra (GORODKOV), des Bezirkes Yakutsk, der Insel Sachalin, der Mongolei (Forschungsreise von POLYNOW in die Wüste Gobi) ergeben.

Im Laufe der letzten Jahre wurde eine genaue Aufnahme bei Leningrad und auf den Flußebenen des Volkhov gelegentlich der Erbauung des dortigen Wasserkraftwerkes ausgeführt. Ferner wurden manche anderen Untersuchungen zum Zwecke der Anlegung neuer Wege und für mehrere Versuchsstationen unternommen.

Die russischen Bodenforscher wurden, da sie keine Zentralanstalt besaßen und keinen gemeinsamen Arbeitsplan hatten, durch den Geist der Schule DOKUTSCHAJEFFS geeinigt. Die bodenkundliche Landesaufnahme ging von einem Institut zum anderen, wurde aber hauptsächlich durch zeitweilige Expeditionen weitergeführt. Die Einrichtung der ersten allgemeinen Bodenorganisationen war allein privater Initiative überlassen und nahm die Form verschiedener wissenschaftlicher Ausschüsse, wie DOKUTSCHAJEFFS Bodenkomitee in Petersburg und SIBIRTZEFFS Bodenkomitee in Moskau, an. Gegenwärtig gibt es jedoch staatliche bodenkundliche Institute in Form von zentralen und lokalen Körperschaften, die ihre Arbeiten auf periodischen Zusammenkünften vergleichen. In der Vorkriegszeit waren die Kosten für die Bodenkartierung im allgemeinen niedrig, sie betrugen etwa 1 Rubel für die Fläche von 1 km².

Unter solchen Umständen litt die regionale Bodenaufnahme unter dem Mangel an Einheitlichkeit und Vollständigkeit, wodurch sie allerdings vielleicht besser an örtliche Besonderheiten angepaßt war und mit mehr Tatkraft ausgeführt wurde. Infolgedessen können die Geschichte der russischen Bodenkartierung und ihre Ergebnisse nur an der Hand besonderer Berichte und bibliographischer Zusammenfassungen (z. B. OTOTZKIS Übersicht bis 1896) verstanden werden.

---

[1] AFANASIEFF, J.: Die Bodendecke des Zhizdradistrikts in Gouv. Briansk (russisch). Gorki 1926.

[2] MACHOW, G.: Bodenkarte der Ukraine. Charkow 1926.

[3] SACHAROW, S. A.: Über die Bodenkennzeichen des kaukasischen Hochlandes. Ber. Konstantinowinst. Landvermesser (russisch) **1914**, Nr. 5.

[4] PANKOW, A. M.: Die Böden von Malaja Kabarda (russisch.) Woronesch 1926. — Die Böden des Zentralteils des rechten Terekufers (russisch). 1928.

[5] NEUSTRUJEFF, S. S. u. V. NIKITIN: Die Böden der Baumwollgebiete von Turkestan (russisch.) 1926. — NIKITIN, V.: Über den Bodenbildungsvorgang in der steinigen Wüste Ust Urt (russisch). Perm 1926.

Versuche zur Herstellung einer allgemeinen Übersichtskarte auf Grund der einzelnen Untersuchungsergebnisse sind unternommen worden. Der bekannteste dieser Versuche ist die Karte von V. V. DOKUTSCHAJEFF vom Jahre 1900 im Maßstabe 1:2520000. Eine Karte der Bodenprovinzen ist sodann 1924 von L. J. PRASSOLOW[1] veröffentlicht worden. Zwei neue Übersichtskarten Rußlands, und zwar des europäischen im Maßstabe 1:2520000 und des asiatischen[2] im Maßstabe 1:4200000 sind z. Z. aus DOKUTSCHAJEFFS Bodenkundlichem Institut neu hervorgegangen. Eine Erdkarte im Maßstabe 1:10000000 befindet sich in Vorbereitung.

Ganz allgemein teilt L. J. PRASSOLOW die russischen Bodenkarten in primäre oder Originalkarten und in allgemeine oder komplizierte Karten ein. Die primären Karten sind von Versuchs- und anderen kleinen Gebieten in Maßstäben von 1:4200 bis 1:42000, von größeren Flächen (Regierungsbezirke, Provinzen) in Maßstäben von 1:42000 bis 1:420000 ausgeführt worden. Übersichtskarten der gleichen Gebiete liegen in Maßstäben von 1:840000 bis 1:1680000 vor. Allgemeine Karten der Bodentypen des ganzen Landes und einzelner Gouvernements sind in Maßstäben 1:840000, 1:4200000 und anderen, sowie solche von Bodenprovinzen der Gouvernements in verschiedenen Maßstäben vorhanden.

Im ganzen sind durch die primäre Kartierung bis 1927 betroffen worden:

	Im europäischen Teil	Im asiatischen Teil
Spezialkarten in Maßstäben unter 1 : 420000	2000000 km² = 40 % der Fläche	500000 km² = 3 % der Fläche
Übersichtskarten	2100000 km² = 46 % der Fläche	2480000 km² = 17 % der Fläche
Unkartiert	500000 km² = 10 % der Fläche	13000000 km² = 80 % der Fläche.

Vom ganzen Gebiet mit etwa 21 Millionen Quadratkilometern ist ein Teil von 7,4 Millionen Quadratkilometern = 35% der ganzen Fläche von den bodenkundlichen Aufnahmen erfaßt worden, davon $1/3$ mit Spezialkarten über 1:420000, $1/10$ mit solchen im Maßstabe 1:126000 und mehr. Dieses letztere Gebiet umfaßt immerhin noch 740000 km², d. h. es ist mehr als $1^1/_2$ mal so groß als die Fläche des Deutschen Reiches. Bei einem Vergleich der aufgenommenen Flächen mit der landwirtschaftlichen Karte Rußlands von J. F. MAKAROW[3] zeigt sich, daß die Bodenkartierung erst wenig mehr denn das Gebiet der größten landwirtschaftlichen Wichtigkeit erfaßt hat, während das Gebiet von sekundärer landwirtschaftlicher Bedeutung im europäischen Teil der Union und in Turkestan mit weniger dichter Bevölkerung, eingeschlossenen Forsten, Hochlandgebieten oder Wüsten nur teilweise aufgenommen wurde. Unter den gegenwärtigen Bedingungen erscheint diese Leistung einigermaßen zufriedenstellend.

Die Methoden. Zu den besonderen Schwierigkeiten der Bodenkartierung gehört die Feststellung der Grenzen zwischen den verschiedenen Bodentypen und ihren Varietäten. Diese sind oft kaum wahrnehmbar, da häufig ein allmählicher Übergang von einem Typ zum anderen stattfindet. Die Befragung der Bewohner, das Sammeln von Proben und deren spätere Analysierung, wie es in früheren Jahren geschah, haben keine genügenden Ergebnisse gezeitigt und sind

[1] PRASSOLOW, L. J.: Carte des régions des sols de la Russie d'Europe. Etat de l'étude et de la cartographie des sols, S. 201. Bukarest 1924.

[2] Reconnaissance Soil Map of the Asiatic Part of USSR. under the Direction of K. D. GLINKA and L. J. PRASSOLOW. Acad. of Sciences of USSR. DOKUTSCHAIEWS Inst. of Soils. 1 : 10000000. Leningrad 1930.

[3] MAKAROW, J. F.: Landwirtschaftliche Karte der USSR. (russisch). 1926.

auch nicht leicht auszuführen. Manche Bodenkarten für Landbewertungszwecke sind auf der Grundlage der statistischen und allgemeinen Information hergestellt worden. Auf solche Art kartierte Gebiete haben bald von neuem aufgenommen werden müssen. Ihre Unbrauchbarkeit ist in erster Linie auf die Unmöglichkeit, eine genügend große Zahl gleichmäßiger statistischer Daten zusammenzubringen, zurückzuführen. Eine andere Methode, die agronomische, besteht in der Bestimmung verschiedener Bodenbestandteile mit Hilfe der chemischen Analyse und Eintragung ihrer Ergebnisse in die Karte, wobei die verschiedenen Eigenschaften durch Isolinien dargestellt werden. Die Methode ist durch G. F. NEFEDOW, der DOKUTSCHAJEFFS Methode der Bodenkartierung scharf kritisierte, in die russische Literatur eingeführt worden, gleiches gilt von G. THOMS für Estland und Livland. NABOKICH versuchte in der Ukraine Isohumosen, G. N. WYSOTZKI Isokarbonate festzustellen. Man kann diese Methode sehr wohl als Hilfsmethode benutzen, doch ist es mit ihr allein nicht möglich, ein volles Bodenbild zu gewinnen. Auch die agrogeologische Methode, bei welcher die agronomische mit der geologischen kombiniert ist, hat einen gewissen Einfluß auf die russische Bodenaufnahme ausgeübt. Bei den ersten Bodenuntersuchungen wurde für die Zwecke der Landbewertung eine Bonitätenskala nach deutschem Muster eingeführt, aber sie wurde von der bodengenetischen Methode, die von DOKUTSCHAJEFF ausging, verdrängt.

DOKUTSCHAJEFF war mit der Methode des örtlichen Nachfragens (landwirtschaftliche Statistik), wie sie noch die erste Übersichtskarte Rußlands von K. S. WESELOWSKI aufwies, aber damals schon als unzulänglich erkannt wurde, gut vertraut. Auch er war nicht mit der annähernden Bodenklassifikation und -kartierung der agronomischen Art zufrieden. Er und seine Schüler schlugen daher im Gegensatz zu diesen empirischen Methoden eine neue Methode auf der Grundlage allgemein wissenschaftlicher Prinzipien vor und gingen dabei von der Auffassung des Bodens als eines natürlichen Körpers aus. Nach allmählichem Aufbau einer genetischen Bodenklassifikation beobachtete DOKUTSCHAJEFF eine gewisse gesetzmäßige Folge der geographischen Verteilung der Böden und erkannte den Grundsatz gewisser dauernder ökologischer Beziehungen zwischen den verschiedenen Böden, eine Auffassung, die seitdem die Grundlage der russischen Bodenkartierung gebildet hat.

Bei der Anwendung dieser Methode auf die Bodenkartierung beginnt der Kartierer damit, an einer bestimmten Stelle die hauptsächlichen genetischen Bodentypen und ihre Beziehungen zu den Hauptfaktoren der Bodenbildung, wie es Klima und orographische Elemente sind, zu ermitteln. Am besten wird bei Böden begonnen, welche sich unter normalen Bedingungen z. B. in Ebenen mit gleichmäßigem Ursprungsmaterial (aber ohne Anschwemmung durch Hochwasser) befinden, wo sekundäre lokale Faktoren nicht stören. G. N. WYSOTZKI hat für solche Stellen den Ausdruck Placore geprägt. Unter Anwendung induktiver Methoden und unter Auswahl bestimmter Beobachtungsplätze stellt der Beobachter die ökologische Abhängigkeit zwischen den Böden und den übrigen Faktoren, wie Zusammensetzung des Ursprungsgesteins, Wasserverhältnisse, Vegetation usw. fest. Die weitere Aufnahme mag dann nach dem Dreiphasensystem von A. J. NABOKICH[1] vor sich gehen. Bei Befolgung dieser Aufnahmevorschrift ist der Bodenforscher nicht mit unnötigen Probeentnahmen und Notizbüchern überbürdet und spart dadurch Zeit, Arbeit und Geld, was für die russischen Verhältnisse sehr wichtig ist, da sich die Bodenaufnahmen oft über weite und in vielen Fällen schwer

---

[1] NABOKICH, A. J.: Cartography of Soils in three Phases. Etat de l'étude et de la cartographie des sols, S. 201—211 (teils englisch, teils deutsch von A. TILL). Bukarest 1924.

zugängliche Flächen erstrecken. Aber mit wachsendem Maßstab der Karte werden die Daten, namentlich wenn die Oberfläche uneben ist oder bestimmte Profile eingetragen werden, natürlich zahlreicher. Die Feldbeobachtungen werden in der Regel auf Karten von größerem Maßstabe, als zur späteren Reinschrift oder Veröffentlichung benutzt werden, eingetragen. DOKUTSCHAJEFFS Methode verlangt eine sehr genaue und vollständige Feststellung der Bodenbildungsumstände. Die ersten Versuche DOKUTSCHAJEFFS bestanden aus geologischen und geobotanischen Forschungen, erst später wurden Geodäten, Hydrologen, Forstleute dem Expeditionsstabe angegliedert, bei den Forschungsreisen der Ansiedlungsverwaltung für Asien und der Akademie der Wissenschaften war die Zusammensetzung noch mannigfaltiger[1]. Viele russische Bodenforscher waren auch zugleich Geologen und Botaniker. Forstliche Bodenuntersuchungen der Schule G. F. MOROZOWS[2], und zwar solche von Wiesenböden und von Bodenverbesserungen, wurden ähnlich ausgeführt.

Neuerdings haben auch Untersuchungen der natürlichen Bodenfaktoren einer Gegend zu einer Kartierung der Böden als besonderer Elemente der Landschaft geführt. Hier wird an Stelle einer eigentlichen Bodenkarte eine Karte der landwirtschaftlichen Einheiten nach dem Vorschlage von W. M. DAVIS in geographischen Zyklen hergestellt. Den Typus einer solchen Arbeit stellt z. B. das Werk von J. M. KRASHENINIKOW und B. B. POLYNOW[3] über die nördliche Mongolei dar. Darin wird die genetische Methode nicht nur zur Erlangung allgemeiner, sondern ebensowohl zu besonders ins einzelne gehender Karten angewandt. Die Grenze der Einheit, die bei einer Bodenaufnahme erreicht werden kann, ist ein Bodenindividuum oder die Fläche eines Bodenschnittes. Bodenuntersuchungen nähern sich dieser Grenze, wenn die Bodenvarietäten sehr schnell, bisweilen auf die Entfernung von nur einem Meter wechseln, wie solches z. B. bei den ganz leichten Oberflächenwellen der alkaliführenden ariden Steppe der kaspischen Ebenen der Fall ist, auf denen fast Schritt für Schritt eine neue Bodenvarietät oder ein neuer Typus auftritt. Das Mikrorelief, die leichten Änderungen der Bodenoberfläche und die dadurch bedingte verschiedene Ansammlung des Bodenwassers sind die Ursachen eines derartig schnellen Bodenwechsels. Hier lassen sich kartographisch nicht mehr Bodenindividuen, sondern nur noch Bodenkomplexe unterscheiden. Bei schnellem Bodenwechsel muß man, um eine Übersicht zu gewinnen, nicht nur einzelne Gruben ausheben, sondern Bodengräben ziehen, die die Ursachen des schnellen Wechsels eher erkennen lassen. Die Bodenkomplexe sind zuerst in den ariden Steppen beobachtet worden, weil in diesen ganz ebenen Gebieten die Verschiedenheit besonders ins Auge fiel. Sie sind jedoch auch in allen anderen Bodenzonen vorhanden. Die Komplexnatur der Böden kann in verschiedenen Graden detailliert werden. Einzelne Bodenkarten geben anstatt besonderer Bodentypen die Geographie der Bodenkomplexe wieder. S. S. NEUSTRUJEFF[4] hat nach diesem Prinzip eine Bodenkarte von Turkestan durchgeführt.

Einen solchen Grad der Genauigkeit auf Bodenkarten zu erreichen, ist nur dank der Aufstellung natürlicher Bodenindividuen auf Grund der morpho-

[1] L. J. PRASSOLOW nennt hier das Buch von J. V. LARIN: Vegetation, Boden und landwirtschaftlicher Wert der Chizhinski-Flutebenen; hrsg. v. S. S. NEUSTRUJEFF (russisch). 1927.

[2] MOROZOW, F. G.: Landw. u. Forstw. **1900**, Nr. 3. — La Pédologie (russisch) 1. 1901.

[3] POLYNOW, B. B. u. J. M. KRASHENINIKOW: Physikogeographische, bodenkundliche und botanische Untersuchungen im Becken des Flusses Uber-Dzhargalante und am Oberlauf des Flusses Ara-Dzhargalante (Nordmongolei) (russisch).

[4] NEUSTRUJEFF, S. S. u. V. NIKITIN: Böden der Baumwollgebiete von Turkestan (russisch). 1926.

logischen Bodenaufnahme möglich. Diese gründet sich auf die genaue Untersuchung des Bodenprofils und seiner genetischen Horizonte. Infolgedessen ist das wichtigste Gerät des russischen Bodenforschers ein guter Spaten. Allein kann die morphologische Methode allerdings nicht genügen, sondern andere analytische Methoden, wie mechanische Analyse, Humusbestimmung, Wasserauszüge, Bodensäurebestimmung, Absorptionskapazitätsermittelung werden helfend eingreifen müssen.

Bodenkarten nach DOKUTSCHAJEFFS Methode sind vor allem die Karten der Bodenentstehungstypen. Nichtsdestoweniger enthalten sie Angaben über die Bodenarten (Bodentextur im amerikanischen Sinne), den Grad ihrer Alkaliniät, die Humusmengen u. a. Auf den neuen Karten in Maßstäben 1:400000 sind mehrere Unterteilungen eingeführt. Die direkte Anwendung von Bodenkarten zur Landbewertung mit Hilfe der Bonitätsskalen ist in Rußland völlig verlassen worden, da die Skalen zu künstlich und infolgedessen hypothetisch erscheinen. Statt dessen werden statistisch-ökonomische Angaben auf die Karte gebracht, wobei dann gewissermaßen die Bodentypen die Ursache der Bodenfruchtbarkeit angeben. Die Bedeutung der Bodenkarten für die Kolonisation und Landverbesserung war desgleichen eine indirekte oder sozusagen erklärende. Die Karten wurden als Grundlage für die rationelle Verteilung und Einteilung des Landes benutzt.

Weite Flächen jungfräulichen Bodens in Rußland und die Vorherrschaft der extensiven Wirtschaftsweise beim Landbau mit geringem Düngerverbrauch erleichtern dabei die Benutzung der Bodentypenkarten für praktische Zwecke. Für die Landverbesserung werden genauere Unterteilungen nach Bodenarten und den Eigenschaften des Ursprungsmaterials verlangt. Das System doppelter Zeichen kommt dabei in der Weise zur Anwendung, daß verschiedene Farben die Bodentypen angeben, verschiedene Arten der Schraffur die Bodenarten (Textur) im englisch-amerikanischen Sinne zum Ausdruck bringen. Wenn nötig werden auch geologische Profile auf die Bodenkarten gebracht, so z. B. bei den Bodenuntersuchungen längs der Eisenbahnen.

Die Bodenkartographie des bebauten Landes für besondere Zwecke ist noch nicht genügend fortgeschritten, obwohl einige Versuche nach dieser Richtung gemacht worden sind, so z. B. bei Untersuchungen des beweglichen Sandes, der Umwandlung von Böden in Alkaliböden infolge einer Bewässerung, von Tabakböden, der Ergebnisse künstlicher Entwässerung, der Bodensäure u. dergl. m. Hierbei wird die genetische Methode durch die agronomische ergänzt.

Die Anwendung der genetischen Methode für solche Spezialuntersuchungen scheitert nicht an der Bebauung des Landes, da der Bodentypus, der sich als Folge eines langdauernden Prozesses gebildet hat, seinen Charakter durch die Landwirtschaft nicht verliert. Doch sollen die Bodentypenkarten nicht als Universalkarten für praktische Zwecke, sondern in erster Linie als Grundlagen, aus denen alle anderen Arten der Sonderkarten sich entwickeln sollten, angesehen werden.

Geographische Folgerungen. Infolge der über so große Gebiete sich erstreckenden Bodenkartierung ist die Bodengeographie in Rußland weit fortgeschritten, wenn auch noch sehr viel Arbeit zu leisten ist[1]. Besonders die Tundrazone und die Verbreitung der Moore in der Podsolzone sind auch in Europa

[1] Vgl. K. D. GLINKA: Die Typen der Bodenbildung. Kurze Charakteristik der Bodenzonen von Rußland, sowie auch ihrer einzelnen Gebiete, S. 236—365. Berlin 1914. — K. D. GLINKA: Genesis und Geographie der russischen Böden. — L. J. PRASSOLOW: Böden des europäischen Teiles der USSR. Führer auf der Rundreise des II. Intern. Kongresses für Bodenkunde (deutsch) 1. Moskau 1930.

noch wenig untersucht, während in Asien überhaupt erst wenige Teile zur Aufnahme gelangt sind.

Mit Ausnahme einer kleinen Zone roter Böden bei Batum am Schwarzen Meer werden 5 große Bodenzonen unterschieden, es sind die Tundrazone, die Podsolzone, die Tschernosemzone, die Zone der kastanienfarbigen Böden und die Zone der braunen und grauen Böden der Wüstensteppen. (Diese Zonen sind nicht etwa so zu verstehen, als wenn in ihnen nur der eine genannte Bodentypus vorkommt. Es ist sogar schwer zu sagen, ob er wirklich immer vorherrscht. Es ist nur das häufige Auftreten des Typus für die Zonenauffassung maßgebend.) Die Zonen korrespondieren in gewissem Grade mit Klimazonen, wenn auch viele Ausnahmen dabei vorkommen, die teils auf das Relief, teils auf die Gesteinsart, teils auf die geologische Geschichte des Muttergesteins, teils auf noch andere Ursachen zurückgehen. Immer handelt es sich dabei um große Teile der Zonen. In den gebirgigen Teilen von Zentral- und Ostsibirien ist sogar von einer eigentlichen Zonalität nicht die Rede (wie in den gebirgigen Ländern Europas auch). Im allgemeinen ist der Übergang von einer Zone in die andere allmählich, doch kommt auch nicht selten ein plötzlicher Wechsel vor. In roher Annäherung läßt sich die Ausdehnung der Zonen ungefähr folgendermaßen berechnen:

	Europäischer Teil von USSR. ohne Kaukasus		Asiatischer Teil von USSR.	
Tundra und Waldtundra	225 000 km^2	53 % der Fläche	3 400 000 km^2	69 % der Fläche
Podsol- und Moorböden	2 239 000 km^2		8 000 000 km^2	
Waldsteppe	790 000 km^2	32 % der Fläche	1 100 000 km^2	7 % der Fläche
Schwarzerdesteppe	636 000 km^2		1 700 000 km^2	19 % der Fläche
Kastanienfarbige Böden	708 000 km^2	15 % der Fläche		
Wüstensande			700 000 km^2	
Graue Böden der Wüstensteppe			800 000 km^2	
Hochland			900 000 km^2	5 % der Fläche
	4 598 000 km^2		16 600 000 km^2	

Der Unterschied der Ausdehnung der Tschernosemzone in Europa und in Asien ist sehr bemerkenswert. Man sollte erwarten, daß sie als ausgesprochene Kontinentalbildung in Asien stärker als in Europa vertreten wäre. Tatsächlich ist aber, verursacht durch den Einfluß allgemeiner und lokaler klimatischer und orogeologischer Bedingungen, das Entgegengesetzte der Fall. Man kommt dadurch zu Bodenprovinzen oder Bodenfazies, die sich allerdings gegenwärtig noch nicht umgrenzen lassen. Einen Versuch in dieser Richtung hat L. J. PRASSOLOW[1] auf einer Karte des europäischen Rußlands 1924 unternommen. In der Podsolzone sind hier z. B. Provinzen je nach dem Vorkommen der Endmoränenlandschaft, von großen Sandflächen usw. ausgeschieden worden. Die Tschernosemzone wird in je eine Unterzone der ausgelaugten, der humusreichen, der mächtigen, der gewöhnlichen und der südlichen Schwarzerde zerlegt.

Gut gearbeitete Bodenkarten sollten die Bedingung erfüllen, daß die Grenzen der verschiedenen Bodenvarietäten eine graphische Wiedergabe der Wirkungen der Bodenbildung darstellen, von welchen wenigstens auf ins einzelne gehenden Karten das Relief als der leitende Faktor der Bodenbildung angesehen werden sollte. Bei landschaftlichen Einheiten ist ganz allgemein ein enger Zusammenhang zwischen Relief, Boden und Vegetation festzustellen, so daß es bisweilen möglich ist, nach der Kenntnis von zwei dieser drei Faktoren, den dritten zu konstruieren. Ins einzelne gehende Untersuchungen haben gezeigt, daß beson-

[1] PRASSOLOW, L. J.: Carte des régions des sols de la Russie d'Europe. Etat de l'étude et de la cartographie des sols, S. 200. Bukarest 1924.

ders enge Beziehungen zwischen Pflanzenassoziationen und den natürlichen Bodenvarietäten bestehen.

Im ganzen läßt sich die nachstehende Reihenfolge der Einheiten der Bodengeographie feststellen: Zone, Region, elementare Landschaft, Bodenkomplex, Bodenvarietät. Soweit seien hier die Ausführungen L. J. PRASSOLOWS wiedergegeben.

Sie werden durch solche ergänzt, die N. FLOROV[1] über die bodenkartographischen Arbeiten in der Ukraine 1924 dargelegt hat. Er unterscheidet zwei Perioden. Die ältere, die mit den älteren Schätzungsarbeiten im Zusammenhang steht, wird von ihm die Periode der subjektiven oder statistischen Methoden genannt. Die jüngere, die 1887 mit den Untersuchungen DOKUTSCHAJEFFS im Gouvernement Poltawa beginnt, ist die der objektiven, naturhistorischen Forschung.

Die subjektiven oder statistischen Methoden bestanden im wesentlichen im Befragen der Landwirte nach den Ernteerträgen. Da diese von den natürlichen Eigenschaften des Bodens als ihrem wesentlichsten Faktor abhängen, so war damit der Übergang zu der Bodenkartierung gegeben. Die umfangreichste Arbeit dieser Art wurde im Gouvernement Tschernigow[2] ausgeführt. Sie begann 1876, und es war von den Landständen des Gouvernements eine besondere statistische Anstalt organisiert worden, welche die Unterlagen zu einer gerechten Verteilung der Landabgaben zu beschaffen hatte. Dieser Anstalt wurde zu diesem Zwecke empfohlen, den gesamten wirtschaftlichen Zustand des Gouvernements möglichst vollständig zu untersuchen. Die Statistiker stellten infolgedessen durch Befragen der Landwirte an allen Orten die Art des Bodens und seine Durchschnittserträge fest und trugen Arten und Grenzen der verschiedenen Böden schematisch auf die militärtopographische Karte 1 : 126000 ein. Darauf wurden die Bodenarten zu Gruppen vereinigt und für jede Gruppe der Durchschnittsertrag ermittelt. Bisweilen wurde auch schon eine objektive Beschreibung der Bodenmerkmale ausgeführt, allerdings nur in allgemeiner Form und systemlos, und zwar dort, wo es unmöglich war, die Durchschnittserträge auf andere Weise mit den Böden in Beziehung zu bringen. Das Endergebnis dieser Arbeiten war eine schematische Bodenkarte des Gouvernements, auf welcher gemäß der Volksnomenklatur die Böden in 1. Tschernosem, 2. graue Böden, 3. graue sandige Böden, 4. sandige Böden eingeteilt werden. Nach dem Muster von Tschernigow wurden auch andere Gouvernements bearbeitet. Aber überall gewann man die Überzeugung, daß die auf diese Art entstandenen Bodenkarten ungenügend seien, und infolge einer sich entspinnenden lebhaften Diskussion in den Landständen hielt man Ausschau nach zweckmäßigeren Maßnahmen. Sie wurden in V. DOKUTSCHAJEFFS Karten des Nischni Nowgorodschen Gouvernements, die in den Jahren 1882 bis 1886 entstanden sind, gefunden.

Die Methode dieser neuen Aufnahme war folgende: Von jedem Kreise des Gouvernements wurden die Literatur über die Böden, die Aussagen der Ortsbewohner und ihre Beobachtungen über die Ernteerträge zusammengestellt, um zunächst eine vorläufige Übersicht zu gewinnen. Darauf begann die Begehung des Kreises. In jedem Amtsbezirk wurden die natürlichen und künstlichen Aufschlüsse des Bodens untersucht und in das Feldtaschenbuch Bemerkungen über die Mächtigkeit, die Struktur, die Zusammensetzung des Bodens, sein Verhältnis zum Untergrunde, das Relief und die Vegetation eingetragen, sowie auch typische Proben gesammelt. Der Leiter der Arbeiten des Gouvernements bereiste

[1] FLOROV, N.: Über die bodenkartographischen Arbeiten in der Ukraine. Etat de l'étude et de la cartographie des sols, S. 247—264. Bukarest 1924.

[2] Material zur Taxation des Landes im Tschernigowschen Gouvernement (russisch). 1877.

sämtliche Kreise, kontrollierte die Arbeiten und verglich ihre Ergebnisse. Die gesammelten Proben wurden im Laboratorium weiter untersucht. Sie wurden gepulvert und bei Zimmertemperatur getrocknet und darauf besonders ihre Farben miteinander verglichen. Aus jeder so gewonnenen Bodenklasse wurden 3 bis 4 Proben ausführlich chemisch untersucht, und zwar geschah dieses nach Humusgehalt und Totalanalyse (Aufschluß mit Hilfe von Salzsäure, Schwefelsäure und Flußsäure). Außer der Oberkrume wurde bisweilen auch der Untergrund analysiert.

In der Ukraine wurde 1887 nach dieser Methode zuerst das Gouvernement Poltawa aufgenommen[1]. Dabei gewann DOKUTSCHAJEFF seine erste Klassifikation, welche lautete: A. festländisch-vegetabilische Böden; a) Plateautschernosem, b) Tschernosem der Abhänge, c) Waldsteppenlehm (Übergang vom Tschernosem zum Waldlehm), d) Waldböden, e) sandiger Tschernosem, f) Sand. B. Festländisch moorige Böden: Salzböden (Solonetz). C. Moorige Böden. D. Anormale Böden: abgelagerte Böden. Die größte Aufmerksamkeit wurde auf die Untersuchung des Tschernosems als des Bodens verwandt, der im Gouvernement Poltawa von allen den größten Flächenraum einnimmt. Auf Grund des Humusgehaltes wurde der Plateautschernosem in die drei Varietäten mit 7%, 6,5% und 4% eingeteilt. Auch sonst wurde die Untersuchung in Poltawa noch wesentlich eingehender als in Nischni Nowgorod gehandhabt. Sie übte einen bedeutenden Einfluß auf die Methodik der russischen Bodenkartierung aus. Die in Tschernigow angewandte Methode wurde durch die neue vollständig verdrängt. Im Jahre 1893 wurde ihr durch die Regierung in einem Gesetz über die Bodentaxation zu einer allgemeinen Einführung verholfen. Die in Poltawa ausgeführte Karte hatte den Maßstab 1 : 420000. Dazu wurde ein Gesamtbericht und 15 einzelne Beschreibungen der Kreise gegeben. Entsprechend der Grundeinstellung V. DOKUTSCHAJEFFS wurde der naturwissenschaftliche Teil der Gesamtarbeit auf eine breite Grundlage gestellt. Er enthält einen hydrographischen Teil von P. OTOTZKY, einen geologischen und einen chemischen von K. GLINKA, einen physikalischen von N. ADAMOW, einen klimakundlichen von A. BARANOWSKY, einen pflanzengeographischen von A. KRASNOW und Abhandlungen über das Tertiär und die Eiszeitablagerungen von V. AGAFONOFF. Von da an bis zum Jahre 1910 standen die Bodenforschungen in der Ukraine unter dem Einflusse dieser bedeutsamen Arbeit. Dann begann im Jahre 1912 mit der Bodenaufnahme des Gouvernements Charkow durch A. I. NABOKICH ein neuer Abschnitt in der Bodenkartierung der Ukraine, der einerseits durch die Vervollkommnung der Methodik der Felduntersuchung, andererseits durch das Streben nach Befreiung von den Taxationsaufgaben gekennzeichnet ist. Als die Hauptaufgabe der Bodenforschung und -kartierung trat der Dienst für die landwirtschaftliche Praxis mehr hervor.

Zunächst wurde die Art der Aufnahme dahin geändert, daß nicht mehr die einzelnen Kreise kartiert und die Kreiskarten zu Gouvernementskarten zusammengestellt wurden, sondern statt dessen die Methode der wiederholten Aufnahmen (drei Phasen) des Gesamtgebietes in den Vordergrund trat. 3 Jahre hintereinander wird demnach das Gebiet jedesmal vollständig kartiert, jedoch werden jedes Jahr die Marschruten enger gelegt, wodurch die Genauigkeit beständig wächst. Dabei wird das im voraufgegangenen Jahr Festgestellte im nächsten wieder kontrolliert. Das ist aber eine Methode, die um so beachtenswerter ist, als die Schwierigkeiten der morphologischen Aufnahme nicht gering sind. In Charkow wurde von NABOKICH sogar eine viermalige Untersuchung vorgenommen, deren erste mehr orientierenden Charakter besaß. Über diese orientierende Vorkartierung im Jahre 1912 gibt N. FLOROV die folgenden

[1] Die Materialien zur Bodentaxation des Poltawaschen Gouvernements. Naturhist. Teil 16. 1894.

Daten: Es waren etwa 42000 km² zu kartieren, welche Arbeit von drei Bodenforschern unter Nabokichs Leitung ausgeführt wurde. Dabei wurden an 110 Punkten Gruben von 3—3,5 m Tiefe ausgehoben und Monolithproben genommen. Über 250 Bodenproben wurden in Säckchen gesammelt und 1500 Humusbestimmungen von Oberkrumen gemacht. Auf Grund dieser Arbeit wurde eine schematische Bodenkarte im Maßstabe 1 : 630000 angefertigt. Die Kosten betrugen insgesamt 11400 Rubel. Die nächstjährige Arbeit wurde von fünf Bodenforschern, den Leiter nicht gerechnet, ausgeführt. Diesmal wurden ca. 60 Gruben von 6 m Tiefe und viele flache ausgehoben und ungefähr 4500 Oberflächenproben auf Humus untersucht. Jedoch wurde nur die Hälfte des Gebietes kartiert und das nächste Jahr in entsprechender Weise die andere. Im vierten Jahre wurde die Gesamtfläche im Maßstabe 1 : 126000 aufgenommen. Die Laboratoriumsuntersuchungen und die Kartenbearbeitung fanden stets im Winter statt.

Die Untersuchung der Böden in tiefen Gruben (zuerst 3—3,5 m, dann 6 m), welche auf allen Reliefformen stattfand, war ebenfalls eine besondere Eigentümlichkeit der ukrainischen Arbeiten, die allerdings schon früher von Wysotzky und anderen russischen Forschern eingeführt war. Dabei wurden die posttertiären Untergrund- und Muttergesteine, deren Kenntnis in den russischen Flachländern gering war, genau untersucht, ebenso auch die Wasserverhältnisse u. a. festgestellt.

Die zahlreichen tiefen Monolithe, die dabei gesammelt wurden, stellte Nabokich zu einem Museum in Odessa zusammen, das damit eines der größten und bedeutsamsten Bodensammlungen geworden ist. Neben einem jeden Profil ist die Beschreibung aus dem Feldtagebuch angebracht.

Beachtenswert waren auch die riesigen Massenuntersuchungen auf Humus in den Bodenproben. Ungefähr auf je 3—4 Werst kam in Charkow eine Humusbestimmung, die nach dem Verfahren von Istscherekow mittels Permanganat ausgeführt wurde. Auf Grund dieser Feststellungen wurden besondere Humuskarten angefertigt. Auch wurden schichtenweise Pauschalanalysen ausgeführt, also nicht nur die einzelnen Horizonte, sondern auch diese wieder mehrfach den einzelnen Schichten entsprechend analysiert. Die graphische Darstellung der Ergebnisse dieser Analysen gibt in der Tat eine gute Übersicht über die Bewegung der Bestandteile in den verschiedenen Böden.

Die endgültige Karte des Gouvernements Charkow hatte den Maßstab 1 : 420000. Ferner wurde eine Anzahl von Kartogrammen einzelner Eigenschaften im Maßstabe 1 : 126000 hergestellt, so Karten des Humusgehaltes der Oberkrume, des Grades der Versandung, der Gesamtmächtigkeit des Bodens, der Tiefe des Aufbrausens, und zwar stets mit genauer Angabe des Punktes der Probeentnahme. Ferner schlossen sich zahlreiche Untersuchungen topographischer, geologischer, meteorologischer, botanischer und methodologischer Art an. Besonders gründlich wurde die Schwarzerde, der Haupttypus in Charkow, untersucht. Hier wurden nach den Tierlöchern und dem Verhalten der Karbonate unterschieden: Tschernosem auf Löß mit Tierlöchern, desgleichen ohne solche, desgleichen mit Pseudomyzelium, desgleichen mit Karbonaten in weißen Flecken (Bjeloglaska). Nach dem Muttergestein gab es Tschernosem auf Löß, auf Kreide, auf Paläogensanden, auf rotbraunem Ton, auf Dünensand. Infolge des Einflusses der Topographie und des Flußsystems änderte sich der mechanische Bestand. Hinsichtlich des Humusgehaltes wurden die Stufen von 0,5—2%, 2—3%, 3—5%, 5—6%, 6,5—7,5%, 7,5—10% unterschieden.

Nach anderer Richtung und mit etwas anderen Grundlagen hat N. Florov seit 1910 das Gouvernement Kiew kartiert. Veranlaßt wurde die Arbeit vom Semstwo des Gouvernements zur Untersuchung von Böden, auf welchen

Experimente mit Mineraldüngern vorgenommen wurden. Das Ergebnis war zunächst eine schematische Karte im Maßstabe 1 : 420000, der später eine genauere Aufnahme im Maßstabe 1 : 126000 folgte. Hierbei kam es besonders auf die Kartierung der Waldsteppen mit ihren Übergangsböden zwischen Tschernosem und Podsol an, deren Fläche etwa 22500 km² groß ist. Zu ihrer Erforschung wurden ca. 6000 Gruben von 1,5—2,5 m Tiefe, also je eine auf etwa 4 km², angelegt. In den Gruben wurden bestimmt die Eigenschaften des humosen Horizontes, des weißlichen SiO_2-Anhäufungshorizontes, des rotbraunen Horizontes mit Anhäufung der Sesquioxyde und Humusflecken, des rostigen oder blauen Horizontes mit Anhäufung der Sesquioxyde allein, des Horizontes mit Anhäufung der Karbonate, des Muttergesteins, ferner die Art ihrer Übergänge ineinander, der Zementierungsgrad der Horizonte, ihre Struktur, Mächtigkeit, Färbung, mechanische Zusammensetzung und das etwaige Grundwasser. Von diesen Eigenschaften hatten das Fehlen oder Vorhandensein des rotbraunen Horizontes, die Struktur des humosen Horizontes, das Fehlen oder Vorhandensein der Humusfärbung im rotbraunen Horizont und das Fehlen oder Vorhandensein der weißlichen SiO_2-Flecke kartographischen Wert. Im Steppengebiete von Kiew war die wichtigste kartographische Unterscheidung die des Humusgehaltes. Hier wurden auf 13000 km² etwa 1000 Gruben ausgehoben. Die Glazialablagerungen von Kiew sind podsoliert. Bei den Podsolböden erwies sich der Podsolierungsgrad und die mechanische Zusammensetzung als kartographisch wichtig. Auch hier wurden auf 13000 km² etwa 1000 Gruben angelegt. Im ganzen wurde die Methode der Kartierung der Einzelmerkmale und ihr Aufzeichnen in Kartogrammen angewandt. Aus ihrer Summierung ergab sich die Gesamtkarte. Die Veröffentlichung der Kartogramme der Einzeleigenschaften neben der Gesamtkarte erscheint N. Florov noch besonders wichtig, weil er es für möglich hält, daß ihre Zusammenfassung zu Bodentypen bei der Weiterentwicklung der Bodenlehre einmal an Wert verlieren könne, während die kartenmäßige Festlegung der Einzelmerkmale dauernd erhalten werde. Auch eine etwaige neue Richtung wird sie als Grundlage benutzen können. An solchen Kartogrammen wurden ausgeführt: die Humusverteilung, die Mächtigkeit der Humushorizonte, die Mächtigkeit des rotbraunen Horizontes, die Tiefe bis zu welcher das Aufbrausen feststellbar ist, die Verteilung der verschiedenen Karbonatformen, die Verteilung der Tierhöhlen und -gänge, die mechanische Zusammensetzung. Auch die Methode der schichtweisen Bauschanalysen wurde angewandt. Parallel damit gingen, besonders hinsichtlich der Löslichkeit der Sesquioxyde, schichtweise vorgenommene Salzsäureauszüge. Zum Studium des Untergrundes wurden 40 Gruben von 10—20 m Tiefe ausgehoben. Dabei wurden im Löß besonders die begrabenen Böden und in den Glazialablagerungen die drei verschiedenen Vereisungen studiert. Hand in Hand mit den bodenkundlichen gingen hydrologische, hydrogeologische, geologische, lagerstättenkundliche, botanische und meteorologische Arbeiten. Im ganzen dauerte dieAufnahme bis 1920. Die Zusammenarbeit mit den landwirtschaftlichen Feldversuchen war für Landwirtschaft und Bodenlehre sehr fruchtbar. Es wurden Gesetzmäßigkeiten in der Wirkung der Kunstdünger, des Zusammenhanges zwischen Böden und Ernteerträgen festgestellt und die Lage neu zu erbauender Versuchsstationen geklärt. Auch hier kam es zur Anlage eines großen Bodenmuseums in Kiew, das eine Riesenzahl bedeutender Bodenmonolithe aufweist.

In ähnlicher Weise wurden die Gouvernements Tschernigow, Ekaterinoslaw, Cherson, Podolien, Wolhynien zu Taxationszwecken kartiert. Eine Zusammenstellung der einzelnen Karten wurde von N. Florov im Maßstabe 1 : 420000 vorgenommen, die aber bisher nicht veröffentlicht worden ist. Erst 1927 erschien die Zusammenstellung von G. MACHOW, die weiter unten beschrieben wird.

Gelegentlich des 2. internationalen Bodenkongresses 1930 in Rußland war es möglich, die bedeutenden Kartierungsleistungen einiger Institute kennen zu lernen, aus denen hervorgeht, daß von vielen Stellen aus kartiert wird. Wohl die bedeutendste Kartensammlung dürfte DOKUTSCHAJEFFS Bodenkundliches Institut der Akademie der Wissenschaften in Petersburg besitzen, von dem auch seit langer Zeit ein großer Teil der Kartierungsarbeiten geleistet worden ist. Hier sind auch die neuen Übersichtskarten des europäischen und des asiatischen Rußlands entstanden. In Moskau ist vor einigen Jahren ein Institut gegründet worden, das die Kartierung auf breitester Basis betreibt. Nach Mitteilung von V. V. HEMMERLING, unter dessen Leitung dasselbe bis Ende 1929 stand, sind im Jahre 1930 500 Bodenkartierer tätig gewesen, die über eine Million Hektar kartiert haben. In der Versuchsanstalt für die Böden der Trockengebiete in Saratow war eine Anzahl Karten ausgestellt, von welchen mehrere aus der deutschen Wolgarepublik im Maßstabe 1 : 16000 eine genaue Darstellung des Bodenmosaiks der Trockensteppe bringen. In Charkow werden unter Leitung von A. N. SOKOLOWSKY Boden- und Vegetationskarten im Maßstabe 1 : 5000 hergestellt, welche in eine Bonitierungskarte übertragen werden sollen. G. MACHOW[1] hat dort Übersichtskarten der Ukraine ausgeführt, von welchen mehrere mit Eintragungen der physikalischen Bodenbildungsbedingungen, der Vegetation u. a. im Abschnitt über „Die Steppenschwarzerde“[2] dieses Handbuches wiedergegeben sind.

Auf der großen Ausstellung von Bodenkarten, Bodenprofilen, wissenschaftlichen Arbeiten, Instrumenten usw., die anläßlich des Kongresses in Moskau unternommen war, fielen mehrere Bodenkarten für die neuen großen Sowjetwirtschaften durch ihre Einführung praktischer Gesichtspunkte auf. Eine Bodenkarte der Kornfarm Medvezhie von NIKITIN[3] im Maßstabe 1 : 10000 hatte nachstehende Einteilung: Für den Landbau 1. geeignet, 2. bedingungsweise geeignet, 3. ungeeignet. Unter 1 sind genannt stark und schwach degradierter, toniger, klumpiger Tschernosem, schwach degradierter, lehmiger, klumpiger Tschernosem, ausgelaugter toniger bzw. schwerer lehmiger bzw. mittel- bzw. schwach lehmiger klumpiger Tschernosem, leicht und mittel alkalisierter Tschernosem, nußartiger solodierter (gebleichter) alkaliner Tschernosem. Unter 2: stark degradierter lehmiger klumpiger Tschernosem, mittelstark alkalisierter Tschernosem, prismatischer und säuliger Alkaliboden u. a. Unter 3.: stark alkalisierter Tschernosem, säuliger bzw. krustiger toniger sumpfiger Solodj (ausgebleicht), Salzwiesen usw. MASYRO und SCHADRINA[4] hatten das Kartenwerk einer anderen „Kornfabrik“ ausgestellt, welches aus 3 Teilen bestand. Der erste Teil war die Bodentypenkarte mit 24 Einheiten, bei welchen auch auf die Mächtigkeit der Krume Gewicht gelegt wurde. So wurde eine Mächtigkeit von 30—50 cm von einer solchen von 50—70 cm unterschieden. Die zweite Karte ist eine Vegetationskarte, auf der Heuschläge und Weiden, Poa-pratensis-Assoziation, Alkalisteppen, Poa-Triticum-Assoziation, Stipa-Festuca-Assoziation, Wald und Acker unterschieden wurden. Die dritte ist eine aus den beiden anderen bearbeitete Bonitierungskarte, welche 3 Bodengüten I, III a, b, II a, b, c und für Acker ungeeignete Bodenstellen aufweist.

Nachstehend folgen einige Beispiele von Bodenkarten verschiedener Institute.

---

[1] In: Contributions to the Soils of Ukraine (russisch) Nr. 6. Kharkow 1927.

[2] Vgl. dieses Handbuch 3, 282, 283, 284. 1930.

[3] NIKITIN, N.: Bodenkarte der Korn-Sowjetfarm Medvezhie. 1 : 10000. 1930.

[4] MASYRO u. SCHADRINA: Bodenkarte der Kornfabrik des Kondourowsky-Massivs. 1 : 25000. 1930.

Ein methodisch wertvolles Kartenwerk ist das von N. A. DIMO[1] in seiner und B. KELLERS Arbeit über die Halbwüste. Es enthält außer zahlreichen Tafeln mit Vegetations-Pflanzenbildern, graphischen Darstellungen, Bodenquerschnitten 4 Karten, davon 3 Boden- und 1 hypsometrische Karte. Ein kleines Kärtchen im Maßstabe 1:1000 mit darunterstehendem Bodenquerschnitt zeigt den Einfluß des Reliefs auf die Ausbildung der Bodentypen. Das Plateau und seine schwachen Wellen hat den typisch-tonigen braunen Boden der Halbwüste. An den flachen Abhängen der Vertiefungen tritt Solonetz (säulenförmiger Alkaliboden), in einer kleinen Vertiefung und an den steileren Hängen einer größeren dunkler, oft schwach gebleichter, degradierter Boden, in der größeren Vertiefung „Podsol" (oder wie man jetzt für die Bleichung in der Steppe sagt: Solodj) auf. Dieses eigentümliche Bodenmosaik mit seiner Abhängigkeit vom Relief und der dadurch bedingten Wasseransammlung ist dann im Maßstabe 1:420 für einen Teil der Großsteppe der Umgebung von Sarepta dargestellt. Die Einteilung lautet: degradierter Boden des Ulmenbusches, dunkelkastanienfarbiger Boden in größeren Vertiefungen, hellkastanienfarbiger Boden in kleineren Vertiefungen, dessen Übergang zu tonigem Halbwüstenboden, typischer toniger Halbwüstenboden, Säulensolonetz, Rindensolonetz, unentwickelte Böden kleiner Hügelchen, Hügelchen und Erhöhungen der Ziesel. Insgesamt besteht nicht die Hälfte der Fläche aus dem Halbwüstenboden, dennoch ist er der Haupttypus, der auf einer Übersichtskarte allein dargestellt würde. Die hypsometrische Karte in 1:840 zeigt Höhenschichtlinien der Bodenfläche im Abstande von 5 Zoll, so daß man das Relief der Bodenkarte genau ablesen kann. Die vierte Karte ist eine Bodenübersichtskarte im Maßstabe 1:84000 des gleichen Gebietes. Sie hat 26 Unterscheidungen, davon sind 10 Darstellungen des vorstehend beschriebenen Nebeneinanders, der Komplexe. Benannt sind diese nach dem Vorherrschen des einen oder anderen Typs: Vorherrschen des braunen Halbwüstenbodens zu 90%, zu $66^2/_3$%, zu 50%, Anteil von $33^1/_2$—25%, von 10% usw. Die Kartendarstellung ist ein Versuch, das überall vorhandene Nebeneinander der verschiedenen Typen ohne Unterdrücken des wahren Bodencharakters zu erfassen.

L. J. PRASSOLOW[2]: Böden von Südtransbaikalien. Leningrad 1927. Die Karte im Maßstabe 1 : 4200000, also eine Übersichtskarte, hat die folgende Einteilung: (weit überwiegend) Gebirgstayga (Sumpfwald) mit überwiegend schwach podsolierten Böden von heller Farbe und geringer Mächtigkeit (es kommen vor Podsol-, lehmige Podsol-, Moor- und alluviale Wiesenböden). Torfmoorböden zeitweiliger oder der Flußmündungssümpfe. „Goltsy": Gebirgstundraböden, vernäßte, versumpfte und trockene Podsolwiesenböden inmitten felsiger Höhen, Geröllböden und Schutt. Höhen und Abhänge: Es überwiegen torfige Podsol- oder lehmige Böden. Waldsteppe: Es überwiegen schwach gebleichte dunkelfarbige Böden und tonig-lehmige Tschernoseme; ferner degradierte, sandige Wiesen- und Alluvialwiesenböden. Teilweise verwehter Sand, z. T. mit Wald bedeckt. Wiesensteppe: vorherrschend ausgelaugte Tschernoseme verschiedener Art und Übergänge zu fetten Tschernosemen; ferner Wiesen-, solontschakartige Wiesen- und Alluvialwiesenböden. Trockene Tschernosemsteppe: vorherrschend humusarme (südliche) Tschernoseme; ferner Salzböden, solontschakartige Wiesen- und Alluvialwiesenböden. Trockene Steppe mit kastanienfarbigen Böden: vorherrschend dunkelkastanienfarbige, nicht solonetzartige Böden; ferner Solonetz, Solontschak und solontschakartige Wiesenböden (darin mit Kreisen die Stellen der stärksten Verbreitung der Salzböden). Allu-

[1] DIMO, N. A. und B. A. KELLER: Im Gebiet der Halbwüste. 1907.

[2] PRASSOLOW, L. J.: Böden von Südtransbaikalien. Hrsg. von der Akademie der Wissenschaften, S. 429. Leningrad 1927.

viale Böden verschiedener Typen. L. J. PRASSOLOW versucht trotz des kleinen Maßstabes dem tatsächlichen Befunde des ständig wechselnden Nebeneinanders der Typen gerecht zu werden. (In der Regel werden die Übersichtskarten sehr vereinfacht, wodurch der nicht eingeweihte Benutzer notwendigerweise auf die Vorstellung einer gleichmäßigen Bodenverteilung kommt, die in Wirklichkeit aber nirgends besteht.) Die Farbenwahl sucht einzelne Bodenfarben wiederzugeben, und zwar Hellrot für Podsol, Grau für die tschernosemenartigen Böden, Kastanienbraun für die kastanienfarbigen Böden, jedoch kann diese Art der Darstellung nicht konsequent sein. Die Moorböden sind blau, die Gebirgstundra bläulichgrau, die Alluvialböden grün usw. dargestellt.

Unter der Leitung von L. J. PRASSOLOW hat A. P. PRONIEWITSCH[1] eine Karte der landwirtschaftlichen Versuchsstation Pleskau (Pskow) im Maßstabe 1 : 1333 ausgeführt. Mit Schraffuren sind darin die folgenden 12 Typen unterschieden: Nicht gebleichter Humusboden; derselbe vergleit, verborgen podsolierte Böden; schwach, mäßig, stark gebleichte Böden; mäßig gebleichte, wenig vergleite Böden; podsolierte Gleiböden; Gleipodsole; schwach gebleichte Gleiböden; torfige Podsolböden; torfig-moorige Böden; Alluvialböden und eine recht genaue Aufteilung podsoliger und Grundwasserböden.

Bodengeographische Karten nach Art der von B. B. POLYNOW zuerst im Dongebiet und in der Nordmongolei ausgeführten haben aus einem anderen Teile der Nordmongolei N. LEBEDEV und JN. NEUSTRUJEW[2] veröffentlicht. Sie bezeichnen sie als Karten elementarer Naturlandschaften. Sie sind im Maßstabe 1 : 200000 farbig angelegt. Die Erklärung dazu ist in drei Reihen gegliedert. Jede Farbe bezeichnet sowohl geomorphologische Elemente als auch die Pflanzendecke und die Böden und Oberflächenbildungen. Es entsprechen einander:

Im Gebiet der felsigen Bergkämme	Berggipfel und steil abfallende Abhänge	Grassteppe mit schwacher Pflanzendecke unbeständiger Zusammensetzung	Granitfelsen, Blockhaufen und Steinschutt
	Sanft abfallende Abhänge und ausgeglichene Stufen	Grassteppen mit dichter Pflanzendecke	Bodenkomplex aus zwei Komponenten: dunkelfarbige ausgelaugte und dunkelbraune Steppenböden
	Untere Teile der Abhänge und Hohlwege mit flachem wasserlosem Bett	Pflanzendecke mit Steppen- und Wiesenpflanzen und einigen Sträuchern	Grober Steinschutt und sandlehmige Ablagerungen in den Vertiefungen
Im Gebiet der hügeligen Vorgebirge	Ausgeglichene Oberfläche der Gipfel der Hügel und terrassenförmigen Abstufungen der Vorgebirge	Pflanzendecke mit Gramineensteppen, Wiesenpflanzen und Elementen der steinigen Steppen	Kastanienfarbige Steppenböden mit verschiedener Mächtigkeit des Humushorizonts und scharf begrenztem Alluvial-Karbonathorizont
	Talförmige, das Gebiet der Vorgebirge zergliedernde Senken	1. Grassteppen mit Stipa und Wiesenpflanzen 2. Pflanzendecke mit Elementen der steinigen Steppen 3. Solontschakwiesen	Bodenkomplex kastanienfarbiger Böden und ihrer salzhaltigen Varietäten auf sandlehmigen Ablagerungen

[1] PRONIEWITSCH, A. P.: Böden der landwirtschaftlichen Versuchsstation Pskow. Leningrad 1929.

[2] LEBEDEV, N. u. JN. NEUSTRUJEW: Bodengeographische Forschungen im Gebiete des Sees Iche-Tuchum-Nor (Nordmongolei). Hrsg. von der Akademie der Wissenschaften, S. 75—144. Leningrad 1930.

Auf der akkumulativen Terrasse	Dritte (hohe) Terrasse	Gramineensteppe mit vereinzelter Pflanzendecke	Hellkastanienfarbige Böden auf kiessandigen Ablagerungen
		Assoziation der Solontschakwiesen mit einzelnen Steppenelementen	Hellkastanienfarbige Böden mit einigen Solonetzprozessen auf sandlehmigen Ablagerungen
	Zweite Terrasse	Stauden von Stipa splendens mit einer Reihe von Solontschakwiesen und mit Salzrinde bedeckte pflanzenlose Flecke (Hudjir)	Komplex Karbonat-Solontschakböden auf lößartigen Ablagerungen mit Chloridsulfat-Solontschak
	Wasserlose Teile der Seedepressionen	Solontschakassoziation mit vorherrschender Salsola und bedeutenden pflanzenlosen Flecken mit Salzrinde	Wiesensolontschakkomplex

Eine zweite Karte hat eine entsprechend den anderen Verhältnissen etwas andere Einteilung. Diese Art der Kartierung verbindet ohne Zweifel sehr eng Zusammengehöriges miteinander. Überall läßt sich der innige Zusammenhang zwischen Bodentypus, Vegetation und Relief feststellen. Neu ist die grundsätzliche Äußerung über alle drei Teile unter einer einzigen Signatur, die wahrscheinlich auch bei genaueren Kartierungen als die im Maßstabe 1 : 200000 ihren Wert haben dürfte. Die Topographie der Karten zeigt Höhenschichtlinien bei Unterschieden bis zu 380 m. Außer diesen Karten sind noch eine hypsometrische und eine petrographische Übersichtskarte des Gesamtgebietes beigegeben. Die Arbeit selbst enthält zahlreiche Abbildungen der verschiedenen natürlichen Landschaftsformen mit ihren leicht erkennbaren drei Elementen, sowie geologische Profile, botanische Listen und Tabellen von Laboratoriumsanalysen.

Zahlreiche Sowjetgüter sind in den letzten Jahren kartiert worden, so u. a. die Riesenfarm Gigant[1] von N. J. Sawwinoff auf Grund einer bodenagronomischen Forschungsreise der Landwirtschaftlichen Akademie Timiriazew bei Moskau unter Leitung von W. R. Williams und V. B. Buschinsky. Die Karte hat den Maßstab 1 : 150000 und eine Größe von 50 × 60 cm². (Die Farm hat eine Fläche von 120000 ha.) In der Zeichenerklärung wird darauf hingewiesen, daß alle Böden lehmartige Verschiedenheiten zeigen und sich auf lößartigem Lehm entwickelt haben. Unterschieden werden auf der Karte: mächtiger, mittlerer und gewöhnlicher Karbonattschernosem, letzterer zusammen mit südlichem Tschernosem; das gleiche mit Flecken von kastanienfarbigem Boden; Komplex des kastanienfarbigen Bodens mit 5% Säulensolonetz; das gleiche mit 25%; Salzboden des Manytschtales, der Schluchten und Salzsümpfe; Boden der Schluchten und entblößte steile Abhänge; dunkelfarbiger Boden der Vertiefungen; ausgelaugter podsolartiger Boden der Vertiefungen. Diese Art der Darstellung ist mehr der normalen, typischen Kartendarstellung der meisten russischen Karten genähert.

B. A. Klopotowski[2] hat das Sowjetgut Udabno im Maßstabe 1 : 50000 aufgenommen, bei dem viele Schwarz-, Kastanien-, Braun- und Grauerdevarietäten und versalzte Böden unterschieden werden. Die Karte gibt eine gewisse Vorstellung des ungeheuren Bodenwechsels in der flachen Trockensteppe.

---

[1] In: Zernotrust: Le Problème des Céréales et l'organisation du Trust pour la production des Blés. Moskau 1930.

[2] Klopotowski, B. A.: Bodenkarte der Ostseite der Garedzezijsksteppe. Gebiet des Sowjetgutes Udabno und Umgebung. Tiflis 1930.

Eine indirekte Darstellung des Bodenmosaiks neben direkten Darstellungen einiger Teile daraus gibt M. WOSKRESSENSKY[1]. Die Karte hat den Maßstab 1 : 150000. Es sind mit Farben dargestellt: Wiesen- und Moorwiesen; teilweise Solontschakböden der Terrassenabhänge; Komplexe der Täler aus Schwarzerde von erhöhter Mächtigkeit mit Solonetzvarietäten (tiefe und kurze Säulen) und dunkelfarbige Böden seltener Senken; Komplexe aus dunkelkastanienfarbigen Böden von 5—5,5 % Humus mit Solonetzvarietäten in Senken; Komplexe aus dunkelkastanienfarbigem Boden von 3,5—4,5 % Humus mit vorherrschenden, versalzten Böden, Solonetzvarietäten, dunklen Senkenböden und grauen Salzbuchtenböden; ähnliche Komplexe mit kastanienfarbigen Böden von 2,5—3 % Humus; Alluvium, komplexe Böden der ersten Terrasse. Außer diesen verwirrenden Komplexangaben der Farben sind mit Schraffuren die Prozentzahlen des Anteils der Solonetzböden in den Komplexen, nämlich bis 10 %, von 10 bis 25 %, von 25—40 %, von 40—50 %, von 50—70 %, über 70 % angegeben. Im nördlichen Teil des Gebiets erweist sich der Anteil von 25—40 %, im südlichen der von 15—25 % am stärksten. Aber auch die mit höheren Prozentanteilen ausgestatteten Böden sind nicht unerheblich vertreten. Einige in großen Maßstäben ausgeführte kleinere Karten zeigen in direkter Darstellung Komplexe mit 10,9 %, mit 26 % und mit 60 % Solonetz. Mehrere Profiltafeln sind beigefügt.

Im nördlichen Vorgebirge des Kaukasus, beiderseits des Terek, haben sowohl S. S. NEUSTRUJEFF als auch A. M. PANKOW und deren Mitarbeiter zahlreiche Kartierungen vorgenommen, und zwar S. S. NEUSTRUJEFF und E. N. IWANOWA[2] im Kreise Malaja-Kabarda der autonomen Balkar-Kabardina-Republik. Hier sind mit Schraffuren dargestellt: grauer Waldboden und degradierter Tschernosem; mittlerer Tschernosem, gebirgig; südlicher, armer Tschernosem, gebirgig; südlicher Tschernosem mit Übergängen zu den kastanienfarbigen Böden auf der oberen Terrasse; Komplexe halbtrüber und salziger Tschernoseme an den Abhängen der Täler und auf dem Talboden; braune sandig-tonige Böden der oberen Terrasse; braune Böden der mittleren Terrasse von teilweise grober Zusammensetzung, salzig; Komplex von Wiesenboden tschernosemartigen Charakters mit kompaktem, hartem Karbonathorizont; südlicher armer Tschernosem der unteren Terrasse mit Spuren ehemaliger übermäßiger Durchfeuchtung (Wiesencharakter); salzige, feuchte Wiesenböden der unteren Terrasse; dunkle tschernosemartige Wiesenböden der mittleren Terrasse, teilweise salzig, mit weißlichem, manchmal hartem Karbonathorizont; versumpfte Solontschak- und salzige Böden in Senken der unteren Terrasse; Böden des den Überschwemmungen ausgesetzten Teils der unteren Terrasse, schwach ausgeprägte versumpfte Wiesenböden und veränderte alluviale Absätze. Aus dieser Karte geht ebenso wie aus den meisten anderen hervor, daß die Zugehörigkeit der morphologisch genau aufgenommenen Bodentypen zu den Oberflächenformen im Vordergrunde der Feststellungen steht.

Zahlreiche bedeutende Kartierungen sind von A. M. PANKOW[3] und seinen Mitarbeitern im vorkaukasischen Gebiete beiderseits des Terek vorgenommen

---

[1] WOSKRESSENSKY, M.: Recherches du sol dans le bassin du Sal. Prisalskaja Datscha. Trav. Assoc. Inst. sci. du Caucase du Nord, Nr. 38, Lief. 11. Rostov am Don 1928.

[2] NEUSTRUJEFF, S. S. u. E. N. IWANOWA: Die Böden des Kreises Malaja Kabarda des Balkar-Kabardiner autonomen Gebietes. Leningrad 1927.

[3] RIBAKOW, M. M.: Die Böden des rechtsufrigen Ossetiens, des nordwestlichen Juguschetiens, des mittleren Teils des autonomen Bezirks der Sunsha und des westlichen Teils der Tschetschnja (russisch). Karte 1 : 210000. Wladikawkas 1927. — PANKOW, A. M.: Bodenkarte des ebenen und vorgebirgigen Teils des Terekbeckens (russisch). 1 : 420000. Wladikawkas 1928. — Zur Kenntnis der Bodenstatistik des Klein-Kabardiner Bewässerungsversuchsfeldes (russisch). 1 : 4000. Klein-Kabarda 1929. — Die Böden der vor-

worden. Es möge hier nur die große Karte der Arbeit über die Böden der gebirgigen Tschetschnja besprochen werden, an welcher außer A. M. Pankow noch W. M. Molotkin, E. Pawlow und andere mitgearbeitet haben. Die farbige Karte im Maßstabe 1 : 210000 gibt an sich ein schönes klares Bild, das auf den ersten Blick ziemlich einfach zu sein scheint. Trotzdem hat die Farbenerklärung nicht weniger als 79 Nummern für Farben und farbige Schraffuren. Das Gebiet erstreckt sich von den Steppen der Terekebene bis zu den hohen Gipfeln des Hochgebirges. Ein Bodenschnitt durch das Gebiet zeigt den Zusammenhang der Böden mit den Oberflächenformen. Es kommen hier so ziemlich alle bekannten Typen mit Ausnahme tropischer und subtropischer vor. Auch Komplexe sind in großer Zahl ausgeschieden. Die Kartengröße beträgt 80 × 100 cm². Mit ihrer Ausdehnung auf die so ungewöhnlich zahlreichen Typen dürfte sie eine der eigenartigsten, bisher veröffentlichten Bodenkarten sein. Die Verteilung der Farben ist für die gegenwärtige Durcharbeitung der Typen in Rußland recht kennzeichnend. Zwei Drittel der Karte entfällt auf das gebirgigere und Gebirgsland, ein Drittel auf das überwiegend flache und stellenweise hügelige Vorland. Auf die gebirgigen Teil esind nur 16 Farben mit farbigen Signaturen verwandt, alle übrigen 63 Farben verteilen sich auf die flachen und hügeligen Anteile mit ihren unendlichen Komplexen.

Welche Schwierigkeiten die Kartierung des Gebirgslandes den Bodenforschern bereitet, zeigen die genauen Karten, welche von J. N. Antipow-Karatajew, Marie Antonowa und W. P. Illjuwiew unter Leitung von L. J. Prassolow[1] im Botanischen Garten Nikitsky in der Krim aufgenommen sind. Die erste Karte im Maßstabe 1 : 126000 wird als schematische Karte der Hauptkulturböden auf der Südküste der Krim bezeichnet. Sie gibt in Schraffuren: schiefrige dunkelfarbige, braune, graue und gelbe lehmigkalkige, rotbraune Böden, ferner solche auf Eruptivgesteinen, lehmige Böden gemischten Ursprungs, aufgeschwemmte Talböden, Felsen und stark steinige Stellen an. Vom Nikitsky-Garten sind 5 Karten wiedergegeben, und zwar eine topographische im Maßstabe 1 : 4200 mit Höhenschichtlinien von 5 zu 5 m, die von der Höhe 170 bis zum Schwarzen Meer hinunterreichen, ferner 4 Bodenkarten auf einem Blatte nebeneinander, von welchem die vierte als Kartogramm der Gruppen, Untergruppen und Varietäten der Kulturböden bezeichnet wird. Auf ihr sind Flächen, die mit Ziffern und Buchstaben versehen sind, abgegrenzt. Die Erklärung gibt dazu eine Übersicht über die 6 vorhandenen Bodengruppen mit vielen Unterabteilungen: 1. Tonschieferböden auf Schiefergestein und dessen Derivaten, Unterschiede nach dem Muttergestein und nach dem Kalkgehalt; 2. kalktonige Böden von gelbbrauner Farbe auf Kalkeluvium mit oder ohne verdichtetem rotbraunem Horizont, Untergruppen nach dem Kalkgehalt; 3. rotbraune Tonböden auf rotem Ton (Eluvium von Kalksteinen); 4. kalktonige graubraune Böden auf einer Mischung von Kalk- und Schiefergesteinen; 5. tonige

gebirgigen Tschetschnja (russisch). Wladikawkas 1930. — Untersuchung eines Bodenkomplexes im Gebiet des mächtigen Tschernosems (russisch). 1 : 6000. Leningrad 1930. Akademie der Wissenschaft. — Arbeiten des Institutes Dokutschajeff für Bodenforschung. 1 : 6000. Leningrad 1930. — Die Böden der Distrikte Stepnowsky, Mosdowsky und Naursky im Departement Terek (russisch). Arbeiten der nordkaukasischen Vereinigung von wissenschaftlichen Instituten Nr 73, Folge 2. Maßstab 1 : 200000. Rostov am Don 1930. — Sonn, S. W.: Die Böden des Tales Karkar im Bezirke der Stadt Bujnaksk DSSR. Beitr. zur Untersuchung der Böden des Dagestans V. (russisch mit deutscher Zusammenffassung). 1 : 500. Wladikawkas 1930.

[1] Antipow, J. N., M. A. Antonowa u. W. P. Illjuwiew: Böden des Nikitsky-Gartens in der Krim (russisch mit deutscher Zusammenfassung). Bureau of Soils of State Inst. of Exper. Agron. Bull. 4, N. F. Leningrad 1929.

Böden mit Versumpfungsmerkmalen; 6. dunkelgraue Mergelböden. Die Erklärung zeigt also keinen der sonstigen Haupttypen der russischen Bodenforschung, sondern es treten in dem gebirgigen Garten die Muttergesteinseigenschaften stark hervor. Die Autoren rechnen einen Teil der Böden zu E. RAMANNS Braunerden. Der Besuch des Gartens durch den 2. internationalen Bodenkongreß 1930 ließ jedoch keine Braunerden erkennen, sondern junge unreife Böden von tschernosemartigem Habitus, Humuskarbonatböden und deren Degradationserscheinungen und anderes. Die drei anderen Karten geben an: die Verteilung des Gehaltes an Skeletteilen in den Abstufungen 3—10%, 10—40%, 40—60%, von ersterem nur ganz wenig; den Gehalt an $CaCO_3$ in der oberen Schicht der Böden mit den Abstufungen ohne $CaCO_3$, 1—6%, 6—15%, 15—30%, von ersterem nur wenig, vom zweiten überwiegend; die Verteilung der Farbe in der oberen Schicht der Böden, Hellbraun, leuchtend Bräunlich, Gelblichbräunlich, Gelbbraun, Dunkelgelbbraun, Dunkelbraun, Gelbgrau (Helloliv), Bleichgelbbräunlich (kalt), Bräunlichgelb (kalt); die Farben sind außerdem nach W. OSTWALDS Tabelle bezeichnet. Diese genaue und sorgsame Kartierung zeigt recht klar die Schwierigkeiten, welche derartige Gebirgsböden auf stark wechselndem Gestein und mit wechselnden Oberflächenformen noch gegenwärtig der Einreihung in die sonst schon weit ausgebaute Klassifikation bereiten.

Ein schönes Werk der regionalen Bodenforschung ist G. MACHOWS[1] Übersichtskarte der Ukraine mit dem zugehörigen Bande über die dortigen Böden. Die Ukraine ist fast so groß wie das Deutsche Reich, die Karte im Maßstab 1 : 1050000 nimmt infolgedessen den Umfang 100 × 75 cm ein. Es ist überwiegend Flachland mit eingeschnittenen Flußtälern. Den größten Teil des Gebiets nehmen zahlreiche Varietäten der Steppenschwarzerde ein, im Nordwesten ist ein größeres Gebiet von primär podsolierten, südlich davon ein ebenso großes von sekundär podsolierten (degradierten) Böden vorhanden. Doch ziehen sich breite Streifen von Podsolböden beider Gruppen auch durch große Teile der Schwarzerdesteppen, wie sich auch andererseits zwischen dem Hauptgebiet der primärpodsolierten Böden im Nordwesten und den sekundärpodsolierten südlich davon eine breite Zone von mächtigem Tschernosem eingeschoben hat. Der Süden des Gebietes wird von schokoladenbraunem (südlichem) Tschernosem eingenommen, der demjenigen in Rheinhessen und in der Rheinpfalz gleicht. Ganz im Süden auf der flachen Küste am Schwarzen und Asowschen Meere ist der Boden voll von Salzwasser. Auch nach Norden zu bis an den Dnjepr sind viele Salzböden, namentlich der Typus Solodj, der durch podsolähnliche weiße Quarzbildung in der Oberkrume ausgezeichnet ist und sich in Senken findet, angegeben. Aber auch nördlich des Dnjepr bis in das Gebiet der Podsolböden kommen große Flächen von Salzböden vor. Die primär podsoligen Böden sind zumeist auf Flußsanden, Moränen und fluvioglazialen Ablagerungen, aber auch auf Löß gebildet, die sekundär podsoligen und die Steppenböden dagegen zumeist auf Löß, aber auch auf Flußterrassen, paläogenen, kretazischen und karbonischen Gesteinen kommen sie vor. Nicht weniger als 44 Farben, Farbnuancen und Signaturen sind für die Darstellung verwendet worden, davon 8 für die primär podsolierten, 4 für die sekundär podsolierten, 23 für die verschiedenen Tschernosemvarietäten, 4 für Salz- und Alkaliböden, 3 für Moore, 2 für Sandablagerungen. Die Farben sind kräftig und geben infolge geschickter

[1] MACHOW, G. G.: Bodenkarte der Ukraine. Hrsg. von der Abteilung für Bodenkunde des ukrainischen wissenschaftlichen Ausschusses für Landwirtschaft bei dem Volkskommissariat für Landwirtschaft der UkrSSR. (ukrainisch mit russischer und englischer Übersetzung). Maßstab 1 : 1050000. Charkow 1926. — Beiträge zum Studium der Böden der Ukraine. Nr. 7. Bodenkarte der Ukraine (ukrainisch). Charkow 1927. — Ukrainische Böden. Charkow 1930.

Auswahl ein plastisches Bild der Oberflächenformen. So sind bei den Tschernosemvarietäten die höher gelegenen dunkelgrau oder dunkelgelbbraun, die tiefer gelegenen in mehreren Abstufungen heller. Infolgedessen tritt an vielen Stellen die Wirkung der Flußerosion deutlich hervor. Das 1930 erschienene Buch MACHOWS über die ukrainischen Böden, das neben dem ukrainischen Text einen 20 Seiten langen englischen Auszug „Tafeln für die Bestimmung der hauptsächlichen Bodeneinheiten" enthält, ist durch 20 Tafeln mit 39 farbigen Bodenprofilen ausgezeichnet, die jedes eine Originalaufnahme darstellen und gut gelungen sind. Zahlreiche Landschaftsbilder, schwarze Profile und Abbildungen der Aufnahmemethode kommen auf dem schlechten Papier nicht recht zur Geltung. Zwei größere Profiltafeln geben mit Hilfe von Zeichnungen den Zusammenhang zwischen Charakterpflanzen, Relief und Bodenprofilen und zwischen Bodenausbildung und Mikrorelief, z. T. mit Vergleichskurven von Ernteerträgen und Niederschlag während der Vegetationszeit, wieder. Dieser Zusammenklang zwischen der Karte, den Profilen mit ausführlichen Beschreibungen, zu denen auch eine Reihe von Standardanalysen, sowie eine geologische und eine botanische Einleitung und eingehende Erörterung der Aufnahmemethoden hinzutritt, erfüllt fast alle Ansprüche, die man zur Zeit an eine vollständige regionale Bodenlehre stellen kann. Es scheinen jedoch ausführliche Besprechungen über den Zusammenhang zwischen den Böden und der auf ihnen betriebenen Landwirtschaft zu fehlen.

Die große neue Übersichtskarte der Böden des europäischen Rußlands im Maßstabe 1:2520000 ist 1930 von dem DOKUTSCHAJEFFschen Institut der Akademie der Wissenschaften herausgegeben worden. L. J. PRASSOLOW hat sie nach den Einzelkarten zahlreicher Autoren zusammengestellt. Sie umfaßt 6 Blätter. Die Zeichenerklärung enthält 50 Farben und Zeichen, der Text ist russisch und englisch. Im allgemeinen ist die Flächendarstellung einzelner Typen mit Unterscheidung der Bodenarten gewählt, nur wenige Komplexe sind angegeben. Die Podsolvarietäten werden mit den offiziellen rosa Farbennuancen, die Steppen- und Trockensteppenböden mit grauen und braunen Tönen dargestellt.

Im Vergleich zu den Karten der Bodensäureverteilung, welche gegenwärtig in mehreren Ländern herausgegeben werden, muß noch auf vier Bodensäurekarten hingewiesen werden, welche V. V. HEMMERLING[1] bei viermaliger Untersuchung desselben Feldes aufgenommen hat. Die Aufnahmen sind im August und im Oktober zweier aufeinander folgenden Jahre bei verschiedener Temperatur und verschiedenem Feuchtigkeitsgehalt der Böden erfolgt. Die p_H-Zahlen schwanken zwischen 6 und 8. Die Verteilung der Werte ist bei den verschiedenen Aufnahmen so grundverschieden, daß jede einzelne Karte nur Zufallswerte aufweisen kann.

Asien.

Die Bodenkartierung Asiens hat sich im Anschluß an diejenige anderer Länder verschieden entwickelt. Das asiatische Rußland und angrenzende Gebiete wie die Mongolei, die Mandschurei und Japan sind von russischen Bodenforschern aufgenommen worden. In Japan wird nach deutschem Vorbilde geologisch-agronomisch kartiert, Ostindien nach englischem Muster; in China, den Philippinen und z. T. Niederländisch-Indien wird nach amerikanischer Methode gearbeitet, in Niederländisch-Indien auch nach eigener. Über das asiatische Rußland ist bereits manches in dem Abschnitt über Rußland, in welchem auch mehrere Spezialarbeiten russischer Forscher über Teile Asiens besprochen worden

[1] HEMMERLING, V. V.: Russian Investigations concerning the Dynamics of natural Soils. Acad. Sci. Russ. Ped. Inv. 7, Abb. 4. Leningrad 1927.

sind, ausgeführt. Eine neue große Karte im Maßstabe 1:10000000 des asiatischen Teils der USSR.[1] ist dort ebenfalls erwähnt worden, die in der gleichen Weise wie die des europäischen Rußlands die Verbreitung der Bodentypen bringt und ihre zum Teil zonale Anordnung erkennen läßt. Sie hat 39 Typen mit Farben und farbigen Schraffuren dargestellt, darunter 2 Arten der Tundra, Torfböden, 7 Arten podsoliger Typen, degradierte und vier andere Varietäten des Tschernosems, 3 Arten des kastanienfarbigen Bodens, 3 Arten der grauen Wüstensteppen und eine des Wüstenbodens, 7 Alkali- und Salzböden mit Komplexen anderer Böden, 4 Arten der Talböden und 7 Gebirgsböden. Die Karte läßt erkennen, daß es sich in den südlichen Teilen um recht fortgeschrittene Aufnahmen handelt. Sie stellt einen wesentlichen Fortschritt gegen früher dar.

Über andere Teile Asiens, in welchen eine gewisse Bodenkartierung stattgefunden hat, enthält der von G. MURGOCI herausgegebene Band des „Etat de l'étude et de la cartographie des sols“ einige Mitteilungen. G. MURGOCI[2] selbst hat 1909 eine Reise durch Anatolien längs der Bagdadbahn unternommen und beschreibt die dort festgestellten Halbwüstenböden, ohne daß es zu einer Kartierung gekommen ist. Erst 1930 konnte F. GIESECKE[3] auf Grund eigener Reisen und unter Zugrundelegung der klimatologischen Daten einen Bodenkartenentwurf Anatoliens anfertigen. Die Karte zeigt die hauptsächlichste Verteilung der Bodenzonen Kleinasiens und führt in erster Linie folgende Bodentypen an: Grauer und brauner Wüstensteppenboden im Bereiche der abflußlosen inneranatolischen Steppe, Salzböden in dem gleichen Gebiete, ferner kastanienfarbiger Steppenboden im Süden des genannten Gebietes. Ferner weist die Karte Skelettböden mit Roterde, Rendzina, hellkastanienfarbigen Boden, braunen Waldboden und podsoligen Boden auf. Das Vorwiegen der Roterdebildung erstreckt sich in erster Linie auf die Gebiete, die sich durch kalkhaltiges Muttergestein und durch den Einfluß des Mediterranklimas charakterisieren. Daß die reine Roterdebildung, flächenmäßig betrachtet, nicht so sehr zum Ausdruck kommt, hängt damit zusammen, daß ähnlich wie in den Karstgebieten Dalmatiens und Istriens die Steilabhänge einer vollständigen Profilausbildung entgegenarbeiten. Die Karte ist im Maßstabe 1:7000000 angefertigt und ist mit derselben Bezeichnungsweise versehen, die der allgemeinen Karte Europas von H. STREMME zugrunde gelegt ist. Die Bodentypen fallen im großen und ganzen mit den Klimazonen zusammen. Von Bodenarten, die allerdings in der Karte nicht aufgenommen sind, weist die Erläuterung auf: Grusböden, Tonböden, Mergelböden, Kalk- und Sandböden. Humusböden sind selten, wenigstens in den Gebieten, die der landwirtschaftlichen Nutzung unterworfen sind[4].

Das Imperial Department of Agriculture in Indien teilt in MURGOCIS Werk[5] mit, daß dort eine besondere Behörde zum Studium der Böden und Bodenbildungen nicht existiere, und demzufolge auch keine allgemeine Bodenaufnahme. Doch werden drei Soil Surveys von Madras, über die nichts Näheres in Erfahrung zu bringen ist, genannt[6]. Beschreibungen der Böden von

---

[1] Reconnaissance Soil Map of the Asiatic Part of RSSR. under the direction of K. D. GLINKA and L. J. PRASSOLOV. Acad. Sci. USSR. DOKUTSCHAJEFFS Inst. Soils. 1:10000000. Leningrad 1930.

[2] MURGOCI, G.: Anatolie. Les sols le long du chemin de Bagdad. Etat de l'étude et de la cartographie des sols, S. 5—7. Bukarest 1924.

[3] GIESECKE, F.: Bodenkundliche Beobachtungen in Anatolien und Ostthrazien unter Berücksichtigung geologischer, klimatischer und landwirtschaftlicher Verhältnisse. Chem. Erde 4, 596 (1930).

[4] F. GIESECKE: Ebenda, S. 597. [5] Ebenda, S. 2, 287.

[6] Bull. Imp. Dep. Agric. 4, 75 (1918) Madras. — A soil survey of the Kistra Delta by W. H. HARRISON, M. R. RAMASWAMI SIWAN und B. WISWANATH 7, 83 (1922) Madras. —

Indore in Zentralindien geben J. HUIDEKOPER und A. L. HUIDEKOPER[1] mit einer kleinen Karte im Maßstabe 1:25 000 000, auf welcher außer einigen geologischen Buchstaben schwarzer Baumwollboden, guter, sehr guter Boden, verschiedene Böden, schlechte Böden, genannt Kharifs, sehr schlechte Böden, genannt Bari, eingetragen sind. Außerdem sind Angaben über die Fruchtbarkeit, die Verbreitung guter Ernten von Weizen, Baumwolle, Opium, Mohn, Mais, Tabak und Reis mitgeteilt, sowie der jährliche Niederschlag zahlenmäßig angegeben.

Über den Fortschritt der Bodenkartierung in Japan berichtet T. SEKI[2]. Die Bodenaufnahme wurde 1882 als eine Abteilung der geologischen Landesaufnahme von M. FESCA begründet. 1905 wurde sie an die landwirtschaftliche Versuchsstation angeschlossen. Insgesamt waren bis 1924 45 Bodenkarten im Maßstabe 1:100000 veröffentlicht worden. Die Bodenaufnahme und die zugehörigen Analysen wurden nach der von M. FESCA eingeführten Methode ausgeführt und die Böden nach den Ergebnissen der mechanischen Analyse klassifiziert. Die hauptsächlich auftretenden Böden sind die folgenden: 1. Böden aus vulkanischen Aschen entstanden; sehr verbreitet. Sie werden als Tone oder lehmige Tone bezeichnet, sind aber sehr bröckelig. Plastizität fehlt, wahrscheinlich infolge des großen Gehaltes an Allophantonen anstatt Kaolintonen; 2. saure Böden; sie werden hier und da in großen Flächen gefunden; 3. im westlichen Teile Japans mit einem Jahresniederschlag von über 2000 mm besonders unfruchtbare Böden, Onji genannt; sie sind von großer Ausdehnung und aus Bimssteinasche entstanden, sehr arm an Alkali, röten blaues Lakmuspapier nicht. Auf Grund chemischer und mineralogischer Untersuchungen hält SEKI sie für teilweise laterisiert. — Bodenkarten von ganz Japan im Maßstabe 1:500000 sind in Vorbereitung, sie werden den Zusammenhang mit petrologischen und klimatischen Bedingtheiten zeigen.

Neuerdings werden Bodenkartierungsarbeiten in Asien auch durch den Ausschuß für die Bodenkarte Asiens bei der Internationalen Bodenkundlichen Gesellschaft angeregt und gefördert. Der Vorsitzende ist B. POLYNOW, der mit Unterstützung der russischen Akademie der Wissenschaften, insbesondere DOKUTSCHAJEFFS Institut für Bodenkunde, das Sammelwerk „Beiträge zur Kenntnis der Böden Asiens" herausgibt, dessen 1. Teil 1930 erschienen ist[3]. B. POLYNOW berichtet hierin über die Kartierungsbestrebungen in den einzelnen asiatischen Ländern.

Von Japan konnte O. N. MICHAILOWSKAJA[4] eine Bodenkarte im Maßstabe 1:6000000 nach japanischen, russischen und deutschen Arbeiten zusammenstellen, auf welcher mit Farben angegeben sind: Bergwiesenböden; Komplexe von podsoligen, leichtpodsoligen und Moorböden; Braunerden und schwachpodsolige Böden; Gelb- und Roterden; Laterite. Mit Schraffuren sind die Muttergesteine bezeichnet, nämlich Eruptivgestein und kristalline Schiefer, Sedimentärgesteine (paläozoisch, mesozoisch, Tertiär), pleistozäne und rezente Ablagerungen. Die Farben sind in Schraffuren auf die Karte gebracht. Leider fehlen die Namen für die Inseln. Im Text ist noch eine Skizze von T. SEKI der Inseln Formosa, Hokkaiso und Südsachalin mit den Bezeichnungen wiedergegeben: podsolierte Böden,

---

A soil survey of the Godawari Delta by V. NORRIS, M. P. RAMASWAMI SIWAN und S. KASSINATHA AYYAR Madras 8, 8 (1923). — A soil survey of the Periyar Tract. Idem. Brieflich wird von M. SANDERS hinzugesetzt: on a small scale.

[1] HUIDEKOPER, J. u. A. L.: A Prelimary Note on the Soils of Indore. Ebenda, S. 283 bis 290.

[2] SEKI, T.: The progress of the soil mapping in Japan and some proposals for future investigations. Ebenda S. 291 u. 292.

[3] POLYNOW, B. B.: Contributions to the knowledge of the soils of Asia. Leningrad 1930.

[4] MICHAILOWSKAJA, O. N.: On the Soils of Japan. Ebenda, S. 9—30.

schwach podsolierte Böden, junger vulkanischer Detritus, wahrscheinlich schwach podsolierte Böden, wahrscheinlich junger vulkanischer Detritus, Alkali und alkalinische Böden.

Nach E. AHNERT, B. IWASCHKEWITSCH, B. SKVORTSOW und anderen hat V. A. BALTZ[1] eine Karte der Mandschurei vom Amur bis nach Peking zusammengestellt, auf der mit Schraffuren angegeben sind: Skelettböden und steinigkiesige Böden; kastanienfarbige Bergböden; Bergschwarzerden; Bergpodsole; Moor- und Podsolböden des Tieflandes; alluviale Böden der Flußtäler; Solontschak; Solonetz; Roterden; Braunerden; hellkastanienfarbige Böden; ausgelaugte und degradierte Schwarzerden; gewöhnliche Schwarzerden; graue Waldböden; podsolige Böden. Es ist hier hauptsächlich von russischen und einem deutschen Autor eine recht ins einzelne gehende Vorarbeit geleistet worden. Der Text enthält bereits außer klimatischen und botanischen Angaben, auch solche für von T. P. GORDEIEW[2] aufgenommene Bodenprofile von schwach degradiertem Tschernosem.

In der Mongolei sind auf Grund der Ergebnisse einer Expedition der russischen Akademie der Wissenschaften Aufnahmen von B. B. POLYNOW, N. N. LEBEDEV und O. N. MICHAILOWSKAJA ausgeführt worden, die zu bemerkenswerten neuen Methoden der Darstellung geführt haben, worüber bereits im Abschnitte über Rußland berichtet worden ist.

Aus Indien ist von einer Reihe von Forschern verschiedener Wissenszweige der genannten Kommission Material geliefert worden, das ebenso wie solches über Insulinde, Indochina und die Philippinen, worüber V. K. AGAFONOW Material eingesandt hat, in DOKUTSCHAJEFFS Institut verarbeitet wird. Anfänge liegen auch bereits von Palästina, Arabien, Kleinasien, Persien, Afghanistan vor.

In den letzten Jahren ist die Geologische Landesanstalt von China auch zur Bodenkartierung übergegangen. Es sind bisher 2 Nummern eines Soil Bulletin herausgegeben worden, welche auch Bodenkarten enthalten.

Nr. 1 des Soil Bulletin enthält eine Arbeit von C. F. SHAW[3] über die Böden Chinas, die eine vorläufige Übersicht darstellt. Die darin enthaltene Karte im Maßstabe 1:8400000 gibt 9 Bodenregionen an: die der Roterden, der Tonsohlen (claypan), des Hwai Tals, der Braunerden, die Flußebenen des mittleren Yangtse, das Delta des unteren Yangtse, die Alluvialböden der nördlichen Ebenen, das alte Delta des Hoangho, die Sajongböden der mittleren Ebenen. „Die Namen der Roterde-, Tonsohlen- und Braunerderegionen sind hauptsächlich bodenkundlich, die übrigen zumeist geologisch." Die Braunerden sind allerdings nicht den europäischen im Sinne RAMANNS gleichzusetzen, sondern lediglich nach der braunen Farbe ohne eine Beziehung zu Böden anderer Gegenden benannt. Die Roterderegion nimmt den Süden ein. Es ist ein stark kupiertes Gebiet mit hohem Niederschlag und hoher Sommertemperatur, während die Winter zwar auch Schnee und Eis haben, jedoch keine langanhaltende Frostperiode. Die vorherrschenden Böden sind sowohl in ihrer Oberkrume als auch im Rohboden durch rote Farbe gekennzeichnet, sie sind durch massive Struktur ausgezeichnet, die, wenn gestört, unregelmäßig würfelige Bruchstücke entstehen läßt. Das Tonsohlengebiet zeichnet sich dadurch aus, daß Böden hier verbreitet sind, die eine dichte Tonsohle im Rohboden haben. Auch diese Region ist gebirgig. Sie schließt sich nördlich an die Roterderegion an. Die Böden des Hwaitales sind durch

---

[1] BALTZ, V. A. u. B. B. POLYNOW: On the Soils of Manchuria. Ebenda, S. 31—44.

[2] GORDEIEW, T. P.: Description of the soils and rocks which has been found at Mammoth-Amok. Bull. Soc. Study Manshuria 6. Charbin 1926.

[3] SHAW, C. F.: The Soils of China. A Preliminary Survey. Soil Bull. of the Geol. Surv. of China 1. 1930.

braune bis hellbraune Farbe der Oberkrumen und des Rohbodens, hauptsächlich sandiger Natur, mit feinen Glimmerschüppchen ausgezeichnet. Das Braunerdegebiet umfaßt die gebirgigen Teile der Provinz Schantung, in denen der Gesteinscharakter des Muttergesteines bei der Bodenbildung von großem Einfluß ist. Es herrscht braune Oberkrume und rötlichbrauner Rohboden vor. Die Böden der Flußebene des mittleren Yangtse haben rötlichbraune Oberkrume und ebensolchen Rohboden; die Böden des Yangtsedeltas besitzen eine bräunlich graue bis dunkelgraue Oberkrume, während der Rohboden grau bis dunkelgrau mit braun, gelb, blau und weiß gefleckten Grundwasserabsätzen ist. Die nördlichen Ebenen grenzen westlich an Schantung an. Ihre Böden bestehen aus Flußablagerungen und äolischem Staub. In den höhergelegenen Teilen haben sie braune bis hellbraune, in den Becken graubraune bis dunkelbraungraue Farbe. Sie sind kalkreich und stellenweise salzig. Das alte Delta des Hoangho war bis 1852 von diesem durchflossen, wurde dann aber vom Flusse verlassen. Die Sajongböden der mittleren Ebenen schließen sich südlich an die der Alluvialböden an. Sie haben fast stets im tieferen Unterboden einen Horizont mit Kalkkonkretionen, genannt Sajong, und sind bis oben hin kalkhaltig. Die Beschreibung der einzelnen Regionen enthält Abschnitte über Topographie, Flüsse und Dränung, Bodenbildung, Böden, Bewässerung, Nutzung u. a. m.

Von den Arbeiten des Bulletin Nr. 2 enthält die von CH'ANG[1] über die Bodenregionen des Weihotales eine Karte in 1:600000, auf welchen die gegenwärtigen Ablagerungen, die Alluvialebene und Löß unterschieden sind. Eine Karte des Gebietes von Sanho, Singka und Chihrien von C. Y. HSIEH und L. W. CH'ANG[2] in 1:75000 gibt mit Farben die Bodenarten Sand, Ton, Torf, Kies und Löß, Lehm, lößartiger Boden, roter Ton und Felsen an. Außerdem sind in die Karte die Bohrstellen zum Teil mit Profildarstellung in Schraffuren eingezeichnet. Im Text sind die Bodenarten unter der Obereinteilung: Alluvium, Moorböden, Grauerden zusammengefaßt.

Die Bodenkarte eines Teiles der Insel Negros von den Philippinen hat R. L. PENDLETON[3] im Maßstabe 1:30000 nach amerikanischem Muster ausgeführt. Sie ist im Auftrage der La Carlota Zuckergesellschaft aufgenommen worden. Im ganzen werden 11 Serien mit zusammen 26 Typen unterschieden. In einer Tabelle im Text ist auf zehntel Hektar genau die Fläche der 26 Typen, außerdem der Steine und Felsen, Schluchten, Sümpfe und Flüsse, ihr Anteil an der pflügbaren und der Gesamtfläche ausgerechnet.

Über die Bodenkartierung in Niederländisch-Indien hat J. B. VAN DER MEULEN[4] dem Verfasser das folgende mitgeteilt:

Schon seit etwa 1900 hat die Niederländisch-Indische Landwirtschaftsindustrie Kartierungen vieler Unternehmungen veranlaßt, so daß ein nicht unbeträchtlicher Teil der Tabak- und Zuckerböden bisher aufgenommen worden ist. Der Maßstab der Karten ist zumeist 1:20000. Doch sind auch einige Übersichtskarten im Maßstab 1:50000 bis 1:100000 ausgeführt. Nur ein kleiner Teil wurde veröffentlicht, worüber C. H. VAN HARREVELD-LAKO[5] berichtete. Die Karten

[1] CH'ANG, L. C.: Soil Regions in the Wei-Ho Valley, Shensi. Soil Bull. **2**, 11—17 (1931).

[2] HSIEH, C. Y. u. L. C. CH'ANG: Soil Reconnaissance in San-Ho, Ping-Hu and Chi-Hsien Area. Soil Bull. **2**. 1931.

[3] PENDLETON, R. C.: A soil survey of the La Carlota area, Occidental Negros, Philippine Islands. With colored map. Bodenkundl. Forschungen **2**, 308—343 (1031)

[4] VAN DER MEULEN, J. B.: Bodenkartierung in Niederländisch-Indien. Manuskript 1931.

[5] VAN HARREVELD-LAKO, C. H.: Grondkarteering in Ned. Indië. De Ind. Mercuur 15. 4. 1931.

dienen sämtlich praktischen Zwecken, ihre Grundlagen sind sehr verschieden, richten sich jedoch fast ausschließlich nach physikalischen und chemischen Untersuchungen der Ackerkrume. Die erste derselben dürfte eine Karte D. J. HISSINKS[1] von einem Teile der Insel Deli sein.

In den letzten Jahren hat die Regierung zwei Kartierungsarbeiten veranlaßt. Im Jahre 1927 wurde die Geologische Landesanstalt in Bandung beauftragt, eine geologische Karte der Insel Sumatra in 1:200000 aufzunehmen und daran eine gesonderte agrogeologische Aufnahme unter Leitung von Bodenkundlern anzuschließen. Ferner hat 1930 das Bodenkundliche Institut der staatlichen Landwirtschaftlichen Versuchsstation in Buitenzorg mit einer Bodenkartierung der Inseln Java und Madura im gleichen Maßstabe begonnen. Die Arbeitsmethoden der beiden Kartierungen sind sehr verschieden. Auf Sumatra hat man die Absicht eine genetische Einteilung der Böden, und zwar die 1913 von E. C. JUL. MOHR[2] entworfene, zu befolgen. MOHR teilt die autochthonen Böden nach dem Ursprungsgestein und nach der Art und dem Stadium der Verwitterung ein. Auf Grund seiner Beobachtungen und chemischen Untersuchungen gibt MOHR die folgende Übersicht über die Farben der Verwitterungsböden:

		Regen > Verdunstung	Regen- und Trockenzeit		Regen < Verdunstung
		↓ ↓ ↓ ↓	↓—↓—↓—	↓↑↓↑↑	↑ ↑ ↑
Verwitterung über Wasser	Temperatur hoch	gelb rot	rot	schwarz	grau
	Temperatur niedrig	weiß	—	—	—
Verwitterung unter Wasser	Temperatur hoch	grau weiß	—	schwarz	—

Bereits 1914 hat MOHR eine Übersichtskarte von Java entworfen, die auf einer Ausstellung in Semarang gezeigt wurde. Die allochthonen Böden wurden später nach dem Entstehungsort (Fluß, Meer u. a.) und der mechanischen Analyse unterschieden.

Danach werden auf Sumatra folgende bodenbildende Faktoren berücksichtigt 1. das Ursprungsgestein (darin jede Gesteinsgruppe nach alluvialem und eluvialem Vorkommen), 2. subaerische, subaquatische und wechselnde Verwitterung, 3. Klima und Vegetation, 4. Verwitterungsstadium (juvenil, viril, senil). Um die Verwendung der Karten in der Praxis zu fördern, will man hinsichtlich der Benennung der Böden sich nicht an die Systematik binden, sondern einfache, leicht verständliche Namen nach der Farbe, der Schwere, dem Geländezustand, eventuell unter Zusatz einer örtlichen geographischen Bezeichnung erfinden.

Die Bodenkartierung auf Java und Madura soll in 5 Jahren fertig sein, dann soll sich eine Spezialkartierung in 1:50000 anschließen. Man ist hier der Meinung, daß die Kenntnis der Entstehung der javanischen Böden noch zu gering sei, als daß man eine genetische Systematik einführen könne. Man will die Böden nach der amerikanischen Auffassung in Familien, Serien und Typen auf Grund ihrer mechanischen, mineralogischen und chemischen Zusammensetzung, ihrer physikalischen und chemischen Eigenschaften, Farbe, Struktur und Bodenprofil gliedern.

[1] HISSINK, D.: Grondsoorten von een gedeelte van Deli met toelichting. 1901.

[2] MOHR, E. C. JUL.: De Grond van Java en Sumatra. Amsterdam 1913.

Nordamerika.

Vereinigte Staaten von Amerika (*USA.*).

Schon E. Ramann[1] hat über die Kartierung in den Vereinigten Staaten wie folgt berichtet: „Einen selbständigen Weg in der Kartierung sind die Vereinigten Staaten von Nordamerika gegangen. Hier ist zunächst das ganze Land in 14 Bodenprovinzen eingeteilt, die hauptsächlich nach orographischen Gesichtspunkten abgetrennt sind. So umfassen z. B. die ‚Atlantic Gulf Coastal Plains' das ganze Küstengebiet von Kanada bis Mexiko, ein Gebiet, das mindestens 3 verschiedenen klimatischen Bodenzonen (Podsol, Braunerden, Roterden) angehört.

„Die Einteilung unterscheidet zunächst ein humides und arides Gebiet und beruht weiter auf orographischen, geologischen usw. Grundlagen. Eine Übersicht gibt das folgende Schema:

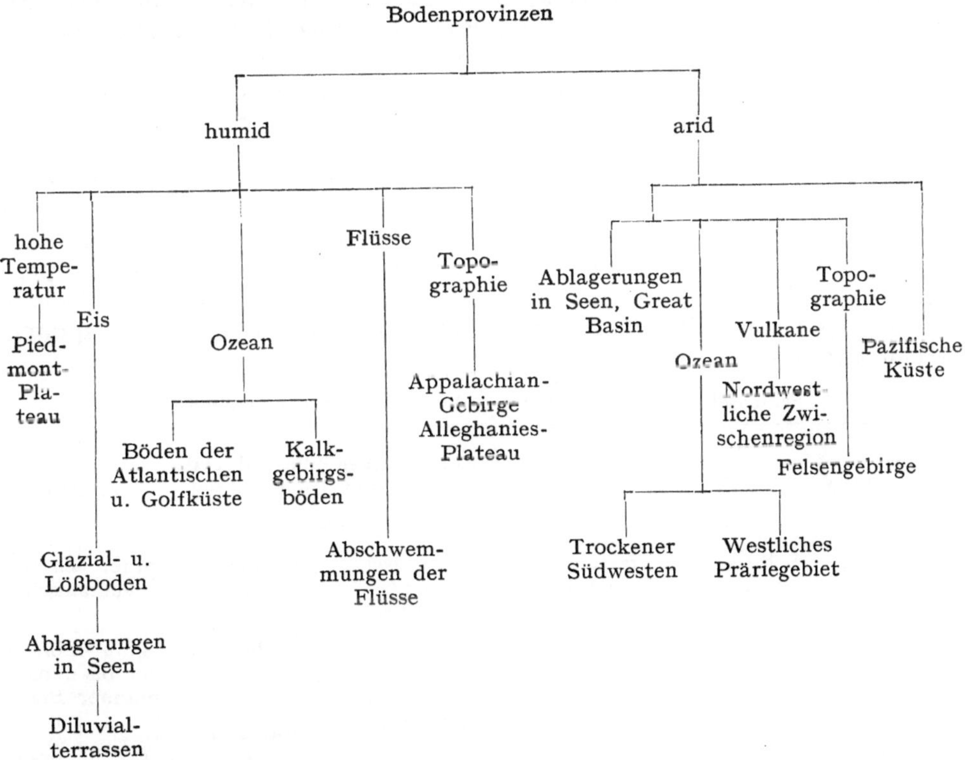

„Die einzelnen Bodenprovinzen sind in eine größere oder kleinere Anzahl Gruppen ‚series' geteilt, die z. B. bei den atlantischen Küstenböden 20 und im ganzen gegen 100 betragen.

„Diese Einteilung entspricht den Bedürfnissen des großen Ländergebietes der Vereinigten Staaten; fortschreitende Bodenkultur wird weitere Trennungen notwendig machen. Zur Zeit gewährt die Einteilung der Böden in Gruppen eine Übersicht über die durchschnittlichen Verhältnisse einer Gegend und gibt zugleich dem praktischen Landwirt einen Anhalt, welche Kulturen mit Aussicht auf Erfolg geübt werden können."

---

[1] Ramann, E.: Bodenkunde, 3. Aufl., S. 610. Berlin 1911. — E. Ramann gibt keine amerikanische Literatur an. Nach Mitteilung von C. F. Marbut an den Verfasser befindet sich das Diagramm im US. Bureau Soils Bull. 55. Washington 1909.

Die Bodenkundliche Landesaufnahme (Soil Survey) der Vereinigten Staaten wurde im Jahre 1900 begründet. Sie brachte von 1903 ab zusammenfassende Übersichten über die Feldarbeiten und eine Beschreibung der dabei ermittelten Bodentypen heraus, die 1909 bereits zu dem Handbuch des Bulletin 55 angewachsen waren. 1913 wurde es ergänzt und neu herausgegeben[1]. Die darin befindliche Übersichtskarte der Bodenprovinzen und Bodengebiete der Vereinigten Staaten hat mit Farben 13 Einheiten unterschieden. Die Farbenerklärung gibt 7 Bodenprovinzen und 6 Bodengebiete an. Die Bodenprovinzen sind: die glazialen See- und Flußterrassen (im Glazialgebiet der Großen Seen und westlich davon), Glazial und Löß (reicht von der atlantischen Küste bis an die Felsengebirge längs der kanadischen Grenze und geht in schmalen Streifen beiderseits des Mississippi bis an dessen Delta), Kalkstein-Täler und -Hochländer (einzelne von einander getrennte Streifen und Flächen in der östlichen Hälfte), Appalachische Berge und Plateaus, Piedmont-Plateau, Flutebenen der Flüsse (Flußauen), Atlantische und Golfküstenebenen. Diese Bodenprovinzen liegen hauptsächlich im östlichen Teil, die Bodengebiete dagegen im westlichen von USA. Sie sind: Pazifische Küstenregion, nordwestliche Zwischengebirgsregion, Region des Großen Beckens (Newada), südwestliches Trockengebiet, Gebiet der Felsengebirge, Gebiet der Großen Ebenen. Die Einteilung hat somit topographischen und geologischen Charakter[2]. In dem genannten Bande werden die 13 Bodenprovinzen und Bodengebiete im einzelnen ausführlich behandelt. Jede dieser Darstellungen schließt mit einem Diagramm, das als Schlüssel zu den Böden der betreffenden Provinz bezeichnet wird. Das nachstehende ist das kleinste mit nur 6 Bodengruppen (Serien), deren Namen auf Grund der geographisch-morphologischen, geologisch-petrographischen und Horizontbildungen aufgestellt sind. Das größte Diagramm enthält 121 Seriennamen.

Schlüssel zu den Böden des südwestlichen Trockengebietes.

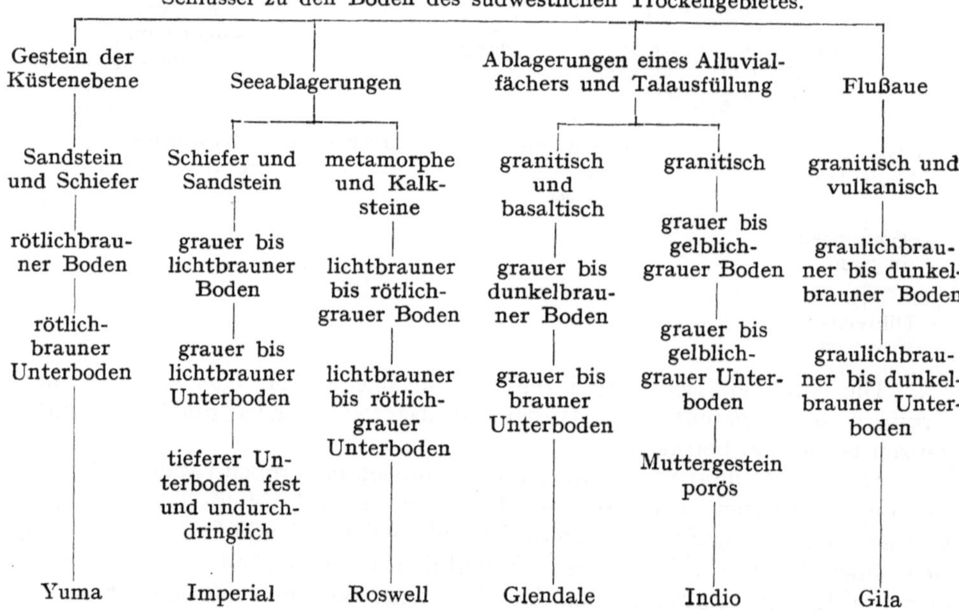

[1] MARBUT, C. F., H. H. BENNET, J. E. LAPHAM und M. H. LAPHAM: Soils of the United States. Bur. Soils Bull. 96. 791 Seiten, 13 Übersichtstabellen, 2 Karten. Washington 1913.

[2] Ebenso wie die der kleinen Übersichtskarten der Bodengebiete Deutschlands in des Verfassers „Die Böden Deutschlands", dieses Handbuch 5, S. 291.

In jeder dieser Serien können 20 verschiedene Texturen oder Bodenarten ebenso viele Bodentypen oder Bodenindividuen ergeben, die bei der Kartierung im einzelnen ausgeschieden werden. Insgesamt sind auf den 13 Diagrammen 532 Serien entwickelt. Das Verzeichnis der Typen enthält 1779 Einheiten.

Nach dieser ersten, rein geographisch-topographisch-geologischen Übersicht, die an sich nichts Bodenkundliches aufzuweisen hat, stellte 1911 G. N. COFFEY[1] eine vorläufige Bodenkarte der Vereinigten Staaten her, auf der schon mehr Bodenkundliches hervortritt. Die Einteilung lautet: Aride Böden (einschließlich semiarider; östliche Grenze strittig). Dunkelfarbige Prärieböden (viele kleine Flächen nahe den Ostgrenzen nicht eingezeichnet), darunter die folgenden Unterabteilungen: Böden auf Sandsteinen und Schiefer (Morton-Gruppe, meist semiarid), Pierre-Gruppe, meist semiarid; Kansas-Gruppe, Grenzen in Oklahoma strittig, und einschließlich viel bewaldeten Gebietes; Oklahoma-Gruppe viel bewaldet im Osten, semiarid im Westen; Böden auf Kalkstein (viele kleine Flächen besonders in Kansas und Missouri, einige semiarid); Böden auf Glazialablagerungen (Grenze zwischen diesen und Böden auf äolischer Grundlage sehr strittig, einige semiarid), Böden auf äolischen Ablagerungen (umschließt hauptsächlich Böden auf Löß und einige auf Glazial, besonders im nordöstlichen Missouri und im nordöstlichen Iowa; einige semiarid), Böden auf Sedimentärgesteinen (darin die Gruppe des Red-River-Tales, lakustrisch; zahlreiche kleine Flächen im Glazialgebiet nicht eingezeichnet; die Gruppe der Ebenen, zusammengeschwemmt, viel Semiarides enthaltend; die Golfgruppe, marin, einschließlich einiger bewaldeter Gebiete, besonders in Louisiana), alluviale Böden (nur größere Flächen eingetragen, meist bewaldet, aber die Böden haben die Charaktere der dunkelfarbigen Prärieböden), hellfarbige Waldböden (Böden auf kristallinen Gesteinen, ausschließlich kristalliner Kalksteine und eines Teiles der westlichen Felsengebirge; Böden auf Sandsteinen und Schiefern, einschließlich einiger nicht abtrennbarer Kalksteine; Böden auf Kalkstein, darin Shenandoah-Gruppe auf reinem Kalkstein und Dolomit, Ozark-Gruppe auf kieseligen Kalksteinen, Böden auf Sedimentgesteinen wässeriger Entstehung, darin Atlantic-Gruppe, schließt manche Flächen der Black-Swamp-Schwarzsumpfböden ein, Ontario- oder lakustrische Gruppe, schließt ebenfalls einige Schwarzsumpfböden ein; Böden auf Glazialbildungen; Böden auf äolischem Gestein, darin Mississippi- oder Lößgruppe, Grenze ziemlich umstritten, und viele schmale Streifen nicht geneigt, besonders in Illinois, Iowa und Wisconsin; Dünensand oder Sandhügel (schließt viel Semiarides ein, manche schmalen Flächen besonders in Michigan und Wisconsin, ferner alle westlichen Waldböden außer Glazial).

Als bodenkundlich kann man hier die wichtigen Unterschiede zwischen den dunklen Prärieböden und den hellfarbigen Waldböden ansehen, die auch auf den späteren Karten C. F. MARBUTS mit anderen Bezeichnungen stehen. Auch viele der Unterabteilungen sind von MARBUT, wenn auch ebenfalls mit anderen Benennungen, übernommen worden.

Die Kartierungsarbeiten werden in der Hauptsache durch die bodenkundliche Landesaufnahme, Soil Survey, ausgeführt oder geleitet, welche ein Teil des Bureau of Chemistry and Soils[2] beim US. Department of Agriculture ist. Der gegenwärtige Leiter der Landesaufnahme, C. F. MARBUT[3], berichtet über die Aufnahmen im allgemeinen folgendes:

---

[1] COFFEY, G. N.: Preliminary Soil Map of the US. Bull. 85, Bureau of Soils, US. Dep. Agric. 1911. 1 : 7000000.

[2] WOODS, A. F.: Das Boden-Bureau, sein Ursprung und seine Zwecke. Washington 1927.

[3] MARBUT, C. F.: The Contribution of Soil Survey to Soil Science. Soc. for Promotion of Agric. Sci. Proc. 41. Amer. Meeting, S. 116—142. Sonderdruck ohne Jahreszahl.

1. Die bodenkundlichen Landesaufnahmen haben zum ersten Male in der Geschichte der Bodenuntersuchung die Bodeneinheit oder das Bodenindividuum geschaffen.

2. Wenn die Verteilung der Bodeneinheiten über eine große Landfläche beendet sein wird, so ist dies gleichbedeutend mit der Beendigung der Verteilung der Bodenkennzeichen.

3. Es wird zum ersten Male die Beziehung des Bodencharakters zur Topographie, zum Klima, zur geologischen Formation, zur Vegetation und Landwirtschaft gezeigt.

4. Die bodenkundlichen Landesaufnahmen haben es als notwendig erwiesen, in die Bodenkunde die Auffassung von der allmählichen Entwicklung der Böden im Laufe der Zeit einzuführen. Die Stufen dieser Entwicklung dürften am besten als solche der Jugend, der Reife und des Alters bezeichnet werden.

5. Die bodenkundlichen Landesaufnahmen ermöglichen die volle Ausnutzung der Laboratoriums- und der experimentellen Arbeiten.

6. Die bodenkundlichen Landesaufnahmen haben einen neuen Zweig der Bodenkunde, die Bodenanatomie, geschaffen.

Zu 1. Bevor die bodenkundliche Aufnahme im einzelnen beginnen kann, muß eine Bodeneinheit geschaffen sein. Das erste Bodenkennzeichen, welches der aufnehmende Bodenforscher zu beachten hatte, war die Textur. Seit undenklichen Zeiten wurde der Boden nach den Texturklassen in Lehme, Tone, sandige Lehme und Sande eingeteilt. Diese Bezeichnungen geben sowohl die Korngröße als auch ihre vorliegende Verteilung nur roh wieder. Sie wurden in Amerika zuerst, als die Bodenaufnahme begann, standardisiert. Bei der Aufnahme stellte sich heraus, daß die Einheiten aber nicht eigentlich schon die letzten Bodeneinheiten, sondern ihrerseits wieder Bodengruppen seien. Da die Böden aus Gesteinen entstehen, so war die nächste Folge die Erkenntnis ihrer Verschiedenheit, nämlich daß diese von der Verschiedenheit der Gesteine abhängig sei. Das ergab von selbst den Anschluß an die geologischen Formationen. Aber die Zugehörigkeit des Soil Survey zur Ackerbauabteilung ergab den Gedanken, daß der Unterschied der Böden in ihren Pflanzenerträgen zu suchen sei. Die Anwendung dieser Vorstellung in der Praxis stellte sich jedoch als unmöglich heraus, da die landwirtschaftliche Erzeugung das Ergebnis vieler Faktoren ist, von welchen der Boden nur einen Faktor darstellt. Bald nach Beginn der Bodenaufnahme erkannte man jedoch, daß die zunächst angenommene Grundlage zur treffenden Unterscheidung der Böden nicht ausreichte. Es mußte festgestellt werden, welche Kennzeichen die Böden im Laufe ihrer Entwicklung erwarben, und welche sie dem Gestein und seiner geologischen Geschichte verdanken. Als das Ergebnis einer allmählichen Entwicklung bezeichnet C. F. Marbut die Erkenntnis der Notwendigkeit, die Böden nach den folgenden Merkmalen einzuteilen: Zahl der Horizonte im Bodenprofil, deren Farbe, Struktur, Verhältnis zueinander, ihre chemische Zusammensetzung, Mächtigkeit und als letzter Beobachtungspunkt die geologische Stellung ihres Ursprungsgesteines. Die erste Feststellung der Bodeneinheiten führte zu den etwa hundert Gruppen, die oben nach Ramann angedeutet worden sind. Als Beispiele dafür gibt C. F. Marbut die Kennzeichnung des Leonhardtown-Lehms nach alter und neuer Auffassung wieder:

Der Leonhardtown-Lehm findet sich sehr ausgedehnt im St.-Mary-Bezirk (County) und ist nach der Bezirksstadt benannt. Im Calvert-Bezirk wird der Typ hauptsächlich im Waldland zwischen Drum-Point und St.-Leonhard-Bach gefunden. Wie beim Norfolk-Lehm ist nur ein kleiner Teil der ursprünglichen Ausdehnung erhalten geblieben, der größere ist durch die Erosion fortgeschwemmt worden. Die Oberfläche bildet einen Teil der fast ebenen, wenig gewellten

Hochfläche. Ursprünglich erweist sich der Lehm als eine tonige Sedimentablagerung auf dem Boden einer alten Lagune oder eines Sees, allerdings nicht in der gewöhnlichen Art des feinen mechanischen Absatzes aus wässeriger Suspension, aus der homogene Tonlagen entstehen, sondern es handelt sich in ihm um Tonlinsen und -knollen, die unvollständig durch Adern und Taschen von Sand und zwischengeschaltetem Kies getrennt sind. Der Unterboden des Lehms ist infolge des Absatzes von Eisenoxyd in unregelmäßigen Flecken rot, gelb, purpur und grau gefleckt. Ihre genauere Prüfung zeigt, daß die dunkleren Farben eine Reihe von Tonlinsen umgrenzen, deren kürzere Achsen fast senkrecht stehen, und deren Ecken wie Dachziegel überliegen. Ringsherum zieht sich feiner Sand mit einzelnen Kiesbrocken. Die Struktur läßt die Anhäufung einer großen Menge von Tonmassen, die durch den Druck überliegender Sedimente gequetscht worden sind, erkennen. Die Tonmassen sind wahrscheinlich durch Wellenbewegung an einer sandigen Küste oder am Seeboden verfrachtet und schließlich in ruhigerem Wasser abgelagert. Im Liegenden finden sich Sand- und Kiesschichten, von welchen der Sandgehalt der Tonschichten herrühren mag. Diese Struktur des Unterbodens ist eine der charakteristischsten Eigenschaften des Leonardtown-Lehms. Der daraus entstandene Boden besteht aus einem gelben schluffigen Lehm, der vereinzelte Grandkörner enthält. Seine gewöhnliche Tiefe beträgt etwa 1 Fuß; und er ist von einem mit den schon beschriebenen Eigenschaften ausgestatteten körnigen Lehm unterlagert. Die Gesamttiefe von Boden und Unterboden wechselt infolge der Mächtigkeitsunterschiede der ursprünglichen Ablagerung stark, und weil die Ablagerung an verschiedenen Stellen in wechselndem Grade durch Erosion entfernt worden ist. Ursprünglich muß der Boden und Unterboden mehr als 20 Fuß mächtig gewesen sein. Hinsichtlich des Wasserhaushaltes zeigt sich der Unterboden, trotzdem die mechanische Analyse ihn als einen etwas sandigen Lehm erscheinen läßt, als ein schwerer Ton.

Nach neuer Auffassung wird der gleiche Boden folgendermaßen beschrieben: Der Leonardtown-Lehm besteht unter jungfräulichen Bedingungen aus einem oberflächigen Horizont von 1 Zoll Mächtigkeit von dunkelfarbigem, erdigem Material, gemischt mit Waldhumus. Ein zweiter Horizont, von bleichem, gelbem, gewöhnlich schluffigem Material, hat etwa 10 Zoll Dicke; er ist etwas fest, bemerkenswert durch schluffige oder ausgefleckte Struktur und ist frei von löslichen Salzen, Karbonaten und leicht zersetzlichen Mineralien. Diese Eigenschaften verstärken sich nach unten allmählich zu einem gelblichbraunen, schweren, etwa 1 Fuß mächtigen Horizont, von in der Regel tonigem Lehm, der bröckelig, mäßig gekörnelt, aber frei von wahrnehmbaren Mengen an Karbonaten, löslichen Salzen und leicht zersetzlichen Mineralien ist. Er ist gleichmäßig oxydiert und zeigt ungenügende Dränage. Im unteren Teil des Horizontes erscheinen graue Streifen und Flecken, die allmählich an Zahl zunehmen und in etwa 30 Zoll Tiefe zu einem grauen Teilhorizont, bröckelig und lose, ohne Krümelung, werden. Unmittelbar darunter wird der Unterboden fest und läßt sich mit einem Bohrer selbst bei feuchtem Wetter kaum durchdringen; er ist, wenn von einem Bohrer herausgebracht, trocken und klumpig, infolge seiner Zähigkeit aber schwierig heraufzubringen. Die Klumpen bestehen aus tonigem oder schluffigem Material, das nach allen Richtungen von Rissen durchzogen ist, die mit einer dünnen Lage von grauem Schluff erfüllt sind. Dieser Horizont ist etwa 6 Fuß mächtig und wird von bröckeligem Ursprungsgestein, das aus unverfestigten schluffigen Ablagerungen besteht, unterlagert. Die ursprünglichen Mineralien des Bodens sind zersetzt und seine löslichen Bestandteile entfernt. Das schwere Material ist aus der Oberfläche in den unteren Teil des Unterbodens geschwemmt worden. Zurückgeblieben sind

Schluff und sehr feiner Sand. Die Oxydation hat eine bröckelige Struktur hervorgerufen. Im Laufe der Entwicklung ist der unter der Frosttiefe liegende tiefere Unterboden infolge der ebenen Oberfläche, auf der keine Bodenbewegung stattgefunden hat, fest geworden. Die Verfestigung verhindert die Abwärtsbewegung der Feuchtigkeit und hält sie längere Zeit in dem tieferen Unterboden fest, wo infolge der Gegenwart von organischem Material, das von der Oberfläche heruntergeschwemmt ist, ein Horizont von wechselnder Mächtigkeit gerade über der festen Zone seines Eisenoxydes beraubt ist. Feine Risse und Wurzeln gestatten dem verfestigten Horizont eine langsame Wasserbewegung nach unten, wobei das Eisenoxyd an den Rissen und Kanälen entlang ausgelaugt wird. Der ursprüngliche, schluffige Ton bleibt zwischen den Rissen unberührt und wird nur durch die Herabschwemmung des Tones aus der Oberkrume dichter, so daß Tonlinsen vorzuliegen scheinen.

Der Unterschied zwischen alter und neuer Auffassung von dem Leonardtown-Lehm ist recht erheblich. Anfangs waren es fast nur geologische Merkmale und Überlegungen, später eine sehr eingehende bodenkundliche, nach Bodenhorizonten geordnete Beobachtung. Zunächst waren alle Bodeneigenschaften als ursprüngliche geologische Erscheinungen aufgefaßt worden. Später wird die Mächtigkeit des Bodens mit der der Bodenhorizonte gleichgesetzt. Der feste Horizont wurde zuerst als eine Schicht schweren Tones angesehen, während sie in Wirklichkeit eine Bodenverfestigung (Hardpan, Knick) ist.

C. F. MARBUT beschreibt des weiteren die Geschichte des Carringtonbodens. Der Name wurde bei der Kartierung in Nord-Dakota für einen dunkelfarbigen Boden auf Glazialmoräne eingeführt und nur diese beiden Eigenschaften des Bodens beschrieben. Mehrere Jahre hindurch wurde dann in Nord-Dakota nicht weiter kartiert, dagegen wurden in Indiana, Wisconsin, Iowa große Flächen dunkelfarbigen Bodens auf Glazialmoräne als Carrington festgestellt. Infolge der Arbeit in diesen Staaten wurde der Carringtonboden sorgfältiger definiert. Die genauere Untersuchung der Farbe ergab, daß sie eher dunkelbraun als schwarz sei. Die Oberkrume war leichter als der Unterboden. Dieser ist gleichförmig gelblichbraun gefärbt und ohne Ausscheidung von Eisenoxyd durch und durch gleichmäßig oxydiert. Die Struktur ist bröckelig und das ganze Profil bis auf die Moräne von Karbonaten befreit. Die Carringtonböden wurden als reife, typische Graslandböden, die unter dem Einfluß eines hohen Regenfalles und einer mäßigen mittleren Jahrestemperatur entstanden sind, hingestellt. Als dann die Kartierung wieder nach Nord-Dakota hinübergriff, zeigte sich, daß die Carringtonböden dort ganz anders sind. Anstatt der dunkelbraunen Krume fand sich in Nord-Dakota eine schwarze. Die Unterböden waren nicht schwerer als die Oberkrume. Die Struktur beider Horizonte war loser und körniger. Die Unterböden waren nicht der Karbonate beraubt, sondern bei den reifen Böden voll von Kalkkarbonaten. Sie waren auf genau der gleichen Art des Ursprungsgestein entwickelt wie die aus den genannten anderen Staaten. Ein weiteres Studium zeigte, daß sie ganz ähnliche Kennzeichen wie die Böden der trockenen Gebiete des Westens trugen, aber von den Böden der trockenen Wüste verschieden waren. Der ursprüngliche Carringtonboden von Nord-Dakota wurde infolgedessen in Barnesboden umgetauft. Vor dem Bekanntwerden der Barnesböden wurde aber in Iowa ein Bodentypus als Barnesboden kartiert. Doch stellte es sich heraus, daß die Barnesböden von Iowa keine angehäuften Karbonate im Unterboden führten, sondern nur ihren ursprünglichen Bestand daran zeigten. Infolgedessen mußten die Barnesböden von Iowa in Charionböden umbenannt werden. Unter der ursprünglichen Bezeichnung Carrington sind also zunächst drei verschiedene Typen verstanden worden, die sich zwar auf dem gleichen Gestein, aber unter verschiedenem Klima gebildet haben. Bei dem ursprünglichen Vorherrschen der geologischen Auffassung kam es zunächst hauptsächlich auf den Ursprung der Böden aus gleichem und gleichaltrigem Gestein an. Bei der weiteren Entwicklung auf der Grundlage der Untersuchung des Bodenprofils im Freien ergaben sich aber die starken Unterschiede genannter Böden.

Zu 2. C. F. MARBUT berichtet, daß 35% der Gesamtfläche der Staaten der östlichen Felsengebirge mehr oder weniger detailliert, und zwar der größere Teil während der letzten Jahre aufgenommen seien. Infolgedessen ließ sich eine Übersichtsskizze, auf welcher zwei Gruppen unterschieden werden, zusammenstellen, die unter humiden Bedingungen einerseits, unter subhumiden und semiariden Bedingungen andererseits entstanden sind. In der ersten Gruppe werden Grauerden, Braunerden, Gelberden, dunkelfarbige Böden, in der zweiten Schwarzerden und Schwarzerden mit rötlichem Untergrund genannt. Die Grenze zwischen beiden Gruppen verläuft vom nordwestlichen Minnesota südlich durch Nebraska, Kansas, Oklahoma und Texas. In der humiden Gruppe werden Kalkkarbonat und andere leichtlösliche Stoffe aus dem Boden ausgelaugt und leicht verwitternde Mineralien erheblich angegriffen oder ganz zersetzt. In der subhumiden und semiariden Gruppe findet demgegenüber eine Anhäufung des Kalkkarbonates in einigen Teilen des Bodenschnittes statt, und zwar zunächst in der Nachbarschaft der humiden Gruppe bei einer Tiefe von mehr als 3 Fuß, aber weiter davon entfernt steigt die Anhäufung. Sie ist als eine Karbonatisierung des gesamten Kalziums im Boden zu erklären. Die humide Region ist ihrerseits wieder in 2 Teile zerlegt, deren Trennungslinie in der Hauptsache ebenfalls von Nord nach Süd verläuft. Im westlichen an die trockeneren Gebiete angrenzenden Teil sind die Böden Graslandböden von schwarzer Farbe, im östlichen dagegen Waldböden von helleren Farben. Das Gebiet der Waldböden ist wieder in 3 Zonen von mehr ostwestlicher Erstreckung zerlegt, im Norden die Grauerden, in der Mitte die Braunerden, im Süden die Gelberden. Im Gebiet der letzteren kommen große Flächen unreifer Böden mit roter Farbe im dritten Horizont vor. Auch die semiariden Böden des mittleren Westens östlich der Felsengebirge sind in zwei nordsüdlich sich erstreckende Streifen zerlegt, welche in der Nachbarschaft der schwarzen Böden der humiden Gruppe ebenfalls schwarz und in der Entfernung von diesen braun sind. Beide Zonen sind durch eine ostwestliche Linie, welche das südliche Drittel abschneidet, untergeteilt. Hier ist der Unterboden rötlich.

Zu 3. Auf der Grundlage der vorstehend gezeigten Kartierungsergebnisse lassen sich die Bodenkarten mit geologischen, klimatischen, Vegetations-, orographischen, Siedlungs- und Industriekarten vergleichen, woraus sich die engeren Beziehungen der Böden zu den verschiedenen sie verursachenden Erscheinungen ergeben.

Zu 4. Böden im gleichen kleinen Gebiet, mit gleicher Textur und auf dem gleichen Muttergestein entwickelt, können sich dennoch sehr in der Vollendung der Horizontentwicklung ihrer Bodenprofile unterscheiden. So hat ein weitverbreiteter Boden im Ozarkgebiet folgende Profilentwicklung: a) grauer Schlufflehm, fast weiß in voller Ausbildung — etwa 10 Zoll; b) gelblich-brauner, toniger Lehm, ziemlich plastisch und zäh, aber von Wurzeln durchdringbar — etwa 15 Zoll; c) festes, schluffiges Material, dicht, schwierig mit dem Bohrer zu durchdringen, oft zu einem undurchdringlichen Knick zementiert — etwa 6 Zoll; d) steiniger, roter Ton. Dicht benachbart entwickelt sich auf dem gleichen Gestein das folgende, abweichende Profil: a) hellbrauner bis gelblicher Schlufflehm — etwa 10 Zoll; b) gelblich brauner, toniger Lehm, leicht durchdringbar, ziemlich bröckelig — etwa 15 Fuß; c) steiniger, roter Ton. Jenes Profil kommt bei ebener Oberfläche, dieses an Abhängen vor. C. F. MARBUT führt diese Unterschiede auf solche des Alters zurück. Der Boden auf dem flachen Land ist lange Zeit derartig gelegen und stellt das Ergebnis der Verwitterung während dieser langen Zeit dar. Der Boden am Abhang ist dagegen erst nach dem Abwaschen des flachen Landes und seines größeren Profils entstanden und infolgedessen dem individuellen Alter nach jünger. In anderen Fällen scheinen beide Arten der Böden die gleiche Zeit zu ihrer Entwicklung gehabt zu haben, aber der eine ist schneller als der andere entstanden. Die Erklärung dieser großen Verschiedenheiten hat zur Feststellung der lokalen Bodenentwicklung, die nicht mit klimatischen und geologischen Verschiedenheiten zusammenhängt, geführt, denn in manchen Fällen sind solche nicht vorhanden. Der am meisten umstrittene Boden der Vereinigten Staaten, dessen Kennzeichen jetzt als durch ein junges, unreifes Stadium der Entwicklung verursacht, angesehen wird, ist der schwarze Houston-Ton. Er kommt im mittleren Alabama und im nördlichen Mississippi, ferner auch in Texas und in anderen Teilen des Landes vor. Die Oberkrume ist schwarz, gleichmäßig schwer und nach dem Trocknen von gleichmäßiger kleiner Viereckstruktur. Sie wird von einem dünnen Horizont bläulichen Tones unterlagert, unter dem der Kalkstein oder Kalkmergel, aus dem der Boden entstanden ist, liegt. Im gleichen Gebiet sind die Böden auf anderen Gesteinen heller und von Karbonaten frei im Ober- und Unterboden. Böden mit dem gleichen Charakter kommen auch im Schwarzerdegebiet auf dem gleichen Gestein wie der schwarze Ton vor. C. F. MARBUT sieht infolgedessen im schwarzen Houston-Ton (einem Humuskarbonatboden oder einer Rendzina) ein unreifes Stadium der Bodenentwicklung in den klimatisch verschiedenen Gebieten und vermutet dementsprechend, daß sich dieser Ton bei weiterer Entwicklung in die regionalen Böden umwandeln werde.

Zu 5. Die Arbeit der bodenkundlichen Landesaufnahme ermöglicht die Verknüpfung der Ergebnisse der Laboratoriumsarbeit und der Feldversuche. Die chemischen und physikalischen Untersuchungen und die Gefäßversuche mit Bodenproben, die ohne Zusammenhang mit der Zahl, Verteilung und Mächtigkeit der verschiedenen Horizonte des Bodenprofils ausgeführt werden, haben eine völlig unbekannte Beziehung zum wirklichen Boden. Hierin sind so schwere Fehler gemacht worden, daß der weitaus größte Teil der Laboratoriumsuntersuchungen und Gefäßversuche wertlos ist. Es sind nicht Böden, sondern eine Erde (dirt) untersucht worden, die eine Mischung unverfestigter, feinzerteilter, mineralischer und organischer Substanz darstellte. Auf diese Weise können aber keine brauchbaren Ergebnisse von der Laboratoriumsuntersuchung solcher Bodenproben erwartet werden, die irgendwoher, irgendwie und ohne Beziehung zum Charakter des Bodens gesammelt sind. Die Erkenntnis der Bodenhorizonte und die darauf fußende Untersuchung der Bodenprofile sind wohl der wertvollste Beitrag, den die Bodenaufnahme bisher zur Bodenkunde beigesteuert hat und der die lange vermißte Grundlage für vergleichende Bodenstudien und für die Verknüpfung von Laboratoriumsarbeit und Feldversuchen darstellt.

Zu 6. Der von der Bodenaufnahme neu geschaffene Zweig der Bodenkunde, die Bodenanatomie (Bodenmorphologie der russischen Autoren), verdient seinen Namen mit Recht, weil er in gleicher Art wie die Anatomie der Lebewesen vorgeht, indem er die Zahl, Lage, Verbindung und den Charakter der verschiedenen Glieder und Organe des Bodens behandelt. Früher wurde der Boden nur in die zwei Teile, Boden und Untergrund, eingeteilt. Seitdem aber das Bodenprofil nicht mehr nur gesteinsmäßig nach Bodenarten, sondern nach Art, Farbe, Ausbildung, Struktur, Stoffumlagerung, Zahl, Mächtigkeit der Bodenhorizonte usw. untersucht wird, ist die Bodenaufnahme zu einer so mannigfaltigen, gründlichen

Arbeit geworden, daß sie sich ebenbürtig neben die Untersuchungen der lebenden Körper stellen kann.

C. F. MARBUT[1] hat diese und ähnliche Gedankengänge auch an anderer Stelle vertreten. Hier beschreibt er auch die Art der Kartenaufnahme in den Vereinigten Staaten. Eine Feldstelle besteht aus zwei Leuten, und zwar einem elementar ausgebildeten Gehilfen und einem jüngeren Bodenkundler. Jede Stelle ist mit einem Automobil oder Pferdewagen versehen, welche mit einem Entfernungsmesser ausgestattet sind, der von Zeit zu Zeit kontrolliert wird. Die Ausrüstung besteht aus einem Bodenbohrer, der in der Regel $3^1/_2$ Fuß lang ist und $1^1/_2$ Zoll im Durchmesser einnimmt, ferner einer Hacke, einem Spaten, Salzsäure, einem Apparat zur schnellen Bestimmung der Bodensäure, Beuteln für Bodenproben, Anhängezetteln, einem Meßtisch, Dreifuß, Meßinstrument, Zeichnungen für die Meßtischblätter, Grundkarte, Schreibzeug und Notizblocks. Als Grundkarten werden, wenn sie vorhanden sind, die Blätter des Topographischen Atlasses der Vereinigten Staaten im Maßstabe 1:62500 benutzt. In der großen Prärie, in den Ebenen und in den anderen Teilen der Vereinigten Staaten, in denen die Vermessung des allgemeinen Landbüros stattgefunden hat, werden deren Katasterblätter im Maßstabe 2 Zoll = 1 Meile benutzt. Aber in diesen, wie in den Fällen, in denen Karten fehlen, muß die Feldstelle selbst die Vermessungen vornehmen und sich ihre eigene Kartengrundlage herstellen. Sie muß dazu die Wasserläufe, Häuser, Wege, Kirchen, Schulen, Eisenbahnen, Städte, Dörfer und trigonometrischen Punkte eintragen. Der Maßstab der von ihr hergestellten Karten ist 1 Zoll = 1 Meile. Der Bodenkundler stellt die Bodeneinheiten auf Grund persönlicher Beobachtung fest. Er hat dazu das Bodenprofil zu untersuchen und das Ergebnis auf seine Grundkarte einzutragen. Dies geschieht mit einem Buntstift. Jeder Buntstift ist numeriert. Seine Nummer wird mit Tinte in den bunten Fleck auf die Karte geschrieben. Nach einer kurzen Strecke, bisweilen nur hundert Fuß entfernt, wird eine neue Beobachtung vorgenommen und der Boden identifiziert. Ist ein neuer Typ vorhanden, so bekommt er eine Eintragung mit einem anderen Buntstift. Von jeder Aufgrabung wird eine sorgfältige Beschreibung der Horizonte in ein Notizbuch eingetragen. Dabei werden von jeder Bodeneinheit zahlreiche Profile beschrieben und zugleich auch ihre Beziehungen zur Topographie, Geologie, natürlichen Vegetation, Witterung, Klima dargetan. Der Bodenkundler sammelt auch Berichte über die Landwirtschaft und die Industrie der Gegend. Das Notizbuch besteht aus durchlochten Einzelblättern, die beliebig gruppiert und in Bibliothekskästen eingestellt werden können.

Jede Bodeneinheit, die auf Grund des Vergleiches aller Profile festgestellt ist, bekommt einen Doppelnamen. Der zweite Teil des Namens ist die Bodenart (Textur), von welcher etwa 20 verschiedene vom Bodenbüro festgelegt worden sind. Der erste bezeichnet die Gruppeneigenschaft, die geographischen Charakter hat und in keiner Weise beschreibend ist. In der Regel wird der Name einer Stadt, eines Flusses, eines Bezirks oder einer anderen geographischen Einheit gewählt, in der die Bodeneigenschaften zuerst beschrieben worden sind. Die Gruppenkennzeichen umfassen alle Eigenschaften mit Ausnahme der Bodenart. Der kombinierte Name aus Bodenart und geographischer Beziehung wird als Bodentyp angesehen, welcher jeder Beschreibung des Bodens vorangestellt

---

[1] MARBUT, C. F.: The United States Soil Survey. Etat de l'étude et de la cartographie des sols, S. 215—225. Bukarest 1924. — Vgl. auch W. WOLFF: Der 1. Internationale bodenkundliche Kongreß in Washington und seine Exkursion durch die wichtigsten Boden- und Anbaugebiete der Vereinigten Staaten. Sitzgsber. preuß. geol. Landesanst. Berlin 3, 35—68 (1928).

wird. Veröffentlicht werden die Karten entweder im Maßstab 1 Zoll = 1 Meile oder in 1 : 62500. Von Zeit zu Zeit werden die aufgenommenen Karten zu Übersichtskarten im Maßstab 1 Zoll = 6 Meilen zusammengefaßt, wobei auch die Bodeneinheiten zumeist vereinigt werden. Jede Karte wird von einer gedruckten Erläuterung begleitet, in welcher geographische Lage, Topographie, Geschichte, Besitzstand, Wege, Bahnen, Klima, Landwirtschaft, die Böden im allgemeinen und im besonderen, die auf ihnen wachsenden Feldfrüchte und deren Erträge, die angewandten Düngemittel und was sonst noch alles dazu gehört, beschrieben werden. Dabei besteht die Neigung, die landwirtschaftlichen Angaben zugunsten der rein wissenschaftlichen Beschreibung der Böden zu beschränken. Ihre landwirtschaftlichen Möglichkeiten stimmen im allgemeinen nicht zu ihren physikalischen, chemischen und morphologischen Kennzeichen, sondern können nur durch Feldversuche, deren Grundlage die Karten sein müssen, ermittelt werden. Über 1100 Karten sind bis 1924 veröffentlicht und fast 200 hinzugefügte Pläne im Laufe der Herstellung für die Veröffentlichung vollendet worden. Neben den über 1200 veröffentlichten und unveröffentlichten Sonderkarten, wurden nur etwa 30 Übersichtskarten ausgeführt. Da die amerikanische Landesaufnahme zur Herstellung von Sonderkarten eingerichtet war, legte man kein Gewicht auf die Aufnahme größerer Übersichtskarten, sondern glaubte solche nach Fertigstellung der Sonderkarten erhalten zu können. Als zeitweilige Hilfe für die Gruppierung der zunehmenden Zahl von Bodeneinheiten wurde 1908 die oben beschriebene Übersichtskarte hergestellt, und zwar z. T. basiert auf breiten topographischen Kennzeichen, z. T. auf breiten geologisch-geographischen Einheiten. Mit Zusätzen wurde die Karte 1913 von neuem veröffentlicht. Kein Teil der Karteneinteilung war auf bodenkundliche Eigenschaften gegründet (siehe die Übersicht zu Beginn dieses Abschnittes).

Die erste moderne Bodenübersichtskarte C. F. Marbuts[1], welche zunächst nur den Osten und den mittleren Westen umfaßte und noch skizzenhaft war, wurde später, nur wesentlich genauer, auf den ganzen Westen ausgedehnt[2] und ist seitdem mehrfach[3] nachgedruckt worden. Hier ist die Haupteinteilung: hellfarbige Böden (Coffeys Waldböden), dunkelfarbige Böden (zum Teil Coffeys Prärieböden) und besondere Böden. Die Unterteilung innerhalb der hellfarbigen Böden ist nach den Bodenarten (Texturen) vorgenommen; bei den dunkelfarbigen Böden wird teils die Farbe, teils der Unterboden, teils die Bodenart, teils das Gestein (Kalkstein), teils die Entwässerung (mangelhaft entwässert) als Einteilungsmerkmal benutzt. Die besonderen Böden gliedern sich in braune Böden der pazifischen Täler, graue oder braune Böden arider Gebiete, Sande und Sande mit Tonuntergrund in Florida, alluviale Böden, Marschen und Sümpfe, Skelett- und Gebirgsböden. H. Jenny[4] hat einzelne Böden im Anschluß an europäische anders benannt: Podsolböden anstatt „hellfarbige Böden auf braunen kiesigen und steinigen Lehmen", braune Waldböden anstatt vieler anderer Arten der hellfarbigen Böden, Gelb- oder Roterden anstatt noch anderer, und Eisenlaterite anstatt der Sandböden Floridas, Prärieböden, Tschernosemböden, kastanienfarbige Böden anstatt vieler Arten der dunkelfarbigen Böden. In braune Böden und graue Wüstenböden zerlegt H. Jenny die grauen und braunen Böden arider Gebiete.

---

[1] Marbut, C. F.: The Contribution of Soil Surveys to Soil Science. A. a. O., S. 132.

[2] Marbut, C. F. and Associates in the Soil Survey: Soil Regions. In O. E. Baker: A Graphic Summary of American Agriculture. Jb. Dep. Agric. **1921**, Nr 878. Gedr. 1922.

[3] Wolff, W.: a. a. O., **1928**. — Krische, P.: Bodenkarten, S. 99. Berlin 1928.

[4] Jenny, H.: Klima und Klimabodentypen in Europa und in den Vereinigten Staaten von Nordamerika. Bodenkundl. Forschgn. **1**, Nr 3, 153 (1929). — Schwarz, H.: Die Standortsbedingungen im gemäßigten östlichen Nordamerika, Karte 16. Wien 1930.

P. KRISCHE[1] hat in seinem Werke über die Bodenkarten noch eine weitere Übersichtskarte der Vereinigten Staaten gebracht, in der unterschieden werden: schwere Lehm- und Tonböden (zusammengefaßt aus MARBUTS Gruppen der hell- und dunkelfarbigen und der besonderen Böden), schwere Kalkböden (desgleichen, aber überwiegend aus den dunkelfarbigen Böden), mittlere Böden (desgleichen aber überwiegend aus den hellfarbigen und den besonderen Böden), Sandböden (nach MARBUTS Sandböden), Moorböden (nach MARBUTS Marsch und Sumpf), ungünstige Gebirgsböden (wie bei MARBUT).

Über einzelne Staaten Nordamerikas, die zumeist noch mehrere lokale Aufnahmestellen an den Universitäten und landwirtschaftlichen Versuchsstationen haben, berichten M. F. MILLER[2], P. E. BROWN[3] und R. S. SMITH[4]. Die Aufnahmen erfolgen nach den gleichen Grundsätzen und im Einvernehmen mit dem Soil Survey in Washington. Das gleiche gilt für alle übrigen Staaten, so daß im ganzen Lande eine große Gleichmäßigkeit in der Bodenkartierung herrscht.

Beispiele der Sonderkarten:

New Jersey. L. L. LEE, C. C. ENGLE, W. SELTZER, A. L. PATRICK, E. B. DEETER: Soil Survey of the Chatsworth Area. Washington 1923.

Die Arbeit enthält zwei Karten mit Höhenschichtlinien im Maßstab 1 Zoll = 1 Meile (1 : 63385), welche mit 31 bis 32 Farben und Rastern ebenso viele Bodeneinheiten aus 10 Gruppen (series), außerdem Strandwall, Sumpf und Marsch angeben. Die meisten der Böden gehören zur Sassafrasgruppe. Diese wird in den Erläuterungen als eine braune oder hellbraune Oberkrume über einem rötlichgelb, orange oder rot gefärbten, bröckeligen Unterboden geschildert. Der tiefere Unterboden ist zumeist gröber als der höhere und die Oberkrume, und es ist infolgedessen eine gute Unterdränage und Durchdringbarkeit für Wurzeln vorhanden. Die Böden sind milde und leicht zu bearbeiten. Sie reichen von Lehm bis zu grobem Sand. Die Typen der Collingtongruppe haben braune oder graubraune Oberkrume und rötlichgelben oder orange gefärbten Unterboden. Bemerkenswert ist die Anwesenheit von Grünsandmergel in der Oberkrume oder dem Unterboden oder auch in beiden Horizonten. Infolgedessen besitzt der Unterboden, wie auch stellenweise der ganze Boden, einen olivgrünen oder grünbraunen Farbton und eine charakteristische, schmierige Beschaffenheit. Mit Ausnahme der sehr schweren Typen, sind die Collingtonböden ebenfalls milde und leicht zu bearbeiten. Es herrscht eine leichtwellige Oberflächenform vor. Die Dränage ist gut. Das Material der schwereren Typen ist oft von strenggrüner Farbe und steifer Struktur, aber das grüne Material besteht hauptsächlich aus dem unverwitterten Ursprungsgestein. Die Shrewsburyböden schließen sich denen der Collingtongruppe eng an, doch nehmen sie hauptsächlich tiefere Lagen oder ebene Flächen, bei denen die Dränage unvollkommen ist, ein. Die Keansburgböden haben schwarze Krumen und einen gefleckten grünlichen, bläulichen, graulichen oder gelblichen Unterboden. Ihre Dränage ist unvollkommen und noch schlechter als bei den Shrewsburyböden. Die Portsmouthböden sind in der gleichen Weise den Sassafrasböden wie die Keansburgböden denen der Collingtongruppe angeschlossen. Ihre Oberkrume ist dunkelgrau bis schwarz, der Unterboden weiß oder gefleckt weiß, grau und fahlgelb. Die Dränage ist mangelhaft. Die St.-Johns-Böden sind ähnlich, doch zeigen sie einen kaffee- bis dunkelbraunen

---

[1] KRISCHE, P.: Bodenkarten, S. 100. Berlin 1928.

[2] MILLER, M. F.: Methods of Identification and Mapping Soils in Use in the State of Missouri. Etat de l'étude et de la cartographie des sols, S. 226—227. Bukarest 1924.

[3] BROWN, P. E.: Soil Survey Work in Iowa. Ebenda, S. 228—230.

[4] SMITH, R. S.: The Cartography of Soils of Illinois. Ebenda, S. 230 u. 231.

Knick (Hardpan) unter der Oberkrume. Böden, wie die der Sassafras- und Collingtongruppe sind noch die Norfolk- und die Lakewoodböden, während die Scranton- und die Leonböden denen der Keansburg-, Portsmouth- und St.-Johnsgruppen entsprechen. Die Typen der Freneaugruppe bestehen aus alluvialem Material, das in den Flußtälern aus den Böden der Sassafras- und der Collingtongruppe zusammengeschwemmt worden ist. Sie haben eine dunkelbraune, rostigbraune, bräunlichgraue Oberkrume und einen gefleckten grünlichen, gelblichen, rötlichen, bläulichen oder rostbraunen Unterboden. — Es ist schwer, ein klares Bild über die Bodeneinteilung aus den vielen Farben der beiden Karten zu gewinnen. Die eine Karte gibt eine Strandlandschaft mit langer Nehrung und dahinter ein Haff, das von Marschböden umgeben und durchzogen wird, wieder. Daran schließen sich Moor- (Swamp-) und anmoorige Böden teils mit, teils ohne Knickbildung. Steil aus der flachen Küstenanlandung erhebt sich ein Ufer, auf dem sich die verschiedenen podsoligen Waldböden befinden. Das Ufer ist reich zerschnitten. Die Fluß- und Bachläufe sind in ihren tieferen Lagen vermoort. Das Kartenbild ist deshalb so schwer zu übersehen, weil einerseits die Kennzeichen der Bodentypen (Waldböden, anmoorige Typen) erst aus der Erläuterung zu entnehmen sind und andererseits die Farben so wenig auf die einzelnen Gruppen eingestellt sind, daß sie willkürlich verteilt zu sein scheinen. So kommen bei den 12 Einheiten der Sassafrasgruppe Rosa, Neutraltinte, Blau, Gelb, Violett, Grünblau vor, so daß man auf der Karte keinen rechten Zusammenhang gewinnen kann. Die andere Karte gibt das anschließende Plateau wieder. — Die Erläuterungen bringen außer eingehenden geographischen, geologischen, landwirtschaftlichen Mitteilungen eine kurze Übersicht über die Gruppen und eingehendere Schilderung der Einheiten. An Analysen sind nur wenige mechanische mitgeteilt.

Georgia. Pierce County Sheet. Aufgenommen von E. T. MAXON und N. M. KIRK vom Bureau of Soils 1918. Erläutert in Analyses of Soils of Pierce County von W. A. WORSHAM, L. M. CARTER, M. W. LOWRY, W. O. COLLINS im Georgia State College of Agriculture, Athens 1921. Maßstab 1 Zoll = 1 Meile (1 : 63385.) Keine Höhenschichtlinien. 19 Bodeneinheiten aus 8 Gruppen und Moor (Waldmoor, Swamp). Die Böden der Norfolk- und Tiftongruppen sind Waldböden mit graubräunlichen oder hellgelblichgrauer Oberkrume und hellgelblichem Untergrund, die der Susquehannagruppe haben schwere tonige Unterböden mit fleckigen Farben (Gleipodsol). Schlecht dräniert sind die Böden der Plummer-, Blanton- und Leon-Gruppen, die ersteren sind anmoorig, die beiden anderen hellfarbig und der letztere mit Knickbildung versehen. Alle diese Böden liegen auf der Küstenebene. Auf Terrassen kommen die Kalmiagruppe (podsolige Waldböden) und die Myattgruppe (anmoorige Böden) vor. — Die Analysen der Erläuterungen umfassen N-, P_2O_5-, K_2O-, CaO-, MgO- und Säurebestimmungen (zur Neutralisation erforderliches Kalziumkarbonat) in der Feinerde unter 1 mm Korngröße.

Soil Survey of Dooly County. Leitung S. W. PHILLIPS vom Georgia State College of Agriculture, aufgenommen durch E. W. KNOBEL, G. L. FULLER, I. W. MOON vom U. S. Department of Agriculture und U. S. Dep. of Agricult. Bureau of Soils, Washington 1926. Maßstab 1 Zoll = 1 Meile (1 : 63385). Keine Höhenschichtlinien. 25 Bodeneinheiten[1] aus 13 Gruppen und Moor. Der Bezirk liegt zwischen der Küstenebene und dem Oberland und hat beträchtliche Hügel oder Rücken, zumeist aber bewegte niedrige Rücken. Die Böden geben

[1] Außerdem fehlt noch eine besonders auffällige Bodeneinheit in der Zeichenerklärung. *Gy* mit blauen Strichen von links oben nach rechts unten. *Gy* ohne die Striche ist Grady toniger Lehm. Es handelt sich um Böden in Senken.

ein verwirrendes Bild, aus dem sich die Flußtäler mit Moorböden und Terrassen heraussheben. Die Böden sind hellfarbig, sie variieren von grau bis rot in der Oberkrume. Nur in den Depressionen des Oberlandes sind dunkle Böden vorhanden. Die hellfarbigen sind arm an organischer Substanz. Ursprünglich war das Gebiet von Wald bedeckt, bis dieser zugunsten der Feldbestellung ausgerodet wurde. Die meisten Böden sind Waldböden mit *A*-, *B*-, *C*-Horizonten, manche haben einen schweren Unterboden (dürften Gleipodsole sein), andere haben eine schwarze nasse Krume (anmoorig). Die Waldböden haben z. T. rote *B*-Horizonte.

Indiana. Soil Survey of Gibson County. Leitung T. M. BUSHNELL von der Purdue-Universitäts-Versuchsstation, ferner Aufnahmen von W. E. THARP vom U. S. Department of Agric. Bur. Soils. Teil 2: The Management of Gibson County Soils von A. T. WIANCKO und S. D. CONNER, Purdue Univ. Agricult. Experim. Station.

Die Karte im Maßstabe 1 : 62500 ohne Höhenschichtlinien hat eine Breite von 1 m und eine Länge von 70 cm. Nicht weniger als 45 Bodeneinheiten aus 24 Gruppen (Series) sind darauf eingetragen. Sie werden im Text zu 3 Gruppen zusammengefaßt: Gruppe 1 Böden mit normal entwickeltem Bodenprofil, Untergruppe 1a auf flachen Flächen mit besonderem und abnormem Profil. Gruppe 2 Böden mit schwach entwickeltem Profil, herrührend von sehr schwacher Dränage und ausgezeichnet durch Anhäufung organischer Substanz auf der Oberfläche. Gruppe 3 Böden auf Alluvialablagerungen jungen Alters, so daß nur ein schwaches oder kein Bodenprofil entwickelt ist. Die Böden der Gruppe 1 sind Oberlandböden, die normal unter Wald entstanden sind. Sie haben eine oberflächige Bedeckung von organischer Substanz, darunter den *A*-Horizont mit einer oberen Schicht, welche mehr, und eine untere, welche weniger organische Substanz enthält. Der *B*-Horizont ist „wohloxydiert" und schwerer als *A*. 1a hat an Stelle des *B*-Horizontes einen „Hardpan" in 1—4 Fuß Tiefe mit ausgesprochener Säulenstruktur. Darüber ist oft ein weißer Horizont. Im 2. Teil der Erläuterung wird die chemische Zusammensetzung behandelt. Es sind die in starker Salzsäure und in schwacher Salpetersäure löslichen Teile von P, K, Ca, Mg, Mn, Fe, Al, S bzw. P und K, ferner die Totalgehalte an N und K bestimmt. Sodann sind die flüchtige Substanz, N und die Azidität (nach HOPKINS in Pfunden Kalkstein) nach Horizonten festgestellt. Die eigentliche „Bodenbehandlung" (Soil Management) bespricht die Dränage, das Kalken, die Humus- und Stickstoffzufuhr, die Fruchtfolge, die Kunstdüngerverwendung, der verschiedenen Bodengruppen, die hier als hellfarbige Oberland- und Terrassenschlufflehme (1), hellfarbige Oberland- und Terrassensande (1a), dunkelfarbige Terrassenböden (2) und hellfarbige und dunkelfarbige Schwemmbildungen (3) zusammengefaßt sind.

Illinois. Univ. of Illinois, Agricult. Experim. Station. Soil Rep. 35. Will County. Aufgenommen und erläutert von R. S. SMITH, O. J. ELLIS, E. E. DE TURK, F. C. BAUER, L. H. SMITH. Urbana 1926.

Die Arbeit enthält 3 Karten ohne Höhenschichtlinien im Maßstabe 1 Zoll = 2 Meilen (1 : 127700). Die farbigen Karten geben ein wesentlich anderes Bild als die bisher besprochenen, weil sie nicht mehr die Bodeneinheiten des Soil Survey, sondern modernere Bodentypen führen, nämlich: Oberlandprärieböden, Oberlandwaldböden, Terrassenböden, vormalige Moor- und Tieflandböden, Skelettböden (Residual Soils), ferner vormalige Wisconsinmoränen und vormalige Wisconsinzwischenmoränenflächen mit oder ohne Bodenbildungen. Insgesamt sind 35 verschiedene Farben und farbige Raster unter diese Bodentypen gruppiert. Zum leichteren Auffinden der richtigen Bezeichnungen in der Zeichenerklärung haben die Böden laufende Zahlen, so z. B. die Terrassenböden 1500, die Moorböden 1400 Zahlen, die Skelettböden fangen mit Null an und haben 2 Ziffern danach usw. Die Unterteilung der Gruppen ist nach den Bodenarten (Textur) geschehen. Der verbreitetste Boden ist auf allen drei Karten der Hochlandpräriebоden, es ist ein brauner Schlufflehm auf vormaliger Wisconsinzwischenmoräne. Durch die Prärie fließen zwei größere und einige Nebenflüsse. In der Nähe der Flüsse ist auf dem Oberland der gelbbraune Schlufflehm der Waldböden sowohl auf der Wisconsinmoräne als auch auf der Zwischenmoräne ausgebreitet. In den Flußtälern sind Terrassenböden angegeben, und zwar teils brauner Schlufflehm über Schotter, teils schwarzer oder brauner sandiger Lehm. Die Darstellung auf der Karte ist ungewöhnlich klar und übersichtlich, die Bezeichnungen so gewählt und gruppiert, daß trotz der sehr zahlreichen Einzelheiten eine schnelle Orientierung stattfinden kann. Der Text enthält noch 2 kleine Karten in Schwarzdruck, die erste ist eine Karte der Wasserläufe (Drainage Map) mit Terrassen, Tiefland, Moränen und Zwischenmoränen, die zweite stellt das Diagramm eines Versuchsfeldes mit Höhenschichtlinien von 1 m Abstand, die Anlage der Versuchsflächen und die vorkommenden Bodenflächen im Maßstabe von 1,4 cm = 50 m dar. Der Text enthält knappe Definitionen der hauptsächlichen Bodengruppen und der einzelnen Böden sowie auch analytische Daten. Ein Anhang bringt eine kurze allgemeine Einführung in die Bodenaufnahme und in die gegenwärtigen Vorstellungen über die Ursache der Bodenfruchtbarkeit, sowie ferner eine Übersicht über die Versuchsfeldwirtschaft des Bezirks.

Iowa. Soil Survey of Iowa. Dubuque County. Agricult. Experim. Station Iowa State Coll. of Agricult. Soil Survey Rep. 35. Ames 1924.

Die Arbeit enthält 2 Kartenblätter im Maßstabe 1 zu etwa 160000, die durch Zusammenarbeit vom U. S. Soil Survey mit der Iowa Versuchsstation entstanden sind. Ihre 22 Bodeneinheiten nach Art der früher beschriebenen, wie Carrington loam, Clinton silt loam, Iudson loamy sand, sind in der Farbenerklärung zu Geschiebeböden (Drift soils), Lößboden, Terrassenböden, Moor- und Tieflandböden, Skelettböden (Residual soils) zusammengefaßt. Die Farben sind nicht wie bei den Karten von New Jersey, Georgia, Indiana mit Buchstaben, sondern mit Zahlen versehen, deren Anordnung allerdings nicht so geschickt wie bei der vorstehend besprochenen Karte des Willbezirks in Illinois ist. Die Zusammenfassung der Bodeneinheiten zu den genannten Gruppen hat eine verhältnismäßig gute Übersichtlichkeit der Karten bewirkt. Die Lößböden überwiegen, und die Zusammenfassung richtet sich nach geologischen Begriffen. Im Text tritt die Beschreibung der Böden auffallend hinter derjenigen ihrer landwirtschaftlichen Eigenschaften zurück. Nur ganz wenige Sätze sind den Böden selber gewidmet, von welchen ein Teil noch auf die geologische Grundlage entfällt. Kaum gewinnt man eine Vorstellung der Bodengenese.

Nevada. U. S. Dep. of Agricult. Bureau of Soils. Soil Survey of Las Vegas Area von E. J. Carpenter und F. O. Youngs. Washington 1926.

Diese Bodenkarte im Maßstabe von 1 Zoll = 1 Meile (1 : 63385) zeigt 36 Bodeneinheiten in 9 Gruppen, ferner Dünensand und rohes, steiniges Land. Außer durch Farben sind die Einheiten durch Buchstaben bezeichnet. Eine Zusammenfassung findet in der Zeichenerklärung nicht statt. Die Karte hat zwar z. T. größere einheitliche Flächen, ist aber trotzdem wenig übersichtlich. Das Gebiet gehört der Wüste des Staates Nevada an. Infolgedessen enthalten die Böden viel kohlensauren Kalk, und auch lösliche Salze sind häufig. Oft sind Wüstenkrusten vorhanden, die teils durch Salze, teils durch kohlensauren Kalk, teils durch Gips hervorgerufen sind. Die Böden der Las-Vegas-Gruppe sind durch hellbräunlichgraue bis hellgraulichbraune Farbe, manchmal auch durch einen rosaroten Farbton gekennzeichnet. Grauer Salpeter oder Krustenstücke sind zahlreich durch das ganze Profil verteilt. Die Oberkrume der Brockenböden ist lichtbraun bis braun, in der Regel durch einen Schatten von Rosa oder Rot gefärbt. Feucht sind sie rötlichbraun. Der Unterboden, der in der Regel bei 10—20 Zoll liegt, besteht aus bräunlichgrauem oder lichtrosagrauem, festem, schwerem Material, das bis an 40% und mehr Gips enthält. Oft ist eine schwache Gipskruste in 24—40 Zoll Tiefe vorhanden. In einer Tiefe von 50 Zoll liegt oft eine feste Kalkkruste unter dem Boden. Soda ist sehr verbreitet. Die Reepesböden haben eine bräunlichgraue bis hellbraune Oberkrume, die in der Regel mit einem blaßrötlichen oder rosa Farbton ausgestattet ist. Der Unterboden besteht aus grauem, helledergelbem, blaßlachsfarbenem oder weißlichem, kalkigem Material und ist reich an kohlensaurem Kalk und Gipskristallen. Darunter liegt eine Gipskruste, die im trockenen Zustande hart, im feuchten Zustande weich ist. Diese drei Gruppen bilden die ältere, das Tal erfüllende Phase. Eine zweite Reihe derselben Phase schließt zwei Gruppen ein, bei denen die Kalk- und Gipszementation und Verfestigung nicht so bemerkbar sind. Die Böden haben in der Regel ein wohlentwickeltes Profil, das aus der leicht verfestigten Oberkrume, dem darauffolgenden „Mulch" und einer liegenden Zone von mäßig bröckeligem Material besteht, das in eine festere Zone übergeht, in welcher schwache Flöze und Knötchen von kohlensaurem Kalk angehäuft sind. Darunter folgt eine sehr feste und oft leicht zementierte Lage von schwererer Textur, in der Kies und Steine völlig von kohlensaurem Kalk überzogen sind, während in dem Material darüber der Kalküberzug zumeist weniger gut entwickelt ist und oft nur die Unterteile der Steine bedeckt. Eine dritte Reihe der das Tal erfüllenden Böden umfaßt solche, in welchen sich ein normales Bodenprofil nicht entwickelt hat, und zwar wahrscheinlich als eine Folge der unterdrückten Unterdränage und des sich daraus ergebenden hohen Wasserstandes. Solche Böden besitzen eine weniger wohldefinierte Zone der Anhäufungsprodukte der Bodenverwitterung. Sie sind durch schwere, plastische, tiefere Unterböden gekennzeichnet, die in der Regel grau und kalkreich sind, oder sich durch einen grünen Farbton als Folge einer schlechten Durchlüftung auszeichnen. Eine vierte Reihe von Böden, welche in der Nähe der Dränagewege und in lokalen Vertiefungen liegen, hat durchlässige Ober- und Unterböden und keine Krustenbildungen. Sie zeigen einen leichten Farbwechsel zwischen Ober- und Unterboden. Es kommen weiter noch Böden vor, welche beständig Abschlämmassen von den höheren Abhängen erhalten. Sie besitzen infolgedessen eine Schichtung. Ihre Oberkrume ist hellgraulichbraun bis hellbraun gefärbt, stellenweise auch wohl durch einen rosa Farbton ausgezeichnet. Das rohe Steinland umschließt Flächen, welche eine sehr rauhe und gebrochene Topographie haben und sehr steinig sind.

Eine kleinere Karte im Maßstab 1 Zoll = 2 Meilen (1 : 127000) ist Landklassifikations- und Alkalikarte betitelt. Ihre Einteilung lautet: Böden mit durchlässigem Unterboden, zur Bebauung gut geeignet, wo die Dränagebedingungen und die Alkalianhäufung günstig sind; Böden mit festem Unterboden, für die Landwirtschaft wohl geeignet, wo die Dränagebedingungen und die Alkalianhäufung günstig sind; Böden von begrenztem Kulturwert; Flächen mit Anhäufung von mehr als 0,20% Alkali; Flächen mit weniger als 0,20% Alkali; Bohrpunkte mit prozentischen Angaben des Alkaligehaltes bis zu 6 Fuß Tiefe. Verhältnismäßig klein sind die Flächen, welche für den Ackerbau geeignet sind, der größte Teil ist eng begrenzt oder sehr wenig dazu geeignet.

Oregon. Soil Map of Multnomah County. Aufgenommen in Zusammenarbeit von U. S. Soil Survey mit der Oregon landwirtschaftlichen Versuchsstation 1919.

Es ist eine Karte von 1,20 m Breite und 60 cm Länge im Maßstab 1 : 62500 und mit Höhenschichtlinien. Die Farbenerklärung bringt 33 Einheiten aus 13 Gruppen und 3 Skelettbildungen. Die vorhandenen großen Flächen gestatten infolge geschickter Farbenauswahl eine gute Übersicht. Die Erläuterung liegt in Tabellenform vor, während eine Übersicht erkennen läßt, daß es sich teils um eine alte Talfüllung, teils um Böden auf rezenten Alluvionen, teils um gemischte Böden handelt. Die Tabellen enthalten fast ausschließlich landwirtschaftlich-praktische Angaben.

Washington. U. S. Dep. of Agricult. Bureau of Soils in coop. with the State of Washington Soil Survey of Spokane County. Aufgenommen 1917. Gedruckt Washington 1921.

Diese Karte im Maßstabe 1 Zoll = 1 Meile (1 : 63385) bedeckt eine Fläche von fast 1,5 m^2, enthält aber keine Höhenschichtlinien. Es sind 61 Bodeneinheiten in 20 Gruppen, Morast, Torf und 4 Klassen von gemischtem, nicht landwirtschaftlich genutztem Land angegeben. Trotz zahlreicher großer Flächen ist das Gesamtbild verwirrend. In der Erläuterung werden die Böden unter folgenden Gesichtspunkten gruppiert: Verwitterungsböden, Böden auf glazialem Geschiebelehm, Böden auf altem, aus dem Wasser niedergeschlagenem Material ehemaliger Glazialseen und Flußterrassen, Böden auf äolischen Sedimenten, Böden auf rezenten Alluvialablagerungen, Böden auf rezenten Sedimentbildungen von Gletscherseen, Böden auf Anhäufungen organischer Substanz, vermischte Böden. Es liegt also die geologisch-geographische Einteilung der ersten Zeit vor. Gleich zu Beginn der Bodenerklärung wird denn auch auf die alte Übersicht MILTON WHITNEYS[1] verwiesen. In der Übersichtsbeschreibung werden viele Böden als Waldböden bezeichnet. Die Profilbeschreibung ist sehr kurz.

Bemerkenswert ist bei den vorstehenden Karten, daß die Farbenwahl keine Einheitlichkeit zeigt, sondern für jedes Blatt selbständig vorgenommen wird. Man sieht deutlich das Bestreben, die Farben stets gut von einander abzuheben, so daß aneinandergrenzende recht verschieden ausgewählt sind und infolgedessen Zweifel nicht leicht aufkommen können. Auf den drei zuerst genannten Karten finden sich z. B. Böden der Norfolkgruppe. Sie sind auf den Blättern von New Jersey gelb und grau, auf denen der 1. Karte von Georgia neutraltinte, orange, grau, grün, oliv, rosagrün, der 2. Karte orange, bläulichgrau, bläulichgrau mit blauen Strichen dargestellt. Die Moore (Swamps) sind auf ihnen mit Gelb bzw. Grün bzw. Rot angelegt. Es wird also grundsätzlich auf die Möglichkeit verzichtet, die Bodeneinheiten auch an den Farben der Karte erkennen zu können. Bei 532 Gruppen (Serien) und etwa 20 Bodenarten (Texturen), im ganzen 1779 Einheiten, ist das durchaus erklärlich. Aber die Karte von R. S. SMITH[2] zeigt, daß außer der Serienbezeichnung eine allgemeine bodenkundliche Einteilung recht wohl gefunden werden kann. Ihr Anfang ist vielverheißend, trifft auch ganz gut mit den theoretischen Erkenntnissen, welche C. F. MARBUT[3] geäußert hat, zusammen. Die Ursache für das so lange andauernde Verharren auf dem Standpunkt der geologischen Abhängigkeit des Bodens beruhte einerseits wie in Deutschland auf dem Bestreben, recht viel und schnell für die landwirtschaftliche Praxis zu arbeiten, so daß für rein wissenschaftliche Erkenntnisse keine Zeit übrig blieb, andererseits in dem Mangel an Übersichtskarten, die weit mehr zu wissenschaftlicher Durcharbeitung als die Sonderkarten zwingen. Bemerkenswert ist bei den amerikanischen Karten auch die Ungebundenheit im Format, während sonst bei

---

[1] US. Bureau of Soils. Bull. **96** (1913).

[2] SMITH, R. S.u. Mitarbeiter: Will County Soils. Illinois, a. a. O.

[3] MARBUT, C. F.: The Contrib. of Soil Survey to Soil Science, a. a. O.

Landesaufnahmen eine bestimmte Kartengröße beibehalten wird. Der Text ist in der Regel mit Landschaftsbildern versehen.

Nach Mitteilung von C. F. MARBUT an den Verfasser waren in den 26 Jahren von 1900—1926 1188 Karten gedruckt. Während der Jahre 1927—1930 wurden 165 Aufnahmen ausgeführt, die z. T. auch gedruckt sind. Insgesamt also bis 1930 1353 Karten.

Kanada.

Die kanadische Bodenkartierung wird nicht so einheitlich von einer Zentralstelle aus geleitet wie die der Vereinigten Staaten von dem Soil Survey, sondern an einigen Universitäten bestehen bei den Professuren für Bodenkunde der landwirtschaftlichen Abteilungen Bodenaufnahmen. So haben u. a. A. H. JOEL[1] an der Universität von Saskatchewan in Saskatoon und F. A. WYATT[2] an der Universität von Alberta in Edmonton die Bodenkartierung eingerichtet.

A. H. JOELS Kartierung[3] schließt sich eng an die des Soil Survey in Washington an. Das Blatt Bienfait-Oxbow berührt die Grenze gegen den Staat Nord-Dakota. Dasselbe ist im Maßstab 1 : 190080 (1 Zoll = 3 Meilen) mit Höhenschichtlinien gehalten. Die Farbenerklärung für 16 Bodeneinheiten zeigt eine Zusammenfassung zu 4 Gruppen, die durch Ortsnamen gekennzeichnet sind, und ferner noch 4 Gesteine. Mit schrägen schwarzen Strichen sind verschiedene Bodeneinheiten mit bewegter Oberfläche besonders bezeichnet. Außer Farben sind Buchstaben verwendet. In der Erläuterung heißt[4] es: Zuerst war die Klassifikation auf den Karten nur auf die Textur (Bodenarten) gegründet. Nachdem aber mehr Erfahrungen gesammelt worden waren, konnte auch der Klassifikationsplan erweitert werden. Das gegenwärtige System ist daher umfassender, aber allerdings auch schwieriger zu verstehen. Es gründet sich nicht nur auf die Kennzeichen der Oberkrume, sondern auch auf die der tieferen Bodenlagen. Das Bodenprofil ist, wie gegenwärtig überall, so auch hier die Grundlage der Bodeneinteilung. Die Böden der am stärksten verbreiteten Oxbowgruppe sind auf dem Glazialgestein unter der Vegetation der Hochgrasprärie entstanden, obwohl sie zur Zeit von typischer Parkvegetation bestockt sind. Die Oberkrume ist schwarz bis dunkelbraun gefärbt und bröckelig. Ihr folgt eine dunkelbraune bis braune, etwas schwerere, festere und darunter eine graue bis gelblichgraue Lage von angehäuftem kohlensauren Kalk, den eine unterste Lage von grauem, leicht geflecktem, feinkörnigem Boden unterlagert. Dieser geht in die Grundmoräne über. Die Weyburngruppe unterscheidet sich von dieser durch die mehr dunkelbraune als schwarze Oberkrume und durch einen mehr rötlich als dunkelbraunen zweiten Horizont. An organischer Substanz und Stickstoff ist sie ärmer. Die Vegetation gleicht mehr der der Kurzgrasebenen als der Parkvegetation, die nicht häufig vorkommt. Die Böden der Sourisgruppe sind jünger, ihr Profil ist weniger gut entwickelt. Die Dränage ist bei den schwereren und tiefer liegenden Böden dieser Gruppe schlechter entwickelt. Die Hillburygruppe findet sich auf den höheren Terrassen und Böschungen der Wasserläufe und ist der Oxbowgruppe ähnlich, doch ist sie infolge der Auswaschung der feineren Bestandteile gröber. Demnach ist das Kartenbild recht leicht zu

---

[1] Z. B. Soil Survey of the Bienfait-Oxbow Area. Soil Surv. Rep. Saskatoon **1926**, Nr 5. — Soil Survey of the Rosetown Area. Soil Surv. Rep. Saskatoon **1927**, Nr. 6.

[2] Z. B. Soil Survey of Macleod Sheet. Bull. Edmonton **1925**, Nr. 11. — Soil Survey of Medicine Hat Sheet. Bull. Edmonton **1926**, Nr 14.

[3] In der Einleitung zu den Kartenerläuterungen heißt es „Die bodenkundliche Landesaufnahme von Saskatchewan stellt die Erfüllung einer Entschließung dar, welche mit der ‚besseren Landwirtschaftsbesprechung' vom Jahre 1920 in Swift Current angenommen wurde."

[4] Soil Rep. Nr 5, 20/21.

lesen und gibt eine gute, klare Übersicht. Die Karte selbst ist von 27,5 × 45,5 cm^2 Größe und handlich. Der Text ist mit Landschaftsbildern und einigen Profilabbildungen reich versehen.

Die Karte der Rosetownfläche, aus einem weiter nordwestlich gelegenem Gebiet, hat die gleiche Größe, aber keine Höhenschichtlinien. Es sind 16 Farben, die nicht Buchstaben, sondern Nummern tragen, vorhanden. Die Weyburn-, die Souris- und die Hillsburygruppen kommen auch hier, z. T. mit ähnlichen Farben, wenn auch anderen Nuancen bezeichnet, vor. Die größten Flächen nehmen die Böden der Reginagruppe, die auf schweren lakustrischen Tonen entstanden sind, ein. Die Oberkrume ist dunkelbraun bis dunkelgraubraun, sie geht durch einen heller braun gefärbten, etwas schwereren Horizont in einen gelblich- oder mergeliggrauen Ton über. Das Gesamtbild der Karte ist weniger übersichtlich als das der vorigen. Die geringen Bodenunterschiede sind durch kraß neben einander stehende Farben stark verzerrt.

Die Karten von Alberta haben den gleichen Maßstab (1 : 190080) wie die von Saskatchewan, desgleichen Höhenschichten und feine Farbengebung. Das Format ist wesentlich größer, nämlich 60 × 86 cm^2. Unterschieden sind nur Bodenarten, außerdem erodierter und gemischter Flußboden. Wellige und hügelige Gegenden sind besonders bezeichnet. Das Kartenbild ist an sich sehr schön. Im Text sind die Profile nur angedeutet und auch die natürliche Vegetation ist nur kurz beschrieben, so daß man einen gewissen Zusammenhang herstellen kann, ohne allerdings sicher zu sein, daß dieser angesichts des kleinen Maßstabes auch stimmt. Eine Beeinflußung durch das U. S. Soil Survey ist rein äußerlich deutlich, im einzelnen aber kaum zu bemerken.

Mittelamerika.

Eine Bodenkarte des südlichen Mittelamerikas hat K. SAPPER[1] entworfen. Er unterscheidet darauf mit Farben: Eluvialböden der feuchten Gebiete, der trockenen Gebiete, Eluvialböden gemischt mit vulkanischem Material, vulkanischen Aufschüttungsboden (primär), fluvialen Aufschüttungsboden, marinen Aufschüttungsboden, Sand- und Schotterboden, Mangroveboden, Alluvialboden gemischt mit vulkanischem Material und Jicarales (grauer Tonboden in Vertiefungen). Auf der Karte überwiegen bei weitem die feuchten Eluvialböden, die aus Urwaldböden mit roter, gelber, gelbgrauer oder brauner oder grauer oder schwarzer Farbe bestehen. Sie nehmen den größten Teil der östlichen Hälfte des Gebietes ein, während die trockenen Eluvialböden den größten Teil der westlichen Hälfte inne haben. Diese sind teils Böden der Eichen- und Kiefernwälder, teils solche der Gras- und Strauchsteppen, die im allgemeinen mehr graue Humusfarben aufweisen, doch sind auch rote oder braune Böden, allerdings mehr in den Wäldern als in den Steppen, vertreten. Die Karte hat den Maßstab 1 : 4000000. Ohne Zweifel ist sie in ihrer Art durch C. ROHRBACHS Erdkarte nach F. v. RICHTHOFENS Grundgedanken beeinflußt.

Südamerika.

Die Bodenkartierung ist in Südamerika weit weniger als in Nordamerika fortgeschritten.

Manche der geologischen Karten von Argentinien und Uruguay, besonders solche der Flachländer, haben auch eine gewisse bodenkundliche Bedeutung,

---

[1] SAPPER, K.: Gebirgsbau und Boden des südlichen Mittelamerika. Peterm. Mitt., Erg.-H. 151, Tafel 1. Gotha 1905.

so R. STAPPENBECKS[1] hydrogeologische Karte der Täler von Chapalcò und Quehué in der mittleren Pampas. Hier sind Pampasformation, Sanddünen, Granit und kristalline Schiefer und deren Anstehen unter der Pampasformation angegeben, ferner die Brunnen und Bohrungen mit Salz- und mit süßem Wasser, die Quellen und Lagunen mit Salz- und süßem Wasser, die Salzausblühungen u. dgl. angeführt. Ferner sind K. WALTHERS[2] geomorphologische und geologische Studien in Uruguay mit Karten der verschiedensten Art und auch einigen Bodenprofilen hervorzuheben.

Über Brasilien hat E. P. DE OLIVIERA[3] einen Bericht in G. MURGOCIS Etat de l'étude et de la cartographie des sols veröffentlicht. Seit der Begründung des Ministeriums für Landwirtschaft, Industrie und Handel im Jahre 1911 hat die Regierung der Geologie der Ackerböden ihre Aufmerksamkeit zugewandt, jedoch schon vorher hatten einzelne Forscher, so besonders M. P. CACALCANTI, mit Unterstützung der nationalen Landwirtschaftsgesellschaft einzelne landwirtschaftliche Kartenskizzen Brasiliens entworfen. Der Abteilung für Landwirtschaft (Serviço de Inspecção e Fomento Agricola) des genannten Ministeriums wurde der Auftrag zuteil, agronomische, agrogeologische und Waldkarten Brasiliens herzustellen. Als Grundlagen waren jedoch zunächst topographische und geologische Karten notwendig, die von verschiedenen Seiten und in verschiedenen Staaten geschaffen wurden. Bodenkarten waren noch nicht vorhanden. Eine kleine Bodenkarte des inneren Amazonenbeckens haben seitdem C. F. MARBUT und C. B. MANIFOLD[4] veröffentlicht. Ihr Maßstab ist 1 : 15 000 000. Sie reicht von etwa 76° östlicher Länge und 4° südlicher Breite bis zur Mündung des Amazonenstromes. Dargestellt sind sandige Lehme mit gelbem, bröckeligem Unterboden von sandigem Ton, feinsandige Lehme mit gelblichem bis rotgelbem, bröckeligem Ton bis sandigem Ton als Unterboden, tonige Lehme und Tone mit rotem oder rötlichem, bröckeligem Ton als Unterboden, Tone und tonige Lehme mit schwerem, unvollständig oxydiertem, tonigem Unterboden, sehr feinsandiger Lehm mit tiefem, bröckligem, rötlichem Unterboden. Den „Versuch einer Bodentypenkarte Chiles" hat neuerdings A. MATTHEI[5] ausgeführt. Es sind darauf Gebirgsböden, kastanienbraune Steppenböden, Roterden, Gelberden, Schwarzerden und degradierte Schwarzerden, graue Waldböden und Gebirgsböden, braune Waldböden, Prärieböden dargestellt. Im Vergleich dazu sind orographische Skizzen, eine Regenkarte und eine Vegetationskarte wiedergegeben. Es handelt sich hier um einen vielversprechenden Anfang.

Afrika.

Außer der Darstellung Afrikas auf den Erdkarten ist eine besondere Bodenübersichtskarte Afrikas im Maßstabe 1 : 25 000 000 vorhanden, welcher sich eine Landklassifikations- (Bodengüte-) Karte in 1 : 10 000 000 anschließt. Der Verfasser der Übersichtskarte ist C. F. MARBUT, die der Bodengütekarte H. L. SHANTZ

[1] STAPPENBECK, R.: Investigaciones hidrogeologicas de los Valles de Chapalcò y Quehué y sus alrededores. Dir. gen. minas, geol. y hydrol. Bol. 4, Ser. B. Buenos Aires 1913.

[2] WALTHER, K.: Estudios geomorfologicos y geologicos. Bases de la geografisica del pais. Montevideo 1924.

[3] OLIVIERA, E. P. DE: The Cartography of Soils and Surficial Deposits of Brazil. Etat de l'étude et de la cartographie des sols, S. 273—275. Bukarest 1924.

[4] MARBUT, C. F. u. C. B. MANIFOLD: The Soils of the Amazon Basin in Relation to Agricultural Possibilities. Geogr. Rev. 16, 414—442 (1926). — Auch die Einleitung dazu: C. F. MARBUT u. C. B. MANIFOLD: The Topography of the Amazon Valley. Ebenda 15, 617—642 (1925).

[5] MATTHEI, A.: Einfluß von Oberflächengestaltung, Klima und Vegetation auf die Verbreitung der Bodentypen in Chile. Bodenkundl. Forschgn 2, 57—67 (1930).

und C. F. Marbut[1]. Zum Vergleich sind der Arbeit eine Regenkarte Afrikas von J. B. Kincer und eine Vegetationskarte von H. L. Shantz beigefügt. C. F. Marbuts Karte ist eine solche der Bodenentstehungstypen. Es werden 16 Bodentypen unterschieden: braune Böden der Kapprovinz und der Atlasregion, Natallehme, Steppenböden von Transvaal, Tschernosemböden, hellfarbige Böden der Tschernosemgruppe, kastanienfarbige Böden, Wüstenböden ungeteilt, braune Wüstenböden, Rotlehme, unreife Rotlehme, eisenschüssige Rotlehme, lateritische Rotlehme, Laterite, tropische Steppenböden, Sande oder sehr sandige Böden, Alluvium. Vergleicht man die Karte mit J. B. Kincers Regenkarte im gleichen Maßstabe, so fällt ein gewisser Parallelismus beider Karten auf, der zeigt, daß beide sich etwas aneinander anlehnen. Die Bodenkarte ist infolgedessen ebenso wie alle bisherigen Übersichtskarten der Erde und Kontinente noch schematisch. Methodisch ist die Bodengütekarte von H. L. Shantz und C. F. Marbut sehr bemerkenswert. Die Ländereien werden nach ihrem Pflanzenproduktionsvermögen mit Buchstaben von 𝔄—𝔚 bezeichnet, derart, daß 𝔄 die fruchtbarsten und produktionsreichsten des Kontinents, nämlich die des Nildeltas und des Niltales, 𝔚 die unfruchtbarsten, nämlich die sterilen Gebiete der Sahara bedeuten. Um sie im einzelnen als Gras-, Acker-, Waldland kennzeichnen zu können, wird das tropische Ackerbauland mit A, das des subtropischen und des gemäßigten Klimas mit a, das Weideland (Grasland) mit G, das Waldland mit F zugleich mit den Ziffern von 1—5 in fünf Produktionsstufen bezeichnet, von welchen 1 die sehr niedrige, 2 die niedrige, 3 die mittlere, 4 die hohe, 5 die sehr hohe Produktivität wiedergeben. Die Gruppen 𝔄—𝔚 werden nun im einzelnen durch die Buchstaben A, a, G, F mit den Produktivitätsziffern 1—5 gekennzeichnet. Die Gruppe 𝔄, die den Böden des Niltals und des Nildeltas entspricht, erhält die Signatur $A^5G^1F^5$, d. h. sie hat sehr hohe Produktivität als tropisches Ackerbau- und Waldland, dagegen sehr niedrige als Weideland. Die Gruppe 𝔚 erhält keine Signatur, da die Wüste weder als Acker- noch als Weide- noch als Waldland etwas produziert. Aber außer dieser praktischen Kennzeichnung wird jede einzelne Gruppe noch nach verhältnismäßiger Produktivität, Bodentypus, Oberflächengestaltung und Klima, Vegetationstypen, natürlichen Erzeugnissen und Landbaumöglichkeiten beschrieben. Die Beschreibungen folgen hierunter:

𝔄.

$A^5G^1F^5$

Verhältnismäßige Produktivität: sehr hoch.

Bodentypus: Schwach gefärbtes Alluvium, zumeist lehmig oder schwerer.

Oberflächengestaltung und Klima: Flach; warm und feucht. Niederschlag 30—120 englische Zoll. In der Regel keine Trockenzeit.

Vegetationstypen: Hauptsächlich tropischer Regenwald oder Sumpfgras.

Natürliche Erzeugnisse: Palmöl und -nüsse, Gummi und Nutzholz.

Landbaumöglichkeiten: Kakao, Bananen, Reis, Zuckerrohr, Vanille, Maniok, Sorghum, afrikanische Hirse, Negerhirse, Süßkartoffeln, Baumwolle, Tabak, Bohnen, Indigo, Erdnüsse, Sesam und tropische Früchte und Pflanzen.

𝔅.

$a^5G^1F^5$

Verhältnismäßige Produktivität: Sehr hoch.

Bodentypus: Rotlehm von mäßiger Tiefe, keine „Pflugsohle" oder verhärtete Schicht (hardpan), mäßig ausgelaugt. Im allgemeinen von verwickelter Mineral-

[1] Shantz, H. L. u. C. J. Marbut: The Vegetation and Soils of Africa. Amer. geogr. Soc. Res. 13. New York 1923. — Vgl. auch H. Stremme: Grundzüge der praktischen Bodenkunde, S. 283—294. Berlin 1926.

zusammensetzung. Frischer (unberührter) Boden, wenig organische Substanz, frei von Laterit.

Topographie und Klima: Bergig; feucht, warm bis gemäßigt. Niederschlag 40—80 englische Zoll. Keine Trockenzeit.

Vegetationstypus: Größtenteils gemäßigter Regenwald.

Naturprodukte: Bauholz.

Landbaumöglichkeiten: Gemäßigte Getreidearten, wie Weizen, Hafer, Gerste, Roggen; Kartoffeln, Mais, Sorghum, Negerhirse, afrikanische Hirse, Flachs, Erdnüsse, Baumwolle, Bohnen, Erbsen, Süßkartoffeln, Yams, Kaffee, Bananen, subtropische Früchte, Früchte und andere Vegetabilien der gemäßigten Zone.

C.

a^5G^5

Verhältnismäßige Produktivität: Sehr hoch.

Bodentypus: Dunkelrote Lehme, frei von Pflugsohle (hardpan), mäßig ausgelaugt, mäßig verwickelte Mineralzusammensetzung.

Topographie und Klima: Hoch, wellig bis gebirgig. Mäßige Feuchtigkeit, warm, gemäßigt. Niederschlag 40—60 Zoll. Keine längere Trockenzeit.

Vegetationstypus: Berg-Grasland.

Naturprodukte: Sehr wertvolles Weideland.

Landbaumöglichkeiten: Weizen, Gerste, Hafer, Roggen, Mais, Sorghum, Hirse, Maniok, Erdnüsse, Baumwolle, Bohnen, Erbsen, Süßkartoffeln, Bananen, Kaffee, subtropische Früchte, Früchte und andere Vegetabilien des gemäßigten Klimas.

D.

$A^5C^2F^3$

Verhältnismäßige Produktivität: Sehr hoch.

Bodentypus: Rotlehme mäßig ausgelaugt.

Topographie und Klima: Flachwelliges Land. Niederschlag mäßig bis hoch, 30—80 Zoll. Tropisch. Trockenperiode, 3—5 Monate.

Vegetationstypus: Größtenteils Hochgras — Kleinbaum — Savanne.

Naturprodukte: Weideland, Gummi und Öl.

Landbaumöglichkeiten: Erdnüsse, Sorghum, afrikanische Hirse, Negerhirse, Mais, Baumwolle, Süßkartoffeln, Yams, tropische Früchte und Vegetabilien, Sesam, Maniok, Tabak, Bohnen, Indigo, Gummi.

E.

a^4G^4

Verhältnismäßige Produktivität: Hoch.

Bodentypus: Dunkelbraun bis rotbraun. Sandige Lehme bis Lehm.

Topographie und Klima: Hochfläche. Sommerregen 30—40 Zoll. Trockenzeit 4—6 Monate.

Vegetationstypus: Hohes Gras.

Naturprodukte: Weideland.

Landbaumöglichkeiten: Gemäßigtes Trockenland — Getreide: Weizen, Hafer, Gerste, Roggen; Sorghum, Mais, Hirse. Früchte des gemäßigten Klimas: Birnen, Pflaumen, Aprikosen, Pfirsiche, Feigen und andere Vegetabilien.

F.

$A^4G^3F^3$

Verhältnismäßige Produktivität: Hoch.

Bodentypus: Dunkelfarbige Feuchtböden.

Topographie und Klima: Sanfte Erhebungen. Niederschlag 35—45 Zoll. Trockenzeit 2—5 Monate.

Bodentypus: Dunkelfarbige Feuchtböden.

Vegetationstypen: Akazien — Hochgras — Savanne, Hochgras — Kleinbaum — Savanne.

Naturprodukte: Weideland.

Landbaumöglichkeiten: Mais, Sorghum, Negerhirse, Süßkartoffeln, Tabak, Bohnen, Erdnüsse, Weidenruten, Baumwolle, subtropische Früchte und Vegetabilien.

H.

$a^4G^2F^2$

Verhältnismäßige Produktivität: Hoch.

Bodentypen: Braunerde mit rötlichem Untergrund.

Topographie und Klima: Verschieden; Bergzüge mit Längstälern, Niederschlag 20—30 Zoll, fast gleichmäßig verteilt.

Vegetationstypen: Gemäßigter Busch, Eiche — Koniferenwald, gemäßigter Wald des Kaplandes.

Naturprodukte: Brennholz und Schößlinge.

Landbaumöglichkeiten: Gemäßigte Getreidearten: Weizen, Gerste, Hafer, Roggen, Mais; Sorghum, Tabak, Luzerne; subtropische und gemäßigte Früchte, besonders Weintrauben.

I.

$A^4G^3F^3$

Verhältnismäßige Produktivität: Hoch.

Bodentypus: Rotlehme. Wahrscheinlich lateritisch.

Topographie und Klima: Welliges bis hügeliges Land. Warm und feucht. Niederschlag 60—80 Zoll. Trockenperiode kurz oder fehlend, nicht ausreichend, um Laubabfall zu veranlassen.

Vegetationstypus: Tropischer Regenwald.

Naturprodukte: Palmöl und -nüsse, Gummi, Nutzholz, Kola, Kopal.

Landbaumöglichkeiten: Kakao, Bananen, Reis, Zuckerrohr, Vanille, Maniok, Yams, Ingwer, Gummi, Kaffee, Tapioka, Kokosnüsse, Mais, Sorghum, Negerhirse, afrikanische Hirse, Süßkartoffeln, Baumwolle, Tabak, Bohnen Indigo, Erdnüsse, Sesam, tropische Früchte und Vegetabilien.

J.

$A^4G^3F^3$

Verhältnismäßige Produktivität: Hoch.

Bodentypus: Dunkelfarbige Böden, oft kalkhaltiger Untergrund.

Topographie und Klima: Sanfte Niederungen und Hochflächen. Niederschlag 20—33 Zoll. Trockenzeit 3—6 Monate im Mittwinter.

Vegetationstypus: Akazie — Hochgras — Savanne, Hochgras — Kleinbaum — Savanne.

Naturprodukte: Weideland.

Landbaumöglichkeiten: Sorghum, Erdnüsse, Baumwolle, Negerhirse, Bohnen, Maniok, Yams, Süßkartoffel, Indigo, Tabak, Sesam, Kürbis u. a.

K.

$A^4G^2F^4$

Verhältnismäßige Produktivität: Hoch.

Bodentypus: Rotlehme und sandige Lehme.

Topographie und Klima: Stark oder schwach wellig. Günstiger Niederschlag 30—40 Zoll. Lange Trockenzeit, 4—6 Monate im Mittwinter.

Vegetationstypus: Trockenwald.

Naturprodukte: Weideland, Gummi, Nutzholz.

Landbaumöglichkeiten: Mais, Sorghum, Negerhirse, Baumwolle, Süßkartoffel, Sesam, Tabak, Bohnen, Indigo, Erdnüsse, afrikanische Hirse, Gummi.

L.

$A^4G^2F^3$

Verhältnismäßige Produktivität: Hoch.

Bodentypus: Rotlehme, gelegentlich dunkelfarbig.

Topographie und Klima: Wellige Ebenen bis Hügelland. Niederschlag 35 bis 45 Zoll. Trockenzeit 3—5 Monate.

Vegetationstypus: Akazie — Hochgras — Savanne.

Naturprodukte: Weideland.

Landbaumöglichkeiten: Mais, Sorghum, Negerhirse, Maniok, Yams, Süßkartoffeln, Sesam, Tabak, Bohnen, Indigo, Erdnüsse, Sisal, Gummi, Bananen, Ananas, andere tropische Früchte und Vegetabilien.

M.

$A^4G^2F^4$

Verhältnismäßige Produktivität: Hoch.

Bodentypus: graue bis rote Böden, oft schwerer Untergrund. Häufig Kalkanhäufungen.

Topographie und Klima: Schwach bis stark wellig. Niederschlag 25—35 Zoll, Trockenzeit 3—6 Monate.

Vegetationstypus: Akazie — Hochgras — Savanne und Trockenwald.

Naturprodukte: Nutzholz und Weideland.

Landbaumöglichkeiten; Sorghum, Erdnüsse, Baumwolle, Negerhirse, Bohnen, Maniok, Yams, Süßkartoffel, Indigo, Tabak, Sesam, Kürbis u. a..

N.

$A^3G^1F^5$

Verhältnismäßige Produktivität: Mittel.

Bodentypus: Laterit.

Topographie und Klima: Wellig bis bergig. Niederschlag 70—160 Zoll. Trockenzeit kurz oder fehlend, nicht genügend, um Laubabfall zu verursachen.

Vegetationstypus: Tropischer Regenwald, Hochgras — Kleinbaum — Savanne.

Naturprodukte: Nutzholz und Gummi.

Landbaumöglichkeiten: Kakao, Banane, Reis, Zuckerrohr, Vanille, Maniok, Yams, Ingwer, Gummi, Kaffee, Tapioka, Kokosnuß, Mais, Sorghum, Negerhirse, afrikanische Hirse, Süßkartoffel, Baumwolle, Tabak, Bohnen, Indigo, Erdnüsse, Sesam, tropische Früchte und Vegetabilien.

O.

$A^3G^2F^3$

Verhältnismäßige Produktivität: Mittel.

Bodentypus: Rotlehme mit Eisenoxydanhäufung im Untergrund; Kasai-Becken.

Topographie und Klima: Sanfte Zwischenstromebenen und Hochflächenreste. Niederschlag 50—65 Zoll. Trockenzeit 3—5 Monate.

Vegetationstypus: Hochgras — Kleinbaum — Savanne.

Naturprodukte: Weideland.

Landbaumöglichkeiten: Erdnüsse, Sorghum, Negerhirse, afrikanische Hirse, Mais, Baumwolle, Süßkartoffel, Yams, tropische Früchte und Vegetabilien, Sesam, Maniok, Tabak, Bohnen, Indigo, Gummi.

𝔓.

$a^3G^3F^2$

Verhältnismäßige Produktivität: Mittel.

Bodentypus: Braune bis dunkelbraune Böden mit kalkhaltigem Untergrund.

Topographie und Klima: Sanfte Zwischengebirgstäler und -ebenen. Gemäßigter Regenfall 15—30 Zoll. Trockenzeit 2—3 Monate im Norden und 3—6 Monate im Süden.

Vegetationstypen: Zwergpalme — gemäßigt Gras, Akazie — Hochgrassavanne, Wüstengras — Wüstenstrauch.

Naturprodukte: Weideland und Palmfaser.

Landbaumöglichkeiten: Gemäßigte Zerealien: Weizen, Gerste, Hafer, Reis, Mais, Sorghum; Tabak, Luzerne, Früchte der gemäßigten und halbgemäßigten Zone.

𝔔.

$A^3G^3F^2$

Verhältnismäßige Produktivität: Mittel.

Bodentypus: Sande und dunkelfarbiges Sandalluvium, Flachlandböden des Tschadseegebietes und des Nigerbogens. Ohne harte Schicht (hardpan).

Topographie und Klima: Flach. Niederschlag gering, 15—30 Zoll. Trockenzeit 5—7 Monate im Mittwinter.

Vegetationstypus: Der trockenere Teil der Akazie — Hochgras — Savanne.

Naturprodukte: Weideland, Gummi.

Landbaumöglichkeiten: Mais, Sorghum, Süßkartoffel, Baumwolle, Tabak, Bohnen, Indigo, Erdnüsse und Negerhirse.

𝔑.

$A^2a^2G^3F^2$

Verhältnismäßige Produktivität: Niedrig.

Bodentypus: Graue Sande mit beträchtlicher organischer Substanz. Mäßig ausgelaugt.

Topographie und Klima: Sandige Ebene mit Sommerregenfall und hoher Temperatur. Niederschlag 20—30 Zoll. Trockenperiode über 6 Monate im Winter.

Vegetationstypus: Akazie — Hochgras — Savanne.

Naturprodukte: Weideland.

Landbaumöglichkeiten: Sorghum, Negerhirse, Mais und ähnliche Trockenlandgetreide und Vegetabilien.

𝔖.

$A^1a^1G^3F^1$

Verhältnismäßige Produktivität: Sehr niedrig.

Bodentypus: Graue bis rote Sande, nicht weit ausgelaugt.

Topographie und Klima: Sandige Ebene mit geringem Sommerregenfall, 10—20 Zoll. Hohe Temperatur.

Vegetationstypus: Akazie — Wüstengrassavanne.

Naturprodukte: Gutes Weideland von geringem Ertrag, wo Wasser beschafft werden kann.

Landbaumöglichkeiten: Trockenfarmgetreide nur während günstiger Jahre und auf besseren Böden.

T.

$a^3G^3F^2$

Verhältnismäßige Produktivität: Sehr niedrig.

Bodentypus: Graues, nasses Sandalluvium, oft mit Salzen beladen.

Topographie und Klima: Flach und heiß. Regenfall 20—30 Zoll. Während der Regenzeit überschwemmt.

Vegetationstypus: Trockenwald, von unten bewässerte Grasländer und Sumpfgras.

Naturprodukte: Weideland.

Landbaumöglichkeiten: Heu oder Futtergetreide, wo nicht zu salzig.

U.

G^2

Verhältnismäßige Produktivität: Sehr niedrig.

Bodentypus: Braune sandige Lehme oder schwerer; unausgelaugt, hoch an löslichen Bestandteilen. Wahrscheinlich eine chemische Kruste (hardpan).

Topographie und Klima: Wüstentypen: verschiedene Oberflächen. Sehr niedriger Regenfall 5—10 Zoll. Lange, heiße Trockenzeit.

Alpenwiesen: Hochgebirgsformen. Kaltes Klima.

Naturprodukte: Weideland von geringem Ertrag.

Landbaumöglichkeiten: Trockenfarmgetreide: Gerste, Sorghum, Hirse usw. nur während günstiger Jahre. Alpenwiesen keine Möglichkeiten.

V.

F^4

Verhältnismäßige Produktivität: Keine.

Bodentypus: Brackischer Sumpfboden.

Topographie und Klima: Untergetaucht; heiß.

Vegetationstypus: Mangrove.

Naturprodukte: Gerbstoff und Nutzholz.

Landbaumöglichkeiten: Keine.

W.

Keine Stufe.

Verhältnismäßige Produktivität: Keine.

Bodentypus: Graue sandige Wüste. Kalkhaltig, unausgelaugt.

Topographie und Klima: Sanft bis schroff. Trocken und heiß. Niederschlag 2—3 Zoll.

Vegetationstypus: Wüstenstrauch, Wüste.

Naturprodukte: Keine.

Landbaumöglichkeiten: Keine.

Diese verschiedenen Stufen sind mit 23 Farben auf die große Landklassifikationskarte im Maßstabe 1 : 10000000 gebracht. Die Stufen sind unter den Überschriften tropisches Ackerbauland, subtropisches und gemäßigtes Ackerbauland, Weideland, Waldland und Wüste, je nach ihrer Zugehörigkeit zu den verschiedenen Ländereien gruppiert. A kommt unter dem tropischen Ackerbauland und Waldland, 𝔅 nur unter dem subtropischen oder gemäßigten Ackerbauland, ℭ nur unter dem Weideland, 𝔚 als einziges bei der Wüste vor. Das Ausmaß und die Verteilung der Ländereien ist sehr verschieden. Im früheren Deutschostafrika sind 𝔄, 𝔅, ℭ, 𝔇, 𝔎, 𝔐, 𝔖 in sehr verschiedenen Anteilen 𝔄 fast nur in einigen Flußtälern (Rovuma, Rufidji usw.) angegeben. Im ehemaligen Deutschsüdwestafrika sind: 𝔊, 𝔐, ℜ, 𝔖, 𝔗, 𝔘, 𝔚, in Kamerun 𝔄, 𝔎, 𝔇, ℑ, 𝔑, 𝔒 aufgeführt. Togo hat fast nur 𝔇, an der Küste ist etwas 𝔙 vorhanden.

Im ganzen ist hier auf moderner bodenkundlicher Grundlage mit Hilfe der Bodentypen eine bemerkenswerte Übersichtsbonitierung Afrikas geschaffen worden.

Am höchsten werden die Flußauen 𝔄 bewertet. Die nächsten entsprechen teils schwachpodsoligem Boden (𝔅, 𝔇, 𝔊), teils Tschernosem (ℭ, 𝔈, 𝔊) oder degradiertem Tschernosem ℌ. Dann kommt stärker podsolierter Boden mit ℑ, trockener Tschernosem mit 𝔍, degradierter Tschernosem mit 𝔎, 𝔏, 𝔐. Bis hierhin besteht von 𝔈 ab eine hohe Produktivität, von 𝔑 ab die mittlere Produktivität, und zwar 𝔑, 𝔒 Laterit und lateritische Roterde entsprechend dem Podsolboden der gemäßigten Gebiete, 𝔓, 𝔔 den trockenen A-C-Böden, wobei 𝔔 von sandigem Charakter ist. Der Boden mit niedriger Produktivität ℜ ist ebenfalls ein Sandboden des Trockengebietes. Die übrigen Stufen enthalten noch trockenere Böden oder schlechte Marschen, darunter befindet sich 𝔙, die Mangrovemarsch.

Von einzelnen Teilen Afrikas sind in G. MURGOCIS „Etat de l'étude et de la cartographie des sols": Ägypten durch MAC TAYLOR[1], Algerien und Tunis durch A. DALLONI[2] ,Eritrea und Somaliland durch FERRARA und STEFANINI[3], Marokko durch L. GENTIL[4], Rhodesien durch H. B. MAUFE[5], Sudan durch A. F. JOSEPH[6], Westafrika durch G. L. W. MALCOLM[7] behandelt.

In Ägypten ist eine besondere Bodenkartierung nicht eingeführt, weil sie nach Ansicht MAC TAYLORS ohne großen Wert sei, da die Böden alle den gleichen Ursprung hätten. Als die wichtigsten Bodeneigenschaften Ägyptens erweisen sich der Gehalt an löslichen Salzen und die alkalische Reaktion. Nach diesen Gesichtspunkten sind die Flächen kartiert worden, welche die staatliche Domänenverwaltung für sich in Anspruch nahm. Von sonstigen Bodeneigenschaften sind besonders die thermischen der Oberböden studiert worden. Über die Böden Ägyptens im ganzen und die Art ihrer Untersuchung hat W. F. HUME[8] wiederholt berichtet.

Obwohl von Algier und Tunis zahlreiche Arbeiten über die Böden in ihrem Zusammenhange mit der Landwirtschaft, der natürlichen Vegetation, sowie in Hinsicht auf ihre chemische und physikalische Zusammensetzung ausgeführt

---

[1] MACTAYLOR, M. S.: Egypt. Mapping of Soils. Etat de l'étude et de la cartographie des sols, S. 279. Bukarest 1924.

[2] DALLONI, A.: Algérie et Tunisie. Etat actuel de nos connaissances sur les sols. Ebenda, S. 1—4.

[3] STEFANINI, G.: Somalia italiana. Ebenda S. 70—78. — STEFANINI, G. u. A. FERRARA: Stato attuale degli studi sui terreni e della cartografia geoagrologica nell' Eritrea e Somalia. Ebenda, S. 65—73. — FERRARA, A.: Eritrea. S. 65—68.

[4] GENTIL, L.: Les sols de Maroco. Ebenda, S. 137—143.

[5] MAUFE, H. B.: The present State of Soil Investigation in Southern Rhodesia. Ebenda, S. 175—178.

[6] JOSEPH, A. F.: Examination of the Soils of the Sudan. Ebenda, S. 301—307.

[7] MALCOLM, L. W. G.: Soil and Human Settlement in West Africa. Ebenda, S. 309 bis 312.

[8] HUME, W. F.: The Study of Soils in Egypt. Verh. 2. internat. Agrogeol.konf. Stockholm 1910, 301—319. — Character of the Soils of Egypt. Mémoires sur la nomenclature et la classification des sols. S. 54—70. Helsingfors 1924.

worden sind, sind jedoch nach A. DALLONI Bodenkarten in beiden Ländern nicht vorhanden. Nach ihm sind jedoch in den bodenkundlichen Arbeiten verschiedentlich Ausschnitte aus der geologischen Karte wiedergegeben, auf die die Entnahmestellen der Bodenproben eingetragen sind. Eine von ihm nicht erwähnte Bodenkarte hat E. BERTAINCHAND[1] von Tunis ausgeführt. Die Karte hat den Maßstab 1 : 200000. Darauf sind die Bodenarten (hauptsächlich Sandboden), ihre Zusammensetzung, ihre Eignung zur Olivenpflanzung oder zum Getreidebau und die Entnahmestellen der Bodenproben, deren Analysen am Rande dargestellt sind, unterschieden.

Nach A. FERRARA sind über Eritrea zahlreiche Arbeiten geologischer, landwirtschaftlicher, geobotanischer, klimatologischer und bodenkundlicher Art von italienischen Forschern veröffentlicht worden, woraus eine Anzahl wertvoller Schlüsse auf die Bodeneigenschaften von ihm gezogen werden, jedoch sind keine Bodenkarten erwähnt. Noch eingehender ist G. STEFANINIS Bericht über das italienische Somaliland. Es werden eluviale (Gesteinsböden, Terra rossa, Laterit), alluviale (braune, Sumpfwiesen-, Salzböden), äolische Böden unterschieden, dazu eine reiche Bibliographie mit über 30 Nummern mitgeteilt, dagegen Bodenkarten gleichfalls nicht erwähnt.

L. GENTIL hat in den Jahren 1904—1912 Marokko bereist und einen Bericht über seine bodenkundlichen Feststellungen verfaßt. Besonders ausführlich geht er auf die marokkanische Schwarzerde (tirs) ein, die schon viel beschrieben worden ist. Sie kommt in der Küstenzone sehr verbreitet vor und wird häufig von Roterden (hamri) begleitet. Durch ihre große Fruchtbarkeit hat sie schon oft das Augenmerk mancher Forscher auf sich gezogen. GENTIL hält die marokkanische Schwarzerde für Dekalzifikationsprodukte der Kalksteine. Karten werden auch hier nicht erwähnt.

Auch in Südrhodesien fehlt die systematische Kartierung. Nach H. B. MAUFE kommen alluviale Böden, Rotlehme, Boden auf Granit, regurähnliche Schwarzerde vor, auch 6 Analysen werden mitgeteilt.

A. F. JOSEPH zählt von den Bodentypen des Sudans Flußschwemmland, Flußüberschwemmungsabsätze, „Badobe“ (brauner Löß, Baumwollboden), Khorböden (schwarzes Schwemmland), Gozböden (rote Sande bis tonige Sande) und „Blautonböden“ auf. Im Bodenverzeichnis sind die Örtlichkeiten, die man auf der topographischen Übersichtskarte finden kann, angegeben, doch fehlen die Bodenbezeichnungen. Auch eine kleine Regenkarte ist abgedruckt.

Aus Westafrika werden von L. W. G. MALCOLM Rot- und Gelberde, Laterit, Putta-putta (lößähnlicher, roter äolischer Staub) und schwarzer feuchter Überschwemmungsboden genannt.

Von deutschen Geologen, Bodenforschern, Forstleuten, Geographen u. a. sind zahlreiche Untersuchungen von Böden aus den früheren deutschen Kolonien und anderen Teilen Afrikas ausgeführt worden. Genannt seien E. STROMER v. REICHENBACH[2], O. LENZ[3], F. HUTTER[4], E. BLANCK u. S. PASSARGE[5],

[1] BERTAINCHAND, E.: Carte agronomique et hydrologique du bassin de l'oued Leben et de l'oued Ran et en particulier des terres de la région de Sfay. Tunis 1896. — Dazu: Note explicative sur la carte usw. Paris 1896. — Zitiert nach M. ECKERT: Die Kartenwissenschaft 2. 1925.

[2] STROMER v. REICHENBACH, E.: Die Geologie der deutschen Schutzgebiete in Afrika. München und Leipzig 1896.

[3] LENZ, O.: Zur Lateritfrage. Verh. 11. intern. Geogr.kongr. Berlin 1901.

[4] HUTTER, F.: Wanderungen und Forschungen im Nordhinterlande von Kamerun. Braunschweig 1902.

[5] BLANCK E., u. S. PASSARGE: Die chemische Verwitterung in der ägyptischen Wüste Hamburg 1925. — PASSARGE, S.: Adamaua. Berlin 1905.

C. GUILLEMAIN[1], F. JENTSCH[2], P. VAGELER[3], O. MANN[4], J. WALTHER[5], W. KOERT[6] u. v. a. Für Südafrika sind die Forschungen E. KAISERS[7] mit mehreren Karten zu nennen.

Auf dem 2. internationalen Bodenkongreß in Rußland im Jahre 1927 legte H. ERHART[8] eine Bodenkarte von Madagaskar vor, zu welcher eine Erläuterung in der Zeitschrift „Die Ernährung der Pflanze" erschienen ist.

Australien.

Australien ist auf den Bodenkarten der Erde K. GLINKAS und W. HOLLSTEINS in kleinen Maßstäben dargestellt, und zwar auf dieser nach den Angaben W. GEISLERS. Eine ebenfalls noch kleine neue Bodenkarte Australiens von J. PRESCOTT[9] wurde bei einem Vortrage E. J. RUSSELLS[10] auf dem 2. internationalen Bodenkongreß in Moskau gezeigt, die schon etwas mehr ins einzelne als die früheren Karten ging. Einen Ausschnitt daraus bringen W. H. BRYAN und H. J. G. HINES[11] in ihrer Untersuchung über die Entwicklung des Bodenprofils im südlichen Queensland. Es sind die Böden von ganz Queensland auf der Karte im Maßstabe 1:15000000 dargestellt. Sie beginnt im Südwesten mit sandiger Wüste; dann folgen nach Osten Wüstensteppenböden, graue, braune und kastanienfarbige Böden, teils podsolige Böden und dann Schwarzerde, teils direkt Schwarzerde und an der Küste podsolige Böden. Im Norden folgen auf die kastanienfarbigen Böden z. T. direkt die podsoligen bis zum Meere. An einer Stelle der Küste bei Cairns kommen auch Braunerden vor. Zum Vergleich ist eine verallgemeinerte Karte der geologischen Struktur nach W. H. BRYAN danebengesetzt mit der Einteilung präsilurisches Massiv, tasmanische Geosynklinale (Silur bis Perm), mesozoische Meere und Kreidetransgression. Beziehungen zwischen den Böden und den geologischen Feststellungen sind nicht erkennbar.

In Neuseeland[12] sind zwar manche Bodenuntersuchungen vorgenommen worden, aber Bodenkarten sind nicht vorhanden.

---

[1] GUILLEMAIN, C.: Ergebnisse geologischer Forschung im deutschen Schutzgebiet Kamerun. Mitt. Schutzgeb. **21**, 15—35 (1908).

[2] JENTSCH, F. und BÜRGER: Forstwirtschaftliche und forstbotanische Expedition nach Kamerun und Togo. Tropenpfl. **10** (1909).

[3] JENTSCH, F.: Der Urwald Kameruns. Tropenpflanzer **10**, Beih. 12, 1—199. (**1911**). — VAGELER, P.: Ugogo. Ebenda **13**, Beih. 1—2 (1912). — Die Entstehung des Laterits und der sonstigen tropischen Böden. Mitt. dtsch. landw. Ges. **1913**, 387.

[4] MANN, O.: Der Ackerboden in den Bezirken Banjo und Bamenda. Dtsch. Kolonialbl. **24**, 41—45 (1913).

[5] WALTHER, J.: Das geologische Alter und die Bildung des Laterits. Peterm. Mitt. **1916**, 48—53.

[6] KOERT, W.: Der Krusteneisenstein in den deutschafrikanischen Schutzgebieten. Beitr. geolog. Erforschg dtsch. Schutzgeb. Berlin **1916**.

[7] KAISER, E.: Die Diamantenwüste Südwestafrikas. Berlin 1926.

[8] ERHART, H.: Die Böden der Insel Madagaskar. Ern. d. Pflanze **27**, 71—81. Berlin 1931.

[9] PRESCOTT, J. A., u. T. COMMONWEALTH: C. S. I. R. **3**, 123, 1930.

[10] RUSSELL, E. J.: Principles and Methods of Soil Utilisation with Illustrations from the British Empire. Auszüge der Verh. 2. internat. Kongr. Bodenkde **1930**, Komm. 4—6, S. 5—9.

[11] BRYAN, W. H., u. H. J. G. HINES: Factors in the Development of Soil Profiles in Southern Queensland. Bodenkundliche Forschungen. Beih. Mitt. Int. Bodenk. Ges. **2**, Nr. 4, 264—275 (1931).

[12] New Zealand. Etat de l'étude et de la cartographie des sols, S. 325—326. Bukarest 1924.

Gegenwärtiger Stand und Zukunft der Bodenkartierung.

G. MURGOCI[1] hat die Ergebnisse seines Sammelbandes über den Stand des Studiums und der Kartierung der Böden zu einem Bericht verarbeitet, dem das Nachstehende entnommen sei.

„1. Anstalten für Bodenuntersuchungen. Aus den verschiedenen Berichten die aus den einzelnen Ländern zugegangen sind, sieht man klar, daß nicht in allen Staaten Bodenkartierungen organisiert sind. Es gibt Kulturstaaten, wie Frankreich, Belgien, England, die, obwohl sie eine alte und gute geologische Organisation besitzen und manche weltbekannte agrikulturelle Versuchsstation begründet haben, doch keine Organisation für Bodenuntersuchung im Felde haben. Es braucht wohl nicht eigens erklärt zu werden, daß pedologische Feldbeobachtungen und Bodenuntersuchungen im Laboratorium zwei vollkommen verschiedene Dinge sind. Der Boden ist nicht nur ein Gestein, er ist eine geologische Formation, er ist ein Stück der Pedosphäre, dieser komplizierten Bildung, die am Kontakt der Lithosphäre mit der Hydrosphäre und den anderen Hüllen der Erde entsteht; darum soll er in der Natur studiert sein und seine Beziehungen zu allen Bildungsfaktoren klargelegt werden. Dafür braucht man eine besondere Organisation. In manchen industriellen Ländern, wie Frankreich und Belgien, wo man gute geologische Spezialkarten hat, wurde die Frage der Organisation der Bodenkartierung viel diskutiert. Man hat sie gewöhnlich nicht für nötig befunden, und wenn die Frage der Finanzierung aufgerollt wurde, sie ganz abgelehnt. Wenn die Frage auch in den alten Industrieländern vom praktisch-agronomischen Standpunkte aus noch diskutierbar sein könnte, so ist das Fehlen der Organisation dort nicht zu verstehen, wo es sich um ausgesprochene Agrikulturstaaten, wie Spanien, Italien usw., oder um die bedeutendsten Kolonialgebiete in anderen Kontinenten handelt. Die Pedologie ist eine besondere Wissenschaft geworden und ihr Studienobjekt, der Boden, ist ebenso wichtig vom praktischen wie vom wissenschaftlichen Standpunkt.

„2. Die Notwendigkeit der Bodenkarten. Sollen wir über die Nützlichkeit, ja Notwendigkeit von Bodenkarten sprechen? In dem französischen Texte unseres Berichtes ist die Frage weitgehendst behandelt. Der Boden ist der größte Reichtum des Landwirtes und die Bodenkarte das Inventar dieses Reichtums. Eine Bodenkarte kann vielen Arten von Spezialisten dienlich sein. Bei dem heutigen Stande unserer Kenntnis von Boden, Klima und Agrikultur bringt eine Bodenkarte dem Landwirte noch wenig, aber sie ist von größter Bedeutung für andere praktische Zwecke und für die Wissenschaft. Ich gebe nur zwei Beispiele: Eine Bodenkarte kann in der Hand eines gebildeten Agronomen oder Wissenschafters und parallel mit der Statistik vortreffliche Fingerzeige geben, einerseits in betreff der scheinbaren Anomalien der Landwirtschaft und andererseits Hinweise für die Verbesserung und Erhöhung der Agrikultur, wie z. B. das Gewinnen neuer Ländereien zum Ackerbau, für die passendste Kulturform, technische Arbeiten usw. In den Agrikulturländern und Kolonien, wo eine Agrarreform auf der Tagesordnung steht, ist eine agrogeologische Karte sehr notwendig. In manchen Ländern, z. B. Holland, Rumänien, Rußland, Polen, Tschechoslowakei u. a., hat man nach dem Kriege großzügige Agrarreformen durchgeführt, die ausgedehnten Domänen der Großgrundbesitzer wurden an Bauern verteilt, ohne irgend welche pedologische Vorstudien und ohne eine Bodenkarte; und man hat schon in der kurzen Zeit, die seither verflossen ist, einsehen müssen, welch' große Fehler dabei gemacht wurden: Man weiß nicht, was man dem Bauer gegeben hat,

[1] MURGOCI, G.: Etat de l'étude de la cartographie des sols, S. XI—XIV. Bukarest 1924.

der Bauer weiß nicht, was er bekommen hat, und niemand ist da, der die notwendigen fachgemäßen Ratschläge geben würde; so ist z. B. Rumänien dadurch ganz aus seiner Lage als Gerstenland heruntergekommen. Man betrachtet immer die pedologischen Karten, besonders die detaillierten, als Luxus. Es ist wahr, daß sie vom praktischen Standpunkte nach dem heutigen Stande der Wissenschaft zumeist nicht allzuviel enthalten und die agrogeologischen Karten, von besonderen Spezialisten und Professoren abgesehen, sehr wenig gebraucht werden. Hier haben wir aber auch mit dem Empirismus und der Tradition zu kämpfen; es ist gerade dasselbe wieder, wie man früher Petroleumfelder gekauft hat, ohne einen Spezialisten oder eine geologische Karte befragt zu haben. Die Karten werden nicht verstanden und nicht gebraucht, wenn man sie nicht bei der Hand hat. Und hier besteht ein großer Fehler in unserem Unterricht. Die Pedosphäre ist doch ebenso wichtig als Teil unserer Erde für das Leben und den Menschen wie die Hydro- oder Lithosphäre. Warum soll die Bodenkarte in den geophysikalischen Atlanten fehlen? Es ist wohl nicht nötig, daß ich mich hierüber weiter verbreite. Aber wenn die Bodenkarte sich ebenso und überall vorfindet wie die topographischen Karten, in Schulen und Ämtern, dann wird es bald keinen Landwirt geben, der sie nicht ansehen wird, zuerst aus Neugier, wie und wo sein Grund auf der Karte verzeichnet ist, dann aus Interesse, so wie bei anderen Karten; und nicht nur der Landwirt, auch der Statistiker, der Bankmann, der Lehrer und Schüler werden sie ansehen und benutzen.

„3. Die Art der Bodenkarten. Eine große Frage ist noch die Art der Bodenkarten. In der letzten Zeit haben sich, abgesehen vom Maßstabe, zweierlei Formen von Karten herausgebildet: Bodentypen- und Bodenartenkarten. Wenn wir die Frage von dem wissenschaftlichen Standpunkte aus betrachten, so zeigt es sich, daß die Bodentypenkarten die notwendigsten und am leichtesten ausführbaren sind. Diese Karten, die auch Bodenübersichts- oder Generalkarten genannt werden, zeigen nicht nur wissenschaftliche Ergebnisse, z. B. die Typen der Böden, die Beziehungen des Bodens mit der Klimatologie, Geologie, Vegetation usw., sondern sie geben auch praktische Hinweise. Zum Beispiel die kleine Skizze einer Bodenkarte von Rumänien. Sie zeigt die Verbreiterung und Verlängerung der Bodenzonen von Rußland her nach Westen im Donautal und über die Karpathen ins transsylvanische Plateau und die ungarische Ebene; dann eine enge Beziehung mit der Vegetation, das Vordringen des Waldes in die Steppe entlang der Flüsse und großen Täler, und vom praktischen Standpunkt zeigt sie, wo der beste Weizen in Rumänien wächst (humides Tschernosemgebiet), wie die besten Weingärten-, Tabak- und Zuckerrübenkulturen von bestimmten Böden abhängen; die Bewaldung der Steppe und die Nutzung des Überschwemmungsgebietes der Donau; ja es läßt sich an der Hand der Karte sogar nachweisen, daß die Verbreitung der Rumänen nach Süden und Osten im Steppengebiet und über Donau und Dnjestr im engen Zusammenhang mit der Vegetation und dem Boden steht. Das bedeutet nicht, daß wir gegen die Detailkarten sind, aber das, was man zunächst und vor allem machen soll, sind Bodenübersichtskarten, die so wichtig für Wissenschaft und Praxis sind. Wir erinnern daran, daß man schon auf der ersten Agrogeologenkonferenz in Budapest 1909 den Beschluß gefaßt hat, eine solche Übersichtskarte von ganz Europa im Maßstabe 1:500000 auszuarbeiten. Wir glauben, daß man jenen Beschluß neuerdings bekräftigen sollte. Dafür soll man trachten, daß die Regierungen und alle an der Karte interessierten Kreise uns bei der Organisation der Bodenuntersuchungen im Felde behilflich seien. Ob diese Bodenuntersuchungen und -kartierungen als offizielle staatliche Anstalten wie in manchen Ländern (Rumänien, Tschechoslowakei, Preußen, Ungarn) oder als ein wissenschaftlich-ökonomisches Unternehmen von Privatgelehrten (wie in

Rußland) eingeführt wird, ist für die Sache selbst eine Nebenfrage. Es ist richtig, daß manche offizielle Anstalten sehr wenige Karten veröffentlicht haben, während man in Rußland fast alle Gubernien durch Privatpedologen in interessanten Karten publiziert hat.

„4. Organisation der Arbeiten im Felde. Nach der älteren Aufnahmemethode teilte man die Region in kleinere Abschnitte und untersuchte einen Abschnitt nach dem anderen. Wenn das Gebiet von mehreren Beobachtern zu untersuchen war, teilte man es abschnittsweise unter diese, der Direktor hielt alles in seiner Hand und kontrollierte die Ergebnisse. Die neuere Methode läßt das ganze Gebiet von allen Mitarbeitern auf bestimmten, sich kreuzenden Marschruten untersuchen. Die einzelnen Beobachter kontrollieren sich gegenseitig durch Diskussionen und durch die von ihnen erzielten Ergebnisse (nach den Laboratoriumsuntersuchungen usw.). Jede der beiden Methoden hat ihre Vor- und Nachteile. NABOKICH hat eine Kombination von ihnen gebildet. Danach unternimmt man zuerst einige orientierende Untersuchungen, wodurch man die in dem ganzen Gebiete vorkommenden Bodentypen feststellt, sucht dann die Beziehungen zwischen den klimatischen Verhältnissen und diesen Typen, dann den Einfluß der Orographie, Vegetation usw. Wenn möglich, scheidet man die Ergebnisse dieser Beobachtungen auf einer Karte aus und diskutiert sie gründlich. Nachher zeichnet man auf einer Karte großen Maßstabes die Marschroute für jeden Mitarbeiter. Man schickt jeden Mitarbeiter durch das ganze Gebiet. Parallel mit den Terrainstudien arbeitet man die Laboratoriumsanalysen aus, die man fortlaufend mit den Ergebnissen der Felduntersuchungen vergleicht. Während zweier Jahre werden die Untersuchungen in dieser Weise fortgeführt, Karten in kleinem Maßstab und Berichte ausgegeben, alle Ergebnisse möglichst viel erörtert und verglichen und im dritten Jahre die genaue Arbeit durchgeführt. Man bestimmt dann genau und endgültig die Böden des Gebietes, arbeitet eine detaillierte Karte aus, stellt alle Daten der Vegetation, Geologie, Klimatologie und Orographie des Gebietes zusammen und bringt sie auf Kartenskizzen zur Darstellung, vergleicht diese mit der agrogeologischen Karte usw. Wo Unklarheiten oder Unstimmigkeiten übrig bleiben, müssen ergänzende Beobachtungen gemacht werden. Schließlich wird ein Bericht abgefaßt, der alle agrogeologischen und pedologischen Fragen umfaßt und erörtert. Es hat sich erfahrungsgemäß als vorteilhaft herausgestellt, wenn die chemischen und mechanischen Analysen von anderen Personen durchgeführt werden als die Felduntersuchungen. Auch die Zeichnungen und Karten sollen von speziellen Fachmännern ausgeführt werden. Der Grundsatz der Spezialisierung empfiehlt sich überall: bei der botanischen, geologischen, hydrologischen Untersuchung usw. Alle diese Daten werden von dem Direktor der Bodenkartierung zusammengefaßt und dann für wissenschaftliche und praktische Zwecke in entsprechender Form herausgegeben.

„5. Die Kartendarstellung. Es ist heute eine schwierige Frage, wie man die Karte auf Grund der Feld- und Laboratoriumuntersuchungen darstellen soll. Der von B. FROSTERUS herausgegebene Sammelband[1] hat gezeigt, daß wir weder alle Typen und Arten von Böden noch deren Nomenklatur kennen. Es ist gewiß, daß man dann erst genaue und vergleichbare Bodenkarten wird veröffentlichen können, wenn die pedologische Klassifikation ebenso genau wie z. B. die geologische festliegen wird. Darum haben wir diese Frage nicht zu tiefgehend behandelt. Es liegen mehrere Arten vor: z. B. die bekannte preußische, von Tschechoslowaken und Ungarn weiterentwickelt; die ungarischen Pedologen sind sogar in dieser Hinsicht mit dem Beschluß gekommen; es gibt sehr komplizierte

[1] FROSTERUS, B.: Mémoires sur la nomenclature et la classification des sols. Helsingfors 1924.

wie die tschechoslowakische, aber auch einfachere, wie die der Russen, Amerikaner usw. Es liegt ein Vorschlag von G. Murgoci vor, daß pedologische Karten alles zeigen sollen, was immer möglich, nötigenfalls unter Zuhilfenahme von Nebenblättern zu Vergleichszwecken, wie geologische, geobotanische, hydrologische, klimatologische usw. Karten und Skizzen. Wenn aber eine agrogeologische Karte auf einem einzigen Blatte veröffentlicht wird, soll man die Böden mit Farben drucken und den Untergrund mit Zeichen. Was die Bezeichnung verschiedener Bodentypen und -arten auf der Karte betrifft, empfiehlt er anstatt der bekannten preußischen Methode lateinische Buchstaben für Gesteine und geologische Formationen und griechische (und russische) für die Böden."

Diese offenen und beherzigenswerten Darlegungen von G. Murgoci vom Jahre 1924 treffen zum Teil heute noch zu. Einzelnes hat sich geändert. Die allgemeine Bodenkarte Europas ist 1927 zunächst im Maßstabe 1 : 10000000 erschienen und wird gegenwärtig im Maßstabe 1 : 2500000 weiter bearbeitet. Nach dem Muster der zu ihrer Herstellung führenden Kommission der Internationalen Bodenkundlichen Gesellschaft sind entsprechende Arbeitsausschüsse für Asien, Afrika, die Mittelmeerländer, Australien, Nordamerika und Südamerika begründet worden, die überall an der Arbeit sind. Alle die hierdurch erzielten Karten sind solche der Bodenentstehungstypen, deren Zahl sich beständig vergrößert. Nach Fertigstellung der Karten wird man eine Übersicht über die auf der ganzen Erde vorkommenden Böden haben. Daraus wird sich eine festbegründete Klassifikation und Benennung ergeben, die bei der genauen Kartierung der einzelnen Länder sich allmählich weiter entwickeln, aber in ihren Grundtypen ein sicheres Gerüst darstellen wird. Schon jetzt wendet sich die bestehende Bodenkartierung vieler Länder mehr und mehr der Kartierung der Bodentypen zu. Bei ihrem innigen Zusammenhange mit den Erscheinungen des Pflanzenwuchses wird auch die praktische Bodenkunde ihr Augenmerk hierauf zu lenken haben, was ihr im ganzen bisher noch fern lag.

Als Beispiel einer Bodenkartierung, die darauf eingestellt ist, unmittelbar der landwirtschaftlichen Praxis zu dienen, möge die nachstehende folgen, welche unter Leitung des Verfassers von der Danziger Geologischen und Bodenkundlichen Landesaufnahme neben der geologischen Kartierung ausgeführt wird. Die Kartierung ist gegliedert in Übersichts- und Sonderkartierung.

Eine Übersichtskarte des ganzen Danziger Gebietes (etwa 1900 km²) gibt Abb. 2 auf Tafel 4[1]. Sie ist nach mehreren früheren Gesamt- und Teilkarten in der gegenwärtigen Form von E. Ostendorff zusammengestellt worden. Die Einteilung ist zunächst landschaftlich gegliedert und erstreckt sich auf das Weichseldelta, auf das Höhengelände und den Dünengürtel, das sind drei nach Entstehung, Gestein und Böden grundverschiedene Gebiete.

Im Weichseldelta sind Naßböden (Sumpf- und nasse Wiesenböden, Wiesenböden) und Waldböden (auf Schlick: Bruch- und Auenwaldböden, ferner Übergang zu braunen Waldböden, z. T. durch Grundwasser, z. T. steppenartig verändert; auf Sand: zumeist rostfarbener Waldboden) vorhanden. Auf dem diluvialen Höhengelände, das in geologischer Hinsicht hauptsächlich von der Grundmoräne der letzten Vereisung, in petrographischer von Geschiebemergel gebildet wird, sind Waldböden angegeben, und zwar braune und rostfarbene in eingehender Unterteilung; die Sandablagerungen haben rostfarbene Waldböden. Der Dünengürtel hat ebenfalls hauptsächlich Waldböden, die z. T. mit Rohhumusdecke und Ortstein versehen sind, desgleichen auch nassen Dünensandboden und Dünensand ganz oder fast ohne Bodenbildung.

[1] Aus der Zeitschrift Ernährg. Pflanze **27**, H. 10 (1931) übernommen

Bemerkenswert ist die Verteilung der Hauptverbreitungsgebiete dieser verschiedenen Typen. Im Weichseldelta ist der beste Boden, nämlich der steppenartig veränderte Übergang vom Auenwald- zum braunen Waldboden, auf dem mittleren zentralen Schuttkegel in 4—10 m über NN. zu finden, und zwar wird das östliche Gebiet von einer südwestlich anschließenden Zone, die unter starken Grundwassereinflüssen steht, umfaßt, das westliche ist von der Weichsel durchschnitten. Die beiden Gebiete werden von einer schmalen Zone nasser kleiiger Wiesenböden und anmooriger Böden getrennt, die auch weiter nördlich in einem breiten westöstlichen Streifen mit Moorbodengebieten als Kernteilen die Depressionen unter dem Meeresspiegel bedecken. Nördlich schließt sich an die Depressionsgebiete die „Binnennehrung" mit entwässerten Bruchwaldböden an, welche noch nicht lange in Kultur genommen sind und von welchen die Schlicke eine verhältnismäßig schwache, wenig humose Krume besitzen.

Während die Bodengebiete des Weichseldeltas im ganzen ungefähr westöstlich gerichtet sind, weisen diejenigen der diluvialen Hochfläche ebenso wie die sich an sie anschließenden des Weichseldeltas eine mehr nordsüdliche auf. Dem Steilrande am nächsten liegt die Zone der braunen Waldböden, und zwar zunächst mit Grundwassereinfluß. Das Gelände ist flachwellig und liegt zwischen 40—100 m über NN. Von den östlichen, höher gelegenen Teilen und den weiter ostwärts folgenden noch höheren Gebieten drückt viel Grundwasser in die Böden hinein und macht, namentlich die *B*-Horizonte, zählehmig. Es folgen weiter ostwärts zunächst schwach gebleichte lehmige, braune Waldböden mit beginnender Versandung der Krume, dann allmählich immer stärker versandete rostfarbene Waldböden, die auf den Höhen von etwa 200 m und darüber stark gebleicht und stark versandet sind. Die Sande haben im ganzen Höhengebiet rostfarbene Böden, die Senken stets Moore und anmoorige Böden.

Die rostfarbenen Waldböden auf den Dünen unterscheiden sich von denen der Höhe, es fehlt ihnen der untere Krumenteil unter dem Bleichsand, nämlich ein farbloser humusarmer Horizont. Wie bei den Heideböden kommt unter dem Bleichsand gleich der rostfarbene bis schwarze *B*-Horizont, Orterde oder Ortstein, zum Vorschein. Bei den jungen und erst kurze Zeit bewaldeten Dünen ist die Bodenbildung erst im Anfang begriffen, sie wird um so stärker, je älter die Dünen und Dünenwaldböden sind. Sowohl die Mächtigkeit des Bleichsandes als auch die Intensität der Orterdebildung nehmen zu, der Ortstein findet sich hauptsächlich in den ältesten Dünen. Am lichten Südrande des Kiefernwaldes ist diese Bodenbildung unter dem Einfluß von Grasvegetation wieder abgeschwächt. Auf den Dünen sind die verschiedenen Zonen genau wie im Weichseldelta von Norden nach Süden angeordnet.

In allen Fällen sind die genannten Bodentypen auf den Flächen, welche die Karte darstellt, nicht allein vorhanden, sondern neben ihnen kommen stets zahlreiche z. T. je nach den Unterschieden von Gestein und Wasserführung andere vor. Wie stets bei Übersichtskarten muß vieles in der Wiedergabe unterdrückt werden. Dargestellt ist der Typus, welcher dem Kartierenden als häufigster, für die Fläche besonders kennzeichnender erschienen ist. Die folgende Sonderkarte von Pietzkendorf zeigt, wie stark der Wechsel von Bodentyp und Bodenart innerhalb einer kleinen Gemeinde mit noch nicht 200 ha Grundfläche ist.

Der Übergang in die Praxis wird durch die nachstehende Tabelle vermittelt, die den Zusammenhang zwischen den Bodentypen und den darauf produzierten landwirtschaftlichen Gewächsen zeigt. Es sind allerdings nur 14 von den 29 auf der Karte ausgeschiedenen Typen angegeben. Die übrigen stehen z. T. nicht in landwirtschaftlicher Nutzung, z. T. lassen sich von ihnen nur schwer

Bezeichnung	Danziger Name	Durchschnittserträge in Doppelzentnern vom Hektar														Bodenbewertung nach 100 teiliger Skala
		Weizen	Roggen	Gerste	Hafer	Erbsen	Bohnen	Raps und Rübsen	Kartoffeln	Zuckerrüben	Futterrüben	Wrucken	Kleeheu	Luzerneheu	Wiesenheu	
Moorboden	—	13	17	14,5	17,5	—	17,5	—	137	—	350	—	—	—	30,5	42—25
Anmoor. Böden	—	24,5	23	21	26	—	25	—	158	190	400	—	—	—	42	63—50
Nasser Wiesenboden	—	26	23	23,5	26	21	24	18,5	149	248	392	—	40,5	—	34,5	70—55
Bruchwaldboden	Niederungsboden	28	24,5	24	27,5	23	26	18,5	160	258	426	—	—	—	43,5	72—60
Brauner Waldboden mit Grundwasserabsätzen	—	29,5	27	30	28,5	22	27,5	19,5	160	255	360	—	47,5	—	36	85—60
Brauner Waldboden steppenartig verändert	Oberwerderboden	33,5	28	34,5	30,5	23,5	30	24,5	182	300	400	—	47,5	—	40,5	100—80
Brauner Waldboden der Höhe, kaum gebleicht	Niederhöheboden	25	21	26	26,5	20	—	17,5	175	230	440	325	64	145	75	85—65
Desgleichen, schwach gebleicht	Übergangsböden der Mittelhöhe	16,5	14	16	17	—	—	—	140	—	—	210	39	—	32,5	65—45
Rostfarbener Waldboden der Höhe, schwach gebleicht	Übergangsböden der Mittelhöhe	—	12	13,5	14,5	—	—	—	90	—	—	140	37	—	32	45—20 (auf Geschiebelehm)
Desgleichen stark gebleicht	Oberhöheboden	—	10	10,5	11,5	—	—	—	100	—	—	120	34	—	32,5	40—10 bzw. 20—5 bzw. 10—20
Schuttsand und Terrassenböden	Prausterfelderböden	—	24	16	22	—	—	—	160	—	200	—	—	—	30	70—50
Wiesentalböden	—	—	14	—	14,5	—	—	—	115	—	—	150	—	—	40	45—20
Desgleichen in guter Kultur	—	24	21	25	28	—	—	—	165	200	300	325	—	—	—	65—50
Weichselsandboden der Durchbrüche	—	21,5	22,5	20	25,5	15	18,5	—	143	—	300	—	—	—	35	35—18 (einschl. d. Brenner)

Durchschnittserträge ermitteln[1]. Außer den Erträgen zeigt die Tabelle auch die Anbaumöglichkeiten und -arten. Aus den statistischen Daten und der Bearbeitbarkeit der Böden sind Bewertungszahlen nach einer hundertteiligen Skala berechnet worden, wie sie seinerzeit in ähnlicher Weise W. DOKUTSCHAJEFF und N. SIBIRTZEFF[2] bei ihrer grundlegenden Arbeit über die Bodenschätzung im Gouvernement Nishni Nowgorod aufgestellt haben, und wie sie auch bei der gegenwärtigen Einheitsbewertung im Deutschen Reich und in Danzig eingeführt sind. Allerdings ist die Einheitsbewertung im Deutschen Reich nicht grundsätzlich auf die Bodenentstehungstypen eingestellt, wohl aber diejenige in der Freien Stadt Danzig, deren Landessteueramt sich auch dieser wissenschaftlichen Erkenntnisse bedient.

Bei den stark gebleichten, rostfarbenen Waldböden sind 3 Zahlengruppen mitgeteilt. Die Zahlen von 40—10 beziehen sich auf „stärker gebleichten rostfarbenen Waldböden auf stark versandetem Geschiebelehm oder auf Sand", die von 20—5 geben „stark gebleichte, rostfarbene und braune Waldböden auf Geschiebelehm im stark zertalten Gelände" wieder und die von 10—2 „stark gebleichte, rostfarbene Waldböden auf Sand im stark zertalten Gelände". Für die Dünensandböden sind ebenfalls einige Bewertungszahlen ermittelt worden. Sie betragen für alten stark gebleichten Dünensand mit Ortstein 8—1, für jungen Dünensand mit kaum erkennbarer Bodenbildung 2—0.

Für manche der Böden, die einen bestimmten Charakter haben und auf gewissen Flächen besonders auftreten, sind nach amerikanischem Muster Namen eingeführt worden, die ebenso wie in den Vereinigten Staaten die Bodeneigenschaften mit der auf den Böden betriebenen Wirtschaftsweise durch einen Namen wiedergeben, welcher an sich nicht wissenschaftlich ist, aber durch Benutzung landläufiger Vorstellungen dem Landwirt die Verwendung der wissenschaftlichen Begriffe und der Bodenkarten erleichtern soll.

An diese Übersichtskartierung ist eine praktische kartenmäßige Auswertung der wissenschaftlichen Erkenntnisse, ähnlich wie H. L. SHANTZ und C. F. MARBUT an die bodenkundliche Übersichtskarte Afrikas eine solche der Landbaumöglichkeiten angeschlossen haben, angeschlossen worden[3]. Es sind von E. OSTENDORFF zwei Auswertungskarten ausgeführt worden, von welchen die erste die Siedlungsgrößen für Arbeiter- und Bauernfamilien auf den verschiedenen Böden, die zweite die damit vorzunehmenden Entwässerungs-, Bodenbearbeitungs-, Düngemaßnahmen und die anzubauenden Feldfrüchte angibt. Auf dem Oberwerderboden, dem besten des Danziger Gebietes, der ein ausgezeichneter Gerste-, Weizen- und Zuckerrübenboden ist, wird als Siedlungsgröße für die Arbeiterfamilie 1,1 ha, für die Kleinbauernfamilie 5 ha, auf dem Niederhöhenboden, dem besten des Diluvialplateaus, 1,5 bzw. 6,75 ha, auf dem geringen Oberhöhenboden, der für Arbeitersiedlung schon kaum mehr geeignet ist, als bäuerliche Siedlungsgröße 17,5 ha angegeben. Die Entwässerungs-, Bearbeitungs- und Düngemaßnahmen sind sehr detailliert.

Zum Zwecke der wissenschaftlichen und praktischen Verdeutlichung der Sonderkartierung wird das Beispiel der Gemeinde Pietzkendorf bei Danzig wiedergegeben (Tafel 1—4, 1). Die Aufnahme findet gemeindeweise statt. Das Kartenwerk besteht aus 10 einzelnen Stücken im Maßstabe 1 : 10000, und zwar werden eine geologische und eine bodenkundliche Hauptkarte ausgeführt. Zu jeder von ihnen

---

[1] Über die Ermittlung der Erträge vgl. E. OSTENDORFF: Die Grundwasserböden des Weichseldeltas. Danzig 1930.

[2] Vgl. A. YARILOFF: Brief review of the progress of applied soil science in USSR. Ac. Sc. Russ. Ped. Inv. XI Leningrad 1927.

[3] STREMME, H.: Die Bodenkartierung als wichtige Vorarbeit der Generalplanung. Städtebauwoche Dresden 1932.

treten die Nutzungsblätter, und zwar drei zur geologischen, fünf zur bodenkundlichen. Mit ihrer Hilfe wird kartenmäßig die Nutzanwendung der wissenschaftlichen Erkenntnisse für die Praxis gezogen, und zwar bei der geologischen Aufnahme die Gesteinsnutzung, die Wasserversorgung und die Baugrundgüte, bei der bodenkundlichen die der Nutzung und Bearbeitung der Entwässerung, der Humus-, der Kalk-, der Kunstdüngung. Die Gemeinde erhält ein solches Kartenwerk zur beliebigen Verwendung.

Der Ort Pietzkendorf hat eine Gesamtfläche von noch nicht 200 ha. Er ist aus dem Grunde gewählt worden, weil die Karte klein ist und weil der Kartenmaßstab bei der Wiedergabe im Druck nur eine geringe Verkleinerung zu erfahren brauchte. Die Gemeinde grenzt unmittelbar an die Stadtgemeinde Danzig, und zwar an den Stadtteil Langfuhr. Die Gemeinde liegt dort, wo auf der Übersichtskarte der Name des Amtsbezirkes Brentau, zu dem sie gehört, steht.

Bei der Bodenkarte (Tafel 1) ist das folgende Prinzip der Darstellung angewandt worden: Es sind mit Farben in eingehender Unterteilung die Bodentypen, mit schwarzen Schraffuren das Bodenartenprofil, und zwar möglichst nach natürlichen Horizonten angegeben, mit braunen Zeichen ist der Humuszustand der Krume, mit blauen Zeichen „naß" oder „feucht", mit roten schrägen Kreuzen ein etwaiger Eisenschuß dargestellt. Das Bodenartenprofil wird mit waagerechten Reihen der Zeichen wiedergegeben, wenn die Bodenart bis zur Tiefe von 2 m, bis zu welcher die Profile aufgegraben und abgebohrt sind, gleich bleibt. Wechselt die Bodenart innerhalb dieser Tiefe, so erhält nur die Krume waagerechte Zeichen, der nächstfolgende Horizont, in der Regel der *B*-Horizont, schräge, der *C*-Horizont senkrechte. Sind zwei *B*-Horizonte festzustellen, so werden sie mit zwei aufeinander senkrecht stehenden Schrägen ausgedrückt. In der Karte selbst ist außerdem noch mit Ziffern die festgestellte Mächtigkeit der Horizonte angegeben, und zwar verläuft die Ziffer mit der Richtung der Schraffur, also entweder waagerecht oder schräg.

Die Farben und Zeichen sind auf eine möglichst genaue topographische Grundlage mit Höhenschichtlinien gebracht. Höhenziffern stehen aber nur am Rande, wo die wichtigsten Höhenschichtlinien, also die 40-, 60-, 80-, und 100-m-Linien, als solche bezeichnet sind.

Besondere Einzelprofile sind auf dem Rande der Karte nicht dargestellt, da die Profildarstellung durchweg vorhanden ist. Dagegen ist großer Wert auf die genaue Erläuterung der Zeichen gelegt. Links der Sinnbilder in der Zeichenerklärung sind das Bodenkundliche (Bodentypus), das Petrographische (Bodenartenprofil), das Geologische (kurze historisch-geologische Schichtbezeichnung) und die Veränderung des Gesteins infolge der Bodenbildung, d. h. also die wissenschaftlichen Daten angegeben. Rechts der Sinnbilder stehen die praktischen, nämlich die Beschaffenheit der Krume, die Nutzung zur Zeit der Aufnahme, die tatsächliche Eignung des Bodens, die Vergleichsbenennung landwirtschaftlicher Art und die ziffernmäßige Bewertung der Böden nach der hundertteiligen Skala. Angaben, wie die Beschaffenheit der Krume und die gegenwärtige Nutzung, sind an sich Änderungen unterworfen und gehören daher zu den veränderlichen Eigenschaften der Böden, trotzdem sind sie erfolgt, weil sie für die zu ziehenden praktischen Schlußfolgerungen wichtig sind. Demgegenüber sind die links stehenden wissenschaftlichen Eigenschaften in der Hauptsache unveränderlich. Mit der Angabe der tatsächlichen Eignung des Bodens wird schon eine Überleitung zu den Nutzungs- und Meliorationskarten angebahnt.

Auf der Übersichtskarte (Tafel 4, 2) liegt die Gemeinde Pietzkendorf an der Stelle, wo schwach gebleichte, lehmige, braune Waldböden mit beginnender Versandung im flachwelligen Gelände an Geschiebelehm mit rostfarbenen Waldböden in stark zertaltem und geneigtem Gelände, und zwar in der Ausprägung der schluffsandigen, stark versandeten Braunerdereste auf Geschiebelehm, grenzen. Diese Typen sind auf der Sonderkarte in zahlreiche, praktisch z. T. stark von einander unterschiedene Einzeltypen aufgelöst, die jedoch im ganzen sich durchaus den beiden Hauptbezeichnungen der Übersichtskarte einordnen. Der langgestreckte Zug der mineralischen Naßböden im Tal ist auf der Übersichtskarte als „meist nasse und teils gebleichte Wiesentalböden auf diluvialem Talsand und Schotter" angegeben. Der südliche Teil der Flur um die Ortschaft herum hat ein flachwelliges Gelände, das meist mit braunen, z. T. vernäßten Waldböden bedeckt ist. Der nördliche Teil ist in schmale Grate von 50—80 m Höhe über dem Tal aufgelöst und zeigt starke Abschwemmerscheinungen und Abschlämmassen. In ersterem Teil liegen die guten Ackerböden, in letzterem schlechte, den Anbau nicht mehr lohnende Böden.

Für die kartenmäßig praktische Auswertung der Bodenkarte sind hinsichtlich der 5 Meliorationsvorschläge die folgenden Beobachtungen und Überlegungen maßgebend.

In der Tabelle der Roherträge zeigt der „braune Waldboden, steppenartig verändert", bei fast allen aufgeführten Nutzpflanzen die höchsten Erträge. Er ist ein tiefgründiger, gut gekrümelter, gut humoser Boden, der der Steppenschwarzerde nahe steht. Infolgedessen ist das Meliorationsziel die Herstellung eines derartigen Bodens, der zugleich auch in bezug auf die Anbaufähigkeit an erster Stelle steht. Dabei ist jedoch Rücksicht auf den Umfang der zum Erreichen dieses Zieles notwendigen Arbeiten zu nehmen.

An erster Stelle der Meliorationskarten steht die Nutzungs- und Bearbeitungskarte (Tafel 2, 1). Auf dieser sind die Flächen, welche als Ackerland, als Wiesenland und als Waldland geeignet sind, besonders in den Vordergrund gestellt. Grundvorbedingung für das Ackerland ist die leidlich ebene Fläche, die nicht zu sehr unter dem Abgespültwerden der oberen Bodenhorizonte durch Schneeschmelzwässer und Regengüsse leidet. An ihren Grenzen gegen das stark bewegte Land sind die Flächen möglichst durch Raine gegen den Bodenverlust zu schützen. Von diesen Ackerböden sind die feuchteren auch als Grünlandböden anzusprechen. Solche sind ferner auch noch in den Tälern vorhanden, wo teils Abschlämmassen (zusammengeschwemmte Böden) mit Feuchtigkeitseinflüssen, teils Naßböden liegen. Jene sind auch als Ackerböden, diese aber erst nach guter Entwässerung hierzu geeignet, desgleichen kommen beide für feuchtigkeitsliebende Bäume (Eiche, Esche, Ulme bzw. Erle, Esche) in Frage. Die stark hängigen Böden, die gegenwärtig größtenteils Acker, kleinerenteils Hute und Wald sind, werden als reine Waldböden angesehen, wobei die besseren für Misch-, die geringeren für Nadelwald geeignet sind. Wo sie weiterhin auch beackert werden sollen, wird angegeben, wie das Land zu bearbeiten ist, um es zu verbessern oder wenigstens zu erhalten.

Die Entwässerungskarte (Tafel 2, 2) ergänzt die Nutzungs- und Bearbeitungskarte. Es sind die Flächen angegeben, die unbedingt entwässerungsbedürftig, also ohne Entwässerung ziemlich wertlos sind, ferner solche, bei denen Entwässerung notwendig und von großem Erfolg ist, und solche, bei denen Entwässerung von Erfolg, aber nicht notwendig ist. Wenn möglich, ist die Art der Entwässerung kurz skizziert.

Die drei anderen Karten (Tafel 3 und 4, 1) geben Düngungsratschläge, und zwar getrennt nach Humus-, Kalk- und Kunstdünger. Die Humusdüngung (Stallmist oder Gründünger) ist auf die Humusbedürftigkeit in 6 verschiedenen Stufen eingestellt, die durch den Humuszustand und die erfahrungsmäßige Verwendung des Humusdüngers durch den Boden bedingt wird. Das Entsprechende gilt für die Kalk- und Kunstdüngung.

Bei allen Ratschlägen der 5 Karten ist darauf Bedacht genommen, den Boden so weit als möglich gleichmäßig zu gestalten, daß die Oberkrumen wenigstens den Saaten gleichmäßige Ernährungsbedingungen bieten. Bei dieser wie bei den ähnlichen Kartierungen[1] ist von allgemeinen und besonderen landwirtschaftlichen Erfahrungen, sowie an Analysen und Feldversuchen alles herangezogen worden, was nur erreichbar war. Bei der Ausführlichkeit in der Zeichenerklärung auf der Bodenkarte und der der praktischen Ratschläge erübrigte sich die Herausgabe eines Erläuterungsheftes.

---

[1] Vgl. besonders W. TASCHENMACHER: Entwicklung der bodenkundlichen Gutskartierung und die Möglichkeiten ihrer praktischen Leistung. Danzig und Leipzig 1930.

Berichtigungen.

Band I.

S. 1 3. Absatz Zeile 6 von oben ist das Komma hinter Masse zu streichen.

S. 5 2. Absatz Zeile 3 von unten: statt und lies als auch.

S. 9 Zeile 1 von oben: statt A. lies H. ROSENBUSCH.

S. 11 Zeile 30 von oben: statt für die Entwicklungsgeschichte lies durch die Entwicklungsgeschichte.

S. 13 Zeile 8 von unten: statt L. M. lies J. M. VAN BEMMELEN.

S. 16 3. Absatz Zeile 3 von oben: statt macht lies ist.
3. Absatz Zeile 6 von unten: lies wo-runter.

S. 20 1. Absatz Zeile 9 von oben: statt daß lies so daß.

S. 26 3. Absatz Zeile 6 von oben: statt geodynamischen Gesichtspunkte lies geodynamischer Gesichtspunkte.
Fußnote 1: statt DOKUTJASCHEFF lies DOKUTSCHAJEFF.

S. 34 Zeile 2 von oben: statt Eresos lies Evesos.

S. 57 Fußnote 6: statt LESQUERSEN lies LESQUEREUX.

S. 66 Zeile 4 von oben: statt SFENFT lies SENFT.
Zeile 2 von unten: statt CLARK lies KNOP.
Fußnote 9: statt CLARK, W. lies KNOP, W.

S. 74 Fußnote 3: statt DERAIN lies DEHÉRAIN.

S. 93 Zeile 19 von unten: statt Serizisierung lies Serizitisierung.

S. 99 Zeile 7 von oben: statt Na_2 lies Na .
Zeile 12 von unten: statt $MgSiO_4$ und $FeSiO_4$ lies Mg_2SiO_4 und Fe_2SiO_4.
Zeile 10 von unten: statt $MgSiO_4$ lies Mg_2SiO_4.
Zeile 9 von unten: statt $MgSiO_4$ lies Mg_2SiO_4.
Zeile 6 von unten: statt $FeSiO_4$ lies Fe_2SiO_4.
Zeile 3 von unten: statt $(MgFe)SiO_4$ lies $(MgFe)_2SiO_4$.

S. 100 Zeile 13 von unten: statt $KH_2Al(AlLe, Fe^{II})_3$ lies $KH_2Al(AlLe, Le_2, Fe^{II}{}_3)$.

S. 101 Zeile 10 von unten: statt $Al_2Si_2O_9$ lies Al_2SiO_9.
Zeile 4 von unten: statt Sp_4 lies $SpAt_4$.

S. 103 Zeile 7 von unten: statt SiO_2nH_2O lies $SiO_2 \cdot nH_2O$.

S. 104 Zeile 12 von unten: statt $Fe_2O_3nH_2O$ lies $Fe_2O_3 \cdot nH_2O$.

S. 132 2. Tabelle bei MgO: statt 17,46 lies 7,46.

S. 133 1. Tabelle bei SiO_2: statt 17,72 lies 47,72.

S. 134 Zeile 6 von unten: statt 55 % lies 95 %.

S. 138 Zeile 14 von unten: statt $Na_2Mg(SO_4) \cdot 4H_2O$ lies $Na_2Mg(SO_4)_2 \cdot 4H_2O$.

S. 140 Zeile 5 von unten: statt Spongiensansteine, die für lies Spongiensandsteine, für die.

S. 151 Fußnote 6: statt Anm. 1 lies Anm. 2.

S. 165 Zeile 9 von unten: statt e-Arabinose lies l-Arabinose.

S. 198 Zeile 5 von oben: statt es lies so.

S. 199 Zeile 19 von oben: statt undissoziierten lies undissoziiertem.

S. 204 Unter „Disperse Systeme" unterste Zeile: statt Opaleszent lies Opaleszenz.

S. 212 3. Absatz 2. Zeile von unten: statt dem lies den.

S. 222 Tabelle letztes Wort: statt 6 cm^2 lies 6 m^2.

S. 223 Zeile 4 von oben: statt Ione lies Ionen.

S. 267 2. Absatz, Zeile 3 von oben: statt Porenvolum lies Porenvolumen.

S. 268 2. Absatz, Zeile 2 von unten: statt Formschutz lies Formenschatz.

S. 271 Zeile 8 von oben: statt strenggenommen lies streng genommen.

S. 277 Zeile 2 von unten: statt Urftalsperre lies Urfttalsperre.

S. 289 2. Absatz, Zeile 3 von oben: statt einer bestimmten Luftmasse lies eines bestimmten Luftraumes.

S. 297 Zeile 10 von oben: statt dann lies denn.

S. 299 Zeile 10 von unten: statt humöse lies humose.

Band II.

S. 91 2. Absatz, Zeile 2: statt nach Tabelle lies nach der Tabelle.
S. 107 Zeile 13 von oben: statt er lies der Verfasser.
S. 145 Zu Anmerkung 1. Der Druckstock entstammt nicht der genannten Arbeit von RUDOLPH & FIRBAS, sondern aus: FIRBAS, F., Pollenanalytische Untersuchungen einiger Moore der Ostalpen. In Lotos, Naturw. Z. 71, 236. Prag 1923, S. 236.
S. 155 Fußnote 3: statt E. DOELTER lies C. DOELTER.
S. 158 Zeile 12 von oben: statt kristalloiden lies kristalloidem.
S. 184 1. Absatz, Zeile 3 von oben: statt ist lies hat.
S. 190 Letzte Zeile von unten: statt mergliger lies mergeliger.
S. 200 2. Absatz, Zeile 10 von oben: statt mit lies nicht.
S. 203 2. Absatz, Zeile 4 von oben: statt im lies in.
S. 213 Tabelle: statt $Al_2O_3Fe_2O_3$ lies Al_2O_3, Fe_2O_3.
S. 214 1. Tabelle: „Davon war“ ist zu streichen.
S. 216 Fußnote 4: statt Wasserleitug lies Wasserleitung.
S. 217 2. Tabelle: zwischen Rubrik „Stiftsquelle“ und Rubrik „Unterer Buntsandstein“ fehlt fetter Strich.
S. 224 Zeile 6 von unten: statt Kratquelle lies Kraftquelle.
S. 251 3. Absatz, Zeile 10 von oben: statt Unterseite lies Unterlage.
S. 257 2. Absatz, Zeile 2 von oben: statt daß lies so daß.
S. 264 3. Absatz, Zeile 3: statt Band 4 und 7 lies Band 7 und 8.
S. 265 Zeile 6 von oben: statt als gelöst lies sich als gelöst.

Band III.

S. 6 Zeile 5 von unten: statt desselben lies derselben.
S. 51 Zeile 13 von oben: statt in diesen Tiefen lies in dieser Tiefe.
S. 86 Zeile 3 von oben: statt Felsflächen lies Feldflächen.
S. 122 In Spalte 2: statt (Ton z. B. bei Basalt) lies (durch Ton z. B. bei Basalt).
ebenda: statt schichtartige Filze und decken lies schichtartige Filze und Decken.
S. 126 I. Profil unter B: statt meisten kleineren lies meistens kleineren.
III. Profil unter B: statt Farbe lies Färbung.
S. 127 IV. Profil unter A_2: statt von oben hier lies von oben her.
S. 132 Spalte 2 unter B_2: statt kastanienbraunen Sand lies kastanienbrauner Sand.
S. 133 6. Zeile von oben: statt parallalepipedische lies parallelepipedischer.
Zeile 10 von oben: statt bilden lies bildet.
S. 136 I. Profil unter B_1: statt 0,7—1,4 cm lies 0,7—1,4 m.
S. 139 3. Absatz, Zeile 5 von oben: statt saxatalis lies saxatilis.
S. 146 I. Tabelle, 2. Spalte bei Al_2O_3: statt 00,24 lies 11,24.
Summe 1 muß heißen 99,94, Summe 3: 99,91, Summe 4: 99,99, Summe 5: 100,00.
S. 147 I. Tabelle: statt Summe 14,27 lies 14,68.
II. Tabelle: statt $<$ 3,05 lies $>$ 3,05.
II. Tabelle: statt Beicherde lies Bleicherde.
S. 148 I. Tabelle am Schluß: statt Al_2O-Übersch. lies Al_2O_3-Übersch.
II. Tabelle unter Ton (3. Spalte): statt 0,3 lies 3,0.
ebenda Summe in der 5. Spalte: statt 100,0 lies 101,8.
S. 149 II. Tabelle Summe 4: statt 100,00 lies 100,01.
S. 150 Tabelle unter K_2O, 1. Spalte: statt 0,90 lies 3,90.
Summe 2 muß heißen: 2,22; Summe 3: 2,55; Summe 4: 101,74; Summe 5: 17,88; Summe 9: 14,17.
S. 151 Tabelle: statt 101,3 lies 101,6.
S. 154 Tabelle 4, Lehmprofil III: statt A_1 in 0—15 lies 0—18; 3. Spalte: statt 26 lies 24. In der zweiten Reihe 1. Spalte: statt 2,30 lies 2,75. In der 6. Spalte: statt 19,1 lies 11,2. In der 8. Spalte: statt 97,15 lies 97,10.
S. 155 Tabelle 3, Reihe 1, 3. Spalte: statt 21,6 lies 21,9.
S. 168 Tabelle 1, unter Al_2O_3 1. Spalte: statt 10,17 lies 10,97.
S. 169 Tabelle 1, unter B_2: statt 30—30 cm lies 13—30 cm. Unter Summe: statt 99,79 lies 99,73.
Fußnote 2: statt Adrance lies Advance.
S. 173 Zeile 4 von oben: statt die Braunerden lies der Braunerden.
S. 174 Profil 4 unter *C*: statt Decke lies Deckton.
Profil 5 unter A_1: statt Wurmkrümeln lies Wurmkrümel.
S. 176 Absatz 3, Zeile 2 von unten: statt (*C*) lies (*Ca*).
S. 179 Unter Profil *a*, Zeile 3: statt folgen lies folgt.

S. 180 Abb. 23. Hier fehlt in der Zeichnung des 4. Profils die Unterbezeichnung *f*. In der Unterschrift muß es statt *a, d a—d* heißen, desgleichen statt *f, a f—h*.

S. 193 Die Überschrift von Tabelle 2 muß heißen: Gelber Lehm auf jüngerem Löß von MÜNZENBERG.
Tabelle 2 unter *ki*, Spalte 4: statt 5,75 lies 3,75.

S. 198 2. Absatz, Zeile 10 von oben: Das Komma hinter worden fällt fort.

S. 203 Zeile 12 von oben: Es fehlt hinter neuerdings ein Komma.

S. 228 Letzte Zeile von unten: statt eines Diluvialhorizontes lies eines Illuvialhorizontes.

S. 232 3. Absatz, Zeile 2 von unten: statt Dispersionsgrad lies Dispersitätsgrad.

S. 235 I. Tabelle, Überschrift 6. Spalte: statt Lovrama lies Lovrana.

S. 241 Zu Tabelle II[1] sind die ursprünglichen Werte für laugelösl. SiO_2, wie sie REIFENBERG in seiner Arbeit in der Chemie der Erde 3, 18 (1927) angegeben hat, zu berücksichtigen.

S. 261 2. Absatz, Zeile 6 von unten: statt Beloglaska lies Bieloglaska.
2. Absatz, letzte Zeile: statt Tschernosjem lies Tschernosem.

S. 262 2. Absatz, Zeile 2 von oben: statt Vertiefung lies Vertiefungen.

S. 266 I. Tabelle Überschrift: statt Bobrows lies Bobrowsk.

S. 267 I. Tabelle, unter „Gelöst" in der 3. Spalte: statt 28,97 lies 27,91. Ferner unter „Ungelöst": statt 99,45 lies 58,27, und statt 99,07 lies 56,24. Unter „Endsumme Spalte 3: statt 99,54 lies 99,47.

S. 270 I. Tabelle in vorliegender Zusammenstellung unklar. Bis Zeile Na_2O richtig, dann folgt Zeile CO_2
Dann:

CO_2	0,05	—	4,04	—	5,20	—	4,49	—
Glühverlust . . .	11,26	—	6,96	—	4,80	—	4,50	—
P_2O_5	0,09	0,10	0,08	0,09	0,06	0,07	0,06	0,07
Summe	100,69	—	99,92	—	100,38	—	101,84	—

Darunter die Zeilen:

$CaCO_3$	0,09	—	7,76	—	9,23	—	6,78	—
$MgCO_3$	0,01	—	1,18	—	2,15	—	2,86	—
Humus	6,02	—	3,11	—	1,30	—	0,70	—
N	0,46	—	0,16	—	0,05	—	0,07	—
H_2O hygrosk. . . .	3,84	—	2,91	—	2,23	—	2,23	—
H_2O chem. geb. . .	1,40	1,55	0,94	2,10	1,27	1,49	1,57	1,79

S. 275 4. Absatz, Zeile 2: statt Bodenmuttergeteine lies Bodenmuttergesteine.

S. 278 Zeile 2 von oben: statt zurückliegenden lies zurückbiegenden.

S. 288 4. Absatz, Zeile 5: statt Adropogon lies Andropogon.

S. 292 2. Absatz, Zeile 4: statt Anzeigen lies Anzeichen.

S. 320 Fußnote 2: statt Redamation lies Reclamation.

S. 322 2. Absatz, Zeile 3 von oben: statt Saliterbröden lies Salniterböden.

S. 323 Fußnote 1: statt gazdósági lies gazdasági.

S. 332 Zeile 7 von oben: statt Salineböden lies Saline Böden.

S. 334 Fußnote 7: statt béziskicserélödés lies báziskicserélödés und statt keletkezisiben lies keletkezésében.

S. 335 2. Absatz, Zeile 2: statt *B*-Hrizont lies Horizont.

S. 381 Zahlentafel 8 in der Überschrift: statt Kamerun lies Deutsch-Ostafrika.

S. 402 Zeile 6 von oben: statt las lies als.

S. 485 Zeile 3 von unten: statt Aufsteigens die Oberfläche lies Aufsteigens an die Oberfläche.

S. 506 Tabelle unter Glühverlust: statt 11,718 lies 11,719.

S. 510 Zeile 10 von unten: statt der hellgraue podsolierte Lehm lies dem hellgrauen posolierten Lehm.

S. 513 Zweites Profil: statt *A*, lies A_1; statt *B*, lies B_1.
Drittes Profil: statt Sabav lies Sabow.

S. 515 Profil Northeim unter A_1: statt humus lies humos.
Profil Ronnerberg unter A_4 und *B*, 1. Reihe: statt fest lies fast.

S. 518 Profil Usin: statt *A—C* 60—140 cm lies *A—C* 50—140 cm.

S. 519 4. Absatz, 1. Reihe: statt Randzina lies Rendzina.

S. 520 Zweites Profil: statt Überrest von A_2 lies Überrest von A_3.

S. 521 Profil: statt Horizont *A* 2 m(?) lies Horizont *A* 2 cm.

Band IV.

S. 11 Zeile 2 von unten: statt Mön lies Mönchgut.

S. 13 Zeile 2 von unten: statt bunten lies Bunt-.

S. 48 Fußnote 1: statt Verf. lies Ver. f.
S. 51 2. Absatz, Zeile 5 von oben: statt im Bayerischen lies im Bayerischen Wald.
S. 69 Fußnote 1: statt WOHLMANN lies WOHLTMANN.
S. 72 3. Absatz, Zeile 3 von unten: statt ausgezeichnete lies ausgezeichnet.
S. 73 Fußnote 1: a. u. fällt weg.
S. 118 Tabelle VII unter Alpiner Jura Dogger: statt (Aptyschenschichten) lies (Aptychenschichten).
S. 120 Tabelle IX, Zeile 2 von unten: statt (Fleinzböden) lies (Fleinsböden).
S. 125 Zeile 2 von unten: statt KRUSsches lies KRÜSsches.
S. 162 3. Absatz, Zeile 4 von oben: statt Marsch lies Mersch.
S. 177 2. Absatz, Zeile 14 von unten: statt Krenotrixarten lies Crenotrixarten.
S. 248 3. Absatz, Zeile 3 von oben: statt Glimmer lies Biotit.
S. 250 4. Absatz, Zeile 4 von unten: statt Schwefelsäureauszug lies Schwefelsäure-Rückstand.
S. 252 Zeile 5 von oben ist „(oder Phyllit)" zu streichen.
S. 277 Zeile 5 von oben ist das Komma hinter umgewandelt zu streichen.
S. 290 Tabelle unter Rückstand Spalte 3: statt 14,51 lies 3,27.

Band V.

S. 39 In der Überschrift Profil vom Moolbronnen lies vom Moolbronn, statt Totalanlaysen lies Totalanalysen.
Fußnote 7: statt skoly lies školy.
S. 50 Zeile 6 von unten: statt Granitgebirges lies Granulitgebirges.
S. 52 Zeile 4 von oben: statt pegmatische lies pegmatitische.
S. 71 Zeile 21 von oben: statt entgegen der lies gegen die.
S. 84 Zeile 4 von oben: fehlt der Bindestrich bei Abtragung.
S. 86 2. Absatz, Zeile 12 von oben: statt spiegel lies Spiegel.
S. 94 In Abb. 8b: statt Unterirische lies Unterirdische.
S. 95 Fußnote 7: statt 157 lies 159.
S. 101 3. Absatz, Zeile 12 von oben: statt Thlolyse lies Thololyse.
S. 146 Fußnote 5, Zeile 7 von oben: statt HEIM, AR. lies HEIM, FR.
S. 183 Zeile 4 von unten: statt Tonwiesenböden lies Toneisenböden.
S. 268 Abb. 92: statt Aufnahme von LE GRAND lies Aufnahme von J. LENTZ.
S. 286 Letzter Satz des 1. Absatzes muß heißen: Durch die Saugwurzel wird das Wasser angesaugt; es fließt von oben wie von unten den Saugstellen zu. Dadurch trocknet bis zum Ende der Vegetationszeit (bei den Nadelhölzern schwach auch während des Winters) der Boden aus.
2. Absatz, Zeile 3 von unten: statt ventuelle lies eventuelle.
S. 289 Zeile 11 von oben: statt sekundäre lies sekundär.
S. 295 Zeile 12 von unten: statt aus Orterde und aus Ortstein lies über Orterde und über Ortstein.
S. 299 In der Tabelle sind die Leitzahlen wie folgt zu setzen: statt 3, 3a; statt 4, 3b; statt 5, 4; statt 6, 5a; statt 7 5b.
S. 303 Profil, Zeile 2 von unten: statt Land lies Band.
S. 304 Profil 2, unter „Knick" 0—6—10 cm: statt eiseninkrustierenden lies eiseninkrustierten.
S. 320 2. Absatz, Zeile 6 von unten: statt bezeichnenden lies bezeichneten.
S. 324 Zeile 4 von unten: statt Tschernosjem lies Tschernosem.
S. 329 In der Zeichenerklärung der Karte ist die degradierte Steppenschwarzerde mit dicken Strichen anzugeben.
S. 338 Zeile 7 von oben: statt Pflanzen lies Plaggen.
S. 349 3. Absatz, Zeile 3 von unten: statt kiesiger lies kiesige.
S. 368 Zeile 5 von oben: statt Terrassen schotter lies Terrassenschotter.
S. 369 3. Absatz, Zeile 4 von oben: statt „dient wenn" und „Tälern. dem" lies „dient, wenn" und „Tälern, dem".
S. 370 3. Absatz, Zeile 2 von oben: statt hartgespült lies fortgespült.
S. 379 Profil 2 unter *C*: statt Talmergel lies Kalkmergel.
S. 383 Zeile 9 von unten: hinter Vogesen fehlt Komma.
S. 395 Profil: statt *A* 30 cm, lies *A* 30 cm geteilt in: und der folgende Text kommt unter A_0 5 cm zu stehen.
S. 410 2. Absatz, Zeile 6 von oben: statt nicht nur lies nur.
S. 425 Unter Vegetationsbodentypen: statt Braune Waldböden lies Braune Waldböden: stark gebleicht.
S. 433 Zeile 10 von oben: statt Binsenindustrie lies Rindenindustrie.
S. 438 3. Absatz, Zeile 5 von oben: statt Feinerde und jener lies Feinerde bis grober.

S. 440 1. Absatz, Zeile 2 von unten: statt Targon- und Igharghanboden lies Turan und Ighargharbecken.

S. 444 Zeile 18 von oben: statt Horden lies Herden.

S. 454 Zeile 1 von oben: statt gebildet lies ausgebildet.

S. 457 1. Spalte fehlt Heim, Fr. 146.

Band VI.

S. 1 Fußnote 5: statt -bestimmung lies -kartierung.

S. 9 2. Absatz, Zeile 14: statt im Millimeter lies in Millimeter.

S. 45 Zeile 9 von oben: statt Gruben lies Gräben.

S. 58 Zeile 3 von oben: statt Sandböden, die lies Sandböden, der.

S. 73 Fußnote 3 heißt die Gleichung 7. Zeile von oben:

$$\frac{1}{d_w} = \frac{g_1}{d_1} + \frac{g_2}{d_2} + \frac{g_3}{d_3} + \cdots = \sum \frac{g_n}{d_n}$$

S. 90 Fußnote 2: statt Principa lies Principia.

S. 91 Zeile 3 von oben: statt bestrebt ist durch lies bestrebt durch.

S. 95 Gleichung 24 muß heißen:

$$H = \frac{a^2}{2} \cdot \left(\frac{1}{R_1} + \frac{1}{R_2}\right).$$

S. 109 Gleichung 50a muß heißen:

$$\boldsymbol{L} = \boldsymbol{H} + \boldsymbol{z} - \boldsymbol{h} \cdot \left(\boldsymbol{1} + \frac{\eta}{\eta_l} \cdot \boldsymbol{h}^2 \cdot \frac{p_0^2}{Q^2} \cdot \boldsymbol{J}_l\right).$$

S. 164 4. Absatz, Zeile 3 von oben: statt abnimmt lies zunimmt.

S. 182 u. 183 Abb. 74 u. 75 sind miteinander zu vertauschen.

S. 224 4. Absatz, Zeile 3 von oben: statt , und E. Wolff lies . E. Wolff.

S. 226 Zeile 6 von oben: statt seine lies seiner.

S. 228 Tabelle I, alle Minuszeichen nach Plus 3^0 C sind durch Pluszeichen zu ersetzen.

S. 235 4. Absatz, Zeile 1: statt Nach Eser[2] lies Nach Eser[3].

S. 247 Fußnote 1: statt Esperimentelle lies Experimentelle.

S. 259 Fußnote 1, Zeile 10 von unten: statt Haase lies Hasse.

S. 306 2. Absatz, Zeile 6 von oben: statt zu übermitteln lies zu überwinden.

S. 344 Muß die Formel auf Zeile 19 von oben $s = e^{-\nu x}$ heißen.

S. 345 Fußnote 2: statt Klimalogie lies Klimatologie.

S. 356 Letzte Zeile von unten: statt anten lies unten.

S. 377 Zeile 12 von oben: fehlt hinter Quadratzentimeter ein Punkt.
2. Absatz Zeile 6: hinter Leitvermögen (Leitwert) einzusetzen.

S. 403 statt absorbierte Gase(s), Einwirkung aus dem Boden lies auf den Boden.

Band VII.

S. 3 Zeile 2 von unten: statt Gehalt lies Anteil.

S. 14 Zeile 19 von oben: statt zurückgeführt werden lies zurückgeführt zu werden.

S. 19 Zeile 9 von unten: statt zu spielen lies zu spielen".

S. 27 2. Absatz, Zeile 10 von oben: statt fort bewegt lies fortbewegt.

S. 30 1. Absatz, Zeile 2 von unten: statt Okular und lies Okular- und.

S. 31 2. Absatz, Zeile 2 von oben: statt im p. p. L. lies für p. p. L.

S. 43 Zeile 14 von oben: statt Clericillösung lies Clerici-Lösung.

S. 63 4. Absatz, Zeile 1: statt H lies $H^{\cdot}$.

S. 69 Zeile 6 von oben: statt K-, Na- und NH_4-Ton lies -Tone.
Zeile 8 von oben: „von diesen" sind zu streichen.

S. 71 Fußnote 2: statt Futtergewächse lies Kulturgewächse.

S. 85 Zeile 5 von oben: statt Aluminiumlackes, des Alizarins lies Aluminiumlackes des Alizarins.

S. 88 Zeile 1 von oben: statt Filter, müssen lies Filter müssen.

S. 97 Fußnote 3: statt Givensche Methode lies Ginesche Methode.

S. 112 Fußnote 1: statt die auf S. 37f. angeführte Arbeit lies S. 37f. der angeführten Arbeit.

S. 115 Fußnote 4: statt Pedology (Moskau) **25**, 5 (1930) lies **25** (Nr. 3), 5 (1930).

S. 116 Fußnote 3: statt Zacharow lies Sacharow.

S. 145 Fußnote 6: statt Boding-Wieger lies Bodding-Wieger.

S. 147 Zeile 12 von oben: statt n/100 Kaliumpermanganat lies n/10 Kaliumpermanganat.

S. 152 Zeile 3 von unten: statt Gesamtstickstoff lies Gesamtkohlenstoff.

S. 159 1. Absatz, Zeile 1: statt Das lies Daß.

S. 200 Fußnote 2, letzte Zeile: statt des Aspergillius lies Aspergillins.
S. 203 Fußnote 13: statt (Moskau) **25**, 5 (1930) lies **25** (Nr. 3), 5 (1930).
S. 222 Zeile 15 von unten: statt salpetersaueren Salzen lies salpetersauer.
S. 239 Fußnote 1, Zeile 5 von oben: statt Einführnng lies Einführung.
S. 244 3. Absatz, Zeile 3: statt höhere lies höherer.
S. 245 Zeile 3 von oben: statt bekannten Holzbewohner lies bekannten Humus- und Holzbewohner.
S. 247 2. Absatz, Zeile 5 von unten: statt Cystin lies Cystein, desgleichen Fußnote 3, Zeile 4 von unten.
S. 250 Zeile 3 von unten: statt HILTNER-STÖRMER lies HILTNER und STÖRMER.
S. 260 Zeile 11 von oben: statt Mit lies mit.
S. 264 Zeile 8 von unten: statt Stickstoffe lies Stickstoff.
S. 266 Zeile 4 von oben: statt Anscheidungsprodukte lies Ausscheidungsprodukte.
S. 268 Zeile 5 von oben: statt „Normal"-Stäbchen lies „normal" Stäbchen.
S. 269 Fußnote 1, Zeile 4: statt protealytic lies proteolytic.
S. 275 4. Absatz, Zeile 3 von unten: statt isolierte er lies isolierte WINOGRADSKY.
S. 283 Fußnote 1, letzte Zeile: statt ebenda **11**, 171 (1921) lies **111**, 171 (1921).
S. 308 Zu Fußnote 3: SCHRÖDER (Jb. wiss. Botanik **75**, 377 (1931) konnte bei einer Nachprüfung keine Stickstoffbindung durch Aspergillus feststellen.
S. 330 Bezüglich Purpurbakterien: VAN NIEL hat soeben nachgewiesen (Arch. Mikrobiol. **3**, 1 (1931), daß grüne und Purpurbakterien, soweit sie Schwefelwasserstoff oxydieren, diesen unter Sauerstoffabschluß im Licht unmittelbar mit Kohlensäure umsetzen, welche so reduziert und in organisch gebundenen Kohlenstoff übergeführt wird.
S. 382 2. Absatz, Zeile 8 von oben: statt Helizoa lies Heliozoa.
S. 413 Zeile 11 von oben: statt Kaorophium lies Corophium, desgleichen 2. Absatz, Zeile 1.
S. 419 Zeile 3 von unten: statt Tetramorum lies Tetramorium.
S. 423 Zeile 11 von unten: statt betrachtet nur die lies betrachtet man nur die.
S. 440 3. Spalte: statt FREED lies FRED.

Band VIII.

S. 22 Abb. 1 muß um 90 Grad nach links gedreht sein.
S. 58 Fußnote 1: statt Ber. byer. Bot. lies Ber. bayer. Bot.
S. 61 u. 63: Tunica prolifera ist in Süddeutschland und den Alpen Kalkzeiger, in Norddeutschland Kalkflieher. Erysiusum (Convingia) orientale ist immer Kalkzeiger.
S. 65 Fußnote 7, Zeile 2 von oben: statt propertis lies properties.
S. 69 Zeile 7 von oben: statt Glykophyten lies Glykyphyten.
S. 76 Fußnote 2: statt kräutiger lies krautiger.
S. 78 3. Absatz, Zeile 10 von oben: statt wertvolle lies wertvollere.
Fußnote 3, vorletzte Zeile: statt struktuellen lies strukturellen.
S. 79 1. Absatz, vorletzte Zeile: statt Assoziation lies Assoziationen.
2. Absatz, Zeile 8 von oben: statt Folgeglieder, die Böden lies Folgeglieder die Böden.
S. 86 Tabelle: statt Carex dioica lies Carex dioeca.
S. 87 Tabelle, Zeile 1: statt unter 3—6 lies unter 3,6.
S. 89 2. Absatz, Zeile 7 von oben: statt bestandsbildenden lies bestandbildenden.
S. 113 Fußnote 2: statt anderen löslichen Salze lies anderer löslicher Salze.
S. 148 Zeile 4 von oben: statt aus diesem Grunde lies aus dem Grunde.
S. 151 Fußnote 4: statt Mitteilungen lies -Kommission.
S. 237 Fußnote 1: statt Die Einwirkung von Salzsäure auf Tone und Mineralkörner lies Zur Frage der Azidität von Humusböden und deren Bestimmung.
S. 262 Fußnote 11: statt Phosphorsäuren lies Phosphorsäure.
S. 293 Zeile 2 von unten: statt d. h. lies oder; statt Pflanze lies Pflanzen; statt geschieht lies erfolgt.
S. 296 Zeile 11 von unten: statt dem Untergrund nach lies nach dem Untergrund.
S. 304 Zeile 9 von oben: statt einer schwerlöslichen Säure lies eine schwerlösliche Säure.
S. 313 4. Absatz, Zeile 1: statt Ortsseins lies Ortsteins.
S. 314 Zeile 1 von oben: statt Darg lies Dwog.
S. 505 2. Absatz, Zeile 4 von oben: statt obwohl sie lies obwohl es.
S. 507 Zeile 10 von oben: statt ohne (Natrium) lies (ohne Natrium).
S. 558 Fußnote 1, Zeile 4 von oben: statt Bodenk. **14** lies Bodenk. A. **14**.
S. 578 2. Absatz, Zeile 2 von unten: statt $P_2O_5 = b$ lies $P_2O_5 - b$.
S. 583 Zeile 6 von oben: statt heute immer lies heute noch immer.
S. 585 4. Absatz, Zeile 2 von oben: statt (S. 576) lies (S. 575).
S. 610 3. Absatz, Zeile 4 von oben: statt Bodenvolumens lies Bodens.

S. 633 unterste Zeile: statt Abbnahme lies Abnahme.
S. 640 3. Absatz, vorletzte Zeile: statt VAN BAZAREWSKI lies VON BAZAREWSKI.
S. 714 2. Spalte, Reihe 4: statt 577 lies 557.

Band IX.

Im Inhaltsverzeichnis S. VI, Zeile 12 von unten: statt Kalkdünger lies Kalidünger.
S. 85 Unter Abb. 14: statt Sparina lies Spartina.
S. 91 2. Absatz, Zeile 6: statt 300 cm^3 lies 300 m^3.
S. 127 Tabelle: Das Wort Lehm gehört zu pulverförmig krümelig und ist keine Überschrift.
S. 269 Fußnote: statt T. LIECHTI lies P. LIECHTI.
S. 301 Überschrift: statt Sedimentsbildung lies Sedimentbildung.
S. 403 2. Absatz, Zeile 8 von oben: statt $p_H = 4{,}66—5{,}98$ lies $p_H = 4{,}66 — 4{,}98$.
2. Absatz, Zeile 6 von unten: statt im Humus. lies im Humus nicht.
S. 504 vorletzte Zeile von unten: statt für b lies für C.
S. 505 1. Gleichung muß heißen: $\log(62 - y) = \log(62 - 8{,}94) - 1{,}07 \cdot x$.
Zeile 5 von unten: statt ausführt lies erhält.
S. 528 Zu Fußnote 2 hinzuzusetzen: ferner MITSCHERLICH: a. a. O. S. 176.
S. 534 4. Absatz, Zeile 2 von oben: statt wurde durch lies wurde nur.
S. 535 Tabelle, 2. Absatz: hinter 300 dz/ha Stalldünger ist einzusetzen N 160, K 220, P 90.
S. 548 Spalte 3, STINY, J.: statt 253 lies 353.

Band X.

S. 205 Zeile 9 von oben: statt Kunstkernseifen lies Kunstkornseifen.
S. 383 3. Absatz, Zeile 1: statt Veranlassng lies Veranlassung.
S. 418 Zeile 1 von oben: statt JENTSCH lies JENTZSCH.

Namenverzeichnis.

Sachverzeichnis.

Inhaltsübersicht des Gesamtwerkes.

Dritter Band.

Die Lehre von der Verteilung der Bodenarten an der Erdoberfläche. (Regionale und zonale Bodenlehre.)

Vierter Band.

Aklimatische Bodenbildung und fossile Verwitterungsdecken.

Fünfter Band.

Der Boden als oberste Schicht der Erdoberfläche.

Sechster Band.

Die physikalische Beschaffenheit des Bodens.

Siebenter Band.

Der Boden in seiner chemischen und biologischen Beschaffenheit.

B. Die chemische Beschaffenheit des Bodens.

1. Anorganische Bestandteile des Bodens.
   a) Die hauptsächlichsten Bodenkonstituenten, ihre Natur und Feststellung. Von Prof. Dr. E. BLANCK, Göttingen.
   b) Die Mineralbestandteile des Bodens und die Methoden ihrer Erkennung. Von Ökonomierat Dr. FR. STEINRIEDE, Münster i. Westf.
   c) Die Kolloidbestandteile des Bodens und die Methoden ihrer Erkennung. Von Dr. G. HAGER, Direktor der Landwirtschaftlichen Versuchsstation, Bonn.
2. Organische Bestandteile des Bodens. Von Privatdozent Dr. K. MAIWALD, Breslau.
3. Die chemische Gesamtanalyse des Bodens. Von Dr. A. RIESER, Wil (Schweiz).

C. Die biologische Beschaffenheit des Bodens.

1. Niedere Pflanzen. Von Prof. Dr. A. RIPPEL, Göttingen.
2. Höhere Pflanzen in ihrer Einwirkung auf den Boden. Von Prof. H. LUNDEGÅRDH, Stockholm.
3. Die Tiere (Leben und Wirken der für den Boden wichtigen Tiere). Von Prof. Dr. R. W. HOFFMANN, Göttingen.

Zweiter Teil: Angewandte oder spezielle Bodenlehre (Technologie d. Bodens).

Achter Band.

Der Kulturboden und die Bestimmung seines Fruchtbarkeitszustandes.

A. Der Kulturboden, seine Charakteristik und seine Einteilung vom landwirtschaftlichen Gesichtspunkt. Von Prof. Dr. O. HEUSER, Danzig.

B. Die Bestimmung des Fruchtbarkeitszustandes des Bodens.

1. Die Bestimmung des Fruchtbarkeitszustandes auf Grund des natürlichen Pflanzenbestandes. Von Prof. Dr. W. MEVIUS, Münster i. Westf.
2. Die Bestimmung des Fruchtbarkeitszustandes des Bodens mit Hilfe chemischer Untersuchungsmethoden.
   a) Die Bestimmung der im Boden im leicht löslichen Zustande vorhandenen Nährstoffe. Von Prof. Dr. A. GEHRING, Braunschweig.
   b) Die Bestimmung der in Salzsäure löslichen Mineral- und Nährstoffe des Bodens und die Bewertung der Befunde des Salzsäureauszuges. Von Prof. Dr. A. A. J. v. 'SIGMOND, Budapest.
   c) Die Bestimmung der relativen Löslichkeit der Phosphorsäure im Boden. Von Prof. Dr. O. LEMMERMANN, Berlin.
   d) Die Bodenabsorption und der Basenaustausch in ihrer Bedeutung für den Fruchtbarkeitszustand des Bodens. Von Prof. Dr. A. GEHRING, Braunschweig.
   e) Die Bodenazidität in ihrer Bedeutung für den Bodenfruchtbarkeitszustand sowie die Methoden ihrer Erkennung und der Bestimmung des Kalkbedarfs der sauren Böden. Von Prof. Dr. H. KAPPEN, Bonn.
   f) Das Stickstoffkapital des Bodens und seine Bestimmung. Von Privatdozent Dr. F. GIESECKE, Göttingen.
   g) Die im Boden vorhandenen schädlichen Stoffe. Von Privatdozent Dr. F. GIESECKE, Göttingen.
3. Die Bestimmung des Fruchtbarkeitszustandes des Bodens mit Hilfe biologischer Methoden.
   a) Pflanzenanalyse, Keimpflanzenmethode und MITSCHERLICH-Verfahren zur Bestimmung des Bodenfruchtbarkeitszustandes. Von Prof. Dr. E. HASELHOFF, Kassel.
   b) Die Bestimmung des Fruchtbarkeitszustandes des Bodens durch den Gefäßversuch. Von Privatdozent Dr. F. GIESECKE, Göttingen.
   c) Die Bestimmung des Fruchtbarkeitszustandes des Bodens durch den Feldversuch. Von Prof. Dr. TH. ROEMER, Halle a. S.
4. Bakteriologisch-chemische Methoden zur Bestimmung des Fruchtbarkeitszustandes des Bodens und der Kreislauf der Stoffe. Von Prof. Dr. A. RIPPEL, Göttingen.

Neunter Band.

Die Maßnahmen zur Kultivierung des Bodens.

C. Die Maßnahmen zur Kultivierung des Bodens.

1. Meliorationsmaßnahmen. Von Prof. W. FRECKMANN, Berlin.
2. Landwirtschaftliche Bodenbearbeitung. Von Prof. Dr. O. TORNAU, Göttingen.
3. Landwirtschaftliche Düngung.
   a) Direkte Düngung. Von Prof. Dr. M. POPP Oldenburg.
   b) Indirekte Düngung. Von Dr. G. HAGER, Dir. d. landw. Versuchsstation Bonn.
   c) Die Beeinflussung der Mikroorganismentätigkeit im Boden. Von Prof. Dr. A. RIPPEL, Göttingen.
4. Die teichwirtschaftliche Behandlung des Bodens. Von Prof. Dr. HERM. FISCHER, München.
5. Forstwirtschaftliche Bodenbearbeitung und Düngung (Einwirkung der Waldvegetation auf den Boden). Von Prof. Dr. W. GRAF ZU LEININGEN-WESTERBURG, Wien.

D. Der Boden als Vegetationsfaktor (Pflanzenphysiologische Bodenkunde). Von Prof. Dr. E. A. MITSCHERLICH, Königsberg.

Zehnter Band.

Die technische Ausnutzung des Bodens, seine Bonitierung und kartographische Darstellung. Mit Generalregister zu Band I—X.

Die Bonitierung der Ackererde auf naturwissenschaftlicher Grundlage. Von Professor Dr. H. NIKLAS, Weihenstephan.

Die Bedeutung des Bodens in der Technik und im Wirtschaftsleben der Völker.

1. Die technisch-wirtschaftliche Ausnutzung des Bodens bei den Naturvölkern. Von Prof. Dr. H. PLISCHKE, Göttingen.
2. Die technische Nutzung der Moore. Von Prof. Dr. G. KEPPELER, Hannover.
3. Die wirtschaftliche Bedeutung der Seeböden. Von Privatdozent Dr. E. WASMUND, Kiel.
4. Die Bedeutung des Bodens im Bauwesen. Von Oberingenieur Dr. B. TIEDEMANN, Berlin.
5. Die Bedeutung des Bodens für Technik und Gewerbe. Von Privatdozent Dr. F. GIESECKE, Göttingen.
6. Die Bedeutung des Bodens in der Hygiene. Von Prof. Dr. G. NACHTIGALL, Hamburg.

Die Bodenkartierung. Von Prof. Dr. H. STREMME, Danzig-Langfuhr.

Generalregister zu Band I—X.

Generalregister zu Band I—X.

Bearbeitet von Dr. F. GIESECKE, Göttingen
und Dr. ERIKA FREIIN VON OLDERSHAUSEN, Göttingen.

Bodenkarte der Gemeinde Pietzkendorf

Kreis Danziger Höhe

aufgenommen 1931 durch Dr. E. Ostendorff

Maßstab 1 : 12500

m 100 500 1000 1500

Zusammengesch

Naßböden: mehr mineral
mehr humos

Humusabstufungen

Grund- und Bodenw

B_2 (bisweilen B)

Zahlenangabe, so ist

Bodenarten:	Gestein:	infolge Bodenbildung:	Sinnbild:	Beschaffenheit der Krume:			Gegenwärtige Nutzung:	Bei Beachtung der Meliorationskarte geeignet für:	Vergleichsbezeichnung:	Bodenbewertung
A Sandiger Lehm / B Lehm	Diluvialer Geschiebemergel	tief entkalkt, verlehmt, mit beginnender Versandung		gut	tief	gut humos	Acker	besseren Ackerboden	Danziger Niederhöhenboden	75
A Sandiger Lehm / B Lehm / C Mergel		oberflächig entkalkt, verlehmt, mit beginnender Versandung		mäßig	mitteltief	humos		mittlere Ackerböden	Übergangsböden der Danziger Mittelhöhe	66
A / B Lehm		entkalkt, verlehmt								55
A Sandiger Lehm / B Sandiger Lehm / C Sandiger Mergel	Diluvialer Mergelsand	oberflächig entkalkt, verlehmt								60
A(G) Sandiger Lehm / B(G) Lehm } naß	Diluvialer Geschiebemergel	tief entkalkt, verlehmt, mit beginnender Versandung		gut	tief	gut humos		bessere Ackerböden	Danziger Niederhöhenböden	75
A(G) Lehmiger Sand / B_1(G) Sandiger Lehm / B_2(G) Lehm } naß					mitteltief					70
A anlehmiger Sand / B_1 sandiger Lehm / B_2 Lehm		tief entkalkt, verlehmt und versandet		gering	flach	humusarm		geringen Ackerboden besseren Waldboden	Danziger Oberhöhenboden	42
A(G) anlehmiger Sand / B_1(G) lehmiger Sand / B_2(G) Lehm } feucht	Diluvialer Geschiebemergel	tief entkalkt		gut	mitteltief	gut humos	Acker	geringere Ackerböden	Danziger Oberhöhenboden	45
A Sand / B_1 anlehmiger Sand / B_2 Lehm										42
A Sand / B Sand	Diluvialer Spatsand			mittel						40
A Sand / B Kies	Diluvialer Spatsand und Kies									32
A / B Kies	Diluvialer Kies			mäßig	flach	humos				24
A / B Sand	Diluvialer Spatsand					humusarm				24
A / B Kies	Diluvialer Kies									20
A / B feiner Sand	Tertiärer Glimmersand			sehr schlecht						1
A zäher Lehm / B Lehm	Diluvialer Geschiebemergel	tief entkalkt, verlehmt		sehr schlecht	flach	sehr humusarm	Acker	gute Waldböden	Olivaer Waldböden	28
A / B Lehm / C Mergel										8
A / B steiniger Lehm		entkalkt, verlehmt								10
A sandiger Lehm / B Lehm / C Mergel		oberflächig entkalkt, verlehmt, mit beginnender Versandung					Hutung und Wald			8
A Sandiger Lehm / B Kies	Diluvialer Geschiebemergel über diluvialem Kies	entkalkt, verlehmt					Acker			10
A Sandiger Lehm / B Lehm	Diluvialer Geschiebemergel	tief entkalkt, verlehmt, mit beginnender Versandung		sehr schlecht	flach	sehr humusarm	Acker	mittlere Waldböden	Olivaer Waldböden	8
A Lehmiger Sand / B Lehm										8
A / B Sand	Diluvialer Spatsand	tief entkalkt					unter Hutung und Acker	geringe Waldböden		6
A / B Kies	Diluvialer Kies									4
A_1 / A_2 Sand feucht bis trocken / B	Alluviale sandige Abschlemmassen	wenig entmischt		mittel	tief	humos	Acker, Weide und Hutung	mittlere Acker- und Weideböden	Prausterfelder Böden	42
A_1(G) / A_2(G) Sand feucht bis naß / B(G)										60
A / G toniger Feinsand naß	Alluviale tonig feinsandige Abschlemmassen	entmischt		mäßig	tief	gut humos	Sumpfwiese	guten Wiesenboden und guter Ackerboden	Danziger Niederungsboden	45
A(G) / G Sand naß	Alluviale Moorerde	auf nassem Wege humifizierter Sand		mäßig, tief, stark humos, schmierig			Wiese und Acker	guten Wiesenboden	Mooriger Boden	45

— humos. • humusarm. ∩ sehr humusarm. (Abschlemmhänge u.-kuppen). Die Humusabstufungen beziehen sich nur auf den Bereich des betreffenden Bodentyps. × stark eisenschüssig

= naß ⋯ feucht Profildarstellung der Bodenarten: Die Folge der Horizonte wird bei wechselnder Bodenart durch verschiedene Neigung der Schraffen dargestellt: A (bisw. A_1) — B, B_1 (bisw. A_2) /

…hbleibender Bodenart gilt die angegebene Schraffe für mehrere Horizonte. Die Mächtigkeit der Horizonte wird in cm. angegeben: —30— Fehlt bei dem untersten dargestellten Horizont die

…ze bei 2 m. noch nicht erbohrt. A, A_1, A_2 humose Krume. B, B_1, B_2 brauner oder rostfarbener Horizont der Waldböden. C Gesteinsuntergrund. G vom Wasser beeinflußte Horizonte.

Bodenbewertung nach 100 teiliger Skala. (Bester Boden in Danzig = 100)

Verlag von Julius Springer in Berlin.

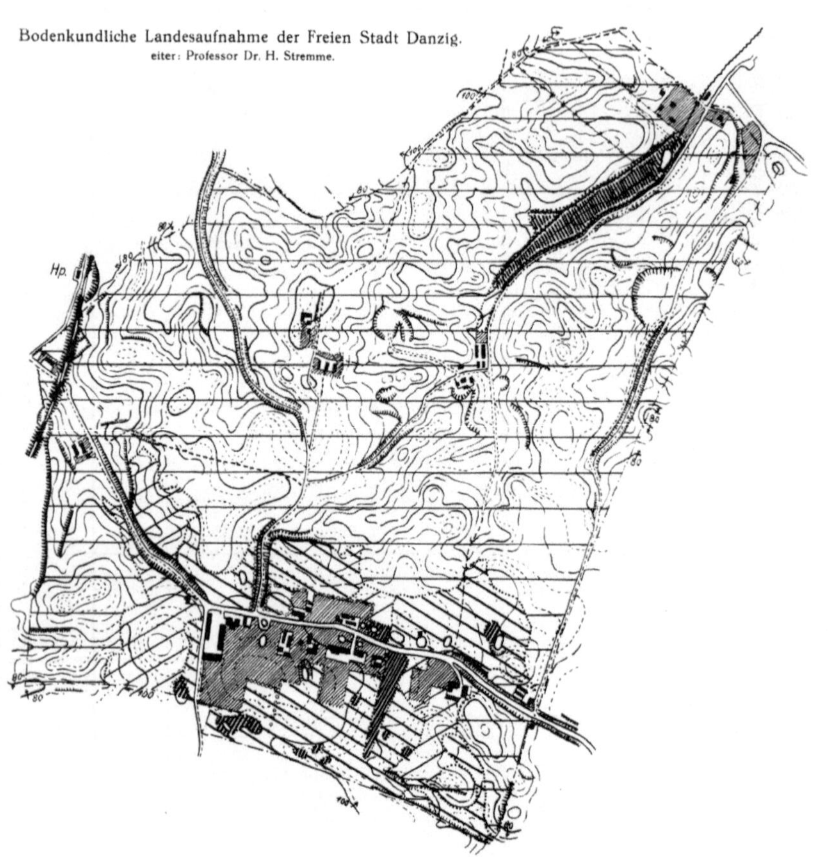

1 Unbedingt entwässerungsbedürftige Stellen.
Am besten Abdrainierung. Entwässerungstiefe nach örtlicher Lage.

2 Unbedingt entwässerungsbedürftige Fläche, durch Gräben oder Drainstränge 80 bis 100 cm tief.

Offene Fanggräben an beiden Seiten erforderlich, sonst bleibt Entwässerung ohne Erfolg.

3 Entwässerung notwendig und von großem Erfolg.
Am besten durch Drainierung bis 125 cm tief.

4 Entwässerung durch Drainierung bis 125 cm tief von Erfolg, aber nicht unbedingt notwendig.

5 Nichtentwässerungsbedürftig.

6 Ortschaft und Gehöfte.

Entwässerungskarte der Gemeinde Pietzkendorf

Kreis Danziger Höhe

aufgenommen 1931 durch Dr. E. Ostendorff

Maßstab 1 : 12500

m 100 500 1000 1500

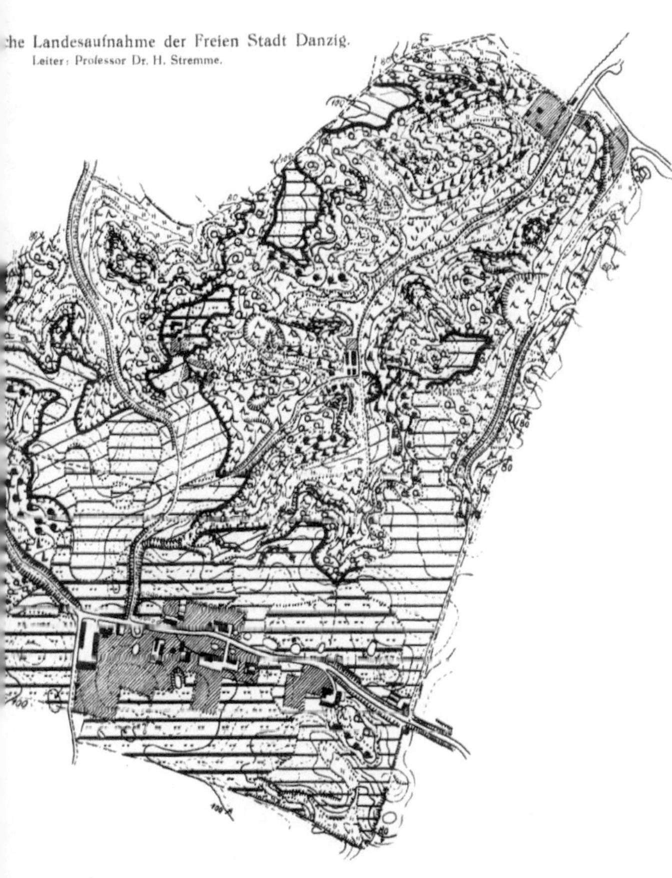

Nutzungs- und Bearbeitungskarte der Gemeinde Pietzkendorf

Kreis Danziger Höhe

aufgenommen 1931 durch Dr. E. Ostendorff

Maßstab 1 : 12500

0 500 1000 1500

1 Am besten als Acker geeignet, aber auch für Wiese und Weide. Alle Früchte möglich, Luzerne nur nach genügender Entwässerung und Kalkung. Am erfolgreichsten sind Roggen, Hafer, Kartoffeln, Weizen, Gerste, Klee. Bei Beachtung der übrigen Karten tiefe Kultur möglich. Im Herbst tief pflügen, in rauher Furche liegen lassen, dann rechtzeitig nach kurzem Abtrocknen schleppen, eggen, krümmern. Viel Pflegearbeit gut. Nach der Ernte — wenn keine Stoppelfrucht angebaut ist — bis zum Frost mit eingeschalteten Ruhezeiten Bracharbeiten ausführen.

2 Am besten als Acker geeignet, als Wiese und Weide ungeeignet. Am erfolgreichsten sind Roggen, Hafer, Kartoffeln, Lupinen, Seradella, Gelbklee; bedingt Gerste. Pflügen im zeitigen Frühjahr oder Herbst. Im Frühjahr den Boden nicht unnötig rühren, um Wasser zu sparen. Im Herbst Bracharbeiten, wenn keine Stoppelfrucht angebaut ist.

3 Zu Acker geeignet (als Wald oft erfolgreicher). Mit Erfolg sind nur Roggen, Kartoffeln, Lupinen, Seradella, Gelbklee, Hafer bedingt anzubauen.

4 Wie 3. ohne Hafer.

3. u. 4. im zeitigen Frühjahr bearbeiten. Wasserverlust durch unnötiges Rühren des Bodens vermeiden. Bracharbeiten an hängigen Stellen wegen Abschwemmung unterlassen. Möglichst für Gründüngerdecke nach der Ernte sorgen.

Diese Grenzen der Flächen, die an Abhängen liegen, durch Raine schützen.

Nach Befolgung dieser Ratschläge sind Nr. 3. u. 4. wie Nr. 2 zu bearbeiten.

5 Besonders als Wiese, bei guter Entwässerung auch als Acker gut geeignet. Für alle Pflanzen mit Ausnahme der Luzerne, auch für Erle und Esche geeignet.

6 Geeignet zur Weide, noch besser zum Acker. Auch für Eiche, Esche, Ulme geeignet.

7 Am besten zur Aufforstung als Nadelwald (hauptsächlich Kiefer) geeignet.

8 Am besten zur Aufforstung als Mischwald (Kiefer, Fichte, jap. Lärche, Buche, Ahorn) geeignet.

9 Lagen im Aufforstungsgebiet, die auch zu Obstbauzwecken verwendet werden können.

10 Wie 9. doch weniger günstig.

Wird das hängige Aufforstungsgebiet beackert, so ist gleichlaufend den Punktketten parallel den Höhenlinien besonders beim Pflügen und bei Pflegearbeiten das Land zu bearbeiten.

In derselben Richtung sind je nach Gefälle mehr oder weniger Raine anzubringen.

Stoppelbracharbeiten sind im Herbst nicht vorzunehmen wegen der starken Abschwemmung. Möglichst stets Gründecke erhalten.

Auch in schwächer geneigten Lagen aller übrigen Flächen sind den Höhenlinien parallel die Feldarbeiten vorzunehmen.

Verlag von Julius Springer in Berlin.

1 Stärkste Humusbedürf
Am besten jährlich 1
oder mehr Stalldung j
Wenn kein Stalldung,
Gründüngung in entspr
der Menge.
Anbau von Gründünger
oder zwischen dem G
unbedingt erforderlich.

2 Starke Humusbedürfti
Am besten alle zwei
160 Dz je ha.
Anbau von Gründüng
größter Bedeutung.

3 Ziemlich starke Bedürf
Alle drei Jahre 180 Dz
(besser alle zwei Jahre
je ha).
Gründüngung von groß
deutung.

4 Mittlere Bedürftigkeit.
Möglichst alle drei Jah
Dz je ha.
Gründüngung wertvoll.

5 Geringere Bedürftigkei
Möglichst alle drei Jah
Dz je ha.

6 Keine Humusbedürftig

Humuskarte der Gemeinde Pietzkendorf

Kreis Danziger Höhe

aufgenommen 1931 durch Dr. E. Ostendorff

Maßstab 1 : 12500

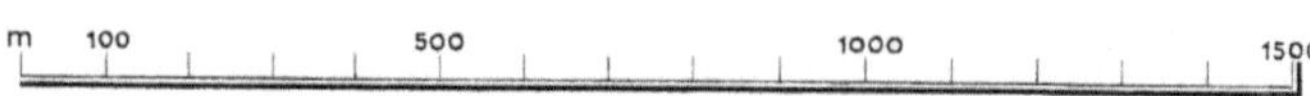

Kalkungskarte der Gemeinde Pietzkendorf

Kreis Danziger Höhe

aufgenommen 1931 durch Dr. E. Ostendorff

Maßstab 1 : 12500

m 100 500 1000 1500

Verlag von Julius Springer in Berlin.

denkundliche Landesaufnahme der Freien Stadt Danzig.

Leiter: Professor Dr. H. Stremme.

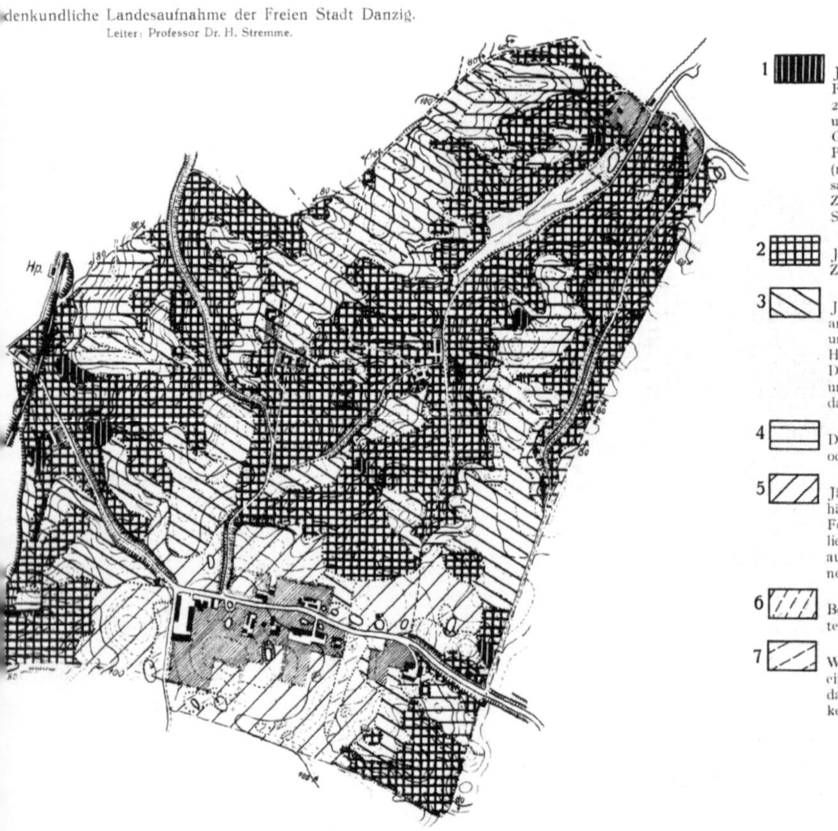

1 Jährliche Volldüngung unbedingt nötig. Am besten in Form von 4 Dz Thomasmehl, 2 Dz Kalisalz (42%), (für 2 Dz Kali auch 6 Dz Kainit zu nehmen). Stickstoff ist unbedingt erforderlich. Stickstoffmenge zu bemessen nach Gründünger, Stalldung, Bodenzustand und anzubauenden Pflanzen, z. B,: Kartoffeln, Rüben viel; Getreide mittel, (nur bei Leguminosen nicht). Gegeben am besten in nicht sauer wirkender Form, wie Kalkstickstoff, Salpeter usw. Zeit für Volldüngung am besten zeitiges Frühjahr, für Stickstoff nur das Frühjahr.

2 Jährliche Volldüngung von großem Erfolg, Form, Menge, Zeit usw. wie bei Nr. 1.

3 Jährliche Volldüngung von großem Erfolg und möglichst anzuwenden; doch können zeitweise ohne Phosphorsäure und Kali aber stets mit Stickstoff mittlere Ernten (keine Höchsternten) gesichert werden. Form und Menge der Dünger wie bei Nr. 1. Zeit der Düngung für Thomasmehl und Kali Herbst bis zeitiges Frühjahr, für Stickstoff nur das Frühjahr.

4 Düngung wie bei Nr. 3, nur kann in jeder Form, sauer oder alkalisch gedüngt werden.

5 Jährliche Volldüngnng (Menge wie bei Nr. 1) gut, doch hält der Boden längere Düngungsunterbrechungen aus. Form der Dünger bei Berücksichtigung der Kalkkarte beliebig. Zeit ebenfalls beliebig. Kali und Phosphor kann auch auf Vorrat gegeben werden. Stickstoff jährlich notwendig.

6 Böden, die besonderer Pflege bedürfen (siehe übrige Karten), bis sie wie Nr. 5 behandelt werden können.

7 Wie Nr. 5 zu behandeln, doch alle Dünger können etwas eingeschränkt werden. Stickstoff muß eingeschränkt werden, da sonst leicht Lagerfrucht entsteht. Unter Grünland kein Stickstoffbedarf.

Kunstdüngerkarte der Gemeinde Pietzkendorf

Kreis Danziger Höhe

aufgenommen 1931 durch Dr. E. Ostendorff

Maßstab 1 : 12500

m 100 500 1000 1500

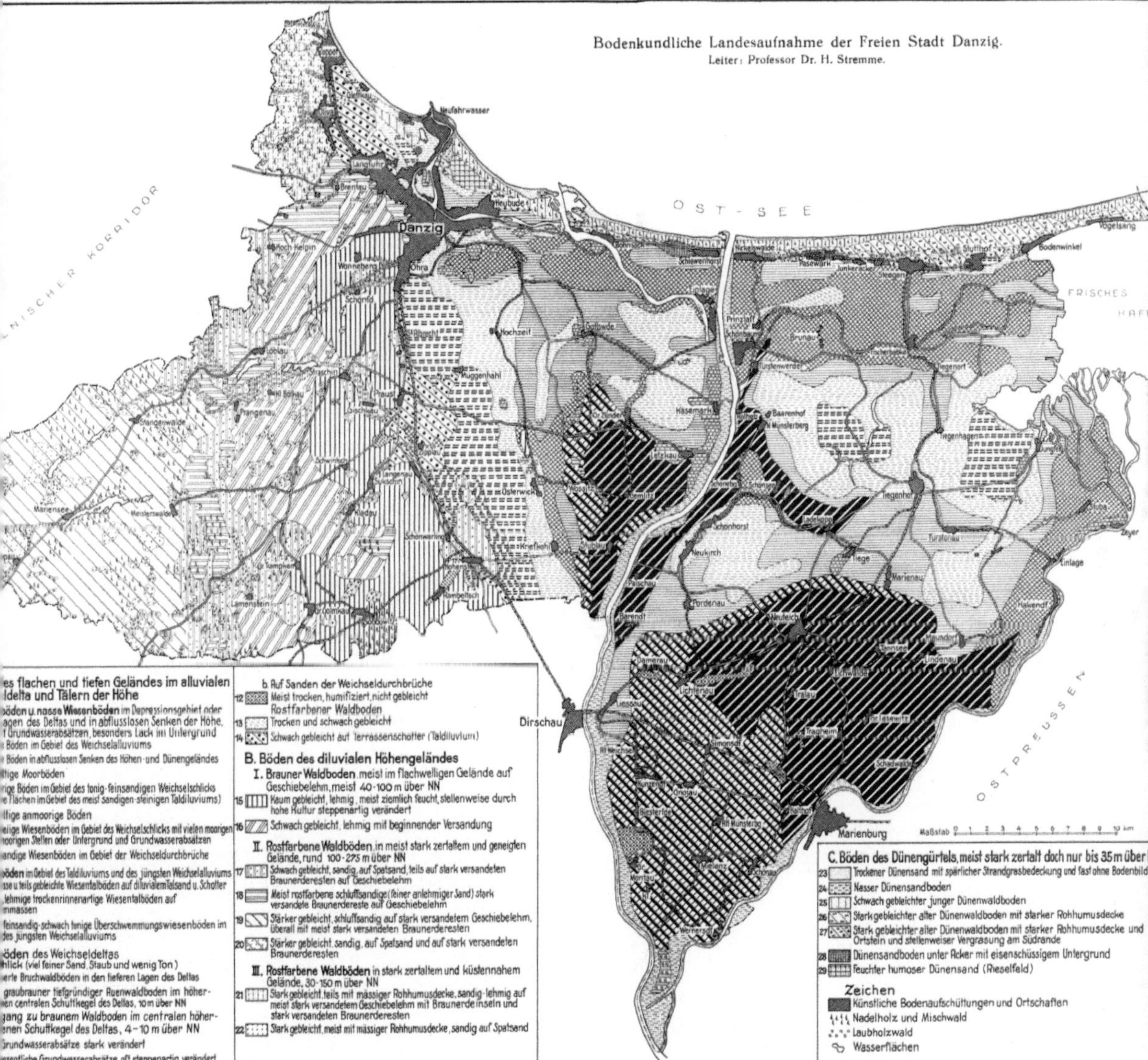

Bodenkarte des Gebiets der Freien Stadt Danzig.

von Dr. Eberhardt Ostendorff

Verlag von Julius Springer in Be